化学元素新论

高胜利 杨 奇 主编

科学出版社

北京

内 容 简 介

本书是为辅助大学无机化学基础教学而编写，以化学元素为线索讨论了相关知识，并进行适当扩展。全书共 10 章，包括化学元素的起源和合成、化学元素概念的建立及其命名、原子结构模型和原子核壳层模型、多电子原子的电子结构、原子间的作用力——化学键、原子间的另一种作用力——氢键、化学元素的档案、化学元素性质的规律性、化学元素周期表的形成和发展、化学元素周期律的应用。编写中力图体现基础与前沿相结合，力争做到内容丰富与形式活泼，力求达到普及与提高之效。

本书可供高等学校化学及相关专业师生、中学化学教师以及从事化学相关研究的科研人员和技术人员参考使用。

图书在版编目（CIP）数据

化学元素新论 / 高胜利，杨奇主编. —北京：科学出版社，2019.12
ISBN 978-7-03-062407-9

Ⅰ. ①化… Ⅱ. ①高… ②杨… Ⅲ. ①化学元素-基本知识 Ⅳ. ①O611

中国版本图书馆 CIP 数据核字（2019）第 210684 号

责任编辑：陈雅娴　侯晓敏 / 责任校对：杨　赛
责任印制：师艳茹 / 封面设计：迷底书装

科学出版社 出版
北京东黄城根北街 16 号
邮政编码：100717
http://www.sciencep.com

北京九天鸿程印刷有限责任公司 印刷
科学出版社发行　各地新华书店经销

*

2019 年 12 月第 一 版　开本：787×1092　1/16
2019 年 12 月第一次印刷　印张：43
字数：1 100 000

定价：298.00 元
（如有印装质量问题，我社负责调换）

序

今年是全国科学大会召开四十周年。四十年来，在改革开放春风的吹拂下，我国的科学和教育事业发生了翻天覆地的变化，出版了不少优秀的大学教材。由西北大学高胜利、杨奇老师主编的《化学元素新论》一书恰逢其时，体现了四十年来我国高校化学教学研究的成果。

这本书以化学元素为线索，从微观的视角和科学的方法论，综合阐述了丰富的科学知识，包含了传统的无机化学、结构化学、中级无机化学、生物化学乃至物理学课程的部分相关内容。该书既介绍了与化学元素相关的重要科学发现，又介绍了相关前沿学科的重大研究进展，特别突出了我国科学家的重要贡献。该书图文并茂、深入浅出，将教学和科研、基础和前沿紧密结合，不仅可以作为教学参考书，而且也是一本科研参考书和高层次的科普书，相信会受到相关教师、学生以及科研工作者的欢迎。

根据教育部的部署，教育部高等学校化学类专业教学指导委员会近十余年来制订和出版了化学类专业的"专业规范"和"质量标准"，其中的教学内容包含了高校化学类专业必须教授的化学学科的知识点。为了反映学科的进展，我们又丰富和补充了"专业规范"中的理论课程教学内容的知识点，作为"建议内容"在《大学化学》上发表，供相关教师选用。我们鼓励各校化学类专业在保证"质量标准"规定的知识点教授的前提下，开设反映各校特色的课程，也鼓励高校教师能够像该书作者一样，结合课程以及自身的科研工作，编写有各自特色的教材。

科学是不断认识的过程。随着科学的发展，现有的科学认识在不断深化和变化。因此，所有教材的内容不可能一成不变，也都可能存在有争议的内容。我希望该书出版发行后，能够得到读者的欢迎和反馈，使作者能够在应用的过程中吸取意见和建议，结合相关学科的研究进展，不断修改并再版，成为一部经典的教材。

中国科学院院士　郑兰荪
2018 年春

前　言

本书并非专著，而是相关基础无机化学的专题讨论集成，看似分散，实则是按下面的思路组织的：

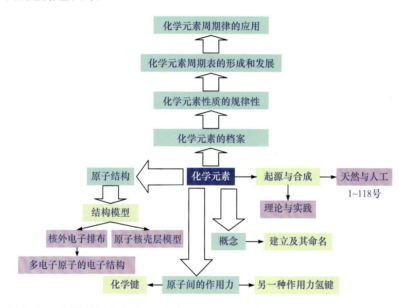

为有助于高等学校年轻师生参考和学习，在本书编写中注意以下几个理念的体现：

(1) 著名教育家、化学家傅鹰教授(1902—1979)曾多次指出："一门科学的历史是这门科学中最宝贵的一部分，因为科学只能给我们知识，而历史却能给我们智慧。"因此，在本书编写过程中，我们注意每个问题的背景探索，查阅了一般教材和参考书籍未能提供的必要文献，以便于读者对材料的理解和使用。使用原始文献，有利于理解和学习科学家原始创新思维和科学研究方法，力求做到"原汁原味"。例如，"原子结构模型和原子核壳层模型"一章以原子结构模型的重要里程碑为引子，介绍几个重要里程碑的来源、发展、进化，使读者了解现在学习的不是"死"的内容，而是当时科学研究中最为先进的理论，然而它又是发展的；同时，查看和理解原始文献，看看科学家是怎样产生这些想法的，有利于科研意识的培养。

(2) 英国数学家、哲学家、教育家怀特海(A. N. Whitehead，1861—1947)谈到大学的教育目的时说："大学存在的理由是，它使青年和老年人融为一体，对学术进行充满想象力的探索，从而在知识和追求的热情之间架起桥梁。"[①]依据这种理念，编写中我们力图体现基础与前沿相结合，最大限度地从研究前沿文献中汲取力量，在充分阐述概念的基础上，引申到前沿发展概况，包括知识的应用，以期促进青年教师和学生的学习热情和对学科的追求，产生"闪光点"。正如哈佛大学迈克尔·桑德尔教授所说："闪光点的出现说明大家都在真正地思考，学生可以从中掌握如何进行判断，如何进行批判性思维。"[②]

(3) 我们在创建国家精品课程"无机化学与化学分析"的过程中，国家首届教学名师史启祯教授说："教材建设一定要开放。"[③]教材创新就是要立足于"有利于教师使用、有利于学生学，要有特点"。编写中我们也在力求延续这个理念。

(i) 每章内容的编写坚持"基础课培养学生科研意识"的原则[④]，内容沿"概念背景—主要理论—发展状况—应用"这条线展开，力图做到教学内容与科研内容的有机结合。

(ii) 倡导教学研究，大胆提出自己的观点。例如对"原子结构模型和原子核壳层模型"一章的处理，一反一般教材的安排，从教材内容和课程设计的科学性论证了"原子结构"应包括原子结构、核外电子的运动状态和原子核结构，符合认识论规律[⑤]。在文献研究的基础上提出"原子之间的另一种作用力——氢键"，独立成章，较为全面地叙述了氢键应该包括的广泛内容。

(4) 在编写形式上，本书也倡导"百花齐放"，采用了不同于一般参考书的做法。例如，全彩设计，尽量使用彩图(包括边图)，力图使内容与形式统一，利于教学中使用。

本书的作者都是基础无机化学课程一线教师，本着"要把教学研究像科学研究那样搞"的想法，集思广益，勇于探索，分工协作完成。编写分工：第 1 章由陕西理工大学葛红光编写，第 2 章由商洛学院周春生编写，第 3 章由陕西师范大学张伟强编写，第 4 章由延安大学王记江编写，第 5 章由西北大学杨奇编写，第 6 章由陕西师范大学魏灵灵编写，第 7 章由渤海大学魏颖编写，第 8 章由陕西学前师范学院王福民编写，第 9 章由西北大学谢钢编写，第 10 章由咸阳师范学院范广编写。全书由高胜利和杨奇策划、统稿。李淑妮对本书的所有文献进行了查证和最后审核。

特别感谢中国科学院院士、教育部化学类专业教学指导委员会主任、厦门大学郑兰荪教授为本书多次提出修改意见和提供资料，并为本书作序。

[①] 怀特海. 教育的目的. 徐汝舟译. 北京：生活·读书·新知三联书店, 2001.
[②] 迈克尔·桑德尔. 公正：该如何做是好? 北京：中信出版社, 2011.
[③] 史启祯. 教材建设一定要开放. 中国大学教学, 2006(10): 6.
[④] 杨奇, 陈三平, 谢钢, 等. 基础课培养学生科研意识有效教学策略探讨. 中国大学教学, 2016, (4): 31-35.
[⑤] 周春生, 邱友莹, 陈三平, 等. 从另一个角度处理"原子结构"内容的尝试. 大学化学, 2016, 31(11), 28-36.

在本书出版过程中,得到了科学出版社的支持,在此表示感谢。

书中引用了较多书籍、研究论文的成果,在此对所有作者一并表示感谢。

本书作为化学类相关专业师生的参考书,是"国家精品课程建设"资助课题的延续,也是一种探索和改革。由于作者水平有限,书中不足在所难免,敬请读者赐教。

高胜利　杨奇

2018年春于西北大学长安校区

目 录

序
前言

1 化学元素的起源和合成 ·· 1
  1.1 化学元素的起源——"大爆炸"理论 ························· 2
    1.1.1 宇宙的诞生 ·· 2
    1.1.2 元素的起源 ·· 6
  1.2 新元素的合成——人工核反应 ································ 20
    1.2.1 形成元素的基础 ·· 20
    1.2.2 原子核反应 ·· 23
    1.2.3 人工核反应技术 ·· 32
    1.2.4 地球上新元素的合成 ·· 41
  参考文献 ·· 78

2 化学元素概念的建立及其命名 ···································· 86
  2.1 化学元素概念的建立、演化和发展 ···························· 87
    2.1.1 古代哲学阶段的元素概念 ···································· 88
    2.1.2 经验分析阶段的元素概念 ···································· 91
    2.1.3 近代科学阶段的元素概念 ···································· 95
    2.1.4 现代科学阶段的元素概念 ··································· 100
  2.2 化学元素的命名 ··· 101
    2.2.1 化学元素命名的原则 ······································· 101
    2.2.2 化学元素的中文命名法 ····································· 111
    2.2.3 化学元素符号的产生和演变 ································· 114
  参考文献 ··· 121

3 原子结构模型和原子核壳层模型 ································ 124
  3.1 原子概念的变迁 ··· 125
    3.1.1 哲学家的原子概念 ··· 125
    3.1.2 科学家的原子概念 ··· 126
    3.1.3 现代原子理论 ··· 127
  3.2 原子内部组成探秘 ··· 127
    3.2.1 原子的定义和性质 ··· 127
    3.2.2 原子的基本组成 ··· 133
  3.3 原子结构模型的建立和演变 ·································· 148
    3.3.1 人类对原子结构认识的简史 ································· 148
    3.3.2 原子结构模型的几个里程碑 ································· 151

3.4 原子核结构模型 · · · · · · 175
   3.4.1 原子核结构的研究方法 · · · · · · 176
   3.4.2 原子核结构模型研究简介 · · · · · · 176
   3.4.3 原子核壳层模型 · · · · · · 179
参考文献 · · · · · · 186

4 多电子原子的电子结构 · · · · · · 190
4.1 多电子原子薛定谔方程的解 · · · · · · 191
   4.1.1 多电子原子的定态薛定谔方程 · · · · · · 191
   4.1.2 多电子原子薛定谔方程的求解方法 · · · · · · 192
4.2 多电子原子的能级 · · · · · · 198
   4.2.1 原子轨道能和电子结合能 · · · · · · 198
   4.2.2 多电子原子光谱 · · · · · · 199
4.3 多电子原子的近似能级图 · · · · · · 204
   4.3.1 根据原子光谱实验结果得到的能级图 · · · · · · 205
   4.3.2 根据理论计算得到的能级图 · · · · · · 208
   4.3.3 多电子能级图中的能级分裂 · · · · · · 212
4.4 多电子基态原子的核外电子排布 · · · · · · 216
   4.4.1 核外电子排布的构造原理 · · · · · · 216
   4.4.2 电子组态 · · · · · · 219
   4.4.3 填充电子顺序和失去电子顺序不同的解释 · · · · · · 221
参考文献 · · · · · · 221

5 原子间的作用力——化学键 · · · · · · 224
5.1 化学键理论的产生、发展和展望 · · · · · · 225
   5.1.1 化学键理论产生的历史背景 · · · · · · 225
   5.1.2 化学键理论的发展与认识三阶段论 · · · · · · 226
   5.1.3 化学键理论的展望 · · · · · · 231
5.2 化学键概念 · · · · · · 232
   5.2.1 化学键与分子结构 · · · · · · 232
   5.2.2 化学键的定义 · · · · · · 233
5.3 离子键理论及离子极化理论 · · · · · · 234
   5.3.1 离子键理论 · · · · · · 234
   5.3.2 离子极化理论 · · · · · · 256
5.4 共价键理论 · · · · · · 276
   5.4.1 现代价键理论简介 · · · · · · 277
   5.4.2 共价键的电子对理论 · · · · · · 278
   5.4.3 共价键的价层电子对互斥理论 · · · · · · 284
   5.4.4 共价键的价键理论 · · · · · · 295
   5.4.5 共价键的杂化轨道理论 · · · · · · 312
   5.4.6 共价键的分子轨道理论 · · · · · · 329

     5.5 金属键理论 ·· 345
       5.5.1 金属键理论简介 ·· 346
       5.5.2 金属键的键能 ·· 358
       5.5.3 金属键的本质 ·· 360
     参考文献 ·· 361

6 原子间的另一种作用力——氢键 ··· 368
   6.1 氢键本质研究的重要性 ·· 369
       6.1.1 氢键与DNA ·· 369
       6.1.2 氢键是否仅仅是分子间作用力 ································· 374
   6.2 氢键的研究进展 ·· 381
       6.2.1 氢键的研究历史简介 ·· 381
       6.2.2 氢键与质子传递 ··· 387
       6.2.3 氢键的研究方法 ··· 389
       6.2.4 氢键的结构特点 ··· 400
   6.3 氢键的应用 ··· 412
       6.3.1 氢键应用的基础 ··· 412
       6.3.2 氢键的一些具体应用 ·· 415
   参考文献 ·· 426

7 化学元素的档案 ·· 436
   7.1 1～10号元素简介 ··· 437
   7.2 11～20号元素简介 ··· 451
   7.3 21～30号元素简介 ··· 462
   7.4 31～40号元素简介 ··· 471
   7.5 41～50号元素简介 ··· 479
   7.6 51～60号元素简介 ··· 487
   7.7 61～70号元素简介 ··· 494
   7.8 71～80号元素简介 ··· 499
   7.9 81～90号元素简介 ··· 507
   7.10 91～100号元素简介 ·· 512
   7.11 101～110号元素简介 ··· 517
   7.12 111～118号元素简介 ··· 522
   参考文献 ·· 526

8 化学元素性质的规律性 ··· 532
   8.1 化学元素性质为什么显示出规律性 ······································ 533
       8.1.1 原子核外电子周期性重复类似排列 ··························· 533
       8.1.2 元素性质的规律性表现 ··· 533
   8.2 随原子序数变化呈现周期性变化的参数 ······························· 536
       8.2.1 原子半径和离子半径随原子序数的变化 ···················· 537
       8.2.2 元素单质密度的周期性 ··· 542
       8.2.3 元素单质熔点随原子序数的变化 ······························· 544

- 8.2.4 元素单质沸点随原子序数的变化 …… 544
- 8.2.5 电离能随原子序数的变化 …… 545
- 8.2.6 电子亲和能随原子序数的变化 …… 551
- 8.2.7 电负性随原子序数的变化 …… 553
- 8.3 元素周期表中的第二周期性 …… 559
  - 8.3.1 第二周期性的性质 …… 559
  - 8.3.2 原子模型的松紧规律 …… 561
- 8.4 元素周期表中的区域性规律 …… 564
  - 8.4.1 氢的特殊性 …… 564
  - 8.4.2 锂、铍性质的反常性 …… 565
  - 8.4.3 对角线规则 …… 566
  - 8.4.4 镧系收缩效应 …… 567
  - 8.4.5 惰性电子对效应 …… 568
  - 8.4.6 稀有气体——单原子气体 …… 569
- 参考文献 …… 570

9 化学元素周期表的形成和发展 …… 575
- 9.1 化学元素周期表的发现和发展 …… 576
  - 9.1.1 萌芽阶段 …… 576
  - 9.1.2 突破阶段 …… 596
  - 9.1.3 发展阶段 …… 605
  - 9.1.4 展望阶段 …… 615
- 9.2 化学元素周期表的形式和美学价值 …… 617
- 参考文献 …… 626

10 化学元素周期律的应用 …… 631
- 10.1 "安全"冰箱的故事 …… 632
  - 10.1.1 故事梗概 …… 632
  - 10.1.2 氟利昂简介 …… 632
- 10.2 周期律对材料元素选择的指导作用 …… 635
  - 10.2.1 农药类化合物元素的选择 …… 635
  - 10.2.2 半导体材料元素的选择 …… 636
  - 10.2.3 耐高温、耐腐蚀特种合金材料元素的选择 …… 637
  - 10.2.4 催化剂元素的选择 …… 637
  - 10.2.5 化学元素周期表在地质中的应用 …… 637
- 10.3 周期表在分析化学中的应用 …… 640
  - 10.3.1 盐溶液的 pH …… 641
  - 10.3.2 EDTA 络合物的不稳定常数 …… 641
  - 10.3.3 离子的氧化还原电位 …… 643
  - 10.3.4 氢氧化物沉淀的 pH …… 643
- 10.4 矿物浮选与元素周期表 …… 644
- 10.5 生物元素在周期表中的分布 …… 645

	10.5.1	化学元素与人体之间的关系 ………………………………………	645
	10.5.2	生物元素图谱与化学元素周期表之间的关系 ……………	647

10.6　元素氢化物在周期表中的分布 …………………………………… 650
10.7　元素碳化物在周期表中的分布 …………………………………… 652
10.8　超导元素在周期表中的分布 ……………………………………… 654
　　10.8.1　高温超导体 …………………………………………………… 654
　　10.8.2　超导元素和化合物的分类和临界温度 …………………… 654
　　10.8.3　超导研究简介 ………………………………………………… 655
10.9　金属有机化合物及其成键类型在周期表中的分布 …………… 658
　　10.9.1　金属有机化合物的金属-碳键类型 ……………………… 658
　　10.9.2　不同成键类型在周期表中的相对分布 …………………… 660
10.10　原子簇合物在周期表中的分布 ………………………………… 661
　　10.10.1　原子簇合物简介 …………………………………………… 661
　　10.10.2　原子簇合物的发展 ………………………………………… 664
10.11　周期表对一些科学研究课题的启示 …………………………… 665
　　10.11.1　等电子分子周期系 ………………………………………… 665
　　10.11.2　共价键在元素周期表中的变化规律 …………………… 666
　　10.11.3　离子液体的周期性变化规律及导向图 ………………… 666

参考文献 …………………………………………………………………… 667
后记 ………………………………………………………………………… 671
新化学元素周期表 ………………………………………………………… 673

1 化学元素的起源和合成

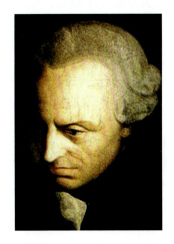

康德(I. Kant,1724—1804)
德国古典哲学创始人

世界上有两件东西能够深深地震撼人们的心灵,一件是我们头顶上灿烂的星空,另一件是我们心中崇高的道德准则。

——康德

化学元素新论

本章提示

在 100 多年前，化学元素还被认为是构成物质世界的基本原料。它既是基本的，也是不可转化的。20 世纪初，人们才逐渐认识到化学元素的原子不是基本的，元素的区别是由原子核决定的，而且原子核是可以通过各种核过程而转化的。到了 20 世纪 40 年代，科学家开始思考：自然界构成万物的各种元素是怎么产生的？这就是元素的起源问题。于是，究其本"各种化学元素的原子核是怎样形成的？"就成了本章核心。

从化学、地质学的大量研究出发，结合天文学和天体物理学的研究成就，可把问题归纳为两个部分。第一部分，即地球乃至宇宙自然发生核反应生成的 92 种化学元素的追溯——化学元素的起源，自然要从宇宙的诞生、恒星演化讲到元素形成机制：氢、氦的原初核合成（αβγ 理论）和恒星内元素合成理论（B^2FH 理论）。第二部分，新元素的合成——人工核反应，即从 93 号元素至 2012 年合成的 118 号元素，自然包括核合成基本理论、思路、方法和鉴定，乃至人们永远不能忘怀的那些顶尖实验室和科学家们。

创世论认为上帝创造了世界

年轻时代的哈勃

哈勃工作照

晚年的哈勃

1.1 化学元素的起源——"大爆炸"理论

元素的起源是指各种核素生成的条件、过程和场所。测定各类天体的元素丰度，研究元素的分布规律，是建立元素起源理论的依据，也是探讨天体演化的基础。因此，天文学和天体物理学的发展促进了人们对化学元素起源探索的深入研究。

1.1.1 宇宙的诞生

1. 宇宙的起点——奇点

1929 年，美国天文学家哈勃（E. Hubble）发现：不管往天空哪个方向看，远处的星系总是在急速地远离我们而去，即"宇宙正在不断膨胀"。既然宇宙现在正在膨胀，如果沿时间回溯，那么以前宇宙肯定比现在小，肯定有那么一个时刻，宇宙中所有东西都聚集在一起，宇宙必然有个起点[1]。

美国天文学家哈勃（E. Hubble，1889—1953）是研究现代宇宙理论最著名的人物之一。他发现了银河系外星系存在及宇宙不断膨胀，是银河外天文学的奠基人和提供宇宙膨胀实例证据的第一人。1910 年，21 岁的哈勃在芝加哥大学毕业，获得奖学金，前往英国牛津大学学习法律，23 岁获文学学士学位。1913 年在美国肯塔基州开业当律师。后来，他终于集中精力研究天文学，并返回芝加哥大学，25 岁到叶凯士天文台攻读研究生，28 岁获博士学位。在该校设于威斯康星州的叶凯士天文台工作。在获得天文学哲学博士学位和从军两年以后，1919 年退伍到威尔逊天文台（现属海尔天文台）专心研究河外星系并作出新发现。当年用世界上最大的 150 cm 和 254 cm 望远镜照相观测旋涡星云。1926 年，他发表了对河外星系的形态分类法，后称哈勃分类。哈勃的著作有《星云世界》、《用观测手段探索宇宙学问题》等，两本书都是现代天文学名著。他曾经获得太平洋天文学会奖章和英国皇家天文学会金质奖章。

现代宇宙学认为宇宙起始于一个非常小的点——奇点(singularity)，也称时空奇点(spacetime singularity)。奇点体(10^{-34} cm)温度极高且无限致密，今天所观测到的全部物质世界统统都集中在这个很小的范围内。在没有昨天的一天，这个奇点发生了一次惊天动地的"大爆炸"(the big bang)[2]：在 10^{-44} s 之后，迅速发生膨胀，仅在最初的 10^{-34} s 之内就膨胀了 10^{100} 倍，人们称之为暴胀。在暴胀最激烈的时候，于高能状态的伪真空发生"相变"，从而转化为处于低能量状态的普通真空。由于相变是发生在能量状态由高变低，故相变时是一个放热过程。随着暴胀的结束，宇宙所拥有的伪真空的能量全部以光的形式放出，此时，宇宙成了一个大火球。这是一个由热到冷、由密到稀、体积不断膨胀的过程，并经过不断的膨胀到达今天的状态。大爆炸是描述宇宙诞生初始条件及其后续演化的宇宙学模型(图 1-1)，这一模型得到了当今科学研究和观测最广泛且最精确的支持。根据 2013 年普朗克卫星所得到的最佳观测结果，宇宙大爆炸距今(137.3±1.2)亿年[3-4]。

哈勃望远镜

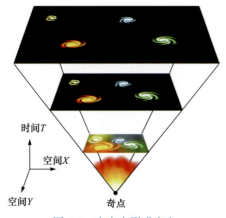

图 1-1　由奇点形成宇宙

宇宙大爆炸示意图

2. 奇点的证明

大爆炸理论是通过对宇宙结构的实验观测和理论推导发展而来的。① 在实验观测方面，1912 年斯里弗(V. M. Slipher)首次测量了一个"旋涡星云"(旋涡星系的旧称)的多普勒频移，其后他又证实绝大多数类似的星云都在退离地球[5-6]。② 1922 年，苏联宇宙学家、数学家弗里德曼(A. Friedmann)假设了宇宙在大尺度上均匀和各向同性，利用引力场方程推导出描述空间上均一且各向同性的弗里德曼方程，在这一组方程中宇宙学常数是可以消掉的。通过选取合适的状态方程，从弗里德曼方程得到的宇宙模型是在膨胀的[7]。③1924 年，哈勃测量了最近的"旋涡星云"距地球的距离，其结果证实了它们在银河系之外，本质是其他的星系。1927 年，比利时物理学家勒梅特(G. Lemaître)在不了解弗里德曼工作的情况下独立提出了星云后退现象的原因是宇宙在膨胀[8]。④1931 年勒梅特进一步提出"原生原子假说"，认为宇宙正在进行的膨胀意味着它在时间反演上会发生坍缩，这种情形会一直发生下去直到它不能再坍缩为止，此时宇宙中的所有质量都会集中到一个几何尺寸很小的"原生原子"上，时间和空间的结构就是从这个"原生原

旋涡星云

子"产生的[9]。⑤1924 年起，哈勃为勒梅特的理论提供了实验条件：他在威尔逊天文台利用口径 250 cm 的胡克望远镜费心建造了一系列天文距离指示仪，这是宇宙距离尺度的前身。这些仪器使他能够通过观测星系的红移量来推测星系与地球之间的距离。他在 1929 年发现，星系远离地球的速度同它们与地球之间的距离刚好成正比，这就是所谓哈勃定律[1,10]。而勒梅特用理论推测，根据宇宙学原理，当观测足够大的空间时，没有特殊方向和特殊点，因此哈勃定律说明宇宙在膨胀[11]。

大爆炸理论最早也最直接的观测证据包括从星系红移观测到的哈勃膨胀[1]、对宇宙微波背景辐射(CMB)的精细测量[12]、宇宙间轻元素的丰度(宇宙被观测到的元素丰度与理论数值的一致性，被认为是大爆炸理论最有力的证据)[13]，而今大尺度结构(指大于 10 Mpc 的结构，1 Mpc=3.08568025×10^{22} m)和星系演化也成为了新的支持证据[14]。这四种观测证据有时被称为"大爆炸理论的四大支柱"。

由于本书不做专门天体物理学研究，更多详细内容请参考相关书籍和文献。

3. 最新的证明——大型强子对撞机

大型强子对撞机(large hadron collider, LHC)是一座位于瑞士日内瓦近郊欧洲核子研究组织(CERN)的对撞型粒子加速器，作为国际高能物理学研究之用。LHC 已经建造完成，是世界上最大的粒子加速器设施[15]，2008 年 9 月 10 日开始试运转，并且成功地维持了两质子束在轨道中运行(图 1-2)。大型强子对撞机是一个国际合作计划，由全球 85 个国家中的多个大学与研究机构、逾 8000 位物理学家合作兴建。

欧洲大型强子对撞机

埃文斯

1962 年时的埃文斯

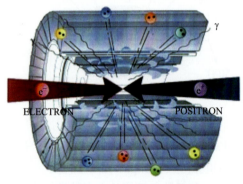

图 1-2　质子束流的对撞

> 埃文斯(L. Evans)是欧洲大型强子对撞机的领导者。他称 CERN 项目的目的就是揭开宇宙大爆炸之谜。他小时候曾在简易住宅里用化学装置制造过规模较小的爆炸，这激发了他对科学的热情。他说："小时候我对化学比对物理学更感兴趣。我有很多的化学装置。和很多人一样，我也制造过炸药。我甚至数次烧断了整个房子的保险丝。"

物理学家希望借由加速器对撞机来解答下列问题：

(1) 标准模型中所流行的造成基本粒子质量的希格斯机制是真实的吗？真是如此的话，希格斯粒子有多少种？质量又分别是多少呢？

(2) 为何万有引力相对于其他作用力如此微弱？当重子的质量被更精确地测

— 4 —

量时，标准模型是否仍然成立？

(3) 自然界中粒子是否有相对应的超对称粒子存在？

(4) 为何"物质"与"反物质"是不对称的？

(5) 有更高维度的空间存在吗？人们可以见到这启发弦论的现象吗？

(6) 宇宙有 96%的质能是目前天文学上无法观测到的暗物质与暗能量，它们的组成到底是什么？

(7) 为何重力与其他三个基本作用力(电磁力、强作用力、弱作用力)相比差多个数量级？

(8) 在标准模型中有存在于预言之外的其他夸克存在吗？

(9) 在早期宇宙以及如今某些紧密而奇怪物体中存在的夸克-胶子等离子体的性质和属性是怎样的？

其实，实验目的之一就是探索宇宙的起源，再现大爆炸：在大型强子对撞机实验中，重铅核子将进行对撞，产生 10 万倍于太阳中部的温度，进而形成一个大爆炸后瞬间存在的微型版的"原始汤"(primordial soup)。

1964 年，英国物理学家希格斯(P. W. Higgs)发表了一篇学术论文[16]，提出一种粒子场的存在，预言一种能吸引其他粒子进而产生质量的玻色子[希格斯玻色子(Higgs boson)，亦称上帝粒子(God particle)]的存在。他认为，这种玻色子是物质的质量之源，是电子和夸克等形成质量的基础，其他粒子在这种粒子形成的场中游弋并产生惯性，进而形成质量，构筑成大千世界。

2013 年 3 月 14 日，CERN 发布新闻稿表示，2012 年 6 月 22 日发表声明报告关于寻找希格斯玻色子(图 1-3)的最新研究结果是正确的。"上帝粒子"将是人类认识宇宙的一面最直接的镜子：因为如果作为质量之源的它确实存在，物理学家就可能因此推测出宇宙大爆炸时的情景以及占宇宙质量 96%的暗物质(包括暗能量)的情况。希格斯和比利时物理学家恩格勒特(F. Englert)因此获得了 2013 年诺贝尔物理学奖。然而我们还需要知道：在 CERN 的实验组工作的计昊爽是第一位计算出上帝粒子存在的物理学者，也是该实验组里关于上帝粒子论文的牵头人。他 2008 年毕业于中国科技大学物理学院，之后到美国威斯康星大学攻读博士，美籍华人吴秀兰教授是他的指导老师。吴秀兰教授对于三个诺贝尔奖级的研究项目贡献良多，它们分别是 J/Psi 粒子(当时她是丁肇中组的博士后，后来丁肇中因此获得诺贝尔物理学奖)、胶子与上帝粒子[17]。

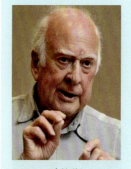

希格斯

恩格勒特

计昊爽

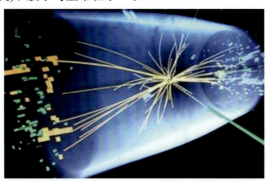

图 1-3 计算机模拟绘制的希格斯玻色子出现事件

1.1.2 元素的起源

1. 恒星演化

星云

第一代恒星和星系

恒星孕育的第二代行星

银河系

第三代恒星——太阳

相当多的书籍[18-24]根据已有的观测资料和理论，给元素起源初步描绘出了这样一幅轮廓图：宇宙大爆炸后形成了两个丰度值最高的元素氢和氦，这些初始物质凝聚成恒星和星系，恒星演化开始了重元素的核合成，而新一代恒星又在这含有重元素的星际物质中重新凝聚而成，在恒星的生命末期又将其制造的重元素抛向星际空间，恒星似乎就是这样生生死死地繁衍着，在演化过程中其化学组成不断变化，轻元素不断合成为重元素，不同质量的恒星将有不同的演化过程，并产生不同类型的核合成过程[25-28]。另外，不同类型的超新星也有着不同的爆发特征，产生的化学元素也不尽相同(图1-4)。例如，银河系呈旋涡状，直径10^5光年，包含2×10^{11}个星体，诞生于120亿年前；太阳是50亿年前银河系中超新星爆炸所产生的星球，星球的寿命与它的质量有关，为$10^7\sim10^{10}$年。太阳系继续转动，抛出一些物质便形成了行星，其中之一便是地球。45亿年前，宇宙中的一个与火星差不多大小的天体撞向地球，它的铁质核一直进入地心，与地核融合，其余的一些(15%～40%)小碎片聚起来而形成了月球。质量重大的星球爆炸时，它的物质以气体的形态排放到宇宙中，而爆炸产生的震波把周围的气体压缩，使得气体的密度不均匀而开始收缩，产生高密度和高温，形成了新星，初生的

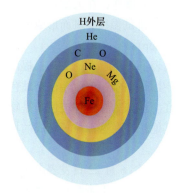

图1-4 恒星分层结构

太阳就是这样一颗新星。恒星对于宇宙就像原子对于物质。读者可以比较图1-4和图1-1，体会其中的关系。

2. 元素的丰度

[1] 概念

这里说的元素丰度(element abundance)的概念是指某天体区域内某种元素(严格讲应是核素)的总质量(或原子个数)在一切元素中所占的比例，即元素的宇宙丰度。元素宇宙丰度通常取硅的丰度为10，其他元素的丰度与硅丰度相比较求得。元素宇宙丰度是研究元素起源的依据，也是解释各类天体演化过程的基础。因为要知道元素起源，先要阐明各种元素的产生机制，还需要算出按这些机制产生的元素丰度。它的正确性的标志则在于理论计算的结果能否与观测结果相洽。关于元素起源问题泰勒(R. J. Tayler)等对此作了很好的讨论[29]。

[2] 测定

元素宇宙丰度的数据可由多种途径获得：用化学分析、放射化学分析、仪器中子活化分析和质谱等分析技术，测定地球、月球、陨石、宇宙尘和太阳风等样品的化学组成；用核谱、固体探测器和切连科夫探测器(利用光电倍增技术)测定宇宙线的组成；用光谱和射电技术测定太阳、恒星、星际介质和星系的物质组成。

随着实验室分析技术的进步及各种观测和探测宇宙方法的涌现,宇宙化学开始了飞速发展阶段。1957 年人类开始进入太空,实现登月飞行得以对月球进行取样分析,以及将分析仪器送到火星表面进行直接测定,得到了大量宇宙物质化学组成的信息[22]。

取得丰度的观测值是一个十分困难的课题:一方面来自具体观测的有关细节;另一方面是自然界的天体种类很多,而人们能测量其化学成分的天体却不是很多。现今丰度的测量主要是对太阳系天体,银河系和邻近星系中的恒星,星际气体和星系际气体而言。各种元素丰度分配的系统结果则只在太阳系及其邻近区域内才能得到。

1957 年,苏斯(H. E. Suess)等首先综合太阳、地球、其他行星和陨石等观测资料,较详细而准确地给出各种元素丰度的分配曲线(图 1-5)[30]。此后,巴恩斯(C. A. Barnes)经常为这一结果补充新的资料[31]。1989 年,安特(E. Anders)和格雷夫斯(N. Grevesse)汇总了 Cl 陨石、Orguil 碳质陨石、太阳光球和日冕的最新元素丰度测定结果,编制出了太阳系元素丰度图(图 1-6)[32]。

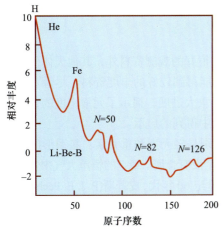

图 1-5 太阳系大气中元素丰度随原子序数的变化

图 1-6 太阳系和银河宇宙线的元素丰度分布

从图 1-5 可知:氢和氦是最丰富的元素;丰度仅次于氦的元素是碳和氧,它们的总丰度约是 2%;在铁群元素前,原子序数 Z 和原子质量数 A 为氦的整倍数的元素丰度较高;铁后元素的丰度明显降低,峰值出现在核中子数为幻数 50、82 和 126 处。

丰度的另一重要特征是它在空间分布上的不均匀性。氢因其丰度高,所以有较多不同区域、不同对象的观测资料可用。表 1-1 列出若干区域氢的平均丰度[33]。为参照比较,表中列出了相应的氧与氢的粒子数比 O/H。He/H 是氦与氢的粒子数比,Y 则代表氦的质量丰度。图 1-7 画出银河系中金属丰度随银心距离的变化曲线[29]。它显示出离银心越远的区域中金属含量越低。丰度梯

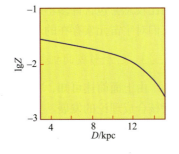

图 1-7 银河系气体星云的金属丰度 Z 随银心距离 D 的变化

1
化学元素的起源和合成

世界上第一颗人造卫星

世界太空第一人加加林
(Юрий Алексеевич Гага-рин,1934—1968)

阿波罗 11 号登月舱驾驶员阿姆斯特朗
(N. A. Armstrong)
"That's one small step for a man, one giant leap for mankind."

2012 年美国"好奇号"火星探测器

2014 年欧洲空间局"菲莱"着陆器离开母船登陆彗星

度的测定一般是对氧或氮做的,但其他重元素的分布也会有同样的特征。

表 1-1 氦的平均丰度

对象	10^4(O/H)	He/H	Y
猎户座	5.6	0.100	0.29
	4.2	0.101	0.29
	4.2	0.114	0.31
银河系 HⅡ区	4.0	0.117	0.32
	2.6	0.127	0.34
	2.5	0.097	0.28
大麦哲仑云	3.8	0.084	0.25
	2.7	0.103	0.29
小麦哲仑云	1.1	0.078	0.24
	1.1	0.094	0.27
	1.0	0.081	0.24
河外 HⅡ区	1.4	0.029	0.27
	1.1	0.094	0.24
	1.0	0.080	0.25
	0.95	≥0.082	≥0.25
	0.58	0.078	0.24

[3] 启示

除了太阳系和宇宙线的元素丰度已取得很好的观测资料外,其他天体仅在有利情况下(如元素或核素的特征谱线明显)才能得到较好的丰度资料。尽管观测困难,近年来测定其他天体的元素丰度仍取得重大进展,揭示了元素丰度的普遍特征和差异。这些内容不必赘述,重要的是从中得到的启示。

(1) 宇宙元素的生成机理是不同的,特别是轻元素和重元素:星系形成前的原始介质是由氢和氦构成的,星系形成时完全没有金属。最老的恒星大气中仍有近四分之一的氦是支持该想法的重要论据。20 世纪 60 年代,皮普斯(P. J. E. Peebles)[34]以及瓦格纳(R. V. Wagoner)等[35]计算了宇宙年龄为几分钟时所合成的轻元素的丰度。计算得出的氢和氦的丰度与观测结果是相洽的。自 20 世纪 70 年代中期以来,更详尽的计算与观测结果的比较促进了更深入的讨论[33,36]。

(2) 宇宙元素的生成和存在与恒星演化相关。今天观测到的元素丰度是星系中恒星逐代交替所造成的总后果,因此定量计算星系或星系中某区域元素丰度的分配涉及星系的演化问题。例如,把早期宇宙中的轻元素丰度与今天的观测丰度相比较总会包含许多不确定因素[37]。星系化学演化问题是一个正在发展的领域,人们对宇宙元素存在的观察和原始存在的计算将会越来越清楚。

3. 元素形成的机制

由上面简述可知,宇宙元素丰度的数据促成了元素起源说的建立和恒星内元素核合成理论的发展。元素起源说的最初目的是解释各种化学元素的丰度。按元素生成理论的基本观点,所有重元素都是由轻元素合成的。各种恒星都是把较轻元素变成较重元素的"炼炉"。例如,太阳正不断把氢变为氦,而红巨星又把氦相继合成为碳、镁、硅直至铁为止,红巨星和超新星进而制造出比铁重的元素。整个周期表中近百种天然存在的稳定元素都是这样炼制出来的。在恒星内部进行的元素核合成是恒星演化的动力,并与恒星演化过程同时完成。

[1] 氢、氦的原初核合成——αβγ理论

1948年，伽莫夫(G. Gamow)等[38-40]提出了宇宙起源的大爆炸模型(简称αβγ理论，作者 Alpher、Bethe 和 Gamow，取希腊字母表前三个字母αβγ的双关语)。该理论认为：原始宇宙是完全由中子组成的均匀且各向同性的超高密度、超高温度($T>10^{32}$ K)的大火球。后来发生了宇宙"大爆炸"，大约在膨胀进行到 10^{-37} s 时，产生了一种相变使宇宙发生暴胀，在此期间宇宙的膨胀是呈指数增长的[41]。当暴胀结束后，构成宇宙的物质包括夸克-胶子等离子体，以及其他所有基本粒子[42]。10^{-6} s 之后，飞来飞去的三种夸克相互吸引结合形成了诸如质子和中子的重子族，此时的宇宙仍然非常炽热。在大爆炸发生的几分钟后，当温度下降到 $10^9 \sim 10^{10}$ K 时，质子和中子结合成氘，氘又俘获质子经过蜕变生成 ^{3}He，^{3}He 又俘获中子生成 ^{4}He，结果当时宇宙中的大多数物质就以 H 原子(89%)和 He 原子(11%)的形式存在了(图1-8)。其反应过程如下：

$$n + p \longrightarrow {}^2H + \gamma \quad (1\text{-}1)$$

$$^2H + {}^2H \longrightarrow {}^3He + n \quad (1\text{-}2)$$

$$^3H + {}^2H \longrightarrow {}^4He + p \quad (1\text{-}3)$$

宇宙刚刚诞生　质子和中子的诞生　当温度下降到$10^9 \sim 10^{10}$ K时，　恒星内发生氦聚变生成碳等元素
　　　　　　　　　　　　　　　　　氘核、氚核和氦核生成

图1-8　原初核合成简图

伽莫夫(G. Gamow, 1904—1968)1904年生于乌克兰的敖德萨，1922年进入新罗西斯基大学，但很快又转到列宁格勒大学，并于1928年得到博士学位。师从著名宇宙学家弗里德曼学习弗里德曼宇宙模型。后来，他去了德国哥丁根大学，然后是哥本哈根的理论物理研究所，接着是剑桥大学的卡文迪许实验室。他在1928~1931年访问的这三个科学机构正是当时物理学革命的中心，是量子物理学的创生地，也是首先把量子物理学用于对原子认识的地方。伽莫夫从量子物理学的首创者那里学习量子物理，从宇宙学的首创者之一那里学习宇宙学。在访问哥丁根大学期间，伽莫夫作出了自己的第一个重大的科学贡献——用量子理论解释α粒子是怎样从原子核中逃逸出来的，即α衰变。这是量子理论对原子核的第一次成功应用。1933年，他移居美国，先在华盛顿大学任教授，1956年到科罗拉多大学，并把研究的重心转向了分子生物学，直至1968年去世。

[2] 恒星内元素合成理论——B²FH理论

恒星内元素合成理论(hypothesis of star elements synthesis)是1957年由伯比奇夫妇(E. M. Burbidge 和 G. R. Burbidge)、福勒(W. A. Fowler)和霍伊尔(F. Hoyle)提出，简称B²FH理论[43]。霍伊尔因此获得了1984年诺贝尔物理学奖。他在授奖仪式上的讲演对该理论作了很详尽的综述[44]。该理论经特鲁兰(J. W. Truran)[45]和廷

年轻时代的伽莫夫

晚年的伽莫夫

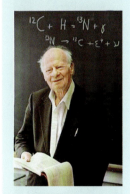

贝特(H. Bethe)

阿尔弗(R. A. Alpher)

G. R. 伯比奇

E. M. 伯比奇

福勒

霍伊尔

伯(V. Timble)[21]等人的不断补充和修正,可大致描绘出一幅元素起源的初步情景,能较好地解释元素的产生、演化和分布情况,是目前比较合理的科学假说。这一理论认为,氢和氦是形成一切元素的初始材料,恒星是元素合成的主要场所。当宇宙核合成事件形成大量氢和氦后,气态物质由于引力收缩形成恒星和星系,并由于自转加速,恒星的温度逐渐升高,发生一系列由轻元素转变为重元素的核反应,直到形成平均结合能最大的铁族元素为止,恒星内部温度继续升高,甚至发生爆炸而产生大量中子,已合成的各种核素进一步俘获中子而形成各种重核。B^2FH 假说将元素在恒星中的合成划分为氢燃烧、氦燃烧、γ过程、α过程、s过程、r过程、p过程和 x 过程等 8 个过程,初步阐明了元素起源的现代理论轮廓。但有些过程或机制尚不清晰,有些过程被后来的观测事实所否定(如α过程)。这正如宇宙物理学家评论的:"自从提出这一理论以来,由于观测结果的充实,恒星演化理论的大幅度进展,核反应知识的积累,以及使用大型电子计算机进行复杂的数值计算等,恒星内元素合成理论已经发展到在一定程度上可以解释观测事实的阶段。"[46] 详细内容可参考相关文献[47-50]。恒星内元素合成的过程简述如下。

1) 比铁轻的元素的核合成过程

比铁轻的质量数为 A 的核合成过程包括三种燃烧(combustion)。

(1) 氢燃烧:终产物为 ^{4}He。主要有两种方式:质子-质子链(pp 链)和 CNO 循环。太阳内部以 pp 链为主(图 1-9)。这个 pp 链发生在恒星温度 $T<2\times10^7$ K 且质量较小的恒星(如太阳)中,反应速度较慢,反应可持续一百多亿年。

(2) 氦燃烧:两个 ^{4}He 核聚变成的 ^{8}Be 原子核极不稳定,若在它衰变之前幸好与另一个 ^{4}He 核融合,就能合成 ^{12}C。这个过程又称为 3α反应。它还能俘获 ^{4}He 生成 ^{16}O。因燃烧过程时标相对于氢燃烧而言较短,氢燃烧过程称为氦闪。

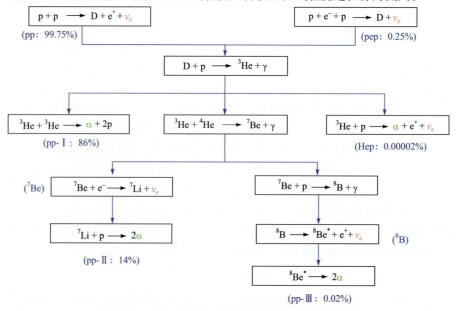

图 1-9 质子-质子链

(3) 更高级核燃烧:质量是太阳质量 8 倍以上的恒星可以依原子序数从小到大而燃烧,直至 Si 燃烧后形成 Fe。当 $T>8\times10^8$ K 时 ^{12}C 相互反应,即碳燃烧发生如下反应:

$$^{12}C + {}^{12}C \longrightarrow \begin{cases} ^{20}Ne + \alpha \\ ^{23}Na + p \\ ^{23}Mg + n \end{cases} \quad (1\text{-}4)$$

当 $T \leqslant 2\times10^9$ K 时，氧开始燃烧，发生如下反应：

$$^{16}O + {}^{16}O \longrightarrow \begin{cases} ^{28}Si + \alpha \\ ^{31}P + p \\ ^{31}S + n \end{cases} \quad (1\text{-}5)$$

太阳的燃烧

温度升至 3×10^9 K 时，硅开始燃烧，即 ^{28}Si 发生光致分裂，放出中子、质子和α粒子。这些粒子被 ^{28}Si 及更重核俘获，生成铁峰区平均结合能更大的核素。稳态碳、氧、硅燃烧，生成质量数为 20~60 的元素，其中主要有 ^{24}Mg、^{28}Si、^{32}S、^{36}Ar、^{40}Ca 等 $4n$ 结构的核素。通常恒星核燃烧过程到铁为止。特别是恒星中心部分密度较高时，上述聚合反应更易发生。这也可说明图 1-5 丰度曲线上 Fe 的峰值。

图 1-10 画出了按该机制所能产生的铁前元素。图中蓝圆点代表稳定核，红圆点代表不稳定的即长寿命的放射性同位素。图左上方画出了各类型的俘获反应导致母核的变化[51]。一个可能的依次燃烧过程示于表 1-2。

哈勃观测到两颗燃烧剧烈的超级恒星

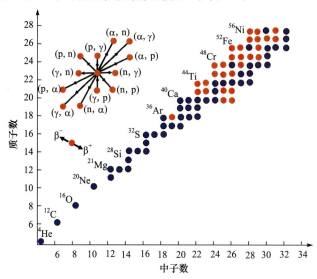

图 1-10 形成铁前元素的反应网络

表 1-2 恒星处于不同核燃烧阶段的特征参数

	H	He	C	N	O	Si
时标	7×10^6 年	5×10^5 年	600 年	1 年	6 月	1 天
温度 /($\times10^9$ K)	0.06	0.23	0.93	1.7	2.3	4.1
释能	~90%	~10%				

2) 比铁重的元素的核合成过程

当恒星中心合成铁族元素后，进一步的核聚变是吸热的，这必将破坏恒星的引力平衡。所以，类似于前面介绍的核燃烧方式合成比铁重的核素是不可能的。

在实际的大质量演化晚期的恒星内部，在温度上升到铁族元素核聚变之前所发生的电子俘获和光致核裂变等过程就已经导致中心的塌缩了。不过，由于恒星内部或超新星爆发时存在一定速度运动的质子和中子，当重核俘获这些质子或中子后还是能够合成比铁重的元素的。

重元素合成机理可用图 1-11 说明。由图 1-11 可见，大多数稳定的重同位素是在 s 过程(slow time-scale process)[43]即慢过程中形成的，其特点是一个核俘获中子后经过蜕变生成原子序数更高的核以后再俘获新的中子。俘获中子的速度慢于蜕变速度。不能由 s 过程生成的核则由 r 过程(rapid time-scale process)[43]和 p 过程(proton capture process)[43]生成。r 过程的特点是快速连续俘获中子，生成的核还没有来得及蜕变就又俘获新的中子，直到生成失去俘获中子能力的极不稳定的核为止；p 过程是质子俘获过程。

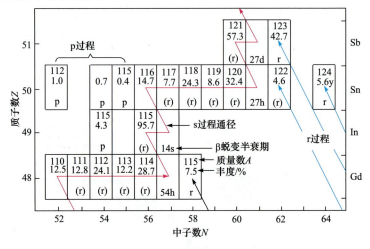

图 1-11 重元素合成机理

现在我们明白了，化学元素的起源是自大爆炸起通过如下核反应一路走来：① 大爆炸产生氢，氢的转化生产出大量的氦；② 氦燃烧产生了质量数大于 5 的核素，直至 ^{12}C 的形成；③ 通过 (α,γ) 反应和 (p,γ) 反应生成一些中等质量的元素，直到 ^{56}Fe 的形成；④ 中子辐射俘获加上 β 衰变的快过程和慢过程，可以产生中等质量的元素，直至其质量数达 270；⑤ 重核裂变的研究表明，一些中等质量的核素来自核裂变和核衰变反应。这也是天文学家和天体物理学家首先要研究各类天体的元素丰度、研究天体演化的原因。那就是要研究各种核素生成的条件、过程和场所。将图 1-5、图 1-6 与一系列核反应对应得到图 1-12。

[3] 超新星核合成

喻传赞在 1983 年提出了化学元素起源的第三种途径——"超新星核合成"[52]。从天文学角度提出新的看法，有依据，可以进行适当了解。

1) 概念

超新星核合成是阐明新的化学元素如何在超新星内产生，主要发生在易于爆炸的氧燃烧和硅燃烧的爆炸过程产生的核合成。这些融合反应创造的元素有硅、硫、氯、氩、钾、钙、钪、钛和铁峰顶元素(钒、铬、锰、铁、钴、镍)。由于这些元素在每次的超新星爆炸中被抛出来，因此在星际介质中的丰度越来越大。自

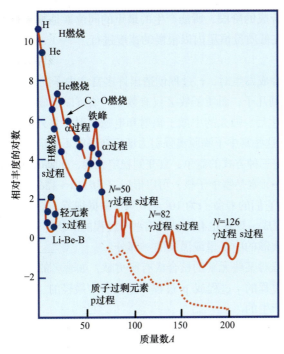

图 1-12 宇宙元素丰度分布与生成核反应对应图

1974年以来,从人造卫星载的宇宙线实验中发现:$Z \geqslant 90$ 的宇宙线化学元素的丰度大于该化学元素的宇宙丰度一个数量级[53],这无疑是来自超新星爆炸的产物,正好说明目前超新星理论是正确的。科学家认为:超新星爆炸或刺激了地球上的生命进化。

2) 超新星爆炸

超新星是恒星发生剧烈爆炸的现象,发生的情况主要是下述两种。第一种是白矮星经由吸收伴星(通常是红巨星)的质量,当它到达钱德拉塞卡极限[指白矮星的最高质量,约为 3×10^{30} kg,是太阳质量的 1.44 倍,以印裔美国科学家钱德拉塞卡(S. Chandrasekhar)的名字命名]之后,进行以核心为基础的爆炸。第二种也是较常见的,是大质量恒星(通常是红巨星)造成的,达到铁的核融合(或燃烧)过程。因为铁是所有元素中束缚能最高的元素之一,也是核融合能产生的释放热能最后一种元素。从此之后,所有的核融合反应开始吸热而使恒星丧失能量,于是恒星的重力迅速地将外面的数层吸入,恒星很快塌缩,然后形成超新星的爆炸。

北京大学科维理天文与天体物理研究所研究员东苏勃领导的一支国际团队发现了史上最强超新星爆发现象,在国际天文学界引起轰动。研究成果发表于2016年1月15日的 Science 杂志上。

3) 元素的融合

超新星爆炸释放出极大的能量,也产生比恒星所能产生的更高的温度。如此的高温营造出的环境使原子量高达 254 的元素也能形成,如锎元素,但在地球上只能由人工合成。在核融合的过程中,恒星核合成所能融合产生的最重元素是镍,同位素的原子量可以达到 56。只有质量最大的那些恒星能制造出原子序数在硅和镍之间的元素,并以超新星爆炸结束恒星的一生。被称为 s 过程的中子俘获过程

超新星爆炸模拟图

科学家观察到的大麦哲伦星云内两个超新星爆炸遗迹

也发生在恒星核合成的阶段，所能产生的最重的同位素是原子量为 209 的铋，但是 s 过程主要是在低质量恒星内以很慢的速度进行。

4) 过程

当超新星核合成发生时，r 过程创造出许多富含中子的重同位素(此时原子核的质量数 A 可达到几千，而质子数 Z 仅有数十，如可以形成 Ge^{1200}、Sn^{2000} 等富中子滴)。当爆炸发生后，强大的中微子辐射和电磁辐射[54]将外部最大的富中子滴吹开，喷射开来。当这些富中子滴脱离强引力场后变得极不稳定，它要通过蒸发中子、自发裂变和 β 衰变三种方式的竞争，衰变到稳定元素，此时可以形成很重的较稳定的化学元素，这些元素是富中子核，可以形成 Z 为 114～126、A 为 294～336 的超重元素，理论预示它们的寿命：τ 为 10^5～10^8 年。根据细节，这些过程在 10 ms[55-58]～0.5 s[59-60]就可以完成。现在也有人认为有些 r 过程的产物并未从超新星中被抛出，反而被吞噬成为残骸的中子星或黑洞的一部分。

还有其他过程对某些元素的核合成有所贡献，如著名的俘获质子的 Rp 过程和导致光致蜕变过程的 γ 过程或 p 过程。重元素中最轻的、中子最少的同位素都是由后者的程序产生的。

一些更为详细的研究推荐中文参考文献[61-65]。

4. 元素形成的另一种机制

[1] 问题的提出

关于化学元素的起源机制，大爆炸理论是唯一的吗？科学在发展，大爆炸理论的问题就出在"在没有昨天的一天，这个奇点发生了一次惊天动地的'大爆炸'"这句话，老师常常被学生问得瞠目结舌。因为从严格意义上来说，根据大爆炸理论，时间本身便产生于大爆炸的那一瞬间，而在此之前是不存在时间概念的，也就无所谓"以前"了。这就涉及平行宇宙(parallel universe)或者称平行世界(parallel world)或多重宇宙(multiverse)的概念。我们已知，被称为"大爆炸理论的四大支柱"之一就是对宇宙微波背景辐射的精细测量[12]。然而，最近科学家对宇宙微波背景辐射的研究成果却对"平行宇宙"做出了证明。

(1) α 是一种电磁耦合力常数，其数值约等于 1/137.0359。按照传统理论，如果 α 值增大或减小 4%，宇宙中的恒星将不能产生碳和氧(也就是在宇宙中将不可能出现任何生命景象)。但是，澳大利亚新南威尔士大学的物理学家韦伯(J. Webb)和他的合作者[66]在这项最新研究中却发现了其中更加复杂的机理：α 值在不同的宇宙方向上，在数十亿年前，存在轻微差异。他们使用位于北半球夏威夷莫纳克亚山顶的凯克望远镜(口径 10 m)，以及位于南半球智利的欧洲南方天文台甚大望远镜(口径 8 m)，对超过 100 个类星体目标进行观测，发现了一个非常奇怪的现象：甚大望远镜获取的数据推算出的 α 值比目前所知的值大约 10 万分之一，而凯克望远镜获取的数据推算出的 α 值比目前所知的值小约 10 万分之一。对此的一种可能解释是：微细结构常数可能在空间中存在连续的变化，而其变化都对生命的存在意义重大。

(2) 2010 年，英国牛津大学著名理论物理学家彭罗斯(R. Penrose)和亚美尼亚 Yerevan 物理研究所的古扎德亚(V. G. Gurzadyan)[67]通过借助对美国宇航局威尔

平行宇宙计算机模拟图

凯克望远镜

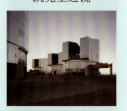

甚大望远镜

韦伯

金森微波各向异性探测器(WMAP)和 B00MERanG98 实验取得的数据研究，在威尔金森微波各向异性探测器的数据中意外地发现了前宇宙的证据：之前的宇宙的大爆炸在此次宇宙中留下了明显的印记！宇宙微波背景辐射产生的时间要远早于大爆炸，这表明宇宙微波背景辐射是大爆炸之前的遗迹，同时也表明宇宙形成的时间可能比之前推测的要早得多。他们还在威尔金森微波各向异性探测器的数据中发现了宇宙微波背景辐射中存在着一种同心圆环结构，这同心圆环结构就意味着宇宙是一个不断连续的永劫循环。彭罗斯解释称，一个宇宙周期终结时会引发新的大爆炸，并产生新的"一世"，也就是一个新的宇宙周期，这样不断循环。此次发现的圆环结构可能就是我们这"一世"宇宙大爆炸前的"上一世"中特大质量黑洞碰撞产生的极度强烈的引力辐射波的印记。

彭罗斯

(3) 伦敦大学学院物理学与天文学系的科学家费尼(S. M. Feeney)和他的科研团队[68]，根据在对宇宙微波背景辐射——大爆炸后效应中的图案进行更进一步详细研究之后，得出了一个令人不可思议的结论：宇宙在遥远的过去曾被其他平行宇宙"推挤"，其他宇宙确实存在，而在宇宙微波背景辐射中发现的 4 个圆形图案很可能就是我们所在宇宙与其他宇宙相撞产生的"伤痕"，这种撞击至少发生了 4 次。这一发现是基于宇宙永恒膨胀理论得出的，该理论认为：如果我们所在的宇宙只是一个更大宇宙中的一个"泡泡"，其他宇宙在物理学方面的特性将与我们所在宇宙存在差异，这些宇宙同时存在。因为在这些宇宙"泡泡"彼此发生相撞的地方会在背景辐射中留下特定的痕迹。

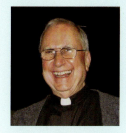

费尼

这些科学发现说明，人类已经可以一窥大爆炸之间的情景了。宇宙微波背景辐射中存在的圆环结构(图 1-13)并不是对大爆炸理论的否定，而是支持可能存在多次大爆炸，即人们生活于一个"循环"的宇宙中——当人们的宇宙终结，标志着一个"世代"(aeon)的结束。但是它会立即引发一次大爆炸，从而产生一个新的"世代"，也就是一个新的宇宙，这样永恒循环。显然，它可以明确解释"在没有昨天的一天，这个奇点发生了一次惊天动地的'大爆炸'"这句话。或许未来更多的发现将改写宇宙起源。

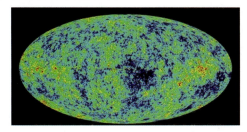 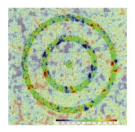

图 1-13　宇宙微波背景辐射图
左图为早先精细测量[16-17]，右图为新测定同心圆环结构[68]

[2] 弦理论

在这样一种研究氛围下，关于元素起源的一种新的自然观——弦理论(string theory，其升级版为超弦理论)诞生了[69-70]。弦理论是理论物理的一个分支学科，该理论的一个基本观点是，自然界的基本单元不是电子、光子、中微子和夸克之类的点状粒子，而是很小很小的线状的"弦"(包括有端点的"开弦"、圈状的"闭弦"或闭合弦)。弦的不同振动和运动就产生出各种不同的基本粒子，可从理论上

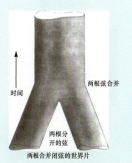

弦理论图示

描述宇宙大爆炸时的宇宙状态。他们认为宇宙最初是从一种理论上的填满空间的"膜"开始演化的,能量与物质是可以转化的,故弦理论并非证明物质不存在。弦理论也是现在最有希望将自然界的基本粒子和四种相互作用力统一起来的理论。下面将以问题的形式简述弦理论的基本概念[69-72]。

1) 弦理论是一个什么概念?

弦理论是与"大爆炸理论"不同的一种新的自然观,认为一维的弦构成了宇宙万物。弦理论的基本概念其实非常简单。回到古希腊时期,人们就一直在思索着物质是由什么构成的,现在人们知道,如果无限地分割某个物体,会得到分子、原子、亚原子。但这是终点吗?它们还可以分为玻色子和费米子,并且一直往下分割下去[73],然而弦理论家认为不是。所有人们今天所知道的基本粒子,如电子、夸克或中微子,都是由一种弦组成的。正如小提琴琴弦不同的振动方式可以奏出不同音高一般,基本粒子也是通过弦的不同振动状态变成电子或夸克的。

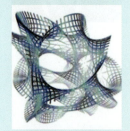

"膜"的一种图示

想象中的超微尺度的弦世界

2) 弦理论的提出和发展如何?

弦理论是在美国麻省理工学院工作的意大利物理学家威尼采亚诺(G. Veneziano)在1968年提出的[74]。当时他想知道在原子核内的粒子的行为,以及构成中子和质子内的夸克是如何束缚在一起的。他找到了一个方程,精确地符合当时的数据,但他并不是太清楚他的数学方程究竟是什么意思。之后美国斯坦福大学的萨斯坎德(L. Susskind)和丹麦哥本哈根玻尔研究所的尼尔森(H. B. Nielsen)等详细分析了该数学方程,他们发现方程可以描述振动的弦。因此,弦理论完全是研究强核力的一次意外发现。

之后,弦理论发生了两次革命,使该理论迅速发展了起来。第一次革命在1984~1985年,起源于格林(M. B. Green)和史瓦兹(J. H. Schwarz)在1984年所展示的Ⅰ型弦理论的反常抵消,这种抵消使得人们认识到弦理论能够描述所有基本粒子及其相互作用[75-77],由此引发很多物理学家将弦理论看作一种能够统一所有物理理论的最具前途的思想,这就是大家所知道的"万物之理"(theory of everything)思想。之后,在20世纪80年代末期到90年代初期,弦理论研究进入历史上的低潮时期。第二次革命在1994~1998年,主要体现在M-理论的发现,而M-理论的革命性很大程度体现在时空观的范式转变上。按照M-理论,时间和空间并不是最基本的,而是从一些更基本的量导出或演化而来的,对弦理论可能导致的时空观改变。

威尼采亚诺

萨斯坎德

3) 弦究竟有多小?

弦非常小,约10^{-35} m。原子也是非常小的(最大的原子是铯,半径为225 pm[78]),如果把原子放大到可观测宇宙那么大,同时把弦也放大到同样的倍数,那么弦只有一棵树那么大(图1-14)。因此,想要直接观测弦是一个巨大的挑战。

4) 为什么弦理论认为空间不止三维?

人们知道基本粒子包括玻色子(光子、胶子等)和费米子(电子、夸克等,图1-15)。最早期的弦理论称为玻色弦理论,只包括了玻色子;而超弦理论(加入了超对称性)不仅以弦的振动解释了玻色子,还解释了费米子。玻色弦理论认为空间维度为二十五维,超弦理论则必须在九维空间才合理。原因在于相对论与量子力学的矛盾

尼尔森

图 1-14　宇宙的尺度

格林

归根结底在于：相对论以几何的视角描述空间的拓扑为连续、光滑(也即不允许奇点的存在)；而量子力学建立在点粒子模型上，同时由于海森堡测不准原理，越小的几何尺寸上就有越大的量子涨落，可以设想在极小尺度(大致在普朗克长度附近)上相对论的"平静水面"与量子力学的"惊涛骇浪"是无法兼容的。弦理论则取消了点粒子结构，"抹平"了量子力学和相对论之间的鸿沟，在引入多维度、对偶操作等数学方法后，能较好地兼容相对论与量子力学，并为奇点问题(如黑洞形成问题、宇宙创世爆炸后普朗克时间内的状态)的解决提供有力的工具。

史瓦兹

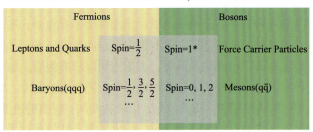

图 1-15　基本粒子
左边为费米子，右边为玻色子

现在人们说起弦理论的时候都指超弦理论。弦理论的维度是从一个不可思议的公式(欧拉 β 函数)推导出来的[75]：

$$T = A(s,t) + A(s,u) + A(t,u) \quad (1\text{-}6)$$

式中，$A(s,t) = g^2 \{\Gamma[-\alpha(s)] \Gamma[-\alpha(t)]\} / \{\Gamma[-\alpha(s) - \alpha(t)]\}$，$g$ 为耦合常数，α 为线性雷琪轨迹。

弦的运动非常复杂，以至于三维空间已经无法容纳它的运动轨迹，必须有高达十维的空间才能满足它的运动，就像人的运动复杂到无法在二维平面中完成，而必须在三维空间中完成一样。

5) 什么是 M-理论？

作为"物理的终极理论"而提议的理论，M-理论希望能借由单个理论解释所有物质与能源的本质与交互关系。

在 1995 年国际弦理论会议上，弦理论和量子场论的顶尖专家威腾(E. Witten，犹太裔美国数学物理学家，菲尔兹奖得主，普林斯顿高等研究院教授)在他的演讲中证明，通过一个高维度的引入，本应无比复杂的超弦理论(九维空间)变成了简单的超引力理论(十维空间)。正当与会者都以为他的结论已经是演讲的高潮时，威腾说道："Oh, there is one more thing."他在演讲的最后指出[79]，他发现在 20 世纪 90 年代中期之前，物理学家找到的相互分离并没有联系五种不同的弦理论，

威腾

它们之间存在一种所谓对偶性的关系网。这些对偶性显示，所有这些模型本质上只不过是同一基本理论的不同表述(图 1-16)，即五种不同的弦理论在本质上被证明是等价的，它们可以从十一维时空的 M-理论导出。他将这个神秘的理论命名为"M-理论"。威腾的发现引发既外向又内在的第二次革命，弦理论演变成 M-理论。

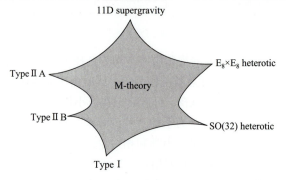

图 1-16　M-理论、五种超弦理论与超引力之间的联系

霍金

霍金与中国公众面对面

《伟大设计》封面

M-理论的成就是卓越的。例如，当其他类型的力不存在时，所有受引力作用的系统都会坍缩成黑洞。地球之所以没有被它自身的重量压垮，是因为构成它的物质很硬，这硬度来源于电磁力。同样，太阳之所以没有坍缩，也只是因为太阳内部的核反应产生了巨大的外向力。假如地球和太阳失去这些力，就会在短短的几分钟之内收缩，且越缩越快。随着收缩，引力会增加，收缩的速度也随之加快，从而将它们吞没在逐步上升的时空弯曲里，变成黑洞。从外部看黑洞，那里的时间好像停止了，不会看到进一步的变化。黑洞所代表的就是受引力作用系统的最终平衡态，该态相当于最大的熵。

2010 年，霍金(S. Hawking)的哲学著作《伟大设计》出版。在这本书中，霍金指出 M-理论是解释宇宙本原的终极理论，是爱因斯坦穷极一生所追寻的统一场理论的最终答案。他指出，"宇宙并非由上帝创造"，而是在物理定律 M-理论的作用下引发大爆炸而形成，"由于存在像地心吸力等，宇宙能够或将可以无中生有，自我创造……无需求上帝去启动宇宙运转"。

6) 什么是膜？

在九维超弦理论中，基本单元是一维的弦。而弦理论家在求解十维空间内的超引力理论的方程式之后发现，基本的解是二维的膜(brane，图 1-17)。人们通常将其命名为 p-膜。例如，p=1 的膜是弦，p=2 的膜是面等。多膜世界的概念[80]就是为了能够把万有引力和其他基本作用力统一起来而提出的，我们这个宇宙可能只是多维空间的一个层面(膜)。这样一来，宇宙的定义就是：在 M-理论中存在无数平行的是膜，膜相互作用、碰撞导致产生四种基本粒子，产生电磁波和物种(宇宙大爆炸的原因)。

7) 弦理论的目标是什么？

弦理论的目标是完成爱因斯坦开始的统一场论[81]。人们知道量子力学和广义相对论在微观和宏观尺度都出色地发挥着作用，但是当人们试图将它们结合的时候就会出现很多问题，而弦理论就是为了协调这两个理论，将它们统一在一起。

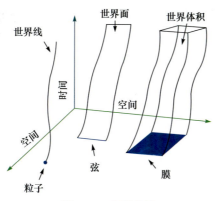

图 1-17 多膜世界

爱因斯坦穷极一生未能得到终极理论的答案

弦理论所要做的就是将人们所理解的物质、能量、时间和空间都统一到一个数学框架中,如此人们就可以用一个理论描述世间万物[65-71]。

8) 为什么总是有部分物理学家对弦理论提出质疑?

虽然弦理论可谓最强大最艰深的一个理论,但它仍然遭受很多批评[82-86],其主要原因就是还没有实验能够验证,如果它没有提出可验证的预言,那么人们就无法验证它是对的或错的。一个好的科学理论除了能够重复旧理论的成功,解释当前遇到的问题,更重要的是做出可检验的预言。

弦理论"检验难题"出现,根源在于一方认为经验检验是检验理论的唯一标准,另一方认为理论检验有着多元的标准。乔笑斐[87]在分析了弦理论中检验难题出现的背景及原因后,对检验一词的含义进行了更加深入的分析,对科学理论的检验给出了一般化的描述。认为解决路径应是接受哲学的检验、解释力检验、一致性检验和经验检验。而弦理论具有科学的众多属性,具有物理学所要求的数学要素、物理学基础、逻辑自洽,实然地满足任一物理学所要求的性质与特征,自然是科学的[88]。当然也得到了哲学家的认同[89]。虽然格林在《宇宙的琴弦》一书中指出了多项关于弦理论可能的实验验证[90],但是由于实验条件的限制,很多都没有办法实现;弦理论虽然解决了一些难题,却引入了更多、更加困难的问题[91]。很难在如此多问题存在的情况下,还能称弦理论是一个一致性的理论。因此,弦理论遭到反对不只在于外部经验无法证实,更重要的是自身内部的一致性问题未得到彻底解决。

9) 弦理论有做出预言吗?

弦理论的确有一些预言,如超对称(图 1-18)。超对称理论认为每一个基本粒

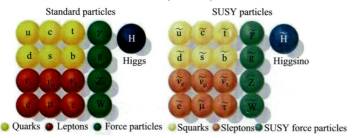

超对称的想象图示

图 1-18 超对称

左边为标准模型粒子,全部都已经发现;右边为超对称粒子,还未发现

子都有一种被称为超对称伙伴的粒子与之匹配。所有的费米子(如夸克和轻子)都有一个玻色子的超对称伙伴(如超夸克和超轻子),以及所有的玻色子(如光子和胶子)都有费米子超对称伙伴(如光微子和超胶子)。虽然大型强子对撞机(LHC)无法直接探测到弦(因为太小了,LHC 远远达不到所需要的能量),但是 LHC 可以探测到这些超对称粒子。如果找到这些粒子,虽然还不能直接证明弦理论是对的,但至少证明人们在对的道路上。

10) 弦理论的新近发展如何?

1998 年之后,弦理论在基本概念的界定上已经趋向稳定。此时,虽然仍有很多问题未能明确,如 M-理论的基础性定义,但是弦理论和 D 膜对邻近科学领域的影响却在不断拓展,其中尤其是对数学、粒子物理的唯象研究以及宇宙学的影响:① 借助 D 膜概念对黑洞量子物理的理解,对于可以在弦理论中实现的黑洞,弦理论既可以解释贝肯斯坦-霍金熵公式,也可以解释黑洞的霍金蒸发和更为细致的灰体谱[92]。② 促进非对易几何的发展[93]。在矩阵理论中可以实现非对易几何[28]和弦理论的时空规范对称[94]。③研究不稳定膜和快子(超光速粒子)。1998 年,森(A. Sen)开始研究弦理论中的非 BPS 态[95]。在他的研究中出现了一些新的不稳定系统,即单个不稳定 D 膜。基于他的研究,快子可以用来有效地描述不稳定膜的衰变。快子甚至被人看成早期宇宙暴胀过程中的暴胀子,驱动宇宙的暴胀过程。④ 建构超弦宇宙学。2000 年开始,加斯佩里尼(M. Gasperini)和威尼兹亚诺(G. Veneziano)等开始用弦理论里的概念和理论(主要是各种膜论)研究宇宙学的一些问题[96-97]。这里涉及的研究方向主要有:人们可以在弦理论中计算宇宙学常数,并解释宇宙学常数为何如此之小;可以阐明宇宙起源的初始奇点,描述膨胀阶段和膨胀之后阶段的宇宙。⑤提出弦理论景观(string theory landscape)。弦理论景观提出弦理论拥有大量不同的真空[98]。2003 年,景观问题被人们广泛接受[99]。

人们认为,就总体而言,弦理论的核心概念是清晰的,同时作为一种理论,它是"被发现的,而不是被发明的"[100],直接与宇宙包括化学元素的形成相关,应该在授课时介绍给本科生,以引起他们对科学的求知欲、好奇心、学习兴趣和培养发散思维。

1.2 新元素的合成——人工核反应

1.2.1 形成元素的基础

1. 原子核的组成

曾经,化学元素被认为是构成物质世界的基本的不可转化的基石。到 20 世纪初,人们才认识到原子不是最基本的,元素的化学性质是由原子核决定的,而且原子核可以通过各种核合成过程相互转化。

1897 年,英国物理学家汤姆孙(J. J. Thomson)发现了比原子更小的微粒——电子[101]。这一石破天惊的发现打开了人类通往原子科学的大门,标志着人类对物质结构的认识进入了一个新的阶段。1919 年卢瑟福(E. Rutherford)发现了质子[102],1932 年查德威克(J. Chadwick)发现了中子[103-104]。从此,人们知道了原子核是由质

汤姆孙

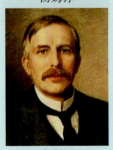

卢瑟福

子和中子组成的(图 1-19)，这两种粒子统称为核子(nucleon)。在放电时 H_2 能产生氢离子 H^+，此时的 H^+ 就是自由质子。一个自由质子不能长期存活，它很快结合一个电子变成一个氢原子。中子通常产生于核反应过程中，它们也不能长期存活，而易与其他的原子核结合。

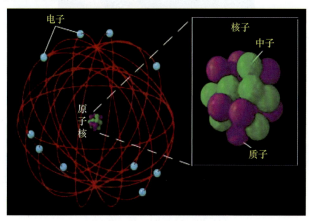

图 1-19　原子核结构模型

查德威克

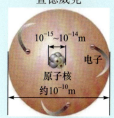

原子和原子核的相对半径

每一种特定的原子核称为一种核素(nuclide)。它表示不同元素的不同原子和同种元素不同原子两层含义。不同的核素具有不同数目的质子数(Z)和中子数(N)。核素中的质子数总是等于原子序数 Z。一个核素的质量数 A 等于质子数与中子数之和：$A=Z+N$。由于质子和中子的摩尔质量均约为 $1\ g\cdot mol^{-1}$，因此 A 在数值上总是接近于该同位素的摩尔质量。例如，氟的摩尔质量为 $18.998\ g\cdot mol^{-1}$，氟的 A 值为 19。一个特定的核素表示方法为：在元素符号的左上角标示出它的 A 值，而在左下角标示出它的 Z 值，即为 ${}^{A}_{Z}X$。例如，${}^{12}_{6}C$、${}^{13}_{6}C$、${}^{14}_{6}C$ 表示碳元素的三种同位素。

从概念上讲：①核素的概念界定了一种原子；②绝大多数元素都包括多种核素，也有的天然元素仅含有一种核素；③核素的种类多于元素的种类，目前发现的 118 种元素共有 2000 多种核素。另外，应该注意到与同位素概念的区别：核素是基于原子核的层面上考虑问题，不仅考虑原子核中中子数与质子数的差异，同时考虑了影响核性质的另一主要因素，即核能态的不同，对原子核的性质描述更深入，涉及核力、核结构及原子核的大小、自旋、宇称、电四极矩等。而同位素则主要关注同一元素不同原子的原子核组成、稳定性以及质量差别等方面的问题。

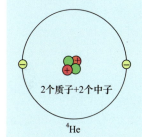

^{4}He

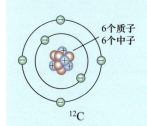

^{12}C

2. 质子与中子比及核素稳定性

质子数 Z 与中子数 N 是核素体系的基本变量，在多年分析核素分布规律实践中人们发现，Z、N 的关系才是理解核素本质的正确方法[21]。核素中质子和中子的比例等于 1 时，最为稳定[28]。属于这一类的核素有：^{4}He、^{12}C、^{16}O、^{20}Ne、^{24}Mg、^{28}Si、^{40}Ca 和 ^{56}Fe 等。随着质量数的增大，这个比例平均后等于 0.60；最重的一个稳定核(^{208}Pb)为 0.65。把已知的原子核素或同位素(包括稳定的和不稳定的)用三维图表示(图 1-20)可以看出，随着核素的质量数的增大(核子总数过多)和这个比例的变小，核素也就越来越不稳定，当比例达到 0.39 时，核素就会自发地进行裂变(一

^{20}Ne

个重核分裂成两个中等重量的核)。

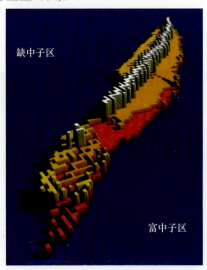

图 1-20　已知原子核素的地图

向下表示核素的质量增大,向右下为质子数增加,向左下为中子数增加;白色的"主干"柱代表在自然界中发现的稳定的核,如在顶部的氢和靠近中心的铀;橙色的"梯田"代表放射性同位素的衰变,以及那些经过衰变的放射性同位素;靠近底部的黄色"山峰"表示发生自发裂变的同位素;框架底部的红色小柱代表人造元素 112

科学家认为 Z、N 关系中核素变量坐标 $S=2Z-N$,差 $K=S-H(H=N-Z)$ 与加 $J=S+K$ 比基本变量 Z、N 更重要。文献[105]报道了变量差 K 与加 J 确定的核素分布区的系列重要结果。核素分类已入选我国《21 世纪 100 个交叉科学难题》第 30 题[106],核素体系由氘氚结团组成的实验证据也正在接踵而来[107-108]。核素分类的研究结果可加快对物质原子核本性的理解。

3. 质量亏损和核结合能

[1] 质量亏损

原子核是核子之间靠核力(nuclear force)结合而成。核力是核子之间的短程强吸引力,作用范围为 2 fm。尽管原子核由质子和中子组成,但其质量总是小于组成它的全部核子的质量和。例如,氘(D)的核素由两个核子(1 个质子和 1 个中子)组成,两个核子的质量和应为 2.0159413 u,而氘核的实际质量却是 2.013552 u,少了 0.0023893 u。核素质量与其组成核子质量和之差称为质量亏损(mass defect),用 Δm 表示。公式 $E=mc^2$ 来自爱因斯坦(A. Einstein)的狭义相对论[109]。

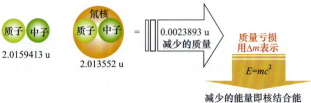

例如,^{2}H 核结合能为

1905 年的爱因斯坦

$$E_B(^2H) = \Delta mc^2 = 931.5 \text{ MeV·u}^{-1} \times 0.0023893 \text{ u} \approx 2.2256 \text{ MeV}$$

式中，常数 931.5 MeV·u^{-1} 是与质量 1 u 对应的能量。

[2] 核结合能

核结合能除以质量数称为平均结合能(average binding energy)，用 ε 表示，指核子结合为核素的过程中每个核子平均释放的能量。ε 值的大小反映了原子核的稳定性，平均结合能越大，原子核越稳定(图 1-21)。其实，任何由更小的粒子组成的系统的质量都小于组成粒子分散时的质量总和，都有相应的结合能。电子与原子核结合成原子的结合能就是原子的电离能，原子或离子结合成晶体也有结合能。核结合能比原子结合能要大得多。图 1-21 曲线最高点的质量数为 56，这个核素就是 ^{56}Fe，它是铁的一种稳定同位素，同位素丰度为 91.8%。铁有 4 种稳定同位素和 6 种放射性同位素，由它们组成的元素铁是在今天地球的条件下最容易见到的。

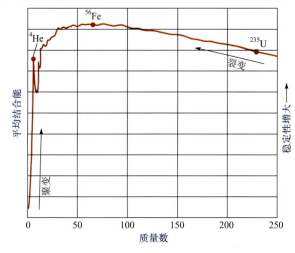

图 1-21　不同核素的平均结合能曲线

可以设想，由于重核裂变为较轻核和轻核聚变为较重核的过程都是放能反应，这种趋势就奠定了核能利用的基础。

1.2.2　原子核反应

1. 核反应的定义

核反应(nuclear reaction)指核素自身导致或入射粒子(如中子、光子、π 介子等或原子核)与原子核(称靶核)碰撞导致的原子核状态发生变化或形成新核的过程。反应前后的能量、动量、角动量、质量、电荷与宇称都必须守恒。核聚变反应是宇宙中早已普遍存在的极为重要的自然现象(图 1-22)。已知现今存在的化学元素除氢以外都是通过天然核反应合成的，在恒星上发生的核反应是恒星辐射出巨大能量的源泉。

原子核通过自发衰变或人工轰击而进行的核反应与化学反应有根本的不同：①化学反应涉及核外电子的变化，但核反应的结果是原子核发生了变化；②化学反应不产生新的元素，但在核反应中一种元素嬗变为另一种元素；③化学反应中各同位素的反应是相似的，而核反应中各同位素的反应不同；④化学反应与化学键有

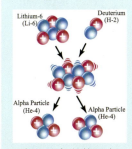

锂-6 和氘的核反应

图 1-22　核聚变计算机模拟图

关, 核反应与化学键无关; ⑤化学反应吸收和放出的能量为 $10\sim10^3$ kJ·mol^{-1}, 而核反应的能量变化在 $10^8\sim10^9$ kJ·mol^{-1}; ⑥在化学反应中反应物和生成物的质量数相等, 但在核反应中会发生质量亏损。

核反应包括自发核反应(放射性衰变)和诱导核反应(核裂变与核聚变)两部分。

2. 放射性衰变——自发核反应

[1] 放射性衰变[110-111]

自然界迄今已知的核素共有 2000 多种, 大多数为不稳定核素, 即放射性核素。它们的原子核是不稳定的, 能自发放射质子和电磁辐射。这种从原子核自发地放射出射线的性质称为放射性(radioactivity), 其过程称为放射性衰变(radioactive decay)。衰变中, 原来的核素(母体)或变为另一种核素(子体), 或进入另一种能量状态。根据发射射线的性质可将最常见的衰变方式分为α衰变、β衰变和γ衰变三大类。

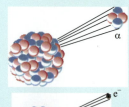

放射性衰变示意图

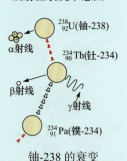

铀-238 的衰变

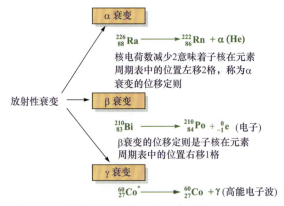

放射性衰变 → α衰变
$^{226}_{88}Ra \longrightarrow ^{222}_{86}Rn + \alpha(He)$
核电荷数减少2意味着子核在元素周期表中的位置左移2格, 称为α衰变的位移定则

放射性衰变 → β衰变
$^{210}_{83}Bi \longrightarrow ^{210}_{84}Po + ^{0}_{-1}e$ (电子)
β衰变的位移定则是子核在元素周期表中的位置右移1格

放射性衰变 → γ衰变
$^{60}_{27}Co^* \longrightarrow ^{60}_{27}Co + \gamma$ (高能电子波)

不同射线在强磁场中的偏离方向不同(图 1-23), 而且穿透力也不同(图 1-24), 对身体的损害也不同。α射线的穿透力最小, 一张纸可挡住; β射线可由铝屏蔽; γ射线穿透力强, 必须使用实质性的障碍, 如一层非常厚的铅, 但仍然不能完全阻挡。辐射会使细胞的生长调节机制受到伤害, 以白血细胞过度生长为特征的白血病可能是由辐射造成的。

由于α衰变和β衰变过程中原子核处于激发态, 因而往往伴随发射γ射线。人工放射性核素还可以有其他衰变方式, 如正电子β$^+$、中子 n、X 射线及 K 电子俘获等。

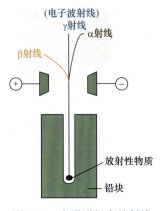

图 1-23　在强磁场中的射线

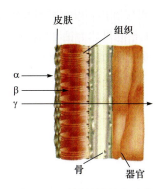

图 1-24　不同射线的穿透力

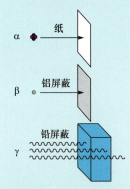

不同射线穿透力的比较

[2] 放射系

放射系(radioactive series)即放射性衰变系列。重放射性核素的递次衰变系列包括三个天然放射系和一个人工放射系,它们彼此独立。这些重放射性核素的核电荷数 Z 都大于 81。自然界存在 3 个天然放射系,其母核半衰期都很长,和地球年龄(约 45.5 亿年)相近或大于地球年龄,因而经过漫长的地质年代后还能保存下来。每一放射系中的核素主要通过α衰变,少数通过β⁻衰变形成亲代联系,且伴随有γ跃迁;少数核素有分支放射衰变,但绝无β⁺衰变或轨道电子俘获;通过 10 余次衰变最后到达稳定的铅同位素。

钍放射系　从 ^{232}Th 开始,经过 10 次连续衰变,最后到稳定核素 ^{208}Pb。该系成员的质量数 A 都是 4 的整倍数,$A=4n$,所以钍系也称 $4n$ 系。

铀放射系　从 ^{238}U 开始,经过 14 次连续衰变,最后到稳定核素 ^{206}Pb(图 1-25)。

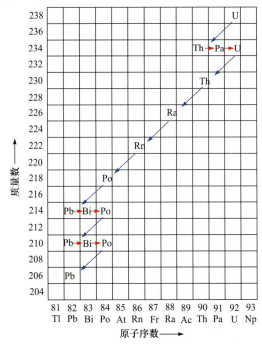

图 1-25　铀放射系

该系成员的质量数 A 都是 4 的整倍数加 2，$A=4n+2$，所以铀系也称 $4n+2$ 系。从图 1-25 可以看出：指向左下方的箭头表示一次α衰变，指向右方的箭头表示一次β衰变。铀系的母体为铀-238，最终形成稳定核素铅-206。

锕放射系 从 ^{235}U 开始，经过 11 次连续衰变，最后到稳定核素 ^{207}Pb。由于 ^{235}U 俗称锕铀，因而该系称为锕系。该系成员的质量数 A 都是 4 的整倍数加 3，$A=4n+3$，所以锕系也称 $4n+3$ 系。

除了上述三个天然放射系之外，还有用核反应方法合成的一个人工放射系——镎系。

镎放射系 该系母体通常是 ^{238}Pu。把 ^{235}U 放在反应堆中照射后，连续俘获 3 个中子，变成 ^{238}U，再经过两次β$^-$衰变，便得到 ^{238}Pu。^{238}Pu 的半衰期是 14.4 a，经过 13 次衰变到 ^{209}Bi。在这个放射系中 ^{237}Np 的半衰期最长，为 $2.14×10^6$ a，所以这个系称为镎系。该系成员的质量数 A 都是 4 的整倍数加 1，$A=4n+1$，因此镎系也称 $4n+1$ 系。

[3] 半衰期

放射性半衰期(radioactive half-time)指放射性原子核素衰变掉一半所需要的统计期望时间。放射性核素的半衰期短至 10^{-6} s，长至 10^{15} a，是放射性核素的固有特性，不会随外部因素(温度、压力等)或该核素化合状态不同而改变。放射性物质的衰变速率与样品的原子数目成正比：

$$-dN/dt = \lambda N \tag{1-7}$$

式中，N 为放射性核素的数目；λ 为速率常数，也称衰变常数，它表示放射性元素在单位时间内的衰变分数。λ 不同，核的稳定程度不同。

积分式(1-7)得

$$\ln N = -\lambda t + \alpha \tag{1-8}$$

式中，α 为积分常数。在开始时 $t=0$，$N=N_0$，代入上式求出

$$\alpha = \ln N_0$$

再代回原式

$$\ln N = -\lambda t + \ln N_0$$

即

$$\ln(N/N_0) = -\lambda t$$

$$N = N_0 e^{-\lambda t} \tag{1-9}$$

式(1-9)表明任何时间 t 时，剩下的放射性核素的数目 N。它是放射性基本定律的数学表达式。更经常用的形式是用半衰期 $T_{1/2}$ 来描述放射性的强度，一般用 τ 表示，即 $t=T_{1/2}$ 或 $t=\tau$。将 $N=N_0/2$ 代入原式得

$$\ln(1/2) = -\lambda t \quad \lambda\tau = \ln 2 \quad \tau = 0.693/\lambda$$

可见半衰期 τ 和 λ 成反比。元素的放射性越强，就是它的衰变常数 λ 越大，它的半衰期就越短。

例如锶-90 发生β衰变，衰变反应的半衰期为 29 a。如果将 10.0 g 锶-90 同位素放

置 29 a，其质量就是 5.0 g；再放置 29 a，就余下 2.5 g 了。其质量随时间的变化曲线见图 1-26。

[4] 核化学方程

上面用于表示各种核变化过程的方程式与化学反应方程不同，称为核化学方程(nuclear chemical equation)。核素的符号之后不需表明状态。书写核化学方程式需要遵循两条规则：方程式两端的质量数之和相等；方程式两端的原子序数之和相等。例如，氯-35 被中子轰击，碰撞产生硫-35 核和质子 $_1^1\text{p}$(或 $_1^1\text{H}$)：

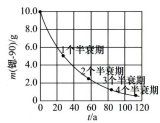

图 1-26 10.0 g 锶-90($T_{1/2}$=29 a) 样品的衰变

$$_{17}^{35}\text{Cl} + _0^1\text{n} \longrightarrow _{16}^{35}\text{S} + _1^1\text{H} \qquad (1\text{-}10)$$

[5] 天然放射性的发现

1) 从发现 X 射线到发现放射性的波折

1896 年初关于 X 射线的消息一经公布，立即在科学界引起了轰动，科学杂志上关于 X 射线性质的报道如雨后春笋，"光"的狂热笼罩了欧美各国的实验室。法国数学家和物理学家庞加莱(J. H. Poincaré, 1854—1912)也好奇地思索着 X 射线的来源。伦琴曾指出：X 射线发生在克鲁克斯管壁上受到阴极射线轰击的部分，这部分玻璃壁的冷光现象格外强烈。庞加莱便据此设想荧光就是 X 射线的根源，所有能强烈发磷光和荧光的物质都有可能发射出这种射线。经过实验，1896 年 2 月他在巴黎科学院的会议上宣读了这项试验结果。这样一来，X 射线的神秘色彩突然消退下去。但是，庞加莱错了。

庞加莱

2) 铀盐放射性的发现

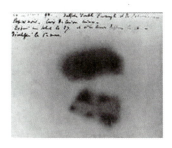

图 1-27 贝克勒尔得到的第一张天然放射感光底片

1896 年 2 月 26 日和 2 月 27 日，法国物理学家贝克勒尔(H. Becquerel, 1852—1908)本打算把包好的铀和感光底片晒太阳，但巴黎多云，阳光时断时续，没有达到理想的实验效果，于是他把材料送回抽屉避光保存。之后几天都是阴天，也未能进行阳光激发实验。到了 3 月 1 日冲洗底片时，因为阳光激发的时间不长，所以他预计磷光强度会很弱，只能看到模糊的影像，想不到却看到非常清晰的影像(图 1-27)，这使他大为惊讶。进一步的实验显示：铀不需要外来的能源如阳光也能发射辐射，由此他发现了放射性，材料自发地发出辐射[112]。

贝克勒尔

贝克勒尔射线的发现是人类第一次发现某些元素自身也具有自发辐射现象，引起了人们对原子核问题的关注。1903 年，贝克勒尔因发现天然放射性现象，与居里夫妇一同获得诺贝尔物理学奖。

3) 放射性的应用

如今放射性的应用已经非常广泛。匈牙利化学家海维西(G. Hevesy, 1885—1966)首次将放射性示踪剂用于化学反应机理和化合物结构的研究，获得了 1943

海维西

利比

年诺贝尔化学奖。美国放射化学家利比(W. F. Libby，1908—1980)巧妙地利用放射性衰变反应半衰期与反应物的起始浓度无关这一性质发明了放射性碳-14 测定年代法(radiocarbon-14 dating)，因此获得 1960 年诺贝尔化学奖。他的放射性碳测年技术为考古学家、人类学家和地球科学家提供了极有价值的手段。另外，放射性示踪剂广泛用于医学诊断和辐射疗法(radiation therapy)，成为人类战胜癌症的一种重要武器(图 1-28)。

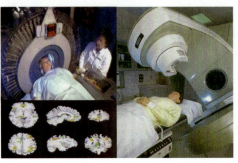

图 1-28　放射性诊断(左)和辐射疗法(右)

3. 诱导核反应

相对于自发核反应，人们把核素获得入射粒子(如中子、光子、π介子等或原子核)碰撞引起的核反应称为诱导核反应。严格讲，诱导核反应还包括后面要讲的核裂变与核聚变。

[1] 中子俘获反应和其他双核反应

中子俘获是一种原子核与一个或者多个中子撞击形成重核的核反应。由于中子不带电荷，它们能够比带一个正电荷的质子更加容易地进入原子核[61]。在宇宙形成过程中，中子俘获在一些质量数较大元素的核合成过程中起到了重要的作用。前面讲过中子俘获在恒星里以快(r 过程)、慢(s 过程)两种形式发生。质量数大于 56 的核素不能够通过热核反应(核聚变)产生，但是可以通过中子俘获产生。

地球的大气层暴露在太阳的辐射中，中子就是太阳辐射的组成粒子，大气中最丰富的核素 ^{14}N 俘获一个中子生成一个不稳定的核素 ^{15}N，该核很快发射一个质子生成 ^{14}C：

$$^{14}_{7}N + ^{1}_{0}n \longrightarrow (^{15m}_{7}N) \longrightarrow ^{14}_{6}C + ^{1}_{1}p \tag{1-11}$$

当 ^{14}N 俘获一个高能量的中子时，便裂解成 ^{12}C 和 ^{3}H：

$$^{14}_{7}N + ^{1}_{0}n \longrightarrow (^{15m}_{7}N) \longrightarrow ^{12}_{6}C + ^{3}_{1}H \tag{1-12}$$

中子俘获反应的进行取决于核素的一个原子核对中子发生俘获反应的概率，在核物理中称为中子微观俘获截面。物质是由一种或多种元素的巨大数量的原子所构成的。在核物理中，还有一个描述单位体积物质对中子的总俘获截面的参数，这就是物质的中子宏观俘获截面Σ：1 cm³ 均匀物质所含全部原子的中子微观俘获截面的总和，称为该物质的中子宏观俘获截面(图 1-29)。

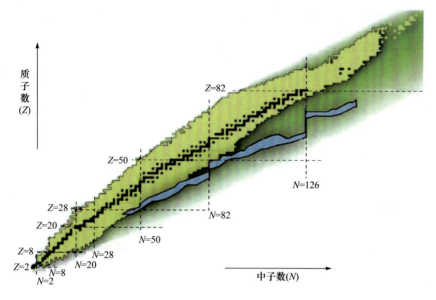

图1-29 显示出热中子俘获截面的核素图

虽然中子容易诱发核反应，但它们总产生高 N/Z 值的核素。为了产生低 N/Z 值的不稳定核素，必须往原子核中加入质子。可是质子是带正电荷的，这就要求作为轰击粒子的质子必须有很高的动能，方可克服两个带正电荷粒子之间的排斥作用：

$$^{14}_{7}N + ^{4}_{2}He \longrightarrow (^{18m}_{9}F) \longrightarrow ^{17}_{8}O + ^{1}_{1}H \tag{1-13}$$

这类核反应称为双核反应。

[2] 人工核反应

人工核反应是指通过人为的方式利用射线(通常是用高速α粒子)轰击某些元素的原子核，使之发生核反应。最早的人工核反应当属 1919 年卢瑟福用 ^{214}Po 释放的 α 粒子轰击 ^{14}N 的反应[式(1-13)]。

1919~1932 年间，人们用天然放射性核素释放的 α 粒子轰击 B、C、O、F、Na、Al、P 等，实现了一系列人工核反应，并得到了许多自然界没有的放射性核素，也称人造同位素。在这些人工核反应中，特别值得一提的是 1930 年用 α 粒子轰击铍-9 的反应，该核反应的实施导致了中子的发现：

$$^{9}_{4}Be + ^{4}_{2}He \longrightarrow ^{12}_{6}C + ^{1}_{0}n \tag{1-14}$$

1934 年，居里夫妇用 α 粒子轰击 ^{27}Al 得到了自然界不存在的同位素 ^{30}P，开创了人造核素的先河：

$$^{27}_{13}Al + ^{4}_{2}He \longrightarrow ^{30}_{15}P + ^{1}_{0}n \tag{1-15}$$

这也是第一次由人造核素获得放射性，后称这种现象为人工放射性(artificial radioactivity)。

玛丽·居里原名玛丽亚·斯克沃多夫斯卡·居里(M. S. Curie, 1867—1934)，波兰裔法国籍女物理学家、放射化学家。1903 年和丈夫皮埃尔·居里及贝克勒尔共同获得了诺贝尔物理学奖，1911 年又因放射化学方面的成就获得诺贝尔化学奖。

居里夫妇在实验室

迈特纳

居里夫人是第一位荣获诺贝尔奖的女性科学家，也是第一位两次荣获诺贝尔奖的伟大科学家！

[3] 核裂变与核聚变

1) 核裂变

核裂变(nuclear fission)又称核分裂，是大核分裂为小核的过程。核裂变是由迈特纳(L. Meitner，1878—1968)、哈恩(O. Hahn，1879—1968)及弗里施(O. R. Frisch，1904—1979)等科学家在1938年发现的。核裂变会将化学元素变成另一种化学元素，因此核裂变也是核迁变的一种。所形成的两个原子质量会有些差异，以常见的可裂变物质同位素而言，形成两个原子的质量比约为 3∶2[113]。只有一些质量非常大的原子核如铀(U)、钍(Th)等才能发生核裂变。这些原子的原子核在吸收一个中子以后会分裂成两个或更多个质量较小的原子核，同时放出2~3个中子和很大的能量，又能使其他原子核接着发生核裂变……使过程持续进行下去，这种过程称为链式反应(chain reaction)。原子核在发生核裂变时，释放出的巨大能量称为原子核能，俗称原子能。1 t 铀-235 的全部核的裂变将产生 20000 MW·h 的能量(足以让 20 MW 的发电站运转 1000 h)，与燃烧 300 万吨煤释放的能量一样多。铀裂变在核电厂最常见，加热后铀原子放出 2~4 个中子，中子再撞击其他原子，从而形成链式反应而发生自发裂变(图 1-30)。撞击时除放出中子外还会放出热，再加快撞击，但如果温度太高，反应炉会熔掉，而演变成反应炉熔毁的严重事故，因此通常会放置控制棒(由硼制成)吸收中子以降低分裂速度。

哈恩

弗里施

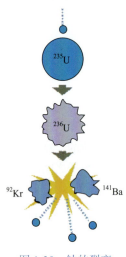

图 1-30　铀的裂变

迈特纳(L. Meitner，1878—1968)是一位奥地利裔瑞典籍原子物理学家。她的众多成绩中最重要的是她第一个理论解释了哈恩1938年发现的核裂变。1947年获得维也纳科学荣誉奖，她是奥地利科学院的第一位女院士，获得多个大学的荣誉博士学位。1949 年获得普朗克奖章，1955 年获得哈恩化学和物理学奖，1966 年获得费米奖。第 109 号元素以她命名。在德国和奥地利有多所研究所和中学以她命名。

迈特纳三次提名诺贝尔物理学奖，但始终未获奖。作为一个坚定的和平主义者，迈特纳拒绝了美国向她发出的参加曼哈顿计划的多次邀请，战时她一直留在瑞典。1960 年她移居到剑桥与她的侄子住在一起。至死她都在争取和平利用核裂变。她被爱因斯坦称为"德国的居里夫人"，赴美国客席讲课时被誉为"原子弹之母"。

她说："我爱物理，我很难想象我的生活中没有物理会怎样。这是一种非常亲密的爱，就好像爱一个对我帮助很多的人一样。我往往自责，但作为一个物理学家，我没有愧对良心的地方。"

U-235 的裂变反应在一定条件下会以链式反应的方式呈现。发生链式裂变反应的条件有两个：一是 U-235 的浓度足够大；二是总质量足够大。为了满足这两

迈特纳和哈恩在实验室

个条件，必须从天然铀中分离或浓缩 U-235，得到纯 U-235 或浓缩铀(U-235 占 3%以上)；另外，发生裂变的样品的总质量必须达到一个所谓的临界质量(critical mass，铀-235 的临界质量约为 1 kg)，以使 U-235 裂变产生的中子不能飞离样品。若样品是达到临界质量的纯铀，链式反应迅速延续，在几微秒时间内放出大量能量，发生爆炸，即原子弹的爆炸原理。一个重原子核分裂成为两个(或更多个)中等质量的碎片的现象称为裂变，按分裂的方式裂变可分为自发裂变和感生裂变。自发裂变是没有外部作用时的裂变，类似于放射性衰变，是重核不稳定性的一种表现；感生裂变是在外来粒子(最常见的是中子)轰击下产生的裂变。

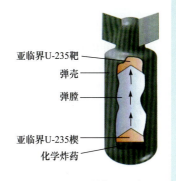

图 1-31　原子弹装置示意图

任何有核反应堆的国家都不难得到爆炸级的裂变材料，原子弹的基本设计(图 1-31)又如此简单，从而为防止核武器扩散带来了困难。1964 年 10 月 16 日 15 时，中国在本国西部地区爆炸了一颗原子弹，继美国、苏联、英国、法国之后，成为世界第五个拥有核武器的国家。

不得不提的人间悲剧

1945 年 8 月 6 日上午 9 时多，一架美国空军 B-29 重型轰炸机向日本广岛投下一颗原子弹("小男孩")。45 s 后，它在离地 600 m 的空中爆炸，一团巨大的蘑菇云徐徐腾飞……于是，广岛成了地狱。大多数的估计认为在广岛约有 7 万人立即因核爆炸所致的 3500℃高温而熔化，包括时任广岛市长的栗屋仙吉。到 1945 年年底，因烧伤、辐射和相关疾病影响的死亡人数有 9 万~14 万。1950 年年底，由于癌症和其他的长期并发症，共有 20 万人死亡[114]。9 日 10 时多，两架美国空军 B-29 重型轰炸机自熊本县天草方向北进，经岛原半岛西部橘湾上空进入长崎市上空，11 时 2 分投下另一颗原子弹("胖子")，导致大量人员伤亡、建筑物被毁，但较之广岛被害程度轻。几十年后，许多日本人仍然生活在原子弹的阴影之下。

这正应了美国应用数学家、控制论之父维纳(N. Wiener, 1894—1964)指出的技术之于人所具有的"利弊共存性"名言。他说："新工业革命是一把双刃刀(剑)，它可以用来为人类造福……也可以毁灭人类。"[115]

自在日本广岛和长崎使用核武器以来，世界进入了核时代。一场核战争会使全人类遭受浩劫，因而需要竭尽全力避免发生这种战争的危险并采取措施以保障各国人民的安全，扩散核武器将使发生核战争的危险严重增加，防止此类转用的问题就成为了关于和平利用核能的中心议题。1968 年 7 月 1 日，英国、美国、苏联等 59 个国家分别在伦敦、华盛顿和莫斯科缔结签署了一项国际条约，即《不扩散核武器条约》(Treaty on the Non-Proliferation of Nuclear Weapons, NPT)又称《防止核扩散条约》或《核不扩散条约》。该条约共 11 项条款，其宗旨是防止核扩散，推动核裁军和促进和平利用核能的国际合作。该条约于 1970 年 3 月正式生效。截至 2003 年 1 月，条约缔约国共有 186 个。中国于 1991 年 12 月 28 日决定加入该

1964 年中国第一颗原子弹爆炸成功的纪念邮票

代号"小男孩"的原子弹

代号"胖子"的原子弹

维纳

公约,1992 年 3 月 9 日递交加入书,同时对中国生效。

2) 核聚变

核聚变(nuclear fusion)又称核融合、融合反应或聚变反应,是使两个较轻的核在一定条件下(如超高温和高压)发生原子核互相聚合作用,生成新的质量更重的原子核并伴随着巨大的能量释放的一种核反应形式(图 1-32)。核聚变是给活跃的或"主序的"恒星提供能量的过程。核聚变时轻核需要能量来克服库仑势垒,当该能量来自高温状态下的热运动时,聚变反应又称热核反应。该反应在 $4×10^7$℃条件下即可进行,原子弹爆炸可以提供这样的高温。氢弹就是利用装在其内部的一个小型铀原子弹爆炸产生的高温引爆的。核聚变程序于 1932 年由澳大利亚物理学家欧力峰(M. Oliphant,1901—2000)所发现。

1945 年原子弹在广岛爆炸前后对比图

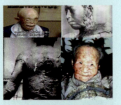

日本原子弹爆炸后的幸存者

欧力峰

氢弹装置

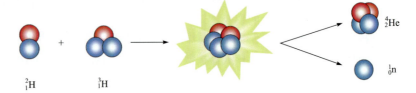

图 1-32　氘、氚核聚变示意图

热核反应或原子核的聚变反应是当前很有前途的新能源。相较于核裂变发电,核聚变发电具有明显的优势:①核聚变释放的能量比核裂变更大;②无高端核废料,不对环境造成大的污染;③燃料供应充足,地球上重氢有 10 万亿吨(每升海水中含 30 mg 氘,而 30 mg 氘聚变产生的能量相当于 300 L 汽油)。

目前人类已经可以实现不受控制的核聚变,如氢弹的爆炸,也可以触发可控制核聚变,只是输入的能量大于输出或发生时间极短。但是要想能量可被人类有效利用,必须能够合理控制核聚变的速度和规模,实现持续、平稳的能量输出,而触发核聚变反应必须消耗能量(温度要达到上亿摄氏度),因此人工核聚变所产生的能量与触发核聚变的能量要到达一定的比例才能有经济效应。科学家正努力研究如何控制核聚变,但是还有很长的路要走。目前主要的几种可控核聚变方式有:超声波核聚变、激光约束(惯性约束)核聚变、磁约束核聚变(托卡马克、仿星器、磁镜、反向场、球形环等)。2010 年 2 月 6 日,美国利用高能激光实现核聚变点火所需条件。

根据 2014 年 2 月 12 日 *Nature* 杂志报道,美国能源部所属国家研究机构劳伦斯利福摩尔国家实验室(Lawrence Livermore National Laboratory,LLNL)的研究团队首次确认,使用高功率激光进行的核聚变实验,从燃料所释放出来的能量超出投入的能量。

1967 年 6 月 17 日中国第一颗氢弹爆炸成功

1.2.3　人工核反应技术

欲合成出新的核素必须要进行人工核反应。现在核科学家利用加速器和原子核反应堆,已经实现了上万种核反应,由此获得千余种放射性同位素和各种介子、超子、反质子、反中子等粒子。

1. 回旋粒子加速器[116]

自卢瑟福 1919 年用天然放射性元素放射出来的 α 射线轰击氮原子首次实现元素的人工转变以后，物理学家就认识到，要想认识原子核必须和粒子进行同步的研究。粒子加速器(particle accelerator)是用人工方法产生高速粒子的装置，是探索原子核和粒子的性质、内部结构和相互作用的重要工具。

[1] 结构

粒子加速器(图 1-33)一般包括 3 个主要部分：①粒子源，用以提供所需加速的粒子，有电子、正电子、质子、反质子以及重离子等；②真空加速系统，其中有一定形态的加速电场，并且为了使粒子在不受空气中的分子散射的条件下加速，整个系统放在真空度极高的真空室内；③导引、聚焦系统，用一定形态的电磁场引导并约束被加速的粒子束，使之沿预定轨道接受电场的加速。这些都要求高精尖技术的综合和配合。

全超导托卡马克(EAST)"东方超环"全超导非圆截面核聚变实验装置

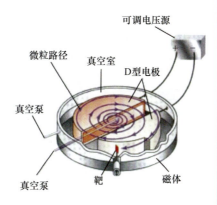

图 1-33 回旋粒子加速器的构造

加速器的效能指标是粒子所能达到的能量和粒子流的强度(流强)。按照粒子能量的大小，加速器可分为低能加速器(能量小于 10^8 eV)、中能加速器(能量在 10^8～10^9 eV)、高能加速器(能量在 10^9～10^{12} eV)和超高能加速器(能量在 10^{12} eV 以上)。

[2] 形成历程

粒子加速器最初是作为人们探索原子核的重要手段而发展起来的。其发展历史概括如下：①1919 年，卢瑟福用天然放射源实现了历史上第一个人工核反应，激发了人们用快速粒子束变革原子核的强烈愿望。②1928 年，伽莫夫关于量子隧道效应的计算表明，能量远低于天然射线的 α 粒子也有可能透入原子核内，该研究结果进一步增强了人们研制人造快速粒子源的兴趣和决心。③1930 年，劳伦斯(E. O. Lawrence)制作了第一台回旋加速器，这台加速器的直径只有 10 cm。随后，劳伦斯指导他的研究生利文斯顿(M. S. Livingston)用黄铜和封蜡作真空室，建造了一台直径 25 cm 的较大回旋加速器，其被加速粒子的能量可达到 1 MeV。几年后，他们用由回旋加速器获得的 4.8 MeV 氢离子和氘束轰击靶核产生了高强度的中子束，还首次得到了 ^{24}Na、^{32}P 和 ^{131}I 等人工放射性核素。④1932 年，科克罗夫特(J. D. Cockroft)和瓦尔顿(E. T. S. Walton)在英国的卡文迪许实验室开发制造了 700 kV 高压倍加速器加速质子，即 Cockroft-Walton 加速器，实现了第一个由人工加速的粒子引起的 Li(p, α)He 核反应。由多级电压分配器(multi-step voltage divider)产生恒定的梯度直流电压，使离子进行直线加速。⑤1940 年，克斯特(D. W. Kerst)利用电磁感应产生的涡旋电场发明了新型的电子感应加速器(betatron)。它是加速电子的圆形加速器，与回旋加速器的不同之处是，通过增加穿过电子轨道的磁通量(magnetic flux)完成对电子的加速作用，电子在固定的轨道中运行，其最大能量限制在几百兆电子伏特内。⑥1945 年，麦克米伦(E. M. Mc-Millan)等提出了谐振

直线粒子加速器

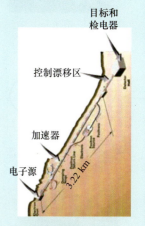

直线加速器切面图

— 33 —

化学元素新论

费米国家加速器实验室的俯视图

劳伦斯制作的第一台回旋加速器

费米

费米构想的地球加速器

世界上第一台对撞机

加速中的自动稳相原理,从理论上提出了突破回旋加速器能量上限的方法,从而推动了新一代中高能回旋谐振式加速器如电子同步加速器、同步回旋加速器和质子同步加速器等的建造和发展。

中国粒子加速器的发展始于20世纪50年代末期,先后研制和生产了高压倍加速器、静电加速器、电子感应加速器、电子和质子直线加速器、回旋加速器等加速器,80年代以来,陆续建设了三大高能物理研究装置——北京正负电子对撞机、兰州重离子加速器和合肥同步辐射装置(图1-34)。2000年以后,国家和地方政府合作,花费巨资兴建了大科学装置上海同步辐射光源。

图1-34 中国的各种粒子加速器

2. 粒子对撞机

粒子对撞机(particle collider)是在高能同步加速器基础上发展起来的一种装置,主要作用是积累并加速相继由前级加速器注入的两束粒子流,到一定强度及能量时使其进行对撞,以产生足够高的反应能量。这就好比用一只运动的玻璃小球去撞一只静止的玻璃小球,运动球的能量一部分要转化为静止球的动能,余下的能量才导致球的破坏。如果两球以相同能量对撞,造成破坏的有效能量就大大提高了。对撞机就是为了提高粒子加速器产生的粒子撞击有效能量而建造的,它可以看作实现高能粒子对撞的加速器。

[1] 原理

用高能粒子轰击静止靶(粒子)时,只有质心系中的能量才是粒子相互作用的有效能量,它只占实验室系中粒子总能量的一部分。著名的意大利物理学家费米(E. Fermi)在1954年曾提出质心系能量 $E_{cm}=3$ TeV 的加速器设想,那时还没有对撞机的概念[117]。而为了得到 $E_{cm}=3$ TeV,需要用 $E=5000$ TeV 的束流与静止靶中的质子相互作用,如采用2 T的主导磁场,5000 TeV同步加速器的偏转半径约为8000 km,比地球半径还要大。当时估算这台地球加速器的造价为1700亿美元,需要40年才能建成。显然,这只能是一个梦想。

> 费米(E. Fermi, 1901—1954)是意大利裔美籍物理学家,出生于意大利首都罗马。他在中学时代就展现了数学和物理方面的才能。1918年获得比萨高等师

范学校的奖学金。四年之后他在比萨大学获得了物理学博士学位，导师是普契安提教授。因为证明了可由中子辐照而产生的新放射性元素的存在，以及有关慢中子(slow neutron)透过核分裂产物衰变所释放的中子引发的核反应的发现，荣获1938年诺贝尔物理学奖。

费米被公认为20世纪首席物理大师之一，对于理论物理学和实验物理学均做出了重大贡献。他首创的β衰变理论是弱相互作用理论的先导，他负责设计建造了世界首座自持续链式裂变核反应堆。他还是曼哈顿计划的主要领导者。他与奥本海默(R. Oppenheimer)共同被尊称为"原子弹之父"。以他的名字命名的有费米黄金定则、费米-狄拉克统计、费米子、费米面、费米液体及费米常数等。

他还是一位杰出的教师。他的学生中有六位获得了诺贝尔物理学奖。为了纪念这位物理学家，美国费米国家加速器实验室(FNAL)、芝加哥大学的费米研究所以及100号化学元素镄都以他的名字命名。

北京正负电子对撞机

质子-质子对撞机

电子-质子对撞机

重离子对撞机

对撞机能实现"费米之梦"：在打静止靶的情况下，有效作用能 $E_{cm} \approx \sqrt{2E_0 E}$，即大部分能量浪费在对撞粒子及其产物的动能上，其中 E_0 为粒子的静止能量。对撞机可使束流的能量得以充分利用($E_{cm}=2E$)。在高能加速器中，E 远大于 E_0，因此对撞机可以大大提高有效作用能量。美国费米国家加速器实验室的 Tevatron 已实现 019 TeV 质子和 019 TeV 反质子的对撞，把质心系能量推进到 118 TeV，离"费米之梦"的 3 TeV 已近在咫尺。而欧洲核子研究组织建造的大型强子对撞机把质子加速到了 7 TeV 并进行对撞，质心系能量达 14 TeV、对撞机周长 27 km，远小于"地球加速器"的周长。

对撞机"开足马力"后，能把数以百万计的粒子加速至将近每秒30万千米，相当于光速的 99.9999991%。粒子流每秒可在周长为 26.659 km 的隧道内狂飙 11245 圈。单束粒子流能量可达 7 万亿电子伏特，相当于质子静止质量所含能量的 7000 倍。运行方向相反的两束高速粒子流一旦对撞，碰撞点将产生极端高温，最高相当于太阳中心温度的 10 万倍。

[2] 对撞机的种类

按照对撞粒子的类型(表 1-3)[118]，对撞机可分为电子对撞机(e^+e^-、e^-e^- 或 $e^+e^\pm$)、质子-质子(pp)对撞机、电子-质子对撞机(ep)和重离子对撞机等；按照对撞机的形状，又有环形(单环或双环)与线形之分。从能量和规模看，第一台对撞机 AdA 质心系能量为 15 GeV、周长约 4 m，只有桌面大小；而现代大型加速器的质心系能量最高为 14 TeV、周长 27 km，整个设施犹如一座小城镇，造价高达 30 亿美元以上。

表 1-3 一些国家和组织的对撞机种类

国家或组织	名称	类型	质心系能量/GeV	建成时间
美国	CBX	e^+e^-，双环	1.0	1963
	CEA	e^+e^-，单环	6.0	1971
	SPEAR	e^+e^-，单环	5.0	1972

续表

国家或组织	名称	类型	质心系能量/GeV	建成时间
美国	CESR	e^+e^-，单环	12	1979
	PEP	e^+e^-，单环	30	1980
	Tevatron	pp，双环	1800	1987
	SLC	e^+e^-，直线	100	1989
	PEP-II	e^+e^-，双环	10.6	1999
	RHIC	重离子，双环	200/u	1999
苏联	VER-1	e^+e^-，单环	0.26	1963
	VEPP-2	e^+e^-，单环	1.4	1973
	VEPP-4	e^+e^-，单环	14	1979
欧洲核子研究组织	ISR	pp，双环	63	1971
	SppS	pp，单环	630	1981
	LEP	e^+e^-，单环	200	1989
	LHC	pp，双环	14000	2007
德国	DORIS	e^+e^-，双环	6.0	1974
	PETRA	e^+e^-，单环	38	1978
	HERA	e^-p，双环	160	1992
意大利	AdA	e^+e^-，单环	0.5	1962
	ADONE	e^+e^-，单环	3.0	1969
	DAΦNE	e^+e^-，双环	1.02	1997
法国	ACO	e^+e^-，单环	1.0	1966
	DCI	$e^+e^\pm$，双环	3.6	1976
日本	Tristan	e^+e^-，单环	60	1986
	KEKB	e^+e^-，双环	10.6	1999
中国	BEPC	e^+e^-，单环	5.0	1988

3. 核反应堆

与将原子能用于原子弹不同，第二次世界大战结束后，科学家迅速将原子能的利用转向和平用途。

[1] 原理

核反应堆(nuclear reactor)是一种启动、控制并维持核裂变或核聚变链式反应的装置。相对于核武器爆炸瞬间所发生的失控链式反应，在反应堆之中，核变的速率可以得到精确控制，其能量能够以较慢的速度向外释放，供人们利用。和传统的热电站一样，核电站也是通过蒸汽机驱动发电机发电。但是在核电站里，热能是由核裂变的碎片的反冲能转化而来的。图1-35为其工作原理示意图。

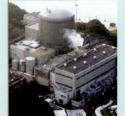

核能发电厂

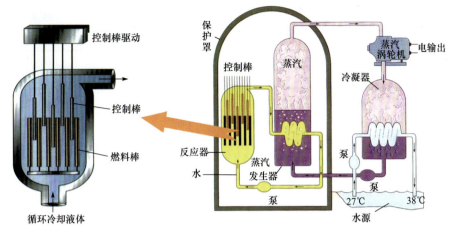

图 1-35　核反应堆工作原理示意图

显然，在反应堆里热能主要有以下几个来源：①反应碎片通过和周围原子的碰撞，把自身的动能传递给周围的原子；②裂变反应产生的 γ 射线被反应堆吸收，转化为热能；③反应堆的一些材料在中子的照射下被活化，产生一些放射性的元素，这些元素的衰变能转化为热能。这种衰变热会在反应堆关闭后仍然存在一段时间。

核反应堆有许多用途，当前最重要的用途是产生热能，用以代替其他燃料加热水产生蒸汽发电或驱动航空母舰等设施运转。

[2] 简要历程

人类历史上公认的第一个核反应堆是由费米于 1942 年在芝加哥大学负责设计建造的第一个核子反应炉 Chicago Pile-1，属于曼哈顿计划的一部分，输出功率仅为 0.5 W。1954 年，苏联建成了世界上第一座纯民用的奥布宁斯克原子能发电站，装机容量为 5 MW。1960 年，美国制造了 8 座输出达 2 MW 的携带型核子反应堆 Alco PM-2A 供应其陆军在格陵兰的 Camp Century 计划使用。1972 年，法国工人们在非洲加蓬的奥克洛地区发现了输出达 100 kW 的 20 亿年前天然核反应堆。截至 2017 年 8 月，全世界拥有 447 个核电机组，总装机容量超过 390 GW，另有超过 60 个核电机组正在建设中，计划建造的则超过 160 个 (表 1-4)[119]。

Chicago Pile-1

瑞士洛桑联邦理工学院（EPFL）内的小型研究型核反应堆 CROCUS 的堆芯

表 1-4　世界核电反应堆概况

国家	2016 年核发电量		可运行机组		正在运行机组		计划建造的机组		意向建造的机组	
	发电量/TWh	占比总发电量/%	数量	净功率/MW	数量	功率/MW	数量	功率/MW	数量	功率/MW
阿根廷	7.7	5.6	3	1627	1	27	2	1950	2	1300
亚美尼亚	2.2	31.4	1	376	0	0	1	1060	0	0
孟加拉国	0	0	0	0	0	0	2	2400	0	0
白俄罗斯	0	0	0	0	2	2388	0	0	2	2400

续表

国家	2016年核发电量		可运行机组		正在运行机组		计划建造的机组		意向建造的机组	
	发电量/TWh	占比总发电量/%	数量	净功率/MW	数量	功率/MW	数量	功率/MW	数量	功率/MW
比利时	41.3	51.7	7	5943	0	0	0	0	0	0
巴西	15.9	2.9	2	1896	1	1405	0	0	4	4000
保加利亚	15.8	35	2	1926	0	0	0	0	1	1200
加拿大	97.4	15.6	19	13553	0	0	2	1500	0	0
智利	0	0	0	0	0	0	0	0	4	4400
中国	210.5	3.6	37	33657	20	22006	40	46700	143	164000
捷克	22.7	29.4	6	3904	0	0	2	2400	1	1200
埃及	0	0	0	0	0	0	2	2400	2	2400
芬兰	22.3	33.7	4	2764	1	1720	1	1250	0	0
法国	384	72.3	58	63130	1	1750	0	0	0	0
德国	80.1	13.1	8	10728	0	0	0	0	0	0
匈牙利	15.2	51.3	4	1889	0	0	2	2400	0	0
印度	35	3.4	22	6219	6	4350	19	17250	46	52000
印度尼西亚	0	0	0	0	0	0	1	30	4	4000
伊朗	5.9	2.1	1	915	0	0	4	2200	7	6300
以色列	0	0	0	0	0	0	0	0	1	1200
意大利	0	0	0	0	0	0	0	0	0	0
日本	17.5	2.2	42	39952	2	2756	9	12947	3	4145
约旦	0	0	0	0	0	0	0	0	2	2000
哈萨克斯坦	0	0	0	0	0	0	0	0	3	1800
朝鲜	0	0	0	0	0	0	0	0	1	950
韩国	154.2	30.3	24	22505	3	4200	2	2800	6	8800
立陶宛	0	0	0	0	0	0	0	0	2	2700
马来西亚	0	0	0	0	0	0	0	0	2	2000
墨西哥	10.3	6.2	2	1600	0	0	0	0	3	3000
荷兰	3.8	3.4	1	485	0	0	0	0	0	0
巴基斯坦	5.1	4.4	5	1355	2	2322	0	0	0	0
波兰	0	0	0	0	0	0	6	6000	0	0
罗马尼亚	10.4	17.1	2	1310	0	0	2	1440	0	0
俄罗斯	179.7	17.1	35	26865	7	5904	26	28390	22	21000
沙特阿拉伯	0	0	0	0	0	0	0	0	16	17000

续表

国家	2016年核发电量		可运行机组		正在运行机组		计划建造的机组		意向建造的机组	
	发电量/TWh	占比总发电量/%	数量	净功率/MW	数量	功率/MW	数量	功率/MW	数量	功率/MW
斯洛伐克	13.7	54.1	4	1816	2	942	0	0	1	1200
斯洛文尼亚	5.4	35.2	1	696	0	0	0	0	1	1000
南非	15.2	6.6	2	1830	0	0	0	0	8	9600
西班牙	56.1	21.4	7	7121	0	0	0	0	0	0
瑞典	60.6	40	8	8376	0	0	0	0	0	0
瑞士	20.3	34.3	5	3333	0	0	0	0	3	4000
阿联酋	0	0	0	0	4	5600	0	0	10	14400
英国	65.1	20.4	15	8883	0	0	11	15600	2	2300
美国	805.3	19.7	99	99647	4	5000	16	5600	19	28500
越南	0	0	0	0	0	0	4	4800	6	7100

秦山核电站

大亚湾核电站

山东海阳核电站

岭澳核电站

中国的部分核电站

为了改变地区能源分布不平衡的状况和改善商品能源的总体结构，我国于1982年决定采取稳妥、积极发展核电的方针，计划到2021年，将核电装机容量提高到58 GW，在建机组装机容量达到30 GW。自2002年以来，中国已建成并投入运行的新核电机组超过30个，并且有20多个新机组在建，其中包括世界首批4台西屋AP1000机组以及1个高温气冷堆示范电厂。中国正在以国产核电反应堆设计进入国际市场，核反应堆技术研发也在全球首屈一指。

[3] 问题所在

随着石油和煤炭资源日渐稀缺，核能发电受到各国政府的普遍重视。与此同时，处理核能发电产生的放射性废物、高昂的建造及安全成本成为核能发展的障碍，它们被称为发展核反应堆的三只"拦路虎"。而担忧切尔诺贝利事件[120]和日本福岛第一核电站事故[121]再次发生则是最主要的心理及社会障碍。

切尔诺贝利核泄漏事件

1986年4月26日，位于乌克兰基辅市郊的切尔诺贝利核电站由于管理不善和操作失误，四号反应堆爆炸起火(图1-36)，致使大量放射性物质泄漏。西欧各国及世界大部分地区都测到了核电站泄漏出的放射性物质。31人死亡，237人受到严重放射性伤害。之后的15年内有6万~8万人死亡，13.4万人遭受各种程度的辐射疾病折磨(图1-37)，方圆30 km的11.5万多民众被迫疏散。减产2000万吨粮食，距电站7 km内的树木全部死亡。此后半个世纪内，事发地10 km内不能耕作放牧，100 km内不能生产牛奶。核污染飘尘给邻国也带来严重灾难。这是世界上最严重的一次核污染。切尔诺贝利因此被称为"鬼城"[122]。

图 1-36 燃烧着的四号机组

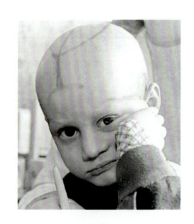
图 1-37 核辐射 25 年后的儿童

日本福岛第一核电站事故

无独有偶，2011 年 3 月 11 日日本当地时间 14 时 46 分，日本东北部海域发生里氏 9.0 级地震并引发海啸，造成福岛第一核电站 1～4 号机组发生核泄漏事故 (图 1-38)[123]。据日本经济产业省原子能安全保安院估算，福岛第一核电站发生事故后，1～3 号机组释放的铯-137 放射性活度达到 1.5 万万亿贝克勒尔，相当于广岛原子弹爆炸铯-137 释放量的 168 倍。由于铯-137 的半衰期长达约 30 年，原子能安全保安院担心会产生长期影响。

图 1-38 福岛第一核电站核泄漏

4. 快中子增殖反应堆

快中子增殖反应堆(fast neutron breeder reactor，FBR)或称快中子滋生反应堆、快滋生反应堆、快堆等，是一种核子反应器，利用快中子被增殖性材料吸收而变成可裂变物质，而产生自行制造核燃料的效果，制造燃料多于消耗燃料的就称为快滋生反应器。例如，一种以快中子引起易裂变核铀-235 或钚-239 等裂变链式反应的堆型。

快堆的重要特点是：运行时一方面消耗裂变燃料(铀-235 或钚-239 等)，同时生产出裂变燃料(钚-239 等)，而且产大于耗，真正消耗的是在热中子反应堆中不大能利用的且在天然铀中占 99.2%以上的铀-238，铀-238 吸收中子后变成钚-239。在快堆中，裂变燃料越烧越多，得到增殖，故快堆的全名为快中子增殖反应堆。快堆是当今唯一现实的增殖堆型(图 1-39)。

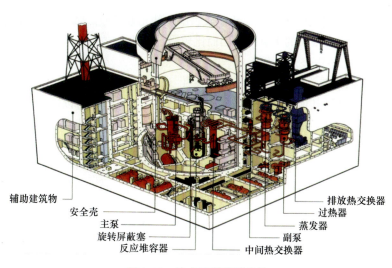

图 1-39 快中子增殖反应堆

如果把快堆发展起来，将压水堆运行后产生的工业钚和未烧尽的铀-238 作为快堆的燃料也进行如上的多次循环，由于它是增殖堆，裂变燃料实际不消耗，真正消耗的是铀-238，所以只有铀-238 消耗完了才不能继续循环。理论上，发展快堆能将铀资源的利用率提高到 100%，但考虑到加工、处理中的损耗，一般来说可以达到 60%～70% 的利用率，是压水堆燃料一次通过利用率的 130～160 倍。利用率提高了，贫铀矿也有开采价值，这样，从世界范围讲铀资源的可采量将提高上千倍。

1986 年，我国将快堆技术开发纳入国家高技术研究发展计划(863 计划)，开始了以 6.5 万千瓦热功率实验快堆为工程目标的应用基础研究。研究重点是快堆设计研究、燃料和材料、钠工艺、快堆安全等。至 1993 年总共建成 20 多台(套)有一定规模的实验装置和钠回路，为中国实验快堆的设计奠定了基础。2010 年 7 月 22 日，中国核工业集团宣布，中国原子能科学研究院自主研发的中国第一座快中子反应堆——中国实验快堆(CEFR)达到首次临界，这意味着我国第四代先进核能系统技术实现重大突破。

由于快中子增殖反应堆中的核反应会产生核武器的重要原料钚-239，因而有较大的核武器扩散风险。

中国实验快堆外景

1.2.4 地球上新元素的合成

1. 铀及铀前元素的地球丰度

[1] 地球上的化学元素来源

由前面的讲述可知：①元素起源的研究建立在可靠的理论基础上[38,40,43]；②太阳系元素丰度与元素的宇宙丰度值非常相近[30-32]；③地球也是一个天体，它的形成和演化与太阳系有密切关系，那么地球形成之初应按太阳系元素丰度(或元素的宇宙丰度)形成，现在的地球元素丰度值应是地球演化的结果，即研究地球的元素丰度是从元素的宇宙丰度做起[124]。那么，地球上的化学元素应存在 92 种，即从氢到铀。这就是为什么查阅地球上化学元素丰度时只到铀的原因[125]。

在这 92 种元素中，除了锝、钷、砹、钫 4 种元素以外，都可以很容易在地球上大量检测到，有很长的半衰期，因而比较稳定，或者它们就是铀的衰变物。

[2] 地球上的化学元素丰度

1) 地球的构造

地球的结构同其他类地行星相似，是层状的，而这些层可以通过它们的化学特性和流变学特性确定。地球拥有一个富含硅的地壳，一个非常黏稠的地幔，一个液体的外核和一个固体的内核(图 1-40)。人们对地球内部结构的认识来源于物理学证据和一些推断，这些证据包括火山喷出的物质和地震波(由折射和反射的地震波的传播时间间接得知)。物理学上，地球可划分为岩石圈、软流层、地幔、外核和内核 5 层。化学上，地球被划分为地壳、上地幔、下地幔、外核和内核。地质学上对地球各层的划分是按照自地表的深度而定的(表 1-5)[126]。

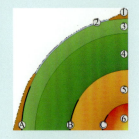

地球的内部构造：
①大陆地壳
②海洋地壳
③上地幔
④下地幔
⑤外核
⑥内核
A：莫霍面
B：古登堡面
C：莱曼面

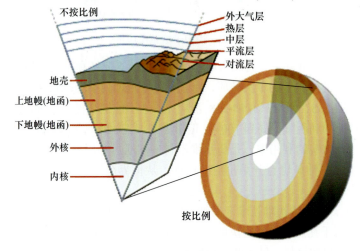

图 1-40　地球的分层构造

表 1-5　地质学上对地球各层的划分

深度/km	层
0～60	岩石圈
0～35	地壳
35～60	地幔顶层
35～2890	地幔
100～200	软流层
35～660	上地幔
660～2890	下地幔
2890～5150	外核
5150～6360	内核

2) 铀及铀前元素的地球丰度

这里给读者推荐的铀及铀前元素的地球丰度(表 1-6)取自黎彤的研究成果[127]。因为这篇文章提出了一些令人信服的理由：①地球上的化学元素按化学丰度被划分为地壳、上地幔、下地幔和地核。他计算所得正好用之。②文中分析近年来地球物理学、地球化学和宇宙化学的进展，地球层壳模型、全球地壳模型、地幔岩模型、铁-硫或铁-硅地核模型等的提出，以及对地球深部物质具有代表性的各种陨石、陨石相、岩石等元素含量资料的积累和系统整理，为近似地计算整个地球及其基本层壳的元素丰度值，创造了必要的条件和提供了新的依据。③计算工作有可能摆脱以往国外惯用的陨石类比法(如综合陨石法、单一陨石法、陨石相或 S.M.T.法等)，而在更大程度上立足于地球自身的物质成分和物性模拟试验上。④指明在目前条件下这些丰度值仅是近似计算的结果，随着深入研究，某些数据的修订或补充是难免的。⑤表 1-6 中所列的地壳元素丰度数据，除了引用作者 1965 年计算的数据外[128]，还作了必要的补充[129-131]。

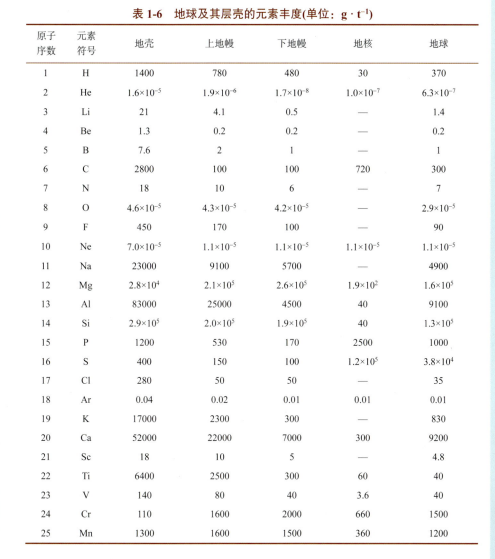

地壳的元素分布

表 1-6　地球及其层壳的元素丰度(单位：$g \cdot t^{-1}$)

原子序数	元素符号	地壳	上地幔	下地幔	地核	地球
1	H	1400	780	480	30	370
2	He	1.6×10^{-5}	1.9×10^{-6}	1.7×10^{-8}	1.0×10^{-7}	6.3×10^{-7}
3	Li	21	4.1	0.5	—	1.4
4	Be	1.3	0.2	0.2	—	0.2
5	B	7.6	2	1	—	1
6	C	2800	100	100	720	300
7	N	18	10	6	—	7
8	O	4.6×10^{-5}	4.3×10^{-5}	4.2×10^{-5}	—	2.9×10^{-5}
9	F	450	170	100	—	90
10	Ne	7.0×10^{-5}	1.1×10^{-5}	1.1×10^{-5}	1.1×10^{-5}	1.1×10^{-5}
11	Na	23000	9100	5700	—	4900
12	Mg	2.8×10^{4}	2.1×10^{5}	2.6×10^{5}	1.9×10^{2}	1.6×10^{5}
13	Al	83000	25000	4500	40	9100
14	Si	2.9×10^{5}	2.0×10^{5}	1.9×10^{5}	40	1.3×10^{5}
15	P	1200	530	170	2500	1000
16	S	400	150	100	1.2×10^{5}	3.8×10^{4}
17	Cl	280	50	50	—	35
18	Ar	0.04	0.02	0.01	0.01	0.01
19	K	17000	2300	300	—	830
20	Ca	52000	22000	7000	300	9200
21	Sc	18	10	5	—	4.8
22	Ti	6400	2500	300	60	40
23	V	140	80	40	3.6	40
24	Cr	110	1600	2000	660	1500
25	Mn	1300	1600	1500	360	1200

续表

原子序数	元素符号	地壳	上地幔	下地幔	地核	地球
26	Fe	5.8×10^4	9.5×10^4	9.8×10^4	8.2×10^5	3.2×10^5
27	Co	25	160	200	420	260
28	Ni	89	1500	2000	4.8×10^4	1.62×10^4
29	Cu	63	40	20	390	140
30	Zn	94	60	30	680	180
31	Ga	18	6.5	2	20	10
32	Ge	1.4	1.1	1	310	100
33	As	2.2	0.9	0.5	620	200
34	Se	0.08	0.05	0.05	40	13
35	Br	4.4	1.1	0.5	0.6	0.7
36	Kr	—	1.0×10^{-4}	2.0×10^{-4}	4.0×10^{-4}	2.3×10^{-4}
37	Rb	78	2.6	2	—	1.8
38	Sr	480	120	10	—	40
39	Y	24	5	0.5	—	1.7
40	Zr	130	50	30	5	28
41	Nb	19	6	1	0.1	2.1
42	Mo	13	0.6	0.2	14	4.4
43	Tc	—	—	—	—	—
44	Ru	0.01	0.1	0.1	16	5
45	Rh	0.01	0.02	0.02	3	1
46	Pd	0.01	0.09	0.12	5.5	1.8
47	Ag	0.08	0.06	0.05	10	3.2
48	Cd	0.2	0.08	0.05	17	5.4
49	In	0.1	0.06	0.01	0.5	0.2
50	Sn	1.7	0.8	0.5	70	22
51	Sb	0.6	0.1	0.1	4.3	1.4
52	Te	0.0006	0.001	0.001	0.52	0.16
53	I	0.6	0.1	0.1	0.4	0.16
54	Xe	—	1.8×10^{-7}	2.5×10^{-5}	6.5×10^{-7}	3.53×10^{-7}
55	Cs	1.4	0.3	0.1	—	0.09
56	Ba	390	76	1	—	23
57	La	39	0.7	0.4	—	0.5
58	Ce	43	1.1	0.7	—	0.8
59	Pr	5.7	1	0.1	—	0.3
60	Nd	26	5	0.8	—	1.7
61	Pm	—	—	—	—	—
62	Sm	6.7	1.3	0.3	—	0.5
63	Eu	1.2	0.3	0.01	—	0.09
64	Gd	6.7	1.2	0.6	—	0.6
65	Tb	1.1	0.2	0.07	—	0.09

续表

原子序数	元素符号	地壳	上地幔	下地幔	地核	地球
66	Dy	4.1	0.5	0.05	—	0.2
67	Ho	1.4	0.2	0.1	—	0.1
68	Er	2.7	0.5	0.3	—	0.3
69	Tm	0.25	0.05	0.05	—	0.02
70	Yb	2.7	0.5	0.3	—	0.3
71	Lu	0.8	0.15	0.05	—	0.07
72	Hf	1.5	0.3	0.1	—	0.1
73	Ta	1.6	0.1	0.01	0.06	0.06
74	W	1.1	0.3	0.1	4.9	1.7
75	Re	5.0×10^{-4}	7.0×10^{-4}	7.0×10^{-4}	5.3×10^{-3}	2.1×10^{-3}
76	Os	0.001	0.05	0.05	8	2.6
77	Ir	0.001	0.05	0.05	2.6	0.8
78	Pt	0.05	0.2	0.2	13	4.2
79	Au	0.004	0.005	0.005	2.6	0.8
80	Hg	0.08	0.01	0.01	0.008	0.009
81	Tl	0.4	0.06	0.01	0.12	0.06
82	Pb	12	2.1	0.1	42	13
83	Bi	0.004	0.0025	0.001	1.1	0.35
84	Po	0.001	—	—	—	—
85	At	—	—	—	—	—
86	Rn	—	—	—	—	—
87	Fr	—	—	—	—	—
88	Ra	—	—	—	—	—
89	Ac	—	—	—	—	—
90	Th	5.8	0.75	0.005	0.024	0.24
91	Pa	—	—	—	—	—
92	U	1.7	0.13	0.003	0.003	0.045
质量分数/%		0.4	27.7	40.4	31.5	100.0

注：表中"—"表示目前尚无可靠的超微量测定资料。

2. 锕系超铀元素的合成

[1] 锕系超铀元素的定义

1940 年以前，铀元素始终处于周期系的末端。以往，人们在化学上用"超铀元素"(transuranic element)笼统指原子序数在 92(铀)以上的重元素。实际上，就具体的研究来说，它分两个方面[132]：锕系元素，超重元素。已知地球上的化学元素应存在 92 种——从氢至铀，那么第一方面的研究称为"锕系超铀元素"(actinide transuranic element)较为合理，它应包括从镎(93 号元素)到铹(103 号元素)的 11 种元素。超重元素(superheavy element)则指原子序数在 104 及以上的重元素。

[2] 锕系超铀元素的合成方法

超铀元素大多是不稳定的人造元素，它们的半衰期很短，这给人工合成这些元素带来困难。它们合成的大致方法是：较轻的超铀元素(从 $Z=93$ 的镎到 $Z=100$ 的镄)可以用中子俘获法(反应堆稳定中子流或核爆炸)获得(图 1-41，图 1-42)。$Z>100$ 的元素要用耗费巨大的加速器重离子轰击(如直线加速器使重粒子束最大能量达到每个核子 10.3 MeV，回旋加速器为 8.5 MeV)来制备(带电粒子核反应法)。经过许多天的辐照，每次只能获得几个甚至 1 个原子。利用快中子引发或加速器嬗变使超铀元素镎、镅和锔裂变成为短寿命核素以消除长寿命超铀元素[133-140]。

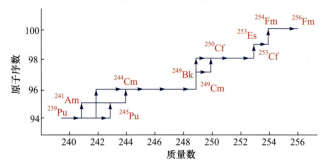

图 1-41　用中子轰击 ^{239}Pu 生产重核的反应

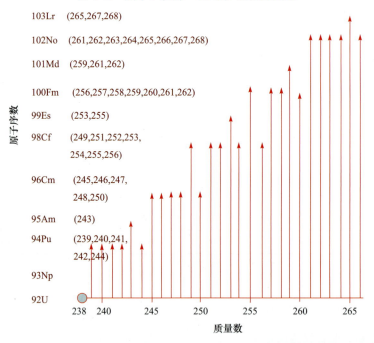

图 1-42　核爆炸时可能生成的锕系超铀元素的核素

[3] 锕系超铀元素的合成

93 号元素镎(neptunium)的合成

1) 自然界存在的镎核素

自然界存在镎的核素有 ^{239}Np 和 ^{237}Np。它们不是恒星的"原始"合成产物，而是由地球历史演变过程的核过程生成(最稳定的 ^{237}Np 半衰期为 200 万年，这比地球年龄短得多)[141-144]。

由 ^{238}U 俘获中子生成[145]：

$$^{238}U(n,\gamma)^{239}U \xrightarrow{\beta^-} {}^{239}Np \xrightarrow{\beta^-} {}^{239}Pu \quad (1\text{-}16)$$

$$^{238}U(n,2n)^{237}U \xrightarrow{\beta^-} {}^{237}Np \quad (1\text{-}17)$$

由长寿命超铀母体衰变而成：

类锇（108号元素？4.4~4.6 MeV的α放射体）$\xrightarrow{\alpha} \cdots {}^{247}Cm$

$$\xrightarrow{\alpha} {}^{243}Pu \xrightarrow{\beta^-} {}^{243}Am \xrightarrow{\alpha} {}^{239}Np \xrightarrow{\beta^-} {}^{239}Pu \xrightarrow{\alpha} {}^{235}U \quad (1\text{-}18)$$

2) 发现中的误报

1934 年，克布利奇(O. Koblic)从沥青铀矿的洗涤水中提取了一小部分物质。他认为这就是 93 号元素，并将其命名为 bohemium，然而在分析后他才发现这一物质只是钨和钒的混合物。1934 年，费米试图以中子撞击铀，产生 93 号和 94 号元素，尽管最后失败了，但是他无意中发现了核裂变[146]。1938 年，罗马尼亚物理学家胡卢贝伊(H. Hulubei)和法国化学家科霍伊斯(Y. Cauchois)声称通过对矿石进行光谱学分析发现了 93 号元素，并将其命名为 sequanium。由于科学家当时认为这一元素必须人工制造，因此他们的发现遭到了反对。后来人们发现镎确实存在于自然界中[147]，因此胡卢贝伊和科霍伊斯两人有可能确实发现了镎元素。

3) 实际发现

哈恩(O. Hahn)在 1930 年代末进行的 ^{239}U 衰变实验中产生了少量的镎。哈恩的团队通过实验生产并证实了 ^{239}U 的属性，但未成功分离和探测到镎。

1939 年，美国伯克利加州大学核物理学家麦克米伦(E. McMillan, 1907—1991)在研究铀核的裂变反应时，因实验而想到：可以设想有些中子被铀吸收而并未引起裂变，那么就会生成新的重铀核，它若进一步发生β−衰变，就会生成第 93 号元素的核。1940 年，他与原华盛顿卡内基研究院的艾贝尔森(P. H. Abelson, 1913—2004)一起研究这种新的放射性物质，终于判明其中确有 93 号元素的核生成了，估计其化学性质可能与铀相似。该核反应是

$$^{238}_{92}U + {}^{1}_{0}n \longrightarrow {}^{239}_{92}U \xrightarrow[23\ min]{\beta^-} {}^{239}_{93}Np \quad (1\text{-}19)$$

因为"uranium"(铀)的原意是天王星，而其外面是海王星(neptune)，所以他们把 93 号元素命名为"neptuium"(镎)，其半衰期是 2.4 d。镎是首个被发现，也是首个人工合成的锕系超铀元素[148]。

麦克米伦

艾贝尔森

麦克米伦 1907 年 9 月 18 日生于加利福尼亚州。1928 年在福尼亚工学院获学士学位。1932~1934 年在加利福尼亚大学伯克利辐射实验室工作，随劳伦斯(E. O. Lawrence)从事加速器的实验研究；1935 年起在该校物理系任教。1946 年被聘为加利福尼亚大学伯克利分校物理系的荣誉教授，1947 年当选为美国科学院院士。1954 年任伯克利实验室副主任，1958 年任主任，直到 1973 年退休。

1938 年哈恩等发现核裂变现象后，麦克米伦用加速器加速的粒子通过核反应研究铀的裂变产物，这些产物初始具有很大能量，因此从靶子中逸出而进入

发现镎时的西博格和麦克米伦

西博格

贴近靶子的纸叠层中。但在分析靶子残留的放射性时，除了原来铀的一些同位素外，出现了半衰期分别为 23 min 和 2.4 d 的两种β放射性核素。前一种证明是铀的一种同位素，后一种由前者生成，因此应该是超铀元素。1940 年夏，他和艾贝尔森分离、鉴定了这一新元素并命名为镎；1940 年底，他又和西博格(G. T. Seaborg)等发现了钚。由于发现并研究超铀元素，他和西博格共同获得 1951 年诺贝尔化学奖。他在第二次世界大战期间还曾进行雷达、声呐和核武器的研究。

94 号元素钚(plutonium)的合成

钚是天然存在于自然界中的质量最重的元素。它最稳定的同位素是钚-244，半衰期约为八千万年，足够使钚以微量存在于自然环境中[151]。

1) 钚的发现

钚的合成过程见文献[141，149-150]。1934 年，费米和罗马大学的研究团队发布消息，表示他们发现了 94 号元素[152]。费米将元素取名 hesperium，并曾在他 1938 年的诺贝尔奖演说中提及[153]。然而，他们的研究成果其实是钡、氪等其他元素的混合物，但由于当时核分裂尚未发现，这个误会便一直延续。

镎的取得使科学家相信再造出另一个新的超铀元素是大有希望的。1941 年，加州大学的几位核科学家西博格、麦克米伦、沃尔(A. C. Wahl)和肯尼迪(J. W. Kennedy)合作，在一个 150 cm 的回旋加速器中以具有 16 MeV 的氘核轰击铀，然后用放射化学分离法取得了纯的单质镎，并发现其中有一种半衰期为 2 天的新的放射性核素，这就是 ^{239}Np。该核素在第二天发生β⁻放射，生成一种质量数为 239、原子序数为 94 的核素：

$$^{238}_{92}U + ^{1}_{0}n \longrightarrow ^{239}_{92}U \xrightarrow[23\ \text{min}]{\beta^-} ^{239}_{93}Np \xrightarrow[2.3565\ \text{d}]{\beta^-} ^{239}_{94}Pu \qquad (1\text{-}20)$$

于是他们又给这个新元素命名为"plutonium"(钚)，意思是冥王星(pluto)。经研究，^{238}Pu 具有α放射性，半衰期为 50 年。

1941 年 3 月，科学家团队将报告寄给 *Physical Review* 杂志，但由于发现的新元素的同位素(钚-239)能产生核分裂，或许能用于制造原子弹，因此在出版前遭到撤回。基于安全因素，报告延迟了一年，直到第二次世界大战结束后才顺利登载[154]。

西博格生于密歇根州伊什珀明，1922 年随家迁往加利福尼亚。1934 年毕业于加利福尼亚大学洛杉矶分校，1937 年在加利福尼亚大学伯克利分校获博士学位，成为劳伦斯的助手。他长期在伯克利从事教学和研究工作，第二次世界大战期间，他在芝加哥大学冶金实验室做研究工作，对原子弹的发展发挥了作用。第二次世界大战以后，西博格于 1946 年重返柏克利，担任化学教授和劳伦斯放射实验室核化学研究导师。1954 年任实验室副主任。1958~1961 年任伯克利校长。1961 年美国总统肯尼迪任命他为美国原子能委员会主席。他是美国第一位担任这个职位的美国科学家。1971 年他离开委员会重返伯克利任大学教授，并在 1972~1975 年兼任核化学研究实验室主任。1940 年他同麦克米伦等开始制备超铀元素。麦克米伦用回旋加速器轰击铀靶，分离得到镎。从 1940 年到 1958 年，他们一共发现 9 种新元素，包括原子序数 94~102 的元素。其中最著名的元素是钚(94号元素)，它被用于核爆炸和核反应堆的燃料，后由费米指导的芝加哥大学实验室首次工业化生产。这是核武器研制成功的一个关键步骤。他发现的其他新元素分别是镅(95)、锔(96)、锫(97)、锎(98)、锿(99)、镄(100)、钔(101)和锘(102)。1944年西博格提出锕系理论，预言了这些重元素的化学性质和在周期表中的位置。这个原理指出，锕和比它重的14种连续不断的元素在周期表中属于同一个系列(现称锕系元素)。西博格还发现了易裂变的同位素：钚-239和铀-233，具有重要应用价值的钚-238、铁-59、碘-131、钴-57和钴-60等。20世纪90年代，他致力于超重核的探索和锕系元素的重离子核反应的研究。除诺贝尔奖外，西博格还获得许多荣誉，1959年获费米奖，其他嘉奖包括美国瑞典工程师协会埃里克森金质奖章、瓦萨勋章、法国高级勋章。

2) 应用

1945年投于日本长崎市的原子弹内含一个钚核。同位素钚-239是核武器中最重要的裂变成分。将钚核置入反射体(质量数大的物质的反射层)中，能使逃逸的中子再反射回弹心，减少中子的损失，进而降低钚达到临界质量的标准量：从原需16 kg的钚，可减少至10 kg，即一个直径约10 cm的球体的量。它的临界质量约仅有铀-235的三分之一。

曼哈顿计划期间制造的原子弹"胖子"，为了达到极高的密度而选择使用易爆炸、压缩的钚，再结合中心中子源，以刺激反应进行、提高反应效率。因此，钚弹只需6.2 kg钚便可达到爆炸当量，相当于2万吨的三硝基甲苯(TNT)。在理想假设中，仅4 kg的钚原料(甚至更少)搭配复杂的装配设计，就可制造出一个原子弹。

3) 曼哈顿计划

美国陆军部于1942年6月开始实施的利用核裂变反应研制原子弹的计划称为曼哈顿计划(Manhattan Project)。为了先于纳粹德国制造出原子弹，该工程集中了当时西方国家(除纳粹德国外)最优秀的核科学家，动员了10万多人参加这一工程，历时3年，耗资20亿美元，于1945年7月16日成功地进行了世界上第一次核爆炸，并按计划制造出两颗实用的原子弹。整个工程取得圆满成功。在工程执行过程中，负责人格罗夫斯(L. R. Groves)和奥本海默(J. R. Oppenheimer)应用了系统工程的思路和方法，大大缩短了工程所耗时间。这一工程的成功促进了第二次世界大战后系统工程的发展。

"原子弹之父"
奥本海默

摩根

95号元素镅(americium)的合成

镅的合成过程见文献[155]。虽然过去的核反应实验中很可能已经产生过镅元素，但是直到1944年，加州大学伯克利分校的西博格、摩根(D. L. Morgan)、拉尔夫(A. Ralph)和吉奥索(A. Ghiorso)等才首次专门合成并分离出镅。他们的实验使用了直径1.5 m的回旋加速器。继更轻的镎、钚和更重的锔之后，镅是第四个被发现的锕系超铀元素。当时西博格重新排列了元素周期表，并将锕系置于镧系之下。因此，镅位于铕以下，两者为同系物。铕(europium)是以欧洲(Europe)大陆命名的，镅也因此以美洲(America)大陆命名[156]。

最初的实验产生了四种镅同位素：^{241}Am、^{242}Am、^{239}Am和^{238}Am。钚在吸收

吉奥索

制镅用直径 1.5 m 的回旋加速器

首次合成的氢氧化镅

一个中子后形成 ^{241}Am。该同位素释放一个 α 粒子后转变为 ^{237}Np。该衰变的半衰期最初测定为 (510 ± 20) 年，但后来改为 432.2 年[157]。

$$^{239}_{94}\text{Pu} \xrightarrow{(n,\gamma)} {}^{240}_{94}\text{Pu} \xrightarrow{(n,\gamma)} {}^{241}_{94}\text{Pu} \xrightarrow[14.35a]{\beta^-} {}^{241}_{95}\text{Am} \left(\xrightarrow[432.2a]{\alpha} {}^{237}_{93}\text{Np} \right) \quad (1\text{-}21)$$

在产生了 ^{241}Am 之后，对其进行中子撞击，可形成第二种同位素 ^{242}Am。在迅速 β$^-$衰变后，^{242}Am 会转变为锔同位素 ^{242}Cm（此前已被发现）。该衰变的半衰期最初测定为 17 h，目前则确定为 16.02 h[156]。

$$^{241}_{95}\text{Am} \xrightarrow{(n,\gamma)} {}^{242}_{95}\text{Am} \left(\xrightarrow[16.02h]{\beta^-} {}^{242}_{96}\text{Cm} \right) \quad (1\text{-}22)$$

^{242}Am 的半衰期只有约 16 h，因此进一步向上转化为 ^{243}Am 的过程效率很低。后者通常是在高中子通量下使 ^{239}Pu 俘获 4 个中子形成的：

$$^{239}_{94}\text{Pu} \xrightarrow{4(n,\gamma)} {}^{243}_{94}\text{Pu} \xrightarrow[4.956h]{\beta^-} {}^{243}_{95}\text{Am} \quad (1\text{-}23)$$

基于与钚同样的原因，发现镅的论文也在第二次世界大战后正式发表[154]。

96 号元素锔(curium)的合成

锔的合成过程见文献[108-110]。锔是第三个被发现的锕系超铀元素，在元素周期表中却在镅之后（当时仍未发现镅）[158]。

锔的合成过程如下：首先将硝酸钚溶液涂在面积约为 0.5 cm^2 的铂薄片上，蒸发后的残留物经退火转换为二氧化钚(PuO$_2$)。二氧化钚在回旋加速器中受照射之后，产物溶于硝酸中，再用浓氨水沉淀为氢氧化物。沉淀物溶于高氯酸，再用离子交换分离出锔的某个同位素。由于锔的分离过程十分复杂，发现团队西博格、吉奥索和詹姆斯(R. A. Jamse)最初称其为 pandemonium（希腊文意为"群魔殿"或"地狱"）[159]。

1944 年 7 至 8 月，^{239}Pu 经 α 粒子撞击后，产生了 ^{242}Cm 同位素，并释放一个中子：

$$^{239}_{94}\text{Pu} + {}^{4}_{2}\text{He} \longrightarrow {}^{242}_{96}\text{Cm} + {}^{1}_{0}\text{n} \quad (1\text{-}24)$$

1945 年 3 月进行的另一个反应又产生了 ^{240}Cm 同位素：

$$^{239}_{94}\text{Pu} + {}^{4}_{2}\text{He} \longrightarrow {}^{240}_{96}\text{Cm} + 3{}^{1}_{0}\text{n} \quad (1\text{-}25)$$

锔是以玛丽·居里(M. Curie)和其丈夫皮埃尔·居里(P. Curie)命名的。基于与钚、镅同样的原因，发现锔的论文也在第二次世界大战后正式发表[154]。

97 号元素锫(berkelium)的合成

锫的合成过程见文献[160]。1949 年 12 月，西博格、吉奥索和汤普森(S. G. Thompson)仍然使用加州大学伯克利分校的直径 1.5 m 回旋加速器，成功合成并分离出锫元素[145,161-162]。锫以发现地伯克利(Berkeley)命名。

锫的合成过程中最困难的是要产生足够的镅作为目标体，以及要从最终产物中把锫分离出来。首先，铂薄片上要涂上硝酸镅(^{241}Am)溶液，在溶液蒸发后，残留物退火成二氧化镅(AmO$_2$)。再将做成的目标体放在直径 1.5 m 回旋加速器中，受能量为 35 MeV 的α粒子辐射 6 h。辐射造成的(α,2n)核反应产生 ^{243}Bk 同位素和两个中子[162]：

$$^{241}_{95}\text{Am} + ^{4}_{2}\text{He} \longrightarrow ^{243}_{97}\text{Bk} + 2^{1}_{0}\text{n} \tag{1-26}$$

辐射完毕之后，把薄片上的涂层溶解在硝酸中，再用浓氨水使其沉淀为氢氧化锫。离心分离后，产物再次被溶于硝酸中。要从镅中分离出锫，溶液需加入氨和硫酸铵的混合溶液中并进行加热，使溶解了的镅转化为+6 氧化态。剩余未被氧化的镅可以通过加入氢氟酸，以三氟化镅(AmF$_3$)的形式沉淀出来。这一步的产物包括三氟化镅和三氟化锫。该混合物在与氢氧化钾反应后形成对应的氢氧化物，并在最后进行离心分离后溶解在高氯酸中[163]。

98 号元素锎(californium)的合成

1950 年 2 月 9 日前后，物理学家汤普森、肯尼思(S. Kenneth)、吉奥索及西博格在加州大学伯克利分校首次发现了锎元素。为纪念它的发现地——加利福尼亚州(California)而命名。研究小组在 1950 年 3 月 17 日发布了该项发现[163-165]。

科学家将 α 粒子($^{4}_{2}$He)加速至 35 MeV 能量，射向 1 μg 大小的 ^{242}Cm 目标，产生了 ^{245}Cf 和一个自由中子(n)：

$$^{242}_{96}\text{Cm} + ^{4}_{2}\text{He} \longrightarrow ^{245}_{98}\text{Cf} + ^{1}_{0}\text{n} \tag{1-27}$$

99 号元素锿(einsteinium)和 100 号元素镄(fermium)的合成

1) 发现历史

锿在 1952 年 12 月由吉奥索团队于加州大学伯克利分校连同美国阿贡国家实验室和美国洛斯阿拉莫斯国家实验室合作发现。含有锿的样本采自"常春藤麦克"核试验的辐射落尘。该核试验于 1952 年 11 月 1 日在太平洋埃内韦塔克环礁上进行，是首次成功引爆的氢弹。有关"常春藤麦克"核弹的研究在 1955 年解密[166]。对爆炸落尘的初步检验发现了一种新的钚同位素($^{244}_{94}$Pu)，而这只能通过 ^{238}U 吸收 6 个中子，再进行两次β$^-$衰变才会形成[167]：

$$^{238}_{92}\text{U} \xrightarrow[2\beta^-]{6(n,\gamma)} ^{244}_{94}\text{Pu} \tag{1-28}$$

当时一般认为重原子核多次吸收中子是一种较罕见的现象，但 $^{244}_{94}$Pu 的形成意味着铀原子核可能会俘获更多的中子，从而产生比锎更重的元素[167]。之所以能够有这样多次的中子俘获，是因为核爆时所产生的高中子通量使新产生的同位素能够在衰变为较轻的元素之前吸收大量的中子。中子俘获最初只会提高该核素的质量数(中子数加质子数)，而不会提高其原子序数(质子数)；之后的β$^-$衰变再依序增加原子序数[167]：

$$^{238}_{92}\text{U} \xrightarrow[6\beta^-]{15n} ^{253}_{98}\text{Cf} \xrightarrow{\beta^-} ^{253}_{99}\text{Es} \tag{1-29}$$

2) 其他同位素的发现

与此同时，伯克利实验室及阿贡国家实验室利用 ^{14}N 和 ^{238}U 之间的核反应以

西博格和汤普森

引爆麦克核装置所产生的蘑菇云

及对钚和锔进行强烈的中子辐射，也产生了锿(和镄)的一些同位素：

$$^{238}_{92}U \xrightarrow[\beta^-]{(n,\gamma)} {}^{253}_{98}Cf \xrightarrow[17.81d]{\beta^-} {}^{253}_{99}Es \xrightarrow{(n,\gamma)} {}^{254}_{99}Es \xrightarrow{\beta^-} {}^{254}_{100}Fm \quad (1\text{-}30)$$

研究结果在 1954 年发布[168]。

3) 竞争对手

与美国团队竞争的有位于瑞典斯德哥尔摩的诺贝尔物理研究所。1953 年末至 1954 年初，该团队以氧原子核撞击铀原子核，成功合成了一些较轻的镄同位素，如 ^{250}Fm。这些结果也在 1954 年发布[169]。但是，由于发布日期较早，人们一般还是承认伯克利团队最先发现锿元素，该团队因此拥有对该元素的命名权。他们决定将第 99 号元素命名为 einsteinium，以纪念逝世不久的爱因斯坦(A. Einstein，1955 年 4 月 18 日逝世)，并将第 100 号元素命名为 fermium，以纪念另一位逝世不久的物理学家费米(E. Fermi，1954 年 11 月 28 日逝世)。1955 年第一届日内瓦原子会议(Geneva Atomic Conference)上，吉奥索首次宣布发现这些新元素[166]。

101 号元素钔(mendelevium)的合成

钔的合成首次由吉奥索、西博格、肖平(G. R. Choppin)、哈维(B. G. Harvey)等在 1955 年初于加州大学伯克利分校成功进行。该团队通过以 α 粒子撞击 ^{253}Es 创造了 ^{256}Md(半衰期为 87 min，^{256}Md 是单个原子逐一合成的第一个同位素)，反应在伯克利放射实验室的 60 in 回旋加速器中进行[170]：

$$^{253}Es + {}^4He \longrightarrow {}^{256}Md + {}^1_0n \quad (1\text{-}31)$$

在估计该合成方法是否可行时，实验团队进行了粗略的计算。将会产生的原子数量约为撞击目标的原子数量，乘以截面，乘以离子束强度，乘以撞击时长，结果为每次试验会产生 1 个原子。因此在最佳情况下，预测每一次试验会制造出 1 个 101 号元素的原子。这样的计算证明实验是可行的。

钔的合成使用了由吉奥索引入的反冲技术。目标元素置于与粒子束相反的位置，反冲的原子落在捕集箔上。所用的反冲目标由 Alfred Chetham-Strode 研发的电镀技术生产。这种方法的产量很高，而这在产物是极为罕有的锿目标材料的情况下是必需的。反冲目标由 109 个 ^{253}Es 组成，通过电镀铺在一张薄金箔上(也能使用 Be、Al 和 Pt)。在伯克利放射实验室的回旋加速器中，用能量为 41 MeV 的 α 粒子撞击该目标，粒子束强度极高，在 0.05 cm² 面积内每秒有 61013 个粒子。目标用水或液态氢冷却。在气态大气层中使用氦会减慢反冲原子的速度。该气体可以通过小孔排出反应间，并形成气体射流。一部分非挥发产物原子经由射流积累在箔的表面。该箔片可以定期更换。

钔元素为纪念俄国化学家门捷列夫而命名。

102 号元素锘(nobelium)的合成

有关超铀元素发现的一连串事件让人有点疑惑。在斯德哥尔摩诺贝尔物理研究所工作的一个科学家小组首先宣称发现了锘，但他们的结果是错误的(1957 年，英国、瑞典和美国的国际科学家小组首先报道制成了 102 号元素，曾引起一场

吉奥索团队

激烈的争论)[171]。据当时推测制取 102 号元素的核反应是：

$$^{244}Cm(^{13}C,4n)^{253}102 \text{ 或 } ^{244}Cm(^{13}C,6n)^{251}102$$

随后，在 1958 年美国加州大学科学家吉奥索、西博格、赛普雷(E. Segre)等终于确定了锘-254，其半衰期为 55 s。

在制备 ^{254}No 时，伯克利的研究小组放弃了曾成功制备一系列超铀元素的回旋加速器，而代之以重离子线性加速器(HILAC)，用 ^{12}C 离子轰击 ^{244}Cm 和 ^{246}Cm 混合物样品，成功制备出 ^{254}No。一共只制得了约 50 个原子，性质很不稳定，衰变时放出能量为 8.5 MeV 的 α 粒子[172]：

$$^{246}_{96}Cm + ^{12}_{6}C \longrightarrow ^{254}_{102}No + 4^{1}_{0}n \tag{1-32}$$

后来，位于苏联杜布纳(Dubna)的一个俄罗斯物理学家研究小组对此进行了证实。吉奥索及其同伴决定保留该元素的原名，它是斯德哥尔摩诺贝尔物理研究所的研究小组为纪念炸药发明人诺贝尔(A. Nobel)而命名的。

吉奥索团队

重离子线性加速器内部

吉奥索团队

弗廖洛夫

103 号元素铹(lawrencium)的合成

铹的合成过程见文献[173]。1961 年在美国加利福尼亚劳伦斯放射实验室中，铹被吉奥索、西克兰(T. Sikkeland)、拉希(A. E. Larsh)和拉蒂默(R. M. Latimer)等发现。这个新元素仍以重离子线性加速器用约 70 MeV 的 ^{10}B 和 ^{11}B 的原子核轰击 ^{250}Cf 和 ^{252}Cf 获得[174]：

$$^{250\sim 252}Cf + ^{10,11}B \longrightarrow ^{258}Lr + (3\sim 5)n \tag{1-33}$$

该核素半衰期约为 3 s，α粒子能量为 8.5 MeV(后改为 8.3)。

1965 年，苏联杜布纳联合核子研究所的弗廖洛夫(Г. Н. Флеров)用 ^{18}O 离子轰击 ^{243}Am，发现铹的另一种同位素[175]：

$$^{245}Am(^{18}O,5n)\longrightarrow ^{256}Lr \qquad ^{243}Am(^{18}O,4n)\longrightarrow ^{257}Lr \tag{1-34}$$

该元素为纪念回旋加速器的发明者劳伦斯(E. O. Lawrence)而命名。

至此，和镧系元素相对应的 89～103 号 15 种元素全部被发现。在合成新元素的基础上，西博格从原子结构理论出发于 1980 年提出了"锕系理论"[176]。

3. 超重元素

[1] 超重元素的定义和研究意义

超重元素又称超锕元素(transactinide element)或铹后元素(translawrencium element)，是指原子序数大于等于 104 的元素[134-139,177-178]。由于锕系后元素的原子序数都大于 92(铀)，因此所有锕系后元素也都是超铀元素。这些元素均为人工合成元素，具有放射性，并且稳定性较差。超重元素的研究是目前核物理和核化学领域的前沿课题之一。对超重元素进行合成方面的研究有助于探索原子核质量存在的极限，最终确定化学元素周期表的边界，同时也是对原子核壳模型理论正确与否的实际检验。因此，超重元素合成的实验和理论研究已经成为当代核物理的前沿领域，科学家对超重核合成的研究目标就是通过不断地探索最终合成"超重核稳定岛"上的核素。

联合核子研究所总部

联合核子研究所实验室

联合核子研究所科学家

平静的伏尔加河

白桦红松簇生森林

伯克利国家实验室

伯克利国家实验室科学家

[2] 合成超重元素的几个重要机构

目前有能力进行稳定岛(质子数为106～118)登陆的主要是俄罗斯杜布纳联合核子研究所、美国劳伦斯伯克利国家实验室和德国达姆施塔特重离子研究所。三家机构均在元素周期表上占据一席之地。

1) 杜布纳联合核子研究所[180]

20世纪50年代，当时社会主义阵营的各国代表于1956年3月在莫斯科签署协议，组建联合核子研究所。当时建所的主要目的是研究如何和平利用原子能。当时建所的计划是：①为协议所属成员国的科学家在理论和实验核物理的研究提供保证；②通过在成员国之间彼此交流理论和实验研究的成果、经验，促进核物理学的发展；③与国内外核物理研究机构保持联系，以便寻找核能利用的新的可能性；④为天才科学家的成长创造条件；⑤促进核能的和平利用，造福人类。

杜布纳联合核子研究所(Joint Institute for Nuclear Research in Dubna)成立于1956年的秋天。在俄罗斯莫斯科州最北端，平静的伏尔加河和白桦红松簇生的森林环抱着一座著名的国际科学城，这就是杜布纳联合核子研究所。它曾在一段时期内是世界最优秀的核物理研究所，并拥有当时世界上功率最强大的3 m回旋加速器，拥有获得当时最重的离子射线的能力，在合成新的人造元素方面取得了举世瞩目的成绩。自从合成新元素的方式由"中子照射"(92～100号元素)转为"离子轰击"(100号元素以后)以来的50多年间，几乎所有合成的新元素都是杜布纳联合核子研究所或其与其他试验室合作完成的。特别是1956～1976年间，更是取得了空前的成绩，102～107号元素全部是由杜布纳联合核子研究所初次合成的，远超美、德、法等国的著名实验室。今天的杜布纳联合核子研究所已经具备了将大多数元素的离子进行加速的能力，并与美国、德国的著名实验室合作，成功合成了众多110号以后的元素。

2) 美国劳伦斯伯克利国家实验室[181]

劳伦斯伯克利国家实验室(Lawrence Berkeley National Laboratory)简称伯克利国家实验室，是隶属于美国能源部的国家实验室，从事非绝密级的科学性研究。它坐落在加州大学伯克利分校的中心校园内，位于伯克利山的山顶。该实验室现由美国能源部委托加州大学代为管理。

劳伦斯伯克利国家实验室由诺贝尔物理学奖得主劳伦斯(E. O. Lawrence)于1931年建立，最初主要用于物理学中的粒子回旋加速研究。实验室研究领域非常广泛，下设18个研究所和研究中心，涵盖了高能物理、地球科学、环境科学、计算机科学、能源科学、材料科学等多个学科，特别是在建筑节能相关技术、政策等方面做出卓有成效的研究，在该领域是美国也是全世界首屈一指的研究机构。劳伦斯伯克利国家实验室建立以来，一共培养了5位诺贝尔物理学奖得主和4位诺贝尔化学奖得主。目前，实验室科研人员达到4200余人，有13位诺贝尔奖获得者、57位国家科学院院士、13位获得国家科学奖的科学家、18位国家工程院院士，其中的3位是医学院院士。从其官方网站上看出，2011年的研究经费是7.35亿美元，还有额外的1.01亿美元基金的支持，总计8.36亿美元的科研经费。

庞大的资金资助、人才济济使伯克利国家实验室硕果累累。该实验室发现了16种元素。

3) 德国达姆施塔特重离子研究所[182-184]

德国达姆施塔特重离子研究所(Gesellschaft für Schwerionenforschung，GSI)位于德国最杰出的理工大学之一达姆施塔特工业大学所在地黑森州达姆施塔特市，该研究所因为发现许多人造元素而闻名于世。原子序数为 110 的鿏(darmstadtium)是根据该市名称所命名的，这使得达姆施塔特成为世界上仅有的八座依据其城市名称命名元素的城市之一。而在该市发现的 108 号元素镙(hassium)则是以德国联邦州黑森州命名的。

GSI 的科学家

重离子研究所建于 1969 年，是致力于核物理、原子物理、辐射生物学和其他一些学科研究的国家级重离子研究实验室。该实验室的基本设备是 UNILAC (universal linear accelerator)。它能加速从碳到铀的全部离子，最大能量可达 20 MeV/u，强度为 10^{12} 粒子/s。目前，另一台重离子同步加速器 SIS(sehwer ionen synehroiron) 也已建成，将来 UNILAC 就作为它的注入器，将它们串联成一个加速系统后能加速从氦到铀的所有离子，最大能量可达 2 GeV/u，强度为 $10^9 \sim 10^{11}$ 粒子/s。除了用作核物理、原子物理和辐射生物等方面的基础研究外，加速器还将用于辐射治疗。

GSI 的实验室

4) 日本理化学研究所[185]

日本理化学研究所(Institute of Physical and Chemical Research，RIKEN)创立于 1917 年，是日本最大的综合性研究所。第二次世界大战期间曾为日本核研究的研究机构。

RIKEN 是日本唯一的自然科学研究所，其研究领域包括物理、化学、工学、医学、生命科学、材料科学、信息科学等，从基础研究到应用开发十分广泛。RIKEN 的重离子加速器系统由直线加速器(RILAC，1980 建成)、回旋加速器组成。其成立使命为：开展最尖端的自然科学研究，通过不同学科的战略性综合开发拓展新的前沿研究领域；给科学界构建最高水平的基础研究设施，并提供充分使用这些设施的机会；设立新的科学技术研究体制，推动科学技术研究，培养年轻的研究人员；将科学研究成果造福社会，为提高人民生活水平以及文化和教育水平做出贡献。RIKEN 有约 3000 名研究人员，每年的预算约 62 亿人民币，大部分研究经费来自政府。1982 年，RIKEN 与中国科学院缔结了多方位的研究合作协议，很多中国研究人员在 RIKEN 从事研究工作，为中国科学技术的发展做出了贡献。

日本理化学研究所

RIKEN 的实验室

5) 中国科学院近代物理研究所[177,186]

中国科学院近代物理研究所创建于 1957 年，是一个依托大科学装置，主要从事重离子物理基础和重离子束应用研究、相应发展先进粒子加速器及核技术的基地型研究所。经过半个多世纪的发展，该所已经成为在国际上有重要影响的重离子科学研究中心。

60 多年来，在重离子物理基础和应用研究方面，在世界上首次合成了 25 种新核素。2000 年通过 ^{241}Am(^{22}Ne，4～5n)$^{258, 259}$Db 反应首次成功地合成和鉴别了我国的第一个超重新核素 ^{259}Db[187]，这是我国实验核物理学家第一次进入超重领

中国科学院近代物理研究所全貌

域,且该实验结果后来得到了美国劳伦斯伯克利国家实验室的验证。2003年,他们在兰州的重离子加速器上通过核反应 ^{243}Am(^{26}Mg, 4n)合成了107号元素的一个同位素 ^{265}Bh[188]。超重核素 ^{259}Db 和 ^{265}Bh 的合成与鉴别为我国开展超重元素的化学性质研究提供了良好的基础。自2001年起,中国科学院近代物理研究所核化学课题组参加由德国 GSI 和慕尼黑理工大学、瑞士保罗谢勒研究所(PSI)、美国劳伦斯伯克利国家实验室、俄罗斯 FLNR 和日本原子力研究机构(JAEA)的核化学家组成的国际合作小组,开展有关超重元素108、112和114号元素化学性质的实验研究。中国科学家已经跻身于国际超重元素及其化学性质研究的行列当中。更为详细的资料参看文献[189]中后记"中国新核素研究概况"。

[3] 超重元素合成的依据

过去一度认为周期表的边界为 Z=105[190],因为 Z 进一步增大时,核内质子间的排斥力将超过核子间的结合力,由此引起核分裂。后来发现,原子核满壳层效应可为核粒子提供外加的结合能和稳定性,使周期表的边界可望向105后面延伸。用微观-宏观方法校正谐振子势[190],它们可能存在于自然界中。尼克斯(J. R. Nix)用扩散表面单粒子势对超重核素的性质做了更精确的计算[191],结果得到了所谓的"核素稳定性图"(图1-43),即"稳定岛"(stable island)。

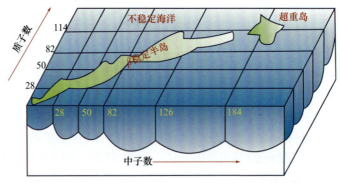

图 1-43 核素稳定性图
已知元素的半岛和预言的核素(以 Z=114 和 N=184 为中心)的稳定岛

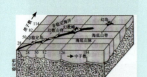

西博格小组1979年绘制的稳定岛

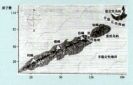

弗廖洛夫小组1979年绘制的稳定岛

图 1-44 表示超重核素的自发裂变(S.F.)、α衰变、β衰变和电子俘获,以及总衰变的半衰期[192]。稳定岛可以分为四个区域(图1-44右下图):顶部以α衰变为主,底部以β衰变为主,两边的两个区域以自发裂变为主。岛中最长寿命的核素是 $^{298}_{184}$110。

[4] 超重元素的合成方法

合成超重元素的最佳途径是在加速器上通过重离子熔合蒸发反应人工合成[140,189-193],并在反冲余核的飞行过程中利用电、磁等相关技术进行分离,分离后的余核被具有单原子衰变测量能力的探测系统进行测量与鉴别。所谓重离子熔合反应是指利用高速重离子轰击合适的靶原子,使靶核和重离子炮弹熔合成一个具有一定激发能的复合核,复合核的质子数为靶核与重离子的质子数之和。由于形成的复合核具有较高的激发能,不稳定,会通过蒸发中子的形式放出多余的能量,退激到稳定状态。人们根据重离子熔合时形成的复合核的激发能不同,又将其分类为"热熔合"、"冷熔合"和"温熔合"。也有人认为星球的固定等离子

1
化学元素的起源和合成

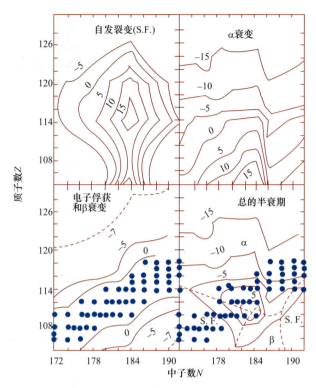

图 1-44　偶超重核素的自发裂变、α衰变、β衰变、电子俘获以及总衰变半衰期的等值图
半衰期(年)用 10 为底的对数表示；图中蓝点表示计算的β稳定核素

体电磁场对天然同位素的加速作用,可使其能量足以达到和其他核素发生"熔合"反应形成超重核素[150]。

1) 热熔合[194]

"热熔合"反应最先是由美国劳伦斯伯克利国家实验室的西博格小组提出的,是一种传统的通过重离子熔合反应合成超重元素的方法。一般是以较轻的重离子(如 ^{18}O、^{22}Ne、^{26}Mg)轰击锕系元素靶(如 ^{232}Th、^{238}U、^{244}Pu、^{248}Cm 以及 ^{249}Bk 等)的重离子熔合过程。一般形成的复合核的激发能在 40~50 MeV,通过蒸发 4 个以上中子的过程退激发。例如,美国劳伦斯伯克利国家实验室和俄罗斯杜布纳联合核子研究所利用重离子诱发的"热熔合"反应合成了 104、105 和 106 号三种元素的几个同位素(图 1-45)。通过"热熔合"反应可合成寿命为数十秒的较丰中子的超重核,从而用于超重元素的化学实验研究。

2) 冷熔合[195]

在利用"热熔合"反应合成 106 号元素后,人们发现"热熔合"反应生成更重元素的截面非常小,在当时的技术条件下几乎不可能鉴别出目标核。于是俄罗斯核物理学家奥加涅相(Y. T. Oganessian)在 1974 年提出,在质量数 $A>40$ 的丰中子弹核(如 ^{58}Fe、^{62,64}Ni、^{68,70}Zn 等)与幻数靶核 ^{208}Pb 和 ^{209}Bi 的熔合反应中,利用靶核大的质量亏损可形成较低激发能的复合核,复合核通过发射 1 或 2 个中子退激。这样生成的复合核蒸发余核的存活概率与"热熔合"反应相比,可以高出数倍至 1 个数量级。这就是所谓的"冷熔合"反应,所形成的复合核的激发能一般在 10~15 MeV,通过蒸发 1 或 2 个中子的过程退激发。但冷核聚变一词在此指的不是在

化学元素新论

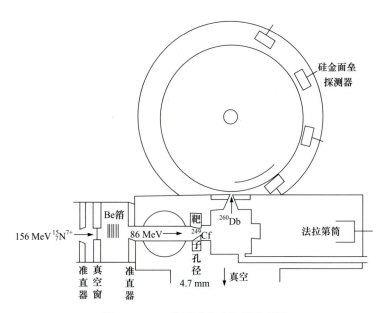

图 1-45 105 号元素合成装置示意图

室温下发生的核聚变。德国达姆施塔特重离子研究所利用"冷熔合"反应在新元素合成中取得了巨大成功，他们利用强流 ^{54}Cr、^{58}Fe、^{62}Ni、^{64}Ni 和 ^{70}Zn 轰击 ^{208}Pb 和 ^{209}Bi 靶，先后合成了 107～112 号共 6 种新元素(图 1-46)。另外，日本理化学研究所的科学家也成功地通过"冷熔合"反应对 110、111 和 112 号元素的合成进行了验证。"冷熔合"反应的优点是可以得到较高的反应截面，但是它的反应产物通常是缺中子的核素，大部分核素的半衰期在 ms 甚至 μs 量级，这一时间长度对于现有的化学实验技术来说都太短，对于研究超重元素的化学性质是非常困难的。

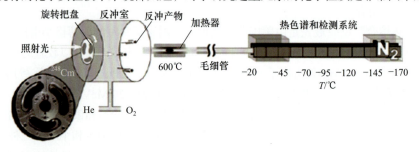

图 1-46 合成 108 号元素的实验装置图

3) 温熔合

后来，俄罗斯杜布纳联合核子研究所的科学家考虑到"冷熔合"反应产生的截面较小，从而选择了以双幻核 ^{48}Ca 为束流轰击丰中子锕系靶，通过所谓的"温熔合"来产生接近理论预言的球形超重稳定岛的长寿命核。一般是以双幻核 ^{48}Ca 为炮弹轰击锕系元素靶(如 ^{238}U、$^{242,244}Pu$、^{243}Am、^{248}Cm、^{249}Cf 等) 的重离子熔合过程，所形成复合核的激发能在 20～30 MeV，介于"冷熔合"和"热熔合"之间，复合核通过蒸发 3 或 4 个中子退激发。通过"温熔合"反应，人们在原子序数越来越大的超重元素的合成方面取得了很好的成果，俄罗斯杜布纳联合核子研究所基于 ^{48}Ca 的"温熔合"反应已经合成了 112 号、114～118 号元素。通过"温熔合"反应可以产生寿命相对较长的超重核素,且反应截面比较大,产额较高,已经用于化学性质的研究中。

虽然超重核合成的研究已经取得了长足的发展,但发现的超重核素都还没有达到理论预言的超重核稳定岛上。要登上超重核稳定岛,还存在很大的困难,需要核物理学家和核化学家不断地探索。

4) "炮弹"

目前,有人提出了合成接近超重稳定岛中心原子核的两种新途径:一是利用丰中子锕系核素,如 ^{238}U、^{244}Pu 或 ^{248}Cm 作为靶子,利用 ^{48}Ca 双幻核作为"炮弹"生成丰中子超重核;二是利用较重的极丰中子放射性核,如 S、Ar、Ca、Ti(对于以 ^{248}Cm 为靶材料的情况)或 Ni、Zn、Ge、Se、Kr(对于以 ^{208}Pb/^{209}Bi 为靶材料的情况)作为"炮弹",轰击非常丰中子的稳定原子核来合成超重元素(图 1-47)。

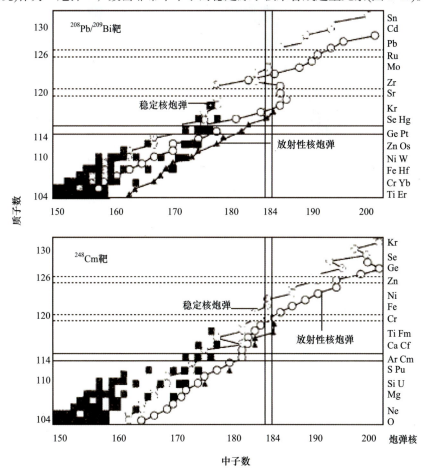

图 1-47 利用不同靶原子,并用稳定核素或放射性核作为炮弹可合成的最丰中子超重元素的位置

阎坤还完成了合成超重核素的趋势方程及其核素分布实验数据点与趋势方程曲线之间的比较结果图(图 1-48)[196]。

5) 重离子反应机制[135]

西博格曾于 1978 年 5 月 2 日在中国科学院原子能研究所就寻找、合成超重元

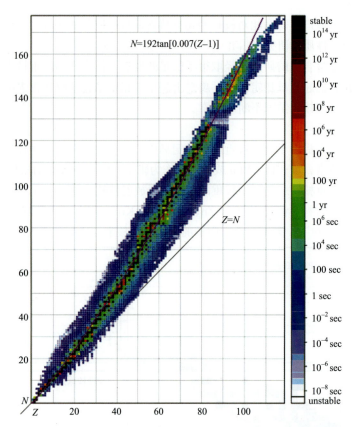

图 1-48　稳定 185 的核素分布实验数据点和趋势方程曲线之间的比较结果图
——— 趋势方程曲线；• 稳定核数据

素做了相关重离子反应机制的学术报告。

他认为用重离子(如 Kr、Xe、U)轰击重靶(如 U)，然后用化学方法分离反应产物，通过测定二射线可以从反应产物的质量分布研究反应机制并鉴定反应产物，从而寻找超重元素。两个很重的原子核碰撞(如 Kr+U、Xe+U、U+U 等)，从反应机制来分有下列三类。

第一类：准弹性转移，即当重离子的能量比较低时，两个重离子做擦边碰撞，同时有少数几个核子转移。当入射粒子及靶都比较重时，转移反应形成的残核有较大的概率发生裂变，给出的裂变产物的质量分布是双峰的。

第二类："全熔合"，即当两个重原子核碰撞且能量很大时，可以形成一个大的原子核。熔合成的新核通常有很高的激发能，可以通过发射中子或裂变使原子核达到基态，这时可能得到很重的原子核，即超重元素。

第三类：深度非弹性转移，即当重离子的能量还不足以使两个原子核"全熔合"，而只能"不完全熔合"时，两个原子核粘在一起，作为一个整体旋转一段时间，然后再分开。这种现象称为深度非弹性转移。

[5] 超重元素的鉴定方法[178,197]

从超铀元素到超重元素的合成中，除了有合适的反应机制以产生目标核外，对合成核的鉴别是最重要的问题之一。每个新元素的合成都不是一帆风顺的。但是，所发现的新核素的实验验证更难。因为在核反应产物中，目标物仅是其中极少的一部分，常需要几天或几十天才能产生一个目标核。要将这样一个被数量为几十万倍的炮弹核及其他不需要的产物核包围着的目标核挑选出来并测量其衰变性质，确定其质子数和中子数，工作量是不可想象的。

一种新元素的基本证明，最应确定的是它的原子序数，而不一定要确定它的质量数。为新元素提供确凿的证明，必须具备下列三点之一：①化学鉴定是最理想的证明，所采用的化学手段要对单个原子是有效的，如离子交换、吸附流洗、液相间分布等(图 1-49)；②X 射线的鉴定是令人满意的，但应与 γ 射线区别；③α 衰变关系以及已知质量数的子核的证明也是可以接受的(图 1-50)。衰变性质和半衰期需要大量的物理和化学实验验证，才能够被人们所认可。

西博格前面为分离超铀元素的离子交换装置(1951 年)

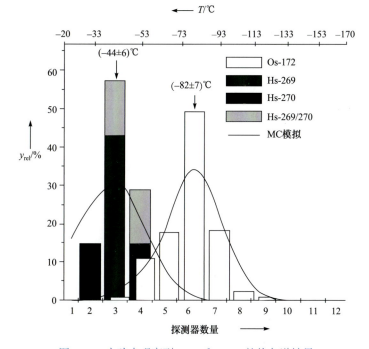

图 1-49　实验中观察到 HsO$_4$ 和 OsO$_4$ 的热色谱结果

[6] 超重元素的合成

近年来，核物理学家和核化学家在超重元素的合成及其化学性质实验的研究方面取得了突破性的进展[198-209]。

104 号元素𬬻(rutherfordium)的合成

杜布纳联合核子研究所弗廖洛夫等科学家于 1964 年宣布首次发现𬬻。研究人员以氖-22 离子撞击钚-242 目标(图 1-51)，把产物与四氯化锆(ZrCl$_4$)反应后将其转变为氯化物，再用温度梯度色谱法把𬬻从产物中分离出来。图 1-52 为 104 号元素首次化学鉴定实验示意图。该团队在一种具挥发性的氯化物中探测到自发裂变事件，该氯化物具有类似于铪的较重同系物的化学属性。其半衰期数值最初并没有被准确量度，但后来的计算则指出，衰变产物最可能为𬬻-259[210-212]：

$$^{242}_{94}\text{Pu} + ^{22}_{10}\text{Ne} \longrightarrow ^{264-x}_{104}\text{Rf} \longrightarrow ^{264-x}_{104}\text{RfCl}_4 \qquad (1\text{-}35)$$

弗廖洛夫

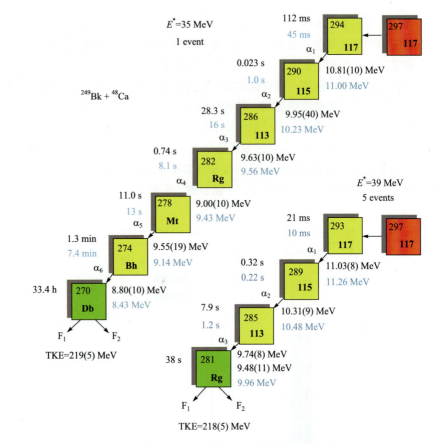

图 1-50　117 号新元素的衰变链[135]

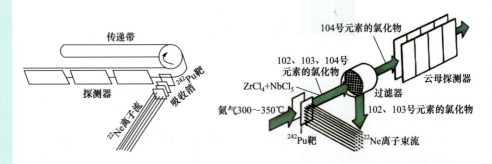

图 1-51　104 号元素合成装置示意图　　图 1-52　104 号元素首次化学鉴定实验示意图

1969 年，美国加州大学伯克利分校以碳-12 离子撞击锎，确定性地合成了钅卢，并测量了 ^{257}Rf 的 α 衰变[213]：

$$^{249}_{98}\text{Cf} + ^{12}_{6}\text{C} \longrightarrow ^{257}_{104}\text{Rf} + 4^{1}_{0}\text{n} \tag{1-36}$$

在美国进行的实验于 1973 年得到独立证实，其中通过观测 ^{257}Rf 衰变产物锘-253 的 K_α X 射线，确实了钅卢为母衰变体[214]。图 1-53 为目前提出的 ^{257}Rf g,m 的衰变阶段光谱图[215]。

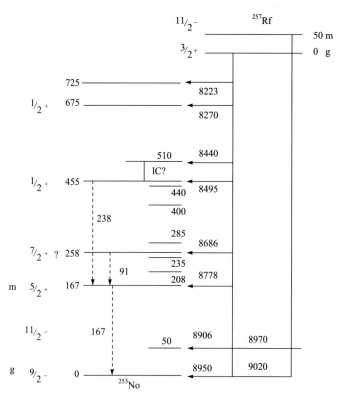

图 1-53　目前提出的 ^{257}Rf g, m 的衰变阶段光谱图

105 号元素𨧀(dubnium)的合成

杜布纳联合核子研究所弗廖洛夫等科学家在 1968 年首次报告发现𨧀元素。研究人员以氖-22 离子撞击镅-243 目标。他们报告了能量为 9.40 MeV 和 9.70 MeV 的 α 活动，并认为这些活动指向同位素 ^{260}Db 或 ^{261}Db：

$$^{243}_{95}\text{Am} + ^{22}_{10}\text{Ne} \longrightarrow ^{265-x}_{105}\text{Db} + x\,^{1}_{0}\text{n} \tag{1-37}$$

两年后，杜布纳团队把产物与 NbCl$_5$ 反应后，对所得的氯化物使用温度梯度色谱法分离了两项反应产物。在挥发性氯化物中，辨认出一次时长 2.2 s 的自发裂变活动，有可能来自五氯化𨧀-261(^{261}DbCl$_5$)[216]。

同年，在加州大学伯克利分校，由吉奥索领导的团队以氮-15 离子撞击锎-249，肯定性地合成了𨧀-260。测得𨧀-260 的 α 衰变半衰期为 1.6 s，衰变能量为 9.10 MeV，子衰变产物为𫟷-256：

$$^{249}_{98}\text{Cf} + ^{15}_{7}\text{N} \longrightarrow ^{260}_{105}\text{Db} + 4\,^{1}_{0}\text{n} \tag{1-38}$$

由加州大学伯克利分校科学家得出的结果并没有证实苏联科学家的研究指出的𨧀-260 衰变能量为 9.40 MeV 或 9.70 MeV 的结论。因此，余下𨧀-261 为可能成功合成的同位素。1971 年，杜布纳团队利用改善了的实验设备重复了他们的实验，并得以证实𨧀-260 的衰变量据，所用反应如下[217]：

$$^{243}_{95}\text{Am} + ^{22}_{10}\text{Ne} \longrightarrow ^{260}_{105}\text{Db} + 5\,^{1}_{0}\text{n} \tag{1-39}$$

1976 年，杜布纳团队继续用温度梯度色谱法研究该反应，并辨认出产物五溴

吉奥索

化𨧀-260(^{260}DbBr$_5$)。

1992 年，IUPAC/IUPAP 超镄元素工作小组评估了两个团队的报告，并决定双方的研究成果同时证实对𨧀元素的成功合成，因此双方应共同享有发现者的称誉[213]。图 1-54 为目前提出的 ^{257}Db g,m 的衰变阶段光谱图(根据 2001 年西博格等于重离子研究所的研究)。

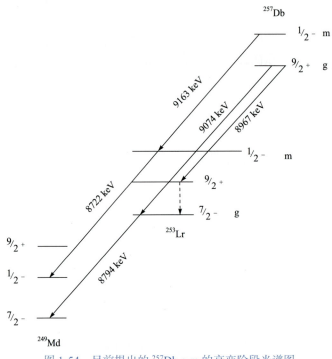

图 1-54　目前提出的 ^{257}Db g,m 的衰变阶段光谱图

𨧀的同位素也是某些更高元素衰变中的产物。此后，两家研究所又合成出了多个𨧀的同位素(表 1-7)[216-219]。2000 年，兰州现代物理中心的中国科学家宣布发现了当时未知的 ^{259}Db 同位素，同位素在 4n 中子蒸发通道中形成。他们同时证实了 ^{258}Db 的衰变属性[187,220-221]。

表 1-7　多个𨧀的同位素

蒸发残余	观察到的𨧀同位素	蒸发残余	观察到的𨧀同位素
^{294}Ts	^{270}Db	^{265}Bh	^{261}Db
^{288}Mc	^{268}Db	^{272}Rg	^{260}Db
^{287}Mc	^{267}Db	^{266}Mt，^{262}Bh	^{258}Db
^{282}Nh	^{266}Db	^{261}Bh	^{257}Db
^{267}Bh	^{263}Db	^{260}Bh	^{256}Db
^{278}Nh，^{266}Bh	^{262}Db		

106 号元素𨭎(seaborgium)的合成

𨭎原称 106 号元素，于 1974 年在科学家吉奥索(A. Ghiorso)和胡莱特(E. K. Hulet)的带领下，利用劳伦斯伯克利国家实验室的超重离子直线加速器首次发现[222]。他

们用 ^{18}O 离子撞击 ^{249}Cf 目标，产生新的核素 ^{263}Sg。该核素进行放射性衰变，半衰期为 (0.9 ± 0.2)s：

$$^{249}_{98}\text{Cf}(^{18}_{8}\text{O}, xn) \longrightarrow {}^{267-x}_{106}\text{Sg}(x=4) \tag{1-40}$$

1979 年，杜布纳团队通过探测自发裂变研究了该反应。相比从伯克利得出的数据，他们计算出 ^{263}Sg 的自发裂变支链为 70%。原先成功的合成反应在 1994 年终于被劳伦斯伯克利国家实验室的另一个团队证实[223]。

图 1-55 为目前提出的 ^{261}Sg g,m 的衰变阶段光谱图(根据 Streicher 等于 2003～2006 年在重离子研究所的研究)。表 1-8 为劳伦斯伯克利国家实验室合成的多个镇的同位素。

吉奥索，胡莱特和西博格

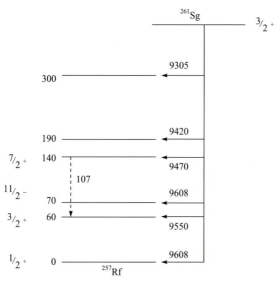

图 1-55　目前提出的 ^{261}Sg g,m 的衰变阶段光谱图

表 1-8　多个镇的同位素

蒸发残余	镇同位素	蒸发残余	镇同位素
^{291}Lv，^{287}Fl，^{283}Cn	^{271}Sg	^{271}Ds，^{267}Ds	^{263}Sg
^{285}Fl	^{269}Sg	^{270}Ds	^{262}Sg
^{271}Hs	^{267}Sg	^{269}Ds，^{265}Hs	^{261}Sg
^{270}Hs	^{266}Sg	^{264}Hs	^{260}Sg
^{277}Cn，^{273}Ds，^{269}Hs	^{265}Sg		

107 号元素𬭛(bohrium)的合成

在德国达姆施塔特重离子研究所，以科学家阿姆布鲁斯特(P. Armbruste)和明岑贝格(G. Münzenberg)为首的团队于 1981 年首次确定性地成功合成𬭛元素。他们将铬-54 原子核加速撞击铋-209 目标，并制造出 5 个𬭛-262 同位素原子[224]：

$$^{209}_{83}\text{Bi} + ^{54}_{24}\text{Cr} \longrightarrow {}^{262}_{107}\text{Bh} + ^{1}_{0}\text{n} \tag{1-41}$$

利用衰变母子体关系法(图 1-56)，他们探测到 5 个 ^{262}Bh 原子[224]。
IUPAC/IUPAP 镄后元素工作小组在其 1992 年的报告中将重离子研究所的团

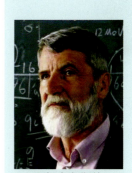

阿姆布鲁斯特

明岑贝格

队列为铍的正式发现者[212]。

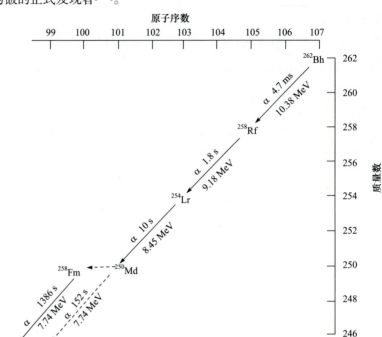

图 1-56 ^{262}Bh 核素的 α 衰变系

此后,重离子研究所、杜布纳联合核子研究所和劳伦斯伯克利国家实验室都在进行𬭛元素新核的合成,在更高原子序数的元素衰变时𬭛也作为产物被发现。𬭛共有 7 个已知的同位素,全部进行 α 衰变,形成𬭊原子核,质量数从 262 到 274 不等(表 1-9)。

表 1-9 在衰变过程中发现的𬭛同位素

蒸发残余	𬭛同位素
^{294}Ts,^{290}Mc,^{286}Nh,^{282}Rg,^{278}Mt	^{274}Bh[225]
^{288}Mc,^{284}Nh,^{280}Rg,^{276}Mt	^{272}Bh[225]
^{287}Mc,^{283}Nh,^{279}Rg,^{275}Mt	^{271}Bh[225]
^{282}Nh,^{278}Rg,^{274}Mt	^{270}Bh[225]
^{278}Nh,^{274}Rg,^{270}Mt	^{266}Bh[226]
^{272}Rg,^{268}Mt	^{264}Bh[227]
^{266}Mt	^{262}Bh[228]

108 号元素𨭆(hassium)的合成

在德国达姆施塔特重离子研究所,以科学家阿姆布鲁斯特(P. Armbruste)和明岑贝格(G. Münzenberg)为首的团队于 1984 年首次确定性地成功合成𨭆元素。团队以 ^{58}Fe 原子核撞击铅目标体,制造出 3 个 ^{265}Hs 原子,反应如下[229]:

$$^{208}_{82}\text{Pb} + ^{58}_{26}\text{Fe} \longrightarrow ^{265}_{108}\text{Hs} + ^{1}_{0}\text{n} \tag{1-42}$$

IUPAC/IUPAP 超镄元素工作组在 1992 年的一份报告中承认，重离子研究所是镙的正式发现者[212]。

此后，众多重离子研究所都在不断进行镙元素新核的合成，并卓有成效（表 1-10）[229-235]。

表 1-10　镙同位素发现年表

同位素	发现年份	所用核反应
^{263}Hs	2008 年	^{208}Pb(^{56}Fe,n)
^{264}Hs	1986 年	^{207}Pb(^{58}Fe,n)
^{265}Hs	1984 年	^{208}Pb(^{58}Fe,n)
^{266}Hs	2000 年	^{207}Pb(^{64}Ni,n)
^{267}Hs	1995 年	^{238}U(^{34}S,5n)
^{268}Hs	2009 年	^{238}U(^{34}S,4n)
^{269}Hs	1996 年	^{208}Pb(^{70}Zn,n)
^{270}Hs	2004 年	^{248}Cm(^{26}Mg,4n)
^{271}Hs	2004 年	^{248}Cm(^{26}Mg,3n)
^{273}Hs	2010 年	^{242}Pu(^{48}Ca,5n)
^{275}Hs	2003 年	^{242}Pu(^{48}Ca,3n)
^{277a}Hs	2009 年	^{244}Pu(^{48}Ca,3n)
^{277b}Hs?	1999 年	^{244}Pu(^{48}Ca,3n)

图 1-57 为镙元素的合成装置图[198,236]。图 1-58 和图 1-59 为镙元素化学实验中观察到的衰变链[198,228]。

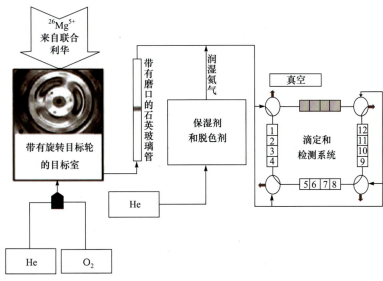

图 1-57　第二次合成 108 号元素的实验装置图

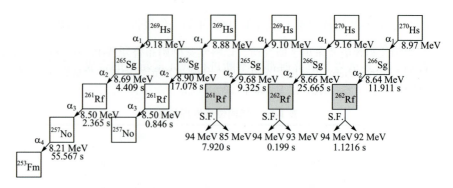

图 1-58　第一次 108 号元素化学实验中观察到的衰变链

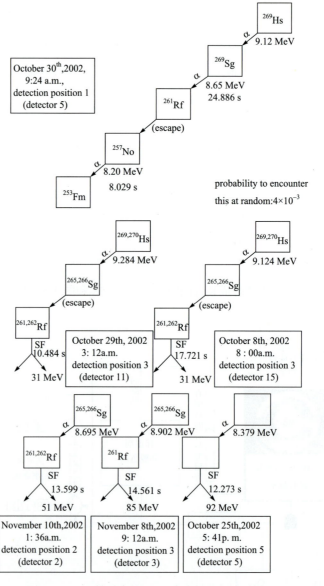

图 1-59　108 号元素的 α-α-α 衰变链和 α-SF 衰变链

109号元素鿏(meitnerium)的合成

在德国达姆施塔特重离子研究所，以科学家阿姆布鲁斯特(P. Armbruste)和明岑贝格(G. Münzenberg)为首的团队于1981年首次确定性地成功合成鿏元素[185]。他们利用铁-58离子轰击铋-209合成了 ^{266}Mt 的单一原子：

$$^{209}_{83}\text{Bi} + ^{58}_{26}\text{Fe} \longrightarrow ^{266}_{109}\text{Mt} + ^{1}_{0}\text{n} \quad (1\text{-}43)$$

科学家也曾在更重元素的衰变产物中发现鿏的同位素(表 1-11)[197, 228]。表 1-12 列出科学家通过理论计算得出的各种目标-发射体组合，并给出最高的预计产量[237]。图 1-60 为 109 号元素 ^{266}Mt 核素可能的α衰变系。

表 1-11 从更重元素的衰变产物中发现鿏的同位素

蒸发残留	观测到的鿏同位素	蒸发残留	观测到的鿏同位素
^{294}Ts	^{278}Mt	^{282}Nh	^{274}Mt
^{288}Mc	^{276}Mt	^{278}Nh	^{270}Mt
^{287}Mc	^{275}Mt	^{272}Rg	^{268}Mt

表 1-12 理论计算的各种目标-发射体组合和最高的预计

目标	发射体	CN	通道(产物)	σ_{max}	模型
^{243}Am	^{30}Si	^{273}Mt	3n (^{270}Mt)	22 pb	HIVAP
^{243}Am	^{28}Si	^{271}Mt	4n (^{267}Mt)	3 pb	HIVAP
^{249}Bk	^{26}Mg	^{275}Mt	4n (^{271}Mt)	9.5 pb	HIVAP
^{254}Es	^{22}Ne	^{276}Mt	4n (^{272}Mt)	8 pb	HIVAP
^{254}Es	^{20}Ne	^{274}Mt	4～5n (^{270,269}Mt)	3 pb	HIVAP

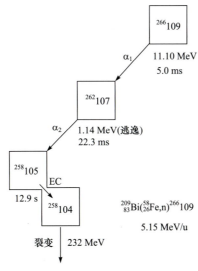

图 1-60　^{266}Mt 核素可能的 α 衰变系

霍夫曼

拉扎列夫

110号元素𫟼(darmstadtium)的合成

德国达姆施塔特重离子研究所的霍夫曼(S. Hofmann)等科学家于1994年11月9日，在线性加速器内利用镍-62和镍-64轰击铅-208合成𫟼[238]。制成的同位素有𫟼-269和𫟼-271，其中𫟼-271比较稳定：

$$^{208}_{82}\text{Pb} + ^{62}_{28}\text{Ni} \longrightarrow ^{269}_{110}\text{Ds} + ^{1}_{0}\text{n} \tag{1-44}$$

$$^{208}_{82}\text{Pb} + ^{64}_{28}\text{Ni} \longrightarrow ^{271}_{110}\text{Ds} + ^{1}_{0}\text{n} \tag{1-45}$$

1994年9月，杜布纳小组拉扎列夫(Y. A. Lazarev)等在5n中子蒸发通道中检测到 ^{273}Ds 的单个原子，截面只有400 pb[239]：

$$^{244}\text{Pu}(^{34}\text{S}, x\,\text{n}) \longrightarrow ^{278-x}_{110}\text{Ds}(x=5) \tag{1-46}$$

科学家也曾在更重元素的衰变产物中发现𫟼的同位素(表1-13)。表1-14列出科学家通过理论计算得出的各种目标-发射体组合，并给出最高的预计产量[240-241]。图1-61为观察到的110号元素 ^{269}Ds 核素的 α 衰变系。

表1-13 从更重元素的衰变产物中发现𫟼的同位素

蒸发残留	观测到的𫟼同位素
^{293}Lv, ^{289}Fl	^{281}Ds
^{291}Lv, ^{287}Fl, ^{283}Cn	^{279}Ds
^{285}Fl	^{277}Ds
^{277}Cn	^{273}Ds

表1-14 理论计算的各种目标-发射体组合和最高的预计产量

目标	发射体	CN	通道(产物)	σ_{max}	模型	参考资料
^{208}Pb	^{64}Ni	^{272}Ds	1n (^{271}Ds)	10 pb	DNS	[236]
^{232}Th	^{48}Ca	^{280}Ds	4n (^{276}Ds)	0.2 pb	DNS	[237]
^{230}Th	^{48}Ca	^{278}Ds	4n (^{274}Ds)	1 pb	DNS	[237]
^{238}U	^{40}Ar	^{278}Ds	4n (^{274}Ds)	2 pb	DNS	[237]

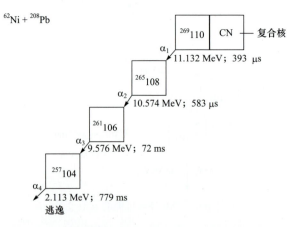

图1-61 观察到的110号元素 ^{269}Ds 核素的 α 衰变系

111号元素铊(roentgenium)的合成

铊是由德国达姆施塔特重离子研究所霍夫曼(S. Hofmann)等科学家于1994年12月8日,在线性加速器内利用镍-64轰击铋-209而合成的。这次实验成功产生了三个铊-272原子,其迅速衰变成其他元素[238]:

$$^{209}_{83}Bi + ^{64}_{28}Ni \longrightarrow ^{272}_{111}Rg + ^{1}_{0}n \tag{1-47}$$

IUPAC/IUPAP 联合工作小组在2001年时认为没有足够证据证明当时确实发现了铊[242]。GSI 的小组在2002年重复实验,并再检测到三个原子[243]。联合工作小组在他们2003年的报告当中,决定承认德国达姆施塔特重离子研究所团队对此新元素的发现[244]。

2003年,日本理化学研究所在测定14个 ^{272}Rg 原子的衰变1n激发能后,证实了铊的发现[245]:

$$^{208}Pb(^{65}Cu, x\,n) \longrightarrow ^{273-x}_{111}Rg (x=1) \tag{1-48}$$

2004年,美国劳伦斯伯克利国家实验室在利用原子序数为奇数的发射体进行该冷聚变反应时,检测到 ^{272}Rg 的单个原子[246]。

科学家也曾在更重元素的衰变产物中观察到铊的同位素(表 1-15)[247-248]。图 1-62 为观察到的111号元素 ^{272}Rg 核素的α衰变系。

表 1-15　从更重元素的衰变产物中发现铊的同位素

蒸发残留	观测到的铊同位素
^{288}Mc	^{280}Rg
^{287}Mc	^{279}Rg
^{282}Nh	^{278}Rg
^{278}Nh	^{274}Rg

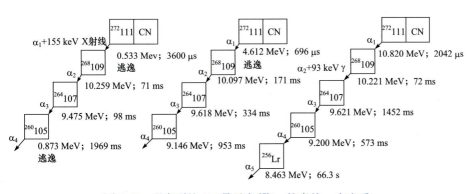

图 1-62　观察到的111号元素 ^{272}Rg 核素的α衰变系

112号元素鎶(copernicium)的合成

在德国达姆施塔特重离子研究所,由霍夫曼(S. Hofmann)和尼诺夫(V. Ninov)领导的研究团队在1996年首次合成出鎶元素。他们在重离子加速器中用高速运行的锌-70原子束轰击铅-208目标体,获得一个半衰期仅为0.24 ms的Cn-277原子(另

一个被击散)。制取该元素的核反应方程式为[249]

$$^{70}_{30}Zn + ^{208}_{82}Pb \longrightarrow ^{277}_{112}Cn + ^{1}_{0}n \tag{1-49}$$

2002年重离子研究所重复相同的实验，再次得到一个镉原子。日本理化学研究所于2004年证实了 ^{277}Cn 的发现。他们进一步发现了两个 ^{277}Cn 原子，并确认了整个衰变链的衰变量据。

2003~2004年，杜布纳联合核子研究所团队使用"杜布纳天然气填充反冲分离器"(DGFRS)重复进行反应。^{283}Cn 以 9.53 MeV 进行α衰变，半衰期约为 4 min。研究人员也在 4n 通道中观察到 ^{282}Cn(释放出 4 个中子)[250]。

科学家也曾在 Fl 的衰变产物中观察到镉(表1-16)。Fl 目前有五种已知的同位素，全都会经α衰变成为镉原子，质量数为 281~285。其中质量数 281、284 和 285 的镉同位素迄今只出现在 Fl 的衰变产物中。Fl 本身也是 Lv 或 Og 的衰变产物[251-254]。

图 1-63 为在实验过程中观察到两个α-SF 衰变链[255]，与文献报道的 ^{283}Cn 的衰变性质一致[256]。

尼诺夫

表 1-16 从更重元素的衰变产物中发现镉的同位素

蒸发残留	观测到的镉同位素
^{285}Fl	^{281}Cn[250]
^{291}Lv, ^{287}Fl	^{283}Cn[251]
^{292}Lv, ^{288}Fl	^{284}Cn[252]
^{293}Lv, ^{289}Fl	^{285}Cn[253]
^{294}Og, ^{290}Lv, ^{286}Fl	^{282}Cn[250]

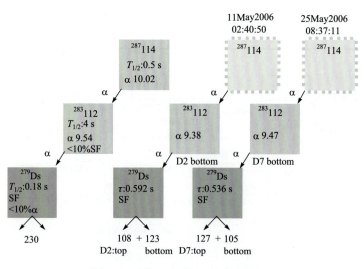

图 1-63　^{283}Cn 和 ^{279}Ds 的衰变链[252]
左图是文献报道的 ^{283}Cn 核素的衰变性质

113 号元素鉨(nibonium)的合成

2003年8月，科学家在 Mc 的衰变产物中首次探测到 Nh。2004年2月1日，一个由俄罗斯杜布纳联合核子研究所和美国劳伦斯利福摩尔国家实验室联合组成

森田浩介

的研究小组发表了这一项发现[257]:

$$^{48}_{20}Ca + ^{243}_{95}Am \longrightarrow ^{288,287}Mc \longrightarrow ^{284,283}Nh \qquad (1\text{-}50)$$

2004年7月23日,日本理化学研究所的森田浩介使用 ^{209}Bi 和 ^{70}Zn 之间的冷聚变反应,探测到了一个 ^{278}Nh 原子。他们在2004年9月28日发表这项发现:

$$^{70}_{30}Zn + ^{209}_{83}Bi \longrightarrow ^{279}_{113}Nh \longrightarrow ^{278}_{113}Nh + ^{1}_{0}n \qquad (1\text{-}51)$$

实验结果在2004年得到证实,中国科学院近代物理研究所探测到的 ^{266}Bh 衰变特性和日本理化学研究所探测到的衰变活动特性相同。日本理化学研究所在2005年4月2日又合成了一个Nh原子,衰变量据与第一次的不同,但这可能是因为产生了稳定的同核异构体。

美俄合作小组对衰变产物 ^{268}Db 进行化学实验,进一步证实了Nh的发现。Nh的α衰变链半衰期与实验数据相符[258]。

由于日本科学家未充分观察该元素转化为其他元素的情形,因此这一发现因证据不足而未被承认。日本理化学研究所于2012年9月26日第三次宣布合成出了113号元素,方法是利用加速器使锌和铋原子相互碰撞[226]。

科学家也曾在Mc和Hw的衰变产物中探测到Nh。至今成功合成的Nh原子一共只有14个。其寿命最长的同位素为 ^{286}Nh,半衰期约为20 s[197],因此可对其进行化学实验。

2016年,IUPAC正式宣布该元素由日本理化学研究所团队发现,命名为鿭 (Nh, nibonium)。

114号元素铁(flerovium)的合成

1998年12月,俄罗斯杜布纳联合核子研究所的奥加涅相(Ю.Ц.Оганесян)等科学家使用 ^{48}Ca 离子撞击 ^{244}Pu 目标体,合成一个铁原子。该原子以9.67 MeV的能量进行α衰变,半衰期为30 s。该原子其后被确认为 ^{289}Fl 同位素。这项发现在1999年1月公布[259]。然而,之后的实验并未重现所观测到的衰变链。因此,这个原子的真正身份仍待确认,有可能是稳定的同核异构体 ^{289m}Fl。

1999年3月,同一个团队以 ^{242}Pu 代替 ^{244}Pu 目标体,以合成其他的铁同位素。这次,他们成功合成两个铁原子,原子以10.29 MeV的能量进行α衰变,半衰期为5.5 s。这两个原子确认为 ^{287}Fl[252]。杜布纳的团队在1999年6月进行实验,成功制成铁。这项结果是得到公认的。他们重复进行 ^{244}Pu 的反应,并产生两个铁原子,原子以9.82 MeV能量进行α衰变,半衰期为2.6 s[253]。研究人员一开始把所产生的原子认定为 ^{288}Fl,但2002年12月进行的研究工作则将结论更改为 ^{289}Fl。

$$^{244}_{94}Pu + ^{48}_{20}Ca \longrightarrow ^{292}_{114}Fl \longrightarrow ^{289}_{114}Fl + 3^{1}_{0}n \qquad (1\text{-}52)$$

奥加涅相

2009年5月,IUPAC/IUPAP联合工作组发布铁的发现报告,其中提到 ^{283}Cn 的发现。由于 ^{287}Fl 和 ^{291}Lv 的合成数据牵涉 ^{283}Cn,因此这也意味着铁的发现得到证实。

2009年1月,伯克利团队证实 ^{287}Fl 和 ^{286}Fl 的发现。接着在2009年7月,德国达姆施塔特重离子研究所又证实 ^{288}Fl 和 ^{289}Fl 的发现。

2011年6月11日,IUPAC证实铁的存在[260]。

科学家也曾在铁和Og的衰变链中观测到铁的同位素(表1-17)。

化学元素新论

表 1-17　从更重元素的衰变产物中发现铁的同位素

蒸发残留	观测到的铁同位素
^{293}Lv	^{289}Fl [200]
^{292}Lv	^{288}Fl [324]
^{291}Lv	^{287}Fl [226]
^{294}Og，^{290}Lv	^{286}Fl [256]

^{48}Ca 离子加速 ^{243}Am 目标原子的模拟图

115 号元素镆(moscovium)的合成

2004 年 2 月 2 日，由俄罗斯杜布纳联合核子研究所和美国劳伦斯利福摩尔国家实验室联合组成的科学团队在 *Physical Review Letters* 上表示成功合成了镆[200]。他们使用 ^{48}Ca 离子撞击 ^{243}Am 目标原子，产生了 4 个 Mc 原子。这些原子通过发射 α 粒子，衰变为 Nh，需时约 100 ms：

$$^{48}_{20}\text{Ca} + ^{243}_{95}\text{Am} \longrightarrow ^{291}_{115}\text{Mc} \longrightarrow ^{288}_{115}\text{Mc} + 3^{1}_{0}\text{n} \longrightarrow ^{284}_{113}\text{Nh} + ^{4}_{2}\text{He} \quad (1\text{-}53)$$

两国科学家的这次合作计划也对衰变产物 ^{268}Db 进行了化学实验，并证实发现了 Nh。科学家在 2004 年 6 月和 2005 年 12 月的实验中，通过量度自发裂变成功确认了 Mc 同位素[257,261]。数据中的半衰期和衰变模式都符合理论中的 ^{268}Db，证实了衰变来自于原子序数为 115 的主原子核。但是在 2011 年，IUPAC 认为该结果只是初步的，不足以称得上是一项发现[261]，可能是由于没有被其他实验室合成出。

其实，杜布纳团队早在 2003 年 7 月至 8 月就进行了该项反应。在两次分别进行的实验中，他们成功探测到 3 个 ^{288}Mc 原子与 1 个 ^{287}Mc 原子。2004 年 6 月，他们进一步研究这项反应，目的是要在 ^{288}Mc 衰变链中隔离出 ^{268}Db。团队在 2005 年 8 月重复进行了实验，证实了衰变的确来自 ^{268}Db。同时，2013 年，由瑞典隆德大学核物理学家鲁道夫(D. Rudolph)领导的团队在德国达姆施塔特重离子研究中心，通过用钙同位素撞击镅的方法再次合成了 115 号元素。表 1-18 列出了 Mc 同位素发现时序。

表 1-18　Mc 同位素发现时序

同位素	发现年份	核反应	参考文献
^{287}Mc	2003 年	^{243}Am(^{48}Ca,4n)	[262]
^{288}Mc	2003 年	^{243}Am(^{48}Ca,3n)	[262]
^{289}Mc	2009 年	^{249}Bk(^{48}Ca,4n)	[197]
^{290}Mc	2009 年	^{249}Bk(^{48}Ca,3n)	[197]

2016 年，IUPAC 正式宣布该元素由俄罗斯杜布纳联合核子研究所发现，命名为镆(Mc，moscovnium)。

116 号元素铊(livermorium)的合成

2000 年 7 月 19 日，俄罗斯杜布纳联合核子研究所的科学家使用 ^{48}Ca 离子撞

击 ^{248}Cm 目标，探测到鿬原子的一次 α 衰变，能量为 10.54 MeV，结果于 2000 年 12 月发布[263]。由于 ^{292}Lv 的衰变产物和已知的 ^{288}Fl 关联，因此这次衰变起初被认为源自 ^{292}Lv。然而，其后科学家把 ^{288}Fl 更正为 ^{289}Fl，所以衰变来源 ^{292}Lv 也顺应更改到 ^{293}Lv。他们于 2001 年 4~5 月进行了第二次实验，再发现两个鿬原子：

$$^{48}_{20}Ca + ^{248}_{96}Cm \longrightarrow ^{296}_{116}Lv \longrightarrow ^{293}_{116}Lv + 3^{1}_{0}n \qquad (1\text{-}54)$$

在同样的实验里，研究人员探测到 Lv 的衰变，并将此次衰变活动指定到 ^{289}Fl。在重复进行相同的实验后，他们并没有观测到该衰变反应。这可能是来自 Lv 的同核异能素 ^{293b}Lv 的衰变，或是 ^{293a}Lv 的一条较罕见的衰变支链，需进一步研究才能确认。

研究团队在 2005 年 4~5 月重复进行实验，并探测到 8 个 Lv 原子。衰变量据证实所发现的同位素是 ^{293}Lv。同时他们也通过 4n 通道第一次观测到 ^{292}Lv。

2009 年 5 月，联合工作组在报告中指明，发现的鿫同位素包括 ^{283}Cn[194]。^{283}Cn 是 ^{291}Lv 的衰变产物，因此该报告意味着 ^{291}Lv 也被正式发现。2011 年 6 月 11 日，IUPAC 证实了鿫的存在[264]。

表 1-19 列出了 Lv 同位素发现时序。

表 1-19　Lv 同位素发现时序

同位素	发现年份	核反应
^{290}Lv	2002 年	^{249}Cf(^{48}Ca,3n)
^{291}Lv	2003 年	^{245}Cm(^{48}Ca,2n)
^{292}Lv	2004 年	^{248}Cm(^{48}Ca,4n)
^{293}Lv	2000 年	^{248}Cm(^{48}Ca,3n)

117 号元素䏻(tennessine)的合成

2004 年，俄罗斯杜布纳联合核子研究所的一个团队提议进行合成 117 号元素的实验。该实验以钙粒子束轰击锫目标体，从而产生核聚变反应。美国橡树岭国家实验室是世界上唯一能够制成锫的实验室，但是其团队以产量不足为由未能提供这一元素。俄罗斯团队决定转而用钙轰击锕目标体，尝试合成 117 号元素[262]。

实验需要难以取得的锫元素，原因包括：要产生高能离子束，需较轻的同位素。钙-48 由 20 个质子和 28 个中子组成，是具有多个过剩中子的最轻的稳定(或近稳定)同位素。下一个具有大量过剩中子的同位素为锌-68，其质量比钙高出许多。要与含有 20 个质子的钙结合成 Ts 同位素，就需要含有 97 个质子的锫[265]。俄罗斯研究人员从地球上自然的钙中提取少量的钙-48，以化学方式制成了所需的钙离子束[266]。

合成的原子核将具有更高的质量，更加靠近所谓的稳定岛，即理论预测中稳定性特别高的一组超重原子。然而到了 2013 年，质量足够高的原子核还没有被合成，而已经合成的同位素也比稳定岛同位素具有较低的中子数。

美国团队在 2008 年重启了制造锫的计划，并与俄罗斯团队建立了合作关系。

用于合成 Ts 的锫目标体溶液

117 号元素示意图

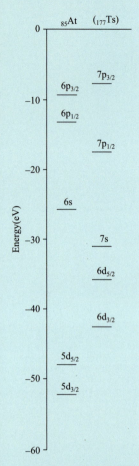

Ts最外层s、p和d电子的原子能级图

计划产生22 μg锫,足以进行合成实验。锫样本经90天冷却后,再经90天的化学纯化过程。这一锫目标体必须及时送往俄罗斯,因为锫-249的半衰期只有330天,即锫的量每330天因衰变而减半。实验必须在目标体运输算起的六个月之内进行,否则会因样本量过小而无法进行。2009年夏,目标体装载在五个铅制容器中,搭乘纽约至莫斯科的航班送达俄罗斯。

俄罗斯海关两次以文件不全为由拒绝了样本的通关,因此样本共五次飞越大西洋,一共花费了几天时间。到达以后,它被送往乌里扬诺夫斯克州季米特洛夫格勒,固定在钛薄片上,然后运往杜布纳联合核子研究所,安装在粒子加速器上。这是世界上用于合成超重元素的最强大的粒子加速器。

实验在2009年6月展开,直到2010年1月,弗廖洛夫核反应实验室的科学家在内部宣布成功探测到原子序数为117的新元素的放射性衰变:一个奇数-奇数同位素和一个奇数-偶数同位素的共两条衰变链,前者经6次α衰变后自发裂变,后者经3次α衰变后自发裂变。2010年4月9日,团队在 *Physical Review Letters* 上刊登了该项发现的正式报告。以上的两条衰变链分别属于 ^{294}Ts 和 ^{293}Ts 同位素,其合成反应分别为[267]:

$$^{48}_{20}Ca + ^{249}_{97}Bk \longrightarrow ^{297}_{117}Ts \longrightarrow ^{294}_{117}Ts + 3^{1}_{0}n(1个事件) \qquad (1\text{-}55)$$

$$^{48}_{20}Ca + ^{249}_{97}Bk \longrightarrow ^{297}_{117}Ts \longrightarrow ^{293}_{117}Ts + 4^{1}_{0}n(5个事件) \qquad (1\text{-}56)$$

在Ts被合成之前,其所有子同位素都尚未被发现,所以这项结果不能用于向IUPAC/IUPAP联合工作小组申请证实元素的发现。Ts的其中一个衰变产物Mc-289在2011年被直接合成,其衰变性质与合成Ts时所测得的数据相符。不过当IUPAC/TUPAP联合工作小组在2007~2011年审阅各种锕后元素的发现时,参与发现Ts的团队并没有向IUPAC/TUPAP联合工作小组提出申请。杜布纳团队在2012又成功重现了实验,其结果与先前的实验吻合[268],团队随后提交了新元素发现的申请书。

2014年5月2日,德国达姆施塔特亥姆霍兹重离子研究中心的科学家宣布成功证实了Ts的发现。他们也因此发现了新的𬭊-266同位素。该同位素是Db-270的α衰变产物(在杜布纳进行的实验中,Db-270进行的是自发裂变),半衰期为11 h,是所有超重元素的已知同位素中寿命最长的。𬭊-266可能就位于稳定岛的"岸边"[269]。

2016年,IUPAC正式宣布该元素由俄罗斯杜布纳联合核子研究所、美国劳伦斯利弗摩尔国家实验室和田纳西州橡树岭国家实验室合作发现,并建议以田纳西州(Tennessee)命名,命名为𬬻(Ts,tennessium)。

118号元素氥(oganesson)的合成

2002年,由奥加涅相带领的团队于俄罗斯杜布纳联合核子研究所首次发现并观测到Og原子的衰变[262]。2006年10月9日,来自联合核子研究所及美国劳伦斯利弗摩尔国家实验室的研究人员宣布他们间接探测到一共3个(可能4个)^{294}Og原子(其中1或2个发现于2002年,其余2个发现于2005年)[200]。方法是通过撞击锎-249和钙-48离子:

$$^{48}_{20}Ca + ^{249}_{98}Cf \longrightarrow ^{294}_{118}Og + 3^{1}_{0}n \qquad (1\text{-}57)$$

由于核聚变概率[聚变截面为(0.3～0.6) pb = (3～6)×10⁻⁴¹ m²]很低，实验经过了 48 个月，使用了 4×10¹⁹ 个钙离子，才第一次测得 Og 的合成。探测结果是随机事件的可能性估计小于十万分之一，所以研究人员很有把握这并不是误测。

实验观察到有 3 个 Og 原子的 α 衰变(图 1-64)，列出同位素的衰变能量和平均半衰期，进行自发裂变的原子以绿色表示，而研究人员也提出了第 4 个通过直接自发裂变的衰变。²⁹⁴Og 通过 α 衰变产生 ²⁹⁰Lv。由于只观测到 3 个原子的衰变，因此计算出来的半衰期有很大的误差：

$$0.89^{+1.07}_{-0.31} \text{ ms}$$

$$^{294}_{118}\text{Og} \longrightarrow {}^{290}_{116}\text{Lv} + {}^{4}_{2}\text{He} \tag{1-58}$$

为了确定产生了 ²⁹⁴Og，科学家再通过撞击 ²⁴⁵Cm 和 ⁴⁸Ca 离子，产生了 ²⁹⁰Lv 原子核：

$$^{48}_{20}\text{Ca} + {}^{245}_{96}\text{Cm} \longrightarrow {}^{290}_{116}\text{Lv} + 3{}^{1}_{0}\text{n} \tag{1-59}$$

并比较 ²⁹⁰Lv 与 ²⁹⁴Og 原子核的衰变链是否相同。²⁹⁰Lv 原子核十分不稳定，半衰期只有 14 ms，便衰变为 ²⁸⁶Fl，再经由自发裂变或 α 衰变成为 ²⁸²Cn，然后进行自发裂变。

根据量子穿隧模型，²⁹⁴Og 的 α 衰变半衰期预测为 $0.66^{+0.23}_{-0.18}$ ms[239]，理论核反应能量(Q 值)于 2004 年发表[255]。如果在计算中使用 Muntian-Hofman-Patyk-Sobiczewski 宏观微观模型得出的 Q 值，则结果会相对较低，但仍很接近[240]。

在成功取得 Og 之后，科学家希望通过熔合 ⁵⁸Fe 和 ²⁴⁴Pu 来制造 120 号元素 Ubn。Ubn 同位素的半衰期预计只有数微秒[241]。

2016 年，IUPAC 正式宣布该元素由俄罗斯杜布纳联合核子研究所发现，以俄罗斯物理学家奥加涅相的名字命名，命名为 oganesson。

[7] 原子核稳定性与同位素

原子序数超过 82(铅)的元素均没有稳定的同位素[270]。原子核的稳定性随原子序数的增加而降低，因此所有原子序数超过 105(钅杜)的同位素半衰期都小于 1 天。然而，由于一些尚待了解的原因(幻数)，原子序数 110～114 的稳定性有稍微的提升，这就是核物理所预测的"稳定岛"。这个概念由加州大学伯克利分校教授西博格提出，以解释超重元素半衰期比本来预计要长的原因[271]。Og 是有放射性的，其半衰期小于 1 ms。不过，这数值已经比某些预计值较长，这进一步支持了"稳定岛"理论。

量子穿隧模型计算预测，Og 还有几个α衰变半衰期接近 1 ms 的多中子同位素[209]。

理论计算显示，一些 Og 同位素比已发现的 ²⁹⁴Og 更加稳定，最有可能的包括：²⁹³Og、²⁹⁵Og、²⁹⁶Og、²⁹⁷Og、²⁹⁸Og、³⁰⁰Og 和 ³⁰²Og[272]。其中 ²⁹⁷Og 最有机会拥有

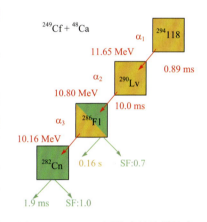

图 1-64　Og-294 同位素的放射性衰变示意图

西博格讲解稳定岛

长半衰期[194]，所以可能会是未来的重点工作对象。一些 ^{313}Og 附近的多中子原子核也可能有较长的半衰期[273]。

俄罗斯杜布纳联合核子研究所官员透露，俄罗斯研究人员将联合美国科学家，尝试合成元素周期表里的第 119 号元素(暂定名为 Uue)的实验。有人认为它应是碱金属钫下方的元素，可称为类钫(Eka-Francium)，甚至推测了它的性质[179]。然而相对论效应使得这一结论存在一些不确定性。合成 Uue 的首次尝试发生在 1985 年：科学家在美国加州大学伯克利分校的超重离子直线加速器(super HILAC)中用钙-48 轰击锿-254，结果未鉴别出任何新原子，因而其收率限制为 300 nb[274]。

$$^{254}_{99}\text{Es} + ^{48}_{20}\text{Ca} \longrightarrow ^{302}_{119}\text{Uue}^* \longrightarrow 无新原子 \tag{1-60}$$

这一反应选择了 ^{254}Es 为原料。^{254}Es 的质量数大，半衰期相对较长(270 d)，可获得性高(数毫克)，因此常被用来合成超重元素[275]。然而，这一反应近期极不可能生成 Uue 原子，因为很难生产足够多的 ^{254}Es 来制作一个尺寸足够大的靶，从而将实验的灵敏度提升到所需级别。锿尚未在自然界中发现，只能在实验室制取。不过，由于 Uue 是扩展元素周期表第 8 周期的第一个元素，未来极有可能用其他反应来制取。德国达姆施塔特重离子研究中心正在尝试用钛核轰击锫制取 Uue。目前还没有发现位于第 8 周期的元素，而且由于液滴不稳定性，或许只有原子序数较低的第 8 周期元素(原子序数低于 128)在物理上可能存在[149]。

我们相信，人类打开第 8 周期元素的想法在科学发展的明天一定会实现。

参 考 文 献

[1] Hubble E. Proc. Natl. Acad. Sci. U. S. A., 1929, 15(3): 168.

[2] 肯·克罗斯韦尔. 银河系: 银河系的起源和演化. 黄磷译. 海口: 三环出版社, 海南出版社, 1999.

[3] Komatsu E, Dunkley J, Nolta M R, et al. Astrophys. J. Suppl., 2009, 180(2): 330.

[4] Menegoni E, Galli S, Bartlett J G , et al. Phys. Rev. D, 2009, 80(8): 264.

[5] Slipher V M. Lowell Observatory Bulletin, 1913, 2(159): 56.

[6] Slipher V M. Popular Astron, 1914, 23(23): 21.

[7] Friedmann A. Z. Phys., 1922, 10: 377.

[8] Lemaître G. Ann. Soc. Sci. Bruxelles, 1927, 47: 49.

[9] Lemaître G. Nature, 1931, 128(3234): 704.

[10] Christianson G E. Edwin Hubble: Mariner of the Nebulae. Chicago: University of Chicago Press, 1996.

[11] Peebles P J E, Ratra B. Rev. Mod. Phys., 2003, 75(2): 559.

[12] Penzias A A, Wilson R W. Astrophys. J., 1965, 142: 419.

[13] Bludman S A. Astrophys. J., 1998, 508(2): 535.

[14] Gladders M D, Yee H, Majumdar S, et al. Astrophys. J., 2007, 655(1): 128.

[15] Dimopoulos S, Landsberg G. Phys. Rev. Lett., 2001, 87(16): 161602.

[16] Higgs P W. Phys. Rev. Lett., 1964, 13(16): 508.

[17] 佚名. 计昊爽校友: 计算出上帝粒子的第一人. (2014-07-1)[2018-03-01]. http://shizheng.xilu.com/20140701/100015000 2482587. html.

[18] 欧阳自远. 天体化学. 北京: 科学出版社, 1988.

[19] 赵南生. 宇宙化学. 北京: 科学出版社, 1985.
[20] 张端明. 宇宙创世纪. 石家庄: 河北科学技术出版社, 2018.
[21] Timble V. Rev. Mod. Phys., 1975, 47(4): 877.
[22] 大卫·E 牛顿. 太空化学. 王潇, 等译. 上海: 上海科学技术文献出版社, 2008.
[23] 卡尔·萨根. 宇宙. 周秋麟, 吴依俤, 等译. 长春: 吉林人民出版社, 2011.
[24] 希尔克, 邹振隆. 宇宙的起源与演化: 大爆炸. 北京: 科学普及出版社, 1988.
[25] 徐兰平. 天文学进展, 1987, (1): 56.
[26] 郭正谊. 化学通报, 1979, (1): 64.
[27] 谷林夫. 黑龙江大学自然科学学报, 1992, (3): 108.
[28] 李虎侯. 第四纪研究, 2000, 20(1): 30.
[29] Tayler R J. Proc. R. Soc. Lond. A, 1984, 396(1810): 21.
[30] Suess H E, Urey H C. Rev. Mod. Phys., 1956, 28(1): 53.
[31] Schramm D N, Barnes C A, Clayton D D, et al. Essays in Nuclear Astrophysics. Cambridge: Cambridge University Press, 1982.
[32] Anders E, Grevesse N. Geochim. Cosmochim. Acta, 1989, 53(1): 197.
[33] Yang J, Turner M S, Steigman G, et al. Astrophys. J., 1984, 281: 493.
[34] Peebles P J E. Astrophys. J., 1966, 146: 542.
[35] Wagoner R V, Fowler W A, Hoyle F. Astrophys. J., 1967, 148: 3.
[36] Olive K A, Schramm D N, Turner M, et al. Astrophys. J., 1981, 246: 557.
[37] Shaver P A, Kunth D, Kjär K. ESO Workshop on Primordial Helium. European Southern Observatory, Garching, 1983.
[38] Alpher R A, Bethe H, Gamow G. Phys. Rev., 1948, 73(7): 803.
[39] Alpher R A, Herman R. Nature, 1948, 162(4124): 774.
[40] Alpher R A, Herman R C. Phys. Rev., 1949, 75(7): 1089.
[41] Ryden B. Introduction to Cosmology. Cambridge: Cambridge University Press, 2003.
[42] Guth A H. The Inflationary Universe: The Quest for a New Theory of Cosmic Origins. New York: Random House, 1998.
[43] Burbidge E M, Burbidge G R, Fowler W A, et al. Rev. Mod. Phys., 1957, 29(4): 547.
[44] Fowler W A. Rev. Mod. Phys., 1984, 56(2): 149.
[45] Truran J W. Astron. Astrophys., 1981, 97: 391.
[46] 林忠四郎, 早川幸男. 宇宙物理学. 师华译. 北京: 科学出版社, 1981.
[47] Mathews G J, Ward R A. Rep. Prog. Phys., 1985, 48(10): 1371.
[48] Kappeler F, Beer H, Wisshak K. Rep. Prog. Phys., 1989, 52(8): 945.
[49] Mathews G J, Cowan J J. Nature, 1990, 345(6275): 491.
[50] Mathews G J, Bazan G, Cowan J J. Astrophys. J., 1992, 391: 719.
[51] Searle L, Sargent W L. Astrophys. J., 1972, 173: 25.
[52] 喻传赞. 云南大学学报(自然科学版), 1983, (Z1): 153.
[53] Webber W R. Int. Cosmic Ray Conference, 1981, 2: 80.
[54] 李宗伟, 裴寿镛. 物理学进展, 1998, 18(2): 207.
[55] Arnett W. Astrophys. J., 1982, 263: L55.
[56] Hillebrandt W, Nomoto K, Wolff R. Astron. Astrophys., 1984, 133: 175.
[57] Baron E, Cooperstein J, Kahana S. Phys. Rev. Lett., 1985, 55(1): 126.
[58] Cooperstein J. Phys. Rep., 1988, 163(1): 95.
[59] Goodman J, Dar A, Nussinov S. Astrophys. J., 1987, 314: L7.
[60] Ray A, Kar K. Astrophys. J., 1987, 319: 143.
[61] 彭秋和. 天文学进展, 1985, (2): 38.

[62] 厉光烈, 李龙. 原子核物理评论, 1999, 16(4): 201.
[63] 马文娟, 周贵德, 张波. 天文研究与技术, 2007, 4(2): 95.
[64] 王新舸, 彭秋和. 天文学报, 1996, (3): 243.
[65] 俞允强. 科学, 1995, 47(2): 29.
[66] Webb J, King J, Murphy M, et al. Phys. Rev. Lett., 2011, 107(19): 191101.
[67] Gurzadyan V G , Penrose R. arXiv preprint, arXiv:1011.3706. 2010.
[68] Feeney S M, Johnson M C, Mortlock D J, et al. Phys. Rev. Lett., 2011, 107(7): 071301.
[69] 沈健, 桂起权. 科学技术哲学研究, 2014, 31(3): 71.
[70] 赵克. 自然辩证法研究, 2014, (3): 95.
[71] 厉光烈, 刘明. 现代物理知识, 2015, 27(4): 25.
[72] 厉光烈, 刘明. 现代物理知识, 2016, 28(1): 28.
[73] Weiner R M. Phys. Rev. D, 2013, 87(5): 055003.
[74] Veneziano G. II Nuovo Cimento A (1965-1970), 1968, 57(1): 190.
[75] Green M B, Schwarz J H. Phys. Lett. B, 1984, 149: 117.
[76] Gross D J, Harvey J A, Martinec E, et al. Phys. Rev. Lett., 1985, 54(6): 502.
[77] Candelas P, Horowitz G T, Strominger A, et al. Nucl. Phys. B, 1985, 258: 46.
[78] Lide D R. CRC Handbook of Chemistry and Physics. 89th ed. Boca Raton: CRC Press, 2009.
[79] Witten E. Adv. Theor. Math. Phys., 1998, 2(2): 253.
[80] Pease R. Nature, 2001, 411: 986.
[81] Mcvittie G C. Proc. R. Soc., 1929, 48(4): 1708.
[82] Ellis G, Silk J. Nature News, 2014, 516(7531): 321.
[83] Davies P C W, Brown J. Superstrings: A theory of Everything? Cambridge: Cambridge University Press, 1992.
[84] Glashow S L, Bova B. Interactions: A Journey Through the Mind of a Particle Physicist and the Matter of This World. Toronto: Warner Books, 1988.
[85] Woit P. Not even wrong: The Failure of String Theory and the Continuing Challenge to Unify the Laws of Physics. New York: Random House, 2011.
[86] Smolin L. Math. Intell., 2008, 30(3): 66.
[87] 乔笑斐. 自然辩证法通讯, 2017, (1): 58.
[88] 杨涛. 基于科学划界的弦理论分析. 重庆: 西南大学, 2017.
[89] 李继堂, 周可真. 哲学分析, 2017, 8(3): 173.
[90] 格林 B. 宇宙的琴弦. 长沙: 湖南科学技术出版社, 2005.
[91] Camilleri K, Ritson S. Stud. Hist. Philos. Sci. B, 2015, 51: 44.
[92] Strominger A, Vafa C. Phys. Lett. B, 1996, 379(1-4): 99.
[93] Gilbert F. J. High Energy Phys., 1998, 1998(2): 003.
[94] Lizzi F, Szabo R J. Chaos, Solitons & Fractals, 1999, 10(2-3): 445.
[95] Sen A. J. High Energy Phys., 1998, 7(8): 012.
[96] Veneziano G. String Cosmology: The Pre-Big Bang Scenario. Berlin: Springer Berlin Heidelberg, 2000.
[97] Gasperini M, Veneziano G. Phys. Rep., 2003, 373(1-2): 1.
[98] Smolin L. Found. Phys., 2013, 43(1): 21.
[99] Kachru S, Kallosh R, Linde A, et al. Phys. Rev. D, 2003, 68(4): 649.
[100] Mohaupt T. Rep. Prog. Phys., 2008, 631(1-2): 173.
[101] Thomson J. J. Lond. Edinb. Dubl. Phil. Mag., 1897, 44(269): 293.
[102] Rutherford E. Nature, 1919, 92(2302): 423.

[103] Chadwick J. Nature, 1932, 129(3252): 312.
[104] Chadwick J. Proc. R. Soc. Lond. A, 1933, 142(846): 1.
[105] 王昱应, 周丰群, 宋月丽, 等. 汕头大学学报(自然科学版), 2012, 27(2): 23.
[106] 李喜先. 21世纪100个交叉科学难题. 北京: 科学出版社, 2005.
[107] Akimune H, Yamagata T, Nakayama S, et al. Phys. Rev. C, 2003, 67(5): 051302.
[108] Giot L, Roussel-Chomaz P, Demonchy C, et al. Phys. Rev. C, 2005, 71(6): 064311.
[109] Einstein A. Ann. Phys., 1905, 322(10): 891.
[110] Kónya J, Nagy N M. Nuclear and Radiochemistry. Philadelphia: Elsevier-Health Sciences Division, 2012.
[111] Barabash A. Phys. Atom. Nucl., 2011, 74(4): 603.
[112] Mes H, Ahmad I, Hébert J. Prog. Theor. Phys., 1966, 35(3): 566.
[113] Saha G B. Fundamentals of Nuclear Pharmacy. New York: Springer-Verlag New York Inc., 2004.
[114] Frank R B. Downfall: The End of the Imperial Japanese Empire. New York: Random House USA Inc., 1999.
[115] 维纳 N. 人有人的用处: 控制论和社会. 陈步译. 北京: 商务印书馆, 1978.
[116] 赵籍九, 尹兆升. 粒子加速器技术. 北京: 高等教育出版社, 2006.
[117] Zinn W H. Rev. Mod. Phys., 1955, 27(3): 263.
[118] 张闯. 现代物理知识, 2007, 19(2): 24.
[119] 宋翔宇. 中国核电, 2017, 10(3): 439.
[120] Novikov A P, Kalmykov S N, Satoshi U, et al. Science, 2006, 314(5799): 638.
[121] Tanabe F. J. Nucl. Sci. Technol., 2011, 48(8): 1135.
[122] 周舟. 中国报道, 2011, (4): 40.
[123] 孟晶. 电力与能源, 2011, 32(2): 19.
[124] 喻传赞, 陈国标. 云南大学学报(自然科学版), 1984, (4): 63.
[125] 迟清华, 鄢明才. 应用地球化学元素丰度数据手册. 北京: 地质出版社, 2007.
[126] Jordan T H. Pro. National Acad. Sci., 1979, 76(9): 4192.
[127] 黎彤. 地球化学, 1976, (3): 167.
[128] 黎彤, 饶纪龙. 地质学报, 1965, (01): 82.
[129] 侯德封, 欧阳自远, 于津生. 核转变能与地球物质的演化. 北京: 科学出版社, 1974.
[130] Wedepohl K H. Handbook of Geochemistry. Berlin: Springer-Verlag Berlin Heidelberg, 1969.
[131] Hart P J. The Earth's Crust and Upper Mantle: Structure, Dynamic Processes, and Their Relation to Deepseated Geological Phenomena. Washington: American Geophysical Union, 1969.
[132] 宇元化. 化学通报, 1976, (2): 52.
[133] Frech C B. J. Chem. Educ., 2009, 86(12): 1374.
[134] Connelly N G, Hartshorn R M, Damhus T, et al. Nomenclature of Inorganic Chemistry: IUPAC Recommendations 2005. Cambridge: Royal Society of Chemistry, 2005.
[135] Seaborg G T. 人造超铀元素. 魏明通译. 台北: 台湾中华书局, 1973.
[136] Seaborg G T. 化学通报, 1978, (5): 23.
[137] Seaborg G T. Contemp. Phys., 1987, 28(1): 33.
[138] 克勒尔 C. 超铀元素化学. 北京: 原子能出版社, 1977.
[139] 戈尔丹斯基 B N, 波利卡诺夫 C M. 超铀元素. 北京: 科学出版社, 1984.
[140] 唐任寰, 刘元方, 张青莲, 等. 锕系 锕系后元素. 北京: 科学出版社, 1990.
[141] Stwertka A. A Guide to the Elements. Oxford: Oxford University Press, 2002.

[142] Morss R L, Edelstein M N, Jean F. The Chemistry of the Actinide and Transactinide Elements. Dordrecht: Springer-Verlag, 2006.
[143] Noddack I. Angew. Chem., 1934, 47(37): 653.
[144] Scerri E R. A Very Short Introduction to the Periodic Table. Oxford: Oxford University Press, 2011.
[145] Thompson S, Harvey B, Choppin G, et al. J. Am. Chem. Soc., 1954, 76(24): 6229.
[146] Fermi E. Nature, 1934, 133: 898.
[147] Peppard D, Mason G, Gray P, et al. J. Am. Chem. Soc., 1952, 74(23): 6081.
[148] McMillan E, Abelson P H. Phys. Rev., 1940, 57(12): 1185.
[149] Emsley J. Nature's Building Blocks: an AZ Guide to the Elements. Oxford: Oxford University Press, 2011.
[150] Heiserman D. Exploring Chemical Elements and Their Compounds. New York: McGraw-Hill, 1991.
[151] Hoffman D, Lawrence F, Mewherter J, et al. Nature, 1971, 234(5325): 132.
[152] Dunford C, Holden N, Pearlstein S. CSEWG Symposium, A CSWEG Retrospective, 35th Anniversary Cross Section Evaluation Working Group. New York: Brookhaven National Lab., 2001.
[153] Darden L. The Nature of Scientific Inquiry. Maryland: University of Maryland, 1998.
[154] Kennedy J W, Seaborg G T, Segrè E, et al. Phys. Rev., 1946, 70(7-8): 555.
[155] Holleman A F, Wiberg E. Inorganic Chemistry. San Diego: Academic Press, 2001.
[156] Street Jr K, Ghiorso A, Seaborg G T. Phys. Rev., 1950, 79(3): 530.
[157] Audi G, Bersillon O, Blachot J, et al. Nucl. Phys. A, 1997, 624(1): 1.
[158] Seaborg G T, James R A, Ghiorso A. The New Element Curium (Atomic Number 96). In Modern Alchemy. Singapore: World Scientific, 1944.
[159] Krebs R E. The History and Use of Our Earth's Chemical Elements: A Reference Guide. Greenwood: Greenwood Publishing Group, 2006.
[160] Emeléus H J, Sharpe A G. Advances in Inorganic Chemistry and Radiochemistry. New York: Academic Press, 1982.
[161] Thompson S G, Ghiorso A, Seaborg G T. Phys. Rev., 1950, 77(6): 838.
[162] Thompson S G, Ghiorso A, Seaborg G T. Phys. Rev., 1950, 80(5): 781.
[163] Thompson S G, Street Jr K, Ghiorso A, et al. Phys. Rev., 1950, 80(5): 790.
[164] Thompson S G, Street Jr K, Ghiorso A, et al. Phys. Rev., 1950, 78(3): 298.
[165] Street Jr K, Thompson S G, Seaborg G T. J. Am. Chem. Soc., 1950, 72(10): 4832.
[166] Ghiorso A, Thompson S G, Higgins G, et al. Phys. Rev., 1955, 99(3): 1048.
[167] Ghiorso A. Chem. Eng. News, 2003, 81(36): 174.
[168] Ghiorso A, Rossi G B, Harvey B G, et al. Phys. Rev., 1954, 93(1): 257.
[169] Atterling H, Forsling W, Holm L W, et al. Phys. Rev., 1954, 95(2): 585.
[170] Ghiorso A, Harvey B G, Choppin G R, et al. Phys. Rev., 1955, 98(5): 1518.
[171] 子颖. 化学通报, 1960, (4): 41.
[172] Fields P, Friedman A M, Milsted J, et al. Phys. Rev., 1957, 107(5): 1460.
[173] 林念芸, 吕维纯. 化学通报, 1959, (12): 17.
[174] Ghiorso A, Sikkeland T, Larsh A E, et al. Phys. Rev. Lett., 1961, 6(9): 473.
[175] Flerov G, Druin V. At. Energy Rev., 1970, 8(2): 255.
[176] Seaborg G T. Am. Sci., 1980, 68(3): 279.
[177] 秦芝, 范芳丽, 吴晓蕾, 等. 化学进展, 2011, 23(7): 1507.
[178] 靳根明. 科学, 2004, 56(1): 12.

[179] Liu G, Beitz J V, Morss L R. The Chemistry of the Actinide and Transactinide Elements. Amsterdam: Springer, 2006.
[180] 西萨基昂 A N. 核物理动态, 1990, (4): 42.
[181] 徐志玮. 实验技术与管理, 2014, (1): 201.
[182] Kraft G, Angert N, Blasche K, et al. The GSI project: Biomedical and radiobiological activities at GSI. Darmstadt: Gesellschaft für Schwerionenforschung mbh, 1988.
[183] Kraft G, Kraft-Weyrather W. Heavy ion radiobiology and therapy: Present situation and possible future developments at GSI. Darmstadt: Gesellschaft für Schwerionenforschung mbh, 1987.
[184] Kraft G, für Schwerionenforschung G. Radiobiological experiments with heavy ions: A comparison of the cross sections of different biological endpoints. Darmstadt, 1988.
[185] 寺冈伸章. 中国基础科学, 2007, (5): 48.
[186] 魏宝文, 王义芳, 靳根明. 科学中国人, 1998, (8): 11.
[187] Gan Z G, Qin Z, Fan H M, et al. Eur. Phys. J. A, 2001, 10(1): 21.
[188] Gan Z, Guo J, Wu X, et al. Eur. Phys. J. A, 2004, 20(3): 385.
[189] 蔡善钰. 人造元素. 上海: 上海科学普及出版社, 2006.
[190] Thompson S G, Tsang C F. Science, 1972, 178(4065): 1047.
[191] Nilsson S G, Tsang C F, Sobiczewski A, et al. Nucl. Phys., 1969, 131(1): 1.
[192] Nix J R. Annu. Rev. Nucl. Sci., 1972, 22(1): 65.
[193] 卢希庭. 原子核物理(修订版). 北京: 原子能出版社, 2000.
[194] Barber R C, Gäggeler H W, Karol P J, et al. Pure Appl. Chem., 2009, 81(7): 1331.
[195] Ghiorso A, Nurmia M, Eskola K, et al. Phys. Lett. B, 1970, 32(2): 95.
[196] 阎坤. 地球物理学进展, 2006, 21(1): 38.
[197] Oganessian Y T, Abdullin F S, Bailey P, et al. Phys. Rev. Lett., 2010, 104(14): 142502.
[198] Schädel M. Angew. Chem. Inter. Edit., 2006, 45(3): 368.
[199] Gäggeler H. Eur. Phys. J. A, 2005, 25(1): 583.
[200] Schädel M. Eur. Phys. J. D, 2007, 45(1): 67.
[201] Guseva L I. Russ. Chem. Rev., 2005, 74(5): 443.
[202] Nagame Y, Haba H, Tsukada K, et al. Nucl. Phys. A, 2004, 734: 124.
[203] Schädel M. J. Nucl. Radiochem. Sci., 2002, 3(1): 113.
[204] Backe H, Heßberger F, Sewtz M, et al. Eur. Phys. J. D, 2007, 45(1): 3.
[205] Ackermann D. Nucl. Instrum. Methods Phys. Res. A, 2010, 613(3): 371.
[206] Morita K. Prog. Part. Nucl. Phys., 2009, 62(2): 325.
[207] Hofmann S. Prog. Part. Nucl. Phys., 2009, 62(2): 337.
[208] Morita K. Nucl. Phys. A, 2010, 834(1-4): 338c.
[209] Oganessian Y. J. Phys. G: Nucl. Part. Phys., 2007, 34(4): R165.
[210] Zvara I, Chuburkov Y T, Caletka R, et al. Radiokhimiya, 1969, 11: 163.
[211] Zvara I, Chuburkov Y T, Belov V, et al. J. Inorg. Nucl. Chem., 1970, 32(6): 1885.
[212] Wilkinson D H, Wapstra A, Ulehla I, et al. Pure Appl. Chem., 1993, 65(8): 1757.
[213] Ghiorso A, Nurmia M, Harris J, et al. Phys. Rev. Lett., 1969, 22(24): 1317.
[214] Bemis Jr C, Silva R, Hensley D, et al. Phys. Rev. Lett., 1973, 31(10): 647.
[215] Streicher B, Heßberger F, Antalic S, et al. Eur. Phys. J. A, 2010, 45(3): 275.
[216] Druin V, Demin A, Kharitonow Y P, et al. Sov. J. Nucl. Phys.-USSR, 1971, 13(2): 139.
[217] Ghiorso A, Nurmia M, Eskola K, et al. Phys. Rev. Lett., 1970, 24(26): 1498.
[218] Düllmann C E, Gregorich K, Pang G, et al. Radiochim. Acta, 2009, 97(8): 403.
[219] Andreyev A, Bogdanov D, Chepigin V, et al. Z. Phys. A, 1992, 344(2): 225.

[220] Nagame Y, Asai M, Haba H, et al. J. Nucl. Radiochem. Sci., 2002, 3(1): 85.
[221] Kratz J V, Nähler A, Rieth U, et al. Radiochim. Acta, 2003, 91(1): 59.
[222] Ghiorso A, Nitschke J, Alonso J, et al. Phys. Rev. Lett., 1974, 33(25): 1490.
[223] Gregorich K, Lane M, Mohar M, et al. Phys. Rev. Lett., 1994, 72(10): 1423.
[224] Münzenberg G, Hofmann S, Heßberger F, et al. Z. Phys. A, 1981, 300(1): 107.
[225] Oganessian Y T. In Heaviest Nuclei Produced in ^{48}Ca-induced Reactions (Synthesis and Decay Properties), AIP Conference Proceedings, 2007.
[226] Morita K, Morimoto K, Kaji D, et al. J. Phys. Soc. Jpn., 2004, 73(10): 2593.
[227] Hofmann S, Ninov V, Heßberger F, et al. Z. Phys. A, 1995, 350(4): 281.
[228] Münzenberg G, Armbruster P, Heßberger F, et al. Z. Phys. A, 1982, 309(1): 89.
[229] Münzenberg G, Armbruster P, Folger H, et al. Z. Phys. A, 1984, 317(2): 235.
[230] Oganessian Y T, Demin A, Hussonnois M, et al. Z. Phys. A, 1984, 319(2): 215.
[231] Hofmann S. Rep. Prog. Phys., 1998, 61(6): 639.
[232] Hofmann S, Heßberger F, Ninov V, et al. Z. Phys. A, 1997, 358(4): 377.
[233] Dragojević I, Gregorich K, Düllmann C E, et al. Phys. Rev. C, 2009, 79(1): 011602.
[234] Kaji D, Morimoto K, Sato N, et al. J. Phys. Soc. Jpn., 2009, 78(3): 035003.
[235] Lazarev Y A, Lobanov Y V, Oganessian Y T, et al. Phys. Rev. Lett., 1995, 75(10): 1903.
[236] von Zweidorf A, Brüchle W, Bürger S, et al. Radiochim. Acta, 2004, 92(12): 855.
[237] Wang K, Ma Y G, Ma G L, et al. Chin. Phys. Lett., 2004, 21(3): 464.
[238] Hofmann S, Ninov V, Hessberger F, et al. Z. Phys. A, 1995, 350(4): 277.
[239] Lazarev Y A, Lobanov Y V, Oganessian Y T, et al. Phys. Rev. C, 1996, 54(2): 620.
[240] Chowdhury P R, Samanta C, Basu D. Phys. Rev. C, 2006, 73(1): 014612.
[241] Samanta C, Chowdhury P R, Basu D. Nucl. Phys. A, 2007, 789(1-4): 142.
[242] Karol P J, Nakahara H, Petley B, et al. Pure Appl. Chem., 2001, 73(6): 959.
[243] Hofmann S, Heßberger F, Ackermann D, et al. Eur. Phys. J. A, 2002, 14(2): 147.
[244] Karol P J, Nakahara H, Petley B, et al. Pure Appl. Chem., 2003, 75(10): 1601.
[245] Morita K, Morimoto K, Kaji D, et al. Nucl. Phys. A, 2004, 734: 101.
[246] Folden Ⅲ C, Gregorich K, Düllmann C E, et al. Phys. Rev. Lett., 2004, 93(21): 212702.
[247] Zagrebaev V. Nucl. Phys. A, 2004, 734: 164.
[248] Feng Z Q, Jin G M, Li J Q, et al. Nucl. Phys. A, 2009, 816(1-4): 33.
[249] Hofmann S, Ninov V, Hessberger F, et al. Z. Phys. A, 1996, 354(3): 229.
[250] Loveland W, Gregorich K, Patin J B, et al. Phys. Rev. C, 2002, 66(4): 044617.
[251] Oganessian Y T, Utyonkov V, Lobanov Y V, et al. Phys. Rev. C, 2006, 74(4): 044602.
[252] Oganessian Y T, Yeremin A, Popeko A, et al. Nature, 1999, 400(6741): 242.
[253] Oganessian Y T, Utyonkov V, Lobanov Y V, et al. Phys. Rev. C, 2000, 62(4): 041604.
[254] Oganessian Y T, Utyonkov V, Lobanov Y V, et al. Phys. Rev. C, 2004, 69(5): 054607.
[255] Eichler R, Aksenov N, Belozerov A, et al. Nature, 2007, 447(7140): 72.
[256] Oganessian Y T, Utyonkov V, Lobanov Y V, et al. Phys. Rev. C, 2004, 70(6): 064609.
[257] Oganessian Y T, Utyonkov V, Utyonkoy V, Lobanov Y V, et al. Phys. Rev. C, 2004, 69(2): 021601.
[258] Chowdhury P R, Basu D, Samanta C. Phys. Rev. C, 2007, 75(4): 047306.
[259] Oganessian Y T, Utyonkov V, Lobanov Y V, et al. Phys. Rev. Lett., 1999, 83(16): 3154.
[260] Barber R C, Karol P J, Nakahara H, et al. Pure Appl. Chem., 2011, 83(7): 1485.
[261] Oganessian Y T, Utyonkov V, Dmitriev S, et al. Phys. Rev. C, 2005, 72(3): 034611.
[262] Oganessian Y T. Results from the first ^{249}Cf + ^{48}Ca experiment. Dubna: JINR Communication, 2002.
[263] Oganessian Y T, Utyonkov V, Lobanov Y V, et al. Phys. Rev. C, 2000, 63(1): 011301.

[264] Loss R D, Corish J. Pure Appl. Chem., 2012, 84(7): 1669.
[265] Audi G, Wapstra A, Thibault C. Nucl. Phys. A, 2003, 729(1): 337.
[266] Jepson B, Shockey G. Sep. Sci. Technol., 1984, 19(2-3): 173.
[267] Barber R C, Karol P J, Nakahara H, et al. Pure Appl. Chem., 2011, 83(7): 1485.
[268] Oganessian Y T, Abdullin F S, Alexander C, et al. Phys. Rev. C, 2013, 87(5): 054621.
[269] Khuyagbaatar J, Yakushev A, Düllmann C E, et al. Phys. Rev. Lett., 2014, 112(17): 172501.
[270] Chowdhury P R, Samanta C, Basu D. Phys. Rev. C, 2008, 77(4): 044603.
[271] De Marcillac P, Coron N, Dambier G, et al. Nature, 2003, 422(6934): 876.
[272] Royer G, Zbiri K, Bonilla C. Nucl. Phys. A, 2004, 730(3-4): 355.
[273] Duarte S, Tavares O, Goncalves M, et al. J. Phys. G, 2004, 30(10): 1487.
[274] Lougheed R, Landrum J, Hulet E, et al. Phys. Rev. C, 1985, 32(5): 1760.
[275] Schädel M, Brüchle W, Brügger M, et al. J. Less Common Met., 1986, 122: 411.

2
化学元素概念的建立及其命名

门捷列夫(D. I. Mendeleev，1834—1907)
俄国化学家

化学理论学说的全部实质就在于抽象的元素概念。
——门捷列夫

2 化学元素概念的建立及其命名

本章提示

当您知道了 118 种化学元素是从哪里来的之后,自然会产生另一个问题:化学元素的概念是怎样形成的?难怪门捷列夫说:"化学理论学说的全部实质就在于抽象的元素概念。"

本章将叙述从古代哲学阶段到现代科学阶段元素概念的建立、演化和发展过程。这是一个从哲学到科学的演变过程。自然,化学元素符号的产生和演变也随之发生。第二个问题讲述大家再熟悉不过的"化学元素的命名"。严格讲,是规范命名原则,有国际上的 IUPAC 元素系统命名法和中文命名法。对于化学工作者这是必要的。

2.1 化学元素概念的建立、演化和发展

对于化学元素概念的建立、演化和发展可参考文献[1-3],俄国化学家门捷列夫曾精辟地指出:"化学理论学说的全部实质就在于抽象的元素概念。"[4] 因此,从某种意义上可以说,化学元素概念的建立、演化和发展是一个极其艰难、缓慢和痛苦的过程,基本上能反映出化学这门学科的基本理论发展的历史。

纵观化学发展史,元素概念的建立、演化和发展过程主要经历了四个重要阶段:①古代哲学阶段;②经验分析阶段;③近代科学阶段;④现代科学阶段。这四个里程碑深刻地反映了人类思维变化的基本规律,缺少任何一个环节都不可能形成现代科学的元素概念。这是一个从哲学到科学的演变过程。

门捷列夫(D. I. Mendeleev, 1834—1907)生于俄国西伯利亚的托博尔斯克市。1850年,门捷列夫进入圣彼得堡师范学院学习化学。1855年以优异的成绩毕业,但由于被诊断出有肺结核,不得不到黑海边上的克里米亚半岛休养。在此期间,门捷列夫获得了硕士学位,并于两年后回到圣彼得堡。期间先后到过辛菲罗波尔、敖德萨担任中学教师。1857年他被圣彼得堡大学破格任命为化学讲师。1863年,门捷列夫成为圣彼得堡国立技术大学的教授。1865年被圣彼得堡大学授予博士学位,并聘为化学教授。

1869年,门捷列夫发现了元素周期律,并就此发表了世界上第一份元素周期表,他将元素按原子量大小顺序排列的同时,将原子价相似的元素上下排成纵列。1890年,门捷列夫当选为英国皇家学会外国会员,并于1905年获得该学会的科普利奖章。1906年,门捷列夫获得当年的诺贝尔化学奖提名。1907年2月2日,这位享有世界盛誉的俄国化学家因心肌梗塞与世长辞,那一天距离他的73岁生日只有六天。他的名著、伴随着元素周期律而诞生的《化学原理》,在19世纪后期和20世纪初被国际化学界公认为标准著作,前后共出版了8版,影响了一代又一代的化学家。

门捷列夫

圣彼得堡大学

2.1.1 古代哲学阶段的元素概念

古代的自然哲学家为了合理地解释物质世界的多种多样性和运动的永恒性，对宇宙本原提出了多种不同的看法。例如，中国古代的"五行说"、古印度的"四大种学说"、古希腊时期的"四元素说"、欧洲医药化学时期的"三要素说"等，于是出现了最早的元素概念。古人不再借助于神或其他超自然的力量去认识自然，而是力图从物质世界本身来解释物质的组成，这在当时的确是一个了不起的进步。但这种建立在笼统观察和思辨基础上的见解，只不过是古代哲学家天才的自然哲学的直觉臆测，根本不能和现代元素概念相提并论。但毫无疑问，现代元素概念正是从古代元素概念演化发展而来的。

1. 中国古代的元素概念

在公元前 900 年前后，我国的《易经》中有这样几句话："易有太极，是生两仪，两仪生四象，四象生八卦。"这是一个以"太极"为中心的世界创造说。

公元前 403～公元前 221 年，我国又出现一些万物本源的论说。例如，《道德经》中写道："道生一，一生二，二生三，三生万物。"又如，《管子·水地》中写道："水者，何也？万物之本源也。"

我国古代的五行说出现在《尚书》中(图 2-1)："五行：一曰水，二曰火，三曰木，四曰金，五曰土。水曰润下，火曰炎上，木曰曲直，金曰从革，土爰(曰)稼穑。"在《国语》中，五行较明显地表示了万物原始的概念："夫和实生物，同则不继。以他平他谓之和，故能丰长而物归之。若以同裨同，尽乃弃矣。故先王以土与金木水火杂，以成百物。"显然，五行说是具有实物意义的，但有时又表现为基本性质。中国古代除用五行表达物质观外，还多用于哲学、中医学和占卜方面。

图 2-1 发端于中国的五行说

2. 古印度的元素概念

在古印度哲学家的思想中也有和我国五行说相似的学说，即公元前 7 世纪～

公元前 6 世纪古印度唯物主义学派遮缚迦派的"四大种学说"。他们从世界的物质性出发,认为世界上的一切都是由地、水、火、风四大元素构成。该派有一句格言"生命产生于物质"。

3. 古希腊的元素概念

古希腊自然哲学提出了著名的"四元素说"。其实四元素说在古希腊的传统民间信仰中即存在,但相对来说不具有坚实的理论体系支持。古希腊的哲学家是"借用"了这些元素的概念来当作本质。不同阶段的四元素说内涵不同。

[1] 前苏格拉底哲学

四元素说是古希腊关于世界的物质组成的学说。这四种元素是土、气、水、火。这种观点在相当长的一段时间内影响着人类科学的发展。

米利都学派哲学家泰勒斯(B. C. Thales)主张万物的本质是水,而且也唯有水才是本质,土和气这两种元素则是水的凝聚或稀薄。阿那克西曼德(B. C. Anaximenes)则将本质改为一种原始物质(称为"无限"或称"无定者"),同时又加上第四元素火。四大元素由这种原始物质形成之后,就以土、水、气、火的次序分为四层。火使水蒸发,产生陆地,水气上升把火围在云雾的圆管里。人们眼中看像是天体的东西,就是这些管子的洞眼,使我们能从洞眼中望见里面的火,形成了四元素的最早雏形。

早期以米利都学派为首的哲学家多以单一元素作为本质,直到恩培多克勒(B. C. Empedocles)主张这是首次尝试以科学的方法解释传统的四元素说,但是从恩培多克勒所留下来的残缺文献来看,这种说法并没有足够的证据支持。恩培多克勒在约公元前 450 年于其著作《论自然》中使用了"根"一词。现在认为恩培多克勒是系统提出四元素说的第一个人。他认为万物由四种物质元素土、气、水、火组成,这种元素是永恒存在的,由另外两种抽象元素爱和恨使它们联结或分离。

[2] 柏拉图的正多面体元素定义

"元素"(拉丁文 stoicheia)一词在公元前 360 年被古希腊哲学家柏拉图(B. C. Plato,公元前 427—公元前 347)首先使用,在他的语录《蒂迈欧篇》(Timaeus)中,讨论了一些有机和无机的物质,这可算是最早期的化学著作。柏拉图假设了一些细微的物质有一些特别的几何结构(图 2-2):正四面体(火)、正八面体(风)、正二十面体(水)及正六面体(地)。他随后不明确地提及了第五种立体[5],在更早的《斐多》中提到过正十二面体[6]。

柏拉图使用正多面体来定义四元素的内涵见于《蒂迈欧篇》[7]。

泰勒斯

恩培多克勒

柏拉图

正四面体(火)　　正八面体(风)　　正二十面体(水)　　正六面体(地)　　正十二面体

图 2-2　柏拉图假设一些细微物质具有特别的几何结构

[3] 亚里士多德的哲学元素观

1) 四元素说

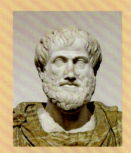
亚里士多德

图 2-3 亚里士多德的四元素说

现在广为人知的四元素说则是后来亚里士多德(B. C. Aristotle, 公元前 384—公元前 322)提出的[8]，他的理论中不包含恩培多克勒学说中的爱和恨这两种抽象元素，而是认为这四种元素具有可被人感觉的两两对立的性质。进而推论世界上的万物的本原是四种原始性质：冷、热、干、湿(图 2-3)，而元素则由这些原始性质依不同比例组合而成。亚里士多德在《论天》等著作中构想出五元素说，在柏拉图的四种元素中再加上以太(精质，永恒)。亚里士多德认为"没有和物质分离的虚空"、"没有物体里的虚空"。亚里士多德对"元素"的正式定义见于《形而上学》[9]："元素的意思是指一种内在于事物，而事物最初由之构成，且不能被分解为其他类的东西，例如声音的元素，就是构成了声音，而声音最终分解成它们，它们自身却不能分解为其他类的声音。如果可分的话，只能分为同类的部分，例如，水的部分还是水，音节的部分就不是同一音节了。人们所说的物体的元素也是这样，物体最终要分解为这些元素，而这些元素却不能分解为其他的类。"

2) 客观理解亚里士多德的哲学元素概念

亚里士多德对元素的论述含有元素概念和元素体系两部分内容，散见于他的《形而上学》《论生成和消灭》《物理学》《天象学》《论宇宙》《论天》等著作中[10]。由于这些论述不够集中，难以给人整体建树的印象，因此人们通常只注重它的元素体系部分，而忽视了它的元素概念部分。学者们通常都评论后世如何起初沿袭和最后推翻亚里士多德的元素体系[11]，却没有理会近代化学如何继承他的元素概念，以致在 300 多年来的哲学史和科学史上，尽管能以很大篇幅论述各种自然哲学流派的"本原学说"或"元素学说"，却唯独忽略了论述亚里士多德的元素概念，实为学术上的一大疏漏[12]。

对于亚里士多德的哲学元素观我们应该从两方面认识。一方面，它的元素观是唯心主义的，以致其学说成了以后炼金术的理论基础，甚至在相当长的时期内严重阻碍了化学的发展。另一方面，即便这样，长期炼金实践却对元素概念的发展起到了不可忽视的作用，至少从反面证明了用一般方法实现元素的转化是不可能的。这就为近代经验分析的元素概念的建立准备了条件。更重要的是，在亚里士多德的元素概念中正确的部分很多：①他以"不可分性"为前提，再次强调"事实上，火、气以及我们提到的每个物体都不是单纯的，而是混合的。单纯物与它们相似，但与它们不同"[9]。这就是说，水、气、火、土四元素是四原性抽象的组合，不是通常所见的水、气、火、土。这种将元素看成是性质抽象组合的思路对后世产生了深远的影响。②另一重要性质是"可转化性"，他认为元素均不是基本的、非衍生的、不变的，而是可以相互循环演变的。亚里士多德有时也会提及元素的"不变性"，但那是指在事物变化过程中元素保持不变的意思。正如他在《形而上学》开篇写的，"在那些最初进行哲学思考的人们中，大多数都认为万物的本原是以质料为形式，一切存在着的东西都由它而存在，最初由它生成，在最终消灭时又回归于它。实体则处于底层,只是表面承受各种作用而变化。人们说这就是存在着东西的元素和本原。正是这个缘故,他们认为既没有任何东西生成,也没有任何东西消灭,因为同一本性永远持续着"[9]。③第三个重要性质是"全组合性",即一切物体(复合物)都是由所有的元素(单纯物)组合而成的,因而所有元素都不同程度地存在于每一物体中。他在《形而上学》对元素概念的论述中指出,"元素是最普遍的东西,因为其中的每一个都唯一而单纯,存在于众多事物之中,或者是全体,或者是最大多数","其共同之点是,个别事物的元素必须最初内在于个别事物"[9]。

因此,我们说亚里士多德的元素概念影响了人类科学史长达2300年之久。它对中古时期炼金术的产生和发展、对近代化学元素学说的形成、对化学原子论的建立,甚至对元素周期系的发现,都曾起过主导思想和认识基础的重要作用。同时,亚里士多德的"不可分性"元素概念也一直被近代化学所继承、补充和发展。直至现代科学元素学说建立后,它才逐渐退出了历史舞台。难怪科学史学家莱斯特(H. M. Leicester)说过:"亚里士多德的影响在任何一部科学史中无论怎样强调都不会过分。"[11]

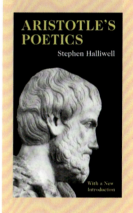

亚里士多德(B. C. Aristotle,公元前384—公元前322),古希腊哲学家,柏拉图的学生、亚历山大大帝的老师。他和柏拉图、苏格拉底(柏拉图的老师)一起被誉为西方哲学的奠基者。亚里士多德的著作是西方哲学的第一个广泛系统,包含道德、美学、逻辑和科学、政治和玄学。亚里士多德关于物理学的思想深刻地塑造了中世纪的学术思想,其影响力延伸到了文艺复兴时期,虽然最终被牛顿物理学取代。在动物科学方面,他的一些意见仅在19世纪被确信是准确的。他的学术领域还包括早期关于形式逻辑理论的研究,最终这些研究在19世纪被合并到了现代形式逻辑理论里。在形而上学方面,亚里士多德的哲学和神学思想在伊斯兰教和犹太教的传统上产生了深远影响,在中世纪继续影响着基督教神学,尤其是有学术传统的天主教教会。他的伦理学虽然自始至终都具有深刻的影响,后来也随着新兴现代美德伦理的到来获得了新生。今天,亚里士多德的哲学思想仍然活跃在学术研究的各个方面。亚里士多德写了许多论文和优雅的对话(西塞罗描述他的文学风格为"金河"),但是大多数人认为他的著作现已失传,只有大约三分之一的原创作品幸存。亚里士多德留下的著作成为最完整而又最具影响力的哲学系统之一,或许高过史上任何一位思想家。他单独创立了逻辑学、生物学以及心理学,某种程度上他被认为是科学研究方法之父。他也在两千年前的《政治学》一书中预言了工业革命的来临:"如果每个机器都能制造其各自的零件,服从人类的指令和计划……如果梭子会自己来回飞动,如果弦拨会自己弹奏竖琴,完全不需人手操控,工头将不再需要领导工人,奴隶主也不再需要指挥奴隶了。"[13]

2.1.2 经验分析阶段的元素概念

所谓经验分析的元素概念是指它并不能真正反映化学元素的客观本质,而是根据人们分解物质的能力来定义元素,当然就具有了历史的局限性。化学经历了

化学元素新论

古代实用化学、炼金术、医药化学和工艺学时期,已经有了很大发展。特别是欧洲文艺复兴以后,自然科学挣脱了宗教神学的束缚,开始了大踏步前进。化学正是在这种新的形势下逐渐端正了研究方向。大量炼金、医药和工艺化学的成就使人们对元素的某些性质有了初步认识。这一时期积累了许多物质间的化学变化,为化学的进一步发展准备了丰富的素材。这是化学史上令人们惊叹的雄浑的一幕。在欧洲文艺复兴时期,出版了一些有关化学的书籍,第一次有了"化学"这个名词。英语的 chemistry 起源于 alchemy,即炼金术。

1. 炼金术时期的元素概念

炼金术是中世纪的一种化学哲学的思想和始祖,是当代化学的雏形,其目标是通过化学方法将一些基本金属转变为黄金,制造万灵药及制备长生不老药。炼金术在一个复杂网络之下跨越至少 2500 年,曾存在于美索不达米亚、古埃及、波斯、印度、中国、日本、朝鲜、古希腊和罗马,然后在欧洲存在直至 19 世纪。现在的科学表明这种方法是行不通的。但是直到 19 世纪之前,炼金术尚未被科学证据所否定,包括牛顿在内的一些著名科学家都曾进行过炼金术尝试,现代化学的出现才使人们对炼金术的可能性产生了怀疑。作为现代化学的先驱,炼金术在化学发展史上有一定积极作用。通过炼金术,人们积累了化学实验的经验,发明了多种实验器具,认识了许多天然矿物。在欧洲,炼金术成为现代化学产生和发展的基础。美国作家、哲学家爱默生(R. W. Emerson,1803—1882)曾说过:"最初化学想把贱金属变为黄金,虽然它没有实现这个目标,但是它却完成了更伟大的工作。"

爱默生

欧洲炼金术

我国炼丹术最著名人物葛洪(约284—约363)

[1] 炼金术的诞生

公元 1 世纪时,位于尼罗河口欧、亚、非三大洲交汇处的亚历山大里亚城是后希腊时期的文化和学术中心。古希腊亚里士多德的古典哲学、东方神秘主义和埃及化学工艺三大潮流汇合在此,诞生了炼金术。最早的炼金术士是一批注重实际的科学家,他们深信亚里士多德关于万物都趋向完善的思想。那些不够完善的金属总是力求变得像黄金一样尽善尽美,大自然的这一完善过程是在地下深处经过漫长岁月才完成的,炼金术士完全可以用较短时间来完成自然界的这一过程。根据亚里士多德关于改变原性组合比例就能改变元素的思想,只要找到合适的条件和试剂,就能用人工方法将"不完善金属"立即转变为完善的黄金。这就是炼金术的基本思想。

[2] 硫汞二元论

公元 7 世纪后,东西方炼金术在阿拉伯世界发生了碰撞和融合,并形成了阿拉伯的炼金术。著名的炼金术家扎比尔(H. Jabiribo,721—815)综合了来自这两种不同炼金术体系的对立面学说,对亚里士多德元素论作出第一次修正。中国古代炼丹术的秘要就在于"燮理阴阳,运用五行"[14]。及至唐代,"阴阳学说"在炼丹术中已形成了一个比较完整的理论体系。它认为化学变化是一个阴阳交媾的过程,因此以水银(阴)配合硫磺(阳)生成硫化汞的反应就成为一个典型的阴阳相交的过程。扎比尔根据中国炼丹术的"硫汞二元论",将硫汞两者变成了亚里士多德"四元性"的载体:硫含有"热"和"干"的内质,汞含有"冷"和"湿"的内质。

因此，硫和汞是直接构成金属的两大成分。扎比尔由此建造了对后世产生深远影响的"金属硫-汞理论"。此外，扎比尔对许多动植物进行蒸馏分解，发现产物几乎都是气体、易燃物、液体和灰烬，正好与亚里士多德四元素"气、火、水、土"一一对应。扎比尔深信"热、冷、干、湿"四要素也能像"气、火、水、土"那样分离出来。可以看出，在四要素的概念问题上，扎比尔体系显然背离了亚里士多德的学说，是受中国炼丹术影响而发生的。

阿拉伯著名炼金术家、医生扎比尔

[3] 三本原与医药学

13～14世纪，西方的炼金术士对亚里士多德提出的元素又作了补充，增加了3种元素：水银、硫磺和盐，这就是炼金术士所称的三本原。但是，他们所说的水银、硫磺、盐只是表现着物质的性质：水银——金属性质的体现物，硫磺——可燃性和非金属性质的体现物，盐——溶解性的体现物。

到16世纪文艺复兴运动后期中，欧洲爆发了一场科学革命，瑞士医生帕拉塞尔苏斯(Paracelsus，1493—1541)在这场革命中创立了化学论哲学[15]：把炼金术士们的三本原应用到他的医学中。他提出三要素说，物质是由3种元素——盐(肉体)、水银(灵魂)和硫磺(精神)按不同比例组成的，疾病产生的原因是有机体中缺少了上述3种元素之一。为了医病，就要在人体中注入所缺少的元素。

帕拉塞尔苏斯画像

显然，无论是炼金术士还是古代的医药学家，他们对元素的理解都是通过对客观事物的观察或者臆测的方式解决的。所谓经验分析的元素概念是指它并不能真正反映化学元素的客观本质，而是根据人们分解物质的能力来定义元素。只是到了17世纪中叶，由于科学实验的兴起，积累了一些物质变化的实验资料，才初步从化学分析的结果去解决关于元素的概念。

总之，亚里士多德的元素体系在16～17世纪中受到了严重冲击。

2. 机械论化学时期的元素概念

[1] 背景

在16～17世纪科学革命的早期，与化学论哲学一起出现的还有机械论哲学。这两支新哲学流派都激烈抨击当时在大学占统治地位的亚里士多德哲学，同时它们之间也在互相激烈抨击。17世纪中叶，机械论战胜了化学论而成为新科学的基础，它用"机械原子论"(机械微粒学说)将炼金术改造成为"机械论化学"，从而引导化学进入了机械论科学俱乐部[16]。其最重要的人物无疑是波义耳(R. Boyle)，他提出了全新的完整的机械微粒学说，并企图以此从根本上取代元素学说。波义耳在他的名著《怀疑的化学家》(1661年)正文前针锋相对地加入了标题为"涉及惯常被用于表明结合物的四种逍遥学派元素或三种化学要素的各种实验的自然哲学思考"的前言[17]。他指出，亚里士多德逍遥派的四元素说是按照演绎的逻辑建立起来的，而不是按照实验的要求建立起来的。他们也做实验，但是"他们是想用实验来说明而不是证明他们的学说"。帕拉塞尔苏斯对三要素的证明则带有许多隐晦的色彩和一些不易被人识别的神秘工序，"任何一个严肃的人要弄懂他们的意思，就好比去找出他们的万能酊剂一样，简直比登天还难"。因此，上述元素体系建立的基础是不可靠的。

《怀疑的化学家》一书采用几位朋友讨论的形式写成，讲述了在一个晴朗的夏

波义耳

《怀疑的化学家》

化学元素新论

波义耳在实验室

日,五位朋友在卡尼兹(Carneades)的花园凉亭里相会,讨论元素的数目问题。书中的卡尼兹代表怀疑派化学家,通常认为他代表波义耳本人的观点;塞米斯修斯(Themistius)为四元素说的代言人;菲洛波努斯(J. Philoponus)是三要素说的捍卫者;埃勒塞里厄斯(Elentherius)是一位中立者;书中的"我"不参与讨论,只充当这次对话的记录员。波义耳在该书中罗列了大量的文献和实验,试图证明火不能将物质分解成元素,无论是亚里士多德的四元素还是帕拉塞尔苏斯的三要素都不配称为元素,在书末他进而想证明自然界并不存在元素。

[2] 波义耳的元素概念

《怀疑的化学家》中写道:"现在我把元素理解为那些原始的和简单的或者完全未混合的物质。这些物质不是由其他物质所构成,也不是相互形成的,而是直接构成物体的组成成分,而它们进入物体后最终也会分解。"这样,元素的概念就表现为组成物体的原始的和简单的物质。

这段文字就是人们常常所说的波义耳元素定义。以致一度很多学者根据这个定义认为波义耳第一次提出了科学的元素概念[18-21]。对此,恩格斯也评价:"波义耳把化学确立为科学。"

[3] 对波义耳元素概念的评价

波义耳关于元素的定义可以看作元素经验分析概念的起点,然而他本人对元素的认识仍然是很模糊的,甚至怀疑元素概念存在的必要性[22]。他曾写道,"我不明白为什么我们一定要相信存在任何原始的和简单的物质,大自然必须由它们(即先存的元素)构成所有其他的物质","造物主没有必要总是先有元素,然后再用这些元素造成我们所谓混合物的物质"。如此看来,人们过去对波义耳元素定义的理解是错误的。波义耳不但没有提出科学的元素概念,相反他认为最好完全取消元素这个概念。也有人鉴于波义耳没有把任何物质当作元素,正如《怀疑的化学家》一书的书名所示,似乎该书并没有提出新理论去代替所摈弃的旧理论,因而觉得波义耳在科学上只不过是一位彻底的怀疑论者[11]。

从认识论角度分析,在当时历史条件下,波义耳不可能既相信元素说,又坚持微粒说。实际上在那时这也是一个无法实用的定义,波义耳本人也无法利用它确定任何一种物质是元素。但他力图用微粒论观点去解释各种化学反应,摈弃一切超自然的形式和质料,力求恢复化学的真正面目,建立了化学研究的一般原理和方法,大大推进了人们对物质组成的认识,为近代经验分析的元素概念的建立铺平了道路。

> 波义耳(R. Boyle,1627—1691)英国资产阶级早期活动家,17世纪最有成就的化学家和近代化学的奠基人。1627年1月25日生于爱尔兰,出身贵族,父亲是当地首屈一指的富商。波义耳是家中14个子女中最小的一个,自幼受到良好教育。他阅读过大量的法文、英文、拉丁文的化学著作和其他科学书籍。在学习医学的过程中接触到大量的化学试验,并很快成为一名训练有素的实验化学家和有创造力的思想家。1644年建立了家庭实验室。他非常重视实验,认为只有试验和观察才是形成科学思维的基础,研究化学必须建立科学的实验方法。他一生中做了大量的试验,包括对气体的研究,对火、热、光产生的本质的研究,对酸、碱、指示剂的研究,对冶金、医学、化学药品、染料、玻璃制造等

的研究。波义耳还是一位善于演讲的哲学家。他是英国皇家会的栋梁，是一位多产的科学家和哲学家。1691年在伦敦因病去世，终年64岁。

2.1.3 近代科学阶段的元素概念

近代元素概念的建立是18世纪受唯物主义经验论影响的化学家们，如矿物学家、冶金学家以及气体化学家等长期实践的必然结果。拉瓦锡(A.-L. de Lavoisier, 1743—1794)又在前人实验的基础上，证明了水是氢、氧两种元素的化合物，而不是元素。至此，传统的四元素说和三要素说才彻底宣告破产，近代元素概念则应运而生。然而真正的近代科学阶段的元素概念是起源于1803年道尔顿创立的科学原子论，它开辟了化学发展的新纪元，第一次揭示了元素和原子的内在联系，揭示了元素就是同一类原子，有多少种原子就有多少种元素，元素就是对原子的分类，原子量成为区分元素的重要标志。

1. 燃素说

这里首先简述燃素说的目的是更好地突出拉瓦锡的研究成果[23]。从17世纪末至1774年，在法国化学家拉瓦锡提出燃烧的氧化学说大约一百年间，欧洲曾流传着一种燃素说(phlogiston theory)，而且占着统治地位。1669年德国人贝歇尔(J. J. Becher, 1635—1682)发表了一部著作《土质物理》(*Physiea Sub-terranea*)，书中对燃烧作用有很多论述：认为可燃物能够燃烧是因为它含有燃素，燃烧的过程是可燃物中燃素放出的过程，可燃物放出燃素后成为灰烬(图2-4)。这些论述被化学界认为是创立了燃素说的雏形。后来美因茨大学医学教授施塔尔(G. E. Stahl, 1660—1734)发展了贝歇尔的理论，他正式用了"燃素"这个名称。他们的理论可以用下面两个简单的式子来代表：

贝歇尔

可燃物−燃素=灰烬

金属−燃素=锻灰

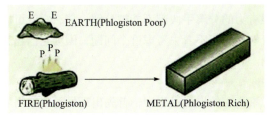

图2-4 燃素学说示意图

施塔尔

他们认为火是由无数细小而活泼的微粒构成的物质实体。这种火的微粒既能同其他元素结合而形成化合物，也能以游离方式存在。大量游离的火微粒聚集在一起就形成明显的火焰，它弥散于大气之中便给人以热的感觉，由这种火微粒构成的火的元素就是"燃素"。到1740年，燃素理论在法国被普遍接受；十年之后，这种观点成为化学界的公认理论。近代化学的第一个系统理论就这样建立起来了。

恩格斯

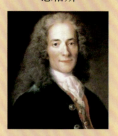

18世纪法国资产阶级启蒙运动的旗手伏尔泰

狄德罗

燃素说实际是一种错误和受局限的科学理论，但是风行了一百多年，也积聚了很多实验结果。恩格斯在《自然辩证法》中指出：它们使化学借燃素说从炼金术中解放出来。

2. 近代化学元素概念的由来

近代化学元素概念的建立不完全是某位化学家个人的功绩，而是18世纪化学家受唯物主义经验论的影响和化学家特别是矿物化学家、冶金化学家及气体化学家的实践活动的结果。

[1] 哲学对科学的促进

18世纪时，欧洲尤其是法国哲学界唯物主义经验论非常流行，涌现了很多著名的哲学家，例如伏尔泰(Voltaire，1694—1778)、孔狄亚克(E. B. de Condillae，1715—1780)、拉美特利(J. O. LaMettrie，1709—1751)、爱尔维修(C. A. Helvetius，1715—1771)、狄德罗(D. Diderot，1713—1784)、霍尔巴赫(P. H. D. Holbach，1723—1789)等，他们都继承和发展了洛克(J. Locke，1632—1704)的唯物主义经验论原则，认为一切观念都来自感觉经验，一切感觉都具有客观性和可靠性。一些哲学家不再像17世纪的唯物论者那样把千差万别的自然现象仅仅归结为量的差别，而相信存在质的多样性[24]。例如，狄德罗在1753年发表的《论解释自然》中写道："在我看来，自然界的一切事物绝不可能是由一种完全同质的物质产生出来的，正如绝不可能单用一种同样的颜色表现出一切事物一样。我甚至于臆测到现象的纷纭只能是物质的某种异质性所造成的结果。因此我将把产生一切自然现象所必需的那些不同的异质物质称为元素。"[25]

受唯物主义经验论的影响，18世纪化学家大多喜欢在化学研究中采取经验主义原则。按照他们的观点，元素应该是在实验室操作中可以直接感知的东西，元素这个概念必须建立在经验分析的基础上，因为所有不是直接从感觉经验中得出的东西都是不可靠的。这就形成了所谓元素的操作定义(operational definition)。按照这个定义，一种物质能否称为元素，完全取决于人们的分析能力。如果这种物质利用现有的最强有力的分解手段都不能被分解，那么它就可以被称为元素。至于它将来能否被分解，则用不着去考虑这个问题，因为它已超越了人们所能直接感觉到的经验范围。

[2] 简单物质概念

在近代化学元素概念的形成过程中，首先出现的是简单物质的概念，其次才在此基础上出现近代化学元素概念(虽然这一概念的历史一直可以追溯到16世纪)。文艺复兴时期，在欧洲一些国家里出现了资本主义生产方式，工业也迅速发展起来了，冶金业和采矿业已初具规模。矿工和试金工匠通常并不相信贱金属能够变成贵重金属，他们并不很关心炼金术的任何理论，而仅以实验为目的。他们通过分析发现了钴、铋等金属，而不只是炼金术士所认为的只能有与七大行星相对应的七种金属。更为重要的是，长期的实践活动使他们认识到这些金属是简单物质，因为无论采用什么办法都不能将它们进一步分解。这与当时德国、瑞典等国政府重视冶金学和矿物学的研究及其教育的结果有极大关系。

[3] 气体化学的研究

气体化学的发展推翻了空气是元素的观点,并陆续发现了 H_2、N_2、Cl_2、O_2 等多种气体单质。

1787 年,拉瓦锡在一篇题为《论改革和完善化学革命的必要性》的论文中给元素下了一个清晰明确的操作定义:元素是任何方法都不能分解的物质。于 1789 年发表的《化学基础论说》一书中列出了历史上第一张包括 33 种元素的列表:

(1) 属于气态的简单物质可以认为是元素:光、热、氧气、氮气、氢气。

(2) 能氧化和成酸的简单非金属物质:硫、磷、碳、盐酸基、氢氟酸基、硼酸基。

(3) 能氧化和成盐的简单金属物质:锑、砷、银、钴、铜、锡、铁、锰、汞、钼、金、铂、铅、钨、锌、铋、镍。

(4) 能成盐的简单土质:石灰、苦土、重土、矾土、硅土。

同过去的传统元素概念相比,拉瓦锡的元素定义具有明确的科学性:① 元素的性质和数目只有通过实验来确定,因而它是建立在科学实验的基础上,而不再是笼统的凭空猜想;② 他通过实验抓住了一般元素在通常情况下不能分解的客观性质,把分析的极限作为判别元素的标准;③ 根据这个定义,元素是具有确定性质、可操作、可直接感受的具体物质。随着分析手段的不断提高,人们发现元素的数目也会越来越多。所以,近代元素概念的建立结束了自古以来关于元素概念的混乱状态,完成了人类元素认识史上一次质的飞跃,由于新元素概念的明确性、可操作性和可感知性,大大激发了化学家探索新元素的热情,对以后整个 19 世纪化学的发展起到了极大的推动作用。正如日本著名科学史家汤浅光朝所说[26]:"在几乎全世界所有的化学家都信奉燃素说的时候,拉瓦锡提出把燃烧现象看作氧化过程的新理论,大约用了 10 年,从对氧气的单质性的认识出发,导致了新元素观的确立——这是化学革命的总决战。"

但拉瓦锡的元素定义只是一个经验分析的定义,是根据可感知到的元素外部特征或外在联系来定义元素,而且此后在很长的一段时期里,元素被认为是用化学方法不能再分的简单物质。这就把元素和单质两个概念混淆或等同起来了。对物质的分类不是根据元素所固有的结构属性,而是完全依赖于人的主观能力和分解物质的手段。因此,定义的内涵和外延都不符合实际的界限。

拉瓦锡

藏于法国工艺博物馆的拉瓦锡实验室

拉瓦锡正在进行实验

> 拉瓦锡是法国著名化学家、生物学家,被后世尊称为"近代化学之父"。他使化学从定性转为定量,给出了氧与氢的命名,并且预测了硅的存在。他帮助建立了公制。拉瓦锡提出了"元素"的定义,按照这种定义,于 1789 年发表了第一个现代化学元素列表,列出 33 种元素,其中包括光、热和一些当时被认为是元素的物质。拉瓦锡的贡献促使 18 世纪的化学更加物理及数学化。他提出规范的化学命名法,撰写了第一部现代化学教科书《化学纲要》(*Traité Élémentaire de Chimie*)。他倡导并改进定量分析方法,并用其验证了质量守恒定律。他创立了氧化说以解释燃烧等实验现象,指出动物的呼吸实质上是缓慢氧化。这些划时代贡献使得他成为历史上最伟大的化学家之一。拉瓦锡曾任税务官,因此他有充足的资金进行科学研究。拉瓦锡不幸在法国大革命中被送上断头台而死[27-32]。

化学元素新论

里希特

普鲁斯特

道尔顿

第一张原子量表

[4] 近代化学元素概念的建立

1) 化学经验定律的发现

拉瓦锡《化学纲要》的问世，结束了17世纪以来元素观念的混乱，宣告了旧的传统元素概念的终结，标志着近代化学元素概念的确立。随着《化学纲要》一书的广泛传播，近代化学元素概念也迅速为化学界所接受，并激起了科学家寻找新元素的热情。在1789年拉瓦锡的元素表中才列出17种金属元素，而到1809年，仅在20年内人们就发现了13种新的金属元素。这对于整个化学的发展和未来周期律的发现无疑是个很好的前奏，组成化合物的元素间的定量关系很快被揭示出来。例如，1791年德意志化学家里希特(J. B. Richter, 1762—1807)发现当量定律，1799年法国化学家普鲁斯特(J. L. Proust, 1754—1826)发现定比定律，1803年英国化学家和物理学家道尔顿(J. Dalton, 1766—1844)发现倍比定律等化学经验定律，为科学原子论的创立打下了牢固的实验基础。

2) 科学原子论

1803年，道尔顿在继承古希腊朴素原子论和牛顿微粒说的基础上提出原子论，其要点为：

(1) 化学元素由不可分的微粒原子构成，它在一切化学变化中是不可再分的最小单位。

(2) 同种元素的原子性质和质量都相同，不同元素原子的性质和质量各不相同，原子质量是元素基本特征之一。

(3) 不同元素化合时，原子以简单整数比结合。推导并用实验证明倍比定律。如果一种元素的质量固定时，那么另一元素在各种化合物中的质量一定成简单整数比。

同时，道尔顿最先从事了测定原子量的工作，提出用相对比较的办法求取各元素的原子量，并发表了第一张原子量表，为后来测定元素原子量工作开辟了光辉前景。

因此，化学史学家也把这一阶段称为"原子理论的元素概念阶段"[1,22]。恩格斯评价"化学的新世纪开始于原子学说"。

原子论的元素定义显然比经验分析定义更富有内容，深刻地揭示了元素的一些固有特性，明确了元素和原子的内在联系。但化学家对元素的认识仍带有机械论和形而上学的性质。元素绝对不变和原子不可再分的观念已经形成一种规范。原子论的元素定义沿袭了经验分析定义的缺点，因而也带有明显的主观主义色彩。它只不过是建立在经验分析基础上的一种理论分析概念，因此原子论的元素定义的提出并没有给经验概念分析构成威胁。实际上，元素的经验分析定义在整个19世纪一直保持成立，新元素的发现和鉴别仍然离不开经验分析的原则和方法。1810年，道尔顿在其《化学哲学的新体系》第二部分中写道："我们所说的元素或简单物质，指的是尚未被分解但能与其他物质发生化合的物质。虽然我们并不知道任何一种被称为元素的物质是绝对不可分解的，但是在我们能够对它进行分解以前，就应该把它称为简单物质。"[33]这与拉瓦锡对元素的认识是一致的，而且元素和单质仍然被看成是同义词[34]。

1841年，瑞典化学家贝采利乌斯(J. J. Berzelius，1779—1848)根据已经发现的一些元素(如硫、磷)能以不同的形式存在的事实(硫有菱形硫、单斜硫，磷有白磷和红磷)，创立了同(元)素异形体的概念，即相同的元素能形成不同的单质。这就表明元素和单质的概念是有区别的，是不相同的。

3) 概念还在继续

19世纪是资本主义高度发展的世纪，经济上的发展和技术上的进步为新元素的发现提供了条件，特别是电化学的兴起和分光镜的使用，为人们发现活泼元素和稀有元素提供了强有力的实验工具。一大批新元素的发现扩大了元素概念的外延，导致了门捷列夫在1869年发现了周期律(见第9章)。门捷列夫在同代人探索的基础上，把自然界所有的元素(当时已发现了63种元素)纳入了一个严谨统一的体系。元素被认为是性质的总和，化合价和原子量一样成为元素的重要特征。性质总和又决定了元素在周期表中的位置特征。正是根据元素位置特征，周期律的确立大大丰富和加深了元素的内涵，而内涵的深化又必然导致外延的扩大，周期律成了人们探索新元素的指南。元素外延的扩大又必然引起元素内涵的再一次深化。这就是科学概念发展演化的辩证逻辑。

但是，门捷列夫对元素的认识是建立在原子论基础上的，他对元素的位置特征的本质不清楚，所以他的化学元素概念并不像凯德洛夫所说的是属于现代元素概念的范畴[2]，仍然是道尔顿原子论的化学元素概念。

贝采利乌斯

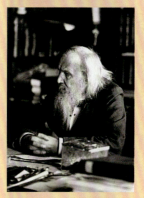

门捷列夫于1897年

道尔顿(J. Dalton，1766—1844)英国化学家、物理学家、近代原子理论的提出者。1766年9月6日生于英格兰北方，1844年在曼彻斯特过世，终生未婚。道尔顿幼年时家贫，无钱上学，他还是一个红绿色盲患者，但他以惊人的毅力自学成才。他才智早熟，12岁就当上了教师。1778年在乡村小学任教；1781年15岁时应表兄之邀到肯德尔镇任中学教师；在哲学家高夫的帮助下自修拉丁文、法文、数学和自然哲学等，并开始进行自然观察，记录气象数据；1793年任曼彻斯特新学院数学和自然哲学教授；1796年任曼彻斯特文学和哲学会会员，1800年担任该会的秘书，1817年升为该会会长；1816年选为法国科学院通讯院士；1822年选为皇家学会会员。1826年，英国政府将英国皇家学会的第一枚金质奖章授予了道尔顿。

道尔顿在1787年时对气象学产生了兴趣，6年后发表了一本有关气象学的书。对空气和大气的研究又使他对一般气体的特征产生了兴趣。通过一系列的实验，他发现了有关气体特性的两个重要定律。第一个定律是道尔顿在1801年提出来的，该定律认为一种气体所占的体积与其温度成正比(一般称为查尔斯定律，是根据法国科学家查尔斯的名字命名的，他比道尔顿早几年发现了这个定律，但未能把其成果发表出来)。第二个定律是1807年提出来的，称为道尔顿气体分压定律。

1804年，道尔顿就已系统地提出了他的原子论，并且编制了一张原子量表。他的主要著作《化学哲学的新体系》直到1808年才问世，那是他的成功之作。他所提供的关键的学说使化学领域自此有了巨大的进展。

道尔顿患有色盲症，这种病的症状引起了他的好奇心。他开始研究这个课题，最终发表了一篇关于色盲的论文——曾经问世的第一篇有关色盲的论文。

道尔顿在曼彻斯特一直居住到1844年去世[35]。

门捷列夫1871年的元素周期表

2.1.4 现代科学阶段的元素概念

现代科学阶段的元素概念的建立是与 19 世纪末 20 世纪初发生的自然科学革命紧密联系在一起的。这场大革命使人类的认识从宏观领域推到微观领域，正是原子结构复杂性的披露，导致了元素观念的根本变革。现代元素概念消除了旧概念中的主观主义成分，从化学客体的固有结构特性来定义元素，而不再依赖于人们的领悟能力和方法，保持其独立存在的意义。辩证唯物主义运用形式逻辑把思维形式同客观实在联系起来，元素就是对原子的抽象和概括。

1. 现代自然科学革命

人们常说，每一次物理学上的进步都会自然而然地推动化学理论的发展。对于化学元素概念的深化依然依靠着物理学上的发现和进步。下面一些具体的实例可参考本书第 1 章和第 3 章内容。

19 世纪末，物理学上的三大发现(X 射线、放射性和电子)彻底打破了原子不可分的传统观念，摧毁了原子论的元素概念理论基础，揭开了新旧元素观念斗争的序幕，被称为"打开原子大门的钥匙"[36]。1902 年，新西兰著名物理学家卢瑟福(E. Rutherford, 1871—1937)和英国物理学家、化学家索迪(F. Soddy, 1877—1956)通过天然放射性研究，提出了具有革命意义的元素蜕变学说，打破了自波义耳以来元素不能分解和转化的陈旧观念，给经验分析的元素概念沉重的打击。

卢瑟福

索迪

1910 年，索迪基于对大量实验事实的分析，提出了同位素假说，并很快得到了证实[37-38]，否定了自道尔顿以来一种元素一种原子的观点。同位素是具有相同原子序数的同一化学元素的两种或多种原子，它们在元素周期表上占有同一位置，化学性质几乎相同(氕、氘和氚的性质有些微差异)，但原子质量或质量数不同，从而其质谱性质、放射性转变和物理性质(如在气态下的扩散本领)有所差异。同位素的表示是在该元素符号的左上角注明质量数(如 ^{14}C)。同位素可以分为稳定性同位素[(汤姆孙(J. J. Thomson)1913 年首次发现稳定元素同位素的证据[39-40]，图 2-5)]和放射性同位素。

1913 年英国物理学家莫塞莱(H. G. J. Moseley, 1887—1915)在 X 射线的研究中发现，原子序数的实质是核电荷数，揭示了周期律的实质，揭开了元素在周期表中的位置之谜，使人们对元素本质的认识产生了一次质的飞跃。他对化学元素周期律及周期表的实质性内容的研究颇有贡献。

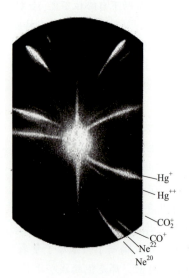

图 2-5 氖-20 和氖-22 的汤姆孙摄影板标记

莫塞莱

1919 年，卢瑟福第一次实现了人工核反应，即用人工的方法使一种元素变成另一种元素，给旧的元素观又一次致命打击(参考 1.2.1 节)。

20 世纪 30 年代，人工放射性和重核裂变的事实再一次证明，无论是天然的还是人工的方法都可以实现元素的分解和转化(参考 1.2.3 节)。

一系列惊心动魄的发现终于导致了元素思想史上的革命——旧的元素概念已经彻底行不通了，元素应该是核电荷数(核内质子数)相同的一类原子的总称。

2. 现代化学元素概念

化学元素指自然界中一百多种基本的金属和非金属物质，它们只由一种原子组成，其原子中的每一核子具有同样数量的质子，用一般的化学方法不能使之分解，并且能构成一切物质。一些常见元素的例子有氢、氮和碳。到 2012 年为止，共有 118 种元素被发现，其中地球上有 92 种。

原子序数大于 83 的元素(铋之后的元素)没有稳定的同位素，会进行放射性衰变。另外，第 43 种元素(锝)和第 61 种元素(钷)没有稳定的同位素，会进行衰变。可是，即使是原子序数大于 92 的元素(铀之后的元素)，没有稳定原子核的元素，有些仍存在于自然界中，如铀、钍、钚等天然放射性核素[41]。所有化学物质都包含元素，即任何物质都包含元素，随着人工核反应的发展，会发现更多的新元素(参考 1.2 节)。

1923 年，国际原子量委员会(International Committee on Atomic Weights, ICAW)给出元素的定义：化学元素是根据原子核电荷的多少对原子进行分类的一种方法，把核电荷数相同的一类原子称为一种元素。这也许是最准确不过的化学元素概念了吧!

2.2 化学元素的命名

组成宇宙万物的化学元素都有自己的名称。现有的 118 种化学元素全部得到了英文和中文命名。它们的命名是有意义和有趣的。在元素命名的过程中，每种元素命名的背后都有一些有趣的故事，值得人们回味。虽然有关化学元素命名的介绍不少[3,42-52]，但缺乏完整、系统、简明的资料。特别是对于 100 号以后元素的命名、国际纯粹与应用化学联合会(International Union of Pure and Applied Chemistry, IUPAC)的一些新规定和中文命名原则，常使人感到困惑或者难以记忆。因此，有必要将其尽可能理顺。

2.2.1 化学元素命名的原则

1. 古已用之

这类元素不多，它们或因地球成因，或因人类文明初始用火，是人类在古代最早发现并使用的。它们均以拉丁原名命名，中文以音译之。

[1] 金(gold)

金在自然中通常以其单质形式出现，即金属状态，但亦常与银形成合金。天然金会以叶片、粒状或大型金块的形式出现，它们由岩石中侵蚀出来，最后形成冲积矿床的砂砾，称为砂矿或冲积金。冲积金一定比脉状矿床的表面含有较丰富的金，因为岩石中金的邻近矿物氧化后，再经过风化作用、清洗后流入河流与溪流，在那里透过水作收集及结合再形成金块。

南加利福尼亚州沙漠中发现的 4.42 kg 金块

金在史前时期已经被认知及高度重视。它可能是人类最早使用的金属,被用于装饰及仪式。早在公元前2600年的埃及象形文字已经有金的描述,米坦尼国王图什拉塔(Tushratta)称金在埃及"比泥土还多"[52]。埃及及努比亚等国家和地区拥有的资源令它们在大部分历史中成为主要的黄金产地。已知的最早的地图是在公元前1320年的杜林纸草地图(Turin Papyrus Map, 图2-6)[53],该图上显示了金矿在努比亚的分布及当地地质的标示。

图2-6 显示矿藏位置的杜林纸草地图

金的命名来自拉丁文 aurum,宝石之意,英文 gold 早已应用。中文"金"古已用之。

[2] 银(silver)

碳氧焰烧成的熔融银

银在自然界中很少量以游离态单质存在,主要以含银化合物矿石存在。因为银的活泼性低,其元素形态易被发现也易提取。在古时的中国和西方国家,银分别被认定为五金和炼金术七金之二,仅位于金之后一名。古代西方的炼金术和占星术也有将银与七曜中的月联结,为金和日之后一名。

银的命名来自拉丁文 argentum, arg-是印欧语系的词根,代表灰色及闪,英文 silver 早已应用。中文"银"古已用之。

银"易提取"可用 Ellingham 图解释(图2-7)[54]。原来,人类在使用火后,那些惰性的元素化合物(大多是简单的矿物)便很容易被还原为元素形态的单质,其中包括下面要讲的铜、铁、锡、铅和汞元素。

[3] 铜(copper)

铜是古代就已经知道的金属之一。一般认为人类知道的第一种金属是金,其次就是铜。铜在自然界储量非常丰富,并且加工方便。铜是人类用于生产的第一种金属,最初人们使用的只是存在于自然界中的天然单质铜,用石斧把它砍下来,便可以锤打成多种器物。随着生产的发展,只是使用天然铜制造的生产工具就不敷应用了,生产的发展促使人们找到了从铜矿中取得铜的方法。从图2-7可知,从氧化铜还原得到金属铜的温度要比从氧化铁还原得到金属铁的温度低得多。所以,只要把铜矿石在空气中焙烧后形成氧化铜,再用碳还原,就得到金属铜:

$$2CuO+C \xrightarrow{\triangle} 2Cu+CO_2 \uparrow \tag{2-1}$$

中国最早的铜器是在仰韶文化时期,距今已有6000余年(图2-8)。

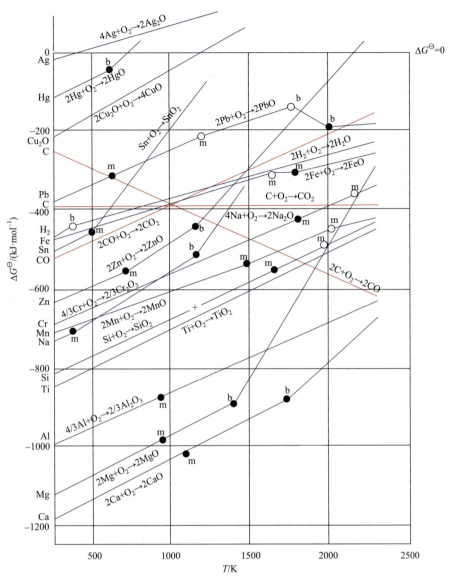

图 2-7 还原金属氧化物的 Ellingham 图
m. 熔化温度；b. 沸腾温度；●. 元素；○. 氧化物；+. 相转变

河南偃师二里头　　有龙凤装饰的青铜器　　河南安阳殷墟出土
出土的青铜爵　　　　　　　　　　　　　　　的司母戊大方鼎

刻有文字的吴王夫差剑　　铜绿山古铜矿遗址内纵横交错的古代的采掘井巷

图 2-8 铜冶炼和青铜器

铁陨石

铜的命名来自拉丁文 cuprum，指来自塞浦路斯岛上的矿石，英文 copper 早已应用。中文"铜"古已用之。

[4] 铁(iron)

铁是宇宙中第六丰富的元素，也是最常见的耐火元素[55]。它是大质量恒星的硅燃烧过程在恒星核合成的最后放热阶段形成的，是地球外核及内核的主要成分(参考 2.1 节)，是地壳上丰度第四高的元素，约占地壳质量的 5.1%。

在自然界，游离态的铁只能从陨石中找到，分布在地壳中的铁都以化合物的状态存在。在流星体及低氧的环境下，铁也会以元素态存在。

铁是古代就已知的金属之一。虽然铁在自然界中分布极为广泛，但人类发现和利用铁相比黄金和铜要迟。首先是由于天然的单质状态的铁在地球上非常稀少，它容易氧化生锈，加上它的熔点(1812 K)比铜(1356 K)高得多(图 2-7)，因此它比铜难于熔炼。在融化铁矿石的方法尚未问世前，无法大量获得生铁的时候，铁一直被视为一种神秘、珍贵的金属。铁的发现和大规模使用是人类发展史上一个光辉的里程碑，它把人类从石器时代、青铜器时代带到了铁器时代，推动了人类文明的发展。至今铁仍然是现代化学工业的基础，人类进步所必不可少的金属材料。

中国在春秋晚期，铁器制作就极其繁荣兴盛，到了战国末年，已经进入炼铁和铁器制造的黄金时代。不断出土的考古新发现(图 2-9)有力地证明了历史上中国冶铁技术成熟而趋于完备，远远领先于世界各国。

铁的命名来自拉丁文 ferrum，表示坚强之意，古英文 iron 早已应用。中文"铁"古已用之。

五代时大型铸件——沧州铁狮

河北藁城商墓出土的铁刃铜

图 2-9　钢铁冶炼和铁器制作

马来西亚皇家雪兰莪制作的锡制烛台

美丽的锡都个旧市

[5] 锡(tin)

锡是人类知道最早的金属之一，约从公元前 7 世纪开始人类就认识到纯的锡。从古代开始它就是青铜的组成部分之一。在我国的一些古墓中，常发掘到一些锡壶、锡烛台之类的锡器。据考证，我国周朝时锡器的使用已十分普遍了。在埃及的古墓中，也发现有锡制的日常用品。

纯铜制成的器物太软，易弯曲。纯的锡有银灰色的金属光泽，它拥有良好的伸展性能，在空气中不易氧化。人们发现把锡掺到铜中来硬化铜，可以制成铜锡合金——青铜。青铜比纯铜坚硬，人们用其制成的劳动工具和武器有了很大改进(图 2-8)，人类进入了青铜时代，结束了人类历史上的新石器时代。

相传无锡于战国时期盛产锡，到了锡矿用尽之时，人们就以无锡来命名这地方，作为天下没有战争的寄望。现在"锡"也被用在没有锡或只有很少锡的物体上，如许多"锡纸"实际上是铝纸，大多数锡罐实际上是钢罐，上面涂有一层非常薄的锡。

锡的命名来自拉丁文 stannum，表示坚硬之意，古英文 tin 早已应用。中文"锡"古已用之。

[6] 铅(lead)

铅是人类使用的第一种金属。早在 7000 年前，人类就已经认识铅。铅分布广，容易提取，容易加工，既有很高的延展性，又很柔软，而且熔点低。在《圣经·出埃及记》中就已经提到了铅。古罗马使用铅非常多。有人甚至认为罗马入侵不列颠的原因之一是因为康沃尔地区拥有当时所知的最大的铅矿。甚至在格陵兰岛上钻出来的冰心中可以测量到从公元前 5 世纪到公元前 3 世纪地球大气层中铅的含量增高。人们认为这个增幅是罗马人造成的。炼金术士以为铅是最古老的金属并将它与土星联系在一起。人们在历史上广泛应用铅。中国二里头文化的青铜器即发现有加入铅作为合金元素，并且铅在整个青铜时代与锡一起，构成了中国古代青铜器最主要的合金元素。在日本江户时代，人们也用铅制造子弹、钱币及屋瓦等。

铅锑矿

锑矿

铅的命名来自拉丁文 plumbum，表示坚硬之意。中文"铅"古已用之。

[7] 锑(antimony)

目前已知锑化合物在古代就用作化妆品[56]，金属锑在古代也有记载，但那时被误认为是铅。大约 17 世纪时，人们知道了锑是一种化学元素。在埃及发现了公元前 2500 年至公元前 2200 年间的镀锑的铜器。地壳中自然存在的纯锑最早是由瑞典科学家和矿区工程师斯瓦伯(A. von Siwabo)于 1783 年记载的，品种样本采集自瑞典西曼兰省萨拉市的萨拉银矿。

锑的命名来自拉丁文 stibium，是辉锑矿(stibnite)的名称，英文来自 anti(不能)+monos(单独)，即它在自然界不能单独出现。中文"锑"为音译。

"世界锑都"锡矿山

[8] 碳(carbon)

碳是少数几个自远古就被发现的元素之一。碳原子核的合成需要在巨星或超巨星内部(参考 2.1 节)。最早的人类文明就已在煤烟和木炭中发现了碳。中国早在公元前 2500 年就发现了钻石。人们在古罗马时代就开始通过在无氧环境下加热木材制造木炭。

碳的命名来自拉丁文 carbo，即煤炭和木炭。中文的"碳"字为形声字，以"石"部表示固体非金属，并以"炭"旁表示碳元素源自木炭或煤炭等物质。

碳

[9] 硫(sulfur)

硫在远古时代就被人们所知晓。大约在 4000 年前，埃及人已经会用硫燃烧所形成的二氧化硫来漂白布匹，古希腊和古罗马人也能熟练地使用二氧化硫来熏蒸消毒和漂白。公元前 9 世纪，古罗马著名诗人荷马在他的著作里讲述了硫燃烧时有消毒和漂白的作用。中国发明的火药是硝酸钾、碳和硫的混合物。1770 年拉瓦锡证明硫是一种元素。

单质形态的硫出现在火山喷发形成的沉积物中。火山喷发过程中，地下硫化物与高温水蒸气作用生成 H_2S，H_2S 再与 SO_2 或 O_2 反应生成单质硫：

木炭

火山爆发

天然硫矿床

汞珠

秦始皇画像

秦始皇陵墓图

$$2H_2S(g)+3O_2(g) = 2SO_2(g)+2H_2O(g) \qquad (2-2)$$
$$2H_2S(g)+SO_2(g) = 3S(s)+2H_2O(g) \qquad (2-3)$$

硫的命名起源于远古时代，中国《本草纲目》中称"石硫黄"，拉丁文称"sulfur"，在英国写作"sucphur"。欧洲中世纪炼金术士曾用"w"符号表示硫。

[10] 汞(mercury)

汞在自然界中分布量极小，被认为是稀有金属，室温下为液态，但是人们很早就发现了水银。天然的硫化汞又称为朱砂，由于具有鲜红的色泽，因而很早就被人们用作红色颜料。殷墟出土的甲骨文上涂有丹砂，可以证明中国在史前就使用了天然的硫化汞。

根据西方化学史的资料，曾在埃及古墓中发现一小管水银，据历史考证是公元前16～公元前15世纪的产物。中国古代汉族劳动人民早就制得了大量水银。

据《史记》记载，秦始皇的陵墓中以汞为水，流动在他统治的土地的模型中（图2-10）[57]。秦始皇死于服用炼金术士配制的汞和玉石粉末的混合物，汞和玉石粉导致了肝衰竭、汞中毒和脑损害，而它们本来是为了让秦始皇获得永生的。

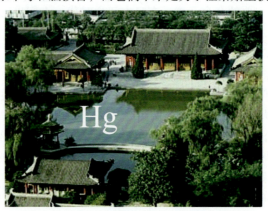

图2-10 秦始皇皇陵地宫想象图

汞的命名来自拉丁文 hydrargyrum，传说是来自印度的梵文 sulvere，原义是 hydro(水)+argyrum(银)，像水一样流动的银。中文"银"古已用之，因常温下是液态，不加"钅"，常以水银称之。

2. 约定成俗

在本章 2.1 节中，我们已知：随着社会的大变革，自然科学进步引起的几次化学大革命，物理学、地质学等学科迅速发展对化学的影响以及化学理论本身的发展，化学元素的发现和合成数目越来越多。对于新化学元素的命名，过去的习惯是，首先发现某种元素的科学家有权对该元素提出命名；再后来是，如果确被证实，IUPAC 即予承认，并列入该会公布的包括元素名称和符号的原子量表内，予以通用。特别是初期阶段，在铀之前几乎已约定成俗。

在目前已命名的 118 种元素中，元素名称的由来多种多样，除了上述 10 种直接采用了古人对它们的称谓外，大多数元素的命名都有一定背景，有的来源于星体、国家、地名、人物、矿石、神话传说，有的因元素单质或其化合物的性质而得名，有的因其制备方法特殊而得名，有的因与其他元素的关系得名，还有用形容词来命名的。因此，元素命名和符号五花八门，犹如中国的"百家姓"。以下列举一些实例[58]。

[1] 以地名命名

表 2-1　以地名命名的元素

地名	元素英文名称	元素中文名称	元素符号	原子序数
斯堪的纳维亚(拉丁文：Scandia)	scandium	钪	Sc	21
塞浦路斯	copper	铜	Cu	29
高卢，法国古称(法文：Gaule，拉丁文：Gallia)	gallium	镓	Ga	31
德国(拉丁文：Germania)	germanium	锗	Ge	32
Strontian，苏格兰的一个村庄	strontium	锶	Sr	38
伊特比，瑞典东岸的村落(瑞典文：Ytterby)	yttrium	钇	Y	39
伊特比，瑞典东岸的村落(瑞典文：Ytterby)	terbium	铽	Tb	65
伊特比，瑞典东岸的村落(瑞典文：Ytterby)	erbium	铒	Er	68
伊特比，瑞典东岸的村落(瑞典文：Ytterby)	ytterbium	镱	Yb	70
俄国	ruthenium	钌	Ru	44
欧洲(Europe)	europium	铕	Eu	63
斯德哥尔摩(拉丁文：Holmia)	holmium	钬	Ho	67
图勒(Thule，古代欧洲传说中位于世界极北之地的一个地方，通常被认为是一座岛屿)	thulium	铥	Tm	69
巴黎(拉丁文：Lutetia)	lutetium	镥	Lu	71
哥本哈根(拉丁文：Hafnia)	hafnium	铪	Hf	72
莱茵河(拉丁文：Rhenus)	rhenium	铼	Re	75
波兰(英文：Poland)	polonium	钋	Po	84
法国(英文：France)	francium	钫	Fr	87
美洲(英文：America)	americium	镅	Am	95
伯克利(Berkeley，美国的城市)	berkelium	锫	Bk	97
加利福尼亚州(California，美国的州)	californium	锎	Cf	98
杜布纳(Dubna，俄罗斯莫斯科州城市)	dubnium	𨧀	Db	105
德国黑森州(拉丁文：Hassia)	hassium	𨭆	Hs	108
达姆施塔特(英文：Darmstadt，德国一个城市)	darmstadtium	𫟼	Ds	110
美国劳伦斯利福摩尔国家实验室(Lawrence Livermore National Laboratory，LLNL)	livermorium	𫟷	Lv	116

化学元素新论

[2] 以科学家人名命名

表 2-2　以科学家人名命名的元素

科学家英文名	生卒时间	国籍	元素名称	元素符号	原子序数
Johan Gadolin	1760—1852	芬兰	钆(gadolinium)	Gd	64
Marie Sklodowska Curie Pierre Curie	1867—1934 1859—1906	波兰-法兰西 法国	锔(curium)	Cm	96
Albert Einstein	1879—1955	美籍德裔	锿(einsteinium)	Es	99
Enrico Fermi	1901—1954	美籍意大利裔	镄(fermium)	Fm	100
Dmitri Ivanovich Mendeleev	1834—1907	俄国	钔(mendelevium)	Md	101
Alfred Bernhard Nobel	1833—1896	瑞典	锘(nobelium)	No	102
Ernest Orlando Lawrence	1901—1958	美国	铹(lawrencium)	Lr	103
Ernest Rutherford	1871—1937	新西兰-英国	𬬻(rutherfordium)	Rf	104
Glenn Theodore Seaborg	1912—1999	美国	𬭳(seaborgium)	Sg	106
Niels Bohr	1885—1962	丹麦	𬭛(bohrium)	Bh	107
Lise Meitner	1878—1968	奥地利-瑞典	䥑(meitnerium)	Mt	109
Wilhelm Konrad Rontgen	1845—1923	德国	𬬭(roentgenium)	Rg	111
Nicolaus Copernicus	1473—1543	波兰-德国	鿔(copernicium)	Cn	112
Georgy Nikolay Flyorov	1913—1990	苏联	𫓧(flerovium)	Fl	114

哥白尼

太阳神

[3] 以神名命名

表 2-3　以神名命名的元素

神名	名称来源	元素名称	元素符号	原子序数
赫利俄斯，希腊神话中的太阳神 Apollo	希腊语 ήλιος，英语 Helios，意为"太阳"	氦(helium)	He	2
希腊神话中的泰坦	希腊语 Τιτᾶνες，英语 Titans	钛(titanium)	Ti	22
凡娜迪丝，希腊神话中的女神	Vanadis	钒(vanadium)	V	23
尼俄伯，坦塔罗斯的女儿	Niobe	铌(niobium)	Nb	41
普罗米修斯	Prometheus	钷(promethium)	Pr	61
坦塔罗斯，希腊神话中宙斯之子	Tantalus	钽(tantalum)	Ta	73
索尔，北欧神话中的雷神	Thor	钍(thorium)	Th	90

[4] 以星体命名

表 2-4 以星体命名的元素

天体名称	名称来源	元素名称	元素符号	原子序数
月球(月亮女神塞勒涅)	Pallas	钯(palladium)	Pd	46
智神星(小行星)	希腊语 Σελήνη→Selen	硒(selenium)	Se	34
地球	Tellus	碲(tellurium)	Te	52
谷神星(矮行星)	Ceres	铈(cerium)	Ce	58
天王星	Uranus	铀(uranium)	U	92
海王星	Neptune	镎(neptunium)	Np	93
冥王星(矮行星)	Pluto	钚(plutonium)	Pu	94

3. 贝采里乌斯的改革

由于历史原因，化学元素的名称很乱：有希腊文、阿拉伯文、印度文、波斯文、拉丁文和斯拉夫文的字根，又有神、行星和别的星体名称，还有地方、国家和人的名字。这些名字大多数没有准则，而且缺乏深刻的意义。如果再加上中国自古以来通用的元素名称：金、银、铜、铁、锡、铅、汞、硫、碳等这些由方块字写成的汉字，更显得杂乱。到 19 世纪初的欧洲，随着越来越多的化学元素的发现和各国间科学文化交流的日益增进，化学家们开始意识到有必要统一化学元素的命名。瑞典化学家贝采里乌斯首先提出了废弃化学术语建立在任一民族语言上的原则。他采用欧洲通用的拉丁文构成化学术语，把相应的前缀、后缀和词尾用于一定类别的物质。这些名称就是当今通用的元素名称。因为科学名称都来源于新拉丁文，大部分元素名结尾是"-ium"。

4. IUPAC 元素系统命名法

[1] 起因

IUPAC 元素系统命名法将未发现的化学元素和已发现但尚未正式命名的元素取一个临时西方文字名称，并规定一个代用元素符号。1979 年，IUPAC 规定 104 号元素以后不再以人名、国名命名[59]。此规则简单易懂且使用方便，而且它解决了对新发现元素抢先命名的恶性竞争问题，使新元素的命名有了依据。然而，IUPAC 规定并无法律效力。1994 年 12 月，IUPAC 无机化学命名委员会正式发表了 101～109 号元素的命名[53]，解决了一些发现者在新发现元素命名上的争吵[48,60]，但也突破了该委员会原订立的"不应该以在世的人的名字给元素命名"的规定。西博格在听到以他的名字命名 106 号元素时说："这是对我的非凡荣誉。"至于 101 号元素符号用 Md 而不用 Mv 的另一原因是许多国家的字母中没有 v。

[2] 命名法的基本规则

原则上，只有 IUPAC 拥有对新元素命名的权利，而且当新元素获得了正式名称以后，它的临时名称和符号就不再继续使用了。例如第 109 号元素，在正式被命名以前，它的(临时)元素名称为 unnilennium，元素符号为 Une，而被正式命名后，它被称为䥑(meitnerium)，元素符号为 Mt。

[3] 命名法的使用方法

IUPAC 元素系统命名法是一种序数命名法。这种命名法采用连接词根的方法为新元素命名，每个词根代表一个数字。这些词根来源于拉丁文和希腊文中数字的写法。具体的使用方法参照表 2-5，假如新发现的是元素周期表中的第 217 号元素，那么这个元素的名称按规则应是：2-1-7(bi-un-sept)，最后再加上词尾-ium(代表"元素"的意思)，所以第 217 号元素的名称是 biunseptium，它的元素符号就是"2-1-7"三个词根的首字母缩写，即 Bus。

表 2-5　IUPAC 元素序数命名法

数字	词根	词根来源	符号缩写
0	nil	拉丁文	n
1	un	拉丁文	u
2	b(i)	拉丁文	b
3	tr(i)	两者皆可	t
4	quad	拉丁文	q
5	pent	希腊文	p
6	hex	希腊文	h
7	sept	拉丁文	s
8	oct	两者皆可	o
9	en(n)	希腊文	e

使用时要注意：

(1) 词尾-ium 代表"元素"的意思，用 IUPAC 元素系统命名法命名的元素都无一例外地要加这个词根，以表示它是一种"元素"。

(2) 当尾数是 2(-bi)或 3(-tri)的时候，因词根尾部的字母"i"与-ium 最前方的"i"重复，故其中的"i"应省略不写。例如第 173 号元素，它的名称按规则应是：1-7-3(un-sept-tri)加-ium 成为 un-sept-tri-ium，而实际上应省略为 un-sept-tri-um，即 unsepttrium，元素符号为 Ust。

(3) 当 9(-enn)后面接的是 0(-nil)时，应省略三个 n 中的一个，只写两个，即写作-ennil，而不应写作-ennnil。

其实，对现有的 118 号元素，该命名法已不适合了。因为 101～109 号元素已命名[61]，110[62]、111[63]、112[64]、114 和 116[65]号元素 IUPAC 也已命名了，后来对当时未命名的 113、115、117 和 118 号 4 种元素也命名了(见 1.2.4 节)。现实中最大的用途是为第 8 周期元素和其他比第 8 周期更重元素的命名。

[4] IUPAC 机构简介

International Union of Pure and Applied Chemistry (IUPAC, 国际纯粹与应用化学联合会)又译国际理论(化学)与应用化学联合会,是一个致力于促进化学相关的非政府组织,也是各国化学会的一个联合组织。IUPAC 以公认的化学命名权威著称。命名及符号分支委员会每年都会修改 IUPAC 命名法,以力求提供化合物命名的准确规则。IUPAC 也是国际科学理事会的会员之一。

1911 年,在英国伦敦成立了国际化学会联盟(International Association of Chemistry Societies),它实际上是欧洲几个已成立的联盟组织。1919 年,国际化学会联盟在法国巴黎改组为国际纯粹与应用化学联合会,简称 IUPAC。1930 年,国际纯粹与应用化学联合会缩简为"国际化学联合会"(International Union of Chemistry),1951 年又恢复"国际纯粹与应用化学联合会"全称。法定永久地址和总部设在瑞士苏黎世,依照瑞士法律登记注册。

IUPAC 为非政府、非营利、代表各国化学工作者组织的联合会,其宗旨是促进会员国化学家之间的持续合作;研究和推荐对纯粹和应用化学的国际重要课题所需的规范、标准或法规汇编;与其他涉及化学本性有关课题的国际组织合作;对促进纯粹和应用化学全部有关方面的发展作出贡献。在实现上述宗旨中尊重非政治歧视原则,维护各国化学工作者参加国际学术活动的权力,不得因种族、宗教或政治信仰而遭受歧视。

中国为 IUPAC 会员国。

IUPAC 会标

瑞士苏黎世

2.2.2 化学元素的中文命名法

1. 发展简史

中国古代对部分元素有特别名称,如铁、金等早已被命名。19 世纪 50 年代开始,西方化学传入中国,中国开始对其他元素命名。清末时,中国有至少两套元素命名方法,分别由同文馆(清代最早培养译员的洋务学堂和从事翻译出版的机构)和徐寿(中国近代化学的启蒙者,1818—1884)提出。辛亥革命后,中国开始着手统一和改革元素名称,如 21 号元素由铜改为钪。这部分的详细史实可参考李海撰写的《化学元素的中文名词是怎样制定的》一文[66]。

1949 年后,我国不同地区对元素的命名有些不同,如 95 号元素,中国内地和香港命名为镅,台湾命名为鋂。

中国 1955 年制定的《化学命名原则》包括了 102 个元素名称,1980 年重新制定后包括 105 个元素名称。该命名原则由全国科学技术名词审定委员会依据惯例并尊重 IUPAC 命名法的基础上制定。例如,在 1998 年中国大陆和台湾省共同确定了 101~109 号元素的名称[61],可望共同使用这些新的元素名称。这就避免了命名元素中文名称时使用不同汉字的问题。随后在 2004、2006、2011 和 2013 年分别确定了 110[67]、111[63]、112[64]、114 和 116[65]号元素的名称。

徐寿

徐寿和华蘅芳在江南制造局翻译处

化学元素新论

> 徐寿(1818—1884)字雪邨，号生元，江苏无锡北乡人。出生在无锡市郊外一个没落的地主家庭。5岁时父亲病故，靠母亲抚养长大成人。在他17岁时，母亲又去世。幼年失父、家境清贫的生活使他养成了吃苦耐劳、诚实朴素的品质，正如后人描述的，"赋性狷朴，耐勤苦，室仅蔽风雨，辄怡怡自乐，徒行数十里，无倦色，至不老倦"。
>
> 这种志向促使他的学习更为主动和努力。他学习近代科学知识，涉及面很广，凡科学、律吕(音乐)、几何、重学(力学)、矿产、汽机、医学、光学、电学的书籍，他都看。这些书籍成为他生活中的伴侣，读书成为他一天之中最重要的活动。就这样，他逐渐掌握了许多科学知识。
>
> 徐寿一生先后在安庆、南京军械所主持蒸汽轮船的设计研制，成绩显著。清同治六年(1867年)受曾国藩派遣，携子徐建寅到上海，襄办江南机器制造局，从事蒸汽轮船研制。积极倡议设立翻译馆，同治七年正式成立翻译馆。在英国传教士伟烈亚力、傅兰雅等人合作下，翻译出版科技著作13部，其中西方近代化学著作6部63卷，有《化学鉴原》、《化学鉴原续编》、《化学鉴原补编》、《化学考质》、《化学求数》、《物体通热改易论》等，将西方近代化学知识系统介绍进中国。所创造的钠、钙、镍、锌、锰、钴、镁等中文译名，一直沿用至今[68]。

2. 中文命名法

在中文元素命名法中，每个化学元素用一个汉字命名，并用该字部首表示此元素常温(25℃或77℉或298 K)时的物态：

固态的金属元素使用金字旁，如铜、铑；
固体的非金属元素使用石字旁，如硅、碳；
气态的非金属元素使用气字头，如氧、氟；
液态元素使用水字旁(在左偏旁时作三点水)，如汞、溴。

[1] 传统字

金、银、铜、铁、铂、锡、硫、碳(炭)、硼、汞、铅是我国古代早已发现并应用的元素，这些元素的名称屡见于古籍之中，在命名时就不再造字，而直接使用固有汉字。这些字在当初是以拉丁文意而来：

金——拉丁文意是"灿烂"；
银——拉丁文意是"明亮"；
锡——拉丁文意是"坚硬"；
硫——拉丁文意是"鲜黄色"；
硼——拉丁文意是"焊剂"等。

还有一些是借用古字的，例如：

镁——拉丁文意是"最初的铜"，而"镁"在古汉语中指未经炼制的铜铁；
铍——拉丁文意是"甜"，而"铍"在古汉语中指两刃小刀或长矛；
铬——拉丁文意是"颜色"，而"铬"在古汉语中指兵器或剃发；
钴——拉丁文意是"妖魔"，而"钴"在古汉语中指熨斗；
镉——拉丁文意是一种含镉矿物的名称，而"镉"在古汉语中指一种圆口三足的炊器；

铋——拉丁文意是"白色物质",而"铋"在古汉语中指矛柄。

[2] 新字

元素的名称是19、20世纪创造的,由部首和表示读音的部分组成,即沿袭固有汉字的造字方法采用"左形右声"的左右结构的合体形声字。在这些大量新造汉字中,大致又可分为谐声造字和会意造字二类。

1) 谐声造字

镁——拉丁文意是"美格里西亚",为某希腊城市;

钪——拉丁文意是"斯堪的纳维亚";

锶——拉丁文意为"思特朗提安",为苏格兰地名;

镓——拉丁文意是"高卢",为法国古称;

铪——拉丁文意是"哈夫尼亚",为哥本哈根古称;

铼——拉丁文意是"莱茵",欧洲著名的河流;

镅——拉丁文意是"美洲";

钫——拉丁文意是"法兰西";

钐——拉丁文意是"杉马尔斯基",俄国矿物学家;

锿——拉丁文意是"爱因斯坦";

镄——拉丁文意是"费米",美国物理学家;

钔——拉丁文意是"门捷列夫";

锘——拉丁文意是"诺贝尔";

铹——拉丁文意是"劳伦斯",回旋加速器的发明人;

锔——拉丁文意是"居里夫妇";

钒——拉丁文意是"凡娜迪丝",希腊神话中的女神;

钷——拉丁文意是"普罗米修斯",希腊神话中偷火种的英雄;

钍——拉丁文意是"索尔",北欧神话中的雷神;

钽——拉丁文意是"坦塔罗斯",希腊神话中的英雄;

铌——拉丁文意是"尼俄伯",即坦塔罗斯的女儿;

钯——拉丁文意是"巴拉斯",希腊神话中的智慧女神。

有趣的是钽、铌两种元素性质相似,在自然界是往往共生在一起,而铌元素也正是从含钽的矿石中被分离发现的。从这个角度来看,分别用父、女的名字来命名它们,的确是很合适的。

2) 会意造字

音译:读音部分几乎全部是来自欧洲和北美洲现代或中古时期的化学家或地方的名称的第一个音节。例如:

Er(Erbium)=金+耳→铒

Nd(Neodymium)=金+女→钕

Eu(Europium)=金+有→铕

K(Kalium)=金+甲→钾

Na(Natrium)=金+内→钠

Sb(Stibium)=金+弟→锑(用第一音节的一部分)

— 113 —

I(Iodine)=石+典→碘(用最后音节)

Ar(Argon)=气+亚→氩(用第一音节的一部分)

意译：少数元素中文名字是描述特色。例如：

溴：味道臭

氯：颜色绿

氢：重量轻

氮："淡"取冲淡空气之意

氧："养"取支持生命之意

2.2.3 化学元素符号的产生和演变

由 2.2.2 节可以看出，化学元素的名称形形色色，而从前的元素符号更是奇形怪状甚至滑稽可笑，但如果没有这些符号，现代化学的发展简直难以想象。实际上元素符号是随着化学科学的发展，经历了 2000 多年漫长岁月的演化，才成为今天的这种形式。它的发展与元素概念一样，反映了化学的逐步发展过程，反映了人类对物质世界的认识由感性到理性、由低级到高级的辩证发展过程[69-70]。因此，有必要了解化学元素符号的产生、发展及规范使用。

1. 化学的起源与化学符号的产生

[1] 化学符号的最早起源

化学符号的起源可追溯到古埃及。古埃及是化学最早的发源地之一，现代西方语言中"化学"一词就来源于古埃及的国名"chēmia"。公元前 3400 年之前，古埃及人就会冶金，而且古埃及人很擅长加工金属。随后，埃及人制造玻璃、釉陶和其他材料的工艺也日益完善，后来还发展了天然染料的提取技术。这便是化学符号产生的第一个基础。最初这些技术是靠父子或师徒之间口传心授的，没有留下什么文字记载。随着文字的产生和技术发展的需要，一些化学配方和工艺被记录下来，以备查阅和传之后代。这便是化学符号产生的第二个基础。为了保密以免技术落入外人之手，一些关键性的物质、设备和工艺都不能用通用的文字表达，而需借助于一些特定的符号，其中表示物质的符号就是最早的化学符号。因年代久远，记录材料落后，古埃及时所用的化学符号是什么样子，现在很难知道了。

[2] 占星术符号与化学符号

现存最早的化学书籍是在埃及亚历山大发现的古希腊文著作，其中就有许多希腊文字典中根本查不出的技术符号与术语。图 2-11 给出希腊手稿中金属及其他一些物质的符号，其中一些仅仅是该物质的希腊文缩写，如醋、汁液等。古希腊文明是在古埃及和巴比伦文明的基础上发展起来的。

巴比伦人的化学工艺虽不及埃及发达，但其天文学非常发达。后来在丰富的天文知识基础上，建立了一种异想天开的占星术体系，并把它作为这门基础科学主要的和最有价值的对象。各种古代知识在希腊的汇合产生了丰富多彩的自然哲学，也产生了最早的化学著作。在这些著作中，来自巴比伦的占星学研究与来自埃及的化学研究在所谓"交感"的基础上联系起来，即把已知和使用的金属与日、月

古埃及人擅加工金属

大英图书馆将古希腊手稿搬上网络

占星和天文

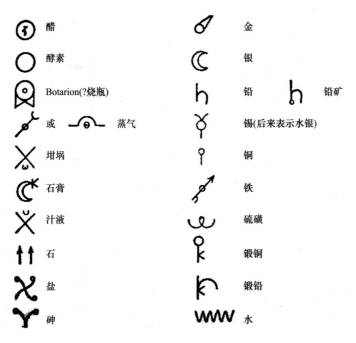

图 2-11　希腊手稿上的化学符号

和五大行星联系起来，用行星的符号表示金属，即产生了金属的化学符号(图 2-12)。化学符号的产生使得记录化学配方与工艺有了简捷的方法，使得许多资料得以保存和传播，从而促进了化学的发展。

图 2-12　占星术符号与化学符号

2. 炼金术的发展与化学符号的演变

炼金术最早的发源地是中国，在公元前 2 世纪就产生了炼丹术，以炼制长生不老丹为目的；西方炼金术的主要目的则是将贱金属转变为贵金属。在炼金实践中他们制出了一整套技术名词(图 2-13)，使得不仅有了记录所用物品的简捷方法，还能对公众保密，终于形成了一套庞杂的名称符号体系(图 2-14)。炼金家所用的符号会因人因时因地而有一定差异。后来随着神秘主义倾向的增长，又加上大量哲学臆测，炼金术符号愈加模糊混乱。不过经过一些炼金家的实验科学，经过发展终于使炼金术变成了化学。从图 2-15 可以看出炼金术士符号演变过程基本上是由复杂趋于简单，由不规整趋于规整，但直到 18 世纪仍保留着图的形式，充满了神秘性。

中国炼丹术

18 世纪中国的炼丹术传入阿拉伯

化学元素新论

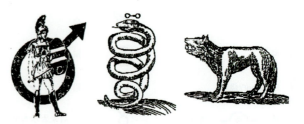

图 2-13　炼金术士表示铁、砷和锑的符号

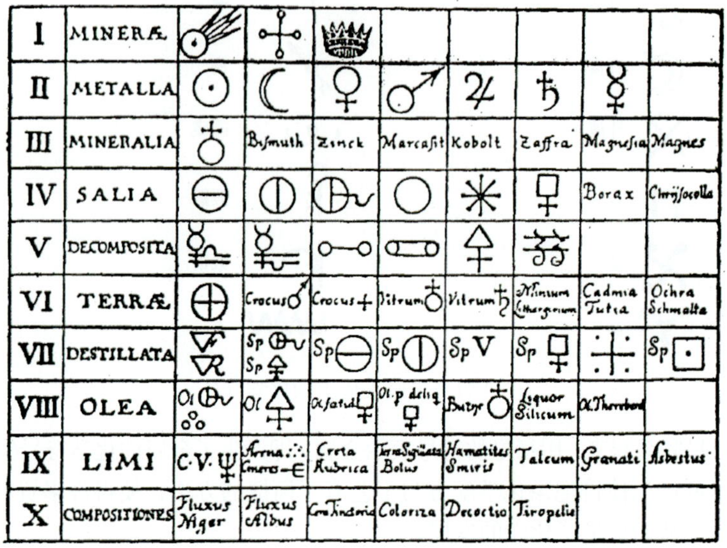

图 2-14　炼金术士所用的符号

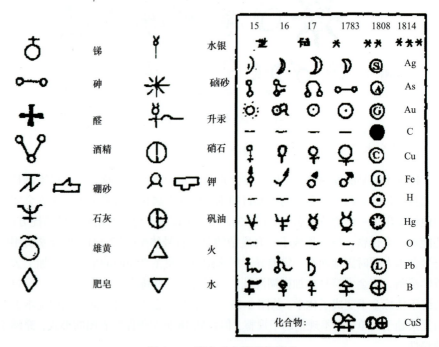

图 2-15　炼金术士符号的演变
方框图外为 1609 年一本化学教科书中引用的符号

由于当时人们所知道的物质不太多，且从事炼金术的只是少部分人，这种符号的不方便和难以传播等缺点还不太突出，以致仍被早期的化学家们所沿用。但是，正是在这种发展的过程中，他们发现了许多新物质和新的化学反应，发明了一些新设备，为近代化学做了方法与素材上的准备。

3. 近代科学阶段的化学符号

[1] 化学亲和力表

自波义耳提出科学的元素概念后，17、18世纪的化学家们冲破了炼金术的羁绊，在化学理论和实践上都取得了长足的进展，陆续发现了许多新元素，使化学知识面更为扩大了。化学物质虽然增加了许多，但所用的仍是炼金术符号(图 2-16)[71]。包括开创化学革命的拉瓦锡，在确立了以燃烧的氧学说为中心的近代化学体系后，仍沿用与实际成分毫不相干的炼金术符号，人们只有靠死记硬背才能掌握住物质名称，而新发现的物质在不断增多，落后的术语与符号体系已日益成为化学发展的阻碍因素。

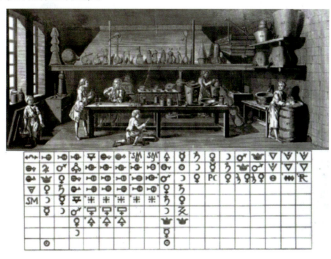

图 2-16 杰沃弗罗瓦的亲和力表

在这种状况下，拉瓦锡与他的同行莫尔沃(De Morveau, 1737—1816)等人于1787年发表了《化学命名法》，规定每种物质需有一个固定名称，单质名称应反映它们的特征，化合物的名称应反映其组成，从而为单质和化合物的科学命名奠定了基础。1783年，贝格曼(T. O. Bergman, 1735—1784)首先提出用符号表示化学式，如硫化铜用硫和铜的符号联用表示。

[2] 道尔顿的化学元素符号

1803年，道尔顿提出化学原子论的同时，还设计了一整套符号表示他的理论，用一些圆圈再加上各种线、点和字母表示不同元素的原子，用不同的原子组合起来表示化学式(图 2-17)，从此化学符号的演变就一直与原子论的发展紧密相连。由于这套简单的图案与设想的球形原子形状相似，并可用图形表示化合物中原子的排列，因此很容易被人们接受，从此沿用了2000多年的炼金术符号终于退出了化学舞台，如今只有在化学史教科书中才能见到了。但是，道尔顿的符号仍没脱

莫尔沃

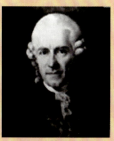

贝格曼

化 学 元 素 新 论

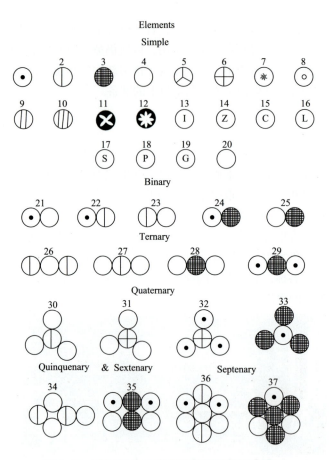

图 2-17　道尔顿 1808 年发表的原子符号和原子

图 2-18　钾碱明矾的化学式

去图形符号的窠臼，表示稍复杂的化学式仍不方便，如明矾用大小 24 个圆圈表示(图 2-18)，用作实验记录费时，所占篇幅也太大，不易记忆，比起旧的炼金术符号没有太多本质性的改变，并非是化学家的理想符号。科学的化学符号必将会随着化学学科的发展应运而生。

[3] 贝采里乌斯的化学元素符号

贝采里乌斯对原子论发展做了两项重大贡献：① 要在化学的各个领域巩固原子论，就要把已知所有元素的原子量测出。贝采里乌斯就把这项工作作为自己的科学目标，在短短几年内测定了所有已知元素的原子量与几乎所有已知化合物的组成，其工程之巨、精度之高可说是前无古人，从而为原子论的确立奠定了稳固的基础；② 提出字母式化学符号，这是化学符号演变过程中一次革命性变化，从此解除了图形式符号对人们的困扰。1813 年，他仿照汤姆孙在矿物的式中用 A、S 等表示矾土、硅石等，建议用元素的拉丁文首字母代替道尔顿的圆圈，第一个字母相同时就增加第二个字母，用小写体组成化学符号；第二个字母相同时，则可连接元素名称的第三个字母，用小写体组成化学符号。最初他建议在与氧或硫化合的元

— 118 —

素符号上加一小点或一撇作为氧或硫的符号,如 SO_3 写成 O'_3,FeS 写成 F'e,实际上是图形符号的残余,因此没有流行多久。后来,他又建议在元素符号上画一横线来表示双原子,这些画线的符号流行时间稍长些,后虽经多次修改,但终被弃置不用。后又几经修改,成为了在国际上沿用至今的化学符号。不同的是,贝采里乌斯的化学式中每种原子的数目注在该元素的右上角,如将二氧化碳写成 CO^2(表 2-6)。贝采里乌斯曾说:"过去化学也经常采用各种符号,但到目前为止,它带来的好处有限……化学符号应该用字母表示,以便书写容易,并且消除书刊印刷中的困难。"

贝采里乌斯这套符号具有简单、系统、逻辑性强等优点。由于用通用的拉丁字母作符号,每个符号最多两个字母,非常容易认记;统一使用字母,使整套符号系统一致;符号是由其名称而来,具有一定的逻辑性;同时能表示确定的原子量,具有方便性,因此很快译成多种语言,成为现代化学语言的基础。翻开当今世界上任何一本化学书,无论是什么语种,书中所用的化学符号都是相同的。贝采里乌斯的化学符号极大地推动了并将继续推动现代化学的发展。

表 2-6 贝采里乌斯的几个原子量表和元素符号

元素	1814 年		1818 年	1826 年		
	氧化物	原子量*	原子量*	氧化物	原子量 (O=100)	原子量*
O		16.00	16.00		100.000	16.00
H	2H+O	1.062	0.996	H^2O	6.2398	0.998
C	C+O C+2O	12.02	12.05	CO CO^2	76.437	12.25
N	N+O N+2O N+3O	12.73	12.36	N^2O NO 等	88.518	14.16
S	S+2O S+3O	32.16	32.19	SO^2 SO^3	201.165	32.19
Ca	Ca+2O	81.63	81.93	CaO	256.019	40.96
Fe	Fe+2O Fe+3O	110.98	108.55	FeO Fe^2O^3	339.213	54.27
K	K+2O	156.48	156.77	KO	489.916	78.39
Na	Na+2O	92.69	93.09	NaO	290.897	46.54
Ag	Ag+2O	430.11	432.51	AgO	1351.607	216.26
Al	Al+3O	54.72	54.72	Al^2O^3	171.167	27.39
Sb	Sb+3O	258.07	258.06	Sb^2O^3 Sb^2O^5	806.452	129.03
As	As+3O As+6O	134.38	150.52	As^2O^3 As^2O^5	470.042	75.21
Ba	Ba+2O	273.46	274.22	BaO	856.88	137.10
Be		(BeO^3)	106.01	Be^2O^3	331.479	53.04
Bi	Bi+2O	283.84	283.80	Bi^2O^3	1330.376	212.86
B	B+2O	11.72	11.15	B^2O^6	135.983	21.75
Cd		(CdO^2)	222.97	CdO	696.767	111.48
Ce	Ce+2O Ce+3O	183.81	183.91	CeO Ce^2O^3	574.718	91.95

续表

元素	1814年 氧化物	1814年 原子量*	1818年 原子量*	1826年 氧化物	1826年 原子量 (O=100)	1826年 原子量*
Cl	Cl+2O Cl+3O	22.33	22.83	Cl^{2}O^5	221.325	35.41
Cr	Cr+3O Cr+6O	113.35	112.58	Cr^{2}O^3 CrO^3	351.819	56.29
Co	Co+2O	117.22	118.08	CoO Co^{2}O^3	368.991	59.04
Cu	Cu+O Cu+2O	129.04	126.62	Cu^{2}O CuO	395.695	63.31
F		9.6	12.00		116.900	18.70
Au	Au+O Au+3O	397.41	397.76	Au^{2}O^3	1243.013	198.88
I		(IO^3)	202.67	I^{2}O^5	768.781	123.00
Pb	Pb+2O Pb+3O	415.58	414.24	PbO Pb^{2}O^3 PbO^2	1294.498	207.12
Li		(LiO^2)	40.90	LiO	127.757	20.44
Mg	Mg+2O	50.47	50.68	MgO	158.353	25.34
Mn	Mn+O Mn+2O Mn+3O	113.85	113.85	MnO Mn^{2}O^3 MnO^2	355.787	56.93
Hg	Hg+O Hg+2O	405.06	405.06	Hg^{2}O HgO	1265.822	202.53
Mo	Mo+O	96.25	95.49	MoO^3	598.525	95.76
Ni	Ni+2O	117.41	118.32	NiO	369.675	59.15
Pa	Pa+2O	225.21	225.20	PaO	714.618	114.34
P	2P+3O 2P+5O	26.80	62.77	P^{2}O^3 P^{2}O^5	196.155	31.38
Pt	Pt+O	193.07	194.44	PtO^2	1215.220	194.44
Rh	Rh+3O	238.45	240.02	Rh^{2}O^3	750.680	120.11
Se			79.35	SeO^2	494.582	79.13
Si	Si+2O	34.66	47.43	SiO^3	277.478	44.40
Sr	Sr+2O	226.90	175.14	SrO	547.255	87.56
Ta		(TaO^2)	291.70	TaO^3	1153.715	184.59
Te	Te+2O	129.04	129.03	TeO^2	806.452	129.03
Sn	Sn+2O Sn+4O	235.29	235.29	SnO SnO^2	735.294	117.65
Ti	Ti+O Ti+2O	288.16		TiO^2	389.092	62.25
W	W+4O W+6O	387.88	193.23	WO^3	1183.200	189.31
U	UO^2,UO^3		503.50	UO U^{2}O^3	2711.360	433.82
Y	Y+2O	141.07	160.82	YO	401.840	64.29
Zn	Zn+2O	129.03	129.03	ZnO	403.226	64.52
Zr				Zr^{2}O^3	420.238	67.24

*贝氏原子量皆以 O=100 为基准，为了便于进行比较，此处为以 O=16.00 为基准的换算值

4. 现代科学阶段的化学符号

为了统一化学元素符号以便于交流，世界各国化学工作者曾于1860年9月3日～9月6日在德国工业城市卡尔斯鲁厄(Karlsruhe)的博物馆大厅召开了一次国际化学科学会议，共同磋商和制定了国际上统一的化学元素符号。这是历史上第一次国际化学科学会议，也是世界上第一次国际科学会议，在化学史上有着重要地位。

在这次会议上，来自欧洲大陆15个国家的140余位化学家就原子与分子的概念、化学命名法、化学反应当量、化学符号等化学科学的基础性问题达成一致意见。卡尔斯鲁厄会议之后，世界性的化学科学共同体开始形成，会议的一些共识沿用至今，而另一些共识则随着化学科学的发展而逐渐淘汰。实际上，卡尔斯鲁厄会议对于化学元素符号的命名办法比47年前贝采里乌斯所提的建议进一步制度化、具体化和完善化，这就是我们今天使用的化学元素符号。至于新合成和发现的化学元素符号的写法，可参考1.2.2节和2.1.2节的相关内容和文献[53,59,66,72-73]。

卡尔斯鲁厄

卡尔斯鲁厄的地理位置

参 考 文 献

[1] 何法信, 刘夙尧. 大学化学, 1991, 6(2): 59.
[2] 凯德洛夫 Б М. 化学元素概念的演变. 北京: 科学出版社, 1985.
[3] 赵匡华. 化学通史. 北京: 高等教育出版社, 1990.
[4] Меннелеев Д. И. Избр. 1934, 11: 258.
[5] 柏拉图. 柏拉图全集(第三卷). 北京: 人民出版社, 2003.
[6] 柏拉图. 斐多: 柏拉图对话录之一. 沈阳: 辽宁人民出版社, 2000.
[7] 柏拉图. 蒂迈欧篇. 上海: 上海人民出版社, 2003.
[8] Bensaude-Vincent B, Stengers I. A History of Chemistry. Cambridge: Harvard University Press, 1996.
[9] 苗力田. 亚里士多德选集(伦理学卷). 北京: 中国人民大学出版社, 1999.
[10] 张殷全. 化学通报, 2006, 69(11): 869.
[11] 莱斯特·亨利·M. 化学的历史背景. 北京: 商务印书馆, 1982.
[12] 廖正衡. 自然辩证法研究, 2001, 17(3): 39.
[13] Durant W. Story of Philosophy. New York: Simon and Schuster, 1961.
[14] 赵匡华, 周嘉华. 中国科学技术史·化学卷. 北京: 科学出版社, 1998.
[15] 狄博斯·艾伦·G. 文艺复兴时期的人与自然. 周雁翎译. 上海: 复旦大学出版社, 2000.
[16] 韦斯特福尔·理查德·S. 近代科学的建构: 机械论与力学. 彭万华译. 上海: 复旦大学出版社, 2000.
[17] 波义耳·罗伯特. 怀疑的化学家. 袁江洋译. 武汉: 武汉大学出版社, 1993.
[18] 《化学思想史》编写组. 化学思想史. 长沙: 湖南教育出版社, 1986.
[19] 《化学发展简史》编写组. 化学发展简史. 北京: 科学出版社, 1980.
[20] 高之栋. 自然科学史讲话. 西安: 陕西科学技术出版社, 1986.
[21] 张家治. 化学史教程. 太原: 山西人民出版社, 1987.
[22] 曾敬民. 自然科学史研究, 1989, 8(3): 240.
[23] 梅森斯 F. 自然科学史. 上海: 上海人民出版社, 1977.

[24] 赵辛. 科技创业月刊, 2012, (6): 170.
[25] 北京大学哲学系外国哲学史教研室. 十八世纪法国哲学. 北京: 商务印书馆, 1963.
[26] 汤浅光朝. 解说科学文化史年表. 北京: 科学普及出版社, 1984.
[27] Schwinger J. Einsteins's Legacy—The Unity of Space and Time. New York: Scientific American Library, 1986.
[28] Stwertka A. A Guide to the Elements. Oxford: Oxford University Press, 2002.
[29] Emsley J. Nature's Building Blocks: An AZ Guide to the Elements. Oxford: Oxford University Press, 2011.
[30] 周雁翎. 科学学与科学技术管理, 1999, 20(8): 47.
[31] 袁翰青. 化学教育, 1983, 4(5): 58.
[32] 曾敬民, 赵匡华. 化学通报, 1989, (7): 62.
[33] Dalton J. A New System of Chemical Philosophy. Cambridge: Cambridge University Press, 2010.
[34] 杨频. 化学通报, 1974, (2): 41.
[35] Smith R A. Memoir of John Dalton. Boston: Adamant Media Corporation, 1856.
[36] 郭正谊. 打开原子的大门. 长沙: 湖南教育出版社, 1999.
[37] Choppin G, Liljenzin J O, Rydberg J. Radiochemistry and Nuclear Chemistry. Oxford: Butterworth-Heinemann, 2002.
[38] Cameron A T. Radiochemistry. London: JM Dent & sons, 1910.
[39] Thomson J J. Lond. Edinb. Dubl. Phil. Mag. J. Sci., 1912, 24(140): 209.
[40] Thomson J J. Lond. Edinb. Dubl. Phil. Mag. J. Sci., 1910, 20(118): 752.
[41] Greenwood N N, Earnshaw A. Chemistry of the Elements. New York: Butterworth-Heinemann, 1997.
[42] 凌永乐. 化学元素的发现. 北京: 科学出版社, 1981.
[43] 叶永烈. 化学元素漫话. 北京: 科学出版社, 1974.
[44] 吉其. 化学教育, 1981, 2(1): 36.
[45] 王树林. 化学教学, 1982, (1): 43.
[46] 赵匡华, 张惠珍. 化学通报, 1985, (10): 57.
[47] 王毓明. 大学化学, 1986, 1(4): 67.
[48] 邓玉良. 化学世界, 2005, 46(8): 510.
[49] 雷洁, 马丽珍, 张学喜. 大学物理, 1999, 18(11): 41.
[50] Moller T. Inorganic Chemistry (a Modern Introduction). New York: John Willey Sons, 1982.
[51] Bailar J C, Trotman-Dickenson A F. Comprehensive Inorganic Chemistry. Oxford: Pergamon Press, 1973.
[52] Reeves N, Reeves C N. Akhenaten: Egypt's False Prophet. London: Thames & Hudson, 2001.
[53] Elding L I. Pure Appl. Chem., 1994, 66(12): 2419.
[54] Ellingham H J T. J. Soc. Chem. Ind., 1944, 63: 125.
[55] McDonald I, Sloan G C, Zijlstra A A, et al. Astrophys J. Lett., 2010, 717(2): L92.
[56] Shortland A J. Archaeometry, 2006, 48(4): 657.
[57] 张占民. 文博, 1999, (2): 3.
[58] Hauben S S. Aliment. Pharmacol. Ther., 1933, 42(4): 1141.
[59] Chatt J. Pure Appl. Chem., 1979, 51(2): 381.
[60] 蒋伟. 国外科技动态, 1996, (1): 39.
[61] 全国科学技术名词审定委员会. 中国科技术语, 1998, (1): 17.

[62] Corish J, Rosenblatt G. Pure Appl. Chem., 2003, 75(10): 1613.
[63] 全国科学技术名词审定委员会. 中国科技术语, 2006, (8): 18.
[64] 全国科学技术名词审定委员会. 中国科技术语, 2011, (5): 62.
[65] 全国科学技术名词审定委员会. 中国科技术语, 2013, (5): 60.
[66] 李海. 化学教学, 1989, (3): 36.
[67] 全国科学技术名词审定委员会. 中国科技术语, 2004, 6: 10.
[68] 杨根, 徐寿和. 中国近代化学史. 北京: 科技文献出版社, 1986.
[69] 叶蕊, 王远渠. 化学工程师, 1990, (5): 53.
[70] 冯光瑛, 胡建立. 教科书中的化学家. 北京: 中国铁道出版社, 1999.
[71] Geoffroy E F. Mém. Acad. R. Sci., 1718, 202.
[72] Tatsumi K, Corish J. Pure Appl. Chem., 2010, 82(3): 753.
[73] Loss R D, Corish J. Pure Appl. Chem., 2012, 84(7): 1669.

3 原子结构模型和原子核壳层模型

费曼(R. Feynman，1918—1988)
美国著名物理学家，1965 年诺贝尔物理学奖得主

如果有一天人类遭遇灭顶之灾，我们的全部知识也将随之被毁灭。假如我们还有时间给后人留一句话，那么这句话应当是："所有物质由原子组成。原子是一种永远运动、远距离相互吸引、近距离相互排斥的微小粒子。"

——费曼

3 原子结构模型和原子核壳层模型

> **本章提示**
>
> 元素的区别是由原子核决定的,每一种特定的原子核称作一种核素。显然大家还想知道原子的结构和原子核的结构是怎样的。本章首先叙述人类对原子的认识,这是一个从哲学概念到科学概念的认知过程。第二个问题从基本粒子概念出发介绍组成原子的微粒,讲述原子是由质子和中子组成的原子核与核外若干个运动着的电子组成。第三个问题比较详细地讲述原子结构模型的建立和演变过程,并着重于量子化原子结构模型中核外电子运动状态的描述及相关的四个量子数。第四个问题简要讲述原子核结构模型——原子核壳层模型的建立。

3.1 原子概念的变迁

像第 2 章中"元素的概念"一样,原子的概念也经历了从哲学到科学的一个认知过程。关于物质是由离散单元组成且能够被任意分割的概念流传了上千年,但这些想法只是基于抽象的、哲学的推理,而非实验和实验观察。随着时间的推移以及文化和学派的转变,哲学上原子的性质也有着很大的改变,而这种改变往往还带有一些精神因素。尽管如此,对于原子的基本概念在数千年后仍然被化学家们采用,那是因为它能够很简明地阐述一些化学界的现象[1-4]。

原子论是元素派学说中最简明、最具科学性的一种理论形态。英国自然科学史学家丹皮尔(W. C. Dampier)认为,原子论在科学上"要比它以前或以后的任何学说都更接近于现代观点"[5]。

3.1.1 哲学家的原子概念

1. 最早的思索

自然哲学中的原子论在许多文化中都有记述。中国的墨子(公元前 468—公元前 376)曾提出物质分割到一定程度就不能再分割下去了:"非:斫半,进前取也,前则中无为半,犹端也。前后取则'端中'也。斫必半,'无'与'非半',不可斫也。"现今可译为:将一个物体切成两半,取前一半,将前一半再切成两半,仍取其前半,一直取到不能再分,犹如一个点。前半和后半分取,就一定在点与点间。如果分割方式是半分,"无"和"不能半分的",是不可以分割的。

对原子概念的记述可以上溯到古印度和古希腊。有人将印度的耆那教的原子论认定为开创者大雄在公元前 6 世纪提出,并将与其同时代的彼浮陀伽旃延和顺世派先驱阿夷陀翅舍钦婆罗的元素思想也称为原子论[4]。正理派和胜论派后来发展出了原子如何组合成更复杂物体的理论。

2. 德漠克里特的原子论

大约在两千五百年前,希腊哲学家对物质的组成问题争论不休。他们开始思索万物由什么组成,物质可以被无休止地分割为越来越小的物质单元,还是存在

墨子

化学元素新论

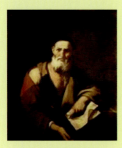

留基伯

德谟克利特

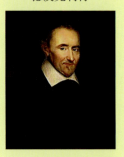

伽桑狄

构成世界的"砖块"。

公元前 5 世纪的古希腊哲学家留基伯(希腊文：Λεύκιππος，英文：Leucippus 或 Leukippos，约公元前 500—约公元前 440)在致力于思考分割物质问题后得出一个结论：分割过程不能永远继续下去，物质的碎片迟早会达到不可能分得更小的地步。他的学生德谟克利特(希腊文：Δημόκριτος，约公元前 460—公元前 370 或公元前 356)接受了这种物质碎片会小到不可再分的观念，并称这种物质的最小组成单位为"原子"(希腊文 ἄτομος，"不可切分的"转化而来)。他对老师留基伯的学说进行了发展和完善，因此德谟克利特被公认为原子论的主要代表。德谟克利特认为：①万物的本原或根本元素是"原子"和"虚空"。"原子"在希腊文中是"不可分"的意思。他用这一概念来指构成具体事物的最基本的物质微粒。②原子的根本特性是"充满"和"坚实"，即原子内部没有空隙，是坚固的、不可入的，因而是不可分的。③原子是永恒的、不生不灭的；原子在数量上是无限的；原子处在不断的运动状态中，它唯一的运动形式是"振动"。运动中原子间会发生碰撞，有时会粘着并组合成一种东西，而另一组原子组合成另外的东西等。这样万物就由作为实在的建筑石料的原子和虚空构成了。④原子的体积微小，是眼睛看不见的，即不能为感官所知觉，只能通过理性才能认识。

然而在中世纪，一些西方的经院神学家们却因原子论与宗教学说教义相冲突而激烈反对这种观点。期间偶有恢复原子论的尝试，但都在教会的高压下失败。15 世纪初，古希腊原子论著作残片被发现，被意大利学者带回意大利传抄，于 15 世纪下半叶出版，并于 17 世纪被译成法文、英文后广为流传。"原子"作为一个自然哲学概念，在伽桑狄、培根、波义耳、伽利莱等人的努力下得以重拾。值得一提的是法国哲学家伽桑狄(P. Gassendi，1592—1655)，他接受了原子学说并极力宣传原子论思想。他认为世界上的一切东西都是按一定次序结合起来的原子总和，世界是无限的。他的有说服力的著作使人们对原子学说的关注得以复苏，并引发了科学家的兴趣，从而将原子论引入到现代科学中。

3.1.2 科学家的原子概念

经过 2000 多年的探索，科学家在 17～18 世纪通过实验，直至 20 世纪初证实了原子的真实存在。

(1) 1661 年，自然哲学家波义耳出版了《怀疑的化学家》(*The Sceptical Chemist*)一书，他认为物质是由不同的"微粒"或原子自由组合构成的，而并不是由诸如气、土、火、水等基本元素构成。

(2) 1789 年，法国拉瓦锡定义了原子一词，从此，原子就用来表示化学变化中的最小的单位。

(3) 1803 年，自然哲学家道尔顿基于牛顿的原子论提出了他的原子学说[6]。然而，道尔顿的原子学说并没有涉及原子本身结构的讨论。有关原子本身结构的现代原子理论模型直到基本粒子被发现以及量子的概念被引入后才被逐步建立。

(4) 1811 年，阿伏伽德罗(A. Avogadro，1776—1856)从原理上对道尔顿的原子学说进行了修正，提出分子是决定物质性质的最小微元，分子是由原子构成的[6]。阿伏伽德罗所做出的修正划清了分子和原子概念间的区别，并与道尔顿的原子论

阿伏伽德罗

— 126 —

形成了解释物质微观构成的原子-分子学说。

(5) 1821 年，赫帕斯(J. Herapath，1790—1868)提出了气体的内能与气体分子的动能有关系[6]。随后，克罗尼格(A. Krönig)、克劳修斯(R. J. E. Clausius)、麦克斯韦(J. C. Maxwell)、玻耳兹曼(L. E. Boltzmann)等人发展了分子运动论。这一理论从假设气体是由不断碰撞彼此或器壁的原子构成出发，解释了气体的宏观性质，如压强、比热、黏性。分子运动论为支持原子真实存在提供了理论支持[6]。

(6) 1827 年，英国植物学家布朗(R. Brown，1773—1858)观察到飘浮在水中的花粉粒会不停地做表面上无规则的运动，即布朗运动。

(7) 1905 年 5 月，爱因斯坦发表了《热的分子运动论所要求的静液体中悬浮粒子的运动》，从分子运动论的角度，将布朗运动归因于水分子对于花粉粒的不停撞击，并构造了一个数学假想模型去描述它[7]。

(8) 1908 年，这个数学模型得到了法国物理学家佩兰(法文:Jean Baptiste Perrin, 1870—1942)的实验验证，使有关原子是否真正存在的争论尘埃落定[8]。对于原子理论的实验验证也是佩兰获得 1926 年诺贝尔物理学奖的原因之一。

这部分内容可参考第 1 章和第 2 章相关章节。

布朗

佩兰

3.1.3 现代原子理论

探索未知世界的重要途径是哲学思辨方法；科学实验是科学理论发展的动力和源泉，数学方法是从定性研究走向定量研究的重要工具和手段，辩证思维方法是现代科学研究的思想路线[9]。当原子理论由古代原子论(古希腊自然哲学思辨的原子本体论)发展到近代原子论(用科学方法解析不可分割的物质微粒)时，人们自然更想得知对于原子认识的第三个时期，即现代原子理论。这一阶段的特点是：① 实验新现象的发现是现代原子论的突破口；② 探索原子结构模型成为现代科学研究新方法；③ 从传统的定性研究走向精确的定量研究。

近代原子论通过科学实验的方法认识到原子是一种不可解构的微粒，而现代原子论随着量子力学的创立，开始从定性研究走向定量研究、模型研究，各种原子、电子模型纷纷被提出，电子及其运动也被发现。这就引起了下面三节的内容：原子内部组成、原子结构模型的建立和演变及原子核结构模型的建立。在这一阶段，物理学家的贡献是先于化学家的。

3.2 原子内部组成探秘

3.2.1 原子的定义和性质

1. 原子的定义

原子(atom)是化学元素可分割的最小单元，是一种元素能保持其化学性质的最小单位。一个正原子包含一个致密的原子核及若干围绕在原子核周围带负电的电子。而负原子的原子核因其中的反质子带负电，从而使原子核带负电，但周围的负电子带正电。负原子的原子核当质子数与电子数相同时，这个原子就是电中性的；否则，就是带有正电荷或者负电荷的离子。正原子的原子核由带正电的质

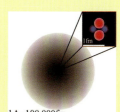

氢原子结构示意图
(质子以粉红色、中子以紫色表示)

子和电中性的中子组成。根据质子和中子数量的不同，原子的类型也不同：质子数决定了该原子属于哪一种元素，而中子数则确定了该原子是此元素的哪一个同位素。

在物理学中，原子被认为是物质构成的最基本粒子[10-15]。

2. 原子的性质

[1] 核性质

根据定义，任意两个有着相同质子数的原子属于同一种元素，而有着相同质子数和不同中子数的则是同一种元素中不同的同位素。原子序数从1(氢)到118(氪)均为已知元素(见第1章)。所有原子序数大于82的同位素都有放射性。

地球上自然存在约339种核素，其中255种是稳定的，约占总数的79%。80种元素含有一个或一个以上的稳定同位素。43号元素、61号元素及所有原子序数大于等于83的元素没有稳定的同位素。有16种元素只含有一个稳定的同位素，而拥有同位素最多的元素锡则有10个同位素。

同位素的稳定性不只受到质子数与中子数之比的影响，也受到所谓幻数的影响。实际上幻数代表了全满的量子层，这些量子层对应于原子壳核层模型中一组能级。在已知的稳定核素中，只有4个核素同时有着奇数个质子和奇数个中子，它们分别是：^{2}H、^{6}Li、^{10}B 和 ^{14}N；对于放射性核素来说，也只有4种奇-奇核素的半衰期超过了一亿年：^{40}K、^{50}V、^{138}La 和 ^{180}Ta。这是因为对于大多数奇-奇核素来说，很容易发生β衰变，产生为更稳定的偶-偶核素。

[2] 质量

1) 原子的质量

因为原子的质量绝大部分是质子和中子的质量，所以质子和中子数量的总和称为质量数。原子的静止质量通常用统一原子质量单位(u)表示。这个单位被定义为电中性的碳-12质量的十二分之一，约为 $1.6605565×10^{-27}$ kg(绝对质量，但这样使用极不方便)。u是人为选定的，国际计量局将 ^{12}C 原子的质量指派为12 u，1 u等于一个 ^{12}C 同位素原子质量的1/12。u被用来衡量各种原子的质量。例如，^{20}Ne 原子的质量为 19.99244 u，^{21}Ne 原子的质量为 20.99395 u，^{22}Ne 原子的质量为 21.99138 u。可以类比长度单位 m，m 是人为选定的，它被定义为 1/299792458 s 的时间间隔内光在真空中行程的长度。m 被用来衡量各种与长度相关的物理量，如从教室到宿舍的距离为 200 m。就算是最重的原子，化学家也很难直接对其进行操作，人们通常使用另一个单位：摩尔(mol)。摩尔的定义：对于任意一种元素，1 mol 总是含有同样数量的原子，约为 $6.022×10^{23}$ 个。因此，如果一个元素的原子质量为 1 u，1 mol 该原子的质量就为 0.001 kg，也就是 1 g。例如，碳原子的质量是 12 u，1 mol 碳的质量则是 0.012 kg。这样得到的质量数值称为相对质量。根据国际上对原子量的定义可知，原子量只是原子的相对质量(relative atomic mass)。因此，就有一个选定什么元素的原子作为比较标准的问题。

2) ^{12}C 标准

采用 ^{12}C 作为原子量标准的原因大致是：①碳形成很多高质量的"分子离子"和氢化物，利于测定质谱；②^{12}C 很容易在质谱仪中测定，而用质谱仪测定原子量

原子能称量吗？

是现代最准确的方法；③采用 ^{12}C 后，所有元素的原子量都变动不大，仅比过去减少 0.0043%；④这种碳原子在自然界的丰度比较稳定；⑤碳在自然界分布较广，它的化合物特别是有机化合物繁多；⑥密度最小的氢的原子量仍不小于 1。

核素或天然元素的原子量用符号 A_r 表示，定义为：元素的平均原子质量与核素 ^{12}C 原子质量的 1/12 之比值。数学表达式为

$$A_r(X) = m_a(X)/\left[m_a(^{12}C)/12\right]$$
$$= 12m_a(X)/m_a(^{12}C)$$
$$= 12r(X)$$

式中，$m_a(X)$ 为核素或"天然"元素 X 的原子质量；$m_a(^{12}C)$ 为核素 ^{12}C 的原子质量；$r(X)$ 为原子质量比，$r(X)=m_a(X)/m_a(^{12}C)$。

例如，$A_r(Cl)=35.453$，$A_r(O)=15.9994$，$A_r(^{12}C)=12$(准确值)。可用质谱法准确测量原子量。质谱法又称原子质谱法，是利用电磁学原理对荷电分子或亚分子裂片依其质量和电荷的比值(质荷比，m/z)进行分离和分析的方法。质谱图是指记录裂片的相对强度按其质荷比的分布曲线。根据质谱图提供的信息可进行有机物、无机物的定性、定量分析，复杂化合物的结构分析，同位素比的测定及固体表面的结构和组成的分析。1912 年，汤姆孙(J. J. Thomson)研制了世界上第一台质谱仪(图 3-1)，报道了关于气体元素 Ne 的第一个研究成果，证明了该元素有 ^{20}Ne、^{22}Ne 两种同位素(图 2-5)[16-17]。

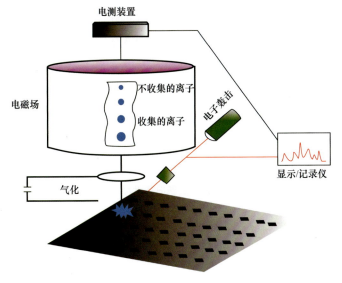

图 3-1 质谱仪分析和扇形磁场质谱计原理示意图

3) 平均原子质量

元素的平均原子质量是元素各核素的原子质量与其百分含量(丰度)乘积的加和。天然元素的原子量 A_r 并非是固定不变的，它取决于原料的来源和处理方法。如果元素具有天然同位素组成，则 m_a 应表示为 (m_a)。(m_a) 代表平均原子质量，即元素的原子质量取决于该元素的同位素。例如，氖的三种同位素在自然界的丰度分别为 90.92%、0.257% 和 8.82%，对元素氖的原子质量而言：

^{20}Ne 的贡献=^{20}Ne 原子的丰度×^{20}Ne 原子的质量

$$=0.9092×19.99244 \text{ u} = 18.18 \text{ u}$$

^{21}Ne 的贡献=^{21}Ne 原子的丰度×^{21}Ne 原子的质量

$$=0.00257×20.99395 \text{ u}= 0.0540 \text{ u}$$

^{22}Ne 的贡献=^{22}Ne 原子的丰度×^{22}Ne 原子的质量

$$=0.0882×21.99138 \text{ u}=1.94 \text{ u}$$

所以

氖的原子质量=^{20}Ne 的贡献+^{21}Ne 的贡献+^{22}Ne 的贡献

$$=18.18 \text{ u}+0.0540 \text{ u}+1.94 \text{ u}$$

$$= 20.17 \text{ u}$$

这也是周期表中元素的原子质量为什么有小数的原因。

4) 原子量基准的演变

原子量基准的演变可按年叙述如下:

1803 年,道尔顿,以氢的原子量=1 为基准。

1814 年,贝采里乌斯,以氧的原子量=100 为基准。

1860 年,以氧的原子量=16 为基准。

1929 年,化学界仍以天然氧的原子量=16 为基准,物理界以 ^{16}O 的原子量=16 为基准。

1959 年,在慕尼黑召开的国际纯粹与应用化学联合会(IUPAC)上决定采用德国著名质谱学家马陶赫(J. Mattauch, 1895—1976)的建议,以 ^{12}C 的原子量=12.0000 为基准,并提交国际纯粹与应用物理联合会(IUPAP)考虑。

1960 年,IUPAP 接受这一建议。

1961 年,IUPAC 正式通过新标准。

1979 年,国际相对原子质量委员会(ICAVV)提出新定义:一种元素的原子量是 1 mol 该元素质量对同位素 ^{12}C 1/12 1 mol 的比值,即原子量的真实含义是元素的相对原子质量,元素的平均原子量是元素各核素的原子量与其百分含量(丰度)乘积的加和(加权平均)。表 3-1 为原子量新旧基准换算表。

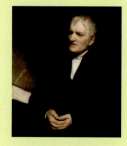

道尔顿

贝采利乌斯

表 3-1 原子量新旧基准换算表

基准物质	物理旧标度	化学旧标度	统一新标度
^{16}O	16	15.9956	15.9949
O	16.0044	←+275ppm→ 16 ←−43ppm→	15.9994
^{12}C	12.0038	12.0005	12

[3] 大小

大小是指原子的半径大小。原子并没有精确定义的最外层,只有当两个原子形成化学键后,通过测量两个原子核间的距离,才能够得到原子半径的近似值。元素周期表中,最小的原子是氦,半径为 32 pm;最大的原子是铯,半径为 225 pm[18]。因为这样的尺寸远远小于可见光的波长(400~700 nm),所以不能够通过光学显微镜来观测它们。然而,使用扫描隧道显微镜能够观察到单个原子。这里可以用一些实例来演示原子究竟有多小:一根人的头发的宽度约是一百万个原子；一滴水约有 2×10^{21} 个氧原子以及两倍的氢原子；一克拉钻石质量为 2×10^{-4} kg，含有约 100 垓个碳原子(1 万兆=1 京，1 万京=1 垓)。如果苹果被放大到地球的大小，那么苹果中的原子大约就有原来苹果那么大了。

扫描隧道显微镜

扫描隧道显微镜(scanning tunneling microscope，STM)又称为扫描穿隧式显微镜，是利用电子在原子间的量子隧穿效应将物质表面原子的排列状态转换为图像信息的。在量子隧穿效应中，原子间距离与隧穿电流关系相应。通过移动着的探针与物质表面的相互作用，表面与针尖间的隧穿电流反馈出表面某个原子间电子的跃迁，由此可以确定出物质表面的单一原子及它们的排列状态(图 3-2)。扫描隧道显微镜具有很高的空间分辨率，横向可达 0.1 nm，纵向可优于 0.01 nm。它主要用来描绘表面三维的原子结构图，在纳米尺度上研究物质的特性，利用扫描隧道显微镜还可以实现对表面的纳米加工，如直接操纵原子或分子，完成对表面的刻蚀、修饰以及直接书写等。1981 年宾尼戈(G. K. Binnig)及罗雷尔(H. Rohrer)在 IBM 位于瑞士苏黎世的苏黎世实验室发明了 STM，两位发明者因此与鲁斯卡(E. Ruska)分享了 1986 年诺贝尔物理学奖。

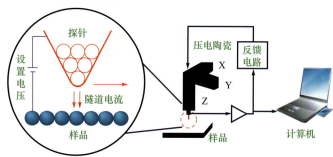

图 3-2　扫描隧道显微镜的原理示意图

[4] 放射性

每种元素都有一个或多个同位素拥有不稳定的原子核，从而能发生放射性衰变，在这个过程中，原子核可以释放出粒子或电磁辐射(参见 1.2 节)。当原子核的半径大于强力的作用半径时，放射性衰变就可能发生，而强力的作用半径仅为几飞米。

[5] 磁矩

基本微粒都有一个固有性质，就像在宏观物理中围绕质心旋转的物体都有角动量一样，在量子力学中称为自旋。电子、质子和中子的自旋都是 1/2。在原子中，电子围绕原子核运动，所以除了自旋，它们还有轨道角动量。而对于原子核来说，轨道角动量是起源于自身的自旋。原子核可看作核电荷均匀分布的球体，并像陀螺一样自旋，有磁矩产生(图 3-3)。

自旋角动量： $$\rho = \frac{h}{2\pi}\sqrt{I(I+1)} \tag{3-1}$$

核磁矩： $$\mu = g\beta\sqrt{I(I+1)} \tag{3-2}$$

式中，I 为自旋量子数；h 为普朗克常量；μ 为玻尔磁子。因此，自旋量子数不为零的核都具有磁矩，原子的自旋情况可以用 I 表征。一些重要核素的自旋量子数见表 3-2。

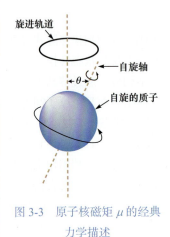

图 3-3 原子核磁矩 μ 的经典力学描述

表 3-2 一些重要核素的自旋量子数、天然丰度和 NMR 频率

核素	I	天然丰度/%	NMR 频率 /MHz[B_0= 2.3488 T]
^{1}H	1/2	99.985	100.00
^{2}H	1	0.015	15.351
^{12}C	0	98.9	—
^{13}C	1/2	1.108	25.144
^{14}N	1	99.63	7.224
^{15}N	1/2	0.37	10.133
^{16}O	0	99.96	—
^{19}F	1/2	100	94.077
^{31}P	1/2	100	40.481

正如一个旋转的带电物体能够产生磁场一样，一个原子所产生的磁场(即它的磁矩)就是由这些不同的角动量决定的。然后，自旋对它的影响应该是最大的。因为电子的一个性质就是要符合泡利不相容原理，即不能有两个位于同样量子态的电子，所以当电子成对时总是一个自旋朝上而另外一个自旋朝下。这样，它们产生的磁场相互抵消。对于某些带有偶数个电子的原子，总的磁偶极矩会被减少至零。

对于铁磁性的元素(如铁)，因为其电子总数为奇数，所以会产生一个净磁矩。同时，因为相邻原子轨道重叠等，当未成对电子都朝向同一个方向时，体系的总能量最低，这个过程称为交换相互作用。当这些铁磁性元素的磁动量都统一朝向后，整个材料就会拥有一个宏观可以测量的磁场。顺磁性材料中，在没有外部磁场的情况下，原子磁矩都是随机分布的；施加了外部磁场以后，所有原子都会统一朝向，产生磁场。

原子核也可以存在净自旋。由于热平衡，通常这些原子核都是随机朝向的。但对于一些特定元素，如氙-129，一部分核自旋也是可能被极化的，这个状态称为超极化，在核磁共振成像中有很重要的应用。

[6] 形态和相态

物质可以有不同相态，这些相态都由一定的物理条件所决定，如温度与压强。通过改变这些条件，物质可以在固体、液体、气体与等离子体之间转换。在同一种相态中，物质也可以有不同的形态，如固态的碳就有石墨、金刚石和 C_{60} 三种形态[19-22]。

当温度很靠近绝对零度时，原子可以形成玻色-爱因斯坦凝聚态[23]。这些超冷的原子可以被视为一个超原子，使得科学家可以研究量子力学的一些基本原理。1995 年，麻省理工学院的克特勒(W. Ketterle)与科罗拉多大学鲍尔德分校的康奈尔(E. A. Cornell)和威曼(C. E. Wieman)使用气态的铷原子在 170 nK 的低温下首次获

克特勒

康奈尔

得了玻色-爱因斯坦凝聚态(图 3-4)。在这种状态下，几乎全部原子都聚集到能量最低的量子态，形成一个宏观的量子状态。第一个图为玻色-爱因斯坦凝聚态形成之前；第二个图为玻色-爱因斯坦凝聚态形成之中，背景为热运动；第三个图为几乎所有的原子都形成了玻色-爱因斯坦凝聚态，热运动背景为球形对称的。三位科学家也因此而获得 2001 年度诺贝尔物理学奖。

威曼

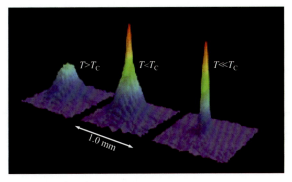

图 3-4　铷原子的玻色-爱因斯坦凝聚态

3.2.2　原子的基本组成

1. 亚原子粒子

尽管原子的英文名称 atom 本意是"不能被进一步分割的最小粒子"，但是随着科学的发展，原子被认为是由电子、质子、中子构成(氢原子由质子和电子构成)，它们被统称为亚原子粒子(subatomic particle)(图 3-5)。几乎所有原子都含有上述三种亚原子粒子，但氢原子中没有中子，其失去电子后的离子只是一个质子。

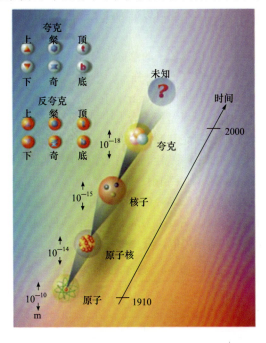

图 3-5　化合物原子、原子核、质子、夸克的比较

[1] 亚原子粒子的概念

亚原子粒子泛指比原子核小的物质单元，包括电子、中子、质子、光子以及在宇宙射线和高能原子核试验中所发现的一些粒子。亚原子粒子曾称为基本粒子(elementary particle)，但近些年越来越多的文献将其称为粒子。已发现的基本粒子有 30 余种，连同它们的共振态(基本粒子相互碰撞时会在短时间内形成由 2 个、3 个粒子结合在一起的粒子)共有 300 余种。许多基本粒子都有对应的反粒子。

每一种基本粒子都有确定的质量、电荷、自旋和平均寿命。它们多数是不稳定的，在经历一定的平均寿命后转化为别种基本粒子。表 3-3 给出与化学相关的某些亚原子粒子的性质。

表 3-3 与化学相关的某些亚原子粒子的性质

名称	符号	质量/u	电荷/e
电子	e^-	5.486×10^{-4}	-1
质子	p	1.0073	$+1$
中子	n	1.0087	0
正电子	e^+	5.486×10^{-4}	$+1$
α粒子	α	(氦原子的核)	$+2$
β粒子	β	(原子核射出的 e^-)	-1
γ粒子	γ	(原子核射出的电磁波)	0

注：表中质量的单位为原子质量单位(atomic mass unit)，单位符号为 u。1 u = 1.6605×10^{-27} kg。表中的相对电荷是实测电荷与元电荷 e 的比值。e 的 SI 单位是库仑(C)，1 e = 1.602×10^{-19} C。

[2] 亚原子粒子的种类

亚原子粒子根据作用力的不同可以分为强子、轻子和传播子三大类。

1) 强子

强子是所有参与强力作用的粒子的总称。它们由夸克(quark，又译"层子"或"亏子")组成，现有粒子中绝大部分是强子，质子、中子、π介子等都属于强子。夸克有六种，其种类被称为"味"(flavour)，它们是：上(u)、下(d)、奇(s)、粲(c)、底(b)及顶(t)。上及下夸克的质量是所有夸克中最低的。较重的夸克会通过粒子衰变的过程迅速地变成上或下夸克。粒子衰变是一个从高质量态变成低质量态的过程。因此，上及下夸克一般来说很稳定，它们在宇宙中很常见，而奇、粲、顶及底则只能经由高能粒子的碰撞产生(如宇宙射线及粒子加速器)。夸克味的性质见表 3-4[24]。1964 年，美国科学家格林伯格(O. W. Greenberg)引入了夸克的一种自由度——颜色(color)的概念。这里的"颜色"并不是视觉感受到的颜色，而是一种新引入的量子数的代名词，与电子带电荷相类似，夸克带颜色荷。

格林伯格

表 3-4 夸克味的性质

名称	符号	质量/(MeV·c^{-2})	J	B	Q	I_3	C	S	T	B'	反粒子	反粒子符号
第一代												
上	u	1.7~3.3	½	+⅓	+⅔	+½	0	0	0	0	反上	<u>u</u>
下	d	4.1~5.8	½	+⅓	−⅓	−½	0	0	0	0	反下	<u>d</u>

续表

名称	符号	质量/(MeV·c⁻²)	J	B	Q	I_3	C	S	T	B'	反粒子	反粒子符号
第二代												
粲	c	1270+70−90	½	+⅓	+⅔	0	+1	0	0	0	反粲	c̄
奇	s	101+29−21	½	+⅓	−⅓	0	0	−1	0	0	反奇	s̄
第三代												
顶	t	172000±900 ±1300	½	+⅓	+⅔	0	0	0	+1	0	反顶	t̄
底	b	4190+180−60	½	+⅓	−⅓	0	0	0	0	−1	反底	b̄

夸克模型分别由盖尔曼(M. Gell-Mann)与茨威格(G. Zwig)于 1964 年独立地提出[25-26]。引入夸克这一概念是为了能更好地整理各种强子，而当时并没有什么能证实夸克存在的物理证据，直到 1968 年斯坦福直线加速器中心(SLAC)开发出深度非弹性散射实验为止[27-28]。夸克的六种味已经全部被加速器实验所观测到，而于 1995 年在费米实验室被观测到的顶夸克是最后发现的一种[25]。

盖尔曼

被称为"夸克之父"的盖尔曼是美国物理学家，他提出了质子和中子是由三个夸克组成的，并因此获得了1969年诺贝尔物理学奖。1929 年 9 月 15 日出生于纽约的一个犹太家庭。童年时就对科学有浓厚兴趣，14 岁进入耶鲁大学，1948 年获学士学位，继转麻省理工学院，三年后获博士学位，年仅 22 岁。1951 年盖尔曼到普林斯顿大学高等研究所工作。1953 年到芝加哥大学当讲师，加入以费米为核心的研究集体中。1955 年盖尔曼到加州理工学院任理论物理学副教授，年后升正教授，成为加州理工学院最年轻的终身教授。盖尔曼曾受邀到北京参加了杨振宁先生的 80 岁生日聚会。盖尔曼涉猎的学科极广，是一个百科全书式的学者。除数理类的学科外，对考古学、动物分类学、语言学等学科也非常精通。盖尔曼在加州理工学院与费曼一起共事时所发生的一些逸闻趣事常为人们所津津乐道。

茨威格

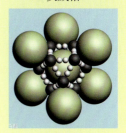

夸克模型

2) 轻子

轻子是只参与弱力、电磁力和引力作用，而不参与强相互作用的粒子的总称，包括电子、电中微子、μ子、μ中微子、τ子、τ中微子等 6 种三代。电子、μ子和τ子是带电的，所有的中微子都不带电；τ子是 1975 年发现的重要粒子，不参与强作用，属于轻子，但是它的质量很大，是电子的 3600 倍、质子的 1.8 倍，因此又称为重轻子。轻子可以划分为三代(表 3-5)。

表 3-5　三代轻子的性质

有电荷的离子及其反粒子				中微子及反中微子			
名称	符号	电荷/e	质量/(MeV·c⁻²)	名称	符号	电荷/e	质量/(MeV·c⁻²)
电子/反电子	e^-/e^+	−1/+1	0.511	电中微子/反电中微子	$\nu_e/\overline{\nu_e}$	0	<0.000003
μ子/反μ子	μ^-/μ^+	−1/+1	105.7	μ中微子/反μ中微子	$\nu_\mu/\overline{\nu_\mu}$	0	<0.19
τ子/反τ子	τ^-/τ^+	−1/+1	1777	τ中微子/反τ中微子	$\nu_\tau/\overline{\nu_\tau}$	0	<18.3

3) 传播子

传播子就是胶子。夸克利用强相互作用结合在一起，由胶子作为中介传递强作用。胶子是规范玻色子的一员，是一种用来传递力的基本粒子，共有 8 种，1979 年在三喷注现象中被间接发现，它们可以组成胶子球，但至今尚未被直接观测到传递弱作用的 W^+、W^- 和 Z^0。中间玻色子是 1983 年发现的，质量非常大，是质子的 80~90 倍。原子的组成或示意可见图 3-6。

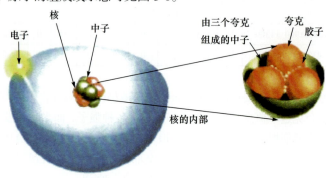

图 3-6　原子的组成

[3] 费米子

1) 概念

在粒子物理学里，费米子(fermion)是遵守费米-狄拉克统计的粒子。费米子包括所有夸克与轻子，任何由奇数个夸克或轻子组成的复合粒子，所有重子、很多种原子与原子核都是费米子。术语费米子是由狄拉克提出的，以纪念费米在该领域所做的杰出贡献[29]。

费米子可以是基本粒子(如电子)，或者是复合粒子(如质子、中子)。根据相对论性量子场论的自旋统计定理，自旋为整数的粒子是玻色子，自旋为半整数的粒子是费米子。除了自旋性质以外，费米子的重子数与轻子数守恒。因此，时常被引述的"自旋统计关系"实际是一种"自旋统计量子数关系"[30]。

费米子遵从泡利不相容原理：两个全同费米子不能占有同样的量子态。因此，物质具有有限体积与硬度。费米子被称为物质的组成成分。质子、中子、电子是制成日常物质的关键元素[31]。基本费米子被分成三代，每一代由两个轻子和两个夸克组成(图 3-7)。

2) 分类

基本费米子：标准模型确认两种基本费米子，即夸克与轻子。这两种基本费米子又分为 24 种：包括 12 种夸克(表 3-4)和 12 种轻子(表 3-5)。

复合费米子：依它们组成的成分而定，复合粒子可以是玻色子或费米子。更精准而言，由于自旋与统计之间的关系，奇数数量的费米子可以组成一个费米子，它的自旋为半整数。例如，中子、质子这些强子都是由三个夸克组成的费米子。

碳-13 的原子核含有六个质子、七个中子，因此它是费米子。

氦-3 (^{3}He)原子含有两个质子、一个中子、两个电子，因此它是费米子。

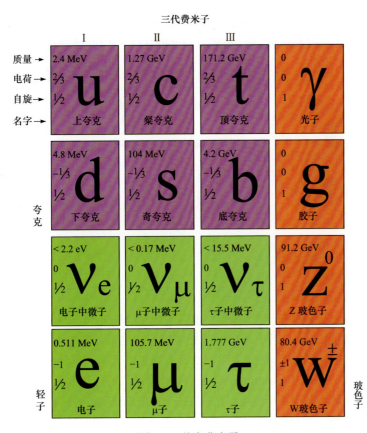

图 3-7 基本费米子

[4] 亚原子粒子的特征量

1) 粒子的质量

按照粒子物理的规范理论,所有规范粒子的质量为零,而规范不变性以某种方式被破坏了,使夸克、带电轻子、中间玻色子获得质量。现有的粒子质量范围很大,从 0~90 GeV。光子、胶子是无质量的;电子质量很小,只有 0.5 MeV;π 介子质量为电子质量的 280 倍;质子、中子质量都很大,接近电子质量的 2000 倍,约为 1 GeV;已知最重的粒子是 Z^0,其质量为 90 GeV。已发现的五种夸克,从下夸克到底夸克,质量从小到大。下夸克质量只有 0.3 GeV,而底夸克重达 5 GeV,顶夸克还没有发现,理论预言它的质量可能超过 100 GeV。中微子的质量非常小,目前已测得的电子中微子的质量小于 7 eV,即为电子质量的七万分之一,已非常接近零。

2) 粒子的寿命

电子、质子、中微子是稳定的,称为"长寿命"粒子;而其他绝大多数的粒子是不稳定的,即可以衰变。一个自由的中子会衰变成一个质子、一个电子和一个中微子;一个 π 介子会衰变成一个 μ 子和一个中微子。粒子的寿命以强度衰减到一半的时间来定义。质子是最稳定的粒子,实验已测得的质子寿命大于 10^{33} 年。质子是由两个上夸克与一个下夸克组成的强子(图 3-8)。夸克的静质量只贡献出大约 1%质子质量,剩余的质子质量主要源自于夸克的动能与捆绑夸克的胶子场(gluon field)的能量[32]。在化学中,"质子"一词所指的是氢离子 H^+,在水溶液中形成水合氢离子,再进一步被水分子溶解,形成$[H_5O_2]^+$和$[H_9O_4]^+$之类的水合离子簇(图 3-9)[33]。

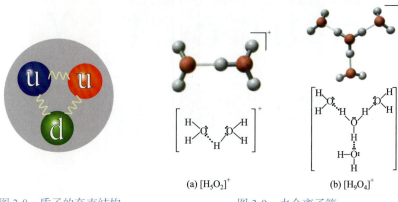

图 3-8　质子的夸克结构
2 个上夸克、1 个下夸克

(a) $[H_5O_2]^+$　　(b) $[H_9O_4]^+$

图 3-9　水合离子簇

3) 粒子具有对称性

有一个粒子,必存在一个反粒子。狄拉克(P. A. M. Dirac, 1902—1984)于 1928 年发表了一篇论文[34],当中提出电子能够拥有正电荷及负电荷。安德森(C. D. Anderson, 1905—1991)于 1932 年 8 月 2 日发现正电子[35],亦因此于 1936 年获诺贝尔物理学奖。正电子(positron)一词是由安德森所创的。正电子是第一种被发现的反物质,因此当时成了反物质存在的证据。安德森让宇宙射线通过云室及铅片,仪器被磁铁包围,而这些磁铁使不同电荷的粒子向不同的方向弯曲。每一粒通过照相底片的正电子都会有一条离子轨迹,其曲率对应电子的质荷比,但轨迹方向与电子相反,意味着它的电荷也与电子相反(图 3-10)。后来又发现了一个带负电、质量与质子完全相同的粒子,称为反质子(antiproton)。随后各种反夸克和反轻子也相继被发现。一对正反粒子相碰可以湮灭,变成携带能量的光子,即粒子质量转变为能量(图 3-11);反之,两个高能粒子碰撞时有可能产生一对新的正反粒子,即能量也可以转变成具有质量的粒子。

狄拉克

安德森

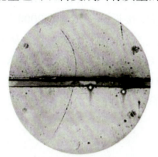

图 3-10　首张观测到正电子存在的云室照片

图 3-11　正反粒子碰撞产生湮灭释放能量

安德森(C. D. Anderson, 1905—1991),美国物理学家,出生在美国纽约,父母是瑞典移民。1927 年在加州理工学院获得学士学位,1930 年获得博士学位。在著名物理学家密立根的指导下,安德森研究了宇宙线,在云室的轨迹中发现了一种质量与电子相当，但是带有正电荷的新粒子——正电子。这一发现在 1932 年公布，并完全符合狄拉克的理论预言。由于这一发现，安德森获得了 1936 年的诺贝尔物理学奖。

4) 粒子具有自旋

每个粒子都具有特有的自旋。粒子自旋角动量遵从角动量的普遍规律，$p=[J(J+1)]0.5h$，此为自旋角动量量子数，$J = 0$，$1/2$，1，$3/2\cdots$自旋为半奇数的粒子称为费米子，服从费米-狄拉克统计；自旋为 0 或整数的粒子称为玻色子，服从玻色-爱因斯坦统计。复合粒子的自旋是其内部各组成部分之间相对轨道角动量和各组成部分自旋的矢量和，即按量子力学中角动量相加法则求和。已发现的粒子中，自旋为整数的，最大自旋为 4；自旋为半奇数的，最大自旋为 3/2。

自旋是微观粒子的一种性质，没有经典对应，是一种全新的内禀自由度。自旋为半奇数的物质粒子服从泡利不相容原理。

对于像光子、电子、各种夸克这样的基本粒子，理论和实验研究都已经发现它们所具有的自旋无法解释为它们所包含的更小单元围绕质心的自转。由于这些不可再分的基本粒子可以认为是真正的点粒子，因此自旋与质量、电量一样，是基本粒子的内禀性质。对于像质子、中子及原子核这样的亚原子粒子，自旋通常是指总的角动量，即亚原子粒子的自旋角动量和轨道角动量的总和。亚原子粒子的自旋与其他角动量都遵循同样的量子化条件。

通常认为亚原子粒子与基本粒子一样具有确定的自旋，例如，质子是自旋为 1/2 的粒子，可以理解为这是该亚原子粒子能量低的自旋态，该自旋态由亚原子粒子内部自旋角动量和轨道角动量的结构决定。

利用第一性原理推导出亚原子粒子的自旋是比较困难的。例如，尽管我们知道质子是自旋为 1/2 的粒子，但是原子核自旋结构的问题仍然是一个活跃的研究领域。

研究基本粒子获诺贝尔奖的华裔科学家

1956 年杨振宁、李政道提出在电磁相互作用和强相互作用中基本粒子遵循一定的对称和守恒定律，但在弱相互作用中宇称是不守恒的，他们因此获得 1957 年诺贝尔物理学奖。

1972 年夏，丁肇中实验小组利用美国布鲁克海文国家实验室的质子加速器寻找质量在 $1.5×10^9$~$5.5×10^9$ eV 之间的长寿命中性粒子。1974 年，他们发现了一个质量约为质子质量 3 倍(能量为 $3.1×10^9$ eV)的长寿命中性粒子。与美国物理学家里克特(B. Richter)各自独立地发现了 J/ψ 粒子。J/ψ 粒子是一种次原子粒子，属于介子，由一枚粲夸克和一枚反粲夸克组成。它是由粲夸克和反粲夸克组成的次原子粒子中第一个激发态。它的质量为 3096.9 MeV·c^{-2}，平均寿命为 $7.2×10^{-21}$ s。

为此，丁肇中和里克特共同获得了 1976 年诺贝尔物理学奖。

2. 电子

[1] 电子的发现

1) 研究背景

18 世纪，美国人富兰克林(B. Franklin, 1706—1790)意识到闪电与摩擦起电是

杨振宁

李政道

丁肇中

里克特

富兰克林

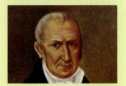

伏打

法拉第

盖斯勒

普吕克

戈尔德斯坦

相似的过程,并且利用风筝实验证实。富兰克林认为在正常状况每一种物质都含有固定比例的电量。假设经过某种程序促使物体得到更多电,则称此物体带正电;假设经过另一种程序促使物体失去电,则称此物体带负电。假设这两个物体互相接触到对方,电流会从带正电物体流往带负电物体,这样设定了电流方向(与人们今天认识到的电子流动方向正好相反)。

意大利人伏打(C. A. G. A. A. Volta,1745—1827)发明的伏打电堆则解决了这一问题。后来,法拉第(M. Faraday,1791—1867)又研究出更廉价的发电机,使得长时间维持大量电流变得更加容易。

第二个问题的解决则是由德国人盖斯勒(H. Geissler,1814—1879)完成的,这位杰出的吹管工人做成了一台以水银的往复运动为原理的真空泵。他又利用这台真空泵制造出当时世界上最纯的真空管,后来称为盖斯勒管(Geissler tube)。

19世纪50年代,德国物理学家普吕克(J. Plücker,1801—1868)将一支空气含量万分之一的玻璃管两端装上两根白金丝,并在两电极之间通上高压电,便出现了辉光放电(electric glow discharge)现象。普吕克和他的学生希托夫(J. W. Hittorf)发现,辉光是在带负电的阴极附近出现的。

德国人戈尔德斯坦(E. Goldstein,1850—1930)后来将不同的气体释入真空管,并且用不同的金属作电极,但都得到同样的实验结果。于是,他认为这种辉光与电流本身有关,并且将它命名为阴极射线。

图3-12　克鲁克斯管

英国人克鲁克斯(W. Crookes,1832—1919)在1878年利用一种水银真空泵,制造出了气体含量仅为盖斯勒管1/75000的真空管,被称作克鲁克斯管(图3-12)。克鲁克斯注意到,当逐渐抽出克鲁克斯管内的气体时,阴极附近开始出现黑暗区域,随着真空度的增加,这黑暗区域也会扩张。克鲁克斯提议,黑暗区域的宽度与阴极粒子的平均自由程有关;黑暗区域与辉光区域的界面即为粒子与气体分子相互碰撞的起始面;在黑暗区域内没有什么碰撞,而在辉光区域发生了很多碰撞事件;在管面的荧光则是因为粒子与管面发生碰撞。克鲁克斯等英国物理学家认为阴极射线并不是射线,而是一种带电粒子。

1895年,佩兰发现阴极射线能够使真空管中的金属物体带上负电荷,支持了克鲁克斯的理论。

2) 阴极射线本质之争

在19世纪后30年,虽然对阴极射线的研究已有相当的积累,但是科学家对阴极射线性质的理解仍然持有两种对立的观点,形成了两个学派。克鲁克斯等英国物理学家认为阴极射线并不是射线,而是一种带电粒子的观点遭到了以赫兹(H. Hertz,1857—1894)为首的德国物理学家的反对,而他们认为阴极射线是一种类似于紫外线的以太波。赫兹的学生德国物理学家莱纳德(P. E. A. von Lénárd,1862—1947)在1889年进行了一个实验:他在阳极安装了薄铝箔窗,这样就能把阴极射线导出到空气中。他们提出,阴极射线能够穿过薄金属箔,因此它不可能是粒子(事实上,如果金属箔足够薄,光线同样也能通过)。同时,他们还在真空管的两侧施加了电场，结果发现并没有观察到预期的偏转(赫兹的电场加得不够大，偏转难以观察到，用磁场会产生更好的效果)，这更加坚定了他们的信念。

3) 实际发现

为了寻求电与实物之间的联系，剑桥大学卡文迪许实验室的汤姆孙(J. J. Thomson，1856—1940)于1886年开始了划时代的探索——对气体放电以及阴极射线进行化学分析。他决心通过自己精心设计的实验来解决这场争论。1897年4月30日，汤姆孙在皇家学会讲演中介绍了他的实验背景，他的思想中包括了两个假说：首先，在气体中的电荷载体一定比普通的原子或分子要小，因为它们比起原子或分子来更容易更多地穿过气体；其次，放电管中不管用什么气体，而电荷载体却都是一样的。这一点也为事实所证明：不论真空管里是什么气体，射线在标准磁场作用下产生的偏移是一样的。根据这些假说，汤姆孙大胆推测：阴极射线中的电荷载体是一种普通的物质成分，它比元素原子还要小。同年，汤姆孙创造性地设计了一个杰出的实验(图3-13)。这项实验包括一个阴极(作为射线源)、两个金属栓(带缝隙以便产生良好的射线)。然后，通过保险丝连接玻璃管、两个金属板以及电池，使两板之间形成电场，并在玻璃管的圆球形一端产生阴极射线冲击的闪光。实验的核心是测出了阴极射线的电荷与质量的比值(后来被称为电子的荷质比)q/m 约为 $2×10^8$ C·g^{-1}，校准值为 $1.7588×10^8$ C·g^{-1}。他所得到的数值是法拉第所测得的最轻原子的荷质比的2000倍。这就一举结束了长达20多年的对阴极射线本质的争论，并合理地作出假说：存在比元素原子还要小的一种物质状态。汤姆孙将这种带负

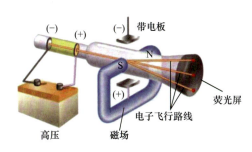

图3-13　汤姆孙电子荷质比测定实验装置

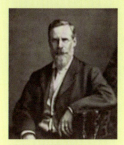

克鲁克斯

赫兹

莱纳德

汤姆孙

电的阴极射线粒子称为原始原子，它的质量仅为氢离子质量的一千分之一。1897年8月初，汤姆孙把这些结论总结在以《阴极射线》为题的论文中，这篇论文在同年10月公开发表[36]。后来的物理学成果证明，汤姆孙关于比原子小的原始原子的假说是对的。另一位著名的物理学家卢瑟福对此作了更具体、科学的阐述，他用核化原子来解释：正电荷集中在原子的中心，形成沉重的原子核，而电子则环绕着它沿轨道旋转。最后，根据斯托尼的建议，将汤姆孙发现的物质的原始电子普遍称作电子。

汤姆孙因电子的发现获得了1906年诺贝尔物理学奖。两年后，为表彰他在气体放电理论和实验研究方面所做出的卓越贡献，英国皇室授予他爵士头衔。

汤姆孙1856年出生于英国曼彻斯特郊区。年仅14岁的汤姆孙进入欧文学院学习，他受到老师奥斯本·雷诺兹的悉心指导，养成了遇到新问题时独立思考的良好习惯。后来，他又进入剑桥大学"三一"学院学习，攻读完研究生课程后，他被聘为该学院的讲师。1884年，年仅28岁的汤姆孙被任命为剑桥大学卡文迪许实验室物理学教授。在剑桥大学，汤姆孙建立了一个巨大、设备完整的物理实验室。世界各地的科学家常到这里来开展研究工作，其中有7位后来获

贝克勒尔

密立根

得诺贝尔奖,有55位成为各大学的教授。

1900年,法国物理学家贝克勒尔(A. H. Becquerel,1852—1908)发现,镭元素发射出的β射线会被电场偏转,β射线和阴极射线都有同样的荷质比。这些证据使得物理学家更强烈地认为电子本是原子的一部分,β射线就是阴极射线[37]。

1909年,美国物理学家密立根(R. A. Millikan,1868—1953)做了一个著名的实验,称为油滴实验(oil drop experiment,图3-14),可以准确地测量出电子的带电量。实验中,他使用电场的库仑力来抵销带电油滴所感受到的重力。他从电场强度计算出油滴的带电量。他的仪器可以准确地测量出含有1~150个离子的油滴的带电量,而且实验误差可以限制到低于0.3%。

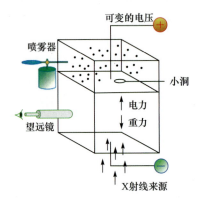

图3-14 密立根的油滴实验装置

他发现每一颗油滴的带电量都是同一常数 $1.602×10^{-19}$ C 的倍数,因此他推论这常数必是电子的带电量。汤姆孙和学生汤森德(J. Townsend)使用电解的离子气体将过饱和水蒸气凝结,经过测量带电水珠粒的带电量,他们也得到了相似结果[38]。1911年,约费(A. Ioffe)使用带电金属微粒独立地得到同样的结果[39]。但是,油滴比水滴更稳定且蒸发率较低,比较适合更持久的精准实验[40]。

[2] 电子发现的伟大意义

1) 促进了20世纪科学革命的爆发

通常科学史学家们把电子、X射线和放射性的发现称为世纪之交揭开现代物理学革命序幕的3大发现,它为20世纪现代物理学革命奠定了坚实的实验基础,给予物理学界的刺激是兴奋的,它标志着物理学的研究由宏观进入到微观。尽管充满着疑惑和争论,但也预示着希望。列宁曾谈到,现代物理学是在临产中,它正在产生辩证唯物主义。电子的发现大大推动了科学的发展,科学的发展推动了技术的进步,技术的进步又反过来促进科学上的重大突破。由于电子等一系列实验的新发现,一场激烈的科学革命迅速爆发,并以极快的速度渗透到物理学各种最基本的思想和原理之中。

2) 对人们确立原子论功不可没

人类对原子的认识可以追溯到2400多年前。从古希腊的"原子论"到近代道尔顿的"新原子论",都认为原子是构成物质的最小单位,是永恒不变而且不可分割的。千百年来,人们对此深信不疑。但是,关于原子是否存在的争论不但没有停止,到19世纪下半叶又趋激烈。一方面尽管原子假说能够作出某些十分精确的预言,但另一方面也有许多原子假说无法解释的实验反证,尤其是原子假说要求实体具有某种亚结构,但持原子理论的科学家拿不出一个能让大家满意的实验证明。1897年电子的发现对于原子论最终取得胜利做出了不可磨灭的贡献。

3) 打开了通向基本粒子物理学的大门

汤姆孙通过大量的实验事实证明，电子是普遍存在的，是构成所有物质的一种成分，这就彻底推翻了原子不可分割的传统观念，说明原子也是有结构的。由于原子是中性的，而电子是带负电的，这表明原子中还有与电子等量的正电荷。那么，原子结构是什么样的？原子中正、负电荷是怎样分布的？正、负电荷有什么性质？它们是怎样相互作用的呢？于是人们提出了各种各样的假想和原子模型，促进了科学家对原子结构理论的探索。

[3] 电子的基本性质

电子的质量约为 $9.109×10^{-31}$ kg 或表示为 $5.489×10^{-4}$ u[41]。根据爱因斯坦的质能等价原理，该质量等价于 0.511 MeV 静止能量。质子质量大约为电子质量的 1836 倍。天文测量显示，至少在最近这半个宇宙的年龄期间，该质量比例都保持稳定不变，就如同标准模型所预测的一样[42]。

电子带有的电量是基本电荷电量 $-1.602×10^{-19}$ C[41]。这是亚原子粒子所使用的电荷单位的电量。有些物理学家会提出疑问：电子与质子的绝对带电量是否有可能不相等？很遗憾的是，选用最尖端、最准确的仪器，进行最精心设计的实验，物理学家仍旧无法对该疑问给予明确的解答[43]。基本电荷通常用符号 e 表示，电子用符号 e^- 表示，正电子用符号 e^+ 表示，其中正、负号分别表示带有正、负电荷。除了带有电荷的正、负号不同以外，正电子与电子的其他性质都相同。

电子拥有内在的角动量，称为自旋。自旋量子数 $s = 1/2$ 的电子的内在磁矩大约为 1 B. M. 或 $9.27400915(23)×10^{-24}$ J·T^{-1}[44]。电子的自旋对于动量方向的投影是电子的螺旋性。

电子没有任何次结构[44]。物理学家认为电子是一个点粒子，不占有任何空间[45]。从观测束缚于潘宁阱(Penning trap)内的电子而得到的实验结果，物理学家推断电子半径的上限为 10^{-22} m[46]。经典电子半径(classical electron radius)是 $2.8179×10^{-15}$ m。这个结果是从经典电动力学和狭义相对论的理论推论出来的，并没有使用到任何量子力学理论。

3. 原子核

原子核(atomic nucleus)是原子的组成部分，位于原子的中央，占有原子 99.95% 的质量。原子核受核力影响，由质子和中子组成。中子和质子又进一步由夸克组成。当原子核周围有和其中质子等量的电子围绕时，构成的是原子。原子核尺度在 10^{-15} m，如果将原子比作一座大厦，那么原子核只有大厦里的一张桌子那么大。

[1] 质子

1) 研究背景

经过很长一段时期，类似氢原子的粒子参与组成了其他原子的概念才被发展起来。早在 1815 年，普劳特(W. Prout)提出：所有原子是由氢原子构成的，因普劳特注意到各种气体的密度大约为氢气密度的整数倍[47]。这被称为普劳特假设(Prout's hypothesis)的提议启发物理学者进一步论述，在完成了很多更精确的相关实验、改善出原子量的概念并测得准确的原子量之后，却证实了普劳特假设是不正确的[48]。

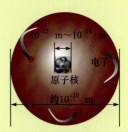

原子和原子核的相对半径

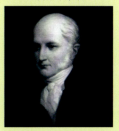

普劳特画像

1886年，戈尔德斯坦在阴极射线管中使用了带微孔的圆板作阴极(图3-15)，当接通高压直流电源时，发现在阴极的背后又出现了一种射线，它也可以使玻璃壁发出闪闪的荧光。经过研究，它的运动也受外来磁场的影响而发生偏转，偏转方向恰与阴极射线相反，而偏转的程度则与管内所充气体有关。这表明它是一种带正电的粒子流，他断定低气压放电管中的绿色辉光是由正极射线产生的，命名为"阳极射线"(anode ray)或"极隧射线"。后来他的实验又证明，极隧射线的产生是由于管内气体分子在与高速电子碰撞时被电离生成带正电的离子，并飞向阴极，并且展示出它们是由气体产生的带正电的粒子(离子)所形成。但是，因为从不同气体产生的粒子拥有不同的荷质比，它们不能被归根为单独一种粒子，他指出，该粒子与汤姆孙所发现的电子不同，从不同气体产生的"电子"拥有相同的荷质比[49]。

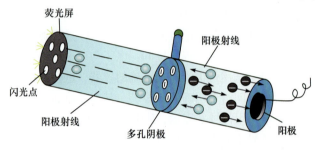

图3-15 阳极射线管

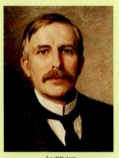

卢瑟福

2) 实际发现

1919年，卢瑟福(E. Rutherford，1871—1937)通过实验证实，氢原子核存在于其他种原子核内，因此他被公认为质子的发现人。之前，卢瑟福研究出怎样由α粒子与氮气的碰撞制成氢原子核，并且找到能够辨识与分离氢原子核射线的方法：恰当厚度的银箔纸能够阻挡α射线，只让氢原子核射线通过，当这些氢原子核撞击硫化锌时会产生闪烁信号，显示出氢原子核的位置，在磁场里，氢原子核有其特征的轨道，借此可以肯定其身份。卢瑟福在做实验时注意到，当α射线入射于空气时，闪烁器会显示出氢原子核抵达某特征位置。经过多次实验，卢瑟福追踪到是空气中的氮原子造成这种现象，当α射线入射于纯氮气时，产生的现象更为明显，氧气、二氧化碳、水蒸气等都不会造成这种现象。卢瑟福推断，氢原子核只能源自于氮原子，因此氮原子肯定含有氢原子核；当α粒子撞击氮原子时，会从氮原子里撞击出一个氢原子核。这是首次被公布的核子反应。1924年，利用云室证实该反应为[50]

$$^{14}_{7}N + ^{4}_{2}N \longrightarrow ^{17}_{8}O + ^{1}_{1}H \tag{3-3}$$

随后他又发现硼、氟、钠、铝、磷也会发生类似的核反应，这就证明了各种元素的原子核中普遍都存在质子。

卢瑟福获得新西兰大学学士和硕士学位后，1895年获剑桥大学第一批研究生奖学金，同年进入卡文迪许实验室，成为汤姆孙的研究生，1919年应邀到剑桥接替退休的汤姆孙，担任卡文迪许实验室主任，1925年当选为英国皇家学会主席。卢瑟福对于放射性的研究开拓了原子核物理学和原子物理学的新领域。1909 年，卢瑟福从 α 粒子的散射实验得出原子的有核模型，成为原子时代伟大的科学家。1907 年，因这一重大发现，诺贝尔奖评审委员会授予他诺贝尔化学奖。你可能会感到莫名其妙，物理学家怎么获得了化学奖。没错，正如卢瑟福所说："这真是太奇妙了！我一生中研究了许多变化，但是最大的变化是这一次，我从一个物理学家变成了一个化学家。"

值得说明的是，质子的发现经历了漫长的艰苦岁月，许多科学家都为之做了有益的工作并付出了艰辛的劳动。例如，戈尔德斯坦的研究成果。申泮文教授在书中明确了这一点[51]。自然，卢瑟福以其独特的科学研究方法和研究思想做出了最大贡献。

3) 质子的基本性质

质子是自旋为 1/2 的费米子，由三个夸克组成，因此是一种重子(图 3-8)。

质子的质量为 $1.672621777(74) \times 10^{-27}$ kg 或表示为 $938.272046(21)$ MeV 或 $1.007276466812(90)$ u[52]。在量子色动力学里，使用狭义相对论，可以解释质子或中子怎样获得它所具有的大部分质量。质子质量大约比组成它的夸克的静质量还重 80～100 倍，而胶子的静质量为零；与在量子色动力学真空(QCD vacuum)里的夸克静质量相比，在质子内部的夸克与胶子所拥有的额外能量，贡献出大约质子质量的 99%。

质子的电荷为 +1 e 或 $1.602176565(35) \times 10^{-19}$ C[52]。质子的磁半径为 $0.87(6)$ fm，与先前测量数值相同[53]。质子极为稳定，不会自行衰变，至今为止还没有任何实验观察到质子的自发性衰变。但是，在粒子物理学里，有些大统一理论主张质子衰变应该会发生，如格拉肖-乔吉(Glashow-Georgi)模型声称，对于衰变管道 $p^+ \longrightarrow e^+ + \pi^0$，平均寿命低于 10^{32} 年[54]。有些理论预测，质子平均寿命低于 10^{36} 年[55-56]。

4) 质子发现的伟大意义

(1) 回答了卢瑟福提出原子的核式结构模型后，物理学家们面临的问题：原子核是由什么构成的，原子核还有没有结构、能不能再分。

(2) 发现质子，第一次实现了原子核的人工嬗变。

(3) 提出原子核的"质子-电子"模型假说。当时人们认识到的基本粒子仅限于质子、电子和光子，在 20 世纪 20 年代，人们普遍认为原子核是由质子和电子组成的，并假定原子量为 N、原子序数为 Z 的核应由 N 个质子、$N-Z$ 个电子组成，这个原子核又与 Z 个轨道电子组成中性原子，这就是 1919 年居里夫人提出的原子核"质子-电子"模型。最后证明"质子-电子"模型假说有漏洞。

[2] 中子

1) 研究背景

1920 年，卢瑟福首先提出了中子存在的可能性。卢瑟福假设，一种原子的原子量同其原子序数的差别可以用原子核中存在一种电中性粒子来解释。他认为，这种电中性的粒子是由一个电子环绕一个质子构成[57]。他预言：在某些条件下，一个电子有可能更紧密地同氢核相结合，从而形成一个中性偶极子。这样一个原子将具有很异常的特性。它的外部电场实际上将等于零，除非很靠近它的核。因

安巴楚勉

博特

约里奥-居里夫妇

王淦昌

迈特纳

此，它能够很自由地通过物质。用分光镜来探测它的特性可能是困难的，把它保存在一个密闭的容器中也是不可能的。另一方面，它应当很容易地进入原子结构中，或是同核结合，或是被核的强场分裂。卢瑟福声称：这种原子的存在对于解释重元素的原子核的组成是必不可少的。20年代初，卡文迪许实验室的研究者们曾试图使强电流通过氢放电管来探测这种假设的"中子"的生成，均未获得成功。值得注意的是，后来中子的发现却证实了卢瑟福的假说。

1920年，当时物理学者公认的原子核模型是原子核由质子构成[58-59]。但是，当时已经知道一种原子的原子核只带有大概其原子量一半的正电荷。对这个现象的解释是原子核中有一些电子中和了质子的电荷。以氮-14核为例，当时认为此原子核由14个质子和7个核外电子构成，因此它应该带7个正电荷，同时质量数为14。随后兴起的量子力学指出，任何能量也无法把电子这样轻的粒子束缚在像原子核这样小的区域中。1930年，苏联的安巴楚勉(V. Hambardzumyan, 1908—1996)和伊瓦年科(Y. Ivanenko)发现原子核不可能由质子和电子组成，有某种中性的粒子存在于原子核中[60-61]。

1930年，德国物理学家博特(W. Bothe，1891—1957)及其学生贝克(H. Becker)用α粒子轰击较轻的元素，特别是轰击铍时，发现从铍中发射一种强度不大但穿透力极强的射线。这种射线在电场和磁场中都不发生偏转(因而不带电)，在穿透2 cm厚的铅板之后，射线的强度只减弱13%。当时把这种射线称作铍辐射。根据当时已经发现的各种辐射的研究，α射线和β射线都没有这么强的穿透力。唯一能穿透铅板且不带电的是γ射线，因此这两位物理学家错误地认为他们发现的是高能γ射线。根据这种射线在透过铅板后强度减弱的情况，他们推算出这种射线的能量约为10 MeV[62-63]。

1932年，弗雷德里克·约里奥-居里和伊雷娜·约里奥-居里[居里夫妇的女婿(F. Joliot-Curie，1900—1958)和长女(I. Joliot-Curie，1897—1974)]在巴黎发现，如果用这种未知辐射照射石蜡和其他富含氢的化合物，就会释放出高能质子[64]。虽然这个结果同高能γ射线一致，但细致的数据分析表明未知辐射是γ射线的假说越来越牵强。

1930年，24岁的王淦昌在德国柏林大学威廉皇家化学研究所放射物理研究室师从著名核物理学家迈特纳(L. Meitner，1878—1968)，进行γ谱学的研究。在参加由他的师兄科斯特主持的关于博特的γ射线实验的报告会后，王淦昌认为那么强穿透力的射线不太可能是γ射线。他产生用科斯特的云雾室来做这个实验直接进行观察的想法。他认为这样也许会有助于弄清这种强穿透力射线的本性。但迈特纳两次都拒绝了这位中国青年物理学家的建议。当迈特纳看到1932年2月17日查德威克在 Nature 上发表的发现中子的论文后，显然有些后悔地对王淦昌说："这是运气问题。"也许这个"运气"是一种事后的自我安慰吧。这不得不说是中国人的遗憾！

2) 实际发现

1932年，英国物理学家查德威克(J. Chadwick，1891—1974)受约里奥-居里夫妇实验的极大启发，立即告诉了卢瑟福自己的想法。卢瑟福表示不相信，建议尽快做实验进行检验。查德威克在以客观的态度提出这种新辐射是一种质量近似于质子的中性粒子后,在剑桥大学设计并进行了一系列的实验,证实了他的理论[65]。他以α粒子轰击铍-9原子核得到碳-12原子核和一种新射线(图3-16),通过云雾室试验判明这种射线的奇异效应是某种中性粒子的作用,他还测出了这种粒子的质量,证明了γ射线假说是站不住脚的[66]。查德威克写信给 Nature 杂志,称"如果我们假设这种放射性物质是由质量为1、电荷为0的粒子,即中子构成,那么一切难题就可迎刃而解"。这时离约里奥-居里夫妇的文章不到一个月。卢瑟福1920年假设的中子终于出现了。这个产生中子的核反应是:

$$^9_4\text{Be} + ^4_2\text{He} \longrightarrow ^{12}_6\text{C} + ^1_0\text{n} \tag{3-4}$$

查德威克把这种中性粒子称作中子[67]。

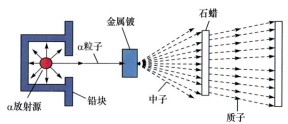

图 3-16　发现中子的实验装置

> 查德威克1891年10月生于英国曼彻斯特,1911年以优异成绩毕业于曼彻斯特大学物理学院,1911~1913年在卢瑟福指导下在该大学从事放射性研究并获理学硕士学位。1923年被任命为卡文迪许实验室主任助理,任至1935年。在这段时间里他与卢瑟福合作,于1932年发现了中子。1935年获诺贝尔物理学奖。1935~1948年任利物浦大学教授。1948年起任剑桥大学戈维尔和凯厄斯学院院长。1927年当选为英国皇家学会会员。剑桥大学、牛津大学等许多大学都授予他荣誉学位。1945年被封为爵士,1974年7月24日逝世。

3) 中子的基本性质

中子由三个夸克构成(图 3-17)。根据标准模型,为了保持重子数守恒,中子唯一可能的衰变途径是其中一个夸克通过弱相互作用改变其味。组成中子的三个夸克中,两个是下夸克(电荷-1/3e),另外一个是上夸克(电荷+2/3e)。一个下夸克可以衰变成一个较轻的上夸克,并释放出一个W玻色子。这样中子可以衰变成质子,同时释放出一个电子和一个反电子中微子。

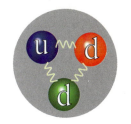

图 3-17　中子的夸克结构
1个上夸克、2个下夸克

自由中子不稳定,其平均寿命为881.5±1.5 s(约14 min 42 s)。据此估计其半衰期为(611.0±1.0)s(约10 min 11 s)[24]。中子的衰变可用以下方程描述[68]:

$$\text{n}^0 \longrightarrow \text{p}^+ + \text{e}^- + \bar{\nu}_e \tag{3-5}$$

中子的质量为 $1.674927351(74) \times 10^{-27}$ kg 或表示为 939.565378(21) MeV·c^{-2} 或 1.00866491600(43) u[69]。中子的电荷为 0 C。虽然中子是电中性粒子,但是中子具有微小但非零的磁矩。

4) 中子发现的伟大意义

(1) 中子的发现对核物理学的发展有巨大而深远的影响。中子是一种全新的粒子，它的发现使得建立一种没有电子参与的原子核模型成为可能，也解决了量子力学是否适用于原子核内部的问题。就在中子发现不久，著名物理学家海森堡就发表论文指出，量子力学同样适用于原子核内部，并指出原子核是由质子和中子构成的。

(2) 使人们对原子核的组成有了一个正确的认识，为原子核模型的建立提供了依据。苏联的伊凡宁柯(1932 年 4 月 21 日)和德国的海森堡(同年 6 月)分别提出了质子-中子模型：原子核由质子和中子构成，质子数即核内正电荷数等于核外电子数，中子数和质子数之和为原子核质量数。这就解决了前述原子核内存在电子的假说(原子核的质子-电子模型)所存在的自旋反常等问题上的矛盾。其后，液滴、壳层、集体、光学(复数势垒)等模型相继诞生。

(3) 由于中子质量大、不带电，因此不受静电影响而易打进原子核，是一种人工核裂变的理想"炮弹"，是促使原子核嬗变的最有效工具，由此又引出如慢中子、人工放射性、核裂变、中微子的发现等重大科研成果。中子的发现还导致了对核力的研究，促进了粒子物理学的发展。

(4) 打开了核能利用(如原子弹、核电站等)的大门。

3.3　原子结构模型的建立和演变

3.3.1　人类对原子结构认识的简史[70-77]

纵观人类对原子结构的认识过程可以看出，人们常常是通过观察、思索和建立模型的方法来发展原子结构理论的。与人类对化学元素概念和原子概念的认识同步，人类对原子结构的认识也在步步深入，大致可分为四个阶段：①17 世纪前古代时期；②17~19 世纪近代萌芽时期；③19 世纪末、20 世纪初近代时期；④20 世纪 20 年代至今的现代时期。

1. 古代朴素原子论

从第 2 章的叙述可以看出，古代原子论是哲学臆测的产物。原子论者们运用自己的观点来解释所有的现象，同时还提出了一系列天才的推测。他们由细致的观察，如湿衣服在太阳下变干、城门边的铜像因进城人不断地抚摸而被擦得锃明发亮等事实，证明感觉不到的粒子——原子的存在。

当然，当时所谓的原子只能是推理的产物、哲学的臆测，是一个抽象的概念，比唯象描述更远离实物。但由于这种推理是建立在丰富的感性资料之上，并遵循正确的逻辑规律，因此这个哲学的臆测比唯象描述更接近于科学理论、更符合实际，它对近代科学的发展起了积极的启迪作用，许多有用的、符合实际的描述被继承了下来。

然而这个时期太长了，此后的十几个世纪中，由于封建统治和宗教神学的桎梏，生产力发展缓慢，科学发展停滞不前，原子学说没有得到发展。

2. 原子-分子论时期

到了 17 世纪，欧洲处于由封建社会向资本主义过渡的大变革中，在生产实践的推动下，近代的实验科学开始发展起来。随着科学实验和近代自然科学的兴起，古代的原子论思想又被许多先进的科学家和哲学家所接受和发展。他们都曾做过物质是由许多不连续的、简单的始原粒子所构成的论述，并且开始利用原子学说对物质的一些性质进行解释。这些学说虽然是以一定的科学实验事实为间接根据提出的，却带有明显的机械论色彩，从根本上否认了原子微粒自身还有内部结构。

19 世纪初，由于各门自然科学的发展，特别是关于化学反应和气体性质的研究，导致了原子论的巨大进展。道尔顿的原子论使当时的一些化学定律得到了统一的解释，成为物质结构理论的基础，也导致了元素周期表的发现。这一本应导致对原子结构深入研究的发现，却由于当时原子不可再分的形而上学思想严重地束缚着人们的头脑，许多物理学家甚至认为物理世界的一切都已清晰明了，声称物理学家已经用世界的最小砖石——原子筑成了一座宏伟的物质大厦，余下的工作无非是一些修修补补的琐事。原子结构的深入研究又一次被搁置。

3. 近代原子论时期

近代原子论是由假说发展而成的科学理论。

[1] 电子的发现打破了"原子不可再分"的神话

自 1897 年 4 月 30 日汤姆孙向英国皇家学会报告他发现电子后，电子的各种基本特性开始逐渐为人们所认识。汤姆孙断言电子是一切原子中的基本组成部分之一。这一断言无疑是向传统观念挑战的宣言。原子不可再分的神话至此已支离破碎。1903 年，汤姆孙提出了著名的"葡萄干布丁"模型。虽然这一模型有漏洞，但它对后续原子结构的研究无疑有所帮助。恩格斯曾指出："只要自然科学在思维着，它的发展形式就是假说。"人类对原子结构的认识就是借助于假说(模型)的力量而逐渐成熟的。

[2] 近代的原子有核模型

1911 年，卢瑟福成功地解释了 α 粒子散射实验中的大角度散射和其他的实验现象后，提出了原子结构的有核模型，为人类认识原子结构的史册增添了光辉的一页。

但人们很快就意识到卢瑟福的有核模型同经典电动力学间的两大矛盾：按照经典电动力学，做加速运动的电荷应辐射电磁波，卢瑟福原子的核外电子绕核运转，在做加速运动，也应辐射电磁波，于是就会因丧失能量而逐渐落向原子核，其寿命约为 10^{-8} s 数量级，但实际上原子是稳定的；电子绕核运转由于辐射电磁波而轨道逐渐减小，频率逐渐增大，故应辐射连续光谱，但实际上原子辐射得到的是线状光谱。这些矛盾就导致了该原子模型的退位。

[3] 玻尔理论已踏在了量子力学的门槛

为了克服经典理论在原子结构和原子辐射问题上的困难，玻尔依据当时物理学取得的三方面研究成果(光谱的实验资料和经验规律；以实验为基础的原子核式结构模型；从黑体辐射的事实发展起来的普朗克量子概念)于 1913 年提出了原子结构的玻尔模型。次年，弗兰克(J. Franck, 1882—1964)和赫兹(G. L. Hertz, 1887—1975)在德国用实验测定了使电子从原子中电离出来所需的能量(电离能)，从而直截了当地证实了玻尔的基本设想。

玻尔理论不仅能证实已观察到的原子线状光谱线，而且还能推断出许多观察不到的原子线状光谱线。但对于光谱线的相对亮度之类的问题却束手无策，而且对于多于一个电子的原子光谱也无能为力。玻尔理论毕竟只是经典与量子物理的混合物，其理论本身存在着固有的内在矛盾，这种矛盾在日新月异的实验物理和理论物理中暴露得更加充分，终于在十几年后让位于新量子论——量子力学。

4. 现代原子论时期

在 1900 年普朗克的量子论、1905 年爱因斯坦光子学说和电子微粒性实验的基础上，1923 年法国物理学家德布罗意(L. V. Broglie, 1892—1987)把爱因斯坦光子的波粒二象性推广到实物粒子，提出实物粒子具有波粒二象性，并推断电子束通过非常小的开缝时可能出现衍射现象。于是，他在 1924 年 11 月的一次考试中建议用电子在晶体上做衍射实验。正如德布罗意所料，戴维孙(C. J. Davisson, 1881—1958)和革末(L. H. Germer, 1896—1971)于 1927 年用实验证实了电子具有波动性。这就导致了人们对波的深层次认识，产生了以讨论波的微粒性概念为基础的学科——量子力学(quantum mechanics)。以后经过海森堡、薛定谔、玻恩、狄拉克等人开创性的工作，终于在 1925～1927 年形成了完整的量子力学理论。

量子力学是描述微观世界的基本理论。1926 年，薛定谔用波函数描述微观粒子的状态，建立了波函数所应遵从的微分方程。薛定谔方程成功地解得氢原子的能级和电子定态波函数，从而得到电子出现在原子核周围的概率密度。根据波函数统计解释，量子力学不能断言电子一定会在核外某一轨道上出现，而只能给出电子在某处出现的概率。因此，玻尔旧量子力学的简单原子模型被放弃，而以原子内电子的密度分布或形象化描述为"电子云"的模型代替它。量子力学正确地刻画了微观世界的图景。

1932 年，查德威克用实验证实了 12 年前卢瑟福曾猜测原子核内存在的一种粒子——中子的存在，这是核物理学发展中的一项重大事件，从此人类对微观世界的认识深入到了原子核内部。

从人类对原子结构的认识过程，我们认识到人类在探索未知的过程中，实践始终是认识的源泉，是推动理论发展的动力，又是检验理论正确与否的标准。可以总结出一个理论发展的推进模式：现象→假说→解释现象→由唯象思维形成理论→实践→修正或否定旧理论、形成新理论→利用理论思维指导实践→在实践中不断充实与完善新理论。

另外，在原子结构的研究中发展起来的原理、实验装置、技术和理论方法以及所积累起来的大量基本数据说明，物理学的每项研究成果都在大大促进化学中原子结构理论的发展(图 3-18)。

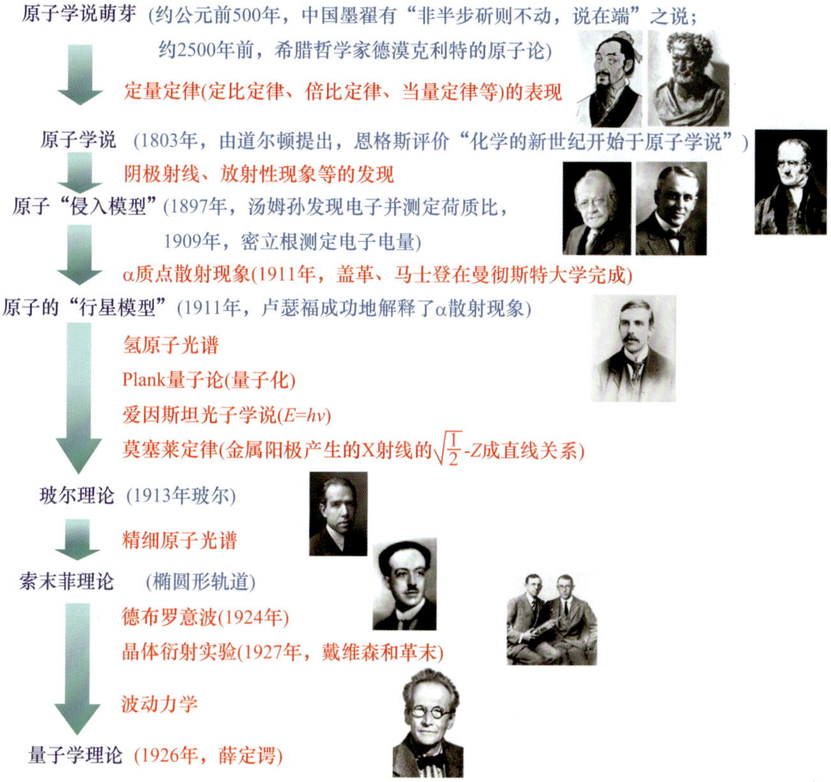

原子学说萌芽（约公元前500年，中国墨翟有“非半步斫则不动，说在端”之说；
约2500年前，希腊哲学家德谟克利特的原子论）
定量定律(定比定律、倍比定律、当量定律等)的表现
原子学说（1803年，由道尔顿提出，恩格斯评价“化学的新世纪开始于原子学说”）
阴极射线、放射性现象等的发现
原子“侵入模型”(1897年，汤姆孙发现电子并测定荷质比，
1909年，密立根测定电子电量)
α质点散射现象(1911年，盖革、马士登在曼彻斯特大学完成)
原子的“行星模型”(1911年，卢瑟福成功地解释了α散射现象)
氢原子光谱
Plank量子论(量子化)
爱因斯坦光子学说(E=hν)
莫塞莱定律(金属阳极产生的X射线的$\sqrt{\frac{1}{\lambda}}$-Z成直线关系)
玻尔理论（1913年玻尔）
精细原子光谱
索末菲理论（椭圆形轨道）
德布罗意波(1924年)
晶体衍射实验(1927年，戴维森和革末)
波动力学
量子学理论（1926年，薛定谔）

图 3-18　物理学的发展促进了原子结构理论的发展

3.3.2　原子结构模型的几个里程碑

肉眼看不见的原子是物质发生反应的基本微粒，也是化学上最重要、使用最频繁的术语之一。但是人们对原子结构的认识却经历了一个多世纪。真正谈得上原子有结构模型的工作大体可用图 3-19 说明。

道尔顿模型(1808年)
汤姆孙模型(1904年)
卢瑟福模型(1911年)
玻尔模型(1913年)
波动力学模型(1935年)
原子核结构

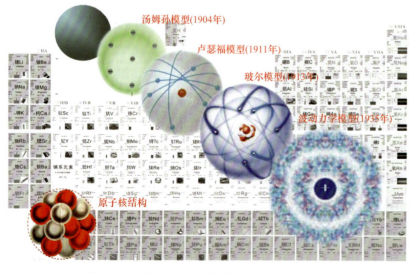

图 3-19　化学中“原子结构模型”发展的里程碑

1. 道尔顿的实心原子模型

[1] 科学基础

18 世纪末，在没有涉及原子理论概念的条件下，在化学领域发现了两条有关化学反应的规律：

(1) 化学反应前后反应体系的总质量不变，也就是说反应物与生成物的质量相等，即质量守恒定律。

(2) 无论一种反应物的量有多少，反应前后组成它的各种元素质量的比总是保持不变，即定比定律[78]。

基于牛顿的原子论，道尔顿在 1808 年发表的《化学哲学的新体系》中提出了他的原子理论[79]。

[2] 核心内容

参见 2.1.3 节。

[3] 问题所在

道尔顿的原子理论并没有涉及原子本身结构的讨论。他认为所有的化学元素都是由一种非常小的粒子组成，即原子，这些粒子通过化学方法无法进一步分割，是个实心球(图 3-20)。这是机械论世界观的反映。

道尔顿

图 3-20 道尔顿的原子实心球

2. 汤姆孙的葡萄干布丁模型

[1] 科学基础

1) 放射性和电子的发现

1896 年，贝克勒尔发现了铀的放射性，居里(P. Curie, 1859—1906)就曾指出放射性是原子的内在过程。由此产生了原子结构的思想，也提出了探究这一结构的任务。

在汤姆孙 1897 年通过对阴极射线的研究发现电子前，原子一直被认为是物质的最基本组分。然而，在 1897 年 10 月，汤姆孙在公开发表的《阴极射线》为题的论文中公开了原子是有结构的[36]，他发现了电子并断言电子是一切原子的基本组成部分之一。

2) 两个启示

1902 年，开尔文提出了原子结构的一个设想，他认为原子内的正电荷是呈充满整个原子体积的均匀球形分布。美国物理学家迈厄(A. M. Mayer, 1836—1897)1878 年公布了一项研究结果：把磁针的南极插入软木塞，使软木塞漂浮在水中，在上面放置一个北极向下的大电磁铁，稳定时小磁针就会形成分层排布的结构。迈厄指出，这样的稳定结构暗示着分子中的原子构成一定化合物的方式[80]。汤姆孙用电子代替了实验中的小磁针，设想原子内的电子在正电球体内围绕球心旋转。电子只受到静电力作用的影响，分布在一定的环上，这样就可以使原子具有力学稳定性结构。可见，汤姆孙设想的原子结构模型是：在一团均匀弥漫的正电荷球体里分布着一颗颗电子。这些电子绕原子的中心旋转并且具有壳层结构，形成电子环。

[2] 核心内容

汤姆孙提出原子是可分的，而微粒是其组分[81]。在通过实验发现电子之后的第六年——1903 年，为了解释原子整体的电中性，汤姆孙提出了著名的原子结构模型——葡萄干布丁模型(plum pudding model，图 3-21)[82]。他认为电子即"微粒"像布丁中的葡萄干一样嵌在原子中(尽管在汤姆孙的模型中它们并非静止的)，而正电荷在原子中均匀分布，原子的直径约为 10^{-10} m。后人有的将其称为葡萄干面包模型(raisin bread model)或西瓜模型(watermelon model)。

汤姆孙

汤姆孙利用计算指出：不超过某一数目的电子将对称地组成一个"壳层"；当电子数目超过某一数值时，超过部分组成新的壳层；电子壳层的排列与元素在元素周期表中的位置相对应；每个电子以某种频率在平衡位置振动而不发出电磁辐射。汤姆孙的原子模型不仅解释了光的色散和吸收现象以及元素的物理、化学性质的周期变化，而且首次提出了电子壳层的概念。

图 3-21　汤姆孙的"葡萄干布丁"模型

[3] 问题所在

该模型存在很多问题，例如，电子和正电荷为什么不发生"中和"？原子的光谱线系是如何形成的？按照汤姆孙模型，氢原子应该只有一个远紫外发射频率，这与实验观察到的大量不同频率的氢原子光谱的事实相矛盾。不能解释 α 粒子轰击一片金箔的散射现象。

3. 卢瑟福的原子行星模型

[1] 科学基础

1909 年，汤姆孙的学生卢瑟福对于葡萄干布丁模型提出了反对意见。他发现一个原子的正电荷和绝大部分的质量都集中于其整体体积中一个极小的部分，而他猜想集中的位置是原子的正中心。

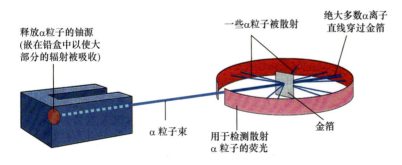

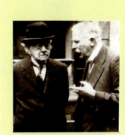

汤姆孙和卢瑟福

图 3-22　金箔实验装置

卢瑟福让他的助手盖革(H. Geiger，1882—1945)指导他的研究生马士登(E. Marsden)进行了著名的金箔实验(图 3-22)：利用 α 粒子轰击一片金箔，并用荧光屏观测它们运动轨迹的偏折情况[83]。如果电子质量非常小，α 粒子动量非常大，而正电荷在原子中像葡萄干布丁模型中假定的那样均匀分布，那么在实验中所有的 α 粒子在通过金箔时运动轨迹都不会产生明显的偏折。而令他们惊讶的是，少数

盖革

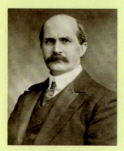

布拉格

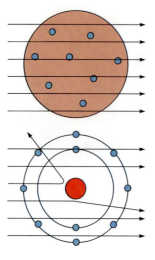

图 3-23　金箔实验结果
上为预测结果；下为观测结果

α 粒子的运动轨迹发生了大角度偏折(图 3-23)，因而可以证实原子的绝大部分质量都集中在其中一个微元(即"原子核")中。但还不能对这个微元的电性做出定论，其可以是电中性的，也可以不是。通过库仑定律可以得到，当 α 粒子经过电中性的质点附近时，运动轨迹并不会发生偏折；但如果这个质点带正电，就会发生偏折。从 1904～1906 年 6 月，他们做了许多 α 射线通过不同厚度的空气、云母片和金属箔(如铝箔)的实验。英国物理学家布拉格(W. H. Bragg, 1862—1942)在 1904～1905 年也做了这样的实验，都得到了同样的结果。卢瑟福分析实验的结果证明后者是正确的。

[2] 核心内容

卢瑟福基于实验的结果提出了原子的行星模型(atomic planetary model)[84](图 3-24)，其要点是：

(1) 所有原子都有一个核即原子核(nucleus)。

(2) 核的体积只占整个原子体积极小的一部分。

(3) 原子的正电荷和绝大部分质量集中在核上。

(4) 电子像行星绕着太阳那样绕核运动。

这是原子结构从"无核"到"有核"的伟大转变。卢瑟福由他的原子有核模型成功地解释了 α 粒子散射实验中的大角度散射和其他的实验现象，为人类认识原子结构的史册中增添了光辉的一页。

从无核到有核

后来，1913 年卢瑟福在 *Nature* 上发表了一篇论文[85]，又对自己的模型进行了解释：一定元素原子核上的正电荷数目 Z 等于该元素在元素周期表上的原子序数，并等于核外的电子数，因而整个原子呈电中性。

图 3-24　原子的行星模型

电子和原子核之间释放电磁辐射而导致坠毁

图 3-25　一种失败的原子模型

玻尔与爱因斯坦

[3] 问题所在

原子的行星模型有两个明显缺陷：

(1) 电子是带电的，这一点与环绕恒星的行星不同。而依据经典电动力学中的拉莫尔方程，速度不断变化的电荷会发射出电磁波，在这过程中电荷会逐渐散失能量，而行星模型中电子在轨道上运行会发生这一过程，从而螺旋式地靠近原子核，最终在极短时间(1 ns)内撞击原子核(图 3-25)。但是原子的确存在，而且是稳定的，发射线状光谱，有大量的实验事实和整个化学的支持。由于原子毁灭的事实从未发生，因此将经典物理学概念推到了前所未有的尴尬境地。

(2) 它并不能解释实验观测得到的原子的发射光谱及吸收光谱中为何会呈现为几个离散峰值的线状谱线。在经典物理学中，能量是连续变化的，因而光谱应该是连续的。

4. 玻尔模型

[1] 科学基础

1) 氢原子光谱

一束白光通过三棱镜折射后可以分解成赤橙黄绿蓝靛紫等不同波长的光谱，称为连续光谱(continuous spectrum)。例如，自然界中雨后天空的彩虹是连续光谱。原子受火焰、电弧、电火花等方法激发时发出不同频率的光线，光线通过三棱镜折射，由于折射率不同，在屏幕上得到一系列不连续的谱线，称为线状光谱(linear spectrum，图 3-26)。

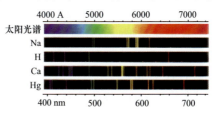

图 3-26　原子的线状光谱

在真空管中充入少量 $H_2(g)$，通过高压放电，氢气可以产生可见光、紫外光和红外光，这些光经过三棱镜分成一系列按波长大小排列的线状光谱(图 3-27)。

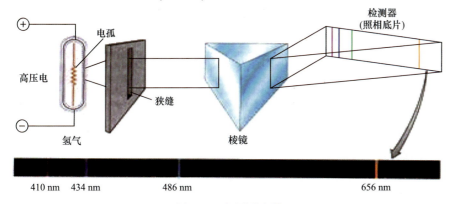

图 3-27　氢原子光谱

氢的原子光谱反映出两个鲜明的特点：一是不连续的、线状的，二是有规律的。由于氢原子只有一个电子，它的光谱研究引起了科学家的强烈关注。其中著名的研究者有：

瑞士巴塞尔女子学校物理、数学教授巴耳末(J. J. Balmer，1825—1898)
瑞典隆德大学物理学讲师里德伯(J. R. Rydberg，1854—1919)
德国汉诺威大学实验物理学教授帕邢(L. C. H. F. Paschen，1865—1947)
美国哈佛大学物理学家莱曼(T. Lyman，1874—1954)
美国霍普金斯大学物理学家布拉开(F. S. Brackett)和普丰德(A. H. Pfund)完成了氢原子光谱的各光谱区的谱线系(图 3-28)。当时，巴耳末提出了一个公式[86]：

巴耳末

里德伯

帕邢

莱曼

普丰德

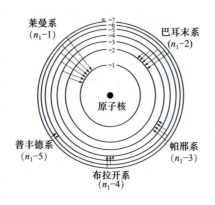

图3-28　氢原子光谱的各谱线系

$$\lambda = B\left(\frac{m^2}{m^2-n^2}\right) = B\left(\frac{m^2}{m^2-2^2}\right) \quad (3\text{-}6)$$

式中，λ 为波长；B 为巴耳末常数，其值为 $3.6456×10^{-7}$ m 或 364.56 nm；n 的值等于 2；m 为整数，m 必须大于 n。

1888 年，瑞典物理学家里德伯将巴耳末公式一般化，使它能适合所有的氢光谱线的转换。常用的巴耳末公式成为里德伯公式的一个特例($n=2$)，并且使用倒数的关系，重新将式(3-6)简化为

$$\frac{1}{\lambda} = \frac{4}{B}\left(\frac{1}{2^2} - \frac{1}{n^2}\right) = R_H\left(\frac{1}{2^2} - \frac{1}{n^2}\right), n = 3, 4, 5, \cdots \quad (3\text{-}7)$$

这里 λ 是吸收或发射谱线的波长，R_H 是氢的里德伯常数，其数值为巴耳末常数四分之一的倒数，而对一个无限大的原子核就是 $4/(3.6456×10^{-7}$ m$)=$ 10973731.57 m^{-1}[87]。

各线系 n 的允许值见表 3-6。

表 3-6　式(3-7)中的合理取值

名称	n_1	n_2
Lyman 系	1	2, 3, 4, …
Balmer 系	2	3, 4, 5, …
Paschen 系	3	4, 5, 6, …
Brackett 系	4	5, 6, 7, …
Pfund 系	5	6, 7, 8, …

2) 能量量子化概念

20 世纪初，量子论引起物理学的一场革命。量子概念最早由普朗克(M. Planck，1858—1947)引入，为了解释黑体辐射，1900 年他大胆提出量子假设，提出了表达光的能量(E)与频率(ν)的关系方程，即著名的普朗克方程[88]：

$$E = h\nu \quad (3\text{-}8)$$

式中，h 为普朗克常量，其值为 $6.626×10^{-34}$ J·s。他认为，能量并非像经典力学中那样连续变化，物体只能按 $h\nu$ 的整数倍(如 1、2、3 等)一份一份地吸收或释放光能，而不可能是 0.5、1.6、2.3 等任何非整数倍。这就是所谓的能量量子化概念。

普朗克是德国理论物理学家，量子论的奠基人之一。1858 年 4 月 23 日生于基尔，少年时代在慕尼黑度过。1874 年进入慕尼黑大学，1878 年毕业，次年获该校哲学博士学位。1880~1885 年在慕尼黑大学任教。1885~1888 年任基尔大学理论物理教授。1888 年基尔霍夫逝世后，柏林大学任命他为基尔霍夫的继任人，先任副教授，1892 年后任教授。由于 1900 年他在黑体辐射研究中引入能量量子，荣获 1918 年诺贝尔物理学奖。

自 20 世纪 20 年代以来,普朗克成为德国科学界的中心人物,与当时国际上的知名物理学家都有着密切联系。1894 年当选为柏林科学院院士。1912~1938 年任常任秘书。1918 年当选为英国皇家学会会员。1926 年当选为苏联科学院外籍院士。1930~1935 年任威廉皇家科学促进协会会长。为了表示对普朗克的崇敬,1945 年以后该协会改名为马克斯·普朗克科学促进协会。

3) 光电效应

1905 年,爱因斯坦将量子概念引入光学,成功地解释了曾使经典物理学处境尴尬的一种现象——光电效应(photoelectric effect,图 3-29,图 3-30)[89]。光电效应是指某些金属(特别是 Cs、Rb、K、Na、Li 等碱金属)受光照射后发射电子(又称光电子)的现象。经典物理学认为,任何频率的光所携带的能量都随光强度的增大而增大;照射时间越长,积累在金属表面的能量也越多。这意味着,只要光照时间足够长,金属表面原子中的电子终归可以积累到足够的能量,克服与晶格骨架之间的引力而离开金属表面。但实际并非如此,对某一特定金属而言,不是任何频率的光都能使其发射光电子。每种金属都有一个特征的最小频率(称临界频率),光线低于这一频率时,不论其强度多大和照射时间多久,都不能导致光电效应。例如,以红光[$\nu=(4.3\sim4.6)\times10^{14}\ \mathrm{s^{-1}}$]照射金属钾的表面,无论光的强度多大和照射时间多久,都不能产生光电子。但若改用黄光[$\nu=(5.1\sim5.2)\times10^{14}\ \mathrm{s^{-1}}$],即使光的强度很弱,也会立即产生光电效应(钾的临界频率 $\nu=5.0\times10^{14}\ \mathrm{s^{-1}}$)。

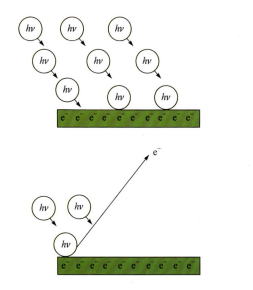

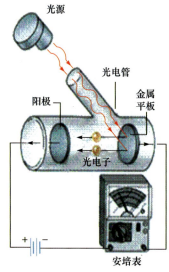

图 3-29 光电效应　　　　图 3-30 光电效应装置图

爱因斯坦认为,入射光本身的能量也按普朗克方程量子化,并将这份数值为 1 的能量称为光子(photon),一束光线就是一束光子流。频率一定的光子其能量都相同,光的强弱只表明光子的多少,而与每个光子的能量无关。一个光子的行为像一颗微粒那样与金属原子中的一个电子碰撞,并将其 1 的能量传给电子。显然,只有该电子获得的能量足以使它从金属表面逸出的情况下,光电效应才能发生。特别需要指出的是,光子与电子的碰撞只能"一对一"地发生,对低能量的光子而言，即使数量再多(光的强度再大)也于事无补。

早在 1905 年和 1916 年爱因斯坦就提出光的波粒二象性，并于 1916 年和 1923 年先后得到密立根光电效应实验和康普顿 X 射线实验的证实(图 3-30)。

> 爱因斯坦是举世闻名的德裔美国科学家，现代物理学的开创者和奠基人。爱因斯坦 1879 年 3 月 14 日生于德国的乌尔姆，1955 年 4 月 18 日卒于美国的普林斯顿。1900 年毕业于瑞士苏黎世联邦工业大学，毕业后即失业。在朋友的帮助下，才在瑞士联邦专利局找到工作。1905 年获苏黎世大学博士学位。
>
> 1909 年任苏黎世大学理论物理学副教授，1911 年任布拉格大学教授，两年后任德国威廉皇家物理研究所所长、柏林大学教授，当选为普鲁士科学院院士。1932 年受希特勒迫害离开德国，1933 年 10 月定居美国。
>
> 爱因斯坦在物理学的许多领域都有贡献，如研究毛细现象，阐明布朗运动，建立狭义相对论并推广为广义相对论，提出光的量子概念，并以量子理论圆满地解释光电效应、辐射过程、固体比热，发展了量子统计，并于 1921 年获诺贝尔物理学奖。

20 世纪 20 年代的玻尔研究所

1912 年，正在英国曼彻斯特大学工作的玻尔将一份被后人称作《卢瑟福备忘录》的论文提纲提交给他的导师卢瑟福。在这份提纲中，玻尔在行星模型的基础上引入了普朗克的量子概念，认为原子中的电子处在一系列分立的稳态上。回到丹麦后玻尔急于将这些思想整理成论文，可是进展不大。

1913 年 2 月，玻尔的同事汉森拜访他，提到了 1885 年瑞士数学教师巴耳末的工作以及巴耳末公式，玻尔顿时受到启发。后来他回忆"就在我看到巴耳末公式的那一瞬间，突然一切都清楚了"，"就像是七巧板游戏中的最后一块"。这件事被称为玻尔的"二月转变"。

图 3-31 玻尔模型的简单示意图

在 1913 年 7 月、9 月、11 月，经由卢瑟福推荐，Philosophical Magazine 接连刊载了玻尔的三篇论文[90-92]，标志着玻尔模型(图 3-31)的正式提出。这三篇论文成为物理学史上的经典，称为玻尔模型的"三部曲"。

玻尔因提出氢原子模型而获得 1922 年诺贝尔物理学奖。

玻尔 1962 年在中国讲学

[2] 核心内容

1) 三个具有历史意义的假说

(1) 关于固定轨道的概念。电子只能在若干圆形的固定轨道上绕核运动，并且不产生电磁辐射。固定轨道是指符合一定条件的轨道，即电子的轨道角动量 L 只能等于 $h/(2\pi)$ 的整数倍：

$$L = mvr = n\frac{h}{2\pi} \tag{3-9}$$

式中，m 和 v 分别代表电子的质量和速度；r 为轨道半径，h 为普朗克常量；n 为量子数，取 1、2、3 等正整数。轨道角动量的量子化意味着轨道半径受量子化条件的制约，从距核最近的一条轨道算起，n 值分别为 1, 2, 3, 4, 5, 6, 7(图 3-32 中只画出了 $n=1, 2, 3$)。根据假定条件算得 $n=1$ 时允许轨道的半径为 53 pm，这就是著名的玻尔半径。

(2) 关于轨道能量量子化的概念。电子轨道角动量量子化也意味着能量量子化，即原子只能处于上述条件所限定的几个能态，不可能存在其他能态。所有这些允许能态统称为定态(stationary state)。n 值为 1 的定态为基态(ground state)，其余的定态都是激发态(excited state)。基态是能量最低即最稳定的状态。各激发态的能量随 n 值增大而增加。正常情况下的氢原子处于基态，只有从外部吸收足够能量时才能到达激发态。

(3) 关于能量的吸收和发射。玻尔模型认为，只有当电子从较高能态(E_2)向较低能态(E_1)跃迁时，原子才能以光子的形式放出能量(定态轨道上运动的电子不放出能量)，光子能量的大小取决于跃迁所涉及的两条轨道间的能量差。根据普朗克关系式，该能量差与跃迁过程产生的光子的频率成正比：

$$\Delta E = E_2 - E_1 = h\nu \tag{3-10}$$

如果电子由能量为 E_1 的轨道跃迁至能量为 E_2 的轨道，显然应从外部吸收同样的能量(图 3-32)。

2) 玻尔模型的实验验证

1897 年，美国天文学家皮克林(E. C. Pickering，1846—1919)在恒星弧矢增二十二的光谱中发现了一组独特的线系，称为皮克林线系。皮克林线系中有一些谱线靠近巴耳末线系，但又不完全重合，另外有一些谱线位于巴耳末线系两临近谱线之间。起初皮克林线系被认为是氢的谱线，然而玻尔

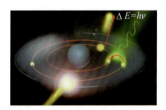

图 3-32　能量吸收或发射

提出皮克林线系是类氢离子 He⁺ 发出的谱线。随后英国物理学家埃文斯(L. Evans，1945—)在实验室中观察了 He⁺ 的光谱，证实玻尔的判断完全正确。

在玻尔提出玻尔模型几乎同一时期，英国物理学家莫塞莱(H. G. J. Moseley，1887—1915)测定了多种元素的 X 射线标识谱线，发现它们具有确定的规律性，并得到了经验公式——莫塞莱定律。莫塞莱看到玻尔的论文，立刻发现这个经验公式可以由玻尔模型导出，为玻尔模型提供了有力的证据。

1914 年，两位德国著名物理学家弗兰克(J. Franck，1882—1964)和赫兹(G. L. Hertz，1887—1975)进行了用电子轰击汞蒸气的实验，即弗兰克-赫兹实验。实验结果显示，汞原子内确实存在能量为 4.9 eV 的量子态。1920 年，弗兰克和赫兹又继续改进实验装置，发现了汞原子内部更多的量子态，有力地证实了玻尔模型的正确性。

1932 年，尤雷(H. C. Urey)观察到了氢的同位素氘的光谱，测量到了氘的里德伯常数，和玻尔模型的预言符合得很好。

3) 索末菲模型

随着光谱实验水平的提高，人们发现光谱具有精细结构。1896 年，迈克耳孙和莫雷观察到了氢光谱的 H_α 线是双线，随后又发现是三线。玻尔提出这可能是电子在椭圆轨道上做慢进动引起的。1916 年德国物理学家索末菲(A. Sommerfeld，1868—1951)在玻尔模型的基础上将圆轨道推广为椭圆形轨道，并且引入相对论修

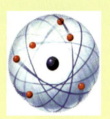

从有核模型到定态跃迁模型

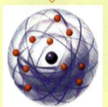

埃文斯

莫塞莱

尤雷

正，提出了索末菲模型。他认为应增加一个径量子数 n_r，这时

$$n = n_r + k \quad (3\text{-}11)$$

在考虑椭圆轨道(图 3-33)[93]和相对论修正后，索末菲计算出了 $H_α$ 线的精细结构，与实验相符。然而进一步的研究发现，这样的解释纯属巧合。$H_α$ 线的精细结构有 7 条，必须彻底抛弃电子轨道的概念才能完全解释光谱的精细结构。

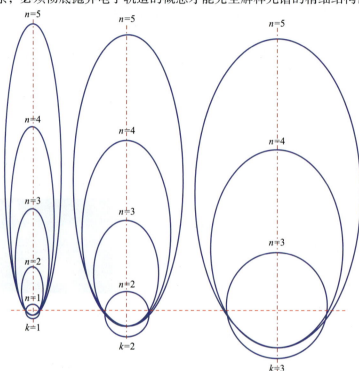

图 3-33　在 $k=1,2,3$ 时氢原子的玻尔-索末菲轨道

[3] 成功之处

(1) 能满意地解释实验观察到的氢原子及 He^+、Li^{2+}、B^{3+} 类氢离子的光谱(表 3-7)。放电管中众多基态氢原子的电子受到激发后，随吸收的能量不同而处于各个不同的激发态。由高能态跳回低能态(包括基态和能量较低的激发态)时，发射出频率满足式(3-10)的光。这种情况示意于图 3-28，莱曼系谱线相应于 n 值为 2～7 的各激发态向基态($n=1$)的跃迁，巴耳末系谱线相应于 n 值为 3～7 的各激发态向 n 值为 2 的激发态的跃迁等。由玻尔理论算得的谱线频率与实验观察到的频率完全一致，而且可以导出式(3-7)经验关系式本身。

表 3-7　氢的原子光谱值

波型	$H_α$	$H_β$	$H_γ$	$H_δ$
计算值/nm	656.2	486.1	434.0	410.1
实验值/nm	656.3	486.1	434.1	410.2

(2) 能够说明原子的稳定性。

(3) 对其他发光现象(如 X 射线的形成)也能解释。

(4) 能计算氢原子的电离能(图 3-34)。

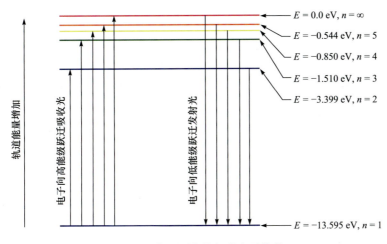

图 3-34 氢原子各能级的电子能量

[4] 问题所在

虽然玻尔模型受到不少大物理学家的首肯，但玻尔模型将经典力学的规律应用于微观的电子，不可避免地存在一系列困难。根据经典电动力学，做加速运动的电子会辐射出电磁波，致使能量不断损失，而玻尔模型无法解释为什么处于定态中的电子不发出电磁辐射。玻尔模型对跃迁的过程描写含糊。因此，玻尔模型提出后并不被物理学界所欢迎，还遭到了包括卢瑟福、薛定谔在内的诸多物理学家的质疑。玻尔曾经的导师、剑桥大学的汤姆孙拒绝对其发表评论。薛定谔甚至评价称"糟透的跃迁"[94]。

玻尔模型无法揭示氢原子光谱的强度、精细结构和氢原子光谱在磁场中的分裂，也无法解释稍微复杂一些的氦原子(多电子原子)的光谱。因此，玻尔在领取 1922 年诺贝尔物理学奖时称："这一理论还是十分初步的，许多基本问题还有待解决。"

玻尔模型引入了量子化的条件，但它仍然是一个"半经典半量子"的模型。例如，他的计算是在"氢原子中的电子围绕原子核做圆周运动，运动的轨道是经典轨道。电子做圆周运动的向心力是由电子和原子核之间的库仑力提供的"前提下，用处理宏观物体运动的方法(牛顿定律)处理微观微粒的运动，结果必然是错的。完全解决原子光谱的问题必须彻底抛弃经典的轨道概念。所以，我们称玻尔理论只"踏在了量子力学的门槛"。

尽管玻尔模型遇到了诸多困难，它仍显示出量子假说的生命力，为经典物理学矢量子物理学发展铺平了道路。

玻尔是丹麦物理学家，哥本哈根学派的创始人。1885 年 10 月 7 日生于哥本哈根，1903 年进入哥本哈根大学数学和自然科学系，主修物理学。1907 年以有关水的表面张力的论文获得丹麦皇家科学文学院的金质奖章，并先后于 1909 年和 1911 年以关于金属电子论的论文获得哥本哈根大学的科学硕士和哲学博士学位。随后去英国学习，先在剑桥汤姆孙主持的卡文迪许实验室，几个月后转赴曼彻斯特，参加了以卢瑟福为首的科学集体，从此和卢瑟福建立了长期的密切关系。1913 年玻尔任曼彻斯特大学物理学助教，1916 年任哥本哈根大学物理学教授，1917 年当选为丹麦皇家科学院院士。1920 年创建哥本哈根理论物理研究所并任所长。1922年玻尔荣获诺贝尔物理学奖。1923年接受英国曼彻斯特大学和剑桥大学名誉博士学位。1937年5～6月间，玻尔曾到中国访问和讲学。1939年任丹麦皇家科学院院长。第二次世界大战开始后，丹麦被德国法西斯占领，玻尔为躲避纳粹的迫害，于1943年逃往瑞典。1944年玻尔在美国参加了和原子弹有关的理论研究。1947年丹麦政府为了表彰玻尔的功绩，封他为"骑象勋爵"。1952年玻尔倡议建立欧洲原子核研究中心(CERN)，并且自任主席。1955年他参加创建北欧理论原子物理学研究所，担任管委会主任。同年丹麦成立原子能委员会，玻尔被任命为主席。

玻尔对原子科学的贡献使他成为20世纪上半叶与爱因斯坦并驾齐驱、最伟大的物理学家之一：在1913年创立了原子结构理论，为20世纪原子物理学开辟了道路；创建了著名的"哥本哈根学派"；创立互补原理；取得在原子核物理方面的成就。

5. 量子化的原子结构模型

[1] 科学基础

1) 微观粒子的波粒二象性与德布罗意公式

(1) 物质波概念形成的基础。当人们对光的本性有了进一步的认识，即从光的干涉、衍射、偏振等现象认识到表现出光的波动性质，而从光电效应等光与物质相互作用的现象中又表现出光的粒子性时，历经三个多世纪的波动说和微粒说的争论，由光的波粒二象性的观点所代替，为微观粒子波粒二象性的提出打下了坚实的基础。

德布罗意

(2) 物质波概念的孕育时期。德布罗意(L. Duc de Broglie，1892—1987)的物质波概念是逐步形成的，他有一个独创性的科学思维方法：一是敏锐的科学观察力和吸收前人的长处。例如，对爱因斯坦1905年关于光量子的论文，以及爱因斯坦后来的一些工作，即光不仅具有能量，而且还具有动量，这已使光具有波粒二象性的认识，吸收了其他学者物理思想中的精华。二是巧妙地利用了"假说"。早年他曾读过法国科学家庞加莱(J. H. Poincaré，1854—1912)的《科学与假设》，对假设法已有所了解。但是在运用假设法时，一直坚持唯物主义的思想倾向，一直追随爱因斯坦的实在论思想路线，绝不是凭空而说。在他物质波"假说"之前，已经获得大量的信息：光的波粒二象性，玻尔的量子条件自身直接提示电子具有波动性，康普顿效应从侧面也肯定了他认为的X射线的双重性。这都为他的假设铺平了道路。三是德布罗意在他的研究过程中还运用了类比的方法。他有这样的思考：几何光学是波动光学的近似，几何光学的规律可以归结为费马的最小光程原理，经典力学的基本规律可以归结为最小作用原理，二者在数学形式上完全类似，是否经典力学也是一种"波动力学"的近似呢？这样，才有了他独创性理论的建立。

庞加莱

朗之万

(3) 物质波概念的建立过程。光的波动和粒子两重性被发现后，许多著名的物理学家感到困扰。年轻的德布罗意却由此得到启发，大胆地把这两重性推广到物质客体上去。他在1923年9～10月间，连续在《法国科学院通报》上发表了三篇短文：《辐射——波和量子》、《光学——光量子、衍射和干涉》、《物理学——量子、气体动理论及费马原理》，在1924年通过的博士论文《量子论研究》中他作了系统阐述，提出了德布罗意波(相波)理论。在这篇论文里，他详细地解释了他所创建的电子波理论。这包括根据爱因斯坦和普朗克对于光波的研究，而推论出来的关于物质的波粒二象性：任何物质同时具备波动和粒子的性质。德布罗意认为，既然电磁波具有类似于微粒的性质，运动中的微粒就应当具有类似于波的性质。他给出了由微粒质量(m)和运动速度(v)计算运动物体波长(λ)的公式：

$$mv = p = h/\lambda \tag{3-12}$$

该理论后被薛定谔接受而导致了波动力学的建立，并且把爱因斯坦关于光的波粒二象性的思想加以扩展。后来薛定谔解释波函数的物理意义时称为物质波(matter wave)。德布罗意的新理论在物理学界掀起了轩然大波。这种在并无实验证据的条件下提出的新理论使得人们很难接受。连德布罗意的老师法国重要的物理学家朗之万(P. Langevin，1872—1946)也很难相信这个论点，但论文的内容实在是太过让人惊叹，不能确定是否有瑕疵，所以寄给爱因斯坦一份，寻求他的意见。爱因斯坦那时候很忙，正在研究玻色-爱因斯坦统计，抽不出时间仔细阅读，只能稍微翻了一下。他意识到论文很有分量，兴奋地回信："他已经掀起了面纱的一角！"爱因斯坦将论文送去柏林科学院[95]，因而使得该理论广知于物理学界[96]。

(4) 电子的波动性实验。1927年，两位美国科学家戴维森(C. Davission，1881—1958)和革末(L. H. Germer，1896—1971)应用Ni晶体进行的电子衍射实验证实了德布罗意的假设：电子具有波动性(图3-35)。将一束电子流经一定电压加速后通过金属单晶体，像单色光通过小圆孔一样发生衍射现象，在感光底片的屏幕上得到一系列明暗相间的衍射环(图3-36)[97]。有趣的是，算得的数值与德布罗意公式得到的波长之间的误差不超过1%！衍射环的出现与电子束强度(电子的数量)无关，换而言之，即使电子速弱到电子一个一个地穿过晶体中金属原子之间的狭缝，只要时间足够长，感光屏上照样出现同样的衍射环。

戴维森和革末

Ni的电子衍射图

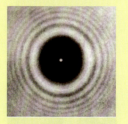

光子衍射图

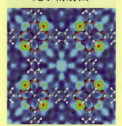

中子衍射图

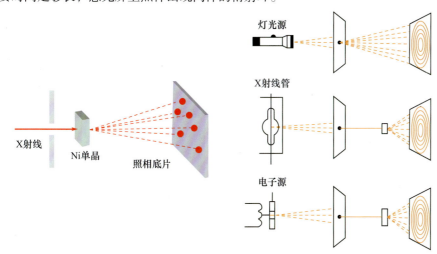

图3-35 电子衍射实验图

图3-36 可见光、X射线和电子束得到相似的衍射图

电子衍射的发现证实了德布罗意提出的物质波假设，构成了量子力学的实验

玻恩

基础。另外,电子衍射的实验方法也为研究物质结构提供了一种新工具。

(5) 电子的波动性的统计解释。对图 3-36 那样的电子衍射环,科学上目前普遍接受量子力学奠基人之一玻恩(M. Born, 1882—1970)的"统计解释":若电子流较强,即单位时间里射出的电子多,则很快得到明暗相间的衍射环纹;若电子流强度相当小,电子一个一个通过光栅,底片上会出现一个一个点,表明电子具有粒子性,而且无法预测电子会出现在什么位置,随着时间的推移,点的数目逐渐增多,当射出的电子数目和强电子流射出的数目相同时,衍射环纹也和强电子流的环纹一样,从而显示出电子的波动性,即电子的波动性与其微粒行为的统计性规律相联系。虽然人们无法得知每个电子落在感光屏的哪个部位,但统计结果却能显示电子在不同区域出现的机会。因此,电子的波动性可以看成是电子的粒子性的统计结果。出现机会多(概率大)的区域就是微粒波强度大的区域,反之亦然。从这个意义上讲,实物的微粒波是概率波,是性质上不同于光波的一种波。

德布罗意是法国物理学家。出身贵族,父母早逝,从小就酷爱读书。中学时代显示出文学才华,在大学里接受文科教育,1910 年获巴黎大学文学学士学位。1911 年,他听到作为第一届索尔维物理讨论会秘书的莫里斯谈到关于光、辐射、量子性质等问题的讨论后,激起了强烈兴趣,特别是他读了庞加莱的《科学的价值》等书后,转向研究理论物理学。1913 年,他获理学硕士学位。第一次世界大战期间,他在埃菲尔铁塔上的军用无线电报站服役。他的哥哥是 X 射线方面的专家,战后他一方面参与他哥哥的物理实验工作,一方面拜朗之万为师,研究与量子有关的理论物理问题,攻读博士学位。1924 年 11 月,德布罗意在博士论文中阐述了著名的物质波理论,并指出电子的波动性。这一理论为建立波动力学奠定了坚实基础。由于德布罗意的杰出贡献,他获得了很多的荣誉:1929 年获法国科学院亨利·庞加莱奖章,同年又获诺贝尔物理学奖,1932 年获摩纳哥阿尔伯特一世奖,1952 年联合国教科文组织授予他一级卡琳加奖,1956 年获法国科学研究中心的金质奖章。德布罗意于 1933 年当选为法国科学院院士,1942 年以后任数学科学常务秘书,他还是华沙大学、雅典大学等六所著名大学的荣誉博士,是欧、美、印度等 18 个国家和地区的科学院院士。

海森堡与玻尔
共同讨论问题

海森堡

2) 不确定性原理

(1) 不确定性原理的产生。将电子以波函数描述的一个后果就是,从数学上无法同时给出一个电子的位置和动量,即海森堡(W. Heisenberg, 1901—1976)于 1927 年发表的不确定性原理[98]。在量子力学里,不确定性原理(uncertainty principle)表明,粒子的位置与动量不可同时被确定,位置的不确定性与动量的不确定性遵守不等式:

$$\Delta x \cdot \Delta p \geqslant h/(4\pi) \tag{3-13}$$

式中,Δx 和 Δp 分别表示位置不精确量和动量不精确量;h 为普朗克常量。关系式表明:Δx 越小,Δp 就越大,以确保两项的乘积不小于 $h/(4\pi)$。或者说,位置测定得越准确,测得的动量就越不准确,反之亦然。事实上,迄今未能找到一种既不改变电子位置、又不改变电子动量的实验方法以同时精确测定其位置和动量。

因为论文中给出了该原理的原本启发式论述,该原理又称为"海森堡不确定性原理"[99]。

(2) 海森堡显微镜实验。为了解释不确定性原理，海森堡设计出 γ 射线显微镜假想实验[100]。实验者朝着电子发射出一个光子来测量电子的位置和动量(图 3-37)。波长短的光子可以很准确地测量到电子位置，但是它的动量很大，而且会因为被散射至随机方向，转移了一大部分不确定的动量给电子。波长很长的光子动量很小，该散射不会大大地改变电子的动量，可是电子的位置也只能大约地被测知。根据瑞利判据，显微镜准确分辨电子位置 Δx 的不确定性约为

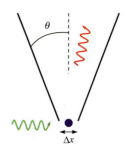

图 3-37 海森堡显微镜实验假想

$$\Delta x \approx f \lambda / D \tag{3-14}$$

式中，f 为显微镜的焦距；λ 为光子波长；D 为孔径的直径。

假设电子原本的位置是在显微镜的焦点

$$\tan\theta = D / 2f \tag{3-15}$$

式中，θ 为孔径角，对于小角弧，$\tan\theta \approx \theta$。所以

$$\Delta x \approx \lambda / 2\theta \tag{3-16}$$

由于动量守恒定律，光子的碰撞会改变电子的动量。根据康普顿散射理论，电子动量的不确定性

$$\Delta p \approx p \sin(2\theta) \approx 2h\theta / \lambda \tag{3-17}$$

式中，$p = h/\lambda$ 为光子的动量；h 为普朗克常量。

对于该测量运作，位置不确定性和动量不确定性的乘积关系为

$$\Delta x \cdot \Delta p \approx h \tag{3-18}$$

这是海森堡不确定性原理的近似表达式[101]。

图 3-37 为海森堡假想测量电子(蓝点)位置的 γ 射线显微镜。波长为 λ 的侦测 γ 射线(以绿色表示)被电子散射后，进入孔径角为 θ 的显微镜。散射后的 γ 射线以红色表示。在经典光学里，分辨电子位置的不确定性利用：

$$\Delta x = \lambda / 2\theta \tag{3-16}$$

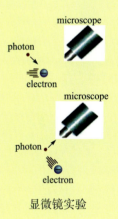

显微镜实验

(3) 海森堡不确定性原理的重要暗示。根据玻尔模型，电子具有简洁并可以完全确定的轨道，该论点不兼容于不确定性原理，至此玻尔模型迅速被新理论淘汰。海森堡不确定性原理的重要暗示是：不可能存在卢瑟福和玻尔模型中行星绕太阳那样的电子轨道。因为不确定原理可以使我们解释前面理论中不可理解的几个问题[102]：

可以解释电子为什么不会落到原子核上。

若原子核的线度只有 10 m，如果电子落到原子核上，它的位置不确定量就会为 10 m 左右。此时，按照式(3-12)，电子动量 p 的坐标分量 p_x 的不确定量应为

$$\Delta p_x \geqslant \frac{h}{4\pi \Delta x} \approx 10^{-19} \text{ kg} \cdot \text{m} \cdot \text{s}^{-1} \tag{3-19}$$

由 Δp_x 定义可算得电子的平均动能至少为

$$\overline{E_x} = \frac{\overline{p^2}}{2m_e} = 3\frac{(\Delta p_x)^2}{2m_e} = 1.85 \times 10^{-8} \text{ J} \tag{3-20}$$

与此动能相对应的电子速度约为 $2\times10^{11}\,\text{m}\cdot\text{s}^{-1}$，已远远超过光速，这是违背相对论原理的，是不可能实现的。

可以解释原子为什么具有稳定基态。

如果一个电子的能态只停留 Δt 时间，电子能量状态就不能完全确定，而是有一个不确定范围：

$$\Delta E \geqslant \frac{h}{4\pi\Delta t} \tag{3-21}$$

只有当电子处于稳定状态，即维持时间无限长 $\Delta t \to \infty$ 时，它的能量状态才是完全确定的，即 $\Delta E=0$，亦即在任何时间内能量始终保持定值，即原子具有稳定基态。

可以解释电子为什么不能静止。

什么是静止？就是当电子所处位置不变，即在 x_0 处，且速度也总是确定的，总是为零。这就相当于说同时具有确定位置 $x=x_0$ 及速度 $v=0$。这与不确定关系相违背，因此不能实现。原子中的电子总是在运动而不能静止就是这个道理。基态电子能量 $E_1 = -13.6\,\text{eV} \neq 0$ 也恰好说明了这一点。这种电子的运动会产生抵抗压缩的力量，原子内大部分是"空"的。

可以解释电子在一定轨道上绕原子核运行为什么没有意义。

假设电子处于基态，则其动能为 $E_1 = -13.6\,\text{eV} = 2.18\times10^{-18}\,\text{J}$，相应的动量不确定量为

$$\Delta p_x = \sqrt{\overline{p^2}/3} = \sqrt{2m\overline{E_1}/3} = 1.15\times10^{-24}\,\text{kg}\cdot\text{m}\cdot\text{s}^{-1} \tag{3-22}$$

由不确定关系式知电子位置的不确定量为

$$\Delta x \geqslant \frac{h}{4\pi\Delta p_x} = 9.18\times10^{-11}\,\text{m} \tag{3-23}$$

超过了玻尔理论中基态轨道半径 $5.29\times10^{-11}\,\text{m}$，约为电子自身线度 $5.6\times10^{-15}\,\text{m}$ 的 10^4 倍以上。因此，我们无法确定电子在原子中的确切位置。那么，正是这种不确定性暗示，电子不可能按照玻尔模型中行星绕太阳那样的轨道运动，从而在微观世界中，不得不放弃经典物理的轨道概念。

海森堡是德国物理学家，量子力学的创始人之一，"哥本哈根学派"代表性人物。于20世纪20年代创立了量子力学，用于研究电子、质子、中子以及原子和分子内部的其他粒子的运动，引发了物理界的巨大变革，开辟了20世纪物理时代的新纪元。1932年，海森堡因为创立量子力学以及由此导致的氢的同素异形体的发现而荣获诺贝尔物理学奖。他对物理学的主要贡献是给出了量子力学的矩阵形式(矩阵力学)，提出了测不准原理(又称海森堡不确定性原理)和 S 矩阵理论等。他的《量子论的物理学基础》是量子力学领域的一部经典著作。

除了获得普朗克奖章、德国联邦十字勋章等奖章，诺贝尔物理学奖等奖项外，海森堡还被布鲁塞尔大学、卡尔斯鲁厄大学和布达佩斯大学授予荣誉博士头衔。他是伦敦皇家学会的会员，以及哥廷根、巴伐利亚、萨克森、普鲁士、瑞典、罗马尼亚、挪威、西班牙、荷兰、罗马、美国等众多国家科学学会的成员，德国科学院和意大利科学院的院士。1953年成为洪堡基金会的主席。

[2] 核外电子运动状态的描述

1) 薛定谔方程

德布罗意物质波理论和海森堡不确定性原理说明微观粒子既具有波粒二象性，又不能同时准确地测定其位置和动量，也就是说微观粒子不会有确定的轨道。1926年，薛定谔(E. Schrödinger，1887—1961)受到这一想法的启发，开始探究电子的运动行为：以波的形式去表述，是否会比以粒子的形式表述更为贴切？在1926年所发表的薛定谔方程里[103]，他将电子以波函数的方式描述，而不再将其表述为点粒子。这种表述方法解释了许多玻尔模型所不能解释的现象。尽管波函数的概念在数学上非常简洁，但是它的物理图像是难以想象的，因而在当时遭遇到一些反对意见。这时，玻恩提出波函数描述的不是电子自身的状态，而是它所有可能的状态，因而可用于计算电子在核周围某一位置出现的概率。这调和了两种对立的描述电子的方式：将它描述为波还是将它描述为粒子，并由此引入了波粒二象性理论。这一理论提出电子既具有波的属性，如它可以发生衍射；又具有粒子的属性，如它有质量。

薛定谔

薛定谔方程是一个二阶偏微分方程，它的形式如下：

$$\frac{\partial^2 \psi}{\partial x^2} + \frac{\partial^2 \psi}{\partial y^2} + \frac{\partial^2 \psi}{\partial z^2} = -\frac{8\pi^2 m}{h^2}(E-V)\psi \tag{3-24}$$

式中，h 为普朗克常量；m 为微粒的质量；E 为体系的总能量(动能与势能之和)；V 代表势能；x，y，z 为微粒的空间坐标；ψ 为描写特定微粒运动状态的波函数。

不难看出，方程中既包含体现微粒性的物理量(如 m)，也包含体现波动性的物理量(如 ψ)。所谓求解薛定谔方程，就是求得描述微粒运动状态的波函数 ψ 以及与该状态相对应的能量 E。可见在量子力学中是用波函数和与其对应的能量来描述微观粒子运动状态的。求解得到的 ψ 不是具体数值，而是包括三个常数项(n，l，m)和三个变量(x，y，z)的函数式 $\psi_{n,l,m}(x, y, z)$。由于原子核具有球形对称的库仑场，人们更喜欢用球极坐标代替直角坐标，对应的函数式为 $\psi_{n,l,m}(r, \theta, \varphi)$。两种坐标之间的关系(图3-38)为

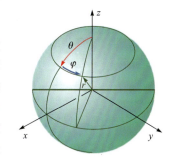

图 3-38　极坐标与直角坐标的关系

$$x = r\sin\theta\cos\varphi,\ y = r\sin\theta\sin\varphi,\ z = r\cos\theta, r = \sqrt{x^2+y^2+z^2}$$

2) 波函数与原子轨道

数学上由薛定谔方程解得的 $\psi_{n,l,m}(r,\theta,\varphi)$ 可以有许多个解，但物理意义上并非都是合理的。为了得到描述电子运动状态的合理解，三个常数项(n，l，m)只能按一定的规则取值。将有合理解的函数式称为波函数(wave function)，它们以 n，l，m 的合理取值为前提。既然 n，l，m 是描述原子轨道的量子数，借用经典力学中描述物体运动的"轨道"的概念，把波函数称作原子轨道(atomic orbital)，即

波函数 = 薛定谔方程的合理解 = 原子轨道

这里需要特别提醒注意：此处所指的原子轨道与玻尔原子模型所指的原子轨

— 167 —

道截然不同。前者指电子在原子核外运动的某个空间范围,后者是指原子核外电子运动的某个确定的圆形轨道。有时为了避免与经典力学中的玻尔轨道相混淆,又称为原子轨函(原子轨道函数之意),即波函数的空间图像就是原子轨道,原子轨道的表示式就是波函数。为此,波函数与原子轨道常作同义语混用。

不同的 n, l, m 量子数的原子轨道会有不同的波函数表现形式。例如,$n=1$,$l=0$,$m=0$ 的原子轨道的波函数可用下式表示:

$$\psi_{1,0,0} = \sqrt{\frac{1}{\pi}}\left(\frac{Z}{a_0}\right)^{3/2} e^{-\rho/2} \tag{3-25}$$

而 $n=2$,$l=1$,$m=0$ 时

$$\psi_{2,1,0} = \frac{1}{4\sqrt{2\pi}}\left(\frac{Z}{a_0}\right)^{5/2} r e^{-\frac{Zr}{2a_0}} \cos\theta \tag{3-26}$$

其余不同 n、l、m 量子数的原子轨道的波函数表现形式可参考有关结构化学和量子化学方面的书籍[104-107]。

3) 原子轨道的图形描述

(1) 原子轨道的角度分布。$\psi_{n,l,m}(x, y, z)$ 是薛定谔方程的合理解,是原子轨道的数学表达形式。但由于这是一个三维空间函数,求解薛定谔方程得到的波函数是一系列复杂的数学方程。讨论大多数化学问题时,经常使用波函数的空间图像而不是波函数本身,如用图形表示电子的运动状态则比较直观,更易说明问题。将薛定谔方程变量分离可得:

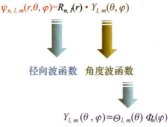

可以看出 $R_{n,l}(r)$ 只是 r 的函数,称为原子轨道的径向波函数(radial wave function),只与 n,l 有关;$Y_{l,m}(\theta, \varphi)$ 称为原子轨道的角度波函数(angular wave function)。后者表示如下意义:① 表示原子轨道在空间伸展的极大值方向及原子轨道正负号(对称性);② 用于判断能否形成化学键及成键的方向(分子结构理论:杂化轨道、分子轨道,参见 5.3 节)。

从坐标原点出发,引出方向为 (θ, φ) 的直线,取其长度为 Y。将所有这些线段的端点连起来,在空间形成一个曲面,得到的图形是 Y 的球坐标图,称为原子轨道的角度分布图。例如,对于 $Y_{p_z} = \cos\theta$,可由所得数据(表 3-8)描绘出其原子轨道的角度部分(图 3-39)。应该注意的是,分布图应是 xy 平面上下各一个球形,而图 3-39 只是这个分布图的 xy 截面。各部分的"+"号和"−"号是根据 Y 的表达式计算的结果。通过类似的方法,可以画出 s、p、d 各种原子轨道的角度分布图(图 3-40)。由于波函数角度分布图取决于 l 及 m,与主量子数 n 无关,因此 Y_{1s}、Y_{2s}、Y_{3s} 等图形是相同的,Y_{2p_x}、Y_{3p_y}、Y_{4p_z} 是相等的。

表 3-8　不同 θ 与相对应的 Y_{p_z}、$|Y_{p_z}|^2$ 值

$\theta/(°)$	$Y=\cos\theta$	$|Y|^2=\cos^2\theta$
0	1.00	1.00
15	0.97	0.94
30	0.87	0.75
45	0.71	0.50
60	0.50	0.52
90	0.00	0.25
120	−0.50	0.25
135	−0.71	0.50
150	−0.87	0.75
165	−0.97	0.93
180	−1.00	1.00

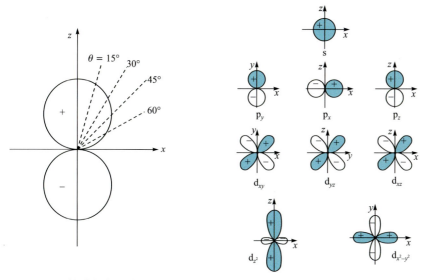

图 3-39　p_z 轨道的角度分布图　　图 3-40　原子轨道的角度分布图

(2) 原子轨道的径向分布。波函数 $R(r)$ 在任意方向角度上随 r 变化所作的图为原子轨道径向分布图，用来表示原子轨道径向部分随 r 的变化。若以 $R(r)$ 为纵坐标，r 为横坐标作图，可得波函数的径向分布图(图 3-41)。

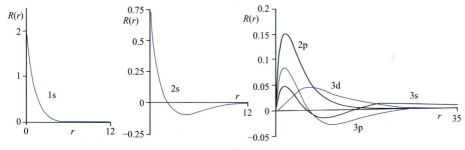

图 3-41　波函数的径向分布图

由图 3-41 可见，s 轨道的径向分布与 p、d 明显不同，s 轨道离核越近时，正值越大，1s 只取正值，2s 图形由正变负，3s 有正—负—正的变化。2p、3p、3d 原

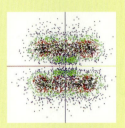

利用 matlab 模拟氢原子核外电子的概率密度

子轨道的径向部分离核较近，径向函数值为零。径向函数值为零的点称为节点，显然节点数等于 $n-l$。

4) 概率密度的图形描述

(1) 概率密度(probability density)。根据测不准关系，不可能推测核外某一电子在某一瞬间所处的位置，但是对大量或一个电子的千百万次运动，可以用统计的方法判断电子在核外空间某区域内出现机会的多少，发现有明显的统计规律性。把电子在某空间区域内出现的机会称为概率，显然出现机会多的概率大，出现机会少的概率小。

波函数与水波、声波等机械波不同，它没有直观的物理意义。波函数的物理意义是通过$|\psi|^2$体现的。$|\psi|^2$代表核外空间某处单位微体积中电子出现的概率，即概率密度。根据光的衍射图，光的强度与光子的密度成正比，电子的衍射图与光的行为一样，衍射强度大的地方(亮环)，电子出现的概率大，反之则小。由此也可以证明，衍射强度与电子密度成正比，所以$|\psi|^2$值的大小可以反映电子出现的概率密度大小(图3-42)。

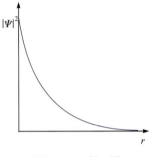

图 3-42 $|\psi|^2$-r 图

考虑一个离核距离为 r、厚度为 Δr 薄层球壳。以 r 为半径的球面其面积为 $4\pi r^2$，故薄球壳的体积为 $4\pi r^2 \Delta r$。已知概率密度为$|\psi|^2$，则

$$\text{概率} = \text{概率密度} \times \text{体积}$$
$$= |\psi|^2 4\pi r^2 \mathrm{d}r$$
$$= R_{n,l}^2(r) 4\pi r^2 \mathrm{d}r \tag{3-27}$$

代入径向分布函数 $R(r)$，令 $D(r) = |\psi|^2 4\pi r^2 = R_{n,l}^2(r) 4\pi r^2$，则

$$\text{概率} = D(r) \mathrm{d}r \tag{3-28}$$

如以 $D(r)$ 为纵坐标，以 r 为横坐标，则得到电子云的径向分布图(图 3-43)。其峰数为 $(n-l)$，节面为 $(n-l-1)$。

对于类氢体系 1s 轨道的径向分布函数可用图 3-44 表示。图中蓝色曲线的意义与图 3-42 相同，即离核越近，电子出现的概率密度(单位体积内的概率)越大；图中红色曲线的纵坐标为 $4\pi r^2 R^2$，是 $4\pi r^2$ 曲线和 R^2 曲线的合成曲线，曲线在 $r=53$ pm 处出现极大值，表明电子在距核 53 pm 的单位厚度球壳内出现的概率最大，恰好等于氢原子的玻尔半径。

(2) 电子云。为了形象地表示核外电子运动的概率分布情况，习惯用小黑点分布的疏密表示电子出现概率密度的相

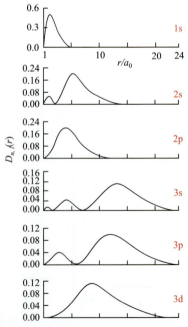

图 3-43 氢原子各种状态的径向分布图

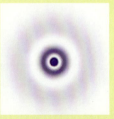

电子云

对大小。小黑点较密的地方,表示概率密度较大,单位体积内电子出现的机会多。用这种方法来描述电子在核外出现的概率密度分布所得的空间图像称为电子云。

既然以小黑点的疏密来表示概率密度大小所得的图像称为电子云,概率密度又可以直接用$|\psi|^2$来表示,那么若以$|\psi|^2$作图,应得到电子云的近似图像(图 3-45)。

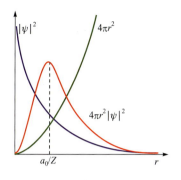

图 3-44 类氢体系 1s 轨道的径向分布函数

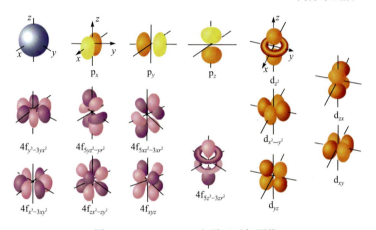

图 3-45 s、p、d、f 电子云近似图像

将$|\psi|^2$的角度分布部分($|Y|^2$)作图,所得的图像"云",称为电子云角度分布图(图 3-46)。电子云的角度分布剖面图与相应的原子轨道角度分布剖面图基本相似,但有两点不同:① 原子轨道角度分布图带有正、负号,而电子云角度分布图均为正值(习惯不标出正号);② 电子云角度分布图比原子轨道角度分布图要"瘦"些,这是因为 Y 值一般是小于 1 的,所以$|Y|^2$值就更小些。

从以上介绍可以看出:原子轨道和电子云的空间图像既不是通过实验,更不是直接观察到的,而是根据量子力学计算得到的数据绘制出来的。

然而,科学研究的进展是飞速的。2008 年,美国《物理评论快报》发表了瑞典兰德大学(Lander University)科学家的一篇论文[108],报道他们首次拍摄到电子运动的连续画面(图 3-47),该成果被美国生活科学网评为当年最难以置信的五大科学发现之一。在此之前,科学家们都是用间接的方法研究电子运动的,如反映电子跃迁的氢原子光谱。但这类光谱只反映了电子运动的结果,而不是电子运动的过程。过去人们一直认为,拍摄电子运动轨迹是一件不可能完成的任务,因为电子运动速度极快,拍出的照片只能是模糊不清的连续画面。为了捕捉到电子运动的轨迹,必须使用极快的闪光,而这种闪光难以得到。如今,科学家研发出一种称为"阿秒脉冲"(1 as = 10^{-18} s)的瞬时强激光脉冲,让人类第一次拍摄到电子的运动图像。

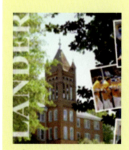

兰德大学

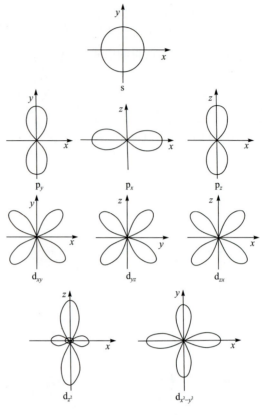

图 3-46 s、p、d 电子云角度分布

哈尔科夫大学

无独有偶，2011 年，乌克兰哈尔科夫大学物理技术学院伊格尔带领科研团队成功"制造"并捕捉到电子云的影像照片(图 3-48)[109]，这也是科学家首次获得电子云的照片。科研团队把石墨的单原子层薄膜拆解成碳原子链，并把碳原子链置于 4.2 K 的真空环境中，然后给碳原子连通 425 V 的电流，使边缘的原子释放电子到一个由磷制成的屏上，获得了电子云照片。

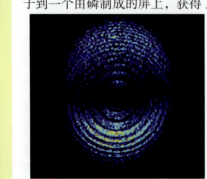

图 3-47 电子运动的连续画面

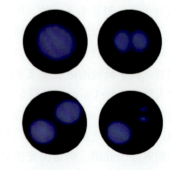

图 3-48 碳原子电子云(蓝色部分)的几种组合方式

薛定谔是奥地利著名的理论物理学家，量子力学的重要奠基人之一，同时在固体的比热、统计热力学、原子光谱及镭的放射性等方面的研究都有很大成就。薛定谔于 1887 年 8 月 12 日出生于奥地利首都维也纳，1906 年进入维

也纳大学,主修他喜爱的物理和数学。当时奥地利最杰出的理论物理学家玻耳兹曼所奠定的科学传统和哲学倾向直接或间接地影响了薛定谔一生的工作和思想。薛定谔对原子结构理论的发展贡献卓著,因而于1933年同英国物理学家狄拉克共获诺贝尔物理学奖。

[3] 描述电子运动状态的四个量子数

前面已经提及,为了得到薛定谔方程的合理解,三个常数项(n,l,m)只能按一定的规则取值,n,l,m 称作量子数。除了求解薛定谔方程引入的这三个量子数之外,还有一个描述电子自旋特征的量子数 m_s。这些量子数对描述电子的能量、原子轨道或电子云的形状和空间伸展方向以及多电子原子核外电子的排布是非常重要的。

1) 主量子数 n

主量子数(principal quantum number)表示原子中电子出现概率最大的区域离核的远近,是决定电子能级的主要量子数。例如,图 3-49 表示的 $n=1$、2、3、4 的 s 电子层。

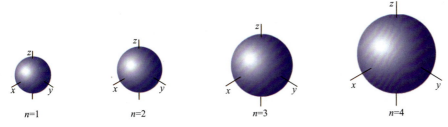

图 3-49　$n=1$,2,3,4 的 s 电子层

n 只能取 1、2、3 等正整数,迄今已知的最大值为 7。n 值越大,轨道能量越高。一个 n 值也表示一个电子层,与各 n 值对应的电子层符号如下:

n	1	2	3	4	5	6	7
电子层符号	K	L	M	N	O	P	Q

2) 角量子数 l

角量子数(azimuthal quantum number)的全称为轨道角动量量子数。顾名思义,它是决定轨道角动量的量子数,或者直观地看作决定轨道形状的量子数。l 的取值受制于 n 值,只能取 0 至包括 $(n-1)$ 在内的正整数(表 3-9)。一个取值对应于一个亚层(subshell 或 sublevel),电子层中亚层的数目随 n 值增大而增多。例如,$n=1$、2、3、4 的电子层分别有 1 个、2 个、3 个和 4 个亚层。像电子层可用符号表示一样,亚层也有自己的符号,$l=0$、1、2、3 的亚层分别为 s 亚层、p 亚层、d 亚层、f 亚层。同一层中各亚层的能级稍有差别,并按 s、p、d、f 的顺序增高。原子中电子的能级是由 n 和 l 两个量子数共同决定的。

表 3-9　角量子数 l 的允许取值

n	l			
1	0			
2	0	1		
3	0	1	2	
4	0	1	2	3
亚层符号	s	p	d	f

3) 磁量子数 m

同一亚层(l 值相同)中各条轨道对原子核的取向不同,磁量子数即描述轨道在空间的伸展方向。m 的允许取值为 $-l \sim +l$ 的正、负整数和 0 (表 3-10)。

表 3-10　磁量子数 m 的允许取值和亚层轨道数

l			m				轨道数
0(s)			0				1
1(p)		+1	0	−1			3
2(d)		+2	+1	0	−1	−2	5
3(f)	+3	+2	+1	0	−1	−2	−3	7

例如,$l=1$ 时,m 的允许取值为 +1、0 和 −1。三个取值意味着 p 亚层有三种取向,即三条轨道。根据同样的推论,s、d、f 亚层的轨道数分别为 1、5、7(图 3-45)。n 和 l 值相同的条件下,m 值不同的轨道具有相同的能级,这种能级相同的轨道互为等价轨道(equivalent orbital)。

4) 自旋量子数 m_s

原子光谱实验发现,强磁场存在时光谱图上的每条谱线均由两条十分靠近的谱线组成,人们将其归因于原子中电子绕自身轴的旋转,即电子的自旋(图 3-50)。自旋量子数(spin quantum number)是描述电子自旋运动的量子数。自旋运动使电子具有类似于微磁体的行为。m_s 的允许取值为 +1/2 和 −1/2,表示两种相反方向的自旋电子,分别用 ↑ 和 ↓ 表示。图 3-51 给出想象中的两种自旋方向和与之相关的磁场。在成对电子中,自旋方向相反的两个电子产生的反向磁场相互抵消,因而不显示磁性。

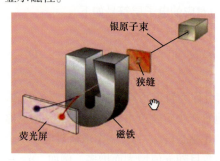

图 3-50　电子自旋的发现

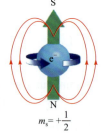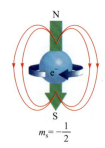

图 3-51　想象中的电子自旋

因此,原子中电子的运动与量子数就有如下的关系和表 3-11 的关系:

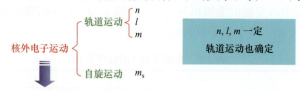

表 3-11　原子中电子的运动与量子数的关系

电子运动状态	量子数	n	1	2	3	n
		l	0	0,1	0,1,2	0,1,2,…,(n−1)
		m	0	0; 0,±1	0; 0, ±1; 0, ±1, ±2	0,±1,±2,…,±l
		m_s	$\pm\frac{1}{2}$	$\pm\frac{1}{2}$; $\pm\frac{1}{2}$	$\pm\frac{1}{2}$; $\pm\frac{1}{2}$; $\pm\frac{1}{2}$	$\pm\frac{1}{2}$
	每层状态数		2	8	18	$2n^2$
	符号		$1s^2$	$2s^2, 2p^6$	$3s^2, 3p^6, 3d^{10}$	

可以看出，原子的现代模型根据电子在某一位置出现的概率来描述一个原子内电子可能出现的位置。一个电子可以在距核任意距离的位置被发现，但取决于其所处能级，它会在一个特定的区域出现特别频繁，这一位置称为它所处的轨域。不同轨域可能具有不同形状，如球形、哑铃形或环形等，但都以原子核为中心[110]。

现在回到 3.2.2 节，关于原子的基本组成，似乎更为科学的说法应该是除上面讲的原子核(由基本粒子组成)、电子外，还应包括"电子云"。所以，我们赞赏关于原子组成的一种表示法(图 3-52)。

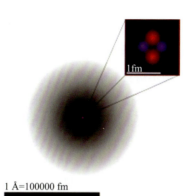

图 3-52　原子的结构
依据当今的理论模型，原子由一个致密的原子核与包围原子核的电子云构成

应该说，量子化的原子结构模型是迄今为止最为成功的原子结构模型。

3.4　原子核结构模型

1952 年，从暴露在宇宙射线中的核乳胶里发现超子(hyperon)。Λ 超子是中性粒子，质量是核子的 1.2 倍，寿命极短(2×10^{-10} s)，它可以取代一个中子构成超核。最早发现的超氚核由一个质子、一个中子和一个 Λ 超子组成。超核的发现打破了原子核只是由质子和中子组成的传统观念。但这里讨论的仍然是只由质子和中子组成的传统原子核的结构[111-119]。

原子核并非都是球形的。已经观测到或者已经预言的原子核形状多种多样。通常将核半径按球谐函数 $Y_{l,m}(\theta,\varphi)$ 展开的方法来描述原子核的形状，并将相应的形变称为 2^l 极形变(图 3-53)[120-121]。

比较重要的是四极形变，实际上已经观测到的最高极形变是 16 极形变。按照壳模型和集体模型的观点，幻数核多为球形，而偏离满壳的核为形变核，形变核可以分为长椭圆形、扁椭球圆形、三轴不对称形、梨形、香蕉形、纺锤形等。同时原子核还可能有形状共存现象。基态变形普遍存在于各个质量区，尤其值得注意的是超重核区也存在变形核和形状共存，而且结构更加丰富。而激发态核的形变则包含物理内容，如超形变带、回弯现象、同核异能态等都和形变直接相关。总之，原子核具有多种集体运动模式(或状态)，并且有多种模式共存和各种奇异的状态。

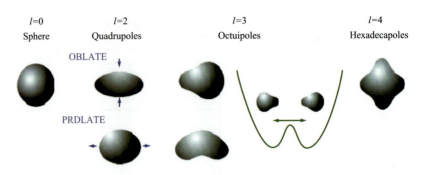

图 3-53　$l=0$、2、3、4 时对应的 2^l 极形变图示

3.4.1　原子核结构的研究方法

原子核是由中子、质子组成的。在对有关核子间相互作用力缺乏足够认识的情况下，不能直接运用核力来解决核结构的问题，即使核子间相互作用力知道得很清楚，要运用它来解决核结构问题，还必须首先解决量子力学的多体问题。

发展核模型的目的在于更准确地描述原子核的各种运动形态，以建立一个更为完整的核结构理论。由于人们对于核子间的相互作用性质、规律及机制并不完全清楚，不可能像经典物理那样，通过核子间的相互作用先建立一个核结构与核动力学理论，只能依靠所建立的模型对有实验数据的核素或能区进行理论计算，再与实验的结果相比较，根据比较结果调整模型，再通过模型理论估算没有实验数据的空缺能区，发展实验技术，补充空缺数据，再与理论估算相比较，如此循环往复，推动核结构理论的进展，这是一个艰苦而又漫长的探索过程。这就是半唯象的方法。模型法是研究原子核性质的一种重要方法。

除了半唯象的模型理论外，核结构的微观理论也有了巨大发展。微观理论对核子间核子作用力作一定假设后，代入多哈密顿量中借用某种近似方法进行求解，典型的如 Hartree-Fock 方法及其派生的理论。微观理论试图给模型理论提供比较可靠的物理依据并弥补模型理论在解释原子核性质时的某些不足。本书只简单介绍前一种方法。

3.4.2　原子核结构模型研究简介

在早期的原子核模型中，较有影响的有费米气体模型、玻尔的液滴模型、迈耶和詹森的独立粒子核壳层模型、集体模型与综合模型、玻色子模型等。其中最成功的是独立粒子核壳层模型。

当前，核模型研究的基本趋势是：在承认核具有壳层结构的基础上，分别考虑单粒子的运动、核的集体运动以及二者之间作用的耦合。所以，壳层模型是原子核结构研究的基础，综合模型是研究的重点与热点。

1. 质子-中子模型

在查德威克发现中子以前，流行的原子核模型为质子-电子模型[122-123]。但这个模型存在很多问题，如在氮气的分子光谱中，偶数转动能级的跃迁要比奇数转动能级的强烈，这说明偶数能级上的集居数比奇数能级的大。根据量子力学和泡利不相容原理，这意味着 N-14 核的自旋是约化普朗克常量 $\hbar$(普朗克常量除以 2π)

的整数倍[124-125]。这个结果同质子-电子模型相悖。质子和电子的自旋皆为 $1/2\hbar$。如果一个氮核由 14 个质子和 7 个电子组成，无论怎样组合也无法得到其自旋是 $\hbar$ 的整数倍。中子-质子模型能够很好地解决这个问题。从 β 衰变中，费米得出结论：中子的自旋也必须是 $\pm 1/2\hbar$，否则该反应的角动量就不守恒。如果 N-14 核由 3 个中子-质子对加上一对自旋方向相同但不配对的中子和质子构成，其自旋恰恰为 $1\hbar$。这一理论很快被用到其他核素上。另外，原子光谱中通常会有由原子核引起的超精细结构，这一结构不受电子的自旋影响，这也和质子-电子模型相矛盾[122]。因为如果原子核中有电子，电的自旋反转势必会导致超精细结构的变化。最终人们意识到，除质子外，原子核中不存在电子，而存在一种中性的粒子，那就是中子。人们很快就接受了海森堡和苏联物理学家依凡宁柯(D. Iwanenko, 1904—1994)分别独立提出的原子核是由质子和中子组成的理论，即质子-中子模型(proton neutron model)。此后，原子核的结构问题成为物理学家的研究热点之一。

依凡宁柯

接着要解决的问题是中子和质子如何构成各种各样的原子核。中子是不带电的，在原子核中只有质子之间存在静电斥力。那么，是什么力使中子和质子结合在一起呢？已知核子间存在着一种短程强相互作用，即核力；在原子核中，核力具有饱和性；质子-质子、质子-中子和中子-中子相互作用力几乎相同；核力是交换力，即两核子之间的核力与它们的自旋和电荷的交换性质有关。这就引起了关于原子核的结构研究，即核内核子是如何排列的或如何运动的。

2. 气体模型

1932 年，费米提出气体模型，是一种最简单的单粒子模型。该模型基于核子平均自由程远大于核子自身线度的实验事实，把核子看作气体分子，在核内三维势阱中受一个平均场作用而运动，遵从泡利原理，气体模型能够定性解释核的结合能、稳定性等实验事实，但它过于简单、粗糙，无法给出有实际意义的能谱。不过，粒子独立运动的思想却被沿用了下来。

3. 液滴模型

1935 年，玻尔和弗仑克尔(Y. I. Frenkel, 1894—1954) 提出了液滴模型(liquid drop model)，他们认为在核内核子与核子之间存在着强耦合的作用，每个核子的平均结合能几乎都是常量，核的结合能与核子数成正比，核的密度近似为一个常量，这又表明了原子核的基本不可压缩性。这两种性质与液滴非常相似，因此可以把原子核看作带电荷的理想液滴。1936 年，玻尔用这个模型计算核反应截面，由此说明反应原子核的整体行动和集体运动，能较好地解释原子核的整体性，如联合能公式、裂变、集体振动和转动等。1939 年，玻尔和惠勒(J. A. Wheeler, 1911—2008)用这一模型对重核裂变进行了解释。

弗仑克尔

4. 壳层模型

实验发现，当核内的质子或中子数目为 2、8、20、28、50…(称为幻数)时，原子核特别稳定，这种周期性现象很像是原子的壳层模型。因此，早在 1930 年就有人提出核的壳层模型。由于当时还不能明确解释核子间相互作用及幻数的由来，

惠勒

所以很快被否定了。

以后，由于支持幻数存在的实验事实越来越多，迫使人们对核的壳层问题重新予以审视。1949 年，迈耶、詹森等人在量子力学势阱求解中加进了核子自旋与轨道运动的耦合项，成功地解释了全部已知的幻数——幻数实际上是能量较低壳层被完全填满时的质子数或中子数，壳层模型(shell model)获得了极大的成功，受到了人们的特别重视与肯定。迈耶(M. G. Mayer，1906—1972)和詹森(J. H. D. Jensen，1907—1973)也因此获得 1963 年诺贝尔物理学奖。

迈耶夫人

5. 集体模型与综合模型

在承认核具有壳层结构的基础上，再考虑原子核的集体运动而提出集体模型与综合模型。雷恩沃特(L. J. Rainwater，1917—)于 1950 年，玻尔之子奥格·玻尔(A. N. Bohr，1922—)与莫特尔孙(B. R. Mottleson，1926—)等于 1953 年，分别提出了集体模型与综合模型(collective model and integrated model)。其要点是，原子核的运动既有整体上的液滴性，又具有内部的壳层性，核子的运动由各核子在平均场中的运动和核的集体运动两部分组成。由于集体运动描述方法的不同，以后的集体模型又有多种，它们能分别解释核的许多实验现象，更深入地描述核的性质。集体模型的提出使核结构的研究向前跨进了一大步。上述 3 人获得了 1975 年诺贝尔物理学奖。

詹森

截止到 20 世纪 70 年代初，核结构理论的进展大多在传统的范围内发展着。传统核结构理论的特点是：

(1) 没有考虑核子的自身结构。

(2) 处理核力多为二体作用，把核内核子间的作用等同于自由核子间的相互作用。

(3) 认为核物质是无限的。

(4) 应用的是非相对论的量子力学。

(5) 研究对象是通常条件(基态或低激发态、低温、低压、常密度等)下的自然核素。

雷恩沃特

6. 玻色子模型

从 20 世纪 70 年代中期到 20 世纪 90 年代，核物理的研究跳出了传统范围，有了巨大的进展。

原子核的集体模型除了平均场外，还计入了剩余相互作用，因而加大了它的预言能力。然而，核多体问题在数学处理上的难度很大，这给实际研究造成很大的困难。相互作用玻色子模型就是在这种情况下提出的。这一模型企图用简化方法研究核结构。由于人们对核子间的核力作用认识不清，又由于原子核是由多个核子构成的多体系统，考虑到每个核子的三维坐标自由度、自旋与同位族自由度，运动方程已无法求解，加上多体间相互作用就更是难上加难。过去的独立核壳层模型强调了独立粒子的运动特性，而原子核集体模型又强调了核的整体运动，这两方面的理论没能做到很好的结合。尽管核子的多体行为复杂，无法从理论计算入手，实验观察却发现，原子核这样一个复杂的多费米子系统却表现出清晰的规

奥格·玻尔

莫特尔孙

律性与简单性。这一点启发人们能否先"冻结"一些自由度,研究核的运动与动力学规律,从简单性入手研究核,这就是相互作用玻色子模型的出发点。

1976 年,阿里默(A. Arima,1938—)与拉什罗(F. Iachello,1942—)提出了对集体运动的一种代数描述方法——引入玻色子参量用以代替几何模型的形状参量。原子核的玻色子数等于价核子(或空穴)的一半,即把满壳层外的相关费米子(质子或中子)配对看作角动量 $l=0$、2 的玻色子,$l=0$ 的称 S 玻色子,$l=2$ 的称 d 玻色子。这样,核的集体运动即可用相互作用的玻色子体系来描述,故称为相互作用玻色子模型,简称 IBM[126]。

IBM 的基本思想是强调核子的配对效应。在初步近似下,不区别中子玻色子与质子玻色子称为 IBM1,如果区分这两类玻色子则称为 IBM2。对于轻原子核,由于质子、中子处于非常靠近的单粒子轨道,采用玻色子近似这些核子关联对时,不仅有质子玻色子和中子玻色子,还有质子中子玻色子,于是还发展建立了 IBM3 和 IBM4。对于奇 A 核,人们将其视为由玻色子形成的偶偶核心与一个核(费米)子耦合而成的系统,于是建立了相互作用玻色子费米子模型,简称 IBFM。

拉什罗

3.4.3 原子核壳层模型

1. 壳层模型建立的基础

幻数的存在反映了原子核能级的存在,这一事实是壳层模型建立的牢固基础。幻数存在的几个重要实验依据如下。

[1] 核素丰度

虽然影响核素丰度有多种因素,但是和其邻近各核素比较,丰度的大小是核素稳定性的一种标志。对所有核素丰度进行研究后发现:

(1) 地球、陨石以及其他星球的化学成分表明,下面几种核素的含量比附近核素的含量明显多:

$$^{4}_{2}He_{2}, ^{16}_{8}O_{8}, ^{40}_{20}Ca_{20}, ^{60}_{28}Ni_{32}, ^{88}_{38}Sr_{50}, ^{90}_{50}Sn_{70}, ^{128}_{56}Ba_{82}, ^{140}_{58}Ce_{82}, ^{208}_{82}Pb_{126}$$

可以看出,它们的质子数或中子数是幻数,或者两者都是幻数。

(2) 在所有的稳定核素中,中子数 N 等于 20、28、50 和 82 的同中子素最多。$N=20$ 和 28 的有 5 个稳定同中子素,$N=50$ 的有 6 个,$N=82$ 的则有 7 个之多(图 3-54)。

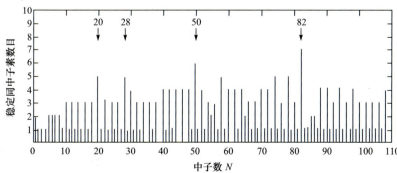

图 3-54 稳定同中子素分布

(3) 当质子数 $Z = 8$、20、28、50 和 82 时，稳定同位素的数目同样要比邻近的元素多。$_8$O 有 3 个稳定同位素，附近的元素只有一个或两个；$_{20}$Ca 有 6 个稳定同位素，附近的元素只有两个或三个；$_{28}$Ni 有 5 个稳定同位素，附近的只有一个或两个；$_{50}$Sn 则有 10 个稳定同位素，是稳定同位素最多的；$_{82}$Pb 有 4 个稳定同位素，附近的只有一个或两个。

[2] 结合能的变化

原子核的结合能是原子核稳定性的一种表征。结合能的相对值越大，表示原子核结合得越紧密，稳定性就越好。

(1) 中子结合能。由图 3-55 可见，当 $N=8$ 和 20 时，中子结合能 $E_{B,n}$ 比邻近核小。这表明幻数核具有较好的稳定性。Z 为幻数的核俘获一个质子的情形也是如此。

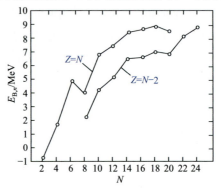

图 3-55 轻核的结合能

(2) 总结合能。基于液滴模型所建立的结合能半经验公式随核子数的变化基本上是平滑的。它能正确地反映原子核结合能的平均特性。但发现实验的结合能 $E_{B,exp}$ 与液滴模型计算的结合能 $E_{B,th}$ 之间存在偏离。当中子数或质子数等于幻数时偏离最大，此时 $E_{B,exp}$ 比 $E_{B,th}$ 大得最多(图 3-56)。这表明这些原子核比一般的原子核结合得更紧密。

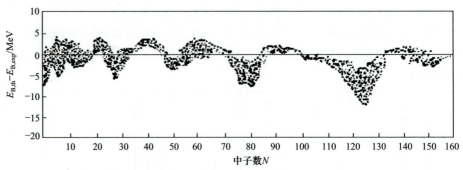

图 3-56 总结合能随中子数的变化

[3] α 衰变的能量

对于大多数具有 α 放射性的元素，同一元素的各种同位素的 α 衰变能可以连成一条直线，其斜率是负值(图 3-57)。但是，在 $A = 209\sim213$，对于 Bi、Po、At 和 Rn 出现了反常现象，直线的斜率变成了正值。这可用中子数 $N = 126$ 是幻数解释。$^{211}_{83}\text{Bi}$、$^{212}_{84}\text{Po}$、$^{213}_{85}\text{At}$ 都是 $N = 128$ 的原子核，它们的中子比幻数 126 多两个，因而不太稳定；α 衰变所形成的子核都是幻数核，比较稳定。因此，它们的衰变能很大。相反，$^{211}_{83}\text{Bi}$、$^{212}_{84}\text{Po}$、$^{213}_{85}\text{At}$ 和 $^{212}_{86}\text{Rn}$ 都是 $N = 126$ 的幻数核，相对于非幻数的母核而言，稳定性好一些，而 α 衰变的子核 $N = 124$，它们的中子数比幻数 126 少两个，相对于幻数的子核而言，稳定性就差一些。因此，它们的衰变能特别小。

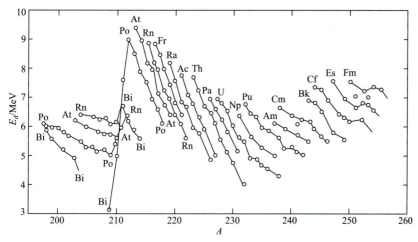

图 3-57　E_d 随同位素的变化

还有一些实验依据，例如：
(1) 幻核的快中子和热中子的截面特别小。
(2) 幻核的电四极矩特别小。
(3) 裂变产物主要是幻核附近的原子核。
(4) β 衰变所释放的能量在幻核附近发生突变。

2. 壳层模型的建立

[1] 前人的工作

前期研究首先是从核素分类开始的，自然是发现和强调其稳定性[127]。

1932 年，德国著名心理学家巴特利特(F. C. Bartlett，1886—1969)发现，从氦原子核到氧原子核之间的所有自然界存在的稳定原子核内中子(n)和质子(p)的填充次序均为 npnp，从氧原子核到氩原子核填充次序改变为 nnpp。为了解释这些填充规则，巴特利特想到借用玻尔在 1913 年提出的原子结构理论，即原子外层电子的壳层结构理论。当时，这个理论不仅已得到实验验证，而且由于量子力学的建立已进一步完善。巴特利特假设，在原子核内中子和质子也有各自的壳层结构，依次填充各自的轨道[128]。经过仔细的研究发现，在一些原子核中，当质子数或中子数是所谓的幻数 2、8 和 20 之一时，它们都将会各自构成特别稳定的系统。可是，当他将此规则应用于质子数大于 36 的原子核时，遇到了困难。

1933 年，埃尔萨斯(W. M. Elsasser，1904—1991)等发展了巴特利持的想法，又发现了 32、50、82 和 126 等幻数的存在，并对这些幻数进行了最早的测量和分析。这些幻数跟元素的周期性非常相似，所以显得如此奇妙，以这些幻数的中子或质子构成的组态与其他的核相比，通常显得更稳定些，而原子的壳层结构理论

巴特利特

埃尔萨斯

正是建立在这一事实基础之上的。

原子核是一个带电的系统，而且具有自旋，因此可以推测它应该具有磁矩。1937年，施密特和薛勒尔分别独立地发现原子核磁矩服从以下的简单规则：偶偶核(N 和 Z 都是偶数的原子核)基态的自旋和磁矩都等于0；奇 A 核基态的自旋和磁矩由最后一个奇核子(质子或中子)的状态决定。这就是所谓的施密特模型(Schmidt model)。该模型所取得的成功对埃尔萨斯的独立粒子模型(independent-particle model)是很大的支持。独立粒子模型的基本假设是原子核里核子在其他核子共同产生的平均势场中做近乎独立的运动。虽然独立粒子模型在解释函数以及原子核的自旋和磁矩方面取得了一定的成功，但是它无法解释原子核结合能和核反应现象，特别是后来发现的核裂变现象。

这样，当壳层被充满时，特别稳定的早期壳层模型并没有获得成功，一方面由于那时强耦合的复合核模型在解释核反应过程中的成功，另一方面由于当时实验数据的缺乏，当人们根据核子的运动求解薛定谔方程时，却得不到与实验相符的幻数，因此这个方向没有被坚持下去。

[2] 原子核壳层模型的建立

1) 核内存在壳层结构的条件

那么，核内存在壳层结构的条件有哪些？分析的结果应该是[129-130]：

(1) 在每一个能级上，容纳核子的数目应当有一定的限制。

(2) 核内存在一个平均场，对于接近于球形的原子核，这个平均场是一种有心场。

(3) 每个核子在核内的运动应当是各自独立的。

第一个条件是满足的。因为中子和质子都是自旋为 1/2 的粒子，所以都服从泡利原理，从而每个中子和质子的能级容纳核子的数目受到一定的限制。中子和质子有可能各自组成自己的能级壳层。这一点与实验是符合的，因实验发现的幻数分别对中子和质子存在。

后两个条件很难满足，这是由于原子核的情况与原子的情况有很大不同。首先，原子中的库仑作用力是一种长程力，而原子核中核子间的作用力主要是短程力，因而原子核中不像原子中那样存在一个明显的向心力。其次，核中的核子密度与原子中的电子密度相比，大得不可比拟，以致核子在核中的平均自由程可以比核半径小得多。于是可以想象核子间似乎不断发生碰撞，因而很难理解核子在核中的运动可以是各自独立的。正是由于上述原因，核内存在壳层结构受到质疑，以致在很长时期中壳层模型没有得到发展。尤其是只考虑核子间强相互作用的液滴模型能成功地解释许多现象，使得人们更加怀疑核内存在核子的独立运动的可能性。

2) 迈耶夫人和詹森的贡献

虽然迈耶夫人和詹森直到 1950 年迈耶夫人访问德国时他们才见面，但是他们各自独立地在前人工作的基础上提出了壳层模型，并开展了全面的合作。特别是迈耶夫人在费米"存在自旋与轨道耦合的相互作用吗？"的启发下[131]，重视到研究幻数的人从未考虑过的问题。

正是在费米的这一启发下，迈耶夫人凭借着很好的数学和量子力学基础，特别是当时物理学家尚不熟悉的转动群理论，通过在平均场中引入较强的自旋-轨道耦合，利用核力引起的能级分裂，计算出了与实验相符的结果。这样，只用了 10 min 就成功地解释了全部幻数的存在原因。

接着，迈耶夫人继续用数学方法详细证实了上述想法。她所引入的平均场就是普通谐振子阱和方阱，只是计入了强自旋-轨道耦合力，它引起单粒子能级分裂，由此得到了单粒子的能级(图 3-58)。她还成功地证明了如何用平均场描述核子间的短程作用，从而解决了早期核壳层模型所遇到的难题：由于泡利不相容原理的限制，在平均场中，核子依次填充低能态(图 3-59)。对大部分核子，特别是满壳层的核子，由于其周围的能态已经被其他核子占据，因而只要它们之间的剩余相互作用不足以使它们跃迁到未被占据的高能态上，它们就只能在相互作用后仍然留在原能态上，使它们的剩余相互作用无法表现出来，所以这些核子之间的短程相互作用可以用平均场来描述；而对满壳层外的核子，它们之间的剩余相互作用主要使质子或中子两两匹配成对，其总角动量为零，这样原子核的自旋和磁矩便由最后一个奇核子决定[132-133]。至此，壳层模型正确地预言了绝大多数核的基态自旋和宇称，这是它的最大成功之处。

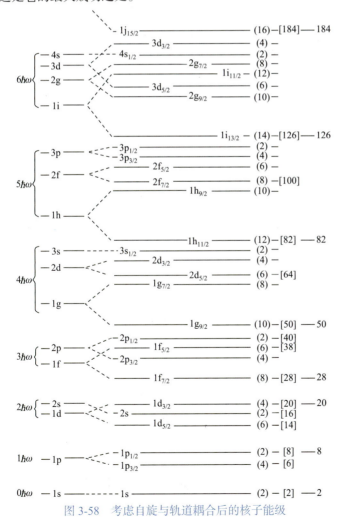

图 3-58　考虑自旋与轨道耦合后的核子能级

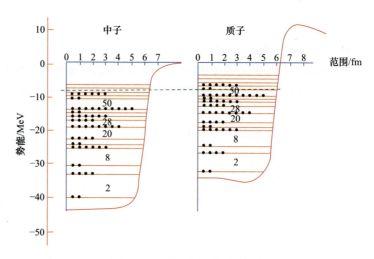

图 3-59 ^{116}Sn 核内核子的排布

与此同时,詹森也做了同样的研究[134]。1955 年,他们合作完成了《核壳层结构的基本理论》(*Elementary Theory of Nuclear Shell Structure*) 一书[135]。这本书是他们研究工作的结晶,也是他们在核物理学领域中共同树立的一座丰碑。

[3] 原子核壳层模型的基本思想

一波三折,壳层模型终于得到了认可。它的基本思想有三点:

(1) 原子核中虽然不存在与原子中相类似的不变的有心力场,但可以把原子核中的每个核子看作在一个"平均场"中运动,这个平均场是所有其他核子对一个核子作用场的总和,对于接近球形的原子核,可以认为这个平均场是一个有心场。

(2) 泡利原理不但限制了每一能级所能容纳核子的数目,也限制了原子核中核子与核子碰撞的概率。因为原子核处于基态时,它的低能态填满了核子。如果两个核子发生碰撞使核子状态改变,则根据泡利原理,这两个核子只能占据未被核子所占有的状态,这种碰撞的概率是很小的。这就使得核子在核内有较大的平均自由程,即单个核子能被看作在核中独立运动。所以,从这点出发,壳层模型也称为独立粒子模型。

(3) 壳层理论认为幻核是一个核角动量为 0 的体系,任一原子核都可看作由满壳层与满壳层外核子(或空穴,常称为价核子)两部分组成的。通常情况下,满壳层作为能量的参考零点,不影响核的整体性质。于是,价核子就决定了原子核的性质。核子的不同状态与组态就决定了核的不同能级。

为了求解薛定谔方程,壳层模型的哈密顿量可简化为

$$H = H_{id} + H_{ij} = \sum\{T_i + U_i\} + \sum v'(ij) \tag{3-29}$$

式中,H_{id} 为价核子单体哈密顿算符;H_{ij} 为价核子相互作用哈密顿算符;T_i 为第 i 个价核子的动能;U_i 为平均势能;$v'(ij)$ 为第 i、j 个价核子间的剩余相互作用(不含平均势能 U_i)。

由 H 的具体表示式即可依据量子力学确定核的波函数、核子组态与能级等。

[4] 原子核壳层模型的成功与不足

简单的壳层模型在解释幻核以及具有极少数价核子的基态自旋与宇称、同质异能现象、衰变等方面取得了很大的成功,但对远离幻核区域的原子核的磁矩、

电四极矩和电磁跃迁概率等方面都遇到了困难。因此，有必要重视对核的综合运动模型的研究。

壳结构理论预言，质子的幻数在 82 之后可能是 114，中子的幻数在 126 之后可能是 184。因此，根据理论预言，质子数为 114 和中子数为 184 的原子核是双幻核。该核及其附近的一些核可能具有相当大的稳定性(图 1-44)。它们比普通重核还重，所以称为超重核(参考 1.2 节)。实验发现和研究超重核，对核结构理论的发展将起重大作用，因而一直是人们重视的一个研究方向。

总体来说，人们对原子核的研究正日益走向系统与全面。不久的将来，核结构模型理论必然有一个更深层次的发展，人们对核的认识会更加科学、完整与准确。

[5] 幻数的研究近况

长期以来，物理学家们一直认为幻数是固定不变的，然而 2000 年日本理化学研究所宣布[136]，该所科学家谷烟勇发表论文称 16 有可能也是一个幻数[137]。近年来随着实验技术和手段的不断进步，对奇异核的实验研究已成为可能。主要研究成果有：

(1) 在轻核的丰中子区，已从实验和理论两方面初步认定 N=6、14、16、30 等是新的中子幻数[138-144]。

(2) 认为传统幻数 N=20、28 的壳效应已经消失或明显减弱[145-146]。但是，在奇异核中质子幻数的移动现象仍少有发现。

(3) 主要的报道集中在 N=14、16 上：R. Kanungo 等[147]根据丰中子核的衰变能、单中子分离能和偶核第一激发态能量的系统性，预言丰中子区幻数 Z=16 是一个新幻数，而对于 Z=14，计算结果仅显示它的第一激发能较大，而 β^-衰变能和单中子分离能和普通核无异，故没有断定它是一个新幻数；P. D. Cottle 等[148]用核质量和激发态数据说明 Z=16 这一幻数在 N=20 和 21 时存在，而当 N=23 时消失；K. R. Gupta 等[149]通过势面的计算，认定在丰质子区 Z=14(N=11、12)是一个新的幻数；2002 年，C. Samanta 等[150]通过 β^-衰变能质量公式的计算，发现 Z=14(N=13～19)是新幻数。2004 年 C. Samanta[151]通过同样的方法又认为 Z=14(N=14～19)、Z=16(N=24～26)的壳结构特别稳定；I. N. Boboshin 等[152]通过研究核的单粒子能级变化，认定 ^{30}Si(Z=14、N=16)和 ^{30}S(Z=16、N=14)是两个双幻核。

由此可见，对于 Z=14 和 Z=16 两个同位素中某些核的壳效应认定，各种模型的理论结果并不一致，其根源在于各种模型的唯象性和检验角度的不同。因此，从理论上进一步开展对这两个同位素中幻数移动现象的研究仍是必要的。丁斌刚[153]在相对论平均场框架内，从粒子数偏离、占有概率、四极形变和单粒子能级多个方面检验了这两个同位素的幻数可靠性问题，结果发现，Z=14 是一个可能的幻数，而 Z=16 并不显示有幻数迹象。

(4) 20 多年前发展起来的相对论平均场模型(RMF)[154]，由于考虑了介子自由度，用介子场的交换代替了哈特里-福克理论中的有效二体相互作用，自动给出了自旋-轨道耦合和原子核的壳结构，因而有比较坚实的理论基础，它不仅在核的稳定区而且在整个元素周期表中，从丰中子区到丰质子区的计算结果都和实验符合得很好[155]，是研究原子核基态性质的有效理论。

总之，科学家非常关注新发现的原子核结构和现象的科研进展情况，相信在不久的将来对于幻数的研究会有更振奋人心的科研成果面世。

参 考 文 献

[1] 金苑. 今日科苑, 2013, (12): 59.
[2] 成遥. 中国科技奖励, 2006, 12: 61.
[3] 吴雪梅, 李忆馥. 物理教师, 1998, (11): 35.
[4] Thomas M. The Shape of Ancient Thought: Comparative Studies in Greek and Indian Philosophies. New York: Allwarth Press, 2002.
[5] 丹皮尔 W C. 科学史. 李珩译, 张今校. 北京: 中国人民大学出版社, 2010.
[6] Wolfgang D. Atoms, Molecules, and Photons: An Introduction to Atomic-, molecular- and Quantum Physics. 2nd ed. New York: Springer, 2011.
[7] Einstein A. Ann. Phys., 1905, 322(8): 549.
[8] 阿尔伯特·爱因斯坦. 爱因斯坦文集(第二卷). 许良英等编译. 北京: 商务印书馆, 1979.
[9] 鲍健强, 樊靓, 林思达. 浙江学刊, 2009, (3): 178.
[10] Zumdahl S S, Decoste D J. Introductory Chemistry: A Foundation. New York: Houghton Mifflin, 2014.
[11] Smirnov B M. Physics of Atoms and Ions. New York: Springer, 2003.
[12] Myers R. The Basics of Chemistry. New York: Greenwood Press, 2003.
[13] Siegfried R. From Elements to Atoms: A History of Chemical Composition. London: DIANE, 2002.
[14] Padilla M J. Prentice Hall Science Explorer: Chemical Building Blocks. Upper Saddle River: Prentice-Hall Inc., 2002.
[15] 郭正谊. 打开原子的大门. 长沙: 湖南教育出版社, 1999.
[16] Thomson J. J. Philos. Mag., 1912, 24(140): 209.
[17] Thomson J. J. Philos. Mag., 1910, 20(118): 752.
[18] Lide D R. CRC Handbook of Chemistry and Physics. 89th ed. Boca Raton: CRC Press, 1992.
[19] Cami J, Bernard-Salas J, Peeters E, et al. Science, 2010, 329(5996): 1180.
[20] Brazhkin V V. Phys. Uspe. Khi., 2006, 49: 719.
[21] Buseck P R. Science, 1992, 257(5067): 215.
[22] Iijima S. J. Cryst. Growth, 1980, 50(3): 675.
[23] Bose S N. Z. Phys., 1924, 26(1): 178.
[24] Nakamura K. J. Phys. G, 2010, 37(7A): 075021.
[25] Carithers B, Grannis P. Chem. Lett., 1995, 25(3): 4.
[26] Gell-Mann M, Zachariasen F. Phys. Lett., 1964, 10(1): 129.
[27] Breidenbach M, Friedman J I, Kendall H W, et al. Phys. Rev. Lett., 1969, 23(16): 935.
[28] Bloom E D, Coward D H. Phys. Rev. Lett., 1969, 23(16): 930.
[29] Ferreira G. The Strangest Man: The Hidden Life of Paul Dirac, Quantum Genius by Graham Farmelo. New York: Basic Books, 2011.
[30] Richard W. Phys. Rev., 2013, 87(56): 421.
[31] Sakurai J J. Modern Quantum Mechanics. Boston: Addison-Wesley, 2010.
[32] Cottingham W N, Greenwood D A. An Introduction to Nuclear Physics. London: Cambridge University Press, 1986.
[33] Headrick M J. Science, 2005, 308(5729): 1765.
[34] Dirac P A M. Proc. R. Soc. London, 1928, 117(778): 610.

[35] Anderson C D. Phys. Rev., 1933, 43(12): 1034.
[36] Thomson J J. Philos. Mag., 1897, 44(269): 293.
[37] Whittaker E T. A History of the Theories of Aether and Electricity from the Age of Descartes to the Close of the Nineteenth Century. London: Nelson, 1951.
[38] Dahl P F. Chem. Express, 1997, 72(4): 176.
[39] Kikoin I K. Usp. Khim., 1961, 3(21): 798.
[40] Franklin A. Educ. Chem., 1997, 2(1): 1.
[41] Mohr P J, Taylor B N. Phys. Rev., 2006, 80(3): 633.
[42] Murphy M T, Flambaum V V, Muller S, et al. Science, 2008, 320(5883): 1611.
[43] Eichten E J, Lane K D, Peskin M E. Phys. Rev. Lett., 1983, 50(50): 811.
[44] Zorn J C, Chamberlain G E, Hughes V W. Phys. Rev., 1963, 129(6): 2566.
[45] Curtis L J. Atomic Structure and Lifetimes. New York: Cambridge University Press, 2003.
[46] Dehmelt H. Phys. Scr., 1988, 22(45): 102.
[47] Prout W. Ann. Philos., 1815, 6(23): 321.
[48] Eric R S. The Periodic Table: Its Story and Its Significance. Oxford: Oxford University Press, 2006.
[49] Grayson M A. Measuring Mass: From Positive Rays to Proteins. Philadelphia: Chemical Heritage Press, 2002.
[50] Reeves R. A Force of Nature: The Frontier Genius of Ernest Rutherford. New York: W. W. Norton Press, 2008.
[51] 申泮文. 近代化学导论. 北京: 高等教育出版社, 2002.
[52] Mohr P J, Taylor B N. J. Phys. Chem. Ref. Data, 2008, 37(3): 633.
[53] Antognini A, Nez F, Schuhmann K, et al. Science, 2013, 339(6118): 417.
[54] Nishino H, Clark S. Phys. Rev. Lett., 2009, 102(14): 321.
[55] Lee D G, Mohapatra R N. Phys. Rev., 1995, 51(3): 1353.
[56] Buccella F, Forte M, Ricciardi G, et al. J. Mater. Sci. Lett., 1989, 102(3): 795.
[57] Rutherford E. Proc. Roy. Soc., 1920, A97: 374.
[58] Brown L M. Phys. Today, 1978, 31(9): 23.
[59] Friedlander G. Nuclear and Radiochemistry. 2nd ed. New York: Wiley, 1964.
[60] Ambartsumian V A. Astrophys J., 2008, 51(3): 280.
[61] Ambartsumian I. Acta Phys., 1930, 6(25): 153.
[62] Becker H, Bothe W. Z. Phys., 1932, 76(7-8): 421.
[63] Becker H, Bothe W. Z. Phys., 1930, 66(5-6): 289.
[64] Joliot-Curie F. Acad. Sci., 1932, 194: 708.
[65] Chadwick J. Nature, 1932, 129(129): 402.
[66] Chadwick J. Proc. R. Soc. London, Ser. A, 1932, 136(830): 692.
[67] Chadwick J. Proc. R. Soc. London, Ser. A, 1933, 142(846): 1.
[68] Yao W M. J. Phys. G, 2006, 33: 1.
[69] Mohr P J, Taylor B N, Newell D B. J. Phys. Chem. Ref. Data, 2012, 41(4): 043109.
[70] 李金英, 杨春维. 大学物理, 2008, 27(7): 23.
[71] 赵向军. 内蒙古师范大学学报(自然科学汉文版), 2003, 32(4): 117.
[72] 蔡香民. 阜阳师范学院学报(自然科学版), 2002, 19(1): 62.
[73] 马力平. 合肥工业大学学报(社会科学版), 1999, (1): 87.
[74] 杨懋沧. 内蒙古科技大学学报, 1993, (4): 6.
[75] 万杏根. 化学教育, 1986, 7(1): 58.
[76] 杨频. 化学通报, 1981, (12): 53.

[77] 王箴. 化学世界, 1954, (3): 8.
[78] Proust J L. Ann. Chim., 1799, 32(56): 26.
[79] 阎康年. 现代物理知识, 2011, 23(2): 51.
[80] John L H. History of Physics. New York: American Institute of Physics, 1985.
[81] 赵凯华, 罗蔚茵. 量子物理. 2版. 北京: 高等教育出版社, 2008.
[82] Thomson J J. Philos. Mag., 1904, 8(45): 331.
[83] Geiger H. Proc. R. Soc. London, Ser. A, 1910, 83(565): 505.
[84] Rutherford E. Philos. Mag., 1911, 21(125): 669.
[85] Rutherford E. Nature, 1913, 92(2302): 423.
[86] Nave C R. Hyper Physics: Hydrogen Spectrum. Atlanta: Georgia State University, 2008.
[87] Mohr P J, Taylor B N, Newell D B. J. Phys. Chem. Ref. Data, 2012, 84(4): 1527.
[88] Planck M. Ann. Phys., 1901, 4: 553.
[89] Einstein A. Ann. Phys., 1905, 322(6): 132.
[90] Bohr N. Philos. Mag., 1913, 26: 1.
[91] Bohr N. Philos. Mag., 1913, 26: 857.
[92] Bohr N. Philos. Mag., 1913, 26: 476.
[93] Grotrian W. Graphische Darstellung der Spektren von Atomen und Ionenmitein, Zwei und Drei Valenzelektronen. Berlin: Springer, 1928.
[94] Heisenberg W. Physics and Beyond. New York: Harper & Row Pub, 1972.
[95] De Broglie L. Nature, 1923, 112(2815): 540.
[96] James I. Remarkable Physicists From Galileo to Yukawa. Cambridge: Cambridge University Press, 2004.
[97] Davisson C, Germer L H. Nature, 1927, 119(2998): 558.
[98] Heisenberg W. Z. Phys., 1927, 43(3-4): 172.
[99] Wheeler J A, Zurek H. Quantum Theory and Measurement. Princeton: Princeton University Press, 1983.
[100] Heisenberg W. The Physical Principles of Quantum Theory. Chicago: University of Chicago Press, 1930.
[101] Heisenberg W. The Physical Principles of the Quantum Theory. New York: Courier Dover Publications: 1949.
[102] 王会芳. 化学教育, 2014, 35(4): 16.
[103] Schrödinger E. Ann. Phys., 1926, 386(18): 109.
[104] Levine I N. 量子化学(第五版,英文版). 北京: 世界图书出版公司北京公司, 2004.
[105] 陈念陔. 量子化学理论基础. 哈尔滨: 哈尔滨工业大学出版社, 2002.
[106] 徐光宪, 王祥云. 物质结构. 2版. 北京: 高等教育出版社, 1987.
[107] 华东化工学院无机化学教研组. 无机化学教学参考书. 北京: 高等教育出版社, 1983.
[108] Mauritsson J, Johnsson P, Mansten E, et al. Phys. Rev. Lett., 2008, 100(7): 073003.
[109] Blaga C I, Xu J L, Di Chiara A D, et al. Nature, 2012, 483: 194.
[110] Orchin M, Macomber R S, Pinhas A R, et al. The Vocabulary and Concepts of Organic Chemistry. 2nd ed. Hoboken: John Wiley & Sons Inc., 2005.
[111] 郭江, 赵晓凤, 彭直兴. 原子及原子核物理. 北京: 国防工业出版社, 2010.
[112] 李钟泽, 师耀武. 洛阳理工学院学报(社会科学版), 2000, (4): 40.
[113] 张瑞琨. 物理学的进展和前沿. 上海: 上海教育出版社, 1996.
[114] 徐躬耦. 原子核物理: 核结构与核衰变部分. 北京: 高等教育出版社, 1989.
[115] 厉光烈. 现代物理知识, 1989, (1): 24.
[116] 曾谨言, 孙洪洲. 原子核结构理论. 上海: 上海科学技术出版社, 1987.

[117] 黄长春. 江西师范大学学报(自然科学版), 1964, (2): 53.
[118] 刘阿川. 物理通报, 1962, (3): 32.
[119] 于敏, 张宗烨, 余友文. 物理学报, 1959, (8): 397.
[120] Ćwiok S, Heenen P H, Nazarewicz W. Nature, 2005, 433(7027): 705.
[121] 穆良柱, 刘玉鑫. 原子核物理评论, 2005, 22(4): 358.
[122] Brown L M. Phys. Today, 1978, 31(9): 23.
[123] Friedlander G, Kennedy J W, Miller J M. Nuclear Science. New York: Wiley, 1964.
[124] Atkins P W, Paula J D. Physical Chemistry. Beijing: Higher Education Press, 2006.
[125] Herzberg G. Spectra of Diatomic Molecules. New York: Van Nostrand Reinhold, 1950.
[126] Arima A, Iachello F. Phys. Rev. C, 1976, 14:2(2): 761.
[127] 王昱应. 核素分类的进展. 北京: 科学技术文献出版社, 1999.
[128] Bartlett F C. Remembering: A Study in Experimental and Social Psychology. Cambridge: Cambridge University Press, 1995.
[129] 赵继军, 陈岗, 刘树勇. 大学物理, 2006, 25(6): 40.
[130] 赵继军, 陈岗, 王士平. 大学物理, 2007, 28(6): 58.
[131] Sachs R G, Maria G. Phys. Today, 1982, 35(2): 46.
[132] Mayer M G. Phys. Rev., 1950, 78(1): 16.
[133] Mayer M G. Phys. Rev., 1948, 74(3): 235.
[134] Haxel O, Jensen J H D, Suess H E. Phys. Rev., 1949, 75(11): 1766.
[135] Marie G, Jensen J H D. Elementary Theory of Nuclear Shell Structure. New York: Wiley, 1955.
[136] 刘海. 现代物理知识, 2001, (1): 29.
[137] Ozawa A, Kobayashi T, Suzuki T, et al. Phys. Rev. Lett., 2000, 84(24): 5493.
[138] Elekes Z. Phys. Rev. C, 2006, 74(1): 017306.
[139] Becheva E, Blumenfeld Y, Khan E, et al. Phys. Rev. Lett., 2006, 96(1): 012501.
[140] Stanoiu M, Azaiez F, Dombrádi Z, et al. Phys. Rev. C, 2004, 69(3): 183.
[141] Iwasaki H, Motobayashi T, Akiyoshi H, et al. Eur. Phys. A, 2002, 13(1-2): 55.
[142] Otsuka T, Fujimoto R, Utsuno Y, et al. Phys. Rev. Lett., 2001.
[143] Iwasaki H, Motobayashi T, Sakurai H, et al. Phys. Lett. B, 2001, 522(3-4): 227.
[144] Iwasaki H, Motobayashi T, Akiyoshi H, et al. Phys. Lett. B, 2000, 491(1): 8.
[145] 丁斌刚. 辽宁师范大学学报(自然科学版), 2009, 32(3): 310.
[146] Kimura M, Horiuchi H. Prog. Theor. Phys., 2002, 107(1): 33.
[147] Kanungo R, Tanihata I, Ozawa A. Phys. Lett. B, 2002, 528(1-2): 58.
[148] Cottle P D, Kemper K W. Phys. Rev. C, 2002, 66(6): 317.
[149] Gupta K R, Balasubramaniam M, Sushil K, et al. Nucl. Part. Phys., 2006, 32(4): 565.
[150] Samanta C, Adhikari S. Phys. Rev. C, 2002, 65(3): 037301.
[151] Chhanda S. Acta Phys. A, 2004, 19(1-2): 161.
[152] Boboshin I N, Varlamov V V, Ishkhanov B S, et al. Bull. Russ. Acad. Sci. Phys., 2008, 72(3): 283.
[153] 丁斌刚. 辽宁师范大学学报(自然科学版), 2012, 35(1): 29.
[154] Gambhir Y K, Ring P, Thimet A. Anal. Phys., 1990, 198(1): 132.
[155] Geng L, Toki H, Meng J. Prog. Theor. Phys., 2005, 113(4): 785.

4

多电子原子的电子结构

玻尔(N. Bohr,1885—1962)
哥本哈根学派的创始人
1922 年诺贝尔物理学奖获得者

> 那种认为物理学的任务是发现自然规律的想法是错误的。物理学只注重我们如何表达自然。
> ——玻尔

4 多电子原子的电子结构

本章提示

多电子原子的特点是核外有多个电子。这些电子不仅受到原子核的吸引作用力,它们之间还存在相互排斥力。因此,多电子原子的势能函数形式比较复杂,精确求解比较困难。一般采取近似方法处理薛定谔方程求解。本章首先简介多电子原子的薛定谔方程表达式,分析其求解的困难所在,简介其求解的一般近似方法。第二,简介多电子原子的光谱和能级。第三,介绍两种近似能级图及其使用。最后介绍多电子原子基态原子构造原理,以电子排布原则准确写出各个元素的核外电子排布。

4.1 多电子原子薛定谔方程的解

4.1.1 多电子原子的定态薛定谔方程

从氦元素开始,每个原子内至少有两个电子,属于多电子原子。如果原子序数为 Z,则有 Z 个电子,这就是多电子原子的特点。因此,它们的薛定谔方程的表达式就复杂得多,求其解就更为麻烦了[1-6]。

对于一个包含 N 个电子的多电子原子体系,当采用相对论效应近似、核固定不动近似和忽略磁矩相互作用的条件下,定态薛定谔方程为

$$\left[\frac{-h^2}{8\pi^2 m}\sum_i \nabla_i^2 - \sum_i \frac{Ze^2}{4\pi\varepsilon_0 r_i} + \sum_i\sum_{i<j} \frac{e^2}{4\pi\varepsilon_0 r_{ij}}\right]\psi(1,2,\cdots,N) = E\psi(1,2,\cdots,N) \quad (4\text{-}1)$$

电子动能项　　电子-核吸引项　电子-电子排斥项

式中,下标 i,j 为电子的标号;r_{ij} 为 i 和 j 电子之间的距离;$\psi(1,2,\cdots,N)$ 为不包括自旋在内的体系总的空间波函数。

在此需要注意的是几个近似:

1) 相对论效应近似

这里所提"相对论效应"指的是"相对论量子化学",是指同时使用量子化学和相对论力学来解释元素的性质与结构的方法,特别是对于元素周期表中的重元素。早期量子力学的发展并不考虑相对论的影响[7],因此人们通常认为相对论效应是指由于计算没有考虑相对论而与真实值产生差异甚至矛盾[8]。

1926 年,薛定谔在那篇著名的文献中提出了不考虑相对论的薛定谔方程[9]。随后,科学家对薛定谔方程作了相对论性的修正,以解释原子光谱的精细结构,然而这类修正并没有很快融入化学研究中,因为原子谱线主要属于物理学而不是化学。多数化学家对相对论量子力学并不熟悉,而且当时化学研究的重点是有机化学(主要是典型的轻元素)[8]。

狄拉克于 1929 年曾如此提到:"……考虑到相对论的概念,量子力学仍存在不完备性。然而这些不完备只有在处理高速粒子时才会引发问题,因此在研究原子、分子结构和一般化学反应时这些问题并不重要。在忽略了质量与速度的相对论性变化的情况下,并且认定电子与原子核间只存在库仑力,这些计算结果通常

狄拉克

斯威尔斯

足够准确。"[10]但狄拉克对相对论量子力学在化学中所扮演的角色的观点是错误的，有两个原因：首先是 s 轨道和 p 轨道中的电子速度可与光速相比拟，其次是相对论效应对 d 轨道和 f 轨道的间接影响十分显著[11]。正因为这种错误的观点，相对论量子化学在几十年里始终不受重视。

1935 年，斯威尔斯(B. Swirles, 1903—1999)提出了多电子体系的相对性处理方法[12]。20 世纪 80 年代中期之后的十几年间，以德国为主的欧洲各国理论化学家开始对相对论量子化学进行深入研究，大大发展了理论、程序以及应用，促进了理论和计算化学的发展。现在的相对论量子化学正在使四分量完全相对论方法的计算量减少，二分量准相对论方法的准确性提高，并向高精度相对论性密度泛函理论、多电子体系的量子电动力学效应、相对论哈密顿算法与从头计算相结合等方向发展[13]。

2) 核固定不动近似

核固定不动近似是量子力学中处理多电子运动的一种方法。多电子原子中包括原子核和 Z 个电子，它们均处于不断的运动状态。为使问题简化，首先假定原子核固定不动，并按一定规律作周期性排列，然后进一步认为每个电子都是在固定的原子实周期势场及其他电子的平均势场中运动，这就把整个问题简化成单电子问题了。

3) 磁矩相互作用近似

在原子内部可能有很多个电子。多电子原子的总角动量计算，必须先将每个电子的自旋求总和得到总自旋，再将每个电子的轨角动量求总和得到总轨角动量，最后用角动量耦合(angular momentum coupling)方法将总自旋和总轨角动量求总和，即可得到原子的总角动量。在得到多电子原子的定态薛定谔方程时，同样为了把整个问题简化，而忽略了磁矩相互作用。

4.1.2 多电子原子薛定谔方程的求解方法

由于多电子原子的薛定谔方程中有电子-电子排斥项 $\sum_{i<j}\sum \frac{e^2}{4\pi\varepsilon_0 r_{ij}}$ 的存在，因而无法将 N 个电子的坐标分离，亦即不能简单地将方程式中包含 N 个电子的波函数 $\psi(1, 2, \cdots, N)$ 拆分成 N 个电子波函数 ψ 的乘积。对于多电子原子，即使不考虑原子核的运动，仍应考虑 Z 个电子的运动，因一个电子的运动要用三个坐标变量(x, y, z) 与一个自旋变量 S_z 描述，Z 个电子的运动就要用 $4Z$ 个坐标描述。因此，其薛定谔方程不能直接求解。但是，可以建立不同的物理模型，开展相应的近似求解方法研究。常用的近似方法都是建立在中心场近似的基础上，如自洽场法、变分法等。

1. 轨道近似法[14]

轨道近似法亦称单电子近似法(the single electron approximation method)，是对电子-电子排斥项所采用的一种有效近似方法。它是在不忽略电子间相互作用的情况下，假定每一个电子都是在核和其余$(N–1)$个电子组成的有效平均势场中独立地运动着。在此近似下就可将式(4-1)中电子-电子排斥项 $\sum_{i<j}\sum \dfrac{e^2}{4\pi\varepsilon_0 r_{ij}}$ 拆分成只与单个电子坐标相关的函数，此时就可将定态薛定谔方程中的 $\psi(1, 2, \cdots, N)$ 写成单个电子波函数的乘积形式：

$$\psi(1, 2, \cdots, N)=\psi_1\psi_2\psi_n\cdots \tag{4-2}$$

简言之，这种近似就是在不忽略电子间相互作用的情况下，仍然采用单电子波函数 ψ_i 来描述多电子的运动状态，这时 ψ_i 仍称为原子轨道。但绝不可将包含 N 个单电子的波函数 $\psi(1, 2, \cdots, N)$ 误作为原子轨道。由于近似处理时电子间排斥作用函数的具体形式及求法不同，又可分为中心力场模型和自洽场方法两种近似处理方案。

2. 中心力场模型

[1] 模型内容

该模型认为[15]，其余 $(N–1)$ 个电子对第 i 个电子的排斥作用平均起来具有球形对称形式，只与径向有关，则第 i 个电子受其余电子的排斥作用就可以看作 σ_i 个电子在原子中心与之相互排斥，此时定态薛定谔方程可方便地拆分成 N 个单电子的薛定谔方程：

$$\left[\dfrac{-h^2}{8\pi^2 m}V^2 - \dfrac{(Z-\sigma)e^2}{4\pi\varepsilon_0 r_0}\right]\psi_i = E_i\psi_i \tag{4-3}$$

式中，ψ_i 为单电子波函数(原子轨道)，它近似地表示原子中第 i 个电子的运动状态；E_i 为该状态所对应的能量(原子轨道能)。式(4-3)与单电子体系的薛定谔方程有完全相同的形式，其差别仅在于径向函数 $R_{n,l}(r)$ 中将 Z 换成了 $(Z–\sigma_i)$ 或 Z^*，角度函数 $Y_{l,m}(\theta,\varphi)$ 完全一致。这样，原子轨道 ψ_i 可以表示为

$$\psi_{n,l,m}(i) = R_{n,l}(r_i)\cdot Y_{l,m}(\theta_i,\varphi_i) \tag{4-4}$$

与 ψ_i 对应的原子轨道能量为

$$E = -13.6\dfrac{(Z-\sigma_i)^2}{n^2} = -13.6\dfrac{(Z^*)^2}{n^2} \tag{4-5}$$

在中心力场近似下，原子的总能量可以用各个电子的能量 E_i 加和得到

$$E = \sum_i E_i \tag{4-6}$$

式中，σ_i 和 Z^* 分别称为屏蔽常数和有效核电荷，即原子中全部电子电离能之和等于原子轨道能总和的负值。

[2] 屏蔽效应和有效核电荷

在多电子原子中，一个电子不仅要受原子核的吸引，还要受到来自内层电子和同层其他电子负电荷的排斥力，这种球壳状负电荷像一个屏蔽罩，部分阻隔了核对该电子的吸引力，从而使核对该电子的吸引降低。将其他电子对某一电子排斥的作用归结为抵消了一部分核电荷，每个电子都受到少于实际核电荷的正电荷吸引力，使有效核电荷(effective nuclear charge)降低，削弱了核电荷对该电子的吸引作用，称为屏蔽效应(shielding effect)。图 4-1 可以明确表示这种效应。

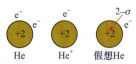

He 移走一个 e 需　3.939×10⁻¹⁸J
He⁺ 移走一个 e 需　8.716×10⁻¹⁸J

图 4-1　屏蔽效应的示意图

若有效核电荷用符号 Z^* 表示，核电荷用符号 Z 表示，被抵消的核电荷数用符号 σ 表示，则它们有以下的关系：

$$Z^* = Z - \sigma \quad (4\text{-}7)$$

σ 称为屏蔽常数(shielding constant)，表示屏蔽作用的大小。这样对于多电子原子中的一个电子，如果屏蔽常数 σ 越大，屏蔽效应就越大，则电子受到吸引的有效核电荷减少，电子的能量就升高。显然，如果能计算原子中其他电子对某个电子的屏蔽常数 σ，就可求得该电子的近似能量。以此方法，即可求得多电子原子中各轨道能级的近似能量。屏蔽常数的计算可用斯莱特提出的经验公式。

[3] 屏蔽常数计算

1930 年美国理论化学家斯莱特(J. C. Slater, 1900—1976)提出了一套计算屏蔽常数的经验规律(Slater 规则)[16]。假定某一个电子 i 在中心力场运动时，其波函数径向部分 $R^*(r)$ 为

$$R^*(r) = N_{n,l} r^{n^*-1} e^{-Z^* r / n^*} \quad (4\text{-}8)$$

式中，$N_{n,l}$ 为一常数，对不同的原子轨道(n 和 l 都不同)$N_{n,l}$ 不同；n^* 称为有效主量子数(表 4-1)，Z^* 为有效核电荷，均为经验常数。斯莱特调整其值，使得径向分布函数与自洽场得到的结果一致。

斯莱特

表 4-1　有效主量子数的数值

n	1	2	3	4	5	6
n^*	1.0	2.0	3.0	3.7	4.0	4.2

斯莱特对屏蔽常数 σ 值的计算有如下规则：

(1) 将原子中的电子分成以下几组：

(1s)(2s,2p)(3s,3p)(3d)(4s,4p)(4d)(4f)(5s,5p)(5d)(5f)(6s,6p)(6d)(6f)

(2) 位于被屏蔽电子右边的各组对被屏蔽电子的屏蔽常数 $\sigma=0$，近似可以认为外层电子对内层电子没有屏蔽作用。

(3) 1s 轨道上的两个电子之间的屏蔽常数 $\sigma=0.3$，其他主量子数相同的各分层电子之间的屏蔽常数 $\sigma=0.35$。

(4) 被屏蔽的电子为 ns 或 np 时，主量子数$(n-1)$的各电子对它们的屏蔽常数 $\sigma=0.85$，而小于$(n-1)$的各电子对它们的屏蔽常数 $\sigma=1$。

(5) 被屏蔽的电子为 nd 或 nf 时，位于它们左边的各组电子对它们的屏蔽常数 $\sigma=1$。

计算某原子中某个电子的屏蔽常数 σ 值时，可将有关屏蔽电子对该电子的屏蔽常数 σ 值相加而得：

$$\sigma = \sigma_1 + \sigma_2 + \sigma_3 + \cdots + \sigma_n \quad (4\text{-}9)$$

这样，就可以按图 4-2 计算出每个电子的能量 E_i，继而算出原子的总能量。

图 4-2　计算原子总能量的方框图

1956 年徐光宪教授对 Slater 规则作了改进，提出了更精确的计算方法[17]。该方法不仅考虑到同层的不同轨道的差别，还考虑到轨道上电子数的影响。徐光宪的方法是：

(1) 主量子数大于 n 的各电子，其 $\sigma=0$。
(2) 主量子数等于 n 的各电子，其 σ_i 由表 4-2 求得。其中，np 指半充满前的电子，np' 指半充满后的电子(第 4~6 个 p 电子)。
(3) 主量子数等于 $(n-1)$ 的各电子，其 σ 由表 4-3 求得。
(4) 主量子数等于或小于 $(n-2)$ 的各电子，其 $\sigma=1.00$。

表 4-2　主量子数等于 n 的各电子的屏蔽常数 σ

被屏蔽电子 $n \geq 1$	屏蔽电子				
	ns	np	np'	nd	nf
ns	0.30	0.25	0.23	0.00	0.00
np	0.35	0.31	0.29	0.00	0.00
np'	0.41	0.37	0.31	0.00	0.00
nd	1.00	1.00	1.00	0.35	0.00
nf	1.00	1.00	1.00	1.00	0.39

表 4-3　主量子数等于 $(n-1)$ 的各电子的屏蔽常数 σ

被屏蔽电子 $n \geq 1$	屏蔽电子			
	$(n-1)$s	$(n-1)$p	$(n-1)$d	$(n-1)$f
ns	1.00	0.90	0.93	0.86
np	1.00	0.97	0.98	0.90
nd	1.00	1.00	1.00	0.94
nf	1.00	1.00	1.00	1.00

徐光宪

徐光宪(1920.11.7—2015.4.28)，浙江绍兴上虞人，物理化学家、无机化学家、教育家，2008 年"国家最高科学技术奖"获得者，被誉为"中国稀土之父"、"稀土界的袁隆平"。

> 1944年，徐光宪毕业于交通大学化学系；1951年3月，获美国哥伦比亚大学博士学位；1957年9月，任北京大学技术物理系副主任兼核燃料化学教研室主任；1980年12月，当选为中国科学院学部委员(院士)；1986年2月，任国家自然科学基金委员会化学学部主任；1991年，被选为亚洲化学联合会主席。
>
> 徐光宪长期从事物理化学和无机化学的教学和研究，涉及量子化学、化学键理论、配位化学、萃取化学、核燃料化学和稀土科学等领域，基于对稀土化学键、配位化学和物质结构等基本规律的深刻认识，发现了稀土溶剂萃取体系具有"恒定混合萃取比"基本规律，在20世纪70年代建立了具有普适性的串级萃取理论。

詹姆森

后来，对 Slater 规则作了改进的还有詹姆森(L. R. James)，他把 Slater 规则进行分类，并概括成了图[18]。

1963年克莱门蒂(E. Clementi)和雷蒙迪(D. L. Raimondi)从自洽场波函数算出了原子序数 1~36 元素的有效核电荷，并总结出一套计算屏蔽常数的规则[19]。他们考虑到了外层电子对内层电子的屏蔽。但是，由于不是对全部元素的电子的应用，使用的人不多。其计算通式为

$\sigma(1s) = 0.3(1s-1) + 0.0072(2s+2p) + 0.158(3s+3p+3d+4s+4p)$

$\sigma(2s) = 1.7208 + 0.3601(2s-1+2p) + 0.2062(3s+3p+3d+4s+4p)$

$\sigma(2p) = 2.5787 + 0.3326(2p-1) - 0.0773(3s) - 0.161(3p+4s)$

$\sigma(3s) = 8.4927 + 0.2501(3s-1+3p) + 0.3382(3d) + 0.0778(4s) + 0.1978(4p)$

$\sigma(3p) = 9.3345 + 0.3803(3p-1) + 0.3289(3d) + 0.0526(4s) + 0.1558(4p)$

$\sigma(3d) = 13.5894 + 0.2693(3d-1) - 0.1065(4p)$

$\sigma(4s) = 15.505 + 0.8433(3d) + 0.0971(4s-1) + 0.0687(4p)$

$\sigma(4p) = 24.7782 + 0.2905(4p-1)$

其中，各等号左边括号内的轨道表示被屏蔽的电子所处的轨道，等号右边括号内的轨道符号旁的数字(如 2s、4p、3d)表示占据在 s、p、d 亚层上的电子数，即 2s 表示 s 亚层有 2 个电子占据，4p 表示 p 亚层有 4 个电子占据，3d 表示 d 亚层有 3 个电子占据，依次类推。

3. 自洽场方法

哈特里

福克

自洽场(self-consistent field，SCF)方法最早由哈特里(D. R. Hartree)提出[20]，后被福克(V. Fock)[21]改进，故又称 Hartree-Fock 法。哈特里提出，第 i 个电子受其余 ($N-1$) 个电子排斥的平均位能可采用统计平均的方法表示，导出第 i 个电子的薛定谔方程为

$$\left[\frac{-h^2}{8\pi^2 m} \nabla_i^2 - \frac{Ze^2}{4\pi\varepsilon_0 r_0} + \sum_{j \neq i} \int \frac{e^2 |\psi_j|^2 \, d\tau}{4\pi\varepsilon_0 r_{ij}} \right] \psi_i = E_i \psi_i \quad (4\text{-}10)$$

该式也称为哈特里方程。由式(4-10)可见，欲从方程解得第 i 个电子的状态函数 ψ_i，必须先知道第 j 个电子的状态函数 ψ_j，这就相当于在解方程前要知道方程的解。

为了解决这一困难，哈特里又提出多级近似的方法：先取 N 个零级近似函数 $\psi_1^{(0)}, \psi_2^{(0)}, \cdots, \psi_N^{(0)}$ 作为 ψ_j 代入上式方程，解得一组 $\psi_i^{(1)}$ 及对应的能量 $E_1^{(0)}, E_2^{(0)}, \cdots, E_N^{(0)}$。再将这组 $\psi_i^{(1)}$ 作为一级近似函数代入上式方程，解得一组 $\psi_i^{(2)}$ 及对应的能量 $E_1^{(1)}, E_2^{(1)}, \cdots, E_N^{(1)}$，如此循环，直至 $E_i^{(m)} \approx E_i^{(m+1)}$ 或 $\psi_i^{(m)} \approx \psi_i^{(m+1)}$，达到能量自洽或波函数自洽为止。$\psi_i$ 称为自洽场原子轨道(SCF-AO)，E_i 为 ψ_i 对应的原子轨道能量或哈特里轨道能。

但是，应该指出的是由自洽方法得到的各原子轨道能量之和并不等于原子的总能量。这是因为电子 i 和电子 j 的排斥能(也是电子 j 和电子 i 的排斥能)在轨道能量求和时重复计算了一次，需要将其扣除，即

$$\begin{aligned} E &= \sum_i E_i - \text{全部电子间的平均排斥能} \\ &= \sum_i E_i - \sum_i \sum_{i<j} \left(\frac{e^2}{4\pi\varepsilon_0 r_{ij}} \right)_{\text{对}i,j\text{平均}} \\ &= \sum_i E_i - \sum_i \sum_{i<j} J_{ij} \end{aligned} \quad (4\text{-}11)$$

式中，J_{ij} 为库仑积分，可经推导得到

$$J_{ij} = \iint \frac{\psi_i^2 e^2 \psi_j^2 \mathrm{d}\tau_i \mathrm{d}\tau_j}{4\pi\varepsilon_0 r_{ij}} \quad (4\text{-}12)$$

$\sum_i \sum_{i<j} J_{ij}$ 是全部电子的平均排斥能，既包含自旋不同电子间的排斥能，又包含自旋相同电子间的排斥能，按照鲍林规则，自旋相同的两个电子位于同一轨道的概率为零。也就是说，对于每一个电子的近邻可以认为有一个"空穴"存在，在这个"空穴"中和此电子自旋方向相同的电子进来的概率是很小的，通常称这个"空穴"为费米空穴。

费米空穴的存在意味着电子间的排斥作用并不像哈特里自洽方法中由库仑积分 J_{ij} 计算得那样大，应从 J_{ij} 中扣除因费米空穴存在而多计算的这部分。扣除的方法是从 J_{ij} 中减去交换积分 $K_{ij}^{\uparrow\uparrow}$。所以，原子的总能量可精确地表示为

$$\begin{aligned} E &= \sum_i E_i - \sum_i \sum_{i<j} (J_{ij} - K_{ij}^{\uparrow\uparrow}) \\ &= \sum_i E_{\text{动}i} + \sum_i E_{\text{核吸引}i} + \sum_i \sum_{i<j} (J_{ij} - K_{ij}^{\uparrow\uparrow}) \end{aligned} \quad (4\text{-}13)$$

交换积分 $K_{ij}^{\uparrow\uparrow}$ 仅存在于自旋方向相同的电子间(上标↑↑表示自旋方向相同)。因此，在一个原子或分子中，如有几个能量相同或相近的轨道可供选择，则电子应优先自旋平行地分占不同的空间轨道，使得自旋方向相同的电子对总数尽可能多，即 $K_{ij}^{\uparrow\uparrow}$ 的值尽可能大。同时，因为电子分占不同的空间轨道，电子间保持有效远距离使 J_{ij} 值减小，这两方面的原因就使得排斥能 $\sum_i \sum_{i<j} (J_{ij} - K_{ij}^{\uparrow\uparrow})$ 的值减到最小。

可以证明，式(4-10)的解的径向部分 $R_{n,l}(r_i)$ 既不同于类氢体系，也不同于多电子体系中心力场近似下的形式，但 SCF-AO 的角度分布仍然与类氢体系的角度分布完全一致。由于共价键的性质主要取决于球谐函数 $Y_{l,m}(\theta,\varphi)$ 的性质，所以在关于化学键的讨论中常用类氢轨道的角度分布 $Y_{l,m}(\theta,\varphi)$ 代替多电子的原子轨道 $\psi_{n,l,m}(r,\theta,\varphi)$。常见的"p 轨道为哑铃状"和"四条 d 轨道为梅花状"的通俗说法实际上是指该轨道的角度部分的形状。显然，对于径向函数 $R_{n,l}(r_i)$ 相差很大的轨道，这种代替是一种非常粗糙的近似。

虽然 SCF-AO 仍具有 $\psi_{n,l,m}(i) = R_{n,l}(r_i) \cdot Y_{l,m}(\theta,\varphi)$ 的形式，但很难给出各轨道径向部分 $R_{n,l}(r_i)$ 的具体表达式。所以，SCF-AO 使用起来很不方便，在实际的量子化学计算中，为了减少工作量，常用无径向节点的 Slater 函数来代替 SCF-AO，Slater 函数的形式为

$$\psi_{n,l,m}(i) = A r_i^{n^*-1} e^{-(Z-\sigma_i)r_i/n^*} \tag{4-14}$$

因此，式(4-5)可变为

$$E_n = -13.6\frac{(Z-\sigma_i)^2}{(n^*)^2} = -13.6\frac{(Z^*)^2}{(n^*)^2} \tag{4-15}$$

众所周知，解多电子原子的薛定谔方程是非常重要的[22-24]，吸引众多科学家来研究。虽然哈特里和福克等的成果一直沿用到今天[25-27]，极大地丰富了人类的知识宝库，但是到目前为止，尚无一个数学公式能够完整地表达这种薛定谔方程的严格解析解。因此，致力于多电子原子薛定谔方程精确求解的研究一直是个热点课题[28-32]。

4.2　多电子原子的能级

4.2.1　原子轨道能和电子结合能

原子轨道能是指与单电子波函数 ψ_i 相对应的能量 E_i，当 ψ_i 上只有一个电子时，轨道能就是电离能的负值。当 ψ_i 上不止一个电子时，轨道能就近似等于这个轨道上电子的平均电离能的负值。例如，He 原子基态有两个电子处在 1s 轨道上，其第一电离能 I_1 为 24.6 eV，第二电离能 I_2 为 54.4 eV，所以 He 原子的 1s 轨道能为

$$-\frac{(24.6+54.4)}{2}\text{eV} = -39.5\text{ eV} \tag{4-16}$$

电子结合能是在中性原子中当其他电子均处在可能的最低能态时，电子从指定轨道上电离时所需能量的负值(电离能的负值)。电子结合能反映了原子轨道能级的高低，故又称为原子轨道能级。按此定义，He 原子 1s 轨道的能级为 –24.6 eV。

显然，原子轨道能和原子轨道能级是有差别的，它正好反映了电子间相互排斥作用的实际状况。原子轨道能级可由原子光谱实验直接测定。研究原子结构的问题，实际就是解决如何恰当地将所有电子排布在能量高低不同的原子轨道上的问题。那么，到底如何排布？有无规律可循？势必要引出原子的电子组态、能级

组、能级图等概念。

4.2.2 多电子原子光谱

1. 自由原子的状态和光谱项

在多电子原子中，一个自由原子会有一定的电子组态，如基态碳原子的电子组态是 $1s^22s^22p^2$。由于轨道磁矩和自旋磁矩的相互作用，一个组态还可能存在不止一种能量状态。为了完整地描述原子所处的能量状态，尚需考虑自旋运动和轨道运动之间的关系：计算原子的轨道角动量量子数 L、原子的自旋角动量量子数 S、原子的总角动量量子数(又称内量子数 J)等，分别以 L、S、J 来标记原子的能量状态[33-36]。

原子的自旋角动量量子数 S 只能取整数或半整数，和单个电子的自旋量子数相类似，它决定整个原子的总自旋角动量 M_s，即

$$M_s = \sqrt{S(S+1)}\frac{h}{2\pi} \tag{4-17}$$

和 S 相应的有原子的自旋磁量子数 m_s，它决定原子的自旋角动量在磁场方向的分量

$$(M_s)_Z = m_s \frac{h}{2\pi} \tag{4-18}$$

在一个 S 下，可以有 $(2S+1)$ 个不同的 m_s，即

$$m_s = 0, \pm 1, \pm 2, \cdots, \pm S \quad (S \text{ 为整数})$$

或

$$m_s = \pm\frac{1}{2}, \pm\frac{3}{2}, \cdots, \pm S \quad (S \text{ 为半整数})$$

m_s 由组态中各个电子的可能自旋磁量子数 m_s 加和得到

$$m_s = \sum_i (m_s)_i \tag{4-19}$$

其中最大的 m_s 值即为组态中最大的 S 值，还可能有最小的 S 值，但必须是相隔为 1 的量子化数值，最小的为 0 或 $\frac{1}{2}$。

原子的轨道角动量量子数 L 只能取整数，和单个电子的角量子数 l 相类似，L 决定整个原子的总轨道角动量，即

$$M_L = \sqrt{L(L+1)}\frac{h}{2\pi} \tag{4-20}$$

和 L 相应的有原子的轨道磁量子数 m_L，它决定原子的轨道角动量在磁场方向的分量

$$(M_L)_Z = m_L \frac{h}{2\pi} \tag{4-21}$$

在一个 L 下可有 $m_L=0, \pm 1, \pm 2, \cdots, \pm L$，共 $(2L+1)$ 个不同的 m_L 值，m_L 由该组态中各个电子的磁量子数 m 加和得到

$$m_L = \sum_i (m)_i \tag{4-22}$$

其中最大的 m_L 值即为该组态中的最大 L 值，此外，还可能有较小的 L 值，每个 L 都与它的一系列 m_L 值相对应。

原子的总角动量量子数（或内量子数）J 也只能是正整数或正半整数，它决定原子的总角动量 M_J，即

$$M_J = \sqrt{J(J+1)}\frac{h}{2\pi} \tag{4-23}$$

原子的总角动量 M_J 是由原子的自旋角动量 M_S 和原子的轨道角动量 M_L 按一定的量子化规则加和得到。J 可以采取下列数值：

$$J = L+S, L+S-1, \cdots, |L-S|$$

原子的总角动量在磁场方向的分量 $(M_J)_Z$ 也是量子化的，它由原子的磁量子数 m_J 规定

$$(M_J)_Z = m_J \frac{h}{2\pi} \tag{4-24}$$

$$m_J = 0, \pm 1, \pm 2, \cdots, \pm J \quad (J \text{为整数})$$

或

$$m_J = \pm\frac{1}{2}, \pm\frac{3}{2}, \cdots, \pm J \quad (J \text{为半整数})$$

所以每个 J 对应的总角动量在磁场方向的分量共有 $(2J+1)$ 种。

原子状态由 L，S，J 的数值所决定，并以光谱项的符号 $^{2S+1}L_J$ 表示。通常以 S，P，D，F，G，…代表 L 为 0，1，2，3，4，5，…的数值，而 $2S+1$ 和 J 则以具体数字表示。$2S+1$ 称为原子的一个状态的自旋多重性，$2S+1=1$，2，3，…分别称为单态、二重态、三重态等。

在判断由光谱项标记的原子能态的高低时，可按洪德规则[37-38]进行，这是洪德规则的一种表达方式：

(1) 一个原子在同一组态时，S 值最大的最稳定。

(2) S 值相同时，L 值最大的最稳定。

(3) L 和 S 值相同时，电子少于半充满的，J 值小，能量低，电子多于半充满的，J 值大，能量低。

以铝原子基态为例，其电子组态为 $1s^2 2s^2 2p^6 3s^2 3p^1$。对于全充满的电子层，自旋抵消，各电子轨道角动量的向量和正好相互抵消，最外层的 $3p^1$ 电子轨道角动量为 $\sqrt{1(1+1)}\frac{h}{2\pi} = \sqrt{2}\frac{h}{2\pi}$，这也是整个原子的轨道角动量值，因而原子的总角量子数 $L=1$，而 $m_s = \frac{1}{2}$，$S = \frac{1}{2}$。J 有两个值 $J = L+S = \frac{3}{2}$ 和 $J = L+S-1 = \frac{1}{2}$，故相应的光谱项为 $^2P_{3/2}$，$^2P_{1/2}$，它们代表能量略有差异的两种状态，$^2P_{1/2}$ 能量低些。

再如，碳原子的电子组态为 $(1s)^2(2s)^2(2p)^2$，全满的 $(1s)^2(2s)^2$ 自旋均相互抵消，可不必考虑；对于 $(2s)^2$ 可得下面 15 种状态以及相应的 m_L、m_S、m_J，经过适当组合，可得其光谱项（表4-4）。

洪德

表 4-4 碳原子电子组态的不同能级及其光谱项

m			m_L	m_s	m_J	光谱项
+1	0	−1				
↑↓			2	0	2	
↓	↓		1	0	1	
	↑↓		0	0	0	$^1D_2$
	↑	↓	−1	0	−1	
		↑↓	−2	0	−2	
↑	↑		1	1	2	
↑		↑	0	1	1	
	↑	↑	−1	1	0	$^3P_2$
↓	↓		0	−1	−1	
	↓	↓	−1	−1	−2	
↓	↑		1	0	1	
↓		↑	1	−1	0	$^3P_1$
	↓	↑	−1	0	−1	
↑		↓	0	0	0	$^3P_0$
↓		↑	0	0	0	$^1S_0$

根据上述洪德规则判断,碳原子的基态电子组态中最稳定的能态为 $^3P_0$。同理,可得知第一和第二周期元素的基态电子组态的最稳定态(表 4-5)。

表 4-5 第一和第二周期元素的基态电子组态的最稳定态

元素	H	He	Li	Be	B	C	N	O	F	Ne
基态电子组态	$1s^1$	$1s^2$	$2s^1$	$2s^2$	$2p^1$	$2p^2$	$2p^3$	$2p^4$	$2p^5$	$2p^6$
最稳定的能态	$^1S_{1/2}$	$^1S_0$	$^2S_{1/2}$	$^1S_0$	$^2P_{1/2}$	$^3P_0$	$^4S_{3/2}$	$^3P_2$	$^2P_{3/2}$	$^1S_0$

2. 自由原子的光谱和能级图

光谱方法是研究原子结构的重要方法,而光谱规律的探寻则是使用该方法的重要前提。对多电子原子光谱规律进行较深入的探讨,有助于更好地分析和研究多电子原子的结构[39-41]。

当元素的原子被火焰、电弧或放电等方式激发时,就发射出一系列不连续的一定波长的光,利用分光镜可以观测到一根根的亮线(光谱线)。这种由激发态原子发射出来的光线称为原子光谱或线状光谱(图 3-26)。

多电子原子的能级图也可根据线状光谱的分析得到,其光谱项的形式要比氢的复杂得多。现以金属锂的原子光谱说明[42]。锂原子光谱可分为 4 个线系(图 4-3),即主系、漫系、锐系、基系,分别记为 P 系、D 系、S 系和 F 系。每个系列的波数可用下式表示:

$$\text{锐系} \quad \tilde{\nu} = R\left[\frac{1}{(2-\Delta p)^2} - \frac{1}{(n-\Delta s)^2}\right] \quad n=3,4,\cdots \quad (4\text{-}25)$$

$$\text{主系} \quad \tilde{\nu} = R\left[\frac{1}{(2-\Delta s)^2} - \frac{1}{(n-\Delta p)^2}\right] \quad n=2,3,\cdots \quad (4\text{-}26)$$

$$\text{漫系} \quad \tilde{\nu} = R\left[\frac{1}{(2-\Delta p)^2} - \frac{1}{(n-\Delta d)^2}\right] \quad n=3,4,\cdots \quad (4\text{-}27)$$

$$\text{基系} \quad \tilde{\nu} = R\left[\frac{1}{(3-\Delta d)^2} - \frac{1}{(n-\Delta f)^2}\right] \quad n=4,5,\cdots \quad (4\text{-}28)$$

上述各式可用通式表示为

$$\tilde{\nu} = R\left[\frac{1}{(n_1-a)^2} - \frac{1}{(n_2-b)^2}\right] = \frac{R}{(n_1-a)^2} - \frac{R}{(n_2-b)^2} \quad (4\text{-}29)$$

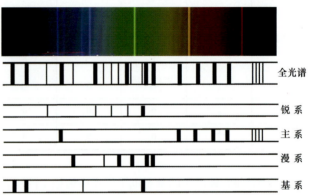

图 4-3　锂原子光谱及其线系

可以看出，式(4-29)与表示氢光谱谱线波数的公式相似，也是两个光谱项之差，只是其中的主量子数要减去一定的数值（即上式中的 a、b 或 Δs、Δp、Δd、Δf，统称量子数亏损值，用 μ 表示），因此锂原子光谱项可写成 $R/(n-\mu)^2$。对多电子原子来讲，主量子数相同，副量子数不同的原子轨道的能量是不同的，其对应光谱项的 μ 值也不同（表 4-6）。将 n 和有关的 μ 值代入光谱项就可算出相应的波数和能量（表 4-7）。再将锂原子的能级和由电子跃迁可能产生的谱线用图表示出来，则得锂原子的能级图（图 4-4）。

表 4-6　锂的量子数亏损值

l \ n	2	3	4	5	6	7
s	0.411	0.404	0.402	0.401	0.401	0.421
p	0.040	0.044	0.046	0.046	0.045	0.046
d		0.001	0.001	0.000	−0.001	0.000
f			0.000	−0.004		

表 4-7　锂原子中各能级的波数和能量

能级	光谱项 $\dfrac{R}{(n-\mu)^2}$	波数/m⁻¹	能量/J
2s	$n=2, \mu=0.411$	4.34584×10⁶	−8.64×10⁻¹⁹
2p	$n=2, \mu=0.040$	2.85634×10⁶	−5.67×10⁻¹⁹
3s	$n=3, \mu=0.404$	1.62822×10⁶	−3.24×10⁻¹⁹
3p	$n=3, \mu=0.044$	1.25578×10⁶	−2.50×10⁻¹⁹
3d	$n=3, \mu=0.001$	1.22022×10⁶	−2.43×10⁻¹⁹
4s	$n=4, \mu=0.402$	8.47616×10⁵	−1.68×10⁻¹⁹
4p	$n=4, \mu=0.046$	7.01856×10⁵	−1.40×10⁻¹⁹
4d	$n=4, \mu=0.001$	6.85820×10⁵	−1.36×10⁻¹⁹
4f	$n=4, \mu=0.000$	6.854814×10⁵	−1.36×10⁻¹⁹

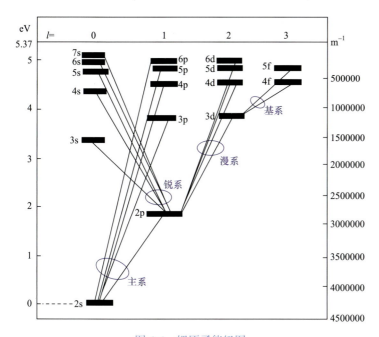

图 4-4　锂原子能级图

能级是描述原子结构的一个非常重要的物理量，根据能级结构可得到原子结构的基本特征。此外，根据对光谱结构的进一步分析(如光谱的精细结构、超精细结构等)，可得到原子能级更深层次结构的特征，从而加深对电子自旋的认识。

如果对周期系中各元素原子的能级图进行概括总结，可以得到所谓的"近似能级图"。例如，根据玻尔理论，将氢原子问题作一般性推广，可知碱金属原子光谱规律为

$$\tilde{\nu} = T(m^*) - T(n^*) \tag{4-30}$$

式中，$T(m^*) = R/(m-\Delta_{l_1})^2$；$T(n^*) = R/(n-\Delta_{l_2})^2$。

根据实验结论和理论分析，碱金属原子光谱规律应遵循下列普遍原则：

(1) Δ 随 l 的变化而变化，即 l 增大时，Δ 减小；反之亦然。

(2) 第一辅线系和第二辅线系有共同的光谱定项，且主线系动项的第一个取值项即为第二辅线系的光谱定项。

(3) 基线系定项为第一辅线系动项的第一个取值项。

(4) 主线系动项的量子数亏损记为 Δ_p，第二辅线系为 Δ_s，第一辅线系为 Δ_d，基线系为 Δ_f。

(5) 主线系定项量子数亏损为 Δ_s。

(6) n 与 l 的制约关系：当 n 一定时，$l=0,1,2,3,\cdots$，分别记为 s, p, d, f, $\cdots$，且应保证 $\tilde{\nu}>0$。

因此，依照上述原则，对任何一个碱金属原子，其波数公式为

$$\tilde{\nu} = T_{ms} - T_{np} \qquad (n \geqslant m) \qquad (4\text{-}31)$$

$$\tilde{\nu} = T_{m_1 p} - T_{ns} \qquad (n > m_1) \qquad (4\text{-}32)$$

$$\tilde{\nu} = T_{m_1 p} - T_{nd} \qquad (n \geqslant m_1) \qquad (4\text{-}33)$$

$$\tilde{\nu} = T_{m_2 d} - T_{nf} \qquad (n \geqslant m_2) \qquad (4\text{-}34)$$

如对于 Na 原子，$m=3$

$$\tilde{\nu} = T_{3s} - T_{np} \qquad (n=3, 4, 5) \qquad (4\text{-}35)$$

$$\tilde{\nu} = T_{3p} - T_{ns} \qquad (n=4, 5, 6) \qquad (4\text{-}36)$$

$$\tilde{\nu} = T_{3p} - T_{nd} \qquad (n=3, 4, 5) \qquad (4\text{-}37)$$

$$\tilde{\nu} = T_{3d} - T_{nf} \qquad (n=4, 5, 6) \qquad (4\text{-}38)$$

如像 Li 一样继续计算，便可得到钠原子的发射光谱(图 4-5)和能级图。

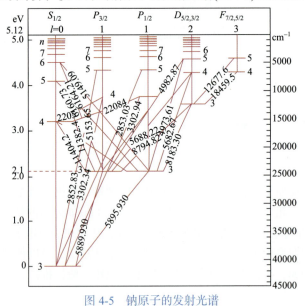

图 4-5 钠原子的发射光谱

4.3 多电子原子的近似能级图

由于难以得到多电子原子波函数和能量的精确解，因此它们的能级图或是在实验基础上确立，或是根据理论计算得到，得到的都是近似能级图(approximate energy-level diagram)。

4.3.1 根据原子光谱实验结果得到的能级图

1. 鲍林近似能级顺序图——电子进入轨道的顺序

[1] 鲍林近似能级图的内涵

1939 年，美国著名化学家鲍林(L. C. Pauling，1901—1994)从大量光谱实验数据出发，并通过理论计算得出多电子原子中轨道能量的高低顺序，即所谓的顺序图(图 4-6)[43]。

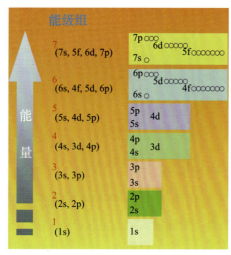

图 4-6　鲍林近似能级图

鲍林

年轻时代的鲍林

图中一个小圆圈代表一条轨道(同一水平线上的圆圈为等价轨道)；箭头所指则表示轨道能量升高的方向。鲍林将能量接近的能级归为一组，图中用彩色方框框起。这样的能级组共七个，从能量最低的一组起分别为第一能级组、第二能级组等。各能级组均以 s 轨道开始并以 p 轨道告终(第一能级组例外，注意主量子数为 1 时不存在 p 轨道的事实)，后面将会发现，七个能级组与周期表中七个周期相对应。顺序图提供的其他信息有：

(1) n 值相同时，轨道的能级由 l 值决定。l 值越大，能级越高。n 值同而轨道能级不同的现象称为能级分裂。例如

$$E(4s)<E(4p)<E(4d)<E(4f)$$

(2) n 和 l 都不同时出现更为复杂的情况，主量子数小的能级可能高于主量子数大的能级，即所谓的能级交错。能级交错现象出现于第四能级组开始的各能级组中，如第六能级组

$$E(6s)<E(4f)<E(5d)$$

鲍林图只适用于多电子原子。氢原子的能级图简单得多，其轨道能级只取决于 n 值。n 值相同的轨道其能量都相同，或者说不发生能级分裂。

[2] 鲍林近似能级图的局限和特点

对鲍林近似能级图，需要明确几点：

(1) 如前所述，它是从周期系中各元素原子轨道能图中归纳出来的一般规律，

不可能完全反映出每个元素的原子轨道能级的相对高低，所以只有近似意义。

(2) 它原意是要反映同一原子内各原子轨道能级之间的相对高低。所以，不能用鲍林近似能级图来比较不同元素原子轨道能级的相对高低。

(3) 经进一步研究发现，鲍林近似能级图实际上只反映同一原子外电子层中原子轨道能级的相对高低，而不一定能完全反映内电子层中原子轨道能级的相对高低；因为原子轨道能量很大程度上取决于原子序数，随着元素原子序数的增加，核对电子的吸引力增加，原子轨道能量逐渐下降(图4-7)。

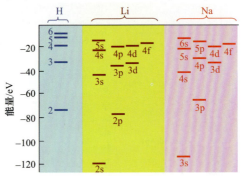

图 4-7　氢原子、锂原子和钠原子的能级的比较

(4) 电子在某一轨道上的能量实际上与原子序数(更本质地说与核电荷数)有关。核电荷数越大，对电子的吸引力越大，电子离核越近的结果使其所在轨道能量降得越低。轨道能级之间的相对高低情况与鲍林近似能级图有所不同。

鲍林近似能级图是教学中最常用的能级图。它的特点是：①能反映核外电子填充的一般顺序，因为与光谱实验所得排布情况大体符合；②简明易懂；③能较好地说明周期系与电子层结构的关系。但它也有明显的不足：①只适用于多电子原子，即至少含有 2 个电子的原子；②某些元素原子的电子层结构例外(鲍林只是概括，若按更精确的能级图排列就无例外)；③填充电子的顺序和失去电子的顺序不完全一致；④假定原子轨道的能级是一成不变的(不受原子序数限制)。

鲍林是美国著名化学家，量子化学和结构生物学的先驱者之一。1901 年 2 月 28 日生于俄勒冈州波特兰市，1922 年在俄勒冈州立学院毕业，获得化学工程理学学士学位。1925 年在加州工学院获得该学院历史上仅有的优秀哲学博士学位。此后在加利福尼亚大学等著名大学任教，从 1948 年起还担任牛津大学、哈佛大学、麻省理工学院等多所著名大学的特邀访问教授。从 1973 年到去世任鲍林科学和医学研究所研究教授。1954 年因在化学键方面的工作获得诺贝尔化学奖，1962 年因反对核弹在地面测试的行动获得诺贝尔和平奖，成为获得不同诺贝尔奖项的两人之一。鲍林被认为是 20 世纪对化学科学影响最大的科学家之一，他所撰写的《化学键的本质》被认为是化学史上最重要的著作之一。他所提出的许多概念：电负性、共振理论、价键理论、杂化轨道理论、蛋白质二级结构等概念和理论，如今已成为化学领域最基础和最广泛使用的概念。

鲍林曾于 1973 年 9 月和 1981 年 6 月来中国进行访问和讲学。

2. Herzberg 能级图

加拿大科学家赫茨伯格(G. Herzberg，1904—1999)在光谱实验的基础上，用图 4-8 粗略给出了核电荷不同时各个原子轨道的能量高低[44]。在原子序数 20 号以前，各原子轨道能级的高低次序和鲍林能级图一样。20～90 号元素，各原子轨道的能量都随着原子序数的增加而下降；但由于下降幅度不同，曲线产生了相交现象，由此可以说明一些过渡元素的原子失去电子的顺序。

但是该图过于简略：①没有表示所有原子轨道的能量都随着原子序数的增加而下降；②把原子序数 20 号以前的所有元素原子轨道能级的高低都看成一样是不对的。

赫茨伯格

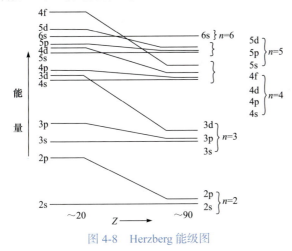

图 4-8　Herzberg 能级图

3. Kauzmann 原子轨道能量与原子序数关系图

考兹曼(W. Kauzmann，1916—2009)把原子轨道能量对原子序数作图，得到了精确反映原子轨道能量与原子序数的关系图(图 4-9)[45]。各种内层轨道移去电子(如

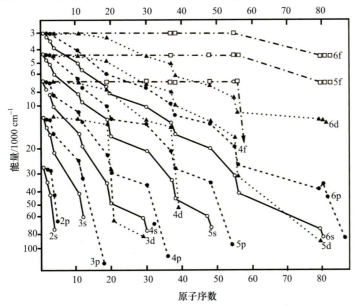

图 4-9　外层电子的能量与原子序数的关系

考兹曼

高能电子撞击原子时)所需的能量与原子序数的关系如图 4-10 所示。

将图 4-9 和图 4-10 合并即得整个周期系中元素的原子轨道能量与原子序数的关系图(图 4-11)。该图比 Herzberg 能级图进了一步，比较精确地表示了原子轨道能量与原子序数的关系，还反映出当主量子数相同时氢原子轨道的兼并性。但是，由于图中没有标度和单位，因此不能定量地表示出原子序数增加时原子轨道能量相应改变的情况。

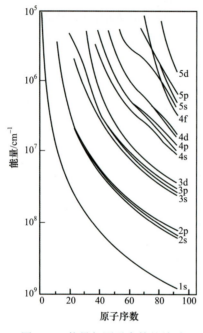

图 4-10　能量与原子序数的关系　　图 4-11　原子轨道能量与原子序数的关系

4. Devault 能级图

沃尔特

美国化学家沃尔特(D. Devault)完全根据光谱实验结果作出了一个精确能级图(图 4-12)，称为 Devault 能级图[46]。它显示出许多特点：①图中显示出了周期系中各种元素在稳定态时各亚层能级的准确分布情况(其能量可依纵坐标的高度得出)；②图中还表示出某些过渡元素失去电子形成离子时其基态构型的变化，如 V 的价电子构型是 $3d^34s^2$，失去一个电子后不是 $3d^34s^1$，而是 $3d^4$，图中就用箭头表示出 1 个 4s 电子跳到 3d 上；③显示出亚层能级的多重性；④不存在某些元素的电子层结构的"例外"情况；⑤不存在失去电子的顺序问题；⑥反映了主量子数相同的氢原子轨道的兼并性。

4.3.2　根据理论计算得到的能级图

根据理论计算各原子轨道的能级，即解薛定谔方程，求出其中的能量 E。关于其近似解法前已述及，这里不再赘述。

1. Latter 的原子轨道能量与原子序数关系图

拉特(R. Latter)应用统计原子的位能方法(自洽场法的第一级尝试)[47]计算了 1~100 号元素原子轨道的能量并绘制成图 4-13[48]。该图虽表示出了当原子序数增

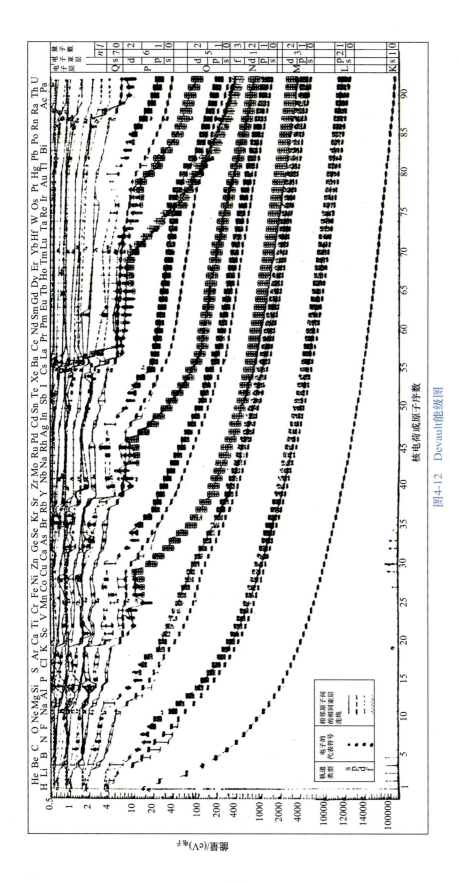

图4-12 Devault能级图

加时所有的原子轨道能量都下降和氢原子轨道的兼并性,但图中曲线的相互交点都和过渡元素相关联,这是不符合事实的。例如,在原子序数 27 之前,3d 轨道的能量都比 4s 高,3d 曲线是在 $Z=28$ 附近与 4s、4p 相交,而事实上应在 $Z=21$ 处。同样,4d 曲线与 5s 交于 $Z=48$ 附近,而事实上应为 $Z=57$。

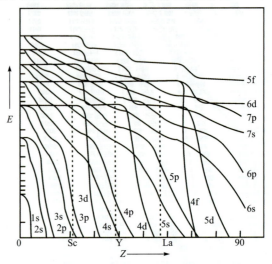

图 4-13　Latter 的原子轨道能量与原子序数关系图

2. 改进的 Latter 原子轨道能量与原子序数关系图

为解决 Latter 图中曲线交点有所延迟的问题,Karapetyants 对 Latter 图进行了矫正,用原子轨道能量的平方根 $\left(\sqrt{-E}\right)$ 对原子序数作图(图 4-14),则 d 和 f 能级

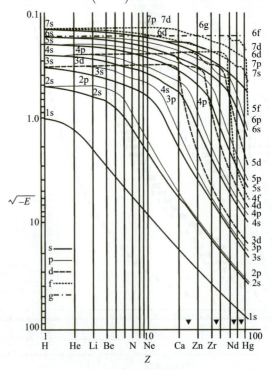

图 4-14　Latter 的原子轨道能量与原子序数关系图($\sqrt{-E}$-Z)

曲线下降的迟缓现象可以得到纠正[49]。

3. Cotton 的原子轨道能量与原子序数关系图

鲍林图给出的只是同一原子中轨道能级的顺序，进而了解不同原子、同名能级之间的关系(能级与原子序数的关系)是合乎逻辑的。不少学者为此倾注了心血，其中以科顿(F. A. Cotton)的表示方法最简洁(图 4-15)[50]。图中横坐标为原子序数，纵坐标为轨道能量。图中给出的重要信息包括：

(1) 原子序数为 1(氢原子)时，轨道能量只与 n 值有关，其他原子的轨道能级均发生分裂，反映了氢原子轨道的兼并性。

(2) 同名轨道的能量毫无例外地随原子序数的增加而下降。注意原子序数 19(K)和 20(Ca)附近发生的能级交错，图上方的方框内是这一区域的放大。原子序数 37(Rb)和 38(Sr)、原子序数 55(Cs)和 56(Ba)等处发生了同样的现象。从放大图上清楚地看到，从 Sc 开始的 3d 的能量又低于 4s，鲍林近似能级图上反映不出这种状况。但是，该图除 3d 与 4s 相交于 $Z \approx 21$ 外，4d 与 5s、6s 都与实验相差较多。

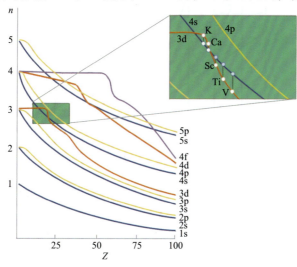

图 4-15 Cotton 的原子轨道能量与原子序数关系图

科顿

科顿参观兵马俑

科顿(F. A. Cotton, 1930—2007)是美国无机化学家，生于美国费城。美国德克萨斯州农业与机械大学化学系教授、分子结构和化学键实验室主任。1951 年毕业于费城天普大学，1955 年获哈佛大学博士学位。1961～1971 年担任麻省理工学院教授。他是美国科学院院士、美国科学与艺术科学院院士，也是多个国家科学院的外籍院士。2002 年当选为中国科学院外籍院士。

科顿是金属原子簇化合物体系的发现者、过渡金属原子簇化学的奠基人，也是酶结构化学研究的先驱者。他发现了 $Re_2Cl_8^{2-}$ 中的 Re 原子之间存在的金属-金属键，并综合大量实验结果建立了其成键理论，证明了金属-金属键比金属-配体键在决定过渡金属簇化合物的物理化学性质上更为重要，由此揭示了一大类新的化合物——金属原子簇化合物，形成了一个全新的过渡金属化学领域。他还解出了应用广泛的蛋白质-葡萄球菌核酸酶的结构，该结构为利用定位诱变法开展酶催化机理的研究奠定了基础。

此外,他在金属有机化学、金属羟基化学、电子结构和化学键理论以及结构化学等方面也作出了基础性的贡献。曾荣获1982年美国国家科学奖章和2000年Wolf奖等多项殊荣。

科顿教授十分关注中国科学技术事业的发展。先后访问过中国多所大学和研究所,并分别与中国科学院福建物质结构研究所和南京大学配位化学研究所进行科研合作,帮助培养高级科研人才。他还无偿转让了数本学术专著的中译本版权,为中国化学教育和科研的发展作贡献。

4. 路琼华的原子轨道能量与原子序数关系图

图 4-16 为路琼华教授用改进的 Slater 近似计算法作出的原子轨道能量与原子序数关系图[51]。图中能量曲线的交点较 Latter、Cotton 的能级图准确,但图中 6s 轨道能量一直都高于 4f,7s 轨道能量一直高于 5f,这些与事实不符。

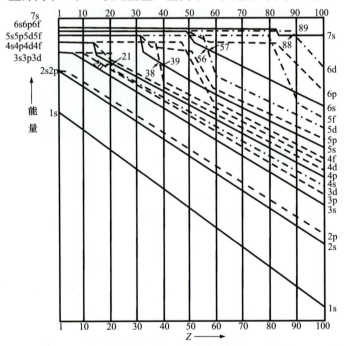

图 4-16 用改进的 Slater 近似计算法求出的原子轨道能量与原子序数的关系
能量不完全按标度,但交点则按照计算结果

4.3.3 多电子能级图中的能级分裂

在上面多电子能级图的介绍中,曾多处提到"能级均发生分裂",这是指能级图中能量曲线的相互交叉、有交点。这一现象可用屏蔽效应和钻穿效应解释。它正好说明了多电子原子中电子与核相互作用的复杂性。屏蔽效应和钻穿效应是造成"能级均发生分裂"一个问题的两个方面。在介绍中心力场模型时,曾较详细介绍了屏蔽效应。本节将介绍钻穿效应及其与屏蔽效应的关系。

1. 钻穿效应的概念

钻穿效应(penetration effect)是指在多电子原子中,由于主量子数 n 不同,电子云分布状况不同，电子云和电子云间、电子云和核电荷间的相互作用引起原子轨道能变化的能量效应。考虑电子与核的作用时，若从另一种角度看，指定电子被其他电子屏蔽的程度，还依赖于该电子与核的距离。距核越近，意味着"钻"得越"深"，化学上称钻穿效应。因此，钻穿是指电子具有渗入原子内部空间而更靠近核的本领。钻穿的结果降低了其他电子的屏蔽作用，起到增加有效核电荷、降低轨道能量的作用。钻穿作用一般是指价电子对内电子壳层的穿透。按经典模型讲，内电子壳层可看成是一个圆形的"实"，实中电子均匀地分布在球面上，价电子运动时会钻入内电子壳层(图 4-17)。

从量子力学观点看，钻穿作用是由于电子可以出现在原子内任何位置上，因此最外层电子有时也会出现在离核很近处。

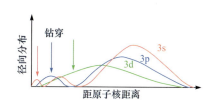

图 4-17　价层电子对内层电子壳层的钻穿示意图　　图 4-18　各亚层轨道电子钻穿能力比较

2. 钻穿效应产生的原因和规律

电子钻穿作用的大小可以从原子轨道的径向分布函数图看出。原子轨道径向分布曲线的特点是有 $n-1$ 个峰(图 4-18)。可以想象，由于钻至离核更近的空间，从而部分地回避了其他电子的屏蔽。以 $n=3$ 的轨道中的电子为例，3s 电子比 3p 电子离核近，而后者又比 3d 电子近。其结果是，3s 电子受到的屏蔽最小，而 3d 电子受到的屏蔽则最大。或者说，3s 电子比 3p 电子感受到更大的 Z^*，3d 电子感受到的 Z^* 则是最小的。从中归纳出的规律是：在多电子原子中，对给定 n 值的电子而言，感受到的有效核电荷随 l 值的增大而减小，即

对钻穿效应　　　$ns>np>nd>nf$

对轨道能量　　　$ns<np<nd<nf$

另外，$(n-1)d$ 和 ns 电子对内电子壳层钻穿作用的相对大小与元素的原子序数有关。在原子序数较小的情况下，如第三周期元素，4s 钻穿到 $1s^22s^2$ 比 3d 大得多(图 4-19)，所以此时 4s 轨道的能级低于 3d。当原子序数增大时，如第四周期元素，内层电子壳层($1s^22s^22p^63s^23p^6$)扩大了，4s 电子对内层电子壳层的钻穿作用又比 3d 小(图 4-20)，4s 轨道的能级又升高。从 Sc 开始，4s 轨道的能量又高于 3d。

3. 钻穿效应对能级交错的解释

比较 3d 和 4s 原子轨道的径向分布(图 4-21)，可以看出 4s 的最大峰虽然比 3d 离核要远，但是它的小峰靠近核，因此钻穿作用要大，4s 的能量比 3d 要低，能级产生交错。从图中还可以看出，3d 和 4s 原子轨道占有的空间区域大部分相同，并且 4s 电子不能很好地屏蔽 3d，因此当 2 个 4s 电子填入后，核电荷也增加了 2

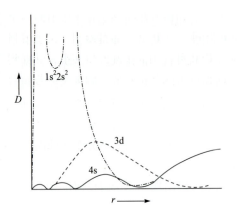
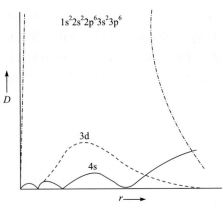

图 4-19 3d 和 4s 对 $1s^22s^2$ 原子实的钻穿图　　图 4-20 3d 和 4s 对 $1s^22s^22p^63s^23p^6$ 原子实的钻穿图

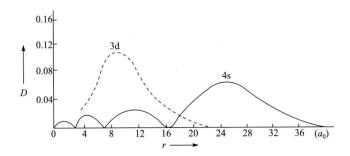

图 4-21 3d 和 4s 原子轨道的径向分布的比较

个单位,作用于 3d 的有效核电荷增加了,3d 能量下降,结果 4s 能量又升高了。

其实,屏蔽效应和钻穿效应是既对立又统一、既相互区别又相互关联的两种效应。前者引起轨道能级升高,后者引起轨道能级降低,相辅相成;前者把电子看作客体,强调静电屏蔽原理,后者把电子看作主体,强调对电子云分布特点的理解(图 4-22)。史启祯将它们之间的关系比作篮球场上双方运动员之间的攻防关系[52],"像攻、防的强弱只体现在'得分'一样,钻穿与屏蔽两种作用的总效果都反映在 Z_{eff} 值上。你们赢了一场球,可以将原因说成对方力量较弱,也可以说成己方力量较强"。这是颇为形象的。

原子轨道	4s	4p	4d	4f
l 值	0	1	2	3
径向分布峰数	4	3	2	1
钻穿效应		增大 →		
所受屏蔽作用		增大 →		
轨道能级		升高 →		

图 4-22 屏蔽效应和钻穿效应的关系

4. 对屏蔽效应和钻穿效应实质的讨论[52]

以上的分析显然有利于教学中学生的理解。但是,究竟屏蔽效应和钻穿效应的实质是什么,文献鲜有报道。从上面的解释中:第一,对 l 相同、n 不同的轨道能级,主要强调了主峰的位置,而在解释 n 相同、l 不同的轨道能级时,又主要强调了小峰的作用,那么当 l 和 n 都不同时,以哪种作用为主呢?事实上,钻穿到近核区的每一个小峰都对轨道势能的降低起作用,因此钻穿效应的大小应与核吸引位能的平均值有关,轨道的核吸引位能越低,核对电子的吸引越强,则可以认为该轨道的钻穿效应越强,而不能单单看小峰或主峰的贡献来讨论钻穿效应的大小。第二,电子的排斥作用应和两电子间距离倒数的平均值有关,即当外层电子钻穿的程度越大,在近核区出现的概率越大时,和内层电子间的排斥作用应该增大,而不应该像斯莱特等提出的经验规则中规定的:外层各组电子对内层各组电子不产生屏蔽,并且应该说同层电子间的排斥作用即屏蔽作用是最大的。这样,屏蔽效应也不能只靠斯莱特等的经验规则去估计,而应由该电子受其他电子的平均排斥能的大小去判断。当一个电子钻穿得越深时,势能越低,与此同时由于和内层电子取得较小距离的概率增大了,因而其所受其他电子的排斥能也就增大了。因此,轨道能量的大小应综合考虑以上因素。

事实上,不管怎么解释,最终都是为了说明多电子原子轨道能级的顺序大小。因为现代的大型原子光谱和光电子能谱等实验技术已能确定这些原子轨道能级,解释只是为了说明事实。上面侧重于从单电子波函数引申讨论,还应注意到从量子化学计算去理解,如中心力场模型的近似计算可作为能级能量的定量计算依据。

表 4-8 是由 Hartree-Fock 法计算所得的第四周期几个元素的有关组态中 3d 和 4s 轨道能。从中可见:虽然 4s 的小峰离核近,但平均核吸引位能总是 3d 比 4s 小,则应认为 3d 轨道的钻穿效应强于 4s,其他电子对 3d 电子的排斥能却大于对 4s 电子的排斥能,即说明钻穿效应越强屏蔽效应也越大。而电子的平均动能是由波函数梯度的平方决定的。电子的钻穿效应越强,其显著概率出现的空间范围就越小,其波函数梯度的绝对值越大,因而其平均动能也越大,所以钻穿效应强的 3d 电子的平均动能也恒大于 4s 电子的平均动能。

表 4-8 第四周期几个元素原子的有关组态中 3d 和 4s 轨道能(eV)

元素	组态	轨道	轨道能	动能	核吸引位能	电子排斥能
K	$4s^1$	4s	−4.000	7.200	−122.3	111.1
	$3d^1$	3d	−0.639	9.349	−133.2	123.2
Ca	$4s^2$	4s	−5.303	13.16	−162.8	144.4
	$4s^13d^1$	4s	−4.669	10.27	−148.2	133.3
		3d	−3.358	44.20	−309.7	262.2
Sc	$4s^23d^1$	4s	−5.766	14.98	−182.0	161.3
		3d	−9.311	85.89	−464.8	369.6
Ti	$4s^23d^2$	4s	−6.128	16.41	−199.9	177.4
		3d	−11.850	108.50	−548.5	428.2

当综合考虑这三个因素后,就得到了与实验结果一致的轨道能级次序。因此,在自洽场模型基础上,根据从头计算结果可以对屏蔽效应和钻穿效应进行进一步的了解和认识。但由于计算数据不完全和 Hartree-Fock 自洽场法虽考虑了自旋相关效应,却没有考虑电子瞬时相互作用,所以对屏蔽效应和钻穿效应的本质还有待进一步的研究和完善。

4.4 多电子基态原子的核外电子排布

4.4.1 核外电子排布的构造原理

根据原子光谱实验和量子力学理论，基态原子的核外电子排布服从构造原理 (building up principle)。构造原理是指原子建立核外电子层时遵循的一些规则。构造原理决定了原子、分子和离子中电子在各能级的排布。构造原理认为全部电子是一个一个地依次进入电场，并假设对电场而言它们是处于最稳定的状态，大约在 1920 年由玻尔正式提出，主要是以量子力学描述。现将这些规则分述如下。

1. 能量最低原理

自然界一个普遍的规律是"能量越低越稳定"。原子中的电子也是如此。在不违反构造原理的其他两条原理泡利原理和洪德规则的条件下，电子总是优先占据可供占据的能量最低的轨道，占满能量较低的轨道后才进入能量较高的轨道，使整个原子体系能量处于最低，这样的状态是原子的基态。这称为能量最低原理 (energy minimum principle)。

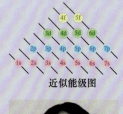
近似能级图

根据顺序图，电子填入轨道时遵循下列次序：

1s 2s 2p 3s 3p 4s 3d 4p 5s 4d 5p 6s 4f 5d 6p 7s 5f 6d 7p

铬($Z=24$)之前的原子严格遵守这一顺序，钒($Z=23$)之后的原子有时出现例外。

2. 泡利不相容原理

泡利

泡利不相容原理(Pauli exclusion principle)又称泡利原理、不相容原理，是微观粒子运动的基本规律之一。它指出：在费米子组成的系统中，不能有两个或两个以上的粒子处于完全相同的状态。这成为电子在核外排布形成周期性从而解释元素周期表的准则之一[53-54]。在原子中完全确定一个电子的状态需要四个量子数，所以泡利不相容原理在原子中就表现为：不能有两个或两个以上的电子具有完全相同的四个量子数。例如，一原子中电子 A 和电子 B 的三个量子数 n, l, m 已相同，m_s 就必须不同了。

量子数	n	l	m	m_s
电子 A	2	1	0	+1/2
电子 B	2	1	0	−1/2

该例中的主量子数、角量子数和磁量子数分别都为 2、1 和 0，自旋量子数就只能分别取(+1/2)和(−1/2)了。前三个量子数相同，说明所讨论的两个电子处于同一层、同一亚层和同一轨道；自旋量子数分取(+1/2)和(−1/2)，则表示该轨道上两个电子的运动状态不同。这里得出一条重要推论：同一轨道上最多容纳自旋方向相反的两个电子。不可能容纳第三个电子是因为不论该电子的 m_s 取(+1/2)或(−1/2)，都将违背泡利不相容原理。

由该推论出发并结合三个轨道量子数之间的关系，能够推知各电子层和电子亚层的最大容量(表 4-9)。各层最大容量与主量子数之间的关系为：最大容量=$2n^2$。

表 4-9　各电子层和亚层的最大电子容量

电子层	电子亚层	轨道数	各亚层最大容量	亚层最大容量
1	1s	1	2	2
2	2s	1	2	8
	2p	3	6	
3	3s	1	2	18
	3p	3	6	
	3d	5	10	
4	4s	1	2	32
	4p	3	6	
	4d	5	10	
	4f	7	14	

泡利不相容原理可用来解释很多不同的物理现象与化学现象，包括原子的稳定性、大块物质的稳定性、中子星或白矮星的稳定性、固态能带理论里的费米能阶等。

泡利(W. Pauli，1900—1958)是奥地利物理学家。他的父亲是维也纳大学的物理化学教授，教父是奥地利的物理学家兼哲学家。他是 20 世纪初罕见的天才，对相对论及量子力学都有杰出贡献，因发现泡利不相容原理而获 1945 年诺贝尔物理学奖。这个原理是他在 1924 年发现的，对原子结构的建立与对微观世界的认识有革命性的影响。

泡利在 19 岁(1919 年)时就写了一篇关于广义相对论理论和实验结果的总结性论文。当时距 1916 年爱因斯坦发表广义相对论才 3 年，震惊了整个物理学界，从此他一举成名。

关于泡利的故事很多，他以严谨、博学而著称，也以尖刻和爱挑刺而闻名。据说在一次国际会议上泡利见到了爱因斯坦，爱因斯坦演讲完后，泡利站起来说："我觉得爱因斯坦不完全是愚蠢的。"

还有一次，发现反质子的意大利物理学家塞格雷做完一个报告，泡利对他说："我从来没有听过像你这么糟糕的报告。"当时塞格雷一言未发。泡利想了一想，又回过头对与他们同行的瑞士物理化学家布瑞斯彻说："如果是你做报告的话，情况会更加糟糕。当然，你上次在苏黎世的开幕式报告除外。"

另一次泡利想去一个地方，但不知道该怎么走，一位同事告诉了他。后来这位同事问他，那天找到那个地方没有，他反而讽刺人家说："在不谈论物理学时，你的思路应该说是清楚的。"

泡利对他的学生也很不客气，有一次一位学生写了论文请泡利看，过了两天学生问泡利的意见，泡利把论文还给他说："连错误都够不上。"

泡利被玻尔称为"物理学的良知"，因为他的敏锐和审慎挑别，使他具有一眼就能发现错误的能力。在物理学界还曾笑谈存在一种"泡利效应"——当泡利在哪里出现时,那儿的人不管做理论推导还是实验操作一定会出岔子。

3. 洪德规则

洪德

洪德规则(Hund's rule)是原子物理学中对 L-S 耦合电子组态的能级顺序的一个规则,于 1925 年由德国物理学家洪德(F. Hund,1896—1997)提出[37-38]。洪德规则指出:

(1) 对于一个给定的电子组态形成的一组原子态,重数 $2S+1$ 最大的能量最低,其称为总自旋量子数,因此也可以表达为总自旋量子数最大的能量最低。

(2) 总自旋量子数 S 相同时,总角量子数 L 最大的能量最低。

1927 年洪德又提出了附加规则[55]:

(3) 在一个光谱项的光谱支项中,如果电子数不足或等于满壳层电子数的一半,总量子数 J(又称内量子数,$J=L+S$)最小的光谱支项能量最低,称为正常次序。

(4) 如果电子数超过满壳层电子数的一半,总角量子数最大的光谱支项能量最低,称为倒转次序。例如,氦原子 P 能级的三重态即为倒转顺序[56]。

洪德规则只能用来确定能量最低的光谱项和光谱支项,不能将洪德规则推广到原子能级进行排序(即不能将"最"字替换成"越"字)。

洪德规则也称为"最大席位原理"。洪德规则用在多电子原子中电子排列时是指:电子分布到等价轨道时,总是尽先以相同的自旋状态分占轨道。例如,Mn 原子 3d 轨道中的 5 个电子按方式(a)而不是按方式(b)排布。

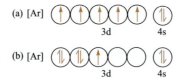

洪德规则导致的结果之一是,电子总数为偶数的原子(分子或离子)也可能含有未成对电子。显然,s、p、d 和 f 亚层中未成对电子的最大数目为 1、3、5 和 7,即等于相应的轨道数。未成对电子的存在与否可通过物质在磁场中的行为确定:含有未成对电子的物质在外磁场中显示顺磁性(paramagnetism),顺磁性是指物体受磁场吸引的性质;不含未成对电子的物质在外磁场中显示反磁性(diamagnetism),反磁性是指物体受磁场排斥的性质。

> 洪德是来自德国卡尔斯鲁厄的物理学家,以原子、分子物理研究而闻名于世。他先后任教于罗斯托克、莱比锡、耶拿、美因河畔法兰克福和哥廷根等地,并曾与薛定谔、狄拉克、海森堡、玻恩和博特等人共事。他曾任玻恩的助手,研究双原子分子光谱的量子现象。
>
> 洪德在德国马尔堡和哥廷根修读完数学、物理和地理后,在哥廷根大学担任理论物理学的私人讲师(1925 年),后分别在罗斯托克大学(1927 年)、莱比锡大学(1929 年)、耶拿大学(1946 年)和法兰克福大学(1951 年)等担任教授,再后来又回到哥廷根大学(1957 年)任教。此外,他还与玻尔住在哥本哈根(1926 年),在哈佛大学(1928 年)教授原子物理。他曾是国际量子分子科学院的成员,于 1943 年获得普朗克奖章。

他一生总共发表了 250 余篇论文和文章,并在理论量子物理领域作出了举足轻重的贡献,尤其是有关原子结构和分子光谱。

事实上,1966 年的诺贝尔化学奖得主马利肯总是宣称洪德的研究对他有很大的影响力,他很高兴与洪德分享诺贝尔奖的荣耀。在洪德的贡献中,分子轨道理论常被称为洪德-马利肯理论。洪德规则也是另一项著名贡献。1926 年,洪德发现所谓的量子穿隧效应。

分子角动量耦合的洪德情况与主导电子分布的洪德规则,在光谱学和量子化学中都是非常重要的。在化学中,第一条洪德规则特别重要,通常被称为简单洪德规则。

4.4.2 电子组态

电子组态(electronic configuration)也称电子构型,是指原子中全部电子在原子、分子或其他物理结构中的每一层电子层上的排序及排列形态。它是原子内电子壳层排布的表示(原子中的电子排布组成一定的壳层,图 4-23)。例如,硅原子的电子组态是 $1s^2 2s^2 2p^6 3s^2 3p^2$,表示 14 个电子中 2 个排布在 1s 态, 2 个排布在 2s 态, 6 个排布在 2p 态, 2 个排布在 3s 态和最后 2 个电子排布在 3p 态,有时可简示为 $[Ne]3s^2 3p^2$。如果有一个电子激发到 4s 态,则相应的电子组态为 $1s^2 2s^2 2p^6 3s^2 3p^1 4s^1$,或简示为 $[Ne]3s^2 3p^1 4s^1$。电子组态清楚地显示出核外电子的排布状况。

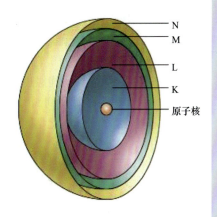

图 4-23 电子壳层

显然,只要运用上述构造原理(两个原理和一个规则),就可顺利地写出基态原子的电子组态。例如,基态 Cs 原子($Z=55$)的电子组态为

$$1s^2 2s^2 2p^6 3s^2 3p^6 3d^{10} 4s^2 4p^6 4d^{10} 5s^2 5p^6 6s^1$$

这种表示电子组态的排序优先考虑了主量子数。应当提醒注意电子组态与能级序列之间是有区别的。

为了简洁地表示所有元素的电子组态,常引入[He]、[Ne]、[Ar]等分别代表类氦芯层、类氖芯层、类氩芯层等。这里的芯层(core)是指达到了稀有气体原子闭合壳层的那一部分内层电子的组态,芯层外部的电子为价层电子。引入这种表示方法是为了避免电子组态式过长,如上述 Cs 原子的电子组态可以更简洁地表示为 $[Xe] 6s^1$。

一些不服从上述原理的例外大体上分属以下两种情况:

(1) 亚层轨道之间的能量差太小,特别是 n 值较大的情况下。例如,Ce($Z=58$)的外层组态为 $4f^1 5d^1 6s^2$ 而不是 $3d^2 6s^2$,Pr($Z=59$)的外层组态却为 $4f^3 6s^2$。

(2) 亚层轨道半满和全满状态的相对稳定性(表 4-10)。

表 4-10　一些亚层轨道半满和全满状态的原子

原子	能级排列序列	光谱实验序列
Cr	[Ar]$3d^4 4s^2$	[Ar]$3d^5 4s^1$
Mo	[Kr]$4d^4 5s^2$	[Kr]$4d^5 5s^1$
Cu	[Ar]$3d^9 4s^2$	[Ar]$3d^{10} 4s^1$
Ag	[Kr]$4d^9 5s^2$	[Kr]$4d^{10} 5s^1$
Au	[Xe]$4f^{14} 5d^9 6s^2$	[Xe]$4f^{14} 5d^{10} 6s^1$

我们知道，从 Y 开始 4d 轨道能量低于 5s。但是第五周期同族元素核内多了 18 个质子，核外多了 18 个电子。由于 18 电子壳层的屏蔽效应比 8 电子壳层的要小，5s 电子的钻穿作用就相对大一些，轨道能级就相应的低一点，与低能级比较接近。所以，4d 和 5s 能级上的电子相互之间容易跳动。跳动方式取决于 d-d、s-s、d-s 电子之间的斥力，一般 s-s 间的斥力比 d-d 间的大，所以电子由 5s 跳到 4d 上。到了第三过渡系，由于镧系收缩，核对外层电子的引力增大，内层电子的屏蔽作用增大，6s 电子的钻穿相应减小一些、能量也相应高一些，因此 5d 和 6s 能级上的电子相互之间跳动也就比 4d 和 5s 之间难一些。所以第三过渡系元素(除 Pt 外)的 6s 轨道上都是两个电子。随着从左到右镧系收缩效应逐渐减弱，内层电子的屏蔽作用相应减小，6s 轨道能级逐渐下降，引起 6s 和 5d 能级逐渐靠近，到了 Pt 时，6s 轨道上的 1 个电子就跳到 5d 上。

还应该注意的是，从化学的观点考虑，电子在 ns 或 $(n-1)$d 的轨道上是没有什么影响的。

知道不同原子的电子构型有助于了解元素周期表中元素的结构。这个概念也用于描述约束原子的多个化学键。

电子的排布情况即"电子构型"是元素性质的决定性因素。为了达到全充满、半充满、全空的稳定状态，不同的原子选择不同的方式。具有同样价电子构型的原子，理论上得或失电子的趋势是相同的，这就是同一族元素性质相近的原因；同一族元素中，由于周期越高，价电子的能量就越高，就越容易失去。

元素周期表中的区块是根据价电子构型的显著区别划分的。如果按鲍林的能级组，将电子填入的轨道排成 7 个横行并将各行中的同名轨道上下对应，不难得到如下的形式：

能级组	s 轨道	f 轨道	d 轨道	p 轨道
1	$1s^{1\to2}$			
2	$2s^{1\to2}$			$2p^{1\to6}$
3	$3s^{1\to2}$			$3p^{1\to6}$
4	$4s^{1\to2}$		$3d^{1\to10}$	$4p^{1\to6}$
5	$5s^{1\to2}$		$4d^{1\to10}$	$5p^{1\to6}$
6	$6s^{1\to2}$	$4f^{1\to14}$	$5d^{1\to10}$	$6p^{1\to6}$
7	$7s^{1\to2}$	$5f^{1\to14}$ ↓	$6d^{1\to10}$	$7p^{1\to6}$

f 区元素

4.4.3 填充电子顺序和失去电子顺序不同的解释[57]

在学习鲍林能级图时，常常有一个错误认识：由于填充电子时是先填在能级较低的原子轨道上，因此预期失去电子的顺序就是填充电子的顺序。

这对主族元素来讲是对的，但对副族元素来讲就不符合实际了。这是由于填充电子时，每增加一个电子，核电荷相应增加一个单位，中心力场就会发生改变，导致原子轨道的能级不等同地发生改变。对主族元素来说，这种过程中的改变虽有不同，但仅是缩小了差距，还没有变化到某一些轨道能级高低的顺序颠倒过来，因此失去电子时是失去最后填入电子轨道上的电子。但对过渡元素来讲，就有可能使其顺序颠倒过来，填充时是先填 ns 后填 $(n-1)$d，失去时却相反。也可认为是过渡元素原子失去电子后，由于电子数减少，有效核电荷相对增加，原子实紧缩，钻穿效应影响也相应减小，能级情况接近于氢原子的情况，即具有相同主量子数的能级逐渐趋于兼并，因而 $(n-1)$d 的能级低于 ns。图 4-24 表示 Ti 原子失去两个电子成为 Ti^{2+} 时，3d 和 4s 能级次序的变化情况。由此可见，过渡元素失去电子时总是先失去 ns 电子，即填充电子和失去电子的顺序不同。

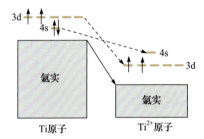

图 4-24　Ti 原子失去电子成为 Ti^{2+} 时 3d 和 4s 能级次序的变化示意

参 考 文 献

[1] 周世勋. 量子力学教程. 北京: 高等教育出版社, 1979.
[2] 黄时中. 原子结构理论. 北京: 中国科学技术大学出版社, 2005.
[3] Herzberg G . New York Dover, 1944, 115: 855.
[4] Slater J C. Quantum Theory of Atomic Structure. New York: McGraw-Hill, 1960.
[5] 周公度. 无机化学丛书(第十一卷): 无机结构化学. 北京: 科学出版社, 1982.
[6] 唐宗薰. 中级无机化学. 2 版. 北京: 高等教育出版社, 2009.
[7] Kleppner D. Rev. Mod. Phys., 1999, 71(2): 129.
[8] Kaldor U, Wilson S. Theoretical Chemistry and Physics of Heavy and Superheavy Elements. Dordrecht: Springer, 2003.
[9] Schrödinger E. Ann. Phys., 1926, 79: 109.
[10] Dirac P A M. Proc. R. Soc. London, 1929, 123: 714.
[11] Pyykko P. Chem. Rev., 1988, 88: 563.
[12] Swirles B. Proc. R. Soc. Ser. A, 1935, 877: 625.
[13] 刘文剑. 化学进展, 2007, 19(6): 833.
[14] Pople J A. Trans. Faraday Soc., 1953, 49: 1375.
[15] Pople J A, Beveridge D L. Approximation Molecular Orbital Theory. New York: McGraw-

Hill, 1970.
- [16] Slater J C. Phys. Rev., 1932, 42: 33.
- [17] 徐光宪. 化学学报, 1956, 22(1): 80.
- [18] Reed J L. J. Chem. Educ., 1999, 76: 802.
- [19] Clementi E, Raimondi D L. J. Chem. Phys., 1963, 38: 2686.
- [20] Hartree D R. Math. Proc. Cambridge Philos. Soc., 1928, 24: 426.
- [21] Fock V. Z. Angew. Phys., 1930, 61: 126.
- [22] Wang D S, Hu X H, Hu J, et al. Phys. Rev. A, 2010, 81: 025604.
- [23] Liang Z X, Zhang Z D, Liu W M. Phys. Rev. Lett., 2006, 21(05): 383.
- [24] Liu W M, Wu B, Niu Q. Phys. Rev. Lett., 2000, 84(11): 2294.
- [25] Kauzmann W. Quantum Chemistry: An Introduction. New York: Academic Press, 1957.
- [26] 徐光宪. 物质结构. 2版. 北京: 高等教育出版社, 1987.
- [27] 潘道皑. 物质结构. 2版. 北京: 高等教育出版社, 1989.
- [28] Schlafer H L, Gliemann G, Ilten D F. 配体场理论基本原理. 曾成, 王国雄等译. 南京: 江苏科学技术出版社, 1982.
- [29] 蒋栋成. 群论与化学基础. 吉林: 吉林科学技术出版社, 1987.
- [30] Pilar F L. Elementary Quantum Chemistry. New York: McGraw-Hill, 1968.
- [31] Deng C H, Zhang R Q, Feng D C. Int. J. Quantum Chem., 1993, 45: 385.
- [32] Knirk D L. J. Chem. Phys., 1974, 60(1): 66.
- [33] Frolov A M. J. Phys. B, 1986, 19: 2041.
- [34] 姜月顺. 大学化学, 1989, 4(3): 32.
- [35] Marvodineanu R, Boiteux H, Mavrodineanu R. Flame Spectroscopy. New York: John Wiley, 1965.
- [36] Levine I N. Quantum Chemistry. Boston: Allyn and Bacon, 1974.
- [37] Hund F. Z. Angew. Phys., 1925, 33: 345.
- [38] Hund F. Z. Angew. Phys., 1925, 34: 296.
- [39] Jolly W L. Principles of Inorganic Chemistry. New York: McGraw-Hill, 1976.
- [40] 华东化工学院无机化学教研组. 无机化学教学参考书(第一册). 北京: 高等教育出版社, 1983.
- [41] White H E. Introduction to Atomic Spectra. New York: McGraw-Hill, 1934.
- [42] 神谷功. 现代化学通说. 东京: 培风馆出版社, 1978.
- [43] Pauling L. The Nature of the Chemical Bond and the Structure of Molecules Aid Crystals. New York: The Cornell University Press, 1939.
- [44] Herzberg G. Z. Phys. Chem., 1929, 4(1): 223.
- [45] 理查兹 W G, 斯科特 P R. 原子结构和原子光谱. 薛洪福译. 北京: 人民教育出版社, 1981.
- [46] Devault D. J. Chem. Educ., 1944, 21: 575.
- [47] Latter R. Phys. Rev., 1955, 99(2): 510.
- [48] Beech J A. J. Chem. Educ., 1962, 39: 293.
- [49] Karapetyants M, Drakin S. The Structure of Matter. Moscow: Mir Publishers, 1974.
- [50] Cotton F A, Wilkinson G. Basic Inorganic Chemistry. New York: John Wiley & Sons, 1976.
- [51] 路琼华. 华东理工大学学报, 1980, (2): 120.
- [52] 史启祯. 无机化学与化学分析. 北京: 高等教育出版社, 2011.

[53] Griffiths D J. Introduction to Quantum Mechanics. Boston: Springer, 2002.
[54] Shaviv G, Deupree R. The Life of Stars: The Controversial Inception and Emergence of the Theory of Stellar Structure. Berlin: Springer Science & Business Media, 2009.
[55] Hund F. Linienspektren und Periodisches System der Elemente. Berlin: Springer-Verlag, 1927.
[56] 褚圣麟. 原子物理学. 北京: 高等教育出版社, 1979.
[57] 黄孟健. 无机化学答疑. 北京: 高等教育出版社, 1989.

5

原子间的作用力——化学键

克劳福德（B. Crawford, 1914—2011）
美国国家科学院院士，1982 年普莱斯利奖章获得者

化学键的本质是全部化学的核心问题。

——克劳福德

5 原子间的作用力——化学键

本章提示

如果说原子是物质世界的砖块,无数原子组合在一起形成了这个世界,那么,是什么东西使它们结合在一起形成分子、超分子、生命乃至我们人类?回答是肯定的:原子之间的化学键强作用力和超分子中分子之间的弱作用力在起作用。本章着重就前一个问题进行介绍。首先简介化学键理论的产生和发展概况,再分述化学键的主要内容——离子键、共价键和金属键的形成、本质和特性。至于超分子中分子之间的弱作用力将在第 6 章中作简单介绍,其中主要介绍与原子之间也有直接作用的另一种作用力——氢键的形成、本质和性质。

水泥粘合砖块成墙

5.1 化学键理论的产生、发展和展望

就化学而言,对于连接分子中原子的力的理论表达,历来是一个中心问题。这就是克劳福德为什么说化学键的本质是全部化学的核心问题。

一般认为,化学键理论的产生与发展经历了经典理论、电子理论和量子化学理论三个阶段[1-5],也有认为是四个阶段的[4]。而认为三个阶段的,恰恰这三个阶段在认识论上与日本学者武谷三男提出的认识三阶段论相吻合[6]。武谷三男认为:科学认识经历了三个发展阶段:现象论阶段、实体论阶段和达到本质论阶段。三阶段论揭示了科学认识逐渐深化的过程,反映了人类认识自然的客观规律。我们认为加上前期的产生背景和展望,分为五个阶段更为合适。

5.1.1 化学键理论产生的历史背景[6]

在第 1 章叙述化学元素概念时,已经可以看到人类对于物质组成的思索。这段时间大约在 16 世纪以前。

(1) 我国的《国语》曾经记载,"夫和生实物,同则不继","故先王以土与金、木、水、火杂以成百物",认为相异的物质是相互结合的条件。

(2) 公元前 5 世纪,古希腊哲学家恩培多克勒借喻人的感情以"爱"和"憎"来说明物质结合的原因,认为"四元素"因"爱"而结合,因"憎"而分离,以导致万物的变化。他把由物质生成化合物或由化合物分解成原来的物质同人类的结婚和离婚同等看待。

恩培多克勒

(3) 公元前 3 世纪,学者鲍洛斯则以"反感"和"同感"来解释物质的分合。类似的观点还有中国"物以类聚"的思想。

(4) 公元以后,由于炼丹术的实践活动,人们的认识有了进一步发展。公元 13 世纪,具有代表性的德国炼金家、元素砷的发现者马格努斯(A. Magnus, 1193—1280)以借喻人的"姻亲"关系出发,认为类似的物质之间具有较强的"亲和性"而易于结合,并第一次提出了"亲和力"(affinity)的概念,以表征物质结合的难易程度,产生了化学键概念的萌芽。早期的化学键理论也正是围绕这一概念的探讨而逐步形成的。

马格努斯

— 225 —

化学元素新论

贝采里乌斯

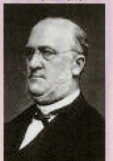

库柏

布特列洛夫

弗兰克兰

凯库勒

整体认识的特点是带有猜测性和笼统性，并且夹杂着"万物有灵"的神秘感情色彩，这还不是科学上的认识。

5.1.2 化学键理论的发展与认识三阶段论

古代的化学只是一种技艺，在冶金、酿酒、制陶等具体的生产活动中，经历了炼丹术的特殊形态才过渡到医药化学，直到18世纪才获得了独立的近代化学的形态。在这漫长曲折的发展过程中，无论化学依附于什么而存在，毕竟获得了大量的经验材料。近代化学首先是继续积累经验知识，当这种积累达到一定程度，开始系统整理材料的阶段，理论上的要求便显得很突出了。化学键理论就是在这种历史背景下以原始面貌出现的。

1. 经典化学理论中的化学键概念——现象论阶段

在经典理论阶段，指出了化学结合的现象为化学键；从认识论讲为现象论阶段，认识、肯定、描述现象[7-8]。

(1) 由于贝采里乌斯早年对电解过程做过仔细考察，特别是电解槽两极的电荷相反，电荷之间的吸引和排斥给他留下了深刻印象，促使他决心应用电学的上述观点来分析化合物组成和化学反应的机理。经过更多的实验考察后，他于1811年从电学的角度出发，提出一个被认为更合理的化学亲和力理论，即电化二元论：把原子之间的化学结合归结为原子之间的静电相互作用。就思想理论来源而言，化学键与化合价概念是一起形成的，且与亲和力思想有着密切的联系。按照贝采里乌斯的假定，物质粒子总是带电荷的，即使形成化合物以后仍带电荷，物质相互作用的亲和力就是电的吸引力。把电看作物质粒子的本性，这种认识比戴维(H. Davy，1778—1829)认为原子间结合力的本性是在于正负性的吸引的表象认识深刻得多。贝采里乌斯把物质的化学性和电性都统一在的物质属性内，通过物质的电性变化来认识物质的化学变化，把这两种变化有机地联系起来，这是对化学物质、对化学过程认识的一个重要思想发展。客观地讲，电化二元论的提出为化学家进一步探讨原子之间结合的原因起到了较好的示范作用，在理论的提出初期，也的确显示了这种趋向。关于这一点，通过1860年召开的国际化学会议——卡尔斯鲁厄会议的相关报道可窥见一斑[9]。

电化二元论基本符合电解的实际过程，又对使盐类结合、酸碱中和作用的亲和力概念作了较满意的解释。该理论简单明了，能说明许多化学现象，化学家们很容易理解它，所以该理论很快成为赢得绝大多数化学家赞同的流行理论。后来，随着有机化学的发展，特别是在研究取代反应中，电化二元论才逐步显露出它本身的缺陷，受到了人们的批评，代之出现了新的学说。但是电化二元论在探索原子之间是如何结合的方向上是对的。

(2) 1858年，英国化学家库柏(A. S. Couper，1831—1892)指出，亲和力涉及量和质两个方面，原子有两种性质：一种称为亲和力程度，另一种称为电亲和力。1861年，俄国化学家布特列洛夫(A. M. Butlerov，1828—1886)区分了亲和力的强度和数量。这两个特征后来分别演变成化学键和化合价，即电亲和力或亲和力强度是化学键概念的来源，亲和力程度或亲和力数量则是化合价概念的发端。

(3) 1863 年布特列洛夫在《关于某些不同异构体的不同解释》一文中曾提到"原子之间的化学键合的方式"，第一次使用了"化学结构"这个名词，并认为必须用单个结构式来表达结构，这种结构式应当是能表明在物质的分子中每个原子是怎样结合起来的；他明确指出化合物的所有性质取决于该物质的分子结构；同时，他认为通过物质合成方法的研究应该有可能找出它的正确结构式。英国化学家弗兰克兰(E. E. Frankland，1825—1899)在 1852 年首先提出了"价键"的概念，他指明：每个元素的原子在形成化合物时总是和一定数量的其他元素的原子相结合。1866 年，他又指出：使用键这个词只想对化学家们提出的不同名称，如原子数、原子力、等价性，提供一个更为具体的说法。他认为键是把原子结合成化合物的一种作用，代表了原子之间的化学吸引，它类似于太阳系各星球之间存在的万有引力。

范托夫

(4) 1857 年，德国化学家凯库勒(F. A. Kekulé，1829—1896)和库柏把价键概念推广到了碳元素，指出碳通常为四价。第二年，凯库勒又提出碳原子能够和不限数目的其他碳原子相结合形成长链。同年，库柏第一个用放在元素符号之间的一条短线来表示价键。1874 年，荷兰物理化学家范托夫(J. H. van't Hoff，1852—1911)和法国化学家雷贝尔(J. A. LeBell，1847—1930)提出了关于碳原子的四个价键朝着正四面体顶点取向的光辉假设，从而建立了古典有机立体化学的公认形式。

雷贝尔

(5) 1865 年，法国有机化学家拉奥(D. Lavaud)发表《论化合价》，首次提出了原子中存在"次原子"的概念，把化合价看成次原子之间配对的结果，建立了各种原子和分子模型。拉奥的思想一方面是经典化学键理论的深化，也是电子论化学键概念的萌芽。在其假说中，原子内部结构和原子之间化学结合的新图像已影绰可见。

威利森努斯

(6) 在 19 世纪下半期，化学家们已产生了原子具有复杂组成和结构的思想萌芽，并企图用原子中某种物质解释化学键的形成。1888 年，有人提出：每个价键都与两个相反电粒子的偶合或偶极有联系，甚至还提出了一个碳原子模型：碳原子有一层以太外壳，原子本身是特殊亲和力的载体，以太壳是形成价键的场所，而且每个价键都取决于两个相反电极的存在，该电极固定在直线两端，这样组成的体系称为偶极。1888～1889 年间，德国有机化学家威利森努斯(J. Wislicenus，1835—1902)又提出，原子不是像点一样的能量载体，而具有一定空间，是由原始原子组成的。

维尔纳

(7) 瑞士苏黎世大学化学家维尔纳(A. G. Werner，1866—1919)在此基础上又发展了无机配合物的立体化学理论。1893 年，他发表了《论无机化合物的结构》一文，大胆提出了划时代的配位理论，这是无机化学和配位化学结构理论的开端，他因此荣获 1913 年诺贝尔化学奖。

总之，在经典化学范围内，化学键的理论只是现象论的理论，这一阶段回答了化学键的表现是什么，是化学结合，由原子结合成分子。以此为基础的化学键概念只能反映化学结合的现象，所以，它的直观表现形式就是经典化学结构式中原子之间的短线。

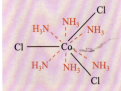

维尔纳的"正价"和"副价"结构

荷兰化学家范托夫 1852 年生于鹿特丹一个医生家庭。早在上中学时，范托

夫就迷上了化学，经常创作自己的"小实验"。1869年进入德尔夫特高等工艺学校学习技术。1871年进入莱顿大学主攻数学。1872年去波恩跟凯库勒学习，后来又去巴黎受教于武兹。1874年获博士学位，1876年起在乌德勒州立兽医学院任教。1877年起在阿姆斯特丹大学任教，先后担任化学、矿物学和地质学教授。1896年迁居柏林。1885年被选为荷兰皇家学会会员，他还是柏林科学院院士及许多国家的化学学会会员。1911年3月1日在柏林逝世。

范托夫首先提出碳原子是正四面体构型的立体概念，弄清了有机物旋光异构的原因，开辟了立体化学的新领域。在物理化学方面，他研究过质量作用和反应速度，发展了近代溶液理论，包括渗透压、凝固点、沸点和蒸气压理论，并应用相律研究盐的结晶过程，还与奥斯特瓦尔德(V. Ostvalds, 1853—1932)一起创办了 Physical Chemistry 杂志。1901年，他以溶液渗透压和化学动力学的研究成果，成为第一个诺贝尔化学奖获得者。主要著作有《空间化学引论》、《化学动力学研究》、《数量、质量和时间方面的化学原理》等。

范托夫精心研究过科学思维方法，曾作过关于科学想象力的讲演。他竭力推崇科学想象力，并认为大多数卓越的科学家都有这种优秀素质。他具有从实验现象中探索普遍规律性的高超本领，同时坚持"一种理论，毕竟是只有在它的全部预见能够为实验所证实的时候才能成立"。

奥斯特瓦尔德

汤姆孙

莱姆赛

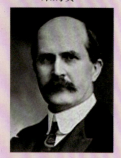

威廉·亨利·布拉格

2. 电子理论中的化学键概念——实体论阶段

在电子理论阶段，揭示了化学结合的物质载体是电子，化学结合的结果为电子转移或为两原子共享电子对；从认识论讲为实体论阶段，认识了现象背后的实体。

(1) 1897年英国物理学家汤姆孙(J. J. Thomson)发现了电子，并于1904年提出了化学键理论：原子分为负电性和正电性两类，当两种原子相互作用时，电子则从正电性原子向负电性原子转移，结果负电性原子带负电荷，正电性原子带正电荷，相互吸引形成电价键。1908年，英国化学家莱姆赛(W. Ramsay, 1852—1916)提出：化学键的物质承担者是电子，电子代表原子之间的键，如 NaECl 表示通过电子 E 将 Na 和 Cl 结合成化合物。1913年，玻尔(N. Bohr)提出化学键是电子在两个核之间运动的结果，分子中的化学键是由两个原子的电子所形成的共用电子轨道而产生的，电子轨道平面垂直于核间连线；极性键的产生是电子环平面向其中一个原子移动所致。

(2) 1887年后，瑞典化学家阿伦尼乌斯(S. A. Arrhenius, 1859—1927)、英国物理学家威廉·亨利·布拉格(W. H. Bragg, 1862—1942)和威廉·劳伦斯·布拉格(W. L. Bragg, 1890—1971)父子，从不同方面对 NaCl 和 KCl 的晶体结构研究作出了杰出贡献。

1916年，德国物理学家科塞尔(W. Kossel, 1888—1956)和美国化学家路易斯(G. N. Lewis, 1875—1946)从不同对象出发阐明了两种化学键概念。科塞尔阐明了离子键的形成机理：当两种原子发生作用时，每一原子都力图通过失去电子或获得电子使自己的外层填满八个电子，达到稳定结构，即由一原子失去电子、另一原子得到电子形成正、负离子，它们之间靠静电吸引结合成化合物。这个理论很好地解释了离子型化合物的形成，但在解释非极性分子时遇到了困难。路易斯的假设解决了这个困难：原子由核与外壳组成，在中性原子的外壳中所含有的电子数等于核中多余的正电荷数，壳层中的电子数在 0~8 之间变化，原子电子壳中的电子倾向于形成八隅体，每一原子中的外部电子都可以进入两个原子的外壳成为共享。他提出用两点表示两个共享的电子，并在其著作《价键及原子和分子的结构》中明确提出了"电子对"概念，用两点表示单键，四点表示双键，六点表示三键，这种电子对键及其表示方法今天仍在应用。

(3) 1919 年，美国化学家、物理学家朗缪尔(I. Langmuir，1881—1957)在电子对键概念基础上提出了新思想：两原子间共享电子对形成的键称为共价键；由于电子转移形成的键为电价键；电子对由一原子提供而为两个原子共享。1921 年，普金斯(G. A. Perkins)将由一原子单独提供一对电子形成的键称为"借用联合"。1923 年，劳里(T. M. Lowry)将其称为给予键。1927 年，西奇维克(N. V. Sidgwick)又将其称为配位共价键，用 A→B 符号表示，更加明确电子对是哪个原子提供、向哪个原子转移的。为了解决结构式表示键型与实验事实之间的矛盾，鲍林提出了"共振"概念，意思是电子对在分子的各种可能的构型之间共振，使电子的分布均匀化。

综上所述，在电子论阶段，把化学键概念建立在电子理论的基础上，认为化学键是奇电子的转移或配对而形成的原子之间的结合作用，包括离子键、共价键和配位键等形式，是对经典化学键概念的发展，它进一步回答了是什么实现了化学结合，是原子之间电子的转移或配对。

3. 量子化学理论中的化学键概念——本质论阶段

量子化学理论阶段揭示了化学键的实质，即化学结合中电子遵循什么样的运动规律。从认识论达到本质论阶段，揭示实体运动的规律。

(1) 电子论的化学键概念建立后，化学家提出了很多有关原子和分子结构以及化学键本质的理论，如电子自旋、不相容原理、电子的波粒二象性、薛定谔波动方程。

1927 年，德国物理学家海特勒(W. H. Heitler，1904—1981)和伦敦(F. W. London，1900—1954)将量子力学处理原子结构的方法应用于氢气分子，得到氢分子能量的两个表达式和与能量相对应体系的状态波函数[10]：

$$E_A = 2E_H + \frac{Q-A}{1+S_{ab}^2} \qquad E_S = 2E_H + \frac{Q+A}{1+S_{ab}^2} \tag{5-1}$$

$$E_S : \psi_S = \frac{1}{\sqrt{2+S_{ab}^2}}[\varphi_a(1)\varphi_b(2)+\varphi_a(2)\varphi_b(1)] \tag{5-2}$$

$$E_A : \psi_A = \frac{1}{\sqrt{2-S_{ab}^2}}[\varphi_a(1)\varphi_b(2)-\varphi_a(2)\varphi_b(1)] \tag{5-3}$$

他们根据能量随核间距变化情况说明：E_S 比两个氢原子的能量低，说明形成了稳定氢分子；E_A 比两个氢原子的能量高，说明不能形成稳定的氢分子。由 ψ_S 和

科塞尔

路易斯

朗缪尔

海特勒

伦敦

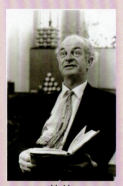

鲍林

马利肯布

洪德

西奇维克

ψ_A 作两种状态的电子等概率密度面图表明：相应于 E_S 的 ψ_S，两核间电子密度大；相应于 E_A 的 ψ_A，两核外侧电子密度大。第一次用量子力学理论和方法证明了中性的氢原子能够相互结合形成稳定的分子体系，两个氢原子相互结合是通过密集于两个核间的电子云实现的。化学键是基于电子交换而形成的原子之间的结合作用。他们成功地定量阐释了两个中性原子形成化学键的过程，他们的成功标志着量子力学与化学的交叉学科——量子化学的诞生。

(2) 解释氢分子成键的海特勒-伦敦模型成功地解释了化学键的本质。然而，这个简单的理论无法直接用于氢分子以外的其他分子。在此基础上，鲍林(L. Pauling)通过引入共振结构式、轨道杂化等概念，将海特勒-伦敦模型成功推广到更大的分子中，价键理论就诞生了：若两个原子轨道互相重叠，两个轨道上各有一个电子，且电子自旋相反，电子配对给出单重态形成一个电子对键。即化学键是基于自旋相反的两个电子配对而形成的原子之间的结合作用，价键理论中讨论的化学键的基本特征是定域键。因为价键理论有更加清楚的物理意义，所以广为实验化学家尤其是有机化学家所青睐，并基于价键理论开发出大量定性方法，对理解化学反应起到非常重要的作用。

(3) 几乎与价键理论诞生的同时，价键理论的主要竞争者分子轨道理论也被提出了。为了解释有机化合物分子的结构，美国化学家马利肯布(R. S. Mulliken)和德国理论物理学家洪德(F. Hund)以单电子近似为基础提出了分子轨道理论：分子是一个整体而非原子的组合，每个价电子都属于分子整体并在核和其他电子形成的势场中运动，化学键是电子系统之间的相互作用。分子轨道理论讨论的化学键的基本特征是离域键，它解释多种多样的化学结合，如单质分子、化合物分子、分子离子、分子自由基、分子离子自由基等。实践证明利用分子轨道理论的数学结构比较简单，进行量子化学计算比价键理论方法容易。另外，早期价键理论认为电子对必须由原子轨道的杂化产生，制约了价键理论的精度。到 20 世纪中叶，几乎所有的量子化学计算都是采用分子轨道理论进行的。这种局面在 20 世纪末与 21 世纪初发生了一定的变化。现代价键理论采用原子轨道线性组合产生价键轨道的方法，可以达到和分子轨道理论方法相似的精度。然而，由于价键轨道的非正交性等原因，价键理论的数学结构依然比分子轨道理论复杂得多，程序比较少，而相同精度的计算往往需要更多计算资源，所以价键理论目前仍然不太常用。

(4) 20 世纪 20 年代，英国理论化学家西奇维克(N. V. Sidgwick, 1873—1952)引进了配键概念，以解释中心离子(或原子) 与配体之间结合力的本质，他提出：配体至少有一对孤对电子，中心离子(或原子)含有空的价电子轨道，二者的结合是配体提供孤对电子与中心离子共享。20 世纪 30～50 年代初，鲍林将价键理论应用于配合物结构，并引入晶体场理论和分子轨道理论解释配合物中的化学结合和化学结构，形成了配位场理论。配位场理论是价键理论、晶体场理论和分子轨道理论的综合。

在量子论阶段，人们从不同角度阐述对分子中电子运动的认识，回答了电子为什么和如何实现化学结合，无论是认识对象客观的电子运动还是认识本身，都达到了辩证统一。

5.1.3 化学键理论的展望

化学键理论的发展表明人类对化学运动本质的探索和物理学有着密切的联系。例如，人们正是运用物理学提出的量子力学去研究化学键问题，才形成了现代理论化学的主要内容之一——量子化学。量子化学的核心问题是化学键，它是理解分子的化学行为和反应特点的微观基础。

化学键理论历经百余年的发展，至今仍很不完善，如它无法解释氢键的本质和形成条件是什么，桥式键是怎样的离域键，金属互化物、类金属氢化物等非规范性键是如何形成的等。现阶段化学键理论研究的核心问题及走向有以下几个方面。

1. 化学键理论自身的完善

这是一个根本性的问题。目前化学键理论尚处于发展时期，还有许多地方有待完善。能否考虑用一种更简单的形式来建构量子化学的体系使其更具有可操作性？改造理论的途径首先要借助于量子物理的新发展和其成果的应用，其次是引入适当的数学工具，再其次是移植近年发展起来的新学科如系统论、突变论、协同学等的概念和方法与化学理论的整体设计。

量子论的一些基本概念如量子化、波粒二象性、测不准原理、零点能无疑是微观粒子的共同特征，以此为基础的化学键理论对原子、分子体系的处理具有普适性。但人们用它作为工具处理具体体系时，往往感到无所适从。一方面是数学上的困难，限制了它的应用；二是处理结果常只具有定性或半定量的意义，难以精确化。因此，深入研究化学键理论本身是主要任务。关于这部分的详细叙述，建议读者参考恩里科·克莱门蒂和乔吉纳·科伦吉乌的论述[11]，这是相当有益的。

克莱门蒂

值得一提的是，曲行文提出了"试论化学键理论的统一"的问题[3]。他认为"目前流行的各种化学键理论，从不同角度出发，处理方法和表达形式各异，适用范围和精确程度都有一定局限，对化学键本质的揭示和对分子结构及性质的解释也有一定差别。但若仔细分析，仍能找到它们的相似之处和内在联系"。如果说化学键理论能对化学键的描述达到主观认识与客观实在的一致性，把科学思想与科学实践完美地结合起来，创立统一的化学键理论，那对化学乃至整个科学的发展都会有极大意义的。类似的还有侯汉娜等[12]在《化学键理论分析及应用》一文中，就建立在量子力学基础上的价键理论、分子轨道理论、配位场理论进行了举例分析，认为它们既有共性又有个性，并随着人们对微观世界认识的不断深化，三个理论也在逐渐融合及综合应用。

科伦吉乌

2. 新的计算方法的研究及应用

从薛定谔方程对多原子体系的处理可以清楚看到，它是不能精确求解的，只能近似求解。近似方法的发展对于计算多电子体系具有特殊的重要性。目前的计算方法有不考虑电子间相互作用的单纯的 MO 法，考虑电子间相互作用但用实验值代替部分精确计算的半经验 MO 法，精确计算电子间相互作用的非经验 MO 法即从头计算法。虽然半经验方法在过去以至今天仍在应用[13-14]，特别是在应用计算化学中，但为了预测键能，需要一些新的理论方法。发展方向是建立更实用的新方法，改造老方法，以及大力开发新型实用软件。计算机技术特别是并行计算机[15]的进步，HF-基模型(CI 和 MC)已经接近对小分子实现定量精确预言的目标，不同的价键模型已经在物理解释方面取得了显著进展。

3. 化学键理论扩散到一切电子体系

"化学键"是一个从"分子"性质的表达式中抽提出来的部分、局域的表达式，描述从组分原子选出的一个亚组的体积当中的键合情况，因此，它的理论和方法会进入许多其他领域，形成一系列的分支学科。例如，固体材料的电子结构研究，微观化学反应的研究，表面与催化反应尤其是生物催化剂的研究，量子药理学药物构效关系的研究，生物大分子的量子化学研究，分子光谱与谱学理论的研究，分子与材料设计的微观研究，大分子、团簇、纳米材料及凝聚态的理论模拟研究等。任何分子或分子体系都可纳入化学键的研究范围。其中生物大分子的研究尤其引人注目，这也成为今后化学键理论研究的一个重点和热点。氢键对维持大分子的立体构型和构象有什么重要作用？生物催化剂与底物分子的构象有什么关系？药物分子与靶分子处于什么结构状态才匹配？电子结构与生物专一性有何关系？这一系列的问题将逐步得到答案。化学键理论为人们理解生物的多样性、整体性、协调性、专一性提供了微观基础。

5.2 化学键概念

5.2.1 化学键与分子结构

分子是参与化学反应的基本单元，是由原子组成且能保持原物质化学性质的基本微粒。最简单的分子为单原子分子，为数不多，如稀有气体；绝大多数分子为多原子分子，数目巨大。例如，一块钻石可看作一个巨大分子，其中的原子数取决于钻石的大小。一般来说，把由数目确定的原子组成、具有一定稳定性的物种称为分子。其中，两个原子组成的分子称为双原子分子，如 Cl_2 分子和 N_2 分子等；多于两个原子组成的分子称为多原子分子，如 H_2O 分子、O_3 分子、S_8 分子、C_6H_6 等。

要把氢分子 H_2 和氮气 N_2 拆分为 H 原子和 N 原子需要施加巨大的能量(分别为 436 kJ·mol^{-1} 和 946 kJ·mol^{-1})，说明分子中各原子之间存在一种强大的作用力，把这种分子内部原子之间的强相互作用力称为化学键。阐释化学键的学说为化学键理论，化学键理论可解释为什么有些原子之间(如 Na 与 Cl 之间)能够相互结合而有些原子之间(如 Na 与 Ne 之间)则不能，为什么由原子构成的单质(如 N_2 与 P_4)和化合物(如 HCl 与 HI)具有不同的稳定性，结合在一起的原子为什么这样排布而不那样排布(如 CO_2 分子的三个原子处在一条直线上，而不像 H_2O 分子形成小于 180°的角)等问题，以及为什么同样的组成、原子之间的连接方式不一样就导致形成的分子具有完全不同的性质和用途。换言之，化学键理论能够解释物质的外在性质与内部结构之间的依赖关系。但遗憾的是，迄今尚无统一的理论能够做到这一点。本章仅介绍金属键理论、共价键理论和离子键理论3种基本类型的化学键理论及其与分子结构相关的某些其他概念。

5.2.2 化学键的定义

对于大家熟悉的钠与氯生成氯化钠的反应

$$2Na(s) + Cl_2(g) \longrightarrow 2NaCl(s) \tag{5-4}$$

反应涉及的三种物质显示截然不同的物理和化学性质，从图 5-1 和图 5-2 可知三种物质的导电性能的差别：钠的导电性比熔态氯化钠高出 $1×10^5$ 倍！

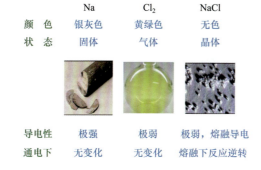

图 5-1 氯化钠反应中三种物质的性质

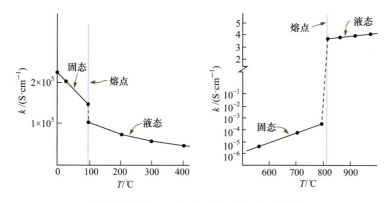

图 5-2 金属钠(左)和氯化钠(右)的电导率

不同的外在性质反映了不同的内部结构。是什么样的结合力让钠原子组成金属钠？是什么样的结合力使氯原子组成单质氯？又是什么样的结合力将钠原子和氯原子结合成晶体氯化钠？反应(5-4)中的三种物质涉及三种不同的结合力，人们不难由此想象千姿百态的化合物中结合状态的复杂性。这种复杂性使得化学键成为化学上为数不多的难以确切定义的术语之一。现有的几个定义中，鲍林在其化学史上有划时代意义的专著 *The Nature of the Chemical Bond* 中提出的定义被引用得最广泛(在该书出版后不到 30 年内，共被引用超过 16000 次，至今仍有许多高水平学术论文引用该书观点)：如果两个原子(或原子团)之间的作用力强得足以形成足够稳定、可被化学家看作独立分子物种的聚集体，它们之间就存在化学键[16-17]。

简单地说，化学键(chemical bond)是指分子内部原子之间的强相互作用力。

反应式(5-4)中三种物质表现的性质用下面金属键理论、共价键理论和离子键理论作解释。化学键在本质上是电性的，原子在形成分子时，外层电子发生了重新分布(转移、共用、偏移等)，从而产生了正、负电性间的强烈作用力。但这种电性作用的方式和程度有所不同，所以又可将化学键分为离子键、共价键和金属键等。已明确了的化学键类型可用图 5-3 说明。

图 5-3　已明确了的化学键类型

5.3　离子键理论及离子极化理论

5.3.1　离子键理论

离子键(ionic bond)又称为盐键(salt bond)，是化学键的一种，通过两个或多个原子或化学基团失去或获得电子而成为离子后形成。带相反电荷的原子或基团之间存在静电吸引力，两个带相反电荷的原子或基团靠近时，带负电和带正电的原子或基团之间借静电吸引力以形成离子键。此类化学键往往在金属与非金属间形成。失去电子的往往是金属元素的原子，而获得电子的往往是非金属元素的原子。

如前所述，离子键理论是 20 世纪初由德国化学家科塞尔根据稀有气体原子具有稳定结构的事实提出的[18]。他认为，电离能小的金属原子和电子亲和能大的非金属原子相互靠近时失去或获得电子，生成具有稀有气体稳定电子结构的正、负离子，然后通过库仑静电引力生成离子化合物。

1. 离子键理论形成的背景

[1] 之前的研究

1884 年瑞典化学家阿伦尼乌斯开始研究酸碱电离理论[19]。1887 年，他提出溶液电离理论，认为食盐溶解于水中能离解成大量的钠离子和氯离子，溶解前仍然是 NaCl 分子。

德国物理学家劳厄(M. von Laue, 1879—1960)因发现晶体中 X 射线的衍射现

阿伦尼乌斯

象并提出劳厄方程而获得 1914 年诺贝尔物理学奖。X 射线衍射法极大地促进了科学家对物质结构的研究。1913 年英国的布拉格感到劳厄建立的方程太复杂，在验证新方法时，通过 X 射线衍射法测定了 NaCl 和 KCl 的晶体结构，发现其中并无阿伦尼乌斯所阐述的单个分立的分子，而是由 Na^+ 和 Cl^- 在空间周期排列的无限结构，即每个钠离子周围有 6 个氯离子，每个氯离子周围有 6 个钠离子。

[2] 理论的提出

德国的物理学家科塞尔经过测定许多有代表性化合物离子所带的电子数，于 1916 年提出了他的化合价理论：必须用原子结构的理论来解释化学行为，化学中稳定离子的形成是由于原子获得电子或失去电子以达到稀有气体稳定电子结构。科塞尔的理论主要以极性分子与离子化合物为对象，成功地解释了典型金属和非金属相互作用的化学行为。例如，钾原子的电子排列为 2、8、8、1，它有失去一个电子达到 8 电子稀有气体稳定结构的倾向。当它失去一个电子以后，就形成 2、8、8，属稀有气体的稳定结构，从而形成 K^+。再如，氯原子的电子排布为 2、8、7，它有获得一个电子达到 8 电子稀有气体稳定结构的倾向，获得一个电子后，成为氯离子，这样钾离子和氯离子都具有所谓氩原子的稳定结构，二者靠库仑力结合成化合物 KCl。根据玻尔模型，在各种元素电子排布中，金属元素的外层电子一般少于 4，非金属元素原子的外层电子一般多于 4，因此，金属元素的原子容易失去电子变成阳离子，非金属元素的原子容易得到电子变成阴离子，二者靠静电引力相结合。

[3] 评价

科塞尔的理论非常成功地解释了如 KCl、$CaCl_2$、CaO 等化合物。科塞尔在提出他的理论时，根据短周期的化学元素排布和玻尔模型，同时对 X 射线晶体结构分析资料进行分析，体现了理论和事实相结合的原则。但是，他的理论是建立在化学元素的原子中电子完全得失的极端化基础上的，没有考虑到互相若即若离的过渡状态，因此，在解释离子化合物时是成功的，而对于非离子化合物，如氢气、氯气等则无法解释。科塞尔的理论只是解决了矛盾的一个方面。他的功绩在于把离子化合物区别出来了，并把这种化合物的形成与玻尔的原子结构模型相联系，这在化合价的电子理论发展中是一大进步。至于 H_2、N_2、CO_2 等化合物还不能解释，只能作为问题存留下来，留待以后解决。正是科塞尔尊重物质的客观存在，没有牵强附会地解释这些问题，为其他科学家研究和完善化合价理论奠定了良好的基础。

2. 离子键的形成

按照科塞尔的离子键理论，可用图 5-4 清楚地说明 NaCl 的形成过程和条件[20-21]。

图 5-5 表示离子键形成过程的能量分析。先考虑气态的正、负离子从相距无穷远到结合成离子型分子而保持平衡距离 r_0 时所做的功，即结合能。假设离子为刚性球(不考虑离子的极化和变形)，则离子间的作用力与方向无关。正、负离子间有库仑吸引力：

劳厄

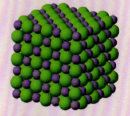

NaCl 的结构

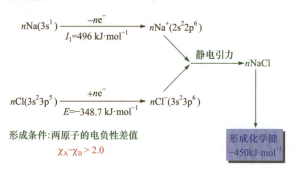

玻恩

年轻时的玻恩

图 5-4　离子键形成的过程和条件示意图

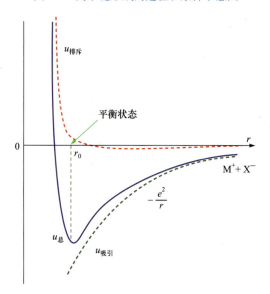

图 5-5　正、负离子的吸引和排斥

$$u_C = -\frac{Z_+ Z_- e^2}{r} \tag{5-5}$$

式中，Z_+、Z_-分别为正、负离子的电荷数；e 为电子的电量；r 为正、负离子的核间距。除吸引力之外，正、负离子间还存在排斥力。德国犹太裔理论物理学家、量子力学奠基人之一玻恩(M. Born，1882—1970)提出，这种斥力可用下式表示：

$$u_B = \frac{B}{r^n} \tag{5-6}$$

式中，B 为玻恩常数；n 为玻恩指数。当离子间距离 r 缩短时，吸引力增大，即势能下降；当 r 很小时，排斥力开始出现，且很快增大，势能回升。结合能 u 与距离 r 的关系可以表示如下：

$$u = u_C + u_B = -\frac{Z_+ Z_- e^2}{r} + \frac{B}{r^n} \tag{5-7}$$

当 $r = r_0$ 时，u 为极小，即

$$\left(\frac{\mathrm{d}u}{\mathrm{d}r}\right)_{r=r_0} = \frac{Z_+Z_-e^2}{r_0^2} - \frac{nB}{r_0^{n+1}} = 0 \tag{5-8}$$

$$B = \frac{Z_+Z_-e^2 r_0^{n+1}}{n} \tag{5-9}$$

故

$$u = -\frac{Z_+Z_-e^2}{r_0}\left(1 - \frac{1}{n}\right) \tag{5-10}$$

此即图 5-5 中的平衡状态。正如马克思所说，"一切化学过程都归结为化学的吸引和排斥过程"[22]。

将式(5-10)乘以 Avogadro 常量 N，再归并式中各常数

$$\begin{aligned} u &= -\frac{Z_+Z_-e^2}{r_0}\left(1-\frac{1}{n}\right) \\ &= -\frac{6.023\times10^{23}\,\mathrm{mol}^{-1}(4.803\times10^{-10})^2\,\mathrm{erg}}{10^{-8}\times10^{10}\,\mathrm{erg\cdot kJ}^{-1}} \times \frac{Z_+Z_-e^2}{r_0}\left(1-\frac{1}{n}\right) \\ &= -\frac{79.5Z_+Z_-}{r_0}\left(1-\frac{1}{n}\right)\mathrm{kJ\cdot mol}^{-1} \end{aligned} \tag{5-11}$$

r_0 可用 X 射线衍射法测得，n 是从离子晶体的压缩系数估计出来的。按离子的类型不同，取 $n = 5\sim12$ (表 5-1)。一般取 $n = 9$，因为 n 每改变 1，对 U 值仅有 1%~2% 的影响。如果正、负离子属于不同类型，则 n 取平均值。例如 NaCl，$n = (7+9)/2 = 8$。Cu^+ 型离子的外电子层是 $3d^{10}$，尽管与 Ar 型不同，但由于 3p 电子比 3d 电子更接近于核，在 Cu^+ 型离子外层 10 个 d 电子的密度差不多等于 Ar 型离子外层 6 个 p 电子的密度，故定其 n 值为 9。Ag^+ 型和 Kr 型、Au^+ 型和 Xe 型的情况也是如此。

表 5-1 各类离子的玻恩指数

离子类型	n	离子类型	n
He	5	Kr, Ag^+	10
Ne	7	Xe, Au^+	12
Ar, Cu^+	9		

上面说的离子晶体的压缩系数的定义是[23]

$$\chi = -\frac{1}{V}\left(\frac{\partial V}{\partial p}\right)_T \tag{5-12}$$

式中，V 为晶体的摩尔体积。从理论上可以导出

$$\chi = \frac{18r_0^4}{Ae^2(n-1)} \tag{5-13}$$

式中，A 为马德隆常数(Madelung constant)[24]，其值与晶格的类型有关。从式(5-13)可估算出 n 值。

马德隆常数是指在一个晶体内其中一个离子的总电势能,可表示为它与距离最近的另一个离子的电势能的 M 倍,$A = ME_0$,其中 E_0 为两个离子的系统的电势能:

$$E_0 = -\frac{Z^2 e^2}{4\pi\varepsilon_0 r_0} \tag{5-14}$$

表 5-2 列出了一些固体离子化合物的马德隆常数。

表 5-2　一些固体离子化合物的马德隆常数

晶体	结构	配位	A
CsCl	体心立方	8:8	1.763
NaCl	面心立方	6:6	1.748
纤锌矿(ZnS, wurtzite)	六方晶系	4:4	1.641
闪锌矿(ZnS, zinc blende)	立方晶系	4:4	1.638
萤石(CaF$_2$, fluorite)	立方晶系	8:4	2.520
金红石(TiO$_2$, rutile)	四方晶系	6:3	2.408

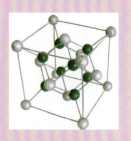

立方 ZnS

科塞尔(W. Kossel, 1888—1956)是德国物理学家,对离子键研究有卓越的成就,是 1910 年诺贝尔生理学和医学奖获得者 Albrecht Kossel 的儿子。

科塞尔于 1906 年进入海德堡大学学习,1910 年在柏林大学获得博士学位。1913 年在慕尼黑大学担任研究助理,而此时的慕尼黑大学正是原子理论发展的中心,特别是对原子光谱的解释这一方向。1916 年,科塞尔根据稀有气体原子的电子层结构具有高度稳定性的事实,提出了离子键的概念。这比同年由路易斯(G. N. Lewis)提出的类似理论更加先进和成熟。科塞尔认为由原子得失电子后生成的正、负离子之间靠静电作用而形成的化学键即离子键,其本质是正、负离子之间的静电引力。离子键可存在于气体分子内,但大量存在于离子晶体中。当元素的电负性差值越大时,越易形成离子化合物。但近代实验表明,纯粹的离子键是不存在的,绝大多数离子键都不是典型的,只是离子性占优势而已。当两元素电负性的差值大于 1.7 时,单键离子键的成分大于 50%。

由于离子电场具有球形对称性,阴、阳离子之间的静电引力与方向无关,离子在其任何方向上均可与相反电荷的离子相互吸引而形成离子键,因此离子键无方向性。当两个异电荷离子彼此吸引形成离子型分子后,由于离子的电场无方向性,各自仍具有吸引异电荷离子的能力,只要空间条件许可,每种离子均可结合更多的异电荷离子,因此离子键无饱和性。

3. 离子键的特点

库仑力的性质决定了离子键区别于共价键的特点:既没有方向性,也不具饱和性。所谓没有方向性是指晶体中被看作带电小圆球的正、负离子,在空间任何方向上吸引相反电荷离子的能力是等同的。所谓不具饱和性则包含两重含义:①正、负离子周围邻接的异电荷离子数,主要取决于正、负离子的相对大小,与各自所带的电荷无直接关系;②一个离子除吸引最邻近的异电荷离子外,还可吸引远层异电荷离子。

由于电荷作用力伸向四面八方，晶体中每种离子都被相反电荷的其他离子所包围。由图 5-6 所示，氯离子在钠离子和铯离子周围的排布尽管有一定方向，NaCl 中排以钠离子为中心的八面体顶角，CsCl 中排在以铯离子为中心的立方体顶角，但完全是出自空间稳定性的需要，与作用力的方向无关。为了便于理解，不妨设想将钠离子或铯离子原位旋转任意角度，周围的氯离子不会改变原先的位置。与 CsCl 晶体相比，NaCl 中与正离子邻近的氯离子数较少，这一事实也是由空间因素造成的：钠离子周围不能排布更多的氯离子，是因为钠离子体积小，而不是因为正离子电场作用力已饱和。MO(M=Mg，Ca，Sr，Ba)中构成晶体的正、负离子电荷数都是 2，却具有与 NaCl 相同的排布方式。这个例子说明一个离子周围的异电荷离子数与各自所带电荷的多少无关，或者说与电荷产生的作用力强弱无关。

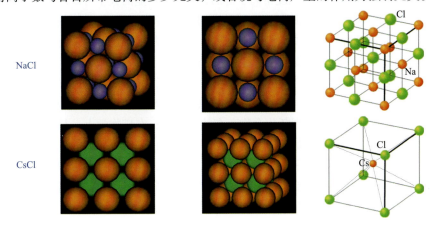

图 5-6　NaCl 和 CsCl 晶体中离子的排布

4. 离子键的键能

若以碱金属卤化物 MX 为例，离子键的键能是指将 1 mol $M^+X^-(g)$ 拆散成为 $M(g)$ 原子和 $X(g)$ 原子时所需要的能量(E_B)

$$MX(g) \xrightarrow{E_B} M(g) + X(g) \tag{5-15}$$

在此过程中体系吸热，E_B 为正值，它可以从结合能 u、电离能 I(为负值)和电子亲和能 E(为负值)求得：

$$M(g) + X(g) \xrightarrow{E_B} M^+X^-(g)$$
$$\downarrow I \quad \downarrow E \quad \nearrow u$$
$$M^+(g) + X^-(g)$$

则

$$-E_B = I + E + u \tag{5-16}$$

几种碱金属卤化物的键能列在表 5-3。由理论计算的离子键能值的误差约为 10%(主要是由于没有考虑离子极化)，所以离子键的静电吸引理论基本上是正确的。

表 5-3 一些 MX 的 E_B

碱金属卤化物	E_B/(kJ·mol^{-1})	
	计算值	实验值
NaCl	355.64	410.03
NaBr	322.14	368.19
KCl	384.93	435.14
KBr	351.46	380.74

5. 离子晶体的晶格能

虽然离子键的强度可以从离子键的键能数据判断其强弱,但是,人们更喜欢用晶格能(lattice energy, ΔU)度量离子键的强度。晶格能的大小可以用来说明和预言许多典型的离子晶体物质的物理、化学性质及其变化规律。显然,晶格能越大(指绝对值),晶体的熔点就越高,硬度也越大。晶格能的大小还可用来衡量离子键的强弱及所形成的离子化合物的稳定性。晶格能越大,该离子晶体就越稳定。另外,它在许多学科领域也有着广泛的应用。在热力学中,晶格能数据可以用来判断键型,结合 Born-Haber 循环可以计算元素和原子团的电离势、电子亲和能,估算化合物的生成热和稳定性,判断化合物存在的可能性;在矿物学上,晶格能可以解释许多关于从溶液或熔融状态中生成矿物的天然过程,研究矿物的生成次序,判定某些矿物的稳定范围和平衡条件;在地球化学上,晶格能可以帮助研究地球的构造和历史。总之,晶格能是离子晶体最重要的性质之一。因此,离子晶体的晶格能在理论和实际应用上都有很大的意义[25-26]。

[1] 晶格能的定义

晶格能是指 1 mol 固体离子化合物中的气态离子从相互远离到结合成离子晶体时所放出的能量(U)

$$M^+(g) + X^-(g) \longrightarrow MX(s) + U \tag{5-17}$$

体系的能量降低,是放热过程,U 为负值。它是离子晶体中离子间结合力强弱的量度,U 的值越负(绝对值越大),离子间结合力就越强。晶体类型相同时,晶格能大小与正、负离子电荷数成正比,与它们之间的距离 r_0 成反比。晶格能越大,正、负离子间结合力越强,晶体的熔点越高、硬度越大。表 5-4 给出几种离子化合物的晶格能和熔点,这些化合物中的离子都具有 NaCl 的排列方式。

表 5-4 某些离子型化合物的晶格能和熔点

化合物	离子的电荷	r_0/pm	U/(kJ·mol^{-1})	m.p./℃
NaF	+1, −1	231	−923	993
NaCl	+1, −1	282	−786	801
NaBr	+1, −1	298	−747	747
NaI	+1, −1	323	−704	661
MgO	+2, −2	210	−3791	2852
CaO	+2, −2	240	−3401	2614
SrO	+2, −2	257	−3223	2430
BaO	+2, −2	275	−3054	1918

[2] 晶格能的实验测定——热化学循环法

1) Born-Haber 热化学循环

晶格能一般不能直接测定，这是因为当离子晶体气化时，气相是由离子型分子组成的，但在能够准确测定的最高温度，气态分子通常都离解为其组分原子而不是相应的离子，即很难估算出 MX(g) ⟶ M$^+$(g) + X$^-$(g) 的焓变。

这里说的晶格能实验值是指利用固体的升华热(S)、液体的蒸发热(F)、气体分子的离解热(D)、气态原子的电离能(I)、气态原子的电子亲和能(E)、晶体的生成热($\Delta_f H_m^\ominus$)等实验数据，经由 Born-Haber 热化学循环计算出来的[27]。例如，对于 NaCl 晶体，可以设计如图 5-7 的热化学循环。

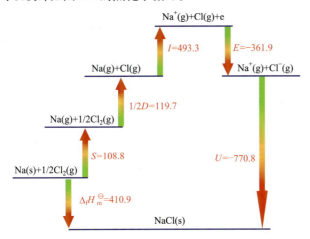

图 5-7　形成离子晶体时的能量变化(kJ·mol^{-1})

如此，就可以由图 5-7 的热化学循环求出 NaCl 晶体的晶格能 U

$$\Delta_f H_m^\ominus = S + \frac{1}{2}D + I + E + U \tag{5-18}$$

$$\begin{aligned}
U &= \Delta_f H_m^\ominus - S - \frac{1}{2}D - I - E \\
&= -410.9 - 108.8 - 119.7 - 493.3 - (-361.9) \\
&= -770.8 (\text{kJ} \cdot \text{mol}^{-1})
\end{aligned} \tag{5-19}$$

一般来说，由于现代量热学和热量计的迅速发展，在上述热化学循环中，常常是求得易得的晶体的生成热($\Delta_f H_m^\ominus$)实验数据，然后从手册中查出固体的升华热、液体的蒸发热、气体分子的离解热、气态原子的电离能、气态原子的电子亲和能等热力学数据，然后算出晶格能。

然而，在通常计算中，易出问题往往在于热化学循环设计有漏洞，或者所取热力学数据的符号有误或不自洽，因而所得数据与手册不一致。

2) 晶格能实验测定的相关说明

(1) 严格地说，上述热焓(ΔH)数据都是指在 298 K、10^5 Pa 下的，而晶格能、电离能、电子亲和能的数据都是指 0 K、10^5 Pa 下的。焓和能的数据之间都有一些差别，但差别很小或可以互相抵消。根据热力学第一定律

$$\Delta U = Q - W \tag{5-20}$$

有关系式

$$\Delta U = \Delta H_U - p\Delta V = \Delta H_U - nRT \tag{5-21}$$

在图 5-7 中，$\Delta n = -2$，故

$$\Delta U = \Delta H_U + 2RT \tag{5-22}$$

可见，在晶格能与晶格焓之间只相差 $2RT = 2 \times 1.98 \times 298 \times 4.184 \ \text{J} \cdot \text{mol}^{-1} \approx 5.02 \ \text{kJ} \cdot \text{mol}^{-1}$，这个数值很小，可以忽略不计。

又根据

$$Na(g) \longrightarrow Na^+(g) + e \tag{5-23}$$

有

$$\begin{aligned}\Delta H_{I,Na} &= I_{Na} + \int_0^{298} [C_p(Na^+, g) + C_p(e) - C_p(Na, g)]dT \\ &= I_{Na} + \frac{5}{2}R \times 298 \approx I_{Na} + 6.28 \ \text{kJ} \cdot \text{mol}^{-1}\end{aligned} \tag{5-24}$$

根据

$$Cl(g) + e \longrightarrow Cl^-(g) \tag{5-25}$$

有

$$\begin{aligned}\Delta H_{E,Cl} &= E_{Cl} + \int_0^{298} [C_p(Cl^-, g) - C_p(Cl, g) - C_p(e)]dT \\ &= E_{Cl} - \frac{5}{2}R \times 298 \approx E_{Cl} - 6.28 \ \text{kJ} \cdot \text{mol}^{-1}\end{aligned} \tag{5-26}$$

相加时，$+6.28 \ \text{kJ} \cdot \text{mol}^{-1}$ 与 $-6.28 \ \text{kJ} \cdot \text{mol}^{-1}$ 正好互相抵消。因此，在由热化学循环计算晶格能时，通常都列出关系式(5-19)。

(2) 从热化学循环计算得到的晶格能与化合物是否真正是离子键或者有多大的共价性没有关系。下面要讨论的理论计算却是以单纯离子键为出发点来考虑的。

哈伯(F. Haber，1868—1934)是犹太血统的德国化学家，他因开发合成氨而荣获 1918 年诺贝尔化学奖。合成氨对于制造化肥和炸药很重要。全球一半人口的粮食生产目前依赖于这种方法生产的肥料。哈伯和玻恩共同提出了玻恩-哈伯(Born-Haber)循环作为评估离子晶体晶格能的方法。因为在第一次世界大战期间他开发和部署氯等有毒气体的工作，他也被称为"化学战争之父"。

哈伯

[3] 晶格能的理论计算和经验公式

除了上述利用一些已知的实验数据进行计算外，晶格能一般很难直接测定。因此，晶格能的理论计算极为重要[20]。

1) 晶格能理论计算公式的推导

玻恩和朗德(A. Rand，1888—1976)把离子看作刚性小球，当离子靠拢到接触时，库仑作用就受到推斥力的对抗，且随核间距缩短，推斥力极迅速地增加，当库仑作用力和推斥力达平衡时，其正、负离子保持一定的平衡距离，即核间

— 242 —

距。因此，玻恩和朗德提出，在离子晶体中其晶格能主要来自两个方面：一是带相反电荷离子间的吸引能 $E_{吸引}$；二是异号离子相互吸引接近到一定距离时，它们的电子云之间产生排斥作用的排斥能 $E_{排斥}$。

以 NaCl 为例进行理论计算公式推导(图 5-8)。在 NaCl 晶体中，对于 1 个 Na^+，在距离 r(Na^+和 Cl^-之间的最短距离)的地方有 6 个 Cl^-，在相距 $\sqrt{2}r$ 的地方有 12 个 Na^+，在相距 $\sqrt{3}r$ 的地方有 8 个 Cl^-，等等。所以，在晶体内部每个正、负离子都处在一个库仑场中，其势能为

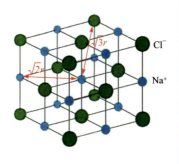

图 5-8　NaCl 晶体中正、负离子的排列方式

朗德

$$-6\frac{e^2}{r}+12\frac{e^2}{\sqrt{2}r}-8\frac{e^2}{\sqrt{3}r}+\cdots$$
$$=-\frac{e^2}{r}\left(6-\frac{12}{\sqrt{2}}+\frac{8}{\sqrt{3}}-\cdots\right)=-1.748\frac{e^2}{r} \quad (5\text{-}27)$$

1.748 是前面数列的极限，通常取 1.748。

对于 1 mol NaCl，共有 $2N$(N 为阿伏伽德罗常量)个离子，而每对离子间的势能都重复一次，所以体系的总库仑作用力为

$$\frac{1}{2}\times 2N\left(-1.748\frac{e^2}{r}\right)=-NA\frac{e^2}{r} \quad (5\text{-}28)$$

A 即马德隆常数(表 5-2)。再考虑相邻离子之间的近程排斥力为 $\dfrac{NKB}{r^2}$(K 为配位数，B 为玻恩常数)，则可写出 NaCl 的晶格能为

$$U=-NA\frac{e^2}{r}+\frac{NKB}{r^n} \quad (5\text{-}29)$$

令 U 对 r 求导，并使之等于零

$$\left(\frac{\mathrm{d}U}{r}\right)_{r=r_0}=\frac{NAe^2}{r_0^2}-\frac{nNKB}{r_0^{n+1}}=0 \quad (5\text{-}30)$$

得到

$$KB=\frac{Ae^2r_0^{n+1}}{n} \quad (5\text{-}31)$$

因此，对 NaCl 型晶体

$$U=-\frac{NAe^2}{r_0}\left(1-\frac{1}{n}\right) \quad (5\text{-}32)$$

如果一种离子晶体的正、负离子的电价为 Z_+、Z_-，则得 Born-Landé 方程式[27]：

$$U=-\frac{NAZ_+Z_-e^2}{r_0}\left(1-\frac{1}{n}\right)=-\frac{332AZ_+Z_-}{r_0}\left(1-\frac{1}{n}\right) \quad (5\text{-}33)$$

在学习 Born-Landé 晶格能的理论计算公式时，对公式中的有关符号的意义一定要十分清楚，取值要准确，否则在计算时容易出错误。

鲍林根据量子力学提出，外层电子之间的斥力与离子之间距离 r 的关系是自然对数的底 e 的指数关系。据此，Born 和 Mayer 又将排斥力表示为 $NB'e^{-\frac{r}{\rho}}$，引力项依旧，则晶格能为

$$U = -\frac{NAZ_+Z_-e^2}{r} + NB'e^{-\frac{r}{\rho}} \tag{5-34}$$

同样通过令 $\left(\frac{dU}{dr}\right)_{r=r_0} = 0$，求得 B'，再代入上式，便得到 Born-Mayer 方程式[28]：

$$U = -\frac{NAZ_+Z_-e^2}{r_0}\left(1-\frac{\rho}{r_0}\right) = -\frac{332AZ_+Z_-}{r_0}\left(1-\frac{\rho}{r_0}\right) \tag{5-35}$$

式中，ρ 为晶体密度。对于碱金属卤化物及大多数盐为常数，等于 0.0345 nm。用 Born-Mayer 方程式计算结果与用 Born-Landé 方程式出入不大。

Ladd 和 Lee 考虑到离子的偶极矩和多极矩对于吸引力的贡献以及零点能对排斥力的贡献，提出了一个比较复杂的公式即 Ladd-Lee 方程式[29]：

$$U = -\frac{NAZ_+Z_-e^2}{r_0}\left(1-\frac{\rho}{r_0}\right) - \frac{NC}{r_0^6}\left(1-\frac{6\rho}{r_0}\right) - \frac{ND}{r_0^8}\left(1-\frac{8\rho}{r_0}\right) + \frac{9}{4}Nh\nu_{max} \tag{5-36}$$

式中，第一项是库仑吸引能和玻恩排斥能；第二、三项分别为离子间偶极矩、多极矩相互作用能，它们都是由离子极化引起的，属于色散力。系数 C 和 D 与晶体里处于不同位置的各种离子之间的距离有关，可以在查到相应的数据后计算出来；第四项为零点能(在绝对零度时物质所具有的动能)，它是根据 Debye 理论导出的，其中 h 为普朗克常量，ν_{max} 为 Debye 最大振动频率，此值可由红外吸收光谱的数据准确地估计出来。实际上，对于大多数盐尤其是较重的碱金属盐，式(5-36)中后面三项的数值都很小且可部分抵消，忽略它们所引起的误差常在 16.74 kJ·mol^{-1} 以下，这表明在离子晶体内部，色散力及零点能都只起很次要的作用。

Ladd-Lee 方程式有严格的物理意义，但用于解决具体问题时常遇到数据不足的困难，计算也十分繁杂。

Kapustinskii 注意到离子晶体的马德隆常数 A 与化学式中离子总数 ν 的近似正比关系，用 ν 代替 Born-Mayer 方程式中的 A，并用离子半径代替核间平衡距离，引出了一个计算二元离子晶体晶格能的半经验公式

$$U = -\frac{287.2\nu Z_+Z_-}{r_+ + r_-}\left(1-\frac{0.345}{r_+ + r_-}\right) \tag{5-37}$$

由于避免了 A 值，因此不知道晶格类型以及含有不能假设为球形离子的化合物的晶格能也可以计算，扩大了使用范围。以后他又将上式加以修正，改为[30]

$$U = -\frac{287.2vZ_+Z_-}{r_+ + r_-}\left[1 - \frac{0.345}{r_+ + r_-} + 0.00453(r_+ + r_-)\right] \tag{5-38}$$

计算值与实验值的误差呈统计分布。对于 MX 型盐的平均偏差为 3.35 kJ·mol^{-1}，即约为 0.5%；对于 MX$_2$ 型盐则为 21.76 kJ·mol^{-1}，即约为 1%。这个公式的缺点是比前一式繁琐。

Яцимирский 后来将式(5-38)修正为[31]

$$U = -\frac{287.2vZ_+Z_-}{r_+ + r_-}\left[1 - \frac{0.345}{r_+ + r_-} + 0.00870(r_+ + r_-)\right] \tag{5-39}$$

使计算结果更加精确。

К.Б.Яцимирский

考察两种不同类型离子晶体晶格能的理论值和实验值(表 5-5)发现：对于稀有气体构型的金属离子所形成的"标准型"离子晶体(如 NaCl、KCl)，晶格能的理论值与实验值已经相当吻合，尤其是在考虑了色散力和零点能之后；对于由非稀有气体构型金属离子形成的"非标准型"离子晶体(如 AgCl、AgI)，理论值与实验值相差很大，即便是考虑了色散力和零点能，差值仍然不小。

表 5-5 两种类型离子晶体的晶格能($-U$, kJ·mol^{-1})

化合物	理论值		实验值	理论值与实验值差	
	(1)不考虑色散力	(2)考虑色散力		Δ(1)	Δ(2)
NaCl	749.77	765.67	766.09	−16.32	−0.42
KCl	682.83	702.49	691.20	−8.34	−11.30
AgCl	730.11	846.84	898.30	−168.20	−51.46
AgI	669.02	794.54	882.82	−213.80	−88.28

应该说，目前对于接近纯离子型化合物的晶格能的计算已经比较成熟。然而，一般的离子晶体大多不是接近纯离子型的标准型晶体，当上述公式应用于数量众多的由过渡金属、副族元素或其他非稀有气体构型金属离子所形成的所谓非标准型离子晶体时，就出现很大的偏差。由于晶格能是离子晶体最重要的性质之一，因此，寻找比较简单而有效的计算各类晶体晶格能的方法，修正和充实最基本的晶格能数据，就显得十分重要。

2) 关于误差的前期讨论

多年来，费尔斯曼[32]、萨尔基索夫[33]、卡普斯钦斯基[34]、卡拉别奇扬茨[35]、亚奇米尔斯基[36]、马登勇[37]、杨丕鹏[38]、肖慎修[39]、梅平[40]和舒元梯[41]等曾先后提出多种计算非标准型离子晶体晶格能的经验公式，但是大部分公式或因所要求的原子和离子的结构参数太多、公式过于复杂，或因应用范围狭窄、准确度不高，都未获得普遍应用。

(1) 用晶体场稳定化能进行解释。Hush 和 Pryce 企图用晶体场稳定化能解释晶格能的理论值与实验值之差[42]，但只取得了有限的成功(表 5-6)，对于大多数化合物的差值问题依旧无法解决，这正好说明稳定化能不是唯一的或主要的影响因素。

表 5-6　MF_2 的晶格能和稳定化能($-U$, kJ·mol^{-1})

d^n	MF_2	晶格能理论值	晶格能实验值	差值	稳定化能
d^0	CaF_2	2602.44	2610.82	+8.37	0
d^2	TiF_2	2836.75	2757.26	−79.50	+71.13
d^3	VF_2	2910.81	2763.81	−141.00	+96.23
d^4	CrF_2	2876.92	2886.96	+10.04	+125.52
d^5	MnF_2	2786.54	2803.28	+16.74	0
d^6	FeF_2	2849.30	2912.06	+62.76	+92.05
d^7	CoF_2	2878.59	2979.30	+100.42	104.60
d^8	NiF_2	2903.37	3045.95	+142.26	+146.44
d^9	CuF_2	2886.70	3066.69	+179.91	+1122.97
d^{10}	ZnF_2	2878.59	2970.64	+92.05	0

(2) 用组成离子的电负性进行解释。杨丕鹏指出，当理论值与实验值发生偏差时，几乎都是 $\Delta U \approx U_{实验} - U_{理论} > 0$。说明当晶体中的化学键偏离纯离子键型时，会使晶格能出现某种附加值，这主要可归结于原有的离子键中出现一定的共价性的结果，亦即离子键中的部分共价性对晶格能所作的贡献。与鲍林根据共价键的键能由于离子性的贡献产生一定的附加值而导出元素的电负性相类似[42]，杨丕鹏认为晶格能的附加值也应该是离子晶体的组成离子的电负性的函数：

$$\Delta U = f(\chi_+, \chi_-) \tag{5-40}$$

根据实验数据，他找出了可用于计算"非标准型"离子晶体晶格能的经验公式[38]：

$$U = U_1 + \Delta U = U_1[1 + 0.23(\chi_+ - 0.35\chi_-)] \tag{5-41}$$

式中，U_1 由 Яцимирский 公式[式(5-39)]求得，χ_+、χ_- 分别为构成晶体的正、负离子的电负性。式(5-41)表明离子键的部分共价性主要取决于正离子的电负性，负离子的电负性只起次要的作用。按此式对 128 种"非标准型"离子化合物进行计算，结果显示与实验值相对误差小于±3%者占总数的 56%，相对误差为±(3%～5%)者占 28%，相对误差大于±5%者占 16%。

(3) 用离子极化的一般概念进行解释。肖慎修和陈天朗不同意把负离子的电负性对离子键的部分共价性的贡献作为次要因素来对待，认为这和离子键的部分共价性与电负性关系的一般概念及实际情况均不相符(例如，由同一正离子与不同负离子形成的"非标准型"离子晶体，它们的共价性和极化能都可以相差很大)[39]。他们从离子极化的一般概念出发，分析了大量实验数据，发现对于所有"非标准型"离子晶体，正、负离子的电负性对极化能(U_p)都有明显的影响，一般是 U_p 随电负性差值减少而增加。金属离子 d 轨道上的电子数目(n_d)的影响也很大，对于过渡元素和 18 电子结构的金属离子，U_p 随 n_d 的增加而增加；对于 18+2 电子结构的金属离子，d 轨道电子的影响要小一半(约只相当于 d^5 的情况，可能是由于 s 电子的屏蔽作用)。此外，金属离子的价态(Z_+)和在该化合物中的数目(m)都对 U_p 有一定的影响。因此，建议用下式计算"非标准型"离子晶体的 U_p

$$U_p = -\frac{4.5mZ_+n_d}{\Delta\chi} \tag{5-42}$$

式中，$\Delta\chi$ 为正、负离子的电负性差值，4.5 是一个经验常数。由式(5-42)可以近似地量度离子间相互极化作用的大小。

把晶体作为"标准型"离子晶体所具有的那部分能量 U_1 可用 Яцимирский 公式或下式求得

$$U_1 = -\frac{287.2 v Z_+ Z_-}{r_+ + r_-}\left[1 - \frac{1.90}{g(r_+ + r_-)}\right] \tag{5-43}$$

式中，g 对于相同电荷的负离子为常数，如一价负离子 $g=7$，二价负离子 $g=6$。

肖慎修和陈天朗计算"非标准型"离子晶体的经验公式则为

$$U_1 = -\frac{287.2 v Z_+ Z_-}{r_+ + r_-}\left[1 - \frac{1.90}{g(r_+ + r_-)}\right] - \frac{4.5 m Z_+ n_d}{\Delta\chi} \tag{5-44}$$

他们用该经验公式对 200 多个化合物的晶格能进行计算，结果显示：与实验值的相对误差小于±3%者占 72.3%，相对误差在±(3%～5%)者占 12.3%，相对误差在±(5%～10%)者占 12.9%，误差大于±10%者占 2.5%。其中对于常见的 $M^{II}X_2$ 和 $M^{II}Y$ 型化合物的一致性较好，而对于 $M_2^I Y$ 型和其他类型的某些化合物则较差，这可能是由于它们的共价性较强。

显然，对于由极化作用大的金属离子形成的盐，晶体中的离子键有较大的共价成分，负离子变形性大时更是如此。看来，要使晶格能的理论值与实验值更好地相符合，考虑离子极化能对晶格能的影响大概是正确方向了。

3) 离子极化和离子晶体的晶格能

温元凯和邵俊在前者的研究基础上对离子极化对晶格能的影响做了肯定，开展了离子极化能的理论计算和适用于所有离子晶体的晶格能公式研究[43-44]。温元凯和邵俊的研究思路是：

(1) 梳理对晶格能影响的因素。

(2) 参照肖慎修和亚奇米尔斯基的处理方法。

(3) 提出离子晶体的晶格能 U 是纯离子模型晶格能 U_i 和离子极化相互作用能 U_p 的总和的观点和公式 $U = U_i + U_p$。

(4) 建立离子极化能计算式并计算了 393 个化合物的离子极化能。

(5) 计算了 330 个 $U_{理论} > U_p$ 的离子晶体晶格能，得到比较满意的结果。

关于详细的研究内容建议读者直接阅读文献[43-44]。关于离子极化能概念、计算式的建立和应用见 5.3.2 节。这里仅以表 5-7 对非标准型离子晶体的极化能和晶格能的计算结果介绍该方法的优点：方法有较明确的理论意义，计算范围广泛，适用于一切离子晶体，形式简洁统一，计算方法亦较简单，所需用参数少。

在计算中，对纯离子模型晶格能 U_i 是按卡普斯钦斯基公式(5-37)计算的。离子半径 r 取戈尔德施密特结晶半径 $r_{Ga^{3+}} = 0.069$ nm [45]；该系统所缺的皆取自山农和普里维特的报道[46]，Sn^{2+}、Cu^+、Rh^{2+} 的半径取自马登勇[37]。阴离子极化率 α 用特斯曼等的数据[47]，温元凯还估算了若干复杂阴离子的极化率[44]。各种离子晶体的晶格能实验值皆根据能查得的热化学数据由玻恩-哈伯循环重新算得，参照乔治和麦克罗[48]的讨论，温元凯亦考虑了阳离子生成热的各项修正值。卤素的电子亲和能取自 Politzer[49]，氧族元素对两个电子的电子亲和能取自 Huggins[50]，非金属离解热取自 Sanderson[51]。金属电离势取自 1971 年版的理化手册[52]。金属升华热取自 Stull 和 Sinke[53]的汇集，生成热数据取自标准文献[54]。某些更新的数据取自文献[55-56]。复杂阴离子的生成热取自 Ladd 和 Lee 的综述[29]，离子半径取亚奇米尔斯基的热化学半径[36]。

表 5-7 非标准型离子晶体的极化能和晶格能的计算结果(kJ·mol^{-1})

化合物	$U_{离}$	U_i	r/pm	U_p	$U_{本文}$	差值 $U_{离}-U_{本文}$ 绝对差值	相对差值/%
CuF	110501.8	93635.5	183	12150.5	105786.0	4715.8	4.3
CuCl	98866.4	77949.9	235	21123.5	99073.5	−207.1	−0.2
CuBr	141045.8	108035.1	246	35651.6	143686.6	−2640.9	−1.9
CuI	184708.2	134108.6	262	56974.3	191082.9	−6374.7	−3.5
Cu$_2$O	468773.1	397289.7	(195)	52145.8	449435.5	19337.6	4.1
Cu$_2$S	470537.0	384167.6	(235)	43817.3	41753.0	42552.1	9.0
Cu$_2$Se	605036.9	472528.8	(250)	80867.0	53365.3	51641.1	8.5
TiF$_4$	343873.5	351388.5	(190)	3679.7			
TiCl$_2$	294234.4	286681.0	(240)	6410.4	293091.5	1142.9	0.4
TiBr$_4$	890225.1	847936.0	(255)	21682.8	869618.8	20606.4	2.3
TiI$_2$	722349.8	649395.4	(280)	18932.8	668328.2	54021.6	7.5
VF$_4$	360136.2	369483.5	(185)	5948.3			
CrF$_3$	317385.9	313555.3	(190)	6247.4	319802.7	−2416.9	−0.8
MnF$_2$	260692.4	258981.4	212	4471.9	263453.3	−2760.9	−1.1
FeF$_3$	332940.8	323498.4	206	7695.6	331194.0	1746.9	0.5
CoF$_2$	291594.1	278859.7	204	8476.1	287335.8	4258.3	1.5
NiF$_2$	298720.4	282538.4	202	10639.7	293178.1	5542.3	1.9
CuF$_2$	314096.0	294425.1	203	13000.6	307425.7	6670.2	2.1
ZnF$_2$	311334.6	296369.1	203	11462.0	307831.2	3503.5	1.1
CdF$_2$	422997.7	401539.5	233	10697.7	412237.1	10760.6	2.5
HgF$_2$	663244.3	618122.9	240	29947.8	648070.8	15173.6	2.3
TiO	249099.3	242470.9	209	4864.4	247335.3	1764.0	0.7
VO	264084.6	260807.7	203	8150.2	268957.9	−4873.3	−1.8
MnO	271633.3	264510.0	222	10655.2	275165.2	−3531.9	−1.3
FeO	283656.0	275570.4	216	15239.3	290809.8	−7153.8	−2.5
CoO	300935.5	288552.0	213	20722.8	309274.8	−8339.3	−2.8
NiO	306553.7	292081.0	208	27445.1	319526.1	−12972.3	−4.2
CuO	329887.5	308720.4	(195)	44930.2	353650.6	−23763.1	−7.2
ZnO	330211.0	312164.8	(198)	37454.3	349619.2	−19408.2	−5.9
CdO	488698.5	458826.4	235	33149.4	491975.8	−3277.3	−0.7
HgO	846351.0	750741.1	(210)	174091.5	924832.6	−78481.6	−9.3
GeO	347239.0	331593.6	(185)	34812.9	366406.5	−19167.5	−5.5
SnO	491933.3	469839.2	(205)	18205.1	488044.3	3889.0	0.8
PbO	785699.0	725088.2	230	56501.6	781589.8	4109.2	0.5

续表

化合物	$U_{离}$	U_i	r/pm	U_p	$U_{本文}$	差值 $U_{离}-U_{本文}$	
						绝对差值	相对差值/%
PdO	457273.4	464596.7	(200)	75077.0	539673.7	−82400.4	−18.0
$MnCl_2$	318646.6	299165.6	(240)	17164.4	316329.9	2316.7	0.7
$MnBr_2$	530123.3	487893.1	(255)	32076.9	519970.1	10153.2	1.9
MnI_2	736324.5	655716.4	(280)	49217.5	704933.9	31390.7	4.3
$Mn(OH)_2$	258775.7	241695.2	(242)	14922.2	256617.4	2158.3	0.8
$Mn(NO_3)_2$	458145.9	415094.1	(235)	23135.7	438229.8	19916.1	4.3
$Mn(HCOO)_2$	387993.2	370588.7	(224)	16676.8	387265.5	727.7	0.2
$Mn(CH_3COO)_2$	462239.1	441030.8	(228)	20122.5	461153.4	1085.7	0.2
MnS	297103.3	281887.8	261	10920.2	292808.0	4295.3	1.4
MnSe	445830.4	411880.5	272	26050.7	437931.2	7899.2	1.8
MnTe	585482.3	530034.9	273	44907.9	574942.7	10539.6	1.8
$MnSO_4$	441490.7	416219.3	(251)	18827.2	435046.5	6444.2	1.5
$MnCO_3$	375382.1	359943.6	(234)	13226.1	373169.7	2212.4	0.6
MnF_3	673029.0	684737.9	(190)	9367.1			
$MnCl_3$	896184.0	830050.0	(240)	24969.0	855018.9	41165.1	4.6
$Mn(OH)_3$	658230.6	630749.0	(242)	20389.6	651138.6	7092.0	1.1
MnO_3	1576365.5	1630633.8	(200)	30149.1			
MnO_2	1143288.1	1138559.3	(200)	25463.0	1164022.3	−20734.1	−1.8

6. 离子的特征

离子型化合物的性质取决于离子键的强度，由晶格能的概念又知该强度取决于组成化合物的离子的电荷(charge)、半径(radius)和电子组态(electronic configuration)三大特征。

[1] 离子的电荷

阳离子通常由金属原子形成，其电荷等于中性原子失去电子的数目。此外，出现在离子晶体中的正离子还可以是多原子离子(如 NH_4^+)，可以是第 1 族、第 2 族和第 13 族金属元素形成电荷等于族号(或族号减 10)的稳定阳离子(如 Li^+、Na^+、K^+、Rb^+、Cs^+、Be^{2+}、Mg^{2+}、Ca^{2+}、Sr^{2+}、Ba^{2+}、Al^{3+})，但并不意味着这些物种总是形成离子化合物，如 Li^+、Be^{2+}、Al^{3+} 会形成不少共价化合物。周期表中位于过渡元素之后的主族金属元素(特别是它们当中的第 5、6 周期元素)形成稳定的"低价"阳离子，这里所谓"低价"是指离子电荷数等于以罗马数字表示的族号减去 2(如 In^+、Tl^+、Sn^{2+}、Pd^{2+}、Sb^{3+}、Bi^{3+})。在过渡金属中，第 3 族明确无误地形成稳定的 3 价阳离子(如 Sc^{3+}、Y^{3+}、La^{3+})，其余各族元素形成的稳定离子的电荷通常为+2 和+3，个别也有+4 的。元素形成的阳离子的电荷一般不大于 4，+4 价离子往往是由半径较大、电离能较小的过渡元素和内过渡元素形成的，如 Th^{4+} 和 Ce^{4+}。

阴离子通常由非金属原子形成，其电荷等于中性原子获得电子的数目。同样，出现在离子晶体中的阴离子也可以是多原子离子(如 SO_4^{2-})。最常见的元素阴离子是由第17族、第16族和第15族上部元素分别获得1个、2个和3个电子形成的。电荷为–1和–2的实例参见后文表5-14。Mg_3N_2中也许存在真正的N^{3-}阴离子,而元素负离子的电荷通常不大于3。氢在周期表中往往排在碱金属元素锂的上方,而H^+(裸质子)却很难存在于离子型晶体中。氢的化合物几乎都是共价化合物,形成离子化合物(如NaH)时以–1价形式(H^-)出现,显得与卤素更相似。

[2] 离子的半径

1) 离子半径数值的确定

不论是负离子还是正离子,其电荷密度都随半径的增大而减小。可以设想,在负、正离子相互"接触"的那一点上,电荷密度是最小的。如果能测得相邻离子间电荷密度的变化曲线并找出极小值所在的部位,该部位就是离子间的分界线。

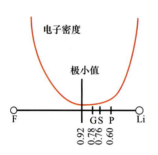

图5-9 LiF中电子密度沿Li—F键轴的变化

可惜的是,极小值的精确位置很难确定(图5-9),它极易受实验不精确性和两个相邻离子本身性质的影响,电荷密度曲线上出现的是范围颇大的一个最低密度区,而不是一个极小值。图5-9给出LiF中电子密度沿键轴的变化,P、G、S分别表示Li^+的Pauling半径、Goldschmidt半径和Shannon半径。因此,与原子半径一样,由于电子云没有边界,离子半径这个概念也没有确定的含义,严格讲是不能得到真正的"离子半径"。一般来讲,把晶体中两个相互接触的离子之间的平衡距离看作这两个离子的接触半径之和。在晶体结构中,两个离子之间的平衡距离除取决于离子本身的电子分布外,还要受结构类型和正、负离子半径比r_+/r_-的影响。

在离子晶体中,正、负离子相互接触,可以把它们看成不等径圆球的周期性排列。离子键的键长也可看成正、负离子不等径圆球相切的核间距。因此,离子半径是指在离子晶体中的"接触半径"(图5-10),即离子键的键长是相邻两种离子的半径之和。通常从NaCl型离子晶体出发推引离子半径。在这些晶体中,离子的配位数为6,r_+/r_-约为0.75。离子在这种晶体中的半径就称为离子的晶体半径。

NaCl型离子晶体属面心立方晶格结构,正离子和负离子相间排列,利用X射线衍射法可以精确测定NaCl型晶体的晶胞常数a,它的一半就是两种异号电荷离子的半径之和d(平衡距离,即核间距,图5-11),即

$$d = \frac{a}{2} = r_+ + r_- \tag{5-45}$$

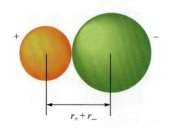

图5-10 接触半径

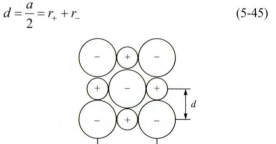

图5-11 NaCl型离子晶体的晶胞参数和核间距

离子半径有加和性，这可以从表 5-8 中化合物的核间距之差看出。

表 5-8　MX 的核间距/pm

	Li	Na	K
Br	275	297	329
Cl	257	281	314
$r_{Br^-}-r_{Cl^-}$	18	16	15

	Cl	Br	I
K	314	329	353
Na	281	297	323
$r_{K^+}-r_{Na^+}$	33	32	30

Landé 认为，在由最大的负离子和最小的正离子构成的离子晶体中，发生负离子-负离子接触，而正离子、负离子之间不接触，如图 5-12(c)所示。

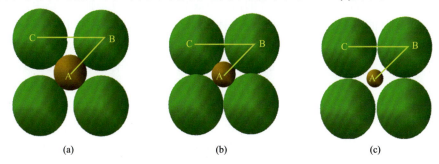

图 5-12　正离子 A 和负离子 B 的三种接触情况

从图 5-12 可以看出：

$$\overline{BC}^2 = \overline{AB}^2 + \overline{AC}^2$$

即

$$(2r_-)^2 = d_{A-B}^2 + d_{A-C}^2 = 2d_{A-B}^2$$

所以

$$r_- = \frac{\sqrt{2}}{2} d_{A-B} \tag{5-46}$$

Landé 从 Li 的卤化物(负离子与负离子接触)的晶格常数得出卤素离子的半径 r_-，然后利用 NaF、KCl 等晶体中正离子-负离子接触情况分析，推算出金属的离子半径 r_+。

又如，从表 5-9 所列的数据可以看出，在硫化物和硒化物中，M-S 与 M-Se 的核间距几乎都没有改变，这就意味着这些化合物的晶体中存在负离子-负离子接触。因此 S^{2-} 的半径为

$$\frac{\sqrt{2}}{2} \times 260 = 184 \text{ (pm)}$$

Se^{2-} 的半径为

$$\frac{\sqrt{2}}{2} \times 273 = 193 \text{ (pm)}$$

其他两种接触情况[图 5-12(a)、(b)]也可用类似的办法从核间距求出正、负离子的半径。

表 5-9　一些离子晶格的核间距

化合物	核间距/pm	化合物	核间距/pm
MgO	210	MnO	224
MgS	260	MnS	259
MgSe	273	MnSe	273

瓦萨斯耶那

戈尔德施米特

2) 几套离子半径数值的确定

(1) 瓦萨斯耶那的离子半径。瓦萨斯耶那(J. A. Wasastjerna)在1923年按照离子的摩尔折射度正比于它的体积的方法划分离子的大小，获得8个正离子和8个负离子的半径，包括 F^-(r=133 pm)和 O^{2-}(r=132 pm)的离子半径。

(2) 戈尔德施米特的离子半径[57]。1926年，挪威地球化学家、晶体化学家和矿物学家戈尔德施米特(V. M. Goldschmidt, 1888—1947)以瓦萨斯耶那的离子半径为基础，根据测得的各种离子晶体的核间距数据，推算出80多种离子的半径。

(3) 鲍林的离子半径[58]。1927年鲍林从核电荷和屏蔽常数推算出一套数据，他从4种盐 NaCl、KCl、RbBr 和 CsI 开始，盐中的阳离子和阴离子是等电子体，其半径比应该都相似，作了两点假设：第一，假定阳离子和阴离子是接触的，因而可以认为核间距为阳离子和阴离子的半径之和；第二，对于给定的稀有气体电子构型，假定其半径和外层电子所能感受到的有效核电荷成正比，即

$$r = \frac{C_n}{Z - \sigma} \tag{5-47}$$

式中，C_n 为取决于最外电子层的主量子数 n 的常数。

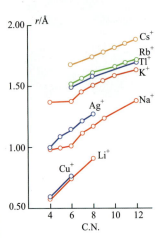

图 5-13　配位数对离子半径的影响

3) 离子半径与配位数的关系

对于某一个给定的离子来说，它的离子半径并不是一定的，而是随配位数(图 5-13)、自旋态和其他因素而发生变化。由上述三种方法推算出来的离子半径数据适用于配位数为6的 NaCl 型晶体。当配位数改变时，离子半径会发生变化。例如，NH_4Cl 晶体在184.3℃以上为 CsCl 型，配位数为8；在184.3℃以下为 NaCl 型，配位数为6。

鲍林同时考虑到配位数(表 5-10)、几何构性等其他因素的影响，他认为配位数为6的 O^{2-} 的半径取 140 pm 更合理些。

表 5-10　配位数对核间距的影响

配位数	A-B 距离/pm	增加或减少的百分数/%
12	112	+12
8	103	+3
6	100	0
4	94	−6

1976年，山农(R. D. Shanon)等归纳整理实验测定的上千个氧化物、氟化物中

正离子和负离子的核间距 d，并假定核间距为阳离子和阴离子的半径之和，还考虑到配位数、几何构型和电子自旋状况等对离子半径的影响，经多次校正，以鲍林提出的配位数为 6 的 O^{2-} 的半径取 140 pm、F^- 半径取 133 pm 为出发点，而另一部分数据则以 O^{2-} 半径 126 pm 作为其他离子半径的基础，用戈尔德施米特的方法划分离子间距离为离子半径，又提出的一套较完整的离子半径数据[59]，被认为更加接近离子晶体中准确的正负离子相对大小。

4) 半径比效应

上述离子半径数据的引出，除了是以 NaCl 型晶体为标准之外，还规定了 $r_+/r_- \approx 0.75$ 的条件。对于那些 r_+/r_- 不符合这个规定的 NaCl 型晶体，从实验测得的晶格常数之半或正、负离子核间距($a/2$)，并不等于(或不严格地等于)正、负离子半径之和(r_++r_-)。从表 5-11 的数据(按 Pauling 的晶体半径)可以看出，有四种不同的情况。

(1) $r_+ / r_- \approx 0.75$，$(r_+ + r_-) = \dfrac{a}{2}$，正离子与负离子接触。

(2) $r_+ / r_- \approx 0.414$，r_- 相对变大，此时每个负离子既与正离子接触又与负离子接触，外电子层受电子层的双重斥力，故 $(r_+ + r_-) < \dfrac{a}{2}$。

(3) $r_+ / r_- < 0.414$，r_- 进一步变大，每个负离子只能与相邻的负离子接触，斥力更大，$(r_+ + r_-) < \dfrac{a}{2}$，而且比(2)小得还要多。

(4) $r_+ / r_- > 0.75$，由于 r_+ 相对变大，负离子与负离子的外层电子之间的斥力减小，缩短了正、负离子的平衡距离，$(r_+ + r_-) > \dfrac{a}{2}$。

他还通过计算进一步证明了 $\dfrac{a/2}{r_+ + r_-}$ 是半径比 r_+/r_- 的函数。

这样，鲍林用负离子接触及离子之间斥力解释了半径比对于离子半径的影响，并重新规定了离子半径，这套离子半径的数值使 $a/2$ 的计算值与实验值的平均误差在 0.1 pm 以内，而离子半径本身的数值除 F^- 和 Cs^+ 外，与离子的晶体半径(在 $r_+/r_- \approx 0.75$ 的 NaCl 型晶体中的半径)差别在 0.8 pm 之内。F^- 的偏差为 -1.9 pm，Cs^+ 的偏差为 -3.4 pm，这种偏差可能是由于采用常数 9 作为 n 值而引起的。

表 5-11 半径比对 NaCl 型 MX 晶体数据的影响(pm)

		Li^+	Na^+	K^+	Rb^+	Cs^+	
(r_++r_-)	F^-	196	231	269	284	305	
$\dfrac{a}{2}$		201	231	267	288	301	(4)
(r_++r_-)	Cl^-	241	276	314	329	350	
$\dfrac{a}{2}$		257	281	314	329	347	
(r_++r_-)	Br^-	255	290	328	343	364	
$\dfrac{a}{2}$		275	298	329	343	262	
(r_++r_-)	I^-	276	331	349	364	385	
$\dfrac{a}{2}$		302	323	353	366	383	

5) 多原子离子(络离子)的热化学半径

式(5-37)由于不涉及马德隆常数,用于计算结构未知的晶体的晶格能。反过来,如果从热化学数据已经知道了晶格能,这个公式就可用于计算多原子离子的热化学半径。例如,对于 $KClO_4$,$U=-590.78\ kJ\cdot mol^{-1}$,则

$$590.78 = \frac{287.2 \times 2 \times 1 \times 1}{r_+ + r_-}\left(1 - \frac{0.345}{r_+ + r_-}\right)$$

得 r_++r_-=369 pm,因为 K^+ 的离子半径 r_+=133 pm,所以 ClO_4^- 的离子半径 r_-=369−133=236(pm)。同样可以计算出其他一些多原子离子的半径(表 5-12)。

表 5-12 一些多原子离子的半径

离子	CO_3^{2-}	NO_3^-	SO_4^{2-}	PO_4^{3-}	ClO_4^-
r_-/pm	185	189	230	238	236

6) 一些说明

(1) 尽管对于某一个给定的离子来说,它的离子半径随配位数、自旋态和其他因素而发生变化。但是,离子半径仍体现一定的周期性。与原子半径的变化情况相反,在同一族中,离子半径通常随原子序数的增大而减小。离子的大小(对某个确定的离子)随配位数的增多而增大。另外,一个高自旋态的离子要比该离子在低自旋态时的半径大。一个原子负离子态通常要比其对应的正离子态的半径大,但某些碱金属的氟化物并不遵从如此规律。总体来说,离子半径随正电荷的增多而减小,随负电荷的增多而增大(图 5-14)。

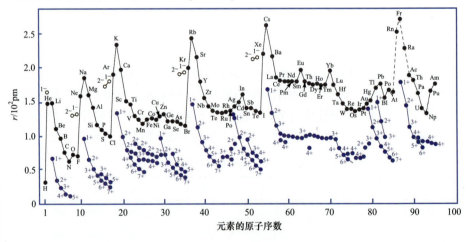

图 5-14 离子半径的周期性显示

(2) 一个晶体中的"异常"离子半径通常是晶体中键的较强共价性的标志。化学键中不存在彻底的离子键,而某些"离子"化合物中,特别是过渡金属的离子化合物中,具有较强的共价性。这可以利用表 5-13 中钠和银的卤化物的晶胞参数说明。如果以氟为参照,可以得出 Ag^+ 的离子半径比 Na^+ 的大;但如果以氯或溴为参照,会得到相反的结论。这是因为较强的共价性缩短了 AgCl、AgBr 的键长,

所以 Ag^+ 的离子半径受到了一个在钠的卤化物(钠的电负性更强)和氟化银(氟离子不可极化)中均无法体现的作用的影响。

表 5-13 NaX 和 AgX 中离子半径的比较

X^-	NaX	AgX
F^-	464	492
Cl^-	564	555
Br^-	598	577

注：钠、银卤化物的晶胞边长相当于两个 M—X 键长，以 pm 为单位。所有晶体均为 NaCl 晶型。

(3) 引用离子半径解释化合物的性质时应该注意：必须选用同一套数据，混用来源不同的数据多半会导致错误的结论。比较离子半径大小时应使用同一种配位数得来的数值，这是因为离子半径随配位数的增大而增大。离子半径随配位数变化而变化的事实是可以理解的，10 个座位的饭桌安排 12 位客人，各自与桌心的距离自然会增大。

(4) 奚干卿制作了元素离子律表[60]，为元素离子半径之间规律性研究提供了基本数据，所研究的各族和各周期与离子半径能形成两套规律性很好的曲线，能据此来判别离子半径值的精确与否，以及可以修正一些离子半径值和推算一些收集不到的离子半径作为参考。这些基础性的研究工作有很重要的科学意义。

7) 离子半径变化的规律

(1) 对同一主族具有相同电荷的离子而言，半径自上而下逐渐增大。例如：

$$Li^+ < Na^+ < K^+ < Rb^+ < Cs^+；\ F^- < Cl^- < Br^- < I^-$$

(2) 对同一元素的正离子而言，半径随离子电荷升高而减小。例如，$Fe^{3+} < Fe^{2+}$。

(3) 对等电子离子而言，半径随负电荷的降低和正电荷的升高而减小。例如：

$$O^{2-} > F^- > Na^+ > Mg^{2+} > Al^{3+}$$

(4) 相同电荷的过渡元素和内过渡元素正离子的半径均随原子序数的增加而减小。离子半径随原子序数的增加也显示出与原子半径(图 5-14 中上方曲线)相似的周期性。

[3] 离子的电子组态

元素负离子大都具有稀有气体元素的电子组态，而正离子则随元素在周期表中的不同位置，显示出电子组态的多样性。大体可分为四大类：

(1) 稀有气体组态(8 电子和 2 电子组态)。周期表中靠近稀有气体元素之前和之后的那些元素得到或失去电子成为这种组态的阴、阳离子(表 5-14)。

表 5-14 具有稀有气体电子组态的离子

15	16	17	18	1	2	3	13
		H^-	[He]	Li^+	Be^{2+}		
N^{3-}	O^{2-}	F^-	[Ne]	Na^+	Mg^{2+}		Al^{3+}
P^{3-}	S^{2-}	Cl^-	[Ar]	K^+	Ca^{2+}	Sc^{3+}	
	Se^{2-}	Br^-	[Kr]	Rb^+	Sr^{2+}	Y^{3+}	
	Te^{2-}	I^-	[Xe]	Cs^+	Ba^{2+}	La^{3+}	

(2) 拟稀有气体组态(18 电子组态)。第 11 族、第 12 族以及第 13 族和第 14 族的长周期元素形成的电荷数等于族号减 10 的正离子具有这种组态(表 5-15)。

表 5-15 具有拟稀有气体电子组态的离子

11	12	13	14
Cu^+	Zn^{2+}	Ga^{3+}	Ge^{4+}
Ag^+	Cd^{2+}	In^{3+}	Sn^{4+}
Au^+	Hg^{2+}	Tl^{3+}	Pb^{4+}

(3) 含惰性电子对的组态(18+2 电子组态)。第 13 族、第 14 族、第 15 族长周期元素(特别是它们当中的第 6 周期元素)形成离子时往往只失去最外层的 p 电子，而将两个 s 电子保留下来。例如，Ga^+、In^+、Tl^+、Ge^{2+}、Sn^{2+}、Pb^{2+}、Sb^{3+}、Bi^{3+}。Tl^+、Pb^{2+} 和 Bi^{3+} 都是非常稳定的阳离子。

(4) 不规则组态(9~17 电子组态)。许多过渡元素形成这种组态的离子，如 Ti^{3+}、V^{3+}、Cr^{3+}、Mn^{2+}、Fe^{3+}、Co^{2+}、Ni^{2+}、Cu^{2+}、Au^{3+} 等。一般，不同类型的阳离子对同种负离子的结合力大小顺序为

$$\text{8 电子构型的离子} < \text{9~17 电子构型的离子} < \text{18 或 18+2 电子构型的离子}$$

5.3.2 离子极化理论

1. 离子极化存在的证明

[1] 非标准型离子晶体晶格能的计算

在上面讨论离子晶体的晶格能时，曾说过由于一般的离子晶体大多不是接近纯离子型的标准型晶体，当按照纯离子型晶体计算其晶格能时，就出现很大的偏差，温元凯等认为最大的原因是组成晶体的正、负离子极化，并通过开展对离子极化能的理论计算和适用于所有离子晶体的晶格能公式研究得到了证明[43-44]。

[2] 无机化合物性质的反常性

一些无机化合物的晶体类型、熔沸点、热稳定性及其他物理性质，常会出现一些反常的现象，甚至影响到人们对无机化合物的化学性质变化规律的看法。例如，对于 $BeCl_2$ 和 $MgCl_2$，阳离子的结构和电荷都相同，唯离子半径不同，分别为 27 pm 和 72 pm，熔点却与预测的相反，分别为 688 K 和 981 K。说明物质中离子间发生作用了，不能看成是刚性小球。

[3] 原子之间键电荷密度分布的研究

应用量子化学对晶体及分子中原子之间键电荷密度分布的研究更能说明离子极化作用的存在。因为离子的相互极化彼此改变了对方的电荷分布，导致离子间距离的缩短和轨道的重迭，从而使化学键力加强，进一步降低了体系势能。离子极化释放的相互作用能就成为整个键能即晶格能的一部分。

2. 离子极化的定义

所谓离子极化就是离子在外电场中发生的外层电子云的变形作用。1923 年，

波兰化学家法扬斯(K. Fajans，1887—1975)认为[61]，除 H^+ 外，其他所有正、负离子都包含带正电的部分(原子核)和带负电的部分(电子)。简单离子没有极性，当它们在外界电场作用下，由于原子核和电子云的相对位移，离子发生变形，产生诱导偶极，这种过程称为离子极化(ionic polarization，图 5-15)。在离子晶体中，可把晶格看成是由带相反电荷的阴、阳离子堆砌构成的。每一个离子都可看作处在邻近离子的电场中，因此都受到周围其他离子的作用发生变形而被极化。

法扬斯

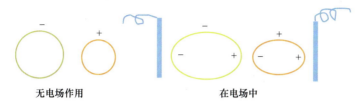

无电场作用　　　　　　在电场中

图 5-15　离子在电场中的极化和变形

3. 离子的极化和变形

[1] 离子的极化

在离子化合物中，正、负离子都带有电荷，它们本身就可以产生电场。当正、负离子充分靠近时，正离子吸引负离子的电子云，负离子排斥正离子的电子云，使离子内部的原子核与电子云发生相对位移，离子发生变形，产生诱导偶极，并使正离子和负离子之间产生了额外的吸引力。显然，离子的正电荷越多、半径越小，极化力越强。当两种离子的电荷相同、半径相近时，离子的极化力取决于外层电子的结构：8 电子外层的离子极化力弱；9~17、18 以及 18+2 电子外层的离子极化力较强。

[2] 离子的变形

负离子的半径一般较大，外壳上有较多的电子，易于被诱导，变形性大。通常考虑离子间的相互作用时，考虑正离子的极化作用和负离子的变形性。离子的变形性的大小(被极化的程度)也受离子的电荷、半径和外电子层结构的影响。离子的正电荷越少(或负电荷越多)、离子的半径越大，离子的电子云受它的核电荷的控制减弱，因而易被其他离子的电荷所极化。在其他离子的电场作用下，离子中产生的诱导偶极的大小是变形性的直接量度，而偶极的大小则又取决于外层电子轨道位移的大小以及发生位移的轨道数。很可能是这样的情况：众多电子轨道的微小位移所产生的偶极要比少数电子轨道的较大位移所产生的偶极大。因此，当其他条件相同时，18 电子外层的离子要比 8 电子外层的离子变形性大。

[3] 附加极化作用

附加极化又称相互极化或反极化。负离子被极化后，在一定程度上增强了负离子对正离子的极化作用，它也会对正离子产生反极化作用，尤其是正离子也较易变形时，这种极化就不能忽略。结果正离子变形被极化，正离子被极化后，又增加了它对负离子的极化作用。这种加强的极化作用称为附加极化。

在离子极化的这对矛盾运动过程中，决定极化程度的矛盾由两个对立面构成，一是起极化作用离子的极化能力，二是被极化离子的可变形性。

4. 极化力和变形性的大小衡量

[1] 离子极化力大小的衡量

离子的极化能力取决于晶格中离子对邻近离子作用的静电场强度。从这点出发，人们曾从不同角度提出过各种衡量离子极化力的标度。Cartledge[62]和徐光宪[63]从离子价电数和离子半径的比值，分别提出用离子势 $\phi = \dfrac{Z}{r}$ 和 $\dfrac{Z^2}{r}$ 度量离子极化力。这两个标度在解释稀有气体构型离子及其化合物性质方面有一定意义，但用于非稀有气体构型离子就遇到很大困难。例如 Na^+ 和 Cu^+ 比较，价电数相等，离子半径也差不多，故 ϕ 和 $\dfrac{Z^2}{r}$ 就几乎相等，但实验事实表明 Cu^+ 的极化力远大于 Na^+，原因在于两者的电子构型不同，前者是非稀有气体构型，而后者是稀有气体构型的。阿仑斯、戈尔德施米特等曾建议用电离势作为阳离子极化力的量度，但此法只能作一般定性描述，缺乏定量基础，且完全不能讨论阴离子的极化能力。杨丕鹏[38]、肖慎修[39]等采用模仿原子电负性定义的离子电负性概念，试图定量描述离子的极化力和度量离子极化的程度，效果也不很理想。

温元凯和邵俊在前人研究的基础上，认为要较好地反映离子极化的客观规律，应该采用有效核电荷的概念[43-44]。因为有效核电荷概念能较好地反映原子中电子间的相互作用和影响，故比较符合离子对其他离子外层电子云作用的真实情况。他们引用大量实验数据证实，如以 $\dfrac{Z^{*2}}{r}$ 作为阳离子极化力的标度，则离子极化能与之亦大致呈线性关系，Z^* 实质上是阳离子的核对阴离子外层电子云作用的电荷。表 5-16 列出了常见离子的这种极化力标度。

表 5-16 离子的极化力 (Z^{*2}/r)

Li^+ 3.8	Be^{2+} 21.8									B^{3+} (60)	C^{4+} (139)	N^{3+} (116)	O^{2-} 0.5	F^- 0.03
Na^+ 4.9	Mg^{2+} 13.1									Al^{3+} 31.0	Si^{4+} 69.4	P^{3+} (42)	S^{2-} 0.4	Cl^- 0.02
													S^{4+} (76)	
K^+ 3.6	Ca^{2+} 9.7	Sc^{3+} 21.3	Ti^{2+} 12.7	V^{2+} 19.7	Cr^{2+} 25.8	Mn^{2+} 30.3	Fe^{2+} 41.9	Co^{2+} 52.3	Ni^{2+} 66.5	Cu^{2+} 77.0	Zn^{2+} 64.2	Ga^{3+} 99.7	Ge^{4+} 160.2	As^{3+} 69.0	Se^{2-} 0.3	Br^- 0.02
			Ti^{3+} 19.3	V^{3+} 28.5	Cr^{3+} 38.3	Mn^{3+} 47.8	Fe^{3+} 58.3	Co^{3+} 74.3	Ni^{3+} 95.0	Cu^+ 42.6			Ge^{2+} 38.7		Se^{4+} (125)	
			Ti^{4+} 42.3	V^{4+} 35.5		Mn^{4+} 70.8									
Rb^+ 3.2	Sr^{2+} 8.4	Y^{3+} 16.5	Zr^{4+} 31.1	Nb^{4+} 53.1	Mo^{3+} 69.2	Tc^{4+} 84.4	Ru^{3+} 86.1	Rh^{3+} 101.3	Pd^{2+} 86.0	Ag^{2+} 92.0	Cd^{2+} 57.6	In^{3+} 82.3	Sn^{4+} 127.1	Sb^{3+} 30.3	Te^{2-} 0.3	I^- 0.02
								Rh^{2+} 79.0		Ag^+ 39.7			Sn^{2+} 16.3		Te^{4+} (56)	
Cs^+ 2.9	Ba^{2+} 7.2	La^{3+} 14.5	Ce^{3+} 15.6							Au^+ 71.0	Hg^{2+} 105.3	Tl^{3+} 133.9	Pb^{4+} 196.8	Bi^{3+} 62.6	
			Ce^{4+} 26.5									Tl^+ 26.7	Pb^{2+} 40.4		

注：稀有气体构型离子(包括镧系)吸引更外一层的 s 电子。

起先，表 5-16 是以斯莱特(J. C. Slater)电子屏蔽规则为基础制订的[64]，但斯莱特规则对重原子不尽适用[65]。李世瑨[66]、Allred[67]等用斯莱特规则计算原子电负性时也在重金属元素上发生偏低现象,这是主量子数较高的电子轨道能级相互交错所致。温元凯和邵俊参考了徐光宪[68]、Burns[69]等对电子屏蔽规则的讨论和离子极化能实验值的变化规律,对斯莱特规则作了某些修正,制成表 5-17。这样,就能更好地解释一些化学事实,如无机化学中的"S 电子效应"以及为何重金属原子的电负性比较大。

表 5-17 离子中电子屏蔽系数

		屏蔽电子												
		1s	2s	2p	3s	3p	3d	4s	4p	4d	5s	5p	4f	5d	6s	6p
屏蔽电子	1s	0.30	0	0	0	0	0	0	0	0	0	0	0	0	0	0
	2s	0.64	0.35	0.35	0	0	0	0	0	0	0	0	0	0	0	0
	2p	0.85	0.35	0.35	0	0	0	0	0	0	0	0	0	0	0	0
	3s	1	0.85	0.85	0.35	0.35	0	0	0	0	0	0	0	0	0	0
	3p	1	0.85	0.85	0.35	0.35	0	0	0	0	0	0	0	0	0	0
	3d	1	1	1	1	1	0.35	0	0	0	0	0	0	0	0	0
	4s	1	1	1	0.85	0.85	0.59	0.35	0.35	0	0	0	0	0	0	0
	4p	1	1	1	1	0.85	0.83	0.35	0.35	0	0	0	0	0	0	0
	4d	1	1	1	1	1	1	0.84	0.82	0.35	0	0	0	0	0	0
	5s	1	1	1	1	1	1	0.85	0.85	0.55	0.35	0.35	0	0	0	0
	5p	1	1	1	1	1	1	1	0.96	0.93	0.35	0.35	0	0	0	0
	4f	1	1	1	1	1	1	1	1	1	1	1	0.75	0.35	0	0
	5d	1	1	1	1	1	1	1	1	1	0.76	0.75	0.69	0.35	0	0
	6s	1	1	1	1	1	1	1	1	1	0.85	0.85	0.91	0.36	0.35	0.35
	6p	1	1	1	1	1	1	1	1	1	1	0.95	0.67	0.35	0.35	

1987 年,蒲生森认为在计算离子的极化力时,不应省略掉看似"可以忽略不计的"附加极化力。他又在温元凯和邵俊以 $\dfrac{Z^{*2}}{r}$ 为标度的计算式中加入了附加极化力,形成了一个简单的经验公式[70]:

$$F = \frac{Z_e^2}{r} + \frac{M_e A - Z_e}{Z_e} \tag{5-48}$$

式中,F 为阳离子的极化力;Z_e 为阳离子的电荷数;M_e 为阳离子的电子层数;A 为经验常数,随离子的电子层构型和离子的电子层数的不同而不同(表 5-18)。

表 5-18 计算离子极化力的经验常数 A

离子电子层	离子电子构型				
	2 电子	8 电子	9~17 电子	18 电子	18+2 电子
1	2.5	—	—	—	—
2	—	0	—	—	—
3	—	0	6.55	6.50	—
4	—	0	—	6.50	—
5	—	0	—	6.50	7.70
6	—	—	—	—	7.70

这样，蒲生森得到了常见金属离子极化力顺序表(表 5-19)，并用其说明了一些离子性化合物的某些性质。

表 5-19 常见金属离子极化力顺序表

离子	构型	r	Z_e^2/r	$(M_eA-Z_e)/Z_e$	F	顺序
Ti^{4+}	8	0.68	23.53	0	23.53	1
Al^{3+}	8	0.51	17.65	0	17.65	2
Cr^{3+}	9~17	0.63	14.29	2.18	16.47	3
Fe^{3+}	9~17	0.64	14.06	2.18	16.24	4
Bi^{3+}	18+2	0.96	9.37	3.57	12.94	5
Be^{2+}	2	0.35	11.43	1.25	12.68	6
Sc^{3+}	8	0.73	12.33	0	12.33	7
Sn^{2+}	18+2	0.93	4.30	5.35	9.65	8
Ni^{2+}	9~17	0.69	5.80	3.78	9.52	9
Cu^{2+}	9~17	0.72	5.56	3.78	9.34	10
Co^{2+}	9~17	0.72	5.56	3.78	9.34	10
Ag^+	18	1.26	0.79	8.50	9.29	11
Fe^{2+}	9~17	0.74	5.41	3.78	9.19	12
Pb^{2+}	18+2	1.20	3.33	5.85	9.18	13
Zn^{2+}	18	0.74	5.41	3.75	9.16	14
Mn^{2+}	9~17	0.80	5.00	3.78	8.78	15
Cd^{2+}	18	0.97	4.12	3.75	7.87	16
Hg^{2+}	18	1.10	3.64	3.75	7.39	17
Mg^{2+}	8	0.66	6.06	0	6.06	18
Ca^{2+}	8	0.99	4.04	0	4.04	19
Li^+	2	0.68	1.47	2.5	3.97	20
Sr^{2+}	8	1.12	3.57	0	3.57	21
Ba^{2+}	8	1.34	2.99	0	2.99	22
Na^+	8	0.97	1.03	0	1.03	23
K^+	8	1.33	0.75	0	0.75	24
Rb^+	8	1.47	0.68	0	0.68	25
Cs^+	8	1.67	0.60	0	0.60	26

陈天朗等[71]认为：大多数研究者都把离子看成是带电荷的圆球来考虑，并且研究过程中往往偏离了离子极化概念的基本点，难于反映离子极化力的规律性，所以在建立离子极化力的关系时，必须从量子力学的观点出发。离子极化的一个基本点就是离子极化力取决于离子电场强度，离子电场强度又与轨道及有效核电荷有关，他们定义离子轨道的有效电场强度为

$$E_{n^*,l} = \int \psi_{n^*,l} \frac{Z^*e}{r^2} \psi_{n^*,l} d\tau \tag{5-49}$$

将斯莱特波函数代入式(5-49)完成积分即得

$$E_{n^*,l} = \frac{Z_{n^*,l}^{*2} e}{n^{*2}\left(n^* - \frac{1}{2}\right) a_0^2} \tag{5-50}$$

式(5-50)就是轨道有效极化强度的一般关系式，根据离子键模型，认为是由最外层轨道的有效极化电场强度决定。其计算结果与其他作者的结果比较一致。

因为离子极化能力的大小可用有效极化电场强度表示，从电场强度与力的关系，他们又把式(5-50)表示为力的形式：

$$F_{n^*,l} = -\frac{Z_{n^*,l}^{*2} e}{n^{*2}\left(n^* - \frac{1}{2}\right) a_0^2} \tag{5-51}$$

若选用原子单位或以 5.13×10^9 V·cm^{-1} 为电场强度单位，以 8.22×10^{-4} dyn(达因)为力的单位，则两者的绝对值是相同的。

[2] 离子变形性大小的衡量

1) 极化率的概念

离子变形性可由离子极化率 α 量度。极化率的定义是粒子在单位电场中被极化所产生的偶极矩。在电场作用下离子的电子云分布偏离原子核，造成负电荷中心偏离，产生诱导偶极矩。

设 E 为离子的静电场强度，μ 为被极化离子所产生的偶极矩，则

$$\alpha = \frac{\mu}{E} = \frac{el}{E} \tag{5-52}$$

式中，e 为电子的电荷；l 为偶极的长度。α 的量纲是

$$[\alpha] = \frac{[e][l]}{\frac{[e]}{[l^2]}} = [l^3] \tag{5-53}$$

因此 α 的单位是 cm^3(或 m^3)，数量级是 10^{-24}(或 10^{-30})。离子极化率可从测量摩尔折射度求得。自然，由于实验方面的困难，离子极化率多由经验或半经验公式计算得到，也可以由理论计算得到[72-73]。表 5-20 列出了较为普遍采用的 Tessman 等根据折射度数据实验求得的晶体中离子的极化率数据[47]。

表 5-20　离子的极化率(单位：Å^3)

				Li$^+$ 0.03		
O^{2-} (2.4)		F$^-$ 0.64		Na$^+$ 0.41		
S^{2-} (5.5)		Cl$^-$ 2.96		K$^+$ 1.33		Ca^{2+} 1.1
Se^{2-} (7.0)		Br$^-$ 4.16		Rb$^+$ 1.98		Sr^{2+} 1.6
Te^{2-} (9.0)		I$^-$ 6.43		Cs$^+$ 3.34		Ra^{2+} 2.5
Cu$^+$ 1.6	Cu^{2+} 0.2	As$^+$ 2.4	Zn^{2+} 0.8	Cd^{2+} 1.8	Pb^{2+} 4.9	Ge^{4+} 1.0　Sn^{4+} 3.4
OH$^-$ 3.78*	NO$_3^-$ 2.59	HCOO$^-$ 1.90*	CH$_3$COO$^-$ 2.07*	CN$^-$ 5.56*	SCN$^-$ 2.30*	
SO$_4^{2-}$ 3.56*	CO$_3^{2-}$ 2.27*					

注：标*者为温元凯和邵俊的补充数据。

离子半径越大,核外电子越多,极化率越大。负离子极化率一般大于正离子。负离子价越高,极化率越大;正离子价越高,极化率越小。含 d 电子多的正离子极化率大。图 5-16 中作出了阳离子极化率 α 和极化力 E 的对数曲线,α 数值采取鲍林的数据(表 5-21)[74]。

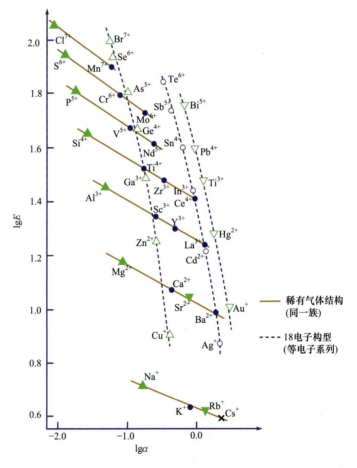

图 5-16 lg$E$-lgα 线性关系

表 5-21 离子的极化率和极化力

离子	α/Å³	E/eV	$\dfrac{Z^*}{r^2}$	离子	α/Å³	E/eV	$\dfrac{Z^*}{r^2}$
2 He	0.201	—	0.855	13 Al³⁺	0.054	28.44	34.0
3 Li⁺	0.029	5.39	6.67	14 Si⁴⁺	0.033	45.13	56.5
4 Be²⁺	0.008	18.21	35.4	15 P⁵⁺	0.020	65.01	90.6
5 B³⁺	0.003	37.92	110	16 S⁶⁺	0.014	88.03	137
6 C⁴⁺	0.0013	64.48	240	17 Cl⁷⁺	0.010	114.3	185
7 N⁵⁺	0.0008	97.86	528				
				18 Ar	1.62	—	2.19
10 Ne	0.390	—	2.84	19 K⁺	0.839	4.39	4.17
11 Na⁺	0.179	5.14	7.21	20 Ca²⁺	0.472	11.87	8.58
12 Mg²⁺	0.094	15.03	17.8	21 Sc³⁺	0.286	21.59	14.3

续表

离子	$\alpha/\text{Å}^3$	E/eV	$\dfrac{Z^*}{r^2}$	离子	$\alpha/\text{Å}^3$	E/eV	$\dfrac{Z^*}{r^2}$
22 Ti^{4+}	0.185	33.28	22.6	47 Ag^+	1.72	7.57	4.72
23 V^{5+}	0.126	46.85	32.8	48 Cd^{2+}	1.09	16.90	9.04
24 Cr^{6+}	0.087	62.42	45.9	49 In^{3+}	0.730	28.03	14.5
25 Mn^{7+}	0.063	79.79	63.5	50 Sn^{4+}	0.499	40.74	20.9
				51 Sb^{5+}	0.360	55.70	28.8
29 Cu^+	0.428	7.72	8.14	52 Te^{6+}	0.261	72.35	39.9
30 Zn^{2+}	0.288	17.96	15.5	53 I^{7+}	0.194	90.3	54.0
31 Ga^{3+}	0.198	30.7	24.7				
32 Ge^{4+}	0.143	45.7	37.4	54 Xe	3.99	—	1.98
33 As^{5+}	0.103	62.61	52.2	55 Cs^+	2.42	3.89	3.12
34 Se^{6+}	0.075	81.7	70.9	56 Ba^{2+}	1.55	10.00	5.43
35 Br^{7+}	0.059	101.5	88.8	57 La^{3+}	1.04	17.61	8.24
				58 Ce^{4+}	0.736	26.14	11.7
36 Kr	2.46	—	2.43				
37 Rb^+	1.40	4.18	4.07	79 Au^+	1.88	9.22	3.99
38 Sr^{2+}	0.864	11.03	7.75	80 Hg^{2+}	1.24	18.75	7.02
39 Y^{3+}	0.557	19.62	12.6	81 Tl^{3+}	0.868	29.8	10.5
40 Zr^{4+}	0.376	29.40	18.6	82 Pb^{4+}	0.618	38.97	14.9
41 Nb^{5+}	0.261	40.72	26.4	83 Bi^{5+}	0.456	56.0	21.0
42 Mo^{6+}	0.190	52.32	36.3				

2) 极化率的研究概况

对离子变形性的研究体现在对离子极化率计算值的准确性上。关于离子变形性的研究历史大致如下：

(1) 1923 年，法扬斯不仅提出了离子极化的概念[61]，而且在 1924 年用实验的方法得到了一些离子的极化率数值[75]。至今仍是常用的比较完整的数据之一。

(2) 1924 年，玻恩等对于等电子序列离子提出过离子极化率和有效核电荷及离子半径、电价、玻恩推斥指数之间的经验关系式[76]。

(3) 1927 年，鲍林用半经验的方法进行了一些离子的极化率数值的计算[74]，虽然鲍林的公式用于主量子数较大的一些离子极化率计算时误差较大，但至今仍是常用的比较完整的数据之一。

(4) 1931 年，斯莱特建立了离子极化率 α 的关系式

$$\alpha = \frac{S a_0^3}{Z^{*4}} \cdot \frac{n^{*4}(n^*+1)^2 \left(n^*+\dfrac{1}{2}\right)^2}{2} \tag{5-54}$$

式中，n^* 为离子最外层轨道有效主量子数；Z^* 为有效核电荷数；S 是最外层轨道的电子数；a_0 为玻尔半径。

对于等电子系列离子，式(5-54)可改写表示为

$$\alpha = \frac{an}{Z^{*4}} = \frac{an}{(Z-\sigma)^4} \tag{5-55}$$

其中

$$an = \frac{Sa_0^3}{2} n^{*4}(n^*+1)^2\left(n^*+\frac{1}{2}\right)^2 \tag{5-56}$$

为结构参数，与有效主量子数 n^* 和外层电子数 S 有关，对同一等电子系列离子为常数。

式(5-55)就是计算离子极化率的简单关系式，原则上，对于已知电子结构的离子，如果知道了有效主量子数 n^* 和屏蔽系数 σ 值，就可由式(5-56)和式(5-55)方便地计算出离子的极化率。

(5) 1939～1944 年，Kordes 做了与玻恩等类似的工作[77]。

(6) 1956～1959 年，巴查诺夫应用柯尔底斯的结果补算了一些阳离子极化率的数据[78]。

(7) 1964 年，Pirenne 等也从晶体折光数据中分析了离子的极化率数值[79]。

(8) 1974 年，游效曾在总结前人工作的基础上，探讨了计算中的两条规律，由于所提出的离子极化率规律联系了另外一些物理量，从而可以由另一种途径更充分地补充离子极化率的数据[80]。他从图 5-16 中呈现的线性关系得到了一个关系式：

$$\alpha = 0.138\left(\frac{r^2}{Z^*}\right)^{0.830} n^*C \tag{5-57}$$

式中，参数 C 为常数，对 18 电子构型为 2.80，而对其他电子构型为 2.68；Z^* 和 n^* 为按斯莱特规则计算的作用于最外层上电子的有效核电荷及有效主量子数。

(9) 1983 年，陈天朗、肖慎修等认为，公式(5-54)只考虑最外层电子对极化率的贡献是不够的。对于 18 + 2 电子构型的离子，还必须考虑次外层轨道电子对极化的贡献。此外，考虑到主量子数相同、l 不同的轨道有效核电荷 Z^* 也不同，因此他们认为应把式(5-54)加以改进和扩充，使它计算的结果不仅更正确，而且可以推广至非球形对称离子。改进后的公式为[81]

$$\alpha = \frac{a_0^3}{2}\sum_{n^*l}\frac{S_{n^*l}n^{*4}(n^*+1)^2\left(n^*+\frac{1}{2}\right)^2}{Z_{n^*l}^{*4}} \tag{5-58}$$
$$= \sum_{n^*l}\frac{S_{n^*l}N^{*4}C_n^*}{Z_{n^*l}^{*4}} = \sum_{n^*l}\alpha_{n^*l}$$

他们由式(5-58)计算了一些元素的原子和离子的极化率。

(10) 2000 年，冯玉彪等在总结离子极化率数据的基础上，改进徐光宪等人给出的有效主量子数 n^* 和屏蔽系数 σ，寻找出一套适合于计算离子极化率的有效主量子数 n^* 和屏蔽系数 σ 的经验数据(表 5-22～表 5-24)[82]，并将式(5-54)改写为

$$\alpha = \frac{an}{Z^{*4}} = \frac{an}{(Z-\sigma)^4}$$

式中，an 即为式(5-56)。

表 5-22 有效主量子数

主量子数 n	1	2	3	4	5	6
有效主量子数 n^*	1.00000	1.8530	2.3137	2.6061	2.7737	2.8525
$B_n/10^{-30}$ m	0.66616	39.3266	184.3942	428.3588	668.6325	817.4525

表 5-23 主量子数等于 n 的各电子屏蔽系数

被屏蔽电子	屏蔽电子				
	ns	np	np′	nd	nf
ns	0.39	0.33	0.31	0.00	0.00
np	0.43	0.39	0.37	0.00	0.00
np′	0.49	0.45	0.39	0.00	0.00
nd*	1.00	1.00	1.00	0.43	0.00
nf	1.00	1.00	1.00	1.00	0.46

注：*对 3d 的 σ 应等于 0.85。

表 5-24 主量子数等于 $n-1$ 的各电子屏蔽系数

被屏蔽电子 ($n \geqslant 2$)	屏蔽电子			
	$(n-1)$s	$(n-1)$p	$(n-1)$d	$(n-1)$f
ns	1.00*	0.90	0.89	0.86
np	1.00	0.97	0.96	0.90
nd	1.00	1.00	1.00	0.96
nf	1.00	1.00	1.00	1.00

注：*对 2s 的 σ 应等于 0.85。

他们认为式(5-55)就是计算离子极化率的简单关系式。原则上，对于已知电子结构的离子，如果知道了有效主量子数 n^* 和屏蔽系数 σ，就可由式(5-55)和式(5-56)方便地计算出离子的极化率。表 5-25 为他们计算的 $n\text{s}^2$、$n\text{s}^2 n\text{p}^6$、$(n-1)\text{d}^{10} n\text{s}^2 n\text{p}^6$ 和 $n\text{s}^2 n\text{p}^6 n\text{d}^{10}$ 电子构型的等电子系列离子的极化率。表 5-25 中还列出了鲍林、游效曾、法扬斯和陈天朗等人给出的离子极化率值，以资比较。

表 5-25 周期系中等电子系列离子的极化率(单位：10^{-30} m^3)

	H$^-$	He	Li$^+$	Be^{2+}	B^{3+}	C^{4+}	N^{5+}	O^{6+}	F^{7+}
文献[75]值		0.196							
文献[75,77]值	10.20	0.201	0.029	0.008	0.003	0.0013	0.0008	0.0004	0.00030
文献[71]值			0.029	0.008	0.003	0.0014	0.0007	0.0004	0.00024
文献[82]值	9.62	0.198	0.029	0.008	0.003	0.0014	0.0007	0.0004	0.00024

	N^{3-}	O$^=$	F$^-$	Ne	Na$^+$	Mg^{2+}	Al^{3+}	Si^{4+}	P^{5+}	S^{6+}	Cl^{7+}
文献[75]值		2.75		0.392	0.1960						
文献[75,77]值		3.88	1.040	0.390	0.1790	0.0940	0.0540	0.0330	0.0200	0.014	0.0100
文献[71]值					0.2075	0.1184	0.0725	0.0469	0.0316	0.022	0.0159
文献[82]值	11.24	2.65	0.920	0.399	0.1990	0.1110	0.0660	0.0420	0.0280	0.019	0.0140

续表

	P^{3-}	$S^=$	Cl^-	Ar	K^+	Ca^{2+}	Sc^{3+}	Ti^{4+}	V^{5+}	Cr^{6+}	Mn^{7+}
文献[75]值		8.60	3.53	1.65	0.880	0.510	0.350	0.236			
文献[75,77]值		10.20	3.66	1.62	0.839	0.472	0.286	0.185	0.126	0.087	0.063
文献[71]值					0.849	0.489	0.303	0.198	0.134	0.095	0.068
文献[82]值	37.17	9.72	3.57	1.60	0.821	0.464	0.281	0.180	0.121	0.084	0.060

	As^{3-}	$Se^=$	Br^-	Kr	Rb^+	Sr^{2+}	Y^{3+}	Zr^{4+}	Nb^{5+}	Mn^{6+}	Tc^{7+}
文献[75]值		11.20	4.97	2.50	1.560	0.860					
文献[75,77]值		10.50	4.77	2.46	1.40	0.864	0.557	0.376	0.261	0.190	0.186
文献[71]值					1.359	0.800	0.503	0.330	0.277	0.161	
文献[82]值	37.92	12.57	5.18	2.54	1.390	0.822	0.517	0.345	0.238	0.170	0.125

	Sb^{3-}	$Te^=$	I^-	Xe	Cs^+	Ba^{2+}	La^{3+}	Ce^{4+}	Pr^{5+}	Nd^{6+}	Pm^{7+}
文献[75]值		15.70	7.55	4.10	2.56	1.68	1.300				
文献[75,77]值		14.00	7.10	3.99	2.42	1.55	1.040	0.736			
文献[82]值	59.34	19.41	8.14	4.01	2.20	1.31	0.835	0.557	0.386	0.277	0.203

	Cu^+	Zn^{2+}	Ga^{3+}	Ge^{4+}	Ag^{5+}	Se^{6+}	Br^{7+}
文献[74,77]值	0.428	0.288	0.198	0.143	0.1030	0.0753	0.0594
文献[71]值	0.430	0.280		0.138	0.1005	0.0752	0.0548
文献[82]值	0.463	0.293	0.195	0.135	0.096	0.071	0.0540

	Ag^+	Cd^{2+}	In^{3+}	Sn^{4+}	Sb^{5+}	Te^{6+}	I^{7+}
文献[74,77]值	1.720	1.090	0.730	0.499	0.360	0.261	0.194
文献[71]值	0.801	0.527	0.360	0.257	0.187	0.137	0.107
文献[82]值	1.700	1.010	0.642	0.428	0.296	0.212	0.118

	Au^+	Hg^{2+}	Tl^{3+}	Pb^{4+}	Bi^{5+}	Po^{6+}	At^{7+}
文献[74,77]值	1.88	1.24	0.868	0.618	0.456	0.419	0.346
文献[71]值	1.95	1.21	0.788	0.536	0.378	0.275	0.205

综上所述，在对离子极化率计算值的准确性上，研究者主要集中在对有效核电荷、有效主量子数和屏蔽系数值的修正方面，以及对考虑外层轨道电子、次外层轨道电子对极化的贡献方面。然而，众人所得数据各有千秋，并非一致，加之目前在理论计算上的不足，真正深入细致的探究还需要时间。

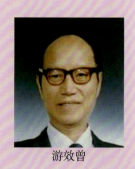

游效曾

游效曾 1934 年生于江西吉安，中国科学院院士(1991)、无机化学家。1955年毕业于武汉大学化学系，1957 年南京大学化学系研究生毕业。南京大学配位化学研究所名誉所长，南京大学配位化学国家重点实验室学术委员会主任，国务院学位委员会化学组评委，《无机化学评论》国际编委，《中国科学》化学部编委，中国化学会《无机化学学报》主编。

游效曾指导了 80 多位研究生和博士生，他们活跃于国内外化学界。他曾获苏联科学院无机化学研究所 Chugaev 奖(1987)，国家科技进步一等奖两次(1999和 2003)，参与了中国第一个"配位化学研究所"和"配位化学国家重点实验室"的创建，两次获得"国家重点实验室优秀个人金牛奖"(1994 和 2004)，亚洲化学会基础研究报告奖(1995)，国家自然科学三等奖一次(1991)和二等奖一次(2004)，何梁何利科技进步奖(2004)。已出版四部专著和发表 SCI 论文约 400 多篇。

5. 离子极化能计算式的建立[43-44]

温元凯和邵俊在详细研究离子极化和变形及其大小后，就得到了非标准型离子晶体的离子极化能，可近似地表示为以下的经验公式

$$U_p = a\frac{Z^{*2}}{r} + b\alpha + c \tag{5-59}$$

式中，第一项是阳离子极化力对离子极化能的贡献；第二项是阴离子变形性对离子极化能的贡献；a、b、c 是经验常数，随晶体分子式类型而定。表 5-26 列出了根据各类化合物离子极化能实验值的变化率求得的 a、b、c 数值。

表 5-26　式(5-59)各类型晶体的经验常数

分子式类型	a	b	c
M^IX^I	1.6	4	−34.7
$M_2^IX^{II}$	4	6	−66.1
$M^{II}X_2^I$	1	11	−28.6
$M^{II}X^{II}$	1	11	−34.3
$M^{III}X_3^I$	1.5	35	−135
$M_2^{III}X_3^{II}$	3.5	60	−377
$M^{IV}X_4^I$	1	90	−205
$M^{IV}X_2^{II}$	1	60	−264

从表 5-26 中可以看出，在某些类型晶体如 $M_2^IX^{II}$ 型盐类中，阳离子极化力对极化能贡献较大，成为支配极化过程的主要方面；有些则是阴离子变形性对极化能影响较大，成为支配的主要方面，如 $M^{IV}X_4^I$ 型盐类等。至于低价稀有气体构型阳离子所形成的标准型离子晶体，由于阳离子极化力很小，虽然离子极化作用实际上是存在的，但一般都可忽略不计。

6. 离子极化对化合物性质的影响

[1] 极化对离子晶体晶型的影响

1) 离子极化与键型关系

随着离子极化的增强，离子间的核间距缩短，会引起化学键型的变化，键的性质可能从离子键逐步过渡到共价键，即经过一系列中间状态的极化键，最后可转变为极化很强的共价键(图 5-17)。

离子极化将导致物质键型的改变，极化力强和变形性大的离子间，特别是含 d^n 电子的正离子(如 Ag^+、Hg^{2+} 等)和变形性大的负离子(如 I^-、Br^-、S^{2-} 等)之间，会产生较大的相互极化，导致离子键向共价键过渡(表 5-27，图 5-18)。

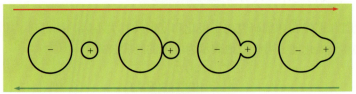

理想离子键	基本上是离子键	过度键型	基本上是共价键
(无极化)	(轻微极化)	(较强极化)	(强烈极化)

图 5-17　极化作用与键型过渡

表 5-27　卤化银的核间距和化学键型

卤化银	理论值/pm	实测值/pm	差值/pm	键型	晶体类型	配位数
AgF	126+136=262	246	16	离子型	NaCl	6∶6
AgCl	126+181=307	277	30	过渡型	NaCl	6∶6
AgBr	126+195=322	288	33	过渡型	NaCl	6∶6
AgI	126+216=346	299	43	共价型	ZnS	4∶4

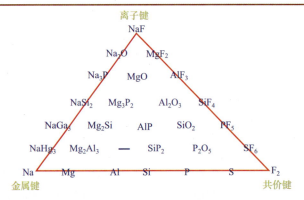

图 5-18　若干化合物的键型

图 5-18 为按周期表规律排列的若干化合物的键型示意图。图中除三角形的三个顶点上所标明的化合物外，其余的化合物多少包含有其他键型的因素，并逐渐过渡。这种现象称为键型的变异现象。键型变异和离子的极化、电子的离域以及轨道的重叠成键等因素密切相关，只要某种条件具备，就会产生和这种条件相应的成键作用。这正好解释了表 5-27 的现象。

2) 单键的离子性百分数

近代实验证实，CsF 具有最典型的离子键，但是其键也只有 92% 的离子性。因此，从离子间极化观点来看，平常所说的离子型化合物和共价型化合物也只是相对的，不存在严格的分界线，因为当正、负离子靠近成键时总会有电子云的重叠交盖，那便是"共价键成分"了。例如，HCl 中的核间距为 127.5 pm，这个分子就像电量为

$$\frac{3.45 \times 10^{-30} \text{C} \cdot \text{m}}{127.5 \times 10^{-12} \text{m}} = 2.7 \times 10^{-20} \text{C}$$

的两个相反电荷(约等于电子电荷的六分之一)以如下距离相隔：

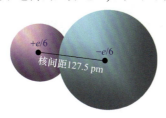

那么，观察到的偶极矩与离子的偶极矩之比的百分数就是该化合物单键的离子性百分数(表 5-28)。

表 5-28　氢卤酸的离子性百分数

氢卤酸	偶极矩 r/pm	$10^{30}p_0$/C·m (离子的)	$10^3 p_0$/C·m (观察的)	$\dfrac{100 p_0(观察的)}{p_0(离子的)}$
HF	92	14.7	6.35	43%
HCl	127.5	20.2	3.45	17%
HBr	143	22.7	2.65	11%
HI	162	25.8	1.39	5%

关于对单键离子性百分数的认识和半经验、经验计算公式的研讨可归纳如下：

(1) 鲍林认为[58]，极端的共价型分子和离子型分子之间可以通过调整分子的结构参数而发生连续过渡，对于两原子单键分子，当这些参数取某些数值时，可以得到极端的共价型分子 $\psi_{A:B}$ 和极端的离子型分子 $\psi_{A^+B^-}$；取中间数值时，可以得到处于中间状态的过渡型分子，其分子结构用 $a\psi_{A:B}+b\psi_{A^+B^-}$ 表示，其中 A、B 为成键的两种元素的原子。对于每一组结构参数，组合系数 a、b 的比值 b/a 应使键能最大。随着比值 b/a 由零到无限大的变化，键型就随之发生无间断的变化。

实际上，由于各种元素间固有的电负性和电子的波动性，两种极端的键型不能存在，而客观上存在的只能是鲍林意义下的中间状态。为了描述这些处于中间状态的分子的特性和差别，鲍林把共价分子的离子性定义为该分子实际电偶极矩 μ 与 μ_0 之比，这里 μ_0 是假定该分子为极端离子型分子时的分子偶极矩，$\mu_0=eR_0$，其中 R_0 为平衡时两核间的距离。鲍林还指出可以用下式来计算 A—B 键的离子性

$$i=\dfrac{\mu}{\mu_0}\approx 1-e^{-\frac{1}{4}(\chi_A-\chi_B)^2} \tag{5-60}$$

式中，χ_A、χ_B 为元素 A、B 的电负性，其理论计算与实验观测值间关系如图 5-19 所示。从图 5-19 可以看出，通常所称的共价型分子 IBr、HI、HCl、HBr 等的离子性实验值和鲍林所给出的理论曲线符合较好，而对离子型分子，则相差较大。也就是说，鲍林的近似式只适用于共价成分较大的分子，而对离子成分较大的分子需另作考虑。

与鲍林持有相同观点的还有 Coulson[83]。他与鲍林一直主张离子性的观测值应用 μ_{ob}/eR 表示。按照现代概念，一个异极键的观测值偶极矩 μ_{ob} 应由下述四项构成[84]

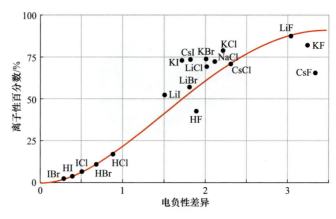

图 5-19 分子离子性与电负性间关系
● 实验值；—— 计算值

$$\mu_{ob} = \mu_p + \mu_s + \mu_h + \mu_i \tag{5-61}$$

式中，$\mu_p = (\lambda^2 - 1)eR/(1 + \lambda^2 + 2\lambda S)$，称为初级偶极矩，它由键的初级极化所产生；$\mu_s$ 为同极矩；μ_h 和 μ_i 是由轨道杂化和非键电子极化所产生。显然，只有 μ_p 与键的离子性有关。Gordy 通过计算指出[85]，氢卤分子的 μ_p 竟比 μ_{ob} 大约三倍。可见，用 μ_{ob}/eR 作为离子性标度会引进不能容许的误差。

(2) 威尔姆休斯特(Wilmshust)用电负性分数差 δ 代替鲍林公式中的 $\Delta\chi$ 对键的离子性百分数进行计算：

$$i = \delta = \frac{\chi_- - \chi_+}{\chi_- + \chi_+} \tag{5-62}$$

对一些化合物的计算效果要比式(5-60)好。例如，在表 5-29 所示的 4 种化合物中，$LiBr$、LiI 具有典型的离子性，而 Al_2O_3、BF_3 则显出部分共价性。用 $\Delta\chi$ 难以对这 4 种化合物进行判别，用 δ 却可以明显地对它们进行判别，因此 δ 应该是离子极化作用的更好标度。当然 Z^2/r 反映了静电势能的大小，静电势能的增加也附加增强了阳离子的极化能力，因此 Z^2/r 值也是阳离子极化能力的标度。在这两个标度中，δ 越小、Z^2/r 越大，极化作用就越大，使得离子键向共价键转化，因此从这两个标度应该可以判别键型，其中各值的大小是极化作用的主要标度。图 5-20 所示的结果表明，它们确实能判别键型，其分界线是比较明显的，分界线为 $Z^2/r = 80\delta - 11$，当 $Z^2/r > 80\delta - 11$ 时为共价键，反之为离子键，交界处为过渡键型。

表 5-29 用 $\Delta\chi$ 和 δ 对化合物键型的判断

化合物	$\Delta\chi$	δ	键型判断结果
BF_3	1.94	0.32	离子键型
$LiBr$	1.98	0.50	过渡键型
LiI	1.84	0.53	离子键型
Al_2O_3	1.83	0.36	过渡键型

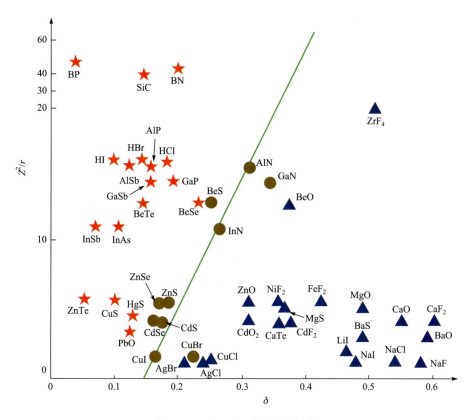

图 5-20　Z^2/r 及 δ 对键型的判断

★ 共价键型；▲ 离子键型；● 过渡键型

(3) 1970 年，汉纳和斯迈思仍从电负性出发提出了一个半经验公式[86]：

$$\text{离子性百分数} = 16(\Delta\chi) + 3.5(\Delta\chi)^2 \tag{5-63}$$

1974 年，杨频[87]用分子轨道法和静电法粗略计算了键电荷自共价半径接触点的迁移，从而导出了与键的初级极化相关联的离子性和元素的电负性力标。据此计算的键的离子性可以同共价键和偶极矩的现代概念协调一致，和实验更好地符合，克服了鲍林公式的一些缺陷。

杨频将二中心键的三点键合模型用图 5-21 所示。

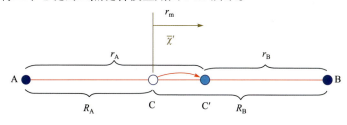

图 5-21　二中心键的三点键合图示

A、B 二原子化合成键可以设想为三步：①成键电子云的共价重叠，此重叠区域的键电荷重心在 C 处；②键电荷的偏移和键的极化，若两核对 C 点键电荷的束缚能不等，则键电荷会偏移至 C' 点成为实际化学键电荷的重心，两核对此点的束缚能相等；③键电荷的迁移将导致体系能量的降低和核间距离的缩短。我们认为这样的分析是有道理的。

最后，他们以键电荷偏移率 $\nabla_{移}$ 表示极化的程度

$$\nabla_{移} = \frac{r_m}{R_A + R_B} = \frac{R_B\sqrt{Z_A^*} - R_A\sqrt{Z_B^*}}{\left(\sqrt{Z_A^*} + \sqrt{Z_B^*}\right)(R_A + R_B)} \tag{5-64}$$

最终得到求算离子性大小的公式：

$$i = 0.37\nabla_{移} = Y_A - Y_B \tag{5-65}$$

式中，Y 是反映某原子在化学键中吸引键电荷的本领的参数，称为元素的电负性力标。

(4) 1980 年，北京师范大学进行了系列的单键离子性百分数的研究，数据列入其编写的《简明化学手册》[88]中。

(5) 1984 年，曾旭[89]在肯定键的离子性百分数与电负性有关的前提下，考虑到有些分子的原子个数不同，影响分子中原子间排布，从而影响分子的形状，使得诸如 SO_2 和 SO_3 的性质不同，提出如下键的离子性百分数的新经验公式：

$$离子性百分数 = \sqrt{\frac{n_+}{n_-} \cdot \chi_2^2 \lg\left[10(\Delta\chi)^2(\chi_1 + \chi_2)\right]} \tag{5-66}$$

式中，n_+ 表示电负性较小的原子个数；n_- 表示电负性较大的原子个数；χ_1 表示较小的电负性；χ_2 表示较大的电负性。他们经过计算，认为新经验公式与实验值符合汉纳和斯迈思公式，并且新经验公式与实验值相差较小。新经验公式还首次引入了原子个数，为更好地研究键的离子性百分数指出了一条新路。

(6) 1988 年，郑茂盛和罗恩泽[90]仿照鲍林关于共价型分子离子性的定义方法，以及根据电子波动性和原子亲和势的存在，给出一个计算离子型分子离子性百分数的经验公式：

$$i \approx 1 - \frac{R_0}{R_C} \tag{5-67}$$

他们的依据是：

第一，蒋明谦[91]曾指出，电荷转移络合物的结合能以及使该络合物跃迁到电子激发态所需的能量，都是以 $(I_p - A_E - \Delta)$ 这个量来表示的，其中 I_p 为给电子体的电离势，A_E 为受电子体的电子亲和能，Δ 是络合物离子对的稳定能，当给电子体或受电子体固定不变时，Δ 项可以忽略不计。这时他们认为，在电荷转移的过程中授受电子的原子的电离势和亲和能起着重要的作用。

第二，徐光宪[63]曾指出，对于二原子分子，可以用授受电子的原子的电离势、亲和能间的关系和分子有效长度来判定分子类型。定义

$$R_C = \frac{14.4}{I_p - A_E} \text{ (Å)} \tag{5-68}$$

式中，I_p、A_E 的单位为 eV。如果分子有效长度为 $R_0 = r_A + r_B$，则当 $R_C > 2R_0$ 时，该分子就是通常所谓的离子型分子。于是，他们又一次肯定了在电荷转移过程中电离势和亲和能所处的地位。

第三，他们分析对于共价型分子，电荷主要是发生了一定程度的偏移，电负性正好是描述这一现象的物理量，所以它当然要在共价分子离子性表示式中反映出来。这时鲍林的公式是对的。考虑到共价型和离子型分子中电荷偏移和转移程度的不同以及各自的特点，他们认为离子型分子形成时，离子的电离势和亲和能还是对键合电子起重要作用的。因此给出了一个离子型分子离子性百分数的经验公式，并通过计算说明了其正确性已得到一定事实的支持。

(7) 2003 年，孙凤琴等[92]认为按 $\Delta\chi$ 为 A—B 分子中 A、B 两元素的电负性差，所得的相应离子性百分数有几套不同数据，而各公式在计算中均有误差。因此，在尚无统一公式可准确计算单键离子性百分数的情况下，只宜对具体情况做相应的灵活处理。她们在鲍林系列和北京师范大学系列经验公式的基础上，提出一个总的经验公式：

$$i\%_A = i\%_B + C(\Delta\chi_A - \Delta\chi_B) \tag{5-69}$$

式中，C 为经验常数；$\Delta\chi_B$ 与 $i\%_B$ 均为常数(以上各常数在不同的分公式中多为不同)，已知 $\Delta\chi_A$ 可求其对应的单键离子性百分数 $i\%_A$，反之亦然。在计算时同时适当地考虑孤对电子、轨道杂化等对成键电荷分布的影响，并针对不同 AX 与单键离子性百分数关系的不同，对其中各分式中的 C、$\Delta\chi_B$ 与 $i\%_B$ 常数进行灵活处理。正因如此，文章认为式(5-69)计算的结果中有些数值与实验测定符合较好。

[2] 极化对无机化合物颜色变化规律的影响

离子极化之后，电子能级改变，致使激发态和基态间的能量差变小，物质对光的特征吸收就随着极化作用的加强而向较长波长段移去，致使它的颜色逐步加深。极化程度越强，颜色变得越深。

(1) 在离子化合物中，阳离子的极化力越强，化合物的颜色越深。例如，第四周期元素的离子从 K^+ 到 Mn^{2+}，电子构型皆为 s^2p^6，但极化力逐渐加强，因此，它们的氧化物颜色也逐渐加深(表 5-30)。

表 5-30　第四周期元素氧化物的颜色

化合物	K_2O	CaO	Sc_2O_3	TiO_2	V_2O_5	CrO_3	Mn_2O_7
颜色	白色	白色	白色	白色	橙色	暗红色	黑绿色
极化力	3.6	9.7	21.3	42.7	9.7	148	225

(2) 在离子晶体中，阴离子变形性越大，颜色越深(表 5-31)。

表 5-31　卤化钴的颜色

化合物	CoF_2	$CoCl_2$	$CoBr_2$	CoI_2
颜色	浅红	浅蓝	亮绿	黑色
变形性	随着卤离子半径增大，变形性增大 →			

(3) 因为 S^{2-}、O^{2-}、OH^- 的变形性依次减小，所以硫化物的颜色总比氧化物深，而氢氧化物的颜色则除金属本身有色的以外，几乎都是白色的(表 5-32)。

表 5-32 氢氧化物、氧化物、硫化物颜色比较

氢氧化物	颜色	氧化物	颜色	硫化物	颜色
Fe(OH)$_2$	白色	FeO	黑色	FeS	黑色
Co(OH)$_2$	白色	CoO	灰绿色	CoS	黑色
Sn(OH)$_2$	白色	SnO	灰色	SnS	棕黄色

然而，物质的颜色问题是一个十分重要又非常复杂的问题。因为颜色涉及色彩学、光学、化学、心理学等诸多不同的领域，其显色又受到物质本性、温度、湿度、分散度等各种因素的影响，仅从某一方面去描述物质显色规律常会出现很大的偏差[93]。例如，无机物的生色还有 d-d 跃迁或 f-f 跃迁、荷移跃迁等机理。不能简单地使用离子极化理论去解释一切化合物颜色的生成机理。

[3] 极化对无机化合物溶解度变化规律的影响

物质在水中的溶解度主要取决于其键型及组分离子的水合能。键型趋近离子键的，溶解度大；组分离子水合能大的，溶解度大。如前所述，离子的极化能使键型由离子键向共价键过渡。因此，随着极化程度的加强，溶解度将变小。例如：

(1) 金属卤化物ⅠA族比ⅠB族的溶解度大。

(2) AgX 的溶解度随 Cl$^-$、Br$^-$、I$^-$ 的次序递减。

AgX	AgCl	AgBr	AgI
溶解度/(g·100g H$_2$O^{-1})	1.54×10^{-4}	8.4×10^{-6}	2.7×10^{-7}

(3) 金属碳酸盐ⅠA族比ⅡA族易溶。

(4) 同种金属的硝酸盐溶解度大于碳酸盐。

[4] 极化对无机化合物热稳定性变化规律的影响[94]

随着极化程度的增强，晶格能降低，热稳定性减小，化合物越易分解。例如，NaHCO$_3$ 在 150℃左右即分解，而 Na$_2$CO$_3$ 在 850℃左右才分解，后者比前者稳定。Na$^+$与 H$^+$相比，半径大，又是稀有气体型外壳，它极化 CO$_3^{2-}$的能力远比没有外壳的 H$^+$差。因此，Na$_2$CO$_3$ 中的 CO$_3^{2-}$基本上可看作对称的等边三角形结构，故有一定的稳定性。但在 NaHCO$_3$ 中，由于 H$^+$的强极化作用和钻穿能力，C—O 键受到削弱，结构的对称性亦因为 H$^+$的存在而被破坏，故稳定性差。

极化对含氧酸盐的热稳定性也有影响(表 5-33)。

表 5-33 铍族碳酸盐的分解温度

性质	BeCO$_3$	MgCO$_3$	CaCO$_3$	SrCO$_3$	BaCO$_3$
M^{2+}极化力/(pm^{-1}×10^{-2})	21.8	13.1	9.7	8.1	7.2
分解温度/K	298	813	1183	1563	1633

BeCO$_3$ 和 BaCO$_3$ 是同族元素的同类型含氧酸盐，为什么它们的分解温度相差很大？从表 5-33 可以看出：金属离子的极化力越大，它的碳酸盐加热时越不稳定。图 5-22(a)表示在稳定的 CO$_3^{2-}$中，把 C 原子看成 C^{4+}，它对周围的三个 O^{2-}施行极

化并使之变形，然后结合起来形成 CO_3^{2-}。M^{2+}可认作是外电场，主要极化邻近的 O^{2-}使之偶极缩短，从而削弱了和 C^{4+}的结合[图 5-22(b)]，最终导致 CO_3^{2-} 的解体。可以看出，M^{2+}的极化力越强，它的碳酸盐就越不稳定，其分解温度就越低。由于 M^{2+}对 O^{2-}的极化与 C^{4+} 方向相反，产生了反极化作用力。在铍族碳酸盐中，由于 Be^{2+}的极化力最强，必然导致 Be^{2+}对 CO_3^{2-} 的反极化作用也最强，因此 $BeCO_3$ 的分解温度最低。

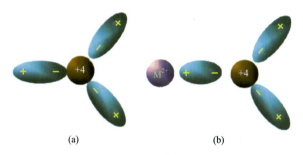

图 5-22　M^{2+}对 CO_3^{2-} 反极化作用

图 5-23 为碱族碳酸盐的热分解曲线，可以看出最易分解的是 Li_2CO_3，最难分解的是 K_2CO_3(表 5-34)。

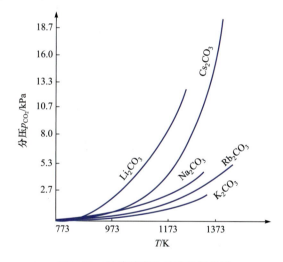

图 5-23　碱族碳酸盐的热分解曲线

表 5-34　碱族碳酸盐的热分解顺序

性质	Li_2CO_3	Cs_2CO_3	Na_2CO_3	Rb_2CO_3	K_2CO_3
热分解由易到难顺序	1	2	3	4	5
极化力/($pm^{-1} \times 10^{-2}$)	9.6	2.9	4.9	3.2	3.6
变形性/($pm^3 \times 10^{-6}$)	0.029	2.42	0.1789	1.40	0.839

如果单纯考虑碱金属离子的极化力，然后用离子反极化作用去判断，在同一温度下碱族碳酸盐热分解的蒸气压应是如下顺序：

$$Li_2CO_3 > Na_2CO_3 > K_2CO_3 > Rb_2CO_3 > Cs_2CO_3$$

但上述判断并不符合实验事实。这是由于对低电荷数、大半径的阳离子还应考虑它们的离子变形性，在高温下如 Cs^+ 会被阴离子极化而变形，当 Cs^+ 变形后获得附加极化力，使得总极化力就有可能超过 Na^+。结果实际顺序正如表 5-34 所示。

[5] 极化对化合物熔沸点变化规律的影响

离子晶体的熔化或气化可以看成是克服离子间静电引力的过程。因此，离子半径小、电荷数高的，它们组成的晶体熔沸点越高。在极化程度不大的晶体中，熔沸点变化的规律是：电荷数相等，半径越大，熔沸点越低；如果半径相当，电荷数越高，熔沸点越高。在极化程度较强的晶体中，由于键型趋于共价键，随极化程度的加深，熔沸点变低。所有极化能力较强的过渡元素(非稀有气体型外壳的离子)的晶体，它们的熔沸点要比相应的稀有气体型外壳的离子晶体的低。

[6] 极化对无机含氧酸酸性变化规律的影响

无机含氧酸强度大小意味着释放质子(H^+)的难易程度，影响因素多，但归根到底反映在与质子直接相连的原子对它的束缚力的强弱上。这种束缚力的强弱又与该原子的电子密度大小有直接的关系，它表明了某原子吸引带正电荷的原子或原子团的能力。因此，与质子相连的原子的电子密度是决定无机酸强度的直接因素，对含氧酸而言，其酸性强弱取决于与 H 相连的氧原子的电子密度的大小，而氧原子上电子密度的大小又取决于成酸元素极化作用的大小。对 ROH 或 H_nRO_m 酸，如果 R 的氧化态高，原子半径小，电负性大，极化作用强，则它对 O—H 基中氧原子外层电子的吸引力强，从而使氧原子的电子密度减小，O—H 基易释放出质子，含氧酸的酸性越强。

因此，对同周期元素形成的含氧酸，其酸性为

$$H_4SiO_4 < H_3PO_4 < H_2SO_4 < HClO_4$$

对同主族元素的含氧酸，其酸性为

$$HNO_3 > H_3PO_4, H_2CO_3 > H_4SiO_4, HClO > HBr > HIO$$

对同一元素不同氧化数含氧酸，酸性为

$$HNO_3 > HNO_2, H_2SO_4 > H_2SO_3, HClO_4 > HClO_3 > HClO_2 > HClO$$

[7] 极化对化合物导电率和金属性的影响

有的情况下，阴离子被阳离子极化后，使自由电子脱离了阴离子，这样就使离子晶格向金属晶格过渡，导电率因而增加，金属性也相应增强，硫化物的不透明性、金属光泽等都与此有关。

离子极化理论是离子键理论的重要补充，在无机化学中有多方面的应用。但是，由于在无机化合物中离子型的化合物只是一部分，因此在应用这个学说时应该注意其局限性。

5.4 共价键理论

共价键(covalent bond)包括配位键，是化学键的一种。两个或多个原子共同使用它们的外层电子，在理想情况下达到电子饱和的状态，由此组成比较稳定的化学结构称为共价键。其本质是原子轨道重叠后，高概率地出现在两个原子核之间

的电子与两个原子核之间的电性作用。与离子键不同的是，进入共价键的原子向外不显示电荷，因为它们并没有获得或损失电子。共价键的强度比氢键要强，与离子键差不多或有些时候比离子键强。通常认为，两元素电负性差值远大于 1.7 时，形成离子键；远小于 1.7 时，形成共价键；在 1.7 附近时，它们的成键具有离子键和共价键的双重特性，前面讲的离子极化理论可以很好地解释这种现象。

同一种元素的原子或不同元素的原子都可以通过共价键结合，一般共价键结合的产物是分子，在少数情况下也可以形成晶体。

5.4.1 现代价键理论简介

美国化学家路易斯(G. N. Lewis)于 1916 年最先提出共价键的电子对理论，1923 年得以完善。他把费兰克兰(E. Frankland)结构式中"短棍"解释为两个原子各取出一个电子配对，即"—"是一对共用电子，"="是两对共用电子，"≡"是三对共用电子。经典的费兰克兰化合价被假定为原子能够提供来形成共用电子对的电子数。另外，还认为分子中的原子都有形成稀有气体电子结构的趋势(8 电子稳定构型，又称八隅律)，以求得本身的稳定。而达到这种结构并非通过电子转移形成离子键来完成，而是通过共用电子对来实现。他把共用电子对维系的化学作用力称为共价键，后人称这种观念为路易斯共价键理论。这种用"—"表示共价键，同时两个小黑点表示一对孤对电子的结构式称为路易斯结构式，也称电子结构式。

路易斯的贡献在于提出了一种不同于离子键的新的键型，解释了两元素电负性差值 $\Delta\chi$ 比较小的元素之间原子的成键事实。但路易斯没有说明这种键的实质，适应性不强。在解释 BCl_3(缺电子中心)、PCl_5(多电子中心)等未达到稀有气体结构的分子时遇到困难。BCl_3 分子中，B 原子提供 3 个单电子，分别与 3 个氯原子的一个单电子配对成键，此时每个氯原子为价层 8 电子稳定构型，但 B 原子周围只有 6 个电子，不满足八隅律。同样在 PCl_5 分子中，每个氯原子满足八隅律，但 P 原子周围有 10 个电子，也不满足 8 电子稳定构型。另外，该理论也不能解释共价键的特性(如方向性、饱和性)。因此，路易斯价键理论虽是具有划时代意义的共价键理论，但它具有很大的局限性。

1927 年，海特勒(W. H. Heitler)和伦敦(F. London)用量子力学处理氢分子，用近似方法算出了氢分子体系的波函数，首次用量子力学方法解决共价键问题，揭示了共价键的本质是电性的。

1929 年，贝特(H. A. Bethe)等提出配位场理论，最先用于讨论过渡金属离子在晶体场中的能级分裂，后来又与分子轨道理论结合，发展成为现代的配位场理论。

1930 年，美国化学家鲍林(L. Pauling)在研究碳的正四面体构型时提出轨道杂化理论，认为能级相近的轨道在受激时可以发生杂化，形成新的简并轨道，其理论依据就是电子的波粒二象性，而波是可以叠加的。他计算出了多种杂化轨道的形状，并因在价键理论方面的突出贡献而获得 1954 年诺贝尔化学奖。

1932 年，洪德(F. Hund)将共价键分为 σ 键、π 键、δ 键三种，使价键理论进一步系统化，与经典的化合价理论有机地结合起来。

同年，密立根(R. S. Mulliken)与洪德提出分子轨道理论。认为化合物中的电子不属于某个原子，而是在整个分子内运动。他们的方法和经典化学相距太远，计算又很繁琐，一时不被化学界所接受。后经过伦纳德(P. Lenard)、休克尔(E. Hückel)等人的完善，才在化学界逐渐得到认可。

1940 年，希德维克(N. V. Sidgwick)和鲍威尔(H. M. Powell)在总结实验事实的基础上提出了一种简单的理论模型，用以预测简单分子或离子的立体结构。这种理论模型后经吉列斯比(R. J. Gillespie)和尼霍尔姆(R. S. Nyholm)在 20 世纪 50 年代加以发展，定名为价层电子对互斥理论，简称 VSEPR。VSEPR 与杂化轨道理论相结合，可以半定量地推测分子的成键方式与分子结构。

1952 年，日本科学家福井谦一(K. Fukui)提出前线轨道理论，认为分子中能量最高的分子轨道(HOMO)和没有被电子占据、能量最低的分子轨道(LUMO)是决定一个体系发生化学反应的关键，其他能量的分子轨道对于化学反应虽然有影响但是影响很小，可以暂时忽略。

1965 年，美国化学家伍德沃德(R. B. Woodward)与霍夫曼(R. Hoffmann)参照福井谦一的前线轨道理论，提出了分子轨道对称守恒原理。分子轨道理论得到了新的发展。

由于计算机技术的迅猛发展，量子化学与计算机化学日新月异，对分子结构的推算变得越发精确，期间也诞生了一大批优秀的化学家，他们的研究成果极大地推动着现代共价键理论的发展。

了解这些理论的主要结论和相关概念，以便以此为基础更好地解释化合物的结构和性质。

5.4.2 共价键的电子对理论

1. 共价键电子对理论形成的背景

[1] 问题的提出

科塞尔提出的离子键理论指出原子的结合是通过电子转移形成的静电引力实现的。同贝采里乌斯曾经提出的电化二元论相比，离子键理论能更合理地解释几乎全部无机化合物的结合原因，一经提出就很快得到化学界的认可。但是，在解释由非金属元素形成的无机化合物和有机化合物时，离子键理论遭遇了困难。例如，2 个氯原子结合成氯分子时，如果采用得失电子来解释显然是不能令人满意的，因为 2 个氯原子吸引或失去电子的能力是一样，到底哪一个失电子，哪一个得电子，不得而知。在有机化学的取代反应中，氯原子外层有 7 个电子，倾向于得到电子，而氢原子外层只有一个电子，倾向于失电子，根据离子键理论，原子的结合主要依靠电子转移产生的静电引力而作用，如果氯原子能取代氢原子，只有将氯原子的电子转移情况发生逆转，但是没有实验证明这种逆转的存在。矛盾由此而生。如何解决矛盾？

[2] 修补离子键理论没有成功

当科学实验向理论提出无法解释的问题时，原子论的维护者首先想到的是修缮原来的理论以适应新的实验事实。美国物理化学家诺易斯(W. A. Noyes，鲍林的导师)在 1921 年放弃他的研究之前奋斗了 20 年，他试图修补离子键理论以扩大它的解释面。按照化学家弗瑞(H. Fry)的构想，有机化合物中同样存在着带电原子，每一个原子都可能同时带有同样数目的正电荷或负电荷。例如在 HCl 中，有 H⁺Cl⁻这样的结构，同时有 H⁻Cl⁺ 的结构。为了证明弗瑞建议的合理性，诺易斯试图分离出 H⁻Cl⁺，但是没有成功[95]。

[3] 美国化学家注意到化合物在电行为上的差别

路易斯等美国的一些化学家注意到：①科塞尔的理论是建立在化学元素的原子中电子完全得失的极端化的基础上，没有考虑到互相若即若离的过渡状态，因此，在解释离子化合物时是成功的，而对于非离子化合物，如氢气、氯气等则无法解释。②这些化学家指出离子型化合物在溶液中一般能自由释放它们的带电原子，是电解质，而非离子型化合物则不能。同非离子型化合物相比，离子型化合物是电解质，有较大的偶极矩和较强导电能力。他们争辩到离子型化合物和非离子型化合物在电行为上有如此明显的差异，以至于人们不能主张两种化合物结构的同一性。

路易斯

[4] 路易斯思想的形成

路易斯在研究思考中形成了一种思想，即一个化学键不仅产生于电子的转移，而且产生于电子共用的观念。历史地看，这种观念并非路易斯独有。物理学家斯塔克(J. Stark)、汤姆生以及化学家帕桑(A. L. Parson)、阿森姆(W. C. Arsem)和考夫曼(H. Kauffmann)都持有过相似的观点。科塞尔曾明确指出电子转移模型不适应于非离子型有机化合物，并预测构建共用电子的模型可能是需要的。但是这些物理学家和化学家在观念上受到"八隅规则"的干扰，不能确定原子之间共用电子的数目。例如，科塞尔利用二因次分析方程构建出一种环形结构模型，认为所有参与形成化合价的电子环状对称地分布在两个原子之间[95]。

然而，路易斯不这样思考。他很快注意到如果按照科塞尔构造的模型来解释，原子之间的相互作用只有在最高氧化物状态下才可能实现，而不能用于解释较低氧化物状态的构造情况。为了构建起能合理解释非离子型化合物形成原因的模型，路易斯突破了原有思路，将共用电子的概念限定在 2 个原子之间，共用电子数限定为 2，并进一步应用他的这种简单性原则将一对共用电子用 2 个小圆点表示，共价键理论在这种简单性思维观念中浮出了水面[96-97]。

2. 共价键电子对理论的形成

[1] 路易斯发表《原子和分子》论文

路易斯进一步凭借他的非凡想象力和大胆超越前人的勇气于 1916 年提出了共价键理论，使化学键理论在量子力学最终完善之前又向前跨越了一步。他在 1916 年发表了名为《原子和分子》的论文[98]，解释的问题正是科塞尔遗留的问题，即矛盾的另一方面。

理论的独特性至少包含 4 个方面：①原子之间共用电子的思想；②原子之间所共用的电子对是由 2 个电子形成的；③原子之间共用电子的目标是最终达到稀有气体所具有的外层电子结构；④一对电子不仅能被 2 个原子共用，而且根据原子电负性大小的不同，它并不是不偏不倚正好在 2 个原子之间的中点上，通常总是偏向电负性大的原子，当原子的电负性大到足以夺取对方原子的电子时，则形成离子型化合物，也就是离子键所解释的情况。这就确立了一种思想，即一个化学键不仅产生于电子的转移，而且产生于电子共用的观念。

在共价键中，被共用的电子被所有进入共价键的原子吸引，由此使得这些原子结合在一起。虽然其原子核之间和电子之间会因电荷相同而互相排斥，但这些排斥作用被位于原子核间的电子减弱，而电子与原子核之间的相互作用更加强(图 5-24)。

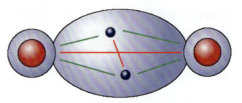

图 5-24　共价单键形成的示意图
——　共用的电子受两个原子核的吸引；　——　电子之间和原子核之间互相排斥

朗缪尔

路易斯的手稿

泡利

[2] 朗缪尔的补充

美国化学家朗缪尔在路易斯理论的基础上进行了深入研究，使其共价键理论得到了补充和发展。实际上，"共价键"一词是朗缪尔总结出来的，并为这一概念规定了具体含义。朗缪尔的理论不仅采用了新的原子模型，同时比路易斯更加明确地提出了"电子对"和"共用电子对"的概念。朗缪尔还第一次提出"等电子原理"，即认为只有相同数目电子的分子或基团才有相似的结构。据此，他通过 N_2 结构的类比，解释了 CO、CN^- 的结构。这说明朗缪尔在路易斯理论的基础上，从电子对和共用电子对出发，解释了多核体系的结构，这也是朗缪尔比路易斯高明之处。他发表的 12 篇杰出的文章[99]以及在国内外举办的许多讲座，填补了路易斯理论的不足(如"原子倾向于生成由偶数电子组成的外壳，通常是 8 个电子，这些电子对称地分布在正立方体的 8 个顶点上"的观点)。路易斯这样评价："使我比较满意的一个原因是，在绝顶聪明地应用这个新理论的过程中，朗缪尔博士没有改变我提出的理论。别人不时地怂恿他，认为他的某些规则或趋势在范围上比我以往论文中的看法更加适用，甚至比我现在的观点还要适用，但是对这些问题，我们以后有机会加以讨论。这种理论在几个月中被称为路易斯-朗缪尔理论，这可能是暗示某些合作。事实上，朗缪尔博士完全是独立进行研究的，而且他对我论文中所阐述或指出的观点的某种补充，也应该归于他一个人。"[100]

[3] 泡利给路易斯共用电子对概念完善的理论解释

如果说当路易斯提出共价键理论时只是天才的猜想并没有理论依据，那么，当 1925 年泡利(W. Pauli)利用量子力学的理论基础发表其著名的排斥原则时[17]，他已经给予了路易斯共用电子对概念完善的理论解释：之所以只能是 2 个电子配对，其原因在于原子中每个电子的 4 个量子状态不能完全一样。换句话说，当 2 个电子有相同的 n、l、m 量子数，它们必然具有相反的旋转方向(用量子数 m_s 表示)。路易斯的共价键理论在泡利不相容原理中找到了解释依据。

[4] 共价键理论诞生于美国的原因

共价键理论诞生于美国，而不是当时的化学研究中心德国，同美国的物理化学研究氛围有很大关系。当时的德国化学界盛行的是有机化学研究，那里的许多化学家致力于分析和合成染料、医药、石油化学物质等同化学工业密切相关的有机化学物质，他们更偏重于化学的经验唯象描述，不去关注任何有关吸引的电理论。而美国在世纪之交的科学进步的浪潮刚刚开始，任何科学中的新鲜事物都足以引起年轻而富有朝气的科学家的注意。这样，当物理学界一系列对电的认识传到化学界，就立即引发了一批物理化学家的研究热情。

当然，由路易斯领导的伯克利学院化学系的研究讨论会无疑对路易斯理清自己的思路具有有益的帮助。在每周四举行的研讨会上，路易斯和他的同事及研究生都要进行相关的思想交流，通过这种交流，不一致的理论相互碰撞，存在的许多问题得以澄清，到论文发表时，各种不一致都克服了[95]。

[5] 对于共价键理论的评价

首先是化学键理论大师鲍林亲自撰文《评路易斯的化学键理论》[100]，专门回顾了与路易斯的交往，介绍、评述了路易斯在化学键理论方面的杰出贡献："路易斯是20世纪最伟大的化学家之一，他在化学热力学和其他研究领域的研究工作，也像他提出的原子共享电子对化学键理论一样，对奠定当代化学的基础颇有帮助。"

库赫尔(R. Kohler)的描述更为精彩："第一幅令人满意的化学键图画是1916年早期由路易斯勾勒的。他的《原子和分子的价键与结构》(*Valence and the Structure of Atoms and Molecule*)[101]一书详细描述了键和共用电子对，是新一代有机化学家的教科书。没有路易斯的共用电子对概念，英国的利普乌斯(I. Lepworth)、劳瑞(T. M. Lowry)、英格德(C. K. Ingold)、罗宾逊(R. Robinson)等人所在学校开始的反应机理的解释不能很快得到。共用电子对的确是物理有机化学的基础，同样，如果没有共用电子对概念，就没有有机化学增加的竞争趋势和成功。而且，20世纪20年代后期，由伦敦、薛定谔和鲍林将量子力学用于化学键研究将不会有确立的基础。"[102]

3. 共价键电子对理论的相关概念

路易斯提出，分子中原子之间可以通过共享电子对而使每一个原子具有稳定的稀有气体电子组态，这样构成的分子称为共价分子。原子通过共用电子对而形成的化学键称为共价键。两原子间共用一对电子的共价键称为共价单键，共用两对、三对电子的分别称为共价双键和共价叁键，分别简称为单键、双键和叁键。两个键合原子间共享电子对的数目称为该共价键的键级(bond order)，在 H_2N-NH_2、$HN=NH$ 和 $N\equiv N$ 分子中，两个氮原子之间的键级分别为 1、2 和 3。

电子对的电子既可由键合原子双方提供，也可由一方提供。后一种方式形成的共价键称为配位共价键(coordinate-covalent bond)，提供电子对的原子称为给予体原子(donor atom)或电子对给予体(electron-pair donor)，另一方则称为接受体原子(acceptor atom)或电子对接受体(electron-pair acceptor)。

在 H_2、Cl_2、N_2 这样的分子中，共用电子对同等程度地属于两个键合原子，这种类型的共价键称为非极性共价键(non-polar covalent bond)。不同元素原子具有不同的电负性，形成共价键的电子对不再可能同等程度地属于两个键合原子，从而导致一个原子周围的电子密度大于另一个。电子对偏向一个键合原子的共价键称为极性共价键(polar covalent bond)。两个键合原子中的一个带上了部分负电荷(用符号 δ^- 表示)，另一个则带上了部分正电荷(用符号 δ^+ 表示)。δ^- 和 δ^+ 数值相等，整个分子仍保持电中性。例如：

$$\overset{\delta^+\ \ \delta^-}{\text{H—F}} \qquad \overset{\delta^+\ \ \ \delta^-}{\text{H}_3\text{C—CF}_3}$$

氟化氢分子中的共用电子对被吸向 F 而远离了 H 原子。非极性共价键只能由两个相同的原子形成，并不意味着两个相同原子间的共价键都是非极性共价键。三氟乙烷是一个实例，其中碳原子间的键为极性共价键。这种状况是由两个键合原子以外的其他原子吸电子能力差别造成的，三氟乙烷分子中，氟原子吸电子能力大于氢原子。

从极性大小的角度，可将非极性共价键(极性为零)和离子键(极性最强)看作极性共价键的两个极端，或者说极性共价键是非极性共价键和离子键之间的某种中间状态。极性的大小依赖于成键原子的电负性差：电负性差越大，键的极性就越大。下面以卤化氢分子为例，示出键极性变化趋势对成键原子电负性差的依赖关系：

化学键	H—F	H—Cl	H—Br	H—I
电负性差	1.78	0.96	0.76	0.46

电负性差减小的方向，同时是共价键极性减小的方向。

化学文献中有时出现电负性原子(electronegative atom)和电正性原子(electropositive atom)两个术语。前者通常指倾向于具有部分负电荷的那个成键原子(如 HF 分子中的 F 原子)，而后者则指倾向于具有部分正电荷的那个成键原子(如 HF 分子的 H 原子)。两个术语只有相对意义，一个分子中的电负性原子在另一分子中可能成为电正性原子。例如，HCl 中的 Cl 原子是电负性原子，而 ClO_2 中的 Cl 原子则是电正性原子。

4. 路易斯结构式

路易斯用元素符号之间的小黑点表示分子中各原子的键合关系，代表一对键合电子的一对小黑点亦可用"—"代替。路易斯结构式能够简洁地表达单质和化合物的成键状况，其基本书写步骤如下：

(1) 按原子的键合关系写出元素符号并将相邻原子用单键连接。在大多数情况下，原子间的键合关系是已知的，例如 NO_2 中的键合关系不是 N—O—O，而是 O—N—O。有时还可作出某些有根据的猜测。例如，对 3 个或多于 3 个原子的物种而言，中心原子通常是电负性较小的那个元素。NO_2 中的键合关系符合这种推测。

(2) 将各原子的价电子数相加，算出可供利用的价电子总数。如果被表达的物种带有正电荷，价电子总数应减去正电荷数；如果被表达的物种带有负电荷，价电子总数应加上负电荷数。

(3) 扣除与共价单键对应的电子数(单键数×2)后,将剩余的价电子分配给每个原子,使其占有适当数目的非键合电子。对第 2 周期元素而言,非键合电子数与键合电子数之和往往能使每个原子满足八隅律。

(4) 如果剩余的电子不够安排,可将一些单键改为双键或叁键。

例如,氯酸根离子 ClO_3^- 的路易斯结构式合理的排布应该如图 5-25(a)所示。因为 Cl 原子的电负性小于 O 原子,意味着 Cl 原子是中心原子。ClO_3^- 价电子总数等于 26(4 个原子的价电子数相加再加 1),扣除 3 个单键的 6 个电子,余下的 20 个电子以孤对方式分配给 4 个原子,使它们均满足八隅律的要求,见图 5-25(b)。

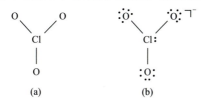

图 5-25　ClO_3^- 的路易斯结构式

再如,书写 NO^+ 的路易斯结构式。NO^+ 只可能有一种排布方式,见图 5-26(a)。NO^+ 价电子总数等于 10(2 个原子的价电子数相加再减 1),扣除与 1 个单键对应的 2 个电子,余下的 8 个电子待分配。然而,无论按图 5-26(b)那样以孤对方式分配给两个原子,还是按图 5-26(c)和图 5-26(d)那样将 N—O 单键改为双键,都无法让两个原子同时满足八隅律的要求。这一要求只有将单键改为叁键才能满足,见图 5-26(e)。

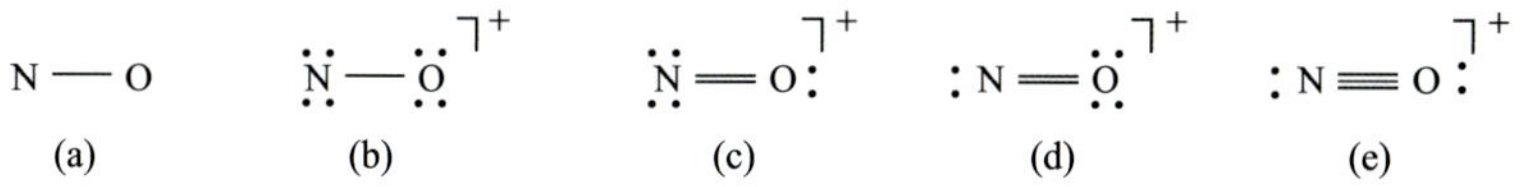

图 5-26　NO^+ 的路易斯结构式

这就是路易斯结构图的画法规则,又称八隅体规则(octet rule)。

5. 路易斯方法的局限性

(1) 路易斯共价键电子对理论的贡献在于提出了一种不同于离子键的新的键型,解释了两元素电负性差值 $\Delta\chi$ 比较小的元素之间原子的成键事实。但没有说明这种化学键的本质,也不能解释共价键的特性(如方向性、饱和性),适应性不强。

(2) "中心原子价层电子数为 8"的设定不完全符合实际。对第 3 周期及其以下周期的元素而言,价层电子数可以大于 8。例如,$[SiF_6]^{2-}$、PCl_5 和 SF_6 三个物种中,Si、P 和 S 的价层电子数分别为 12、10 和 12。这是因为这些中心原子的价层空 d 轨道容许容纳更多的电子,第二周期元素则不具有这种轨道。路易斯规则来自于对主族元素化合物的观察,因此并未包括复杂化合物以及过渡元素化合物的成键规律。

(3) 路易斯理论强调电子对键,因此不适用于单电子体系。例如 NO,N 有单电子,无论怎样排都不能满足 8 电子规则。

(4) 有些物种能写出不止一种合理结构。例如，对 NO_3^- 而言，可以写出能量相同的三个式子(图 5-27)，这时路易斯表示法即陷入困境。结构测定结果表明，NO_3^- 中三个 N—O 键等长(121 pm)，三个键角∠ONO 均为 120°。这意味着，三个式子中的任何一个都不代表 NO_3^- 的实际结构。在这种情况下，鲍林的"共振论"应运而生。

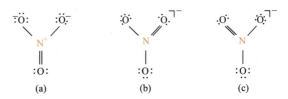

图 5-27　NO_3^- 可能的路易斯结构式

虽然路易斯方法显示了这么多的局限性，但它毕竟有过划时代的意义。甚至可以这样设想：两个键合原子中的一个带上了部分负电荷(δ^-)，另一个则带上了部分正电荷(δ^+)，而没有说是"整电荷"，是否是给人们今天对复杂分子结构进行量化计算时留有的空隙?

5.4.3　共价键的价层电子对互斥理论

1. VSEPR 理论的形成

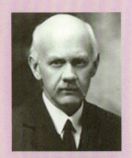

希德威克

吉列斯比

价层电子对互斥(valence shell electron pair repulsion，VSEPR)理论是一个用来预测单个共价分子形态的化学模型。1940 年，物理学家希德威克(N. V. Sidgwick，1873—1952)和鲍威尔(H. M. Powell)通过对 AX_n 分子形状的研究，认为分子的形状是由中心原子 A 价层中的成键和非键的电子对总数决定的，他们得出结论：价层电子对是 2 的时候是线形排列，3 的时候是三角形排列，4 的时候是四面体排列，5 的时候是三角双锥排列。于是在总结实验事实的基础上，最先提出了相关概念[103]。但是由于这只是一种经验性的定性规律，加之对一些复杂化合物的结构并不能给予合理解释，这个重要思想在当时没有得到重视。直到 1957 年吉列斯比(R. J. Gillespie)和尼霍尔姆(R. S. Nyholm)发展了这个思想[104]，他们发现很多分子尤其是主族元素的分子结构和希德威克、鲍威尔的提议是符合的，发现由于泡利原理的作用，电子对尽可能离远一些。后来，特别是经过吉列斯比的努力，该模型发展演变成今天的价层电子对互斥理论(也称 Gillespie-Nyholm 规则)[105-108]。该理论在预言简单多原子分子形状方面取得了令人惊奇的成功，但理论本身不过是路易斯思路的简单延伸。因此，对分子形状的判断也可从路易斯结构式入手。理论上可以通过计算中心原子的价层电子数和配位数来预测分子的几何构型，并构建一个合理的路易斯结构式来表示分子中所有键和孤对电子的位置。VSEPR 理论成为近代化学键学说中有关分子几何形状的定性定理中比较成功的一种模型。

从对共价键认识角度来讲，往往停留在"不过是路易斯思路的简单延伸"地步，以致许多学习者对其中一些内容尚不太清楚，例如：

(1) 对于价层电子对产生相互排斥作用的原因的肯定。究竟是哪个作用力使得价层电子对相互排斥。

(2) 对于 VSEPR 理论不适用于过渡金属化合物构型预测的合理解释，以及一些用 VSEPR 理论不能预测分子构型的例外。

(3) 未能清楚地理解 VSEPR 理论与杂化轨道理论的本质区别。

对于上述问题的讨论，吉列斯比已阐述[105-108]，国内也有多位学者予以关注[109-112]，更不用说众多高等教材了。

2. VSEPR 理论的内容

价层电子对互斥理论的主要内容包括：

(1) 分子或离子的几何构型主要取决于与中心原子相关的电子对之间的排斥作用。该电子对既可以是成键的，也可以是没有成键的(称为孤对电子)。只有中心原子的价层电子才能对分子的形状产生有意义的影响。

(2) 分子或离子中价层电子对间排斥的三种情况：

孤对电子(LP)间的排斥(孤-孤排斥)

孤对电子和成键电子对(BP)之间的排斥(孤-成排斥)

成键电子对之间的排斥(成-成排斥)

(3) 分子或离子会尽力避免这些排斥来保持稳定。当排斥不能避免时，整个分子倾向于形成排斥最弱的结构(与理想形状有最小差异的方式)。

(4) 价层电子对(VP=BP+LP)尽可能远离，以使斥力最小：

$$LP\text{-}LP > LP\text{-}BP > BP\text{-}BP$$

因此，分子或离子更倾向于最弱的 BP-BP 排斥。

(5) 配体较多的分子中，电子对间甚至无法保持 90° 的夹角，因此它们的电子对更倾向于分布在多个平面上。

价层电子对互斥理论认为，即使自旋相反的一对价电子在配位体作用下共居于同一定域轨道里，静电相关特别是自旋相关仍迫使定域轨道之间有尽可能大的间隔。主要就是价层电子对之间的这种斥力决定了配位体在中心原子周围的排布方式。

简而言之，斥力使合理的排布方式能量最低，结构形式最稳定。

3. VSEPR 理论的基础

[1] 泡利效应

在许多教材以及教学过程中，介绍价层电子对相互排斥的原因时，都仅仅强调价层电子对应该在空间尽量地远离，却未能给出合理的解释。这就会使一些学生想当然地认为，价层电子对相互排斥是因为它们之间的静电排斥作用，这成为了许多学生在学习 VSEPR 理论时的一个误区。其实，早在吉列斯比提出 VSEPR 理论时就已明确指出，价层电子对相互排斥的主要原因在于泡利效应(Pauli effect)产生的相互排斥力而不是它们之间的静电斥力[105]。

泡利效应是电子在原子或分子体系中的一种基本性质[110]。根据泡利不相容原理[17]，自旋相反的电子倾向于在一起，电子的这种相关效应称为泡利效应；而库仑斥力可表述为静电效应，这种作用力使电子彼此分离。由泡利效应而产生的斥力主要是自旋同向电子间轨道回避的量子效应,是一种近程相互作用[113]。也就是说,泡利不相容原理不仅适用于自旋相反的单电子形成价键,对于所形成的价键也可看作是"同性"的。根据泡利不相容原理,这种"同性"的价键也应该相互排斥,在空间上表现为呈几何上相距最远的构型。这种泡利斥力与自旋同向电子间距离的 8~10 次方成反比,相比之下,静电斥力与同性电荷之间距离的 2 次方成反比[113]。这就表明,在中心原子周围很小的范围内,泡利斥力要比静电斥力更重要,是价层电子对相互排斥的主要原因。由于随着距离的增大,泡利斥力急剧下降,因此,只有在价层电子对这样的近程作用时才提及泡利斥力,当相互作用距离大一些时,静电斥力就成了考虑的主要因素。虽然泡利斥力的大小很难精确计算和测量,并且泡利斥力与静电斥力是协同关系,但是不能把静电斥力与泡利斥力混为一谈。

[2] 球面点模型

VSEPR 理论把中心原子的价层视为球面,把价层电子对数目视为点电荷数目,从而认为决定分子或离子几何形状的主要因素是中心原子的价层电子对数目。所谓将电子对作为一个点,就是吉列斯比提出的电子运动的范围,即"域"的概念。域可以定义为发现电子对可能性高的空间或者发现较大部分电子对电子云的空间。电子对域包围着电子云密度最大的点,因此在水分子中存在 4 个电子对域,2 个成键的域,2 个非键的域,以四面体形式排列。这就是使用最多的电子对域分布模型之一的"球面点模型"(图 5-28)。吉列斯比用电子密度拓扑图形分析成键情况,解释了 VSEPR 的模型[106]。

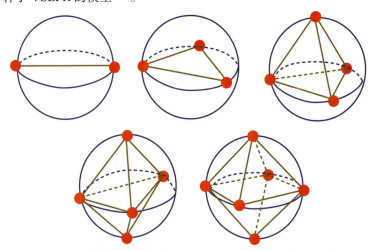

图 5-28　点在球面上的模型

在球面上距离最远时 2、3、4、5、6 对电子对的最可几排列

4. VSEPR 理论的应用

[1] 确定中心原子中价层电子对数的方法

可以有不同的方法用来确定中心原子中价层电子对数,即确定 VP=BP+LP。

1) 由路易斯结构式得出

早期都是先根据原子的电子构型,找出中心原子,确定合理的路易斯型结构,然后由路易斯结构式得出中心原子价层电子对数。

2) 由总电子数得出

大多数教材推荐的是将中心原子 A 原有的价电子数加上配位原子 X 提供的共用电子数之和除以 2，即可得到中心原子的价层电子对总数。若是离子，则在前一项要加减离子的电荷数，即

$$\frac{1}{2}\text{VP} = [\text{A 的价电子数} + \text{X 提供的价电子数} \pm \text{离子电荷数}(\genfrac{}{}{0pt}{}{\text{负}}{\text{正}})] \quad (5\text{-}70)$$

或者直接求算成键电子对和孤对电子对之和，即

$$\begin{aligned}\text{VP} &= \text{BP} + \text{LP} \\ &= \text{与中心原子成键的原子数} + \\ &\quad \frac{1}{2}(\text{中心原子价电子数} - \text{配位原子未成对电子数之和})\end{aligned} \quad (5\text{-}71)$$

使用该方法时的一些规定：

(1) 作为配体，卤素原子和 H 原子提供 1 个电子，氧族元素的原子不提供电子。

(2) 作为中心原子，卤素原子按提供 7 个电子计算，氧族元素的原子按提供 6 个电子计算。

(3) 对于复杂离子，在计算价层电子对数时，还应加上负离子的电荷数或减去正离子的电荷数。

(4) 计算电子对数时，若剩余 1 个电子，亦当作 1 对电子处理。

(5) 双键、叁键等多重键作为 1 对电子看待。

3) $8n+2m$ 规则[111,114-115]

将化合物表示为 AX_nE_m，A 表示中心原子，X 表示配位原子，E 表示中心原子价层上的参变孤电子对。V 为中心原子和配位原子价层电子总数。如果形成分子的中心原子和配位原子的价电子总数 V 满足通式 $8n + 2m = V$(偶数)，则当取 n 使 $8n$ 靠近 V、为等于或小于 V 的任意整数时，$n + m$ 即为总的电子对数，m 为参变孤对数。例如 SO_3^{2-}，$V = 26$，取 $n = 3$，使 $8n$ 为小于 26 的整数，由 $8n + 2m = V$ 得 $m = 1$，$n + m = 4$，故总电子对数为 4，应为正四面体；如果中心原子和配位原子的价层电子总数满足通式 $8n+2m+1=V$(奇数)，则取 n 使 $8n$ 靠近 V、为等于或小于 V 的任意整数时，$n + m + 1$ 即为键对数与非键电子所占用的轨道之和，m 为参变孤对数，尚有一个轨道的孤电子。例如 ClO_2，$V=19$，取 $n=2$，使 $8n$ 为小于 19 的整数，由 $8n+2m+1=V$ 得 $n+m+1=4$，故键对数与非键电子所占用的轨道之和为 4，应为正四面体。

这种方法具有以下优点：

(1) 不必计算中心原子的价层电子总数，只需计算形成分子或离子的所有原子的价层电子总数，前者主要通过分析得到，后者主要通过累加得到，简便得多。

(2) 不必写出路易斯电子结构式，只需用 $8n+2m$ 规则就可直接确定电子对的空间排布方式。

(3) 把按 $8n+2m$ 规则确定的电子对的空间排布方式跟分子的几何构型严格区别开来，可避免初学者易于出现的错误。

[2] 预测分子或离子的空间构型

(1) 首先按中心原子上不含孤对电子的共价分子的几何形状选择出"标准空间构型"(表 5-35)。自然，这种多面体可以通过晶体学中的欧拉公式予以证明。

表 5-35 中心原子上不含孤对电子的共价分子的几何形状

通式	共用电子对	原子 A 在原子 B 周围的排列方式(理想的 BAB 键角)	结构
AB_2	2	直线(180°)	 H—Be—H
AB_3	3	平面三角形(120°) 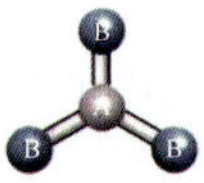 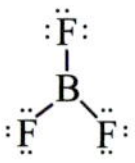	BF_3
AB_4	4	正四面体(109°28′) 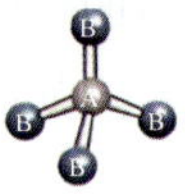 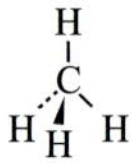	CH_4
AB_5	5	三角双锥($B^a AB^a$, 180°)($B^e AB^e$, 120°)($B^e AB^e$, 90°) B^a 轴向 B 原子，B^e 平伏 B 原子	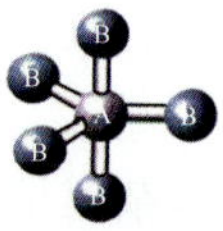 PCl_5
AB_6	6	正八面体(90°，180°)	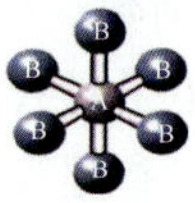 SF_6

(2) 再分别按 AXE 方法"放置好"成键电子对和孤对电子对(表 5-36)。

表 5-36 价层电子对互斥理论预测的分子形状

分子类型	分子形状	中心原子价电子对排布方式(孤电子对以淡黄色球体表示)	分子或离子的实际几何构型(不包含孤对电子的构型)	实例
AX_1E_n	双原子分子(直线形)			HF、O_2
AX_2E_0	直线形			$BeCl_2$、$HgCl_2$、CO_2
AX_2E_1	角形	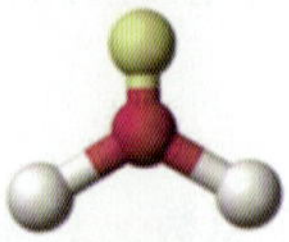	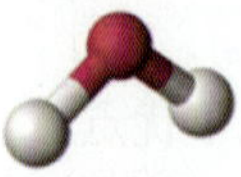	NO_2^-、SO_2、O_3
AX_2E_2	角形		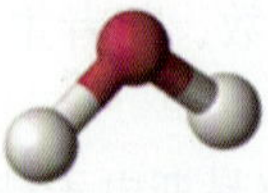	H_2O、OF_2

续表

分子类型	分子形状	中心原子价电子对排布方式(孤电子对以淡黄色球体表示)	分子或离子的实际几何构型(不包含孤对电子的构型)	实例
AX_2E_3	直线形			XeF_2、I_3^-
AX_3E_0	平面三角形			BF_3、CO_3^{2-}、NO_3^-、SO_3
AX_3E_1	三角锥形			NH_3、PCl_3
AX_3E_2	T字形			ClF_3、BrF_3
AX_4E_0	四面体形			CH_4、PO_4^{3-}、SO_4^{2-}、ClO_4^-
AX_4E_1	变形四面体形			SF_4
AX_4E_2	平面四方形			XeF_4
AX_5E_0	三角双锥形			PCl_5
AX_5E_1	四角锥形			ClF_5、BrF_5

续表

分子类型	分子形状	中心原子价电子对排布方式(孤电子对以淡黄色球体表示)	分子或离子的实际几何构型(不包含孤对电子的构型)	实例
AX_5E_2	平面五角形			XeF_5^-
AX_6E_0	八面体形		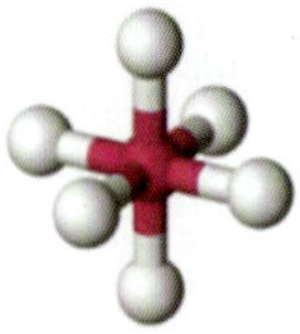	SF_6
AX_6E_1	五角锥形		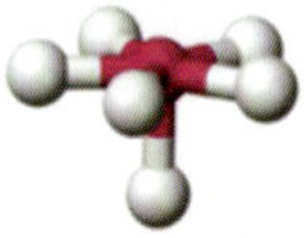	$XeOF_5^-$、IOF_5^{2-}
AX_7E_0	五角双锥形	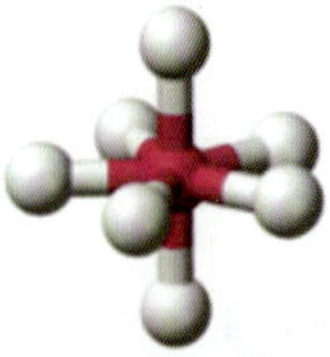	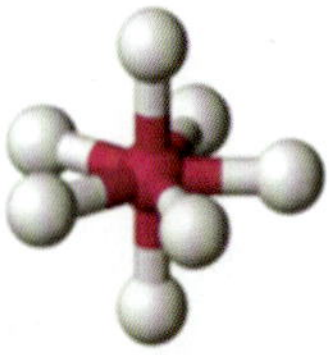	IF_7
AX_8E_0	四方反棱柱形	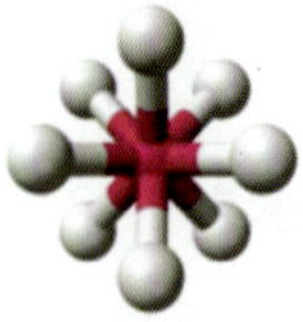		XeF_8^{2-}, ZrF_8^{4-}, ReF_8^-
AX_9E_0	三侧锥三角柱形	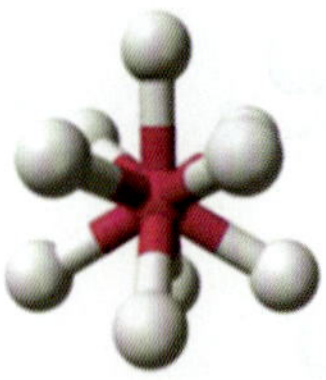	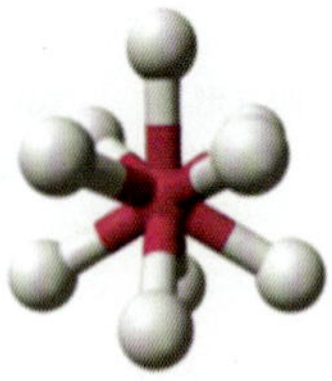	ReH_9^{2-}

[3] 影响分子或离子空间构型的其他因素

虽然从上面的分析可知,VSEPR 理论可以用来解释和预见许多主族元素的化合物的立体结构,然而由于实际成键的情况要复杂得多,一些因素改变了表 5-35 和表 5-36 所"预测"的键角。实际上,只有当孤对电子数等于零时,价层电子对的形状才和分子的形状一致。

1) 孤对效应[110]

所谓孤对效应即孤对电子对分子形状的影响。价层电子对之间存在斥力,当斥力大小改变的时候,会影响键角的大小,进而影响分子的形状。由于配体的吸引，四电子组中自旋相反的电子聚集于键区，生成定域共价键。孤对电子没有配体吸引，它们仍然处于彼此尽量远离的状态。结果，孤对电子轨道就显得十分"肥大"，而键对电子轨道相对而言就相当"瘦小"。孤对电子轨道的这种"膨胀"本性使它比键对电子轨道更强烈地排斥相邻电子对。价层电子对之间斥力大小顺序是：

孤对电子-孤对电子 > 孤对电子-成键电子 > 成键电子-成键电子

这种孤对效应有助于选择分子或离子的稳定几何构型。

(1) 若电子对空间排布方式只有一种，按上述作用对斥力次序判断即可得到分子或离子的几何构型。例如 SO_2，$V=18$，电子对空间排布方式仅有三角形，由于孤对电子-成键电子>成键电子-成键电子斥力，故分子构型为 V 形(图 5-29)。其中，六个非参变孤对电子对分子几何构型无影响。

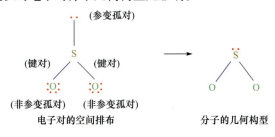

图 5-29　SO_2 的分子几何构型

(2) 若电子对的空间排布方式有几种，则按上述作用对斥力次序，依次筛选方向角最小的(如 90°)而且作用对数目最少的空间排布，并按作用对的斥力次序最后判断分子或离子的几何构型。例如 ClF_3，$V=28$，电子对空间排布方式为三角双锥，但可能有三种排布(图 5-30)，以图 5-30 即得分析表 5-37。

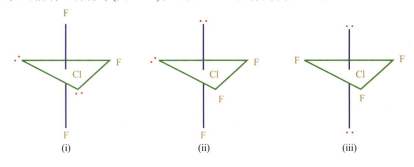

图 5-30　ClF_3 的分子几何构型

表 5-37　ClF_3 分子几何构型中的作用对斥力分析

方向角 (90°)	作用对数目			筛选结果
	(i)	(ii)	(iii)	
参变孤对-参变孤对	0	1	0	(i) (iii)
参变孤对-键对	4	不再考虑	6	(i)
键对-键对		不再考虑		

最终，自然是选择(i)几何构型：

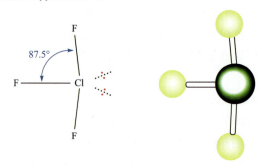

(3) 孤对效应可简明地解释价层电子对数目相同而孤对数目不同时，孤对越多，键角越小的事实。例如，CH_4($P=4$, $n=0$)、NH_3($P=4$, $n=1$)和H_2O($P=4$, $n=0$)的键角分别为 109.5°、107.3°和 104.5°。

2) 重键效应[110-112]

重键效应是指若相互键合的原子由 p 轨道形成双电子键,则含有 π 键的重键,其键角总是大于仅有单键的键角,因有下列斥力次序：

叁键-单键 > 双键-单键 > 单键-单键

例如，光气 $COCl_2$，$V=24$，电子对的空间排列以及分子的几何构型均为三角形，但∠ClCO 大于∠ClCOl：

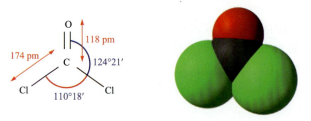

虽然 VSEPR 理论规定将双键、叁键等多重键作为 1 对电子看待，但是根据四电子组模型(图 5-31)，当中心原子与配体生成共价单键时，两者分别提供一个自旋相反的电子，这两个电子出现于两者的四面体公共顶点附近的概率最大；当生成双键时，四个成键电子出现于两个四面体公共边两顶点附近的概率最大；在叁键中，六个成键电子的最可几"位置"是公共平面的三个顶点。显而易见，叁键的体积最为庞大，双键次之，单键最小。这才造成了上述斥力次序。含重键的键角往往大于仅含单键的键角就是这种差别的体现(表 5-38)。

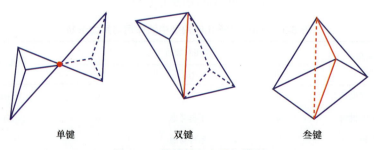

单键　　　　　　双键　　　　　　叁键

图 5-31　价键的四电子组模型

— 292 —

表 5-38 一些含双键分子的键角

分子	键角 XAX	键角 XAO	键角 OAO
F₂C=O	112.5°	123.2°	—
Cl₂C=O	111.3°	124.3°	—
Cl₂SO₂	96.1°	—	124.0°
F₂SO₂	112.2°	—	119.8°
XeO₂F₂	174.7°	91.6°	105.7°

根据电子密度区域理论，多重键所形成的电子密度区域更大，因此多重键之间的相互排斥作用大于单键之间的相互排斥作用。与中心原子形成多重键的配体优先居于锥平面位置以减小电子对之间的相互排斥作用。以 SOF₄ 分子构型为例，由于双键的电子密度区域强于单键的电子对之间的相互排斥，因此 O 与 S 形成的双键应该优先位于三角锥平面以使相互之间的作用力减小，同时，O=S 双键的强排斥作用使得轴线呈小角度的弯曲(图 5-32)。

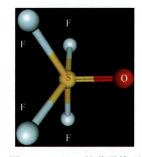

图 5-32 SOF₄ 的分子构型

3) 电负性效应[110-111]

如果把孤对电子视为与电负性为零的配体生成的成键电子对，那么，随着配体电负性的增大，键区的电子对就由"肥大"轨道渐渐地收缩变"瘦"，结果它对邻近电子对的斥力相应减小。换言之，键对斥力随键合配体电负性的增大而减小。这就是孤对或低电负性配体生成的键对使高电负性配体生成的键对夹角减小的原因。例如，NF₃(102.5°)和 OF₂(103°)的键角小于 NH₃ 和 H₂O 键角。

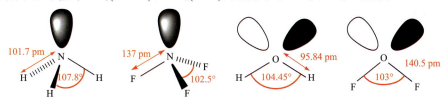

反过来，如果中心原子电负性越大，则键角越大，PBr₃ 键角是 101.5°，而 AsBr₃ 键角是 99.7°[116]。

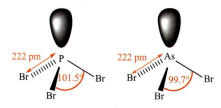

5. VSEPR 理论的使用范围和局限

虽然 VSEPR 理论作为定性理论得到了广泛的应用，但是，绝不能误认为它已经包括了决定分子或离子几何形状的全部因素。作为一种定性理论，它有自己的使用范围，也就是说它不能定量地处理多原子小分子的几何参数(如键长和键角等)，从而精确地给出原子在分子中的相对位置；或者简化性地假设使其作出一些与实验事实不符合的预言，或者不能解释某些"反常"现象。

[1] VSEPR 理论的使用范围

显然，VSEPR 理论主要用来解释和预见许多主族元素化合物的立体结构，对于具有 d^0、d^{10} 和高自旋的 d^5 电子结构的过渡金属元素的化合物，和主族元素一样，可以用价层电子对互斥理论预见其几何构型[因为这些构型的过渡金属离子的 d 轨道为球形对称分布，如 $TiCl_6^{2-}$、FeF_6^{3-}、$Ag(NH_3)_3^+$ 等]。但也存在例外，如 $N(CH_3)_3$、$O(CH_3)_2$、OCl_2 的键角大于 $109.5°$，价层电子对互斥理论不能解释。另外，过渡金属化合物的结构除了具有 d^0、d^{10} 电子结构和 d^5 高自旋的化合物外[117]，其他化合物分子形状不能用价层电子对互斥理论解释。

[2] VSEPR 理论不能正确预测一些化合物的分子空间构型

VSEPR 理论不能正确预测一些化合物的分子空间构型，大体有如下几种：

1) 过渡金属化合物

许多过渡金属化合物的几何构型不能用 VSEPR 理论解释，可以归结于价层电子中没有孤对电子以及核心的 d 电子与配体的相互作用[107]。这些化合物的结构可以用一种称为 VALBOND 的理论预测，包括金属氢化物和烷基配合物(如六甲基钨)，这个理论的基础是 sd 杂化轨道和三中心四电子键模型[118-119]。以现今最高价态的金属氢化物 WH_6 为例(图 5-33)[112]，解释 VSEPR 理论不适用于过渡金属化合物的原因是很清楚的。若根据 VSEPR 理论，价层电子对数目为 6 的 WH_6，其构型应该是正八面体(O_h)。但是，经量子化学计算以及实验观察[120]，WH_6 呈上方开口较大、下方开口较小的畸变三角锥型(C_{3v})。显然，仅通过 VSEPR 理论中价层电子对的相互排斥作用不能合理解释产生这样不规则构型的原因。就 WH_6 来说，中心原子 W 的杂化方式为 sd^5。在经典价键理论中有最大重叠原理，即成键电子的原子轨道在对称性一致的前提下发生重叠，原子轨道的重叠程度越大，两核间电子的概率密度就越大，形成的共价键就越稳定。依据该理论，配体在与中心原子成键的过程中，为使得成键最稳定，必定采取和中心原子杂化轨道重叠最大的方向成键。由于 s 轨道为球形，配体在任意方向都可与其最大程度重叠成键。因此，sd^n 杂化轨道更多的是体现 d 轨道的形状。由于 d 轨道呈"花瓣状"，相比于直线型的 p 轨道来说，其杂化轨道不是常见的规则形状。根据相应的量子计算，为满足 d 轨道最大限度地参与成键，sd^5 杂化轨道的形状为畸变三角锥型(C_{3v})[121]。同时，相应的分子轨道模型也得出了同样的结果[122]。由于 WH_6 分子中 H 配体在与中心原子成键后，不存在孤对电子的

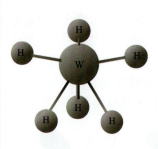

图 5-33 WH_6 的畸变三角锥构型

排斥作用，因此其分子构型能够很好地显示其中心原子 sd^5 杂化轨道的原貌。

又如，$[TiF_6]^{3-}$ 具有单个未配对的 d 电子，是个规则的八面体，这表明 d 电子在价层，但它用 VSEPR 理论预见无效。这时，晶体场理论是另一个经常可以解释此类配合物几何构型的理论：存在额外的配位场稳定化能和姜-泰勒效应。

2) ⅡA 族卤化物

较重碱土金属的三原子卤化物(如钙、锶、钡的卤化物，MX_2)的气相结构并不像预测的那样为直线形，而是 V 形(X—M—X 的大致键角：CaF_2，145°；SrF_2，120°；BaF_2，108°；$SrCl_2$，130°；$BaCl_2$，115°；$BaBr_2$，115°；BaI_2，105°)[123]。吉列斯比提出这是因为配体与金属原子的内层电子发生相互作用，极化使得内层电子云不是完全球面对称，所以导致分子构型的变化[107,124]。

3) 一些 AX_2E_2 型分子

一个例子是氧化锂分子，即 Li_2O，它的中间构型是直线形而不是弯曲的，这一点可以归结于如果构型是弯曲的，锂原子之间将产生强烈的排斥作用[125]。

另一个例子是 $O(SiH_3)_2$(二甲硅醚)的 Si—O—Si 键的键角为 144.1°，与其他分子中的键角相比差别较大，如 Cl_2O(110.9°)、$(CH_3)_2O$(111.7°)以及 $N(CH_3)_3$(110.9°)。合理解释是孤对电子的位置不同，当配体的电负性与中心原子类似或更大时，孤对电子有能力排斥其他电子对，导致键角较小[107]。当中心原子电负性较大时，就像 $O(SiH_3)_2$ 中，孤对电子的定域不明显，排斥作用较弱，这种结合导致了强配体之间的排斥(—SiH_3 与上面的例子相比是一个比较大的配体)，使得 Si—O—Si 键的键角比预想的要大[107]。

4) 一些 AX_6E_1 型分子

一些 AX_6E_1 型分子，如含有 Te(Ⅳ)或 Bi(Ⅲ)的化合物(如 $TeCl_6^{2-}$、$TeBr_6^{2-}$、$BiCl_6^{3-}$、$BiBr_6^{3-}$ 和 BiI_6^{3-})是正八面体结构，其孤对电子并不影响其构型[114]。一种合理化解释是因为配体原子排列拥挤，没有给孤对电子留下空间[107]，另一种合理化解释是惰性电子对效应。

5.4.4 共价键的价键理论

价键理论(valence bond theory，VB 理论)是在经典共价键理论基础上产生的。VB 理论和分子轨道(MO)理论是当今说明化学结构和化学键本质的最有影响的量子力学理论。多年来，VB 理论不断发展，VB 理论对训练化学思维是一个有用的工具。VB 理论和 MO 理论在应用和发展中发挥着互补协调、互相促进的作用。以后有可能两种理论会成为合一的方案而被应用。

1. 价键理论的产生

向义和[126]以 "化学键的本质是怎样被揭示的" 为题，对价键理论的产生作了详细的表述。他认为完整的鲍林价键理论的思想起源和形成过程应该包括：接受路易斯的化学键电子理论，吸取海森堡的量子共振概念，得到海特勒和伦敦对氢分子结构近似处理的启发，从而完善了价键理论，提出了电子对键的六条规则，解决了碳原子四面体构型的问题，建立了杂化轨道理论。这是极为客观的。

路易斯

鲍林的大学毕业照

化学元素新论

[1] 接受化学键的电子理论

1922年秋，鲍林刚当上助教，当他阅读到路易斯的论文《原子和分子》时，引起了他特别的兴趣，促使他去探究原子和原子之间结合的奥秘，他写道："那时，我产生了一种强烈的愿望，要去了解物质的物理和化学性质与其原子和分子结构之间的关系。"[127]1939年，鲍林在他的《化学键的本质》一书中对路易斯写的这篇论文做了如下的评述："路易斯在1916年发表的论文奠定了现代价键电子理论的基础，这篇论文不仅论述了通过满填电子稳定壳层的实现来形成离子的过程，也提出了通过两个原子间两个电子的共享形成现在所谓的共价键的概念。"[58]

[2] 走向物理与化学相结合之路

鲍林进入加州理工学院攻读博士研究生后，第一学年选修了几乎所有重要的化学课程，同时选修了许多数学和物理课程。此外，他还参加了物理化学研讨班，经常去听外籍访问学者如玻尔、索末菲、爱因斯坦、德拜等人所做的学术讲座。接受了玻尔-索末菲的原子模型，这是一个电子绕核运动的动态原子模型，完全不同于路易斯的静态的立方体原子模型[127]。

当时X射线晶体学已成为加州理工学院最重要的研究工具，鲍林在导师诺依斯的指导下，很快完成了6篇晶体结构的论文。1925年6月他以题为《用X射线确定晶体结构》的博士论文获得了化学博士学位[128]。

薛定谔

1926年4月，鲍林进入慕尼黑理论物理研究院。在索末菲的引导下，他把波动力学看作一个更容易使用、更便于想象的工具加以利用。他在给同事的一封信中写道："我发现他(薛定谔)的方法比矩阵运算简便得多，而且根本思想更能令人满意，因为在数学公式背后至少还有一些物理学图案的影子。"他说，与矩阵力学相比，原子波动图"非常清楚，十分诱人"[128]。

新量子力学的矩阵理论和波动理论都比玻尔-索末菲的原子模型，即旧的量子理论来得优越，两者都能以较少的矛盾解释更多的实验结果。鲍林的理论提出：旧的量子理论预测磁场对氯化氢的介电常数会产生可测得的效果。泡利告诉他，这很可能是错误的，新的量子力学的预测结果是没有影响。实验的结果进一步否定了鲍林关于磁场效应的预测。在此以后几个星期，鲍林又运用新的量子力学重新进行了运算，计算的结果显示"旧的量子理论显然不成立，而新的量子理论成功了"[128]。泡利也意识到，鲍林跨学科的体系为新的量子力学提供了一个极好的试验。对鲍林和每一个物理学界人士来说，新体系的明显优越性很快就体现出来。不久之后鲍林说："旧的量子理论与实验结果不符，而新力学与自然十分和谐。在旧的量子理论无言以对之际，新力学雄辩地说明了真相。"[128]

玻尔

[3] 吸取量子力学的思想方法

1926年2月鲍林到欧洲索末菲实验室工作一年，然后到玻尔实验室工作了半年，还到过薛定谔和德拜实验室。这些学术研究使鲍林对量子力学有了极为深刻的了解，坚定了他用量子力学方法解决化学键问题的信心。

1928年3月，鲍林在他的《共用电子化学键》一文中谈到了他的价键思想的来源，该文一开始写道"随着量子力学的发展，显然，泡利的不相容原理和海森堡、狄拉克的共振现象是造成化学键的主要因素"[129]。

索末菲

1) 海森堡的量子共振观念

量子共振观念是海森堡在讨论氦原子的量子态时引入量子力学的。1926 年 6 月海森堡发表了题为《量子力学中的多体问题和共振》一文,计算了氦原子的能量态,确立了氦谱线的正氦与仲氦之间的能量差。氦原子有两个电子,他把这个简单的多体问题设想为一个连接两个振子的系统,在原子中电子的运动是由给定频率的简谐振动描写:假定两个振子的振动是相同的,每个具有相同的质量 m 和频率 $\nu(=\omega/2\pi)$。用 q_1 和 q_2 分别表示振子 1 和振子 2 的位置变量,p_1 和 p_2 分别表示动量,λ 表示相互作用恒量[130]。这个系统的哈密顿函数确定为

$$H = \frac{1}{2m}(p_1^2 + m^2\omega^2 q_1^2) + \frac{1}{2m}(p_2^2 + m^2\omega^2 q_2^2) + m\lambda q_1 q_2 \qquad (5\text{-}72)$$

式中,$m\lambda q_1 q_2$ 表示相互作用能。海森堡很快认识到在量子力学中耦合振动的这个经典例子将产生一个与经典力学类似的结果。在经典力学中这个系统将产生共振和干涉。由原始频率引起的两个改变了频率的新的振动将引起干涉。

研究表明,氦谱线的确具有类似于人们在两个耦合的、具有相同频率的线性振子情形下推导出的许多特征。海森堡把仲氦和正氦两个相应项之间的能量差归因于两个电子之间的相互作用,他认为库仑斥力使系统处于这两种状态,产生共振。他设想两个电子不断定时地交换位置。这个交换能就是仲氦和正氦两个相应项之间的能量差[131]。

2) 海特勒和伦敦对氢分子的近似处理

1927 年 6 月,海特勒和伦敦发表了题为《中性原子的相互作用和按照量子力学的单向结合》的论文[10]。讨论了两个氢原子的相互作用,给出了氢分子结构的令人满意的处理结果(见 5.1.2 之 3)。

他们得到了两个中性氢原子相互作用结合成键的能量曲线(图 5-34,教材常用图 5-35 表示),得知相互作用能曲线具有明显的极小点,这相当于稳定分子的形成。根据能量 E_+ 公式计算的结果,H_2 分子的能量以核距 $R=0.86$ 时为最低,

鲍林的听课笔记

海森堡

海特勒

伦敦

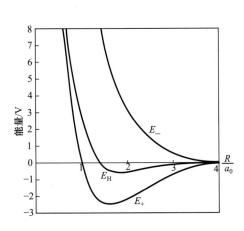
图 5-34 相互作用能量曲线

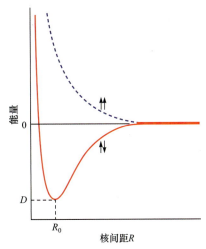
图 5-35 H_2 形成过程能量随核间距的变化

$E_+ = 2E_H - 302.7 \text{ kJ} \cdot \text{mol}^{-1}$,即电子结合能是 302.7 kJ·mol^{-1},这与实验值 456.4 kJ·mol^{-1} 已比较接近;E_- 曲线与 E_+ 曲线不同,不呈现最低点,能量始终高于 $2E_H$,表示此种分子状态是不稳定的,称为推斥态。平常的 H$_2$ 分子是处于 E_+ 状态(或 ψ_+ 状态),即基态,而 ψ_- 的 H$_2$ 分子是处于激发态。从光谱的研究知道处于激发态的 H$_2$ 分子,其两电子自旋是平行的。

  海特勒和伦敦这样解释化学键:想象两个带有自己电子的相同的氢原子互相接近,当它们靠近时,一个电子越来越被另一原子的原子核所吸引,在某一点上,一个电子会跳向另一个原子,随后电子交换就以每秒数十亿次的频率发生了。在一定的意义上,人们无法确认某一个电子是某一个原子核的。海特勒和伦敦发现,正是这种电子交换产生了把两个原子联结在一起的能量。他们的计算结果表明,电子密度在两个原子核之间最大(图 5-36),这样就降低了两个带正电的原子核之间的静电斥力。在某一点上,正电之间的斥力正好与其对电子云密集处的引力相平衡,这样就建立了一定长度的化学键[128]。从光谱的研究知道处于激发态的 H$_2$ 分子,其两电子自旋是平行的。

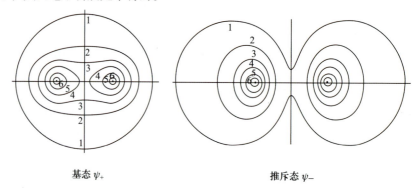

基态 ψ_+ 推斥态 ψ_-

图 5-36 基态和推斥态电子云密度线

[4] 完善价键理论

  当鲍林有关价键理论的思想成熟之后,他的研究和成果是密集的。

  (1) 鲍林赴欧洲学习量子力学给他开辟了一个新天地,为量子力学在化学领域的应用展现了一个巨大的新空间,他开设的第一门课程是"波动力学及其在化学上的应用"。1928 年初,鲍林发表了题为《量子力学对氢分子和氢分子离子结构以及有关问题的应用》长文,介绍了海特勒和伦敦用微扰法对氢分子结构的处理,他指出"海特勒和伦敦已经给出了氢分子结构的最令人满意的处理",也指出对微扰能的计算只给出了一个近似,他又用新的方法得出了一个比较符合实验值的结果[129]。

  (2) 1928 年 3 月鲍林发表了题为《共用电子化学键》的短文。该文一开始就指出"引起化学键的主要因素是泡利的不相容原理和海森堡、狄拉克的共振现象。已经表明在正常态中在两个氢原子的情况下,使它们彼此靠近的本征函数是对称的,对应于两个原子结合成一个分子的势。这个势主要归因于共振效应,它可以解释为两个电子在位置上的交换形成了这个键,以至于每个电子部分地与一个核联系在一起,部分地与另一个核联系在一起"。文中把海特勒和伦敦关于化学键

鲍林

的理论称作"简单的理论",并称"在简单的情况下,这个理论完全等效于路易斯1916年在纯粹化学证据基础上提出的共用电子对的成功理论。现在路易斯的电子对是由两个电子组成,除了它们的自旋相反以外,它们处在完全相同的状态",又说"然而,与'老的图画'相比,量子力学对键的解释更加细致又更为有力"[129]。

(3) 1931年4月鲍林发表了题为《化学键的本质》的长篇论文。文中全面阐述电子对键的性质,完善了价键理论。鲍林在文章一开始首先阐述简单原子的相互作用,他指出,"由海特勒和伦敦对氢分子波动方程的讨论,表明两个正常的氢原子能够以两种方式中的任一种相互作用,其一是引起排斥,不能组成分子;其二是引起吸引,形成稳定的分子。这两种相互作用的模型是两个电子同一性的结果。这个量子力学特殊的共振现象,在氢分子中产生了总是以两个电子出现的稳定的键。即使两个电子附着的核是不同的,在一个核上带有一个电子而在另一个核上带有另一个电子,这个非扰动系统的能量是与电子的交换能相同的。因此我们可以预期找到通常出现的电子对键"[17]。

接着,鲍林又指出,"带有超过一个电子的原子间的相互作用,通常并不导致分子的形成。一个正常的氦原子和一个正常的氢原子只能以排斥的方式相互作用,而两个正常的氦原子,除了在很大的距离处有很微弱的吸引力以外,只有相互的排斥。另一方面,两个锂原子能够以两种方式相互作用,给出了一个排斥势和一个吸引势,后者相应于一个稳定分子的形成。在这些情况下可以看出,只有当两个原子的每一个开始具有一个不配对的电子,才能形成一个稳定的分子。这个由海特勒和伦敦已经获得的一般结论是,电子对键是由在两个原子的每个原子上的一个不配对电子的相互作用形成的。这个键能主要是共振能或两个电子的交换能。虽然,电子自旋决定了是出现吸引势,还是排斥势,或者二者兼而有之,但是,这个键能主要取决于电子和核之间的静电力,而不是由于磁的相互作用"[17]。

(4) 鲍林提出了电子对键的六条规则:

(i) 相互结合的两个原子,各贡献一个不配对电子(孤电子),它们相互作用,形成电子对键。

(ii) 两个电子形成键时,其自旋方向必定相反,以至于它们对物质的磁性没有贡献。

(iii) 两个形成共用电子对的电子,不能参加别的电子对的形成。

(iv) 单电子对键的主要的共振项只涉及每个原子的一个本征函数。

(v) 在同样依赖于 r 的两个本征函数中,在键的方向上具有较大值的一个将产生强键,而对于一个给定的本征函数,这个键将趋于在具有本征函数的最大值的方向上形成。

(vi) 在同样依赖于 θ 和 ϕ 的两个本征函数中,具有较小的 r 平均值的一个,也就是说,对应于这个原子的较低能级的一个将产生强键。

这六条规则体现了电子对键的基本性质,前三条规则是对路易斯、海特勒、伦敦和他自己早期工作的重申,是直接从量子力学对氢分子的应用中推导出来的。后三条规则是新的,是鲍林在研究碳原子的四面体构型、原子中电子的杂化轨道中推测出来的。

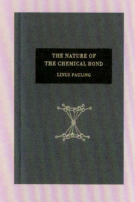

鲍林关于电子对键的六条规则首次向人们显示量子力学是理解物质的分子结构的基础。他从量子力学中最大限度地吸取精确的信息，再加上他简单、有想象力的观点，解决了大量的实际问题，取得了大量的成果。

1939年鲍林正式出版了他的《化学键的本质》一书[58]。书中，他从量子力学入手分析化学问题，结论却以直观、浅白的概念重新阐述，即便未受量子力学训练的化学家亦可利用准确的直观图像研究化学问题，影响至为深远。可以说，这本书是有关化学键论述的压卷之作。

2. 价键理论的基本内容

[1] 共价键的形成条件

在以上讨论中已明确价键理论的成键本质。从电子对键的六条规则知道了共价键的形成条件是：

(1) 键合原子双方各提供自旋方向相反的未成对电子。这也解释了形成双键和叁键的原子间能共享 2 对和 3 对电子的问题。

(2) 键合双方原子轨道应尽可能最大限度地重叠，以便形成一个最大的电子云密度区域(负电性的，图 5-37)，降低两个带正电的原子核之间的静电斥力。显然，轨道重叠程度越大，核间的电子密度越大，形成的共价键越强，由共价键结合的分子越稳定。

(3) 符合能量最低原理。虽然两个中性原子(包括相同原子如 A 与 A，不同原子如 A 和 B)相互接近形成共价键时，在能量曲线形成的"井"会比相反电荷离子形成的"井"浅得多(与离子键相比较，离子正、负电荷间的强吸引力不复存在)，但毕竟存在有"井"(图 5-38)。例如，对 H_2 分子进行的量子力学处理，得到的就是深"井"曲线。共用电子对在这样的轨道中显然使作用体系处于最低能量。

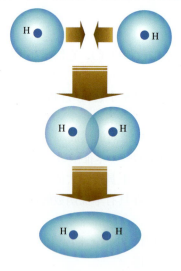

图 5-37　H_2 分子形成示意图

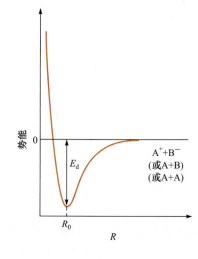

图 5-38　离子键和共价键形成过程中系统势能与质点间距离的关系

[2] 共价键的特点

共价键的主要特点是具有饱和性和方向性。饱和性是指每种成键原子能提供用于形成共价键的轨道数是一定的，其结果是共价分子中每个原子的最大成键数也一定。第 2 周期元素原子的价层只有 4 条轨道，形成共价分子时最多只能形成 4 个共价单键。第 3 周期元素原子的价层有 9 条轨道，这一事实被用来解释相关的某些化合物为什么不服从八隅律。第 3 章曾经讲过，尽管总体上可将原子看成球体，但除 s 轨道以外的其他轨道在核外空间都有一定的伸展方向。形成共价键时，原子轨道总是尽可能沿着电子出现概率最大的方向重叠，以尽量降低系统的能量。正是原子轨道在核外空间的取向和轨道重叠方式的要求，决定了共价键的方向性。

这就解除了共价键的形成与提供电子的原子轨道间存在什么关系、原子轨道在空间的取向与分子的几何形状之间存在什么关系等疑虑。

[3] 共价键的类型

共价键按成键方式可以进行不同的分类。1932 年，洪德(F. Hund)将共价键分为 σ 键、π 键、δ 键三种，使价键理论进一步系统化[132]。

洪德

1) σ 键

由两个原子轨道沿轨道对称轴方向相互重叠导致电子在核间出现概率增大而形成的共价键称为 σ 键(sigma bond)，形象地记为"头碰头"。σ 键属于定域键，它可以是一般共价键，也可以是配位共价键。一般的单键都是 σ 键。后面讲的原子轨道发生杂化后形成的共价键也是 σ 键。由于 σ 键是沿轨道对称轴方向形成的，轨道间重叠程度大，通常 σ 键的键能比较大，不易断裂(是否意味着反应性较弱？)，而且，由于有效重叠只有一次，两个原子间至多只能形成一个 σ 键。讨论由 H 原子(电子组态为 $1s^1$)、Cl 原子(价层电子组态为 $3s^23p^23p^1$)形成的三种双原子分子。两个 H 原子以各自的 1s 轨道相互重叠使电子自旋配对形成 H_2 分子[图 5-39(a)]，H 原子的 1s 轨道与 Cl 原子中单电子占据的 3p 轨道重叠形成 HCl 分子[图 5-39(b)]，两个 Cl 原子以其各自原子中单电子占据的 3p 轨道重叠形成 Cl_2 分子[图 5-39(c)]。实际上，原子轨道之间重叠可以形成的 σ 键也就是这三种形式。

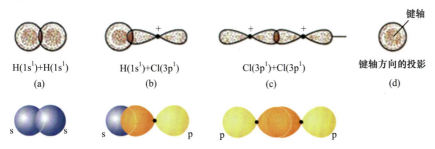

图 5-39 原子轨道重叠形成σ键

2) π 键

成键原子的未杂化 p 轨道通过平行、侧面重叠而形成的共价键称为 π 键(pi bond)，形象地记为"肩并肩"[图 5-40(a)]。π 键与 σ 键不同，它的成键轨道必须是未成对的 p 轨道。π 键性质各异，有 2c-2e 的定域键，也可以是共轭 π 键[图 5-40(b)]和反馈 π 键[图 5-40(c)]。两个原子间可以形成最多 2 个 π 键。例如，碳碳双键中存在一个 σ 键、一个 π 键，而碳碳叁键中存在一个 σ 键、两个 π 键。

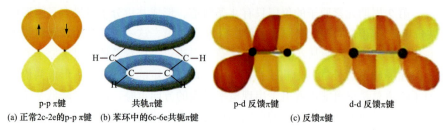

(a) 正常2c-2e的p-p π键　　(b) 苯环中的6c-6e共轭π键　　(c) 反馈π键

图 5-40　各种π键

3) δ 键

如果在一定条件下由两个 d 轨道四重交盖会形成共价键吗？答案是肯定的。化学中，δ 键(delta bond)是共价键的一种，由两个 d 轨域四重交叠而成。δ 键有两个节面(电子云密度为零的平面)。从键轴看去，δ 键的轨道对称性与 d 轨道的没有区别。δ 键常出现在有机金属化合物中，尤其是钌、钼和铼所形成的化合物。教材中常以 $Re_2Cl_8^{2-}$ 中的四重键介绍 δ 键[133-135]，图 5-41 表示由两个 $d_{x^2-y^2}$ 轨道互相重叠形成 δ 键的示意图，而这四重键中包含 1 个 σ 键、2 个 π 键和 1 个 δ 键。通俗地讲，σ 键是"头碰头"，π 键是"肩并肩"，而 δ 键则是"面对面"。

图 5-41　由两个 $d_{x^2-y^2}$ 轨道互相重叠形成 δ 键的示意图

理论上，由于 π 反键轨道与 δ 键的对称性一致，因此从乙炔能量低的非键轨道中激发电子，在碳碳叁键上再形成一个 δ 键是可能的。从 δ 键可以推出涉及 f 轨道和 g 轨道的可能新键型：φ 键和 γ 键，它们涉及原子轨道更多重瓣的重叠。φ 键由两个 f 轨道六重交叠而成，电子云以"面对面"的形式叠加。由于 δ 键的存在，理论化学家推测会有由两个 f 轨域叠加形成的φ键。2005 年化学家声称已发现φ键，存在于双铀分子(U_2)的铀-铀单键[136]，但还没有观测到 γ 键。

[4] 配位共价键

配位共价键(coordinate covalent bond)简称配位键或配键，是一种特殊的共价键，它的特点在于共用的一对电子出自同一原子。配位键的形成需要两个条件：①中心原子或离子必须有能接受电子对的空轨道；②配位体，组成配位体的原子必须能提供配对的孤对电子。当路易斯碱供应电子对给路易斯酸而形成化合物时，配位键就形成了。例如，气态氨 NH_3 和气体三氟化硼 BF_3 形成固体 NH_3BF_3。配位共价键与一般共价键的区别只体现在成键过程上，它们的键参数是相同的。例如，铵根离子的氮氢键中，有三个是一般共价键，一个是配位共价键，但这四个键完全等价，铵根离子也是完全对称的正四面体形(图 5-42)。在书写时，一般共价键使用符号"—"，配位共价键使用符号"→"，箭头从配体指向受体。

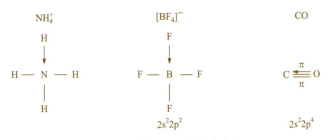

图 5-42 常见的配位键化合物

[5] 共价键参数

化学键的性质在理论上可由量子力学计算作定量讨论，也可以通过表征键的性质的某些物理量——键参数(bond parameter)描述，如电负性(electronegativity，以一组数值的相对大小表示元素原子在分子中对成键电子的吸引能力)、键能(bond energy)、键长(bond length，分子中两个原子核间的平均距离)、键角(bond angle，分子中键与键之间的夹角)和键级(bond order)。其中键长和键角两个参数可以通过 X 射线单晶衍射等实验手段测量得到。X 射线单晶衍射是精确测定分子和固体中原子位置应用最广、不确定性最小的一种方法(图 5-43)[137]。例如，应用 X 射线单晶衍射仪对含能配合物 Cu(Mtta)$_2$(NO$_3$)$_2$ 的测定就可以得到它的详细晶体结构信息(图 5-44)和键长、键角两个参数(表 5-39)[138]。

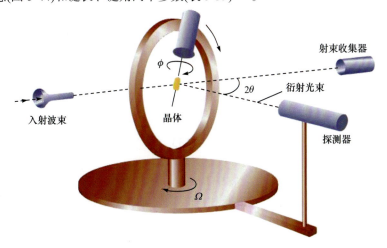

图 5-43 单晶 X 射线衍射仪原理示意图

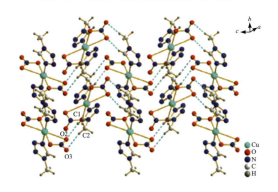

图 5-44 配合物的二维超分子结构

表 5-39 Cu(Mtta)$_2$(NO$_3$)$_2$ 主要的键长(Å)和键角(°)

键长	Cu(1)-N(4)	1.967(6)
	Cu(1)-N(4)#1	1.967(6)
	Cu(1)-O(1)#1	2.004(5)
	Cu(1)-O(1)	2.004(5)
	Cu(1)-O(2)	2.638(5)
	O(1)-N(5)	1.288(7)
	O(3)-N(5)	1.222(7)
	O(2)-N(5)	1.226(7)
键角	N(4)-Cu(1)-N(4)#1	180.0(1)
	N(4)-Cu(1)-O(1)#1	89.1(2)
	N(4)#1-Cu(1)-O(1)#1	90.9(2)
	N(4)-Cu(1)-O(1)	90.9(2)
	N(4)#1-Cu(1)-O(1)	89.1(3)
	O(1)#1-Cu(1)-O(1)	180.0(3)
	Cu(5)-O(1)-Cu(1)	108.5(4)
	Cu(3)-N(4)-Cu(1)	124.2(5)
	Cu(1)-N(4)-Cu(1)	129.0(5)

1) 键长

分子内相邻原子之间的平衡核间距称为键长或键矩，即成键两原子核之间的距离。键长数据可以用分子光谱或 X 射线衍射方法测得。一般键长越小，键越强。例如：

键	键长/pm	键能/(kJ·mol^{-1})
C—C	154	345.6
C=C	133	602.0
C≡C	120	835.1

另外，相同的键在不同化合物中其键长和键能不相等。例如，CH$_3$OH 中和 C$_2$H$_6$ 中均有 C—H 键，而它们的键长和键能不同。通常的数据是一种统计平均值。键长的大小与原子的大小、原子核电荷以及化学键的性质(单键、双键、叁键、键级、共轭)、环境(共轭效应、空间阻碍效应和相邻基团电负性的影响)等因素有关。同一种化学键键长还有一定差异：

O_2^+、O_2、O_2^-、O_2^{2-} 中的氧氧键依次增长

$$d_{(H-F)} < d_{(H-Cl)} < d_{(H-Br)} < d_{(H-I)}$$

共价键的键长可以理解成键合原子的共价半径之和[139]。用同核共价半径之半可以求出许多元素的共价半径，已知 r_A 求 r_B，还可以借助差减法对 $d_{(A-B)}$ 的测定值估计。例如，$d_{(C-C)}$=154 pm，$d_{(Cl-Cl)}$=198.8 pm，两者的算术平均值 $d_{(C-Cl)}$=176.4 pm，与 CCl$_4$ 分子中测出的 $d_{(C-Cl)}$=176.6 pm 已很接近了。当然共价半径的通用数据总是经过经验或理论校正的平均值，不同方法得到的数据并不一定相等。为比较不同原子的共价半径，共价键的性质必须相同，为此建立了单键共价半径的概念。经常呈重键而不呈单键的元素的单键共价半径需经理论计算获得。如前所述，主

族元素共价半径显示很好的周期性——从上到下半径增大,从左到右半径减小。

影响键长的因素有:①一般,原子半径越大,键长越长。②能影响有效核电荷对价电子吸引力的因素对键长都有影响,正电荷会使键长缩短,负电荷会使键长增大。③电负性的影响,由于键极性的影响,并不是在任何情况下键长值都有严格的加和性。例如在甲硅烷类中,$d_{(Si-C)}$的实验值为 187 pm,而按下式计算

$$d_{(Si-C)} = \frac{1}{2}[d_{(Si-Si)} + d_{(C-C)}] = \frac{1}{2}(234+154) = 194(pm) \tag{5-73}$$

对此,赫斯洛普曾指出:斯丘梅克(Schomakar)和斯蒂文森(Stevenaon)于 1941 年提出了一个校正公式[140]

$$d_{(A-B)} = \frac{1}{2}[d_{(A-A)} + d_{(B-B)}] - 9|\chi_A - \chi_B| \tag{5-74}$$

式中,χ_A、χ_B 分别表示 A、B 的元素电负性。若用此式校正上例键长数值可得 $d_{(Si-C)}$ = 188 pm,就与 $d_{(Si-C)}$ 的实验值(187 pm)较好地吻合了。④键级,两个确定的原子之间如果形成不同的化学键,其键级越高,键长就越短[58,141]。⑤键型,π配键的形成可能是造成键长缩短的原因。当分子中有离域 π 键存在时,键长也会缩短。

2) 键角

键角是指多原子分子中相邻键与键之间的夹角。然而,键角不像键长和键能,一个分子一个样,不可能形成通用的标准。同样,键角数据可以用分子光谱或 X 射线衍射方法测得。键角的大小严重影响分子的许多性质,如极性,从而影响其溶解度、沸点等。键角是决定分子几何构型的重要因素。影响键角的因素主要是中心原子的杂化类型,在电子构型相同的分子中,其中心原子的孤对电子、电负性以及配位原子的电负性等因素对分子的键角有较大影响。

(1) 孤对电子的影响。孤对电子的负电集中,可以排斥其余成键电子对,使键角变小,NH_3 分子中 4 对电子对构型呈四面体,分子构型为三角锥。键角∠HNH 为 107°,这是由于孤对电子对 N—H 成键电子对的排斥,键角从 109°28′变小为 107°。同理,水分子的键角∠HOH 从 109°28′变小为 104.5°(因为两对孤电子对成键电子对排斥更大)。

(2) 中心原子电负性的影响。在等性杂化中,中心原子的电负性大小对分子的键角没有影响,但对于不等性杂化而言,中心原子的电负性对键角有影响。中心原子的电负性越大,其电子云密度就越大,成键电子对电子云之间的排斥力就越大,使键角变大。例如,$NH_3(107°)$>$PH_3(93.08°)$>$AsH_3(91.8°)$。

(3) 配体电负性的影响。中心原子相同,配体电负性大时,电对电子云距离中心原子远,彼此间斥力变小,键角变小。例如,$PCl_3(100°)$<$PBr_3(101.5°)$<$PI_3(102°)$。

3) 键能

(1) 键能的定义。键能指在标准状态下把基态 1 mol 化学键分解成气态基态的原子所需的能量[142-144]

$$AB(g) \longrightarrow A(g) + B(g) \quad \Delta H = E_{A-B} = D_{A-B} \tag{5-75}$$

化学反应中化学键的断裂涉及体系热力学能的改变。因此,当测量、计算断键时的能量变化,严格地说应考虑热力学能的变化,即以 ΔU 来表示。但基于 ΔH =

$\Delta U + p\Delta V$，考虑到一般化学反应中体积功很小，$p\Delta V$ 可忽略，因此可用焓变近似地表示热力学能的变化，即 $\Delta U \approx \Delta H$。

化学成键能和键离解能的差值主要是振动能，其次是转动能和平动能[140]。

绝对零度下，断裂 1 mol 理想气态物质分子(或基团)AB 为气态 A 和 B 时过程(假想反应)的焓变($\Delta H_0^{\ominus}$)，称为绝对零度的键离解能(严格讲是键离解焓，通常用 $D_{0,A-B}^{\ominus}$ 表示)[141, 145]。

如果 AB 的离解发生在某温度 T 而不是 0 K，完成离解所需要的能量中还应包含温度 T 下每摩尔 A、B 的平动能(各为 $\frac{3}{2}RT$)。但由于 AB 在该温度下的平动、转动和振动的能量可以部分地补偿 A—B 键离解所需要的能量。因此，$D_T^{\ominus}$ 与 $D_0^{\ominus}$ 的关系可近似表示为

$$D_T^{\ominus} = D_0^{\ominus} + \frac{3}{2}RT \tag{5-76}$$

对于双原子分子，解离能 D_{AB} 等于键能 E_{AB}，因此，它可以从热化学方法和光谱实验测出。但对于多原子分子，只是一种统计平均值或者说是近似值。因此，要注意其解离能与键能的区别与联系。例如 NH_3

$$NH_3(g) \longrightarrow H(g) + NH_2(g) \quad D_1 = 435.1 \text{ kJ} \cdot \text{mol}^{-1}$$

$$NH_2(g) \longrightarrow H(g) + NH(g) \quad D_2 = 397.5 \text{ kJ} \cdot \text{mol}^{-1}$$

$$NH(g) \longrightarrow H(g) + N(g) \quad D_3 = 338.9 \text{ kJ} \cdot \text{mol}^{-1}$$

三个 D 值不同，而且 $E_{N-H} = (D_1 + D_2 + D_3)/3 = 390.5 \text{ kJ} \cdot \text{mol}^{-1}$。另外，$E$ 可以表示键的强度，E 越大，则键越强(表 5-40)。

表 5-40　一些常见的化学键能 (kJ·mol^{-1})

	H	C	N	O	S	F	Cl	Br	I
单键									
H	436								
C	416	356							
N	391	285	160						
O	467	336	201	146					
S	347	272	—	—	226				
F	566	485	272	190	326	158			
Cl	431	327	193	205	255	255	242		
Br	366	285	—	234	213	—	217	193	
I	299	213	—	201	—	—	209	180	151
多重键									
C=C	598	C=N	616	C=O	803	在 CO_2 中			
C≡C	813	C≡N	866	C≡O	1073				
N=N	418	O=O	498						
N≡N	946								

标准键离解能 $D_{298.15,A-B}^{\ominus}$ 可通过式(5-76)或热力学方法得到

$$D^{\ominus}_{298.15,A-B} = \Delta H^{\ominus}_{298.15} = \Delta H^{\ominus}_{f,A} + \Delta H^{\ominus}_{f,B} - \Delta H^{\ominus}_{f,A-B} \tag{5-77}$$

式中，后三项分别为 A、B 和 AB 的标准生成焓。

(2) 影响键能的因素。影响键能的因素很多：①一般说来，原子半径越大(成键键长越长)，键能越小；②同种键的键能值与成键原子的价态有关[140]，如 SeF_6、SeF_4 和 SeF_2 的 $D^{\ominus}_{298.15,Se-F}$ /(kJ·mol^{-1}) 分别为 284.9、310 和 351；③对 A—B 键而言，在键长相近的前提下，键能随着 A、B 电负性差值的增大(键的极性增强)而增大[143]。

鲍林根据键能与键极性的关系，提出了如下关系式[17]：

$$D_{(A-B)} = \frac{1}{2}[D_{(A-A)} + D_{(B-B)}] + 23(\chi_A - \chi_B)^2 \tag{5-78}$$

另外，成键原子轨道的种类、键型和孤对电子的存在等因为会影响到键合的程度，自然也就影响到键能的大小。

(3) 键能与反应热的关系。键能与反应热有密切的联系，因为化学反应的过程实质是旧键断裂和新键形成的过程，亦即为反应物分子中化学键的改组。而反应热正是化学键在改组前后键能总和的变化。有了键能的概念，就可以通过键能变化估算化学反应中的能量变化，或者说化学反应可以从分子水平层次上的能量变化揭示其本质。例如，氢气燃烧反应(图 5-45，表 5-41)，可以寻找出键能与反应焓变之间的关系。

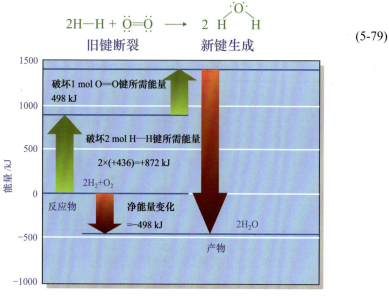

$$\tag{5-79}$$

图 5-45　氢气燃烧反应前后的化学键和能量变化示意图

表 5-41　氢气燃烧反应前后的化学键和能量变化

分子	分子中的化学键数	物质的量 /mol	总键数 /mol	化学键变化	键能 /(kJ·mol^{-1})	总能量/kJ
H—H	1	2	1×2=2	断裂	+436	2×(+436)=+872
O=O	1	1	1×1=1	断裂	+498	1×(+498)=+498
H—O—H	2	2	2×2=4	生成	−467	4×(−467)=−1868

显然，可以从图 5-45 中看出氢燃烧生成水的反应中，破坏的旧键和生成的新键的数目和能量的变化，因而可计算出该反应总能量的变化为–498 kJ。由该例可以推演到一般反应

$$a\mathrm{A} + b\mathrm{B} \longrightarrow y\mathrm{Y} + z\mathrm{Z} \tag{5-80}$$

由键能"估算"反应热的公式：

$$\Delta_\mathrm{r} H_\mathrm{m}^\ominus = \sum v_j \Delta E (\text{反应物}) - \sum v_i \Delta E (\text{生成物}) \tag{5-81}$$

之所以使用"估算"一词，一是因为假设了反应是首先打破反应分子中的所有化学键，然后产物分子中所有化学键生成，而实际情况可能不是这样的；二是因为在计算中使用的键能数据实际上是平均值，必然引起误差，但是，这里描述的方法和步骤仍然是广泛用于估算能量变化的有效方法。

4) 键的极性与分子的极性

极性是一个电学概念，度量极性的物理量称为偶极矩(dipole moment，μ)，它是偶极子两极(带相同电量的正电端和负电端)的电量(电偶极子的电量)q 和偶极子两极的距离 d 的乘积。偶极矩为

$$\mu = qd \tag{5-82}$$

偶极矩是矢量，由电负性弱的一端指向电负性强的一端，即从正到负。键矩也可以由实验测得。

μ 以德拜(D)为单位，当 $q = 1.62 \times 10^{-19}$ C，$d = 1.0 \times 10^{-10}$ 时，$\mu = 4.8$ D。偶极矩 $\mu = 0$ 的共价键称为非极性共价键；偶极矩 $\mu \neq 0$ 的共价键称为极性共价键。对应的分子分别称为非极性分子和极性分子。一些分子的偶极矩见表 5-42。

表 5-42　一些分子的偶极矩

分子	$\mu/(10^{-30}\ \mathrm{C \cdot m})$	分子	$\mu/(10^{-30}\ \mathrm{C \cdot m})$
H_2	0	H_2O	6.16
N_2	0	HCl	3.43
CO_2	0	HBr	2.63
CS_2	0	HI	1.27
H_2S	3.66	CO	0.40
SO_2	5.33	HCN	6.99

对双原子分子而言，分子偶极矩等于键的偶极矩；对多原子分子而言，分子偶极矩则等于键偶极矩的矢量和。图 5-46 列举出几个实例，箭头由偶极的正端指向负端。H_2O 分子和 NH_3 分子的偶极矩不为零。极性分子这种固有的偶极称为永久偶极(permanent dipole)，非极性分子在极性分子诱导下产生的偶极则称为诱导偶极(induced dipole)。另一种偶极称为瞬间偶极(instantaneous dipole)，它是由不断运动的电子和不停振动的原子核在某一瞬间的相对位移造成分子正、负电荷重心分离引起的(图 5-47)。多原子分子的极性不仅取决于键的极性，而且取决于分子的几何形状。C—O 和 C—Cl 键都是极性键，分子几何形状的对称性导致 CO_2 和 CCl_4 都是非极性分子。

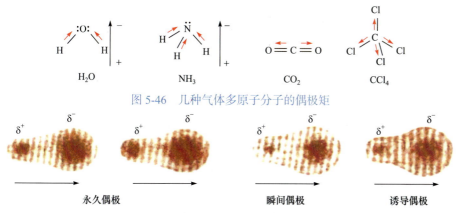

图 5-46　几种气体多原子分子的偶极矩

图 5-47　分子间的几种不同偶极示意图

3. 价键理论的应用

经过数十年的发展，价键理论已成为确定晶体结构的有用工具。价键理论的特点体现在三个方面：①基本概念清晰，易于使人接受；②它使鲍林电价规则[17, 140]走向了定量化；③所用数据是以实例晶体结构信息，即以 X 射线提供的数据为依据。

由于该理论具有可信性及可行性，它广泛地应用于确定冶金材料的晶体结构及相图研究。总结起来，价键理论已应用于：轻原子位置的确定[146]；等电离子的区分(如 Al^{3+} 和 Si^{4+})[147]；快速验证各种结构方案的合理性[148]；晶体结构建模；预言键的拓扑关系[149]和键长[150]；研究离子导电玻璃中的离子迁移[151]；计算有效原子价，区分金属的氧化态；可靠地给出导电的通道[152]；计算配位场中简单重叠模型的电荷系数[153]；推导价键模型的规则[154] 及价键模型[155]；确定完整的晶体结构[156]。

我国的一些科学工作者在价键理论的研究与应用上做出一些出色的工作，如碱金属和碱土金属晶体结合能的计算[157]，La 系金属结合能的计算[158]，相图的研究与计算[159]，一些相和晶体的价电子结构分析[160]，铜、锌、金、银和铂、铑、铱的电子结构和物理性质[161] ，晶体晶格参数和材料设计等。

4. 价键理论的明显缺点

价键理论的最大优点是与经典的化学键概念相吻合，符合化学家的习惯以及对于化学键的直觉；此外，使用价键理论不需要懂得很多数学(但需要一点记忆力)，方便实用。然而，该理论也有两个明显的缺点：

(1) 价键理论是一个后验方法，即它常被用来解释、描述已知分子结构，而不常用来预测未知分子结构。

(2) 价键理论仍然依照路易斯的电子对键思想，因此不能解释单电子体系的现象，如液态氧表现出顺磁性(图 5-48)。

图 5-48　液态氧表现出的顺磁性

5. 现代价键理论研究进展

[1] 化学已经成为一门真正的严密科学

理论与计算化学是一门应用量子力学和统计力学研究化学问题的化学分支学科，其飞速发展已使得化学成为实验与理论并重的科学。1998年10月13日下午3时整，瑞典皇家科学院正式公布了1998年度诺贝尔化学奖获得者名单：美国的奥地利裔科学家科恩(W. Kohn)和英国的波普(J. Pople)，以表彰他们在量子化学计算方面的贡献。颁奖公报宣称"化学已不再是单纯的实验科学了，量子化学已成为广大化学家的工具，将和实验研究结果一道来阐明分子体系的性质"。这表明化学已经成为一门真正的严密科学。未来现代化的化学科学必将是科学实验研究、量子化学理论和计算机技术应用三驾马车的联合体(图 5-49)。同样，对于化学键理论的发展，量子化学发挥着无与伦比的作用。

科恩

波普

图 5-49　化学已成为一门真正的严密科学

我国在理论化学方面一直有良好扎实的基础，老一辈的理论化学家在配位场理论、分子轨道图形理论、价键理论等方面做了很多创新性的工作。厦门大学是国内最早开展理论与计算化学研究的院校之一，早在 20 世纪 60 年代，张乾二院士就参加了由唐敖庆院士领导的配位场理论研究小组，并获得重要的研究成果。张乾二院士和吴玮院士课题组在价键理论方法研究上有自己独特的优势和成果[162]。

张乾二

物理化学家张乾二　1928年8月15日生于福建惠安。1954年厦门大学化学系研究生毕业。厦门大学教授，曾任厦门大学化学化工学院院长。1991年当选为中国科学院学部委员(院士)。

在配位场理论方法研究中，研究新的耦合系数性质和计算方法，使计算方法标准化，并将弱场和强场理论的计算相互沟通，改进和简化计算方法的普适化。发展了分子轨道图形方法。在原子簇化学键理论研究中推导出旋转群——点群变换系数的闭合表达式，为簇骼多面体分子轨道的构造和计算的统一处理提供了可能。在探索簇合物电子结构的基础上，提出多面体分子轨道理论方法，

吴玮

既可对簇合物的电子结构进行定量计算，又可对所给结构的合理性作出定性的判断和解释。在多电子体系的量子化学研究中，应用群论中的双倍集方法，统一解决了多体理论方法中一些重要系数的计算问题，如点群耦合系数、酉群内外积耦合系数等，并提出一种与经典结构式相对应的新型多电子体系波函数(键表)，建立了价键理论的对不变式方法与直观的化学反应规则，为多电子体系的研究提供了一种键表酉群方法。曾获国家自然科学奖一等奖、二等奖等。

[2] 价键理论研究进展

价键理论大约经历了如下三个阶段[162-164]。

1) 经典价键理论向现代价键理论的过渡

经典价键理论是指 1927 年海特勒和伦敦在处理 H_2 分子时提出的电子配对的量子化学方法，后经鲍林和斯莱特[165]等推广，把它发展为一个普遍适用于所有分子、固体的价键理论，其共振、杂化和离域等概念已成为现代化学理论和分子物理学的基石。他们提出的具有电子配对意义的波函数称为 Heitler-London-Slater-Pauling(HLSP)函数

$$H_K = AK_K \Theta_0 \tag{5-83}$$

式中，A 为反对称算符，空间函数 $K_K = h_1^K(1)h_2^K(2)\cdots h_N^K(N)$ 表示单电子基的连续积；$\Theta_0 = \prod_{i,j}\frac{1}{2}[T(i)U(j) - T(j)U(i)]\prod_l T(l)$ 为自旋函数。式(5-83)的多电子体系波函数既是自旋算符的本征函数，又满足反对称要求，它对应于电子 i、j 配对而电子 l 为单占据的价键结构。体系的真实波函数可以表达为 HLSP 函数的线性组合

$$J = \sum_K C_K H_K \tag{5-84}$$

斯莱特

计算哈密顿矩阵元时，较为有效的方法是将 HLSP 函数写为 $2^{N/2-S}$ 个 Slater 行列式之和，这是一个非正交轨道的价键波函数，而行列式之间的作用可由 Lowdin 规则得到。然而采用这种方法对于体系的电子数 N 较大的情况，计算量也相当大(因为所有的 $N!$ 项都对矩阵元有贡献，至今为止仍然没有高效的算法来计算哈密顿和重叠矩阵元，这就是价键理论中著名的"$N!$"困难)。数学形式的复杂和计算上的困难导致了价键理论的发展与应用已完全落后于分子轨道理论方法几十年。对于 N 较小的情况，它是一个可行的方法。这一方法的应用工作由 Simonetta 小组[166]在 20 世纪 60~70 年代进行，由于该小组采用单电子基作为原子轨道函数，所以这个方法一般仍然被称为经典价键理论。

然而，可以看到：价键理论毕竟是建立在量子化学的基础上，计算机科学与技术的飞速发展为价键理论研究提供了一个良好的机会，价键理论重新得到重视是理所当然的。理论化学研究者发展了一系列现代价键计算方法并将其广泛应用在各种体系的价键研究中也就不足为怪了[167-169]。显然，在经典价键理论的基础上开展量子化学计算，进行各种理论方法应用研究，就是现代经典价键理论了。

2) 现代价键理论方法研究

现代价键理论方法可以根据所采用的价键轨道的不同分为两类[163]。

第一类是基于离域或者准离域价键轨道。Goddard 等用对称群的标准投影算符构造体系的多电子函数，发展的广义价键(GVB)方法[170-172]采用轨道的强正交条

件，限制不同的成键轨道相互正交。由于强正交条件的限制，GVB 方法具有相当高的计算效率，是目前应用和影响较为广泛的价键理论方法之一。

第二类价键方法是基于严格定域非正交轨道的计算方法[173]。这类方法的优点是价键函数可以严格对应于经典价键结构。相比于第一类现代价键理论，经典价键理论的优点体现为以下三点：①由于价键轨道严格定域，价键结构可以和分子经典共振结构很好地对应，相比于 CASSCF 等多组态分子轨道方法数目众多的电子组态行列式，可以用很紧凑的几个价键结构来描述体系的电子结构；②经典价键理论对分子体系描述中考虑了共价结构和离子结构，因此可以很方便地考察某个或某几个价键结构的能量随化学过程变化的情况；③基于经典价键理论的从头算价键方法保留了经典价键理论"共振"的概念，共振能的计算结果可以提供研究体系直观的化学成键性质描述。

有关的详细内容包括算法的不断改进、程序的设置和应用，建议读者阅读文献[95,171]，会得到具体的知识和提示。特别值得推荐的是 Xiamen99[174]。Xiamen99 是一个纯粹的从头计算价键程序，可以通过这个程序包使用任何形式的 VB 轨道做任何类型的 VB 计算。这意味着可以用这程序包来进行 VBSCF、BOVB 和 VBCI 等计算，也可以将价键方法和一些分子轨道方法联合，如 V BM P2，V B-DFT 等[175]。输出文件包括 VB 结构的系数和权重，以及优化的轨道和电荷截距分析。Xiamen99 的完成为价键理论的应用研究提供了一个有效的价键计算工具，它已被应用于共轭体系的电子离域问题、S_N2 反应、电子激发态等研究。

3) 从头算价键理论方法发展趋势

从头计算法(ab initio calculation method)在量子化学计算中指基于量子力学基本原理直接求解薛定谔方程的量子化学计算方法。从头计算法的特点是没有经验参数，并且对体系不作过多简化，对各种不同的化学体系采用基本相同的方法进行计算。目前的从头计算法包括基于哈特里-福克方程的哈特里-福克方法，在哈特里-福克基础上引入电子相关作用校正而发展起来的后哈特里-福克方法，以及多组态多参考态方法等。与半经验方法相比，从头计算法精度高，但耗时长。然而，从头计算法今天已成为量子化学计算的主流。

苏培峰和吴玮认为[163]：如何应用于复杂体系和精确的计算，是今后价键理论研究的关键，可能的课题包括：①高精度从头价键计算。从计算精度来讲，从头算价键方法计算的相对能量已经能和耦合簇方法相比，今后要进一步发展从头算后 VBSCF 方法，在绝对能量计算结果上也能达到高精度分子轨道方法和密度泛函理论方法的水平；②杂化价键计算方法。以价键波函数作为出发点，与其他计算方法结合，发展新方法。例如，与量子蒙特卡罗方法结合，能对动态电子相关有更好的描述。另一方面，与分子力学和溶剂化模型方法的进一步结合，将可以扩展价键方法的研究领域，如酶催化、药物设计、蛋白质、自组装和溶液体系的动力学研究等热点领域。

5.4.5 共价键的杂化轨道理论

杂化轨道理论其实是鲍林完善价键理论的一部分，是他在把量子力学对简单分子结构的处理推广到对复杂分子结构的处理时建立的[50, 126, 176]。当时鲍林做了两点重要的修正：①为了解释 CH_4 为什么生成四个键，对价键理论进行了第一次修正，即杂化轨道理论；②由于价键理论是一种定域键的思想，因此这个理论还不能解释离域电子体系的现象，如苯环的成键结构。为此引入了第二个修正：共振论。

1. 问题的提出

按照价键理论的电子配对法要点，价键理论应该同样适用于多原子分子。然而，它不能解释大多数多原子分子中的键长和键角。

[1] 理论与实验的矛盾

1) H_2O 分子中键角比 90° 大 15°

O 原子含有两个未成对的电子，H 原子含有一个未成对的电子，所以以一个 O 原子可以和两个 H 原子化合成 H_2O 分子，由两对电子偶合起来构成两个共价单键：

$$H\downarrow + \uparrow\ddot{O}\uparrow + \downarrow H \Longrightarrow H \leftarrow \ddot{O} \rightarrow H \qquad (5-85)$$

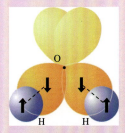

H_2O 分子的空间结构

O 原子的两个未成对电子是 2p 电子，假定它们是 $2p_x$ 和 $2p_y$。那么，按照电子云的最大重叠原理，两个 H 原子最好分别沿着 x 轴和 y 轴的方向与 O 原子化合，这样 H—O—H 间的夹角应为 90°，但实际测得的数值是 105°。

在 H_2O 分子中键角比 90° 大 15° 的原因，不可能是 H 原子间的互相排斥，有人通过计算指出推斥力只能使键角增加 5°。因此，还会有其他更重要的原因。

2) NH_3 分子中键角比 90° 大 17°

N 原子具有三个未成对电子，能够和三个 H 原子化合而成 NH_3 分子。因为原子轨道 $2p_x$、$2p_y$、$2p_z$ 的对称轴是互相垂直的，所以三个 N—H 也应该是互相垂直的，但实际测得的数值是 107°。有类似结构的同族化合物 PH_3、AsH_3、SbH_3 的键角分别为 93.5°、92°、91.5°，都比 90° 大。

NH_3 分子的空间结构

3) CH_4 分子中键角等于 109°28′

C 的基态电子结构为

$$(1s)^2(2s)^2(2p_x)^1(2p_y)^1$$

CH_4 分子的空间结构

其中有两个未成对电子，所以能够构成两个共价单键。但是，如果把一个 2s 电子激发到 $2p_z$：

$$(1s)^2(2s)^1(2p_x)^1(2p_y)^1(2p_z)^1$$

则有四个未成对的电子，可以构成四个共价单键。

从 C 原子的基态跃迁到激发态需能量为 $4.184×96$ kJ·mol^{-1}[177]，但因为在激发态可以多构成两个共价单键，由此而放出的能量要比激发态需要能量多(多构成的两个共价单键可以放出 $2×4.184×96$ kJ 的能量)，所以结果使体系更趋稳定。

这样虽然解释了四价碳化合物比二价碳化合物更为稳定的原因，但是另一困难又凸现出来：因为在四个未成对的电子中有 3 个是 p 电子，另一个是 s 电子，所以它们构成的共价键也有所不同。其中 p 电子构成的三个共价键应该是互相垂直的，而由 s 电子构成的共价键则是没有方向性的，换句话说，H 原子沿任何方向向 s 电子接近都可以构成同样强度的共价键。但是，因为 H 原子之间有排斥力，所以 s 电子构成的共价键将和其他三个键成 125°14′ 的角度，这样可使与 s 电子相结合的 H 原子与其余三个 H 原子保持最大的距离。此外，p 电子的成键能力较 s

电子大,因此,四价碳化合物中应该有三个键比较稳定,另一个则较不稳定。

但是这种推测与事实相矛盾:无论从化学方面或振动转动光谱方面,还是从偶极矩的测定,都证明 CH_4 分子的四个 C—H 键是完全等同的,它们的方向指向正四面体的四角,键间的夹角等于 109°28′。

[2] 从假设到理论需要解决的问题

上述矛盾迫使科学家假定:在四价碳的化合物中成键的轨道不是纯粹的 2s、$2p_x$、$2p_y$、$2p_z$,而可能是由它们"混合"起来重新组成的四个新轨道,其中每一条新轨道含有 $\frac{1}{4}$ s 和 $\frac{3}{4}$ p 的成分。这样的新轨道称为杂化轨道,而形成过程称为杂化。假如这个假设是对的,那么碳的四个价键完全等同的事实就不难理解了。

为了使上述假设发展成为可以令人信服的理论,首先必须解决以下三个问题:

(1) 原子轨道在成键时为什么可以杂化。

(2) 原子轨道在成键时为什么需要杂化。

(3) 如果杂化理论成立,如何求得杂化轨道的对称轴之间的夹角,并从而解释分子的几何构型问题。

相信历史上许多科学家都尝试过解决这三个问题,然而最终是由鲍林[129]和斯莱特[178]在 1931 年首先提出的杂化轨道理论(hybrid orbital theory),解决了上述三个问题。这一理论不但可以解释甲烷分子的四面体结构,还可以解释乙烯分子的平面结构、乙炔分子的直线结构和其他许多分子的几何构型问题,并且鲍林把 d 轨道组合进去,得到 spd 杂化轨道,以解决络离子的结构问题。后来,唐敖庆提出建造一般键函数的矩阵变换法[179],并把 f 轨道组合进去,得到 spdf 杂化轨道[180-181],使这一理论更为完善。

唐敖庆

唐敖庆(1915—2008),理论化学家、教育家和科技组织领导者,中国科学院院士。1940 年毕业于西南联合大学化学系。1949 年获美国哥伦比亚大学博士学位。国家自然科学基金委员会名誉主任,吉林大学教授、名誉校长,中国量子化学之父。复旦大学兼职教授。

唐敖庆是中国理论化学研究的开拓者,在配位场理论、分子轨道图形理论、高分子反应统计理论等领域取得了一系列杰出的研究成果,对中国理论化学学科的奠基和发展做出了贡献。他还曾任国家自然科学基金委员会首届主任,创建了中国的科学基金制度。

2. 杂化轨道理论内容

[1] 杂化轨道理论要点

(1) 中心原子能量相近的不同轨道在外界的影响(量子化学称为微扰)下会发生杂化,形成新的轨道,称杂化原子轨道,简称杂化轨道。

(2) 参加杂化的原子轨道数目与形成的杂化轨道数目相等;不同类型的杂化轨道,其空间取向不同。

(3) 各种杂化轨道的"形状"均为葫芦形,由分布在原子核两侧的大、小叶瓣组成角度分布，比单纯的原子轨道更为集中，成分和能量上(杂化后的能级相当于杂化前有关电子能级的中间值)也都会发生改变，因而重叠程度也更大，更加利于成键(图 5-50)。

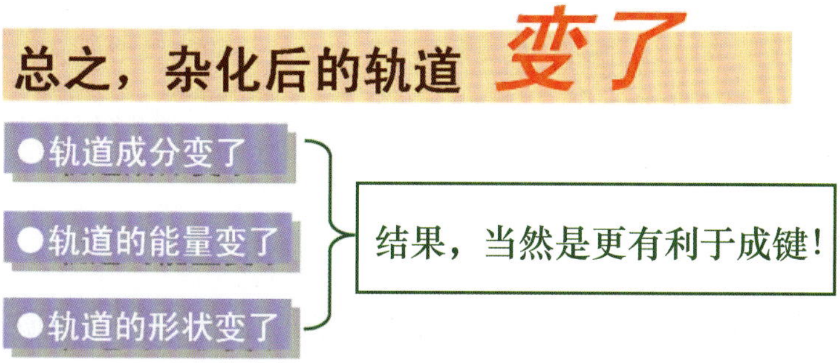

总之，杂化后的轨道 变了
- 轨道成分变了
- 轨道的能量变了
- 轨道的形状变了

结果，当然是更有利于成键！

图 5-50　杂化轨道的变化有利于成键

[2] 杂化轨道的形成

了解杂化轨道的形成就是量子化作用(微扰作用)对键角的影响，即回答上面的三个问题的过程。

1) 量子力学的迭位原理和简并轨道的线性组合

鲍林在文中假设波函数 ψ_s, ψ_{p_x}, ψ_{p_y}, ψ_{p_z} 为 s 和 p 轨道的角度部分，它们是归一而且互相正交的，即

$$\int \psi_s^2 d\tau = \int \psi_{p_x}^2 d\tau = \int \psi_{p_y}^2 d\tau = \int \psi_{p_z}^2 d\tau = 1 \tag{5-86}$$

$$\int \psi_s \psi_{p_x} d\tau = \int \psi_s \psi_{p_y} d\tau = \int \psi_s \psi_{p_z} d\tau = \int \psi_{p_x} \psi_{p_y} d\tau = \int \psi_{p_y} \psi_{p_z} d\tau = 0 \tag{5-87}$$

在这四个轨道中，三个 p 轨道是能量相同的"简并轨道"。

按照量子力学的迭位原理，简并状态的任何线性组合如

$$\psi_p = c_1 \psi_{p_x} + c_2 \psi_{p_y} + c_3 \psi_{p_z} \tag{5-88}$$

也一定是可允许的状态。通俗地讲，就是能量相同的原子轨道可以"混合起来"组成新的轨道。当然新轨道仍是 p 轨道，只是方向改变了。但它也必须满足归一化条件，即

$$\int \psi_p^2 d\tau = \int (c_1 \psi_{p_x} + c_2 \psi_{p_y} + c_3 \psi_{p_z})^2 d\tau = 1 \tag{5-89}$$

将式(5-86)和式(5-87)带入式(5-89)得

$$c_1^2 + c_2^2 + c_3^2 = 1 \tag{5-90}$$

p 轨道可用矢量 $\overrightarrow{\psi_p}$ 来表示，其方向就是对称轴的方向，其长度 $|\psi_p|$ 即轨道角度部分沿对称轴方向的值，亦即 p 轨道的角度部分的最大值。p 轨道角度部分沿其他任何方向的值，即此矢量在该方向的分量(图 5-51)。用了该矢量表示法，则 p 轨道的线性组合就可以用简单的矢量加法来处理。

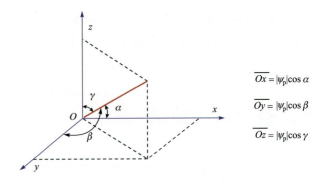

图 5-51　p 轨道之矢量表示法

令 $\overrightarrow{\psi_p}$ 的方向余弦为 $\cos\alpha$、$\cos\beta$、$\cos\gamma$，则 $\overrightarrow{\psi_p}$ 沿 x、y、z 的分量分别为 $|\psi_p|\cos\alpha$、$|\psi_p|\cos\beta$、$|\psi_p|\cos\gamma$。又令 $\vec{i}$、$\vec{j}$、$\vec{k}$ 分别为 x、y、z 轴的单位矢量，则

$$\overrightarrow{\psi_p} = \vec{i}|\psi_p|\cos\alpha + \vec{j}|\psi_p|\cos\beta + \vec{k}|\psi_p|\cos\gamma$$

但

$$\vec{i}|\psi_p| = \overrightarrow{\psi_{p_x}},\ \vec{j}|\psi_p| = \overrightarrow{\psi_{p_y}},\ \vec{k}|\psi_p| = \overrightarrow{\psi_{p_z}}$$

所以

$$\overrightarrow{\psi_p} = \overrightarrow{\psi_{p_x}}\cos\alpha + \overrightarrow{\psi_{p_y}}\cos\beta + \overrightarrow{\psi_{p_z}}\cos\gamma \tag{5-91}$$

因为方向余弦满足下列关系式

$$\cos^2\alpha + \cos^2\beta + \cos^2\gamma = 1 \tag{5-92}$$

所以式(5-91)中的线性组合系数是满足归一条件的。

比较式(5-88)和式(5-91)，同时注意式(5-90)和式(5-92)，可知系数 c_1、c_2、c_3 就是 ψ_p 沿 x、y、z 轴的方向余弦。

2) 能量不同的原子轨道为什么可以杂化

已知在孤立的原子中，由于各轨道的能量不同(如 s 轨道比主量子数相同的 p 轨道能量稍低)，不可能进行"混合"组成新的轨道。但是在分子中的"原子"情况就不同了。由于共价键的形成改变了原子的状态，其受到被量子力学中称为"微扰"的作用力要大于原先轨道能量的差别，本来不是简并的 s 轨道和 p 轨道也就可以"混合"起来组成新的轨道。在这种新轨道中有 s 成分也有 p 的成分，和原来的 s 轨道或 p 轨道不同，因此称为杂化轨道。从不同类型的原子轨道的线性组合构成杂化轨道的过程称为杂化。

3) 原子轨道为什么需要杂化

这是因为原子轨道杂化以后可使成键能力增加而使生成的分子更加稳定。

已知状态函数在角度分布上的最大值可以作为它的成键能力 f 的度量。例如，以 s 轨道的成键能力为 1，则 p 轨道的成键能力为 $\sqrt{3}$，即

$$f_s = 1,\ f_p = \sqrt{3} \tag{5-93}$$

那么 sp 杂化轨道的成键能力是否增强？等于多少呢？

sp 杂化轨道的一般形式为

$$\psi = a\psi_s + b\psi_p \quad (5\text{-}94)$$

因为 ψ_p 可以是 ψ_{p_x}、ψ_{p_y}、ψ_{p_z} 的任何线性组合，所以式(5-94)所表示的实际是 ψ_s 与 ψ_{p_x}、ψ_{p_y}、ψ_{p_z} 四个轨道的任何线性组合，即 ψ 是 sp 杂化轨道的一般形式。

杂化轨道 ψ 也要满足归一条件，即

$$\int \psi^2 d\tau = \int (a\psi_s + b\psi_p)^2 d\tau = a^2 + b^2 = 1 \quad (5\text{-}95)$$

式中，a^2 称为杂化轨道 ψ 中的 s 成分，常以 α 表示；b^2 称为杂化轨道 ψ 中的 p 成分，常以 β 表示。因此可得

$$\alpha + \beta = 1 \text{ 或 } \beta = 1 - \alpha \quad (5\text{-}96)$$

代入式(5-95)中得

$$\psi = \sqrt{\alpha}\psi_s + \sqrt{1-\alpha}\psi_p \quad (5\text{-}97)$$

由式(5-97)可知 ψ 在对称轴上有最大值，即 $\sqrt{\alpha}f_s + \sqrt{1-\alpha}f_p$。这就是它的成键能力，即

$$f = \sqrt{\alpha}f_s + \sqrt{1-\alpha}f_p = \sqrt{\alpha} + \sqrt{3(1-\alpha)} \quad (5\text{-}98)$$

从表 5-43 可以看出，当杂化轨道的 s 成分在 0 与 $\dfrac{3}{4}$ 之间时，它的成键能力比纯粹的 p 轨道大。

表 5-43　sp 杂化轨道的 s 成分与成键能力的关系

α	$f = \sqrt{\alpha} + \sqrt{3(1-\alpha)}$	α	$f = \sqrt{\alpha} + \sqrt{3(1-\alpha)}$
0	$\sqrt{3} = 1.732 = f_p$	1/2	1.933
1/4	2(最大)	3/4	$\sqrt{3} = 1.732$
1/3	1.991	1	$1 = f_s$

4) 两个杂化轨道间的夹角

令 ψ_i 和 ψ_j 为两个杂化轨道，α_i 和 α_j 分别为它们所含的 s 成分，则由式(5-97)可得

$$\left.\begin{array}{l}\psi_i = \sqrt{\alpha_i}\psi_s + \sqrt{1-\alpha_i}\psi_{p_i} \\ \psi_j = \sqrt{\alpha_j}\psi_s + \sqrt{1-\alpha_j}\psi_{p_j}\end{array}\right\} \quad (5\text{-}99)$$

从 ψ_i 和 ψ_j 的正交条件可得

$$\sqrt{\alpha_i\alpha_j} + \sqrt{(1-\alpha_i)(1-\alpha_j)}\int \psi_{p_i}\psi_{p_j}d\tau = 0 \quad (5\text{-}100)$$

如果 ψ_{p_i} 和 ψ_{p_j} 间的夹角是 θ_{ij}（这也是 ψ_i 和 ψ_j 间的夹角），那么 ψ_{p_j} 沿 p_i 轴的分量将是 $|\psi_{p_i}|\cos\theta_{ij}$，所以

$$\int \psi_{p_i}\psi_{p_j}d\tau = \cos\theta_{ij}\int \psi_{p_i}^2 d\tau = \cos\theta_{ij} \tag{5-101}$$

由式(5-100)和式(5-101)得两个杂化轨道之间夹角的余弦为

$$\cos\theta_{ij} = -\sqrt{\frac{\alpha_i \alpha_j}{(1-\alpha_i)(1-\alpha_j)}} \tag{5-102}$$

该式也适用于未杂化的 p 轨道，因为 p 轨道只是式(5-99)中 $\alpha = 0$ 的极限情况。

[3] 杂化轨道的方式

1) sp 杂化

(1) 关键是弄清由一个 s 轨道和一个 p 轨道(如 p_x)可以组成几个归一而又互相正交的杂化轨道。

由式(5-97)可知满足归一条件的 sp 杂化轨道可能有 n 个：

$$\left.\begin{aligned}\psi_1 &= \sqrt{\alpha_1}\psi_s + \sqrt{1-\alpha_1}\psi_{p_x} \\ \psi_2 &= \sqrt{\alpha_2}\psi_s + \sqrt{1-\alpha_2}\psi_{p_x} \\ \psi_3 &= \sqrt{\alpha_3}\psi_s + \sqrt{1-\alpha_3}\psi_{p_x} \\ &\cdots\cdots \end{aligned}\right\} \tag{5-103}$$

只是这些轨道之间还必须满足正交条件，即

$$\begin{aligned}\int \psi_1\psi_2 d\tau &= \int (\sqrt{\alpha_1}\psi_s + \sqrt{1-\alpha_1}\psi_{p_x})(\sqrt{\alpha_2}\psi_s + \sqrt{1-\alpha_2}\psi_{p_x})d\tau \\ &= \int \sqrt{\alpha_1\alpha_2} + \sqrt{(1-\alpha_1)(1-\alpha_2)} = 0 \end{aligned} \tag{5-104}$$

$$\int \psi_1\psi_3 d\tau = \sqrt{\alpha_1\alpha_3} + \sqrt{(1-\alpha_1)(1-\alpha_3)} = 0 \tag{5-105}$$

$$\cdots\cdots$$

由式(5-104)得 $\alpha_1 = 1-\alpha_2$，由式(5-105)得 $\alpha_1 = 1-\alpha_3$，所以 $\alpha_2 = \alpha_3$ 或者 $\psi_2 = \psi_3$，因此满足正交归一条件的 sp 杂化轨道只有两个，即 ψ_1 和 ψ_2

$$\left.\begin{aligned}\psi_1 &= \sqrt{\alpha_1}\psi_s + \sqrt{1-\alpha_1}\psi_{p_x} \\ \psi_2 &= \sqrt{\alpha_2}\psi_s + \sqrt{1-\alpha_2}\psi_{p_x}\end{aligned}\right\} \tag{5-106}$$

(2) 现在考虑 ψ_1 和 ψ_2 的成键能力 f_1 和 f_2 随 α 而变化的情形。从图 5-52 可以看出：

当 $\alpha = \dfrac{1}{4}$ 时，$f_1 = 2$(极大)，$f_2 = \sqrt{3}$

当 $\alpha = \dfrac{3}{4}$ 时，$f_1 = \sqrt{3}$，$f_2 = 2$(极大)

但 f_1 和 f_2 的平均值 $\dfrac{1}{2}(f_1+f_2)$ 则在 $\alpha = \dfrac{1}{2}$，即 ψ_1 和 ψ_2 的 s 成分相同时为最大，此时

$$f_{sp} = \frac{1}{2}(f_1+f_2) = f_1 = f_2 = \sqrt{\frac{1}{2}} + \sqrt{\frac{3}{2}} = 1.933 \tag{5-107}$$

而

$$\left.\begin{array}{l}\psi_1 = \dfrac{1}{\sqrt{2}}(\psi_s + \psi_p) \\ \psi_2 = \dfrac{1}{\sqrt{2}}(\psi_s - \psi_p)\end{array}\right\} \quad (5\text{-}108)$$

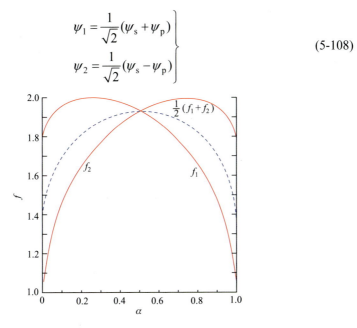

图 5-52　sp 杂化轨道的成键能力

重要结论：

(i) 两个原子轨道线性组合可以构成而且只能构成两个正交归一的杂化轨道。

(ii) 为了使平均成键能力最大，每一杂化轨道中的 s 成分必须相等，这时 p 的成分也必然相等，成键能力也相等。这样的轨道称为等性轨道，其电子云分布完全相同，所不同的只是在空间的取向(图 5-53)。

显然，从图 5-53 也可以看出原子轨道杂化的原因。因为杂化后无柄哑铃状的 p 电子云变成了葫芦状，一头大一头小，这样与葫芦状轨道配对(成键)的电子云如果从大头方向接近，就可得到最大程度的重叠，结果是成键能力增大。

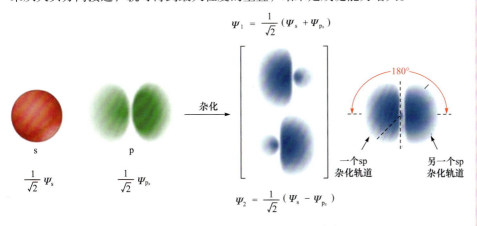

图 5-53　ψ_s、ψ_{p_x}、ψ_1 和 ψ_2 的电子云分布图

(iii) 用类似的方法可以证明，上述结论同样适用于 sp^2 及 sp^3 杂化轨道。

(3) 等性轨道之间的夹角。夹角的余弦可在式(5-102)中令 $\alpha_j = \alpha_i$ 求得，如将 θ 及 α 的脚注略去，则得

$$\cos\theta = -\frac{\alpha}{1-\alpha} \tag{5-109}$$

等性轨道间的夹角与 s 成分的关系见表 5-44。

表 5-44　等性轨道间的夹角与 s 成分的关系

α	θ	α	θ
0	90°	1/3	120°
1/4	109°28′	1/2	180°

总结以上论述，可用图 5-54 表示 sp 杂化轨道的形成过程和结果。图中显示了 BeH_2 分子的成键。左下角图示中的"绿色轨道"表示另外两个未杂化的 p 轨道与 sp 轨道垂直。

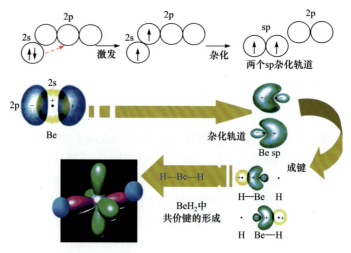

图 5-54　sp 杂化方式的图示

2) sp^2 杂化

由一个 s 轨道和两个 p 轨道(如 p_x 和 p_y)杂化成 sp^2 轨道，可得三个正交归一的 sp^2 轨道；同样，为使它们的平均成键能力最大，必须含有相同的成分，即 1/3 的 s 和 2/3 的 p。由表 5-44 知其两轨道夹角为 120°，可称为正三角形杂化轨道(图 5-55)。由表 5-43 知其成键能力 $f = 1.991$。

sp^2 杂化轨道可以写成

$$\left.\begin{array}{l}\psi_1 = \sqrt{\dfrac{1}{3}}\psi_s + \sqrt{\dfrac{2}{3}}\psi_{p_1} \\ \psi_1 = \sqrt{\dfrac{1}{3}}\psi_s + \sqrt{\dfrac{2}{3}}\psi_{p_2} \quad \theta_{12} = 120° \\ \psi_1 = \sqrt{\dfrac{1}{3}}\psi_s + \sqrt{\dfrac{2}{3}}\psi_{p_1} \quad \theta_{13} = 120° \end{array}\right\} \tag{5-110}$$

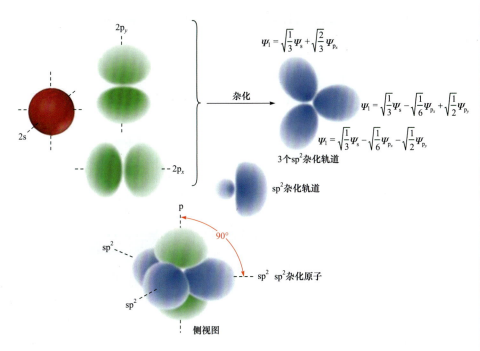

图 5-55 ψ_s、ψ_{p_x}、ψ_{p_y} 和 3 个杂化轨道的电子云分布图

如令

$$\left.\begin{aligned} \psi_{p_1} &= \psi_{p_x} \\ \psi_{p_2} &= \cos\theta_{12}\psi_{p_x} + \sin\theta_{12}\psi_{p_y} = -\frac{1}{2}\psi_{p_x} + \frac{\sqrt{3}}{2}\psi_{p_y} \\ \psi_{p_3} &= \cos\theta_{13}\psi_{p_x} + \sin\theta_{13}\psi_{p_y} = -\frac{1}{2}\psi_{p_x} - \frac{\sqrt{3}}{2}\psi_{p_y} \end{aligned}\right\} \quad (5\text{-}111)$$

将式(5-111)代入式(5-110)即得

$$\left.\begin{aligned} \psi_1 &= \sqrt{\frac{1}{3}}\psi_s + \sqrt{\frac{2}{3}}\psi_{p_x} \\ \psi_1 &= \sqrt{\frac{1}{3}}\psi_s - \sqrt{\frac{1}{6}}\psi_{p_x} + \sqrt{\frac{1}{2}}\psi_{p_y} \\ \psi_1 &= \sqrt{\frac{1}{3}}\psi_s - \sqrt{\frac{1}{6}}\psi_{p_x} - \sqrt{\frac{1}{2}}\psi_{p_y} \end{aligned}\right\} \quad (5\text{-}112)$$

可以验证式(5-112)所示的三条轨道是正交而且归一的。

类似的，可用图 5-56 表示 sp^2 杂化轨道的形成过程和结果。图中显示了 BCl_3 分子的成键。左下角图示中的紫色轨道表示另有一个未杂化的 p 轨道与正三角形杂化轨道平面垂直。

3) sp^3 杂化

由一个 s 轨道和三个 p 轨道杂化可得四个正交归一的 sp^3 轨道，同样，为使它们的平均成键能力最大，必须含有相同的成分，即 1/4 的 s 和 3/4 的 p。由表 5-44

知其两轨道夹角为 109°28′，可称为正四面体杂化轨道。由表 5-43 知其成键能力 $f=2$。

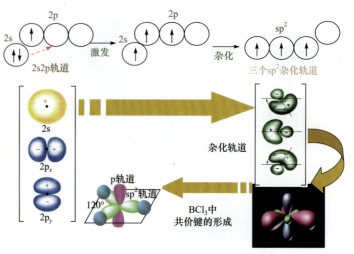

图 5-56　sp^2 杂化方式的图示

sp^3 杂化轨道可以写成

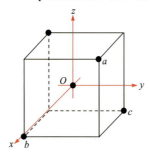

图 5-57　sp^3 轨道的空间配布

$$\psi_i = \frac{1}{2}\psi_s + \frac{\sqrt{3}}{2}\psi_{p_i}, \cos\theta_{ij} = -\frac{1}{3} \quad (5\text{-}113)$$

$$i \neq j, i, j = 1、2、3、4$$

sp^3 杂化轨道随选择坐标轴方向的不同可用不同的一组函数表示方式。例如选择图 5-57 所示的坐标，则四个 sp^3 杂化轨道可表示为图 5-58 中所示的四个方程式。可以验证图 5-58 所示的四条轨道是正交而且归一的。

类似地，可用图 5-59 表示 sp^3 杂化轨道的形成过程和结果。图中显示了 CH_4 分子的成键。

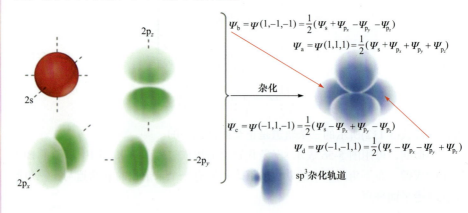

图 5-58　ψ_s、ψ_{p_x}、ψ_{p_y}、ψ_{p_z}、ψ_a、ψ_b、ψ_c 和 ψ_d 的电子云分布图

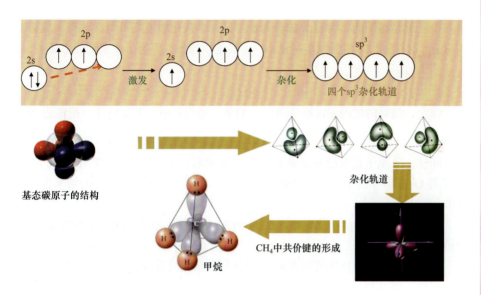

图 5-59 sp³ 杂化方式的图示

4) 不等性 sp 杂化

杂化轨道的建立是为了增加成键能力。但是，上面讲的是杂化轨道的空间取向，不是化合物的结构。在化合物中，这些轨道可能被孤对电子填充，如 N 原子进行 sp³ 杂化形成的 NH_3 分子中有一对孤对电子，那么 NH_3 的空间结构是三角锥形(正四面体的一个顶点是孤对电子，电子是"看不见"的，如图 5-60)。再如 O 原子进行 sp³ 杂化形成的 H_2O 分子中，有两对孤对电子，那么 H_2O 的空间结构是角形(正四面体的两个顶点是孤对电子)。这与未含有孤对电子的硼、碳等原子是不同的。

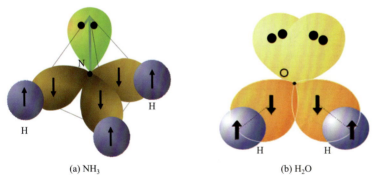

(a) NH_3 (b) H_2O

图 5-60 sp³ 不等性杂化

之所以出现这种情况是因为：① 使成键能力增大，原子轨道必须杂化；② 为了避免 s 电子激发增加的能量 $\frac{3}{4}(E_p - E_s)$，原子轨道最好不要杂化，即在成键轨道中 $\alpha=0$；③ 因 H 原子之间有斥力，为了减少斥力，NH_3 最好采用平面结构，即相当于 $\alpha = \frac{1}{3}$。

显然前面两个因素解决的最好办法是构成所谓的"不等性杂化轨道"，即其中三个轨道是相同的，含有 s 成分为 α，另一个杂化轨道则不同，含有 s 成分为 $(1-3\alpha)$。这样，为了使激发能尽量小，α 要越小越好，但为了使成键能力最大，α 要等于 $\frac{1}{4}$ 才好。

综上，最好的情况是 α 取自 $0 \sim \frac{1}{3}$ 的某一适当数值。若是这样，把实测 NH_3 键角 107°代入式(5-109)得 α=0.226。这与上述定性讨论的结果是一致的。

同样，氧原子在成键时也采用如图 5-60 那样的不等性 sp^3 杂化轨道。例如，把实测 O 键角 105°代入式(5-109)得 α=0.206。这与上述定性讨论的结果也是一致的。

其实，在 sp 和 sp^2 杂化时也存在不等性 sp 杂化轨道(如 CO)和不等性 sp^2 杂化轨道(如 SO_2)。

一般来说，用杂化轨道所含 s、p 成分判别杂化轨道的等性与不等性，虽然抓住了实质，但在判别一个分子杂化性质时，不可能先通过繁琐的计算后再作出结论，这就需要一个直观的判别方法。一些化合物分子中心原子的杂化类型见表 5-45。

表 5-45　一些化合物分子中心原子的杂化类型

化学式	结构式	键角	s 成分	p 成分	杂化类型
CH_4	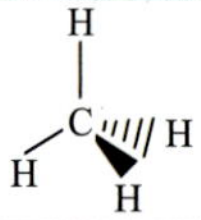	∠HCH=109°28′	0.25	0.75	sp^3 等性
NH_4^+	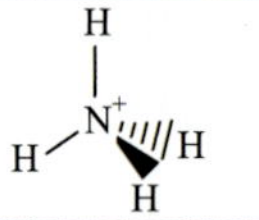	∠HNH=109.5°	0.25	0.75	sp^3 等性
BF_3	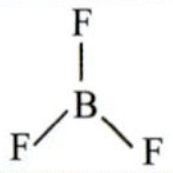	∠FBF=120°	0.33	0.67	sp^2 等性
CO_2	O=C=O	∠OCO=180°	0.5	0.5	sp 等性
C_3H_4	$H_2C=C=CH_2$	∠CCC=180°	0.5	0.5	sp 等性
CH_3Cl	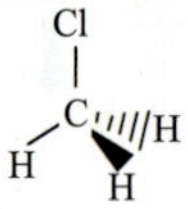	∠HCH=110.75° ∠HCCl=108.35°	0.26(H) 0.22(Cl)	0.74(H) 0.78(Cl)	sp^3 不等性
CHF_2Cl	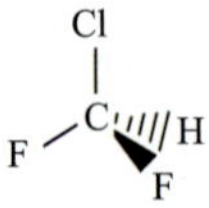	∠FCF=108.8° ∠ClCF=110.5° ∠ClCH=110.8°	0.24(F) 0.25(H) 0.27(Cl)	0.76(F) 0.75(H) 0.73(Cl)	sp^3 不等性
NH_3	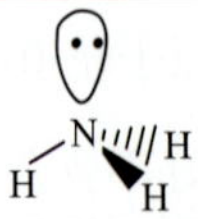	∠HNH=107.8°	0.23(H) 0.31(孤对)	0.77(H) 0.69(孤对)	sp^3 不等性
C_2H_4	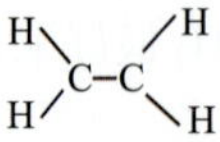	∠HCC=121.7° ∠HCH=116.6°	0.31(H) 0.38(C)	0.69(H) 0.62(C)	sp^2 不等性
C_2H_2	H—C≡C—H	∠HCC=180°	0.44(H) 0.56(C)	0.56(H) 0.44(C)	sp 不等性

对不等性杂化,从表 5-45 中可得出两个规则参考[182]。

(1) 与杂化轨道成键的对象不同时,中心原子将采用不等性杂化。例如:

$\overset{\cdot}{C}HCl_3$ $\overset{\cdot}{C}OCl_2$ $H_2\overset{\cdot}{C}=\overset{\cdot}{C}H_2$ $H\overset{\cdot}{C}\equiv\overset{\cdot}{C}BF_2$
 sp³   sp²   sp²   sp

(2) 与杂化轨道成键的对象虽然相同,但若中心杂化轨道所处环境不同,它们所含 s、p 成分也将不同。

$H_2C\overset{1}{=}\overset{2}{C}\overset{CH_3}{\underset{3}{\diagdown CH_3}}$ $\overset{H}{\underset{H}{\overset{1}{\diagup}}}C=C\overset{H}{\underset{Br}{\diagdown}}$

   (1)   (2)

分子(1)中心碳原子三个 sp² 杂化轨道分别与三个碳原子形成 σ 键,但键 1 与键 2、键 3 所处环境是不同的,因此决定了中心碳原子形成键 1 的杂化轨道与形成键 2、键 3 的杂化轨道所含 s、p 成分不同,即中心原子进行了 sp² 不等杂化。同理分子(2)中,由于键 1、键 2 所处的空间位置不同,中心碳原子形成键 1 的杂化轨道与形成键 2 的杂化轨道并不是完全等同的。

5) spd 杂化

为了构成有效的杂化轨道,原来的轨道能级必须相差不大。例如对于过渡元素,$(n-1)$d 轨道的能级和 ns 及 np 的能级很近似,所以它们可以构成 dsp 杂化轨道;对于 p 区元素,ns、np 和 nd 的能级比较近似,它们可以构成 spd 杂化轨道。

Hultgren[183]从杂化轨道的互相正交的关系得知等性 dsp 杂化轨道之间的夹角应遵循:

$$\alpha + \beta\cos\theta + \gamma\left(\frac{3}{2}\cos^2\theta - \frac{1}{2}\right) = 0 \tag{5-114}$$

式(5-114)中,α、β 和 γ 依次表示杂化轨道的 s、p 和 d 成分,显然

$$\alpha + \beta + \gamma = 1 \tag{5-115}$$

因为 s、p 和 d 轨道的成键能力分别等于 1、$\sqrt{3}$ 和 $\sqrt{5}$,所以杂化轨道的成键能力为

$$f = \sqrt{\alpha} + \sqrt{3\beta} + \sqrt{5\gamma} \tag{5-116}$$

(1) 配位数等于 6 的 d²sp³ 杂化轨道。d²sp³ 杂化轨道由 2 个 d、1 个 s 和 3 个 p 轨道组合而成,其特点是 6 个 sp³d 杂化轨道指向正八面体的六个顶点,相邻的夹角是 90°。其中每一轨道的 s、p 和 d 成分依次等于

$$\alpha = \frac{1}{6}, \beta = \frac{3}{6} = \frac{1}{2}, \gamma = \frac{2}{6} = \frac{1}{3} \tag{5-117}$$

所以

$$\psi_{d^2sp^3} = \frac{1}{\sqrt{6}}\psi_s + \frac{1}{\sqrt{2}}\psi_p + \frac{1}{\sqrt{3}}\psi_d \tag{5-118}$$

它的极坐标图如图 5-61 所示。

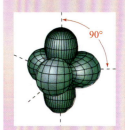

sp³d 杂化轨道
(侧视)

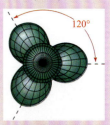

sp³d 杂化轨道
(俯视)

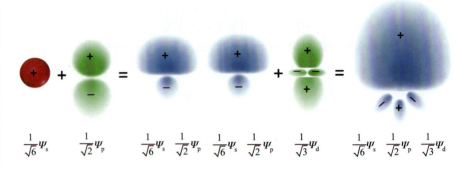

$$\frac{1}{\sqrt{6}}\Psi_s \quad \frac{1}{\sqrt{2}}\Psi_p \quad \frac{1}{\sqrt{6}}\Psi_s \; \frac{1}{\sqrt{2}}\Psi_p \quad \frac{1}{\sqrt{6}}\Psi_s \; \frac{1}{\sqrt{2}}\Psi_p \quad \frac{1}{\sqrt{3}}\Psi_d \quad \frac{1}{\sqrt{6}}\Psi_s \; \frac{1}{\sqrt{2}}\Psi_p \; \frac{1}{\sqrt{3}}\Psi_d$$

图 5-61 d^2sp^3 杂化轨道的极坐标图

将式(5-117)代入式(5-116)得 $f=2.923$，所以 d^2sp^3 杂化轨道是成键能力很强的杂化轨道。将式(5-117)代入式(5-114)并解之，得 $\theta=90°$ 或 $180°$(图 5-62)，所以 d^2sp^3 杂化轨道也称正八面体杂化轨道。文献中讨论的也是正八面体杂化轨道的 sp^3d^2 杂化轨道，对其几何构型和成键能力并不加以区分。

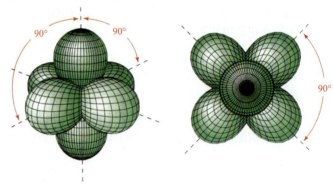

图 5-62 d^2sp^3 杂化轨道

(2) 配位数等于 4 的 dsp^2 杂化轨道。dsp^2 杂化轨道由 1 个 d、1 个 s 和 2 个 p 轨道组合而成，其中每一轨道的 s、p 和 d 成分依次等于

$$\alpha=\frac{1}{4},\beta=\frac{1}{2},\gamma=\frac{1}{4} \tag{5-119}$$

所以

$$\psi_{dsp^2}=\frac{1}{2}\psi_s+\frac{1}{\sqrt{2}}\psi_p+\frac{1}{2}\psi_d \tag{5-120}$$

dsp^2 杂化轨道

它的极坐标图的定性形状和 d^2sp^3 相似。

经计算得 $f=2.694$，所以 dsp^2 杂化轨道成键能力比 d^2sp^3 稍弱，但较 sp^3 较强。其 $\theta=90°$ 或 $180°$，所以 dsp^2 杂化轨道的四个键指向平面四方形的四个角。

6) fdsp 杂化

唐敖庆和孙聚昌等推广了 Hultgren 的夹角公式[180-181]，使之适用于包含 f 轨道的杂化轨道，其结果如下：

(1) 对于等性的 fdsp 杂化轨道而言，如 s、p、d 和 f 的成分依次为 α、β、γ 和 δ，则夹角符合：

$$\alpha + \beta\cos\theta + \gamma\left(\frac{3}{2}\cos^2\theta - \frac{1}{2}\right) + \delta\left(\frac{5}{2}\cos^3\theta - \frac{3}{2}\cos\theta\right) = 0 \quad (5\text{-}121)$$

(2) 对于不等性的 fdsp 杂化轨道而言，如第一组轨道的成分为 α、β、γ 和 δ，第二组轨道的成分为 α'、β'、γ' 和 δ'，则

$$\sqrt{\alpha\alpha'} + \sqrt{\beta\beta'}\cos\theta + \sqrt{\gamma\gamma'}\left(\frac{3}{2}\cos^2\theta - \frac{1}{2}\right) + \sqrt{\delta\delta'}\left(\frac{5}{2}\cos^3\theta - \frac{3}{2}\cos\theta\right) = 0 \quad (5\text{-}122)$$

(3) 成键能力为

$$f = \sqrt{\alpha} + \sqrt{3\beta} + \sqrt{5\gamma} + \sqrt{7\delta} \quad (5\text{-}123)$$

在 $UO_2(NO_3)_3^-$ 中 U 原子可能用 $f^2d^3sp^2$ 不等性杂化轨道，其中第一组杂化轨道共两个，成分是 fd^ns^{1-n}，构型是直线形；第二组杂化轨道共六个，成分是 $fd^{3-n}s^np^2$，构型则是与第一组杂化轨道垂直的平面六角形，如图 5-63(a)所示。在原子能燃铀的提炼过程中，用磷酸三丁酯$[(C_4H_9)_3PO_4]$来萃取硝酸铀酰具有十分重要的意义。它们形成的络合物$[UO_2(NO_3)_2] \cdot 2(C_4H_9)_3PO_4$ 具有如同 5-63(b)所示的结构。

此外，鲍林和曹阳等曾将 d、f、g 等空轨道引入杂化轨道，用于讨论分子内旋势垒和过渡元素配合物的结构获得了满意的结果[42,184]。这种将非价层轨道用于扩展杂化基函数的方法对于杂化理论定量化具有重要意义[185]。

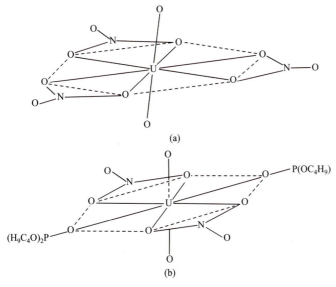

图 5-63　(a) $UO_2(NO_3)_3^-$的结构和(b) $[UO_2(NO_3)_2] \cdot 2(C_4H_9)_3PO_4$ 的结构

3. 杂化轨道理论的应用

杂化轨道概念原本是为了解释简单的化学系统而开发的，但这种方法后来被广泛应用，至今它仍是一种解释有机化合物结构的有效理论。

解释简单分子和离子的立体结构仍是其主要应用(图 5-64)。有机反应可按共价键的断裂方式分为离子型反应和自由基反应两大类型，共价键异裂产生碳正离子和碳负离子，均裂产生自由基。碳正离子、碳负离子、自由基是反应的中间体。因此，分析它们的结构和稳定性对反应机理的研究尤为重要。许多原子在组成分子时的杂化状态对一个有机化合物的性质(如酸性和碱性)的影响都很大。此外，

由上面的分析可以求得杂化轨道中参与的分子轨道，如对 sp² 杂化轨道为

$$\Phi_k = c_{k_1}\Phi_s + c_{k_2}\Phi_{p_x} + c_{k_3}\Phi_{p_y}$$

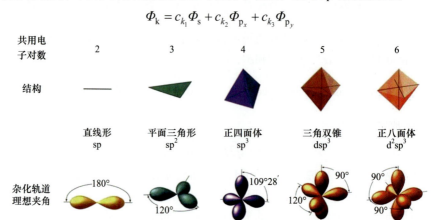

图 5-64　常见简单分子、离子的结构和杂化轨道间的夹角

4. 关于杂化轨道理论的讨论

[1] 杂化轨道理论可否预测？

对八面体超价化合物 SF_6 杂化形式的讨论一直被认为是杂化轨道理论提出的起因。SF_6 中心 S 原子轨道的杂化形式一直被认为是 sp^3d^2，但是量子化学计算结果表明并非如此，事实上，中心原子的 d 轨道并未参与成键，因此 SF_6 也并非所谓"超价"化合物。为什么杂化轨道理论的预言会出现问题？究其根源，问题出在杂化轨道的应用中。虽然杂化轨道理论给出了路易斯结构的量子力学解释，但在教学中讲授的价键理论是从已知分子结构出发来判断中心原子轨道的杂化形式，基本上是一种经验性的判断，而不是通过更严格的理论计算来做出预测(价键理论的程序化一直落后于分子轨道理论的程序化)，因此出现问题在所难免。

要想完全避免理论的上述误用，根本的解决办法是通过理论计算来进行判断，目前理论化学中已经有方便的算法来完成这项任务。虽然 20 世纪初杂化轨道理论逐渐地被分子轨道理论所代替，但是用杂化轨道代替部分原子轨道去构造分子轨道有时能使分子轨道法的计算简化。因此在分子轨道理论中也常用到杂化轨道，并取得了长足发展[186-187]。例如，杂化轨道的构造方法中的群论方法[188-190]、最大重叠方法[191-192]、自然杂化轨道法[193]和其他以分子轨道为基础构造杂化轨道的方法[194]等。其中最大重叠杂化轨道不仅满足正交化条件，而且能较定量地考虑到配体轨道的作用，因而已经得到广泛应用。李隽在最大重叠原理的基础上得到了扩展基杂化轨道的解析形式[195]。

以自然杂化轨道法为例。它是 20 世纪 80 年代出现的一类新的理论方法，即自然键轨道方法(natural bond orbital method，简称 NBO 法)以及其他相关"自然"轨道方法。这类方法通过引入单电子密度算符来简化对多电子体系的描述(将多电子体系投影至单电子体系)。NBO 方法从 NAO 开始组建分子轨道：首先用 NAO 组成 NHO，然后用 NHO 组成 NBO。由于 NBO 由自然杂化轨道组成，因此可以很方便地通过计算得到分子中的杂化轨道形式。例如，根据 NBO 计算结果，乙烷中 C 原子的自然杂化轨道为 $sp^{2.36}$，甲胺中 C 原子的自然杂化轨道为 $sp^{3.61}$，N 原

子为 $sp^{2.24}$[196]。可以看到，即使同在碳四面体体系中，随分子不同，C 原子的具体杂化形式也会发生变化，即原子的杂化形式不仅取决于配位原子数(或成键电子对数)，也取决于具体的分子环境。因此，自然杂化轨道是对杂化轨道理论的进一步完善，同时进一步巩固了杂化概念的理论基础。按照 Weinhold 的说法[197]："化学键是一种重叠现象"，这里所说的重叠就是指原子轨道之间的组合，从这一点来讲，杂化轨道是分子轨道的简化形式。所以，虽有人提出"是杂化轨道该退休的时候了吗？"[198]，大多数教育家却持认可的态度[199-205]，认为杂化轨道理论也是现代化学从感性认识到理性认识发展的一个缩影，在教学工作中可以帮助学生理解和领会一个化学理论随时代不断演进和完善的过程，进而加深学生对于化学这门学科的领悟。

[2] 杂化轨道理论与价层电子对互斥理论的比较研究[206]

杂化轨道理论是以量子力学为理论基础的，因此，它能解释几乎所有无机分子的空间构型，并对键强、键能、键角及键的稳定性都能做出合理的解释。它是一种通俗易懂而又应用广泛的理论，特别在有机化学中。价层电子对互斥理论是一个定性理论，与杂化轨道理论相比，它只能对分子的空间构型作定性的描述，而不能对分子的成键原理、键强、键角、键的稳定性作出相应的说明。但该理论抓住了价层电子对间斥力的大小比较，因此它的很多预测有惊人的准确性，与杂化轨道理论得出的结果几乎是一致的(表 5-35 和图 5-64)。因为它们都遵循了共同的准则，即稳定的分子构型是平衡时能量最低的分子。总之，这两种理论都是教学和科研中不可或缺的化学键理论，却又都具有不足之处。同时也必须强调，化学实验技术如衍射和分子光谱技术的发展，也加深了人们对于分子结构和化学键的认识。任何一个分子的准确几何构型只能通过实验测定，而不能凭借理论生搬硬套，因为任何理论都有一定的适用范围，理论只能是在正确实验的基础上对实验结果作出的准确、合理的解释和推断。在化学发展的历史中，理论与实验互为补充、相互促进，使化学原理不断丰富和发展。

5.4.6 共价键的分子轨道理论

1. 问题的提出

从之前的讨论可以看出，价键理论从处理氢分子开始到 1931 年杂化轨道理论的提出，解释了不少分子结构的实验结果，但也有价键理论解释不到之处。例如：

(1) 实验测得氧分子具有顺磁性，其磁矩为 2.62×10^{-23} A·m^2。若按价键理论，氧分子具有两对共用电子，是反磁性的，磁矩为零，这显然与实验事实相矛盾。

(2) 无法解释奇电子分子或离子(如 H_2^+、NO、NO_2 等)的存在。例如

物种	键长/pm	键能/kJ·mol^{-1}
H_2^+	106	268
He_2^+	108	299

(3) 无法解释大 π 键的生成和许多有机共轭分子的结构。

(4) 无法解释 O_3 中的 O—O 键长处于单键与双键之间。

(5) 无法解释 He_2、Be_2、Ne_2 等的不存在。

由于价键理论遇到诸如此类的困难，分子轨道理论才被重视起来而得到发展。

密立根

洪德

休克尔

2. 分子轨道理论简介

[1] 分子轨道理论的提出

分子轨道理论(molecular orbital theory，简称 MO 理论)是处理双原子分子及多原子分子结构的一种有效的近似方法，是化学键理论的重要内容。它与价键理论不同，后者着重于用原子轨道的重组杂化成键理解化学，而前者则注重于分子轨道的了解，即认为分子中的电子围绕整个分子运动[207-211]。

1926～1935 年，在讨论分子(特别是双原子分子)光谱时，密立根(R. S. Mulliken，1868—1953)和洪德分别对分子中的电子状态进行分类，得出选择分子中电子量子数的规律，提出了分子轨道理论[132,212-216]。因此，在最初分子轨道理论被称为洪德-密立根理论，而"轨道"一词的概念则是在 1932 年首先被密立根提出。到了 1933 年[217]，分子轨道理论已经被广泛地接受，并且被认为是一个有效而且有用的理论。分子轨道理论认为，电子是在整个分子中运动，而不是定域化的。他们还提出能级相关图和成键、反键轨道等重要概念。

[2] Hückel 分子轨道理论(HMO)

这个理论是德国化学家休克尔(E. Huckel，1896—1980)于 1931～1932 年提出的[218]，方法简单，当时就可以作实际计算。它的基本思想是，把电子间的双电子相互作用近似地用单电子的平均位场代替，从而导致分子体系的单电子运动方程：

$$H(1)\psi(1) = \varepsilon\psi(1) \tag{5-124}$$

式中，$H(1)$ 为分子中单电子的哈密顿算子；$\psi(1)$ 为单电子波函数，即分子轨道；ε 为相对应的分子轨道能量。分子轨道 ψ 写为原子轨道 φ_i 的线性组合：

$$\psi = \sum_i C_i \varphi_i \tag{5-125}$$

代入式(5-124)，利用变分法就可以得到关于分子轨道能量 ε 的久期方程式。HMO 理论的成功之处还在于对久期方程式的进一步简化。对于有机共轭分子，把原子核、内层电子和 σ 电子看成分子骨架，只考虑外部的 π 电子，取共轭原子的 p_s 原子轨道作基函数。

HMO 理论可以很好地解释环状共轭分子的稳定性、预言共轭分子的化学反应活性。

稍后，莱纳德-琼斯(E. L. Lennard-Jones)、库尔森(C. A. Coulson)和热拉-希金斯(H. C. Longuet-Higgins)等人对 HMO 理论又进行了重要发展[219-221]。

[3] 前线轨道理论

1952 年，日本科学家福井谦一(K. Fukui)提出前线轨道理论(frontier orbital theory)[222]，认为分子中能量最高的分子轨道(HOMO)和没有被电子占据的、能量最低的分子轨道(LUMO)是决定一个体系发生化学反应的关键，其他能量的分子轨道对于化学反应虽然有影响但是影响很小，可以暂时忽略。HOMO 决定分子的给电子能力，而 LUMO 决定分子的得电子能力。就计算 HOMO 上的电荷密度分布而言，预言分子的反应活性，有时会比其他方法还好(表 5-46)。图 5-65 为萤蒽的结构式。

福井谦一

表 5-46　各种方法预测的荧蒽的活泼位置

方法	最活泼位置	次活泼位置
电荷密度	8 或 2	
定域能	3 或 7	
前线轨道	3	8
试验	3	8

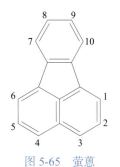

图 5-65　荧蒽

接着，福井谦一采用微扰理论的处理方法、负积分的表示方法，定义了超离域度等概念。提出"扇形图"等理论，使分子轨道理论具备了必要的理论基础[223]。

20 世纪 60 年代，该理论不但在解释饱和化合物的反应性即有机分子的致癌等方面发挥了很大作用，理论本身也有很大的突破。1964 年发现了轨道位相与反应有很重要的关系。从而使特定轨道的对称性与立体选择结合起来，解释了有机化学中普遍存在的立体选择性现象等问题[224]。

20 世纪 70 年代，福井谦一等开拓了求反应最短途的新领域[225]，即建立化学反应途径的极限反应坐标理论(简称 IRC)，提出化学反应的相互作用前线轨道理论(简称 IFO)，使前线轨道理论进一步定量化了，还非经验性地讨论了化学反应速率等问题。

1981 年福井谦一因提出直观化的前线轨道理论而获得诺贝尔化学奖。

[4] 分子轨道对称守恒原理

美国有机化学家伍德沃德(R. B. Woodward)首先从实验上发现某些有机反应很有规律性，如电环化、环加成和 σ 迁移等反应在加热和加光时，得到的产物具有很强的选择性。1965 年，伍德沃德与霍夫曼(R. Hoffmann)参照福井谦一的前线轨道理论，提出了分子轨道对称守恒原理[226]，解释了这些实验规律，并成功地指导了某些有机分子(如维生素 B_{12})的合成。霍夫曼因此而获得了 1981 年诺贝尔化学奖。对称守恒原理发展成为讨论基元化学反应可能性的重要规则，已成功地用于指导复杂有机化合物的合成。

目前，分子轨道对称守恒原理在国际上有三种学派：能量相关理论[227]，前线轨道理论[218]，Möbius 结构理论[228]。唐敖庆对它们进行了深刻分析[229]，认为是各有优缺点。

[5] Hartree-Fock-Roothaan(HFR)方程

1951 年，罗特汉(C. C. J. Roothaan)在 Hartree-Fock 方程基础上[230]，把分子轨道写成原子轨道的线性组合，得到 Roothaan 方程[231]，经波普尔等作了重要简化[232]。1950 年，Boys 用 Gauss 函数研究原子轨道[233]，解决了多中心积分的问题。从 Hartree-Fock-Roothaan 方程出发，应用 Gauss 函数，是今天广为应用的自洽场分子轨道理论的基础，即从头计算方法的基础，在量子化学的研究中占有重要地位。从头计算方法的结果已相当好，有的已达到实验精度以内，表 5-47 给出了键长计算的例子。STO-3G 和 4-31G 是两种从头计算方法结果比较。

伍德沃德

霍夫曼

表 5-47 理论的和实验的键长(Å)

键	分子	键长			
		STO-3G	4-31G	最好的计算结果	实验
C≡C	C₂H₂	1.168	1.190	1.205	1.203
C=C	C₂H₄	1.306	1.316	—	1.330
C—C	C₂H₆	1.538	1.529	1.531	1.531
C≡N	HCN	1.153	1.140	—	1.154

[6] 唐敖庆对理论计算的贡献

中国量子化学之父唐敖庆先生对计算化学做出了突出贡献，取得了一系列杰出的研究成果。

唐敖庆以自己的教学和科研实践，通过高分子物理化学学术讨论班和物质结构学术讨论班的培养和科研工作，为国家培养了一批高水平的学术领导人。图 5-66 为其与唐门八大弟子的标准照，这些弟子有两人成为大学校长、五人成为中国科学院院士。

唐敖庆

图 5-66　1965 年唐敖庆与八大弟子
右起：鄢国森(四川大学)、江元生(南京大学)、刘若庄(北京师范大学)、戴树珊(云南大学)、唐敖庆(吉林大学)、张乾二(厦门大学)、邓从豪(山东大学)、孙家钟(吉林大学)、古正(四川大学)

唐敖庆对分子轨道对称守恒原理进行了新发展[229]。在仔细分析、评价了国际上三个学派的理论之后，唐敖庆建立了自己的理论：①根据分子在化学反应中的运动图像，把原子间的相互作用以反应坐标的函数来表示，用分子轨道理论导出电环化、环加成和 σ 键迁移反应中分子轨道变化的理论计算公式，从而得到了这些反应所遵守的全部经验规律，同时也得到了活化能的定量数值，这是从量子化学求活化能的一条新途径。②分子轨道对称守恒原理，以往只适用于具有某种对称性的基元反应，现在还把它推广到不具有对称性的反应类型。③对于分子轨道理论提出了一种新的计算方法，用这种方法讨论同系分子的性质，非常有效。

简单分子轨道理论的一大优点是它常可以对同系列的化合物作出一般性理论

处理，得出结构与性能的概括性结论，为化学工作者在研究问题时提供理论启示；分子轨道图形理论的建立又把理论方法推进到了新水平，从反映结构本性的分子图出发，简易直观地把本征多项式和分子轨道推算出来，然后再联系结构与性能的关系。它的优点是：物理图像清晰，将烦琐的运算步骤同割断键或去掉局部链段的直观过程相联系。唐敖庆研究组对此进行了发展[234]，并写出第一部专著[210]。

[7] 分子轨道理论和价键理论的比较[235]

价键理论和分子轨道理论是处理分子结构的两种近似方法，它们都是建立在量子力学基础之上，采用变分法(或微扰法)来处理分子体系，从处理的结果中揭示化学键本质。如果把这两种理论加以对比，不难看出两者各有优缺点。

价键理论简明直观，价键概念突出，在描述分子的几何构型方面有其独到之处，容易为人们所掌握。但是价键理论把成键局限于两个相邻原子之间，构成定域键，而且该理论严格限定只有自旋方向相反的两个电子配对才能成键，这就使得它的应用范围比较狭窄，对许多分子的结构和性能不能给出确切的解释。

分子轨道理论恰好克服了价键理论的缺点，它提出分子轨道的概念，把分子中电子的分布统筹安排，使分子具有整体性，这样成键就可以不局限于两个相邻原子之间，亦即还可以构成非定域键；而且该理论把成键条件放宽，认为单电子进入分子轨道后，只要分子体系的总能量得以降低也可以成键，这就使得它的应用范围比较广，能阐明一些价键理论不能解释的问题。但是分子轨道理论价键概念不明显，计算方法也比较复杂，不易为一般学习者运用和掌握，而且在描述分子的几何构型方面也不够直观。

或者说，价键理论对于分子定态的性质(键长、键角等)的解释和分子轨道理论相近，而分子轨道理论在研究和电子激发相关的性质(分子颜色、光电子能谱等)时更为有效。由于电子计算机的应用，分子轨道理论发展很快，应用也越来越广泛，同时价键理论也在不断地改进和演变。这两种理论各自取长补短，相辅相成，在新的更为成熟的分子结构理论尚未正式创立之前，无论对价键理论或者分子轨道理论，均不可偏废。

[8] 分子轨道理论的发展与展望

分子轨道发展到现在已经有了很大的发展，尤其是在电子计算机技术发展迅速的今天，量子化学模拟已经成为化学研究和化工生产必不可少的方法[236]。

目前，分子轨道理论已经突破了在解释各种理论现象以及反应机理中的瓶颈，在很多方面已和实际应用联系，如选矿[237]、分子器件的制造[238]、光材料的制备[239]、纳米材料的产生[240]、药物作用[241]等。

今后，作为分子轨道理论本身的发展可以致力于改善算法，提高计算能力，减小模拟计算所用的时间。另外，还可以专注于提高精度，发展新的算法，从而实现对于更大的分子、更大的体系的精度更高的计算和模拟。

3. 分子轨道理论的基本要点

从上面的介绍可知，分子轨道理论是从最简单的分子体系氢分子离子(H_2^+)的量子力学近似处理入手的。从处理氢分子离子这个单电子体系过程中引出分子轨道的一系列的重要结论，再近似地运用于多电子分子，因而用分子轨道法处理多电子分子问题是近似的近似。为此，分子轨道理论只能作为定性了解分子结构和联系化学性质的一种手段。

[1] 基本要点

分子轨道理论有 3 个基本要点：

(1) 分子轨道由原子轨道线性组合(LCAO)而成。例如：

$$A+B \longrightarrow AB \begin{cases} \psi_{\text{I}} = C_a\psi_A + C_b\psi_B \\ \psi_{\text{II}} = C'_a\psi_A + C'_b\psi_B \end{cases}$$

(2) n 个原子轨道线性组合成 n 个分子轨道。

(3) 每一个分子轨道有一相应的能量，它是处于该轨道中的电子在原子核和其余电子形成的势场中运动的动能和势能之和，称为轨道能。

这些要点都可以从氢分子离子线性变分法处理的结果获得[242]。

图 5-67 表示氢分子离子(H_2^+)的坐标。图中 A、B 代表两个原子核，r_A、r_B 分别代表电子离两个核的距离，R 代表两原子核间的距离。这一个电子可以当作在两个固定的氢原子核所产生的势场中运动(由于电子质量比原子核小得多，运动速度也比原子核快得多，因此可将核看成静止不动)，这个体系的哈密顿算符为

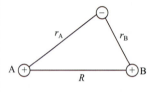

图 5-67　氢分子离子(H_2^+)的坐标

$$H = \underbrace{-\frac{h^2}{8\pi^2 m}\nabla^2}_{\text{电子的动能}} \underbrace{-\frac{e^2}{r_A} - \frac{e^2}{r_B}}_{\text{电子与核间的吸引能}} + \underbrace{\frac{e^2}{R}}_{\text{核间排斥能}} \quad (5\text{-}126)$$

体系的薛定谔方程为

$$H\psi = E\psi \quad (5\text{-}127)$$

这时，如果能知道该体系的某一精确波函数 ψ，即可求出体系的能量。以 ψ 乘式(5-127)两边得

$$\psi H\psi = E\psi^2 \quad (5\text{-}128)$$

对微体积 $d\tau$ 积分得

$$\int \psi H\psi \, d\tau = E\psi^2 d\tau = E\int \psi^2 d\tau$$

所以

$$E = \frac{\int \psi H\psi \, d\tau}{\int \psi^2 d\tau} \quad (5\text{-}129)$$

若基态波函数为 ψ_0，则相应的基态能量为 E_0。使用线性变分法可以在不解出薛定谔方程式的情况下得到体系的近似基态能量。

量子力学可以证明，如果用任意一个满足合格条件的函数(指单值、连续、有限)f(又称试探变分函数)作为 H_2^+ 体系的近似解，代入式(5-129)算得的能量为近似能量 ε，则 ε 值必大于等于基态的能量 E_0 值。

— 334 —

$$\varepsilon = \frac{\int fHf\mathrm{d}\tau}{\int f^2\mathrm{d}\tau} \geqslant E_0 \tag{5-130}$$

变分函数 f 中除了包含电子的坐标变量以外，还包含若干个未定参数 c_1、c_2、$c_3\cdots c_n$。变分函数原则上可以任选，其参数选得越多，得到的结果越正确，但计算也越繁杂。通常是根据体系的物理状态选择适当的变分函数，以期使用比较少的参数，经过不太复杂的计算得到较为满意的结果。对于 H_2^+ 体系变分函数的选择是考虑到该体系的这一个电子既不能完全属于 A 核，又不能完全属于 B 核，它只能在整个体系中运动(即假定单电子在两核产生的势场中运动)。所以，可选变分函数 f 使它是原子轨道 ϕ_A 和 ϕ_B 的线性组合：

$$f = c_1\phi_A + c_2\phi_B \tag{5-131}$$

将式(5-131)代入式(5-130)，经变分法确定参数 c_1、c_2 采取什么数值时 ε 值最低，这个近似能量值就一定比较接近真实的基态能量值 E_0，则试探变分函数 f 也就近乎等于基态真实波函数 ψ。式(5-131)就是 H_2^+ 的单电子波函数，它的运动状态也称为分子轨道。

经过严格的数学处理，可以得到：

$$c_1 = \sqrt{\frac{1}{2+2S_{AB}}}; c_2 = \sqrt{\frac{1}{2-2S_{AB}}} \tag{5-132}$$

式中，S_{AB} 称为重叠积分，代表两个原子轨道重叠多少，其值亦与核间距 R 有关，通常在 $0.2\sim 0.3$。

$$\psi_1 = \sqrt{\frac{1}{2+2S_{AB}}}(\phi_A + \phi_B) \ ; \ \psi_2 = \sqrt{\frac{1}{2-2S_{AB}}}(\phi_A - \phi_B) \tag{5-133}$$

$$E_1 = \frac{\alpha+\beta}{1+S_{AB}} \ ; \ E_2 = \frac{\alpha-\beta}{1-S_{AB}} \tag{5-134}$$

式中，α 称为库仑积分或 α 积分，代表 H_2^+ 体系中电子与核、核与核之间的吸力和斥力，其值与核间距 R 的大小有关；β 称为交换积分，也常称 β 积分，其值与两个原子轨道重叠程度有关，因而也与核间距 R 的大小有关。

[2] 分子轨道成键原则

不同的原子轨道要有效组成分子轨道，必须满足一定的条件，即能量近似(energy approximation)、轨道最大重叠(maximum overlap of orbits)、对称性匹配(symmetry matching)三个条件。其中前两条决定成键的效率，后一条决定是否能成键，是首要的。

(1) 能量近似。由氢分子离子 (H_2^+) 是能量相同的两个原子轨道组成两个分子轨道可知，对所有同核双原子分子都可以认为是能量等同的原子轨道组成相应的分子轨道。例如，2 个锂原子(a 和 b)组成锂分子(Li_2)，由于 Li 原子中的 1s 轨道能量为 -99.1 eV，2s 轨道能量为 -5.7 eV，相差悬殊，所以形成 Li_2 分子不可能一个 Li 原子的 1s 轨道和另一个 Li 原子的 2s 轨道组合，而必须将能量等同的两个 1s 轨道和两个 2s 轨道各自分别进行线性组合形成 4 个分子轨道 (不必将 4 个轨道统

一进行线性组合):

$$\psi_1 = c_1(\phi_{1sa} + \phi_{1sb})$$
$$\psi_2 = c_2(\phi_{1sa} - \phi_{1sb})$$
$$\psi_3 = c_3(\phi_{2sa} + \phi_{2sb})$$
$$\psi_4 = c_4(\phi_{2sa} - \phi_{2sb})$$

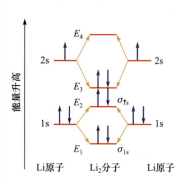

图 5-68 Li_2 的分子轨道能级图

与 4 个分子轨道相对应的分子轨道能量为 E_1、E_2、E_3、E_4(图 5-68)。

从图 5-68 可见，σ_{1s} 和 σ_{1s}^* 两个分子轨道的能量低于或高于原子轨道 1s 的数值基本相等，当 4 个电子充满这两个分子轨道时，总能量几乎没有变化，因而它们对成键效应没有贡献(称为非键分子轨道，nonbonding orbitals)。所以，在处理复杂的分子时，只需考虑原子的最外层电子(价电子)的相互作用，不必考虑内层电子的贡献，从而使问题大为简化。为此，锂分子的分子轨道表示式可以改写为

$$Li_2[KK(\sigma_{2s})^2]$$

这种表示方式也称为分子的电子构型。

(2) 轨道最大重叠。原子轨道有效组成分子轨道，不仅要考虑它们能量是否相近，还要考虑它们是否产生重叠，以及如何能产生最大的重叠。这是因为只有当两个原子的重叠区较大时才能产生 β 的绝对值较大的效果。β 的绝对值越大，成键轨道相对于原子轨道的能量降低也越显著，从而电子转入此分子轨道的成键效应也愈强。例如 p_z 和 s 或 p_z 和 p_z 原子轨道，当它们的能量相近，且沿 z 轴方向靠近时可以产生最大的重叠[图 5-69(a)(b)]，而 p_z 和 p_x 轨道相互靠近时难以形成重叠，因此不能组成分子轨道[图 5-69(c)]。有时原子轨道的重叠区虽不小，如 p_x (或 p_y)与 s，却不能组合成分子轨道[图 5-69(d)]，因为两块重叠区的值相等、符号相反，重叠积分等于零，即

$$S = \int_{V_1} \phi_{p_x} \phi_s d\tau_1 + \int_{V_2} \phi_{p_x} \phi_s d\tau_2 = 0$$

同样，在重叠区 V_1 和 V_2 上的交换积分也等于零，即

$$\beta = \int_{V_1} \phi_{p_x} H \phi_s d\tau_1 + \int_{V_2} \phi_{p_x} H \phi_s d\tau_2 = 0$$

所以，ϕ_{p_x} 和 ϕ_s 虽然重叠仍不能有效地组成分子轨道，这显然与原子轨道的对称性有关。

(3) 对称性匹配。因为原子轨道都有一定的对称性，所以能量相近(或等同)的一些原子轨道为了有效地组成分子轨道，它们的轨道类型和重叠方向必须对称匹配，使成键轨道都是原子轨道同号区域相重叠，以致重叠积分 S 不等于零(或交换积分 β 不等于零，图 5-70)。这种必须具有相同对称性才能使 S 不等于零(或 β 不

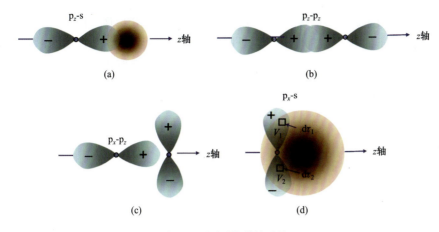

图 5-69 原子轨道的重叠

等于零)的条件称为"对称性匹配条件"。一些原子轨道的重叠积分 S 等于零(或 β 等于零),则不能有效地组成分子轨道,无实际成键效应。

图 5-70 反映了轨道有效重叠必须符合对称性匹配条件,由于对称性匹配分子轨道有成键、反键之分,这正是电子有波动性的表现。波的叠加必须考虑位相的正、负号,这种符号不妨粗略地理解为"位相",所以两个原子轨道重叠相加可以认为是位相相同轨道最大重叠,组成成键分子轨道;两个原子轨道重叠相减可以认为是位相相反,处排斥态,组成反键分子轨道。从图 5-70 中还可以看到 σ 分子轨道的特征是沿键轴呈圆柱形对称,没有节面;π 分子轨道的特征是通过键轴的平面呈反对称,有一个通过键轴的节平面。自然,当两个 d 轨道面对面重叠时,可以产生具有两个通过键轴节面的分子轨道,它对两个节面都呈反对称,这种轨道称为 δ 轨道,一般不太常见。

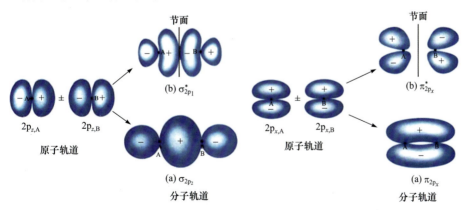

图 5-70 几种分子轨道示意图

分子轨道类似于原子轨道情况,节面的数目越多,能量就越高,由于 σ 轨道无节面、π 轨道一个节面、δ 轨道两个节面,所以分子轨道的能量次序是 δ>π>σ。

[3] 处理分子轨道的方法

处理分子轨道的方法与处理原子轨道有些相似:首先把分子中的原子核先按一定空间配置排列起来,弄清分子轨道的数目和能级;再由原子算出可用来填充这些轨道的电子数；最后按一定规则将电子填入分子轨道，像写原子的电子组态那样写出分子的电子组态(构型)。电子填入分子轨道时服从以下规则：

(1) 能量最低原理：尽先占据能量最低的轨道，低能级轨道填满后才进入能级较高的轨道。

(2) 泡利不相容原理：每条分子轨道最多只能填入 2 个自旋相反的电子。

(3) 洪德规则：分布到等价分子轨道时总是尽可能分占轨道。

[4] 分子轨道的能级图

由于 S_{AB} 比 1 小得多，可忽略不计，因此 H_2^+ 的轨道能为

$$E_1 \approx \alpha + \beta$$
$$E_2 \approx \alpha - \beta$$

已知 $\alpha \approx E_H$、β 为负值，则

$$E_1 \approx E_H - |\beta|$$
$$E_2 \approx E_H + |\beta|$$

称能量下降 $|\beta|$ 值的轨道为成键分子轨道(bonding molecular orbital)，用符号 σ_{1s} 表示；称能量上升 $|\beta|$ 值的轨道为反键分子轨道(antibonding molecular orbital)，用符号 σ_{1s}^* 表示。能量关系见图 5-71。

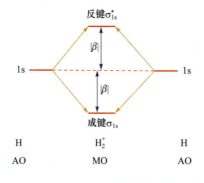

图 5-71　H_2^+ 的分子轨道能级图

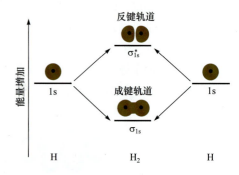

图 5-72　第一周期同核双原子分子的分子轨道能级图

分子轨道按其能量高低次序排列而得分子轨道能级图。

1) 第一周期同核双原子分子的分子轨道能级图

第一周期同核双原子分子的分子轨道能级图如图 5-72 所示。将 H_2^+、H_2、H_2^-、"He_2" 分子、离子的电子排列其中即得其分子轨道表示式，分别为 σ_{1s}^1、σ_{1s}^2、$\sigma_{1s}^2\sigma_{1s}^{*1}$、$\sigma_{1s}^2\sigma_{1s}^{*2}$。显然，$H_2^+$ 不如 H_2 稳定，只能以瞬态存在于气相中，H_2^- 的稳定性也会降低；"He_2" 分子不存在，分子轨道理论的这一判断，与 He 在气态以单原子分子存在的事实相一致。

2) 第二周期同核双原子分子的分子轨道能级图

第二周期同核双原子分子的分子轨道能级图如图 5-73 所示。其中图 5-73(a) 适用于 O_2、F_2 等分子，图 5-73(b)适用于 B_2、C_2 等分子。因此，分子轨道的能

级高低可表示为

$$\sigma_{1s}<\sigma_{1s}^*<\sigma_{2s}<\sigma_{2s}^*<\sigma_{2p_x}<\begin{matrix}\pi_{2p_y}\\ \pi_{2p_z}\end{matrix}<\begin{matrix}\pi_{2p_y}^*\\ \pi_{2p_z}^*\end{matrix}<\sigma_{2p_x}^*$$

或

$$\sigma_{1s}<\sigma_{1s}^*<\sigma_{2s}<\sigma_{2s}^*<\begin{matrix}\pi_{2p_y}\\ \pi_{2p_z}\end{matrix}<\sigma_{2p_x}<\begin{matrix}\pi_{2p_y}^*\\ \pi_{2p_z}^*\end{matrix}<\sigma_{2p_x}^*$$

比较后可发现，σ_{2p_x} 和 π_{2p_y}、π_{2p_z} 的能级顺序有颠倒现象。这是由于 B、C、N、O、F 各原子中的 2s 和 2p 轨道能量差逐个递增，原子轨道之间的相互作用越来越小(这种作用也可以理解为轨道杂化)，对 O、F 来说可以不考虑原子轨道与原子轨道之间的相互影响，而 B、O 等因 2s 和 2p 轨道能量差小(表 5-48)，它们之间的相互作用不能忽视；比较严格的处理应当同时考虑对称性允许的 2s、$2p_z$ 组成 4 个能量不同的 σ 分子轨道(形成分子的 2 个原子共有 2 个 2s 和 2 个 $2p_z$ 原子轨道，因而可组成 4 个 σ 分子轨道)，见图 5-73(b)，其中 σ_{2s} 能级下降，$\sigma_{2p_x}^*$ 升高；σ_{2s}^* 能级降低(接近于 2s 原子轨道能级)，σ_{2p_x} 升高(更接近 $2p_z$ 原子轨道能级)，致使 σ_{2p_x} 的能级高于 π_{2p_y}、π_{2p_z}。量子力学的一个原理就是能量接近的波函数之间混合程度最强。因此，随着 s 和 p 能级距离的增大，分子轨道越来越接近纯 s 轨道和 p 轨道的性质；反之，分子轨道中含有的混合成分就越多。

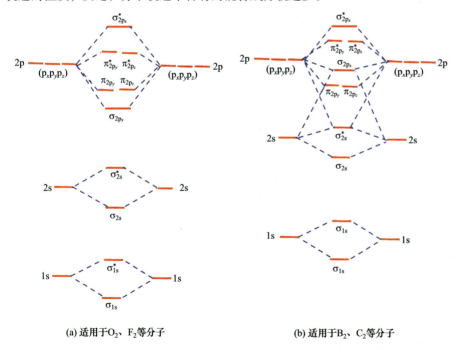

图 5-73　第二周期同核双原子分子原子轨道和分子轨道的能量关系图

表 5-48　一些元素的原子轨道能级数据(eV)

元素	1s	2s	2p	ΔE_{2p-2s}
H	−18.6			
Li	−64.9	−5.4		
B	−197.20	−14.01	−5.71	8.30
C	−293.76	−19.45	−10.74	8.71
N	−406.00	−25.57	−12.92	12.65
O	−542.64	−32.37	−15.91	16.46
F	−696.32	−40.12	−18.68	21.49

对于同核双原子分子的这两种分子轨道符号有以下两种表示：

以组成的原子轨道表示	σ_{1s}	σ_{1s}^*	σ_{2s}	σ_{2s}^*	σ_{2p}	$\pi_{2p_y}\pi_{2p_x}$	$\pi_{2p_y}^*\pi_{2p_x}^*$	σ_{2p}^*
以键轴中心的对称性表示	$1\sigma_g$	$1\sigma_u$	$2\sigma_g$	$2\sigma_u$	$3\sigma_g$	$1\pi_u$	$1\pi_g$	$3\sigma_u$

因此，第二周期元素双原子分子的电子组态可表示如下：

Li_2　　$1s^2 1s^2 \sigma_{2s}^2$

Be_2　　$1s^2 1s^2 \sigma_{2s}^2 \sigma_{2s}^{*2}$

B_2　　$1s^2 1s^2 \sigma_{2s}^2 \sigma_{2s}^{*2} \pi_{2p_y}^1 \pi_{2p_z}^1$

C_2　　$1s^2 1s^2 \sigma_{2s}^2 \sigma_{2s}^{*2} \pi_{2p_y}^2 \pi_{2p_z}^2$

N_2　　$1s^2 1s^2 \sigma_{2s}^2 \sigma_{2s}^{*2} \pi_{2p_y}^2 \pi_{2p_z}^2 \sigma_{2p_x}^2$

O_2　　$1s^2 1s^2 \sigma_{2s}^2 \sigma_{2s}^{*2} \sigma_{2p_x}^2 \pi_{2p_y}^2 \pi_{2p_z}^2 \pi_{2p_y}^{*1} \pi_{2p_z}^{*1}$

F_2　　$1s^2 1s^2 \sigma_{2s}^2 \sigma_{2s}^{*2} \sigma_{2p_x}^2 \pi_{2p_y}^2 \pi_{2p_z}^2 \pi_{2p_y}^{*2} \pi_{2p_z}^{*2}$

Ne_2　　$1s^2 1s^2 \sigma_{2s}^2 \sigma_{2s}^{*2} \sigma_{2p_x}^2 \pi_{2p_y}^2 \pi_{2p_z}^2 \pi_{2p_y}^{*2} \pi_{2p_z}^{*2} \sigma_{2p_x}^{*2}$

它们的双原子分子的分子轨道及电子填充由图 5-74 表示。这里需要说明的是，

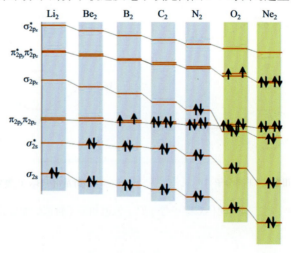

图 5-74　第 2 周期元素双原子分子的分子轨道及电子填充

分子轨道能级的更直接实验描述是由紫外光电子能谱(UV-PES)完成的。该方法的原理是用硬紫外光(高能紫外光，最常用的是能量为 21.2 eV 的紫外光)照射样品并导致发射光电子，然后测定光电子的动能。频率为 ν 的光子能量为 $h\nu$，如果它从分子中击出一个电离能为 I 的电子，测光电子的动能 E_k 为

$$E_k = h\nu - I \tag{5-135}$$

电子当初所在的能量越低(被束缚得越紧)，其电离能就越大，被击出后其动能就越小(图 5-75)。由于光电子能谱上的峰对应于从分子不同能级上发射出来的光电子的动能，所以能够给出分子轨道能级图的具体图像。图 5-76 为 N_2 的紫外光电子能谱。可以看出，光电子显示一系列分立的电离能峰(能量分别为接近于 15.6 eV、16.7 eV 和 18.8 eV)，这一事实强烈暗示分子中电子排布的壳层结构。

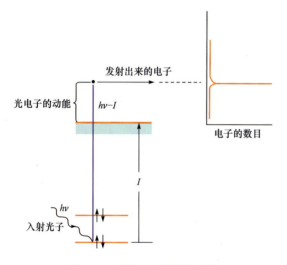

图 5-75　紫外光电子能谱实验

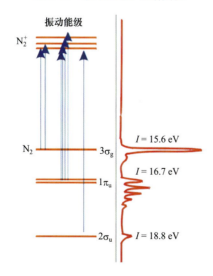

图 5-76　N_2 的紫外光电子能谱

分子轨道中填入了电子就是形成了化学键。现在提出键级(bond order)又称键序的概念，是想要从分子轨道角度判断分子中一对原子间的成键数。分子轨道理论可按下述公式计算键级：

$$键级 = \frac{成键电子数 - 反键电子数}{2}$$

对 H_2 分子而言

$$键级 = \frac{2-0}{2} = 1$$

对 "He_2" 分子而言

$$键级 = \frac{2-2}{2} = 0$$

键级还有可能是分数。

两个特定原子间的键焓随着键级的增加而增加，即键越强(图 5-77)，而键长随着键级的增加而缩短(图 5-78)。

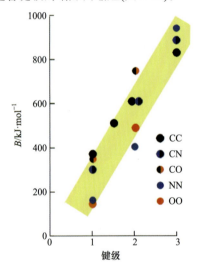

图 5-77 键级-键强相关图　　图 5-78 键级-键长相关图

与"He_2"分子不存在的道理一样，第二周期元素双原子分子中，"Be_2"和"Ne_2"的键级为 0，表明两个 Be 原子或 Ne 间原子不形成化学键。与预期的结果相同，迄今尚未检出 Ne_2 分子和 Be_2 分子的存在。这是分子轨道成功的一个亮点。

周玉芬等[243]通过基于量子化学或密度泛函理论的 Gaussian 03 计算软件[244]，计算、绘制并分析了 O_2(图 5-79)、F_2(图 5-80)、N_2(图 5-81)的分子轨道能级图，将较难理解的内容定量、直观地呈现出来，形象地解释了分子轨道成键原则与电子填充原则等分子轨道理论中的重难点，可加深对分子轨道理论的理解。第一和第二周期元素双原子分子(离子)的某些性质见表 5-49。O_2 无磁性是分子轨道成功的又一个亮点。

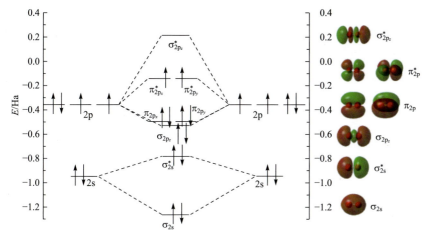

图 5-79　O_2 的分子轨道能级图、轨道形状和电子排布

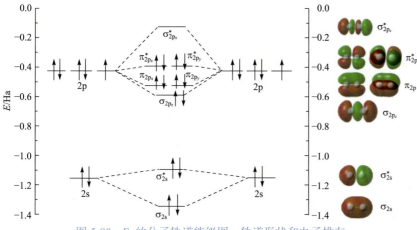

图 5-80　F_2 的分子轨道能级图、轨道形状和电子排布

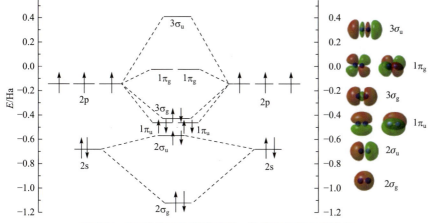

图 5-81　N_2 的分子轨道能级图、轨道形状和电子排布

表 5-49　第一和第二周期元素双原子分子(离子)的某些性质

物种	电子总数	键级	键长/pm	键的离解能 /(kJ·mol^{-1})	磁性
H_2	2	1	74	436	无
"He_2"	4	0	—	—	—

续表

物种	电子总数	键级	键长/pm	键的离解能/(kJ·mol^{-1})	磁性
Li$_2$	6	1	267	111	无
"Be$_2$"	8	0	—	—	—
B$_2$	10	1	159	295	有
C$_2$	12	2	124	593	无
N$_2$	14	3	109	946	无
O$_2^+$	15	2.5	112	641	有
O$_2$	16	2	121	498	有
O$_2^-$	17	1.5	130	398	有
F$_2$	18	1	141	158	无
"Ne$_2$"	20	0	—	—	—

3) 异核双原子分子或离子的分子轨道能级图实例

与同核双原子分子不同，异核双原子分子中每个原子轨道对分子轨道的贡献不相等，而每条分子轨道的形式仍与同核双原子分子相似：

$$\psi = c_A \phi(A) + c_B \phi(B) + \cdots$$

未写出来的轨道包括能形成 σ 和 π 键的对称匹配的所有其他轨道，但它们的贡献较写出的这两条轨道小得多。不同于同核物种的是，系数 c_A 和 c_B 的量值不再相等。c_A^2 大于 c_B^2 时，分子轨道主要由 $\phi(A)$ 组成，该轨道上的电子在原子 A 附近比在原子 B 附近出现的概率大；c_B^2 大于 c_A^2 时，情况恰好相反。或者说通常发生的情况是：

(1) 对成键分子轨道的较大贡献来自于电负性较大的原子。

(2) 电负性较小的原子对反键分子轨道的贡献大些。

(3) 异核分子中由不同原子的轨道重叠引起的能级降低不像同核分子中由相同能级的轨道重叠引起的能级下降那样显著。然而这并不意味着 AB 键必然弱于 AA 键，因为其他因素(轨道的大小、接近的程度等)也是重要的。例如，N$_2$ 的等电子物种 CO 的键焓(1070 kJ·mol^{-1})就大于 N$_2$ 的键焓(946 kJ·mol^{-1})。

作为实例看一个简单的异核双原子分子 HF。H 和 F 的电负性和原子轨道能量见表 5-50。按成键原则，从表 5-50 中数据可知，用于形成分子轨道的价轨道应是 H 的 1s 轨道与 F 的 2s 和 2p 轨道(图 5-82)，电子的分布如下：

$$HF[\underbrace{(1s)^2(2s)^2(2p_x)^2(2p_y)^2}_{\text{非键}} \underbrace{\sigma^2}_{\text{成键}}]$$

表 5-50 H 和 F 的电负性和原子轨道能量

元素	H	F		
电负性	2.1	4.0		
电子层结构	1s	1s^2	2s^2	2p^5
AO 的能量/eV	−13.6	−696.32	−40.12	−18.63

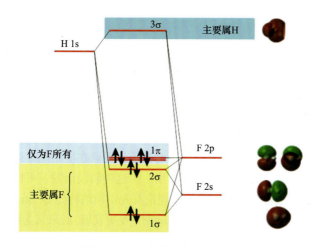

图 5-82　HF 的分子轨道能级图

类似地，可以画出 CO 和 ICl 的分子轨道能级图(图 5-83、图 5-84)。

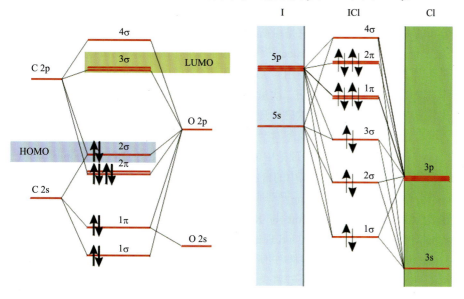

图 5-83　CO 的分子轨道能级图　　　图 5-84　ICl 的分子轨道能级图

5.5　金属键理论

周期表中五分之四的元素为金属元素，除汞以外的其他金属室温下都是晶体。金属和许多合金显示出离子型物质和共价型物质所不具备的某些特征，如具有金属光泽、优良的导电导热性、富有延展性等。金属的特性是由金属内部原子间(紧密堆积)结合力的特殊性质决定的。对于纯金属，将金属中自由电子与金属正离子间的作用力称为金属键(metallic bond)，正是这种作用力将金属原子"胶合"起来形成金属晶体的。

5.5.1 金属键理论简介

人们并不是一开始就认识到金属键的特点,而是在量子力学建立起来以后,金属键理论才得到了迅速发展,近代发展起来的金属键理论虽有多种多样,但可概括成下列四种主要理论派别[245-246]。

(1) 自由电子理论,也称为改性共价键理论。此自由电子理论不同于古典自由电子论,能解决一些古典自由电子论所遇到的矛盾,至今仍不失其价值。这种理论认为金属中的价电子基本上都是自由电子,可以在整个晶体中运动,受到离子的周期场和其他电子的平均电场的作用。由这种假设出发,可以解释为什么有的晶体是导体,有的晶体是绝缘体。该理论首先由斯塔特(J. O. Strutt)[247]提出,后由布洛克(F. Bloch)[248]、布里渊(L. Brillouin)[249]等所发展。后来又为维纳(E. Wigner)与塞茨(F. Seitz)[250]利用来计算几种简单金属的结合能。再后来又为斯莱特(J. C. Slater)[251-252]、斯通达(E. C. Stoner)[253]、沃尔法斯(E. P. Wohlfarth)[254]、弗里德尔(J. Friedel)[255]等用来研究铁磁性。

(2) 极性模型理论。该理论把金属状态作为对应于中和原子及正负离子的各种分布的共振重迭。这种理论是由斯莱特[64]、S. Schubin 与 S. Wonsowsky[256]、H. H. 波戈留波夫[257]、J. H. van Vleck[258]等发展起来的。该理论所用的方法是多电子,主要考虑了原子之间的耦合作用与关联作用。С. В. Вонсовский[259]对于这个方法曾作过总结性的研究,他利用二次量子化的工具得到一些结果。但是,由于数学上比较复杂,目前除了对于铁磁性理论的计算有些结果外,其他很少有定量的计算,而且这类理论所根据的模型对金属来说也不是全面的。

(3) s-d 模型理论。这种理论中的一部分学者如 С. В. Вонсовский[260]与 C. Zener[261]假设4s电子成为金属中的自由电子,而3d电子则仍都束缚在各个原子上。另一部分学者如鲍林(L. Pauling)[262]则认为3d电子不完全束缚在原子上,而有一部分也成为自由电子。N. F. Mott 与 K. W. H. Stevens[263]及 W. M. Lomer 与 W. Marshall[264]后来又提出的两种s-d理论也采取了鲍林的观点。

(4) 价键理论。主要由鲍林[265]所提倡,他吸收了各方面的概念,但主要应用了由 s、p、d 态杂化而成的价键概念。这个理论明确地使用了定向价键概念。

1. 自由电子理论

该理论把金属晶体视为一个三维势箱,电子在其中运动时势能处处相等,设此势能为零,其薛定谔方程为

$$\nabla^2 \psi + \frac{h^2}{8\pi^2 mE} = 0 \tag{5-136}$$

解式(5-136)得到描述电子运动状态(指定态)的波函数和能量,分别是

$$\psi(x,y,z) = \left(\frac{8}{l^3}\right)^{1/2} \sin\left(\frac{n_x \pi x}{l}\right) \sin\left(\frac{n_y \pi y}{l}\right) \sin\left(\frac{n_z \pi z}{l}\right) \tag{5-137}$$

$$E = (n_x^2 + n_y^2 + n_z^2)\frac{h^2}{8\pi l^2} \tag{5-138}$$

式中,l为势箱边长(设为立方体);n_x、n_y和n_z分别为三个量子数,取值都是正整数。

由式(5-137)和式(5-138)不难看出，有些运动状态不同的电子(n_x、n_y 和 n_z 的组合不同，ψ 不同)其能量 E 相同，即简并的。这些简并能级值随势箱边长 l 的增大而降低。对于金属晶体来说，由于 l 可大到宏观的程度，其能级是很低的。当形成金属键时，电子由原子能级进入晶体能级，体系的能量下降值是很大的，从而形成一种强烈的吸引作用，这就是该理论对金属键本质的概括性说明。

这种理论的成键模型虽然过于简单，但用来定性解释金属的大多数特征十分成功。自由电子不受某种具有特征能量和方向的键的束缚，因而能吸收或重新发射很宽波长范围的光线，从而使金属不透明且具金属光泽。自由电子在外电场影响下定向流动形成电流，使金属具有良好的导电性。金属的导热性也与自由电子有关，运动中的自由电子与金属离子通过碰撞而交换能量，进而将能量从一个部位迅速传至另一部位。与离子型和共价型物质不同，外力作用于金属晶体时，正离子间发生的滑动不会导致键的断裂，使金属表现出良好的延性和展性，从而便于进行机械加工。金属具有较高的沸点和气化热，表明金属正离子不那么容易跳出"电子海"(图 5-85)。一般说来，价电子越多，金属的熔、沸点也越高，据认为这是由于更多的电子"下海"后增强了金属键。价电子多的金属其硬度和密度通常也较大。

但是，也正因为所用的模型很简单，没有适当考虑到电子的排斥而引起的位置上的关联作用，没有明确的键的概念，金属键是如何形成的问题，以及金属晶体结构类型的问题也都没有很好地加以考虑。因此尽管自由电子理论发展了很多定量计算，能阐明很多问题，但实质上仍然是一种比较粗糙的理论，有很大的局限性，不能全面地说明金属的性质。例如，金属在熔化后，晶格的周期性虽受到了破坏，但电导性并无多大的变化，半导体在熔化时也是如此，这是该理论所不能说明的，因为该理论是由周期场推得的，可见固体导电性的本质并不取决于周期场。

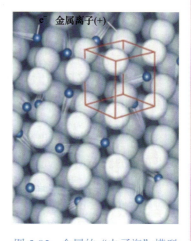

图 5-85　金属的"电子海"模型

2. 金属的价键理论

[1] Pauling 的金属共振价键理论

鲍林从 1938 年起[265]即应用化学键理论中的思想来研究金属键，并注意研究了能带理论没有接触到的一些问题，如金属中原子间力的性质，金属晶体结构类型，金属密度和内部结构中原子间距离等一系列问题。严格说，该理论的概念是清楚的。他首先恢复了哥德希米特(V. M. Goldschmidt)在 1926 年所提出的金属键本质上是共价键的基本观点，并在这个观点的基础上提出了他的共振价键理论。但是，他简单地把金属键的本质视为共价键是不确切的。

鲍林在这个基础上提出的"共振价键理论"实质上是他的"共振论"在金属键理论中的一个推广和发展。例如，他虽然认为氢分子量化处理的两个状态具有相同的能量，却认为它们是两种"结构"，认为 H_2 分子总是在这两种结构之间转变(图 5-86)，并把这种"转变现象"称为"电子共振"。还认为正因为存在这种"共振效应"，产生了"共振能"，大大增加了结合能，才使两个氢原子稳定地结合成氢分子。我们已知 H_2 分子中共价键的形成，显然，鲍林把 H_2 分子简单地理解为两个氢原子机械的迭加，并把键的形成说成是主要取决于两个电子在两个氢原子之间的"共振"是不对的。

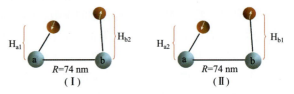

图 5-86　氢分子量化处理的两个状态

同样，鲍林认为金属中的情况是这样的，就一个假想的二维(平面正方结构)单价金属晶体来说，它可以进行如图 5-87(a)所示的同步共振，也完全有可能通过成对离子的生成而进行图 5-87(b)所示的不同步共振。这样的不同步共振大大增加了"共振结构"的个数，因而大大增加了平均结合能，但不同步共振要求成对离子的生成。为了不违背共价键饱和性的限制，需要在能够生成为阴离子的原子上面空出一个原子轨道来接受不同步共振结构中阴离子上面多出来的一个键。鲍林将这个空出来的轨道称为金属轨道。他认为在电子贫乏的金属中，一定有多余的原子轨道允许原子所能生成的价键在围绕着它的位置上进行同步和不同步共振。他称这样的共振为"枢纽式共振"。简单说，鲍林认为金属键就是靠这种"共振"来形成的。由此可见，鲍林把金属当成是双原子分子的机械迭加和共振，也就是把金属键当成是由共价键的共振而形成的，因而认为金属键的本质是共价键，这是不正确的。例如，当众多锂分子互相接近而形成金属时，由于强烈的相互作用，分子的结构发生了根本的变化而形成一个新的整体，此时不可能一对电子仍属于一对原子而不受相邻其他原子的影响。事实上，锂分子的核间距为 267 nm，当形成金属时，邻两原子间的最近距离则为 304 nm，它们固有的键已发生了根本的变化，不再是共价键了！

$$\left\{\begin{array}{cc} M_1-M_2 & M_1-M_2 \\ M_3-M_4 & M_3-M_4 \end{array}\right\} \quad \left\{\begin{array}{cc} M_1-M_2 & M_1-M_2^- \\ M_3-M_4 & M_3^+-M_4 \end{array}\right\}$$

(a) 同步共振　　　　(b) 不同步共振

图 5-87　鲍林认为金属中的振动

分析该理论有瑕疵的另一个例子是，W. Hume-Rothery 等[266]曾用鲍林的共价键观点来解释过渡金属在第六族出现结合能极大的原因。对配位数为 12 的结构(面心立方与密集六方)，他们算出外层电子个数为 6 时，电子在这 12 对原子间可能产生的分布方式数最多，也就是说共振结构数最多，因此贡献的共振能最多，结合能最大。他们设配位数为 12，每个原子有 n 个电子，这 n 个电子在 12 对原子间的各种可能分布而形成的共振结构数为

$$N = \frac{12!}{(12-n)!n!} \tag{5-139}$$

当 $n=6$ 时，N 为极大。对于体心立方结构，其最近邻为 8，次近邻为 14，用同样方法算得 $n=4$ 及 $n=7$ 时，N 为极大，他们认为最近邻与次近邻的原子间距相差不大，故取其中间值，则 n 约为 6 时，N 为极大。实际上，过渡金属第六族的结合能最大，主要由于它们形成金属时能参加成键的价电子数最多，有 6 个。其他族的元素形成金属时参加成键的电子数小于 6，故结合能较小。

总之，鲍林解释金属结合力的观点就是金属结合起源于相邻原子间价电子所形成的共价键，可以把这种键看成是未饱和的共价键，因为金属一般价电子少、配位数高，由于电子不够全面供应，金属原子不足以在所有相邻原子间形成共价键，只有轮流和周围的原子形成单电子结合和双电子结合的共价键，因此可认为是未饱和的共价键。鲍林认为这种键是无序分布，每一个原子平均只参与一个结合键，而电子在这些键中共振，使能量降低，晶体的稳定性提高。所以，金属被认为是金属的不同原子之间形成一个电子和两个电子共价结合的各种结构，而金属键就是在这些所有不同结构之间的电子共振。

[2] Engel-Brewer 的金属价键理论

L. Brewer[267]修正和发展了鲍林的金属价键理论，不仅把金属原子的价电子结构与金属及其合金的键合能关联起来，而且把原子的价电子结构与金属的晶体结构关联起来，其理论可归纳为两条规则。

(1) 金属或合金的键合能取决于每个原子能够键合的未成对电子的平均数。如果由于增加电子所放出的键合能能够补偿所需的激发能，则具有较多未成对电子的激发电子组态比基态电子组态更为重要(图 5-88)。图中能量关系式如式(5-140)所示，式中 E_{sub} 是升华能，E_{bond} 是键合能，E_{prom} 是激发能。

$$E_{sub} = E_{bond} - E_{prom} \tag{5-140}$$

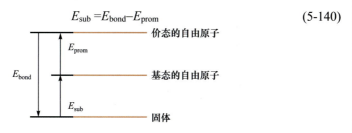

图 5-88 能量关系的 Born-Haber 循环

(2) 金属的晶体结构取决于键合中每个原子的 s 和 p 轨函的平均数，也就是取决于其"准备好键合"态中原子的未成对的 s 和 p 电子平均数。当键合中 s 和 p 电子数之和少于或等于 1.5 时，出现体心立方晶体结构(bcc)；当键合中 s 和 p 电子数之和在 1.7~2.1 时，出现六方密堆晶体结构(hcp)；当键合中 s 和 p 电子数之和在 2.5~3.0 时，出现立方密堆晶体结构(ccp)；当键合中 s 和 p 电子数之和接近于 4 时，出现非金属的金刚石结构。Brewer 根据金属升华能的实验值和不同价态能级相对基态能级激发能的实验值，结合公式(5-140)确定了金属的价电子组态[268]，得出用 Brewer 规则来说明金属晶体结构的周期性基本是成功的。

[3] 金属材料价键理论的发展与应用

由于价键理论多用于金属固体或晶体材料，因而其不同理论的发展和应用十分活跃。除了上面介绍的两种理论之外，还有应用极广的 Hume-Rothery 电子浓度理论[269]，1978 年余瑞璜在能带理论和 Pauling 金属价键理论研究基础上创建的固体与分子经验电子理论(empirical electron theory in solidand molecul)或"余氏理论"[270-271]。这里不再赘述，读者可参考相关文献理解。

3. 金属键的能带理论

金属键的能带理论(band theory of metal bond)是利用量子力学的观点来说明金属键的形成。因此，能带理论也称为金属键的量子力学模型，即将小分子分子轨道理论应用于金属这样的固体(无限数目的原子构成的聚集体)，金属中实际上组成了一个具有一定能量范围的连续能带(图 5-89)。能带之间常由带隙分开，带隙是指没有任何轨道存在的能量区间，因此形象地称为金属键的能带理论[272]。

[1] 金属键能带理论的要点

(1) 金属元素一是其原子的价电子数少，空的原子轨道数多；二是其电离能、电子亲和能较低，一般都容易给出电子而难获得电子；三是金属晶体是由同种原子组成的最紧密堆积结构，配位数多，通常是 12 或 8。这就决定了金属晶体中原子的价电子是离域的而为整个晶体所共有。金属键没有方向性和饱和性，导致金属原子最大限度地重叠而组成紧密堆积结构，使体系能量降低而稳定[273]。

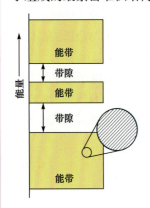

图 5-89 金属能带示意图

(2) 根据分子轨道理论，两个原子相互键合时，它们的能量相近、对称性相同的原子轨道通过线性组合可形成两个分子轨道，其中一个是能量低于原子轨道的成键分子轨道，另一个是能量高于原子轨道的反键分子轨道。如果 3 个原子互相键合时，它们的原子轨道可组成相应的 3 个分子轨道，中间一条为非键轨道。以此类推，每增加一个原子就多形成一条原子轨道。键合的原子数目越多，组成相应的分子轨道数目也越多。由此可推断，当 N 个原子组成晶体时，N 个原子轨道就会组合成 N 个分子轨道，其中有 $N/2$ 个成键轨道和 $N/2$ 个反键轨道(图 5-90)。

(3) 在狭窄的能量区间内，分子轨道如此之多，轨道之间的能级差必然很小，实际上形成了几乎是连续的能带。然而，不论形成的分子轨道的原子轨道有多少，轨道能级只能在有限的范围内分布(图 5-91)。这意味着相邻原子轨道能级之间的间隔随着 N 值趋于无限而逐渐趋于零，否则轨道的能级的分布范围就不可能是有限的，就是说能带是由一定数量但近乎连续的许多能级组成的。N 个分子轨道必须被挤满在能带的顶与底之间，而能带的底与顶之间的能量差约为 418.4 kJ。例如，设在 1 cm³ 金属样品中有 10^{22} 个原子，则在 418.4 kJ 能带中给出 10^{22} 个分子轨道，因此分子轨道之间每一间隔的平均能量为

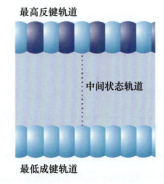

图 5-90 N 个原子轨道组合成 N 个分子轨道

4.184×10^{-22} kJ·mol^{-1}，可见能带中相邻分子轨道能级之间的差值很小。由于相同原子轨道之间相互微扰是原子核之间距离的函数，原子核之间距离越小，则微扰作用就越大，能带宽度越大；当原子核间距离一定时，主量子数 n 越大，原子轨道之间的相互微扰越大，能带宽度也越大，禁带宽度变小。能带宽度由两个因素决定：配位数和重叠积分 J，积分 J 的数值同波函数重叠程度有关，重叠程度越大，J 的数值也越大，能带越宽[274]。对于内层电子，波函数重叠程度小，J 值也小，能带比较空。对于主量子数 n 大，电子波函数重叠程度也大，J 值也大，能带比较宽。同时随着原子核间距离缩小，波函数重叠程度大，能带宽度变大，禁带宽度变小，最终允许能带重叠。对于体心立方晶格有

能带宽度=能带顶能量−能带底能量=16 J

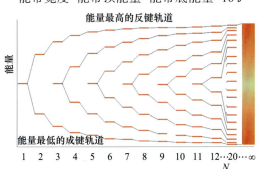

图 5-91　N 个原子结合成键时形成的分子轨道能量

(4) 在晶体中，相同能级的原子轨道组合成相同的能带。例如，图 5-90 表示由 s 轨道组成相应的 s 带，如果有合用的 p 轨道，则组成相应的 p 带(图 5-92)。原子的内层轨道原已充满电子，受核的束缚较强，不参与成键，因此通常可不考虑原子的内层轨道组成的能带。每种能带中容纳的电子数目有一个最高限额，这同原子结构的电子排列规则相一致，也遵循构造原理，按能量由低到高的顺序，首先填满低能带中的能级，然后才填充到高能带中的能级。

由于 p 轨道的能量高于同一价层的 s 轨道，s 带和 p 带之间往往会出现带隙[图 5-93(a)]。实际上，这种带隙是否存在取决于原子中 s 轨道与 p 轨道的能量

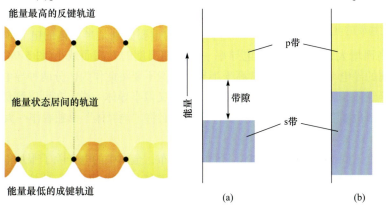

图 5-92　一维固体的 p 能带示意图　　图 5-93　s 带和 p 带之间有带隙和无带隙

间隔及原子间相互作用的强度。如果 s 带和 p 带较宽，而且 s 和 p 两种原子轨道的能级相近(实际往往是这样)，两个带就会重叠在一起[图 5-93(b)]。与 s 带和 p 带相似，d 轨道相互重叠形成 d 带。

一组连续状态的分子轨道称为一个能带(energy band)；全部能级完全被电子填满的能带称为满带(filled band)，全部能级未被电子填充的能带称为空带(empty band)，如果能带中的能级没有完全被电子填满，即只有部分能级被电子填充的能带称为导带(conduction band)。两个相邻能带之间的不重叠区域表示相邻能带之间的能量差，称为禁带或禁区(forbidden energy gap)。如果原子的价层中相邻轨道的能量很接近，或形成杂化轨道，则晶体中相应的相邻能带会相互重叠或形成杂化能带而具有导带结构[275]。

(5) 晶体的能带中电子填充的情况和相邻能带之间的能量差(ΔE)，即禁带的宽窄，决定了一种物质究竟是导体、绝缘体还是半导体[276]。一般说来，凡是一种物质的晶体中具有导带结构，或满带与空带之间的 ΔE 值很小，且能相互重叠形成导带，在外电场的作用下，导带中的电子获得能量做定向运动而呈导电性，这种物质就是导体。凡是一种物质的晶体中没有导带结构，其满带与空带之间的 ΔE 值又很大，在外电场的作用下，满带中的电子没有足够的能量传送到空带，结果晶体不呈现导电性，这种物质就是绝缘体。介于导体与绝缘体之间的一种物质是半导体，它的满带与空带之间的 ΔE 值较小，在外界能量(电、光或热)的作用下，满带中的部分电子被激发而跃迁到空带，这时满带不满，空带不空，形成导带。电子在导带中做定向运动，便呈现导电性。当外加能量消除时，又恢复原来的能带结构，导电性也随之消失，这种物质就是半导体。半导体与绝缘体比较，它们晶体中的能带都是满带和空带结构，它们的主要差别是禁带的宽度不同。通常半导体的禁带宽度约为 1 eV。一般以电阻率约等于 10^{10} Ω·cm 作为区分半导体和绝缘体的实际标准。半导体与金属导体都可形成导带结构，它们的重要区别是半导体的电导率随温

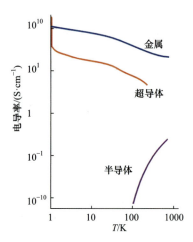

图 5-94 物质的电导率-温度关系图

度的升高而增大，金属导体的电导率一般是随温度的升高而减小(图 5-94)。

金属的导电率在室温下通常高于半导体，但不要将此作为区分两种导电体的判据。绝缘体是一种电导率极低的物质，然而又像半导体一样，在可以测量的范围内电导率也随温度升高而升高。因而有时不必将"绝缘体"单独看作一大类。

[2] Fermi 能级[277]

金属键不同于共价键分子轨道上的电子排布，金属中的电子除了服从能量最低原理、泡利不相容原理和洪德规则外，还遵循着统计规律，即费米-狄拉克统计。

在 $T=0$ K 时将电子按照构造原理填入能带的能级，如果每个原子只提供一个 s 电子，则最低的 $N/2$ 个能级被占领。$T=0$ K 时最高被占轨道的能级成为费米(Fermi)能级，它大致位于能带中部(图 5-95)。Fermi 能级是一个重要能级，它等于固体内

电子的电化学势，Fermi 能是与平衡过程中电子转移(进或出)固体相关的。

温度高于绝对零度时，电子容易布居在较高能级上，这是因为这些能级本来与最高被占能级很接近。轨道布居(P)由 Fermi-Dirac 分布决定，它是 Boltzmann 分布的一种形式，但考虑了热激发的影响和泡利不相容原理的限制，其形式为

$$P = \frac{1}{e^{(E-E_F)/kT}+1} \tag{5-141}$$

式中，E_F 为 Fermi 能，即 $P=1/2$ 时那个能级上的能量。Fermi 能与温度有关，$T=0$ K 时就等于 Fermi 能级的能量。Fermi 能随温度上升高至 Fermi 能级之上，这是因为电子开始占据较高的能态从而使 $P=1/2$ 的能级的能量也升高(图5-96)。

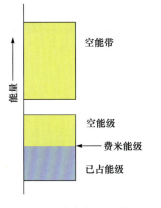

图 5-95　费米能级的位置

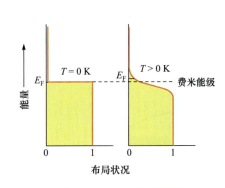

图 5-96　Fermi 分布图形

对远高于 Fermi 能的那些能级而言，分母中的 1 可以忽略，Fermi-Dirac 分布就类似于 Boltzmann 分布，随温度升高呈指数衰减：

$$P \approx e^{-(E-E_F)/kT} \tag{5-142}$$

如果能带未完全充满，接近 Fermi 面的电子则易于被提至附近的空能级，从而可以相对自由地在固体中运动，这种物质就是电导体。不妨将能带中的各个轨道看作驻波。驻波可视为沿相反方向运动的行波的叠加。没有外加电位差时两个方向的行波是简并的(指有相等的能量)，从而以相同的布居达到 Fermi 能级[图 5-97(a)]；存在外加电位差时两个相反方向运动的电子能量不再相等[图 5-97(b)]。这时向某一个方向运动的电子数超过相反方向运动的电子数，即电流通过固体。

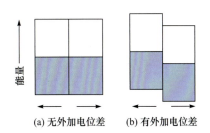

图 5-97　能带的另一种表示方法

前面说过金属型导电的判据是电导率随温度的上升而下降。那么，电导率由电子的 Boltzmann 分布所支配，则会看到相反的情况。然而，只要意识到导带中电子平滑流过固体的能力取决于原子排列的均匀性，就不难识别出竞争效应：某一位置上剧烈震动的原子等价于扰乱轨道秩序的一种杂质；这种扰乱削弱了电子从固体一端流向另一端的能力，所以 $T>0$ K 时电导率小于 $T=0$ K 时电导率。如果把电子看作固体中的一种波，也可以说电子波被"杂质"(原子振动)所"散射"。这种载流子散射随温度上升引起的晶格振动加剧

而增大，这就能够说明为什么金属导电率随温度上升而下降了。

[3] 态密度[277]

能带中某点的每单位能量范围内的能级数称态密度 ρ。能带中各处的态密度并不均匀，如一维固体中是很明显的，中心部位的轨道较之边缘部位稀(图 5-91)。三维固体中态密度的变化正好相反，能带中心部位的态密度最大，而边缘部位则比较稀疏(图 5-98)。这种现象与原子轨道形成特定线性组合时有多少种方式有关。完全以成键方式组合的分子轨道(能带下缘)和完全以反键方式组合的分子轨道(能带上缘)都只有一种方式，而形成能带中部那些分子轨道(原子沿三维方向排列)的组合却有许多种。

带隙中不存在能级，所以此处的态密度为零。在某些特殊情况下满带与空带有可能恰好相接，但结合处的态密度仍然为零(图 5-99)。这一类的固体称为半金属。半金属中只有少数充当载流子的电子，因而金属性导电能力比较弱。例如，石墨在平行于碳原子层的方向上是半金属。

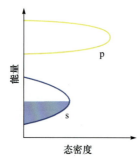

图 5-98 金属中典型的态密度

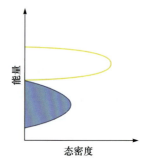

图 5-99 半金属典型的态密度

X 射线光电子能谱仪

[4] 金属键能带理论的证明

利用与研究离散状态分子大体相同的方法，可从光电子能谱获得能带存在及其态密度图的实验证据。离散分子的态密度由一系列相互远离的尖峰组成，每个尖峰对应于分立轨道的能量，在光谱上表现为代表分离电离能的光子能峰。对固体而言，通过 X 射线发射谱带也能获得类似信息。受到电子轰击的原子从其内部闭壳层放出电子，价带中的电子落入该内层空穴而产生 X 射线(图 5-100)。由于价电子可能来自能带中的任何被占能级，因而产生的 X 射线通常具有多种频率。价

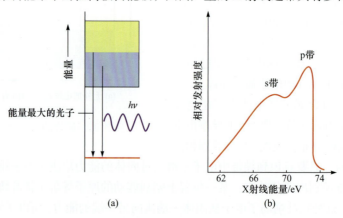

图 5-100 (a) X 射线发射谱带的形成; (b) 典型实例铝

带中能量彼此接近的状态数较多时得到强发射信号，反之则较弱，即 X 射线发射带的形状是带中各处态密度不同的一种反映。然而强度与态密度之间并不具有严格的对应关系，因为像任何电磁辐射一样，X 射线发射强度也与选择定则和跃迁概率有关。X 射线发射带能够给出被占能带中态密度的信息，而未占能带的类似信息则来自 X 射线吸收的数据。

[5] 金属键能带理论的应用

1) 对金属一般物性的解释

能带理论能很好地说明金属的共同物理性质。向金属施以外加电场时，导带中的电子便会在能带内向较高能级跃迁，并沿着外加电场方向通过晶格产生运动，这就说明了金属的导电性。能带中的电子可以吸收光能，并且能将吸收的能量再发射出来，这就说明了金属的光泽和金属是辐射能的优良反射体。电子也可以传输热能，表明金属有导热性。给金属晶体施加应力时，由于在金属中电子是离域的(不属于任何一个原子而属于金属整体)，一个地方的金属键被破坏，在另一个地方又可以形成金属键，因此机械加工不会破坏金属结构，而仅能改变金属的外形，这也就是金属有延性、展性、可塑性等共同的机械加工性能的原因。金属原子对于形成能带所提供的不成对价电子越多，金属键就越强，反映在物理性质上熔点和沸点就越高，密度和硬度越大。

2) 对金属元素导电性的解释

前已通过图 5-93 述及金属或有导带存在或者有重叠带，都会在外电场的作用下发生导电。

(1) 锂和铍。它们的原子的价电子结构特征分别是 $2s^1$ 和 $2s^2$，还有空的 2p 轨道。那么，当 N 个 Li 原子或 Be 原子组成晶体时，它们的价层中 2s 和 2p 轨道也将分别组合成相应的 2s 和 2p 能带。不同的是 Li 晶体中 Li 原子之间的核间隔大(309.8 nm)，它的价层轨道是由 2 个分裂的 2s 带和 2p 带所构成[图 5-101(a)]；Be 晶体中 Be 原子之间的核间隔小(224.6 nm)，它的价层轨道形成的能带是由 2s 和 2p 相互重叠的 sp 重叠带[图 5-101(b)]。

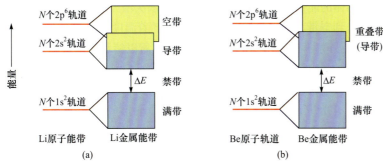

图 5-101 (a)金属 Li 的能带图；(b)金属 Be 的能带图

Li 晶体中 N 个 Li 原子只有 N 个价电子，只能填充 2s 能带中的 $N/2$ 个分子轨道，还有 $N/2$ 个分子轨道是空的，因此 2s 能带是半满的导带。在外电场的作用下，2s 导带中的电子获得能量做定向运动而具有导电性，所以 Li 是金属导体。

Be 晶体中 N 个 Be 原子有 $2N$ 个价电子，如果填充 2s 能带，则是满带。由于 2s

满带能与 2p 空带相互重叠而形成 sp 重叠带，便有 4N 个分子轨道，其中只有 N/4 个轨道被 2N 个价电子所填充，这个 sp 重叠带是导带，所以 Be 是金属导体。

这种分析结果可用于第 1、第 2 列其他金属导电性原因的解释。

(2) 对第 14 列元素的单质晶体导电性的解释。

周期系第 14 列元素碳、硅、锗、锡和铅的原子都有相同的价电子层结构（ns^2np^2）和相同的价电子数(4)。在它们的单质晶体中，碳(金刚石)、硅、锗、锡和铅原子的核间距离随原子半径的增大而依次增大，其能带结构和相邻能带之间的能量差会发生变化。对于核间距离较小的碳(金刚石)、硅、锗和锡来说，价层轨道形成 sp^3 杂化轨道，并分裂为能量较低的 sp^3 成键带和能量较高的 sp^3 反键带(图 5-102)。成键带和反键带之间的禁带(ΔE)分别为金刚石(~7 eV)、硅(1.11 eV)、锗(0.72 eV)、白锡(~0.1 eV)。

如图 5-102 所示，在 N 个上述元素原子组成的晶体的能带中，应有 4N 个 sp^3 杂化轨道，总共可容纳 8N 个价电子。但是实际上 N 个上述元素原子只有 4N 个价电子，全部电子刚好填满 sp^3 成键带的能级中形成满带，在它上面的反键带则为空带。

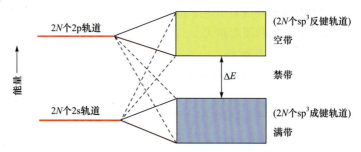

图 5-102　sp^3 杂化轨道形成杂化能带示意图

白锡晶体由于它的满带与空带之间 ΔE 值很小，室温时外加少许能量就可使价电子由满带跃迁至空带而具有导带结构，因此白锡是金属。

锗和锡晶体的能带结构类似白锡，但 ΔE 值依次增大，常温下价电子不易被激发由满带传送到空带，所以电导率都比较小。随着温度升高或在电场的作用下，更多的价电子被激发而跃迁，导电率显著增大，所以锗和硅都是典型的半导体。

碳(金刚石)晶体的能带结构也和锗、硅相似，由于 ΔE 值很大，在普通条件下，满带中的电子很难跃迁到空带，所以金刚石是典型的绝缘体。

对铅来说，由于它的价层原子轨道能相互重叠形成 6sp 重叠带，晶体中的 4N 个价电子不可能完全填满重叠带的 4N 个轨道，具有导带结构，所以铅是金属导体。

(3) 对其他元素单质晶体和离子晶体导电性的解释。

铜、银、金都具有 $(n-1)d^{10}ns^1$ 电子层结构，晶体中 d 轨道可与 s 轨道重叠形成导带。而且晶体结构较紧密，密度较大，导带中的能级很多，能级差很小，价电子容易流动，因此铜分族的导电、导热和可塑性最好。

稀有气体元素的原子具有全满的电子层结构。形成固态晶体后，对应的能带都是满带，满带中的电子无法跃迁而形成导带，所以这种晶体是绝缘体。

固态离子晶体与之类似，不具有离域的价电子和导带结构，所以是绝缘体。例如在 NaCl 晶体中，N 个 Cl^- 彼此几乎接触，其 3s 和 3p 价轨道与邻近 Cl^- 价轨道重叠形成包括 $4N$ 个能级的一条狭窄能带。各个 Na^+ 之间也形成一条能带。氯的电负性远大于钠，以致其能带大大低于钠的能带，期间的带隙高达 7 eV。用来填充能带的 $8N$ 个电子全部进入并填满能级较低的氯能带而使钠能带空置。带隙那么大，室温下 $kT≈0.03$ eV，所以电子不易激发至钠能带。

(4) 对金属性与压力关系的解释。

根据能带理论，减小原子核间的距离，可以增加分子轨道之间的相互作用，使能带变宽，导致带的重叠。增加压力可以使原子之间距离减小，波函数交叠程度增加，能带变宽，从而能带重叠，导电性增强。碲就是一个很好的例子，它的导电性随压力增大而急剧地升高，每施加 $1.2×10^9$ kPa 压力，可使导电性增加 100 倍[278]。室温时，金刚石型结构的硅和锗在高压下可转变为与金属锡(白锡)相似的结构，原子间距离由于高压而接近，价带和导带相重叠，变为配位数高的晶体结构，所以出现金属性。将白磷在 $1.2×10^9$ kPa 压力下加热至 200℃ 则得黑磷。黑磷呈铁灰色，具金属光泽，密度高，有类似于石墨的片状结构，能导电。

3) 对固体半导性的解释

已知绝缘体和半导体的界限在于带隙的宽度(表 5-51)。绝缘体和半导体的电导率都是随温度的升高而增大，所以，电导率本身并不能作为区分绝缘体与半导体的可靠判据。实际上，有时在材料研究中，用带隙和电导率作为判据时采用的数据取决于所考虑的用途。

表 5-51　某些有代表性的带隙(298.15 K)

物质	金刚石	碳化硅	硅	锗	砷化镓	砷化铟
E/eV	5.47	3.00	1.12	0.66	1.42	0.36

(1) 本征半导体。本征半导体的带隙很小，以致 Fermi-Dirac 分布使得一些电子布居在上部的空带中(图5-103)。电子的这种分布方式在较高能级中引入载流子，而在较低的能级中留下正的空穴，从而使固体产生导电性。室温下半导体的导电性通常远小于金属导体，这是因为只有极少数电子和空穴可以作为载荷子。上部能带中电子布居的类 Boltzmann 指数型温度关系可以说明半导体的导电率为什么随温度的变化而剧烈变化。

(2) 杂质半导体[272, 279]。如果能通过掺杂引入比基质元素电子更多的其他原子，就有可能增加载流子的数目。由于所需掺杂的浓度极低(大约每 10^9 个基质原子中有一个杂质原子)，掺杂前的母体元素必须达到极高的纯度。这里，把高纯度的没有晶体缺陷的半导体如纯的硅和锗称为本征半导体，即母体元素；把在母体元素纯硅或锗晶体中掺入痕量杂质原子后能大大提高其电导率的半导体

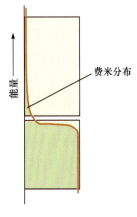

图 5-103　本征半导体的带隙

称为杂质半导体。

如果在硅(Si)晶体中掺入痕量的第 15 列元素如砷(As)原子，As 的价层为 $4s^2 4p^3$，有 5 个价电子。在晶体中 1 个 As 原子与周围的 4 个 Si 原子形成 4 个共价单键，还多出 1 个价电子。这个电子处在禁带内的束缚状态能级中，由于受核的吸引较弱，该能级离空导带较近，离满带较远，电子易被在 $T > 0$ K 时激发到空导带，对增大导电性作出贡献，称为施主能级，形成狭窄的施主能带。提供电子的杂质原子称为施主原子。这种依靠施主能级传递电子到空导带而导电的半导体，称为电子型或 n 型半导体[图 5-104(a)]。掺杂的过程就是置换过程。

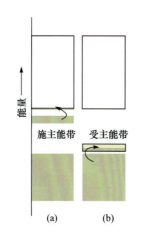

图 5-104　n 型半导体(a)和 p 型半导体(b)的能带结构

另一种置换过程是如果在母体元素晶体中掺入痕量的第 13 元素如硼(B)原子，B 的价层为 $2s^2 2p^1$，有 3 个价电子。在晶体中 1 个 B 原子要与 4 个 Si 原子形成 4 个共价单键，还缺少 1 个价电子。这样 B 与 Si 原子间就形成 1 个"空穴"，空穴显正电性，可被邻近的其他 Si 原子的价电子所填充，从而导致该 B 原子处又形成新的空穴，又可被另外的 Si 原子的价电子所填充。如此逐个填充，相当于正电荷朝外电场相同的方向运动而产生宏观电流，称为空穴传导。束缚状态能级离满带较近，离空导带较远，电子是从满带传送到束缚状态的能级上，称为受主能级。杂质原子 B 称为受主原子。这种依靠空穴导电的半导体称为空穴型或 p 型半导体[图 5-104(b)]。

人们发现某些氧化态较低的 d 区金属与氧族或卤素形成的化合物(如 Cu_2O、FeO、FeS 和 CuI)是 p 型半导体。这些非化学计量化合物中的空缺等价于某些金属原子的氧化，在由氧化数较低的金属离子形成的能带中留下空穴。固体在氧气中加热时导电率增加是由于随着氧化过程的进行金属离子能带中形成了更多的空穴。

5.5.2　金属键的键能

1. 金属键键能的概念

金属键的键能就是金属的升华热，它是金属结合性能的重要标志，是金属材料最基本的性质之一，同时是热化学循环法中重要的基础数据之一，对于研究金属的内聚能具有较大的参考价值。图 5-105 显示了这种结合力[277]。第 1 列、第 12 列金属的升华焓最低，金属钠和汞蒸气用于填充荧光灯和街灯；升华焓最高的金属处于 4d 和 5d 系列的中部，而钨则是所有金属中最高的。金属钨在高温下挥发极慢，故被用作白炽灯的灯丝材料。

2. 金属键键能的估算

金属键键能与熔点、沸点之间的关系可以这样表述：在金属中，如果金属原

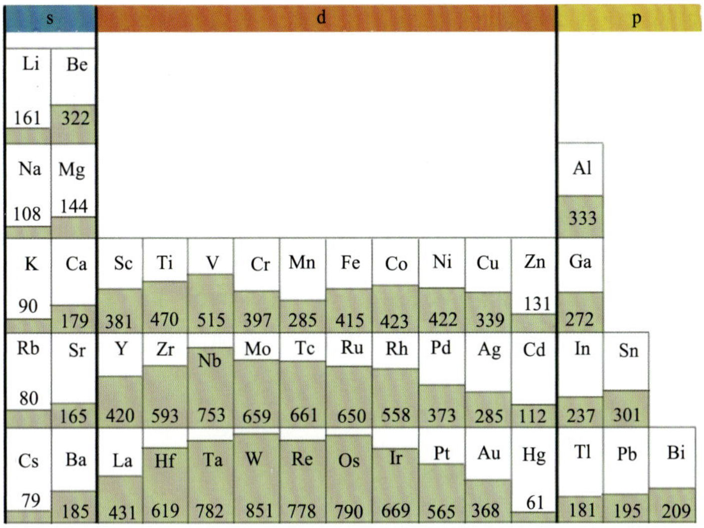

s											p		
Li 161	Be 322												
Na 108	Mg 144										Al 333		
K 90	Ca 179	Sc 381	Ti 470	V 515	Cr 397	Mn 285	Fe 415	Co 423	Ni 422	Cu 339	Zn 131	Ga 272	
Rb 80	Sr 165	Y 420	Zr 593	Nb 753	Mo 659	Tc 661	Ru 650	Rh 558	Pd 373	Ag 285	Cd 112	In 237	Sn 301
Cs 79	Ba 185	La 431	Hf 619	Ta 782	W 851	Re 778	Os 790	Ir 669	Pt 565	Au 368	Hg 61	Tl 181	Pb 195	Bi 209

图 5-105 s 区、d 区和 p 区金属元素的升华焓($kJ \cdot mol^{-1}$)

子与原子之间的结合力越强,即金属键越强,则固体(或液体)金属越难熔化(或气化)为液体(或气体)。而金属的键能是金属原子间结合力的表征,金属键越强,金属键的键能越大。因此,金属键键能越大,其熔、沸点应越高。从这个关系出发,梅平[280]在归纳金属键能与熔点、沸点实验数据的基础上,利用已知 52 种金属的键能和熔点、沸点数据,作一元回归分析,得到了键能 $E_m(kJ \cdot mol^{-1})$ 与熔点 $T_m(K)$ 和沸点 $T_b(K)$ 之间存在下面的线性关系:

$$E_m = 0.2334T_m - 2.160(kJ \cdot mol^{-1}) \quad (5\text{-}143)$$

$R=0.9429$

$$E_m = 0.1451T_b - 66.32(kJ \cdot mol^{-1}) \quad (5\text{-}144)$$

$R=0.9847$

然后利用式(5-143)和式(5-144)计算上述 52 种已知金属的键能和部分缺乏实验值的金属的键能[280]。从计算结果可以看出,由式(5-143)和式(5-144)计算的 52 种金属键能与实验值是比较吻合的,式(5-143)的平均误差为±14.0%,式(5-144)为±6.50%。误差在±15.0%以内的式(5-143)占 60%,式(5-144)占 90%。由此说明,式(5-144)的结果优于式(5-143)。计算中使用了表中取自文献中的熔、沸点实验数据[281]和键能的实验值[282]。

这种计算结果虽然尚显粗糙,但是毕竟说明了金属键的键能与其熔点、沸点的关系是明确的。至于对部分缺乏实验值的金属的键能数值就更有用了。

3. 金属键键能与熔化焓、气化焓的关系

梅平[283]还研究了金属熔化焓 ΔH_m 的变化规律,总结出下面的经验公式:

$$\Delta H_m = 0.0093026T_m + 0.24826(kJ \cdot mol^{-1}) \quad (5\text{-}145)$$

然后将式(5-143)代入式(5-145)得到金属熔化焓与键能的关系式:

$$\Delta H_m = 0.03986E_m + 0.3344(kJ \cdot mol^{-1}) \quad (5\text{-}146)$$

得出了金属的熔化焓与键能之间存在正比关系，金属的键能越大，则熔化焓也越大的结论。

同时，梅平[280]还研究了金属气化焓 ΔH_V 的变化规律，提出了估算金属气化焓的经验公式：

$$\Delta H_V = 0.1339 T_b + 0.5347 (\text{kJ} \cdot \text{mol}^{-1}) \tag{5-147}$$

然后将式(5-144)带入式(5-147)得到金属气化焓与键能的关系式：

$$\Delta H_V = 0.9228 E_m + 61.74 (\text{kJ} \cdot \text{mol}^{-1}) \tag{5-148}$$

得出了金属的气化焓与键能之间存在正比关系，金属的键能越大，则气化焓也越大的结论。

5.5.3 金属键的本质

从以上的论述中虽然了解到金属键的几种不同理论，但是金属键的本质仍然不清楚。这源于金属键的几种不同理论是既能各自部分说明金属的成键过程和金属的部分性质，又不完全能使人信服。这就在于金属键是与离子键和共价键不同的化学键，有着本质的不同，它不是双原子和可数原子的组合，而是天文数字的原子间的相互作用。

正如苟清泉所说[245]，从参加成键的电子数及其电子云分布、动量分布和自旋分布来深入研究固体键的形成与性质，并从而建立有效的定量计算方法，是当前发展固体理论中的一个重要任务。用电子云分布的情况来描述键的形成是科学的，因为电子云分布是根据电子的波函数来描述的，而波函数是近代量子力学发展起来以后描述电子运动行为的最好方法。因此使用电子云分布的概念来研究键的形成是符合现代科学发展水平的。同时电子云的分布可以设法用实验来测定或用量子力学来计算，因而这种研究方法是正确的。

显然，在金属中某一个原子的电子云的变化和双原子分子中的不同，它不再是只和一个原子形成电子桥，而是同时与其周围的几个原子形成电子桥。例如锂金属是体心立方结构，它的每个原子要与周围的八个原子形成八个电子桥，也就是说要形成八个键，每个键上所分配的电子并不正好是一对，因为锂是一价的，每个键上所分配的电子只有八分之一对，价最大的第六族金属，每个键上所分配的电子只有八分之六对，仍然不到一对。因此，金属键是与一般共价键有本质不同的。用量子力学可以比较准确地算出形成键时电子云的分布，比较清楚地了解形成键的本质。在此基础上，就可以探讨更复杂的键的特点和形成规律。但电子云的分布并不能给出电子的一切由波函数反映的性质，不能完全解释所观察到的一切特性，因此建立起一种寻找金属键波函数的有效方法是当务之急。这就是为什么不管是"改性共价键"，还是建立在周期场上发展起来的单电子能带理论，都是比较粗糙和有很大局限性的。

原子形成晶体后原子的电子结构是揭开金属电子结构的钥匙。人们已研究出多种表述方法，如价键[58]、键长和价键电子数[284]、电子密度方法[270-271,285]等及其关联。爱因斯坦曾说，虽然我们不断地往前迈进，但是圆满的解答似乎不断地在向后退逃[286]。因此，在科学的征途中，我们应当永远进击，建立一个更完善的金属键理论，更深刻全面地反映金属键的本质。

参 考 文 献

[1] Dampier W C. 科学史及其与哲学和宗教的关系. 上海: 商务印书馆, 1975.
[2] 廖正衡. 化学教育, 1986, (6): 54.
[3] 曲行文. 科学技术哲学研究, 1986, (1): 8.
[4] 杨承印. 化学教学, 1997, (7): 11.
[5] 余天桃, 王云. 化学世界, 2010, 51(5): 318.
[6] Bayley H, Jayasinghe L. Mol. Membr. Biol., 2004, 21(4): 209.
[7] 罗金娜 M B. 化学通报, 1957, (3): 63.
[8] 张嘉同. 北京师范大学学报(自然科学版), 1982, (4): 73.
[9] 胡瑶村. 化学通报, 1980, (8): 56.
[10] Heitler W. Z. Phys., 1927, 46(1-2): 47.
[11] 恩里科·克莱门蒂, 乔吉纳·科伦吉乌. 化学通报, 2008, 71(8): 563.
[12] 侯汉娜, 华丽, 邓樱花. 湖北第二师范学院学报, 2011, (8): 21.
[13] Amos A T, Hall G G. Proc. R. Soc. London, 1961, 263(1315): 483.
[14] Parr R G. Density Functional Theory of Atoms and Molecules. Oxford: Oxford University Press, 1989.
[15] Clementi E, Corongiu G. Parallel Comput., 1999, 25(13-14): 1583.
[16] Pauling L. The Nature of the Chemical Bond. Ithaca: Cornell University Press, 1939.
[17] Pauli W. Zeitschrift für Physik, 1925, 31:765.
[18] Kossel W. Ann. Phys., 1916, 354(3): 229.
[19] Arrhenius S A. Research on the Galvanic Conductivity of Electrolytes. Stockholm: Royal Publishing House, 1884.
[20] 冯慈珍. 无机化学教学参考书. 北京: 高等教育出版社, 1985.
[21] 周公度. 无机化学丛书(第十一卷). 北京: 科学出版社, 1982.
[22] 马克思, 恩格斯. 马克思恩格斯全集(第20卷). 北京: 人民出版社, 1956.
[23] Ketelaar J A A. Chemical Constitution. London: Butterworths, 1958.
[24] Madelung E. Phys. Z, 1918, 19: 524.
[25] Sharpe A G. Endeavour, 1968, 27(102): 120.
[26] Waddington T C. Adv. Inorg. Chem. Radiochem, 1959, 1(12): 157.
[27] Born M, Landé A. Verh. Dtsch. Phys. Ges., 1918, 20: 210.
[28] Born M, Mayer J E. Z. Phys., 1932, 75(1-2): 1.
[29] Ladd M F C, Lee W H. Trans. Faraday. Soc., 1958, 54: 34.
[30] Kapustinskii A F. Quart. Rev., 1956, 10(3): 283.
[31] Яцимирский К Б. Журн. ОбЩ. Хим. 1956, 26: 2376.
[32] Ферсман А Е. Геохимия, 1937, 3(314).
[33] Саркисов Э С. Физ. Хим., 1954, 28: 627.
[34] Капустинский А Ф. Док. Акад. Наук. СССР., 1949, 67: 467.
[35] 卡拉别奇扬茨 M X, 林景臻. 四川大学学报(自然科学版), 1958, (2): 105.
[36] 亚奇米尔斯基 К Б. 络合物热化学. 北京: 科学出版社, 1959.
[37] 马登勇. 科学通报, 1965, 10(6): 544.
[38] 杨丕鹏. 化学学报, 1963, 29(2): 143.
[39] 肖慎修, 陈天朗. 吉林大学学报(自然科学版), 1965, (2): 54.

[40] 梅平. 科学通报, 1991, (2): 158.
[41] 舒元梯, 唐骏. 西南民族大学学报(自然科学版), 1992, 18(2): 186.
[42] Pauling L. Proc. Natl. Acad. Sci. U. S. A., 1958, 44(2): 211.
[43] 温元凯, 邵俊. 地球化学, 1973, (4): 276.
[44] 温元凯, 邵俊. 地球化学, 1975, (1): 35.
[45] Goldschmidt V M, Barth T, Lunde G. Skr. Nor. Vidensk. Akad, 1926, 8(3): 529.
[46] Shannon R D, Prewitt C T. Acta Crystallogr. B, 1969, 25: 925.
[47] Tessman J R, Kahn A H, Shockley W. Phys. Rev., 1953, 92(4): 890.
[48] George P, Mcclure D S. Prog. Inorg. Chem., 1959, 1: 381.
[49] Politzer P. Trans. Faraday. Soc., 1968, 64(549P): 2241.
[50] Huggins M L, Sakamoto Y. J. Phys. Soc. Jpn, 1957, 12(3): 241.
[51] Sanderson R T. Chemical Bonds and Bond Energy. Pittsburgh: Academic Press, 1976.
[52] Weast R C, Selby S M. Handbook of Chemistry and Physics. Boca Raton: The Chemical Rubber Co., 1971.
[53] Stull D R, Sinke G C. Thermodynamic Properties of the Elements. Washington: American Chemical Society, 1956.
[54] Rossini F D. Selected Values of Chemical Thermodynamic Properties. Washington: US Government Printing Office, 1952.
[55] 四川大学化学系. 稀有元素的物理化学及热力学性质手册. 北京: 科学出版社, 1960.
[56] Hepler L G, Hill J O, Worsley I G. Chem. Rev., 1971, 71(1): 127.
[57] Goldschmidt V M. Chem. Ber., 1927, 60: 1263.
[58] Ingold C K. The Nature of the Chemical Bond and the Structure of Molecules and Crystals. Ithaca: Cornell University Press, 1960.
[59] Shannon R D. Acta Crystallogr. A, 1976, 32(1-2): 751.
[60] 奚干卿. 海南师范大学学报(自然科学版), 2001, 14(3): 68.
[61] Fajans K. Naturwissenschaften, 1923, 11(10): 165.
[62] Cartledge G H. J. Am. Chem. Soc., 1928, 50(11): 2855.
[63] 徐光宪. 物质结构. 北京: 高等教育出版社, 1983.
[64] Slater J C. Phys. Rev., 1930, 35(5): 509.
[65] Slater J C. Philos. Sci., 1953, 20(4): 344.
[66] 李世瑨. 华东理工大学学报, 1957, 23: 234.
[67] Allred A L, Rochow E G. J. Inorg. Nucl. Chem., 1958, 5(4): 269.
[68] 徐光宪, 赵学庄. 化学学报, 1956, 22(6): 28.
[69] Burns G. J. Chem. Phys., 1964, 41(5): 1521.
[70] 蒲生森. 西北师范大学学报(自然科学版), 1987, (1): 96.
[71] 杨金泞. 化学通报, 1979, (2): 83.
[72] 基特耳. 固体物理引论. 北京: 人民教育出版社, 1963.
[73] Werner H J, Meyer W. Phys. Rev., 1976, 13(1): 13.
[74] Pauling L. Proc. R. Soc. London A, 1927, 114(767): 181.
[75] Fajans K, Joos G. Z. Phys., 1924, 23(1): 1.
[76] Born M, Heisenberg W. Z. Phys., 1924, 23(1): 388.
[77] Kordes E. Z. Phys. Chem., 1939, 44(1): 249.
[78] 巴查诺夫 C C. 结构的折光测定法. 北京: 科学出版社, 1962.
[79] Pirenne J, Kartheuser E. Physica, 1964, 30(11): 2005.
[80] 游效曾. 科学通报, 1974, 19(9): 419.
[81] 陈天朗, 肖慎修, 高孝恢. 分子科学学报, 1983, (4): 95.

[82] 冯玉彪, 孙洪涛. 大连工业大学学报, 2000, 19(2): 98.
[83] Coulson C A. Valence. 2nd ed. Oxford: Oxford University Press, 1961.
[84] Dailey B P, Townes C H. J. Chem. Phys., 1955, 23(1): 118.
[85] Gordy W. Discuss. Faraday. Soc., 1955, 19(6A): 3601.
[86] Heslop R B. Numerical Aspects of Inorganic Chemistry. Amsterdam: Elsevier Publishing Company, 1970.
[87] 杨频. 化学通报, 1974, (2): 41.
[88] 北京师范大学化学系无机化学教研室. 简明化学手册. 北京: 北京出版社, 1980.
[89] 曾旭. 自然杂志, 1985, 8(4): 317.
[90] 郑茂盛, 罗恩泽. 物理, 1988, 17(1): 63.
[91] 蒋明谦. 中国科学, 1977, (6): 43.
[92] 孙凤琴, 朱瑞娉, 姜国玉. 牡丹江师范学院学报(自然科学版), 2003, (4): 25.
[93] 陈震寰. 化学通报, 1963, (10): 45.
[94] 李明馨. 浙江大学学报(工学版), 1984, (2): 94.
[95] Saltzman M D. J. Chem. Educ., 1984, 61(2): 119.
[96] 阎莉, 郭俊立. 化学教育, 2003, 24(9): 53.
[97] 毛泽宇, 毛海荣, 谢建刚. 化学世界, 2007, 48(9): 574.
[98] Lewis G N. J. Am. Chem. Soc., 1916, 38(4): 275.
[99] Langmuir I. J. Am. Chem. Soc., 1919, 41(10): 1543.
[100] Pauling L. Chemtech., 1983, 13(6): 334.
[101] Calvin M, Seaborg G T. J. Chem. Educ., 1984, 61: 412.
[102] Lewis G N. Valence and the Structure of Atoms and Molecules. New York: Chemical Catalog Con., 1923.
[103] Sidgwick N V, Powell H M. Proc. R. Soc. London, 1940, 176(965): 153.
[104] Kepert D L. Quart. Rev., 1957, 11(4): 339.
[105] Gillespie R J. Molecular Geometry. London: Van Nostrand Reinhold, 1972.
[106] Gillespie R J, Bytheway I, Dewitte R S, et al. Inorg. Chem., 1994, 33(10): 2115.
[107] Gillespie R J, Robinson E A. Chem. Soc. Rev., 2005, 34(5): 396.
[108] Gmespie R J. J. Chem. Educ., 1970, 47(1): 18.
[109] 吴贵升, 袁联群. 大学化学, 2013, 28(1): 64.
[110] 严成华. 化学通报, 1977, (4): 60.
[111] 杨文昭. 化学通报, 1983, (3): 42.
[112] 张晨曦, 王雪峰. 大学化学, 2012, 27(4): 79.
[113] 郭子义, 何关有, 刘进荣. 大学化学, 1988, (6): 15.
[114] Wells A F. Structural Inorganic Chemistry. Oxford: Clarendon Press, 1975.
[115] 张毓海, 陆庆玮. 化学教育, 1985, 6(5): 31.
[116] 陈慧兰, 余宝源. 理论无机化学. 北京: 高等教育出版社, 1989.
[117] Ulrich M. Inorganic Structural Chemistry. 2nd ed. Hoboken: John Wiley & Sons Ltd, 2007.
[118] Landis C R, Cleveland T, Firman T K. J. Am. Chem. Soc., 1995, 117(6): 1859.
[119] Landis C R, Cleveland T, Firman T K. Science, 1996, 272(5259): 182.
[120] Wang X, Andrews L. J. Am. Chem. Soc., 2002, 124(20): 5636.
[121] Kang S K, Tang H, Albright T A. J. Am. Chem. Soc., 1993, (5): 1971.
[122] Landis C R, Firman T K, Root D M, et al. J. Am. Chem. Soc., 1998, 120(8): 1842.
[123] Greenwood N N, Earnshaw A. Chemistry of the Elements. Oxford: Butterworth-Heinemann, 1997.
[124] Bytheway I, Gillespie R J, Tang T H, et al. Inorg. Chem., 1995, 34(9): 2407.

[125] Bellert D, Breckenridge W H. J. Chem. Phys., 2001, 114(7): 2871.
[126] 向义和. 自然杂志, 2009, 31(1): 47.
[127] 特德·戈策尔. 科学与政治的一生：莱纳斯·鲍林传. 上海：东方出版中心, 1999.
[128] 托马斯·哈格. 鲍林：20世纪的科学怪杰. 上海：复旦大学出版社, 1999.
[129] Pauling L. Proc. Natl. Acad. Sci., U. S. A., 1928, 14(4): 359.
[130] Heisenberg W. Z. Phys., 1926, 38(6-7): 411.
[131] Mehra J, Rechenberg H. The Historical Development of Quantum Theory. New York: Springer Science & Business Media, 1982.
[132] Hund F. Allgemeine Quantenmechanik des Atom- und Molekelbaues. Heidelberg: Springer Berlin Heidelberg, 1933.
[133] Douglas B E, McDaniel D H. Concepts and Models of Inorganic Chemistry. New York: Darl H. Publication, 1983.
[134] Huheey J E, Keiter E A, Keiter R L. Inorganic Chemistry: Principles Structure and Reactivity. 3rd ed. New York: Harper and Row, 1983.
[135] Miessler G L, Tarr D A. Inorganic Chemistry. Upper Saddle River: Prentice-Hall, 1999.
[136] Gagliardi L, Roos B O. Nature, 2005, 36(20): 848.
[137] 陈小明, 蔡继文. 单晶结构分析原理与实践. 2版. 北京：科学出版社, 2007.
[138] Scholz C, Kressler J. J. Hazard. Mater., 2011, 197(24): 199.
[139] Pauling L. J. Am. Chem. Soc., 1929, 51(10): 2868.
[140] 赫斯洛普 R B, 琼斯 K. 高等无机化学(上、下册). 北京：人民教育出版社, 1982.
[141] 科顿 F A, 威尔金森 G. 高等无机化学(上、下册). 北京：人民教育出版社, 1981.
[142] Howald R A. J. Chem. Educ., 1968, 45(3): 163.
[143] 金松寿. 量子化学基础及其应用. 上海：上海科技出版社, 1982.
[144] 廖代正, 朱志昂. 化学通报, 1981, (7): 51.
[145] Lippert E. Angew. Chem. Int. Ed., 2010, 72(16): 602.
[146] Waltersson K. Acta Crystallogr. A, 2014, 34(6): 901.
[147] Adams S, Ehses K H, Spilker J. Acta Crystallogr., 2010, 49(6): 958.
[148] Santoro A, Sora I N, Huang Q. J. Solid State Chem., 2000, 151(2): 245.
[149] Urusov V S. Z. Kristallogr., 2003, 218(11): 709.
[150] Hunter B A, Howard C J, Kim D J. J. Solid State Chem., 1999, 146(2): 363.
[151] Adams S, Swenson J. Phys. Rev. Lett., 2000, 84(84): 4144.
[152] Liebau F. Z. Kristallogr., 2000, 215(7): 381.
[153] Albuquerque R Q, Rocha G B, Malta O L, et al. Chem. Phys. Lett., 2000, 331(5): 519.
[154] Preiser C, Lösel J, Brown I D, et al. Acta Crystallogr., 2010, 55(5): 698.
[155] Urusov V S. Acta Crystallogr., 2010, 51(5): 641.
[156] Santoro A, Sora I N, Huang Q. J. Solid State Chem., 1999, 143(1): 69.
[157] 吕振家, 王绍铿. 科学通报, 1979, 24(16): 742.
[158] 徐万东, 张瑞林, 余瑞璜. 中国科学 A, 1988, (3): 101.
[159] 郑伟涛, 张瑞林, 余瑞璜. 科学通报, 1990, 35(9): 705.
[160] 余瑞璜. 吉林大学自然科学学报, 1979, (4): 54.
[161] 彭红建, 谢佑卿, 陶辉锦. 中国有色金属学报, 2006, 16(1): 106.
[162] 苏培峰, 谭凯, 吴安安, 等. 厦门大学学报, 2011, 50(2): 311.
[163] 苏培峰, 吴玮. 化学进展, 2012, 24(6): 1001.
[164] 吴玮, 宋凌春, 莫亦荣, 等. 厦门大学学报(自然科学版), 2001, 40(2): 338.
[165] Slater J C. Phys. Rev., 1931, 38(6): 1109.
[166] Simonetta M, Gianinetti E, Vandoni I. J. Chem. Phys., 1968, 48(4): 1579.

[167] Cooper D L, Gerratt J, Raimondi M, et al. J. Chem. Phys., 1987, 87(3): 1666.
[168] Shaik S, Hiberty P C. Valence Bond Theory, Its History, Fundamentals, and Applications: A Primer. New York: Wiley-VCH, 2004.
[169] Wu W, Su P, Shaik S, et al. Chem. Rev., 2011, 111(11): 7557.
[170] Bobrowicz F W, Goddard Ⅲ W A. The Self-Consistent Field Equations for Generalized Valence Bond and Open-Shell Hartree—Fock Wave Functions. New York: Plenum Press, 1977.
[171] Goddard Ⅲ W A, Harding L B. Ann. Rev. Phys. Chem., 1978, 29(1): 363.
[172] Goddard Ⅲ W A. Phy. Rev., 1967, 157: 81.
[173] Wei W, Peifeng S, Sason S, et al. Chem. Rev., 2011, 111(11): 7557.
[174] Wu W, Wu A, Mo Y, et al. Int. J. Quantum Chem., 2015, 67(5): 287.
[175] Wu W, Shaik S. Chem. Phys. Lett., 1999, 301(1-2): 37.
[176] 徐光宪. 物质结构. 北京: 人民教育出版社, 1961.
[177] Shenstone A G. Phys. Rev., 1947, 7(19): 3675.
[178] Slater J C. Phys. Rev., 1931, 37(37): 481.
[179] 唐敖庆, 江元生, 鄢国生, 等. 分子轨道图形理论. 北京: 科学出版社, 1980.
[180] 唐敖庆, 戴树珊. 东北人民大学自然科学学报, 1956, (2): 220.
[181] 孙聚昌. 西北大学学报(自然科学版), 1958, (1): 67.
[182] 陈兵. 湖北民族学院学报, 2001, 19(1): 75.
[183] Hultgren R. Phys. Rev., 1932, 40(6): 891.
[184] 曹阳, 章智德, 陆路德. 分子科学学报, 1983, (1): 55.
[185] Yang C. Int. J. Quantum Chem., 1985, 28(5): 641.
[186] Maksić Z B, Orville-Thomas W J. Pauling's Legacy: Theoretical Modelling of Chemical Bond. Amsterdam: Elsevier, 1999.
[187] 曹阳. 化学通报, 1985, (10): 5.
[188] Kimball G E. J. Chem. Phys., 1940, 8(2): 188.
[189] 姚崇福. 化学学报, 1981, (增刊):51.
[190] 张乾二. 多面体分子轨道. 北京: 科学出版社, 1987.
[191] Kovacevic K, Maksic Z B. J. Org. Chem., 1974, 39(4): 539.
[192] Murrell J N. J. Chem. Phys., 1960, 32(3): 767.
[193] Foster J P, Weinhold F J. J. Am. Chem. Soc., 1980, 102(24): 7211.
[194] Kutzelnigg W. J. Mol. Struct., 1988, 181(1): 33.
[195] 常光洁, 李隽. 物理化学学报, 1991, 7(4): 462.
[196] Reed A E, Curtiss L A, Weinhold F. Chem. Rev., 1988, 88(6): 899.
[197] Weinhold F. J. Chem. Educ., 1999, 76(76): 1141.
[198] Grushow A. J. Chem. Educ., 2011, 88(7): 860.
[199] Simons J. J. Chem. Educ., 1992, 69: 522.
[200] Brock W H, Stengers I. Science, 1994, 264(63): 997.
[201] Mosher M D, Ojha S. J. Chem. Educ., 1998, 75(7): 888.
[202] Purser G H. J. Chem. Educ., 2001, 78(7): 981.
[203] Gillespie R J. J. Chem. Educ., 2004, 81(3): 298.
[204] Smith J G. Organic Chemistry. New York: McGraw-Hill, 2010.
[205] Alabugin I V, Manoharan M, Peabody S, et al. J. Am. Chem. Soc., 2003, 125(19): 5973.
[206] 朱斌. 西华师范大学学报(自然科学版), 2003, 24(2): 240.
[207] Daintith J. A Dictionary of Chemistry. Oxford: Oxford University Press, 2004.
[208] 波普尔 J A, 贝弗里奇 D L. 分子轨道近似方法理论. 北京: 科学出版社, 1976.

[209] 孙家钟, 何福城. 定性分子轨道理论. 长春: 吉林大学出版社, 1999.
[210] 唐敖庆, 江元生. 中国科学, 1976, (1): 49.
[211] 王志中, 李向东. 半经验分子轨道理论与实践. 北京: 科学出版社, 1981.
[212] 唐敖庆, 杨忠志. 物理, 1986, 15(4): 240.
[213] Hund F. Z. Phys., 1926, 36(9-10): 657.
[214] Mulliken R S. Rev. Mod. Phys., 1931, 3(1): 89.
[215] Mulliken R S. J. Chem. Phys., 1935, 3(7): 375.
[216] Mulliken R S. Int. J. Quantum Chem., 1967, 1(1): 103.
[217] Hall G. G. Adv. Quantum Chem., 1991, 22: 1.
[218] Hückel E. Z. Phys., 1931, 72(5-6): 310.
[219] Coulson C A. Proc. R. Soc. London A, 1939, 169(938): 413.
[220] Coulson C A, Longuet-Higgins H C. Proc. R. Soc. Med., 1947, 191(1024): 39.
[221] Coulson C A, Longuet-Higgins H C. Proc. R. Soc. London, 1948, 193(1035): 447.
[222] Fukui K, Yonezawa T, Shingu H. J. Chem. Phys., 1952, 20(10): 1653.
[223] Fukui K, Yonezawa T, Nagata C, et al. J. Chem. Phys., 1954, 22(8): 1433.
[224] Fukui K. Bull. Chem. Soc. Jpn., 1966, 39(3): 498.
[225] Fukui K. J. Phys. Chem., 1970, 74: 4161.
[226] Woodward R B, Hoffmann R. J. Am. Chem. Soc., 1965, 87(2): 395.
[227] Longuethiggins H C, Abrahamson E W. J. Am. Chem. Soc., 1965, 87(9).
[228] Dewar M J S. Angew. Chem. Int. Ed., 1971, 10(11): 761.
[229] 唐敖庆. 中国科学, 1975, (Z1): 101.
[230] Fock V. Z. Phys., 1930, 61(1-2): 126.
[231] Roothaan C C J. Rev. Mod. Phys., 1951, 23(2): 69.
[232] Brickstock A, Pople J A. Trans. Faraday. Soc., 1954, 50(50): 901.
[233] Boys S F, Cook G B, Reeves C M, et al. Nature, 1956, 178(4544): 1207.
[234] 唐敖庆, 江元生. 中国科学, 1977, 7(3): 218.
[235] 李承钧. 孝感教育学院学报(综合版), 1994, (3): 67.
[236] 李春香, 郭宁. 金田, 2014, (8): 492.
[237] 张明伟, 何发钰. 有色金属, 2012, (6): 53.
[238] 冯晓燕. 分子器件的电子输运性质和表面磁性杂质的电子结构的理论研究. 合肥: 中国科学技术大学, 2013.
[239] 时长民. 新型一氧化碳和二氧化碳敏感材料气敏机制的研究. 济南: 山东大学, 2015.
[240] 王金山. 有机白光器件主体及发光材料的设计制备与应用. 北京: 北京科技大学, 2015.
[241] 翁元凯. 生物化学与生物物理进展, 1979, (6): 16.
[242] 华东化工学院无机化学教研组. 无机化学教学参考书. 北京: 高等教育出版社, 1983.
[243] 周玉芬, 杨艳菊, 滕波涛. 大学化学, 2017, 32(10): 61.
[244] 侯若冰. 大学化学, 2008, 23(5): 29.
[245] 苟清泉. 科学通报, 1962, 7(6): 22.
[246] 栾芝春. 大学化学, 1986, 1(2): 28.
[247] Strutt J O. Ann. Phys., 1928, (2): 130.
[248] Bloch F. Z. Phys., 1929, 52(7-8): 555.
[249] Brillouin L. C. R. Hebd. Seances Acad. Sci., 1930, 191: 292.
[250] Wigner E, Seitz F. Phys. Rev., 1933, 43(10): 804.
[251] Slater J C. Phys. Rev., 1936, 49(7): 537.
[252] Slater J C. Rev. Mod. Phys., 1953, 25(1): 199.

[253] Stoner E C. Proc. R. Soc. London A, 1938, 165(922): 372.
[254] Wohlfarth E P. Rev. Mod. Phys., 1953, 25(25): 211.
[255] Friedel J. J. Phys. Radium, 1955, 16(11): 829.
[256] Schubin S, Wonsowsky S. Proc. R. Soc. London, 1934, 145(854): 159.
[257] 波戈留波夫 Н Н. 量子统计学. 杨榮译. 北京: 科学出版社, 1959.
[258] van Vleck J H. Rev. Mod. Phys., 1953, 25(1): 220.
[259] Вонсовский С В. УФН. 1952, 48: 289.
[260] Вонсовский С В. J. Phys. VSSR., 1996, 10: 468
[261] Zener C, Heikes R R. Rev. Mod. Phys., 1953, 25(1): 191.
[262] Pauling L. Proc. Nati. Acad. Sci. U. S. A., 1953, 39(6): 551.
[263] Mott N F, Stevens K W H. Philos. Mag., 1957, 2(23): 1364.
[264] Lomer W M, Marshall W. Philos. Mag., 1958, 3(26): 185.
[265] Pauling L. Phys. Rev., 1938, 54(11): 899.
[266] Hume-Rothery W, Irving H M, Williams R J P. Proc. R. Soc. London., 1951, 208(1095): 431.
[267] Brewer L. Acta Metall., 1967, 15(3): 553.
[268] Raju S, Mohandas E, Raghunathan V S. Scripta Mater., 1996, 34(11): 1785.
[269] Hume-Rothery W, Raynor G V. Adv. Phys., 1954, 3(10): 149.
[270] 张瑞林. 固体与分子经验电子理论. 长春: 吉林科学技术出版社, 1954.
[271] 余瑞璜. 科学通报, 1978, 23(4): 217.
[272] 周燕真, 吴国炘. 化学通报, 1987, (5): 55.
[273] 马亨 B H. 大学化学(下册). 复旦大学无机化学教研组译. 上海: 上海科学技术出版社, 1985.
[274] 方俊鑫, 陆栋. 固体物理学. 上海: 上海科学技术出版社, 1980.
[275] 细矢治夫. 结构与物性. 方小任译. 上海: 上海科学技术出版社, 1979.
[276] Coulson C A. 原子价. 北京: 科学出版社, 1966.
[277] Shriver D F, Atkins P W, Langford C H. 无机化学. 2 版. 北京: 高等教育出版社, 1997.
[278] Некрасов Б В. 普通化学教程. 北京: 高等教育出版社, 1955.
[279] 亚沃尔斯基. 大学物理手册(第三分册). 雷仕湛译. 上海: 上海翻译出版公司, 1986.
[280] 梅平. 江汉大学学报, 1991, (3): 5.
[281] 萧功伟. 科学通报, 1983, 28(19): 1169.
[282] Gschneidner Jr K A. Solid State Phys., 1964, 16(12): 275.
[283] 梅平, 甘光奉, 雷秀斌, 等. 科学通报, 1989, (8): 80.
[284] 李世春. 自然科学进展, 1999, (3): 229.
[285] Moruzzi V L, Janak J F, Williams A R. Calculated Electronic Properties of Metals. Oxford: Pergamon Press, 1978.
[286] 爱因斯坦, 英费尔德. 物理学的进化. 周肇威译. 上海: 上海科学技术出版社, 1962.

6

原子间的另一种作用力——氢键

课题主持人托克马科夫(A. Tokmakoff, 1998—2012)

你不能只把水想象成一种溶剂。你要知道，它在所有的地方，特别是生物学方面有巨大的作用。很多计算生物学都忽略了水分子的真实结构和它真正的量子力学性质。

——托克马科夫研究团队

6 原子间的另一种作用力——氢键

本章提示

为什么冰能浮在水面上？这其中便是氢键(hydrogen bond)在起作用。在自然界，氢键这种分子间的相互作用随处可见，DNA 双链中的碱基配对也是在氢键作用下实现的。然而，氢键的本质一直备受争议：长期以来这种作用力都被认为是静电相互作用，但近年的研究结果又提示，氢键具有与共价键类似的一些特性。

基于这样的思考，本章首先从两个方面说明研究氢键的重要性：氢键与DNA 的关系，氢键不同于其他分子间力的质疑。接着较为全面地从氢键定义的演变，氢键结构(键能、种类)、研究方法、应用的进展分析入手，最后发展到氢键内容几乎完整到可以称之为"原子间的另一种作用力——氢键"这样的提法。特别是那两个"看得见的氢键结构照片"事件给了我们巨大的启示。

冰浮在水面上

冰下生物存活

冬天冰下捉鱼

6.1 氢键本质研究的重要性

2011 年，国际纯粹与应用化学联合会(IUPAC)由印度科学家阿汝南(E. Arunan)领导的一个小组推荐了氢键的新定义[1]：氢键是分子间作用力的一种，是一种永久偶极之间的作用力，氢键发生在已经以共价键与其他原子键合的氢原子与另一个原子之间(X—H⋯Y)，通常发生氢键作用的氢原子两边的原子(X、Y)都是电负性较强的原子。氢键既可以是分子间的，也可以是分子内的。分子内氢键是蛋白质和核酸的二级和三级结构的部分原因。它还在合成和天然聚合物的结构中发挥着重要作用。根据构成氢键的供体和受体原子的性质、它们的几何形状和环境，其键能最大约为 200 kJ·mol^{-1}，一般为 5～30 kJ·mol^{-1}，比一般的共价键、离子键和金属键键能小，但强于静电引力。

此后的深入研究表明氢键本质一直备受争议。在明白了其他化学键和分子间作用力本质的情况下，揭示氢键本质的研究，不管是从生命科学发展，还是从化学本身研究出发，都是亟待解决的问题。

6.1.1 氢键与 DNA

众所周知，研究 DNA 就是在探寻生命；改变 DNA 就是在影响生命；合成DNA 就是开始创造生命！因为有了氢键，才有了 DNA 双链中的碱基配对，才有了 RNA 和蛋白质的结构、功能，直至生命。

氢键还在生命中最重要的过程之一——分子识别过程中起着关键作用。也就是说，如果明白了氢键的本质，就有可能人为干涉生命过程反应，设计 DNA、蛋白质结构等。

1. DNA 的结构研究

DNA 如今已经成为一个大家耳熟能详的缩写词，几乎每个人听到这三个英文字母都能迅速反应出"遗传物质""破案证据""亲子鉴定"等一系列联想。准

化学元素新论

确地说，它就是脱氧核糖核酸(deoxyribonucleic acid，DNA)这个具有长链双螺旋结构的分子。不过，人类对于DNA的认识却经过了漫长曲折的过程。

[1] 最早注意到DNA的人

历史上最早注意到DNA的是当时年仅24岁的瑞士医生米歇尔(F. Miescher, 1844—1895)。1868年的冬天，他正在德国图宾根大学做研究[2]。很幸运的是米歇尔有三位大师级指导教师：声望卓著的有机化学家施特雷克(A. Strecker, 1822—1871)，是人工合成氨基酸(丙氨酸)的第一人，这个反应现在还是以他的名字命名的，称施特雷克合成[3]；生化学家霍佩赛勒(E. F. Hoppe-Seyler, 1825—1895)是生理化学的奠基人之一，蛋白质和血红蛋白的名字是他取的；莱比锡大学物理学家兼生理学家路德维希(C. Ludwig, 1788—1862)，是一名非常优秀的导师，他交给米歇尔的课题也极其富有挑战性，研究痛觉是怎样沿着脊髓内的神经束传递的。

米歇尔

当年的图宾根大学

当年图宾根大学的实验室

在优秀导师的指导下，米歇尔利用他的聪明智慧和勤奋精神，一开始就着手淋巴细胞的研究，最早发现了他称为来源于细胞核内的核素(nuclein)[4]。其实该物质就是DNA！令人惊讶的是，米歇尔还发现了核素含有大量的磷元素——蛋白质可不会这样。1872~1873年，他还对核素中的磷元素进行定量分析，得出两个结论：①磷元素在核素中以磷酸根的形式存在；②磷酸酐(P_2O_5)约占核素质量的22.9%，与22.5%的实际值间仅有0.4%的误差。当时米歇尔其实已经隐隐意识到核素的非同一般，这个分子对细胞的重要性或许不亚于蛋白质，在手稿中他这样写："……很显然我(对核素)所做的研究还十分初步，还缺少许多简明的实验来发掘核素与其他已知组分之间的关系……我相信我给出的结果虽然零碎，但仍重要到值得邀请别的化学家加入共同研究这个物质的行列。一旦我们知晓核中的物质与蛋白质以及它们的转化产物间的关系，我们也许就能逐渐揭开蒙在细胞生长的内在过程之上的那层薄纱。"后来他猜想核素可能是卵磷脂一类的分子的前体。考虑到核素大量存在于生殖细胞尤其是精子细胞里，米歇尔提出一个大胆的可能性——会不会核素与受精过程有关呢？1874年他在一篇手稿中写下了这样的句子："假如有人要假设某一分子是受精的具体原因，那么他无疑应该首先且侧重考虑核素。"[5]这与最后的答案只隔着薄薄的一层窗户纸。米歇尔最后还是同意了当时的主流意见：受精过程中，精子给了卵子一个内在的动力冲击，引发了受精过程以及随后的胚胎发育过程。米歇尔觉得，核素可能就是那个传递动力的小分子。他猜想，生命的奥秘应该记录在那样的大分子(卵磷脂一类的分子)中。

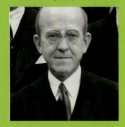

伊斯

艾弗里

遗憾的是，1895年米歇尔因肺结核逝世。他的叔叔伊斯(W. His, 1831—1904)整理了他一辈子的研究成果，并为之写下了这样的导语："对米歇尔与他的工作的认可将不会减少；恰恰相反，它会与日俱增，并终将作为一颗种子，结出累累硕果。"[6]

[2] 揭开那层薄纱的人

在米歇尔长眠半世纪之后的1944年，三名科学家艾弗里(O. T. Avery)、麦克劳德(C. M. MacLeod)与麦卡蒂(M. McCarty)联名发表了一篇划时代的论文[6]，他们通过一系列用肺炎病毒进行的实验，推导出了一个与长久以来的假说相悖的结论：DNA非蛋白质，而是遗传信息的物质载体！

[3] 发现 DNA 结构的人

英国生物学家、物理学家、神经学家，DNA 双螺旋结构的发现者之一、1962 年诺贝尔生理学或医学奖获得者克里克(F. H. Crick，1916—2004)说："双螺旋实在是个非同一般的分子。现代人类有差不多五万年的历史，文明出现也不过一万年上下，美国建立刚过两百年，但 DNA 和 RNA 至少已经存在了几十亿年了，其间双螺旋始终在那儿积极活动，我们是这个地球上第一个注意到它们存在的生物。"[7] 1951～1953 年在英国期间，沃森(J. D. Watson，1928—)和英国生物学家克里克合作，提出了 DNA 的双螺旋结构学说(图 6-1)[8]。这个学说不但阐明了 DNA 的基本结构，并且为一个 DNA 分子如何复制成两个结构相同的 DNA 分子以及 DNA 怎样传递生物体的遗传信息提供了合理的说明。它被认为是生物科学中革命性的发现，是 20 世纪最重要的科学成就之一。DNA 中两条链的碱基通过氢键配对，而氢键的饱和性和方向性使得双螺旋的碱基配对具有专一性，即 A-T 靠 2 个氢键配对而 C-G 靠 3 个氢键配对(图 6-2)。沃森、克里克和威尔金斯(M. H. F. Wilkins，

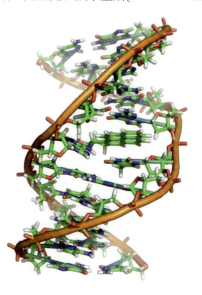

图 6-1　沃森和克里克提出 DNA 的双螺旋结构学说

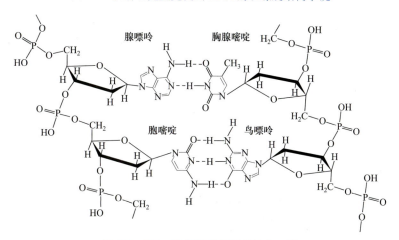

图 6-2　DNA 双螺旋碱基配对的专一性

麦克劳德

麦卡蒂

沃森

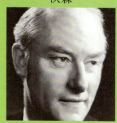

克里克

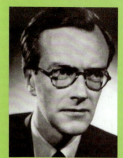

威尔金斯

富兰克林

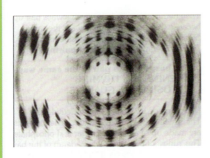

图 6-3 DNA 的 X 射线衍射图

1916—2004)[9]因发现 DNA 结构共获 1962 年诺贝尔生理学或医学奖。

其实这个发现的关键是没有共同获得诺贝尔奖的富兰克林(R. E. Franklin，1920—1958)的功劳，她在 1953 的夏天已经获得了一组全新的 B 型 DNA 照片(图 6-3)，这些照片的清晰程度令人难以置信，DNA 骨架的基本结构几乎跃然纸上[10]。这为 DNA 的双螺旋结构学说提供了有关 DNA 结构的必要数据。

沃森为此专门写了一本书《双螺旋——发现 DNA 结构的故事》[11]，于 1968 年发表。这本书是首次采用谈话的形式描述进行科学发现的详细过程，一直畅销不衰。

> 沃森(J. D. Watson)，美国生物学家，美国科学院院士。1928 年 4 月 6 日生于芝加哥。1947 年毕业于芝加哥大学，获学士学位，后进印第安纳大学研究生院深造。1950 年获博士学位后到丹麦哥本哈根大学从事噬菌体的研究。1951~1953 年在英国剑桥大学卡文迪许实验室进修。1953 年回国，1953~1955 年在加州理工大学工作。1955 年到哈佛大学执教，先后任助教和副教授。1961 年升为教授，在哈佛期间，主要从事蛋白质生物合成的研究。1968 年起任纽约长岛冷泉港实验室主任，主要从事肿瘤方面的研究。
>
> 1951~1953 年在英国期间，沃森和克里克合作，提出了 DNA 的双螺旋结构学说。它被认为是生物科学中具有革命性的发现，是 20 世纪最重要的科学成就之一。
>
> 由于提出 DNA 的双螺旋结构学说，沃森、克里克和威尔金斯一起获得了 1962 年诺贝尔生理学或医学奖。著有《基因的分子生物学》、《双螺旋》等书。此外，他还获得了许多科学奖和不少大学的荣誉学位。
>
> 沃森在生物科学的发展中作出了非常大的贡献，如攻克癌症研究，重组 DNA 技术的应用等。他还是人类基因组计划的倡导者，1988~1993 年曾担任人类基因组计划的主持人。
>
> 沃森另一个感兴趣的问题就是教育，他的第一本教科书《基因的分子生物学》为生物学课本提供了新的标准。随后陆续出版了《细胞分子生物学》、《重组 DNA》。他还积极探索利用多媒体进行教育的方法，并且通过互联网设立 DNA 学习中心，这一中心也成为冷泉港实验室的教育助手。

2. 几个 DNA 结构新研究的启示

[1] DNA 半衰期为 521 年

在细胞死亡后，酶开始分解作为 DNA 支柱的核苷酸之间的化学键，并且微生物也在加速细胞的腐烂。然而，从长远来看，与水的反应被认为是造成化学键分解的最主要原因。地下水几乎是无所不在的，因而从理论上讲，埋藏的骨骼样本中的 DNA 会按照一个固定的速率分解。然而确定这一速率是非常困难的，这是因为很少能够找到含有大量 DNA 的化石来做出有意义的比较。更糟糕的是，变化的环境条件，如温度、微生物侵入的程度和氧化作用会改变分解过程的速率。

2012年，由丹麦哥本哈根大学艾伦托夫特(M. E. Allentoft)和澳大利亚默多克大学沃西(M. Bunce)率领的古遗传学家研究小组，对3种已经灭绝的古代巨鸟(恐鸟)的含有 DNA 的 158 根腿骨化石进行了研究。通过比较样本的年代以及 DNA 分解的程度，研究人员推算出 DNA 的半衰期为 521 年[12]。

[2] DNA 末端发现抗癌新靶点

端粒酶是一种将细胞维持在年轻状态的酶。从干细胞到生殖细胞，端粒酶帮助它们能够继续生存和增殖。端粒酶太少会导致骨髓、肺脏及皮肤疾病，太多则会导致细胞过度增殖并有可能变为"永生"细胞。随着这些永生细胞持续分裂和补充，它们构成了恶性肿瘤。科学家们推测 90%的人类癌症是由端粒酶激活所致。迄今为止，癌症治疗开发一直将焦点放在限制端粒酶的酶作用来减慢癌细胞生长上。

2012年，科罗拉多大学生物尖端科学研究所的研究人员详细描述了定位在 DNA 两末端的一个抗癌药物开发的新靶点。霍华德休斯医学研究所研究员切赫(T. R. Cech, 1947—)发现了一段氨基酸，如果利用一种药物停靠到染色体末端的这一位点上阻断这段氨基酸，就可以阻止癌细胞增殖。将这一位点上的这段氨基酸称为"TEL 片段"，它一旦被修改，染色体末端就无法招募对许多癌细胞生长至关重要的端粒酶[13]。他们提出了一种设想，利用一种癌症药物锁定到染色体末端的 TEL 片段上，防止端粒酶结合到此处。这种抑制端粒酶停靠的方法有可能是一种解决癌细胞复杂问题的巧妙方法。

[3] 人体细胞中发现四螺旋 DNA 结构

DNA 的螺旋结构早已为人熟知(图6-4)。物理学家在过去数十年中已经证明四螺旋 DNA(4 条核苷酸链由碱基相连，截面是矩形的 4 个顶点)能够在试管内形成，但这种结构更多被认为无法在自然界中发现。

艾伦托夫特

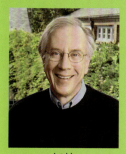

切赫

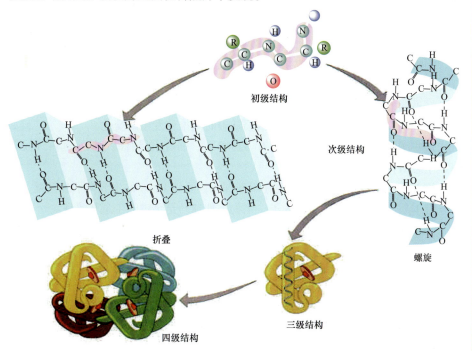

图 6-4　DNA 的多级结构

巴拉萨布拉曼尼恩

2013 年，英国剑桥大学巴拉萨布拉曼尼恩(S. Balasubramanian)首次发现四螺旋 DNA 结构，即 G-四联体在人类活体细胞中也能形成(图 6-5)[14]。它们形成的区域具有丰富的鸟嘌呤基础构件，因此通常缩写为"G"。基于这项研究他们还证明，四螺旋结构和 DNA 复制过程之间存在明显的联系，进一步凸显了利用这些特殊的 DNA 结构击败癌症的潜力。致癌基因能够发生突变增加 DNA 的复制，引发细胞增殖的急速上升和失控，并导致肿瘤的增长。而飙升的 DNA 复制率也将增大四螺旋结构的密集程度。借助合成分子"瞄准"四螺旋，"囚禁"这些 DNA 结构，能够阻止细胞自身的 DNA 复制，并因此阻断细胞的分裂，从而制止癌细胞的增殖失控。研究表明，四螺旋结构更可能出现在癌细胞等快速分裂的细胞中，而利用这种结构作为靶标，可为未来的个性化治疗提供帮助。

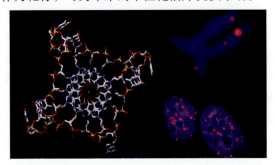

图 6-5 人体细胞中发现四螺旋 DNA 结构

[4] 大洋海底首次发现古 DNA

在广阔的南大西洋中，有一片海域几乎没有生命迹象，没有鸟类，极少的鱼类，甚至浮游生物也不多见。但是在 2013 年，研究人员报道发现了埋藏在海底的珍宝——海床之下淤泥中的古 DNA(图 6-6)[15]。该文章的作者之一、瑞士日内瓦大学研究有孔虫的专家保罗斯基(J. Pawlowski)称，目前学界有能力研究所有的物种，不再局限于那些能够形成化石的物种。这些成果给了人们一个完全不一样的视角，提供了新的方向去洞察过去发生的事情。例如，这些极小生物的不同物种会喜好不同的水温。因此，根据埋藏在海底的沉积物中所提取的 DNA，可以追踪不同物种的生物多样性，反映海底水温随着时间推移发生的变化。

这些淤泥中的古 DNA 距今已有 32500 年，研究结果有助于揭示远古气候和海洋生态演化的奥秘。

综上所述，关于 DNA 的研究在不断深入。既然 DNA 的生成离不开氢键，那么氢键本质的揭示也将关系到人类、生物、地球乃至宇宙的生息和改良。

6.1.2　氢键是否仅仅是分子间作用力

1. 分子间作用力的定义

按照教科书，人们对分子间作用力的定义是[16]：分子间作用力(intermolecular force)亦称分子间引力，指存在于分子与分子之间或高分子化合物分子内官能团之间的作用力，简称分子间力。它主要包括：

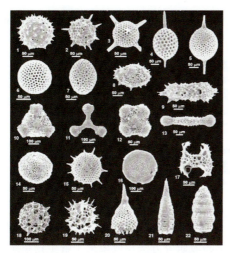

图 6-6　海底世界中带有古 DNA 的微小生物

(1) 范德华力(van der Waals force)：起初为了修正范德华方程而提出。普遍存在于固、液、气态任何微粒之间，与距离六次方成反比。根据来源不同又可分为

色散力：瞬时偶极之间的电性引力；

取向力：固有偶极之间的电性引力；

诱导力：诱导偶极与固有偶极之间的电性引力。

(2) 次级键(secondary bond)：键长长于共价键、离子键、金属键，但又小于范德华相互作用的微观粒子相互作用。次级键又分为

氢键：X—H⋯Y 类型的作用力；

非金属原子间次级键：如存在于碘单质晶体中；

金属原子与非金属原子间次级键：如存在于金属配合物中的亲金作用、亲银作用。

此外，新型的分子间作用力也不断被报道，包括双氢键和金键等。

2. 氢键与超分子化学

[1] 超分子

超分子(supermolecule)1937 年由德国化学家沃尔夫(K. L. Wolf)等提出[17]，最早是形容由氢键结合的乙酸二聚体(图 6-7，绿色虚线表示氢键)：形成六元环结构，能量更低，更稳定。超分子通常是指由两种或两种以上彼此没有形成共价键结合的分子依靠分子间相互作用结合在一起，组成复杂、有组织的聚集体，并保持一定的完整性，使其具有明确的微观结构和宏观特性[18]。

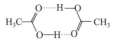

图 6-7　乙酸二聚体的结构

在生物化学中，超分子是指像肽及寡核苷酸等由生物分子组成的大分子配合物[19]。

[2] 超分子化学

1) 超分子化学的概念

经典理论认为分子是保持物质性质的最小单位，然而分子一经形成就处于分子间力的相互作用中，这种力场不仅制约分子的空间结构，也影响物质性质。超

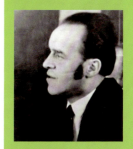

沃尔夫

图 6-8 利用重叠形成超分子化合物

分子化学(supramolecular chemistry)是化学的一个分支，专注于分子之间的非共价键结合作用[20-21]。相比于传统化学上所研究的共价键，超分子化学的研究对象是一些较弱且较具可恢复性的分子间作用，如氢键、金属配位、π-π 堆积、憎水效应、范德华力以及重叠作用等。例如，三硝基芴(蓝色)夹在分子镊子(红色)中(图 6-8)，两者由芳香性重叠作用结合在一起[22]。超分子化学从这些研究中阐明了一些新概念，如分子的自组装、折叠、分子识别、主-客体化学等[23]。在生物学领域中，借助了许多超分子化学领域研究方法及成果来了解生物系统的运作。

超分子化学至少有两点重要启示：一是分子间弱相互作用力在一定条件下可叠加和协同转化为强结合能；二是分子组装成的超分子体系可具有完全不同于原组成分子的全新性能。

2) 超分子化学的发展

1987 年诺贝尔化学奖授予美国的佩德森(C. J. Pedersen)、克拉姆(D. J. Cram)和法国的莱恩(J. M. Lehn)三位化学家，以表彰他们在超分子化学理论方面的开创性工作。1967 年，佩德森等第一次发现了冠醚[24]，这可以说是第一个发现的在人工合成中的自组装作用。克拉姆和莱恩在佩德森工作的启发下，也开始了对超分子化学的研究。从此之后，超分子化学作为一门新兴的边缘科学快速发展起来。

超分子化学的发展不仅与大环化学(冠醚、穴醚、环糊精、环芳烃、碳 60 等)的发展密切相关，而且与分子自组装(双分子膜、胶束、DNA 双螺旋等)、分子器件[25](图 6-9)和新兴有机材料的研究息息相关。到目前为止，尽管超分子化学还没有一个完整、精确的定义和范畴，但它的诞生和成长是生机勃勃、充满活力的。本章无意赘述详细内容，读者可参考相关书籍[26-28]。

佩德森

克拉姆

莱恩

图 6-9 第一台生物分子机器的分子钳在捕捉癌细胞

目前，超分子化学的研究范围大致可分为三类：①环状配体组成的主客体体系；②有序的分子聚集体；③由两个或两个以上基团用柔性链或刚性链连接而成的功能化超分子化合物。

莱恩(J. M. Lehn)1939年生于法国阿尔萨斯，现任法国路易斯巴斯德大学教授、法兰西科学院和欧洲研究院院士、美国国家科学院外籍院士、中国科学院外籍院士。作为超分子化学的奠基人，他于1987年获得诺贝尔化学奖，在学术界享有很高的声誉，被称为"超分子化学之父"。

法国斯特拉斯堡大学

莱恩1957年7月获得了哲学的中学毕业文凭，并于同年9月获得实验科学的中学毕业文凭。1957年进入斯特拉斯堡大学。他对有机化学的严密结构印象深刻，特别喜欢有机化学实验。后来年轻教授奥里松的讲座令他振奋不已，今后从事有机化学研究的想法也变得十分清晰了。

莱恩获得理学学士学位以后，于1960年10月进入了奥里松的实验室。这是第一个决定性的锻炼阶段，他进行了关于三萜烯化合物的构象特性和物理化学特性研究。1963年6月获得了理学博士学位后，在哈佛大学伍德沃德(R. B. Woodward)的实验室工作了一年。这是作为研究人员的第二个决定性阶段。他还讲授了一些量子力学课。1964年，有机会见证了伍德沃德-霍夫曼规则形成的最初阶段。返回斯特拉斯堡之后，他开始了在物理有机化学领域的研究工作。1970年初被提升为副教授，同年10月提升为教授。1980年接管了法兰西大学的化学实验室，此后就在斯特拉斯堡和巴黎的两个实验室之间奔波。这种情况一直延续到今天。

法国巴黎法兰西学院

3. 对氢键仅仅是分子间作用力的质疑

虽然氢键在超分子化学中显示了无比的威力，但从化学键研究方面来讲，它与其他分子间力相比还有许多不同。人们在认识和使用氢键概念上有误区。

[1] 对氢键的定义认识不到位

大部分读者和教育者仍停留在经典的氢键定义上[28-30]：认为氢键只是分子间作用力的一种，是一种永久偶极之间的作用力。即便是经过一些理论处理[31-32]，也只认为氢键是两个偶极子之间的三中心四电子静电作用力，氢键的本质是电性的。另外，较为广泛认同的氢键的静电作用本质可成功地解释氢键的一些性质，于是人们对氢键的深入认识需求就不那么强烈了。特别是对于2011年IUPAC氢键的新定义[1]所包含的广义延伸熟视无睹。这个新定义对促进新型氢键的发展至关重要[33-34]，也暗示了对氢键的认识要突破狭义定义。

[2] 对氢键的键能认识不到位

片面维护鲍林(L. Pauling)对化学键的定义：如果两个原子(或原子团)之间的作用力强到足以形成足够稳定、可被化学家看作独立分子物种的聚集体，它们之间就存在化学键[35-36]。氢键的键能最大接近200 kJ·mol^{-1}，一般为5~30 kJ·mol^{-1}，比一般的共价键、离子键和金属键键能(10^2级 kJ·mol^{-1})小，但强于分子间力(低于10 kJ·mol^{-1})，不属于相邻原子间"强烈"的相互作用。对氢键的键能大小的认识往往停留在"通常破坏含有氢键的双聚物只需要数千焦到数十千焦的能量"(表6-1)。

表6-1 几种双聚物的氢键分裂能

体系	(HF)$_2$	(H$_2$O)$_2$	(NH$_3$)$_2$	(HCl)$_2$	(H$_2$S)$_2$
分裂能/(kJ·mol^{-1})	29±4	22±6	19±2	9±1	7±1

[3] 质疑的依据

近十几年来，由于实验条件和理论水平的不断进步，人们对氢键的认识和理解不断深入。我们可以这样分析以下的一些事实。

1) 定义 X—H⋯Y—Z 中"⋯"为氢键是否有些断然

既然可以把 X—H⋯Y 认为是"Y 与 X 和 H 原子形成三中心四电子键"，难道它们不是一个"足够稳定、可被化学家看作独立分子物种的聚集体"吗？因为氢键给体系带来的"稳定性"是事实。根据分子轨道理论，三中心四电子键实质上是一种离域键型，共价键可以扩展到组成分子轨道的三个原子之间(图 6-10)。因此，在 KHF_2 的 $[F—H⋯F]^-$ 中，H 原子两边的共价成分相等，键长相同。

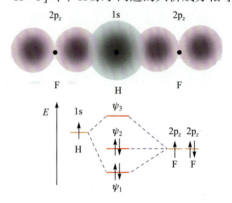

图 6-10　三中心四电子键模型及分子轨道能级图

如果把三中心四电子分子轨道模型推广到一般氢键的形成过程，也可以较好地解释下列一些实验事实：①在氢键 X—H⋯Y 中，不仅要求 X、Y 的电负性大、原子半径小，还要求 Y 中有孤电子对；②在氢键 X—H⋯Y 中，X—H 键轴的方向要尽可能与 Y 原子上孤对电子的对称轴方向一致。这可以从原子轨道组合成分子轨道的对称性一致及最大重叠原则方面理解。如果用单纯的静电模型描述氢键的形成，那么晶态$(HF)_n$的构型应该是直线形链状结构 F—H⋯F—H⋯F—H⋯，因为这种构型会使氢键两边的 F 原子与 F 原子、H 原子与 H 原子之间的斥力最小，形成的氢键最稳定，但实际上$(HF)_n$的构型是锯齿形链状结构(图 6-11)[37]，原因同样是"为了这个聚集体的能量更低、更稳定"。

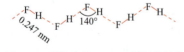

图 6-11　晶体中的$(HF)_n$无限链状结构

液态水中完全氢键化的五分子四面体结构也能说明这个观点[38]。由图 6-12 可见，水分子不仅具有开放式的四面体结构，而且由氢键构成方向性很强的网络团簇。正是这种稳定的网络团簇才使水具有固定的各种理化特性[39]。

2) 从作用力大小看，氢键不同于其他分子间作用力

(1) 范德华力普遍存在于固、液、气态任何微粒之间，与距离六次方成反比，一般小于 $8\ kJ·mol^{-1}$。而分子间或分子内氢键都会因成键的供体和受体原子的性质、它们的几何形状和环境不同而发生能量变化，可高达 161.5 $kJ·mol^{-1}$，或低于 $4.18\ kJ·mol^{-1}$[40]。这样的变化幅度是范德华力不可比拟的。

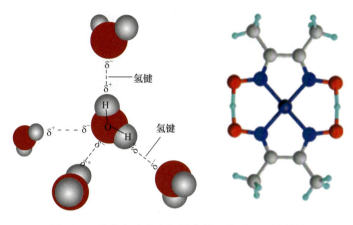

图 6-12 液态水中完全氢键化的五分子四面体结构

(2) π-π 堆积是芳香化合物的一种特殊空间排布，指一种常发生在芳香环之间的弱相互作用，通常存在于相对富电子和缺电子的两个分子之间，是一种与氢键同样重要的非共价键相互作用。亨特(C. A. Hunter)等[41]经过理论计算和实验验证指出，π-π 堆积作用起源于芳香体系之间不同符号的电子云之间的吸引，一般很少出现完全相对的芳香体系的堆积，因为会产生强烈的排斥作用。常见的堆积作用分为两种：错位面对面堆积作用，即 F-型堆积，两个芳香体系基本平行；边对面堆积作用，即 T-型堆积(图 6-13)，两个芳香体系互相垂直，有研究认为后者比前者更为稳定。最常见的 π-π 堆积作用是苯环之间的堆积作用，陈小明认为它们的能量大小为 1~50 kJ·mol^{-1}，多数在 10 kJ·mol^{-1} 左右和以下[42]。徐志广等[43]利用 BHandH/6-31+G** 方法计算了二苯并噻吩亚砜晶体中二苯并噻吩亚砜分子以反平行三明治式的结构和反平行位移式的结构两种模式的 π-π 堆积效应作用能，其计算值分别为 –36.06 kJ·mol^{-1} 和 –39.83 kJ·mol^{-1}，电荷分布表明正负电荷匹配是稳定晶体 π-π 堆积体系的重要因素。

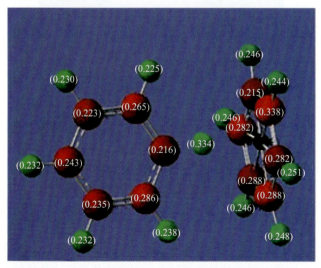

图 6-13 T-型 π-π 堆积

陈小明

对于氢键的键能，大多在 25~40 kJ·mol^{-1}。曾经一度认为最强的氢键是 [HF$_2$]$^-$

中的 FH⋯F⁻，计算出的键能约为 169 kJ·mol⁻¹(不少人认为 155 kJ·mol⁻¹ 较恰当)[44]。而事实上，用相同方法计算甲酸和氟离子间[HCO₂H⋯F⁻]的氢键键能，结果要比 FH⋯F⁻高出大约 30 kJ·mol⁻¹[28]。用离子回旋共振谱法(FT-MS)得出的数据为(163±4) kJ·mol⁻¹，也与之较好吻合[45]。有人认为离子间、离子-分子间氢键键能为 40～190 kJ·mol⁻¹，与弱共价键相当[46]。例如，X-Hg(X=F, Cl, Br, I)的单键解离能分别为～180、(92.0±9.2)、74.9 和(34.69±0.96) kJ·mol⁻¹[47]。

3) 关于氢键的共价性问题

氢键的方向性和饱和性(尽管数目有所扩大)不能完全用静电作用的观点来解释。虽然从量子力学和键能角度来看，氢键也不同于共价键，一种新型 NMR 脉冲频率实验确实证明了 N—H⋯N、F—H⋯N、N—H⋯O—C、O—H⋯O 氢键具有一定的共价性。C—H⋯Se 氢键离子性不明显，共价性更强[48]，产生的原子间距离比范德华半径的总和还短。而其他的分子间力却无具有共价性份额的任何报道。

因此，可以认为氢键是一种特殊的化学键，氢键中的 H 原子是"直接"(虽然是 X—H⋯Y 形式)与原子成键(与越来越多的不同原子)，不同于典型的 π-π 堆积和范德华力。这也是将其称为"原子之间的另一种作用力"的原因。其实，鲍林 1935 年就提出把氢键看成单纯的静电作用可能是不正确的观点，认为所谓的"氢键"在水和冰中连接水分子的标准图像可能并不完整。每个水分子中，强的共价键成键电子的波函数会部分泄露形成氢键，才导致了水分子间的结合[49]。1999 年亚历山大(H. Alexander)在评述关于水中氢键研究成果时[50]，讲到不但量子力学理论肯定了鲍林的上述观点，而且来自美国、加拿大和法国的科学家利用欧洲同步辐射实验室(ESRF)的第三代强束流进行了康普顿散射实验[51]，发现了与理论预言一致的干涉图案，证实了这种观点的正确性(图 6-14)。电子的这种行为就是所谓的"非局域性"。

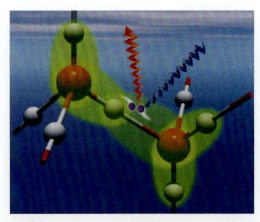

图 6-14 水中的共价键(暗绿色)扩散到分子间氢键(亮绿色)中的示意图

因此，我们认为氢键是一种特殊的化学键，不同于典型的范德华力和π-π堆积。从键能方面讲，它更不同于其他分子间力，不但数值接近"共价键"，具有它的特征轨道重叠与电荷转移(氢键的原子间也存在微弱的电子云共享)，具有共价键方向性和饱和性的特点。

6.2 氢键的研究进展

6.2.1 氢键的研究历史简介

1. 氢键概念的形成期

在 19 世纪后半叶，人们就发现了许多和氢键相关的现象，普遍存在于气体、液体、固体中[29, 52-54]。最早在 1823 年，法拉第(M. Faraday, 1791—1867)在对氯的气态水合物的研究中发现，这类化合物的形成与水的氢键性质密不可分[55]，但是这时还没有人提出氢键的概念。

1892 年，能斯特(W. Nernst, 1864—1941)研究发现含有羟基的分子间存在弱的相互作用力[56]。

1902 年，生于法国的瑞士化学家维尔纳(A. Werner, 1866—1919)在用主价和副价的概念解释复杂络合物分子中元素的原子价时，首先指出 NH_4Cl 成键的特殊性。他认为 NH_3 分子中氮有一个副价"储藏"着，当它与盐酸反应时，这个副价就被 HCl 分子中的氢原子所饱和。于是，维尔纳把氯化铵的结构式写为 $[H_3N\cdots H]Cl$[57]。之后，德国的汉奇(A. Hantzsch)在 1910 年[58]，普费弗(P. Pfeiffer)在 1914 年[59]，继承和发展了维尔纳的理论，并分别描述了分子内和分子间氢键。

1912 年，英国的摩尔(T. S. Moore)和温米尔(T. F. Winmill)详细研究了氢氧化三甲基铵的弱碱性[60]，严格地区分了分子间氢键和分子内氢键的不同含义，被认为最先注意到了氢键。

1920 年，美国化学家拉提麦尔(W. M. Latimer)和罗德布什(W. H. Rodebush)在一篇论述 HF、H_2O、NH_3 高沸点的文章中提到"由两个八边形所持的氢核构成一个弱键"[61]，被认为第一次明确地提出了氢键的概念。

随后，哈金斯(M. L. Huggins, 1897—1981, 路易斯的学生)于 1922 年在一篇题为《原子结构》的文章中也提到"正电荷核在其价层中不含电子，与含有孤对电子的原子反应，可以形成弱键"[62]。哈金斯声称他早在 1919 年就先于拉提麦尔和罗德布什提出了氢键。

1931 年，鲍林在一篇有关化学键成因的论文中讨论 $[H:F:H]^+$ 时第一次用了"氢键"一词[36]。同年，哈金斯讨论氢离子和氢氧根离子在水溶液中的传导作用时，就用了"氢键"一词[63]，但是在文章第二次校订时，他把"氢键"换成了"氢桥"(hydrogen bridge)。因此，鲍林认为是他们三人同时提出了氢键的概念。自此，氢键这一概念被正式提出。

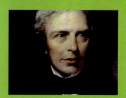

法拉第

能斯特

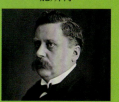

维尔纳

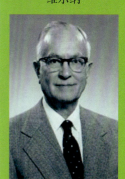

哈金斯

拉提麦尔(W. M. Latimer, 1893—1955)，美国化学家。1919 年在加州大学伯克利分校获得博士学位。此后他一直在伯克利任教直到去世。

尽管以他的名字命名的拉提麦尔图是表示元素氧化态间转化性质的最常见的方法，但这并不是他唯一的重要贡献。1920 年，拉提麦尔在一篇论文中提出了氢键的概念，并第一次将它和一般的分子间作用区别开来。此后拉提麦尔对水溶液中离子的热力学性质产生了兴趣，1936 年他发表了一篇关于水合离子的

鲍林

拉提麦尔

伯纳尔

冰

> 熵值的论文，在此前后，拉提麦尔穷多年之功测定了几乎所有的稳定离子在水溶液中的熵值，同时积累了大量电对的电极电势数据。这些工作不仅为化学研究者积累了大量的基本数据，也和化学理论的发展相互印证。除此之外，拉提麦尔还对超铀元素的化学有所贡献，他还是美国第一位液化氢气并对此温区做温度测量的科学家。

2. 氢键概念的巩固和传播期

虽然氢键早在 20 世纪 20 年代就被提出，但一开始显然没有得到广泛的认识和接受。例如，对 $NaHF_2$(1926 年)、尿素(1928 年)、NH_4F_2(1930 年)和乙硫胺(1940 年)的研究，以及 20 世纪 30 年代大部分关于水与冰结构的文章中，都对氢键只字未提。

1935 年关于乙二酸及一些草酸盐晶体结构分析的文章中，虽然提到 H 原子位于两个 O 原子的正中央，但全文也没有正式提到氢键。氢键成为广为人知的概念至少是在 1935 年以后。

1935 年，伯纳尔(J. D. Bernal)提出了氢键的概念，用来区别 O—H⋯O—H 和 O—H⋯O=C 两种氢键之间的不同[64]。

在氢键概念的巩固和传播过程中，哈金斯和鲍林起到了重要作用。1935 年，鲍林通过低温下熵的变化的研究[49]，发现并提出在冰中每一个水分子被其他 4 个水分子包围，形成氢键网络。

1936 年，哈金斯发表了两篇关于氢键的文章。在讨论水与冰中的氢键的文章中他第一次用"质子跃迁"解释了氢离子在水中的移动速度[65]。在另一篇关于有机物氢键的文章中，哈金斯列举了大量以 O—H、N—H 为质子给体的氢键，他还详细讨论了碳酸中的氢键和角蛋白折叠中氢键对稳定构象的影响[66]。这是一篇极有远见的文章，文章大胆预测了氢键将在生物大分子研究中占据重要地位。1943 年，哈金斯又发表了关于纤维蛋白、脂肪酸、乙二酸衍生物等的氢键的文章[67]，这些都极大地丰富了人们对氢键的认识。

1939 年，鲍林正式出版了著名的《化学键的本质》[35]。这本书把氢键的观点确定下来并传播开来。鲍林在书中关于氢键的观点主要有两条：①在某种情况下，一个氢原子同时被两个电负性很强的原子所吸引，这就相当于氢原子在这两个原子间形成了一个键，称作氢键；②一个氢原子只有一个基态 1s 轨道，所以它不能形成 2 个纯共价键，故氢键有很大的离子成分。

自此，氢键的概念得到巩固和发展。特别是鲍林的氢键概念已成为教科书的主流观点。

3. 进一步突破的技术准备时期

这一时期，随着 X 射线衍射和红外光谱分析的逐步完善，以及中子衍射和 NMR 核磁共振技术的兴起，化学家以及物理学家测出了一系列的氢键的键能、键长、键角数据，发展出了更为丰富的研究观测方法。这为后来的进一步理论研究作好了准备。其中，特别值得一提的是对与生命有关的蛋白质中存在 α 螺旋、β 折叠[68]和 DNA 双螺结构[8]的确定都依赖于 X 射线衍射技术。这一模型的诞生标志着生物学进入了分子生物学时代，同时把氢键在生命科学研究中的地位上升到了一个新的高度。

这一时期的技术进步还包括计算机技术的巨大进步。1960～1973年，性能稳定、能进行大规模计算的计算机的诞生使半定量的量子力学计算成为可能。尽管这一时期理论计算得到的数据都被后来更强大的计算机所支持的更精确的量子计算所得到的数据所替代，但是这一时期里，理论计算首次作为一种独立的研究方法进入氢键的研究中，这对氢键研究有着划时代的意义。

另外，1957年，第一届国际氢键大会在南斯拉夫的卢布尔雅那举行。从大会的论文可以看出，当时人们对氢键本质的认识持两种观点，一种是以库尔森(C. A. Coulson)为代表的认为氢键主要由静电吸引能和交换互斥能组成的观点，另一种是以鲍林为代表的水的笼形水合物模型。

1960年，皮门特尔(G. Pimentel)和梅克莱伦(A. MeClellan)[69]以及哈密顿(W. C. Hamilton)和艾柏斯(J. A. Ibers)[70]都对氢键做了详细的研究。后来，随着人们对氢键的进一步了解，德西拉居(G. R. Desiraju)[71]又再一次提出了氢桥的概念，用来解释一些弱氢键与范德华力的区别。

在20世纪60年代，对氢键的研究已达到了一个成熟的阶段。

德西拉居

4. 氢键理论发展的黄金期

随着计算机技术的快速发展，能够支持大规模计算的计算机出现了。氢键的理论研究变得空前活跃。从分子轨道理论、价键理论发展而来的量子力学计算方法，增加了人们的研究手段。由微扰法、自洽场方法、从头算起法等得到的数据，与热力学和谱学得到的数据并列在一起，成为氢键研究的第三大数据来源。

氢键是一种次级键，它并不是单一的作用力，而是几种基本的力共同作用的结果。最终为了确定氢键的本质，就必须用能量分划方法将复杂的能量还原为几种基本的能量组分，并分析每一组分对于总能量的贡献，从而更好地理解复杂作用力的本质[72-75]。

[1] 氢键能量的分划

现有的分子间作用能量分划方法有两个主要思路。第一种是基于微扰理论的分划，即按照多体微扰理论展开分子间相互作用能，如对称性适配微扰理论方法(SAPT)[76-77]。在SAPT方法中，每一种分子间作用能量校正都可以归入4种基本物理量之一(静电、交换、诱导和色散)。第二种思路则是基于基本物理作用的分划，简言之就是分步考察分子间氢键的形成过程，定义每一步的组分能量，总相互作用能即为各步能量之和。

[2] 第一种思路

能量分划的思想早在1951年就由库尔森提出[73]。1959年，库尔森把氢键系统 A—H⋯B 分划为五个状态的叠加[74]：

$$\Psi_{A-H\cdots B} = a\Psi_a + b\Psi_b + c\Psi_c + d\Psi_d + e\Psi_e \tag{6-1}$$

Ψ_a A—H⋯B   A—H 间共价键

库尔森

Ψ_b	A⁻—H⁺···B	A—H 间离子键	
Ψ_c	A⁻—H···B⁺	A···B 间电荷转移能	
Ψ_d	A⁺—H···B⁻	A—H 间离子键	
Ψ_e	A—H⁻···B⁺	H···B 间电荷转移能	

他计算了 O—H···O 中 O···O=280 pm 时的情形,静电成分 $\Psi_b+\Psi_d$ 占了总能量的 65%,这暗示着静电相互作用可能是氢键的主要组成部分。

[3] 第二种思路

魏冰川等[75]详细地介绍过这些方法的基本思想和原理,涉及的许多数学推导过程也列出了相关的专著和参考文献。学习和了解这些文献,对于揭示氢键本质的理论研究是有益的。这里仅将几个研究的主要结论转述说明。

1) Kitaura-Morokuma 能量分划方法

K-M 方法指由北浦(K. Kitaura)和摩罗库马(K. Morokuma)发明的分划方法[76-78]。它的理论基础是 Hartree-Fock 理论[79-80]。它将分子间作用能 ΔE 分为几个部分:静电能(electro static, ES)、极化能(polarization, PL)、交换互斥能(exchange repulsion, EX)、荷移能(charge transfer, CT)以及耦合作用能(coupling, MIX),其意义分列如下。

(1) 静电能:包括单极-单极、偶极-单极及偶极-偶极相互作用,以及其他分子变形之前的静电相互作用。

(2) 极化能:由于离子变形而产生的作用能变化。

(3) 交换互斥能:两分子间的电子互换导致的近程排斥作用,这是唯一使能量升高的项。

(4) 荷移能:两分子的电子分别跃迁到对方的空轨道上引起的电荷转移所引起的能量变化。

(5) 差项:对各项的修正,一般很小,可忽略。

从他们对若干氢键体系的分析结果(表 6-2)可以看出,氢键能量的主要来源是静电能。

摩罗库马

表 6-2 氢键能量的 Morokuma 分析结果

质子受体	质子给体	θ(°)	氢键能量/(kJ·mol⁻¹)					
			ΔE	ES	EX	PL	CT	MIX
HF	HF	60	−31.8	−34.3	19.2	−1.7	−13.4	−1.3
H₂O	HF	6	−56.5	−79.1	44.4	−6.7	−13.0	−1.7
H₂O	HOH	0	−32.6	−43.9	25.9	−3.3	−10.0	−2.1
H₃N	HOH	0	−37.7	−58.6	37.7	−4.6	−10.0	−1.7
H₃N	HNH₂	0	−17.2	−23.8	15.1	−2.5	−5.4	−0.8

注:θ 是氢键(H···A)与质子给体(D—H)之间的夹角。

2) 限制变分空间方法

这是 20 世纪 80 年代巴格斯(P. S. Bagus)[81]和史蒂文斯(W. J. Stevens)[82]对摩罗

库马法的改进，分别称为限制空间轨道变分法(CSOV)和约化变分空间自洽场法(RVSSCF)。虽然 CSOV 和 RVSSCF 的名称不同，但就原理来讲它们是相似的。从表 6-3 的结果可窥一斑。随后，W. Chen 把摩罗库马法和 RVSSCF 法从双分子(片)计算推广到多个分子(片)计算[83]。

表 6-3 水分子二聚体氢键能量的 RVSSCF 分析结果

基组	氢键能量/(kJ·mol^{-1})				
	ΔE	ESX	PL	CT	RES
6-31G(dp)//6-31G(dp)	−21.97	−13.64	−1.7	−5.61	−0.17
6-31++G(dp)//6-31++G(dp)	−19.29	−14.35	−6.7	−2.05	−0.08
eepVDZ//eepVDZ	−20.71	−11.80	−3.3	−6.32	−0.17
aug cep VDZ//aug cep VDZ	−15.77	−10.00	−2.5	−2.80	−0.17

注：表中 ESX=ES+EX，RES=ΔE−ESX−PL−CT。

3) 自然键轨道方法

自然键轨道(NBO)方法是由温霍尔德(R. B. Weinhold)等发展起来的一种轨道定域化方法[84-85]。由于 NBO 得到的键轨道与化学家熟悉的化学键图像非常接近，因此被称为自然键轨道。

E. D. Gelendening 等[86-87]使用了 NBO 构筑超分子 Fock 矩阵，将总相互作用能分解为静电能(ES)、荷移能(CT)、极化能(PL)3 项，并且做了基组重叠误差修正(BSSE)，从而避免了与泡利不相容原理抵触。该方法与摩罗库马方法的一个主要区别是：在 K-M 方法中，电荷转移项中只考虑了占据轨道-未占据轨道之间的交叉项，而将占据轨道-占据轨道和未占据轨道-未占据轨道之间的相互作用归入了交换互斥能(EX)中；而在 NEDA 中，后两种作用均被归入 CT 项。表 6-4 所列数据是 NEDA 的计算结果。与前两种方法的结果不同，NEDA 对于水分子二聚体氢键的计算结果表明：荷移能在氢键能中占有非常重要的地位，其贡献与静电能相当。

表 6-4 水分子二聚体氢键能量的自然键轨道分析

基组	氢键能量/(kJ·mol^{-1})				
	ΔE	ESX	CT	DEF	BSSE
STO-3G	−24.14	−43.30	−69.91	107.91	−18.87
6-31G(dp)	−22.64	−65.65	−52.72	100.37	−4.64
6-31++G(dp)	−19.75	−66.99	−49.04	99.45	−3.14
eepVDZ	−23.30	−62.05	−42.93	90.83	−9.16
aug cep VDZ	−14.64	−64.98	−41.34	92.72	−0.88

4) 块定域波函数方法

块定域波函数(BLW)方法与 NEDA 有相似之处，也是利用定域化轨道的方法

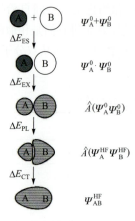

图 6-15　块定域波函数能量分划步骤

来分划能量[88]。不过 BLW 在轨道定域化的过程中不要求所有轨道正交，只是要求各个分区之间保持正交，而在各分区内部则没有限制。能量分划步骤如图 6-15 所示。表 6-5 为水分子二聚体氢键的 BLW 分析结果。结果表明，在氢键体系中起主要作用的基本物理力仍然是静电能。

5) 纯静电模型

L. C. Remer 和 J. H. Jensen 基于对于一些最常见的氢键体系，都是静电吸引能占有总能量的绝大部分[即定域电荷分布(LCD)，在整个势能面上最小值与静电吸引能最小值点基本重合，而荷移能与之相比非常小]，提出了氢键的纯静电模型[89]。这是一个纯静电模型，非常类似于路易斯结构，可以说是将路易斯结构从化学键拓展到了氢键体系。

表 6-5　水分子二聚体氢键能量的 BLW 分析

基组	氢键能量/(kJ·mol^{-1})			
	ΔE	ESX	PL	CT
STO-3G	−8.4	−3.8	−0.8	−3.8
6-31G(dp)	−19.7	−14.6	−2.5	−2.5
6-31++G(dp)	−18.8	−15.1	−2.9	−0.8
eepVDZ	−16.3	−11.7	−2.9	−1.7
aug cep VDZ	−15.5	−10.0	−3.8	−1.7

[4] 争论的焦点

比较以上各能量分划方法，可以发现各方法中的一个焦点问题是 ES 和 CT 孰重孰轻。其中，ES 代表静电相互作用，也就是所谓的"离子型"相互作用，而 CT 代表电荷转移，也就是所谓的"共价型"相互作用。这就是在 20 世纪 90 年代中期，在 Science 上曾经爆发争论[90-91]的焦点：如何揭示氢键的本质。从能量分划的角度看，这场争论实质上仍是 ES 和 CT 轻重之争的延续。目前，关于氢键本质的争论仍然在延续。很多化学家支持氢键的静电本质，认为无论从现有的能量分划方案，还是从分子力学计算结果来看，都可以得出氢键基本上是一种静电相互作用的结论。但是，也有很多化学家认为，尽管在通常的中强氢键和弱氢键的情况下，氢键能量的主要贡献来自静电能，但是在某些情况下，如带电荷的氢键体系以及在冰(I_h 点群)中，氢键会表现出部分共价性质[92]；仍有许多实验事实不能用纯粹的静电模型加以解释[93]；A. van der Vaart 和 K. M. Jr. Merz 也在研究中发现，仅仅是很小的电荷转移，也会产生很大的能量贡献[94]。他们研究了一些小的氢键团簇体系的分子电荷分布，发现在氢键形成过程中电荷转移量通常不是很大，但是随着氢键数量的增加，电荷转移呈线性增加。

6.2.2 氢键与质子传递

1. 质子传递

从氢键的定义可以知道，氢键是最基本的化学相互作用力之一，表示为 X—H⋯Y，X 和 Y 表示重离子及负极性原子团，它代表了一个质子给体与一个受体之间相互作用的关系。质子传递发生后，导致了给体和受体的电荷和构型的变化。如果质子传递沿氢键链进行，或与相邻氢键发生偶合，则会引起体系极性的转变，产生电荷的定向传导和分子结构的重排[95-100]。因为质子传递现象与某些重要的生命过程有深刻的内在联系[101-102]，对这些生物动态过程的深入了解，将有助于理解生物酶作用机理[103]、DNA 重组中的快速氢交换现象、嗜盐菌视紫红质的能量转换途径[104-105]等问题。所以，人们对生物体系中的氢键和质子传递过程日益关注。

实际上，人们至今不能给氢键下一个准确的定义，原因何在？我们认为还是对氢键的质子传递能量没有完全弄清。如此说来，只有深入进行氢键和质子传递的研究，才能明白质子传递过程的势能曲线，获得机理，再利用科学方法(计算或测定)得到每一个环节的能量，继而得到键能，才能为认识氢键本质提供契机。

2. 质子传递的能垒

氢键系统的一个重要特征是在每一个氢键中存在有对称性的双阱势能曲线(图 6-16)，它的两个最小值相应于质子的两个平衡位置。这个双阱势[102, 106]常用下式表示：

$$U_0(R_n) = U_0 \left(1 - \frac{R_n^2}{R_0^2}\right)^2 \tag{6-2}$$

式中，U_0 为势垒的高度；R_n 为从势垒顶部算起的质子位移；R_0 为局域最大和势阱最小值之间的距离(图 6-17)。

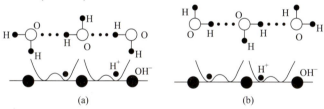

图 6-16　氢键系统的双阱势

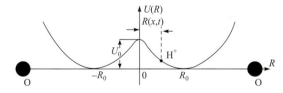

图 6-17　氢键系统中质子的位移

3. 质子传递的途径及机理

质子沿氢键的传递过程可用下式表示：

$$A—H \cdots B = [AHB] = A^- \cdots H^+—B \tag{6-3}$$

随着质子从给体 A 转移到受体 B 上,氢键的势能曲线也会产生相应的变化(图 6-18)。

图 6-18　质子传递过程的势能表示

通常氢键的解离能较高,为 $10\sim35$ kJ·mol^{-1},但在某些情况下,氢键的断裂和生成在室温下很容易进行。例如液态水,由于氢键体系整体的热涨落过程,水中氢键实际上同时进行着快速形成和分解两个过程,一个液态水分子形成的氢键的数量随着时间和温度的变化而波动,氢键形成和转换的时间十分短暂(50~100 fs)[107-109]。又如,在酶催化过程中,质子传递所需的活化能相当低,使反应可在体温下顺利地进行。已经发现在某些酶的活性部位形成具有低势垒的氢键[110],其中酶作用的第一步就是质子的定向传递。

在单一氢键中,质子从给体原子转移到受体原子,有两种可能途径[99]:

(1) 质子隧道效应(proton tunnel effect),即质子隧穿势垒到达对面的势阱,前提是在对面的势阱中具有合适的质子接受能级。通常认为,在低温下固体中的质子传递以隧道效应为主,如苯甲酸二聚体晶体中的双质子传递。

(2) 质子跳跃(proton hopping),即质子通过热活化翻越势垒进入对面的势阱。反应能否发生取决于质子传递势垒的高度,低势垒有利于反应进行。一般地,在室温以上,体系的质子传递以质子跳跃为主。据此认为某些酶的活化过程与该机理有关。

在氢键链中质子的传递机理非常复杂,至今还没有一个统一的解释,已提出的假说有:

(1) 孤子机理。为解释质子在膜蛋白氢键链中的高效传递性质,Y. Kashimori 等[111]引入了孤子机理。该理论认为,质子传递可以用薛定谔方程的孤子解来描述。孤子可使能量定域化,能稳定体系的激发态,从而保证能量传递的高效性[106,112-115]。但由于相邻氢键的质子间耦合过小,该机理的合理性曾受到质疑[116]。

(2) Grotthuss 机理。根据在水溶液中质子传递的速率高于水分子的扩散速率,认为在氢键链中质子传递分两步进行,第一步进行质子转移,第二步进行结构重排[117-118]。

依据这两个理论,人们认为质子的运动在氢键中的传递会导致两类不同的缺陷,即离子缺陷和键缺陷。离子缺陷是指:一旦一个质子穿越势垒从一个势阱跳过势垒进入另一个势阱时,短键和长键的位置刚好交换,于是在这个局部地区将出现一类缺陷,即质子系统的压缩而出现额外正电荷的聚集,即 H$_3$O$^+$,而在相邻的一侧是质子系统的稀疏区域,出现额外负电荷的聚集,即 OH$^-$。键缺陷是指:当质子从一端运动到接近于分子链的另一端处,质子可与氧原子形成一个共价键,同时游离出一个质子,但要使这个传递继续下去,不得不改变这个共价键的方向,恢复到原来的状态,于是才有质子的继续传递。这种共价键的转动称为键的重新定向,从而出现键缺陷。

由前面讲的质子传递可知,处于双阱势中的质子受到邻近重离子的弹性力的作用后，以最小势能点作平衡位置而做谐振动。但要使质子从双阱势的一个势阱穿过势垒跃迁到另一个势阱中，显然还必须受到双阱势场和相邻质子与质子之间的偶极-偶极及共振等相互作用。因此，一个质子起码受到三种作用力，即共价键产生的弹性力，两邻 X 原子对它产生的双阱势以及相邻氢原子的电子云畸变产生的偶极-偶极相互作用。但是，尽管有上述理论模型，仍未解决根本问题。在上述模型中，质子-孤子的束缚能过小，致使孤子的稳定性差，特别在室温下的热稳定性极差。另外，几乎所有模型即使使用连续性近似，也很难求解，一个真正的解析解难以得到。

庞小峰在总结前人工作的基础上，通过分析各种影响因素，建立起一个新孤子模型——新生物能量传递模型[119-120]。在他的新理论中，不仅要考虑由质子的位移引起的相邻两个重离子的位置改变所产生的相互作用，还要考虑相邻两个质子之间电磁相互作用所导致的相邻重离子的状态或位置改变所产生的相互作用，这些相互作用导致质子间的相互作用和质子传递，同时它们贡献一种非线性作用，使形成的孤子的束缚能增大，稳定性增强，使所得的解可能统一解释两类缺陷的运动和相互转变，对氢键系统中质子传递给出一个较完整的描述。新模型的一个最大特点就是给出了一个解析解，并可用它来完整地说明质子在氢键系统中的传递。

庞小峰

6.2.3 氢键的研究方法

氢键的研究方法是随着化学家对氢键本质的探讨兴趣高涨而深入的。然而，研究技术的发展对氢键研究工作产生了深远乃至决定性的影响。

(1) 从氢键研究的历史中可以看到，随着光谱技术、核磁共振技术、X 射线和中子衍射技术，乃至后来的隧道扫描技术的发展和逐步应用，人们对氢键研究的实验手段越来越丰富，得到的氢键图像也越来越清晰。这些技术的引入导致了氢键研究方法、研究思路的第一次变革。人们从传统的"分析检测物质结构→发展理论解释物质性质"转变为"分析检测物质结构→从结构数据中归纳分析客观规律和解释预言物质性质"。在这次技术变革的前后，科学家处理氢键问题的数据、语言、方法和思路都完全不同。

(2) 计算机技术的长足进步带来了更伟大的第二次变革。依赖于高性能计算机的量子力学计算，不仅为人们提供了又一种研究方法、澄清了大量长期以来争论不休的问题，而且给氢键的研究者以全新的思路。氢键研究的进步再也不是因为测量手段的变化，而主要归功于算法的改进和计算机性能的提高。"从头计算"把技术和数学给现代科学带来的便利发挥到了极致。

大体上，氢键的研究方法可归纳如下。

1. 通过物理性质研究氢键

在液体和固体中，分子间的氢键会强烈地影响它们的物理性质，如熔点、沸点、熔化焓、升华焓、气化焓、黏度、偶极矩和介电常数等。分子间存在氢键会使固体的熔点、熔化焓或升华焓升高，会使液体的沸点和气化焓上升(图 6-19、图 6-20)。1920 年，哈金斯、拉提麦尔和罗德布什就是在研究了氟化氢、水、氨的反常沸点后，首先提出了氢键的概念。

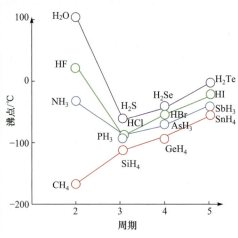

图 6-19　主族元素氢化物的沸点　　图 6-20　主族元素氢化物和稀有气体的气化焓

自然，利用热力学数据也可以说明当 H 原子同半径较小、电负性较强的 X、Y 原子相结合时可以形成 X—H⋯Y 氢键：

F$^-$+HF ⟶ FHF$^-$　　　　　　　　　　$\Delta H = -155$ kJ·mol^{-1}　　(6-4)

(CH$_3$)$_2$CO+HF ⟶ (CH$_3$)$_2$CO⋯HF　　$\Delta H = -46$ kJ·mol^{-1}　　(6-5)

H$_2$O+HOH ⟶ H$_2$O⋯HOH(冰)　　　　$\Delta H = -25$ kJ·mol^{-1}　　(6-6)

这些反应的焓值都充分证实氢键在化合物中是稳定存在的，而且对化合物的结构起着十分重要的作用。

2. 通过谱学性质研究氢键

由于氢原子自身的特点(体积小、质量轻以及室温下显著的热活动性)，为实验研究带来一定困难，如 X 射线晶体结构测定不能直接确定氢原子的位置。近年来发展起来的非常有力的谱学和衍射手段，极大地方便了氢键和质子传递的研究工作。这使氢键研究进入了实验研究阶段。1935 年，X 射线晶体结构分析证明了氢键的存在，包括阿斯特伯里(W. T. Astbury)等用 X 射线研究头发、丝绸和羊毛结构时提出的氢键对稳定构象的影响等系列工作[121-125]以及哈金斯的大量研究[65-67]。此后 1951 年蛋白质的 α 螺旋和 β 折叠结构的发现[68]以及 1953 年 DNA 双螺旋结构中碱基对堆积作用的确认[8]，都成了使用 X 射线晶体结构分析研究氢键的经典实例。

特别需要指出的是，1935 年，红外光谱分析走进了氢键的研究，从此人们对氢键的判断不再局限于通过物质的性质和热力学数据，谱学分析逐渐成为氢键分析的主要方法。

阿斯特伯里

[1] 振动光谱

通常，红外光谱中有三种与氢键有关的数据：①A—H 伸缩振动频率(ν_{AH})；②A—H 伸缩振动谱带宽度；③氢键弯曲振动，面内弯曲振动 $\delta_{AH}^{内}$ 和面外弯曲振动 $\delta_{AH}^{外}$。

红外光谱使人们的研究更深入。例如，A. Novak[126]通过对44个氢键化合物振动光谱和晶体结构数据的比较发现，ν_{AH}频率的位移$\Delta\nu_{AH}$与氢键AHB间距存在线性关系。D. Hadzi等[96]对一系列短氢键的羧酸盐分子进行了振动光谱研究，建议根据红外光谱将氢键划分为对称和不对称两种类型。G. Zundel等[95]认为在一些强酸、强碱溶液的红外光谱中，观察到的非常强的连续吸收是因为形成了"易于极化的氢键"，认为这一现象与氢键和环境扰动之间的耦合有关。但是，G. V. Yukhnevich等[127]用单独的氢键振动重现了实验光谱，证明上述宽谱带是对称强氢键的本质特征，与分子环境无关。Y. Y. Efimov和Y. I. Naberukhin[128]认为液体中氢键谱带的反常变宽起因于氢键构型的涨落，即体系中有多种按统计分布的氢键构型。利用红外光谱还可以分辨氢键的强弱(表6-6)。

红外光谱仪

Raman光谱仪

表6-6 不同强度氢键的红外光谱

分类	ν/cm^{-1}	R(O⋯H)/Å	实例
弱氢键	>3200	>2.70	H_2O(冰，水合物) R—OH(醇，酚)
中强氢键	2088～3100	2.60～2.70	R—COOH(羧酸)
强氢键	700～2700	2.40～2.60	MH(RCOO)$_2$(酸盐)

拉曼光谱经常与红外光谱同时运用并互为补充，前者有比后者更窄的谱带和更少的谱带重叠。在低频区，拉曼光谱有自身的优势。最早对水结构的研究就是利用红外[129]和拉曼[130]等振动光谱反映水分子中主要化学键(如O—H)的振动情况的。

特别要注意的是红外光谱对氢键结构的研究有普遍意义。2000年，K. Nauta和R. E. Miller[131]使用红外光谱对液氦中的水团簇进行了研究，发现6个水分子形成了环状三维结构。氢键的形成往往对红外光谱谱带位置和强度都有极明显的影响。质子供体X—H和质子受体Y形成氢键X—H⋯Y，使氢原子周围力场发生变化，从而使X—H振动的力常数发生改变，造成X—H的伸缩振动频率发生红移或蓝移，振动强度也会发生变化。近年来，许多学者对氢键发生红移和蓝移的本质做了大量的研究[132-137]。

在振动光谱基础上开发的表面和频光谱[138-139]、超快光谱[140]、二维相关光谱[141]、超额光谱[142-143]等为其从不同角度深入反映水的结构信息提供了更有效的工具。

[2] 中子散射

中子散射(NS)对于与质子运动有关的振动方式特别敏感，因此可作为研究质子动力学的有力工具，同时也常被用于验证红外和拉曼光谱结果。J. Tomkinson等[144]研究了丁烯二酸氢钾[KH(C$_4$H$_2$O$_4$)]及其衍生物的不相关非弹性中子散射(INS)谱，重新指认了低频区的ν_{as}(OHO)振动(470 cm^{-1})，并证实INS谱的结果与振动光谱结果基本一致。F. Fillaux和J. Tomkinson[145]对三氟乙酸盐[KH(CF$_3$COO)$_2$和CsH(CF$_3$COO)$_2$]进行了INS、IR和Raman光谱研究，他们根据INS谱中200 cm^{-1}以下出现的三个态密度谱带，认为该体系中质子传递通过热活化过程进行。

中子衍射实验可以精确地测定核的位置。对水而言，该技术可以测定氢原子和氧原子的位置关系。利用该技术就可以得到水体系中H—H、H—O、O—O间的径向分布函数(径向分布函数既可以用来研究物质的有序性，也可以用来描述电子的相关性)[146]。图 6-21 分别表示水体系中 O—O、H—O、H—H 间的径向分布函数，表明了在 250 nm< r <330 nm、150 nm< r <25 nm 和 180 nm< r <300 nm 内的水分子与中心水分子形成了氢键。这说明液态水分子间存在着类似冰结构的氢键，它们组成近似四面体的复杂网络[147]，但水分子之间没有冰晶体中固定的位置关系，这种网络结构处在不断解体和重构的动态变化之中[148-149]。

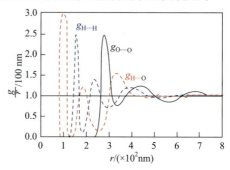

图 6-21 液态水体系径向分布函数

[3] 核磁共振

在早期工作中，人们已利用 ^{1}H、^{2}H、^{13}C、^{17}O、^{14}N、^{19}F 核磁共振(NMR)谱研究了不同类型的氢键体系。近年来，随着脉冲傅立叶变换 NMR 技术的发展，大大促进了 NMR 在氢键研究中的应用，研究重点也逐渐转向对自旋-晶格弛豫时间的观察。

对蛋白溶菌酶氢/氘交换速率的 ^{1}H NMR 研究[150]，支持了蛋白质局部开链模型，同时证明这个低活化能的反应通过一个平衡步骤和一个交换步骤进行。

糖类分子在分子识别中的作用已引起广泛关注，对无水多晶 α-D-葡萄糖的 NMR 研究发现[151]，单糖分子层内的 OH 基团的质子可以在两个平衡位置之间往返跳跃。

二聚羧酸晶体中质子传递的势垒为 4~8 kJ·mol^{-1}。对一系列二聚羧酸的脉冲 NMR 及中子散射研究表明[152]，氢键中的质子传递在低温下以隧道效应为主，在高温下以热活化过程为主，并遵循阿伦尼乌斯速率定律。

[4] X 射线衍射和中子衍射

诺瓦克[124]在晶体结构和谱学研究基础上，得出氢键振动频率的位移($\Delta\nu_{AH}$)与氢键结构数据($r_{A\cdots B}$)之间的关系。G. A. Jeffrey[153]归纳了多种水化物的结构，认为水分子形成的氢键链参与了酶底物-受体之间的"锁钥"相互作用。J. C. Speakman 小组在酸盐分子结构测定方面做了很多工作[154]，并且把酸盐分为对称的 A 型、近似对称的伪 A 型和不对称的 B 型结构。这些结果至今仍为谱学和理论工作者所引用。

剑桥结构数据库(Cambirdge Structural Database，CSD)是晶体结构分析的重要依据，它含有超过 160000 个数值及藏量巨大的精确结晶学数据库，为研究各种类型氢键提供了极大的方便。

X 射线衍射实验及中子衍射实验可得到水的局域结构，每个水分子的平均成键个数为 3.3 个[155]。这也就是说对于水分子而言，每个水分子都是氢键的双供体，也是氢键的双受体，即水分子上的两个氢原子都形成了氢键，在氧原子上形成了两个氢键。

核磁共振光谱仪

X 射线衍射仪

中子衍射仪

3. 通过理论计算研究氢键

由于实验研究的困难性，当弄清了氢键能量的划分后，从理论上精确地计算氢键键能引起了人们的广泛兴趣[156]。对氢键的研究伴随着对质子传递和电子传递现象的探索，丰富的氢键形式对理论方法提出了更高的要求。已有多种理论方法被广泛应用于氢键体系的研究，包括量子化学从头计算法、半经验方法、密度泛函理论、分子力学和分子动力学方法[75]。其中几种主要方法简述如下。

[1] 从头计算法

从头计算法(ab initio method)通常用于处理小分子氢键模型体系，如水合质子($H_5O_2^+$)和小分子酸碱离子对等。由于研究体系不同，所用的方法也各有特点。一般地，氢键的从头计算结果对于所选基组和电子相关性有敏感的依赖性。

在电子相关能校正的从头计算理论结合"超分子"方法的研究中，把分子间总相互作用能 ΔE 分解为 Hartree-Fock 相互作用能 ΔE^{FH} 与电子相关效应导致的相互作用能 ΔE^{COR} 之和，将以往的计算结果汇总后可得出如下结论[157]：随着氢键强度的减弱，ΔE^{COR} 对 ΔE 的贡献迅速增大，若按 ΔE^{COR} 占 ΔE 的比例计算，强氢键如 H—F···H—F 和 H_2O···H—F 也有 5%和 16%，中等强度的氢键如 HOH···OH_2 和 HOH···NH_3 分别为 24%和 26%，较弱的氢键如 NH_3···NH_3 和 H_2S···HOH 高达 46%和 59%，这足以说明电子相关效应对氢键结合能的影响已不可忽略，特别是中弱强度的氢键，Hartree-Fock 方法的计算结果误差很大，必须充分考虑电子相关能的校正。

王一波等[156]提出一种用二级 Moller-Plesset 微扰理论(MP2)，结合中点键函数和基函数重叠误差(BSSE)完全均衡校正的从头计算法，精确地计算氢键的结合能和结构，使计算结果较快地稳定收敛到完全基极限，接近实验精度。用此方法精确地研究了氢键体系 HOH···NH_3、FH···NH_3 和 H_2O···HF 的结构和能量性质，获得了较前人更好的、对实验研究颇有参考价值的理论结果。

S. Scheiner 等用从头计算法研究了氢键势能曲线随氢键键角变化的情况，认为氢键弯曲可引起质子移动，其他因素如阳离子和取代基团也可产生相同效果[158]。用从头计算法研究 DNA 碱基对发现，中性鸟嘌呤-胞嘧啶(GC)不具备质子传递性质，而 GC^-·自由基离子对适于质子传递[159]。

[2] 密度泛函理论

已有多种密度泛函理论(DFT)方法用于研究氢键的结构、频率和质子传递势能面。由于 DFT 方法不要求加上电子相关，为研究较大分子如生物分子提供了可能性。标准的 DFT 方法在氢键结构的描述中有一定精确性，但不能准确反映质子传递的势垒。一些不同近似水平的 DFT 方法更适用于研究氢键的能量和动态过程。V. Barone 等[160]用 B3LYP 等非局域 DFT 方法研究了 $H_5O_2^+$ 的结构、能量和质子传递。他们的工作表明上述 DFT 方法可以得到与精确 HF 方法一致的结果。Q. Zhang 等[161]也报道了甲脒多氢键体系中质子传递反应的 DFT 研究，结果表明 BH&H-LYP 方法可以用来预测质子传递的平衡态和过渡态的结构和能量，与 MP2 方法有类似的精度。

梁雪和王一波[162]将研究单分子能量非常成功的 Gaussian 理论用于氢键键能

的精确计算,选择计算精度高、所需计算资源较少的 Gaussian-3 理论研究了一系列典型氢键体系,与 CCSD(T)结果比较,误差均在±2 kJ·mol^{-1} 范围内。同时还能大量地节省计算机时和磁盘空间。

[3] 分子动力学方法

分子动力学(MD)方法是一种正在发展并日益重要的理论模拟方法,它不仅可直接模拟分子运动情况,也可以用来计算某些动力学参数,如扩散系数和弛豫时间。

J. Mavri 和 D. Hadzi[163]报道了水溶液中乙酸-甲胺之间质子传递的 MD 研究,发现在溶液中,离子形式 A$^-$···H$^+$MA 比中性形式 AH···MA 更稳定,二者的自由能之差约为(28±7.9) kJ·mol^{-1},他们认为这是因为离子形式具有更强的水-溶质相互作用。D. Borgis 等[164]用量子分子动力学研究了极性溶剂中的强氢键体系,发现随着溶剂偶合增加,氢键的势阱变宽,并出现较低的势垒,结果使氢键质子由"振荡"行为转变为"反应"行为(质子传递)。对水分子团簇的分子动力学研究结果也表明[165],氢键的灵活性也为溶液中分子的重排和解离提供了有利的动力学反应途径,质子的配合运动可有效地降低反应势垒。质子在氢键中的运动也影响到分子的电性质,如存在质子偶合的电子传递反应(PCET)。赵和 R. I. Cukier[166]用 MD 方法研究了对二甲胺基苯甲酸-对硝基苯甲酸的氢键体系,估计其中双质子传递反应的活化自由能为 12~50 kJ·mol^{-1}。

在氢键的量子化学计算中,氢键的协同性和超加和性已被广泛研究[167-169]。这是因为:①虽然单个氢键强度相对较弱,但多个氢键就可以增加这种合力,它们之间的协同效应也往往使得氢键强度大大增强。例如,以 1,3-丙二醇(a)和 1,8-二羟基萘(b)分子为骨架构成的多元醇而形成的协同性氢键[170],其最中间的氢键键能分别增加了 114.1%和 99.1%,键鞍点处电子密度 ρ 也分别增加了 38.8%和 47.6%。②分子间或分子内的同种类型氢键之间的协同性已经被广泛研究[170-171],氢键之间的协同效应将主要通过分子内的电荷转移来完成。③不同类型氢键间的协同性比同种类型氢键间的协同性更为显著[172-173]。④随着氢键的增加,平均到每个氢键的作用力也随之增大,但是这种增加也是有极限的,会达到或者接近这种超加和性的极限[170, 174]。

[4] 判定氢键的有效方法

在结构化学中对氢键系统内电子密度拓扑分析是一个经典的工作,贝德(R. F. Bader)提出了分子内原子的量子理论(AIM)[175-176]。随后,P. L. A. Popelier 基于 AIM 理论,建议用 8 个判定准则来表征氢键的性质[177-178]。P. Lipkowski 认为其中的 3 条判定准则是最实用的[179],即在 X—H···Y 系统中:①电子拓扑结构中的 H 和 Y 之间存在键鞍点;②在键鞍点处电子密度ρ(X···H)值为 0.002~0.035 aμ;③在键鞍点处电子密度的拉普拉斯式$\nabla^2\rho$(X···H)值为 0.024~0.139 aμ。显然,根据这一判据可以非常容易判断体系内是否存在氢键,并已经被大量的文献所采用[170]。

4. 氢键的新层次研究进展

在前面的叙述中,我们纠结的还是一个问题:氢键的本质究竟是什么?虽然已知冰能浮水是氢键在起作用,DNA 双链中的碱基配对也是在氢键作用下实现

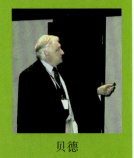

贝德

的，然而，氢键本质一直备受争议：这种作用力长期以来都被认为是静电相互作用，但近年来的研究结果又提示，氢键可能具有与共价键类似的特性。要了解氢键的真实面目，对氢键相关指标的精确测量成为关键。下面讲述的两个"看得见的氢键结构照片"事件会给我们很大启示。的确，氢键研究进入了新层次。同时，再次说明了要阐明这些问题，还得依赖实验技术的革新和科研人员的不懈努力。

[1] 第一张氢键照片——超越想象

2013 年，国家纳米科学中心的裘晓辉团队与中国人民大学季威副教授的团队合作，在超高真空和低温条件下观察到了吸附在铜晶体表面的 8-羟基喹啉分子间氢键的高分辨率图像，直接对该氢键的键长及键角进行了测量。此外，研究者还观察到了去氢 8-羟基喹啉分子与铜原子的配位键作用。这些成果对氢键理论的研究提供了极具价值的参考。

1) 分子间氢键的实空间成像

裘晓辉、程志海等用非接触原子力显微镜(NC-AFM)研究了在 Cu(111)基片上 8-羟基喹啉(8-hq)分子组件上氢键的形成(图 6-22)。原子分辨的分子结构能够精确地确定氢键网络的特性，包括键点、方向和长度。通过从头密度函数计算解释了键对比的观察结果，表明氢键杂化电子态对电子密度的贡献。通过亚分子的 AFM 表征，揭示了脱氢的 8-hq 和 Cu 原子之间的分子间配合[180]。通过 NC-AFM 直接识别局部键合构型，有助于详细研究具有多个活性位点的复杂分子的分子间相互作用(图 6-23)。

2) 观察氢键的"眼睛"——单原子针尖探针

裘晓辉等为什么能得到氢键的实空间成像？原因就在于他们有了一把利器——qPlus-AFM 技术！正如程志海所说的那样，他们并未将通用的 AFM 只用来表征样品的形貌等，而是在纳米表征与测量中注意"非接触原子力显微镜技术"的升级。他们认识到原子力传感器是整台显微设备的核心部件，单原子针尖的探针就是原子力传感器的"眼睛"。因此，在探针的选择、制作和改良方面做创新，

裘晓辉

季威

非接触原子力显微镜全景

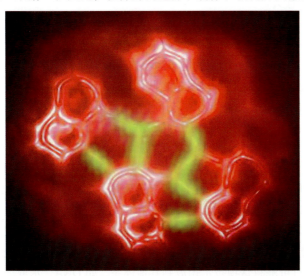

图 6-22　氢键的实空间成像

化学元素新论

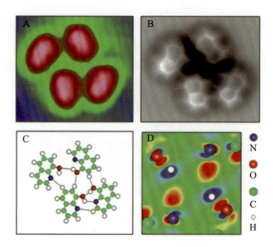

图 6-23　Cu(111)基片上 8-羟基喹啉的 AFM 测量和 DFT 计算
A. 扫描隧道显微镜下的 8-羟基喹啉分子；B. 非接触原子力显微镜下的 8-羟基喹啉分子及分子间氢键；
C. 8-羟基喹啉分子及分子间氢键的结构模型；D. 计算的电子云密度图

程志海

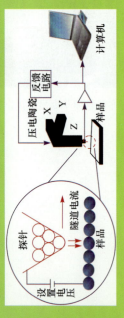

扫描隧道显微镜的原理

长期坚持自主研制、升级和改造科研装备，通过数年来对商品仪器部件[181]的不断优化，以及自制原子力显微镜的核心部件——高性能 qPlus 型原子力传感器，极大地提高了现有设备的稳定性和信噪比，使得该仪器的关键技术指标达到国际上该领域的最好水平。程志海说："我们成功实现氢键的观察，主要依赖于两个方面的工作：第一，提高了现有仪器的性能，包括将机械噪音降低了三到五倍，进一步降低了电子学噪音等；第二，利用自己的一项专利技术制作了性能优良的原子力传感器，其稳定振动振幅达到 1Å，小于一个普通化学键的键长。"另外，程志海提到一个细节：在样品方面，选择 8-羟基喹啉主要考虑的是其在基底表面上是平面构型，有利于氢键的观察，另一方面，分子共轭环外的 OH 基团和共轭环上的 N 原子都可以形成氢键，有利于氢键的确认等。

3) 研究的意义

这项研究再次证明了原创性科学仪器对科学研究有驱动性，这项技术可以与 H. Rohrer 和 G. Binnig 1982 年发明的扫描隧道显微镜技术[182]相媲美；这个"照片"可与 2008 年 J. Mauritsson 拍摄的电子运动的连续画面(图 3-46)[183]和 2011 年 C. I. Blaga 拍摄的电子云的影像照片(图 3-47)[184]相提并论。

这项研究的意义重大。首先，它开启了氢键研究的新阶段。得到的对氢键特性的精确实验测量，如作用位点、键角、键长以及单个氢键强度，不仅有助于阐明氢键的本质，在原子/分子尺度上关于物质结构和性质的信息对于功能材料及药物分子的设计更有着重要意义，将有助于人们实现分子间相互作用的人为控制，在此基础上能够设计开发出特殊的分子氢键聚体，如人为设计的冰结构、DNA、蛋白质等。其次，程志海指出，随着研究和技术的发展，大力发展 AFM 技术，扩展其能力、功能和应用范围，将会发挥更大的作用：在氢键成像基础上，有可能通过原子/分子操纵技术直接测量出单个氢键的强度，证明氢键是一种与原子直接作用的力；有可能将这项技术拓展到其他体系，如 DNA、水或冰以及其他新型材料体系，成为媲美高分辨球差透射电镜的结构分析与成像技术；有可能将这项技术扩展到其他更加复杂的环境体系，如固体/液体界面、液体/气体界面等，能够解决一些实际问题。

[2] 第二张氢键照片——异曲同工

无独有偶，在裘晓辉等文章发表之后 8 个月，又一张关于"看见氢键"的照片被报道。2014 年麻省理工学院和芝加哥大学的科学家使用新开发的超速飞秒红外光源，得以直接"看到"被氢键连接的分子之间的协调振动。这是人类第一次观察到这种在分子水平上随处可见的化学作用。

1) "看到"了氢键的相互作用

虽然论文第一作者德马尔科(L. De Marco)对裘晓辉等的研究表示了钦佩："他们非常精确地观察、测量出了氢键。那是一个美丽的实验，深刻地洞察了氢键的分子结构。"但他表示："我们并不直接得出氢键的结构解析，我们所追踪的是氢键在 100 fs 天然尺度里的运动。在溶液里，氢键的相互作用是很重要的。"

德马尔科等在研究中使用了 N-甲基乙酰胺，它在有机溶液里能形成中等强度的氢键。他们用二维红外光谱直接表征氢键的结构参数，如连接的两个分子之间的距离和氢键的配置等。这些信息可以用溶质-溶剂体系内红外光谱显示出的分子间的交叉峰来表示。"这就好比你去'拨动'一个分子键，从而去观察这种'拨动'如何影响到另一个分子"，课题主持人托克马科夫说道，"在我们的实验里，由于约束比较强，你需要同时'拨动'氢键两端的分子。"(图 6-24)[185]

德马尔科

托克马科夫

二维红外光谱仪

图 6-24 氢键连接的分子的振动　　图 6-25 二维红外光谱

2) 记录氢键"振动"的工具——二维红外光谱

二维红外光谱(two-dimensional infrared spectrum，2D-IR)是一种三阶非线性超快时间分辨光谱(图 6-25)。它的信号是分子体系对一系列超快红外激光脉冲所作出的一种时域非线性响应(受激振动光子回波)在频域中的双频率轴表达。它是二维核磁共振谱在红外领域的直接对应。由于红外激光脉冲比核磁共振所用的无线电频率脉冲的能量不确定度更高，根据时间与能量的测不准原理，二维红外光谱比二维核磁共振谱具有更高的时间分辨率。

由于分子结构与其化学键的红外振动频率密切相关，二维红外光谱能提供关于复杂化学体系的超快结构动态变化、分子超快振动耦合及振动动力学以及振动弛豫过程等信息，反映的是在飞秒至皮秒时间轴上的分子结构动态信息。又因为红外辐射的能量不会扰动室温状态下化学体系的热力学平衡，二维红外光谱极其适用于在线监测平衡态体系下的精细化学结构在皮秒时间尺度上的动态变化，如室温下水分子氢键网络的超快结构涨落，蛋白质在水中的超快构象变换，测量碳碳单键的旋转速率，单分子层的构象动态，溶剂溶质间氢键的生成与断裂，两相界面上溶剂分子的动态排布等。

超短中红外激光脉冲是研究窄能隙半导体和超晶格多量子阱带间瞬态光跃迁过程、半导体内光激发动力学以及分子内和分子间的能量转移和解相现象等动力学问题的重要手段[186]。飞秒脉冲激光双光子微纳加工技术是集超快激光技术、显微技术、超高精度定位技术、三维图形 CAD 制作技术及光化学材料技术于一体的新型超微细加工技术，具有简单、低成本、高分辨率、真三维等特点。

飞秒脉冲激光

虽然分子间的相互作用在物理化学现象中是普遍存在的，但事实证明它们的动力学很难直接观察到，而且大多数实验都依靠间接测量，这些测量在结构上表征溶质和溶剂的相关运动的能力有限。托克马科夫研究小组在之前几年已经开发了类似以上的技术。简单来说，他们发明了一种方法生成一种很短的红外脉冲，但具有难以置信的广谱性。这让他们能够在光谱上把氢键的振动和系统中的其他振动区别开来，导致了"直接"观察到氢键的相互作用。

他们首先得到了酰胺在 1400～1800 cm^{-1} 光谱区域中六种不同浓度的甲基乙酰胺(NMA)的线性红外光谱。归属了自由 N—H 拉伸或 C=O 拉伸的峰值(图 6-26)。发现了随着浓度的增加，二聚体相对应的峰值可以用来识别出较高阶的低聚物。用同位素(D_2O)标记的拉伸峰值对应图 6-27 所示的键(彩色亮点显示了在线性和非线性红外光谱中产生峰值的拉伸振动)。

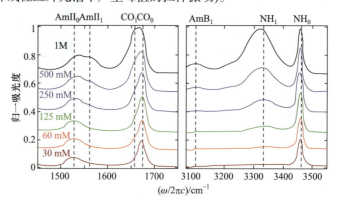

图 6-26　酰胺(1400～1800 cm^{-1}，左)和 N—H 拉伸(3050～3550 cm^{-1}，右)光谱区域中六种不同浓度的 NMA 线性红外光谱

他们利用宽带二维红外光谱测量到了氢键对二聚甲基乙酰胺分子间振动耦合的影响(图 6-28)：除了 N—H 和 C=O 振荡器之间的强分子内耦合外，二聚化时出现的宽带 2DIR 光谱的交峰显示出强分子间耦合，从而改变了振动的性质。此外，二聚化改变了分子内偶联效应，导致高频和低频模式间费米共振。当能够在光谱上把氢键的振动和系统中的其他振动区别开来，结果就能说明氢键如何影响分子间和分子内振动的相互作用，引起相关的核运动和酰胺基团振动结构的重大变化，从而直接表征氢键的结构参数，如连接的两个分子之间的距离和氢键的配置等。

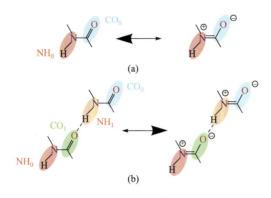

图 6-27 中性共振结构中 NMA 单体(a)和二聚体(b)的示意图

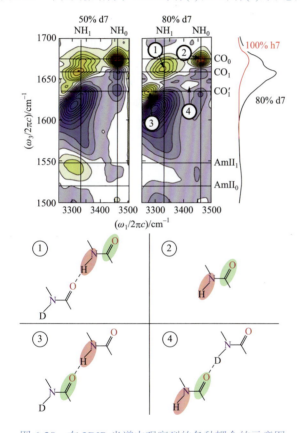

图 6-28 在 2DIR 光谱中观察到的各种耦合的示意图

3) 研究的意义

相对于氢键可视化的研究，托克马科夫的研究结果与裘晓辉等的研究结果可以说是异曲同工。然而，托克马科夫等的研究更显特点：开发了一种直接描述分子间相互作用的一般方法。

溶剂对溶质的影响在化学反应中具有重要意义，是生物分子过程中普遍存在的一个特征[187-189]，因此溶剂化的研究有着悠久的历史。无数的研究试图阐明超快分子间运动对反应溶质的影响和溶液反应过程的准确描述，但是在这一领域中很少有实验能够直接研究分子间相互作用的分子动力学。绝大多数实验是通过测量溶剂对溶质性质的动态影响来间接研究这些相互作用,如上面已经提到的各种谱学方法。因为这些实验不能提供足够短的溶剂分子重组的时间尺度,所以在结构上表征溶质和溶剂的相关运动的能力就会有限,目前主要通过计算来研究。

德马尔科和托克马科夫今后的工作可涉及其他生物分子的相互作用进行可视化,如蛋白质和 DNA 的动态变化等,其意义重大。这就是本章为什么在首页引用了托克马科夫团队"你不能只把水想象成一种溶剂。你要知道,它在所有的地方,特别是生物学方面有巨大的作用。很多计算生物学都忽略了水分子的真实结构和它真正的量子力学性质。"的原因。

虽然氢键的研究已取得了很大进展,但用新方法的可视化研究才刚开始,真正揭示氢键本质的研究还需要从多种理论和实验角度入手[190]:①首先是加快发展超快、高分辨的实验检测手段,提高现有分析手段的空间和时间分辨率(图 6-29),特别是对液态水溶液中的瞬时和局域结构进行全面分析。②改善现有从头计算法和分子动力学计算方法,建立更符合氢键局域结构的力场,同时拓展其适用范围,开展针对不同形式下氢键结构的计算,为实验检测手段提供计算支持和拟合指认。③在实验和计算结果的基础上丰富现有氢键的理论模型,构建从瞬态到平均、从局域到宏观的完整氢键结构图景,进入氢键本质。

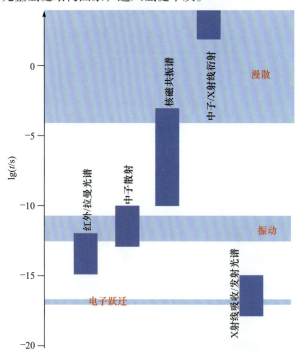

图 6-29　不同实验方法与水分子不同运动形式的时间尺度

6.2.4　氢键的结构特点

研究氢键就是要揭示氢键的本质,而氢键本质的揭示,不管是实验测定,还是理论计算,都是想准确得到氢键的结构参数。

1. 氢键的几何参数

现在广泛应用的几何参数要考虑一个距离(如 R 或 r)以及一个角度(如 α、β、θ 和 ψ)(图 6-30),被称为"距离-角度"几何定义[191]。不再使用过去简单的结构表示(图 6-31)。距离和角度的截断值大多根据径向分布函数来选取,具有一定的人为性[146]。几何定义在统计分析和软件显示上存在很大的优势,很多研究者采用几何定义作为分析体系中的氢键判据(表 6-7)。此外一些学者通过计算拟合的方法得到判别是否形成氢键的距离和角度的函数关系,如 R. Kumar[192]等通过计算概率密度函数(probability density function,PMF)得出,当 $r \leqslant 2.52 - 0.011\psi + 0.000057\psi^2$ 时可以判断形成了氢键,而 P. Wernet[193]等认为当 $R \leqslant -0.00044\beta^2 + 330$ nm 时则形成了氢键。

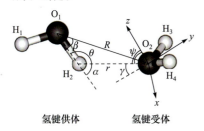

图 6-30 水二聚体的几何参数　　图 6-31 旧时氢键的结构参数示意图

表 6-7　氢键判别的几何定义

R/nm	r/nm	β/(°)	θ/(°)	文献
—	<245	<30	—	[194]
—	159<r<227	—	>140	[195]
<350	—	—	>135	[196]
<350	—	<30	—	[197]

这里需要说明一下氢键的键角。X—H⋯Y 往往不是严格的直线[198]。哪怕不算分叉的氢键,一对一的氢键中也有很多键角处在 150°~180° 的情况(图 6-32),氟化氢长链中的氢键即是一例[36]。

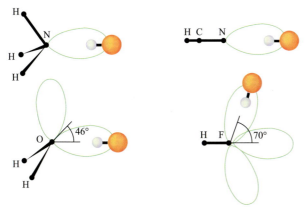

图 6-32　氢键的键角示意图

氢键理想的结合角度取决于氢键供体的性质。实验测定了氢氟酸供体与不同受体之间的氢键键角(表 6-8)[199]。

表 6-8　氢氟酸供体与不同受体之间的氢键键角

受体⋯供体	VSEPR 几何形状	键角/(°)
HCN⋯HF	直线形	180
H_2CO⋯HF	平面三角形	120
H_2O⋯HF	三角锥形	46
H_2S⋯HF	三角锥形	89
SO_2⋯HF	三角锥形	142

2. 氢键的键长

在无机化合物中,氢键存在相当普遍。例如,水和水合物、酸和酸式盐、氨和氨合物、某些氢氧化物中。常见无机化合物中的氢键类型和键长列于表 6-9。

表 6-9　常见无机化合物中的氢键类型和键长

氢键类型	键长/pm	化合物
F—H—F	226	KHF_2
F—H⋯F	245	KH_4F_2
	249	HF
O—H—O	240	二甲基肟镍 $Ni[(CH_3)_2N_2O_2H]_2$
O—H⋯O	240~255	酸式盐
	276	冰
	274	$HBr \cdot 4H_2O$ 中的 HO_4^+
	270~290	羟基化合物,水合物
O—H⋯P	265~272	$CuF_2 \cdot 2H_2O$, $Fe(H_2O)_6SiF_6$
O—H⋯Cl	292~295	$H_2O \cdot Cl$
	304	$(NH_3OH)Cl$
O—H⋯Br	304	$Cs_2Br_2(H_2O)_5(HBr_2)$
O—H⋯N	268	$N_2H_4 \cdot CH_3OH$
	279	$N_2H_4 \cdot H_2O$
O—H⋯S	320	$MgS_2O_3 \cdot 6H_2O$
N—H⋯O	281~289	NH_4OOCH
	299~301	$CO(NH_2)_2$
N—H⋯F	261~282	NH_4P, $N_2H_6F_2$
N—H⋯Cl	300~311	$(CH_3)_3NHCl$, $(CH_3)_2NH_2Cl$
	320	$(NH_2OH)Cl$
N—H⋯I	346	$[(CH_3)_3NH]I$

续表

氢键类型	键长/pm	化合物
N—H⋯N	294～315	NH$_4$N$_3$
	335	NH$_2$
Cl—H⋯O	—	HCl 在(C$_2$H$_5$)$_2$O 中
Cl—H⋯Cl	—	(NB$_4$)HCl
C—H⋯N	320	HCN
C—H⋯O	292	(C$_2$H$_5$)$_2$SO 在 CHCl$_3$ 中

3. 氢键的键能

氢键的牢固程度即键强度可以用键能来表示。粗略而言，氢键键能是指每拆开单位物质的量的 H⋯Y 键所需的能量。陈晓峰等[33]认为氢键的强度与氢键给体和受体性质、氢键的结构排列有关，还与氢键给体 X—H 中 X 原子和受体原子 Y 的配位以及其他结构效应(如协同、合作、反合作或竞争效应)及晶体的堆积有密切关系。

过去，人们常把氢键分为强氢键和弱氢键两种(与元素的电负性有关)。现在大都按氢键的键能大小分为较弱、中等、较强 3 种[29](表 6-10)。但是，文献对氢键键能、弱氢键键能的范围表述不尽一致，如"弱氢键的键能≤30 kJ·mol^{-1}"[181, 200]、"氢键的键能范围为 4～125 kJ·mol^{-1}"[201]以及"氢键的键能为 8～167 kJ·mol^{-1}"[202]。

表 6-10　常见氢键的气态解离能数据(kJ·mol^{-1})[44]

较弱		中等		较强	
HSH⋯SH$_2$	7	FH⋯FH	29	HOH⋯Cl$^-$	55
NCH⋯NCH	16	ClH⋯OMe$_2$	30	HCONH$_2$⋯OCHNH$_2$	59
H$_2$NH⋯NH$_3$	17	FH⋯OH$_2$	38	HCOOH⋯OCHOH	59
MeOH⋯OHMe	19			HOH⋯F$^-$	98
HOH⋯OH$_2$	22			H$_2$OH$^+$⋯OH$_2$	151
				FH⋯F$^-$	169
				HCO$_2$H⋯F$^-$	～200

目前描述氢键强度的方法有三种：①分别以分子中能够提供质子形成氢键的质子数和能够接受质子形成氢键的原子数表示[203-205]；②建立在实验基础上的表示方法[203]，其中应用较多的是 M. H. Abraham[204]提出的总氢键酸度和氢键碱度；③用理论计算值表示。L. Y. Wilson[205]建议用化合物中最正氢原子净电荷数和最低未占据分子轨道能级表示氢键酸度，用化合物中最负原子净电荷数和最高占据分子轨道能级表示氢键碱度。

4. 氢键的分类

随着研究的深入，人们早已突破了 X—H⋯Y 中的 X 和 Y 都是电负性较高、半径较小的原子，如 F、O、N 等概念[206]。研究者发现，C 在某些特殊的化学环境下也参与形成氢键，如 HCN 的三聚缔和氢键结构，甚至氯仿中的 $Cl_3C—H$ 也可以生成微弱氢键；还发现了 $OH_2\cdots PH_2^-$、$OH_2\cdots SH^-$、$OH_2\cdots Cl^-$ 等存在弯曲型弱氢键[207]；甚至基团 C—H 也能够作为质子供体而形成氢键[208-211]；固态蛋白质和一些小分子中没有观测到的 $X—H\cdots\pi$ 相互作用也被很多理论所证明[107,108,212-215]；$X—H\cdots\pi$ 的概念还扩展到了 $C—H\cdots\pi$ 相互作用[109]，特别是当 C—H 基团有极性(如在芳环上)或附属于一个带正电荷的基团的时候，$C—H\cdots\pi$ 相互作用将明显被加强。1984 年后，随着研究的深入，人们开始对其他弱氢键类型如 $O—H\cdots\pi$、$N—H\cdots\pi$、$O—H\cdots M$、$N—H\cdots M$、$M—H\cdots O$ 和 $C—H\cdots M$(M=金属原子)的分析、合成、表征极为关注[110]。大体上可用图 6-33 表示氢键的分类。

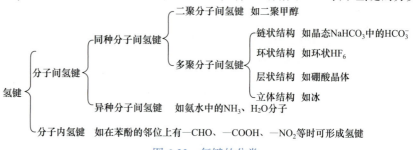

图 6-33 氢键的分类

已有多位研究者注意到了氢键的分类[53,202,216-217]。陈晓峰等[33]较为详细地介绍了无机固体化合物中常见的氢键类型、结构和强度，内容丰富。

鉴于前面已经分别介绍了氢键按存在的方式分为分子内和分子中氢键、按键能强度分为弱/中/强氢键，下面主要简介一些按质子供体和质子受体分类的新型氢键。

[1] 芳香氢键($X—H\cdots\pi$)

在 $X—H\cdots\pi$ 氢键中，π 键或离域 π 键体系作为质子的受体。由苯基等芳香环的离域 π 键形成的 $X—H\cdots\pi$ 氢键又称为芳香氢键(aromatic hydrogen bond)，多肽链中的 N—H 与水的 O—H 会和苯基形成 $N—H\cdots\pi$ 和 $O—H\cdots\pi$ 结构。根据计算，理想的 $N—H\cdots Ph$ 氢键的键能值约为 $50.2\ kJ\cdot mol^{-1}$，多肽链内部 $N—H\cdots Ph$ 氢键的结合方式有两种(图 6-34)[217]。

图 6-34 多肽链内部 $N—H\cdots Ph$ 氢键的两种不同结合方式

多肽

王长生等[218-219]进行了多肽中氢键强度的理论研究，结果表明，多肽分子中氢键的强度同时取决于形成氢键的 $H\cdots O$ 原子间距 R 和 $N—H\cdots O$ 之间的键角 U；多肽分子倾向于形成 R 值小、U 值大的大环氢键；3_{10} 螺旋结构的多肽分子中的氢键具有协同效应，分子越大，分子中氢键越多，氢键的协同效应越强；T-多肽分子中可能形成的各种氢键结构见图 6-35，O1 可以与 N4 上的 H 形成七元环的氢键，也可以与 N6 上的 H 形成十元环的氢键，还可以与 N8 上的 H 形成十三元环的氢键[220]；认为一般情况下，氢键键能是 20.92 kJ · mol^{-1} 左右(协同效应强)[221]。

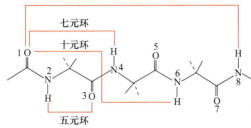

图 6-35　多肽分子的氢键结构

图 6-36(a)和(b)分别为 2-丁炔 · HCl 和 2-丁炔 · 2HCl 中 Cl—H⋯π 氢键的结构[222]，图 6-37 是甲苯 · 2HCl 晶体中 Cl—H⋯π 氢键结构。在此晶体结构中，甲苯芳香环上的离域 π 键 π_6^6 作为质子的受体，两个 Cl—H 分子从苯环上、下两个方向指向苯环中心，H 原子到苯环中心的距离为 232 pm[223]。

(a) 2-丁炔 · HCl中　　(b) 2-丁炔 · 2HCl中

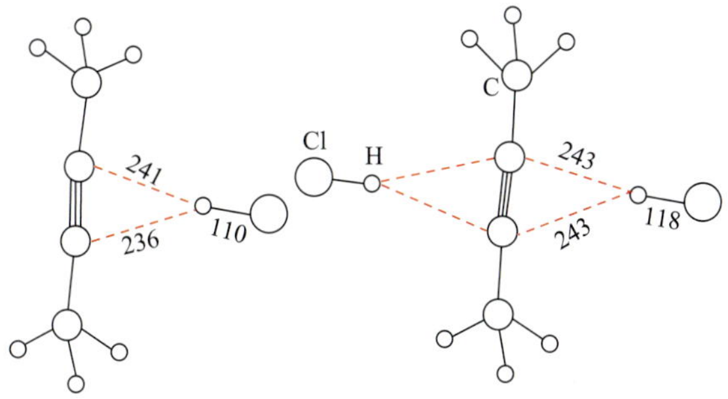

图 6-36　Cl—H⋯π 氢键

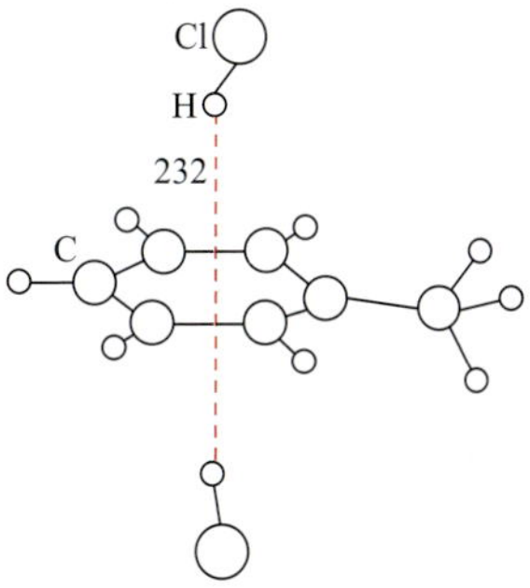

图 6-37　甲苯 · 2HCl 晶体中的 Cl—H⋯π 氢键

[2]　金属氢键(X—H⋯M)

X—H⋯M 氢键是常规氢键的类似物，它在一个 3c-4e 体系的相互作用下，包含一个富电子的过渡金属原子作为质子受体。X 可以是 B、N、Si 原子，M 可以是 Se、Te、稀土和过渡金属原子。

图 6-38 示出两个具有 3c-4e X—H⋯M 氢键的化合物，(a)为负二价离子 $\{(PtCl_4)\cdot cis\text{-}[PtCl_2(NH_2Me)_2]\}^{2-}$的结构[224]，它由两个平面四方形的 Pt 的 4 配位络离子通过 N—H⋯Pt 和 N—H⋯Cl 两个氢键结合在一起，H⋯Pt 距离为 226.2 pm，H⋯Cl 距离为 231.8 pm，N—H⋯Pt 键角为 167.1°。N—H⋯Pt 氢键是由充满电子的 Pt 的 d_{z^2} 轨道作为质子受体直接指向 N—H 基团形成的 3c-4e 氢键体系。图 6-38(b)为 $PtBr(1\text{-}C_{10}H_6NHMe_2)(1\text{-}C_{10}H_6NMe_2)$的分子结构[225]，在分子中，N—H⋯Pt 氢键的键长即 N⋯Pt 距离为 328 pm，N—H⋯Pt 键角为 168°。

至于 C—H⋯M 氢键的研究就更早了[226-227]。例如，烷基和不饱和烃基形成的 C —H⋯M 键就有多种结构形式(图 6-39)[202]。

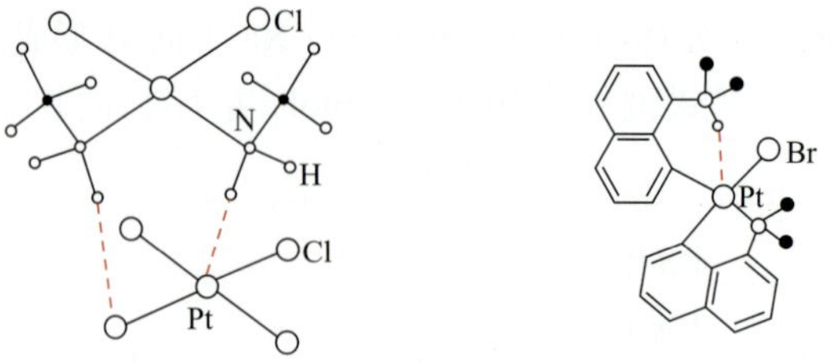

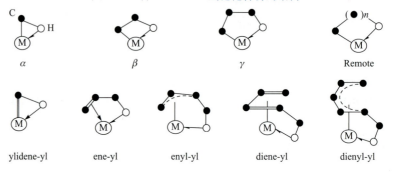

(a) {(PtCl$_4$)·*cis*-[PtCl$_2$(NH$_2$Me)$_2$]}$^{2-}$　　(b) PtBr(1-C$_{10}$H$_6$NHMe$_2$)(1-C$_{10}$H$_6$NMe$_2$)

图 6-38　含 X—H···M 氢键化合物的结构

α　　β　　γ　　Remote

ylidene-yl　　ene-yl　　enyl-yl　　diene-yl　　dienyl-yl

图 6-39　烷基和不饱和烃基形成 C—H···M 键的结构形式

[3] 双氢键

布朗(M. P. Brown)和赫塞尔廷(R. W. Heseltine)首先发现这一现象[228]。他们发现(CH$_3$)$_2$NHBH$_3$ 的红外光谱 3300 cm 和 3210 cm 处有强烈的吸收峰。能量较高的峰对应普通的 N—H 键振动,而能量较低的峰则是 N—H 键与 B—H 键结合的结果。如果将溶液稀释,3300 cm 处的吸收峰会增强,而 3210 cm 处的吸收峰则明显减弱,证明了这是一个分子间的相互作用。

1) 双氢键的键参数

双氢键(dihydrogen bond)是氢键的一种,是金属氢化物与 OH 或 NH 基团或其他含质子基团的相互作用。可用通式 X—H$^{-\delta}$···H$^{+\delta}$—Y 表示,其中:X 可为 Be、B、Al、Ga、Ir、Mo、Mn、Os、Re、Ru、W、C、Xe、Kr 等,电负性低于 H;Y 可为 F、O、N、Cl、Br、C 等,电负性高于 H。双氢键的键长一般小于 220 pm,极限可能为 270 pm,键能从 n~n×10 kJ·mol^{-1} 不等,相当于传统分子间力能量数量级。双氢键虽然在表观上表现为两个带相反电荷的氢原子—H$^{-\delta}$···H$^{+\delta}$—之间的吸引作用,但把双氢键理解为带负电的σX—H$^{-\delta}$键与带正电的σH$^{+\delta}$—Y 键之间的吸引作用可能更接近实际情况[229-232]。

双氢键的一些例子包括:BH$_4^-$···HCN、BH$_4^-$···CH$_4$、LiH···NH$_4^+$、LiH···HCN、LiH···HC≡CH、CH$_4$···H—NH$_3^+$ 和 H—Be—H···H—NH$_3^+$等,其中 BH$_4^-$···HCN 双氢键的键长最短(171 pm)、键能最高(75.44 kJ·mol^{-1}),远大于水和 HF 间的氢键键能。

某些晶体结构的 X 射线和中子衍射实验的研究结果,以及量子化学理论计算的研究结果都肯定了双氢键的存在。表 6-11 给出了通过量子化学计算确定的部分简单双氢键的键参数,图 6-40 和图 6-41 分别给出实验和理论计算确定的部分双氢键示意图。由于在氢键与范德华力之间难于划出截然的界限,因而对某些体系中是否存在双氢键尚存在分歧,如是否存在 C—H···H—O 双氢键目前尚难定论[233-234]。双氢键的键型是氢所特有的,其他端梢原子由于有内层电子,半径较大,难于形成类似的键型。

表 6-11 通过量子化学计算确定的部分简单双氢键 X—H$^{-\delta}$···H$^{+\delta}$—Y 的键参数

序号	电子给体	电子受体	键能/(kJ·mol^{-1})	HH距离/nm	XHH键角/(°)	HYY键角/(°)	体系	文献
1	BeH	HY	4.2～16.3	0.16～0.24	130～180		BeH$_2$-HY(Y=F, Cl, Br)	[235]
2	BeH	HY	87.9	0.11			NF$_3$H$^+$与BeH$_2$	[236]
3	BeH	HAr	14.2～27.2	0.13～0.15			ZBeH-HArF (Z=H, F, Cl, Br)	[237]
4	BH	HN	25.5	0.18	99	159	NH$_3$BH$_3$二聚体	[238]
5	BH	HC	5.9	0.22			N(CH$_3$)$_4$BH$_4$	[239]
6	AH	HN	25.1	0.18	119	172	NH$_3$AlH$_3$二聚体	[240]
7	GaH	HN	10.9	0.20	131	145	[(NH$_2$GaH$_2$)$_3$]$_2$	[241]
8	IrH	HO		0.24	104		Ir络合物	[242]
9	MnH	HC	23.9	0.21	127	130	Mn络合物	[243]
10	CH	HY	2.9～10.5	0.23～0.24	122～155		氨基酸(Y=O, N)	[233]
11	XeH	HO	10.0	0.17		174	XeH$_2$-H$_2$O	[243]
12	KH	HY	13.0～15.5	0.13～0.17			K$_2$H$_2$-HY(Y=F, Cl)	[230]

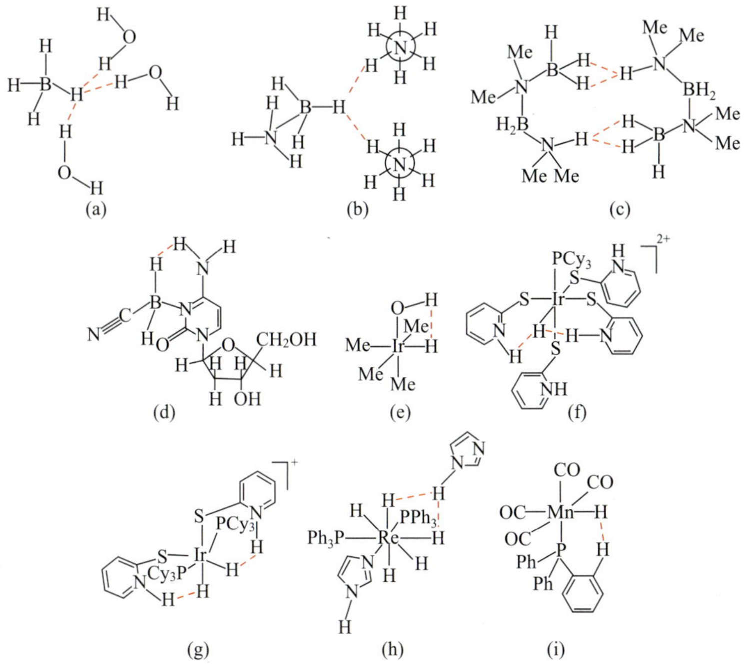

图 6-40 通过 X 射线和中子衍射实验所确定的一些晶体中的双氢键示意图

与常规氢键类似,双氢键既可存在于分子间,也可存在于分子内。分子内双氢键的形成与环状结构有关,该环状结构可以是四元环、五元环和六元环,但多为六元环(图 6-42)。有时为了便于分子内双氢键的形成,某些基团要进行必要的旋转,使构成双氢键的基团之间具有合适的取向,但这样的旋转不应有过高的能

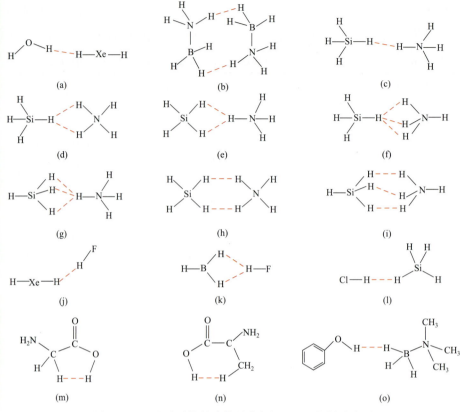

图 6-41 通过量子化学计算所确定的一些双氢键示意图

垒[233]。分子间双氢键的形成主要与 X 和 Y 的电负性有关，分子内双氢键的形成不仅与 X 和 Y 的电负性有关，和这两个原子的大小也有关系，原子过大不利于环状结构的形成。例如，氨基酸中的一个 C 原子被 Si 取代之后，仍可形成分子内双氢键，但被 Ge 取代之后则不能[233]。

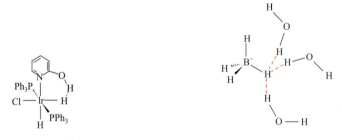

图 6-42 氢键存在于氢化物配体和羟基吡啶之间

图 6-43 NaBH$_4$(H$_2$O)$_3$

2) 分叉双氢键

分叉双氢键是指一个电子给体 X—H$^{-\delta}$ 与 2 或 3 个电子受体 H$^{+\delta}$—Y 之间（图 6-43)[244]，或者 2 或 3 个电子给体 X—H$^{-\delta}$ 与一个电子受体 H$^{+\delta}$—Y 之间形成的双氢键。在表观上分叉双氢键有一个中心氢原子，目前发现的该中心氢原子的最大配位数为 4。在分子间和分子内都可形成多个简单双氢键。在 NaBH$_4$(H$_2$O)$_2$ 晶体结构中，双氢键键长非常短，分别为 179、186 和 194 nm[230]。

其实，无机固体化合物中的氢键结构是多种多样的[图 6-44]，双氢键和分叉氢键并不少见。

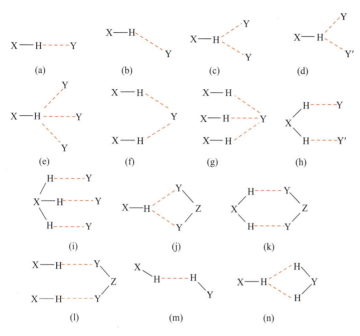

图 6-44　无机固体化合物中常见的氢键结构示意图

3）化学环境对双氢键的影响

同一双氢键处于不同化学环境时，即和 X 及 Y 成键的其他原子或基团对双氢键形成有一定影响。对于 XBeH(X=H、Br、Cl 和 F)和 HArF 形成的 Be—H⋯H—Ar 双氢键，随着 X 由 H、Br、Cl 至 F 的依次变化，Be—H 的负电性依次减弱，双氢键的强度按照 HBeH、BrBeH、ClBeH、FBeH 的次序也依次减弱，两个氢原子之间的距离分别为 0.131、0.136、0.140 和 0.148 nm，键能分别为 23.4、17.7、17.1 和 15.6 kJ·mol^{-1}[184]。

在 2-氨基吡啶络合物 IrH$_2$Y(PPh$_3$)$_2$C$_5$H$_6$N$_2$(Y=H, F, Cl, Br, I, CN, CO)中，双氢键 Ir—H$^{-\delta}$⋯H$^{+\delta}$—N 的强度受配体 Y 的影响，Y 处于形成双氢键的 Ir—H 氢的对位，按 H、CO、CN、I、Br、Cl、F 的次序，双氢键的强度依次减弱，这也是由于配体 Y 削弱了 Ir—H 键的负电性，因而削弱了双氢键的强度[191]。

对于 BeH$_2$ 与 NF$_3$H$^+$，BeH$_2$ 与 NH$_4^+$，以及 BeHF 与 NH$_4^+$ 中的 Be—H$^{-\delta}$⋯H$^{+\delta}$—N 双氢键，两个氢原子之间的距离分别为 0.113、0.158 和 0.165 nm，键能分别为 90.4、43.1 和 32.2 kJ·mol^{-1}[183]。BeH$_2$ 与 NF$_3$H$^+$ 间的双氢键强于 BeH$_2$ 与 NH$_4^+$ 间的双氢键，是由于 F 增强了 H$^{+\delta}$—N 的正电性；而 BeH$_2$ 与 NH$_4^+$ 间的双氢键强于 BeHF 与 NH$_4^+$ 间的双氢键，是由于 F 削弱了 Be—H$^{-\delta}$ 的负电性。

[4] 反氢键

前面说过，红外光谱是研究氢键的有力工具。虽然许多学者对氢键发生红移和蓝移的本质做了大量的研究[133-137,144-145,150,245]，但是究竟将一些发生蓝移的氢键称作反氢键(anti-hydrogen bond)或逆氢键(inverse hydrogen bond)好，还是称作蓝移型氢键(blue-shift hydrogen bond)好，尚无定论，文献中也出现了两种称法[156, 246-253]。

P. Hobza 和 Z. Havlas[137]认为：当 X—H⋯Y 相互作用时，因超共轭电荷密度转移，Y 上的孤对电子或π电子转移到σ*(X—H)反键轨道上，在σ*(X—H)轨道增加的自然布居数使得σ(X—H)键发生松弛，因而σ(X—H)键拉长而产生红移。蓝移氢键的形成则是由于超共轭效应使电子密度转移到质子供体分子的其他部分，主要是非σ*(X—H)键的其他反键轨道或其他原子上的孤对电子，质子供体内部发生结构重组，促使 X—H 键收缩而振动频率蓝移。I. V. Alabugin 等[136]研究指出，蓝移氢键和红移氢键的形成主要是由轨道间稳定化能 $n(Y) \to \sigma^*(H—X)$ 和σ(X—H)轨道再杂化两种效应决定的。轨道间稳定化能 $n(Y) \to \sigma^*(H—X)$ 超共轭导致 X—H 键伸长发生红移，σ(X—H)轨道再杂化使得 X 原子杂化轨道 s 成分增加，导致 X—H 键收缩发生蓝移。很显然，当轨道间稳定化能 $n(Y) \to \sigma^*(H—X)$ 超共轭效应占据优势时氢键红移，相反则氢键蓝移。事实上，通过大量研究发现轨道间稳定化能、电子密度重排、轨道再杂化和结构重组是形成氢键红移或蓝移的主要因素。

蒋秀兰等通过费米共振的拉曼光谱研究[247-248]，说明反氢键起源于分子之间的分散相互作用(与静电产生的氢键相反)，与 P. Hobza 的看法一致。

因此，在常规氢键 X—H⋯Y 中，H 原子起电子受体作用，Y 原子起电子给体作用，这种作用可表达为

在反氢键中，H 原子起电子给体作用，而 Y 原子成为电子受体，这种作用可表达为

这就是产生反氢键的原因。同时，所谓的"蓝移型氢键"就是"反氢键"。

[5] 离子氢键简介

基于无机化学知识，我们知道带结晶水的一般都是阳离子，阳离子之间不会形成氢键，因为它们会彼此远离；但如果阴离子是含氧酸根，则阴离子与阳离子除了离子键相互作用外，还利用酸根上的 O 与结晶水中的 H 形成氢键。这样就有人提出了"离子氢键"的概念[249-250]。这无疑促进了物理化学中溶液化学的发展。现阶段离子氢键更重要的作用却出现在离子液体范畴。

自从 1986 年塞德顿(K. R. Seddon)等提出氢键存在于[Emim]I(Emim=1-乙基-3-甲基咪唑)离子对之间，针对非共价键相互作用的讨论已经集中在氢键对离子液体性质的影响上[251]。例如，水在离子液体中的溶解度这一行为主要由阴离子决定，而阴离子决定这一行为的原因是阴离子和水之间生成了氢键，因此可以利用这一特性从水或有机溶剂中分离、提取许多有价值的化合物[252]。又如，纤维素在离子液体中的溶解，罗杰斯(D. Rogers)等认为离子液体[Bmim]Cl(Bmim=1-丁基-3-甲基咪唑)和纤维素之间的主要相互作用是通过氢键作用引起的[253]。有趣的是，路德

维希(S. Ludwig)等发现强的、定域且定向的氢键可降低离子液体的熔点和黏度，以及可以流化它们[254]。此外，涉及离子液体的一些现象，包括低熔点、低蒸气压、热分解[255]甚至水的溶解度、捕获气体(CO_2 和 SO_2)[256-257]、纤维素的溶解等都可以通过氢键的相互作用完美地解释。

因此，关于离子液体混合物中氢键相互作用的实验和理论计算已经开展。国内王键吉[258-259]、尉志武[143]、李浩然[260]、牟天成[261]等课题组都卓有成效地开展着研究工作。

在离子型氢键中，X—H 作为给体，阴离子作为质子接受体[262]。研究手段主要是利用远红外光谱、^{1}H NMR 和分子动力学模拟等。已经有大量关于离子液体离子对的结构与相互作用的理论研究被报道[263-267]。

在已有关于离子液体的结构与性质的研究基础上，人们提出一些有指导性的研究结果：①氢键的平衡距离越小说明离子对相互作用力越强[173,268-269]。②阴、阳离子之间电荷转移越多说明其所形成的氢键相互作用越强[270]。③电子密度拓扑理论(AIM)为分析阴、阳离子氢键的强弱提供了帮助，在阴、阳离子对中，键临界点的电子密度与氢键键能之间存在明确的关系，键能随着键临界点的密度变大而增强[271-274]。④此外，自然键轨道(NBO)方法中二阶微扰理论也为研究氢键的强弱提供了良好的基础。例如，对于相应的孤对电子-反键轨道，二阶微扰能越大，说明其氢键越强[275]。

[6] 自由基单电子氢键

某些自由基如甲基自由基也可以作为电子供体参与形成氢键，这种氢键称为单电子氢键[276-281]。杨鑫等[282]对乙烯酮 HCCO 自由基与水分子氢键复合物进行了从头计算研究。他们在 MP2/aug-cc-pvdz 水平下，对二体氢键复合物 $H_2O\cdots HCCO$(Ⅰ)和 $HCCO\cdots H_2O$(Ⅱ)，以及三体氢键复合物$(H_2O)_2\cdots HCCO$(Ⅲ)、$H_2O\cdots H_2O\cdots HCCO$(Ⅳ)和 $H_2O\cdots HCCO\cdots H_2O$(Ⅴ)的几何和相互作用能进行了计算(表6-12)。轨道分析表明Ⅲ中 HCCO 中的 H(1)、C(2)通过2个氢键与2个水分子形成了环状复合物，而Ⅳ只有 C(2)与2个水分子形成了环状复合物，并且 C(2)与其中1个水分子间只有静电作用而不形成氢键，Ⅴ则是 HCCO 中所有原子都参与形成大环复合物。通过多体分析 MBAC 方法，分析了3种三体复合物的多体结合能。其中所有的三体能都是负值，二体能在总相结合能中占 85%～90%，三体能占 10%～15%。在二体能中，水分子之间的结合能强于水分子与 HCCO 之间的结合能。Ⅴ中的三体能最高，说明大环复合物最不稳定(图 6-45)。从图 6-45 的键长看，Ⅴ中的氢键键长为 0.234 nm 和 0.231 nm，大于Ⅲ中的氢键 0.221 nm 和 0.218 nm，这也可以证实大环结构中的氢键不稳定。从表 6-12 中可看出：最稳定的是Ⅲ，最不稳定的是Ⅴ。这是因为Ⅲ中存在3个稳定的氢键。

王键吉

尉志武

李浩然

表 6-12　5 种复合物未修正的相互作用能ΔE、经 BSSE 修正的相互作用能ΔE^{CP}和零点能ΔE^{ZVE}

复合物	ΔE	BSSE	ΔE^{CP}	ZVE	ΔE^{ZVE}
Ⅰ	−19.40	4.35	−15.05	3.14	−16.26
Ⅱ	−32.27	2.76	−29.51	0.79	−31.48

续表

复合物	ΔE	BSSE	ΔE^{CP}	ZVE	ΔE^{ZVE}
Ⅲ	−76.33	10.16	−66.17	10.49	−65.84
Ⅳ	−74.24	10.37	−63.87	8.90	−65.33
Ⅴ	−65.84	8.44	−57.39	7.36	−58.48

注：能量单位均为 kJ·mol^{-1}。

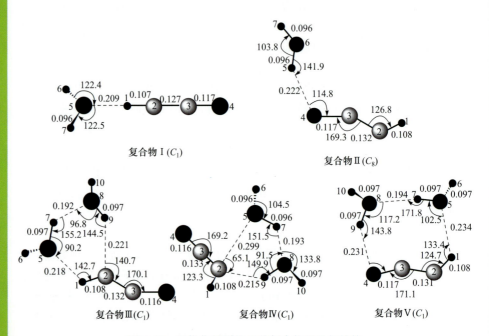

图 6-45　经优化得到的 5 种复合物的几何结构

H ● 　C ⬤ 　O ● ；距离单位 nm；角度的单位(°)

6.3　氢键的应用

6.3.1　氢键应用的基础

虽然现在还不能断定氢键就是一种"特殊的化学键"，但从上面的叙述中可以看出它有一些与一般分子间力不同的特点。

1. 氢键存在广泛

氢键的存在非常广泛。水、醇、胺、无机酸、水合物、氨合物等在气相、固相和超临界相中都可能存在原子间、分子间或正负离子间的氢键。

[1] 小分子中的氢键

水分子之间普遍存在氢键。在离散的水分子中，有两个氢原子和一个氧原子。两个水分子可以在它们之间形成氢键，最简单的情况，当只有两个分子存在时，称为水二聚体，常被用作模型系统。当有更多的分子存在时，就像液态水的情况，可能形成更多的键，因为一个水分子的氧有两对孤对电子，每一对电子都能在另一个水分子上形成氢键。重复的结果是每一个水分子都与多达四个其他分子的 H 结合(图 6-12)。由于难以打破这些键，因此水的沸点高，而且熔点和黏度比其他没有连接氢键类似的液体高。氢键强烈影响冰的晶体结构，有助于形成一个开放的六边形晶格(图 6-46)。在相同温度下，冰的密度小于水的密度，因此水的固相在其液体上漂浮，这与大多数其他物质不同。

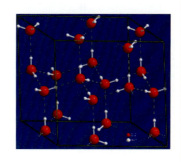

图 6-46　六边形冰的晶体结构

由于水可能与溶质质子供体和受体形成氢键，它可能竞争性地抑制溶质分子间或分子内氢键的形成。因此，溶解在水中的溶质分子之间或内部的氢键几乎总是不利于水与供体和受体之间的氢键形成[283]。水分子之间的氢键平均寿命为 10^{-11} s[107-108]。水可与许多其他溶剂分子或水分子形成氢键。例如，在羧酸中形成二聚体，在氟化氢中形成六聚体，即使在气相中也会出现二聚体，导致与理想气体定律的总偏差。所以，NH_3 和 HF 的沸点明显高于没有氢键的较重的类似物 PH_3 和 HCl(图 6-19)；许多化合物的熔点、沸点、溶解度和黏度的增加可以用氢键的概念解释。

[2] 大分子中的氢键

众所周知，氢键在确定许多合成蛋白质和天然蛋白质的三维结构和性质方面起着重要作用。在这些大分子中，同一个大分子的组成部分之间的结合使它折叠成一个特定的形状，这有助于确定分子的生理或生化作用。例如，DNA 的双螺旋结构在很大程度上是由于其碱基对之间的氢键，它将一个互补链与另一个相连接，从而能够复制。几项研究表明，氢键对多聚蛋白亚基之间的稳定性起着重要作用。例如，山梨醇脱氢酶的研究显示了一个重要的氢键网络，它稳定了哺乳动物山梨醇脱氢酶蛋白家族中的四聚体结构[284]。蛋白质骨架氢键不完全被水所保护，是一种脱水剂。脱水剂通过蛋白质或配体结合促进水的去除。外源性脱水通过去除部分电荷增强酰胺和羰基之间的静电相互作用。此外，脱水通过破坏由脱水孤立电荷组成的非键合状态来稳定氢键[285]。

氢键在纤维素和衍生聚合物的结构中很重要(图 6-47)，如棉花和亚麻具有不同的性质。

[3] 合成聚合物

多聚合物被链内和链间的氢键加强。在合成聚合物中，一个很有特色的例子是尼龙，其中氢键出现在重复单元中，并在材料的结晶中起主要作用。在酰胺重复单元中的羰基和胺基之间存在氢键。它们有效地连接了相邻的链条，这有助于加固材料。这种效应在芳纶纤维中很明显，因为那里的氢键在横向稳定了线性链。链轴沿纤维轴排列，使纤维非常硬和强壮。

2. 氢键的形式多种多样

在上面的叙述中，我们知道了氢键不再只是发生在 X 和 Y 仅为电负性较强的原子(O、N、F)与 H 原子之间，而是扩展至 C、Cl、Se、Te、过渡金属原子、烯、

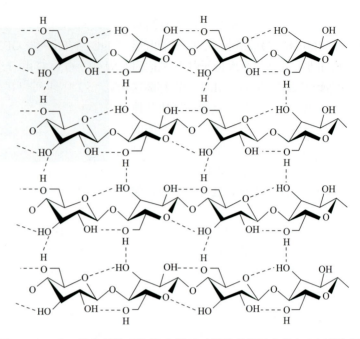

图 6-47 一束 α 构象纤维素结构(虚线显示纤维素分子内部和之间的氢键)

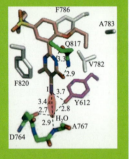

靶标蛋白质与小分子间的卤键

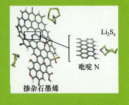

锂硫电池正极界面形成"锂键"

炔、芳香族化合物间；氢键的形式也不再只是简单的 X—H⋯Y 形式，还有新颖的 O—H⋯π、N—H⋯π、O—H⋯M、N—H⋯M、M—H⋯O 和 C—H⋯M 与新奇的双氢键、分叉氢键、反氢键、离子型氢键和自由基单电子氢键等；还有类似氢键性质的传统的和非传统的卤键(在 R—X 中的卤原子与 B 之间的一种吸引作用，通常表示为 R—X⋯B，其中 RX 是路易斯酸，R 的电负性比 X 大或是 X 本身，B 为与 R 相同或不同的电负性大的原子或基团，通常是路易斯碱的孤对电子或不饱和体系的 π 电子等)[286-289]、锂键{锂在某些化合物中有类似于氢键的锂键 X—Li⋯Y [X 为 H_2O、NH_3、$(CH_3)_2O$、$(CH_3)_3N$，Y 为 Cl、Br]存在，有红外光谱、质谱、核磁共振证实}[290-294]、金键(N/O/F—H⋯Au^-)[295-296]、碳键(N/O/F—C⋯Y)[297]等。

3. 氢键具有共价键的特点

氢键具有部分共价性，也就具有共价键的方向性和饱和性特点。由氢键的新定义可知，X—H⋯Y 中的 Y 是氢键受体，Y 可以是分子、离子以及分子片段，这就给了"饱和性"以扩展，不再是 1∶1 的关系，而出现了双氢键、分叉氢键。即便出现四氢键，仍具有饱和性[298-299]。

4. 氢键具有协同效应和超加和性

氢键的协同效应和超加和性是氢键的一个重要性质，已经被广泛采用光谱方法和量子化学计算方法来研究[100, 167-169]。虽然单个氢键强度相对较弱，但多个氢键就可以增加这种合力，通过它们之间的协同效应也往往使得氢键强度大大增强[300]。在同一个体系中(如聚合物中)，n 个相互连接的氢键的键能要大于各单个氢键键能的总和。因此，分子间或分子内的同种类型氢键之间的协同性已经被广泛研究[171-173,301]。

一个明显的例证是：中国科学院青岛生物能源与过程研究所仿真模拟团队发展了一种基于NMR H—D交换的方法，成功检测了IgG结合蛋白质GB3 α-螺旋主链氢键的协同性。其主要原理是蛋白质主链氢键N—H⋯O＝C由H交换成D后，其氢键强度会削弱，进而会引起其他氢键的响应，这种响应可以利用化学位移变化进行检测，并通过点突变、pH调节、温度调控来改变H—D的交换速度，将相应H—D的交换速度与氨基酸的化学位移变化进行拟合，进而可以定量描述不同氢键之间的协同关系。研究结果表明：对某个位点i的氢键扰动会影响到i-3到i+3位点的六个氢键，这些氢键和位点i的氢键存在一个正协同效应。进一步的量子化学计算表明，这一协同效应主要来源于静电极化。该极化作用改变了形成氢键肽平面的偶极矩进而影响其形成氢键[302]。

另外，协同性还指一个体系中氢键与其他分子间力(如π-π堆积)之间的协同作用[303-305]。

5. 氢键键能的宽泛性

氢键键能数值具有宽泛性，大多为25～40 kJ·mol^{-1}。这就是说它大到可以与弱共价键相当[46]，小到可与范德华力相当。当弱极化 X—H⋯Y 氢键间有方向的静电作用和各向同性的范德华作用相差不大时，从几何角度上就很容易被拉伸、压缩和弯曲。

综上，由于氢键具有这些鲜明的特点，可以起到科学地设计分子和控制结构，灵活地约制和预见物质性能，关联构效，有力地支撑了它在生命、环境、材料、能源等领域的应用价值。

6.3.2 氢键的一些具体应用

氢键作为原子间的一种特殊相互作用力，在超分子化学、分子识别、晶体工程、材料化学和催化等现代化学中发挥着越来越重要的作用。人们可以通过充分运用氢键给体和氢键受体的相互作用，设计和组装各种类型的氢键分子及其阵列，进行识别、催化、信息的存储、复制及表达，制备出性能优异的功能材料[33]。一些主要应用简介如下。

1. 利用氢键改善物质性能

[1] 氢键对物质性质的影响

氢键对物质性质的影响是巨大的。因此，可以利用形成氢键与否来调节物质的性质。①对熔点、沸点的影响，当分子间存在氢键时，分子间的结合力增大，熔点和沸点就会升高。②对黏度的影响，甘油、磷酸和浓硫酸等多羟基化合物，由于分子间可以形成众多的氢键，通常为黏稠状液体。③对酸性的影响，分子内形成氢键，常会使物质的酸性增强，反之则亦然，如苯甲酸 $K_a^{\ominus} = 6.2 \times 10^{-12}$、邻羟基苯甲酸 $K_a^{\ominus} = 9.9 \times 10^{-11}$、2,6-二羟基苯甲酸 $K_a^{\ominus} = 5.0 \times 10^{-9}$。④对溶解度的影响。极性溶剂中，溶质和溶剂的分子间形成氢键，则溶质的溶解度增大；如果溶质分子形成分子内氢键，则在极性溶剂中的溶解度减小，在非极性溶剂中的溶解度增加。⑤对化学反应性的影响。羟基苯甲醛的三个异构体中，邻羟基苯甲醛和羟胺、肼的反应速度显著大于间羟基苯甲醛和对羟基苯甲醛，原因是邻羟基苯甲醛分子中的—CHO 和—OH 之间形成氢键，降低了羰基碳原子上的电子云密度，从而增加了亲核反应活性。⑥对偶极矩和介电常数的影响。分子间存在氢键结合的液体，如 H_2O、HCN、HSO_3F，其偶极矩和介电常数都较大。⑦氢键的形成可稳定体系结构。这是因为氢键的形成降低了相应基团的热振动，配合物、生物大分子的稳定化能量高达 135 kJ·mol^{-1}[306]。

[2] 一些典型事例

氢键作用归根结底是一种酸碱相互作用，酸碱性是影响氢键强弱的最主要因素。

(1) 调整蝶啶及结构相似的黄素、蝶啶金属配合物模拟酶中金属活性位置及金属环境，就可利用氢键生成调节酶的反应速率[307]。

(2) 近年来，低共熔溶剂(DESs)引起了人们的广泛关注，在诸多领域得到应用。DESs 一般由氢键供体(HBDs)和氢键受体(HBAs)通过氢键作用形成。陈文君等[308]通过调整阴离子、氢键供体、摩尔比研究 DESs 的热稳定性，为制备具有适当热稳定性的 DESs 提供了依据。

(3) S. W. Kuo 等[309-310]将聚ε-己内酯(PCL)与不同化学结构质子给体酚醛树脂(phenolic)、双酚 A-环氧氯丙烷共聚物(phenoxy)以及聚对乙烯苯酚(PVPh)制成二元共混材料。研究表明，在 PCL 质量分数相同的情况下，酚醛树脂的酚羟基与 PCL 中的羰基之间形成氢键的分数随着酚醛树脂酸性的降低而减小。

(4) 李中皇等[311-312]对不同酰基侧链 O-酰化壳聚糖/聚乳酸复合膜的氢键及相容性的研究证实了侧链对组分间氢键的形成有较大影响，侧链越短，复合膜组分间氢键相互作用力越强，相容性越好。

(5) 氢键生成影响偶氮染料的变色[313]。偶氮染料主要是由重氮盐与酚或芳香胺等偶合制备。某些含有羟基和氨基的偶氮染料存在偶氮-腙互变异构。例如，4-苯基偶氮基-1-萘酚和其腙的平衡如下：

这两个互变异构体均已被合成，分别由氯化重氮苯与 1-萘酚偶合和苯肼与 1,4-蒽醌缩合产生[314]。对羟基或氨基偶氮化合物互变异构倾向较大，而邻羟基或氨基偶氮化合物互变异构倾向很小，因为邻位有羟基或氨基时，无论是偶氮式还是蒽醌式，都因可形成分子内氢键而稳定：

另外，有机颜料分子结构中存在氢键，包括分子内氢键与分子间氢键。氢键在很大程度上影响颜料的物理、化学性能，如熔点、溶解度、耐热稳定性、耐光与耐气候牢度、耐溶剂性能等。具有氢键特性的颜料是非常稳定的晶格固体，如表吲哚二酮就具有非凡的电子运输稳定性[315]。改变颜料形成不同氢键的条件，就

会改变有机颜料的应用性能[316]。

(6) 通过对离子液体组成的调控、制备条件的选择而改变氢键的作用点，可以得到性质优良、适于某种特殊反应的绿色溶剂，并用于工业途径。例如，吸附脱硫要进行选择性的吸附，就要提高吸附剂的容硫能力和选择性，以使吸附更加精准[317-318]。

2. 氢键在生物化学中的重要应用

[1] 氢键在生物化学中的重要作用

(1) 所有重要的生命物质都含有氢，并且通过形成氢键在各种生命进程中发生作用。

(2) 生命的最基本遗传物质 DNA 通过氢键形成双螺旋结构，碱基之间分别通过两个和三个氢键互补配对，是形成 DNA 双螺旋的基础，可以说没有氢键就没有 DNA 双链，也就没有高等生物。

(3) 生物体系中最普遍最基础的物质——蛋白质，其结构和功能都与氢键密切相关。在结构上，研究蛋白质的最重要的二级结构是由氢键决定的，如 α-螺旋、β-折叠等，另外蛋白质的三级及四级结构也与氢键有关，所以说没有氢键，蛋白质就不能形成正确的空间结构，生命活动就无从进行。此外，蛋白质就算形成了正确的空间结构，要行使其生理功能，也离不开氢键。所以说没有氢键，作为生命最重要表征的蛋白质就无法行使功能，也就不存在多姿多彩的生物了。

(4) 其他生物大分子的生理结构也都有氢键参与其中。

(5) 生命体系是一个水溶液体系，所有的生化反应都是在水中进行的，而这些反应一般涉及与水分子之间的氢键。

(6) 所有的生化反应都是酶反应，而所有的酶在空间结构上以及催化功能上都有氢键的参与。

(7) 生物大分子之间的相互作用一般涉及氢键的形成，特别是生物分子之间的结合一般是可逆结合，而氢键这种强度适中的作用正适合这种结合。

(8) 所有重要的细胞进程都涉及氢键，如 DNA 的复制、转录、翻译、蛋白质的折叠、信号转导、细胞凋亡通路、激素调节等。

[2] 一些典型事例

(1) 抗癌药物的结构里离不开氨基酸，也就离不开氢键的作用。

(2) 氢键是药物设计的关键。根据里宾斯基(C. A. Lipinski)法则，大多数口服活性药物往往有 5～10 个氢键。这些相互作用存在于氮-氢和氧-氢中心之间[13]。

(3) 氢键在利用固体分散体制备技术提高难溶性药物溶出度方面发挥重要作用[319-323]。

(4) 王宏博等[324]以 N-丙烯酰基甘氨酰胺和 1-乙烯基-1,2,4-三唑为原料，不加任何交联剂情况下，设计及构建了一种具有高机械强度及抗炎症性能的超分子共聚水凝胶，具有热塑性和自修复功能。

3. 氢键在分子识别组装中的作用和意义

氢键作用是分子识别的自组装诱导力之一。组分之间基本的识别过程是通过形成氢键实现的[325]。最典型的例子是 DNA 双螺旋中的鸟嘌呤(guanine, G)和胞嘧

端粒酶

里宾斯基

啶(cytosine, C)之间可形成 DDA-AAD 型三重氢键；腺嘌呤(adenine, A)和胸腺嘧啶(thymine, T)之间可形成 DA-AD 型二重氢键。这种由氢键作用决定的配对关系(图 6-48)决定生物信息传递的结构基础，在遗传机制中起了重要作用。又如，普通的冠醚不能区分半径相似的 NH_4^+ 和 K^+，而三环氮杂冠醚只倾向和 NH_4^+ 结合，因为在空穴中 4 个 N 原子的排布位置正好适于与 NH_4^+ 形成 4 个 N-HN 氢键而与 K^+ 分离(图 6-49)[326]。再如，研究体系内激发态氢键是弄清发光材料与其所识别的分子间相互作用前后机制的基础，更是构建传感器分子材料所必需的。佟欢等[327]对几种发光材料识别小分子机理的研究结果对新型传感器的构建具有启示作用。

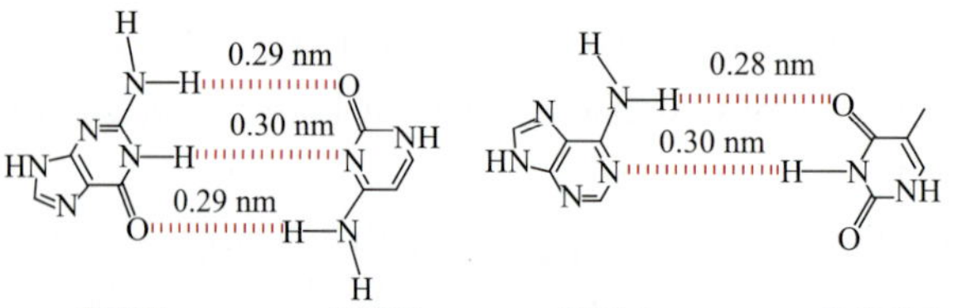

图 6-48　DNA 分子中的 Watson-Crick 碱基对 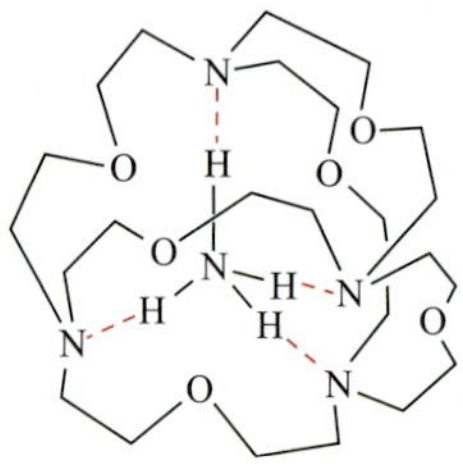　　图 6-49　三环氮杂冠醚氢键

D. Farnik 等[328]介绍了将氢键识别单元引入聚合物的方法；王毓江等[329]综述了氢键结合超分子聚合物的性质和应用；王晓钟等[330]详细讨论了不同分子识别协同作用下的超分子自组装体系；王宇唐等[331]系统介绍了氢键识别超分子聚合物的合成、结构、性质及功能。更为系统的内容可参考黎占亭和张丹维编著的《氢键：分子识别与自组装》一书[332]。

4. 利用氢键制约煤的转化

煤中的氢键对煤的性质、结构及转化等都有重要的影响，而且一般来说，煤中的氢键对煤的转化率和产物分布都有制约作用。所以，研究煤中氢键的最终目的必然包括对煤中氢键的调控方法。这种调控的实质是通过断键的方法来抑制氢键之间的交联，从而增加挥发组分和液体产物的收率，以实现煤的优化、高效转化。目前，煤中氢键的调控方法主要有：预热处理，O-烷基化和溶胀处理等[333]。K. Miura 等[334]发现煤中弱的氢键在加热至 150～200℃时断裂，提出了将煤预热后再热解的工艺方法。结果表明，煤的总转化率及焦油产率均较未经预热处理的原煤增加了 2%～5%，且高温热解的焦油中有价值的化学品的含量得到提高，并认为用供氢溶剂溶胀后的煤的热解方法可以有效地增加挥发分和焦油产率[335]。

5. 通过氢键进行超分子自组装

超分子自组装是指分子或分子亚单元通过非共价键弱相互作用，自发组成具有某种性能的长程有序的超分子聚集体的过程。氢键因足够牢固且具有方向性、可预见性和可再现性，已成为超分子化学领域具有特别重要地位的一种非共价作用，已被描述为"超分子化学中的万能作用"。通过氢键自组装制备超分子聚合物已经成为超分子化学的一个热门研究领域。之所以有这样的成果，源于人们已基本明白基于氢键的超分子组装体系的缔合方式及其稳定性影响因素，为设计结构稳定、可自由调控的超分子自组装体系提供了理论基础[336]。

自 1987 年诺贝尔化学奖授予佩德森(C. J. Pedersen)、克拉姆(D. J. Cram)和莱恩(J. M. Lehn)三位化学家，以表彰他们在超分子化学理论方面的开创性工作以来，超分子化学是生机勃勃、充满活力的，每天国内外都有新的成果发表。这里无意赘述详细内容，读者可参考相关书籍[26-27]、综述文章[46]。

6. 以氢键作用为主导的吸附分离

随着新型多孔材料的开发，通过氢键作用机制的吸附分离方法得到了广泛运用。与其他吸附剂相比，金属有机骨架结构化合物(MOFs)具有功能广泛、化学性质活泼以及高度可调节性等优点，可增加对于待分离物质的吸附量[337]。2018 年，赵红昆等[338]综述了近年来 MOFs 材料在基于氢键作用的吸附分离中的应用研究进展，以丰富例证介绍了 MOFs 材料气相吸附和液相吸附的特点及应用情况。

一个典型例子是 R. Vaidhyanathan 等[339]报道的 MOF-NH_2 通过氢键对 CO_2 的吸附，对吸附过程进行理论计算及实验研究后得到了 CO_2 分子的晶体分辨率和结合能。在这个体系中，氨基的 H 原子与 CO_2 的 O 原子之间形成氢键，引导 N 的孤对电子进攻 CO_2 分子的 C 原子(图 6-50)。具有适当的孔径大小、强相互作用的氨基官能团等能够显著提高 MOF-NH_2 的吸附能力；MOF-NH_2 对不同气体(氢气、氮气、氩气)的吸附等温线显示该材料对 CO_2 的吸附分离选择性最高(图 6-51)。

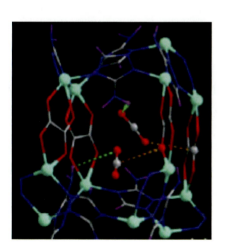

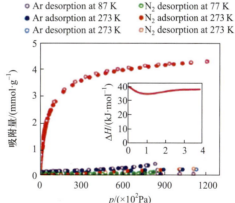

图 6-50　$CO_2\cdots NH_2$ 的氢键作用　　图 6-51　MOF-NH_2 对不同气体的吸附等温线

7. 氢键在功能材料中的应用

氢键在超分子晶体工程中的晶体合成策略中至关重要，它能把金属的配位立体几何结构、离子电荷、价、自旋态等典型特点和有机分子特征官能团结合起来，从而把无机金属的电、磁、结构性质在有机分子中体现出来，以获取新型光、电、磁、导体、超导体或非线性光学材料。具有多维、多核结构的超分子、超离子化合物的设计与合成处于超分子化学、生物学、材料科学和分子电学的交汇点，是新型功能材料诞生的宝库。

[1] 形状记忆聚合物

形状记忆聚合物(shape memory polymers，SMP)是一类能够"记忆"永久形状，并且能在一定刺激下固定临时形状，最终再回到永久形状的智能型多功能材料，具有敏感性和可驱动性，可用于制作智能医疗器械、微创手术植入物或热缩管等，具有广阔的应用前景[340]。氢键作用作为一种温敏性作用力常被用来设计形状记忆材料[341]。J. M. Lehn 等[342]通过钾离子、双鸟嘌呤遥爪 PEG 寡聚体，制备出高强度聚合物水凝胶，这些低聚物形成线性超分子聚合物，钾离子能够促进二聚化的鸟嘌呤末端形成四重氢键的交联网络，可通过穴醚[2, 2, 2]与钾离子配位，使双鸟嘌呤的氢键解离，从而使水凝胶在"凝胶-溶胶"间转变。利用 2-乙烯基-4,6-二氨基-1,3,5-三嗪间能形成双重氢键的特性，将其引入聚合物链段中，制备出具有 CO_2 响应的形状记忆水凝胶，通入 CO_2，聚合物系统去质子化，氢键断裂，进而实现形状记忆功能[343]。

[2] 分子间氢键自组装液晶材料

2018 年，孔翔飞等[344]全面综述了近十年国内外报道的分子间自组装盘状液晶的研究进展，重点阐述了通过分子间氢键或金属离子配位键自组装的盘状液晶小分子和超分子液晶的液晶性能，掺杂了无机纳米粒子的通过氢键形成的液晶材料的光电性能及其在有机光伏器件中的应用，最后总结了不同类分子间自组装盘状液晶的性能优势。

[3] 氢键对药物晶体形成的作用

前面讲过，大多数口服活性药物有 5～10 个氢键[13]。氢键对药物晶体的形成起到了非常重要的作用[345]。Y. Shibata[322]认为药物在药物固体分散体系中是否能够保持无定形状态事关重大：所有含有氢键给体官能团(如氨基、羧基、酰胺基、羟基等)的化合物都能以无定形状态在固体分散体系中至少存在 6 个月，而没有氢键给体基团的化合物则不能保持无定形状态，并在 1 个月内发生重结晶。

[4] 以氢键 MOFs 协调含能材料的低感度和高能量

作为炸药、推进剂和火工品的高能量组分，高能量密度材料用于所有战略武器系统、战术武器系统及兵种装备，可增加火炮弹丸和导弹/火箭的速度、射程或有效载荷，增大高能炸药的爆轰输出(爆速和爆压)，从而提高战斗部穿透破坏能力或杀伤破坏作用。保持能量与感度的统一是高能量密度材料研发的核心。毋庸置疑，提高化学能的同时，感度随之提高、稳定性降低，材料能量的更大提高几乎没有空间[346-351]，而增加密度则在提高含能材料能量的同时不会对感度或稳定性带来很大影响。当进一步提高化学能难以实现时，通过增加含能材料的密度提高能量成为可能。

采用"聚合氮"策略[352]，以能量配体与金属离子作用形成能量 MOFs，具有很多优势：①以能量配体与金属离子作用形成能量 MOFs，一方面，在金属离子为连接子的方向，能量单元无限延展，给予 MOFs 成为高能量密度材料应有的结构特点；另一方面，高密度和良好的热稳定性等固有结构特性又赋予了 MOFs 成为高能量密度材料的天然特质。②MOFs 材料更加复杂的链接方式，多孔开放性和结构可控性也为提高含能材料的爆轰性能与安全性能、突破原有炸药的能量瓶

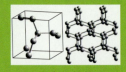

聚合氮结构

颈、制备低感度材料等提供新的设计思路。③从 MOFs 结构中可获得含能材料分子几何构型、能量性质、成键性质等方面的微观数据，实现材料从微观到宏观性能调控。含能 MOFs 材料有希望成为含能材料今后研究的一个新的技术领域。④通过预先定向设计，将含能化合物引入 MOFs 中，在保留材料本身特性的同时，还赋予 MOFs 材料更多的功能性。舍利弗(J. N. M. Shreeve)[353]、T. M. Klapötke[354]、庞思平[355]、赵凤起[356]、张同来[357-358]、张建国[359]、高胜利[360]等研究团队持之不懈地努力为能量配合物的发展赢得了机遇。特别是中国研究者的工作得到了业内权威的好评。美国国家科学奖章获得者舍利弗教授和美国化学学会杂志《晶体生长和设计》副主编、密歇根大学化学学院马茨格(A. J. Matzger)教授评价三维笼型含能材料的概念为新一代高性能炸药的发展提供了新的思路[361-362]。李生华、庞思平等的论文发表后[355]，英国 *Chemistry World* 发表了题为 "A MOF that goes off with a bang"的评论，指出"目前含能材料合成中最大的矛盾是低感度和高能量，如何解决这个矛盾是一个巨大的挑战，中国科学家通过设计并合成具有刚性的三维骨架结构的含能 MOFs 成功解决了这一挑战"。英国皇家科学院院士、爱丁堡科学院院士、德国自然科学院院士、美国科学促进会院士和荷兰皇家艺术与科学院院士、美国伊利诺伊州西北大学著名金属有机框架材料专家、2016 年诺贝尔化学奖得主司徒塔特(J. F. Stoddart)也指出，该项研究注定会为下一代高能量密度材料的设计与合成带来巨大的影响。

舍利弗

马茨格研究团队

庞思平

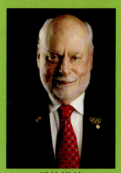

司徒塔特

司徒塔特在吉林大学

> 司徒塔特(J. F. Stoddart)，1942 年生于苏格兰，是有机超分子化学和纳米科学领域最杰出的科学家之一，迄今已在 *Nature*、*Science*、*Nature Chem*、*PNAS* 等杂志上发表近 1000 篇学术论文，h-index 92，科学引文次数世界排名第三；当选英国皇家科学院院士、爱丁堡科学院院士、德国自然科学院院士、美国科学促进会院士和荷兰皇家艺术与科学院院士。在从事科学研究的 42 年期间，他做了 1000 余场学术邀请报告，成功培养了 370 余名博士和博士后，其中 80 余人任职于国际著名大学。
>
> 司徒塔特开创了有机化学中一个全新的领域，即展示了"机械键"在分子化合物中起到的卓越贡献。他开创并推动了分子识别与组装过程中模板合成双稳态机械互锁型分子(如轮烷和索烃)的方法，并将分子开关和分子马达类分子机器用于纳米电子器件、纳米电子机械系统、纳米药学和金属有机骨架结构等领域。他曾获得诸多重要国际奖项，其中包括费萨尔国王国际奖科学奖、皇家学会戴维奖牌、纳米技术费曼奖、有机化学创意四面体奖、爱因斯坦世界科学奖和名古屋有机化学金质奖章等，并多次被提名为诺贝尔化学奖候选人，并于 2016 年获得诺贝尔化学奖。
>
> 2012 年 8 月 7 日，司徒塔特正式受聘吉林大学名誉教授。

8. 氢键供体催化剂的合成和应用

在有机催化中一种重要作用方式是借助催化剂与底物结构中的羰基、亚胺和硝基等官能团间的氢键相互作用[363]，从而有效活化亲电试剂。鉴于反应条件温和、产率高、对映和非对映选择性好，具有广阔的应用前景，基于氢键作用的不对称催化，在不对称催化反应中其应用的研究引起了国内外化学家广泛的兴趣，并取得了很好的结果。

[1] 氢键供体合成催化剂的原理

氢键有机催化剂之所以能在不对称催化反应中应用,是因为在氢键供体催化剂参与的对映选择性亲核反应中,催化剂分子可通过两组质子与电中性的亲电底物直接作用,攫取底物中的离去阴离子形成离子对中间体或结合其他 Brønsted 酸产生共催化作用等方式促进反应进行(图 6-52)。显然,该类催化剂中质子的 Brønsted 酸性越强,所产生的非共价相互作用越大,反应适用的范围也越大。

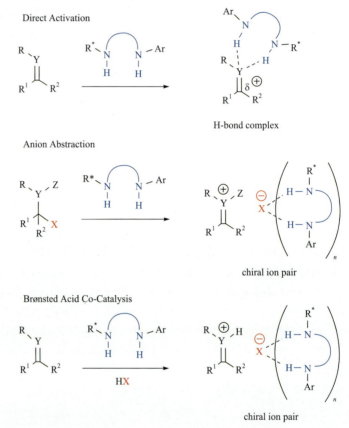

图 6-52 氢键供体催化剂的催化作用方式

[2] 雅各布森小组的工作

1) 开创性

利用有机分子作为氢键供体与亲电底物产生氢键相互作用来设计催化反应的研究可追溯至 20 世纪 80 年代,但直至哈佛大学的雅各布森(E. N. Jacobsen)通过理论计算与实验具体阐明了这一作用机制后,才引起了研究热潮。

基于 D. P. Curran 等[364]提出以脲和硫脲为基础的催化剂概念,雅各布森小组于 1998 年合成了一系列含 Schiff 碱的脲和硫脲催化剂,并将所设计的催化剂应用在醛亚胺(甲基酮亚胺)与 HCN 的 Strecker 反应中,取得了 95% ee[365-368](图 6-53),这是人们首次将脲和硫脲衍生物应用于不对称催化中。通过对该反应机理的研究,了解到高效的催化活性源于脲和硫脲能够通过双氢键有效地活化亚胺,使得 HCN 的亲核进攻能顺利进行。这些催化剂分子中包含脲、硫脲、胍或方酰胺等基团,可通

雅各布森

过非共价双氢键相互作用与底物特异性结合，进而借助分子内其他手性结构诱导不对称催化过程。

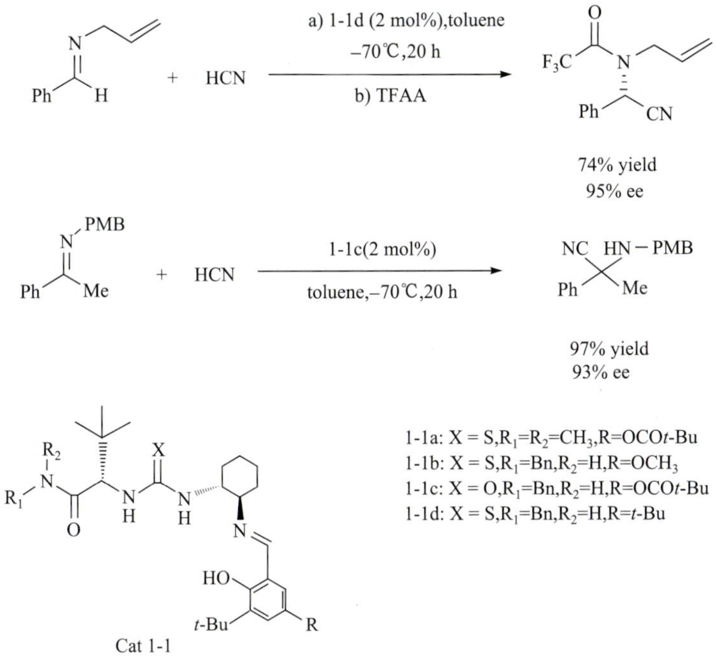

图 6-53　硫脲催化芳香及脂肪亚胺的不对称 Strecker 反应

于是，受雅各布森小组开创性工作的启发，大量的脲和硫脲的衍生物发展为有机催化剂。

2) 创新性

然而该类催化剂中质子的 Brønsted 酸性较弱，所产生的非共价相互作用十分有限[369-370]，反应仅适用于含有高度反应活性 C—X(X=杂原子)键的底物，大大限制了该类催化剂在不同催化反应中的应用。为了克服这个局限，2003 年，T. Okino 最先合成了一种带有叔胺基团的手性双功能硫脲催化剂[371]，使得绝大多数的不对称反应都能以高对映选择性完成反应。这类手性双功能催化剂能够在一个反应中利用 Brønsted 酸或者 Lewis 酸(硫脲部分)以及 Brønsted 碱或者 Lewis 碱(手性胺部分)同时活化亲电试剂和亲核试剂，其双活化机制在多种不对称催化反应中得到证实。

除了硫脲类催化剂在氢键参与的不对称催化中的应用外，联萘二酚(二醇)作为双氢键供体催化剂也受到人们的关注[372]。另外，2008 年，V. H. Rawal 首次报道了新型手性方酰胺衍生物作为氢键有机催化剂催化 1,3-二羰基化合物与硝基烯的加成并取得了优异的效果[373]。一系列基于方酰胺的有机催化剂先后成功地应用于各种各样的不对称催化反应，如对映选择的 Michael 加成、Friedel-Crafts 反应、1,3-二羰基化合物的 α-活化反应[369]。除此之外，如手性胍盐、手性脒盐、手性磺酰胺以及 2-氨基苯并咪唑等其他双氢键供体催化剂在文献中也有不断报道。

以 2017 年雅各布森教授课题组的工作[374]作为说明：它们以手性的方酰胺作为氢键供体催化剂，结合 Lewis 酸三氟甲磺酸硅酯实现了低温条件下热力学稳定的缩醛与烯醇硅醚等不同亲核试剂的不对称亲核烷基化以及与双烯体呋喃的[4+3]对映选择性环加成反应。方酰胺基团的两组质子与三氟甲磺酸硅酯中含有部分负电荷的 OTf$^{\delta-}$作用形成稳定的络合物中间体，从而增强三氟甲磺酸硅酯的 Lewis 酸性，促进缩醛转化为活性更高的羰基碳鎓阳离子中间体。该物种与攫取阴离子 OTf$^-$后的方酰胺形成离子对中间体，与此同时，方酰胺修饰的手性基团可通过这种非共价相互作用实现手性控制(图 6-54)。

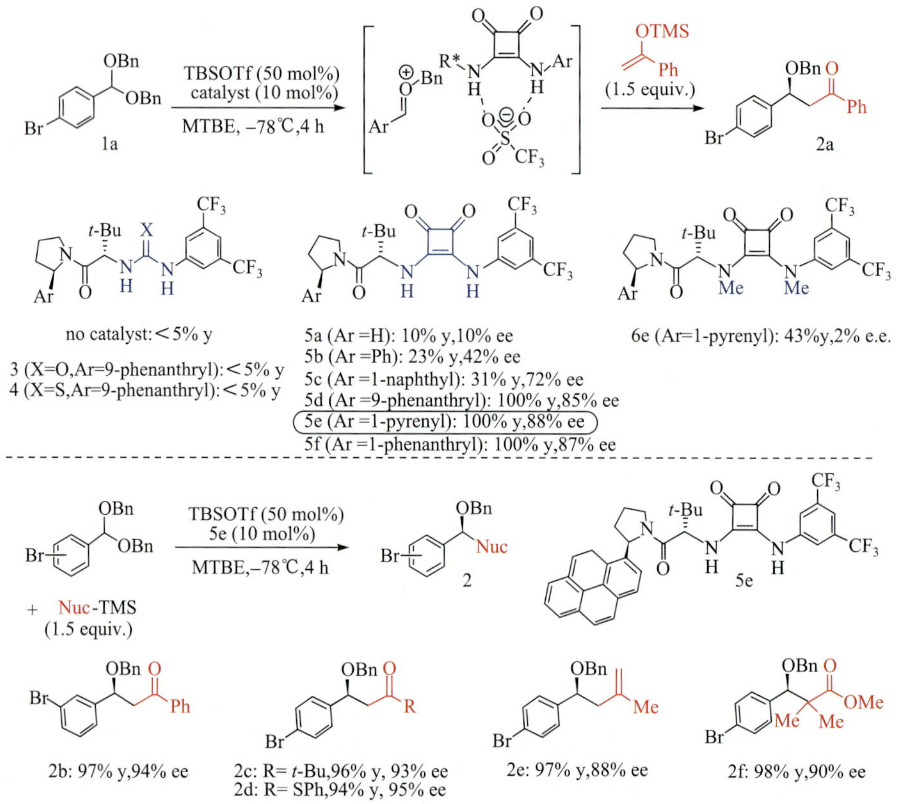

图 6-54　方酰胺结合 Lewis 酸 TBSOTf 催化的不对称亲核烷基化反应

结合其他实验，他们提出的反应机理如图 6-55：三氟甲磺酸硅酯与方酰胺通过非共价氢键相互作用形成休眠态复合物，并作为 Lewis 酸促进缩醛形成高反应活性的阳离子中间体，进而与烯醇硅醚等亲核试剂以及双烯体呋喃发生反应。对于[4+3]对映选择性环加成反应，DFT 计算支持分步反应机理，呋喃作为亲核试剂首先对形成的氧代烯丙基阳离子的烯基末端亲核加成，随后发生环化。该过程也成为立体选择性控制的关键，反应中可能经历两种过渡态，其中呋喃与方酰胺催化剂的芳香环取代基可通过π-π相互作用加以稳定，因而成为优势过渡态，呋喃从邻近催化剂芳香环的区域对氧代烯丙基阳离子进行亲核加成。

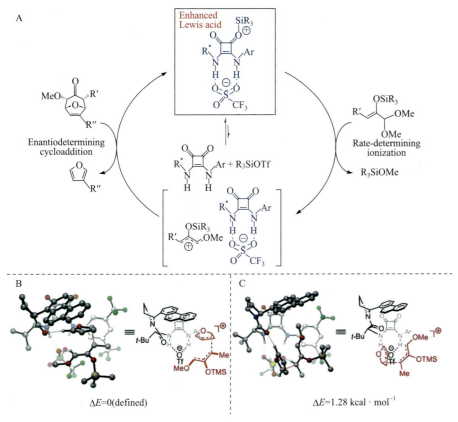

图 6-55　反应可能的机理

[3] 雅各布森小组工作的启发

雅各布森研究团队通过手性方酰胺氢键供体催化剂与 Lewis 酸结合，实现了热力学稳定的缩醛参与的不对称亲核烷基化以及[4+3]对映选择性环加成反应，由此突破了氢键供体催化剂仅可用于高反应活性底物的限制，大大拓展了底物的适用范围。这种氢键供体分子与 Lewis 酸中的阴离子结合，进而提高 Lewis 酸反应活性的策略对设计其他新型的组合催化体系具有重要的借鉴意义。

这里无意详细展现氢键供体催化剂的合成和应用研究成果。我国学者在这方面也做了许多优秀工作[375-381]。特别是林英杰和段海峰课题组提出的"多氢键相转移催化剂的合成及应用"，与含有单、双氢键供体的催化剂相比，具有多个氢键供体的催化剂有很大的潜力，该类催化剂具有较高的催化活性和较好的不对称控制。之前他们合成了一系列含有多氢键的金鸡纳生物碱骨架催化剂，并成功将其应用于靛红衍生酮亚胺与硝基烷烃的 Nitro-Mannich 反应，所得产物收率高达 99%，ee 高达 95%[382]。

研究就要有创新性。建议读者阅读雅各布森研究团队最近的一篇论文《氢键供体增强的 Lewis 酸用于不对称催化反应》(*Lewis Acid Enhancement by Hydrogen-Bond Donors for Asymmetric Catalysis*)[374]及其近两年系列文章[383-395]，阅读 Springer 汇集出版的来自世界各地、各自然科学领域的最佳博士论文集《氢键供体催化剂的新发展》(*Development of Novel Hydrogen-Bond Donor Catalysts*)[396-398]，都会有很大的收益。

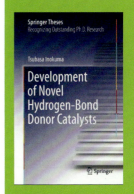

雅各布森 1993 年进入哈佛大学任教授，2001 年被任命为谢尔顿埃默里的有机化学教授，2010~2015 年担任化学和化学生物系主任。他领导了一个由 20 名研究生和博士后组成的研究小组，致力于发现有用的催化反应，并应用先进的计算方法和机理研究分析这些反应。他的实验室开发的几种催化剂在工业和学术界得到了广泛的应用。

这些催化剂包括用于不对称环氧化、共轭加成和环氧化物的水解动力学拆分中的金属 Salen 配合物，广泛用于对映选择性周环反应的铬-席夫碱配合物，以及用于活化中性和阳离子亲电试剂的有机氢键-供体催化剂。雅各布森对这些系统的机理分析有助于揭示催化剂设计的一般原则，包括选择性的电子调谐、双核同金属和双杂金属与协同催化剂、氢键给体不对称催化和阴离子结合催化。

参 考 文 献

[1] Arunan E, Desiraju G R, Klein R A, et al. Pure Appl. Chem., 2011, 83(8): 1637.
[2] Dahm R. Hum. Genet., 2008, 122(6): 565.
[3] Strecker A. Justus Liebigs Ann. Chem., 1850, 75(1): 27.
[4] Miescher F. Medisch-chemische Untersuchungen, 1871, 4: 441.
[5] Miescher F. Die Histochemischen und Physiologischen Arbeiten von Friedrich Miescher. Vogel: Leipzig, 1897.
[6] Avery O T, MacLeod C M, McCarty M. J. Exp. Med., 1944, 79(2): 137.
[7] Crick F. What Mad Pursuit: A Personal View of Science. New York: Basic Books, 1988.
[8] Watson J D, Crick F H. Nature, 1953, 171(4356): 737.
[9] Wilkins M H F, Seeds W E, Stokes A R, et al. Nature, 1953, 172(4382): 759.
[10] Rosalind E F, Gosling R G. Nature, 1953, 172(4369): 156.
[11] 沃森 J D. 双螺旋——发现 DNA 结构的故事. 刘望夷译. 北京：化学工业出版社，2009.
[12] Allentoft M E, Collins M, Harker D, et al. Proc. R. Soc. London, Ser. B, 2012, 279(1748): 4724.
[13] Nandakumar J, Bell C F, Weidenfeld I, et al. Nature, 2012, 492(7428): 285.
[14] Biffi G, Tannahill D, Mccafferty J, et al. Nature Chem., 2013, 5(3): 182.
[15] Lejzerowicz F, Esling P, Majewski W, et al. Biol. Lett., 2013, 9(4): 20130283.
[16] Alcock N W. Adv. Inorg. Chem. Radiochem., 1972, 15: 1.
[17] Wolf K L, Frahm H, Harms H. Z. Phys. Chem., 1937, 36: 237.
[18] Lehn J M. Supramolecular Chemistry: Concepts and Perspectives. Weinheim: Wiley-VCH Verlag GmbH, 2005.
[19] Lehninger A L. Naturwissenschaften, 1966, 53(3): 57.
[20] Lehn J M. Angew. Chem. Int. Ed., 1988, 27(1): 89.
[21] Lehn J M. Science, 1993, 90(5): 1635.
[22] Petitjean A, Khoury R G, Kyritsakas N, et al. J. Am. Chem. Soc., 2004, 126(21): 6637.
[23] Oshovsky G V, Reinhoudt D N, Verboom W. Angew. Chem. Int. Ed., 2007, 46(14): 2366.
[24] Pedersen C J. J. Am. Chem. Soc., 1967, 89(26): 7017.
[25] Grill L, Rieder K H, Moresco F, et al. Nat. Nanotechnol., 2007, 2(2): 95.
[26] Vögtle F. Supramolekulare Chemie: eine Einführung. Stuttgart: Vieweg+Teubner Verlag, 1989.

[27] Dietrich B, Viout P, Lehn J M, et al. Macrocyclic Chemistry: Aspects of Organic and Inorganic Supramolecular Chemistry. Weinheim: VCH Verlagsgesellschaft, 1993.
[28] Emsley J, Hoyte O P A, Overill R E. Chem. Commun., 1977, (7): 225.
[29] Greenwood N N, Earnshaw A. Chemistry of the Elements. Oxford: Elsevier Science & Technology, 1998.
[30] Markovitch O, Agmon N. J. Phys. Chem. A , 2007, 111(12): 2253.
[31] 刘若庄, 傅孝愿. 北京师范大学学报(自然科学版), 1956, (1): 85.
[32] Mcdowell S A C. Chem. Phys. Lett., 2003, 377(1): 143.
[33] 李顺利, 陈晓峰, 吴勇, 等. 化学教育, 2015, 36(10): 12.
[34] 杨勇, 窦丹丹. 化学进展, 2014, 26(5): 706.
[35] Pauling L. The Nature of the Chemical Bond. Ithaca: Cornell University Press, 1960.
[36] Pauling L. J. Am. Chem. Soc., 1931, 53(4): 1367.
[37] 科顿 F A, 威尔金森 G. 高等无机化学(上册). 北京: 人民教育出版社, 1981.
[38] Errington J R, Debenedetti P G. Nature, 2001, 409(6818): 318.
[39] Pratt L R. Chem. Rev., 2002, 102(8): 2625.
[40] Gold V. Compendium of Chemical Terminology. Oxford: Blackwell Scientific Publications, 1987.
[41] Hunter C A, Sanders J K M. J. Am. Chem. Soc., 1990, 112(112): 5525.
[42] 陈小明, 蔡继文. 单晶结构分析原理与实践. 2 版. 北京: 科学出版社, 2007.
[43] 徐志广, 古国榜, 刘海洋. 化学通报, 2007, 70(10): 782.
[44] Emsley J. Chem. Soc. Rev., 1980, 9(1): 91.
[45] Emsley J. Polyhedron , 1985, 4(3): 489.
[46] 杨华, 王冰, 张乃武. 牡丹江师范学院学报(自然科学版), 2003, (2): 33.
[47] Luo Y R. Comprehensive Handbook of Chemical Bond Energies. Bosa Roca: Taylor & Francis Inc., 2007.
[48] Iwaoka M, Tomoda S. J. Am. Chem. Soc., 1994, 116(10): 4463.
[49] Pauling L. J. Am. Chem. Soc., 1935, 57(12): 2680.
[50] Hellemans A. Science, 1999, 283(5402): 614.
[51] Isaacs E D, Shukla A, Platzman P M, et al. Phys. Rev. Lett., 1999, 82(3): 600.
[52] 郝娇娇. 快速准确预测 O—H…O 型氢键复合物的氢键键长和作用能. 大连: 辽宁师范大学, 2015.
[53] Jeffrey G A. An Introduction to Hydrogen Bonding. Oxford: Oxford University Press, 1997.
[54] Scheiner S. Hydrogen Bonding: A Theoretical Perspective. Oxford: Oxford University Press, 1997.
[55] Faraday M. Philos. Trans. R. Soc. London, 1823, 113: 160.
[56] Nernst W. Z. Phys. Chem., 1891, 8U(1): 110.
[57] Werner A. Justus Liebigs Ann. Chem., 1902, 322(3): 261.
[58] Hantzsch A. Ber. Dtsch. Chem. Ges., 1910, 43(3): 3049.
[59] Pfeiffer P. Ber. Dtsch. Chem. Ges., 1914, 47(2): 1580.
[60] Moore T S, Winmill T F. J. Chem. Soc. Trans., 1912, 101: 1635.
[61] Latimer W M, Rodebush W H. J. Am. Chem. Soc., 1920, 42(7): 1419.
[62] Huggins M L. Science, 1922, 55(1426): 459.
[63] Huggins M L. J. Am. Chem. Soc., 1931, 53(8): 3190.
[64] Bernal J D, Megaw H D. Proc. R. Soc. London, 1935, 151(873): 384.
[65] Huggins M L. J. Phys. Chem., 1935, 40(6): 723.
[66] Huggins M L. J. Org. Chem., 1936, 1(5): 407.

[67] Huggins M L. Ann. N. Y. Acad. Sci., 1943, 44(4): 431.
[68] Pauling L, Corey R B, Branson H R. Proc. Natl. Acad. Sci. U. S. A., 1951, 37(4): 205.
[69] Pimentel G, McClellan A. The Hydrogen Bond. New York: Andesite Press, 1960.
[70] Hamilton W C, Ibers J A. Hydrogen Bonding in Solids. New York: W A Benjamin, 1968.
[71] Desiraju G R. Acc. Chem. Res., 2002, 35(7): 565.
[72] Stone A. The Theory of Intermolecular Forces. Oxford: Oxford University Press, 2000.
[73] Coulson C A, Daudel R, Robertson J M. Proc. R. Soc. London , 1951, 207(1090): 306.
[74] Coulson C A. Symposium on Hydrogen Bonding in Hydrogen Bonding. Oxford: Pergamon Press, 1959.
[75] 魏冰川, 刘振飞, 卞江. 大学化学, 2007, 22(1): 61.
[76] Kitaura K, Morokuma K. Int. J. Quantum Chem., 1976, 10(2): 325.
[77] Morokuma K. J. Chem. Phys., 1971, 55(3): 1236.
[78] Morokuma K. Acc. Chem. Res., 1977, 10(8): 294.
[79] Hartree D R. Math. Proc. Camb. Philos. Soc., 1928, 24(3): 426.
[80] Fock V. Z. Phys., 1930, 61(1-2): 126.
[81] Bagus P S, Hermann K, Bauschlicher C W Jr. J. Chem. Phys., 1984, 80(9): 4378.
[82] Stevens W J, Fink W H. Chem. Phys. Lett., 1987, 139(1): 15.
[83] Chen W, Gordon M S. J. Phys. Chem., 1996, 100(34): 14316.
[84] Reed A E, Weinhold R B. J Chem. Phys., 1985, 83(4): 1736.
[85] Mo Y, Gao J, Peyerimhoff S D. J. Chem. Phys., 2000, 112(13): 5530.
[86] Glendening E D, Streitwieser A. J. Chem. Phys., 1994, 100(4): 2900.
[87] Glendening E D. J. Am. Chem. Soc., 1996, 118(10): 2473.
[88] Foster J P, Weinhold F. J. Am. Chem. Soc., 1980, 102(24): 7211.
[89] Remer L C, Jensen J H. J. Phys. Chem. A , 2000, 104(40): 9266.
[90] Warshel A, Papazyan A, Kollman P A. Science, 1995, 269(5220): 102.
[91] Cleland W W, Kreevoy M M. Science, 1994, 264(5167): 1887.
[92] Gilli G, Gilli P. J. Mol. Struct., 2000, 552(1): 1.
[93] Hadži D, Orel B, Novak A. Spectrochim. Acta A, 1973, 29(9): 1745.
[94] van der Vaart A, Merz K M Jr. J. Chem. Phys., 2002, 116(17): 7380.
[95] Zundel G. J. Mol. Struct., 1988, 177(2): 43.
[96] Hadzi D. J. Mol. Struct., 1988, 177(2): 1.
[97] Joesten M D. J. Chem. Edu., 1982, 33(5): 37.
[98] Jeziorski B, Moszynski R, Szalewicz K. Chem. Rev., 1994, 94(7): 1887.
[99] 卞江, 陈志达. 化学通报, 1997, (4): 12.
[100] 吴军, 涂宏庆, 崔云康, 等. 计算机与应用化学, 2015, 32(8): 903.
[101] Schuster P, Zundel G, Sandorfy C. The Hydrogen Bond: Recent Developments in Theory and Experiments. Amsterdam: North-Holland Pub. Co., 1976.
[102] Zundel G. Hydration and Intermolecular Interaction Infrared Investigations with Polyelectrolyte Membranes. New York: Academic Press, 1969.
[103] 刘秉文, 陈俊杰. 医学分子生物学. 北京: 协和医科大学出版社, 2005.
[104] 王丽萍, 李宝芳, 江龙. 生物化学与生物物理进展, 2001, 28(3): 279.
[105] 陈德亮, 胡坤生. 生物物理学报, 2001, 17(3): 441.
[106] Peyrard M, Flytzanis N. Phys. Rev. A, 1987, 36(2): 903.
[107] Jorgensen W L, Severance D L. J. Am. Chem. Soc., 1990, 112(12): 4768.
[108] Novoa J J, Mot F. Chem. Phys. Lett., 2000, 318(4): 345.
[109] Taylor R, Kennard O. Acc. Chem. Res., 1984, 17(9): 320.

[110] Dingley A J, Cordier F, Grzesiek S. Concepts Magn. Reson., 2001, 12(2): 103.

[111] Kashimori Y, Kikuchi T, Nishimoto K. J. Chem. Phys., 1982, 77(4): 1904.

[112] Antonchenko V Y, Davydov A S, Zolotariuk A V. Phys. Status Solidi, 2010, 115(2): 631.

[113] Laedke E W, Spatschek K H, Wilkens M Jr, et al. Phys. Rev. A, 1985, 32(2): 1161.

[114] Weberpals H, Spatschek K H. Phys. Rev. A, 1987, 36(6): 2946.

[115] Nylund E S, Tsironis G P. Phys. Rev. Lett., 1991, 66(14): 1886.

[116] Godzik A. Chem. Phys. Lett., 1990, 171(3): 217.

[117] Pnevmatikos S, Bountis T, Pnevmatikos S N. International Conference on Singular Behavior and Nonlinear Dynamics. Singapore: World Scientific, 1989.

[118] Zolotaryuk A V, Peyrard M, Spatschek K H. Phys. Rev. E, 2000, 62(4): 5706.

[119] 于家峰. 氢键系统中质子传递和蛋白质中能量传递的计算机模拟. 成都: 电子科技大学, 2005.

[120] 庞小峰. 物理学进展, 2002, 22(2): 214.

[121] Astbury W T, Woods H J. Proc. R. Soc. Biol. Sci. Ser. B, 1934, 788(114): 314.

[122] Astbury W T, Sisson W A. Proc. R. Soc. London Ser. A, 1935, 150(871): 533.

[123] Astbury W T, Woods H J. Nature, 1931, 127: 663.

[124] Astbury W T. Trans. Faraday Soc., 1933, 29(140): 193.

[125] Astbury W T, Street A. Philos. Trans. R. Soc. London Ser. A, 1931, 230(681-693): 75.

[126] Novak A. Struct. Bond., 1974, 177: 177.

[127] Yukhnevich G V, Tarakanova E G, Mayorov V D, et al. J. Mol. Struct., 1992, 265(3-4): 237.

[128] Efimov Y Y, Naberukhin Y I. Faraday Discuss. Chem. Soc., 1988, 85: 117.

[129] Rao K R, Sastry M G. Nature, 1940, 145: 778.

[130] Bolla G. Nature, 1931, 128: 546.

[131] Nauta K, Miller R E. Science, 2000, 5451(287): 293.

[132] Oliveira B G. J. Mol. Struct.: Theochem, 2010, 944(1): 168.

[133] Li Q, An X, Gong B, et al. Spectrochim. Acta A, 2008, 69(1): 211.

[134] Vijayakumar S, Kolandaivel P. J. Mol. Struct., 2005, 734(1-3): 157.

[135] Lu P, Liu G Q, Li J C. J. Mol. Struct.: Theochem, 2005, 723(1): 95.

[136] Alabugin I V, Manoharan M, Peabody S, et al. J. Am. Chem. Soc., 2003, 125(19): 5973.

[137] Hobza P, Havlas Z. Chem. Rev., 2000, 100(11): 4253.

[138] Chen X, Hua W, Huang Z, et al. J. Am. Chem. Soc., 2010, 132(32): 11336.

[139] Pieniazek P A, Tainter C J, Skinner J L. J. Am. Chem. Soc., 2011, 133(27): 10360.

[140] Fecko C J, Eaves J D, Loparo J J, et al. Science, 2003, 301(5640): 1698.

[141] Thämer M, De Marco L, Ramasesha K, et al. Science, 2015, 350(6256): 78.

[142] Zhou Y, Zheng Y Z, Sun H Y, et al. Sci. Rep., 2015, 5: 16379.

[143] Zhang Q G, Wang N N, Yu Z W. J. Phys. Chem. B, 2010, 114(14): 4747.

[144] Tomkinson J, Braid I J, Howard J, et al. Chem. Phys., 1982, 64(1): 151.

[145] Fillaux F, Tomkinson J. Chem. Phys., 1991, 158(1): 113.

[146] 陈静, 潘章. 化学研究与应用, 2015, 27(9): 1239.

[147] Symons M C R. Nature, 1972, 239(5370): 257.

[148] Rahman A, Stillinger F H. J. Am. Chem. Soc., 1973, 95(24): 7943.

[149] Kusalik P G, Svishchev I M. Science, 1994, 265(5176): 1219.

[150] Thomsen N K, Poulsen F M. J. Mol. Biol., 1993, 234(1): 234.

[151] Latanowicz L, Reynhardt E C. Ber. Buns. Phy. Chem., 1994, 98(6): 818.

[152] Horsewill A J, Aibout A. J. Phys.: Condens. Matter, 1989, 1(48): 9609.

[153] Jeffrey G A. J. Mol. Struct., 1994, 322(3): 21.
[154] Speakman J C. Acid Salts of Carboxylic Acids, Crystals with Some "very short" Hydrogen Bonds. In Structure and Bonding. Berlin: Springer, 1972.
[155] Smith J D, Cappa C D, Wilson K R, et al. Science, 2004, 306(5697): 851.
[156] 王一波. 中国科学, 1995, 21(7): 673.
[157] Antonchenko V Y, Davydov A S, Zolotariuk A. V. Phys. Status Solidi, 1983, 115(2): 631.
[158] Scheiner S. Acc. Chem. Res., 1994, 27(12): 402.
[159] Colson A O, Besler B, Sevilla M D. J. Phys. Chem., 1992, 96(24): 9787.
[160] Barone V, Orlandini L, Adamo C. Chem. Phys. Lett., 1994, 231(2-3): 295.
[161] Zhang Q, Bell R, Truong T N. J. Phys. Chem., 1995, 99(2): 592.
[162] 梁雪, 王一波. 贵州大学学报(自然科学版), 2003, 20(1): 36.
[163] Mavri J, Hadzi D. J. Mol. Struct., 1992, 270: 247.
[164] Borgis D, Tarjus G, Azzouz H. J. Phys. Chem., 1992, 96(8): 3188.
[165] Plummer P L M. J. Mol. Struct., 1990, 237(3): 47.
[166] Zhao X G, Cukier R I. J. Phys. Chem., 1995, 99(3): 945.
[167] Grabowski S A J, Leszczynski J. Chem. Phys., 2009, 355(2): 169.
[168] Dannenberg J J. J. Mol. Struct., 2002, 615(1): 219.
[169] Kawahara S I, Taira K, Uchimaru T. Chem. Phys., 2003, 290(1): 79.
[170] Parra R D, Streu K. Comput. Theor. Chem., 2011, 967(1): 12.
[171] Kobko N, Dannenberg J J. J. Phys. Chem. A, 2003, 107(48): 10389.
[172] Grabowski S J, Ugalde J M. J. Phys. Chem. A, 2010, 114(26): 7223.
[173] Estarellas C, Frontera A, Quiñonero D, et al. Comput. Theor. Chem., 2011, 975(1): 106.
[174] Filot I A, Palmans A R, Hilbers P A, et al. J. Phys. Chem. B, 2010, 114(43): 13667.
[175] Bader R F. J. Phys. Chem. A, 2010, 114(28): 7431.
[176] Bader R F. Chem. Rev., 1992, 23(3): 893.
[177] Popelier P L A. J. Phys. Chem. A, 1998, 102(10): 1873.
[178] Koch U, Popelier P L A. J. Phys. Chem., 1995, 99(24): 9747.
[179] Lipkowski P, Grabowski S J, Robinson T L, et al. J. Phys. Chem. A, 2004, 108(49): 10865.
[180] Zhang J, Chen P, Yuan B, et al. Science, 2013, 342(6158): 611.
[181] Guthrie J P. Chem. Biol., 1996, 3(3): 163.
[182] Binnig G, Rohrer H, Gerber C, et al. Appl. Phys. Lett., 1982, 40(2): 178.
[183] Mauritsson J, Johnsson P, Mansten E, et al. Phys. Rev. Lett., 2008, 100(7): 073003.
[184] Blaga C I, Xu J, Dichiara A D, et al. Nature, 2012, 483(7388): 194.
[185] De Marco L, Thamer M, Reppert M, et al. J. Chem. Phys., 2014, 141(3).
[186] De Barros M R X, Miranda R S, Jedju T M, et al. Opt. Lett., 1995, 20(5): 480.
[187] 崔大复, 张杰. 物理, 1994, 23(3): 173.
[188] Ball P. Chem. Rev., 2008, 108(1): 74.
[189] Wiggins P M. Microbiol. Rev., 1990, 54(4): 432.
[190] 邓耿, 尉志武. 科学通报, 2016, 61(30): 3181.
[191] Pan Z, Chen J, Lu G, et al. J. Chem. Phys., 2012, 136(16): 164313.
[192] Kumar R, Schmidt J R, Skinner J L. J. Chem. Phys., 2007, 126(20): 05B611.
[193] Wernet P, Nordlund D, Bergmann U, et al. Science, 2004, 35(31): 995.
[194] Luzar A. J. Chem. Phys., 2000, 113(23): 10663.
[195] Kuo I F W, Mundy C J. Science, 2004, 303(5658): 658.
[196] Todorova T, Seitsonen A P, Hutter J, et al. J. Phys. Chem. B, 2006, 110(8): 3685.
[197] Luzar A, Chandler D. Nature, 1996, 379(6560): 55.

[198] 张雪英. 弱键(氢键、卤键和锂键)的电子密度拓扑分析方法研究. 石家庄: 河北师范大学, 2011.

[199] Legon A C, Millen D J. Chem. Soc. Rev., 1987, 16(16): 467.

[200] Pak C, Han M L, Kim J C, et al. Struct. Chem., 2005, 16(3): 187.

[201] Frey P A. Magn. Reson. Chem., 2010, 39(S1): S190.

[202] 周公度. 大学化学, 1999, 14(4): 8.

[203] Kamlet M J, Taft R W. J. Am. Chem. Soc., 1976, 98(2): 377.

[204] Abraham M H. Chem. Soc. Rev., 1993, 22(2): 73.

[205] Wilson L Y, Famini G R. J. Med. Chem., 1991, 34(5): 1668.

[206] 章慧, 徐志固. 大学化学, 1995, 10(4): 19.

[207] Derewenda Z S, Derewenda U, Kobos P M. J. Mol. Biol., 1994, 241(1): 83.

[208] Steiner T, Saenger W. J. Am. Chem. Soc., 1993, 180(11): 4540.

[209] Desiraju G R. Acc. Chem. Res., 1991, 24(10): 290.

[210] Taylor R, Kennard O. J. Am. Chem. Soc., 1982, 104(19): 5063.

[211] Rozas I, Alkorta I, Elguero J. J. Phys. Chem. A, 1997, 101(23): 4236.

[212] Malone J F, Murray C M, Charlton M H, et al. J. Chem. Soc. Faraday Trans., 1997, 93(19): 3429.

[213] Rodham D A, Suzuki S, Suenram R D, et al. Nature, 1993, 362(6422): 735.

[214] Suzuki S, Green P G, Bumgarner R E, et al. Science, 1992, 257(5072): 942.

[215] Hobza P, Zahradnik R. Chem. Rev., 1988, 88(6): 149.

[216] Alkorta I, Elguero J. Chem. Soc. Rev., 1998, 27(2): 163.

[217] Steiner T. Acta Crystallographica Section D, 1998, 54(4): 584.

[218] 王长生, 齐学洁, 马英格, 等. 高等学校化学学报, 2004, 25(6): 1111.

[219] 齐学洁. 多肽中氢键性质的理论研究. 大连: 辽宁师范大学, 2004.

[220] Mootz D, Deeg A. J. Am. Chem. Soc., 1992, 114(14): 5887.

[221] 张广宏, 马文霞, 万会军. 化学教学, 2007, (7): 72.

[222] Deeg A, Mootz D. Z. Naturforsch. B, 1993, 48(5): 571.

[223] Winiwarter S, Bonham N M, Ax F, et al. J. Med. Chem., 1998, 41(25): 4939.

[224] Brammer L, Charnock J M, Goggin P L, et al. J. Chem. Soc. Dalton Trans., 1991, 32(7): 1789.

[225] Wehman-Ooyevaar I C, Grove D M, Kooijman H, et al. J. Am. Chem. Soc., 1992, 114(25): 9916.

[226] Brookhart M, Green M L H. J. Organomet. Chem., 1983, 250 (1), 395.

[227] 陈冬玲, 刘秋田. 化学通报, 1992, (3): 20.

[228] Brown M P, Heseltine R W. Chem. Commun., 1968, 23(23): 1551.

[229] Müller-Dethlefs K, Hobza P. Chem. Rev., 2000, 100(1): 143.

[230] Custelcean R, Jackson J E. Chem. Rev., 2001, 101(7): 1963.

[231] Crabtree R H, Eisenstein O, Sini G, et al. J. Organomet. Chem., 1998, 567(567): 7.

[232] 冯璐, 白福全, 吴阳, 等. 中国科学:化学, 2012, 42(2): 194.

[233] Palusiak M, Grabowski S J. J. Mol. Struc.: Theochem, 2004, 674(1-3): 147.

[234] Hugas D, Simon S L, Duran M. Chem. Phys. Lett., 2004, 386(4-6): 373.

[235] Grabowski S J, Robinson T L, Leszczynski J. Chem. Phys. Lett., 2004, 386(1): 44.

[236] Solimannejad M, Boutalib A. Chem. Phys. Lett., 2004, 389(4-6): 359.

[237] Richardson T, Gala S D, Crabtree R H, et al. J. Am. Chem. Soc., 1995, 117(51): 12875.

[238] Harmon K M, Drum D K, Nikolla E. J. Mol. Struct., 2002, 616(1): 181.

[239] Cramer C J, Gladfelter W L. Inorg. Chem., 1997, 36(23): 5358.

[240] Stevens R C, Bau R, Milstein D, et al. J. Chem. Soc. Dalton Trans., 1990, 4(4): 1429.
[241] Abramov Y A, Brammer L, Klooster W T, et al. Inorg. Chem., 1998, 37(24): 6317.
[242] Berski S, Lundell J, Latajka Z. J. Mol. Struct., 2000, 552(1): 223.
[243] Alkorta I, Elguero J. Chem. Phys. Lett., 2003, 381(3-4): 505.
[244] Peris E, Lee J C Jr, Rambo J R, et al. J. Am. Chem. Soc., 1995, 117(12): 3485.
[245] Oliveira B G, de Araújo R C M U, Ramos M N. J. Mol. Struc.: Theochem, 2010, 944(1): 168.
[246] Solimannejad M, Gharabaghi M, Scheiner S. J. Chem. Phys., 2011, 134(2): 024312.
[247] 蒋秀兰, 孙成林, 周密, 等. 光谱学与光谱分析, 2015, 35(3): 635.
[248] 李东飞. 氢键对费米共振的影响. 长春: 吉林大学, 2012.
[249] Deakyne C A, Meot-Ner M. J. Am. Chem. Soc., 1999, 121(7): 1546.
[250] Meot-Ner M. Chem. Rev., 2005, 105(1): 213.
[251] Abdulsada A A K, Greenway A M, Hitchcock P B, et al. Chem. Commun., 1986, 24(24): 1753.
[252] Cammarata L, Kazarian S G, Salter P A, et al. Phys. Chem. Chem. Phys., 2001, 3(23): 5192.
[253] Swatloski R P, Spear S K, Holbrey J D, et al. J. Am. Chem. Soc., 2002, 124(18): 4974.
[254] Fumino K, Peppel T, Geppertrybczyńska M, et al. Phys. Chem. Chem. Phys., 2011, 13(31): 14064.
[255] Earle M J, Esperanca J M, Gilea M A, et al. Nature, 2006, 439(7078): 831.
[256] Gurkan B E, Fuente J C D L, Mindrup E M, et al. J. Am. Chem. Soc., 2010, 132(7): 2116.
[257] Wang N N, Zhang Q G, Wu F G, et al. J. Phys. Chem. B, 2010, 114(26): 8689.
[258] 王慧勇, 刘淼, 王键吉. 咪唑类离子液体与水分子的氢键相互作用研究. 全国化学热力学和热分析学术会议, 2014.
[259] 刘淼. 离子液体与某些分子溶剂的氢键相互作用研究. 新乡: 河南师范大学, 2014.
[260] 张力群, 李浩然. 物理化学学报, 2010, 26(11): 2877.
[261] Cao Y, Chen Y, Sun X, et al. Phys. Chem. Chem. Phys., 2012, 14(35): 12252.
[262] Xantheas S S. J. Am. Chem. Soc., 1995, 117(41): 10373.
[263] Zhang Y, Chen X Y, Wang H J, et al. J. Mol. Struc. Theochem, 2010, 952(1): 16.
[264] Roohi H, Khyrkhah S. J. Mol. Liq., 2013, 177(1): 119.
[265] Lü R, Qu Z, Yu H, et al. Comput. Theor. Chem., 2012, 988(19): 86.
[266] Tian Q, Liu S, Sun X, et al. Carbohydr. Res., 2015, 408: 107.
[267] 王书文. 基于咪唑阳离子的双离子氢键理论研究. 临汾: 山西师范大学, 2017.
[268] Olmo L D, López R, Vega J M G D L. Int. J. Quantum Chem., 2013, 113(6): 852.
[269] Estarellas C, Frontera A, Quiñonero D, et al. J. Phys. Chem. A, 2011, 115(26): 7849.
[270] Kim D Y, Singh N J, Lee J W, et al. J. Chem. Theory Comput., 2008, 4(7): 1162.
[271] Quiñonero D, Garau C, Frontera A, et al. Chem. Phys. Lett., 2002, 359(5): 486.
[272] Quiñonero D, Garau C, Rotger C, et al. Angew. Chem., 2002, 114(18): 3539.
[273] Alkorta I, Rozas I, José E. J. Am. Chem. Soc., 2002, 124(29): 8593.
[274] Grabowski S J. Hydrogen Bonding: New Insights. Dordrecht: Springer, 2006.
[275] Hobza P, Špirko V, Selzle H L, et al. J. Phys. Chem. A, 1998, 102(15): 2501.
[276] Wang Z, Zhang J, Wu J, et al. J. Mol. Struc.: Theochem, 2007, 806(1-3): 239.
[277] King B F, Farrar T C, Weinhold F. J. Chem. Phys., 1995, 103(1): 348.
[278] Zhou Z, Qu Y, Fu A, et al. Int. J. Quantum Chem., 2002, 89(6): 550.
[279] Wood G P F, Henry D J, Radom L. J. Phys. Chem. A, 2003, 107(39): 7985.
[280] Smith I W M, Ravishankara A R. J. Phys. Chem. A, 2002, 106(19): 4798.
[281] Wang B Q, Li Z R, Wu D, et al. Chem. Phys. Lett., 2003, 375(1): 91.

[282] 杨鑫, 唐丹, 邵宇飞. 分子科学学报, 2011, 27(2): 144.
[283] Stahl N, Jencks W P. J. Am. Chem. Soc., 1986, 108(14): 4196.
[284] Hellgren M, Kaiser C, De Haij S, et al. Cell. Mol. Life Sci., 2007, 64(23): 3129.
[285] Fernández A, Rogale K, Scott R, et al. Proc. Natl. Acad. Sci. U. S. A., 2004, 101(32): 11640.
[286] Dumas J M, Gomel M, Guerin M. Halides, Pseudo-Halides and Azides , 1983, 2: 985.
[287] Legon A C. Angew. Chem. Int. Ed., 1999, 38(18): 2686.
[288] Corradi E, Meille S V, Messina M T, et al. Angew. Chem. Int. Ed., 2000, 39(10): 1782.
[289] Legon A C. Phys. Chem. Chem. Phys., 2010, 12(28): 7736.
[290] Sannigrahi A B, Kar T, Niyogi B G, et al. Chem. Rev., 1990, 22(4): 1061.
[291] Hazra A B, Pal S. J. Mol. Struc.: Theochem , 2000, 497(1): 157.
[292] Latajka Z, Scheiner S. J. Chem. Phys., 1984, 81(9): 4014.
[293] Yuan K, Lü L L, Liu Y Z. Chin. Sci. Bull., 2008, 53(9): 1315.
[294] Del Bene J E, Alkorta I, Elguero J. J. Phys. Chem. A, 2009, 113(38): 10327.
[295] Kryachko E S. J. Mol. Struct., 2008, 880(1-3): 23.
[296] Li Q, Li H, Li R, et al. J. Phys. Chem. A, 2011, 115(13): 2853.
[297] Mani D, Arunan E. Phys. Chem. Chem. Phys., 2013, 15(34): 14377.
[298] 唐黎明. 高分子通报, 2011, (4): 126.
[299] 龚园园. 四重氢键识别聚氨酯的研究. 上海: 上海交通大学, 2011.
[300] 王一波, 陶福明, 潘毓刚. 中国科学, 1995, 25(10): 1016.
[301] Parra R D, Streu K. Comput. Theor. Chem., 2011, 977(1-3): 181.
[302] 张宁. 利用核磁共振技术研究蛋白质中的静电相互作用. 北京: 中国科学院大学, 2017.
[303] 余季生. 葫芦脲——客体分子间多种弱相互作用的协同性研究及应用. 北京: 清华大学, 2012.
[304] 徐远泽. 氢键和π-π协同效应对有机π-共轭齐聚物聚集行为的调控. 长春: 吉林大学, 2009.
[305] 臧雪君. 铍键与分子间弱相互作用协同性的理论研究. 长春: 吉林大学, 2014.
[306] Mautne M, Scheiner S, Yu W O. J. Am. Chem. Soc., 1998, 120(28): 6980.
[307] Kohzuma T, Masuda H, Yamauchi O. J. Am. Chem. Soc., 1989, 111(9): 3431.
[308] 陈文君, 薛智敏, 王晋芳, 等. 物理化学学报, 2018, 34(8): 904.
[309] Kuo S W, Chan S C, Chang F C. Macromolecules, 2003, 36(17): 6653.
[310] Kuo S W, Huang C F, Chang F C. J. Polym. Sci., Part A: Polym. Chem., 2001, 39(12): 1348.
[311] 李中皇. O-酰化壳聚糖/聚乳酸共混膜的氢键、相容性及细胞亲和性研究. 泉州: 华侨大学, 2007.
[312] 李中皇, 辛梅华, 李明春. 化工进展, 2008, 27(8): 1162.
[313] 杨日升, 朱敬鑫, 董叶丰. 中国石油和化工, 2016, (5): 67.
[314] 陈孔常. 有机染料合成工艺. 北京: 化学工业出版社, 2002.
[315] Głowacki E D, Irimia-Vladu M, Kaltenbrunner M, et al. Adv. Mater., 2013, 25(11): 1513.
[316] 周春隆. 染料与染色, 2016, 53(1): 1.
[317] 范志明, 柯明, 刘淑蕾. 中国石油大学学报(自然科学版), 1998, 22(5): 86.
[318] 王强. 功能型离子液体的制备、性质及其在催化裂化汽油深度脱硫中的应用研究. 上海: 华东师范大学, 2013.
[319] Lipinski C A, Lombardo F, Dominy B W, et al. Adv. Drug Delivery. Rev., 1997, 23(1): 3.
[320] 王悦, 吴刚. 滁州学院学报, 2018, 20(2): 52.

[321] Saluja H, Mehanna A, Panicucci R, et al. Molecules , 2016, 21(6): 719.
[322] Shibata Y, Fujii M, Kokudai M, et al. J. Pharm. Sci., 2007, 96(6): 1537.
[323] Singh D, Pathak K. Int. J. Pharm., 2013, 441(1-2): 99.
[324] 王宏博, 刘文广. 具有抗菌抗炎功能的自修复超分子聚合物水凝胶. 中国化学会2017全国高分子学术论文报告会摘要集——主题F: 生物医用高分子, 2017.
[325] 李文婷, 曲文娟, 张海丽, 等. 有机化学, 2017, 37(10): 2619.
[326] 周公度, 段连运. 结构化学基础. 3 版. 北京: 北京大学出版社, 2002.
[327] 佟欢. 几种发光材料识别小分子机理的研究. 大连: 大连理工大学, 2017.
[328] Farnik D, Kluger C, Kunz M J, et al. Macromol. Symp., 2004, 217: 247.
[329] 王毓江, 唐黎明. 化学进展, 2006, 18(2): 308.
[330] 王晓钟, 陈英奇, 陈新志, 等. 化学进展, 2005, 17(3): 451.
[331] 王宇唐, 黎明. 化学进展, 2007, 19(5): 769.
[332] 黎占亭, 张丹维. 氢键: 分子识别与自组装. 北京: 化学工业出版社, 2017.
[333] 李东涛, 李文, 李保庆. 化学通报, 2001, 64(7): 411.
[334] Miura K, Mae K, Sakurada K, et al. Energy Fuels, 1992, 6(1): 16.
[335] Miura K, Mae K, Asaoka S, et al. Energy Fuels, 1991, 5(2): 340.
[336] Prins L J, Reinhoudt D N, Timmerman P. Angew. Chem. Int. Ed., 2010, 40(13): 2382.
[337] Ji Y S, Ahmed I, Seo P W, et al. ACS Appl. Mater. Inter., 2016, 8(40): 27394.
[338] 赵红昆, 杜晓蕊, 杨翰文, 等. 天津师范大学学报(自然科学版), 2018, 38(1): 1.
[339] Vaidhyanathan R, Iremonger S S, Shimizu G K, et al. Science, 2010, 330(6004): 650.
[340] Yakacki C M, Shandas R, Lanning C, et al. Biomater., 2007, 28(14): 2255.
[341] 陈然. 基于氢键作用的热响应形状记忆水凝胶的制备与性能研究. 无锡: 江南大学, 2017.
[342] Ghoussoub A, Lehn J M. Chem. Commun., 2005, 46(46): 5763.
[343] Xu B, Zhang Y, Liu W. Macromol. Rapid Commun., 2015, 36(17): 1585.
[344] 孔翔飞, 姚威, 戴胜平, 等. 精细化工, 2018, 35(3): 361.
[345] Wu G, Wang X F, Okamura T A, et al. Inorg. Chem., 2006, 45(21): 8523.
[346] 张志忠, 王伯周, 姬月萍, 等. 火炸药学报, 2008, 31(2): 93.
[347] Wu J T, Zhang J G, Li T, et al. RSC Advances, 2015, 5(36): 28354.
[348] Xu H, Duan X, Li H, et al. RSC Advances, 2015, 5(116): 95764.
[349] Thottempudi V, Gao H, Shreeve J M. J. Am. Chem. Soc., 2011, 133(16): 6464.
[350] Bolton O, Matzger A J. Angew. Chem., 2011, 50(38): 8960.
[351] Yang Z, Li H, Huang H, et al. Propell. Explos. Pyrot., 2013, 38(4): 495.
[352] Landenberger K B, Matzger A J. Cryst. Growth Des., 2012, 12(12): 3603.
[353] Tao G H, Parrish D A, Shreeve J N M. Inorg. Chem., 2012, 51(9): 5305.
[354] Friedrich M, Gálvez-Ruiz J C, Klapötke T M, et al. Inorg. Chem., 2005, 44(22): 8044.
[355] Li S H, Wang Y, Qi C, et al. Angew. Chem. Int. Ed., 2013, 125(52): 14281.
[356] 赵凤起, 陈三平, 范广, 等. 高等学校化学学报, 2008, 29(8): 1519.
[357] Li F, Bi Y, Zhao W, et al. Inorg. Chem., 2015, 54(4): 2050.
[358] 张同来, 武碧栋, 杨利, 等. 含能材料, 2013, 21(2): 137.
[359] Li Z M, Zhang J G, Cui Y, et al. J. Chem. Eng. Data, 2010, 55(9): 3109.
[360] Yang Q, Chen S, Xie G, et al. J. Hazard. Mater., 2011, 197(24): 199.
[361] Zhang S, Yang Q, Liu X, et al. Coord. Chem. Rev., 2016, 307: 292.
[362] Zhang Q, Shreeve J N M. Angew. Chem. Int. Ed., 2014, 53(10): 2540.
[363] Takemoto Y. Chem. Pharm. Bull., 2010, 58(5): 593.
[364] Curran D P, Kuo L H. J. Org. Chem., 1994, 59(12): 3259.

[365] Taylor M S, Jacobsen E N. Angew. Chem. Int. Ed., 2010, 45(10): 1520.
[366] Sigman M S, Jacobsen E N. J. Am. Chem. Soc., 1998, 120(19): 4901.
[367] Sigman M S, Vachal P, Jacobsen E N. Angew. Chem. Int. Ed., 2000, 39(7): 1279.
[368] Vachal P, Jacobsen E N. J. Am. Chem. Soc., 2003, 34(5): 10012.
[369] Zhu Y, Malerich J P, Rawal V H. Angew. Chem. Int. Ed., 2010, 49(1): 153.
[370] Dai L, Wang S X, Chen F E. Adv. Synth. Catal., 2010, 352(13): 2137.
[371] Okino T, Hoashi Y, Takemoto Y. J. Am. Chem. Soc., 2003, 125(42): 12672.
[372] Seebach D, Beck A K, Heckel A. Angew. Chem. Int. Ed., 2001, 40(1): 92.
[373] Malerich J P, Hagihara K, Rawal V H. J. Am. Chem. Soc., 2008, 130(44): 14416.
[374] Banik S M, Levina A, Hyde A M, et al. Science, 2017, 358(6364): 761.
[375] 李鑫. 不同氢键供体催化转化 CO_2 与环氧化物的环加成反应. 哈尔滨：哈尔滨工业大学, 2016.
[376] 袁佳妮. 两类新型氢键供体类双功能有机小分子催化剂的设计合成及应用. 西安：第四军医大学, 2017.
[377] 刘斌. 新型手性方酰胺催化剂的设计合成及其在不对称催化反应中的应用. 武汉：武汉大学, 2014.
[378] 侯文端. 多功能有机催化剂的设计、合成及催化硝基烯的 Michael/Mannich 串联反应研究. 重庆：西南大学, 2013.
[379] 杨鸿均. 双功能氢键催化剂催化的不对称有机反应研究. 上海：复旦大学, 2013.
[380] 戴乐. 双功能手性方酰胺催化剂促进的不对称硫代 Michael 加成反应研究. 上海：复旦大学, 2011.
[381] 吴荣华. 手性磷酰胺催化的硝基烯的不对称 Michael 加成反应. 天津：南开大学, 2011.
[382] Wang B, Liu Y, Sun C, et al. Org. Lett., 2014, 16(24): 6432.
[383] Kwan E E, Park Y, Besser H A, et al. J. Am. Chem. Soc., 2017, 139(1): 43.
[384] Park Y, Harper K C, Kuhl N, et al. Science, 2017, 355(6321): 162.
[385] Banik S M, Medley J W, Jacobsen E N. Science, 2016, 353(6294): 51.
[386] Banik S M, Medley J W, Jacobsen E N. J. Am. Chem. Soc., 2016, 138(15): 5000.
[387] Ford D D, Dan L, Kennedy C R, et al. J. Am. Chem. Soc., 2016, 138(25): 7860.
[388] Ford D D, Lehnherr D, Kennedy C R, et al. ACS Catal., 2016, 6(7): 4616.
[389] Hennessy E T, Jacobsen E N. Nature Chem., 2016, 8(8): 741.
[390] Kennedy C R, Guidera J A, Jacobsen E N. ACS Central Sci., 2016, 2(6): 416.
[391] Kennedy C R, Lehnherr D, Rajapaksa N S, et al. J. Am. Chem. Soc., 2016, 138(41): 13525.
[392] Lehnherr D, Ford D D, Bendelsmith A J, et al. Org. Lett., 2016, 18(13): 3214.
[393] Park Y, Schindler C S, Jacobsen E N. J. Am. Chem. Soc., 2016, 138(45): 14848.
[394] Woerly E, Banik S M, Jacobsen E N. J. Am. Chem. Soc., 2016, 138(42): 13858.
[395] Turek A K, Hardee D J, Ullman A M, et al. Angew. Chem. Int. Ed., 2016, 55(2): 539.
[396] Inokuma T, Furukawa M, Uno T, et al. Chem. Eur. J., 2011, 17(37): 10470.
[397] Inokuma T, Hoashi Y, Takemoto Y. J. Am. Chem. Soc., 2006, 128(29): 9413.
[398] Inokuma T, Takasu K, Sakaeda T, et al. Org. Lett., 2009, 11(11): 2425.

7

化学元素的档案

郑兰荪,中国科学院院士,厦门大学化学系教授

> 化学的魅力主要还是能够创造新物质,认识新物质,这些物质不但非常有用,本身也非常美妙。
> ——郑兰荪

7 化学元素的档案

> **本章提示**
>
> 在平常生活中，我们往往意识不到元素的存在，要由一张桌子联想到元素碳，这怎么可能？但这个复杂的世界，大到宇宙，小到我们早餐时享用的一块面包，无不能分解成现存的 100 多种元素中的一种或几种，"万变不离其宗"。若通过元素这个"宗"去触碰整个世界的核心秘密，未尝不是一件充满乐趣的事情。
>
> 本章将从方便学习的角度集中叙述 118 种化学元素的发现、性质、制备和用途，并插入一些相关的小知识，介绍一些热门话题和科普知识。文中多采用彩图说明。以每 10 个元素为一组编排，便于读者查阅。

7.1　1~10 号元素简介

1. 氢(hydrogen)

发现年代·发现者　1766 年　[英]卡文迪许(H. Cavendish)[1]

发现途径及命名来由　从金属与酸作用所得气体中发现。词源为希腊文中的"水"(ύδρο)和"创造者"(γενής)。中文寓意为最轻的物质。

存在和性质　最轻的元素，也是宇宙中含量最多的元素，约占据宇宙质量的 75%。主星序上恒星的主要成分都是等离子态的氢，而地球上自然条件形成的游离态的氢单质相对罕见。常温常压下，氢气是一种极易燃烧、无色透明、无臭无味的气体。氢原子有极强的还原性。在高温下氢非常活泼。除稀有气体元素外，几乎所有的元素都能与氢生成化合物。1783 年，沙尔发明了首个氢气球[2]。

氢气的制备

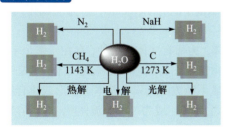

工业主要方法：

$C(赤热)+H_2O(g) \xrightarrow{1273\ K} H_2(g)+CO(g)$

$CH_4(g) \xrightarrow[催化剂]{1273\ K} C+H_2(g)$

$CH_4(g)+H_2O(g) \xrightarrow[催化剂]{1073\sim1173\ K} CO(g)+H_2(g)$

实验室用稀硫酸和锌粒反应制取

图 7-1　氢气的制备

主要用途　氢气燃烧所产生的能量等于同量甲烷燃烧产生的能量的 2.5 倍，并且氢气是清洁能源(图 7-2，图 7-3)。发射一次航天飞机约用 150 万升液氢。

氢在人体内作为氢键关键元素起着非常重要的作用，是构成 DNA 的一种不可缺少的重要元素。在 DNA 结构中，每两个碱基借助氢原子形成的氢键才使其具有了双螺旋结构。发现背景参见第 6 章 6.1.1[3-4]。

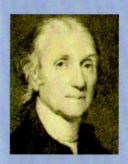

卡文迪许

氢气球

化学元素新论

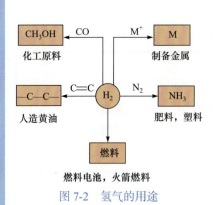

图 7-2　氢气的用途

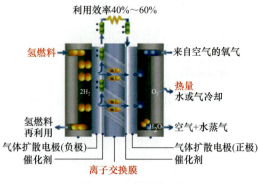

图 7-3　氢燃料电池

氢在哪些方面显得独一无二？

(1) 氢是宇宙中丰度最大的元素，按原子数计占 90%，按质量计占 75%。

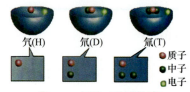

图 7-4　氢的三种同位素

(2) 氢的三种同位素(图 7-4)质量之间的相对差值特别高，并因此而各有自己的名称，这在周期表元素中绝无仅有。

(3) 氢是周期表中唯一尚未找到确切位置的元素。

(4) 如果没有氢键，地球上不会存在液态水，人体内将不存在现在的 DNA 双螺旋链。

(5) 氢原子是周期表中结构最简单的原子。

(6) 氢化学是内容最丰富的元素化学领域之一。

2. 氦(helium)

发现年代·发现者　1868 年　[法]让森(P. P. J. C. Janssen)

发现途径及命名来由　1868 年 8 月 18 日，法国天文学家让森在观测日全食时发现了波长为 587.49 nm 的谱线。同年 10 月 20 日，英国天文学家洛克耶在太阳光谱中也发现了这条黄线。他还提出这条谱线来自太阳上的一种尚未在地球上发现的元素。洛克耶和英国化学家弗兰克兰以希腊语中的 ἥλιος(helios，意为"太阳")一词，将这一元素命名为 helium[5]。

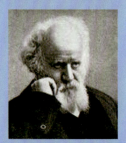

让森

氦的谱线

存在和性质　氢之后第二轻的气体，为稀有气体的一种，存在于整个宇宙中，在空气中的含量为 0.0005%。氦在通常情况下为无色、无味的气体。氦是唯一不能在标准大气压下固化的物质。氦是最不活泼的元素，基本上不形成化合物。液态氦在温度下降至 2.18 K 时，性质发生突变，成为一种超流体[6]，能沿容器壁向上流动，热传导性为铜的 800 倍，并变成超导体。

氦气的制备　工业上，主要以含有氦的天然气为原料，反复进行液化分馏，然后利用活性炭进行吸附提纯，得到纯氦[7](表 7-1)。

表 7-1　稀有气体的工业分流

解析气体	残留气体	温度范围/℃	适宜温度/℃
氦	氖(+氩+氪+氙)	−210～−230	−220
(氦)+氖	氩(+氪+氙)	−130～−210	−185
(氦+氖)+氩	氪(+氙)	−92～−130	−93
(氦+氖+氩)+氪	氙	−72～−92	−78
氙	氡	−50～−72	−60

主要用途 用于填充电子管、气球、温度计和潜水服等，也用于原子核反应堆、加速器、冶炼和焊接时的保护气体，还可用于填充灯泡和霓虹灯管，以及制造泡沫塑料。

世界最大的充氦气飞艇 2010 年在美国亚拉巴马州葛瑞特成功离地飞行。这艘颇具开创性的飞艇被命名为"布雷特 580"，它能够承载约 907 kg 的有效负荷，升至约 6096 m 高空。飞艇充气过程仅仅 6 h 多一点。飞艇可以被用来密切监视墨西哥湾漏油事件或索马里海盗的活动，还可以作为近太空卫星，展开广播通信、导弹防御警报、气象监测和地球物理学观测等。

布雷特 580

氦在血液中的溶解度比 N_2 小，故常用"氦空气"(He 79%，O_2 21%)代替空气供潜水员呼吸，以防止潜水员出水时因压力猛然下降，原先溶在血液中的 N_2 迅速逸出而阻塞血管造成"气塞病"。

潜水服

什么是稀有气体？

稀有气体是指氦(He)、氖(Ne)、氩(Ar)、氪(Kr)、氙(Xe)、氡(Rn)等元素[8]，均为无色、无臭、气态的单原子分子。在元素周期表中为第 18 族/ⅧA 族，外层电子已达饱和，活性极小。除氦之外，大气是其他稀有气体元素的唯一资源(图 7-5)。有些地区的天然气中含有高浓度的 He(体积分数有时高达 8%)。

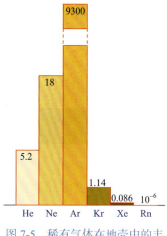

图 7-5 稀有气体在地壳中的丰度(大气中 ppm 以体积计)

空气分离可得 He、Rn 外的其他所有稀有气体。He 最难被液化(沸点 4.2 K)。Rn 是放射性元素，主要由 Ra 等的蜕变得到，例如：

$$^{226}_{88}Ra \xrightarrow{-\alpha} ^{226}_{86}Rn \xrightarrow{-\alpha} ^{218}_{84}Po$$

液氦

3. 锂(lithium)

发现年代·发现者 1817 年 [瑞典]阿尔费德松(J. A. Arfvedson)

发现途径及命名来由 分析透锂长石[(LiNa)AlSi$_4$O$_{10}$]发现。命名源于希腊语"石头"(lithos)。2015 年 2 月 19 日，日本国立天文台研究团队从观察 2013 年海豚座新星发现，新星爆炸制造了大量锂元素，这意味着经典新星爆炸可能是宇宙制造锂元素的主要机制。

存在和性质 地壳中约有 0.0065% 的锂，其丰度居第 27 位。已知含锂的矿物有 150 多种，其中主要有锂辉石、锂云母、透锂长石等。海水中锂的总储量达 2600 亿吨。我国的锂矿资源丰富，以目前我国的锂盐产量计算，仅江西云母锂矿就可供开采上百年。锂为银白色金属，质较软，露置空气中渐变黄色或黑色。遇水反应生成氢氧化锂和氢气，与稀盐酸和稀硫酸迅速作用，放出氢气。溶于液氨后成蓝色溶液。常温下不与氧气反应，但与氮反应生成保护性的氮化锂层。加热至 100 ℃以上时生成氧化锂，红热时能与氢作用。一定条件下能与氮、卤素和硫直接化合。遇水、氮、酸或氧化剂有起火和爆炸危险。

金属锂浮在煤油上

金属锂的制备 工业上用电解 LiCl 制取锂，要消耗大量的电能，每炼 1 t 锂耗电高达 60 万～70 万度[9]。锂的来源也包括天然卤水和某些盐湖水。加工过程是将锂沉淀成 Li₂NaPO₄，再将其转变为碳酸锂，即可作为原料加工其他锂化合物。

用锂作为燃料发射鱼雷

主要用途 制备锂盐合金、格氏试剂。用作还原剂、脱氧剂、脱氯剂、火箭推进剂、核反应制冷剂。因为锂的摩尔质量很小，只有 $6.9\ \text{g}\cdot\text{mol}^{-1}$，因此用锂作阳极的电池具有很高的能量密度。锂也能够制造低温或高温下使用的电池。

锂空气电池(图 7-6)是由日本产业技术综合研究所与日本学术振兴会(JSPS)共同开发的一种新构造的大容量锂电池。锂空气电池理论上可作为新一代大容量电池而备受瞩目。

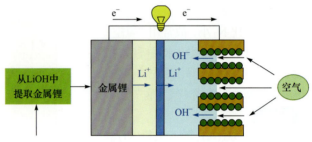

图 7-6　锂空气电池的原理

1 kg 锂燃烧后可释放 42998 kJ 的热量，相当于两万多吨优质煤的燃烧。若用锂或锂的化合物制成固体燃料代替固体推进剂，用作火箭、导弹、宇宙飞船的推动力，不仅能量高、燃速大，而且有极高的比冲量，火箭的有效载荷直接取决于比冲量的大小。

锂离子在用作治疗抑郁症的药物时(图 7-7)，有阻止神经元内的化学变化的作用，可避免钙离子的浓度过高。

同位素受中子轰击产生氚，氚是制造热核武器的主要原料。

4. 铍(beryllium)

灰白色金属铍

沃克兰

发现年代·发现者　1798 年　[法]沃克兰(N. L. Vauquelin)

发现途径及命名来由　分析绿柱石(beryl)发现。命名源于希腊文 γλυχυς(甜)、γλυχύ(甜酒)和 γλυχαιτω(加入甜味)[10]。

存在和性质　含有铍的矿物有上百种，如羟硅铍石[$Be_4Si_2O_7(OH)_2$]、绿柱石($Al_2Be_3Si_6O_{18}$)、金绿宝石(Al_2BeO_4)、硅铍石(Be_2SiO_4)等。较珍贵的绿柱石种类包括海蓝宝石、红绿柱石和祖母绿。绿柱石宝石呈绿色，是因为其中含有少量的铬。绿柱石和羟硅铍石是铍的主要矿石，分布于阿根廷、巴西、印度、马达加斯加及美国。全球铍矿藏在 40 万吨以上。铍在空气中很稳定。铍既能和稀酸反应，也能溶于强碱，表现出两性。铍的氧化物、卤化物都具有明显的共价性，铍的化合物在水中易分解，铍还能形成聚合物以及具有明显热稳定性的共价化合物。铍是坚硬金属，在室温下易碎，晶体呈六方密排结构。其刚性极高(杨氏模量为 287 GPa)，熔点也很高。铍的弹性模量大约比钢铁高 50%，又因密度较低，所以它的音速特别高，在标准温度和压力下约为 $12.9\ \text{km}\cdot\text{s}^{-1}$。由于热容量($1925\ \text{J}\cdot\text{kg}^{-1}\cdot\text{K}^{-1}$)和热导率($216\ \text{W}\cdot\text{m}^{-1}\cdot\text{K}^{-1}$)都很高，因此铍是每单位质量散热性最佳的金属材料。其线性热膨胀率($11.4\times10^{-6}\ \text{K}^{-1}$)较低，在热负荷条件下有着特殊的稳定性。

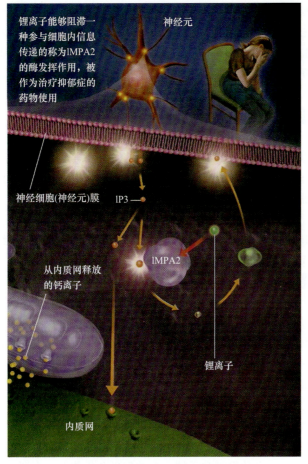

图 7-7 锂离子治疗抑郁症的原理

祖母绿

制备金属铍

金属铍的制备 对氢氧化铍加热产生氧化铍，再与碳和氯发生反应形成氯化铍。氯化铍经电解后即可得到铍金属，或用金属钾还原熔融的氯化铍而得到的。

主要用途 铍用于制造飞机用合金、伦琴射线管、铍铝合金、青铜，也用作原子反应堆中的减速剂和反射剂。高纯度的铍又是快速中子的重要来源，这对设计核反应堆的热交换器是重要的，主要用作核反应堆的中子减速剂。铍铜合金被用于制造不发生火花的工具，如航空发动机的关键运动部件、精密仪器等。铍由于重量轻、弹性模数高和热稳定性好，已成为引人注目的飞机和导弹结构材料。

铍的氧化物密度小，硬度大，熔点高达 2450℃，而且能够像镜子反射光线那样把中子反射回去，是反应堆"警戒线"中子反射体的良好材料。

5. 硼(boron)

发现年代·发现者 1808 年　[英]戴维(H. Davy)，[法]盖·吕萨克(J. L. Gay-Lussac)，[法]泰纳(L. J. Thènard)

发现途径及命名来由 用钾还原硼酸而得单质硼。命名取意"存在于硼砂里"，硼的拉丁文名称为 boracium，来自阿拉伯文 buraq(بورق)或波斯文 burah(بوره)；两者皆为硼砂之意。日文与韩文便因此将之意译为"硼素"。

存在和性质 在自然界中，硼只以化合物形式存在(如在硼砂、硼酸中，在植

戴维

盖·吕萨克

泰纳

黑色(晶体硼)/棕色(无定形硼)

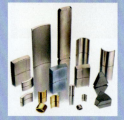

钕铁硼永磁体

大棚农作物

物和动物中只存在有痕量的硼)。硼是黑色或深棕色粉末,在常温时为弱导体,高温时导电良好,掺入痕量碳能使传导率提高。在空气中氧化时由于三氧化二硼膜的形成,而起自身限制作用,当温度在1000℃以上时,氧化层才蒸发。常温时能与氟反应。不受盐酸和氢氟酸水溶液的影响。粉末能溶于沸硝酸、硫酸以及大多数熔融的金属,如铜、铁、锰、铝和钙,不溶于水。

单质硼的制备 工业上制备一般有两种方法。

(1) 碱法。①用浓碱液分解硼镁矿得偏硼酸钠;②将 $NaBO_2$ 在强碱溶液中结晶出来,使之溶于水成为较浓的溶液,通入 CO_2 调节碱度,浓缩结晶即得到四硼酸钠,即硼砂;③将硼砂溶于水,用硫酸调节酸度,可析出溶解度小的硼酸晶体;④加热使硼酸脱水生成 B_2O_3;⑤用镁或铝还原 B_2O_3 得到粗硼。

(2) 酸法。用硫酸分解硼镁矿一步制得硼酸,此方法虽简单,但需耐酸设备等条件,不如碱法好。粗硼用盐酸、氢氧化钠和氟化氢处理,可得纯度为95%~98%的棕色无定形硼。

主要用途 由于硼在高温时特别活泼,因此被用作冶金除气剂,用于锻铁的热处理、增加合金钢高温强固性,还用于原子反应堆和高温技术中。棒状和条状硼钢在原子反应堆中广泛用作控制棒。由于硼具有低密度、高强度和高熔点的性质,可用于制作火箭中所用的某些结构材料。硼的化合物在农业、医药、玻璃工业等方面用途很广[11-13]。

钕铁硼永磁体具有优异的磁性能,广泛应用于电子、电力机械、医疗器械、玩具、包装、五金机械、航天航空等领域,较常见的有永磁电机、扬声器、磁选机、计算机磁盘驱动器、磁共振成像设备仪表等。

硼对农作物的作用:①参与作物生长点分生组织的细胞分化,促进根系发育;②参与作物生殖器官分化发育和受精,有效促进花粉萌发,有利于种子形成,防止落花落果,提高结实率;③促进光合作用,防止新叶白化、老叶早黄,增加千粒重;④可以促进碳水化合物转化和运转,加快作物生长发育,促进早熟;⑤促进根内维管束发育,有利于根瘤菌繁殖。

6. 碳(carbon)

发现年代·发现者 古代

发现途径及命名来由 史前人类已知木炭和烟炱,古印度经文中提到金刚石。名称由拉丁语"木炭"(carbo)而来。金刚石被称为"被诅咒的美丽珠宝"、"邪恶死亡钻石"。

存在和性质 碳是一种很常见的元素,存在于自然界中(如以金刚石和石墨形式),是煤、石油、沥青、石灰石和其他碳酸盐以及一切有机化合物最主要的成分,在地壳中含量约 0.027%(不同分析方式,计算含量有差异)。碳是占生物体干重比例最多的一种元素。碳还以二氧化碳的形式在地球上循环于大气层与平流层(图7-8、图 7-9)[14-15]。在大多数的天体及其大气层中都存在碳。

碳能够形成串联的 C—C 键,形成很长的分子链,这种特性称为成链。碳碳键强而稳定。因此,碳可以形成几乎无限种不同的化合物。矿石中的含碳物质以及不含氢或氟的碳化合物一般不归于有机化合物中,但这种定义并不是绝对的。

这些无机化合物包括最简单的各种氧化碳，其中最重要的是二氧化碳(CO_2)。碳可与大多数元素键合(表 7-2)。

图 7-8　碳循环

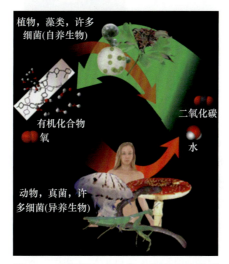

图 7-9　碳循环与有机化合物形成的关系

表 7-2　碳与各元素化合状态

CH																	He
CLi	CBe											CB	CC	CN	CO	CF	Ne
CNa	CMg											CAl	CSi	CP	CS	CCl	CAr
CK	CCa	CSc	CTi	CV	CCr	CMn	CFe	CCo	CNi	CCu	CZn	CGa	CGe	CAs	CSe	CBr	CKr
CRb	CSr	CY	CZr	CNb	CMo	CTc	CRu	CRh	CPd	CAg	CCd	CIn	CSn	CSb	CTe	CI	CXe
CCs	CBa	CHf	CTa	CW	CRe	COs	CIr	CPt	CAu	CHg	CTl	CPb	CBi	CPo	CAt	Rn	
Fr	CRa	Rf	Db	CSg	Bh	Hs	Mt	Ds	Rg	Cn	Nh	Fl	Mc	Lv	Ts	Og	

应用广泛　　应用较多　　仅限学术研究　　尚未发现

CLa	CCe	CPr	CNd	CPm	CSm	CEu	CGd	CTb	CDy	CHo	CEr	CTm	CYb	CLu
Ac	CTh	CPa	CU	CNp	CPu	CAm	CCm	CBk	CCf	CEs	Fm	Md	No	Lr

碳的制备　地球上并不容易发生元素间的转变，因此地球上的碳基本上是守恒的。任何使用到碳的物理及化学过程都必须从一处取得碳，并在过程后转移到另一处。

发现古人类烧烤

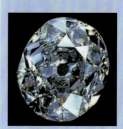

"库利南"钻石

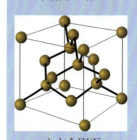

立方金刚石

六方金刚石

— 443 —

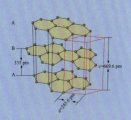

α-石墨

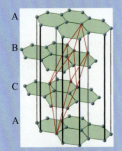

β-石墨

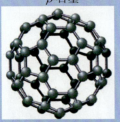

C60 的球形结构

碳纳米管

梦想中的碳纳米管"月球天梯"

用石墨烯制成的包装袋

主要用途 碳的同素异形体非常多，在用途上各有千秋，丰富多彩。这里不一一表述，仅以图片简述(图 7-10)。

柯南的炭笔素描

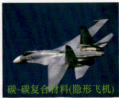
碳-碳复合材料(隐形飞机)

放射性碳-14测定年代法
W. F. Libby
获得1960年诺贝尔化学奖

金刚石装饰和锋利的切削用具

分子中的双键打开就能吸附氢气

无定形碳由于具有极大的表面积，被用来吸收毒气、废气

石墨烯高活性吸附材料

图 7-10　碳的部分用途

碳的同素异形体

碳原子可以借助 sp、sp^2、sp^3 等不同的杂化方式形成具有不同物理和化学性质的物质，即碳原子的不同排布方式便形成多种同素异形体。特别是富勒烯的发现，使其同素异形体数目大幅增加：包括巴基球[16]、碳纳米管[17]、碳纳米芽[18]、碳纳米纤维、柔性石墨等[19-20]；其他同素异形体还有：蓝丝黛尔石[21]、玻璃碳[22]、碳纳米泡沫[23]、直链卡宾碳(白碳)[24-25]及乙炔碳等；最常见的包括石墨、金刚石及无定形碳。对数目众多的碳的同素异形体进行了归纳，它们可分为石墨类、金刚石类、富勒烯碳原子簇和新型纳米材料类等 4 类[26]。碳的各种同素异形体有着两极化的异常特性(表 7-3)，可从最硬到极软，绝缘体、半导体到导体甚至超导体，绝热到良导热体等。显然，性质上的这些差异是由晶体的不同结构和成键所致。

表 7-3　一些碳的同素异形体的两极化异常特性

人造钻石纳米晶体(最坚硬的物质)	石墨(最柔软的物质之一)
钻石是极佳的磨料	石墨是极佳的润滑剂，甚至具超润滑性[27]
钻石是高绝缘体[28]	石墨是高导电体[29]
钻石是导热率最高的物质之一	石墨可用作热绝缘体
钻石透明	石墨为不透明黑色
钻石晶体结构属于立方晶系	石墨晶体结构属于六方晶系[30]
无定形碳具各向同性	碳纳米管是各向异性最强的物质之一

碳元素的同素异形体最能体现原子轨道杂化对它的形成的影响。不同的杂化态及其组合造就了众多的同素异形体：金刚石是 sp^3 杂化，石墨和单层石墨烯是 sp^2 杂化，C_{60}(富勒烯)和碳纳米管是 sp^3+sp^2 杂化，石墨炔是 sp^2+sp 杂化，卡宾碳是 sp 杂化。

碳元素的同素异形体又是最为丰富的非金属材料宝库。除了已知的金刚石和石墨，后发现和制备的都是材料中的"明星"，在结构上构成了一个从三维、二维、一维到零维的完整系列。它们的研究丰富了碳的化学，具有诱人的应用前景。

7. 氮(nitrogen)

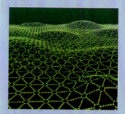

石墨炔

发现年代·发现者 1772 年 [英]卢瑟福(D. Rutherford)

发现途径及命名来由 从磷和空气作用后剩下的空气中发现。名称是由法国化学家沙普塔(J.-A. Chaptal)将希腊语"nitron"(硝酸钠)与法语"gène"(生成)相结合后制造出来的新词。中文含义为冲淡。

存在和性质 氮是宇宙中常见的元素，在银河系及太阳系的丰度约为 14%。氮在地壳中的含量为 0.0046%，自然界绝大部分的氮是以单质分子氮气的形式存在于大气中，氮气占空气体积的 78%。氮通常的单质形态是氮气。氮气无色、无味、无臭，是很不容易发生化学反应、呈化学惰性的气体，可使火焰立刻熄灭。N 的电负性(3.04)仅次于 F、O、Cl 和 Br，说明它能和其他元素形成较强的键。例如，在自然界中，植物根瘤上的一些细菌能够在常温常压的低能量条件下，把空气中的 N_2 转化为氮化合物，作为肥料供作物生长使用。雷雨时空气中的氮气会和氧气生成 NO。

卢瑟福

分子氮(N_2)的叁键是最强的化学键之一，导致将 N_2 转化为其他氮化合物非常困难，而较容易将化合物形态的氮元素转化为氮单质。后者的转化通常伴有大量能量释放，在自然和人类经济活动中占有重要的地位。

在 1 个大气压下，分子氮在 77 K(−195.79℃)时凝结(液化)，在 63 K(−210.01℃)时凝固成为 β 相的六方密堆积结构的晶体形态的同素异形体[31]。在 35.4 K(−237.6℃)以下，氮被认为是立方晶体形态的同素异形体(称为 α 相)[32]。液氮是像水一样的流体，但仅有水密度的 80.8%(液氮在其沸点时的密度是 0.808 g·mL^{-1})，是常用的制冷剂[33]。

氮分子

氮的不稳定同素异形体中氮原子个数多于 2(如 N_3 和 N_4)，可以在实验室中制得，在利用金刚石对顶砧得到的极端高压(>1.1×10^6 atm)和高温(2000 K)下，氮被聚合成单键的立方偏转的晶体结构。这种结构与钻石的结构类似，都具有很强的共价键。因此，N_4 的别名为"氮钻石"[34]。其他被预测出的氮的同素异形体有六氮苯(N_6，类似苯)[35]和八氮立方烷(N_8，类似立方烷)[36]。前者被预言为高度不稳定，而后者被推测因为轨道对称会具有动力学稳定性[37]。

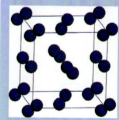

α 相 N_8

氮气的制备 工业法：液态空气分馏，N_2 沸点低于 O_2 先气化，但无法得纯 N_2。也可以通过机械方法如加压反渗透膜和变压吸附法(图 7-11)处理气态空气得到氮气。商品化氮气常是制作工业用氧气时的副产品。工业氮气被压缩后用黑色钢瓶装，常被称为无氧氮气(oxygen-free nitrogen，OFN)[38]。

实验法：①氯化铵混合亚硝酸钠加热[39]，产品纯度高；②纯空气通过灼热铜粉或铜丝网去氧，产品纯度低；③氨气通过灼热氧化铜；④高纯度的氮气可以通

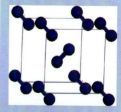

γ 相 N_8

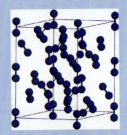

ε 相 N₈

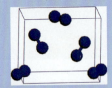

ζ 相 N₈

惰性气氛手套箱

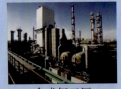

合成氨工厂

哈伯

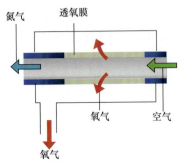

图 7-11　氮-氧膜分离器

过叠氮化钡或叠氮化钠的热分解反应得到[40]。

主要用途　廉价的惰性保护气，用于金属炼制及高温合成时的简单保护性氛围(其性能不及氦气及氩气)；高温下用于合成氮化物(如氮化硅陶瓷、氮化硼等)。其化合物亦有用于农业，如氮肥。液态氮有时用于冷却。此外，氮是即食面包包装内的主要气体，能防止食物变坏。

氮分子的活化及固氮

将大气中游离 N_2 转化为 NH_3 的过程称为氮的固定。在世界范围内，有一大批杰出科学家将注意力集中于这个问题，他们想方设法使稳定的氮分子的三键弱化并生成 NH_3，以满足人类的需求。

1) 人工合成氨

世界粮食产量虽年年有所增长，但人口增长又造成粮食消费的快速增长。按照联合国人口基金会的预测，到 2050 年，世界人口将增至 91.5 亿。显然，激增的人口与粮食供求的矛盾愈发凸显。德国化学家哈伯(F. Haber)从 1902 年开始研究由氮气和氢气直接合成氨。他于 1908 年申请了"循环法"专利，并在此基础上于 1909 年又改进了合成方法，使氨的含量达到 6%以上[41-42]：

$$N_2(g) + 3H_2(g) \xrightarrow[催化剂]{高温、高压} 2NH_3(g)$$

该法在工业中普遍采用，即直接合成法。当今世界上有 1/3 的粮食产量直接来源于施用化学肥料所导致的增产。这意味着，如果没有化肥工业，在 20 世纪全世界有 20 亿人会因饥饿而丧生。化肥的合成结束了人类完全依靠天然氮肥的历史，将人类从饥饿中拯救了出来。哈伯因此获得 1918 年诺贝尔化学奖。

直接合成法不但消耗能源，设备昂贵，而且加重大气污染和温室效应，破坏生态平衡。因此，科学家也在寻找开发氨合成节能技术。2012 年，东京工业大学细野秀雄研究小组报告称[43]，他们以开发的超导物质 C12A7(钙铝酸盐化合物，高铝水泥的主要成分)与钌微粒作用制成催化剂 C12A7：e^-(图 7-12)。研究发现，在

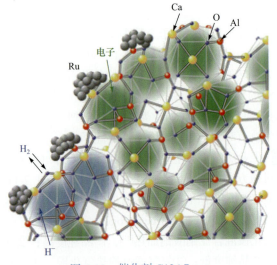

图 7-12　催化剂 C12A7：e^-

该催化剂作用下,氮和氢能高效合成氨,消耗的能源仅为传统方法的十分之一。他们认为这是由于在化合时相关电子变得容易移动,氮分子容易成为原子。目前这种技术尚处在实验室阶段。

2) 模拟生物固氮

生物固氮主要是通过固氮生物体内的固氮酶的催化作用完成的。模拟生物固氮即科学家依据固氮酶的固氮机理进行的人工模拟生物固氮研究[44-48]。

3) 分子氮配合物活化 N≡N 键

分子氮配合物又称双氮配合物(dinitrogen complex),是指将分子氮作为配体的配合物。可喜的研究进展如图 7-13 所示[49-52]。

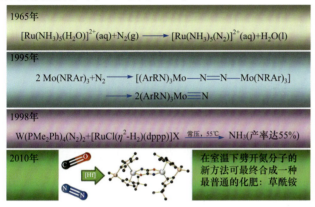

图 7-13 分子氮配合物研究进展

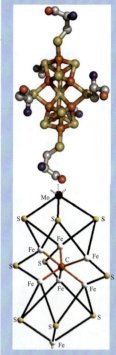

固氮酶结构

8. 氧(oxygen)

发现年代·发现者 1774 年 [英]普利斯特里(J. Priestley),[瑞典]舍勒(K. W. Scheele)

发现途径及命名来由 在玻璃容器中加热氧化汞而得,舍勒分解硝酸盐和用浓硫酸与二氧化锰作用而得。氧最早被称为生命之气(拉丁语 vital air),拉瓦锡根据其实验结果,在 1777 年将其命名为法语 oxygène。这个名字是由希腊语 ὀξύς(oxys,字面意思是尖锐的,因为酸性物质尝起来的味道很尖锐,被引申为酸)以及 -γενής(-genēs)组成,因为在当时他误认为所有酸性物质都含有氧。这个名字随后被拼为英文 oxygen。中文取养生之义。

存在和性质 氧是地壳中最丰富、分布最广的元素,在地壳中的含量为 48.6%。单质氧在大气中占 23%,为无臭、无味、无色气体,有强助燃力。非金属性和电负性仅次于氟,除了氦、氖、氩、氪、氟,所有元素都能与氧起氧化反应,而反应产生的化合物称为氧化物。一般而言,绝大多数非金属氧化物的水溶液呈酸性,而碱金属或碱土金属氧化物则为碱性。此外,几乎所有的有机化合物可在氧中剧烈燃烧生成二氧化碳与水蒸气。

氧气的制备 工业上利用分离液态空气和电解水制取氧气(图 7-14)。实验室中常用氯酸钾晶体与二氧化锰(催化剂)混合加热制取,并以排水集气法或向上排空气法收集;或利用二氧化锰催化双氧水分解产生氧,或利用高锰酸钾加热分解生成锰酸钾、二氧化锰和氧气。

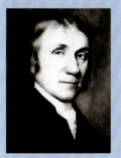

普利斯特里

舍勒

化学元素新论

微型电解水设备

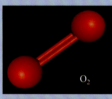
O_2

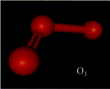
O_3

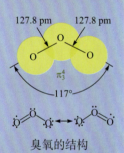
臭氧的结构

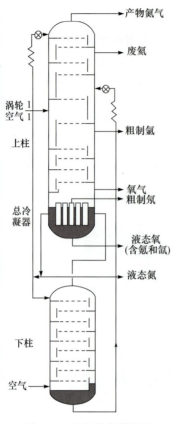

图 7-14 空气分离蒸馏柱

主要用途 如图 7-15 所示,氧被大量用于熔炼、精炼、焊接、切割和表面处理等冶金过程中;液体氧是一种制冷剂,也是高能燃料氧化剂。它和锯屑、煤粉的混合物称为氧炸药,是一种比较好的爆炸材料;氧与水蒸气相混,可用来代替空气吹入煤气气化炉内,能得到较高热值的煤气。液体氧也可作火箭推进剂;氧气是许多生物过程的基本成分,因此氧也就成了担负空间任何任务时需要大量装载的必需品之一。医疗上用氧气疗法医治肺炎、煤气中毒等缺氧症。石料和玻璃产品的开采、生产和创造均需要大量的氧。

氧的同素异形体

在自然界中,氧的单质形态一般为双原子分子的氧气(O_2),在臭氧层中经紫外线的作用也可以生成每个分子由三个氧原子构成的臭氧(O_3)。科学家已制得了亚稳态的四聚氧(O_4,存在时间很短)、红氧(O_8,深红色固体,由氧气在室温下于 10 GPa 转变而成,表现出单斜晶系的 C2/m 对称;压强继续增大会逐渐变成黑色)和金属氧(由 ε 相的 O_8 在 96 GPa 以上转变为 ζ 相的金属氧,金属氧在低温下表现出超导性)[53-59]。

炼钢炉

蓝色液氧

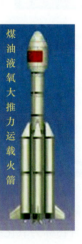
煤油液氧大推力运载火箭

吸氧

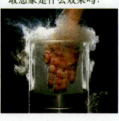
你敢用手插进液氧里吗?敢想象是什么效果吗?

图 7-15 氧的主要用途

"生命之伞"——臭氧层

$$O_2 \xrightarrow{h\nu} 2O \quad O + O_2 \longrightarrow O_3$$

常温下臭氧是一种有特殊臭味的蓝色气体,主要存在于距地球表面 25 km 的同温层下部的臭氧层中。它吸收对人体有害的短波紫外线,防止其到达地球,被称为"生命之伞"。臭氧极易分解，很不稳定。它不溶于液态氧、四氯化碳等。有很强的氧化性，在常温下可将银氧化成过氧化银，将硫化铅氧化成硫酸铅。臭氧可使许多有机色素脱色，侵蚀橡胶，很容易氧化有机不饱和化合物。

臭氧层的破坏可用图 7-16 表示。臭氧层的破坏会给人类带来极大危害。

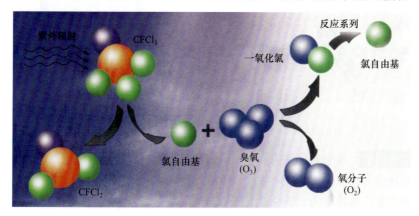

图 7-16　氟、氯、碳对同温层臭氧的影响图示

臭氧层被破坏

正交硫

单斜硫

什么是同素异形体？

概念：同一种元素组成的不同性质的单质。

形成方式：①组成分子的原子数不同，如氧(O_2)和臭氧(O_3)；②晶格中原子排列的方式不同，如金刚石、石墨和 C_{60}；③晶格中分子排列的方式不同，如正交硫和单斜硫，呈晶态的同素异形体。

9. 氟(fluorine)

发现年代·发现者　1886 年　[法]莫瓦桑(H. Moissan)

发现途径及命名来由　由使用曲颈瓶加热萤石与硫酸的混合物，发现玻璃瓶内壁被腐蚀而发现氟，得名于萤石(拉丁文 fluor，原意是熔剂)。

存在和性质　氟是自然界中广泛分布的元素之一，在卤素中，它在地壳中的含量仅次于氯。重要的矿物有萤石、氟磷酸钙等。淡黄色气体，是最活泼的非金属单质。氟能够与水反应生成氢氟酸，溶液呈弱酸性，但有极强烈的腐蚀性。氟是一种唯一能够与玻璃反应的无机酸。大多数有机化合物与氟的反应会发生爆炸。氟有两种晶相，分别为α相和β相。β相氟在−220℃结晶，是一种软且透明的晶体，具有与刚结晶的固体氧相同的失序立方晶系结构；进一步冷却至−228℃将使β相氟转化为坚硬不透明的α相氟，α相氟属于单斜晶系。

单质氟的制备　图 7-17 为莫瓦桑制备氟的装置。这是他历经了 74 年和多位化学家的努力后才得到的。1906 年，莫瓦桑在去世的前两个月获得了诺贝尔化学奖，以表彰他对氟元素的研究和分离工作，评奖委员会对其评价：全世界对您所研究的用于驯服最凶猛的元素的伟大实验技术表示尊敬。图 7-18 为现代工业制氟电解槽。

莫瓦桑

低温中的液态氟

萤石

化学元素新论

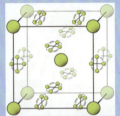

β 相的氟晶体结构

"塑料王"

氟橡胶

莱姆赛

特拉维斯

高压电场中发出橙色光芒

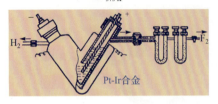

图 7-17　莫瓦桑制氟装置

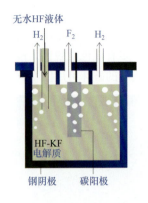

图 7-18　现代工业制氟电解槽

主要用途　液态氟可作火箭燃料的氧化剂。含氟塑料和含氟橡胶等高分子材料具有优良的性能，用于氟氧吹管和制造各种氟化物。

聚四氟乙烯被称为"塑料王"，它是由四氟乙烯经聚合形成的高分子化合物，其结构简式为 $-\!\!+\!\!CF_2\!\!-\!\!CF_2\!\!+\!\!-$，具有优良的化学稳定性、耐腐蚀性，是当今世界上耐腐蚀性能最佳的材料之一，除熔融金属钠和液氟外，能耐其他一切化学药品，在王水中煮沸也不发生变化，广泛应用于各种需要抗酸碱和有机溶剂的场合。有密封性、高润滑不黏性、电绝缘性和良好的抗老化能力、耐温优异(能在 −180～250℃的温度下长期工作)。聚四氟乙烯本身对人没有毒性。

氟橡胶(FPM)是由含氟单体共聚而成的有机弹性体。其特点为耐高温(可达300℃)，耐酸碱，耐油性是耐油橡胶中最好的，抗辐射，耐高真空性能好。

丰度大于 90% 的铀称为武器级高浓缩铀，它是靠 UF_6 利用气体扩散分离 ^{235}U 和 ^{238}U 而得。

10. 氖(neon)

发现年代·发现者　1898 年　[英]莱姆赛(W. Ramsay)，[英]特拉维斯(M. W. Travers)

发现途径及命名来由　在蒸发液态氩时收集了最先逸出的气体，用光谱分析发现，命名为 neon(意为"新的"，即从空气中发现的新气体)。

存在和性质　在标准状态下氖是单原子的气体。在地球大气层中氖非常稀少，只占其 65000 分之一。稀有气体元素之一，无色、无臭、无味，不能燃烧，也不助燃，在一般情况下不生成化合物。氖的制冷量比液氦高 40 倍，比液氢高 3 倍。与氦相比，在大多数情况下它是一种比较廉价的冷却液。在所有稀有气体中氖的放电在同样电压和电流情况下是最强烈的。氖的汽化膨胀比(液体时体积和在室温 1 个大气压力下气体时体积的比)为 1∶1445，是气体中最高的，三相点为 24.5561 K (−249℃)，43 kPa[60]。

氖气的制备　将来自大型空分装置的氖氦混合气，在液氮温度下经活性炭吸附除氮，可得到纯度高于 99.9% 的氖氦混合气，经氖氦分离，粗氖产品经脱氢、低温吸附除氮、液化除氦，即可获得 99.99% 的纯氖产品。

主要用途　氖发射明亮的红橙色光，常被用来制作霓虹灯。其他应用有：真空管、高压指示器、避雷针、电视机荧光屏、氦-氖激光；液氮被用作冷却液，用于高能物理研究，让氖充满火花室来探测微粒的行径；填充水银灯和钠蒸气灯。

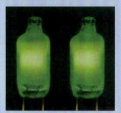

氖的光谱线

7.2　11～20号元素简介

11. 钠(sodium)

氖灯

发现年代·发现者　1807年　[英]戴维(S. Davy)

发现途径及命名来由　英国化学家戴维首先用电解熔融氢氧化钠的方法制得钠并命名。英文中钠的名字 sodium 来自其发现时电解的原材料——苏打粉(soda)。

存在和性质　在地壳中钠的含量为 2.83%，居第六位，主要以钠盐的形式存在，如食盐(氯化钠)、智利硝石(硝酸钠)、纯碱(碳酸钠)等。钠也是人体肌肉和神经组织中的主要成分之一。银白色立方体结构金属，新切面有银白色光泽，在空气中氧化转变为暗灰色。质软而轻，密度比水小，在-20℃时变硬，遇水剧烈反应，生成氢氧化钠和氢气并产生大量热量而自燃或爆炸。在空气中燃烧时发出亮黄色火焰。遇乙醇也会反应，与乙醇的羟基反应，生成氢气和乙醇钠，同时放出热量。能与卤素和磷直接化合。能还原许多氧化物成元素状态，也能还原金属氯化物。溶于液氨形成蓝色溶液。在氨中加热生成氨基钠。溶于汞生成钠汞齐。

银白色钠

金属钠的制备　钠的制备方法在历史上主要有当斯(Downs)法和卡斯纳(Castner)法。当斯法：即在氯化钠融熔液中加入氯化钙，油浴加热并电解，温度为500℃，电压6 V，通过电解在阴极生成金属钠，在阳极生成氯气。然后经过提纯成型，用液体石蜡进行包装。卡斯纳法：以氢氧化钠为原料，放入铁质容器，熔化温度320～330℃，以镍为阳极，铁为阴极，在电极之间设置镍网隔膜，电解电压4～4.5 V，阴极析出金属钠，并放出氧气。再将制得的金属钠精制，用液体石蜡包装。现代工业使用如图 7-19 的装置电解含 58%～59% $CaCl_2$ 的熔融 NaCl 制备单质金属钠。

钠保存在煤油中

钠盐的焰色反应

戴维

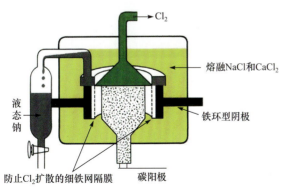

图 7-19　工业制备金属钠的电解装置

熔融状态下：

$$2NaCl(电解) = 2Na + Cl_2\uparrow$$

$$4NaOH(电解)=\!\!=\!\!=4Na+2H_2O+O_2(g)\uparrow$$

主要用途 钠在很多种重要的工业化工产品生产中广泛应用。钠钾合金可以用作核反应堆的冷却材料、有机合成的还原剂。钠可用于制造氰化钠、维生素、香料、染料、钠汞齐、四乙基铅、金属钛等,还可用于石油精制。钠可用在钠蒸气灯中,尤其在内燃机用的制冷阀中作为一种传热剂。氯化钠(俗称食盐)是人体不可缺少的物质,是一种调味剂,被广泛使用。

钠对人体的影响

钠是人体必需的矿物质营养素[61]。人体内的钠大多存在于血液及细胞外液,与人体的体液平衡及其他的生理功能都有很大的关联。钠离子是细胞外液中带正电的离子中含量最丰富的,在身体内有助于维持渗透压,也协助神经、心脏、肌肉及各种生理功能的正常运作。当神经细胞受到刺激时,钠离子进入细胞内,在细胞内外形成钠离子浓度差。这种浓度差能够传递给相邻细胞,从而将刺激信号依次沿神经传递(图 7-20)。钠离子与水在体内的代谢与平衡有相当密切的关系,对血压更有相当的影响。钠离子是各种体液常见的离子成分,体内的钠主要经由肾脏制造的尿液排出,但汗水大量流失时,也可排出相当量的钠。体内对钠的调节与对水的调节息息相关,下视丘可分泌抗利尿激素,作用于肾脏以减少水的排除,进而调控体内水与钠的比例。

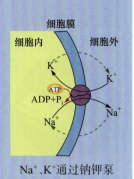

Na⁺、K⁺通过钠钾泵的跨膜转运

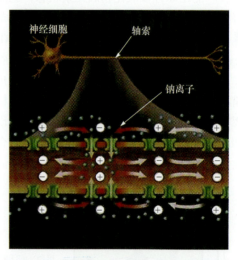

图 7-20 钠离子对刺激信号的神经传递作用

12. 镁(magnesium)

发现年代·发现者 1808 年 [英]戴维(S. Davy)

发现途径及命名来由 英国化学家戴维用熔融电解法首先制得了金属镁。1828 年法国科学家比西用金属钾还原熔融的无水氯化镁得到纯镁。名称源自希腊语"白镁氧"(magnesia alba)。

存在和性质 镁是在自然界中分布最广的十个元素之一(在地壳含量排第八,约占 2%的质量,在宇宙中含量排第九),镁也是海水中的重要成分。镁存在于人体和植物中,是叶绿素的主要组分。因为它不易从化合物还原成单质状态,所以迟迟未被发现。镁存在于菱镁矿、白云石、光卤石中。具有比较强的还原性，能与热水反应放出氢气，燃烧时能产生炫目的白光，镁与氟化物、氢氟酸和铬酸不发生作用，也不受苛性碱侵蚀，但极易溶解于有机和无机酸中。镁能直接与氮、硫和卤素等化合，烃、醛、醇、酚、胺、脂和大多数油类在内的有机化学药品与镁仅发生轻微作用或者根本不起作用。镁和卤代烃在无水条件下反应却较为剧烈(生成格氏试剂)。镁能和二氧化碳发生燃烧反应，因此镁燃烧不能用二氧化碳灭火器灭火。镁能与 N_2 和 O_2 反应，在空气中燃烧时会同时生成 Mg_3N_2 和 MgO。

闪亮灰色金属

金属镁的制备 工业上利用电解熔融氯化镁或在电炉中用硅铁等使其还原而制得金属镁，前者称为熔盐电解法，后者称为硅热还原法。

$$MgCl_2(l) \xrightarrow{\text{电解}} Mg(s) + Cl_2(g)\uparrow$$

镁还可以用热还原氧化镁的方法制取。另外还可以将海水中提取的氯化镁进行脱水等方法制备。

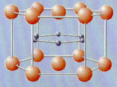

六方密堆积

主要用途 镁是用途第三广泛的结构材料，仅次于铁和铝。镁的主要用途有：制造铝合金，压模铸造(与锌形成合金)，钢铁生产中脱硫处理，Kroll 法制备钛。金属镁可用于熔融盐金属热还原法以制取稀有金属。由于镁比铝轻，含 5%～30% 镁的铝镁合金质轻，有良好的机械性能，广泛用于航空、航天工业。例如，2015 年年底美国加州大学洛杉矶校区工程系研究院公布的最新科研成果：以约 86% 镁配以约 14% 纳微米级碳化硅制造出新的质轻坚硬的金属纳米复合材料，未来可应用于航空、航天及计算机方面。另外，利用镁易于氧化的性质，可用于制造许多纯金属的还原剂，也可用于闪光灯、吸气器、烟花、照明弹等。加微量镁于熔融生铁中，冷却后得到球墨铸铁，比普通铁坚韧耐磨。

镁条燃烧

镁对人体的影响
镁是构成骨骼的主要成分，是人体不可缺少的矿物质元素之一。它能辅助钙和钾的吸收。它具有预防心脏病、糖尿病、夜尿症和降低胆固醇的作用。建议成年男性每日镁的摄取量为 350 mg，女性为 300 mg，婴儿 50～70 mg，儿童 150～250 mg，孕妇与哺乳期女性 450 mg。最大日安全摄入量为 3 g。缺乏镁会使神经受到干扰，易引起暴躁及紧张，并且会引发肌肉震颤及绞痛、心律不齐、心悸、低血糖、虚弱、疲倦、神经过敏、手脚颤抖等。另外，酒精、利尿剂、高量的维生素 D 及锌均会增加身体对镁的需求。

镁铝合金

13. 铝(aluminum)

发现年代·发现者 1827 年　[德]维勒(F. Wöhler)

发现途径及命名来由 1827 年维勒用金属钾还原熔融的无水氯化铝得到较纯的金属铝单质。由于取之不易，当时铝的价格高于黄金。用拉丁语"alumen"(原意为"矾")来命名。

存在和性质 铝元素在地壳中的含量仅次于氧和硅，居第三位，是地壳中含量最丰富的金属元素。铝以化合态形式存在于各种岩石或矿石中，如长石、云母、高岭石、铝土矿、明矾石等。铝为银白色轻金属，有延性和展性。商品常制成棒状、片状、箔状、粉状、带状和丝状。在潮湿空气中能形成一层防止金属腐蚀的

照明弹

维勒

银白色轻金属铝

霍尔

埃鲁

霍尔-埃鲁法工艺

铝锭

氧化膜。铝粉和铝箔在空气中加热能猛烈燃烧,并发出眩目的白色火焰。易溶于稀硫酸、硝酸、盐酸、氢氧化钠和氢氧化钾溶液,不溶于水。

金属铝的制备 1886年霍尔(C. M. Hall)和埃鲁(P. Héroult)各自独立发现了电解制铝法,后该法以霍尔-埃鲁法命名。在1889年拜耳(K. J. Bayer)继续优化从铝土矿中提取氧化铝的过程,使得生产铝的原料氧化铝更加经济易得。迄今以拜耳法与霍尔-埃鲁法联用生产铝的方法为大规模工业制铝的主要手段。现代工业大量制备金属铝可采用由铝的氧化物与冰晶石(Na_3AlF_6)共熔电解的方法(图 7-21)。霍尔-埃鲁铝电解法的反应原理为

阴极:$Al^{3+}(l) + 3e^- \longrightarrow Al(l)$

阳极:$C(s) + 2O^{2-}(l) \longrightarrow CO_2(g) + 4e^-$

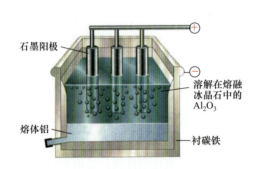

图 7-21 现代工业制铝的冶炼炉

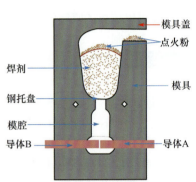

图 7-22 铝热法示意图

主要用途 铝在高温时的还原性极强,可以用于冶炼高熔点金属以及铁路铺设时的临时炼铁,称为"铝热法"(图 7-22)。铝有多种优良性能,白色、软、易加工。金属铝熔点为660℃,有极为广泛的用途(图 7-23)。

图 7-23 铝的用途

铝对植物的影响 虽然铝在中性土壤中难溶并且一般对植物无害,但它在酸性土壤中是减缓植物生长的首要因素。在酸性土壤中,Al^{3+}浓度会升高,并影响植物的根部生长和功能[62-65]。绝大多数酸性土壤中铝(而不是氢)是饱和的。因此,土壤的酸度来源于铝化合物的水解[66]。"修正石灰位"的概念是用来定义土壤中碱饱和的程

度。在土壤测试实验室中,这个概念成为确定土壤"石灰需求"的测试程序的基础。

14. 硅(silicon)

发现年代·发现者 1823 年 [瑞典]贝采利乌斯(J. J. Berzelius)

发现途径及命名来由 1787 年,拉瓦锡首次发现硅存在于岩石中。在 1800 年,戴维将其错认为一种化合物。1811 年,盖-吕萨克和 Thénard 可能已经通过将单质钾和四氟化硅混合加热的方法制备了不纯的无定形硅。1823 年,硅首次作为一种元素被贝采利乌斯发现,并于一年后提炼出了无定形硅,其方法与盖-吕萨克使用的方法大致相同。随后他还用反复清洗的方法将单质硅提纯。硅元素在中国的译名长期定为"矽",直至 1955 年无机化合物名词审查小组在征求全国各有关单位意见后,决议将"矽"改为"硅"[67-69]。

存在和性质 一种四价的非金属元素,以化合物的形式,作为仅次于氧的最丰富的元素存在于地壳中,地壳中约含 27.6%,主要以熔点很高的氧化物和硅酸盐的形式存在。自然界中几乎没有游离态的硅。晶体硅为钢灰色,无定形硅为黑色,晶体硅属于原子晶体,硬而有光泽,有半导体性质。硅的结构与金刚石类似,是正四面体结构。硅的化学性质比较活泼,在高温下能与氧气等多种元素化合,不溶于水、硝酸和盐酸,溶于氢氟酸和碱液。

单质硅的制备 工业上,通常是在电炉中由碳还原二氧化硅而制得:

$$SiO_2 + 2C \longrightarrow Si + 2CO$$

这样制得的硅纯度为 97%~98%,称为粗硅。再融化后重结晶,用酸除去杂质,得到纯度为 99.7%~99.8%的纯硅。半导体用硅还要将其转化成易于提纯的液体或气体形式,再经蒸馏、分解过程得到多晶硅。如需得到高纯度的硅,则需要进行进一步的提纯处理。

主要用途 硅是一种半导体材料,可用于制作半导体器件和集成电路;可以合金的形式(如硅铁合金)使用,用于汽车和机械配件;与陶瓷材料一起用于金属陶瓷中;可用于制造玻璃、混凝土、砖、耐火材料、硅氧烷、硅烷。

硅太阳能电池

硅太阳能电池(silicon solar cell)是一种太阳能电池,主要是以半导体材料为基础,其工作原理是光电材料吸收光能后发生光电转换反应。通常的晶体硅太阳能电池是在厚度 350~450 μm 的高质量硅片上制成的,这种硅片从提拉或浇铸的硅锭上锯割而成。多晶硅薄膜电池多采用化学气相沉积法,包括低压化学气相沉积(LPCVD)和等离子增强化学气相沉积(PECVD)工艺。此外,液相外延法(LPPE)和溅射沉积法也可用来制备多晶硅薄膜电池。

硅太阳能电池工作原理如图 7-24 所示:当光线照射太阳电池表面时,一部分光子被硅材料吸收;光子的能量传递给硅原子,使电子发生跃迁而成为自由电子,自由电子在 P-N 结两侧集聚形成电位差,当外部接通电路时,在该电压的作用下,将会有电流流过外部电路,产生一定的输出功率。这个过程的实质是光子能量转换成电能的过程。

贝采利乌斯

单晶硅和单晶硅切片

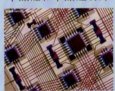

硅半导体大规模
集成电路

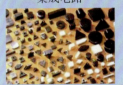

硅金属陶瓷

硅玻璃

硅烯

硅烯(silylene)是一种类似于石墨烯的硅单质(图 7-25)。尽管理论研究者在十多年前就推测存在这种物质并预测了它的性质[70-72],但研究者在 2010 年才观测到了具有这种结构的硅单质[73-76]。

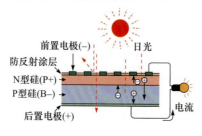

图 7-24 硅太阳能电池的工作原理

图 7-25 在 Ag(111)面上形成硅烯

15. 磷(phosphorus)

发现年代·发现者 1669 年　[德]波兰特(H. Brandt)

发现途径及命名来由 从人尿蒸馏和干馏后的物质中制得。磷的拉丁文名称 phosphorum 来源于希腊文 Φωσφόρος 的拉丁化,原指"启明星",意为"光亮"。命名取意"发光体"(phos 光,phros 载带者)。

波兰特

夜间的磷火

存在和性质 磷在生物圈内的分布很广泛,地壳含量丰富,列前 10 位,在海水中浓度属第二类。广泛存在于动植物组织中,也是人体含量较多的元素之一,稍次于钙,排列为第六位。约占人体重的 1%,体内 85.7%的磷集中于骨和牙,其余分散在全身各组织及体液中,其中一半存于肌肉组织。它不但构成人体成分,且参与生命活动中非常重要的代谢过程,是机体很重要的一种元素。单质磷有几种同素异形体,其化学反应活性和毒性因形态不同而有所区别。其中,白磷或黄磷是无色或淡黄色的透明结晶固体,放于暗处有磷光发出,有恶臭,剧毒。白磷几乎不溶于水,易溶解于二硫化碳溶剂中。白磷加热会变为黑磷,黑磷略显金属性。白磷经放置或在 533 K 隔绝空气加热数小时可转化为红磷。红磷是红棕色粉末,无毒。紫磷化学结构为层状,但与黑磷不同。

磷的制备 单质白磷是由磷酸钙、石英砂和碳粉的混合物在电弧炉中熔烧或蒸馏尿液而制得,其他同素异形体之间可互变,见图 7-26。

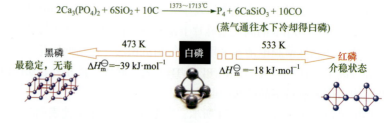

图 7-26 磷的制备及转化

主要用途 白磷用于制造磷酸、燃烧弹和烟雾弹。红磷用于制造农药和安全火柴。

磷对人体的影响　磷是骨骼和牙齿的构成物质之一。正常成年人骨中的含磷总量约为 600～900 g，人体每 100 mL 全血中含磷 35～45 mg。磷能保持人体内代谢平衡，在调节能量代谢过程中发挥重要作用。它是生命物质核苷酸的基本成分。它参与体内酸碱平衡的调节和脂肪的代谢。缺乏磷可以出现低磷血症，引起红细胞、白细胞、血小板的异常及软骨病。磷过多将导致高磷血症，使血液中血钙降低导致骨质疏松。位于 ATP 末端的磷酸脱离时将释放能量，肌肉就是靠这种能量才能伸缩，从而可以活动(图 7-27)。

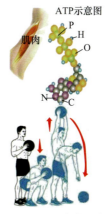

图 7-27　肌肉产生力

磷烯　磷烯(phosphorene)又称黑磷烯或二维黑磷[77]，是一种从黑磷剥离出来的由有序磷原子构成的单原子层、有直接带隙的二维半导体材料。磷烯在场效应晶体管、光电子器件、自旋电子学、气体传感器及太阳能电池等方面有广阔的应用前景。

磷烯

16. 硫(sulfur)

发现年代·发现者　远古

发现途径及命名来由　在古代人类就已经认识硫了。中国人发明的火药是硝酸钾、碳和硫的混合物。1770 年，拉瓦锡证明硫是一种元素。命名的拉丁文为"sulphurium"。

存在和性质　硫广泛存在于自然界中。在自然界中存在有单质状态，每次火山爆发都会把大量的地下硫带到地面。重要的硫化物是黄铁矿，其次是有色金属元素(Cu、Pb、Zn 等)的硫化物矿。天然的硫酸盐中以石膏和芒硝最为丰富。硫单质的导热性和导电性都差，性松脆，易溶于二硫化碳(弹性硫只能部分溶解)、四氯化碳和苯。结晶形硫不溶于水，微溶于乙醇和乙醚，溶于二硫化碳、四氯化碳和苯。无定形硫主要有弹性硫，是由熔态硫迅速倾倒在冰水中所得，不稳定，可转变为晶状硫(正交硫)。正交硫是室温下唯一稳定的硫的存在形式，化学性质比较活泼，能与氧、金属、氢气、卤素(除碘外)及已知的大多数元素化合，还可以与强氧化性的酸、盐、氧化物及浓强碱溶液反应。硫同素异形体的互变见图 7-28。

地下硫矿的开采

天然硫矿床

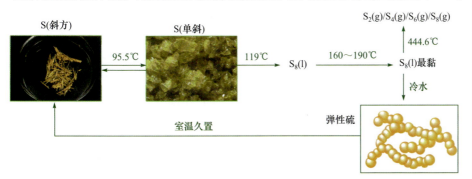

图 7-28　硫同素异形体的互变

木卫一表面的黄色主要是它的火山释放的硫造成的。月球上阿利斯塔克环形山中比较暗的地区可能是硫形成的。在许多陨石中有硫。基于人类对外星资源兴趣的强烈提升，木卫一的硫磺也曾经是人们考虑开采的对象，但开采成本惊人，并未付诸实行。

硫的制备 从化合物中提取硫的两种方法：

(1) H_2S 的氧化。$2H_2S + 3O_2 =\!=\!= 2SO_2 + 2H_2O$　　$2H_2S + SO_2 =\!=\!= 3S + 2H_2O$

(2) 隔绝空气加热黄铁矿。$FeS_2 \xrightarrow{1200℃} S + FeS$

主要用途 制造硫酸(图 7-29)、亚硫酸盐、杀虫剂、塑料、搪瓷、合成染料、橡胶硫化、漂白、药物、油漆。

火山爆发产硫磺

含硫药物

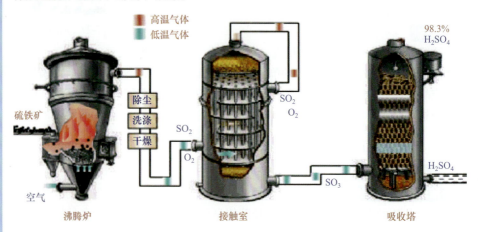

图 7-29　接触法制硫酸工艺

硫循环

硫元素在自然界的循环见图 7-30。

加入硫的橡胶轮胎富有弹性

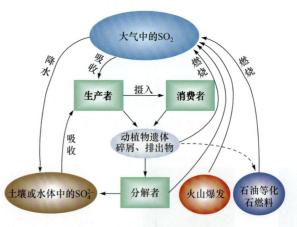

图 7-30　硫元素在自然界的循环

SO_2 危害加大

硫的生理作用

半胱氨酸、蛋氨酸、同型半胱氨酸和牛磺酸等氨基酸和一些常见的酶含硫，硫是所有细胞中必不可少的一种元素。在蛋白质中，多肽之间的二硫键是蛋白质构造中的重要组成部分。有些细菌在一些类似光合作用的过程中使用硫化氢作为电子提供物(一般植物使用水)。植物以硫酸盐的形式吸收硫。无机硫是铁硫蛋白的组成部分。在细胞色素氧化酶中，硫是关键的组成部分。

工业生产和发电厂燃烧煤释放出来的大量二氧化硫在空气中与水和氧结合形成硫酸，它造成酸雨，降低水和土壤的 pH，对许多地区的自然环境造成巨大破坏。

17. 氯(chlorine)

氯气

发现年代·发现者 1774 年　[瑞典]舍勒(K. W. Scheele)

发现途径及命名来由 用盐酸和二氧化锰反应制得。英文名称 chlorine 来自于希腊文 χλωρός'(淡绿色)。

存在和性质 氯是自然界中广泛分布的一种元素，游离状态的氯存在于大气层中，是破坏臭氧层的单质之一。氯气经紫外线分解成两个氯原子(自由基)。在地壳中存在着各式各样的氯化物，一种较强的氧化剂就能够把含氯污水处理成氯饼从它的化合物中分离出来。氯单质为黄绿色气体，有窒息性臭味。氯相当活泼，湿的氯气比干的还活泼，具有强氧化性。除了氟、氧、氮、碳和惰性气体外，氯能与所有元素直接化合生成氯化物；氯还能与许多化合物反应，如与许多有机化合物进行取代反应或加成反应。氯有较强的毒性。

氯气的制备

工业制法：通常用电解饱和食盐水制取。工业制备装置见图 7-31。

$$2NaCl+2H_2O \mathop{=\!=\!=\!=} 2NaOH+H_2\uparrow+Cl_2\uparrow$$
阴极　阳极

实验室制法：$MnO_2+4HCl \mathop{=\!=\!=\!=} MnCl_2+Cl_2\uparrow+2H_2O$

$$2KMnO_4+16HCl \mathop{=\!=\!=\!=} 2MnCl_2+2KCl+5Cl_2\uparrow+8H_2O$$

主要用途 制造漂白粉、漂白纸浆和布匹、合成盐酸、制造氯化物、饮水消毒、合成塑料和农药等。提炼稀有金属等方面也需要许多氯气。

湿润的氯气可用于纸浆和棉布的漂白，不同于 SO_2 的漂白性，氯气的漂白性为不可还原且较为强烈，因此不宜以此作为丝绸的漂白剂。强调"湿润的"是因为：

$$Cl_2 + H_2O \longrightarrow HCl + HClO$$

$$HClO \longrightarrow HCl + [O]$$

生成的[O]是游离氧，正是游离氧氧化有机染料使之褪色。因此，干燥的氯气并不具有这个性质。次氯酸的分解反应在光照或受热时速率加快。

图 7-31　使用阳离子交换膜的现代氯碱池简图

特别注意 绝不可将漂白粉与盐酸(84 消毒液)混用，那样会产生氯气，造成呼吸道、眼睛黏膜等的伤害！

漂白粉不能与 84 消毒液混合

氩的原子光谱

斯特拉斯

莱姆赛

正在熔化的固态氩

装有氩和汞蒸气的霓虹灯

18. 氩(argon)

发现年代·发现者　1894 年　[英]斯特拉斯(J. W. Strutt)，[苏格兰]莱姆赛(W. Ramsay)

发现途径及命名来由　两人用光谱分析 1785 年凯文迪许分离空气中氧和氮后的"小气泡"而发现并命名[78]。命名为"argon"，意即"懒惰"、"迟钝"。

存在和性质　氩是单原子分子的非金属元素。单质为无色、无臭和无味的气体，是稀有气体中在空气中含量最多的一个(含量以体积计算为 0.934%，以质量计算为 1.29%)，由于在自然界中含量很多，氩是目前最早发现的稀有气体。化学性质极不活泼，但是已制得其化合物氟氩化氢。氩不能燃烧，也不能助燃。1973 年水手号计划的太空探测器飞过水星时发现其稀薄的大气中含有 70%氩气。

氩气的制备　目前在工业上得到氩的方法是把空气蒸馏。用冷凝器先把沸点为 90.2 K 的氧液化，移除液氧之后继续冷却就可以液化沸点为 87.3 K 的氩气，最后留下沸点为 77.35 K 的氮气。目前，全世界以这种方法制备的氩气高达 70 万吨/年。另外，用钾-40 的衰变也可以制备氩气，但这种制备法的效率并不高，因为钾-40 的半衰期长达 1.26×10^9 年，所以并不常用。如果制造氩的放射性同位素，就必须靠回旋加速器和重离子加速器将其他元素转换成氩的同位素。

主要用途　氩气最主要的用途就是利用它的惰性，保护一些容易与周围物质发生反应的物质。虽然其他惰性气体也有这些特性，但是氩气在空气中的含量最多，也最容易取得，因此相对比较便宜，具有经济效益。另外，氩气是制造液氧和液氮的副产品，由于液氧和液氮都是重要的工业原料，产量大，所以液氩副产品的产量也较可观。

利用氩的惰性其用途主要有：①用作灯泡里的填充气体，能保持气压，减缓钨丝升华，延长灯丝使用寿命。②用作焊接时的保护气体，其中包括 MIG 焊接、GTA 焊接与 GMA 焊接等。③用于灭火，几乎不会破坏任何火场的物品。④用于感应耦合等离子的气体之一。⑤用于保护加工中的钛和其他容易发生反应的金属。⑥保护成长中的硅晶体和锗晶体。⑦在博物馆的玻璃专柜里填充氩气，避免文物氧化。⑧用作啤酒罐中的填充物，也可以用氮气代替。⑨在药学里，氩可以用于保护一些静脉内的治疗药物，如对乙酰氨基酚，同时防止药物受到氧气的破坏。⑩用于冷却 AIM-9 响尾蛇导弹的追踪器，以高压储存的氩释放后就可以带走一些热量。⑪用于石墨电熔炉中的保护气体，以免氧化。⑫广告用的霓虹灯里有时也会加入氩气，加了氩气的霓虹灯管白天看起来是无色透明的，通电后氩气受到电的刺激会放出青色的光芒。⑬氩气的低传热率也是它的特性之一，可以作为隔热窗户中两层玻璃之间的填充物。⑭因为低传热率和惰性，氩气可作为膨胀潜水衣的气体，还可以在水肺中代替氮气(吸收纯氧对身体不好，因此水肺中要添加其他气体)，因为氮气在高压下会溶进血液里而造成氮麻醉，氩气则可以减轻这种症状。

19. 钾(potassium)

发现年代·发现者　1807 年　[英]戴维(S. Davy)

发现途径及命名来由 电解熔融氢氧化钾时发现。命名取意"木灰"(potashos)和阿拉伯语"灰"(kalian)。

存在和性质 钾的化合物早就被人类利用,古代就知道草木灰中存在钾草碱(碳酸钾),可用作洗涤剂,硝酸钾也被用作黑火药的成分之一。钾的化合物特别稳定,难以用常用的还原剂(如碳)从钾的化合物中将金属钾还原出来。钾在地壳中的含量为 2.59%,占第七位。在海水中,除了氧、氢、氯、钠、镁、硫、钙之外,钾的含量占第六位。钾为银白色体心立方结构的金属,质软而轻,熔点低,化学性质活泼,在空气中易氧化,遇水能引起剧烈的反应,使水分解而放出氢气和热量,同时引起燃烧,呈蓝色火焰。也可与乙醇和酸类起剧烈反应。与饱和脂肪烃或芳香烃无反应。溶于液氨、乙二胺和苯胺,熔于多种金属形成合金。

银白色金属

金属钾燃烧

金属钾与水反应

金属钾的制备

金属钾的生产方法采用金属钠与氯化钾的反应(图 7-32)。

$$Na + KCl \xrightarrow{熔融} K\uparrow + NaCl$$

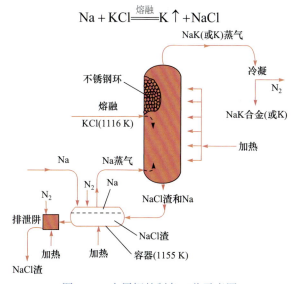

图 7-32 金属钾的制备工艺示意图

主要用途 用于制造钾钠合金;在有机合成中用作还原剂;也用于制光电管等。钾的化合物在工业上用途很广,钾盐可以用于制造化肥及肥皂、医药、兽药。钾同时对动植物的生长和发育起很大作用,是植物生长的三大营养元素之一。心肌细胞膜的电位变化主要动力之一是由于钾离子的细胞内外转移。

钾对人体的影响

钾是人体必需的矿物质营养素,钾离子是体细胞内主要的阳离子,体重 70 kg 的成年男性体内,钾含量约 3500 mmol·kg^{-1}。饮食中的钾离子在小肠中很容易被吸收。人体 80%~90%的钾离子流失是由肾脏经尿液排出,其余 10%~20%是由粪便排出。肾脏对于钾离子具有调控作用,以维持钾离子浓度在正常范围内。为了弥补身体的流失量以维持正常储存及血浆浓度的平衡,成人每日的最小需要量为 200 mg。含钾丰富的食物包括乳制品、蔬菜、瘦肉、内脏、香蕉、葡萄干等。

20. 钙(calcium)

发现年代·发现者 1808 年 [英]戴维(S. Davy)

暗沉的灰银色金属

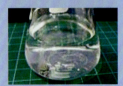

常温下钙与水作用放出氢气

发现途径及命名来由 电解石灰与氧化汞的混合物，得到钙汞合金，将合金中的汞蒸馏后，就获得了银白色的金属钙。命名源于"石灰石"(calx)。

存在和性质 在自然界分布广，占地壳总质量3%。因其化学活性很高，可以和水或酸反应放出氢气，或是在空气中便可氧化形成致密氧化层(氧化钙)，因此在自然界多以离子状态或化合物形式存在，而没有单质存在，如石灰石、白垩、大理石、石膏、磷灰石等。钙也存在于血浆和骨骼中，并参与凝血和肌肉的收缩过程。钙为银白色的轻金属，质软，化学性质活泼，加热时几乎能还原所有的金属氧化物。

钙的制备 有电解法及还原法两种方式。其中电解法是拉特瑙(W. Rathenau)于1904年首先应用的，所用的电解质为 $CaCl_2$ 和 CaF_2 的混合物。电解槽阳极用石墨等作内衬，阴极用钢制成。电解析出的钙漂浮在电解质表面，同钢制阴极接触而冷凝在阴极上。

$$CaCl_2 \xrightarrow{\text{电解}} Ca + Cl_2\uparrow$$

还原法是生产金属钙的主要方法。通常用石灰石为原料，经烧成氧化钙，以铝粉作还原剂。粉碎的氧化钙与铝粉按一定比例混合均匀，压制成块。

主要用途 用作合金的脱氧剂、油类的脱水剂、冶金的还原剂、铁和铁合金的脱硫与脱碳剂以及电子管中的吸气剂等。钙的化合物在工业、建筑工程和医药方面用途很大。

钙与人体健康 钙是人体内含量最多的一种无机盐。正常人体内钙的含量为1200～1400 g，约占人体质量的1.5%～2.0%，其中99%的钙存在于骨骼和牙齿中，另外1%的钙大多呈离子状态存在于软组织、细胞外液和血液中，与骨钙保持着动态平衡。机体内的钙一方面构成骨骼和牙齿，另一方面则可参与各种生理和代谢过程，影响各器官组织的活动。

牛奶是公认的最好的天然钙来源食物。牛奶经过脱水、脱脂、干燥喷雾后得到矿物盐的结合物，其成分包括柠檬酸钙、磷酸钙、离子钙。

7.3 21～30号元素简介

21. 钪(scandium)

发现年代·发现者 1879 年　[瑞典]尼尔森(L. F. Nilson)

尼尔森

银白色固体金属钪

发现途径及命名来由 尼尔森和他的团队在斯堪的纳维亚半岛的黑稀金矿(euxenite)和硅铍钇矿(gadolinite)中通过光谱分析发现这个新的元素，其名称scandium 来自斯堪的纳维亚半岛的拉丁文名称 Scandia。

存在和性质 主要存在于极稀少的钪钇石中。钪在地壳中的含量并不高，只有 5×10^{-6}，相当于每吨地壳物质中含有 5 g(约为一小块德芙巧克力或者大白兔奶糖的质量)。银白色，质软，易溶于酸。一般在空气中迅速氧化而失去光泽。化学性质非常活泼，可以和热水反应生成氢气。

钪的制备 将 $ScCl_3$ 与 KCl、$LiCl$ 共熔,用熔融的锌作为阴极进行电解,钪就会在锌极上析出,然后将锌蒸去可以得到金属钪。

主要用途 钪用于制备特种玻璃、轻质耐高温合金。米格-29 部分由钪铝合金制成[79]。在玻璃灯泡内封装 ScI_3 发光物质,可发出接近于太阳的亮光。

钪元素的毒性 元素钪被认为是无毒的,钪化合物的动物试验已经完成。氯化钪的半数致死量已被确定为 4 $mg·kg$ 腹腔和 755 $mg·kg$ 口服给药。从这些结果看来,钪化合物应处理为中度毒性化合物。

钪照明灯

22. 钛(titanium)

发现年代·发现者 1791 年 [英]格雷戈尔(H. W. Gregor)

发现途径及命名来由 研究黑色磁性砂($FeTiO_3$)时发现。他意识到这种矿物(钛铁矿)包含着一种新的元素[80]。直到 1795 年,德国化学家克拉普罗特(M. H. Klaproth)独立地从匈牙利的金红石中再度发现这种氧化物,并以希腊神话中的地神所生的巨人"泰坦(Titans)"为其命名。

存在和性质 钛被认为是一种稀有金属,这是由于在自然界中其存在分散并难于提取。钛的矿石主要有钛铁矿及金红石,分布于地壳及岩石圈之中。地球表面十公里厚的地层中,钛含量达千分之六,是铜的 61 倍,在地壳中的含量排第十位。随便从地下抓起一把泥土,其中都含有千分之几的钛,世界上储量超过一千万吨的钛矿并不稀罕。钛为银白色的过渡金属,其特征为质量轻、强度高、具金属光泽,亦有良好的抗腐蚀能力(包括海水、王水及氯气)。由于其稳定的化学性质,良好的耐高温、耐低温、抗强酸、抗强碱,以及高强度、低密度,被美誉为"太空金属"。

金属钛的制备 钛在高温时会与氧气反应,因此不能用还原反应从氧化物中提炼钛。从主要矿石中萃取出钛需要用到克罗尔法或亨特法,反应方程式如下:

$$TiO_2 + 2C + 2Cl_2 \xrightarrow{800\sim900℃} TiCl_4 + 2CO$$

$$TiCl_4 + 2Mg \xrightarrow[Ar]{800℃} Ti + 2MgCl_2$$ (1000℃下真空蒸馏除去 Mg、$MgCl_2$,电弧熔化铸锭)

处理钛金属主要分四个步骤[81]:①把钛矿石还原成"海绵体"(一种透气的形态,图 7-33);②制造铸锭,熔化海绵体(或用海绵体加一种母合金)形成铸锭;③初步制造,把铸锭制成一般机械制品,如坯、棒、板、片、条及管;④加工制造,把机械制品进一步加工成型。

主要用途 钛能与铁、铝、钒或钼等其他物质熔成合金,造出高强度的轻合金,在各方面有着广泛的应用,包括航天器及其发动机、石油化工产品、农产食品、医学器械、日用品等(图 7-34)。在非合金的状态下,钛的强度跟某些钢相近,质量却轻 45%。作潜艇材料可增加深度 80%,达 4500 m 以下。据估计,生产一架波音 777 要用 59 t 钛,波音 747 要用 44 t,波音 737 要用 18 t,

格雷戈尔

克拉普罗特

金红石(主要含 TiO_2)

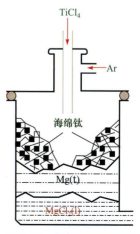

图 7-33 制备海绵钛反应器示意图

荨麻含钛量高达百万分之八十

— 463 —

空中客车 A340 要用 32 t，空中客车 A330 要用 18 t，空中客车 A320 要用 12 t。空中客车 A380 可能要用 146 t，其中引擎要用 26 t。

图 7-34　钛钢的部分应用

TiO₂ 光触媒

TiO₂ 光触媒是一种纳米级二氧化钛活性材料，涂布于基材表面，干燥后形成薄膜，在光线的作用下产生强烈催化降解功能(图 7-35)：能有效地降解空气中有毒有害气体；能有效杀灭多种细菌，抗菌率高达 99.99%，并能将细菌或真菌释放出的毒素分解及无害化处理；还具备除臭、抗污等功能。

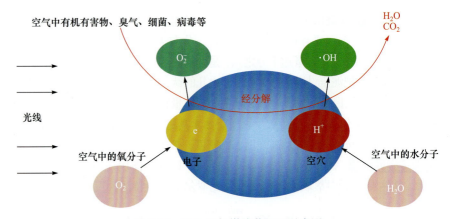

图 7-35　TiO₂ 光触媒除菌机理示意图

23. 钒(vanadium)

发现年代·发现者　1830 年　[英]罗斯科(H. E. Roscoe)

发现途径及命名来由　钒是研究马兰铁矿的矿渣时发现的，后由罗斯科用氢还原二氧化钒而得。为纪念北欧女神"凡娜迪丝(Vanadis)"而命名。

存在和性质　钒为地球上广泛分布的微量元素，其含量约占地壳构成的 0.02%，获取相对容易。矿物有钒酸钾铀矿、褐铅矿和绿硫钒矿、石煤矿等。钒是高熔点金属之一，呈浅灰色，有延展性，质坚硬，无磁性，耐盐酸和硫酸，可溶于氢氟酸、硝酸和王水。在 660 ℃以上可被氧化为五氧化二钒。

金属钒的制备　真空碳热还原法制备金属钒一般是在 >1000 ℃ 的高温和 ≤−1.0×10³ Pa 的真空度条件下，使碳与钒氧化物(V_2O_5、V_2O_3 等)发生还原反应得到金属钒。一般来说，碳还原法生产的金属钒纯度在 99.0%～99.5%。

主要用途　如果说钢是"虎"，那么钒就是"翼"，钢含钒犹如"虎"添"翼"。只需在钢中加入百分之几的钒，就能使钢的弹性、强度大增，产品抗磨损和抗

罗斯科

爆裂性极好，既耐高温又抗奇寒，在汽车、航空、铁路、电子技术、国防领域到处可见钒的踪迹。大约80%的钒作为钢的合金元素。含钒的钢很硬很坚实，一般其钒含量少于1%。钒钢制的穿甲弹能够射穿40 cm厚的钢板(图7-36)。钒的盐类的颜色丰富多彩，有绿色、红色、黑色、黄色，绿色碧如翡翠，黑色犹如浓墨。

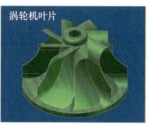

图7-36　钒钢的部分用途

钒电池

钒电池全称为全钒氧化还原液流电池(vanadium redox battery，VRB)，是一种活性物质呈循环流动液态的氧化还原电池(图7-37)。它具有特殊的电池结构，可进行深度大电流密度放电，充电迅速，比能量高，价格低廉，应用领域十分广阔，如可作为大厦、机场、程控交换站备用电源，可作为太阳能等清洁发电系统的配套储能装置，为潜艇、远洋轮船提供电力以及用于电网调峰等。

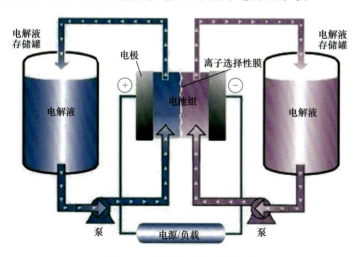

图7-37　钒电池基本工作原理

24. 铬(chromium)

发现年代·发现者　1797年　[法]沃克兰(N. L. Vauquelin)

发现途径及命名来由　从研究西伯利亚红铅矿反应发现，后用木炭与铬酐共热制得金属粉。命名取意希腊语"χρώμα"，字面意思是颜色或颜料，因为由这种元素构成的化合物拥有许多不同颜色。1994年，中国秦始皇陵兵马俑二号坑开挖，坑中取出来的一批秦朝青铜剑经过检验后发现其外层镀有约10 μm的铬盐化合

钒彩色玻璃

沃克兰

银白色金属铬

镀铬件

镀铬槽

物，可惜使用的冶炼工艺已失传，当初的实际发现年代与所采取的铬提炼法依旧不明。

存在和性质 自然界没有游离状态的铬，主要以铬铁矿 $FeCr_2O_4$ 形式存在。近似的化学组成为$(Fe, Mg)[CrAl, Fe(Ⅲ)]_2O_4$。铬为银白色金属，质极硬，耐腐蚀。铬能慢慢地溶于稀盐酸、稀硫酸，生成蓝色溶液。与空气接触则很快变成绿色，被空气中的氧氧化成绿色的 Cr_2O_3。铬不溶于浓硝酸，因为其表面生成致密的氧化物薄膜而呈钝态。在高温下，铬能与卤素、硫、氮、碳等直接化合。

金属铬的制备 由氧化铬用铝还原，或由铬氨矾或铬酸经电解制得。铝热还原要求原料 Cr_2O_3 含量大于 99%，硫含量低于 0.02%，铅、砷、锡、锑含量均低于 0.001%。铝粒粒度应小于 0.5 mm，铝量应不大于理论量的 98%。用硝石、镁屑和铝粒作引火剂。矿石制铬铁用于制造特种钢：

$$FeCr_2O_4 + 4C \xrightarrow{\triangle} Fe + 2Cr + 4CO$$

主要用途 大多用于制造不锈钢(铬含量在 12%~14%)，如汽车零件、工具、磁带、录像带、菜刀等厨房用品。纯铬用于制造不含铁的合金、金属陶瓷(含 77%Cr、23% Al_2O_3)、电镀层等。在金属上铬镀可以防锈，也称为可罗米，坚固美观。重要工业铬产品制备途径见图 7-38。

含铬废水绝对不能随意排放

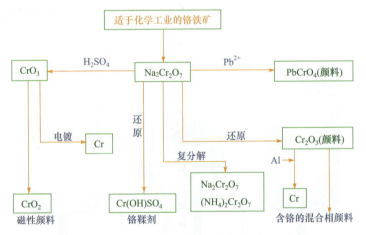

图 7-38 重要工业铬产品制备途径

六价铬的危害

三价铬是对人体有益的元素，而六价铬是有毒的。六价铬为吞入性/吸入性毒物，皮肤接触可能导致过敏；更可能造成遗传性基因缺陷，吸入可能致癌，对环境有持久性危害。国标规定工业废水六价铬排放标准为小于 0.5 mg·L^{-1}，未经处理的含铬废水不得随意排放。工厂通常使用图 7-39 的装置处理铬废水。

25. 锰(manganese)

发现年代·发现者 1774 年 [瑞典]甘英(J. G. Gahn)

发现途径及命名来由 用软锰矿与木炭在坩埚中共热而得。到了 1774 年甘英才成功地从锰矿中分离出锰。命名为 manganese(锰)，其拉丁文名称为 magnes，

甘英

灰白色金属锰

菱锰矿

葡萄状菱锰

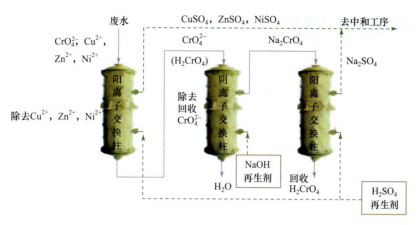

图 7-39　处理铬废水装置

防弹钢盔

防爆钢盔

上海体育馆

意为"具磁性的"(但只有经过特殊处理的锰才会具有磁性)。也有指"美哥尼亚苦土"(manganizo)的说法。

存在和性质　锰广泛分布于生物圈内,是在地壳中广泛分布的元素之一,重要的矿物有软锰矿、辉锰矿和褐锰矿等。海底的"锰结核"储量达 10^{12} t,但是人体内含量甚微。锰为银白色金属,质坚而脆,在空气中易被氧化生成褐色的氧化物覆盖层。能分解水,易溶于稀酸,并有氢气放出,生成二价锰离子。

单质锰的制备　将软锰矿用铝盒盛放,下方连接导管,使用氯酸钾和镁条进行加热(铝热法),使铝转化为三氧化二铝,软锰矿分解为单质锰和氧气,单质锰融化后顺导管导出(图 7-40)。

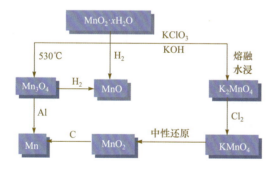

图 7-40　金属锰的制备

主要用途　锰最重要的用途是制造合金——锰钢。锰钢具有特殊的物化性质:如果在钢中加入 2.5%~3.5%的锰,所制得的低锰钢像玻璃一样脆,一敲就碎。如果加入 13%以上的锰,制成高锰钢,就变得既坚硬又富有韧性。高锰钢加热到淡橙色时变得十分柔软,很易进行各种加工。在军事上,用高锰钢制造钢盔、坦克钢甲、穿甲弹的弹头等。1973 年建成的上海体育馆采用锰钢作为网架屋顶的结构材料。

26. 铁(iron)

发现年代·发现者　古代

化学元素新论

陨石

炼钢

商代铁刃青铜钺

印度铁柱

发现途径及命名来由 铁是古代就已有的金属之一。铁矿石是地壳主要组成成分之一，铁在自然界中分布极为广泛，但人类发现和利用铁比黄金和铜要迟。天然单质状态的铁在地球上非常稀少，它容易氧化生锈，其熔点(1812 K)比铜(1356 K)高得多，使得它比铜难于熔炼。人类最早是从天空落下来的陨石中发现铁，陨石中含铁的百分比很高，是铁和镍、钴等金属的混合物。在融化铁矿石的方法尚未问世、人类无法大量获得生铁的时候，铁一直被视为一种带有神秘性的最珍贵的金属。

1973 年在中国河北省出土了一件商代铁刃青铜钺，表明中国劳动人民早在3300 多年以前就认识了铁。印度一座清真寺内于公元 310 年竖起的一根高达 6.7 m 的铁柱(铁的纯度 99.72%)至今仍无严重腐蚀。

存在和性质 铁是最常用的金属，约占地壳质量的 5.1%，居元素分布序列中的第四位。在自然界，游离态的铁只能从陨石中找到，分布在地壳中的铁都以化合物的形式存在。纯铁具有银白色金属光泽，质软，延展性良好，传导性(导电、导热)好。铁活泼，为强还原剂，在干燥空气中很难与氧气反应，但在潮湿空气中很容易发生电化学腐蚀，在酸性气体或卤素蒸气氛围中腐蚀更快。铁可以从溶液中还原金、铂、银、汞、铜或锡等离子。

铁的制备 可用一氧化碳还原赤铁矿制得。

$$Fe_2O_3 + 3CO \xrightarrow{\text{高温}} 2Fe + 3CO_2$$

主要用途 铁的发现和大规模使用是人类发展史上的一个光辉的里程碑，它把人类从石器时代、青铜器时代带到了铁器时代，推动了人类文明的发展。至今铁仍然是现代化学工业的基础，是人类进步必不可少的金属材料。

铁与人体

对于人体，铁是不可缺少的微量元素。在十多种人体必需的微量元素中，铁无论在重要性上还是在数量上都居于首位。一个正常的成年人全身含有 3 g 多铁，相当于一颗小铁钉的质量。人体血液中的血红蛋白就是铁的配合物，它具有固定氧和输送氧的功能(图 7-41)。人体缺铁会引起贫血症。只要不偏食，不大出血，成年人一般不会缺铁。由于女性会来月经等而造成血液流失、铁质流失，所以女性宜食含有丰富铁质的食品。人体内铁浓度过高会导致铁过载。

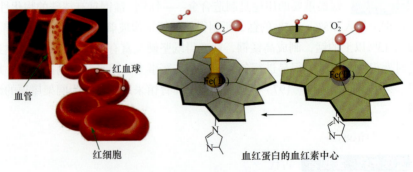

图 7-41　血红蛋白具有固定氧和输送氧功能

27. 钴(cobalt)

发现年代·发现者 1735 年　[瑞典]柏兰德(G. Brandt)

发现途径及命名来由 煅烧钴矿时而得。命名的原意为德文"地下的魔鬼"(kobolos)，意为"坏精灵"，因为钴矿有毒，矿工、冶炼者常在工作时染病，钴还会污染别的金属，这些不良后果过去都被看作精灵的恶作剧。

存在和性质 钴在地壳中的质量含量为 0.35%，海洋中钴总量约 23 亿吨，自然界已知含钴矿物近百种，大多伴生于镍、铜、铁、铅、锌等矿床中，含钴量较低。主要的钴矿物有硫钴矿、纤维柱石、辉砷钴矿、砷钴矿、钴华等。在常温下不和水作用，在潮湿的空气中也很稳定。在空气中加热至 300℃以上时氧化生成 CoO，在白热时燃烧成 Co_3O_4。钴是中等活泼的金属，其化学性质与铁、镍相似，高温下发生氧化作用，加热时钴与氧、硫、氯、溴等发生剧烈反应，生成相应化合物。钴可溶于稀酸中，在发烟硝酸中因生成一层氧化膜而被钝化。钴会缓慢地被氢氟酸、氨水和氢氧化钠浸蚀。钴是两性金属。

钴的制备 可用氢还原法制成细金属钴粉。

主要用途 钴的矿物或钴的化合物一直用作陶瓷、玻璃、珐琅的釉料。到 20 世纪，钴及其合金在电机、机械、化工、航空和航天等工业部门得到广泛的应用，并成为一种重要的战略金属，消耗量逐年增加。钴是维生素 B_{12} 的重要成分。钴领刀可解决一般麻花钻无能为力的深孔钻削。钴在电镀方面也有广泛应用，由于其吸引人的外观，坚硬和具有抗氧化性，还用于作为瓷釉的底釉。钴-60 可作 γ 射线的放射源，它是用中子轰击钴而产生 γ 射线的高能放射源，释放出两种 γ 射线，其能量分别为 1.17 MeV 和 1.33 MeV。

28. 镍(nickel)

发现年代·发现者 1751 年　[瑞典]克龙斯泰特(A. F. Cronstedt)

发现途径及命名来由 用红砷镍矿表面风化后的晶粒与木炭共热而得。命名原意为"不中用的铜"。

存在和性质 镍在地壳中含量不小，大于常见金属铅、锡等，但比铁少得多，自然界中最主要的镍矿是红镍矿(砷化镍)与辉砷镍矿(硫砷化镍)。镍为银白色金属，质坚硬，具有磁性和良好的可塑性，有好的耐腐蚀性，在空气中不被氧化，不溶于水，又耐强碱。镍在稀酸中可缓慢溶解，加热时镍与氧、硫、氯、溴发生剧烈反应。细粉末状的金属镍在加热时可吸收相当量的氢气。镍能缓慢地溶于稀盐酸、稀硫酸、稀硝酸，但在发烟硝酸中表面钝化。在地球上，这种自然镍总会和铁结合在一起，这点反映出它们都是超新星核合成主要的最终产物。一般认为地球的地核就是由镍铁混合物所组成的[82]。

镍的制备 矿石经煅烧成氧化物后，用水煤气或碳还原而制得镍。镍最大的生产地为菲律宾、印度尼西亚、俄罗斯、加拿大及澳洲。

主要用途 镍主要用于制造不锈钢(全球约 66%的精炼镍用于制造不锈钢)和其他抗腐蚀合金，如镍钢、镍铬钢及各种有色金属合金，含镍成分较高的铜镍合

柏兰德

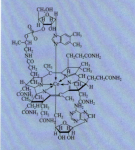

维生素 B_{12} 的结构

克龙斯泰特

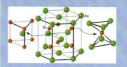

红镍矿的结构

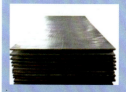

镍钢

金不易腐蚀。镍也作加氢催化剂，以及用于陶瓷制品、特种化学器皿、电子线路、玻璃着绿色、镍化合物制备等。

29. 铜(copper)

发现年代·发现者 古代。

发现途径及命名来由 铜是人类发现最早的金属之一，也是最好的纯金属之一。人类使用铜及其合金已有数千年历史。古罗马时期铜的主要开采地是塞浦路斯，因此最初得名 cyprium(意为塞浦路斯的金属)，后来变为 cuprum，这是英语 copper、法语 cuivre 和德语 kupfer 的来源。

存在和性质 铜在地壳中的含量约为 0.01%，个别铜矿床中铜的含量可达 3%～5%。铜是天然色泽不是灰色或银色的四种金属元素之一，另外三种是铯、金(黄色)和锇(蓝色)。自然界中的铜分为自然铜、氧化铜矿和硫化铜矿。铜多数以化合物即铜矿物存在，稍硬、极坚韧、耐磨损，有很好的延展性，导热和导电性能较好。铜和它的一些合金有较好的耐腐蚀能力，在干燥的空气中很稳定。在潮湿的空气中在其表面可以生成一层绿色的碱式碳酸铜 $Cu_2(OH)_2CO_3$，称为铜绿。可溶于硝酸和热浓硫酸，略溶于盐酸。容易被碱侵蚀。

铜的制备 从铜矿中开采出来的铜矿石，经过选矿成为含铜品位较高的铜精矿或称铜矿砂，铜精矿需要经过冶炼提成才能成为精铜及铜制品。用电解法可得纯铜(99.99%)，真空精馏得超纯铜(99.99999%)。

$$2CuFeS_2 + 2SiO_2 + 4O_2 = Cu_2S + 2FeSiO_3 + 3SO_2$$
$$Cu_2S + O_2 = 2Cu + SO_2$$

主要用途 铜在电气、电子工业中应用最广、用量最大，占总消耗量一半以上(图 7-42)。铜用于各种电缆和导线、电机和变压器、开关以及印刷线路板的制作。在机械和运输车辆制造中，铜用于制造工业阀门和配件、仪表、滑动轴承、模具、热交换器和泵等。在化学工业中铜广泛应用于制造真空器、蒸馏锅、酿造锅等。在国防工业中，铜用于制造子弹、炮弹、枪炮零件等，每生产 300 万发子弹，需用铜 13～14 t。在建筑工业中，铜用于各种管道、管道配件、装饰器件等。

铜雕建筑——雷峰塔

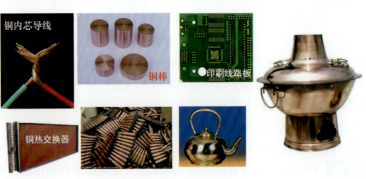

图 7-42 铜的一些应用

铜冶炼和青铜器

中国最早的铜器是在仰韶文化时期，距今已有 6000 余年。

30. 锌(zinc)

发现年代·发现者 中世纪 中国

发现途径及命名来由 1637 年的《天工开物》中详细记载了锌的生产方法。16 世纪后大量向欧洲出口。命名取意拉丁语"白色的薄层"(zinken)。

存在和性质 锌是一种常用有色金属,是古代铜、锡、铅、金、银、汞、锌 7 种有色金属中提炼最晚的一种。锌在自然界中多以硫化物状态存在。主要含锌矿物是闪锌矿。锌是一种蓝白色金属,室温下性较脆,100～150℃时变软,超过 200℃后又变脆。锌的化学性质活泼,在常温下的空气中,表面生成一层薄而致密的碱式碳酸锌膜,可阻止进一步氧化。当温度达到 225℃后,锌氧化激烈。燃烧时发出蓝绿色火焰。锌易溶于酸,也易从溶液中置换金、银、铜等。

锌的制备 将铁闪锌矿或闪锌矿在空气中煅烧成氧化锌,然后用炭还原即得锌(纯度较低);或将氧化锌和焦炭混合,在鼓风炉中加热至 1373～1573 K,使锌蒸馏出来(纯度约 98%);或用硫酸浸出成硫酸锌后,通过控制 pH,使锌溶解为硫酸锌而铁砷锑等杂质水解转化为沉淀进入浸出渣中,加入锌粉除去滤液里的铜镉等杂质,再用电解法将锌沉积出来,后者所制取的锌纯度较高(约 99.99%)。

主要用途 世界上锌的全部消费中大约有一半用于镀锌,约 10%用于黄铜和青铜,不到 10%用于锌基合金,约 7.5%用于化学制品,约 13%用于制造干电池(图 7-43),以锌饼、锌板形式出现。

银灰色金属锌

镀锌卷板和钢丝

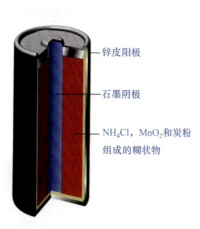

锌皮阳极

石墨阴极

NH_4Cl,MnO_2 和炭粉组成的糊状物

图 7-43 干电池的组成

7.4 31～40 号元素简介

31. 镓(gallium)

发现年代·发现者 1875 年 [法]德布瓦博德兰(L. de Boisbaudran)

发现途径及命名来由 检测闪锌矿样品的原子光谱时发现两条紫色谱线[83],后来经过电解其氢氧化钾溶液得到镓。德布瓦博德兰以"高卢"(gallia)为这个元素命名,在拉丁语中这是对法国高卢的称呼。也有人认为是运用不同语言的双关语而用他的名字(其中包含"lecoq")命名:lecoq 在法语中是"公鸡"(rooster)之意,而后者在拉丁语中又是"吊带"(gallus,与镓 gallium 相近)的意思。不过 1877 年德布瓦博德兰写文章否定了这个猜测[84]。

存在和性质 自然界中常以微量分散在铝矾土矿、闪锌矿等矿石中。金属镓是银白色金属,质软、性脆,在空气中表现稳定。加热可溶于酸和碱,与沸水反应剧烈,但在室温时仅与水略有反应。高温时镓能与大多数金属作用。各向异性显著。镓的熔点为 29.78℃,因此置于手心即会熔化,但镓沸点很高(2403℃),这

德布瓦博德兰

镓

一性质被用于制备温度计。已熔融的镓在温度下降到室温时，可保持液态达数日之久，如果继续降温，镓也可能保持过冷的液态，此时加入晶核或者对其震荡，即可重新回到固态；在液态转化为固态时，膨胀率为 3.4%，所以适宜贮藏于塑料容器中。镓能浸润玻璃，因此不宜存放于玻璃容器中。

镓的制备 镓是炼铝和炼锌过程中的一种副产品，然而从闪锌矿中得到的镓很少。大部分的镓萃取于拜耳法中粗炼的氢氧化铝溶液。通过汞电池的电解和氢氧化钠中汞齐的水解得到镓酸钠，再由电解得到镓。半导体镓则要用区域熔融技术提纯，或从熔融物中提取单晶(柴氏法，图 7-44)。99.9999%纯的镓已经能例行取得，并且在商业上有广泛应用[85]。

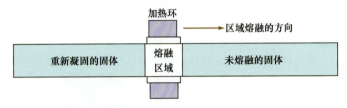

图 7-44 区域熔融原理示意图

主要用途 镓可用作光学玻璃、真空管、半导体的原料；装入石英温度计可测量高温(图 7-45)。加入铝中可制得易热处理的合金。镓和金的合金应用在装饰和镶牙方面。镓也用作有机合成的催化剂。

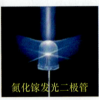

图 7-45 镓的一些应用

32. 锗(germanium)

发现年代·发现者 1886 年　[德]文克勒(C. Winkler)

发现途径及命名来由 在对硫银锗矿石进行化学分析时发现。从德国的拉丁文名 "germania" 命名新元素为 germanium(锗)，以纪念发现者文克勒的祖国。

文克勒

存在和性质 锗是由恒星核聚变所创造的，主要是透过渐近巨星分支上恒星内的 S-过程。S-过程是一种慢中子捕获过程，发生于脉冲红巨星中的轻元素[86]。在木星的大气层中能探测到锗[87]，在一些遥远的行星中也能探测到锗[88]。锗在地球的地壳丰度约为 1.6 ppm[89]。含锗量可观的矿石只有几种，如硫银锗矿、灰锗矿(briartitie)、硫锗铜矿(germanite)[89]及硫锗铁铜矿(renierite)，而它们都没有可供开采的矿床。一些锌铜铅矿体的含锗量较高，因此可以从它们最终的浓缩矿物中提取锗[90]。锗可由二氧化锗用碳还原制得，也可以从煤发生炉烟道中的灰尘中回收。粉末状锗呈暗蓝色，结晶状，为银白色脆金属；不溶于水、盐酸、稀苛性碱溶液；溶于王水、浓硝酸或硫酸、熔融的碱、过氧化碱、硝酸盐或碳酸盐；在空气中不被氧化；其细粉可在氯或溴中燃烧。

锗的制备 由硫化锗与氢共热或二氧化锗被碳还原制得。现代工业生产的锗主要来自铜、铅、锌冶炼的副产品，如从锗浓度达 0.3% 的闪锌矿制取。

主要用途 高纯度的锗是半导体材料。掺有微量特定杂质的锗单晶可用于制各种晶体管、整流器及其他器件。锗的化合物用于制造荧光板及各种能够让红外线透过的玻璃。它因高折射率和低色散，特别适用于广角镜、显微镜和光纤核心[91]。

红外线照相机

红外线望远镜

锗与人体健康

锗与人体健康关系密切，可用图 7-46 表示。

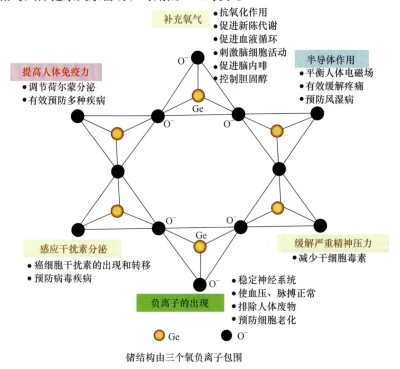

图 7-46　锗与人体健康说明

麦格努斯

33. 砷(arsenic)

发现年代·发现者　1250 年　[罗马]麦格努斯(A. Magnus)

发现途径及命名来由　一般认为由雄黄与肥皂共热而得。中国人很早就广泛使用砷的化合物：雌黄 As_2S_3，雄黄 As_4S_4 和砒霜(As_2O_3)。三者都曾被用于中药，雌黄更是古代东西方均广泛使用的金黄色颜料，也可用于修改错字，故有"信口雌黄"之说。英文中的 arsenic(砷)一词最初源自叙利亚文中的雌黄一词。

存在和性质　自然界中处处有砷，如火山喷发、含砷的矿石。主要以硫化物矿形式在自然界存在，有雄黄、雌黄、砷黄铁矿(FeAsS)等。有黄、灰、黑褐三种同素异形体，其中灰色晶体具有金属性，脆而硬，具有金属般的光泽，并善于传热导电，易被捣成粉末。游离的砷相当活泼，在空气中加热至约 200℃时有荧光出现，于 400℃时会有一种带蓝色的火焰燃烧，并形成白色的氧化砷烟。游离元素易与氟和氮化合，在加热情况下易与大多数金属和非金属发生反应。不溶于水，

砷在空气中燃烧

雄黄

溶于硝酸和王水，也能溶解于强碱生成砷酸盐。

砷的制备 由三氧化二砷用碳还原而制得。

主要用途 砷作合金添加剂生产铅制弹丸、印刷合金、黄铜(冷凝器用)、蓄电池栅板、耐磨合金、高强结构钢及耐蚀钢等。黄铜中含有一定量砷时可防止脱锌。高纯砷是制取半导体砷化镓、砷化铟等的原料，也是半导体材料锗和硅的掺杂元素，这些材料广泛用作二极管、发光二极管、红外线发射器、激光器等。砷的化合物还用于制造农药、防腐剂、染料和医药等。

砷的中毒和砷的分析 发砷含量达到 $0.06\ \mu g\cdot g^{-1}$ 以上为中毒。有以下两种检验方法。

马氏试验(Marsh test)

$$As_2O_3+6Zn+12HCl == 2AsH_3+6ZnCl_2+3H_2O$$

$$2AsH_3 \xrightarrow[无O_2]{\triangle} 2As\downarrow +3H_2$$

(加热的玻璃管形成亮黑色"砷镜")

古氏试验(Gooch test)

$$2AsH_3+12AgNO_3+3H_2O == As_2O_3+12HNO_3+12Ag\downarrow(银镜)$$

34. 硒(selenium)

发现年代·发现者 1817 年 [瑞典]贝采利乌斯(J. J. Berzelius)

发现途径及命名来由 从硫酸厂的铅室底部的黏性物质中制得。命名取自月亮女神塞勒涅的名字，为月亮之意。因为它是一种固体非金属，故用石字部首，并赋予西字音译。

存在和性质 硒在地壳中的含量为 $0.05\times 10^{-6}\%$，通常极难形成工业富集。硒的赋存状态有以独立矿物形式存在、以类质同相形式存在和以黏土矿物吸附形式存在，是具有灰色金属光泽的固体。在已知的六种固体同素异形体中，三种晶体(α 单斜体、β 单斜体和灰色三角晶)是最重要的，还有三种以非晶态固体形式存在，其中包括红色和黑色两种无定形玻璃状的硒。硒在空气中燃烧发出蓝色火焰，生成 SeO_2；也能直接与各种金属和非金属反应，包括氢和卤素；不能与非氧化性的酸作用，但它溶于浓硫酸、硝酸和强碱中。溶于水的硒化氢能使许多重金属离子沉淀成为微粒状的硒化物。硒与氧化态为+1 的金属可生成两种硒化物，即正硒化物(M_2Se)和酸式硒化物($MHSe$)。正的碱金属和碱土金属硒化物的水溶液会使元素硒溶解，生成多硒化合物(M_2Se_n)，和硫能形成多硫化物相似。

硒的制备 还原硒的氧化物，得到橙色无定形硒；缓慢冷却熔融的硒，得到灰色晶体硒；在空气中让硒化物自然分解，得到黑色晶体硒。

主要用途 可以用作光敏材料、电解锰行业催化剂、动物体必需的营养元素和植物有益的营养元素等。用于夜间拍摄的电子照相机中的摄像管(电子倍增管)，其关键部件就是非晶态硒膜。

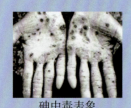

砷中毒表象

贝采利乌斯

硒的两种同素异形体

纯硒酒壶

富硒茶林

关于硒的传说

硒被国内外医药界和营养学界尊称为"生命的火种",享有"长寿元素""抗癌之王""心脏守护神""天然解毒剂"等美誉。硒在人体组织内含量为千万分之一,却决定了生命的存在,它对人类健康的巨大作用是其他物质无法替代的。缺硒会直接导致人体免疫能力下降,临床医学证明,威胁人类健康和生命的四十多种疾病都与人体缺硒有关,如癌症、心血管病、肝病、白内障、胰脏疾病、糖尿病、生殖系统疾病等。

食物补充:含硒丰富的食物有富硒大米、海鲜、蘑菇、鸡蛋、大蒜、银杏等。补硒的方法有很多,动物脏器、海产品、蛋、肉类等是硒的良好来源,多吃这些食物可以安全有效地补硒。

银杏

富硒大米

35. 溴(bromine)

发现年代·发现者 1825 年 [法]巴拉尔(A. J. Balard)

发现途径及命名来由 从饱和氯的海苔灰溶液中分离出溴。命名来自希腊文 βρῶμος(公山羊的恶臭),意为"恶臭"(bromos)。日文中便将之意译为"臭素"。汉语中的"溴"字原出处为《荀子·劝学篇》"兰槐之根是为芷,其渐之滫,君子不近"。这里的溴也作滫,是指臭水。

存在和性质 溴是唯一在室温下呈液态的非金属元素。溴的双原子分子 Br_2 不会自然存在,溴主要是以溴盐的形式散布在地壳中。地球上 99%的溴元素以 Br^- 的形式存在于海水中,含量约 65 ppm,所以人们也把溴称为"海洋元素"。溴分子在标准温度和压力下是有挥发性的红棕色液体。纯溴也称溴素。溴蒸气具有腐蚀性,并且有毒。溴微溶于水,但对二硫化碳、有机醇类(如甲醇)和有机酸的溶解度佳。溴很容易与其他原子(贵金属之外的金属)键合。

溴的制备 在溴含量丰富的卤井与死海(溴含量接近 50000 ppm)中商业开采[91]。

实验室制法:将氢溴酸(或溴化钠或溴的化合物)和过氧化氢混合,溶液变为橙红色(有溴生成),此时将其蒸馏就得到纯度很高的液溴。

$$2HBr+H_2O_2 == Br_2 + 2H_2O$$

工业制法:向海水中通氯气

$$2Br^-(aq) + Cl_2(g) == 2Cl^-(aq) + Br_2(g)$$

$$3Br_2+3Na_2CO_3 == 5NaBr + NaBrO_3 + 3CO_2$$

$$5HBr + HBrO_3 == 3Br_2 + 3H_2O$$

主要用途 由溴制造的有机化学产品用作阻燃剂、灭火剂、催泪毒剂、吸入性麻醉剂和染料。溴和溴化合物用于催化剂、消毒剂、药物、照相业、人工造雨等(图 7-47)。

巴拉尔

气体/液体:红棕色
固体:带金属光泽

36. 氪(krypton)

发现年代·发现者 1898 年 [英]莱姆赛(W. Ramsay),[英]特拉弗斯(M. W. Travers)

在死海的盐蒸发区,约旦(右)与以色列(左)在此生产溴

莱姆赛

特拉弗斯

氟化氪晶体照片

氪灯

本生

图 7-47　溴的一些用途

发现途径及命名来由　用光谱分析大量液态空气蒸发后的残余物时发现。它命名为 krypton，"隐藏"之意。

存在和性质　地球形成初期时存在的惰性气体至今仍然存在，氦是个例外，因为氦原子非常轻，移动速度也足以逃逸出地球的重力。大气中现存的氦原子是由地球上钍和铀的裂变产生的。氪在大气中的浓度为 1 ppm，可经分馏从液态空气中分离，是一种惰性气体元素，无色、无臭，存在于空气中，在空气中占百万分之一(以体积计)，不易与其他元素化合，能吸收 X 射线。1963 年 A. G. Streng 首先用低温放电法成功合成 KrF_2(图 7-48)[92]。

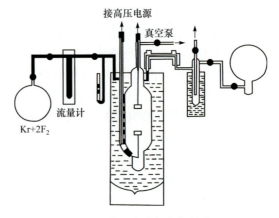

图 7-48　放电合成氟化氪的装置

氪的制备　在制氧或氮时，可从大型的空气液化分离塔内蒸馏出的混合物中分离而制得。

主要用途　可用作 X 射线的屏蔽材料，亦可用来填充灯泡(氪气不导热，装在炽热灯泡内能够延长钨丝的使用寿命)。氪灯只发射红光，单色性很好。氪的同位素还被用来测量脑血流量等。氪-83 在磁共振成像中有应用，尤其是可用于分辨憎水和亲水的表面[93]。在 X 射线计算机断层成像中，使用氙和氪的混合物比单独使用氙的效果好[94]。

37. 铷(rubidium)

发现年代・发现者　1861 年　[英]本生(R. Bunsen)，[德]基尔霍夫(G. Kirchhoff)

发现途径及命名来由 光谱分析发现鳞云母提取物中有特殊红色谱线而发现。命名意为"红色"(rubidus)[95]。

存在和性质 铷无单独工业矿物，在地球地壳中的丰度在所有元素中排第 23 位。它自然出现在白榴石、铯榴石、光卤石和铁锂云母等矿物中，氧化铷大约占这些矿物的 1%。锂云母中的铷含量为 0.3%～3.5%，是铷的主要商业来源。某些含钾矿物和氯化钾都会含有不少的铷元素，有商业开采价值。铷在海水中的平均浓度为 125 μg·L^{-1}。铷为银白色蜡状金属，质软而轻，其化学性质比钾活泼；在光的作用下易放出电子；遇水起剧烈作用，生成氢气和氢氧化铷；易与氧作用生成氧化物。铷遇水反应放出大量热，因此可使氢气立即燃烧。纯金属铷通常存储于煤油中。

铷的制备 用金属热还原法以钙还原氯化铷，用镁或碳化钙还原碳酸铷，均可制得金属铷。

主要用途 铷是制造电子器件(光电倍增管、光电管)、分光光度计、自动控制、光谱测定、彩色电影、彩色电视、雷达、激光器以及玻璃、陶瓷、电子钟等的重要原料；在空间技术方面，离子推进器和热离子能转换器需要大量的铷；铷的氢化物和硼化物可作高能固体燃料；放射性铷可测定矿物年龄。原子钟的共振元件可以利用铷的能级的超精细结构，因此铷已被应用在高精度计时上。补充铷元素可能可以舒缓抑郁症[96]。

基尔霍夫

美国海军天文台的铷喷泉原子钟

38. 锶(strontium)

发现年代·发现者 1808 年　[英]戴维(S. Davy)

发现途径及命名来由 克劳福德研究从铅矿洞里采的新矿时发现了"锶土"，戴维电解由锶矿制得的电解质得到金属锶。为纪念发现地英格兰的 Strontian 村而命名。

存在和性质 锶通常存在于自然之中，是地球上第 15 大蕴藏量最丰富的元素，估计在地壳中每一百万个原子中就有约 360 个锶原子，海水中的锶平均含量为 8 mg·L^{-1}。锶是碱土金属中丰度最小的元素，其主要的矿物有天青石和碳酸锶矿。锶是一种银灰色金属，比钙软，遇水更易起反应，并产生氢氧化锶和氢气。锶在空气中燃烧，会产生氧化锶和氮化锶，但在 380℃以下不与氮发生反应，因此在室温下自动生成的只有氧化锶。关于金属锶，目前发现有三种同素异形体存在，其转换点为 235℃和 540℃。质量数为 90 的锶是一种放射性同位素，可作β射线放射源，半衰期为 25 年。钡、锶、钙和镁同是碱土金属，也是地壳中含量较多的元素。锶为银白色软金属，化学性质活泼，于空气中加热时能燃烧；易与水和酸作用而放出氢；到金属锶熔点时即燃烧而呈洋红色火焰。

锶的制备 利用铝从氧化锶中还原出金属锶，将锶从混合物中蒸发出来，或者将氯化锶溶液放入熔化的氯化钾中电解后可还原出金属锶，电解熔融的氯化锶也可制得。

主要用途 用于制造合金、光电管、烟火等。锶产量的 75%用于彩色电视机内的玻璃阴极射线管。它可以防止 X 射线辐射。^{87}Sr/^{86}Sr 比例可用于确定古代材料的起源。牙齿中的 ^{87}Sr/^{86}Sr 比例也可用于推断动物迁移路线或者用于犯罪法证。

金属锶

锶的洋红色火焰

加多林

银灰色钇

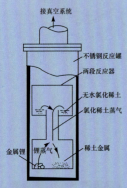

锂还原 YCl_3 装置

克拉普罗特

银白色金属锆

39. 钇(yttrium)

发现年代·发现者 1794 年 [芬兰]加多林(J. Gadolin)

发现途径及命名来由 1787 年，阿伦尼乌斯(C. A. Arrhenius)在瑞典伊特比(Ytterby)附近发现了一种新的矿石，即硅铍钇矿，并根据发现地村落的名称将它命名为"ytterbite"。加多林在 1789 年于阿列纽斯的矿物样本中发现了氧化钇。埃克贝格(A. G. Ekeberg)把这一氧化物命名为"yttria"。维勒在 1828 年首次分离出钇的单质。

存在和性质 钇元素出现在大部分稀土矿和某些铀矿中，但从不以单质出现。钇在地球地壳中的丰度约为百万分之 31，在所有元素中排第 28 位，是银丰度的 400 倍。泥土中的钇含量介于百万分之 10 至百万分之 150 间(去水后平均质量占百万分之 23)，在海水中含量为一兆(万亿)分之 9。钇在化学性质上与稀土相似，且与稀土在一些矿石(如硅铍钇矿、磷钇矿、钇铌钽铁矿、黑稀金矿)中共存，通常包括在稀土金属中。钇为灰色金属，有金属光泽。在空气中成块的纯钇表面会形成保护性氧化层(Y_2O_3)，这种"钝化"过程使它相对稳定。在水汽中加热至 750℃时，保护层的厚度可达 10 μm。但钇粉末在空气中很不稳定，其金属屑在 400℃以上的温度在空气中就可以燃烧。钇金属在氮气中加热至 1000℃后会形成氮化钇(YN)；与热水能发生反应，易溶于稀酸。

钇的制备 钇的化学性质与镧系元素非常相似，所以经过各种自然过程，这些元素都一同出现在稀土矿中。因此，它的制备与稀土元素相同，如可用活泼金属还原而制得。

主要用途 可制特种玻璃和合金。钇铁石榴石 $Y_3Fe_5O_{12}$ 用于微波技术及声能换送，掺铕的钒酸钇 YVO_4：Eu 及掺铕的氧化钇 Y_2O_3：Eu 用作彩色电视机的荧光粉。金属钇在合金方面用作钢铁精炼剂、变质剂等。添加少量的钇(0.1%～0.2%)可以降低铬、钼、钛和锆的晶粒度。它也可以增强铝合金和镁合金的材料强度。在合金中加入钇，可以降低加工程序的难度，使材料能抵抗高温再结晶，并且大大提高对高温氧化的抵御能力。钇-90 是一种放射性同位素，被用在依多曲肽及替伊莫单抗等抗癌药物中，可治疗淋巴癌、白血病、卵巢癌、大肠癌、胰腺癌和骨癌等。

40. 锆(zirconium)

发现年代·发现者 1789 年 [德]克拉普罗特(M. H. Klaproth)

发现途径及命名来由 仔细分析斯里兰卡锆矿石发现锆土，后于 1824 年由贝采利乌斯用金属钾还原氧化锆而得。命名由"宝石"(zerk)而来。锆石的字源来自波斯语زرگون(zargun)，字面意思为"金色之光"。

存在和性质 含锆的天然硅酸盐矿石被称为锆石(zircon)或风信子石(hyacinth)，广泛分布在自然界中，呈浅灰色。锆的表面易形成一层氧化膜，具有光泽，故外观与钢相似。具有惊人的抗腐蚀性能、极高的熔点、超高的硬度和强度等特性，可溶于氢氟酸和王水；高温时，可与非金属元素和许多金属元素反应，生成固体溶液化合物。

锆的制备 目前生产锆的原料主要是锆英砂。工业上用镁还原四氧化锆制纯锆。

主要用途 锆不易腐蚀，主要在核反应堆用作燃料棒的护套材料，以及用作抗腐蚀的合金。由于锆的中子截面积非常小，中子几乎可以完全透过锆，因此锆合金在核裂变反应堆中可以作为核燃料的包覆管结构材料，如锆2和锆4合金。唯一的缺点是到1260℃以上时会与水蒸气反应产生氢气，造成氢爆。锆也用在X射线衍射仪器，当使用钼靶时，利用锆过滤其他不需要的频率。

在有机化学中，锆是过渡金属参与的有机合成方法学研究中比较新颖的一种金属，锆可以和碳形成五元环或者六元环，然后被其他基团进攻而离去，从而构筑有机物的骨架。利用锆化学的方法可以合成很多新奇的化合物，如中国科学院上海有机化学研究所刘元红研究组，曾经通过合成锆的化学方法分离出连五烯结构化合物立方氧化锆，其莫氏硬度可达8.5。

锆是发展原子能工业不可缺少的材料，可作反应堆芯结构材料。锆粉可用于引爆雷管及无烟火药，还可用于优质钢脱氧去硫的添加剂，也是装甲钢、大炮用钢、不锈钢及耐热钢的组元。锆在加热时能大量地吸收氧、氢、氨等气体，是理想的吸气剂，如电子管中用锆粉作除气剂，用锆丝锆片作栅极支架、阳极支架等。

7.5　41～50号元素简介

41. 铌(niobium)

发现年代·发现者 1801年　[英]哈契特(C. Hatcheff)

发现途径及命名来由 分析北美洲新英格兰产的黑色矿石时发现。用希腊神话中坦塔洛斯的女儿尼俄伯(Niobe，泪水女神)命名。"columbium"(钶，符号Cb[97])是哈契特对新元素的最早命名。这一名称在美国一直有广泛的使用，美国化学学会在1953年出版了最后一篇标题含有"钶"的论文[98]；"铌"则在欧洲通用。1949年在阿姆斯特丹举办的化学联合会第15届会议最终决定以"铌"作为第41号元素的正式命名[99]。翌年，国际纯粹与应用化学联合会(IUPAC)也采纳了这一命名，结束了一个世纪的命名分歧。

哈契特

灰白色金属铌，氧化后呈蓝色

存在和性质 铌在地壳中的含量为0.002%，主要矿物有铌铁矿、烧绿石和黑稀金矿、褐钇铌矿、钽铁矿、钛铌钙铈矿。铌为灰白色金属，室温下在空气中稳定，在氧气中红热时也不被完全氧化，高温下与硫、氮、碳直接化合，能与钛、锆、铪、钨形成合金；不与无机酸或碱作用，也不溶于王水，但可溶于氢氟酸。铌在低温状态下会呈现超导体性质。在标准大气压力下，它的临界温度为9.2 K，是所有单质超导体中最高的[100]。

铌的制备 金属铌可用电解熔融的七氟铌酸钾制取，也可用金属钠还原七氟铌酸钾或金属铝还原五氧化二铌制取。

主要用途 90%用于制造优质钢材，其次为高温合金。用于超导体合金以及电子元件的铌只占产量的小部分。纯铌在电子管中用于除去残留气体，钢中掺铌能提高钢在高温时的抗氧化性，改善钢的焊接性能。铌还用于制造高温金属陶瓷。铌能吸收气体，用作除气剂，也是一种良好的超导体。

化学元素新论

什么是超导体?

1911年,昂内斯(H. K. Onnes)首次观察到超导现象。超导性往往出现在组成处于金属导电相与半导体(或绝缘体)相的交界区,如 $BaPb_{1-x}Bi_xO_3$(图 7-49)。他在将汞冷却到 4.2 K 以下温度时,发现金属汞的电阻突然降低到极小值(图 7-50)。超导体都具有两个突出的性质:临界温度以下的电阻为零,显示迈斯纳(Meissner)效应(图 7-51)。人们熟知的磁悬浮列车和核磁共振成像技术就是超导技术的实际应用。

昂内斯

超导磁悬浮列车

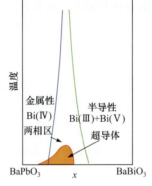

图 7-49 $BaPbO_3$-$BaBiO_3$ 相图

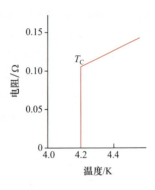

图 7-50 汞的电阻-温度曲线

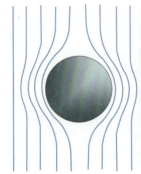

图 7-51 超导体的排斥磁场效应

42. 钼(molybdenum)

发现年代·发现者 1782 年 [瑞典]舍勒(K. W. Scheele)

发现途径及命名来由 舍勒从辉钼矿中提取出了氧化钼,受舍勒的启发,1781 年他的朋友同是瑞典人的海基尔姆把钼土用"碳还原法"分离出新的金属钼。命名意为"铅"(molybdos),因辉钼矿外表与铅相似。Molybdenum 来自新拉丁语 molybdaenum。

存在和性质 钼在地球上没有自然金属的形态,但是在矿物中以各种氧化物的形式出现,主要以软的黑色矿物天然辉钼矿 MoS_2 存在。在单体元素形式中,钼是一种灰色金属,呈灰口铸铁颜色,硬而坚韧,在所有元素中熔点排名第六高。它很容易在合金中形成坚硬、稳定的碳化物,因此世界上大多数(约 80%)钼产品都被用作某种铁合金,包括高强度合金和高温合金。

舍勒

金属钼的制备 将辉钼矿精矿氧化为三氧化钼，后用氢气还原制得。

$$2MoS_2 + 7O_2 \xrightarrow{\triangle} 2MoO_3 + 4SO_2$$

$$\xrightarrow{600℃\ H_2} Mo$$

灰色金属钼

辉钼矿

主要用途 钼是一种稀有金属，纯金属钼和钼合金具有强度大、耐高温、耐磨损、耐腐蚀等多种优点，广泛应用于冶金、机械、化工、军工、电光源、润滑剂、航空航天等领域。

钼合金

钼与人体健康

人体各种组织都含钼，成人体内总量为 9 mg，肝、肾中含量最高。钼在机体中的主要功能是参与硫、铁、铜之间的相互反应(图 7-52)。

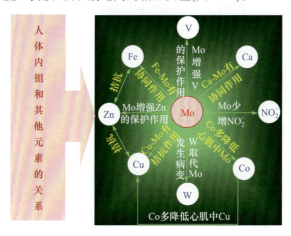

图 7-52 人体内钼和其他元素之间的关系

佩里尔

43. 锝(technetium)

发现年代·发现者 1937 年 [意大利]佩里尔(C. Perrier)，[意大利]塞格雷(G. Segré)

发现途径及命名来由 1936 年，塞格雷在美国先后访问了哥伦比亚大学和劳伦斯伯克利国家实验室。他向回旋加速器的发明者劳伦斯要一些回旋加速器上带有放射性的废弃部件。于是劳伦斯给他寄了一些曾用作回旋加速器偏向板的钼箔。塞格雷在同事佩里尔的协助下，用化学方法证明钼箔的放射性来源于一种原子序数为 43 的新元素[101]。1947 年，43 号元素根据希腊语 τεχνητός 命名为锝，意为"人造"。

存在和性质 1962 年，B. T. Kenna 及 P. K. Kurod 在非洲的一个八水化三铀矿中，从铀-238 的裂变物中找到了微量的锝-99。锝在空气中加热到 500℃时，燃烧生成溶于水的 Tc_2O_7，在氟气中燃烧生成 TcF_5 和 TcF_6 的混合物，与氯气反应生成 $TcCl_4$ 和其他含氯化合物的混合物，与硫反应生成 TcS_2，不与氮气反应，不溶于氢卤酸或氨性 H_2O_2 中，但溶于中性或酸性的 H_2O_2 溶液中。

塞格雷

金属锝的制备 锝-97 可以从氘轰击钼所得，锝-99 可以从铀之裂变作用所得。用氢在 500～600℃还原硫化锝(Tc_2S_7)或过锝酸铵，可得金属锝。在硫酸溶液中电解过锝酸铵也可析出金属锝。

铀矿中含有痕量的锝

克劳斯

银白色金属钌

存储介质含有钌

|主要用途| 同位素 Tc-97 半衰期为 260 万年，故用于化学研究。过锝酸盐是钢的良好缓蚀剂。锝在冶金中用作示踪剂，还用于低温化学及抗腐蚀产品中，亦用作核燃料燃耗测定。锝是在诊断骨癌是否转移而进行射线检查时要用的一种药剂。

44. 钌(ruthenium)

|发现年代·发现者| 1844 年　[俄]克劳斯(K. E. Claus)

|发现途径及命名来由| 德裔俄国科学家从乌拉尔铂矿渣里制得氯钌化铵，并经煅烧制得钌。为纪念他的祖国俄国而命名。

|存在和性质| 钌是铂系元素中在地壳中含量最少的一个，也是铂系元素中最后被发现的一个，是硬而脆、呈浅灰色的多价稀有金属元素。钌的化学性质很稳定，在温度达 100℃时，对普通的酸包括王水在内均有抗御力，对氢氟酸和磷酸也有抗御力。在室温时，氯水、溴水和醇中的碘能轻微地腐蚀钌。钌对很多熔融金属包括铅、锂、钾、钠、铜、银和金有抗御力，与熔融的碱性氢氧化物、碳酸盐和氰化物起作用。低温时，钌的延性较差，即使纯粹单晶也很容易弯曲。金属钌可用电弧或电子束熔化。钌通常加热至 1500℃时才能加工成细丝或薄板。

|金属钌的制备| 由铂金属的自然合金中提取钌。

|主要用途| 钌是极好的催化剂，用于氢化、异构化、氧化和重整反应中。纯金属钌用途很少。它是铂和钯的有效硬化剂。用它制造电接触合金，以及硬磨硬质合金等。计算机外存储器硬盘内的存储介质含有钌，钌可增大存储量。

45. 铑(rhodium)

伍拉斯顿

蓝色仿钻镀铑戒指

铑铂热电偶

|发现年代·发现者| 1774 年　[英]伍拉斯顿(W. H. Wollaston)

|发现途径及命名来由| 在处理铂矿时，从粗铂矿里分离出一种玫瑰色的复盐结晶，用氢气还原而得到金属。命名由希腊语"玫瑰"(rhoden)而来。

|存在和性质| 铑几乎完全以单质状态存在，高度分散在各种矿石中，如原铂矿、硫化镍铜矿、磁铁矿等。铑是银白色金属，质极硬，耐磨，也有相当的延展性。在中等的温度下，它也能抵抗大多数普通酸(包括王水在内)；在 200～600℃可与热浓硫酸、热氢溴酸、次氯酸钠和游离卤素起化学反应；不与许多熔融金属如金、银、钠和钾以及熔融的碱反应。

|铑的制备| 铑存在于铂矿中，在精炼过程中可以集取而制得。

|主要用途| 铑用作高质量科学仪器的防磨涂料和催化剂，铑铂合金用于生产热电偶，也用于镀在车前灯反射镜、电话中继器、钢笔尖、内燃机车辆的触媒转换器上等。威尔金森催化剂是一种铑的配合物，可用于烯烃的氢化还原。在核反应中用含铑的探测仪测量中子流水平。铑还可用于首饰、装饰品以及高级音响用端子的镀层，一般先镀一层银再镀一层铑，因铑的惰性能达到防止氧化、抗磨损的效果。

46. 钯(palladium)

发现年代·发现者 1803 年　[英]伍拉斯顿(W. H. Wollaston)

银白色金属钯

发现途径及命名来由 钯与铑同时发现，为纪念当时发现的一颗小行星——巴拉斯，以希腊神话中的智慧女神(Pallas)而命名。

存在和性质 在地球上的储量稀少，采掘冶炼较为困难。在地壳中的含量为 $1 \times 10^{-6}\%$，常与其他铂系元素一起分散在冲积矿床和砂积矿床的多种矿物(如原铂矿、硫化镍铜矿、镍黄铁矿等)中。独立矿物有六方钯矿、钯铂矿、一铅四钯矿、锑钯矿、铋铅钯矿、锡钯矿等。钯为银白色具有延展性的过渡金属，较软，有良好的延展性和可塑性，能锻造、压延和拉丝。块状金属钯对氢有巨大的亲和力，比其他任何金属都能吸收更多的氢，在室温和 1 个大气压下所吸取的氢可达钯本身体积的 800 多倍(图 7-53)，使体积显著胀大，变脆乃至破裂成碎片。钯的化学性质不活泼，常温下在空气和潮湿环境中稳定，加热至 800℃，钯表面形成一氧化钯薄膜。钯能耐氢氟酸、磷酸、高氯酸、盐酸和硫酸蒸气的侵蚀，但易溶于王水和热的浓硫酸及浓硝酸。熔融的氢氧化钠、碳酸钠、过氧化钠对钯有腐蚀作用。

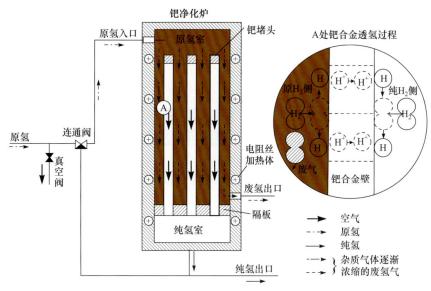

图 7-53　钯合金透氢原理示意图

钯的制备 可由铂金属的自然合金分出；性质像铂，可在铜及镍的矿石中提炼。在实验室经常把一氧化碳通入稀氯化钯溶液中制取钯。

主要用途 在化学中主要作催化剂；钯与钌、铱、银、金、铜等熔成合金，可提高钯的电阻率、硬度和强度，用于制造精密电阻、珠宝饰物等。

钯催化剂

含钯催化剂的种类很多，大多应用于石油化工中的催化加氢和催化氧化等反应过程中，如制备乙醛、吡啶衍生物、乙酸乙烯酯及多种化工产品的反应过程。汽车排气净化常以氧化铝载铂，硝酸生产氨氧化反应常用含钯的铂网催化剂。

路易斯酸本身不能催化苯酚加氢生成环己酮的反应，但可以大幅度提高钯催

汽车排气净化装置

化此反应的速率，同时可以有效地抑制产物环己酮被进一步加氢生成副产物的反应：

金锭

银锭

银元宝

什么是贵金属？

物以稀为贵。钌、铑、钯、锇、铱、铂 6 种元素在地壳中的含量都非常少。除了铂在地壳中的含量为亿分之五、钯在地壳中的含量为亿分之一外，钌、铑、锇、铱 4 种元素在地壳中的含量都只有十亿分之一。又由于它们多分散于各种矿石中，很少形成大的聚集，所以价格昂贵。这 6 种元素在化学上称作铂系元素，加上银和金，就是贵金属(图 7-54)。

图 7-54　贵金属在周期表中的位置

47. 银(silver)

发现年代·发现者　古代

发现途径及命名来由　命名源于拉丁文 argentum，意为"浅色、明亮"。因为银的活性低，其元素形态易被发现也易提取，在古时的中国和西方分别已被认定为五金和炼金术七金之二，仅于金之后一名。古代西方的炼金术和占星术也有将金属中的银与七曜中的月联结，又为金和日之后一名。

存在和性质　在地壳中的含量很少，仅占 0.07 ppm，有单质的自然银存在，但主要是化合物状态。有很好的柔韧性和延展性，延展性仅次于金，能压成薄片，拉成细丝。1 g 银可以拉成 1800 m 的细丝，可轧成厚度为 1/100000 mm 的银箔，是导电性和导热性最好的金属。银的活泼性比铜差，常温下甚至加热时也不与水和空气中的氧作用。银不能与稀盐酸或稀硫酸反应放出氢气，但能溶解在硝酸或热的浓硫酸中，具有很好的耐碱性能，不与碱金属氢氧化物和碱金属碳酸盐发生作用。

古代灰吹法炼银

银的制备　可用锌还原法制成细的金属银粉。

$$4Ag + 8NaCN + 2H_2O + O_2 = 4Na[Ag(CN)_2] + 4NaOH$$

$$2[Ag(CN)_2]^- + Zn = [Zn(CN)_4]^{2-} + 2Ag$$

主要用途　用于制银饰、合金、焊药、银箔、银盐、化学仪器等，并用于制银币和底银等方面。

银针试毒

银在生物中的作用

银的离子以及化合物对某些细菌、病毒、藻类以及真菌显现出毒性，但对人体却几乎是无害的。银的这种杀菌效应使得它在活体外就能够将生物杀死，但长期接触银金属和无毒银化合物也会引起银质沉着症(argyria)。因为身体色素产生变化，皮肤表面会显出灰蓝色，虽无毒性，但会影响形象。

银作为效用广泛的抗菌剂正在进行新的应用。其中一方面就是将硝酸银溶于海藻酸盐中，用于防止伤口的感染，尤其是烧伤伤口的感染。市售有表面镀银的玻璃杯，这种杯子号称具有良好的抗菌性。除此之外，美国食品药品管理局(FDA)曾审批通过了一种内层镀银的导气管的应用，因为研究表明这种导气管能够有效降低导气管型肺炎。

生成汞金

金器、银器为什么会发黑？

足金足银首饰局部变白发黑的原因：当足金首饰接触到汞时，会很快生成一种白色的汞金化合物附着在首饰表面，但当将发白处放在酒精灯上灼烧时，白色又会很快消失。医务工作者因经常与血压表、体温表接触，佩戴足金首饰时，常常会遇到这种现象。

生成黑色硫化银

足银首饰遇到硫(S)，会生成一种黑色的硫化银物质，使银首饰表面发黑。如戴银首饰的人用硫磺香皂沐浴时，就有可能会出现银首饰变黑的现象。

48. 镉(cadmium)

发现年代·发现者 1817 年　[德]斯特罗迈耶(F. Strohmeyer)

发现途径及命名来由 从不纯的氧化锌中分离出褐色粉，后与木炭共热而得镉。因发现的新金属存在于锌中，根据含锌的矿石——菱锌矿的名称 calamine 而命名。

斯特罗迈耶

存在和性质 镉在自然界中主要以硫镉矿存在，也有少量存在于锌矿中。镉为银白色有光泽的金属，有韧性和延展性；在潮湿空气中缓慢氧化并失去金属光泽，加热时表面形成棕色的氧化物层；高温下镉与卤素反应激烈，形成卤化镉。镉也可与硫直接化合，生成硫化镉；可溶于酸，但不溶于碱。

镉的制备 可用多种方法从含镉的烟尘或镉渣(如煤或炭还原，或硫酸浸出法和锌粉置换)中获得金属镉。进一步提纯可用电解精炼和真空蒸馏。可由电解氯化镉水溶液制取镉金属。

银白色有光泽金属的镉

主要用途 镉主要用于钢、铁、铜、黄铜和其他金属的电镀，并用于制造体积小和电容量大的电池。其化合物还大量用于生产颜料和荧光粉。硫化镉、硒化镉、碲化镉用于制造光电池。

什么是"痛痛病"？

起源于日本富士县，20 世纪初期开始，人们发现该地区的水稻普遍生长不良。1931 年又出现了一种怪病，患者大多是妇女，病症表现为腰、手、脚等关节疼痛。病症持续几年后，患者全身各部位会发生神经痛、骨痛现象，行动困难，甚至呼吸都会带来难以忍受的痛苦。到了患病后期，患者骨骼软化、萎缩，四肢弯曲，脊柱变形，骨质松脆，就连咳嗽都能引起骨折。患者不能进食，疼痛无比，常常大叫"痛死了！痛死了！"，有的人因无法忍受痛苦而自杀。这种病由此得名为

镉污染的传播

中国"镉污染"形势严峻

黑木耳可以预防镉中毒

赖希

银白色金属铟

"骨癌病"或"痛痛病",实际上这就是镉中毒。

镉中毒主要是吸入镉烟尘或镉化合物粉尘引起。一次大量吸入可引起急性肺炎和肺水肿;慢性中毒引起肺纤维化和肾脏病变。接触镉的工业有镉的冶炼、喷镀、焊接和浇铸轴承表面,核反应堆(镉棒或覆盖镉的石墨棒作为中子吸收剂)、镉蓄电池和其他镉化合物制造等。

根据污水综合排放相关标准,镉属于第一类污染物,工业排放污水中总镉最高允许排放浓度为 $0.01\ mg\cdot L^{-1}$(GB18918—2002)。

49. 铟(indium)

发现年代·发现者 1863 年 [德] 赖希(F. Reich),[德] 里希特(H. T. Richter)

发现途径及命名来由 用光谱法研究闪锌矿时发现新元素的靛青色明亮谱线,后用木炭、氧化铟、苏打制得。命名意为"靛蓝色"。

存在和性质 自然界中从未发现过游离态的铟单质,铟一般以很低的浓度(0.1 ppm)分布在自然界中,和银大致相同。只是最近才确证了独立的稀有的铟矿物(如 $InFeS_4$、$InCuS_2$)存在。在地壳中的含量为 $1\times10^{-5}\%$,绝大部分铟都分散在其他矿物中,主要是含硫的铅、锌矿物,在闪锌矿和其他矿石中有很小量存在。铟的全球储量为 1.6~1.9 万吨,中国储量就约有 1.3 万吨,其中云南储量最多,占比超过八成,因此中国是全球金属铟第一大国。铟为银白色并略带淡蓝色的金属,很软,可塑性强,有延展性。铟比铅还软,即使在液态氮的温度下,用指甲可以轻易地留下划痕。和镓一样,铟能浸润玻璃。从常温到熔点之间,铟与空气中的氧作用缓慢,表面形成极薄的氧化膜,温度更高时,与氧、卤素、硫、硒、碲、磷作用。大块金属铟不与沸水和碱反应,但粉末状的铟可与水作用,生成氢氧化铟。铟与冷的稀酸作用缓慢,易溶于浓热的无机酸和乙酸、草酸。铟能与许多金属形成合金,与卤素化合时能形成一卤化物和三卤化物。

铟的制备 提取工艺以萃取-电解法为主。铟和硫在 620℃与硫蒸气反应产生硫化亚铟(In_2S),该化合物在 740℃歧化,得到一硫化铟(InS)和铟单质[102]。

主要用途 因其光渗透性和导电性强,主要用于生产 ITO 靶材(用于生产液晶显示器和平板屏幕),也用于电子半导体领域、焊料和合金。金属铟是关系到国家安全的战略性金属,与其他材料合成后,往往会显著改善原有材料性能,具有重要军事价值。

50. 锡(tin)

发现年代·发现者 古代

发现途径及命名来由 取自拉丁文 stannum 的缩写,有"坚硬"之意。锡是人类知道最早的金属之一,从古代开始它就是青铜的组成成分之一。在埃及第十八王朝(公元前 1580 年~公元前 1350 年)的坟墓中发现有锡环和朝圣瓶。中国人开采锡大约在公元前 700 年,于战国时期就开始用作武器的主要材料,无锡即以此命名,相传无锡于战国时期盛产锡,到了锡矿用尽之时,人们就以无锡来命名这个地方,作为天下没有战争的寄望。

马来西亚皇家锡制烛台

存在和性质 在地壳中锡比较稀少，只占地壳的百万分之二。主要以二氧化物(锡石)和各种硫化物(硫锡石)的形式存在。锡是略带蓝色的白色光泽的低熔点金属，在化合物内是二价或四价。在空气中锡的表面生成二氧化锡保护膜而稳定，加热时氧化反应加快；与卤素加热反应生成四卤化锡；也能与硫反应；对水稳定，能缓慢溶于稀酸，较快溶于浓酸中；能溶于强碱性溶液；在氯化铁、氯化锌等盐类的酸性溶液中会被腐蚀。

锡是一种可延展、柔软、高度结晶状的银白色金属。当锡棒被弯曲时，由于锡晶体是孪晶，可以听到被称之为锡鸣的爆裂声[103]。锡在温度达到 3.72 K 以下时成为超导体[104]。

锡的制备 将锡矿与硫化钠、炭粉混合在高温下进行烧结，烧结过程的主要反应为锡矿中的氧化锡与硫化钠反应生成硫化锡酸钠，然后用电解法可以提取。

主要用途 金属锡主要用于制造合金。锡与硫的化合物——硫化锡的颜色与金相似，常用作金色颜料。二氧化锡是不溶于水的白色粉末，可用于制造搪瓷、白釉与乳白玻璃。生活中常用于食品保鲜、罐头内层的防腐膜等。

什么是"锡疫"？

锡也只有在常温下富有展性，如果温度下降到–13.2℃以下，它会逐渐变成煤灰般松散的粉末。特别是在–33℃或有红盐($SnCl_4 \cdot 2NH_4Cl$)的酒精溶液存在时，其变化的速度大大加快。一把好的锡壶会"自动"变成一堆粉末。这种锡的"疾病"还会传染给其他"健康"的锡器，被称为"锡疫"。造成锡疫的原因是锡的晶格发生了变化：在常温下，锡是正方晶系的晶体结构，称为白锡，在–13.2℃以下，白锡转变成一种无定形的灰锡，于是成块的锡变成了一堆粉末。当把锡条弯曲时，常可以听到一阵嚓嚓声，便是因为正方晶系的白锡晶体间在弯曲时相互摩擦，发出了声音。

锡疫

由于锡怕冷，因此在冬天要特别注意防止锡器受冻。许多用锡焊接的铁器也不能受冻。1912年，国外的一支南极探险队去南极探险，所用的汽油桶都是用锡焊接的，在南极的冰天雪地中，焊锡变成粉末状的灰锡，导致汽油都漏光了。

锡不仅怕冷，而且怕热。在 161℃以上，白锡又转变成具有斜方晶系晶体结构的斜方锡。斜方锡很脆，一敲就碎，展性很差，称为"脆锡"。锡的三种同素异形体为白锡、灰锡、脆锡(图 7-55)。

无定形　　　常温下是正方晶系　　　斜方晶系

图 7-55　锡的三种同素异形体

7.6　51～60 号元素简介

51. 锑(antimony)

发现年代·发现者 古代

化学元素新论

银色光泽灰色金属锑

辉锑矿

世界锑都湖南冷水江市锡矿山乡

詹姆斯·库克船长的锑杯

克拉普罗特

碲

发现途径及命名来由　古希腊用"硫化锑矿"(antimony glance)作描眉的黑色颜料。命名源于此。16世纪，德国阿格里科拉(G. Agricala)最早提出锑和铋是两种独立的金属。关于锑是谁最早发现的，至今没有定论。地壳中自然存在的纯锑最早是由瑞典科学家和矿区工程师斯瓦伯(A. von Siwabo)于1783年记载的，品种样本采集自瑞典西曼兰省萨拉市的萨拉银矿[105]。《史记》记载"长沙出连锡"。秦墓出土文物秦代箭经光谱分析含锑。

存在和性质　锑在地壳中的含量为0.0001%，主要以单质或辉锑矿、方锑矿、锑华和锑赭石的形式存在，目前已知的含锑矿物多达120种。锑质坚而脆，容易粉碎，有光泽，无延性和展性。锑不是一种活泼性很强的元素，仅在赤热时与水反应放出氢气，室温中不会被空气氧化，但能与氟、氯、溴化合；加热时才能与碘和其他金属化合；易溶于热硝酸，形成水合的氧化锑；能与热硫酸反应，生成硫酸锑；高温时可与氧反应，生成三氧化二锑，为两性氧化物，难溶于水，但溶于酸和碱。锑有毒，最小致死量为100 mg·kg^{-1}(大鼠，腹腔)。有刺激性。

目前世界已探明的锑矿储量为400多万吨，中国占了一半多。中国的锑储量、产量、出口量均占世界第一位。中国目前有锑产地111处，主要包括贵州万山、务川、丹寨、铜仁、半坡；湖南省冷水江市锡矿山(世界最大的锑矿)、板溪；广西壮族自治区南丹县大厂矿山；甘肃省崖湾锑矿、陕西省旬阳汞锑矿。

锑的制备　把辉锑矿焙烧后，变成氧化物，再用碳还原，就可获得金属锑：

$$2Sb_2S_3 + 9O_2 \longrightarrow 2Sb_2O_3 + 6SO_2\uparrow$$

$$Sb_2O_3 + 3C \longrightarrow 2Sb + 3CO\uparrow$$

主要用途　广泛用于生产各种阻燃剂、搪瓷、玻璃、橡胶、涂料、颜料、陶瓷、塑料、半导体元件、烟花、医药产品及化工产品等。其中60%的锑用于生产阻燃剂，而20%的锑用于制造电池中的合金材料、滑动轴承和焊接剂。其他的锑几乎都用在生产聚对苯二甲酸乙二酯的稳定剂和催化剂、去除玻璃中显微镜下可见气泡的澄清剂(主要用途是制造电视屏幕)、颜料。

52. 碲(tellurium)

发现年代·发现者　1782年　[德]赖兴施泰(M. von Reichenstein)

发现途径及命名来由　最早由德国矿物学家赖兴施泰于1782年在研究金矿石时发现，后于1798年由德国克拉普罗特(M. H. Klaproth)由金矿中分离出并命名。取意拉丁文"地球"(tellus)。

存在和性质　碲矿资源分布稀散，多伴生在其他矿物中或以杂质形式存在于其他矿中。中国四川石棉县大水沟碲矿是至今发现的唯一碲独立矿床。碲有两种同素异形体，一种为结晶形，具有银白色金属光泽；另一种为无定形，为黑色粉末。碲化学性质与硒相似，在空气或氧中燃烧生成二氧化碲，发出蓝色火焰；易和卤素剧烈反应生成碲的卤化物，但不与硫、硒反应，高温下也不与氢作用；溶于硫酸、硝酸、氢氧化钾和氰化钾溶液；易传热和导电。

碲的制备　从电解铜的阳极泥和炼锌的烟尘等回收制取。

主要用途　碲主要用于添加到钢材中以增加延性，用作电镀液中的光亮剂、

— 488 —

石油裂化的催化剂、玻璃着色材料，以及添加到铅中增加它的强度和耐蚀性。碲及其化合物是一种半导体材料。

53. 碘(iodine)

发现年代·发现者 1811年 [法]库图瓦(B. Courtois)

发现途径及命名来由 用浓硫酸处理海草灰母液得到紫色蒸气并凝成暗黑紫色晶体而发现。英文名称 iodine 来自希腊文 ιώδης，意为靛色或紫色。

存在和性质 自然界中不仅海藻内含碘，智利硝石和石油产区的矿井水中碘含量也较高。碘呈紫黑色晶体，易升华，升华后易凝华；有毒性和腐蚀性。碘单质遇淀粉会变蓝紫色；可与大部分元素直接化合，但不像其他卤族元素(F、Cl、Br)反应那样剧烈。

碘的制备 工业生产通过向海藻灰或智利硝石的母液中加亚硫酸氢钠，再经还原而制得单质碘。

主要用途 碘主要用于制药物、染料、碘酒、试纸和碘化合物等。碘是人体必需的微量元素之一，健康成人体内碘的总量约为 30 mg(一般在 20～50 mg 范围)，国家规定在食盐中添加碘的标准为 20～30 mg·kg^{-1}。

碘对人的作用
碘是人体必需的微量元素之一，有"智力元素"之称。健康成人体内 70%～80%的碘存在于甲状腺。碘缺乏症的后果相当严重！全民可通过食用加碘盐这一简单、安全、有效和经济的补碘措施来预防碘缺乏病。

54. 氙(xenon)

发现年代·发现者 1898年 [英]莱姆赛(W. Ramsay)，[英]特拉弗斯(M. W. Travers)

发现途径及命名来由 在分馏液态空气制得了氪和氖后，把氪反复萃取又分出的一种新气体[106]。命名源自希腊语 ξένον(xenon)，意为外来者、陌生人或异客。

存在和性质 氙是一种惰性气体，存在于空气中，其量按体积计约占二千万分之一，也存在于温泉的气体中，是非放射性惰性气体中唯一能形成在室温下稳定化合物的元素，能吸收 X 射线。在较高温度或光照下，氙可与氟形成一系列氟化物，如 XeF_2、XeF_4 及 XeF_6 等。氙也能与水、氢醌和苯酚一类物质形成弱键包合物。

氙的制备 从液态空气中与氪一起被分离得到。

主要用途 由于氙具有极高的发光强度，在照明技术上用于充填光电管、闪光灯和氙气高压灯。氙气高压灯具有高度的紫外光辐射，可用于医疗技术方面。氙用于深度麻醉剂、激光器、焊接、难熔金属切割、标准气、特种混合气等。氙被用作离子发动机的推进剂，离子发动机高速向后喷射氙，获得反推力。

氙气灯为什么比普通车灯亮？
高强度气体放电灯(high intensity discharge lamp)其发光原理就像自然界闪电：在石英管内，以多种化学气体充填，其中大部分为氙气与碘化物等惰性气体，然后透过增压器将 12 V 的直流电压瞬间增压至 23000 V，经过高压振幅激发后，石

紫色的碘蒸气

库图瓦

地方性克汀病

甲亢病人要用无碘盐

莱姆赛

特拉弗斯

英管内的氙气电子游离,在两电极之间产生光源,这就是所谓的气体放电。仔细观看灯泡时会发现中间有一颗球形的玻璃球,里面装的就是氙气,黄色的就是稀有金属。当变压器给予 23000 V 的高压时,氙气就被击穿,被电离后的氙气就会发出让人难以想象的光芒,色温可高达 5000~8000 K,中午太阳的光芒才 5500 K。你可以想象到它的流明度是多么亮了!

XeF₄ 晶体

氙离子发动机

巴利特第一次证明"惰性气体"并不惰

1962 年,巴利特(N. Bartlett)以 Xe[PtF$_6$] 为例设计了玻恩-哈伯循环:

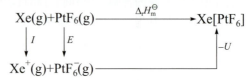

计算得 $U = 437 \text{kJ} \cdot \text{mol}^{-1}$,$E = -771 \text{kJ} \cdot \text{mol}^{-1}$,反应的 $\Delta_r H_m^{\ominus}$ 如下:

$$\Delta_r H_m^{\ominus} = I + E - U = (1170 - 771 - 437) \text{kJ} \cdot \text{mol}^{-1} = -38 \text{kJ} \cdot \text{mol}^{-1}$$

结果,从能量上看有利于生成反应的进行,但反应为熵减过程,所以反应温度不应过高。事实正是这样:1962 年 3 月 2 日,巴利特在室温条件下把 Xe(g) 和 PtF$_6$(g) 混合后,就立即反应生成一种黄色的晶体 Xe[PtF$_6$]:

$$\text{Xe} + \text{PtF}_6 \longrightarrow \text{Xe}[\text{PtF}_6]$$

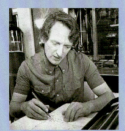

巴利特

巴利特成为揭开稀有气体化学新篇章的第一人[107]。随后,有关氙的氟化物(如 XeF$_2$[108-110]、XeF$_4$[111]、XeF$_6$[112])制备及其性质研究[113-114]如雨后春笋般被报道出来。

55. 铯(caesium)

发现年代·发现者 1860 年 [德]本生(R. W. Bunsen),[德]基尔霍夫(G. R. Kirchhoff)

发现途径及命名来由 通过焰色反应发现铯,并以拉丁文"coesius"(意为天蓝色)作为新元素的名称。

存在和性质 铯是一种相对比较稀有的元素,估计在地壳中的化学元素丰度约为百万分之三。铯在所有元素中丰度排第 45 名,在所有金属中丰度排第 36 名。自然界中铯盐存在于矿物中,也有少量氯化铯存在于光卤石。铯色白、质软、熔点低;化学性质极为活泼,在空气中氧化主要生成超氧化铯(CsO_2);和水的反应是爆炸性的,反应生成氢气和氢氧化铯,与 -116°C 的冰反应都很剧烈;可以在氯气中立即自燃,生成氯化铯;碘化铯与三碘化铋反应能生成难溶的亮红色复盐,此反应用来定性和定量测定铯;铯的火焰呈比钾深的紫红色,可用于检验铯。

本生

基尔霍夫

铯的制备 高温下用钙还原氯化铯制取。开采铯榴石是一种选别工艺,和其他大多数金属采矿相比仅以小规模进行生产。首先将矿石击碎,进行手工筛选,但是通常不做富集,然后将矿石粉碎。随后主要通过三种方式将铯从铯榴石中提取出来:酸消解、碱分解以及直接还原[3,54]。

主要用途 铯是制造真空器件、光电管等的重要材料,化学上用作催化剂。目前非放射性铯的最大用途是石油提取工业中使用的基于甲酸铯的钻井液。

铯放进冷水发生爆炸性反应

铯原子钟

铯原子的最外层电子绕着原子核的旋转总是极其精确地在几十亿分之一秒的时间内转完一圈。利用铯原子的这个特点，人们制成了一种新型的钟——铯原子钟，规定一秒就是铯原子"动"9192601770次（相当于铯原子的最外层电子旋转这么多圈）所需要的时间。这就是"秒"的最新定义。位于瑞典的连续冷铯原子喷泉原子钟FOCS-1(图7-56)于2004年开始工作，其精度为3000万年1s。

图7-56 原子钟

铯榴石

铯-137的应用和危害

铯-137在工业应用中是一种非常常见的作为γ射线发射源的同位素，半衰期大约为30年。铯-137已经被用在农业、癌症治疗、食品消毒、污水污泥处理以及外科手术设备中。若其放射性同位素释放到环境中，将对健康造成较大的威胁。切尔诺贝利核事故之后，人们高度担心铯-137在湖水中聚集[115]。使用狗进行的实验表明每千克体重达3.8 mci(4.1 μg铯-137)即会在三周内致死[116]。较小剂量可能导致不育或者癌症。

56. 钡(barium)

发现年代·发现者 1808年 [英]戴维(S. Davy)

发现途径及命名来由 用汞作阴极，电解由重晶石制得的电解质，蒸去汞而得。因从重晶石(barite)制得而得名。源于希腊文βαρύς (barys)，意为"重的"。它在1774年被确认为一种新元素，但直到1808年电解法发明不久后才被归纳为金属元素。

存在和性质 钡在地壳中的含量为0.05%，主要矿物有重晶石和毒重石。钡是碱土金属中最活泼的元素，银白色，燃烧时发黄绿色火焰；能与大多数非金属反应，在高温及氧中燃烧会生成过氧化钡；易氧化，能与水作用，生成氢氧化物和氢；溶于酸，生成盐，钡盐除硫酸钡外都有剧毒。

钡的制备 ①电解熔融的$BaCl_2$；②在真空中用Al或Si在147 K下还原BaO或$BaCl_2$；③钡的氮化物热分解。

主要用途 钡用于制钡盐、合金等，也是精制炼铜时的优良去氧剂。曾作为真空管中的吸气剂。它是YBCO(一种高温超导体)和电瓷的成分之一，也可以被添加进钢中来减少金属构成中碳颗粒的数量。钡的化合物用于制造烟火中的绿色。

银白色金属钡

硫酸钡作为一种不溶的重添加剂被加进钻井液中，而在医学上则作为一种 X 射线造影剂(图 7-57)。可溶性钡盐会电离出钡离子而有毒，因此也被用作老鼠药。

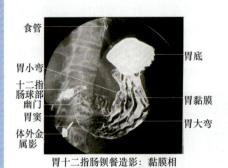

图 7-57　钡餐透视

什么是焰色反应?

焰色反应是某些金属或它们的挥发性化合物在无色火焰中灼烧时呈现特征颜色的反应(图 7-58)。这些金属元素的原子在接受火焰提供的能量时，其外层电子会被激发到能量较高的激发态，处于激发态的外层电子不稳定，又要跃迁到能量较低的基态。在这个过程中就会产生不同波长的电磁波，如果这种电磁波的波长是在可见光波长范围内，就会在火焰中观察到这种元素的特征颜色。不同元素原子的外层电子具有不同能量的基态和激发态。利用元素的这一性质就可以检验一些金属或金属化合物的存在。这就是物质检验中的焰色反应。

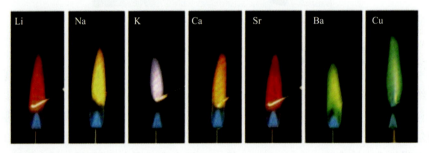

图 7-58　某些金属的焰色反应

进行焰色反应应使用铂丝(或镍丝)。把嵌在玻璃棒上的铂丝在稀盐酸中蘸洗后放在火焰里灼烧(最好是煤气灯，因为它的火焰颜色浅、温度高)，直到跟原来的火焰颜色一样时，再用铂丝蘸被检验溶液，然后放在火焰上，这时就可以看到被检验溶液里所含元素的特征焰色。

57. 镧(lanthanum)

发现年代·发现者　1839 年　[瑞典]莫桑德尔(J. C. G. de Marignac)

发现途径及命名来由　从镧土中分离出氧化镧。命名为 lanthanum，源自希腊词 lanthanein，意为"躲开人们的注意""隐藏起来"。

存在和性质　镧在地壳中的含量为 0.00183%，是稀土元素中含量最丰富的元素之一，存在于独居石砂和氟碳铈镧矿中。镧化学性质活泼，易溶于稀酸，在空气中易氧化；加热能燃烧，生成氧化物和氮化物；在氢气中加热生成氢化物，在热水中反应强烈并放出氢气；为可锻压、可延展的银白色软金属，可用刀切开；在冷水中缓慢腐蚀，热水中加快；可直接与碳、氮、硼、硒、硅、磷、硫、卤素等反应；镧的化合物呈反磁性。

镧的制备　一般由水合氯化镧经脱水后用金属钙还原，或由无水氯化镧经熔融后电解而制得。

莫桑德尔

银白色金属镧

透镜中含镧可以得到没有畸变的影像

主要用途　镧可制合金,亦可作催化剂;常用来制造昂贵的照相机镜头。镧-138是放射性的,半衰期为 $1.1×10^{11}$ a,曾被试用来治疗癌症。

58. 铈(cerium)

发现年代·发现者　1803 年　[德]克拉普罗特(M. H. Klaproth),[瑞典]贝采利乌斯,[瑞典]希辛格(W. Hisinger)

发现途径及命名来由　三位发现者各自独立在瑞典铈硅矿石中分离出氧化铈,当时把它称为"铈土"。命名是为了纪念火星与木星之间的小行星"谷神星"(Ceres)的发现。

存在和性质　铈在地壳中的含量约 0.0046%,是稀土元素中丰度最高的。主要存在于独居石(在独居石中占稀土总量的 40%以上)和氟碳铈矿中,也存在于铀、钍、钚的裂变产物中。铈为银白色软金属,有延展性,性质活泼,用刀刮即可在空气中燃烧(纯的铈不易自燃,但稍氧化或与铁生成合金时极易自燃);加热时在空气中燃烧生成二氧化铈;能与沸水作用,溶于酸,不溶于碱;受低温和高压时出现一种反磁性体。

铈的制备　由氧化铈用镁粉还原,或由电解熔融的氯化铈而制得。

主要用途　铈可作催化剂、电弧电极、特种玻璃等。铈的合金耐高热,可以用来制造喷气推进器零件。硝酸铈可用来制造煤气灯上用的白热纱罩。氧化铈是最优质的玻璃抛光粉。铈在核工业中常用作 δ 相钚的稳定剂(添加量为 0.9%~1%质量分数)。氧化铈的纳米粉末可以作为柴油添加剂,可提高柴油发动机燃油效率,减少柴油发动机的尾气排放。

59. 镨(praseodymium)

发现年代·发现者　1885 年　[奥地利]韦尔塞巴赫(C. A. von Welsbach)

发现途径及命名来由　从混合稀土中分离出两种新元素——镨和钕。镨被命名为"praseodymium",原意是"绿色的孪生兄弟"。

存在和性质　镨在地壳中的含量约 0.000553%,常与其他稀土元素共生于许多矿物中。镨属镧系元素。镨是一种银白色、中等柔软的金属,在空气中抗腐蚀能力比镧、铈、钕和铕都强,但暴露在空气中会产生一层易碎的绿色氧化物。镨通常以三价氧化态存在。

镨的制备　由水合氯化镨 $PrCl_3·xH_2O$ 经脱水后用金属钙还原,或由无水氯化镨经熔融后电解而制得。

主要用途　镨和镁一起用于制造飞机引擎的合金;用于碳弧光照明的碳芯;镨的氧化物用于为玻璃或珐琅添加黄色;镨的化合物也用作催化剂;镨钕混合物可以用于电焊和玻璃制造使用的护目镜。

60. 钕(neodymium)

发现年代·发现者　1885 年　[奥地利] 韦尔塞巴赫(C. A. von Welsbach)

发现途径及命名来由　与镨同时被分离出。被命名为"neodymium",源自拉丁文,系"新的孪生子"之意。

克拉普罗特

希辛格

银白色金属铈

含有 CeO_2 的变色镜

韦尔塞巴赫

银白色显黄绿光泽金属镨

电焊面罩含镨

银白色金属钕

钕铁硼磁体

马林斯基

格伦丁宁

克里尔

存在和性质　钕在地壳中的含量为 0.00239%，主要存在于独居石和氟碳铈矿中。钕是稀土元素中的一种三价金属元素。金属呈银白色，较活泼，室温下在空气中缓慢氧化，能与水和酸作用放出氢气，有顺磁性。

钕的制备　由含水氯化钕经脱水后用金属钙还原，或由无水氯化钕经熔融后电解而制得。

主要用途　用于制造特种合金、电子仪器和光学玻璃，在制造激光器材方面有着重要的应用。金属钕的最大用途是制作钕铁硼永磁材料。钕铁硼磁体有很强的磁晶各向异性和很高的饱和磁化强度，被称作当代"永磁之王"，广泛用于电子、机械等行业，还应用于有色金属材料。在镁或铝合金中添加 1.5%～2.5% 的钕，可提高合金的高温性能、气密性和耐腐蚀性，因而广泛用作航空航天材料。

7.7　61～70 号元素简介

61. 钷(promethium)

发现年代·发现者　1885 年　[美]马林斯基(J. A. Marinsky)，[美]格伦丁宁(L. E. Glendenin)，[美]克里尔(C. Coryell)

发现途径及命名来由　1945 年，钷第一次在美国橡树岭国家实验室(当时的克林顿实验室)被发现，由马林斯顿、格伦丁宁和克里尔在分离及分析照射在石墨的铀燃料的裂变产物时发现。然而，因为在第二次世界大战期间忙于军事有关的研究，直到 1947 年他们才公布该发现。原建议钷的名称以发现机构克林顿实验室命名为 "clintonium"，但之后提出的名称为 "prometheum"（现改为 promethium），此名来自普罗米修斯(希腊神话中人物)，象征着"大胆"和"人类才智的滥用"。

存在和性质　一种人造的放射性元素。原产生于恒星，地球上的钷有多种起源。钷在自然界非常稀有，可能的来源是铕-151 衰变（产生钷-147）和铀衰变（产生各种同位素）。1965 年，荷兰的一个磷酸盐工厂在处理磷灰石时发现了钷的痕量成分。1965 年，从 6000 t 铀矿中取得 350 mg 钷，是铀自动分裂的产物（从刚果沥青铀矿中分离出钷，含量甚微，每千克矿物中仅含 4×10^{-15} g 钷）。钷化合物通常呈粉红色或红色。将含有 Pm^{3+} 的酸与氨反应，会得到亮棕色的氢氧化钷[$Pm(OH)_3$]凝胶状沉淀。将钷溶解在盐酸中，会产生一种水溶性的黄色盐氯化钷($PmCl_3$)。同样地，将钷溶解在硝酸中即生成硝酸钷[$Pm(NO_3)_3$]。硝酸钷易溶于水，干燥后形成粉红色晶体。钷硫酸盐微溶于水，如同其他的铈群硫酸盐。科学家在计算出八水合钷化合物的晶格常数后，导出八水合硫酸钷[$Pm_2(SO_4)_3 \cdot 8H_2O$]密度是 $2.86 \text{ g}\cdot\text{cm}^{-3}$。十水合草酸钷[$Pm_2(C_2O_4)_3 \cdot 10H_2O$]在所有镧系元素草酸盐中溶解度最低。

钷的制备　1963 年，科学家利用钷(Ⅲ)氟化物来制备钷金属。用一个特制双层坩埚，内层填充从钐、钕和镅的杂质纯化而来的钷化合物，外层则填充相对于内层十倍量的锂。抽真空后，将化学品进行混合，反应产生钷金属：

$$PmF_3 + 3Li \longrightarrow Pm + 3LiF$$

收集得到的钷足以测量它的一些金属性质，如熔点。

1963 年，美国橡树岭国家实验室使用离子交换法，从核反应堆中约 10 g 的燃料加工废弃物中提炼出钷。到今天，钷仍然从铀裂变的副产品回收。

钷也可以通过用中子轰击 ^{146}Nd，经过β衰变(11 天的半衰期)产生 ^{147}Pm。

目前，俄罗斯是唯一一个大量生产钷-147 的国家。

主要用途 钷的主要应用领域是放射发光。放射发光是指某些物体在放射性同位素的射线作用下产生长时间光辐射的现象。放射发光不产生热量，也称为"冷光"。比起普通的自发光元素，放射发光的优势在于它不需要维护保养即可长期提供微弱照明，如地下指挥部永久性的发光标志等。

选择放射性同位素有三点要求：适当的温度、适当的半衰期和放射性危害小。例如，钷-147 的半衰期为 2.6 年，是一种只放射β射线的放射性核素，β射线射程短，对人体危害小。因此，钷-147 可用于以下领域。①人工"夜明珠"。②军事：各种飞机、军舰、坦克、车辆的驾驶室、仪表舱、控制台的仪表刻度和指针，以及炮兵用于观察、测地的分划镜、水准器等。利用放射发光粉作涂料，仪表数据夜间显示十分清晰。③航天：美国阿波罗登月舱中曾使用了 125 个钷-147 原子灯。用钷制成的荧光物可用于航标灯。④电池：钷-147 可用于制造放射性同位素电池，利用钷发出射线产生热量，通过热电偶将热能转化为电能。也可以利用钷的放射线作用于荧光物质产生的荧光照射在硅光电池上而产生电能，这类特殊的电池只有纽扣大小，能持续工作 5 年之久。可用于导弹中仪器核动力电池，也可作为心脏起搏器电源。⑤农业：钷-147 作为纯β放射源是理想的示踪元素，利用其明显的选择性蓄积可研究稀土农业应用的环境安全性。钷-147 在土壤中具有强吸附性，而且难以迁移，易于在土壤和底泥中积累，并且在水生生物和陆生食用植物中具有明显的富集性。

62. 钐(samarium)

发现年代·发现者 1879 年　[法] 德布瓦博德兰(L. de Boisbaudran)

发现途径及命名来由 从混合稀土中首先分离出氧化钐，当时称为"钐土"，经光谱研究证明它是一种新元素，从而首先发现了钐。命名"samarium"源自萨马斯基矿石，以纪念一位俄罗斯的矿业官员萨马斯基。

存在和性质 钐虽然归类为一种稀土元素，但在地壳中是第 40 位丰富的元素，比锡等金属还要常见。钐在多种矿物质中组成比例高达 2.8%，包括硅藻土、硅铍钇矿、萨马斯基矿、独居石和氟碳铈矿。这些矿物质主要分布在中国、美国、巴西、印度、斯里兰卡、澳大利亚，中国的钐开采及生产处于世界领先地位。钐为银白色金属，似铁一样硬。在空气中很快变暗，加热到 150℃即着火，燃烧生成氧化物。钐在室温下为顺磁性。金属变换到反磁性状态后，冷却至 14.8 K，钐原子可以通过封装到富勒烯分子中而分离。它们还可以和 C_{60} 分子掺杂，使超导温度低于 8 K。钐掺杂铁基超导体为最新的类高温超导体，可提高其相变温度为 56 K，在该系列中这是目前的较高值。

金属钐的制备 用离子交换法从其他稀土元素中分离制得，也可由氧化钐用钡或镧还原制得。

主要用途 钐主要的商业应用为钐钴磁铁，具有仅次于钕磁铁的永久磁化性。

磷灰石

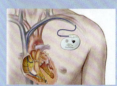

心脏起搏器

德布瓦博德兰

银白色金属钐

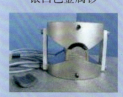

钐钴永磁体

钐化合物可以承受 700℃以上的高温而不会失去其磁性。钐-153 放射性同位素药物可以杀死癌细胞，用于治疗肺癌、前列腺癌、乳腺癌、骨肉瘤等。另一种同位素钐-149 是一种强的中子吸收剂，可添加到核反应堆的控制棒。在反应器操作过程中它也可以形成一个衰变产物，是反应器的设计和操作中的一个重要的考虑因素。钐的其他应用包括催化、放射性年代测定和 X 射线激光。

63. 铕(europium)

德马塞

发现年代·发现者 1896 年 [法] 德马塞(E. A. Demarcay)

发现途径及命名来由 从不纯的氧化钐中分离出氧化铕，并证明它是一种新元素[117]。命名"europium"源自欧洲 Europe 一词。

存在和性质 在地壳中的含量为 0.000106%，是最稀有的稀土元素，主要存在于独居石和氟碳铈矿中。中国内蒙古的白云鄂博铁矿含有大量的氟碳铈矿和独居石，估计其稀土金属氧化物的含量约 3600 万吨，是目前世界上最大的稀土矿藏[118-119]。中国依靠白云鄂博铁矿在 1990 年成为了最大的稀土元素产国。铕是银白色金属，在稀土元素中密度最小、最软和最易挥发。能燃烧成氧化物，氧化物近似白色。室温下，铕在空气中立即失去金属光泽，很快被氧化成粉末；与冷水剧烈反应生成氢气；铕能与硼、碳、硫、磷、氢、氮等反应。少量的二价铕(Eu^{2+})可以作为某些萤石(CaF_2)样本的亮蓝色萤光激活剂。Eu^{3+}在高能粒子照射下会变为Eu^{2+}[120]。英文中的荧光一词(fluorescence)就是来自萤石(fluorite)。直到很久以后人们才发现，荧光是矿石中的铕所造成的[121]。

独居石

金属铕的制备 虽然铕存在于大部分稀土元素矿物中，但由于分离困难，直到 19 世纪末该元素才被分离出来。斯佩丁(F. Spedding)发展的离子交换技术在 1950 年大大革新了稀土工业。随后麦科伊(H. N. McCoy)发展的氧化还原铕纯化方法也做出了很大贡献[122]。我国的徐光宪在稀土分离领域建立的功勋更是闻名于世。

纯度为 99.998% 的纯铕枝晶

主要用途 在激光器和其他光电装置中，铕可以作玻璃的掺杂剂。三氧化二铕是一种常用的红色磷光体，用于 CRT 电视机和荧光灯中。它也是钇基磷光体的激活剂。一些电视机和电脑荧屏也同样使用这类磷光体作为其三原色之一。荧光玻璃的生产也用到了铕。除掺铜硫化锌外，另一种持续发光的较常见磷光体就是掺铕氯酸锶。铕的荧光性质还能用在新药研发筛选过程中，以追踪生物分子的相互作用。手性位移试剂[如 Eu(hfc)₃]今天仍被用于测量对映异构体纯度。

铕用于 CRT 电视机中的红色磷光体

64. 钆(gadolinium)

发现年代·发现者 1880 年 [瑞典] 莫桑德尔(J. C. G. de Marignac)

发现途径及命名来由 从不纯的氧化钐中分离出氧化钆，并确定它是一种新元素。命名为"gadolinium"，以纪念稀土元素的第一个发现人——芬兰矿物学家 J. Gadolin。

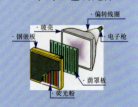

CRT 电视机结构示意

存在和性质 在地壳中的含量为 0.000636%，主要存在于独居石和氟碳铈矿中。银白色金属，有延展性，室温下有磁性。金属钆在干燥空气中比较稳定，在湿空气中失去光泽；能与水缓慢反应；溶于酸形成相应的盐。有良好的超导电性能、高磁矩及室温居里点(约 19℃)等特殊性能,即将一块钆放入冰水中冷却后会吸附磁铁,但回温后会脱离磁铁。

金属钆的制备 可由氟化钆($GdF_3 \cdot 2H_2O$)用钙还原而制得。

主要用途 用于微波技术、彩色电视机的荧光粉、原子能工业及配制特种合金。钆化合物具有高度的顺磁性,可作核磁共振成像的显影剂。钆对磁共振造影机的磁场有强烈反应,以钆喷酸二甲葡胺药剂形式注入血管中,磁共振造影会清楚显示血液流向,精确定位内出血的位置,并由 3D 视觉影像观察血液自血管何处渗出,或观察血液何处变窄或停止,确定血管阻塞或闭锁的部位。

65. 铽(terbium)

发现年代·发现者 1843 年 莫桑德尔(J. C. G. de Marignac)

发现途径及命名来由 从伊特比(Ytterby)镇所产的矿石——加多林矿中又发现了一种新"土"。莫桑德尔用氨水中和硝酸铽的酸性溶液,沉淀出氧化铽。命名为"terbium",以纪念这种矿石的产地伊特比镇。

存在和性质 少量存在于磷铈钍砂和硅铍钇矿中。铽与其他稀土元素共存于独居石砂中,其中铽的含量一般为 0.03%。银灰色金属,有毒。高温下易被空气所腐蚀;室温下腐蚀极慢。溶于酸,盐类无色。氧化物 Tb_4O_7 是棕色。

单质铽的制备 先用 HF 气体在 300~700℃下将 Tb_4O_7 转化为 TbF_3,然后分别用直接还原法和中间合金法制得金属铽,再在高温、高真空下蒸馏得到高纯铽。

主要用途 用于制作高温燃料电池和激光材料。目前已广泛应用于多个领域,从燃料喷射系统、液体阀门控制、微定位到机械制动器、太空望远镜的调节、机翼调节器等领域。它的化合物可作杀虫剂,亦用来治疗皮肤病。

"伊特比"为什么那么有名?

因为钇、铽、镱和铒四种元素的名称全都来自称为"伊特比"的同一个小村落的村名。

66. 镝(dysprosium)

发现年代·发现者 1886 年 [法] 德布瓦博德兰(L. de Boisbaudran)

发现途径及命名来由 用分级沉淀的方法从"钬土"中分离出钬和镝,并通过光谱研究证明后者是一种新金属。命名意为"难以找到"、"难以捉到"。虽然发现比较早,但直到 1950 年离子交换技术发展后,才有纯态的镝金属被分离出来。

存在和性质 镝在大自然中不以单质出现,通常与铒、钬以及其他稀土元素共存于独居石砂等矿物中。银灰色金属,质软,可用刀切开;在接近绝对零度时有超导性;在空气中相当稳定,高温下易被空气和水氧化,生成三氧化二镝;与水反应迅速,溶于酸。镝和钬拥有所有元素中最高的磁强度,这在低温状态下更为显著。镝在 85 K(−188.2℃)以下具有简单的铁磁序,但在这一温度以上会转变为一种螺旋形反铁磁状态,其中特定基面上所有原子的磁矩都互相平行,并相对相邻平面的磁矩有固定的角度。这种奇特的反铁磁性在温度达到 179 K (−94℃)时再转变为无序顺磁态[123]。

莫桑德尔

银白色金属钆

银灰色金属铽

德布瓦博德兰

银灰色金属

夜光标志

镝的制备 镝的生产主要来自开采由多种磷酸盐混合组成的独居石砂，是钇萃取过程的副产品之一。镝的分离过程可以使用磁力或浮力方法移除其他金属杂质，再经离子交换方法分离各种稀土金属。所产生的镝离子与氟或氯反应后分别形成氟化镝(DyF_3)或氯化镝($DyCl_3$)，再经钙或锂金属还原[124]。反应在钽制坩埚、氦气环境中进行。

主要用途 用于制作磁铁的合金、红外发生器材、激光材料及原子能工业。例如，作为钕铁硼系永磁体的添加剂使用，用作荧光粉激活剂，用作磁光存贮材料，用于镝灯的制备，在原子能工业中用于测定中子能谱或作中子吸收剂等。具有很强的吸收光并积蓄起来，然后在无光照射时发光的能力，常被用作夜光材料。

67. 钬(holmium)

发现年代·发现者 1879 年　[瑞典] 克利夫(P. T. Cleve)

发现途径及命名来由 从不纯的氧化铒中分离出两种新元素的氧化物——氧化钬和氧化铥。为纪念克利夫的出生地——瑞典首都斯德哥尔摩而命名为"holmium"，古人称它为"holmia"。

克利夫

银白色金属钬

存在和性质 与其他稀土元素一起存在于独居石和稀土矿中。银白色金属，质较软，有延展性；在干燥空气中稳定，高温时很快氧化；与水能缓慢起作用，溶于稀酸。盐类是黄色。氧化钬是已知顺磁性最强的物质。它和镝一样，是一种能够吸收核分裂所产生的中子的金属。在核子反应炉中，一方面不断燃烧，另一方面控制连锁反应的速率。

钬的制备 用钙热还原法制得。

主要用途 其化合物可作新型铁磁材料的添加剂；碘化钬用于制造金属卤素灯——钬灯；在磁致伸缩合金 Terfenol-D 中，也可以加入少量的钬，从而降低合金饱和磁化所需的外场；另外用掺钬的光纤可以制作光纤激光器、光纤放大器、光纤传感器等光通讯器件，在光纤通信迅猛发展的今天将发挥更重要的作用。

钬光纤激光器

68. 铒(erbium)

发现年代·发现者 1843 年　[瑞典] 莫桑德尔(J. C. G. de Marignac)

发现途径及命名来由 在进一步分析伊特比(Ytterby)矿石时发现了玫瑰色的铒土。元素符号取自小镇 Ytterby 的第 4 个和第 5 个字母。

存在和性质 在地壳中的含量为 0.000247%，存在于许多稀土矿中。银灰色金属，质软，不溶于水，溶于酸。盐类和氧化物呈粉红色至红色。在低温下是反铁磁性的，在接近绝对零度时为强铁磁性，并为超导体。

铒的制备 可由电解熔融氯化铒 $ErCl_3$ 制得。

银灰色金属铒

主要用途 可用作反应堆控制材料；铒也可作某些荧光材料的激活剂。陶瓷业中使用氧化铒产生一种粉红色的釉质，还能作为其他金属的合金成分。例如，钒中掺入铒能够增强其延展性。添加在玻璃中制成光导纤维，传送信号光能损失少，能够满足长距离传送的需要。

掺铒光导纤维

69. 铥(thulium)

发现年代·发现者 1879 年　[瑞典] 克利夫(P. T. Cleve)

发现途径及命名来由　与铒一起发现。克利夫以斯堪的纳维亚的"极北之地"图勒(Thule)为名,将其氧化物命名为 thulia,新元素命名为铥(thulium)。

存在和性质　铥元素在自然界中从不以单质形式存在,它在其他稀土元素的矿物中少量存在,常与钇和钆共生,此外铥也存在于独居石、捕虏岩和黑稀金矿中。它在地壳中的质量丰度为 0.5 mg·kg^{-1},摩尔丰度为 0.0005‰(随着地区不同,该值在 0.0004‰~0.0008‰变动),在海水中则为 0.00025‰[125]。在太阳系中质量丰度为 0.0000002‰,摩尔丰度为 0.000000001‰。铥在中国的储量最大,此外在澳大利亚、巴西、格陵兰、印度、坦桑尼亚和美国的储量也较丰富。世界总储量约为 100000 t。铥是地球上除了钷之外最丰富的稀土。银白色金属,有延展性,质较软,可用刀切开;在空气中较稳定;溶于酸,能与水起缓慢化学作用。盐类(二价盐)、氧化物都呈淡绿色。

铥的制备　由无水氟化铥(TmF_3)用钙还原制得。

主要用途　铥常以高纯度卤化物(通常是溴化铥)的形式引入高强度放电光源中,目的是利用铥的光谱。钬-铬-铥三掺杂钇铝石榴石(Ho∶Cr∶Tm∶YAG)是高效率的主动激光介质材料,它能发出波长为 2097 nm 的激光,广泛应用于军事、医学和气象学方面。尽管成本较高,含铥的便携式 X 射线设备已开始大量地用于核反应的辐射源。

手提式 X 射线机

70. 镱(ytterbium)

发现年代·发现者　1878 年　[瑞典] 莫桑德尔(J. C. G. de Marignac)

发现途径及命名来由　从伊特比(Ytterby)镇所产的矿石——加多林矿中发现的第四种新"土"。命名同小镇的名字"Ytterby"。

存在和性质　镱和其他稀土元素一同出现在一些稀有矿物中。常见的商业矿源是含有 0.03%镱元素的独居石,其他含有镱的矿物还包括黑稀金矿和磷钇矿等。主要的开采地点有中国、美国、巴西、印度、斯里兰卡和澳大利亚,总矿藏约有一百万吨。银白色软金属,有光泽,易氧化,在空气中缓慢地被腐蚀,溶于稀酸和液氨,能与水缓慢作用;二价盐为绿色,可溶于水,并与水反应,缓慢地释放出氢气;三价盐无色。

黑稀金矿

镱的制备　由氧化镱 Yb_2O_3 用钙还原而制得。也可在>1100℃和<0.133 Pa 的高温真空条件下,通过还原-蒸馏的方法直接提取金属镱。

银白色软金属镱

主要用途　近年来,镱在光纤通信和激光技术两大领域崭露头角并得到迅速发展。可用作激光晶体,也可用作激光玻璃和光纤激光器。镱还可以作为掺杂剂,提高不锈钢的晶粒细化、强度等机械属性。镱金属在高应力下电阻率增加,因此可用于制造应力计,以监测地震和爆炸所引起的地面形变。

7.8　71~80 号元素简介

71. 镥(lutecium)

发现年代·发现者　1907 年　[法] 于尔班(G. Urbain)

发现途径及命名来由　在采用硝酸盐分步结晶法研究硝酸镱时,分离出氧化

于尔班

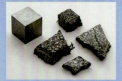

银白色金属镥

镥。命名"lutecium"源自巴黎的拉丁文名卢泰西亚(Lutetia)，后拼写改为"lutetium"。

存在和性质 自然界储量极少，但仍比银要常见得多。镥并不单独存在于自然中，而是与其他稀土金属一同出现，因此其分离过程非常困难。最主要的商业来源是稀土磷化物矿物独居石(Ce, La, …)PO_4，其中含有0.0001%的镥。银白色金属，由于镧系收缩现象，镥原子是所有镧系元素中半径最小的[126]。因此，镥的密度、熔点和硬度都是镧系元素之中最高的[127]。除了碘化镥(III)之外，大部分镥盐都呈白色晶体状，在水溶液中无色。镥的硝酸盐、硫酸盐和乙酸盐在结晶时会形成水合物，其氧化物、氢氧化物、氟化物、碳酸盐、磷酸盐和乙酸盐都不溶于水。

镥的制备 镥矿物的加工过程如下。矿石压碎之后，与热浓硫酸反应，形成各种稀土元素的水溶硫酸盐。氢氧化钍会沉淀出来，可直接移除。剩余溶液需加入草酸铵，将稀土元素转化为不可溶的草酸盐。经退火后，草酸盐会变为氧化物，再溶于硝酸中。这可移除主要成分铈，因为其氧化物不溶于硝酸。硝酸铵可将包括镥在内的多种稀土元素以双盐的形态结晶分离出来。离子交换法可以把镥萃取出来(图7-59)。在这一过程中，稀土元素离子吸附在合适的离子交换树脂上，并会与树脂中的氢、铵或铜离子进行交换。利用适当的配合剂，可将镥单独洗出。要产生金属镥，可以用碱金属或碱土金属对无水$LuCl_3$或LuF_3进行还原反应。

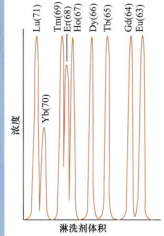

图7-59 以2-羟基异丁酸铵为淋洗剂时重镧系元素的流出顺序

主要用途 稳定的镥可以用作石油裂化反应中的催化剂，另在烷基化、氢化和聚合反应中也有用途。镥铝石榴石($Al_5Lu_3O_{12}$)可用于高折射率浸没式光刻技术，作镜片材料[128]。磁泡存储器中用到的钆镓石榴石中也含有少量的镥，其作用为掺杂剂[129]。掺铈氧正硅酸镥是目前正电子发射计算机断层扫描(PET)技术中的首选探测器物质[130-131]。镥也被用作发光二极管中的荧光体[132]。

"稀土元素"的发现历程

稀土元素的发现史是非常凌乱的，为了便于了解，将其发现的历程用图7-60表示。

72. 铪(hafnium)

科斯特

德海韦西

发现年代·发现者 1923年 [丹麦]科斯特(D. Coster), [匈牙利]德海韦西(G. Hevesy)

发现途径及命名来由 由X射线光谱中发现。命名源于哥本哈根的拉丁文"hafnia"。

存在和性质 地壳中含量很少。常与锆共存，无单独矿石。具塑性，当有杂质存在时质变硬而脆。空气中稳定，灼烧时仅在表面上发暗。细丝可用火柴的火焰点燃。性质似锆。不和水、稀酸或强碱作用，但易溶解在王水和氢氟酸中。在化合物中主要呈+4价。

— 500 —

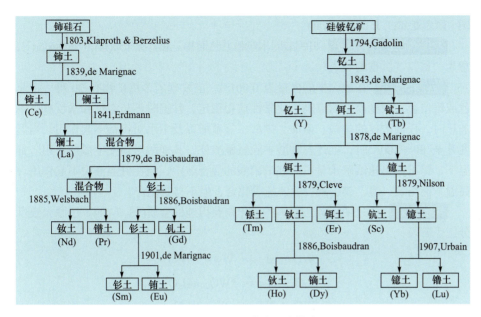

图 7-60　稀土元素发现史简表

埃克贝格

铪的制备　可由四氯化铪($HfCl_4$)与钠共热经还原而制得。

主要用途　由于它容易发射电子而具有重要用途，如用作白炽灯的灯丝。铪和钨或钼的合金用作高压放电管的电极、X 射线管的阴极。由于它对中子有较好的吸收能力，抗腐蚀性能好，强度高，因此常用作核反应堆的控制棒，以减慢核子连锁反应的速率，同时抑制原子反应的"火焰"。

73. 钽(tantalum)

灰蓝色金属钽

发现年代·发现者　1802年　[瑞典] 埃克贝格(A. G. Ekeberg)

发现途径及命名来由　从芬兰产的钽矿和伊特比产的钇钽矿里分离出来。以古希腊神话里的宙斯之子坦塔罗斯 "Tantalus" 命名。博尔顿(W. von Bolton)在 1903 年首次制成纯钽金属。

存在和性质　主要存在于钽铁矿中，同铌共生。钽的质地十分坚硬，富有延展性，可以拉成细丝、制薄箔。其热膨胀系数很小。有非常出色的化学性质，具有极高的抗腐蚀性。在冷或热的条件下，与盐酸、浓硝酸及王水都不反应。

钽铁矿

钽的制备　在惰性气氛下用金属钠还原氟钽酸：

$$K_2TaF_7 + 5Na \longrightarrow Ta + 5NaF + 2KF$$

金属钽粉亦可用熔盐电解法制取。

主要用途　钽的最大应用是用钽粉末制成电子元件，以电容器和大功率电阻器为主。可用来制造蒸发器皿等，医疗上用来制成薄片或细线，缝补破坏的组织。可用来制造各种高熔点的可延展合金，这些合金可作为超硬金属加工工具的材料，以及制造高温合金，用于喷射引擎、化学实验器材、核反应堆以及导弹中。

砝码

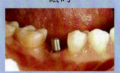

固定义齿

74. 钨(tungsten)

发现年代·发现者　1783 年　[西班牙] 胡塞·德卢亚尔(F. D. Elhuyar)，浮士

胡塞·德卢亚尔

图·德卢亚尔(J. J. D. Elhuyar)

浮士图·德卢亚尔

黑钨矿(FeMn)WO₄

白钨矿

钢灰色金属钨

沃尔特·诺达克

伊达·诺达克

发现途径及命名来由 将钨酸与木炭粉共热而得。命名源于瑞典语"tungsten"，意为"重""沉重的石头"。

存在和性质 在地壳中的含量为 0.001%。已发现的含钨矿物有 20 种。钢灰色或银白色，硬度高，熔点高；化学性质很稳定，常温时不与空气和水反应，不加热时，任何浓度的盐酸、硫酸、硝酸、氢氟酸以及王水对钨都不起作用，当温度升至 80～100℃时，上述各种酸中除氢氟酸外，其他酸对钨发生微弱作用。常温下，钨可以迅速溶解于氢氟酸和浓硝酸的混合酸中，但在碱溶液中不起作用。高温下能与氯、溴、碘、碳、氮、硫等化合，但不与氢化合。

钨的制备 通过使用碳还原钨的氧化物获得纯的金属(图 7-61)。还原大致可分三个阶段：

$$2WO_3 + H_2 = W_2O_5 + H_2O$$
$$W_2O_5 + H_2 = 2WO_2 + H_2O$$
$$WO_2 + 2H_2 = W + 2H_2O$$

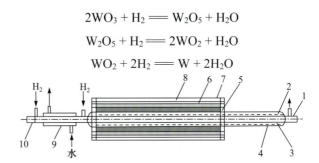

图 7-61 用氢还原 WO₃ 的管式炉

1. 铁管；2. 涂有耐热混合涂料的石棉管；3. 镍铬电热丝线圈；4. 镍铬电热丝线圈四周用涂有耐热混合涂料的石棉包裹；5. 异型耐热砖；6. 熟耐热粒热绝缘层；7. 铁壳；8. 石棉热绝缘层；9. 冷却器；10. 塞子

钨资源有限，全世界钨的储藏总量估计为 700 万吨。另一个获得钨的方法就是回收。回收的钨比钨矿含量高，事实上非常有利润。

主要用途 钨的应用非常广泛，最常见的是碳化钨(WC)硬质合金。这样的硬质合金在金属加工、采矿、采油和建筑工业中作为耐用金属。此外在电灯泡和真空管中钨丝的应用也很广。钨还常用作电极，也用于光学仪器、化学仪器。钨可以拉成很细的丝，而且熔点非常高。中国是世界上最大的钨储藏国和出口国。

75. 铼(rhenium)

发现年代·发现者 1925 年　[德] 诺达克(W. Noddack)夫妇

发现途径及命名来由 用光谱法在铌锰铁矿中发现，源于拉丁文 rhenus，原意是欧洲的"莱茵河"。

存在和性质 铼是地球地壳中最稀有的元素之一，平均含量为十亿分之一[133]，某些文献记载的铼含量为二十亿分之一。再加上它不形成固定的矿物，通常与其他金属伴生。这就使它成为自然界中被人们发现的最后一个元素。铼分布在辉钼矿、稀土矿和铌钽矿中，含量都很低。在辉钼矿中可能以 ReS_2 或 Re_2S_7 形式存在，含量略高些。外表与铂相同，纯铼质软，有良好的机械性能。铼金属在退火时延展性很高，可弯曲和卷起。溶于稀硝酸或过氧化氢溶液，不溶于盐酸和氢氟酸中。铼金属块在标准温度和压力下能抵抗碱、硫酸、盐酸、稀硝酸以及王水。在高温下与硫的蒸气化合形成硫化铼 ReS_2。不与氢、氮作用，但可吸收 H_2。能被氧化成很稳定的 Re_2O_7，这是铼的特殊性质。

2018年，中国华山某矿区发现了大量的铼矿资源，而且经过专家的推测，其储量巨大，约为全球铼矿资源的 7%，这就意味着中国可以凭借这些资源极大推动现代工业的发展进程。铼是重要的战略资源，是单晶叶片的主要材料，而单晶叶片则是生产航天发动机必不可少的一大部件。其在航天发动机中所处的位置是温度最高的，一般的材料根本无法承受这么高的温度。

铼的制备 焙烧辉钼矿的烟道灰和精炼铜的阳极泥中都含有 Re_2O_7，用水浸取，过滤，加入 KCl 使 $KReO_4$ 析出，重结晶后在 800℃用氢气还原或水溶液电解法制得铼粉：

$$2KReO_4 + 7H_2 \longrightarrow 2Re + 6H_2O + 2KOH$$

主要用途 全球铼产量的 70%都用于制造喷射引擎的高温合金部件[134]。铼的另一主要应用是铂-铼催化剂，可用于生产无铅、高辛烷的汽油。

银白色金属铼

辉钼矿

76. 锇(osmium)

发现年代·发现者 1804 年　[英] 特南特(S. Tennant)

发现途径及命名来由 把分析铂盐剩下的黑色粉末用酸碱相互作用而得。命名源于希腊文"οσμή"(osme)，即"臭味"[135]。

存在和性质 锇是地球地壳中最稀有的稳定元素，在大陆地壳里的平均质量比例只有千亿分之五。在自然中以纯金属或合金的形态出现，尤其是各种比例的铱锇合金。金属锇极脆，放在铁臼里捣很容易变成粉末，锇粉呈蓝黑色。在空气中十分稳定，不溶于普通的酸，甚至在王水里也不会被腐蚀。但是粉末状的锇在常温下就会逐渐被氧化，生成黄色 OsO_4，它在 48℃时会熔化，到 130℃时就会沸腾。锇的蒸气有剧毒，会强烈地刺激人眼的黏膜，严重时会造成失明。

锇的制备 在镍和铜的电解精炼过程中，金、银等贵金属、铂系元素以及硒和碲等非金属元素都会积聚在正电极上。这一泥状物质要进入溶液才可把其中的金属分离出来。具体方法取决于混合物的成分，但主要有两种：加入过氧化钠后溶于王水，或直接溶于氯和氢氯酸的混合溶液。锇、钌、铑和铱不可溶于王水，可与铂、金等金属分离开来。铑与熔化的硫酸氢钠反应后会再分离出来。剩余的物质中含有钌、锇和铱，其中铱不溶于氧化钠。加入氧化钠会产生水溶的钌盐和锇盐，而在氧化后，这些盐会变成挥发性的 RuO_4 和 OsO_4。氯化铵可将 RuO_4 沉淀为 $(NH_4)_3RuCl_6$。溶解后的锇要从其他铂系元素中分离出来，分离方法包括蒸馏法和用适当的有机溶剂提取四氧化锇。两种方法所得的产物与氢进行还原反应，得到粉状或海绵状锇粉末。

主要用途 在工业中可以用作催化剂。合成氨时用锇作催化剂，可以在不太高的温度下获得较高的转化率。如果在铂中掺杂一点锇，可做成又硬又锋利的手术刀。与一定量的铱可制成铱锇合金。

特南特

蓝色光泽的银色金属

由化学气相传输法长成的锇晶体

77. 铱(iridium)

发现年代·发现者 1804 年　[英] 特南特(S. Tennant)

银白色金属铱

威拉姆特陨石

钢笔笔头

国际千克原器

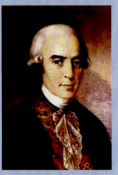

乌略亚

发现途径及命名来由 把分析铂盐剩下的黑色粉末用酸碱相互作用而得。命名取希腊神话中的彩虹女神伊里斯(Iris)之名,把铱命名为"iridium"[136]。

存在和性质 铱在自然中以纯金属或合金的形态出现,尤其是各种比例的铱锇合金。在地壳中的含量为千万分之一,常与铂系元素一起分散于冲积矿床和砂积矿床的各种矿石中。地壳中有三种地质结构的铱含量最高:火成岩、撞击坑以及前二者演化而成的地质结构。例如,威拉姆特陨石是已知第六大陨石,内含百万分之 4.7(4.7 ppm)的铱元素[137]。铱是最耐腐蚀的金属,铱对酸的化学稳定性极高,不溶于酸,只有海绵状的铱才会缓慢地溶于热王水中,如果是致密状态的铱,即使是沸腾的王水,也不能腐蚀;稍受熔融的氢氧化钠、氢氧化钾和重铬酸钠的侵蚀。一般的腐蚀剂都不能腐蚀铱。有形成配位化合物的强烈倾向。地壳中各元素的相对丰度见图 7-62。

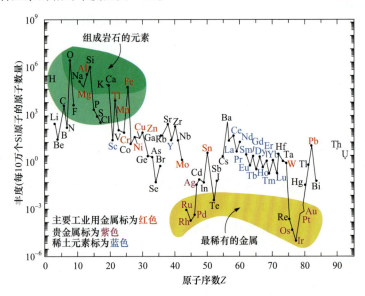

图 7-62 地壳各元素的相对丰度

铱的制备 浸出钌和锇后的残渣主要为氧化铱,用王水溶解,加氯化铵沉出粗氯铱酸铵,经精制后在氢气中煅烧,可得铱粉。

主要用途 纯铱专门用于飞机火花塞中,多用于制作科学仪器、热电偶、电阻线以及钢笔尖等。作合金用可以增强其他金属的硬度和抗腐蚀性。与铂形成的合金(10%的 Ir 和 90%的 Pt)膨胀系数极小,常用于制造国际标准米尺,世界上的千克原器也是由铂铱合金制作的。

78. 铂(platinum)

发现年代·发现者 1748 年　[西班牙] 乌略亚(A. de Ulloa)

发现途径及命名来由 在平托河金矿中发现了银白色的自然铂。取名于西班牙语"小银"(platina)。

存在和性质 铂是一种非常罕见的金属,在地球地壳中的含量只有百万分之 0.005。与金、银一起统称为贵金属元素。天然的银白色贵金属,俗名白金。曾在乌拉尔砂铂矿中发现过重达 8~9 kg 的自然铂块。纯铂为带光泽、具可延展性的银白色金属。硬度是黄金的两倍，化学性质稳定，抗腐蚀性极强，在高温下非常稳定，电性能亦很稳定。在任何温度下都不会氧化，但可被各种卤素、氰化物、硫和苛性碱侵蚀。铂不可溶于氢氯酸和硝酸，但会在热王水中溶解，形成氯铂酸（H_2PtCl_6）。色泽美丽，延展性强，耐熔、耐摩擦，无解理，为电和热的良导体。

自然铂块

铂的制备 在铜的电解精炼过程中，银、金、各种铂系金属、硒和碲都会下沉至槽的底部，形成"阳极泥"。铂系金属的萃取过程便是从这一泥状物质开始的。如果在飘沙沉积物或其他矿物中发现纯铂，则可以在移除杂质的过程中将铂提取出来。铂的密度高于大部分的杂质，所以较轻的杂质可以用浮力分离的方式轻易地提取出来。铂具有顺磁性，而镍和铁都具有铁磁性，混合物经过电磁铁后，镍和铁就会被分离出来。铂的熔点较高，因此可以利用高温把不少杂质熔融去除。最后，铂不受氢氯酸和硫酸侵蚀，混合物在任一者中搅拌后，杂质自然会溶解，剩余的就是铂。

在热王水中溶解

主要用途 主要用作装饰品和工艺品。化学工业中，用以制造高级化学器皿、铂金坩埚[阿哈尔德(F. K. Achard)于 1784 年制造了第一个铂制坩埚，他将铂与砷结合，经过处理后再把砷挥发出来]、电极和加速化学反应速率的催化剂(铂的最大用途，这种催化剂通常是铂黑)。铂铱合金是制造钢笔笔尖的材料。

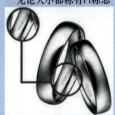
铂金坩埚

每件铂金(白金)饰品无论大小都标有Pt标志

"金属之王"铂金介绍
铂金蕴藏于陨石之中，最早的记录可以回溯至 20 亿年以前，当时有一颗流星撞向地球。从那时起，这种稀有迷人的宝藏在整个历史长河中零星出现，有时突然数个世纪都不见其踪影，既让人困惑，又吸引着那些与它不期而遇的人们。之后，它在 18 世纪再度出现，让国王和炼金士都同样为之痴狂。在 19 和 20 世纪，铂金越来越受到人们的推崇和喜爱。18 世纪，铂金开始进入欧洲，不久就成为淘金者的最大追求目标。同时，铂金也成为药剂中的主要成分之一。

铂金戒指

79. 金(gold)

发现年代·发现者 古代

发现途径及命名来由 英语"gold"和很多日耳曼语族的相应单词同源，意为"闪耀、闪光，呈黄色或绿色"。符号 Au 则是来自拉丁语 aurum，意即"金"。

存在和性质 金在地壳中的含量约是一百亿分之五。据光谱分析，在太阳周围灼热的蒸气里也有金，来自宇宙的"使者"——陨石中也含有微量的金，这表明其他天体上同样有金。自然状态下多数是游离状的纯金，含金量大都达 99%以上，一般含有少量银，另外还含有微量的钯、铂、汞、铜、铅等。化学性质不活泼，只能溶于王水、硒酸、高氯酸等腐蚀性较强的物质中。在高温下，氟、氯、溴等元素能与金化合生成卤化物，但温度再高些，卤化物又重新分解。熔融的硝酸钠、氢氧化钠能与金化合。

金的晶体：金色

重达 4.42 kg 的金块

金的制备

$$4Au + 8NaCN + 2H_2O + O_2 = 4Na[Au(CN)_2] + 4NaOH$$

金矿石

化学元素新论

$$2Na[Au(CN)_2] + Zn = Na_2[Zn(CN)_4] + 2Au$$

主要用途 曾用作国际储备。常用作珠宝装饰。广泛用于现代高新技术产业中，如电子技术、通信技术、宇航技术、化工技术、医疗技术等。

金元素从哪里来？

在45亿年前地球形成的时候，很多宇宙中的小天体含有一些金，在它们撞击地球的时候，陨石被熔化，金也被留了下来。由于金的密度大，便往地心下沉，所以现在金矿都在地下。

据科学家的测量和估算，地球的黄金总储量大约有48亿吨，分布在地核内的约有47亿吨，地幔8600万吨，而分布到地壳的只有不到1亿吨。地球上99%以上的金在地核。金的这种分布是在地球长期演化过程中形成的。地球发展早期阶段形成的地壳其金的丰度较高，因此大体上能代表早期残存地壳组成的太古宙绿岩带，尤其是镁铁质和超镁铁质火山岩组合，其金丰度值高于地壳各类岩石，可能成为金矿床的最早"矿源层"。

著名的图坦卡蒙黄金面罩被考古学家称为"无与伦比的稀世珍宝"。这件曾经罩在图坦卡蒙（于公元前1362~前1352年统治埃及）脸上的金制面具，放置在开罗博物馆展室正中间，灯光打在上面，闪烁着耀眼的光芒。重达11 kg的纯金面具镶有各色宝石，造型简洁，线条凝练，完全按图坦卡蒙生前的原型塑造（古埃及人认为只有这样，神灵才能认出他，助他复活）。面罩上的图坦卡蒙颔粘假长须，胸戴多彩项链，额上佩戴埃及的保护神秃鹫和神蛇。

图坦卡蒙面罩

美国鹰币背面

80. 汞(mercury)

发现年代·发现者 古代

发现途径及命名来由 命名的希腊文原意是"液态的银"，英语意为"水星"(mercury)。汞的符号Hg来自人造拉丁词hydrargyrum，其词根来自希腊语，这个词的两个词根分别表示"水"(hydro)和"银"(argyros)，因为汞与水一样是液体，又像银一样闪亮。

存在和性质 一种有毒的银白色金属，是常温下唯一的液体金属，游离存在于自然界，并存在于辰砂、甘汞及其他几种矿中，俗称"水银"。内聚力很强，在空气中稳定。蒸气有剧毒。溶于硝酸和热浓硫酸，但与稀硫酸、盐酸、碱都不起作用。能溶解许多金属。具有强烈的亲硫性和亲铜性，即在常态下很容易与硫和铜的单质化合并生成稳定化合物，因此在实验室通常用硫单质处理撒漏的水银。生活饮用水和农田灌溉水的水质标准都规定汞含量不得超过 0.001 mg·L^{-1}。

银白色汞

辰砂

汞的制备 传统的"混汞法"即利用形成汞齐的方法从矿石中提取汞。

主要用途 汞最常用于制造工业用化学药物以及用于电子或电器产品。汞还用于制造温度计，尤其是测量高温的温度计。气态汞仍用于制造日光灯及汞蒸气灯。可将金从其矿物中分解出来，因此经常用于金矿。用于气压计和扩散泵等仪器。用于制造液体镜面望远镜，利用旋转使液体形成抛物面形状，以此作为进行天文观测的望远镜的主镜。其他用途：水银开关、杀虫剂、生产氯和氢氧化钾、防腐剂、在一些电解设备中充当电极、电池和催化剂。

温度计中的汞

各式各样的日光灯

> **惨不忍睹的"水俣病事件"**

20 世纪 50~60 年代发生在日本熊本县水俣镇的"水俣病事件"被认为是一起重大的工业污染灾难。日本熊本县水俣镇曾有一个合成醋酸工厂,该工厂主要采用氯化汞和硫酸汞两种化学物质作为生产所需的催化剂,大量催化剂随废水排入临近的水俣湾内,沉淀在湾底,变成毒性十分强烈的甲基汞。甲基汞对上层海水及附近海中的鱼虾等形成了二次污染。水俣病是人们长期食用含有汞和甲基汞废水污染的鱼虾贝类造成的。汞进入人体后会迅速溶解堆积在人的脂肪和骨骼里,并大量聚积在人体脑部,黏附在神经细胞上,使细胞中的核糖酸急剧减少,最终引起细胞分裂死亡。

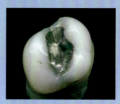

汞齐牙齿填补物

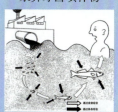

水俣病

7.9 81~90 号元素简介

81. 铊(thallium)

> **发现年代·发现者** 1861 年 [英] 克鲁克斯(W. Crookes),[法] 拉米(C. A. Lamy)

> **发现途径及命名来由** 用分光镜分析硫酸厂的残渣时分别发现了新元素的绿色谱线[138-139]。命名源自希腊文中的"θαλλός"(thallos),即"绿芽"之意。

克鲁克斯

> **存在和性质** 铊在地球地壳中并不属于稀有元素,含量约为 $0.7\ mg\cdot kg^{-1}$,以低浓度分布在长石、云母和铁、铜的硫化物矿中,独立的铊矿很少。银白色重质金属,质软,无弹性,易熔融。室温下能与空气中的氧作用形成氧化膜而保护内部,能与卤族元素反应;高温时能与硫、硒、碲、磷反应;不溶于碱,与盐酸的作用缓慢,但迅速溶于硝酸、稀硫酸中,生成可溶性盐;不溶于水;铊的卤化物在光敏性上与卤化银相似,即能见光分解。有剧毒。

> **铊的制备** 在炼制锌、镉等矿物时作为副产品回收,先加入稀硫酸,再稍稀释除去不溶物,剩下 Tl_2SO_4,可用 SO_2 还原,也可用电解法电解 Tl_2SO_4。

> **主要用途** 制备铊盐、合金。氢还原硝基苯的催化活化剂;与钒的合金在生产硫酸时作催化剂;耐硫化氢腐蚀的涂料;半导体研究;光学玻璃的附加料,可增加折光率。含 8.5%铊的液体汞齐的凝固点为–60℃,在低温操作的仪器中可作为汞的代用品。气态铊可作为内燃机的抗震剂。把铊的放射性同位素注入人血液,有助于对心脏病的诊断,心肌组织则不会吸收铊-201。

拉米

银白色金属铊

> **铊的中毒**

铊的毒性高于铅和汞。铊化合物广泛应用于工业生产中,另外在生产鞭炮的原料中往往含有高量的铊,其副产品氯化钠同样被污染,当人体食用了这种非食用盐后(常有不法分子将此种盐贩卖),而引起中毒。中毒症状:下肢麻木或疼痛、腰痛、脱发、失明、头痛、精神不安、肌肉痛、手足颤动、走路不稳等。预防措施:生产鞭炮的副产品氯化钠往往带有红色,注意不买、不食带有红色的盐。

尚书·禹贡

82. 铅(lead)

> **发现年代·发现者** 古代

发现途径及命名来由　铅为人类使用的第一种金属，早在 7000 年前人类就已经认识了铅。根据《尚书·禹贡》记载，商代以前山东青州已生产铅；在《圣经·出埃及记》中就已经提到了铅。古代的罗马人喜欢用铅作水管，而古代的荷兰人常用它作屋顶。元素符号由拉丁语 plumbum 而来。

存在和性质　在地壳中的含量约为 $1.6×10^{-3}\%$，在海水中的浓度为 $0.004\ g·t^{-1}$。最重要的矿物是方铅矿(PbS)。银白色金属，十分柔软，用指甲便能在它的表面划出痕迹。化学性质比较稳定，不易被腐蚀。在空气中受到氧、水和二氧化碳作用，其表面会很快氧化生成保护薄膜；在加热下，能很快与氧、硫、卤素化合；与冷盐酸、冷硫酸几乎不起作用，能与热或浓盐酸、硫酸反应；与稀硝酸反应，但与浓硝酸不反应；能缓慢溶于强碱性溶液。

金属铅的制备　除去杂质的方铅矿在空气中燃烧生成氧化铅，再与碳共热还原得铅：

$$2PbS + 3O_2 = 2PbO + 2SO_2$$
$$PbO + C = Pb + CO$$
$$PbO + CO = Pb + CO_2$$

主要用途　可用于建筑、铅酸充电池、弹头、炮弹、焊接物料、钓鱼用具、渔业用具、防辐射物料、奖杯和部分合金，如电子焊接用的铅锡合金。此外，还广泛用于电缆包衣、管材和设备内衬、轴承合金、射线防护层等。

铅的毒性对儿童的毒害

铅盐毒性很大，吞食可溶性铅盐会导致急性中毒，长期接触铅制品(如管道和铅基颜料)可能导致慢性中毒，有机铅化合物(如汽油抗震添加剂 Et_4Pb)会伤害神经系统。

儿童铅吸率及在体内滞留为成人的 5～8 倍。铅为亲神经毒物，极易透过儿童未发育健全的血脑屏障，造成大脑损伤；铅抑制钙、锌、铁的吸收，减少血红素的合成，抑制体液免疫、细胞免疫的能力；可导致儿童多动易怒、性格多变、弱视、贫血、身材矮小等

螯合剂(如 $EDTA^{4-}$)可用于络合人体中的 Pb^{2+}，然后通过排泄物排出体外。

83. 铋(bismuth)

发现年代·发现者　1757 年　[法] 日夫鲁瓦(C. F. Geoffroy)

发现途径及命名来由　古希腊和罗马使用金属铋作盒和箱的底座。但直到 1556 年，德意志阿格里科拉才在《论金属》一书中提出了锑和铋是两种独立金属的见解。1737 年，赫罗特(Hellot)用火法分析钴矿时曾获得一小块样品，但不知为何物。1753 年，英国若弗鲁瓦和伯格曼确认铋是一种化学元素，命名为 bismuth。1757 年，法国日夫鲁瓦经分析研究确定其为新元素。命名从阿拉伯语 bismid 而来，意思是像锑一样。

存在和性质　在自然界有少数游离铋金属存在，但主要以化合态存在于矿石中：氧化物 Bi_2O_5，硫化物 Bi_2S_3。在地壳中的含量不高，为 $2×10^{-5}\%$，丰度排 69 位。银白色光泽的金属，质脆易粉碎；导电导热性差；由液态到固态时体积增大。

银白色金属铅

张滨 画

日夫鲁瓦

银白色金属

铋的合成晶体

铋在红热时与空气作用；可直接与硫、卤素化合；不溶于非氧化性酸，溶于硝酸、热浓硫酸。铋的硒化物和碲化物具有半导体性质。

金属铋的制备 还原氧化铋精矿：

$$Bi_2O_3 + 3C =\!\!= 2Bi + 3CO$$

$$Bi_2O_3 + 3CO =\!\!= 2Bi + 3CO_2$$

主要用途 制备低熔点合金，用于自动关闭器或活字合金中；碳酸氧铋和硝酸氧铋用作药物；氧化铋用于玻璃、陶瓷工业中。可与锡融合防止锡疫。铋的氧化物作为超导材料被制成"超导电缆"，具有传输直流电没有损耗的优点。

辉铋矿

赭铋石

84. 钋(polonium)

发现年代·发现者 1898 年　[法] 玛丽·斯可罗夫斯卡·居里(M. S. Curie)，[法] 皮埃尔·居里(P. Curie)

发现途径及命名来由 由著名科学家居里夫人与丈夫皮埃尔于 1898 年在沥青油矿中发现，两人对这种元素的命名是为了纪念居里夫人的祖国波兰(Poland)。

存在和性质 钋在氧族元素中是典型的金属，和硒、碲一样，有挥发性。钋在 449.85℃下的蒸气压约为 13 Pa，易升华或蒸馏。钋的物理性质和同周期的铊、铅、铋相似，尤其是其低熔点、低沸点的性质，而与碲差别较大。钋溶于硝酸可以形成正盐 $Po(NO_3)_4$ 和各种碱式盐，溶于硫酸只生成简单阳离子的硫酸盐。当钋溶于盐酸时，起初生成氯化亚钋($PoCl_2$)，但由于 $α$ 辐射分解溶剂产生臭氧，钋(Ⅱ)被迅速氧化成钋(Ⅳ)。钋不和硫直接作用。

居里夫妇

贝克勒尔

金属钋的制备 可由人工合成或由氯化钋用锌还原获得。

主要用途 与铍混合可作为中子源；也用作静电消除剂，钋-210 的放射性使空气发生电离，离子所带电荷中和了胶片所带静电。钋是原子电池的燃料。二战末期时，美军空投至日本长崎的内爆式原子弹即使用钋-210 作为中子源。

居里夫人

原名玛丽·斯可罗多夫斯卡·居里(1867—1934)是波兰裔法国籍女物理学家、放射化学家，1903 年和丈夫皮埃尔·居里及贝克勒尔(A. H. Beoquerel)共同获得了诺贝尔物理学奖，1911 年又因放射化学方面的成就获得诺贝尔化学奖。居里夫人是第一个荣获诺贝尔科学奖的女性科学家，也是第一位两次荣获诺贝尔科学奖的伟大科学家。

Po-210

钋是一种非常稀少但是放射性很强的元素，有时会在一些铀矿中找到，也可以用中子撞击其他元素而产生。毒性极高，以相同重量来比较，钋-210 的毒性是氰化物的 2.5 亿倍，因此只需一颗尘粒大小就足以取人性命(氰化物对人的致死剂量是 0.1 g)，受害者根本无法透过感官察觉，而下毒者本身也要冒相当大的风险。疑似毒杀俄罗斯前特工利特维年科的就是放射性同位素 Po-210。

科尔森

塞格雷

85. 砹(astatine)

发现年代·发现者 1940 年　[美] 科尔森(D. R. Corson)，[意] 塞格雷(E. G. Segre)，[美] 麦肯西(K. R. Mackenzie)

麦肯西

砹用于放射治疗

道恩

氡的光谱线

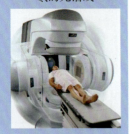
用于放射治疗

发现途径及命名来由　在回旋粒子加速器中加速α粒子轰击铋而得。根据希腊文"αστατος"(astatos，意为"不稳定")将其命名为"astatine"。

存在和性质　砹是地壳中最稀少的元素，大约只有 25 g 在自然状态下存在。根据卤素的颜色变化趋势推算[140]，分子量和原子序数越大，颜色就越深，砹可能为近黑色固体，它受热时升华成黑暗、紫色气体(比碘蒸气颜色深)。有望与金属离子形成离子键，如钠。其他卤素可以轻易从砹盐中将其置换出来。也可以与氢反应，生成砹化氢(HAt)，其溶解在水中形成氢砹酸。砹一般归为非金属或类金属。有科学家认为砹能够形成凝聚态金属物质[141]。

单质砹的制备　砹的主要生产方法是用高能α粒子对铋-209 进行撞击。每次的产量十分微小，现今的技术每一生产周期可以产出 2 太拉贝克勒尔(2 万亿贝克勒尔)，约等于 25 mg。

$$^{209}_{83}Bi(^{4}_{2}He,2^{1}_{0}n)^{211}_{85}At$$

主要用途　由于砹-211 可放出α粒子且半衰期为 7.2 h，已被应用于放射治疗。用小鼠的研究结果显示，砹-211-碲胶体可以有效治疗而不会产生毒性，不破坏正常组织。

86. 氡(radon)

发现年代·发现者　1900 年　[德] 道恩(F. E. Dorn)

发现途径及命名来由　一种具有天然放射性的稀有气体，是镭、钍和锕等放射性元素蜕变过程中的产物，只有这些元素发现后才有可能发现氡。命名为"Radon"是从"镭射气"一词衍生而来。

存在和性质　在地壳中含量约为 6×10^{-15}%。通常的单质形态是氡气，无色无味，难以与其他物质发生化学反应。氡的化学性质极不活泼，已制得的氡化合物只有氟化氡。1910 年，拉姆齐和格雷(R. W. Gray)分离出了氡气，并对其密度进行了测量，确定它是已知最重的气体[142]。在空气中的氡原子的衰变产物被称为氡子体，为金属粒子，俗称镭射气。

氡的制备　从镭盐水溶液中抽吸出来的混合气体中分离：对气体进行火花放电，使其中的氢与氧化合变成水；用适当的吸收剂去除二氧化碳和水；液氮冷却，使氡在冷阱中冷凝，抽去其余气体；将冷凝的氡加热至室温，封装于容器内。

主要用途　由于衰变后成为放射性钋和α粒子，可供医疗用。用于癌症的放射治疗：用充满氡气的金针插进生病的组织，可杀死癌细胞。镭放出的氡气经一个泵进入一条金制长管进行收集，长管再经挤压、切割，形成多个较短的部分，用金包住并密封于小玻璃瓶中，然后植入患者体内肿瘤部位，人们称这种氡粒子为"种子"。

87. 钫(francium)

发现年代·发现者　1939 年　[法] 佩丽(M. M. Perey)

发现途径及命名来由　在研究锕的同位素 Ac-227 的α衰变产物时发现。为了纪念佩丽的祖国，把 87 号元素称为 francium。迄今为止，这是最后一次在自然界

佩丽

中发现元素，而非经过人工合成。

存在和性质　在大自然中极为罕见，地壳中钫的含量约为 30 g。它是除砹之外的第二稀有的元素，即使是在含量最高的矿石中，每吨也只有 0.0000000000037 g。最重的碱金属元素，也是最不稳定的碱金属，其同位素均有放射性。化学性质活泼，所有的钫盐都是水溶性的。钫会和多种铯盐共同沉淀，如高氯酸钫会和高氯酸铯共沉淀，从而分离出钫。其他能共沉淀的铯盐包括碘酸铯、苦味酸铯、酒石酸铯、氯铂酸铯以及硅钨酸铯。同样可与钫共沉淀的有硅钨酸和高氯酸，而不需要任何碱金属载体。

钫的制备　钫可在铀矿及钍矿中发现，每 1×10^{18} 个铀原子中才能找到一个钫原子。也可通过以质子轰击钍而获得。或者通过以下核反应获得：

$$^{197}\text{Au} + ^{18}\text{O} \longrightarrow ^{210}\text{Fr} + 5\text{n}$$

钫与铯载体一起用高氯酸盐、氯铂酸盐或钨硅酸盐阴离子进行共沉淀，是分离痕量钫的有效方法。

主要用途　由于它的不稳定和稀有，钫还没有商业应用。它已经用于生物学[143]和原子结构的研究领域。

88. 镭(radium)

发现年代·发现者　1910 年　[法] 居里夫人，[法] 德比恩(A. L. Debierne)

发现途径及命名来由　1898 年，玛丽·居里和皮埃尔·居里从沥青铀矿提取铀后的矿渣中分离出溴化镭，1910 年又用电解氯化镭的方法制得了金属镭，它的英文名称来源于拉丁文 radius，含义是"射线"。

存在和性质　在地壳中的含量为 1×10^{-9}%，具有很强的放射性，并能不断放出大量的热。镭能生成仅微溶于水的硫酸盐、碳酸盐、铬酸盐、碘酸盐；镭的氯化物、溴化物、氢氧化物溶于水。已知镭有 13 种同位素，Ra-226 半衰期最长，为 1622 年。镭能放射出 α 和 γ 两种射线，并生成放射性气体氡。

镭的制备　镭是生产铀时的副产物，用硫酸从铀矿石中浸出铀时，镭即成硫酸盐存于矿渣中，然后转变为氯化镭，用钡盐为载体进行分级结晶，可得纯的镭盐。金属镭则由电解氯化镭制得。

主要用途　放出的射线能破坏、杀死细胞和细菌，因此常用来治疗癌症等。此外，镭盐与铍粉的混合制剂可作中子放射源，用来探测石油资源、岩石组成等。镭是原子弹的材料之一。把镭盐和硫化锌荧光粉混匀，可制成永久性发光粉。

89. 锕(actinium)

发现年代·发现者　1899 年　[法] 德比恩(A. L. De bierne)

发现途径及命名来由　天然放射性元素，存在于沥青铀矿及其他含铀矿物中，由铀元素衰变而成。从铀矿渣中分离而得。元素名来源于希腊文的 "ακτίς" "ακτίνος" ("aktis" "aktinos")，意为光线。

存在和性质　主要藏于钍矿中，1 g 钍中约有 5×10^{-14} g 的锕。现已发现质量

这一块沥青铀矿在同一时间含有大约 10 万颗钫-223 原子

德比恩

镭粉

含镭矿石

银白色发蓝光锕

宇航飞行器的热源

独居石砂

钍石

数 209～232 的全部锕同位素，其中只有锕-227、锕-228 是天然放射性同位素，其余都是通过人工核反应合成的。银白色金属，能在暗处发光；化学性质活泼，与镧和钇十分相似，可直接与多种非金属元素反应；有较强的碱性。

锕的制备 可用金属锂还原三氟化锕制备金属锕：

$$AcF_3 + 3Li \xrightarrow{1200℃} 3LiF + Ac$$

主要用途 由于存量稀少，价格昂贵，锕目前并无重要的工业用途。锕-227 可用作宇航飞行器的热源。

90. 钍(thorium)

发现年代·发现者 1828 年　[瑞典] 贝采利乌斯(J. J. Berzelius)

发现途径及命名来由 用金属钾与氟化钍共热而得。为纪念北欧雷神(Thor)而命名。

存在和性质 地壳中钍的丰度为 $1.5×10^{-3}$%，以化合物的形式存在于矿物内（如独居石和钍石）。银白色金属，长期暴露在大气中渐变为灰色，质较软，可锻造。不溶于稀酸和氢氟酸，但溶于发烟的盐酸、硫酸和王水中。硝酸能使钍纯化，苛性碱对它无作用，高温时可与卤素、硫、氮作用。

索迪

钍的制备 最常用钙还原二氧化钍制备金属钍：

$$ThO_2 + 2Ca \xrightarrow{1000℃,Ar气} Th + 2CaO$$

也可以还原四氟化钍而得：

$$ThF_4 + 2Ca \longrightarrow Th + 2CaF_2$$

还原后使用氟化氢冲洗，然后过滤可得钍。

主要用途 经过中子轰击可得铀-233，因此它是潜在的核燃料。用于制造高强度合金与紫外线光电管。钍还是制造高级透镜的常用原料。

哈恩

7.10　91～100 号元素简介

91. 镤(protactinium)

迈特纳

发现年代·发现者 1917～1918 年　[英] 索迪(F. Soddy)，[英] 哈恩(O. Hahn)，[奥] 迈特纳(L. Meitner)

发现途径及命名来由 从沥青铀矿的残渣中发现的一种放射性元素，元素名来源于拉丁文"protos"(意为"原型")和"actinium"(锕元素)，意为"锕的父母"，因为镤放射性衰变产物即锕，是形成锕的基础。

存在和性质 地壳中镤的丰度为 $8×10^{-11}$%。灰白色金属，有延展性能，硬度似铀。在空气中稳定，化学性质与钽相似。镤容易与氧、水蒸气和酸反应，但不与碱金属反应。它在放射衰变过程中产生锕，是锕的"祖先"。

镤的制备 在核反应堆出现之前，镤从铀矿石中用科学实验方法分离。金属镤可用钡在 1400℃ 还原镤的四氟化物而得，或用钙在 1250℃ 还原镤的四氟化物制得。如今，它主要是钍的高温反应器中的中间产物。

镤产生于沥青铀矿

主要用途 用于原子能工业。

注意事项 镤既有毒性，又有很高的放射性，因此必须在密封的手套箱中操作。镤是天然存在的最罕见和最昂贵的元素之一，人可由食物或水摄入，或从空气吸入。吸入体内的镤污染物只有 0.05%存于体内，其余的会排出体外。吸入物的 0.05%进入骨骼、15%进入肝脏、2%进入肾脏，其余的再度离开身体。因此，在肝脏中的镤有 70%的半衰期为 10 天，30%保持 60 天。肾脏的相应值分别为 20%(10 天)和 80%(60 天)。所有这些器官中，镤的放射性会促进肿瘤生成[144]。人体内 Pa-231 最大安全剂量是 0.03 微居里，相当于 0.5 mg，这种同位素是氢氰酸毒性的 $2.5×10^8$ 倍[145]。

92. 铀(uranium)

发现年代·发现者 1789 年　[德] 克拉普罗特(H. J. Klaproth)

发现途径及命名来由 在沥青铀矿的硝酸提取液里加入碳酸钾得到沉淀而发现。命名意为"天王星"(Uranus)，指希腊神话中的天空之神 Ouranos。皮里哥首次分离出铀金属，而贝可勒尔则于 1896 年发现了铀的放射性。

存在和性质 自然界中能够找到的最重元素，少量存在于独居石等稀土矿石中。致密而有延展性的银白色放射性金属。铀在接近绝对零度时有超导性，有延展性。铀的化学性质活泼，能和所有的非金属作用，能与多种金属形成合金。空气中易氧化，生成一层发暗的氧化膜，能与汞、锡、铜、铅、铝、铋、铁、镍、锰、钴、锌、铍作用生成金属间化合物，缓慢溶于硫酸和磷酸，易溶于硝酸，铀对碱性溶液呈惰性，但有氧化剂存在时能使铀溶解，铀及其化合物均有较大的毒性，空气中可溶性铀化合物的允许浓度为 $0.05\ mg·m^{-3}$。

铀的制备 从铀矿石中提取铀直到制成核纯铀化合物的工艺过程，是天然铀生产的重要步骤：铀矿石的破碎和磨细、铀矿石的浸取、矿浆的固液分离、离子交换和溶剂萃取法提取铀浓缩物、溶剂萃取法纯化铀浓缩物。提炼浓缩铀的方法主要有气体扩散法和气体离心法。

主要用途 其化合物早期用于瓷器的着色，在核裂变现象被发现后用作核燃料。不同富集度的铀可分别用于制成核燃料、核武器装料、装甲弹和屏蔽材料。

什么是核反应堆？
核反应堆是通过受控核裂变反应获得核能的装置，可使裂变产生的中子数等于各种过程消耗的中子数，以形成所谓的自持链反应(self-sustaining chain reaction)。

93. 镎(neptunium)

发现年代·发现者 1940 年　[美] 麦克米伦(E. M. McMillan)，[美] 艾贝尔森(P. H. Abelson)

发现途径及命名来由 用中子轰击铀获得半衰期为 2.4 天的 ^{239}Np。用海王星的名字(Neptune)来命名它。

$$^{239}_{92}U(^{1}_{0}n,\beta^-)^{239}_{93}Np$$

存在和性质 在自然界中几乎不存在，只有在铀矿中存在极微量。银白色金

克拉普罗特

银白色金属铀

麦克米伦

艾贝尔森

属，有放射性。空气中缓慢地被氧化。化学性质与铀相似，溶于盐酸。在水溶液中显示出五种氧化态：Np^{3+}(淡紫色)、Np^{4+}(黄绿色)、NpO_2^+(绿蓝色)、NpO_2^+(粉红色)。在50℃可与氢作用生成氢化物。

镎的制备 最早用钡于1200℃还原NpF_4制得金属镎，现在则用过量30%的钙还原NpF_4^-。

主要用途 用于科学研究。镎的发现突破了古典元素周期表的界限，为铀后元素或称超铀元素中其他元素的发现闯开了道路，为奠定现代元素周期系和建立锕系元素奠定了基础。它是第一个被发现的人工合成的超铀元素。用中子对^{237}Np进行照射，可形成$^{238}Pu^{[146]}$。镎-238释放α粒子，可在航天和军事上的放射性同位素热电机中作发电之用。

西博格

银灰色钚，氧化后转暗灰色

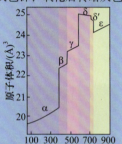

钚有六种同素异形体

94. 钚(plutonium)

发现年代·发现者 1940年 [美] 西博格(G. T. Seaborg), [美] 麦克米伦(E. M. McMillan)

发现途径及命名来由 以氘撞击铀-238而合成。麦克米伦将这个新元素取名pluto(意为冥王星)。

$$^{238}_{92}U + ^1_0n \longrightarrow ^{239}_{92}U \xrightarrow[23\ min]{\beta^-} ^{239}_{93}Np \xrightarrow[2.3565\ d]{\beta^-} ^{239}_{94}Pu$$

存在和性质 具银灰色外表，又与镍特别相似，但它在氧化后会迅速转为暗灰色(有时呈黄色或橄榄绿)。质地如铸铁般坚而易脆，但与其他金属制成合金后又变得柔软而富延展性。和多数金属不同，它不是热和电的良好导体。它的熔点很低(640℃)，而沸点异常高(3327℃)。接近熔点时，钚的液态金属具有很高的黏性和表面张力(相较于其他金属)。

钚的制备 金属钙还原PuF_4、PuF_2或PuO_2，以及氢化钚的热解。高纯钚可在400~470℃时于LiCl-KCl熔盐中电解而得，用区域熔融法可进一步提纯。

主要用途 原子能工业的重要原料，可作为核燃料和核武器的裂变剂。投于长崎市的原子弹使用了钚制作内核部分。其也是放射性同位素热电机的热量来源，常用于驱动太空船。

摩根

银白色金属镅

95. 镅(americium)

发现年代·发现者 1945年 [美] 西博格(G. T. Seaborg), [美] 摩根(D. L. Morgan), [美] 拉尔夫(A. Ralph), [美] 吉奥索(A. Ghiorso)

发现途径及命名来由 用快中子照射^{239}Pu而得。命名为纪念美洲"America"[147]。

$$^{239}Pu(n,\gamma) \longrightarrow ^{240}Pu(n,\gamma) \longrightarrow ^{241}Pu \xrightarrow{\beta^-} ^{241}Am \xrightarrow{\alpha} ^{239}Pu$$

存在和性质 银白色金属，有光泽；延展性较铀和镎为好。空气中逐渐变暗，溶于稀酸。在稀硫酸或稀硝酸溶液中可被过二硫酸盐氧化为AmO_2^{2+}盐，溶液呈深黄色。镅以+3价为最稳定，同时也有+4、+6价化合物。

镅的制备 最初用钡于1200℃还原AmF_3制得，新方法是在高真空下用镧还原AmO_2：

$$AmO_2 + 4/3La \longrightarrow Am + 2/3La_2O_3$$

主要用途 常作为同位素测厚仪和同位素 X 荧光仪等的放射源。利用镅的放射性，用它发出的 α 射线照射仪器内两极间的空隙，烟雾进入后可引起电流减小，从而检出烟雾。

96. 锔(curium)

发现年代·发现者 1944 年 [美] 西博格(G. T. Seaborg)，[美] 詹姆斯(R. A. James)，[美] 吉奥索 (A. Ghiorso)

发现途径及命名来由 用回旋加速器加速的氦离子轰击 ^{239}Pu 而获得，为纪念研究放射性物质的先驱居里夫妇而命名。

$$^{239}_{94}Pu + ^{4}_{2}He \longrightarrow ^{242}_{96}Cm + ^{1}_{0}n$$

存在和性质 在地球上没有单质或化合物矿藏存在，只能人工合成。银白色金属。在空气中银白色金属光泽会变暗。易溶于普通的无机酸，多是三价化合物。化学性质与稀土元素极相似，有多种同位素。

锔的制备 用钙、钡、锂分别还原 CmF_3 或用钾还原 $CmCl_3$ 都可制得，但 $CmCl_3$ 极易吸潮，不便操作。另从检测极限考虑，金属钡的极限值高于钙和锂，而且更易提纯，因此一般使用钡还原 CmF_3 的反应：

$$2CmF_3 + 3Ba \longrightarrow 2Cm + 3BaF_2$$

主要用途 锔是放射性金属，辐射能量很大。常用作人造卫星和宇宙飞船中不断提供热量的热源。

97. 锫(berkelium)

发现年代·发现者 1949 年 [美] 汤普森(S. G. Thompson)，[美] 吉奥索(A. Ghiorso)，[美] 西博格(G. T. Seaborg)

发现途径及命名来由 用回旋加速器以 35 MeV 能量的氦离子轰击镅-241 得到质量数为 243 的 97 号元素的同位素，命名为纪念这种元素的发现地——美国第一座回旋加速器所在地——伯克利市(Berkeley)。

$$^{241}_{95}Am(^{4}_{2}He) \longrightarrow ^{243}_{97}Bk + 2^{1}_{0}n$$

存在和性质 没有稳定的同位素，自然界不存在。化学性质活泼。有 3 价和 4 价化合物。锫在水溶液中可被像溴酸盐或 4 价铈离子一类的强氧化剂氧化到+4 价。这可解释为 5f 壳层中第 8 个电子很容易失去，达到 7 个 5f 电子的半满壳层时较稳定。

锫的制备 可用金属锂还原 BkF_3 制得，反应的整个装置要保持在高真空中，于 1000～1050℃ 温度下进行 3 min。

主要用途 有 9 种同位素，^{243}Bk～^{251}Bk，半衰期从 1 h～1949 年。锫的发现具有特殊意义，这对许多较重元素的发现提供了有效的方法。同位素 ^{244}Cm 最实际的用途是在α粒子 X 射线光谱仪(APXS)中作α粒子射源，但可用体积有限。火

吉奥索

锔在黑暗中发出紫光

汤普森

银白色金属锫

α粒子 X 射线光谱仪

星探路者、火星车、火星 96、勇气号、火星探测漫游者、机遇号和火星科学实验室都使用了这种仪器分析火星表面岩石的成分和结构[148]。

98. 锎(californium)

发现年代·发现者 1949 年 [美] 汤普森(S. G. Thompson)，[美] 肯尼思(S. Kenneth)，[美] 吉奥索(A. Ghiorso)，[美] 西博格(G. T. Seaborg)

发现途径及命名来由 用回旋加速器加速的氦核轰击百万分之几的锔-242 得到质量数为 245 的 98 号元素的同位素。命名为纪念它的发现地——加利福尼亚州(California)。

$$^{242}_{96}\text{Cm} + ^{4}_{2}\text{He} \longrightarrow ^{245}_{98}\text{Cf} + ^{1}_{0}\text{n}$$

存在和性质 一种人工合成的放射性化学元素。十分容易挥发，在 1100～1200℃能蒸馏出来。化学性质活泼，与其他+3 价锕系元素相似。有水溶性的硝酸盐、硫酸盐、氯化物和高氯酸盐；它的氟化物、草酸盐、氢氧化物在水溶液中沉淀。

锎的制备 与制锫的方法相同。但是金属锎比锫更易挥发，故新鲜制得的金属锎几乎不含杂质。

主要用途 可用作高通量的中子源。在核医学领域可用来治疗恶性肿瘤。由于锎-252 中子源可以做得很小很细，这是其他中子源做不到的，所以可把中子源经过软管送到人体腔内器官肿瘤部位，或者植入人体的肿瘤组织内进行治疗。特别是对于子宫癌、口腔癌、直肠癌、食道癌、胃癌、鼻腔癌等，锎-252 中子治疗都有相当好的疗效。

99. 锿(einsteinium)

发现年代·发现者 1952 年 [美] 吉奥索(A. Ghiorso)

发现途径及命名来由 从太平洋的安尼维托克岛所实验的一次氢弹爆炸的碎片中发现。吉奥索等用碳核轰击铀同时得到99 号和 100 号两种元素。为纪念伟大的物理学家爱因斯坦而命名。

存在和性质 天然不存在，在核子反应炉中制造。锿是一种柔软的银白色金属，具顺磁性。化学性质较活泼，极易挥发。在水溶液中主要以+3 价存在(绿色)。已发现的锿的同位素从锿-243 到锿-255，半衰期从约 20 s 到 400 天。^{254}Es 最稳定。

锿的制备 用中子轰击铀原子可制得锿。锿是一种高活性元素，因此要从锿化合物中提取纯锿金属需要使用强还原剂。其中一种方法是使用锂还原三氟化锿：

$$\text{EsF}_3 + 3\text{Li} \longrightarrow \text{Es} + 3\text{LiF}$$

主要用途 锿除了在基础科学研究中用于制造更高的超铀元素及超锕系元素之外，暂无其他应用。

100. 镄(fermium)

发现年代·发现者 1952 年 [美] 吉奥索(A. Ghiorso)

发现途径及命名来由 镄是在 1952 年 11 月 1 日第一颗成功引爆的氢弹"常春藤麦克"的辐射落尘中首次发现的[149]。为纪念第一个用中子轰击铀的物理学家

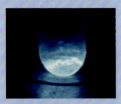

银白色锿

费米(E. Fermi)而命名。

存在和性质 人造放射性元素。化学性质类似稀土元素。镄在水溶液中主要以氧化态+3 价存在，但强烈的还原剂可使之成+2 价。Fm^{3+}会和拥有强供电子原子(如氧)的各种有机配位体络合，而形成的配合物一般比镄之前的锕系元素较为稳定[150]。已经发现的镄的同位素有镄-244～镄-259，都有放射性。半衰期从千分之几秒到 100 天不等。

镄的制备 镄是能够用中子撞击较轻元素而产生的最重元素，即它是最后一种能够大量制成的元素。然而到目前为止，人们仍没有制成纯镄。在产生镄之后，必须和其他锕系元素及裂变产生的镧系元素分开，一般利用离子交换层析法，并使用稀释于α-羟基异丁酸氨溶液中的正离子交换剂[151]。正离子越小，它与α-羟基异丁酸负离子所形成的配合物就越稳定，因此在洗提柱中优先提取这一层(图 7-63)。另一种方法则使用分离结晶法[152]。

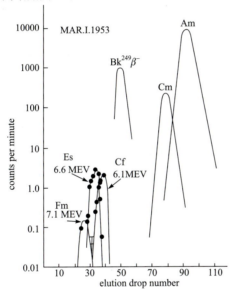

图 7-63 利用色离法分离 Fm、Es、Cf、Bk、Cm 及 Am

主要用途 由于产量极少，镄在基础科学研究之外暂无实际用途。与其他人工合成的同位素一样，镄极具放射性，毒性亦很强。

7.11　101～110 号元素简介

101. 钔(mendelevium)

发现年代·发现者 1955 年　[美] 吉奥索(A. Ghiorso)，[美] 哈维(B. G. Harvey)，[美] 肖平(G. R. Choppin) [美] 西博格(G. T. Seaborg)

发现途径及命名来由 在回旋加速器中用加速的 41 MeV 的氦核轰击少量的^{253}Es。为纪念俄罗斯化学家门捷列夫而命名。名称 mendelevium 被国际纯粹与应用化学联合会(IUPAC)所承认，但最初提出的符号 Mv 未被接受，IUPAC 最终于 1963 年改用 Md[153]。

存在和性质 在自然界不存在。用氦核轰击锿所获得的钔很少,但证明了它的真实存在。

$$^{253}Es + {}^{4}He \longrightarrow {}^{256}Md + {}^{1}_{0}n$$

乔汉松(B. Johansson)和罗森格林(A. Rosengren)于 1975 年预测钔金属的化合价主要为+2 价,与铕(Eu)和镱(Yb)相似,而非+3 价。用热色谱法研究微量钔元素显示钔的化合价确实为+2 价。

钔的制备 用氦核轰击锿原子可制得钔。钔的合成使用了由吉奥索引入的反冲技术。目标元素置于与粒子束相反的位置,反冲的原子落在捕集箔上。所用的反冲目标用了由 Alfred Chetham-Strode 研发的电镀技术生产。这种方法的产量很高,而这在获得产物是极为罕见的锿目标材料时是必须的[154]。化学性质仅限于示踪量,在离子交换色谱上显示出主要以+3 价存在于水溶液中。此外,也有+2 价和+1 价。钔的同位素主要有钔-248~钔-258,半衰期从几秒到大约 55 天。最稳定的同位素是 ^{258}Md,半衰期为 55 天。

主要用途 因为它存在的寿命十分短暂,科学家们怀疑是否能制出足够称量得出的数量;尚无具体研究内容。

102. 锘(nobelium)

发现年代·发现者 1953 年 [美] 西博格(G. T. Seaborg),[美] 吉奥索(A. Ghiorso),[美] 赛普雷(E. Segre)

发现途径及命名来由 用碳离子轰击锔而制得。为纪念科学家诺贝尔而命名。

存在和性质 在自然界中不存在。用碳离子轰击锔而获得。在溶液中+2 价最稳定,比根据同族元素的镧系元素镱(原子序数70)所预期的稳定。同位素有 ^{251}No~^{257}No、^{259}No。^{254}No 半衰期约 1 min,^{259}No 半衰期为 58 min。

锘的制备 用碳-12 离子轰击锔-244 和锔-246 混合物样品,成功制备出锘-254。后来,苏联杜布纳联合核子研究所的一个研究小组对此进行了证实[155]。

$$^{246}_{96}Cm + {}^{12}_{6}C \longrightarrow {}^{254}_{102}No + 4{}^{1}_{0}n$$

主要用途 现今制成的这种元素数量极少,只能用原子数量来计算。尚无具体研究内容。

103. 铹(lawrencium)

发现年代·发现者 1961 年 [美] 吉奥索(A. Ghiorso),[美] 西克兰(T. Sikkeland),[美] 拉什(A. E. Larsh),[美] 拉蒂默(R. M. Latimer)

发现途径及命名来由 首先由美国劳伦斯放射实验室用回旋加速器加速的硼-11 离子轰击 ^{250}Cf 而得[156]:

$$^{250}Cf + {}^{11}B \longrightarrow {}^{258}Lr + 3n$$

1965 年,苏联的杜布纳联合核子研究所用氧-18 离子轰击镅-243,发现铹的另一种同位素[157]:

$$^{243}\text{Am}(^{18}\text{O}, 5n) \longrightarrow {}^{256}\text{Lr};\ ^{243}\text{Am}(^{18}\text{O}, 4n) \longrightarrow {}^{257}\text{Lr}$$

为纪念回旋加速器的发明者劳伦斯(E. O. Lawrence)而命名。

存在和性质 在自然界中不存在。在水溶液中显示出稳定的+3价。同位素有 $^{255}\text{Lr} \sim {}^{260}\text{Lr}$。最稳定的同位素是 ^{260}Lr,半衰期是 3 min。

铹的制备 用硼核轰击锎而获得。

主要用途 现今制成的这种元素数量极少,只能用原子数量来计算。尚无具体研究内容。

104. 𬬻(rutherfordium)

发现年代·发现者 1964 年　[苏联] 弗廖洛夫(Г. Н. Флеров)等

发现途径及命名来由 1964 年杜布纳联合核子研究所宣布首次发现[158]:

$$^{242}_{94}\text{Pu} + {}^{22}_{10}\text{Ne} \longrightarrow {}^{264-x}_{104}\text{Rf} \longrightarrow {}^{264-x}_{104}\text{RfCl}_4$$

弗廖洛夫

1969 年,美国加州大学伯克利分校以碳-12 离子撞击锎,确定性地合成了 Rf[159]:

$$^{249}_{98}\text{Cf} + {}^{12}_{6}\text{C} \longrightarrow {}^{257}_{104}\text{Rf} + 4{}^{1}_{0}\text{n}$$

在美国进行的实验于 1973 年得到独立证实[160]。

苏联科学家建议使用 kurchatovium 作为该新元素命名,而美国科学家则建议使用 rutherfordium。1992 年,IUPAC/IUPAP 超镄元素工作组(TWG)评审了发现报告后,认为双方同时合成了第 104 号元素,所以双方应该共同享有这份名誉。IUPAC 最终使用了美国团队所提出的名称(rutherfordium),以纪念原子核物理学之父卢瑟福。

卢瑟福

存在和性质 自然界不存在。杜布纳团队在一种具挥发性的氯化物中探测到自发裂变事件,该氯化物具有类似于铪的较重同系物的化学属性。他们完成了一系列出色的研究,证明了 104 号元素属于周期系ⅣB族。1970 年,美国劳伦斯伯克利实验室的科学家使合成的 104 号元素通过一根直径为 2 mm、长 2 cm 的阳离子交换柱进行离子交换分离,证明 104 号元素的水溶液行为与四价的铪、锆相似。它会在强酸中形成 Rf^{4+} 水合离子,并在氢氯酸、氢溴酸或氢氟酸中形成络合物[161]。

𬬻的制备 通过热核聚变反应或冷核聚变反应获得。

主要用途 现今制成的这种元素数量极少,只能用原子数量来计算。尚无具体研究内容。

105. 𬭊(dubnium)

发现年代·发现者 1969 年　[苏联] 弗廖洛夫(Г. Н. Флеров)等,[美] 吉奥索(A. Ghiorso)等

发现途径及命名来由 杜布纳联合核子研究所弗廖洛夫等科学家在 1968 年首次报告发现 Db:

$$^{243}_{95}\text{Am} + {}^{22}_{10}\text{Ne} \longrightarrow {}^{265-x}_{105}\text{Db} + x{}^{1}_{0}\text{n}$$

同年,在加州大学伯克利分校的吉奥索领导的团队也合成出了 Db:

$$^{249}_{98}\text{Cf} + ^{15}_{7}\text{N} \longrightarrow ^{260}_{105}\text{Db} + 4^{1}_{0}\text{n}$$

此后,他们分别又多次合成出了 Db(见第 1 章,下同)[162-163],也同样进行了名誉争夺。作为妥协,1997 年 IUPAC 确认了苏联的实验室最早合成该元素,并为双方而取名为 dubnium,名称源自杜布纳,即联合核子研究所的所在地。

存在和性质 自然界不存在。推算的属性:预测为 6d 系中第二个过渡金属,为 5 族最重的元素。5 族元素有着明显的+5 氧化态,而该特性在重 5 族元素中更为稳定。预计会形成稳定的+5 价。较重的 5 族元素也具有+4 和+3 价,所以也有可能形成这些具还原性的氧化态。从铌和钽的化学特性推算,Db 会与氧反应形成惰性的五氧化物 Db_2O_5。在碱性环境中,预计会形成配合物 DbO_4^{3-}。与卤素反应形成五卤化物 DbX_5。$DbCl_5$ 预计是一种挥发性固体,而且 DbF_5 挥发性将更强。其卤化物经水解后,即形成卤氧化物 MOX_3。

钅杜的制备 通过热核聚变反应或冷核聚变反应获得。

主要用途 现今制成的这种元素数量极少,只能用原子数量来计算。尚无具体研究内容。

106. 𬭛(seaborgium)

发现年代·发现者 1974 年 [美] 吉奥索(A. Ghiorso)等

发现途径及命名来由 参见 1.2.4 节 106 号元素𬭛的合成。利用劳伦斯伯克利国家实验室的超重离子直线加速器发现[164]。

以美国化学家西博格的姓氏命名为 seaborgium。

西博格

存在和性质 自然界不存在。推算的特性:是 6d 系过渡金属的第三个元素,也是元素周期表中ⅥB 族的最重元素,位于铬、钼和钨以下。该族的所有元素都呈现出+6 氧化态,其稳定性随着元素重量增加而增加。因此,估计会有稳定的+6 价。该族的稳定+5 和+4 价也在较重的元素中呈现出来;除铬(Ⅲ)以外,该族的+3 价是还原性的。也应该会形成 SgO_3,能溶于碱形成 SgO_4^{2-}。另外,SgO_3 也会是两性的。SgF_6 和 $SgCl_6$ 都是可能形成的化合物,$SgBr_6$ 的稳定性更高。这些卤化物在氧和水气中都是不稳定的,$SgOX_4$(X=F, Cl)和 SgO_2X_2(X=F, Cl)应该会形成。在水溶状态下,它们和氟离子形成各种氧氟络负离子,如 MOF_5^- 和 $MO_3F_3^{3-}$。

明岑贝格

𬭛的制备 通过热核聚变反应或冷核聚变反应获得。

主要用途 现今制成的这种元素数量极少,只能用原子数量来计算。尚无具体研究内容。

107. 𨨏(bohrium)

发现年代·发现者 1981 年 [德] 明岑贝格(G. Münzenberg)等

发现途径及命名来由 参见 1.2.4 节 107 号元素𨨏的合成。用铬-54 原子核加速撞击铋-209 目标而得[165]。

该德国团队建议将该元素命名为 nielsbohrium,符号为 Ns,以纪念丹麦物理学家玻尔。1997 年,bohrium 成为了国际承认的 107 号元素的命名。

玻尔

存在和性质 自然界不存在。推算的属性:预计是元素周期表中 6d 系过渡金属的第四个元素,也是 7 族元素中最重的一个,预计会有稳定的+7 价。应该会形成具挥发性的 Bh_2O_7。这个氧化物应该会在水中溶解,形成高铍酸 $HBhO_4$。其氧化物的卤化反应能够形成 BhO_3Cl。也应该会产生氟氧化物,会延续 7 族元素的化学特性。

铍的制备 通过热核聚变反应或冷核聚变反应获得。

主要用途 现今制成的这种元素数量极少,只能用原子数量来计算。尚无具体研究内容。

108. 镙(hassium)

发现年代·发现者 1984 年　[德] 明岑贝格(G. Münzenberg)等

发现途径及命名来由 1984 年,由阿姆布鲁斯特和明岑贝格领导的研究团队于德国达姆施塔特重离子研究所首次进行了镙的合成反应。团队以 ^{58}Fe 原子核撞击铅目标体,制造出 3 个 ^{265}Hs 原子[166],反应如下:

$$^{208}_{82}Pb + ^{58}_{26}Fe \longrightarrow ^{265}_{108}Hs + ^{1}_{0}n$$

德国发现者在 1992 年正式提出使用 Hassium 作为 108 号元素的名称,取自研究所所在地德国黑森州的拉丁语名(Hassia)。1994 年,IUPAC 建议把 108 号元素命名为 hahnium(Hn)[167],虽然长期的惯例是把命名权留给发现者。在德国发现者抗议之后,国际承认了现用名称 hassium(Hs)[168]。

存在和性质 自然界不存在。推算的属性:预计为过渡金属中 6d 系的第五个元素及 8 族中最重的元素,氧化态应为+8。预计拥有稳定的低氧化态。

镙的制备 通过热核聚变反应或冷核聚变反应获得。

主要用途 现今制成的这种元素数量极少,只能用原子数量来计算。尚无具体研究内容。

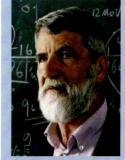

阿姆布鲁斯特

109. 鿏(meitnerium)

发现年代·发现者 1982 年　[德] 明岑贝格(G. Münzenberg)等

发现途径及命名来由 1982 年 8 月 29 日,由阿姆布鲁斯特和明岑贝格领导的研究团队合成出来[169]。他们利用铁-58 离子轰击铋-209 合成了 ^{266}Mt 的单一原子。

1997 年 IUPAC 正式将其命名为 meitnerium,以纪念奥地利裔瑞典原子物理学家迈特纳(L. Meitner)。

存在和性质 自然界不存在。推算的属性:根据元素周期表的趋势,应该是一种高密度金属,密度约为 30 $g \cdot cm^{-3}$(钴:8.9 $g \cdot cm^{-3}$,铑:12.5 $g \cdot cm^{-3}$,铱:22.5 $g \cdot cm^{-3}$),熔点也很高,为 2600~2900℃。它的耐腐蚀性可能很高,甚至比铱更高。应该可以形成六氟化物 MtF_6,将比六氟化铱更稳定。在与氧发生反应时,可能会形成二氧化物 MtO_2。应该可以形成 $MtCl_3$、$MtBr_3$ 和 MtI_3。应该可以形成六氟化物 MtF_6。该氟化物预计将比六氟化铱更加稳定,因为同族元素从上到下的+6 氧化态越来越稳定。

鿏的制备 通过核合成反应获得。

迈特纳

霍夫曼

拉扎列夫

伦琴

|主要用途| 现今制成的这种元素数量极少，只能用原子数量来计算。尚无具体研究内容。

110. 鐽(darmstadtium)

|发现年代·发现者| 1994 年 [德] 霍夫曼(S. Hofmann)等

|发现途径及命名来由| 参见 1.2.4 节，在线性加速器内利用镍-62 和镍-64 轰击铅-208 而合成[170]。制成的同位素有鐽-269 和鐽-271，其中鐽-271 比较稳定：

$$^{208}_{82}Pb + ^{62}_{28}Ni \longrightarrow ^{269}_{110}Ds + ^{1}_{0}n \quad\quad ^{208}_{82}Pb + ^{64}_{28}Ni \longrightarrow ^{271}_{110}Ds + ^{1}_{0}n$$

而后得到 ^{273}Ds 的单个原子，截面只有 400 pb[171]：

$$^{244}Pu(^{34}S, xn) \longrightarrow ^{278-x}_{110}Ds (x=5)$$

按 IUPAC 的命名法，110 号元素称为 darmstadtium，符号 Ds。为纪念德国达姆施塔特实验室而命名。由于 110 也是德国报警时所拨的号码，鐽又有另外一个外号 policium(警察元素)。

|存在和性质| 自然界不存在。推算的属性：预计是 6d 系的第 8 个过渡金属，是元素周期表中 10 族最重的成员，位于镍、钯和铂的下面。氧化态预计是+6、+4 和+2。可能会形成稳定的六氟化物 DsF_6 以及 DsF_5、DsF_4 和三氧化物 DsO_3。与卤素应该能够形成四卤化物 $DsCl_4$、$DsBr_4$ 和 DsI_4。预计可以有较高的硬度和催化性。

|鐽的制备| 通过热核聚变反应或冷核聚变反应获得。

|主要用途| 现今制成的这种元素数量极少，只能用原子数量来计算。尚无具体研究内容。

7.12 111～118 号元素简介

111. 铊(roentgenium)

|发现年代·发现者| 1994 年 [德] 霍夫曼(S. Hofmann)等

|发现途径及命名来由| 参见 1.2.4 节，在线性加速器内利用镍-64 轰击铋-209 而合成的[172]。

$$^{209}_{83}Bi + ^{64}_{28}Ni \longrightarrow ^{272}_{111}Rg + ^{1}_{0}n$$

该项工作在开始未得到 IUPAC/IUPAP 联合工作小组的承认，之后的重复实验得到了认可[173-175]。为纪念发现 X 射线(亦称伦琴射线)的科学家伦琴(W. C. Röntgen)而命名。

|存在和性质| 自然界不存在。推算的属性：预计呈银色[176]，预计是 6d 系过渡金属的第 9 个成员，属于周期表中 11 族(ⅠB)最重的成员，位于铜、银和金的下面。预计主要形成稳定的+3 价。反应的惰性预计比金更高，将不会与氧和卤素发生反应。最有可能的反应是与氟形成氟化物 RgF_3，与水形成氢氧化物 $Rg(OH)_3$，以及通过氢氧化物制取得 Rg_2O_3。

|铊的制备| 通过热核聚变反应或冷核聚变反应获得。

主要用途 现今制成的这种元素数量极少，只能用原子数量来计算。尚无具体研究内容。

112. 鎶(copernicium)

发现年代·发现者 1996 年 [德] 阿姆布鲁斯特(P. Armbruster)、霍夫曼(S. Hofmann)等

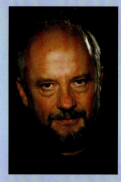

尼诺夫

发现途径及命名来由 参见 1.2.4 节。最早由德国达姆施塔特重离子研究所利用高速运行的 ^{70}Zn 原子束轰击 ^{208}Pb 目标体而得[177]，随后杜布纳的团队也得到了[178]。制取该元素的核反应方程式为

$$^{70}_{30}Zn + ^{208}_{82}Pb \longrightarrow ^{277}_{112}Cn + ^{1}_{0}n$$

2010 年 2 月 19 日，德国重离子研究所正式宣布，经国际纯粹与应用化学联合会确认，由该所人工合成的第 112 号化学元素从即日起获正式名称 "copernicium"，相应的元素符号为"Cn"，以纪念著名天文学家哥白尼(Copernicus)。

存在和性质 自然界不存在。推算的属性：是 6d 系的最后一个过渡金属，是元素周期表中 12 族最重的元素，位于锌、镉和汞下面。在水溶液中很可能形成+2 价和+4 价氧化态，后者更稳定。预计只能在极端条件下存在的化合物 CnF_4、CnO_2 将更加稳定。但是预计 Cn^{2+} 不稳定，甚至不存在。

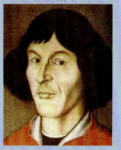

哥白尼

鎶的制备 通过热核聚变反应或冷核聚变反应获得。科学家也曾在 Fl 的衰变产物中观察到鎶。Fl 本身也是 Lv(116 号元素)或 Og(118 号元素)的衰变产物[179-182]。

主要用途 现今制成的这种元素数量极少，只能用原子数量来计算。尚无具体研究内容。

113. 鉨(nibonium)

发现年代·发现者 2004 年 [日] 森田浩介

发现途径及命名来由 参见 1.2.4 节。其发现过程一波三折，先后由俄罗斯杜布纳联合核子研究所和美国劳伦斯利福摩尔国家实验室组成的研究小组、日本理化学研究所发现[183-185]。

2015 年 12 月，IUPAC 和 IUPAP 宣布承认 113 号元素，并赋予日本理化学研究所优先命名权。2016 年 6 月 8 日，IUPAC 宣布将 113 号元素命名为 "nihonium"(日本的日语罗马字拼法之一)，符号为 Nh。此名称于 2016 年 11 月 28 日正式获得认可[186-187]。

森田浩介

存在和性质 自然界不存在。推算的属性：预计为 7p 系第 1 个元素，是元素周期表中 13(ⅢA)族最重的成员，位于铊之下。但由于惰性电子对效应，它只形成稳定的+1 价，电离电势更高，也更难形成稳定的化学键。Nh 的化学特性能从铊的特性中推算出来。因此，它应该会形成 Nh_2O、NhF、NhCl、NhBr 和 NhI。但如果能达到+3 价，Nh 则应只能形成 Nh_2O_3 和 NhF_3。7p 轨域的自旋-轨道分离可能会使-1 价也较稳定，类似于 Au(-1)(金化物)。

鉨的制备 通过热核聚变反应或冷核聚变反应获得。至今成功合成的这种元素原子一共只有 14 个。

奥加涅相

主要用途 现今制成的这种元素数量极少，只能用原子数量来计算。尚无具体研究内容。

114. 铁(plutonium)

发现年代·发现者 1999 年 [俄]奥加涅相(Ю. Ц. Оганесян)等

发现途径及命名来由 参见 1.2.4 节。由俄罗斯杜布纳联合核子研究所多次发现，并被其他研究所证实[181,183,188-191]。

2011 年 6 月 11 日，IUPAC 证实铁的存在。Flerovium(Fl)是 IUPAC 在 2012 年 5 月 30 日正式采用的，以纪念俄罗斯原子物理学家弗廖洛夫[192]。

存在和性质 自然界不存在。推算的属性：预计属于 7p 系，是元素周期表中 14(ⅣA)族最重的成员，位于铅之下。应该有着氧化性的+4 价和稳定的+2 价。2007 年进行的化学研究指出，铁的化学特性和铅非常不同。由于某些相对论性效应，它是第一种表现出惰性气体特性的超重元素。能形成 FlO、FlF_2、$FlCl_2$、$FlBr_2$ 和 FlI_2。如果其+4 价能够进行化学反应，它将只能形成 FlO_2 和 FlF_4。它也有可能形成混合氧化物 Fl_3O_4，类似于 Pb_3O_4。

铁的制备 通过热核聚变反应或冷核聚变反应获得。也可以通过更重的元素的衰变得到。科学家至今观测到约 80 个铁原子，其中 50 个是直接合成的，其余 30 个则是在更重元素的衰变产物中发现的。所有衰变都来自 $^{285\sim289}Fl$，一共 5 个质量数相邻的同位素。已知寿命最长的同位素为 ^{289}Fl，半衰期约为 2.6 s，但有证据显示存在着另一个同核异构体 ^{289b}Fl，其半衰期约为 66 s，将会是超重元素中寿命最长的原子核。

主要用途 现今制成的这种元素数量极少，只能用原子数量来计算。尚无具体研究内容。

115. 镆(moscovium)

发现年代·发现者 2003 年 [俄]奥加涅相(Ю. Ц. Оганесян)等

发现途径及命名来由 参见 1.2.4 节。由美国和俄罗斯科学家合作发现[193-196]。

2013 年，由瑞典隆德大学核物理学家鲁道夫(D. Rudolph)领导的团队在德国达姆施塔特亥姆霍兹重离子研究中心，通过将钙同位素撞击镅的方法再次合成了 Mc。

IUPAC 于 2016 年 11 月 28 日正式采用杜布纳研究所所在地莫斯科州命名为 moscovium。

存在和性质 自然界不存在。推算的属性：预计为 7p 系的第 3 个元素，是元素周期表中 15(ⅤA)族最重的成员，位于铋之下。Mc 预计会延续"惰性电子对效应"趋势，并只会具有+3 和+1 氧化态，可能只有一个价电子，因为 Mc^+ 会和镁有相同的电子排布。

镆的制备 通过热核聚变反应或冷核聚变反应获得。也可以通过更重的元素的衰变得到。科学家在 2003 年第一次观测到 Mc，至今合成了大约 30 个原子，其中只探测到 4 次直接衰变。

— 524 —

主要用途 现今制成的这种元素数量极少,只能用原子数量来计算。尚无具体研究内容。

116. 铊(livermorium)

发现年代·发现者 2000 年　[俄] 奥加涅相(Ю. Ц. Оганесян)等

发现途径及命名来由 参见 1.2.4 节。由俄罗斯杜布纳联合核子研究所的科学家发现[191,197-198]。

存在和性质 自然界不存在。推算的属性:预计为 7p 系非金属的第 4 个元素,并是元素周期表中 16 族(ⅥA)最重的成员,位于钋之下。应有氧化性的+4 价,以及更稳定的+2 价。它应在氧化后产生 LvO_2。LvO_3 也有可能产生,但可能性较低。在 LvO 中,铊会展现出+2 氧化态的稳定性。氟化后,它可能会产生 LvF_4 和/或 LvF_2。氯化和溴化后会产生 $LvCl_2$ 和 $LvBr_2$。碘对其氧化后一定不会产生比 LvI_2 更重的化合物,甚至可能完全不发生反应。

铊的制备 通过热核聚变反应或冷核聚变反应获得。

主要用途 由于没有足够稳定的同位素,因此目前无法用实验来研究它的特性和应用。

117. 础(tennessine)

发现年代·发现者 2010 年　[俄] 奥加涅相(Ю. Ц. Оганесян)等

发现途径及命名来由 参见 1.2.4 节。由俄罗斯杜布纳联合核子研究所的科学家发现[199]。IUPAC 于 2016 年 6 月 8 日建议将此元素命名为 tennessine(Ts),源于橡树岭国家实验室、范德堡大学和田纳西大学所在的田纳西州,此名称于 2016 年 11 月 28 日正式获得认可。

用于合成 Ts 的锫目标体溶液

存在和性质 自然界不存在。推算的属性:Ts 属于元素周期表中的 17 族,位于五个卤素(氟、氯、溴、碘和砹)以下。Ts 的许多性质都会和卤素相似。但是 Ts 和卤素之间还有不少显著的差别。对于 Ts,自旋-轨道作用降低了 7s 和 7p 电子能级,这使得这些电子更加稳定。在 Ts 预测能够形成的氧化态中,−1 价是最不常见的。

两个 Ts 原子预计会形成 Ts-Ts 键,与卤素一样形成双原子分子。Ts_2 分子会有较强的π键性质。除了不稳定的−1 价之外,预测 Ts 还能够形成+5、+3 和+1 价。其中+1 价应该是最为稳定的。由于 7s 电子的稳定性很强,所以有科学家认为 Ts 的价电子核心可能只有 5 个电子。最简单的 Ts 化合物是它的氢化物 TsH。与砹化氢(HAt)相比,其键长更长,解离能也更高。然而在自旋-轨道作用下,TsF 分子的解离能也有所提高。这是因为这一键合降低了 Ts 的电负性,使它与电负性极高的氟所形成的键更似一个离子键,很可能是 17 族元素的一氟化物中键合最强的一个。

础的制备 通过热核聚变反应或冷核聚变反应获得。

主要用途 现今制成的这种元素数量极少,只能用原子数量来计算。尚无具体研究内容。

118. 鿫(oganesson)

发现年代·发现者 2002 年 [俄] 奥加涅相(Ю. Ц. Оганесян)等

发现途径及命名来由 参见 1.2.4 节。通过撞击锎-249 和钙-48 离子获得：

$$^{48}_{20}\text{Ca} + {}^{249}_{98}\text{Cf} \longrightarrow {}^{294}_{118}\text{Og} + 3\,{}^{1}_{0}\text{n}$$

虽然 Og 是俄美合作发现的(美国提供撞击中的目标元素锎)，但 Og 之所以以俄罗斯命名，是因为联合核子研究所的 Flerov 核反应实验室是世界上唯一一座能取得这种成果的设施。IUPAC 于 2016 年 6 月 8 日建议将此元素命名为 oganesson(Og)，以表扬奥加涅相的贡献，此名称于 2016 年 11 月 28 日正式获得认可。

存在和性质 自然界不存在。推算的属性：科学家自 1964 年起便开始进行了有关 Og 的理论化合物的计算，但至今还没有合成任何 Og 化合物[200]。如果一个元素的电离能足够高的话，它会非常难氧化，因此最可能的氧化态是 0(如其余的惰性气体)。对二聚体 Og_2 的计算指出，化学键间的交互作用和 Hg_2 的相似，键解离能为 6 kJ·mol^{-1}，约为 Rn_2 的四倍[201]。但最出乎意料的是，其键长比 Rn_2 的还短 0.16 Å。另外，化合物 OgH^+ 的键解离能(或 Og 的质子亲和能)比 RnH^+ 小[202]。OgH 中 Og 和氢之间的键可看作纯粹的范德华力，而不是真正的化学键[203]。氟化物 OgF_2 和 OgF_4 中，Og 预测有稳定的 +2 和 +4 氧化态。OgF_n 化合物都不具有挥发性。Og 的电正性足以与氯产生 Og—Cl 键，这与其他的惰性气体非常不同。

鿫的制备 通过核聚变反应获得。

主要用途 由于产量极其稀少(一共只制造了 4 个 Og 原子)，所以目前 Og 在基本科学研究范畴以外没有任何用途。

参 考 文 献

[1] Cavendish H. Philos. Trans., 1766, 56: 141.
[2] Emsley J. Nature's Building Blocks: Everything You Need to Know About the Elements. Oxford: Oxford University Press, 2001.
[3] Watson J D, Crick F H. Nature, 1953, 171(4356): 737.
[4] Subirana J A. Nature, 2003, 423(6941): 683.
[5] Thomson W. Nature, 1871, 4(91): 251.
[6] Kapitza P. Nature, 1938, 141: 74.
[7] 冯光熙, 黄祥玉. 稀有气体化学. 北京: 科学出版社, 1981.
[8] Emsley J. The Elements. 2nd ed. Oxford: Oxford University Press, 1991.
[9] 刘翊纶, 任德厚. 无机化学丛书. 第一卷. 北京: 科学出版社, 1984.
[10] Klaproth M H. Beitrage zur Chemischen Kenntniss der Mineralkörper. Berlin: Heinrich August Rottmann, 1802.
[11] Zhang K Q, Guo B, Braun V, et al. J. Mol. Spectrosc., 1995, 170(1): 82.
[12] Holcombe C E Jr, Smith D D, Lorc J D, et al. High Temp. Sci., 1973, 5: 349.
[13] Szegedi S M, Váradi C, Buczkó M, et al. J. Radioanal. Nucl. Chem., 1990, 146(3): 177.
[14] Falkowski P, Scholes R J, Boyle E, et al. Science, 2000, 290(5490): 291.
[15] Smith T M, Cramer W P, Dixon R K, et al. Water, Air, Soil Pollut., 1993, 70(1): 19.

[16] Kroto H W, Heath J R, O'Brien S C, et al. Nature, 1985, 318: 162.
[17] Iijima S. Nature, 1991, 354: 56.
[18] Nasibulin A G, Pikhitsa P V, Jiang H, et al. Nature Nanotechnol., 2007, 2: 156.
[19] Nasibulin A G, Anisimov A S, Pikhitsa P V, et al. Chem. Phys. Lett., 2007, 446(1): 109.
[20] Vieira R, Ledoux M J, Pham-Huu C. Appl. Catal. A, 2004, 274(1): 1.
[21] Frondel C, Marvin U B. Nature, 1967, 214: 587.
[22] Harris P J F. Philos. Mag., 2004, 84(29): 3159.
[23] Rode A V, Hyde S T, Gamaly E G, et al. Appl. Phys. A, 1999, 69: S755.
[24] Tammann G. Z. Anorg. Allg. Chem., 1921, 115(1): 145.
[25] Heimann R B, Evsyukov S E, Kavan L. Carbyne and Carbynoid Structures. London: Kluwer Academic Pub, 1999.
[26] 杨奇, 乔成芳, 崔孝炜, 等. 化学教育, 2017, 38(22): 12.
[27] Dienwiebel M, Verhoeven G S, Namboodiri P, et al. Phys. Rev. Lett., 2004, 92(12): 126101.
[28] Collins A T. Philos. Trans. R. Soc. London, Ser. A, 1993, 342(1664): 233.
[29] Deprez N, McLachlan D S. J. Phys. D, 1988, 21(1): 101.
[30] Delhaes P. Graphite and Precursors. London: CRC Press, 2001.
[31] Gray T. Elements: A Visual Exploration of Every Known Atom in the Universe. New York: Black Dog & Leventhal, 2009.
[32] Greenwood N, Earnshaw A. Chemistry of the Elements. 2nd ed. Oxford: Butterworth-Heinemann, 1997.
[33] Iancu C V, Wright E R, Heymann J B, et al. J. Struct. Chem., 2006, 153(3): 231.
[34] Eremets M I, Gavriliuk A G, Trojan I A, et al. Nature Mater., 2004, 3(8): 558.
[35] Fabian J, Lewars E. Can. J. Chem., 2004, 82(1): 50.
[36] Eremets M I, Gavriliuk A G, Serebryanaya N R, et al. J. Chem. Phys., 2004, 121(122): 11296.
[37] Patil U N, Dhumal N R, Gejji S P. Theor. Chem. Acc., 2004, 112(1): 27.
[38] Reich M, Kapenekas H. Ind. Eng. Chem., 1957, 49(5): 869.
[39] Bartlett J K. J. Chem. Educ., 1967, 44(8): 475.
[40] Eremets M I, Popov M Y, Trojan I A, et al. J. Chem. Phys., 2004, 120(22): 10618.
[41] Storch H H, Olson A R. J. Am. Chem. Soc., 1923, 45(7): 1605.
[42] Andersen E B. Z. Phys. A, 1922, 10(1): 54.
[43] Kitano M, Inoue Y, Yamazaki Y, et al. Nature Chem., 2012, 4: 934.
[44] 徐晔, 张金池, 王广林, 等. 生物学杂志, 2011, 28(4): 61.
[45] 张纯喜. 化学进展, 1997, 9(2): 23.
[46] 黄静伟, 张鸿图, 万惠霖, 等. 生物化学与生物物理进展, 1996, 23(1): 18.
[47] 周朝晖, 颜文斌, 张凤章, 等. 厦门大学学报(自然科学版), 2001, 40(02): 320.
[48] 王友绍, 李季伦. 自然科学进展, 2000, 10(6): 481.
[49] Allen A D, Senoff C V. Chem. Commun., 1965, (24): 621.
[50] Laplaza C E, Cummins C C. Science, 1995, 268(5212): 861.
[51] Nishibayashi Y, Iwai S, Hidai M. Science, 1998, 279(5350): 540.
[52] Knobloch D J, Lobkovsky E, Chirik P J. Nat. Chem., 2010, 2: 30.
[53] 张光全, 刘晓波, 薛耀辉, 等. 含能材料, 2014, 22(3): 422.
[54] 卢艳华, 何金选, 雷晴, 等. 化学推进剂与高分子材料, 2013, 11(3): 23.
[55] 朱春野. 高压下含氮分子固体的结构与物性. 长春: 吉林大学, 2015.
[56] 刘世杰. 高压下新型聚合氮结构的设计及合成. 长春: 吉林大学, 2017.
[57] 王晓丽. 高压下固态氮的相变研究与新型碳氮超硬材料的理论设计. 长春: 吉林大学, 2011.

[58] 李敏. 甲烷、氮、氧及其水合物的高温高压物性研究. 长春: 吉林大学, 2010.

[59] 王晓. 固态氮高压相的第一性原理研究. 长春: 吉林大学, 2010.

[60] Preston-Thomas H. Metrologia, 1990, 27(1): 3.

[61] Gropper S S, Groff J L. Advanced Nutrition and Human Metabolism. 4th ed. London: Wadsworth, 2005.

[62] Pereira L B, Tabaldi L A, Goncalves J F, et al. Environ. Exp. Bot., 2006, 57(1-2): 106.

[63] Andersson M. Water, Air, Soil Pollut., 1988, 39(3): 439.

[64] Horst W J Z. J. Plant Nutr. Soil Sci., 1995, 158(5): 419.

[65] Ma J F, Ryan P R, Delhaize E. Trends Plant Sci., 2001, 6(6): 273.

[66] 陶坤. 化学通报, 1953, (8): 359.

[67] 中国科学院编译出版委员会名词室. 化学通报, 1957, (1): 70.

[68] 邵靖宇. 中国科技术语, 2008, 10(4): 64.

[69] 太田泰弘, 孙丽平. 中国科技术语, 2013, 15(3): 58.

[70] Takeda K, Shiraishi K. Phys. Rev. B, 1994, 50(20): 14916.

[71] Guzmán-Verri G G, Lew Yan Voon L C. Phys. Rev. B, 2007, 76(7): 075131.

[72] Cahangirov S, Topsakal M, Aktürk E, et al. Phys. Rev. Lett., 2009, 102(23): 236804.

[73] Bernard A, Abdelkader K, Sébastien V, et al. Appl. Phys. Lett., 2010, 96(18): 183102.

[74] Boubekeur L, Hamid O, Hanna E, et al. Appl. Phys. Lett., 2010, 97(22): 223109.

[75] Feng B, Ding Z, Meng S, et al. Nano Lett., 2012, 12(7): 3507.

[76] Chen L, Liu C C, Feng B, et al. Phys. Rev. Lett., 2012, 109(5): 056804.

[77] Li L, Yu Y, Ye G J, et al. Nature Nanotechnol., 2014, 9: 372.

[78] Rayleigh L, Ramsay W. Proc. R. Soc. London, 1894-1895, 57(1): 265.

[79] Ahmad Z. JOM, 2003, 55(2): 35.

[80] Krebs R E. The History and Use of Our Earth's Chemical Elements: A Reference Guide. Westport: Greenwood Publishing Group, 2006.

[81] Donachie M J. Titanium: A Technical Guide. Ohio: ASM International, 2000.

[82] Stixrude L, Wasserman E, Cohen R E. J. Geophys. Res. Solid Earth, 1997, 102(B11): 24729.

[83] De Boisbaudran L. Compt. Rend., 1875, 81: 493.

[84] Weeks M E. J. Chem. Edu., 1932, 9(9): 1605.

[85] Moskalyk R R. Miner. Eng., 2003, 16(10): 921.

[86] Sterling N C, Harriet L D, Charles W B. Astrophys. J. Lett., 2002, 578(1): L55.

[87] Kunde V, Hanel R, Maguire W, et al. Astrophys. J., 1982, 263: 443.

[88] Cowan J. Nature, 2003, 423(6935): 29.

[89] Kling H R, Schroll M. Org. Mass Spectrom., 2007, 30(3-4): 145.

[90] Rieke G H. Annu. Rev. Astron. Astrophys., 2007, 45(1): 77.

[91] Oumeish O Y. Clin. Dermatol., 1996, 14(6): 659.

[92] Grosse A V, Kirshenbaum A D, Streng A G, et al. Science, 1963, 139(3559): 1047.

[93] Pavlovskaya G E, Cleveland Z I, Stupic K F, et al. Proc. Natl. Acad. Sci. U. S. A., 2005, 102(51): 18275.

[94] Chon D, Beck K C, Simon B A. J. Appl. Phycol., 2007, 102(4): 1535.

[95] Kirchhoff G, Bunsen R. Ann. Phys., 1861, 189(7): 337.

[96] Canavese C, De Costanzi E, Branciforte L, et al. Kidney Int., 2001, 60(3): 1201.

[97] Kòrösy F. J. Am. Chem. Soc., 1939, 61(4): 838.

[98] Ikenberry L, Martin J L, Boyer W J. Anal. Chem., 1953, 25(9): 1340.

[99] Rayner-Canham G, Zheng Z. Found. Chem., 2008, 10(1): 13.

[100] Peiniger M, Piel H. IEEE Trans. Nucl. Sci., 1985, 32(5): 3610.

[101] Perrier C, Segrè E. Nature, 1947, 159: 24.

[102] 翟秀静, 周亚光. 稀散金属. 合肥: 中国科学技术大学出版社, 2009.

[103] Holleman A F, Wiberg E, Wiberg N T. Lehrbuch der Anorganischen Chemie. Berlin:Walter de Gruyter, 1985.

[104] De Haas W J, De Boer J, Van den Berg G J. Physica, 1935, 2(1): 453.

[105] Klaproth M. Philos. Mag., 1803, 17(67): 230.

[106] Ramsay W, Travers M W. On the Extraction From Air of the Companions of Argon, and Neon. Report of the Meeting of the British Association for the Advancement of Science, London, 1898.

[107] Bartlett N, Lohmann D H. Proc. R. Soc. London, 1962, 218(3): 115.

[108] Falconer W E, Sunder W A. J. Inorg. Nucl. Chem., 1967, 29(5): 1380.

[109] Streng L V, Streng A G. Inorg. Chem., 1965, 4(9): 1370.

[110] Holloway J H. Noble-Gas Chemistry. London: Methuen & Co. Led, 1968.

[111] Gray H B, Williams R, Bernal I, et al. J. Am. Chem. Soc., 1962, 84(18): 3596.

[112] Weaver E E, Weinstock B, Knop C P. J. Am. Chem. Soc., 1963, 85(1): 111.

[113] Prusakov V N, Sokolov V B. At. Energy., 1971, 31(3): 990.

[114] Hyman H H, Eyring H. Physical Chemistry: An Advanced Treatise. New York: Academic Press Inc., 1970.

[115] Eremeev V N, Chudinovskikh T V, Batrakov G F, et al. Soviet J. Phys. Oceanogr., 1991, 2(1): 57.

[116] Redman H C, McClellan R O, Jones R K, et al. Radiat. Res., 1972, 50(3): 629.

[117] Weeks M E. J. Chem. Educ., 1932, 9(10): 1751.

[118] Yang X M, Bas M J L. China Lithos., 2004, 72(1): 97.

[119] Wu C. Resour. Geol., 2008, 58(4): 348.

[120] Bill H, Calas G. Phys. Chem. Miner., 1978, 3(2): 117.

[121] Przibram K. Nature, 1935, 135(3403): 100.

[122] McCoy H N. J. Am. Chem. Soc, 1936, 58(9): 1577.

[123] Jackson M. IRM Quarterly (Institute for Rock Magnetism), 2000, 10(3): 6.

[124] Heiserman D L. Exploring Chemical Elements and Their Compounds. New York: TAB Books, 1992.

[125] Emsley J. Nature's Building Blocks: an AZ Guide to the Elements. Oxford: Oxford University Press, 2001.

[126] Cotton F, Albert W G. Advanced Inorganic Chemistry. New York: Wiley-Interscience, 1988.

[127] Parker S P. Appl. Opt., 1984, 95(2): 263.

[128] Wei Y Y, Brainard R L. Advanced Processes for 193-nm Immersion Lithography. Bellingham: WASPIE Press, 2009.

[129] Nielsen J W, Blank S L, Smith D H, et al. J. Electron. Mater., 1974, 3(3): 693.

[130] Buchanan J W. Principles and Practice of Positron Emission Tomography. Philadelphia: Lippincott Williams & Wilkins, 2002.

[131] Daghighian F, Shenderov P, Pentlow K S, et al. Nuclear Sci., 1993, 40(4): 1045.

[132] Simard-Normandin M. EE Times, 2011, (1605): 44.

[133] Earnshaw A, Greenwood N. Chemistry of the Elements .2nd ed. New York: Wiley, 1998.

[134] Naumov A V. Russ. J. Non-Ferrous Met., 2007, 48(6): 418.

[135] Griffith W P. Platinum Met. Rev., 1968, 48(4): 182.

[136] Mössbauer R L. Z. Phys., 1958, 151(2): 124.

[137] Scott E R D, Wasson J T, Buchwald V F. Geochim. Cosmochim. Acta, 1973, 37(8): 1957.
[138] Crookes W. Philos. Mag., 1861, 21(140): 301.
[139] Weeks M E. J. Chem. Educ., 1932, 9(12): 2078.
[140] Maddock A G. Supplement to Mellor's Comprehensive Treatise on Inorganic and Theoretical Chemistry, Supplement II, Part 1, (F, Cl, Br, I, At). Astatine. London: Longmans, 1956.
[141] Siekierski S C, Burgess J. Concise Chemistry of the Elements. Cambridge: Woodhead Publishing, 2002.
[142] Ramsay W, Gray R W. C. R. Acad. Sci., 1910, 151: 126.
[143] Haverlock T J, Mirzadeh S, Moyer B A. J. Am. Chem. Soc., 2003, 125(5): 1126.
[144] Grossmann R, Maier H J, Szerypo J, et al. Nucl. Instrum. Methods Phys. Res. Sect. A, 2008, 590(1-3): 122.
[145] Palshin E S. Analytical Chemistry of Protactinium. Moscow: Nauka, 1968.
[146] Lange R G, Carroll W P. Energy Convers. Manage., 2008, 49(3): 393.
[147] Street K Jr, Ghiorso A, Seaborg G T. Phy. Rev., 1950, 79(3): 530.
[148] Rieder R, Wanke H, Economou T. Bioorg. Chem., 1996, 28: 1062.
[149] Ghiorso A. Chem. Eng. News, 2003, 81(36): 174.
[150] Morss L R, Edelstein N, Fuger J, et al. The Chemistry of the Actinide and Transactinide Elements. Dordrecht: Springer, 2006.
[151] Choppin G R, Harvey B G, Thompson S G, et al. J. Inorg. Nucl. Chem., 1956, 2(1).
[152] Mikheev N B, Kamenskaya A N, Konovalova N A. Radiokhim., 1983, 25(2): 158.
[153] Emsley J. Nature's Building Blocks. Oxford: Oxford University Press, 2001.
[154] Ghiorso A, Harvey B G, Choppin G R, et al. Phys. Rev., 1955, 98(5): 1518.
[155] Fields P R, Friedman A M, Milsted J, et al. Phys. Rev., 1957, 107(5): 1460.
[156] Ghiorso A, Sikkeland T, Larsh A E, et al. Phys. Rev. Lett., 1961, 6(9): 473.
[157] Flerov G, Druin V A. At. Energ. Rev., 1970, 8(2): 255.
[158] Barber R C, Greenwood N N, Hrynkiewicz A Z, et al. Pure Appl. Chem., 1993, 65(8): 1757.
[159] Ghiorso A, Nurmia M, Harris J, et al. Phys. Rev. Lett., 1969, 22(24): 1317.
[160] Bemis C E Jr, Silva R J, Hensley D C, et al. Phys. Rev. Lett., 1973, 31(10): 647.
[161] Kratz J V. Pure Appl. Chem., 2003, 75(1): 103.
[162] Druin V A, Demin A G, Kharitonov Y P, et al. J. Wood Chem. Technol., 1971, 13(2): 139.
[163] Ghiorso A, Nurmia M, Eskola K, et al. Phys. Rev. Lett., 1970, 24(26): 1498.
[164] Ghiorso A, Nitschke J M, Alonso J R, et al. Phys. Rev. Lett., 1974, 33(25): 1490.
[165] Münzenberg G, Hofmann S, Heßberger F P, et al. Z. Phys. A, 1981, 300(1): 107.
[166] Münzenberg G, Armbruster P, Folger E, et al. Z. Phys. A, 1984, 317(2): 235.
[167] Elding L I. Pure Appl. Chem., 1994, 66(12): 2419.
[168] Elding L I. Pure Appl. Chem., 1997, 69(12): 2471.
[169] Münzenberg G, Armbruster P, Heßberger F P, et al. Z. Phys. A, 1982, 309(1): 89.
[170] Hofmann S, Ninov V, Heßberger F P, et al. Z. Phys. A, 1995, 350(4): 277.
[171] Lazarev Y A, Lobanov Y V, Oganessian Y T, et al. Phys. Rev. C, 1996, 54(2): 620.
[172] Hofmann S, Ninov V, Heßberger F P, et al. Z. Phys. A, 1995, 350(4): 281.
[173] Karol P J, Nakahara H, Petley B W, et al. Pure Appl. Chem., 2001, 73(6): 959.
[174] Hofmann S, Heßberger F P, Ackermann D, et al. Eur. Phys. J. A, 2002, 14(2): 147.
[175] Karol P J, Nakahara H, Petley B W, et al. Pure Appl. Chem., 2003, 75(10): 1601.
[176] Türler A. J. Nucl. Radiochem. Sci., 2004, 5(2): R19.

[177] Hofmann S, Ninov V, Heßberger F P, et al. Z. Phys. A, 1996, 354(3): 229.
[178] Loveland W, Gregorich K E, Patin J B, et al. Phys. Rev. C, 2002, 66(4): 228.
[179] Oganessian Y T, Utyonkov V K, Lobanov Y V, et al. Phys. Rev. C, 2006, 74(4): 044602.
[180] Oganessian Y T, Yeremin A V, Popeko A G, et al. Nature, 1999, 400(6741): 242.
[181] Oganessian Y T, Utyonkov V K, Lobanov Y V, et al. Phys. Rev. C, 2000, 62: 041604.
[182] Oganessian Y T, Utyonkov V K, Lobanov Y V, et al. Phys. Rev. C, 2004, 69(5): 054607.
[183] Oganessian Y T, Lougheed R W, Shaughnessy D A, et al. Phys. Rev. C, 2004, 69(2): 029902.
[184] Morita K, Morimoto K, Kaji D, et al. J. Phys. Soc. Jpn., 2004, 73(10): 2593.
[185] Chowdhury P R, Basu D N, Samanta C. Phys. Rev. C, 2007, 75(4): 047306.
[186] Karol P J, Barber R C, Sherrill B M, et al. Pure Appl. Chem., 2016, 88(1-2): 139.
[187] Karol P J, Barber R C, Sherrill B M, et al. Pure Appl. Chem., 2016, 88(1-2): 155.
[188] Oganessian Y T, Utyonkov V K, Lobanov Y V, et al. Phys. Rev. Lett., 1999, 46(9): 35.
[189] Oganessian Y T, Yeremin A V, Popeko A G, et al. Nature, 1999, 400(6741): 242.
[190] Barber R C, Gäggeler H W, Karol P J, et al. Pure Appl. Chem., 2009, 81(7): 1331.
[191] Loss R D, Corish J. Pure Appl. Chem., 2012, 84(7): 1669.
[192] Oganessian Y T, Utyonkov V K, Lobanov Y V. Phys. Rev. C, 2004, 70(6): 021601.
[193] Oganessian Y T, Lougheed R W, Shaughnessy D A. Phys. Rev. C, 2004, 69(2): 029902.
[194] Oganessian Y T. Phys. Rev. C, 2005, 72(3): 286.
[195] Rudolph D, Forsberg U, Golubev P, et al. Phys. Rev. Lett., 2013, 111(11): 112502.
[196] Oganessian Y T, Utyonkov V K, Lobanov Y V. Phys. Rev. Lett., 2000, 46(9): 35.
[197] Loss R D, Corish J. Pure Appl. Chem., 2012, 84(7): 1669.
[198] Oganessian Y T, Abdullin F S, Dmitriev S N, et al. Phys. Rev. C, 2013, 108(2): 33.
[199] Bae C, Lee Y S, HAn Y K. Phys. Chem. A, 2003, 107(6): 852.
[200] Oganessian Y T, Utyonkov V K, Lobanov Y V, et al. JINR Communication (JINR, Dubna), 2002.
[201] Grosse A V. Inor. Nucl. Chem., 1965, 27(3): 509.
[202] Nash C S. J. Phys. Chem. A, 2005, 109(15): 3493.
[203] Han Y K, Bae C, Son S K. J. Chem. Phys., 2000, 112(6): 2684.

8 化学元素性质的规律性

达尔文(C. R. Darwin,1809—1882)英国博物学家,生物学家,进化论的奠基人

科学就是整理事实,以便从中得出普遍的规律或结论。

——达尔文

> **本章提示**
>
> 元素的一些性质取决于核外电子的排布。如前所述,电子周期性的排列导致了元素类似的性质。
>
> 本章首先介绍化学元素性质的规律性。除了那些常用的元素性质数据对元素的原子序数作图明显呈现的单向性、周期性的规律(常是从上到下、从左到右)以外,还要注意到周期表中的另类规律性,如周期表中区域性的规律,元素性质与上下、左右元素的相关性、第二周期性等。接着,讲述一些化学事件在某些方面显示的规律性。自然,它们强烈地显示出和"化学元素周期表"之间的关系。为了直观,我们也将以周期表为依托,以图形的形式表示。

8.1 化学元素性质为什么显示出规律性

8.1.1 原子核外电子周期性重复类似排列

已知中性原子轨道的电子构型显示了一个重复的模式或周期性[1]。电子占据了一系列的电子壳体(编号为壳 1、壳 2 等,或以 K、L、M 等表示)。每个壳体由一个或多个亚层(命名为 s、p、d、f 和 g)组成,随着原子序数的增加,电子按照马德洛规则或能量排序规则,逐渐地将这些壳和子壳填满。例如,氖的电子排布是 $1s^2\ 2s^2\ 2p^6$。在原子序数为 10 的情况下,氖原子在第一层有两个电子,在第二层有八个电子(在 s 亚层有两个电子,在 p 亚层有六个电子)。在元素周期表中,电子第一次占据一个新壳对应于每一个新周期的开始,这些位置被氢和碱金属所占据[2-3]。就是说,电子在原子核外周期性地重复着类似的排列是元素性质显示出规律性的根本原因。无机化学家最看重的周期表就是强调电子结构趋势[2-3]、模式和不寻常的化学关系与属性[4]。

当 104~118 号超重元素皆已被成功合成[5-6],并得到了 IUPAC 的承认和命名后[6-10],有七个周期的元素周期表已经完整。周期表表现出的这种电子结构的周期性就更有说服力了。

8.1.2 元素性质的规律性表现

1. 元素周期表的格局

要知道元素性质的规律性表现在哪里,就必须先了解周期表的格局。所谓格局指的是它的基本结构,包括周期(period)、族(group)和区(block)。

[1] 周期

周期是元素周期表中的水平线。虽然群体通常有更显著的周期性趋势,但有一些区域的水平趋势比垂直的群体趋势更重要。例如 f 区,其中镧系和锕系构成了两大水平的水平系列元素[11]。目前,最新的周期表已达 7 个整水平线和镧系与锕系两个系列水平线。

同一周期的元素显示了原子半径、电离能、电子亲和能和电负性的趋势。同一周期从左向右移动，原子半径通常会减小。这是因为每一个连续元素的原子都有一个额外的质子和电子，这使得电子更靠近原子核[12]。原子半径的减小也会使电离能在一段时间内从左向右增加。一种元素的原子核束缚越紧密，移除一个电子所需的能量就越多。电负性的增加与电离能相同，因为原子核对电子的引力作用力加大。电子亲和力也显示了一段时期内的轻微趋势。金属(往往在水平线的左侧)通常比非金属(往往在水平线的右侧)具有较低的电子亲和力，而稀有气体除外[13]。

[2] 族

族是元素周期表中的垂直列。族通常比周期和区块具有更重要的周期趋势。原子结构的现代量子力学理论解释了群体趋势，理论家提出同一族内的元素通常在其价层中具有相同的电子构型。因此，同一族的元素倾向于具有共同的化学性质，并且在具有递增原子序数的属性中表现出明显的趋势[14-15]。然而，在元素周期表的某些部分，如 d 区和 f 区，水平相似性可能与纵向相似性同等重要，甚至更显著[16-19]。

关于族的命名和使用可参看 9.2 节。在国际上，IUPAC 在 1987 年经多次会议确认了用 1～18 阿拉伯数字表示的族标法，即从最左边的族(碱金属)到最右边的族(稀有气体)从 1 到 18 编号[20]。1989 年 IUPAC 无机化学命名委员会主席指出从 1989 年开始正式建议采用新体系[15]。

同一族中的元素倾向于显示原子半径、电离能和电负性相同的模式。从上到下，元素的原子半径增加。因为有更充满能量的能级，价电子在离原子核更远的地方被发现。从顶部来看，每一列元素的原子往下电离能连续降低，因为下面的原子更容易移去一个电子，因为原子的束缚不那么紧密。同样，由于价电子和原子核之间的距离越来越大，一个基团的电负性也会下降。这些趋势也有例外，如第 11 族 Cu、Ag、Au 的电负性却是以此增加的。

[3] 区

元素周期表的特定区域可以被称为区，以识别元素的电子壳被填充的序列。每个区都根据"最后的"电子在理论上驻留的子壳来命名。s 区包括 1～2 族(美国族编号为ⅠA、ⅡA，也分别称之为碱金属、碱土金属)以及氢和氦；p 区包括最后 6 个族，在 IUPAC 组编号中为 13～18 组(美国族编号为ⅢA～ⅧA)，其中包括所有的金属；d 区包括 3～12 族(美国族编号为ⅢB～ⅡB)，并包含所有过渡金属；f 区通常在元素周期表的其他部分下方，没有族号，包括镧系元素和锕系元素(图 8-1)[19]。

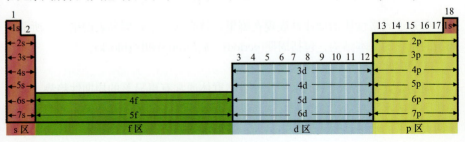

图 8-1　原子的电子结构分区图

在标准元素周期表中，元素的排列顺序是增加原子序数(原子核中的质子数)[21]。当一个新的电子壳有它的第一个电子时，一个新的行(周期)就开始了。列(族)由原子的电子构型决定；在一个特定的子壳中有相同数目电子的元素落入相同的列(如氧和硒在同一列中，因为它们在最外层的 p 亚层中都有 4 个电子)。具有相似化学性质的元素通常在元素周期表中属于同一族，但在 f 区和 d 区的某些方面可能有其他不同，同一周期的元素也趋向于具有相似的性质。因此，如果知道某元素周围元素的性质，就比较容易预测该元素的化学性质。那么，区(块)是一个比较好的指示。例如，第 7 周期新发现的一些人工合成元素的性质就是这样预测的，因为它们少到无法进行常规的化学性质研究。

2. 元素性质在周期表中的表现

了解了元素周期表的格局，还要了解元素性质规律性表现的另一因素，即元素性质在周期表中的表现。

[1] 元素分类

在第 7 章已经了解到，根据元素的物理和化学性质，它们大致可以分为金属、准金属和非金属 3 个类别。金属一般都是闪亮的、高度导电的固体，可相互之间形成合金，与非金属(除了稀有气体)形成类似于盐的离子化合物。大多数非金属是有色或无色的绝缘气体，与其他非金属形成化合物的非金属具有共价键。在金属和非金属之间的是准金属，它们具有中间或混合的性质[22]。准金属(metalloid)又称"半金属"、"类金属"、"亚金属"或"似金属"，性质介于金属和非金属之间。这些元素一般性脆，呈金属光泽。准金属通常包括硼、硅、砷、碲、锑、碲、钋。通常被认为金属的锗和锑也可归入准金属。准金属元素在元素周期表中处于金属向非金属过渡位置(图 8-2)。如沿元素周期表ⅢA 族的硼和铝之间到ⅥA 族的碲和钋之间画一锯齿形斜线，可以看出：贴近这条斜线的元素除铝外都是准金属元素。

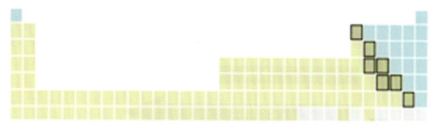

图 8-2 准金属在周期表中的位置

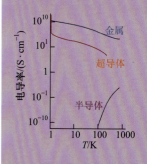

准金属大都是半导体，具有导电性，电阻率介于金属($10\,\Omega\cdot cm$ 以下)和非金属($10\,\Omega\cdot cm$ 以上)之间。导电性对温度的依从关系大都与金属相反；如果加热准金属，其电导率随温度上升而上升(图 5-94)。准金属大都具有多种不同物理、化学性质的同素异形体，碲、砷、硅、硼、硒的"无定形"同素异形体的非金属性质更为突出。

[2] 元素分类的子类别

金属和非金属可以进一步划分为子类别。从金属到非金属的属性，从左到右依次排列。这些金属被细分为高反应的碱金属，通过较少反应的碱土金属、镧系和镧系，再通过典型的过渡金属，并以物理性质和化学性质较弱的后过渡金属结束。非金属被简单地分为多原子非金属，它离金属元素最近，显示出一些早期的金属特征；双原子非金属本质上是非金属；而单原子惰性气体是非金属，几乎完全是惰性的。另外还有一些特殊的分组，如难熔金属、稀散金属、稀有金属、钱币金属和贵金属等，它们是过渡金属的子集[23-24]。

其实，将元素放入基于共享属性的类别和子类别中是不完美的。在每个类别中都有一系列的属性，并不难在边界上找到重叠[25]。以铍为例，尽管它的两性化学和大多数形成共价化合物的倾向都是明显的，但仍把它归类为碱土金属。氢被归类为非金属和惰性气体，但有一些阳离子化学物质更具有金属的特性。为了研究和应用方便，其他的分类方案也有可能，如把元素按矿物的发生类别划分，或以晶体结构划分都可以。在1869年时，Hinrichs 就写道[26]，可以简单地在元素周期表上画出简单的边界线，以显示元素的属性，如金属和非金属，或者气态元素等。

3. 元素性质的规律性

从上面分析可以知道，所谓元素性质的规律性是指群体元素性质在标准周期表中显示出的类似性、变化性。对此，人们常常注意的是一些常用的元素性质数据对元素的原子序数作图明显呈现的单向性、周期性的规律(常常是从上到下、从左到右)，它们自然对教学是非常有用的，也会让人们更加深刻地认识周期律并使用周期表。但是，周期表中的另类规律性，如周期表中区域性的规律，元素性质与上下、左右元素的相关性、第二周期性等，都是值得人们注意的。

8.2 随原子序数变化呈现周期性变化的参数

元素具有周期性的性质很多，如单质的晶体结构、原子半径、离子半径、原子体积、密度、沸点、气化热、熔点、熔化热、电离势、电负性、电子亲和势、氧化数、标准氧化势、膨胀系数、压缩率、硬度、延展性、离子水合热、发射光谱、磁性、导热性、电阻、离子的淌度、折射率、同型化合物的生成热等(图8-3)。

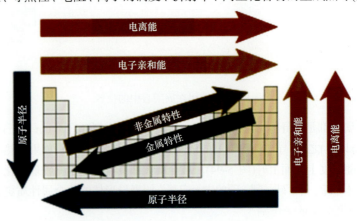

图 8-3　元素性质在周期表中呈现的规律

常把这些性质称为原子参数(atomic parameter),是指用以表达原子特征的参数。原子参数影响甚至决定着元素的性质,无机化学中经常用这类数据解释或预言单质和化合物的性质。原子参数可以分为两类:一类是和自由原子的性质相关的,如原子的电离能、电子亲和能等,与别的原子无关,数值单一,准确度高;另一类是指化合物中表征原子性质的,如原子半径、电负性等,即与该原子所处的环境有关。

8.2.1 原子半径和离子半径随原子序数的变化

1. 原子半径

[1] 原子体积

朴素的想法:如果原子是一个实心球,那么它的半径就是原子的半径吗?德国化学家迈耶尔(J. L. Meyer, 1830—1895)几乎与门捷列夫同时独立发现元素性质是原子量的函数(参看本书第 9 章)[27-28]。在他发表的论文中首次以曲线的形式画出了一条原子体积随原子量递增发生周期性变化的曲线图(图 8-4)[29]。迈耶尔的基本思路是:从固态单质的密度入手,换算成 1 mol 原子的体积,除以阿伏伽德罗常量即得到 1 个原子在固态单质中的平均占有体积。在常温下是气体的元素,采用沸点时液体的密度。原子体积取决于原子半径和固相结构两方面。但是,结构的影响更大一些。当然,这基于一个现在看来并不科学的假设:原子是实心球,且在固态中"紧密堆积",不留空隙。如图 8-4 所示,元素的原子体积随原子序数递增呈现多峰形的周期性曲线。碱金属尤其是 Rb 和 Cs 具有相当大的原子体积。其次大的是第 18 列的重元素 Rn、Xe,原子体积最小的元素并不是第 6、7 周期中具有最大密度的元素,而是 Be、B、C 等元素。其次小的是 d 过渡元素,除了第 13、14 列的元素之外,其余几乎都在 10 mL·mol^{-1}以下。d 过渡元素的原子体积的大小是 3d<4d≈5d。在 4f 过渡元素中,Eu 和 Yb 的原子体积特别大,但是半充满和全充满 f 电子壳层的 4f^7、4f^{14}是稳定的,这也是可以把 Eu、Yb 看作 2 价金属的原因。

迈耶尔

苟兴龙等还研究了原子和简单分子失电子后的体积变化[30]。

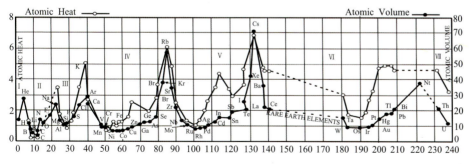

图 8-4 修正的迈耶尔的原子体积周期性图

[2] 自由原子半径

严格地说,原子半径和离子半径是无法确定的。原子半径是原子中电子云的分布范围或最外层原子轨道离核平均距离的量度。电子云的分布范围是较广的、扩散的，仅概率密度不同而已，并没有一个断然的边界。1965年瓦伯(J. T. Waber)和克罗默(D. T. Cromer)提出[31]：自由原子的半径被认为是由核到占据最高能量的原子轨道中最大径向电子云密度的距离。但是，在键类型基本相同的条件下实验测定的半径具有可比性。这个量可以求出[32]。在基态氢原子中最大径向密度的半径可由式(8-1)求出：

1962年玻尔在中国讲学

$$\begin{aligned} a_0 &= \frac{\varepsilon_0 h^2}{\pi m_e m^2} \\ &= \frac{8.854 \times 10^{-12} \text{kg}^{-1} \cdot \text{m}^{-3} \cdot \text{s}^4 \cdot \text{A}^2 \times (6.625 \times 10^{-34})^2 \text{s}^2}{\pi \times 9.109 \times 10^{-31} \text{kg} \times (1.602 \times 10^{-19})^2 \text{C}^2} \\ &= 5.3 \times 10^{-11} \text{kg}^{-2} \cdot \text{m}^{-3} \cdot \text{s}^4 \cdot \text{A}^{-2} \cdot \text{s}^{-2} \cdot \text{kg}^2 \cdot \text{m}^4 \cdot \text{s}^{-2} \cdot \text{A}^2 \\ &= 5.3 \times 10^{-11} \text{m} = 53 \text{ pm} \end{aligned} \quad (8\text{-}1)$$

这个距离即著名的玻尔半径(氢原子核外电子基态轨道的半径就是玻尔半径，为52.9177 pm)。

对于氢以外的原子，原子内电子层的径向电荷密度为$(n^*)^2/Z^*$乘以玻尔半径，所以铁的4s层的半径应为

$$\frac{(3.7)^2}{3.75} \times 53 \text{ pm} = 195 \text{ pm}$$

分子中核间距是一个可量度的量，可用许多方法如X射线电子衍射和微波光谱来得到。迄今所有的原子半径都是在结合状态下测定的。实验测得的半径有三种：共价半径(covalent radius)定义为以共价单键结合的两个相同原子的核间距的一半[图 8-5(a)]，金属半径(metallic radius)定义为金属晶体中两个相接触的金属原子的核间距的一半[图 8-5(b)]，范德华半径(van der Waals radius)也称接触半径(contact radius)，则定义为分子晶体中两相邻非键合原子核间距的一半($d_2/2$)，如氯气分子可以看成是融合在一起的一对球形原子[图 8-5(c)]。

范德华

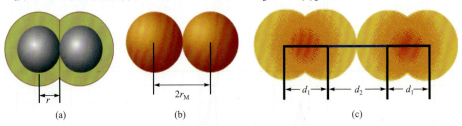

图 8-5 共价半径(a)、金属半径(b)和范德华半径(c)

从氢的原子半径(表 8-1)可看出三种原子半径的区别。对于同一元素，一般有：$r_{范} > r_{金} > r_{共}$。

表 8-1 氢原子半径/pm

自由原子半径	共价半径	范德华半径
53	37(H_2)	110～130
	30(平均)	

在大多数情况下，不同分子或晶体以相同键型相连接的两个原子的平衡距离都近似相等，如甲醇、乙醇、甲醚等化合物中 C—O 单键键长都是 143 pm，这种性质称为键长的相对稳定性。此外，同种键型的键长还具有加和性[33]，由此可推出不同元素形成共价化合物的键长。同种原子在不同结合状态下测得的数据也不尽相同，两原子间的键级越高，其共价半径越短。一般双键约为单键的 85%～90%，叁键约为单键的 75%～80%。

显然，原子半径与核外电子层的数目、有效核电荷、核外电子间的斥力、内层电子的屏蔽作用、化学键型及测定方法有关。

[3] 原子半径随原子序数的变化

(1) 在元素周期表上，原子半径的变化是可以预测和解释的。例如，从碱金属到惰性气体，幅度通常沿表的每一周期减少；每组都增加。在每一段末的惰性气体和下一周期开始的碱金属之间的半径急剧增加(图 8-6)。原子半径的这些趋势(以及元素的各种其他化学和物理性质)可以用原子的电子壳理论来解释；它们为量子理论的发展和证实提供了重要的证据。

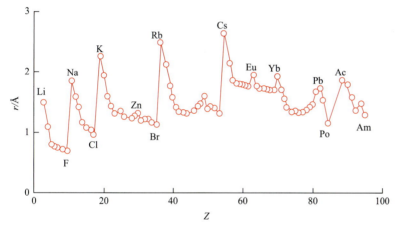

图 8-6　原子半径随原子序数周期性变化图示

如图 8-6 所示，周期元素原子半径表现出自左向右减小的总趋势，但主族元素、过渡元素和内过渡元素减小的快慢不同。主族元素减小最快。以第三周期自 Na 至 Cl 的 7 种原子为例，减小总幅度 92 pm，以平均 15.3 pm 的速度减小。过渡元素原子半径表现得不规则，但总体上还是减小了，而且减小得较慢。以第一过渡系元素为例，自 Sc 至 Zn 的 10 种原子减小总幅度 27 pm，以平均 3.0 pm 的速度减小。内过渡元素减小最慢。从 La(183 pm)到 Lu(172 pm)减小总幅度 11 pm，以平均不到 1 pm 的速度减小。同周期元素自左向右地过渡，不增加新的电子层，而核中的质子数却在逐个增加，从而导致最外层电子感受到的有效核电荷不断增大。对主族元素的过渡而言，电子是填加在最外层。由于同层电子间的屏蔽作用小，随着质子数的增加，有效核电荷增大得很快，半径的减小也就快。图 8-7 为原子半径随原子序数周期性变化的柱状图示。

图 8-7 原子半径随原子序数周期性变化的柱状图示

(2) 镧系元素原子半径自左至右缓慢减小的现象称为镧系收缩(lanthanide contraction)(图 8-8)。缓慢收缩意味着相邻元素的性质非常接近，用普通的化学方法进行分离十分困难，这是镧系收缩造成的"内部效应"。

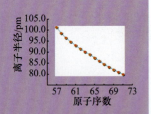

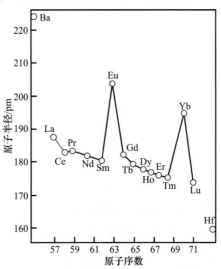

图 8-8 镧系元素、钡和铪的原子半径

在 4f 亚层中，由铈(元素 58)逐渐填充到镱(元素 70)的电子，在亚壳层核电荷屏蔽越来越多的过程中，半径的收缩并不是特别有效。在镧系元素之后的元素的原子半径比预期的要小，而且与上面的元素的原子半径几乎相同。因此，铪的原子半径(和化学性质)与锆原子几乎相同，钽的原子半径与铌相似等。这也是镧系收缩引起的后果。镧系收缩对铂(元素 78)的影响是明显的，在 78 号元素之后，镧系收缩被一种称为惰性对电子效应的相对论效应所掩盖[34]。d 块收缩即 d 区和 p 区之间的相似效应，其产生原因不像镧系收缩那么明显，但也类似。

(3) 同族元素的原子半径自上而下增大，只有极少数例外。这是因为自上而下毕竟逐次增加一个电子层，使有效荷电荷退居电子层数之后成为决定半径变化趋势的次要因素。

(4) 周期表中第三过渡系与第二过渡系同族元素半径相近的现象称为镧系效应，可将其看作镧系收缩造成的"外部效应"。以第5族元素为例作说明：

$$Z=23 \quad V \quad [Ar] \quad 3d^34s^2$$
$$\downarrow$$
$$Z=41 \quad Nb \quad [Kr] \quad 4d^45s^1$$
$$\downarrow$$
$$Z=73 \quad Ta \quad [Xe] \quad 4f^{14}5d^36s^2$$

从 V 到 Nb 原子核增加 18 个正电荷，而由于镧系元素的存在，从 Nb 到 Ta 的核电荷则增加 32(即多增加 14 个质子和 14 个 4f 电子)。假定 3 种稀有气体闭合壳层对最外层 s 电子的屏蔽作用相同而不予考虑，差别仅在于 14 个 4f 电子。4f 电子是屏蔽作用很强的(n–2)层电子，一个 4f 电子屏蔽一个核电荷，使有效核电荷的增值并不大，14 个 4f 电子屏蔽 14 个核电荷，导致总有效核电荷的增值就相当可观了。Hf 与 Zr 相比，其金属半径非但未增大反而减小了。镧系效应使第 5 和第 6 周期的同族过渡元素性质极为相近，在自然界往往共生在一起，而且相互分离也不易。

图 8-9 表示量化计算的轨道半径随原子序数的变化也呈周期性变化，碱金属处于峰尖，稀有气体处于峰谷[35]。

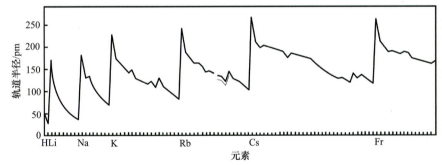

图 8-9　轨道半径图

[4] 原子半径的测定方法

测定原子半径的方法有光谱法、X 射线法、电子衍射法、中子衍射法等。由于同一原子在不同的化学环境或由于测定或由于计算方法的不同，同一参数的大小会有一定差别，文献中会有几套不同的数据。使用时应加以注意，最好使用同一套数据，一定要注意所用数据的自洽性。每一套数据也并不完整，有待化学工作者不断修正和完善。

2. 离子半径

与原子半径一样，由于电子云没有边界，离子半径这个概念也没有确定的含义。这部分内容参见第 5 章内容。通常以 F^- ($r=133$ pm) 和 O^{2-} ($r=132$ pm) 的离子半径作为标准，求得其他离子的离子半径。

在第 5 章介绍了几套主要的离子半径数据，如瓦萨斯耶那的离子半径[36]、戈尔德施米特的离子半径[37]、鲍林的离子半径[38]和山农的离子半径[39]。

瓦萨斯耶那

戈尔德施米特

鲍林

3. 对原子半径和离子半径的理论研究

虽然有了不同的原子半径或离子半径数据可使用，但是数值相差很大。人们对此的研究在理论上不断深入。

在理论研究中，斯莱特[40]注意到原子径向密度达到最大处的半径与原子的共价半径和离子半径有某种密切的关联。原子的这种量度在文献中称 Bragg-Slater 半径[41]。使用电子密度等值线的方法，Boyd[42]探讨了原子的相对大小，并且他还利用拟合惰性气体原子 Pauling 一价半径的方法给出了原子半径的标量数值。从预分子(premolecule)的分析，Spackman[43]等提出了一种在分子中的原子半径。在讨论分子的化学势和静电势时，Politzer[44]等给出了原子的一种径向半径，它接近原子的标准共价半径。

在诸多讨论原子(离子)半径的方法中，大多数都是对原子(离子)在分子或固体中表现出来的半径进行研究。Boyd 利用电子等密度线的方法，比较了孤立原子的相对大小[42]，但这种方法定义的原子的相对大小会因采用密度标准的不同而具有不同的数值，所以具有一定的主观性、随意性。孤立原子半径应该是由原子的固有性质决定的、唯一的。基于这一考虑，1990 年杨忠志等提出了原子边界半径的模型，其具有内禀性、唯一性的特点，并用半经验的方法估算了最外层仅有一个电子的原子(氢原子和碱金属原子)的边界半径，与共价金属半径有较好的线性关系[45]。把这种模型和方法加以推广，估算其他原子的边界半径，结果与实验测得的有效半径和范德华半径都有较好的线性关系[46]。接着，在此模型的基础上研究了离子的边界半径，与人们常用的 Pauling 离子半径以及 Shannon 和 Prewitt 离子半径相关联，都体现出很好的相关性[47]，这说明了边界半径定义的合理性。1997 年，发展了精密的从头计算方法，系统地研究了原子和离子的边界半径，在与常用半径相关联时，也得到令人满意的结果[48-49]。

离子半径随原子序数的变化是有一些规律的，参见第 5 章。第 5 章还介绍了奚干卿制作的元素离子律表[50]，其所得结果可用来判别离子半径值的精确程度。

8.2.2 元素单质密度的周期性

元素单质的密度(elementary substance density)取决于相对原子质量、原子半径和结构。在同一族中，元素原子往往具有相同的结构，越是向下，相应原子质量越大，原子半径也稍大一些，因此密度也是越向下越大[51]。元素固体单质的密度所表现的周期性如图 8-10 所示。

从所有的元素来看，典型元素的密度小，过渡元素的密度大。从 5d 过渡元素的 W 至 Au 之间，出现一群最高密度的元素，而其中又以 Os 的密度最高。外壳层是 18 电子壳层的典型元素，其密度大于 8 电子壳层的典型元素。一般，在第 4、5、6 周期中，第 1、2 列元素的密度并不是很大，而第 3～5 列元素的密度比较大。在同族元素中，位置越是向下，其密度也就越大。K、Ca 是例外，它们的密度反而比上面的 Na、Mg 的密度小。另外，Ar 的密度值并不处于 Kr 与 Ne 两值的正中间，而很接近 Ne 的值。因为这些元素 M 壳层具有 8 个电子，但 M 壳层是能够容纳多达 18 个电子的。与 3d 过渡元素比较，4d 过渡元素的密度稍大一些，而 5d 过渡元素却比 4d 过渡元素的密度大得多。镧系元素中，Eu、Yb 的密度小是由于

斯莱特

它们的 2 价性[52]。

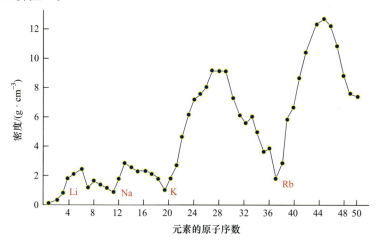

图 8-10 元素固态单质的密度随原子序数周期性变化图示

必须注意到元素单质的密度，特别是金属元素单质的密度与它们的晶体结构密切相关。

当金属晶体中的原子在空间以等径球的方式排列时，无论采用什么晶型，每个原子的四周都会留有一定的空隙。若设金属原子的空间利用率为 Z_i，则任一原子实际占有的体积为

$$V_i' = (4\pi r_i^3)/3Z_i \tag{8-2}$$

因此，金属的密度(d_i)为

$$d_i = m_i/V_i' = (3Z_i A_{r_i})/(4\pi N_A r_i^3) \tag{8-3}$$

式中，A_r 为元素的原子量；N_A 为阿伏伽德罗常量；r_i 为原子半径。

其中原子的空间利用率 Z_i 的取值与晶体结构相关[53]；第 1 列（ⅠA 族）金属单质均属于体心立方堆积，空间利用率 Z_i 为 0.6802，由式(8-3)可得第 1 列金属单质密度与晶体结构参数之间的关系为[54]

$$d_i = 2.696 \times 10^{-4} A_{r_i}/r_i^3 \tag{8-4}$$

陆军[54]在使用式(8-4)时发现，该式也适用于具有完整晶体结构的固态非金属单质，如金刚石，已知 C 的 A_r=12.01，r=0.077 nm，Z=0.3401，按式(8-4)计算可得 d(C)=3.55 g·cm^{-3}，与实验值 3.51 g·cm^{-3} 相符。表 8-2 列出了用式(8-4)计算得出的第 15 列和第 16 列元素单质的密度。为了便于比较，表 8-2 还列出了各金属密度的实验值[55]。

表 8-2 第 15 列（ⅤA 族）和第 16 列（ⅣA 族）元素单质固态时的密度

元素	A_r	r_i/nm	d_i/(g·cm^{-3})	
			实验值	计算值
N	14.01	0.075	—	—
P	30.97	0.110	2.34(红磷)	2.53
As	74.92	0.121	5.727	5.46
Sb	121.75	0.141	6.684	6.61
Bi	209.0	0.152	9.80	9.94

续表

元素	A_r	r_i/nm	d_i/(g·cm⁻³) 实验值	d_i/(g·cm⁻³) 计算值
O	16.00	0.074	1.43	1.41
S	32.07	0.102	2.07	2.12
Se	78.96	0.116	1.81	4.76
Te	127.6	0.1432	6.25	6.28

8.2.3 元素单质熔点随原子序数的变化

图 8-11 为元素单质的熔点随原子序数的变化图。可以看出，从氦(−272.2℃)到碳(>3500℃)，熔点(melting point)分布在一个很宽的温度范围。一般来说，过渡元素往往是高熔点的，尤其是位于第 5、6 周期的第 4～10 列的元素，具有高熔点且排在一起。相反，典型元素中的金属熔点低，熔点超过 1000℃ 的元素只有 Be 一种。在非金属元素中，高熔点的 C、B、Si 特别突出。C 和 Si 具有巨大的金刚石型分子结构，这是它们牢固共价键在熔点方面的表现。在周期表中，与 C 和 Si 相邻的 N 和 P，因为不能形成巨大分子，所以熔点低得多，在其他的非金属元素中也如此。此外，在第 11～12 列，元素的熔点差很大。在镧系元素中，Eu 和 Yb 的熔点比较低，这是一个特点。

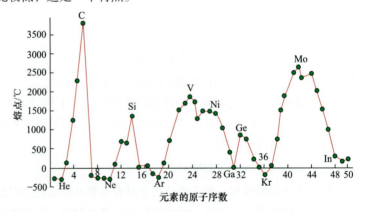

图 8-11　元素单质的熔点随原子序数的变化图

8.2.4 元素单质沸点随原子序数的变化

图 8-12 为元素单质的沸点随原子序数的变化图。可以看出，沸点(boiling point)随原子序数的变化与熔点的情况具有颇为相似的趋势。过渡元素的沸点特别高，非常突出：第 6 周期中的元素沸点竟高达 5000～6000℃，超过了 C 的沸点(4000℃)。这与这些金属参与键合的电子数多形成强金属键有关。在典型元素中，周期越往下，第 1、12～14 列元素的沸点越低。这些元素的沸点变化倾向与原子半径大小的次序相反。在 d 电子参与键合的铜族，与价电子数多且沸点又高的硼族之间，低沸点的锌族占据一个特殊的地位。在内过渡系的镧系元素中，按照 $4f^7$ 和 $4f^{14}$ 的电子排布，可以看作两个周期(随着原子序数的增加沸点下降)。

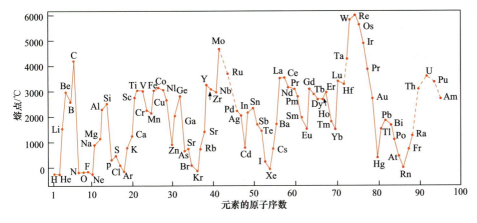

图 8-12 元素单质的沸点随原子序数的变化图示

与金属元素单质沸点直接相关的概念还有一个气化焓(gasification enthalpy)。气化焓是金属内部原子间结合力强弱的一种标志，较高的气化焓可能是由于较多的价电子(特别是较多的未成对 d 电子)参与形成金属键(图 8-13)。过渡金属的气化焓一般高于主族金属元素，气化焓特高的元素处于第二、三过渡系中部，而钨则是所有金属中沸点最高的，所以它的气化焓也最高。

s		d									p		
Li	Be												
161	322												
Na	Mg										Al		
108	144										333		
K	Ca	Sc	Ti	V	Cr	Mn	Fe	Co	Ni	Cu	Zn	Ga	
90	179	381	470	515	397	285	415	423	422	339	131	272	
Rb	Sr	Y	Zr	Nb	Mo	Tc	Ru	Rh	Pd	Ag	Cd	In	Sn
80	165	420	593	753	659	661	650	558	373	285	112	237	301
Cs	Ba	La	Hf	Ta	W	Re	Os	Ir	Pt	Au	Hg	Tl	Pb	Bi
79	185	431	619	782	851	778	790	669	565	368	61	181	195	209

图 8-13 s 区、d 区和 p 区金属元素的气化焓(单位：kJ·mol^{-1})

8.2.5 电离能随原子序数的变化

1. 电离能的概念

电离能(ionization energy)涉及分级概念。基态气体原子失去最外层一个电子成为气态+1 价离子所需的最小能量称为第一电离能，再从阳离子逐个失去电子所需的最小能量则称为第二电离能、第三电离能……各级电离能分别用符号 I_1、I_2、I_3…表示，它们的数值关系为 $I_1<I_2<I_3$…这种关系不难理解，因为从阳离子电离出电子比从电中性原子电离出电子难得多，而且离子电荷越高越困难。

— 545 —

在化学方面，由元素的电离能数据可比较元素的金属性和非金属性的强弱、得失电子的能力大小。另外，它在原子与分子结构、天体物理学、气体放电学和质谱方面也有重要的作用。

2. 电离能在周期表中的变化规律

显然，电离能是与元素的电子排布密切相关的量[56]，因此表现出周期性（图 8-14～图 8-16）。通常总的趋势是，在同一周期中，随着原子序数的增加，电离能增大；而在同一列中，原子序数增大，电离能降低。在同一周期中，失去电子的主量子数是相同的。当原子序数增加时，电子的屏蔽效应完全丧失，有效核电荷就增加，因此失去电子所需要的能量就增大。另一方面，在同一列中，按照从上向下的顺序，失去电子的主量子数有规律地增加，而且原子体积不断变大，这比核电荷增加的影响还要大，因此电离能减小；其次，电离能还受到亚层的影响。也就是说，电子按 s、p、d 的次序，失去电子越来越容易。当仔细地观察第二、三周期的电离能时，从第 2 列进入到第 3 列（Be→B，Mg→Al）时，发现电离

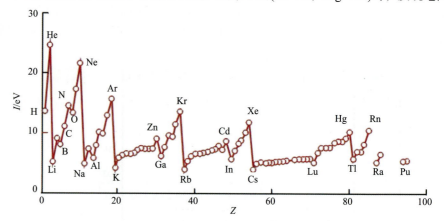

图 8-14　周期表中元素第一电离能的变化

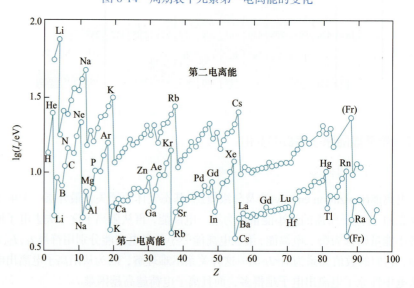

图 8-15　周期表中元素第一、第二电离能的变化比较

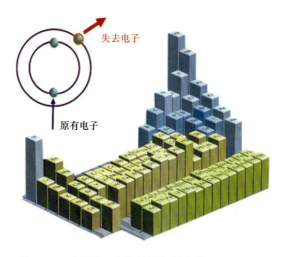

图 8-16 元素第一电离能周期性变化的形象表示

能减小。这是因为在第 3 列中,由于 s 电子层的屏蔽效应,而 p 电子易活动。在过渡元素的范围内,随着原子序数的变化,电离能只是缓慢地变化着,而镧系以后的金属元素(Hf→Pb),与它们同列上面的元素比较,具有更高的电离能。一般认为,这是因为 d 亚层电子的屏蔽效应赶不上核电荷增加的影响。

然而,同族元素自上而下电离能的变化却不那么简单。如图 8-17 所示,硼族元素的电离能虽仍遵循 $I_1 < I_2 < I_3$ 的规律,但每条曲线的形状不呈单调变化的趋势。

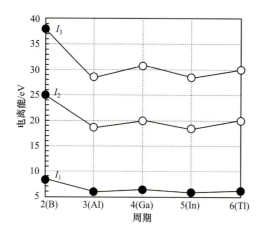

图 8-17 第 13 列(ⅢA 族)元素的第一、第二和第三电离能

3. 电离能数据的获得

严格讲,电离能应通过俄歇电子能谱(AES)测得。俄歇电子能谱基本原理:入射电子束与物质作用,可以激发出原子的内层电子。外层电子向内层跃迁过程中所释放的能量,可能以 X 射线的形式放出,即产生特征 X 射线,也可能又使核外另一电子激发成为自由电子,这种自由电子就是俄歇电子。对于一个原子来说,激发态原子在释放能量时只能进行一种发射:特征 X 射线或俄歇电子。原子序数大的元素,特征 X 射线的发射概率较大;原子序数小的元素,俄歇电子发射概率

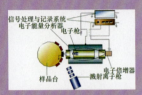

AES 结构示意

较大；当原子序数为 33 时，两种发射概率大致相等。因此，俄歇电子能谱适用于轻元素的分析。如果电子束将某原子 K 层电子激发为自由电子，L 层电子跃迁到 K 层，释放的能量又将 L 层的另一个电子激发为俄歇电子，这个俄歇电子就称为 KLL 俄歇电子。同样，LMM 俄歇电子是 L 层电子被激发，M 层电子填充到 L 层，释放的能量又使另一个 M 层电子激发所形成的俄歇电子。

对于原子序数为 Z 的原子，俄歇电子的能量可以用经验公式计算：

$$EWXY(Z)=EW(Z)-EX(Z)-EY(Z+\Delta)-\Phi \tag{8-5}$$

式中，$EWXY(Z)$ 是原子序数为 Z 的原子，其 W 空穴被 X 电子填充得到的俄歇电子 Y 的能量；$EW(Z)-EX(Z)$ 为 X 电子填充 W 空穴时释放的能量；$EY(Z+\Delta)$ 为 Y 电子电离所需的能量；Φ 为俄歇电子离开固体表面时克服的逸出功。

然而，利用俄歇电子能谱并不能测得所有的电离能。因此，电离能数据常常是通过测定和计算两个途径获得[57-58]。

最初的电离能研究者有 Slater[59]、Bartolottii[60] 和 Robles[61] 等。这些学者主要是从研究方法入手，这里不再赘述，可查文献得知。由于元素的电离能与其电子组态的相关性，多数研究者从电子组态的能量计算出发，获得经验公式或规律，得到了许多元素电离能数据和有益的结论[62-66]。

笔者认为从教学出发，介绍以下两种说法是有益的。

第一，汪洋[56]在文献中介绍了由中心力场近似模型出发，推导出元素电离能的若干规律，提供了求算元素电离能的多种方法。

对于一个多电子原子(离子)，整个体系中所有电子的总能量等于最外一个能级组内所有电子的总能量与内部各能级组内所有电子的总能量之和：

$$E = E_{内} + E_{外} \tag{8-6}$$

当电离出一个电子后，总能量变为

$$E' = E'_{内} + E'_{外} \tag{8-7}$$

若按 Slater 规则，较高能级组中的电子对较低能级组中的电子的屏蔽效应可以忽略不计，则 $E_{内} = E'_{内}$。又由于最外的能级组内各电子间的能级差较小，可认为各电子的有效主量子数相等，都为 n'。设最外的能级组内共有 m 个电子，则根据中心力场近似模型，可得

$$E_{外} = \sum_{i=1}^{m}\left[-\frac{B(Z-\sigma_i)^2}{n'^2}\right] \qquad E'_{内} = \sum_{i=1}^{m}\left[-\frac{B(Z-\sigma'_i)^2}{n'^2}\right] \tag{8-8}$$

其中，$B = me^4/8\varepsilon_0^2 h^2 = 13.606 \text{ eV}$，于是电离能为

$$I = E' - E = (E'_{内} + E'_{外}) - (E_{内} + E_{外})$$

$$= \sum_{i=1}^{m-1}\left[-\frac{B(Z-\sigma'_i)^2}{n'^2}\right] - \sum_{i=1}^{m}\left[-\frac{B(Z-\sigma_i)^2}{n'^2}\right] \tag{8-9}$$

$$= \frac{B}{n'^2}\left[\sum_{i=1}^{m}(Z-\sigma_i)^2 - \sum_{i=1}^{m-1}(Z-\sigma'_i)^2\right]$$

对于同一等电子系列，其电子构型一定，因而 n'、σ、σ'_i 也都是定值，于是

电离能只与核电荷数有关,呈抛物线关系[67]:

$$I = aZ^2 + bZ + c \tag{8-10}$$

式中,$a = \dfrac{B}{n'^2}$;b、c 由等电子系列的电子构型决定。

汪洋以此为依据,提出了另一个求算第一电离能的公式:

$$I_K = (K+1)I_0 - KI_{-1} + K(K+1)\dfrac{B}{n'^2} \tag{8-11}$$

式中,K 为离子或原子所带的电荷。

第二,刘新华[68]从结构与物理性质的关系角度出发,按元素的价电子组态、核电荷数 Z 及周期数 E 定义了价电子组态参数:

$$^iV_e = (b_s n_s r_s + b_p n_p r_p + b_d n_d r_d + b_f n_f r_f)(Z + \sum_{i=1}^{i} J)^a / E^i \quad (i = 1 \sim 8) \tag{8-12}$$

认为元素的各级电离能 ($I_1 \sim I_8$) 与其相应 ^iV_e 值通过模型 $I_i = f_i{}^iV_e^{w_i} + g_i$ (f_i、g_i、w_i 为常数)进行关联,很好地揭示了元素的电离能与其价电子组态及核电荷数的依赖关系。将 102 种元素的 I_1 值与相应的第一电离能 ^iV_e 相关联(表 8-3),得到如下回归方程:

$$I_1 = 9.2299\,^1V_e^{0.36} - 0.9751 \tag{8-13}$$

最后,有一个在教学中非常有用的第一电离能-原子序数对应图推荐给读者(图 8-18)。

表 8-3　^1V_e 与第一电离能 I_1 的关联结果

Z	元素	价电子构型	^1V_e	I_1 (计)	I_1 (实)[68]	Z	元素	价电子构型	^1V_e	I_1 (计)	I_1 (实)[68]
1	H	$1s^1$	3.5807	13.6341	13.5984	20	Ca	$4s^2$	0.4367	5.8745	6.1132
2	He	$1s^2$	16.113	24.1311	24.5874	21	Sc	$3d^14s^2$	0.4991	6.2118	6.5614
3	Li	$2s^1$	0.3369	5.2636	5.3917	22	Ti	$3d^24s^2$	0.5916	6.6655	6.8282
4	Be	$2s^2$	1.0527	8.427	9.3226	23	V	$3d^34s^2$	0.7144	7.2023	6.7463
5	B	$2s^22p^1$	0.9383	8.0456	8.2980	24	Cr	$3d^54s^1$	0.5408	6.4225	6.7666
6	C	$2s^22p^2$	1.8479	10.5382	11.2603	25	Mn	$3d^54s^2$	0.9197	7.9808	7.434
7	N	$2s^22p^3$	4.0997	14.3636	14.5341	26	Fe	$3d^64s^2$	1.0865	8.5346	7.9024
8	O	$2s^22p^4$	4.4395	14.8096	13.6181	27	Co	$3d^74s^2$	1.282	9.1183	7.881
9	F	$2s^22p^5$	7.0028	17.6241	17.4228	28	Ni	$3d^84s^2$	1.5088	9.7279	7.6398
10	Ne	$2s^22p^6$	13.0073	22.2686	21.5645	29	Cu	$3d^{10}4s^1$	1.1118	8.6138	7.7264
11	Na	$3s^1$	0.3381	5.2716	5.1391	30	Zn	$3d^{10}4s^2$	1.663	10.1095	9.3941
12	Mg	$3s^2$	0.7936	7.5178	7.6462	31	Ga	$4s^24p^1$	0.6277	6.8302	5.9993
13	Al	$3s^23p^1$	0.5697	6.5624	5.9858	32	Ge	$4s^24p^2$	0.9659	8.1402	7.9000
14	Si	$3s^23p^2$	0.9463	8.0732	8.1517	33	As	$4s^24p^3$	1.7416	10.2953	9.8152
15	P	$3s^23p^3$	1.8288	10.4953	10.4867	34	Se	$4s^24p^4$	1.5791	9.9048	9.7524
16	S	$3s^23p^4$	1.7664	10.3528	10.3600	35	Br	$4s^24p^5$	2.1345	11.1516	11.8138
17	Cl	$3s^23p^5$	2.5302	11.9173	12.9676	36	Kr	$4s^24p^6$	3.4613	13.4568	13.9996
18	Ar	$3s^23p^6$	4.3277	14.6654	15.7596	37	Rb	$5s^1$	0.2138	4.3215	4.1771
19	K	$4s^1$	0.1981	4.1781	4.3407	38	Sr	$5s^2$	0.4504	5.9511	5.6948

续表

Z	元素	价电子构型	$^{t}V_e$	I_1 (计)	I_1 (实)[68]	Z	元素	价电子构型	$^{t}V_e$	I_1 (计)	I_1 (实)[68]
39	Y	$4d^1 5s^2$	0.4934	6.1822	6.217	71	Lu	$4f^{14} 5d^1 6s^2$	0.5961	6.6864	5.4259
40	Zr	$4d^2 5s^2$	0.5622	6.5266	6.6339	72	Hf	$5d^2 6s^2$	0.6646	6.9923	6.8251
41	Nb	$4d^4 5s^1$	0.4732	6.0753	6.7589	73	Ta	$5d^3 6s^2$	0.7574	7.3762	7.89
42	Mo	$4d^5 5s^1$	0.4784	6.1031	7.0924	74	W	$5d^4 6s^2$	0.8733	7.8154	7.98
43	Tc	$4d^5 5s^2$	0.7876	7.4946	7.28	75	Re	$5d^5 6s^2$	0.8763	7.8263	7.88
44	Ru	$4d^7 5s^1$	0.6903	7.1019	7.3605	76	Os	$5d^6 6s^2$	0.9854	8.2061	8.70
45	Rh	$4d^8 5s^1$	0.8219	7.6256	7.4589	77	Ir	$5d^7 6s^2$	1.1094	8.6063	9.10
46	Pd	$4d^{10}$	0.9986	8.2501	8.3369	78	Pt	$5d^9 6s^1$	1.024	8.3339	9.00
47	Ag	$4d^{10} 5s^1$	0.8511	7.7343	7.5762	79	Au	$5d^{10} 6s^1$	0.8817	7.8458	9.2257
48	Cd	$4d^{10} 5s^2$	1.2425	9.0052	8.9937	80	Hg	$5d^{10} 6s^2$	1.2662	9.0733	10.4375
49	In	$5s^2 5p^1$	0.4583	5.9945	5.7864	81	Tl	$6s^2 6p^1$	0.4597	6.0022	6.1083
50	Sn	$5s^2 5p^2$	0.6899	7.1002	7.3438	82	Pb	$6s^2 6p^2$	0.6814	7.0643	7.4167
51	Sb	$5s^2 5p^3$	1.2182	8.9345	8.64	83	Bi	$6s^2 6p^3$	1.1855	8.8379	7.289
52	Te	$5s^2 5p^4$	1.0828	8.5229	9.0096	84	Po	$6s^2 6p^4$	1.0386	8.3815	8.4167
53	I	$5s^2 5p^5$	1.4362	9.5395	10.4513	85	At	$6s^2 6p^5$	1.6148	9.9927	
54	Xe	$5s^2 5p^6$	2.287	11.4567	12.1299	86	Rn	$6s^2 6p^6$	2.1341	11.1508	10.7485
55	Cs	$6s^1$	0.1732	3.9348	3.8939	87	Fr	$7s^1$	0.1857	4.0595	
56	Ba	$6s^2$	0.3588	5.4067	5.2117	88	Ra	$7s^2$	0.3800	5.5400	5.2789
57	La	$5d^1 6s^2$	0.3868	5.5817	5.577	89	Ac	$6d^1 7s^2$	0.4045	5.6882	5.17
58	Ce	$4f^1 5d^1 6s^2$	0.4003	5.6632	5.5387	90	Th	$6d^2 7s^2$	0.4486	5.9411	6.08
59	Pr	$4f^3 6s^2$	0.3976	5.647	5.464	91	Pa	$5f^2 6d^1 7s^2$	0.4227	5.7946	5.89
60	Nd	$4f^4 6s^2$	0.411	5.7265	5.525	92	U	$5f^3 6d^1 7s^2$	0.432	5.8478	6.1941
61	Pm	$4f^5 6s^2$	0.4245	5.8050	5.55	93	Np	$5f^4 6d^1 7s^2$	0.4413	5.9004	6.2657
62	Sm	$4f^6 6s^2$	0.4383	5.8835	5.6437	94	Pu	$5f^6 7s^2$	0.4329	5.8529	6.06
63	Eu	$4f^7 6s^2$	0.4524	5.9621	5.6704	95	Am	$5f^7 7s^2$	0.4421	5.9048	5.993
64	Gd	$4f^7 5d^1 6s^2$	0.4858	6.1423	6.15	96	Cm	$5f^7 6d^1 7s^2$	0.4699	6.0575	6.02
65	Tb	$4f^9 6s^2$	0.4811	6.1174	5.8639	97	Bk	$5f^9 7s^2$	0.4607	6.0077	6.23
66	Dy	$4f^{10} 6s^2$	0.4958	6.1947	5.9389	98	Cf	$5f^{10} 7s^2$	0.4701	6.0586	6.30
67	Ho	$4f^{11} 6s^2$	0.5107	6.2715	6.0216	99	Es	$5f^{11} 7s^2$	0.4797	6.1100	6.42
68	Er	$4f^{12} 6s^2$	0.5258	6.3480	6.1078	100	Fm	$5f^{12} 7s^2$	0.4893	6.1607	6.50
69	Tm	$4f^{13} 6s^2$	0.5412	6.4245	6.1843	101	Md	$5f^{13} 7s^2$	0.4991	6.2118	6.58
70	Yb	$4f^{14} 6s^2$	0.5567	6.5001	6.2542	102	No	$5f^{14} 7s^2$	0.5089	6.2623	6.65

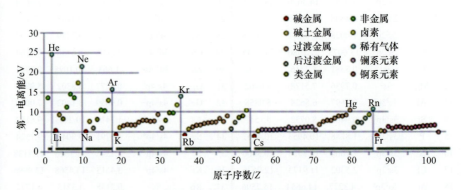

图 8-18　实用元素第一电离能-原子序数对应图

8.2.6 电子亲和能随原子序数的变化

电子亲和能(electron affinity)是指一个气态原子得到一个电子形成负离子时放出或吸收的能量,常以符号 E_A 表示。像电离能一样,电子亲和能也有第一、第二……之分。常用的数据表中正值表示放出能量,负值表示吸收能量。电子亲和能也表现出有规律的周期性(图 8-19,图 8-20)。总的趋势是:其值一般在每一段原子序数内都增加,最后以卤素为顶点,然后以惰性气体急剧减少。如果将电离能看作原子失电子难易程度的度量,电子亲和能则是原子得电子难易程度的量度。元素的电子亲和能越大,原子获取电子的能力就越强(非金属性越强)。周期表右上角非金属元素的电子亲和能都是最大的。

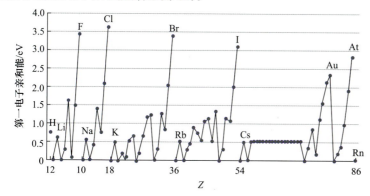

图 8-19 电子亲和能在周期表中表现出的规律性

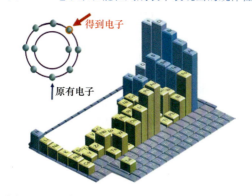

图 8-20 元素电子亲和能周期性变化的形象表示

其中有几点要注意:

(1) 第二周期从 B 到 F 的电子亲和能均低于第三周期同族元素。这当然不意味着第二周期元素的非金属性相对比较弱。造成这种现象的原因是第二周期元素原子半径很小,更大程度的电子云密集导致电子间更强的排斥力。正是这种排斥力使外来的一个电子进入原子变得困难些。

(2) 第 2 列元素的电子亲和能明显低于同周期第 1 列元素。该现象的产生与两族元素的电子构型有关:两列元素的电子构型分别为[稀有气体构型]ns^1 和[稀有气体构型]ns^2。对第 1 列元素而言,外来电子进入 ns 轨道;但对第 2 列元素而言,却只能进入 np 轨道。核的正电荷对 p 轨道电子束缚得比较松,换个说法,就是亲和力比较小。事实上,第 2 列原子的核电荷被两个 s 电子屏蔽得如此有效,以致获得电子的过程成为吸热过程。

(3) 在氢、碱金属和11列元素中出现的局部峰值，是由一种趋于完成s壳的趋势所引起的(由于相对效应和一个填充的4f亚壳层的存在，金的6s外壳进一步稳定)。在碱土金属中发现的局域槽，氮、磷、锰和铼是由填充的s壳或半填充的p或d壳引起的。

(4) 一般来说，非金属比金属具有更多的正电子亲和值。氯最强烈地吸引了一个额外的电子。惰性气体的电子亲和力并没有得到决定性的测量，因此它们可能有或可能没有轻微的负值。

电子亲和能难以测定，又是实用计算值。周期表常使用的是文献[58，69-70]中的数据。电子亲和能的测定可参考文献[70]，电子亲和能的周期性讨论请参考文献[71]。

对于电子亲和能的深入研究在于其与原子的离子势及电子构型的关系方面[72-73]。文献[74]给出了一个计算电子亲和能的公式，其对一些元素电子亲和能的计算结果可作为参考(表8-4)。

表8-4 一些元素电子亲和能的比较

1 H 0.754209 0.7542 -0.272								VIII A 2 He <0* 0.004
I A	II A		III A	IV A	V A	VI A	VII A	0.306
3 Li 0.020 0.672 1.054	4 Be <0 0.100 -0.629	第一行：实验值[74] 第二行：计算值[69] 第三行：按徐光宪方法 计算值[78]	5 B 0.28 0.548 0.0177	6 C 1.268 1.348 0.9928	7 N -0.07 0.867 -1.8027	8 O 1.462 2.030 -0.6412	9 F 3.999 3.552 0.8486	10 Ne <0 0.041 0.7243
11 Na 0.546 0.512 1.6497	12 Mg <0 0.101 0.0310		13 Al 0.46 0.556 0.6889	14 Si 1.385 1.247 1.5411	15 P 0.743 0.755 0.0366	16 S 2.0772 2.0749 0.9991	17 Cl 3.615 3.652 2.1559	
		VIII B 28 Ni 1.15 0.989 2.8297	I B 29 Cu 1.226 1.231 4.5375	II B 30 Zn ≈0 0.0001 -0.0881	31 Ga 0.30 0.299 0.7139	32 Ge 1.2 1.139 1.677	33 As 0.80 0.806 0.6132	34 Se 2.0206 2.0247 1.6687	35 Br 3.364 3.374 2.8859
		46 Pd 0.6 0.617 2.5538	47 Ag 1.303 1.313 4.0951	48 Cd <0 0.043 -0.0795	49 In 0.30 0.351 0.6421	50 Sn 1.25 1.249 1.5141	51 Sb 1.05 1.181 0.5534	52 Te 1.9708 1.9709 1.5060	53 I 3.061 3.025 2.6046
		78 Pt 2.2128 2.2046 2.4707	79 Au 2.3086 2.3076 3.9620						

应用量子化学的密度泛函理论(BFT)计算一些团簇分子的电子亲和能的方法和结果也是值得借鉴的。例如，Raghavachari等对Si_2^--Si_{10}^- [75]，Curtiss等对

$Si_n(n=2\sim5)$ [76]，毛华平等对 Cu_2 团簇[77]以及杨桔材等对 $Si_n/Si_n^-(n=3\sim8)$ [78]和 $Si_n/Si_n^-(n=2\sim6)$ 的计算[79]。

电离能和电子亲和能的概念用于讨论离子化合物形成过程的能量关系(如热化学循环)。

8.2.7　电负性随原子序数的变化

1. 电负性的概念和特点

电负性(electronegativity，用 χ 表示)与前面谈到的各种物理量稍有不同，它的值是不可能直接测定的，所以定义不同，表现出强烈的人为性。但是，根据鲍林等人的单纯的假定，所得到的电负性的值与其他的办法得到的值在本质上是一致的。电负性表达分子中原子对成键电子的相对吸引力，表达这种相对吸引力用一批量纲为一的数据，这是与电离能和电子亲和能的另一不同点。

电负性是原子吸引电子的倾向[80]。原子的电负性受到原子序数和价电子与原子核之间距离的影响。原子的电负性越高，元素就越易吸引电子，这是鲍林在1932年提出的[81]。一般来说，电负性在同周期内从左向右增加，同族内从上向下减小。因此，氟是元素中电负性最强的元素，而铯是电负性最小的元素。但是，这条通则有一些例外。镓和锗的电负性高于铝和硅，是因为d区元素由上至下半径收缩。在过渡金属的第一行之后，第四周期的元素有异常小的原子半径，因为3d电子的增加并未引起屏蔽增加。铅的电负性异常高，特别是与硫和铋相比，似乎是一种数据选择(和数据可用性)的人工产物，而鲍林法以外的计算方法显示了这些元素的正常周期趋势[82]。

2. 电负性在周期表中的周期性变化

电负性随原子序数增大发生有规律的变化(图8-21，图8-22)。同一列中元素的电负性由上而下减小，同一周期中元素的电负性由左向右增大。尽管提出电负性概念不是为了衡量化学元素金属性和非金属性的强弱，但它的确与这类性质是密切相关的。非金属与金属元素电负性的分界值约为2.0。所有元素中F的电负性最大(接近4.00)，周期表右上角非金属性强的元素的电负性接近或大于3.0。Cs是电负性最小的元素，周期表左下角金属性强的元素的电负性接近或小于1.0。电负性概念主要用来讨论分子中或成键原子间电子密度的分布。如果原子吸引电子的趋势相对较强，元素在该化合物中显示电负性；如果原子吸引电子的趋势相对较弱，元素在该化合物中则显示电正性。例如：

化合物	电负性元素	电正性元素
ClO_2($Cl—O$化合物)	O(3.44)	Cl(3.16)
HCl	Cl(3.16)	H(2.20)

这时，如果把元素电负性对周期数作图也是有意义的(图8-23)。

3. 电负性的标度

电负性标度与物质的物理化学性质存在密切的内在联系，与分子中原子的极

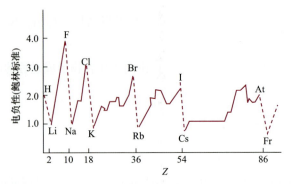

图 8-21　电负性表现出的周期性规律

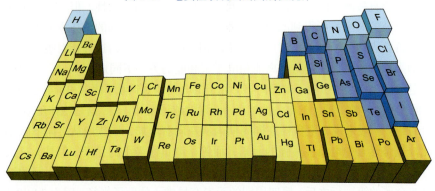

图 8-22　元素电负性周期性变化的形象表示

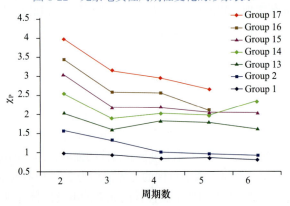

图 8-23　元素电负性-周期数图

化率[83]、电荷分布[84]、材料的超导[85]、分子力学和反应动力学[86-87]等有关。因此，对电负性的定义、概念、计算(实际上是"标度")一直是人们研究的热点。有关这一点还有争论[88]，但更多的是讨论如何发展[88-90]。

(1) 最早提出电负性概念的是 1811 年瑞典的贝采里乌斯，他是在系统研究电化学理论的电荷不均性概念和阿伏伽德罗的氧性标度基础上提出的[91]。

(2) 历经 121 年，鲍林用热化学方法首次建立了电负性的经验性定量标度[81]，这是现在最常使用的标度之一，为 20 世纪进一步研究电负性奠定了良好基础。鲍林电负性(χ_P)的概念建立在化学键形成过程中的能量关系上。他认为 A—B 键较之 A—A 键和 B—B 键平均能量超出的能量是由 A—B 键中的离子性成分附加于共价成分之上造成的。他将电负性差定义为

$$|\chi_A - \chi_B| = 0.102 \times \sqrt{\Delta/(\text{kJ}\cdot\text{mol}^{-1})} \qquad (8\text{-}14)$$

式中，$\Delta = E(A-B) - (1/2)[E(A-A) + E(B-B)]$。

鲍林电负性随元素氧化态升高而增大，并可用来估计不同电负性元素之间的键焓和定性判断键的极性。

(3) 比鲍林电负性晚两年发展起来的马利肯布(Mulliken)电负性[92]，注意到了分子中原子得失单个电子的情况，需要考虑具体价键轨道中电离能和电子亲和能的数据，他认为：

$$\chi_M = \frac{1}{2}(I + E_A) \qquad (8\text{-}15)$$

I 和 E_A 值都高时，电负性高；I 和 E_A 值都低时，电负性低。只有卤素和碱金属的电负性值与 χ_P 值符合较好。这也是现在最常使用的标度之一。χ_M 和 χ_P 两种标度之间有近似的一致性，具有一定精度的换算式为[93]

$$\chi_P = 1.35\sqrt{\chi_M} - 1.37 \qquad (8\text{-}16)$$

与原子能级、特别是与前线轨道的位置有关(图 8-24)[60]。如果两种前线轨道能级(I 和 E_A)都大，则电负性也大。

(4) 1958 年 Allred 和 Rochow 提出以原子核对键合电子的静电引力建立电负性标度，用 Slater 近似规则确定有效核电荷数，得到了计算电负性值的拟合方程[94]：

$$\chi_{AR} = 0.744 + \frac{0.3590 Z^*}{(r/10^{-2}\text{pm})}$$

式中，r 取相关原子的共价半径。

这也是现在最常使用的三大标度之一，常用于讨论化合物中的电子分布，但对于周期数大于 4 的元素的电负性值比 χ_P 值明显偏低。

(5) Parr 等[95]用密度泛函理论表述电负性，认为电负性是体系基态化学势的负值，是外势场固定条件下电子总能量对总电子数的变化率，这与鲍林认为电负性对能量表示并没有加和性的观点是不一致的。

(6) 20 世纪 80 年代，Allen[96]以基态自由原子价层电子的平均能量表示电负性，即所谓的光谱电负性 χ_S：

$$\chi_S = \frac{N_S \varepsilon_S + N_P \varepsilon_P}{N_S + N_P} \qquad (8\text{-}17)$$

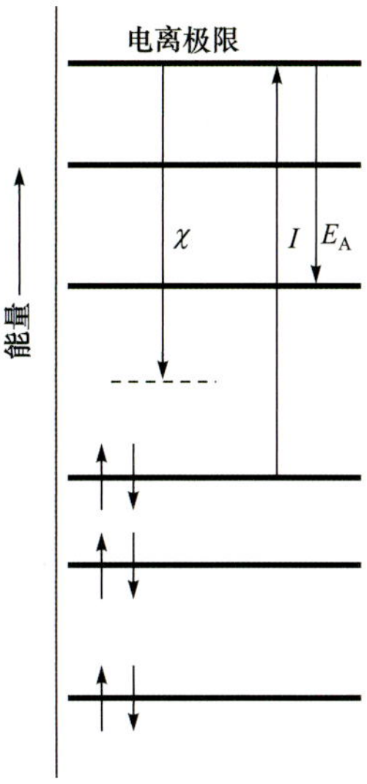

式中，能量项 ε_S 和 ε_P 是由权重的光谱数据得出的，因而能够得到稀有气体的电负性。

(7) 另外，Luo 和 Benson[97]采用共价半径下的开壳层核势确定了主族元素的电负性新标度，李国胜和郑能武[98]采用价电子的平均核势也进行了电负性标度的计算，杨立新[99]通过孤立原子可靠的价层电离能实验数据，用有效核电荷数法建立元素电负性新标度，刘新华[100]研究了电负性与原子结构参数 Z、Z^*、n 和 l 之间的关系。

其中，刘新华研究之后给出了关联式并计算了某些元素的电负性和杂化轨道

马利肯布

图 8-24 用前线轨道能级解释元素的电负性和硬度

电负性(相关系数分别为 $R=0.9909$ 和 $R=0.9860$),在一定程度上揭示了电负性的结构本质,得到了一些元素的电负性数据(表 8-5)。

$$\chi_\mathrm{L} = 1.7007 \frac{\sqrt{2}Z^{*3/2}}{\sqrt{a_0 Z[3n^2 - l(l+1)]}} \tag{8-18}$$

表 8-5　结构参数与电负性

元素	价电子构型	Z	Z^*	n	l	G	χ_L	χ_P	χ_AR
H	$1s^1$	1	1	1	0	1.1226	2.2071	2.20	2.20
He	$1s^2$	2	1.668	1	0	1.7409	3.2586		
Li	$2s^1$	3	1.279	2	0	0.4688	1.0951	0.98	0.97
Be	$2s^2$	4	1.912	2	0	0.7420	1.2619	1.57	1.47
B	$2s^22p^1$	5	2.421	2	1	1.0358	2.0596	2.04	2.01
C	$2s^22p^2$	6	3.136	2	1	1.3940	2.6687	2.55	2.50
N	$2s^22p^3$	7	3.834	2	1	1.7447	3.2651	3.04	3.07
O	$2s^22p^4$	8	4.453	2	1	2.0428	3.7721	3.44	3.50
F	$2s^22p^5$	9	5.100	2	1	2.3606	4.3126	3.98	4.10
Ne	$2s^22p^6$	10	5.758	2	1	2.6866	4.8669		
Na	$3s^1$	11	2.507	3	0	0.4479	1.0596	0.93	1.01
Mg	$3s^2$	12	3.308	3	0	0.6499	1.4032	1.31	1.23
Al	$3s^23p^1$	13	4.066	3	1	0.8843	1.8018	1.61	1.47
Si	$3s^23p^2$	14	4.285	3	1	0.9219	1.8658	1.90	1.74
P	$3s^23p^3$	15	4.886	3	1	1.0844	2.1422	2.19	2.06
S	$3s^23p^4$	16	5.482	3	1	1.2479	2.4201	2.58	2.44
Cl	$3s^23p^5$	17	6.116	3	1	1.4266	2.7241	3.16	2.83
Ar	$3s^23p^6$	18	6.764	3	1	1.6125	3.0402		
K	$4s^1$	19	3.495	4	0	0.4207	1.0134	0.82	0.91
Ca	$4s^2$	20	4.398	4	0	0.5788	1.2823	1.00	1.04
Sc	$3d^14s^2$	21	4.632	4	0	0.6105	1.3362	1.36	1.20
Ti	$3d^24s^2$	22	4.817	4	0	0.6326	1.3737	1.54	1.32
V	$3d^34s^2$	23	4.981	4	0	0.6506	1.4043	1.63	1.45
Cr	$3d^54s^1$	24	5.133	4	0	0.6662	1.4309	1.66	1.56
Mn	$3d^54s^2$	25	5.283	4	0	0.6816	1.4571	1.55	1.60
Fe	$3d^64s^2$	26	5.434	4	0	0.6972	1.4836	1.83	1.64
Co	$3d^74s^2$	27	5.576	4	0	0.7112	1.5074	1.88	1.70
Ni	$3d^84s^2$	28	5.711	4	0	0.7239	1.5290	1.91	1.75
Cu	$3d^{10}4s^1$	29	5.858	4	0	0.7389	1.5546	1.90	1.75
Zn	$3d^{10}4s^2$	30	5.965	4	0	0.7465	1.5675	1.65	1.66
Ga	$4s^24p^1$	31	6.222	4	1	0.7991	1.6570	1.81	1.82
Ge	$4s^24p^2$	32	6.780	4	1	0.8947	1.8195	2.01	2.02
As	$4s^24p^3$	33	7.449	4	1	1.0146	2.0234	2.18	2.20
Se	$4s^24p^4$	34	8.287	4	1	1.1729	2.2927	2.55	2.48
Br	$4s^24p^5$	35	9.028	4		1.3145	2.5335	2.96	2.74
Kr	$4s^24p^6$	36	9.767	4		1.4585	2.7783		

杨立新通过价层电离能、价键轨道能量,用有效核电荷数法建立了周期表中 90 种元素的电负性新标度:

$$\chi_\mathrm{Y} = 0.4123\sqrt{-E_\mathrm{V}} \tag{8-19}$$

该式表明电负性值与价键轨道能量的绝对值的平方根成正比,所得数值是一套量纲为一的相对参数(表 8-6)。

表8-6 用有效核电荷数计算得到的不同价态或轨道的元素电负性

H																	He
1.52(I)																	2.59(II)
Li	Be												B	C	N	O	F	Ne
0.96(I)	1.53(II)																	
Na	Mg												Al	Si	P	S	Cl	Ar
0.93(I)	1.39(II)																	
K	Ca	Sc	Ti	V	Cr	Mn	Fe	Co	Ni	Cu	Zn	Ga	Ge	As	Se	Br	Kr
0.86(I)	1.24(II)	1.58(III) 1.28(II)	1.97(IV) 1.78(III) 1.32(II)	2.35(V) 2.22(IV) 1.97(III) 1.35(II)	2.73(VI) 2.17(III) 1.41(II)	3.10(VII) 3.01(VI) 2.70(IV) 2.35(III) 1.40(II)	3.29(VI) 2.53(III) 1.43(II)	2.72(III) 1.46(II)	2.91(III) 1.48(II)	3.10(III) 1.54(II) 1.15(I)	1.52(II)	1.80(III) 1.01(I)	2.10(IV) 1.42(II)	1.79(p³) 2.40(sp³)	2.11(p³) 2.69(sp³) 2.81(sp³)	2.45(p³) 2.99(sp³)	3.29(sp³)
Rb	Sr	Y	Zr	Nb	Mo	Tc	Ru	Rh	Pd	Ag	Cd	In	Sn	Sb	Te	I	Xe
0.84(I)	1.19(II)	1.49(III) 1.26(II)	1.81(IV) 1.66(III) 1.30(II)	2.14(V) 2.03(IV) 1.85(III) 1.34(II)	2.50(VI) 2.41(V) 2.03(III) 1.41(II)	2.81(2)(VI) 2.47(2)(IV) 1.38(II)	3.17(2)(VIII) 2.71(2)(IV) 1.43(II)	2.54(2)(VIII) 1.47(IV)	3.13(2)(IV) 1.54(II)	2.87(II) 1.57(II) 1.13(I)	1.48(II)	1.73(II) 0.99(I)	1.99(IV) 1.37(II)	2.26(IV) 1.69(II)	1.99(p³) 2.51(sp³)	2.36(3)(p³) 2.85(3)(sp³)	3.16(2)(sp³)
Cs	Ba	La~Lu	Hf	Ta	W	Re	Os	Ir	Pt	Au	Hg	Tl	Pb	Bi	Po	At	Rn
0.81(I)	1.14(II)	1.42~1.57(III) 1.17~1.28(II)	1.82(IV) 1.68(III) 1.35(II)	2.05(3)(V) 1.42(2)(II)	2.34(3)(VI) 1.47(2)(II)	2.62(3)(VIII) 2.33(3)(VI) 1.44(2)(IV)	2.90(3)(VIII) 2.78(3)(VI) 1.47(3)(IV)	2.70(3)(IV) 2.36(3)(III) 1.49(3)(II)	2.88(2)(IV) 1.53(II)	2.68(2)(III) 1.59(I) 1.25(I)	1.58(II)	1.79(III) 1.02(I)	2.03(IV) 1.38(II)	2.26(IV) 1.68(II)	2.53(3)(VI) 1.98(3)(IV)	2.26(3)(p³) 2.78(3)(sp³)	3.04(3)(sp³)
Fr	Ra																	
0.83(I)	1.15(II)																	

镧系

La	Ce		Nd	Pm	Sm	Eu	Gd	Tb	Dy	Ho	Er	Tm	Yb	Lu
1.42(III) 1.19(II)	1.76(IV) 1.44(III) 1.18(II)		1.47(III) 1.17(II)	1.48(III) 1.18(II)	1.51(III) 1.19(II)	1.54(III) 1.20(II)	1.48(III) 1.25(II)	1.49(II) 1.22(II)	1.51(III) 1.22(II)	1.52(II) 1.23(II)	1.52(II) 1.24(II)	1.54(II) 1.24(II)	1.57(II) 1.25(II)	1.51(II) 1.28(II)

锕系

Ac	Th
1.45(2)(II) 1.21(II)	1.68(IV) 1.23(II)

B: 2.01(sp²) 2.16(sp)
C: 2.51(sp³) 2.61(sp²) 2.80(sp)
N: 3.01(sp³) 3.22(sp²) 3.45(sp)
O: 3.50(sp³) 3.66(sp²) 3.81(sp)
F: 3.28(p³) 4.00(sp³)
Al: 1.74(III) 1.01(I)
Si: 1.44(p³) 2.09(sp³)
P: 1.85(p³) 2.45(sp³)
S: 2.22(p³) 2.80(sp³) 2.92(sp³)
Cl: 2.59(p³) 3.15(sp³)

4. 有关电负性问题的研究热点

冯慈珍[101]曾对电负性的专题作过详细的综述,其中有些问题正是其后研究的热点。这些问题是:

(1) 电负性不只是孤立原子的一种固定不变的性质,与该原子在分子中所处的环境和状态有关[102],如 Sanderson 最早在 1945 年就意识到与原子在分子中的价态的关系[103];陈念贻[104]指出 C. C. Бацанов 等还计算了元素不同氧化态的电负性 χ_P 值。表 8-7 的研究结果也有反映。

(2) 提出电负性与轨道类型、原子上的电荷等有关的问题。例如,沃尔什(Walsh)最早由实验得出 $\chi_{sp^3} < \chi_{sp^2} < \chi_{sp}$。Bent 的实验也证明了这一点[105]。

(3) 1963 年,Jaffe 和 Hinze 根据 Mulliken 电负性的概念,把基态原子的电离能、电子亲和能与原子及相应离子的价态激发能结合起来,提出了轨道电负性的概念[106]。提出:

$$I_V = I_g + P^+ - P_0 \qquad E_V = E_g + P_0 - P^- \qquad (8\text{-}20)$$

并由此推导出:

$$\chi_P = 0.168(I_V + E_V - 0.123) \qquad (8\text{-}21)$$

利用此公式可近似算出不同杂化态的值(表 8-7)[107]。表 8-6 的研究结果也有反映。

表 8-7　碳原子处于不同杂化轨道时的轨道电负性

杂化态	I_V/eV	E_V/eV	$2\chi_M$	χ_P
sp^3	14.61	1.34	15.95	2.48
$sp^2(\sigma)$	15.62	1.95	17.57	2.75
$sp(\sigma)$	17.42	3.34	20.76	3.29

(4) 关联元素原子或离子的结构参数与电负性的研究显然有利于探索电负性的结构性质,是研究的重要方向。

(5) 元素的电离能、电子亲和能、电负性、电极电势等概念是既有联系,又有区别的。综合研究元素原子的电子结构与这些原子性质的关联是必要的。

元素的其他与原子体积有联系的性质,如硬度、压缩系数(图 8-25)等也同样

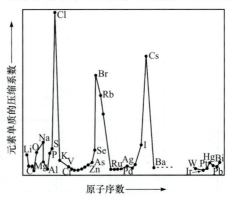

图 8-25　元素单质的压缩系数

会依原子序数发生周期性的变化。由图 8-25 可见，元素单质的原子体积越大，压缩性也越大，但具有最大压缩系数的单质不是碱金属，而是卤素。

8.3　元素周期表中的第二周期性

元素原子的电子层结构随着原子序数的递增呈现周期性变化，因此元素及其化合物的很多物理性质和化学性质随着原子序数的递增呈周期性变化。对于同族元素来说，大多是从上到下的单向变化。但是，早在 1915 年，俄国的拜伦 (Biron) 在无法制得 $HBrO_4$ 的启发下，发现族内元素随着 Z 递增，其参数和性质的递变规律有两种：一种是呈单调的增减递变，一种是呈波动交替的增减递变，即出现"锯齿"形的交错变化。这种现象被称为第二周期性，或次周期性、副周期性[108-115]。简单地说，族内元素的某些性质从上到下出现第二、四、六周期的相似，第三、五周期的相似现象。

8.3.1　第二周期性的性质

1. 同族元素性质变化梯度的第二周期性

由图 8-26～图 8-30 可见，元素的许多性质与原子序数作图都呈现出明显的第二周期性。

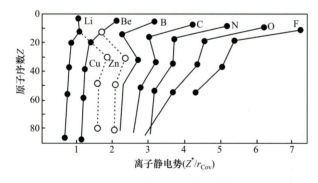

图 8-26　离子静电势的第二周期性

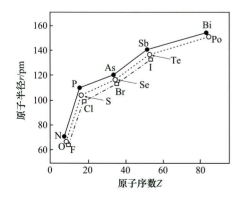

图 8-27　原子半径的递增梯度图

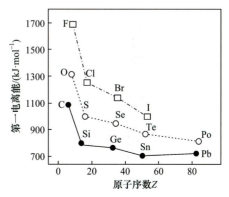

图 8-28　第一电离能降低梯度图

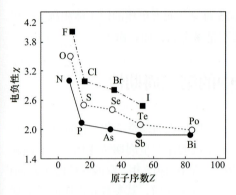 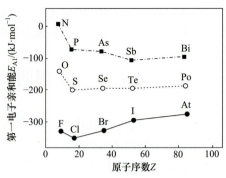

图 8-29　电负性的减小梯度图　　图 8-30　第一电子亲和能变化梯度图

2. 同族元素化合物性质的第二周期性

由图 8-31 和图 8-32 可见，同族元素化合物的许多性质与原子序数作图也会呈现出明显的第二周期性。

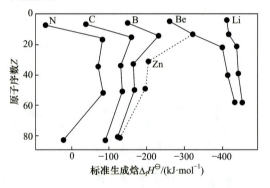

图 8-31　一些同族元素氯化物的标准生成焓与原子序数的关系

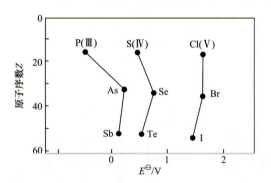

图 8-32　含氧酸氧化性的第二周期性

3. 第 1 列(ⅠA 族)元素及化合物性质的第二周期性

有一段时间人们认为只有 p 区元素及其化合物才会表现出第二周期性，而 s 区元素及其化合物的第二周期性不会那么明显。实际上，1/ⅠA 族的许多性质变化也有明显的第二周期性(表 8-8)。

表 8-8　1/ⅠA 族元素及化合物性质呈现的交替变化

M	Li	Na	K	Rb	Cs
I_1 /(kJ·mol^{-1})	520	496	419	403	376
ΔI_1 /(kJ·mol^{-1})	−24(小)	−77(大)	−16(小)	−27(大)	
χ	0.98	0.93	0.82	0.82	0.79
$\Delta \chi$	−0.05(小)	−0.11(大)	0(小)	−0.03(大)	
Δr / pm	156	186	231	243	265
Δr / pm	30(小)	45(大)	12(小)	22(大)	
MMnO$_4$的 T_d / K	463	443	513	532	593
ΔT_d / K	−20(小)	+70(大)	+19(小)	+62(大)	

从表 8-8 可以看到，元素及其化合物的许多性质的第二周期性的表现是在分析"元素周期律"的"精细结构"时发现的。如果将这些性质的"不规则性"或"反常性"从周期看，则也是呈现出"第二周期性"的[114]。研究元素及其化合物的第二周期性，就是从规律中找出"反规律的规律"，解释元素及其化合物性质变化中的"反常性"。这应该说是对化学元素周期表研究的重大贡献。

8.3.2　原子模型的松紧规律

1. 原子模型的松紧效应

屏蔽效应是多电子原子模型近似处理法中的一种常用概念，用它可以定性地描述元素性质，也可定量地计算原子的能阶。但是，把屏蔽常数认为与原子核电荷无关的 Slater 模型或 Slater 改进模型都是一种理想状态。随着核电荷数或周期数的增大，1s 电子逐渐紧缩，因而它对第二层电子的屏蔽常数 σ 比理想状态大一些。由于有效核电荷变小，即第一电子层 1s^2 对第二电子层的屏蔽稍增，必然导致第二电子层电子所受核的引力减小，较原先理想状态较为疏松，能阶比原先稍高了一些；第二层电子层较松了，它对第三电子层的屏蔽相应变弱，即相应地使有效核电荷变大，导致第三电子层比原先理想状态较为收缩，能阶比原先稍降低了一些；第三电子层紧密了，它对第四电子层的屏蔽又变得较强，相应的有效核电荷变小，导致第四电子层又稍变松……如此类推，形成了电子层变紧、变松、又变紧、变松的趋势。这样，由于屏蔽常数的变化，有效核电荷数 Z^* 周期性规律变化而引起连锁效应，导致相邻各电子层依次交替出现松—紧—松—紧的效应，称为原子模型的松紧效应[116-117]。

2. 原子模型的松紧规律

对处于原子深部的电子云，其层次是分明的，即相同主量子数的 s、p、d、f 均属同一层次。但是，当电子处于最外层或次外层时，具有相同主量子数的 s^{2}p^6 和 d^{10} 电子云常相距较远，能级也常相差较大，有可能表示为它们各自独立为层。因而周期表中各族元素的外电子层可划分为含 d 次外层(A 类，指 1/ⅠA、2/ⅡA族)

和不含 d 次外层(B 类，除 A 类以外的各族)两大类，其相应的松紧效应及变化规律可列入表 8-9 和表 8-10。由表 8-9 和表 8-10 可看出前述两类外电子层松紧变化规律恰好相反：第一类外电子层从第二周期到第六周期是松—紧—松—紧—松；第二类外电子层从第二周期到第六周期是紧—松—紧—松—紧。

电子层的松紧效应加上 s^2(实际是指 $1s^2$)屏蔽作用特小和 d^{10} 屏蔽作用特小因素的综合效应，就会反映出外层电子层松紧变化的规律，称为原子模型的松紧规律。

表 8-9　A 类电子松紧效应及变化规律

周期		松紧效应	松紧规律		
			外层电子	松紧偏离原因	总效果
二	$1s^2$		2s	松紧效应	较松
	2s	(较松)			
三	$1s^2$		3s	松紧效应	较紧
	$2s^22p^6$	(较松)			
	3s	(较紧)			
四	$1s^2$		4s	松紧效应	较松
	$2s^22p^6$	(较松)			
	$3s^23p^6$	(较紧)			
	4s	(较松)			
五	$1s^2$		5s	松紧效应	较紧
	$2s^22p^6$	(较松)			
	$3s^23p^63d^{10}$	(较紧)			
	$4s^24p^6$	(较松)			
	5s	(较紧)			
六	$1s^2$		6s	松紧效应	较松
	$2s^22p^6$	(较松)			
	$3s^23p^63d^{10}$	(较紧)			
	$4s^24p^64d^{10}$	(较松)			
	$5s^25p^6$	(较紧)			
	6s	(较松)			

表 8-10　B 类电子松紧效应及变化规律

周期		松紧效应	松紧规律		
			外层电子	松紧偏离原因	总效果
二	$1s^2$		2s2p	$1s^2$ 屏蔽特小引起 Z^* 增大，使电子层紧缩	偏紧
	2s2p	(较松)			
三	$1s^2$		3s3p	松紧效应偏紧	$2s^22p^6$ 屏蔽的荡漾导致偏松(与二、四周期比)
	$2s^22p^6$	(较松)			
	$3s^23p$	(较紧)			

续表

周期	松紧效应	松紧规律		
		外层电子	松紧偏离原因	总效果
四	$1s^2$	4s4p	松紧效应偏紧,因$3d^{10}$屏蔽特小,引起有效核电荷增大(紧上加紧)	偏紧
	$2s^22p^6$ (较松)			
	$3s^23p^6$ (较紧)			
	$3d^{10}$ (较松)			
	$4s^24p$ (较紧)			
五	$1s^2$	5s5p	虽然$4d^{10}$屏蔽特小会引起有效核电荷增大,但松紧效应引起较大偏松	偏松
	$2s^22p^6$ (较松)			
	$3s^23p^63d^{10}$ (较紧)			
	$4s^24p^6$ (较松)			
	$4d^{10}$ (较紧)			
	$5s^25p$ (较松)			
六	$1s^2$	6s6p	松紧效应和$5d^{10}$的屏蔽特小,都引起外电子层的偏紧(紧上加紧)	偏紧
	$2s^22p^6$ (较松)			
	$3s^23p^63d^{10}$ (较紧)			
	$4s^24p^64d^{10}4f^{14}$ (较松)			
	$5s^25p^6$ (较紧)			
	$5d^{10}$ (较松)			
	$6s^26p$ (较紧)			

3. 原子模型的松紧规律对第二周期性的解释

了解了原子模型的松紧效应和松紧规律之后,就不难理解元素及其化合物性质的第二周期性了。第二周期性的根源在于原子结构,如果只考虑最外层及尚未填满的电子层的排布情况,处理上就是一次近似;但实际上常常要考虑内层电子的排布所造成的影响,从而得出二次的或者更高次的近似。同族元素虽然有相同的最外电子层构型,但次外层及再次外层电子的构型不一定也相同,这就是造成性质起伏的原因。以电离能为例,同族元素自上而下时,最外电子层的主量子数变大,原子半径常常也增大,这使电离能值变小。例如,从 Na 到 K,第一电离能值由 496 kJ·mol^{-1}降到 419 kJ·mol^{-1}。Cu 与 K 的第一级电离都是失去 4s 电子,但铜的第一电离能值 745 kJ·mol^{-1}比 K 的值大得多。从 K 到 Cu 新增加的 10 个 d 电子不能完全屏蔽掉新增加的 10 个核电荷,按 Slater 法计算,作用于 Cu 的 4s 电子上的有效核电荷是 3.7 个电子电荷,而作用于 K 的 4s 电子上的有效电荷是 2.2 个电子电荷。从而使 Cu 的第一电离能值比 K 的值大,这称为 3d 电子的 d 加固作用。从 Cu 到 Ag,4d 电子仍然有 d 加固作用,但是 5s 电子的主量子数比 4s 电子的大,结果是 Ag 的第一电离能值比 Cu 的低。从 Ag 到 Au,不仅 5d 电子有加固作用，而且新增加的 14 个核电荷不能被新增加的 14 个 f 电子完全屏蔽掉，这导致了 f 加固作用，使 Au 的第一电离能值又比 Ag 的值大。结局必然是 Cu、Ag、Au 的第一电离能值表现出第二周期性。

8.4　元素周期表中的区域性规律

化学元素及其化合物在周期表中显示的周期性规律已为人们接受和使用。但是，随着无机化学研究内容的不断丰富，随着对新元素、超重元素和它们的化合物性质、结构的深入研究，随着对周期表的深入认识，发现元素周期性并不是简单地按一个模式重复，而是表现为复杂的变化规律，而且常常显示出一些周期性的例外或"反常"。这些"反常"性质通称为元素周期律的"不规则性"。

上面阐述了元素周期表中的第二周期性，还有一些"区域性规律"也必须引起注意。从图 8-33 可以看到，这部分内容还是非常丰富的。通过对元素周期表中这些不规则性的典型事例进行讨论，研究其产生的原因，可为元素化学的深入学习和研究提供依据。

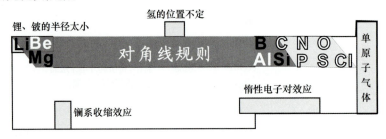

图 8-33　元素周期表中的"反常规律性"

8.4.1　氢的特殊性

作为氢元素的特殊性，在前面有些章节多有接触。所谓特殊性可概括为以下两点[108-110, 118-134]。

1. 至今仍是人们极感兴趣的元素

(1) 在周期表中氢是第一号元素。
(2) 宇宙中最丰富的元素是氢。
(3) 同位素间性质差别最大的是氢，在氢的同位素之间，质量数是成倍变化，其单质和化合物的性质差别很大。
(4) 最简单的原子是 H 原子，最简单的分子是 H_2^+ 分子和 H_2 分子。
(5) 化合物最多的元素是氢。
(6) 元素起源，有一种观点认为是由氢演变的[135]。
(7) 地球上最普遍、最重要的化合物水是一种氢化物。
(8) 人体中含氢 10%，氢是生命元素之一，是构成 DNA 的一种不可缺少的重要元素[136]。
(9) 最有希望的清洁能源是氢。

(10) 原子结构理论的建立是从研究氢光谱开始的，化学键理论的发展也是从处理氢分子开始的。

2. 从氢的化学作用归纳

[1] 氢在理论科学中的应用[137]

1) 以氢为标准制定的科学标准
(1) 以氢离子浓度作为水溶液酸度标准。
(2) 以水合氢离子为标准制定水合离子的热力学数据。
(3) 以标准氢电极作为标准电极。
(4) 以氢离子活度测定水溶液中的平衡常数。
2) 从氢的角度建立的化学理论
(1) 酸碱电离理论。
(2) 酸碱质子理论。
(3) 以得失氢原子论氧化还原反应。
(4) 以氢粒子体系的推算创立结构化学理论。
3) 用氢同位素研究反应机理

标准氢电极

氢的两种同位素氘和氚用在核反应中。在研究许多化学反应机理的工作中，常常使用氘作为示踪原子。氚为 β 放射体，其半衰期为(31±8)年，在化学、医药或生物体系中，常用作人工放射性示踪原子。

4) 氢分子医学

氢气的医学应用研究是当今国际医学生物学研究热点。例如，2%的氢气能有效地清除体内自由基和显著地改善脑缺血再灌注损伤；氢气具有极强的还原性，具有抗氧化作用；氢分子可跨越血脑屏障，这有利于氢气用于中枢神经系统疾病的治疗；中国有科学家认为，日常饮用一定量的富氢水，对人们的健康和保健也是很有益处的。氢气有望成为临床治疗和预防保健的新手段。

[2] 氢在工业生产中的应用
(1) 固定氮以生产氮肥。
(2) 还原法生产高纯硅等功能材料与贵金属。
(3) 原子氢焰用于切割和焊接高熔点金属。
(4) 氢在气态、液态和固态时都是绝缘体。有人推算，如果氢金属化变成金属氢，它可能成为优良的高温超导材料。
(5) 核能作用。
(6) 负氢离子 H^- 的作用：作强碱性还原剂和人体的抗氧化剂。

原子氢焰焊接

总之，氢的特殊性是其他任何化学元素不可比拟的。至今还没有被发现的一个潜在的真相就是真正存在的化学周期性的客观基础有可以解决有关氢在周期表中的问题：氢的位置单独放在表的上方中央[138]。

8.4.2 锂、铍性质的反常性

一般说来，1/ⅠA、2/ⅡA 元素性质的递变是很规律的，但是许多性质表明 Li、

锂

镁

铍

铝

硼

硅

Be 的性质极大地与本族元素不同，主要源于它们的原子半径特小，使得许多化合物中的化学键具有了一定的"共价性"。离子的极化能力取决于晶格中离子对邻近离子作用的静电场强度。显然，这可以由 Cartledge[139-140]、徐光宪[141]从离子价电数和离子半径的比值分别提出的离子势 $\varphi = \dfrac{Z}{r}$ 和 $\dfrac{Z^2}{r}$ 度量离子极化力来解释。

8.4.3 对角线规则

1/ⅠA、2/ⅡA 族中有三对元素，由于对角线位置上的邻近两个元素的电荷数和半径对极化作用的影响恰好相反，它们离子极化力相近而引起性质的相似性，称为对角线规则(diagonal rule)[123, 142]。

1. 锂与镁的相似性

(1) 单质与氧作用生成正常氧化物。
(2) 氢氧化物均为中强碱，且在水中溶解度不大，加热分解为正常氧化物。
(3) 氟化物、碳酸盐、磷酸盐均难溶于水。
(4) 氯化物共价性较强，均能溶于有机溶剂中。
(5) 碳酸盐受热分解，产物为相应氧化物。
(6) Li^+ 和 Mg^{2+} 的水合能力较强。

2. 铍与铝的相似性

(1) 两者都是活泼金属，在空气中易形成致密的氧化膜保护层。
(2) 两性元素，氢氧化物也属两性。
(3) 氧化物的熔点和硬度都很高。
(4) 卤化物均有共价型。
(5) 盐都易水解。
(6) 碳化物与水反应生成甲烷。

$$Be_2C + 4H_2O == 2Be(OH)_2 + CH_4\uparrow$$

$$Al_4C_3 + 12H_2O == 4Al(OH)_3 + 3CH_4\uparrow$$

3. 硼与硅的相似性

(1) 自然界均以化合物形式存在。
(2) 单质易与强碱反应。
(3) 氧化物是难熔固体。
(4) H_3BO_3 和 H_2SiO_3 在水中溶解度不大。
(5) 由于 B—B 和 Si—Si 键能较小，烷的数目比碳烷烃少得多，且易水解。
(6) 卤化物易水解。
(7) 易形成配合物，如 HBF_4 和 H_2SiF_6。

另外，非金属 C-P、N-S 和 O-Cl 这三对元素虽然都不表现出任何金属性质，但它们的电负性表现出明显的对角线效应：

$\chi(C) = 2.50 \quad \chi(N) = 3.00 \quad \chi(O) = 3.50 \quad \chi(F) = 4.00$

$\chi(Si) = 1.80 \quad \chi(P) = 2.10 \quad \chi(S) = 2.50 \quad \chi(Cl) = 3.00$

尽管它们的电负性数值的接近程度不那么好，但一般来说，处在对角线斜下方的较重元素总是具有较小的数值。

8.4.4 镧系收缩效应

借助图 8-8 已知什么是镧系收缩，其实，镧系元素的离子半径也存在镧系收缩现象。因此，应了解镧系收缩产生的原因和产生的后果。

1. 镧系收缩效应

原子半径或离子半径的大小主要取决于原子或离子的最高能级中电子的主量子数和其所经受的有效核电荷(Z^*)的引力大小。对镧系元素的原子及离子来说，主量子数没有差别，因此半径的差别主要来自 Z^* 的不同。在镧系元素中，随着原子序数的增加，新增加的电子相继填充在外数第三层的 4f 轨道上，造成镧系收缩的原因首先在于 4f 电子虽处于内层轨道，但由于 4f 轨道形状分散(图 3-44)，在空间伸展得又较远，4f 电子对原子核的屏蔽不完全，不像轨道形状比较集中的其他内层电子那样有效地屏蔽核电荷，结果随着原子序数的递增，外层电子所经受的有效核电荷的引力递增，因而电子壳层依次有所减小。其次，由于 4f 轨道形状分散，4f 电子相互之间的屏蔽也非常不完全，在填充 4f 电子的同时，每个 4f 电子所经受的有效核电荷也在逐渐增加，结果 4f 电子壳层也逐渐减小。整个电子壳层依次收缩的积累造成了镧系收缩[143-145]。收缩的结果使得镧系元素两相邻原子间的原子半径和离子半径缩小幅度约 1 pm，远远小于非过渡元素(10 pm)及过渡元素(约 5 pm)；但 15 种镧系元素总共收缩的幅度也是相当可观的(原子半径共收缩 14.13 pm，+3 价离子半径共收缩 21.13 pm，图 8-34)。

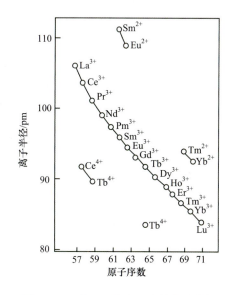

图 8-34　Lu^{2+}、Ln^{3+} 和 Ln^{4+} 的离子半径

2. 镧系收缩产生的影响

(1) 在稀土元素之间，由于原子半径相差甚小，且大多数稀土元素外层电子构型相同，因而造成 16 种稀土元素间性质相似，成矿时常常共生在一起，使分离提纯极为困难。

(2) 由于镧系收缩，第五周期 3/ⅢB 族的钇(Y)的+3 价离子半径(89.3 pm)与镧

系元素离子 Ho^{3+}(89.4 pm)、Er^{3+}(88.1 pm)接近,因此钇与镧系元素常常共生在一起,成为稀土元素的一个成员。

(3) 由于镧系收缩,镧系后的过渡元素(第三过渡系元素)在原子半径和离子半径上与第二过渡系的同族元素十分接近,且第三过渡系的 Hf 和 Ta 的原子半径还略低于同族的第二过渡系元素 Zr 和 Nb,使第三与第二过渡系同族元素化学性质相似,造成了 Zr 和 Hf、Nb 和 Ta、Mo 和 W 这三对元素的共生及分离困难,往往必须采用特殊的分离方法才能得到纯物质。Zr 和 Hf 的一个分离方法是将 MCl_4 水解得 $MOCl_2 \cdot 8H_2O$(M=Zr, Hf),然后利用其在浓盐酸中溶解度的差别分离(图 8-35)。通常是在浓盐酸中反复进行重结晶,最后使铪盐富集于固相中。

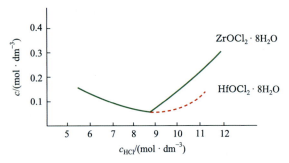

图 8-35　$MOCl_2 \cdot 8H_2O$(M=Zr,Hf)在浓盐酸中的溶解度曲线

(4) 由于镧系收缩,镧系后的过渡元素的金属活泼性明显减小;在同一过渡系中,从左到右金属活泼性递减。这两方面因素的综合影响导致了 Au 和 Hg 的不活泼性。

总之,镧系元素原子核外电子排布的特殊性和在周期表中位置的特殊性,造成了原子半径和离子半径收缩幅度可观的镧系收缩现象,在无机化学中产生了巨大影响。同理,锕系元素也具有类似镧系收缩的锕系收缩现象(图 8-36),只不过锕系元素及锕系后面的元素都是半衰期极短的放射性元素,所以锕系收缩远不及镧系收缩那样受到重视。

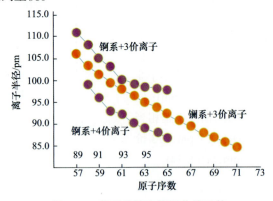

图 8-36　镧系收缩和锕系收缩比较

8.4.5　惰性电子对效应

几乎所有的无机化学书中都提到了"惰性电子对效应"这一概念[45, 108-110, 118-122, 124-130, 133],但是对惰性电子对效应适应的范围和产生的原因说法不尽相同。国内

的许多学者或进行了综述或进行了阐述和计算[146-148]。如果全面看待这一问题，就会受益匪浅。这里仅摘要性概述，详细说明和推导请参考文献。

1. 惰性电子对效应的定义及其存在区域[149]

书中常有两种说法：

(1) p 区各族元素由上至下与族数相同的高氧化态的稳定性依次减小，比族数小 2 的低氧化态的稳定性逐渐增大。

(2) p 区 13/ⅢA～15/ⅤA 族元素中，第六周期的几个元素由于 $6s^2$ 电子对不易参与成键，特别不活泼，其高氧化态不稳定。

我们认同第二种说法，就是 $6s^2$ 电子对不易参与成键的原因，而且其存在的范围就是指 Hg、Ti、Pb、Bi。

2. 惰性电子对效应产生的原因分析

综合文献分析，惰性电子对效应产生的原因大体可有下列五种：

(1) 1950 年，"惰性电子对效应"最早的提出者 Sidgwick[150]认为这是由屏蔽效应和穿透效应引起的：较重元素与族数相同的高氧化态是由于刚充满的 d 和 f 电子的屏蔽作用较弱，价电子受核吸引较强，故在失去了 np 电子之后，一对强穿透力 ns 电子就难失去。国内学者最早都同意这一说法并写入教科书[151]，详细的阐述可参考文献。但是，如果按照 Sidgwick 的观点，同族元素的 ns 电子所受核的吸引力从上到下依次递增，则相应的电离能也呈线性规律地递增，但事实并非如此。

(2) Drago[152]认为应从壳层效应和成键能力考虑。

(3) Greenwood[153]和屠昆岗[154]从元素的原子半径和电离能出发，认为与在共价键中 ns^2 电子的激发能以及离子在水溶液中的水合能等因素有关。这里已从能量角度考虑问题了。

(4) 许多文献开始借助热力学循环方法和数据，从形成离子化合物、水合物、共价化合物等出发，从能量角度计算、说明，可以说显得更全面、更本质些。

(5) 周公度和段连运[155]更是肯定"相对论效应使得第六周期元素 $6s^2$ 能级下降幅度比第五周期元素 $6s^2$ 能级下降幅度大是惰性电子对效应产生的重要原因"。简单的推导和说明可参考文献[108, 155]。

我们以为，综合上面的各因素，起码应从包含电离能、热力学函数和循环、原子结构理论等方面结合起来分析，是会明白惰性电子对效应产生的原因。

惰性电子对效应是无机化学中的一个重要研究课题，需要理由去说明它。但反过来，惰性电子对效应又可以帮助我们更深刻地认识元素周期表中的"不规则性"，并判断一些反应产物的生成，解释一些新化合物的结构。

8.4.6 稀有气体——单原子气体

关于这部分内容，文献[124, 156-157]已叙述得很清楚。问题是我们要看到稀有气体的发现对完善周期表的贡献，对完成元素电子结构规律性的贡献，并且至今能说明稀有气体是单原子的理由都还不能令人信服。

我们认为，对于周期表里的"不规律性"的探讨远远不够，应不断开发。例如，有人还从各周期的不同和不规则变化去认识和解释"不规律性"[158]；把Cu、Ag、Au作为"钱币金属"（图8-37）；把Ru、Rh、Pd、Ag、Os、Ir、Pt、Au归为"贵金属"（图8-38）；处在一起的V、Cr、Mo、W的高价阴离子易形成多酸；p区下方的"小元素群"多有毒。以上都可看成是"元素周期表中的区域性规律"。

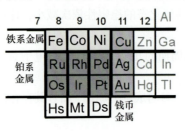 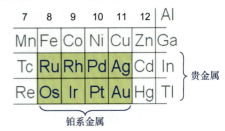

图8-37　钱币金属在周期表中的位置　　　图8-38　贵金属在周期表中的位置

参 考 文 献

[1] Curtin D W, Gingerich O. Phys. Today, 1987, 40(6): 68.

[2] Myers R. The Basics of Chemistry. London: Greenwood Pub Group, 2003.

[3] Chang R. Chemistry. 9th ed. New York: McGraw Hill Higher Education, 1999.

[4] Quam G N. J. Chem. Educ., 1934, 11(5): 288.

[5] Burrows H, Weir R, Stohner J. Pure Appl. Chem., 1994, 66(12): 2419.

[6] Corish J, Rosenblatt G M. Pure Appl. Chem., 2003, 75(10): 1613.

[7] Tatsumi K, Corish J. Pure Appl. Chem., 2010, 82(3): 753.

[8] Loss R D, Corish J. Pure Appl. Chem., 2012, 84(7): 1669.

[9] Karol P J, Barber R C, Sherrill B M, et al. Pure Appl. Chem., 2016, 88(1-2): 155.

[10] Karol P J, Barber R C, Sherrill B M, et al. Pure Appl. Chem., 2016, 88(1-2): 139.

[11] Stoker H S. Organic and Biological Chemistry. New York: Houghton Mifflin, 2012.

[12] Mascetta J A. Chemistry the Easy Way. 4th ed. New York: Barrons Educational Series Inc., 2003.

[13] Kotz J C, Paul M T, John R T. Chemistry and Chemical Reactivity. New York: Cengage Learning, 2012.

[14] Macaulay D B, Bauer J M, Bloomfield M M. General, Organic, and Biological Chemistry. New York: John Wiley & Sons Inc., 2008.

[15] Fluck E. Pure Appl. Chem., 1988, 60(3): 431.

[16] Bagnall K W. Recent Advances in Actinide and Lanthanide Chemistry. New York: American Chemical Society, 1967.

[17] Day M C, Selbin J. Theoretical Inorganic Chemistry. New York: Reinhold Publishing Corp, 1976.

[18] Holman J S, Hill G C. Chemistry in Context. 5th ed. New York: McGraw-Hill, 2014.

[19] Jones C J. d-and f-Block Chemistry. New York: John Wiley & Sons, 2001.

[20] Rawls R L. Chem. Eng. News, 1987, 65(15): 31.

[21] Moseley H G J. The London, Edinburgh, and Dublin Philos. Mag. J. Sci., 1913, 26: 1024.

[22] Silberberg M S, Amateis P G. Chemistry: The Molecular Nature of Matter and Change. 7th

ed. New York: McGraw-Hill Education, 1996.

[23] Manson S S, Halford G R. Fatigue and Durability of Structural Materials. Ohio: ASM International, 2006.

[24] Bullinger H J. Technology Guide: Principles-Applications-Trends. Munich: Springer Science & Business Media, 2009.

[25] Jones B W. Pluto: Sentinel of the Outer Solar System. Cambridge: Cambridge University Press, 2010.

[26] Hinrichs G D. In Hinrichs' Contributions to Molecular Science Atomechanics. Salem: Essex Institute Press, 1869.

[27] 叶大年, 艾德生. 中国科学, 1999, 29(4): 303.

[28] 王漪琪, 吴洪谟. 哈尔滨师范大学学报(自然科学), 1990, (4): 41.

[29] Meyer J L. Ann. Chem. Pharm., 1870, (7S): 354

[30] 苟兴龙, 车云霞. 大学化学, 1999, 14(4): 53.

[31] Waber J T, Cromer D T. J. Chem. Phys., 1965, 42(12): 4116.

[32] 海斯洛普 R B. 无机化学中的定量关系. 温元凯译. 北京: 人民教育出版社, 1978.

[33] 郭用猷, 张冬菊, 刘艳华. 物质结构基本原理. 3 版. 北京: 高等教育出版社, 2015.

[34] Sidgwick N V. The Chemical Elements and Their Tompounds. Oxford: The Clarendon Press, 1950.

[35] 卡普路斯 M. 原子与分子. 北京: 科学出版社, 1986.

[36] Wasastjerna J A. On the Refraction Equivalents of Ions, and the Structure of Compound Ions. Fennica: Scientiarum Fennica, 1923.

[37] Goldschmidt V M. Trans. Faraday Soc., 1929, 25: 253.

[38] Pauling L. The Nature of the Chemical Bond. 3th ed. New York: Cornell University Press, 1960.

[39] Shannon R D, Prewitt C T. Acta Crystallogr. B, 1969, 25(5): 925.

[40] Slater J C. J. Chem. Phys., 1964, 41(10): 3199.

[41] Moeller T. Inorganic Chemistry: A Modern Introduction. New York: Wiley, 1982.

[42] Boyd R J. J. Phys. B, 2001, 10(12): 2283.

[43] Spackman M A, Maslen E N. J. Phys. Chem., 1986, 90(10): 2020.

[44] Politzer P, Parr R G, Murphy D R. J. Chem. Phys., 1983, 79(8): 3859.

[45] 杨忠志, 牛淑云. Chin. Sci. Bull., 1991, 36(11): 964.

[46] 牛淑云, 杨忠志. 化学学报, 1994, 52(6): 551.

[47] 杨忠志, 唐思清, 牛淑云. 化学学报, 1996, 54(9): 846.

[48] Yang Z Z, Davidson E R. Int. J. Quantum Chem., 1997, 62(1): 47.

[49] Yang Z, Li G, Zhao D, et al. Chin. Sci. Bull., 1998, 43(17): 1452.

[50] 奚干卿. 海南师范大学学报(自然科学版), 2001, 14(3): 68.

[51] 潘道皑, 赵成大, 郑载兴. 物质结构. 2 版. 北京: 高等教育出版社, 1989.

[52] 芬德利 T J V, 艾尔沃德 G H. SI 化学数据表. 周宁怀译. 北京: 高等教育出版社, 1985.

[53] 陆军. 化学教育, 1995, 16(2): 37.

[54] 陆军. 化学教学, 2001, (12): 43.

[55] 陆军. 化学世界, 2001, 42(11): 614.

[56] 汪洋. 大学化学, 1999, 14(5): 37.

[57] 实用化学手册编写组. 实用化学手册. 北京: 科学出版社, 2001.

[58] Stark J G, Wallace H G. Chemistry Data Book. 2nd ed. London: John Murray, 1982.

[59] Slater J C. Quantum Theory of Molecules and Solids. New York: McGraw-Hill, 1963.

[60] Bartolotti L J, Gadre S R, Parr R G. J. Am. Chem. Soc., 1980, 102(9): 2945.

[61] Robles J, Bartolotti L J. J. Am. Chem. Soc., 1984, 106(13): 3723.
[62] 郑能, 武文平. 科学通报, 1992, 37(22): 2048.
[63] 程光钺, 闵家炽. 科学通报, 1963, 8(7): 52.
[64] 李世丰. 原子参数与元素性质. 长沙: 湖南科技出版社, 1982.
[65] 郑能武. 科学通报, 1985, 30(23): 1801.
[66] Kier L B, Hall L H. Molecular Connectivity in Chemistry and Drug Research. New York: Academic Press, 1976.
[67] 郑能武. 原子新概念. 南京: 江苏教育出版社, 1988.
[68] 刘新华, 薛明俊, 翟冠杰,等. 计算机与应用化学, 2006, 23(04): 76.
[69] 李振寰. 元素性质数据手册. 石家庄: 河北人民出版社, 1985.
[70] 余大猷. 化学教育, 1982, 3(2): 1.
[71] 许林, 郭军. 大学化学, 1993, 8(4): 33.
[72] 冯玉彪, 朱艳云, 王成和. 大连工业大学学报, 1995, (1): 9.
[73] 王旭, 桑红源. 天津化工, 2002, (3): 36.
[74] 迪安 J A. Lange's Handbook of Chemistry. 15th ed. 北京: 世界图书出版公司, 1999.
[75] Raghavachari K, Rohlfing C M. J. Chem. Phys., 1991, 94(5): 3670.
[76] Curtiss L A, Deutsch P W, Raghavachari K. J. Chem. Phys., 1992, 96(9): 6868.
[77] 毛华平, 王红艳, 徐国亮, 等. 原子与分子物理学报, 2004, 21(b04): 225.
[78] 杨桔材, 徐文国, 肖文胜. 无机化学学报, 2005, 21(6): 805.
[79] 杨桔材, 徐文国, 刘治国. 化学研究, 2005, 16(1): 77.
[80] McNaught A D, Wilkinson A, Jenkins A D. IUPAC Compendium of Chemical Terminology-The gold book. Zurich: International Union of Pure and Applied Chemistry, 2006.
[81] Pauling L. J. Am. Chem. Soc., 1932, 54(9): 3570.
[82] Allred A L. J. Inorg. Nucl. Chem., 1961, 17(3): 215.
[83] Nagle J K. J. Am. Chem. Soc., 1990, 112(12): 4741.
[84] Bergmann D, Hinze J. Angew. Chem. Int. Ed., 1996, 35(2): 150.
[85] Asokamani R, Manjula R. Phys. Rev. B, 1989, 39(7): 4217.
[86] Chattaraj P K, Nath S. Int. J. Quantum Chem., 1994, 49(5): 705.
[87] Smirnov K S, Graaf B V D. J. Chem. Soc. Faraday Trans., 1996, 92(13): 2469.
[88] 王汉章. 化学通报, 1964, (7): 38.
[89] 武永兴. 大学化学, 1998, 13(3): 46.
[90] 张泽莹. 大学化学, 1994, 9(3): 43.
[91] Jensen W B. J. Chem. Educ., 1996, 73(1): 11.
[92] Mulliken R S. J. Chem. Phys., 1935, 3(9): 573.
[93] Shriver D F, Atkins P W, Langford C H. 无机化学. 2版. 北京: 高等教育出版社, 1990.
[94] Allred A L, Rochow E G. J. Inorg. Nucl. Chem., 1958, 5(4): 264.
[95] Parr R G, Donnelly R A, Levy M, et al. J. Chem. Phys., 1978, 68(8): 3801.
[96] Allen L C. J. Am. Chem. Soc., 1989, 111(25): 9003.
[97] Luo Y R, Benson S W. J. Phys. Chem., 1989, 93(21): 7333.
[98] 李国胜, 郑能武. 化学学报, 1994, 52(5): 448.
[99] 杨立新. 结构化学, 2001, 20(2): 138.
[100] 刘新华. 德州学院学报, 2002, 18(2): 38.
[101] 冯慈珍. 无机化学教学参考书. 北京: 高等教育出版社, 1985.
[102] Huheey J E. J. Phys. Chem., 2002, 69(10): 3284.
[103] Sanderson R T. J. Chem. Educ., 1952, 29(11): 539.
[104] 陈念贻. 键参数函数及其应用. 北京: 科学出版社, 1976.

[105] Bent H A, Jaffe H H. Chem. Rev., 1961, 61(3): 275.
[106] Hinze J, Jaffe H H. J. Phys. Chem., 1963, 67(7): 1501.
[107] Hinze J, Jaffe H H. J. Am. Chem. Soc., 1962, 84(4): 540.
[108] 唐宗薰. 中级无机化学. 2 版. 北京: 高等教育出版社, 2009.
[109] 首都师范大学无机化学教研室. 中级无机化学. 北京: 首都师范大学出版社, 1994.
[110] 朱文祥. 中级无机化学. 北京: 北京师范大学出版社, 1993.
[111] 赵玉清, 张虎. 化学通报, 1999, (8): 47.
[112] 吴启勋. 化学教育, 1984, 5(2): 4.
[113] 朱万强. 化学通报, 2002, 65(3): 213.
[114] 刘鲁美. 大学化学, 1991, 6(5): 52.
[115] Pyykko P. Chem. Rev., 1988, 88(3): 563.
[116] 金松寿. 量子化学基础及其应用. 上海: 上海科学技术出版社, 1980.
[117] 金松寿, 金观涛. 郑州大学学报(理学版), 1980, (2): 65.
[118] 大连理工大学无机化学教研室. 无机化学. 5 版. 北京: 高等教育出版社, 2009.
[119] 湖南大学化学化工学院. 无机化学. 2 版. 北京: 科学出版社, 2006.
[120] 北京师范大学无机化学教研室. 无机化学. 北京: 高等教育出版社, 2002.
[121] 王世华. 无机化学教程. 北京: 科学出版社, 2000.
[122] 武汉大学等校. 无机化学. 上、下册. 北京: 高等教育出版社, 1994.
[123] 孟庆珍, 胡鼎文, 程泉寿. 无机化学. 北京: 北京师范大学出版社, 1988.
[124] 申泮文. 无机化学丛书. 第 1 卷. 北京: 科学出版社, 1984.
[125] 科顿 F A, 威尔金森 G. 高等无机化学. 北京: 人民教育出版社, 1980.
[126] 傅献彩. 大学化学. 北京: 高等教育出版社, 1999.
[127] 胡忠鲠. 现代化学基础. 4 版. 北京: 高等教育出版社, 2014.
[128] 申泮文. 近代化学导论. 北京: 高等教育出版社, 2008.
[129] Gray G M. Essential Trends in Inorganic Chemistry. Oxford: Oxford University Press, 2000.
[130] Housecroft C E, Shape A G. Inorganic Chemistry. 4th ed. England: Pearson Education Limited, 2012.
[131] Shriver D, Atkins P W, Langfor C. Inorganic Chemistry. Oxford: Oxford University Press, 1990.
[132] Goldberg D E. Fundamentals of Chemistry. Englewood: Prentice-Hall, 1998.
[133] Petrucci R H. General Chemistry. Englewood: Prentice Hall, 2001.
[134] 刘翊纶. 中学化学教学参考, 1984, (3): 5.
[135] Burbidge E M, Burbidge G R, Fowler W A, et al. Science, 1956, 124(3223): 611.
[136] Subirana J A. Nature, 2003, 423: 683.
[137] 李庆生. 吉林师范大学学报(自然科学版), 1988, (2): 58.
[138] Cronyn M W. J. Chem. Educ., 2003, 80(8): 947.
[139] Cartledge G H. J. Am. Chem. Soc., 1928, 50(11): 2855.
[140] Cartledge G H. J. Am. Chem. Soc., 1930, 52(8): 3076.
[141] 徐光宪. 物质结构. 北京: 人民教育出版社, 1961.
[142] 黄佩丽. 无机化学规律初探. 北京: 北京师范大学出版社, 1983.
[143] 陈明旦, 胡盛志. 物理化学学报, 2002, 18(12): 1104.
[144] 谢有畅. 化学通报, 1979, (2): 17.
[145] 严成华. 化学通报, 1983, (1): 44.
[146] 王力. 东北师大学报(自然科学版), 1993, (3): 146.
[147] 朱妙琴, 王祖浩. 化学教育, 1996, 17(9): 38.

[148] 夏泽吉, 李青仁. 吉林师范大学学报(自然科学版), 1991, (2): 61.
[149] Etter M C, Urbanczyk-Lipkowska Z, Zia-Ebrahimi M, et al. J. Am. Chem. Soc., 1990, 112(23): 8415.
[150] Sidgwick N V. The Chemical Elements and Their Compounds. Oxford: Clarendon Press, 1950.
[151] 谢有畅, 邵美成. 结构化学. 北京: 人民教育出版社, 1979.
[152] Drago R S. J. Phys. Chem., 1958, 62(3): 353.
[153] Greenwood N N, Earnshaw A. Chemistry of the Elements. Oxford: Butterworth-Heinemann, 2012.
[154] 屠昆岗. 化学教育, 1984, 5(2): 1.
[155] 周公度, 段连运. 结构化学基础. 2版. 北京: 北京大学出版社, 1995.
[156] 切尔尼克 C.L. 惰性气体化学. 北京: 原子能出版社, 1981.
[157] 冯光熙, 黄祥玉. 稀有气体化学. 北京: 科学出版社, 1981.
[158] 戚冠发, 程万山. 辽宁师范大学学报(自然科学版), 1993, (3): 259.

9 化学元素周期表的形成和发展

恩格斯(F. V. Engels,1820—1895)德国思想家、哲学家、革命家,全世界无产阶级和劳动人民的伟大导师,马克思主义的创始人之一

"门捷列夫不自觉地应用黑格尔的量转化为质的规律,完成了科学史上的一个勋业,这个勋业可以和勒维耶(U. Le Verrier 1811—1877)计算出尚未知道的行星海王星轨道的勋业居于同等地位。"
——恩格斯

化学元素新论

本章提示

周期律的建立使化学研究从只限于对大量个别的零散事实作无规律的罗列中摆脱出来,奠定了现代无机化学的基础。恩格斯曾高度评价:"门捷列夫不自觉地应用黑格尔的量转化为质的规律,完成了科学史上的一个勋业,这个勋业可以和勒维耶(U. Le Verrier)计算出尚未知道的行星海王星轨道的勋业居于同等地位。"[1] 化学元素周期表的形成和发展是无机化学一个重要的里程碑。它的发现、形成和发展离不开许多科学家创造性的研究工作,更离不开伟大的俄国化学家门捷列夫所做的大量艰苦实验、资料积累和超级发挥、提升,也离不开后人的卓越研究和完善。本章拟先从另一个角度出发,从其萌芽、突破、发展和展望四个阶段阐述,再展现它的不同表示形式和美学价值。

9.1 化学元素周期表的发现和发展

元素周期表在自然科学的众多学科中,尤其是化学、物理学、生物学、地球化学等方面,都是深入研究的重要工具。许多专门书籍[2-13]和文献[14-17]都给予了有益的详细叙述,阐述了其发生背景和条件。然而,由于文献依据不完整,其中的一些认识并不统一。例如,发现元素周期表的崇高荣誉归门捷列夫一人独享还是归门捷列夫和迈耶尔两人,门捷列夫之后大量新元素的发现和合成对其发展的影响如何,原子结构理论的形成是如何揭示其实质的,特别是人工超重元素104~118号元素的合成对其发展和展望的影响。这些都有必要再次进行商榷。

2016年,国际纯粹与应用化学联合会(International Union of Pure and Applied Chemistry, IUPAC)对113、115、117和118号元素进行了确认和命名[18-19],至此七个周期的元素周期表已经完整。我们试图从另一个角度出发,通过考察其中涉及的史实文献,以时间为序对周期表的发现和发展进行重新认识和解读,力争有比较明晰的判断,以利于周期表在教学中的深入和科学研究之参考[20]。

我国著名教育家、化学家傅鹰教授曾经多次指出:"一门科学的历史是这门科学中最宝贵的一部分,因为科学只能给我们知识,而历史却能给我们智慧。"因此,再一次的深入研究是很有必要的。

9.1.1 萌芽阶段

这里所说的"萌芽阶段"是指门捷列夫建立周期系之前许多科学家创造性的研究工作和积累。内容大体包括以下四个方面:被发现的化学元素的逐渐增多、原子量测定技术的逐步发展、原子量与元素性质的初步联系和门捷列夫之前的元素周期表。

1. 被发现的化学元素的逐渐增多

化学元素的发现是逐步积累的,既伴随着人类的进化、工业革命,又伴随

勒维耶

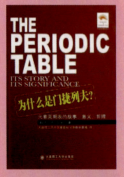

傅鹰

着技术革命、物理学的发展。从早期矿石分析、药物化学、电解法产生、分光镜的使用，到化学基本定律的建立。1791年德意志化学家里希特(J. B. Richter, 1762—1807)发现当量定律，1799年法国化学家普鲁斯特(J. L. Proust, 1754—1826)发现定比定律，1803年英国化学家和物理学家道尔顿(J. Dalton, 1766—1844)发现倍比定律和化学原子论等。

1789年拉瓦锡的元素表中共列出17种金属元素，而到1809年，仅在20年内人们就发现了13种新的金属元素。至门捷列夫元素周期表出现前，人们已发现和确定了63种化学元素(表9-1)。被发现的化学元素逐渐增多，一方面"丰富着"化学研究的内容，另一方面又使化学初显"杂乱"。可以说被发现的化学元素的逐渐增多是周期表发现的第一积累，是个很好的前奏。

里希特

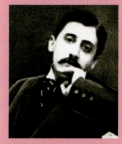

普鲁斯特

表 9-1　门捷列夫周期表出现前已发现和确定的化学元素

元素	发现年代	发现者	发现途径
H	1766	H. Cavendish	从金属与酸作用所得气体中发现
He	1868	P. P. J. C. Janssen	从日冕光谱中发现
Li	1817	J. A. Arfvedson	分析透锂长石时发现
Be	1798	N. L. Vauquelin	研究绿柱石时发现
B	1808	H. Davy J. L. Gay-Lussac L. J. Thènard	用钾还原硼酸而得单质硼
C	古代		史前人类已知木炭和烟炱，又古印度经文中提到金刚石
N	1772	D. Rutherford	从磷和空气作用后剩下的空气中发现
O	1774	J. Priestley K. W. Scheele	在玻璃容器中加热氧化汞而得，Scheele分解硝酸盐和用浓硫酸与二氧化锰作用而得
Na	1807	S. Davy	电解熔融的氢氧化钠时发现
Mg	1808	S. Davy	用钾还原白镁氧而得
Al	1827	F. Wöhler	钾和无水氯化铝共热而得
Si	1823	J. J. Berzelius	用四氟化硅或硅酸钾与钾共热而得
P	1669	H. Brandt	从人尿蒸馏和干馏后的物质中制得
S	古代		古代已认识了天然硫
Cl	1774	K. W. Scheele	用盐酸和二氧化锰反应制得
K	1807	S. Davy	电解熔融氢氧化钾时发现
Ca	1808	S. Davy	使用汞阴极电解从石灰石制得的电解质而得
Ti	1791	H. W. Gregor	研究黑色磁性砂($FeTiO_3$)时发现
V	1830	H. E. Roscoe	研究马兰铁矿的渣时发现，后由氢还原二氧化钒而得
Cr	1797	N. L. Vauquelin	从研究西伯利亚红铅矿反应发现，后用木炭与铬酐共热制得金属粉
Mn	1774	J. G. Gahn	用软锰矿与木炭在坩埚中共热而得
Fe	古代		

续表

元素	发现年代	发现者	发现途径
Co	1735	G. Brandt	煅烧钴矿时而得
Ni	1751	A. F. Cronstedt	用红砷镍矿表面风化后的晶粒与木炭共热而得
Cu	古代		
Zn	中世纪	[中国]	1637年出版的《天工开物》详细记载了生产方法。16世纪后大量向欧洲出口
As	1250	A. Magnus	一般认为由雄黄与肥皂共热而得
Se	1817	J. J. Berzelius	从硫酸厂的铅室底部的黏性物质中制得
Br	1825	A. J. Balard	把氯气通入废海盐母液里获得
Rb	1861	R. W. Bunsen G. R. Kirchhoff	光谱分析发现鳞云母提取物中有特殊红色谱线而发现
Sr	1808	S. Davy	电解由锶矿制得的电解质得到金属锶
Y	1794	J. Gadolin	发现瑞典的小镇伊特比所产的黑石里有新"土质",称为"钇土"
Zr	1789	M. H. Klaproth	用钾还原氟化锆钾而得
Nb	1801	C. Hatcheff	分析北美洲新英格兰产的黑色矿石时发现
Mo	1782	K. W. Scheele	用硝酸分解辉钼矿制得钼酸而发现
Ru	1844	K. E. Klaus	分析锇铱矿石发现
Rh	1774	W. H. Wollaston	在处理铂矿时,从粗铂矿里分离出一种玫瑰色的复盐结晶,用氢气还原而得到金属
Pd	1803	W. H. Wollaston	与铑同时发现
Ag	古代		
Cd	1817	F. Strohmeyer	从不纯的氧化锌中分离出褐色粉,后与木炭共热而得
In	1863	F. Reich H. T. Richter	用光谱法研究闪锌矿时发现新元素的靛青色明亮谱线,后用木炭、氧化铟、苏打制得
Sn	古代		
Sb	古代		
Te	1782	F.J. Muller	从一种呈白面略蓝的金矿里提出,后于1798年由德国M.H. Klaproth在金矿中分离出并命名
I	1811	B. Courtois	用浓硫酸处理海草灰母液得到紫色蒸气并冷凝为暗黑紫色晶体而发现
Cs	1860	R.W. Bunsen G. R. Kirchhoff	通过焰色反应发现铯
Ba	1808	S. Davy	用汞作阴极,电解由重晶石制得的电解质,蒸去汞而得
La	1839	C. G. Mosander	在研究硝酸铈分解产物时发现并萃取了不纯的氧化镧而得
Ce	1803	M. H. Klaproth J. J. Berzelius W. Hisinger	从铈硅矿石中分离出氧化铈
Tb	1843	C. G. Mosander	在进一步分析Ytterby矿石时发现黄色的铽土

续表

元素	发现年代	发现者	发现途径
Er	1843	C. G. Mosander	在进一步分析 Ytterby 矿石时发现玫瑰色的铒土
Ta	1802	A. G. Ekeberg	从芬兰产的钽矿和 Ytterby 产的钇钽矿里分离出来
W	1783	F. D. Elhuyar J. J. D. Elhuyar	将钨酸与木炭粉共热而得
Os	1804	S. Tennant	把分析铂盐剩下的黑色粉末用酸碱相互作用而得
Ir	1804	S. Tennant	同上
Pt	1748	A. de Ulloa	在秘鲁平托河附近被废弃了的金矿中发现
Au	古代		
Hg	古代		
Tl	1861	W. Crookes C. A. Lamy	用分光镜分析硫酸厂的残渣时发现了新元素的绿色谱线
Pb	古代		
Bi	1753	C. F. Geoffroy	16 世纪，德国 C. J. Agricola 最早提出锑和铋是两种独立的金属。Geoffroy 确认它是一种新金属
Th	1828	J. J. Berzelius	用金属钾与氟化钍共热而得
U	1789	H. J. Klaproth	在沥青铀矿的硝酸提取液里加入碳酸钾得到沉淀而发现

2. 原子量测定技术的逐步发展

原子量的测定在化学发展特别是在周期律建立的历史进程中，具有十分重要的地位，是周期表发现的第二积累[21-22]。正如傅鹰先生所说："没有可靠的原子量，就不可能有可靠的分子式，就不可能了解化学反应的意义，就不可能有门捷列夫的周期表。没有周期表，现代化学的发展特别是无机化学的发展是不可想象的。"[23]

[1] 原子量概念

核素或天然元素的原子量的准确定义[24]见第 3 章。新的原子量由国际原子量委员会(ICAW)测定并报告，由 IUPAC 大会宣布，并在其会刊 *Pure. Appl. Chem.* 上公布。例如，2005 年 8 月 10～11 日在北京召开的第 43 届 IUPAC 大会上宣布了一次对原子量的修正，其中包括 Al、Bi、Cs、Co、Au、La、Mn、Nd、P、Pt、Sm、Sc、Na、Ta、Tb、Th 等 16 种[25]；目前常用的是 1997 年国际原子量表[26]，并修正了 Zn、Kr、Mo、Dy 和前述 16 种[27]。经常打开网页 https://www.webelements.com 会看到一些最新的相关信息。

[2] 原子量测定的演变

1) 道尔顿是原子量测定的第一人

1803 年道尔顿(J. Dalton)提出原子论，其核心是一种元素的原子具有一定的质量和不同元素的原子按一定简单数目比组成化合物。道尔顿选择最轻的氢原子作为原子量的基准，确定氢的原子量为 1，计算了一些元素的原子量(表 9-2)。为了区分这些各不相同的原子，道尔顿制定了一套元素的符号表。从此道尔顿成名了，

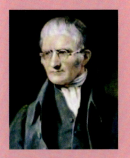

道尔顿

他成为英国皇家学会会员，英国政府授予他金质奖章，柏林科学院和法国科学院授予他名誉院士。

表 9-2 道尔顿最早的原子量表(1803 年 9 月 6 日)

名称	组成	相对重量	名称	组成	相对重量
简单原子			一氧化氮	氮1氧1	9.3
氢		1.0	油气	碳1氢1	5.3
氮		4.2	亚硫酸	硫1氢1	19.9
氧		5.5	硫化氢	氢1硫1	15.4
碳		4.3	乙醚		9.6
硫		14.4	笑气	氮2氧1	13.7
磷		7.2	硝酸气	氮1氧2	15.2
			碳酸气	碳1氧2	15.3
化合物原子			煤气	碳1氧1	9.8
水	氢1氧1	6.5	甲烷	碳1氢2	6.3
氨	氮1氢1	5.2	硫酸	硫1氧2	25.4
磷化氢	磷1氢1	8.2	酒精	碳2氧1氢1	15.3

道尔顿原子量表

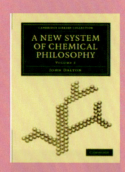

遗憾的是，道尔顿没有测定而只是计算，当时还没有分子的概念，确定化合物的组成没有什么依据，加上过于主观，使得许多化合物的原子组成出现了错误，计算的原子量错误。尽管如此，这一学说仍是伟大的创造和发明：它不自觉地运用了量转化为质的规律，说明了"杂乱"的化学现象和已建立的各种化学定律间的内在联系(尽管不完全)，从而打击了当时科学界形而上学机械论的自然观，成为物质结构建立和发展的基础。因而这一学说的提出立刻得到当时化学界的普遍重视，为广大化学工作者找到了正确的前进方向。难怪恩格斯说："在化学中特别是由于道尔顿发现了原子量，现已达到各种结果都具有了秩序和相对的可靠性，已经能够有系统地、差不多是有计划地向还没有被征服的领域进攻，就像计划周密地围攻一个堡垒一样。"[28]

1803 年 10 月 21 日，道尔顿在曼彻斯特的文学和哲学学会上阐述他的原子论观点时，第一次公布了 6 种元素的原子相对重量，但他没有宣布数据的实验根据。此后，他又先后于 1808 年(图 2-17)、1810 年、1827 年对其著名的《化学哲学新体系》一书中的第一、二卷增加元素种类，使之最终增至 37 种，还对部分数值做了修正[13, 29]，引起了科学界的轰动和对测定原子量工作的重视[22, 30-31]。

2) 1813～1818 年贝采里乌斯对原子量的测定

当道尔顿的工作在欧洲引起很大震动时，贝采里乌斯说："我很快就相信道尔顿的数字缺乏为实验应用他的学说所必需的精确性。我明白了，首先应当以最大精确度测出尽可能多的元素的相对原子质量……否则，化学理论望眼欲穿的光明白昼就不会紧跟着它的朝霞而出现。"于是，他投入了相对原子质量测定的研究中。

贝采里乌斯在 1818～1830 年的大约 20 年间曾专心致志于原子量的测定。他对道尔顿的武断假设表示怀疑，同时有保留地采用当时法国化学家盖·吕萨克(J. L. Gay-Lussac)发现的气体体积比定律"在同温同压下，同体积的各种气体中含有相同数目的原子"，给原子量测定以重要突破。他将氧的原子量定为 100，并以此为基准。他分析了 2000 多种化合物和矿物，为计算原子量和论述其他学说提供了丰富的科学实验数据。1814 年他发表了第一个原子量表，列出了 41 种元素的原子量。至 1818 年，贝采里乌斯分析的数据更加丰富、精确，元素的数目增到 47 个(表 2-2)。但由于他运算原子量的原则并未改变，因此大部分原子量与今天相比仍高出一倍甚至几倍。

贝采里乌斯

> 贝采里乌斯(J. J. Berzelius，1779—1848)1779 年 8 月 20 日出生在瑞典南部的一个小乡村。他在化学发展中作出了重要贡献：接受并发展了道尔顿原子论，以氧作标准测定了 40 多种元素的原子量，第一次采用现代元素符号并公布了当时已知元素的原子量表，发现和首次制取了硅、铈、硒等多种元素，首先使用"有机化学"概念；是"电化二元论"的提出者；发现了"同分异构"现象并首先提出了"催化"概念。他的卓著成果使他成为 19 世纪赫赫有名的化学权威人士之一。1807 年，28 岁的贝采里乌斯被任命为化学和药学教授。此时他所任教的医学院医疗系只有三个教授，因此每个教授要开好几门课。贝采里乌斯开设的是医学、植物学和药学课程，不久以后他又开设了化学课。由于贝采里乌斯对科学界与教育界的贡献巨大，在 1808 年被选举为瑞典科学院院士，1810 年又被选举为瑞典科学院院长。
>
> 由于长期紧张地工作和经常接触有毒化学药品，贝采里乌斯的健康遭受了很大损伤，积劳成疾，于 1848 年 8 月 7 日在斯德哥尔摩病逝。他的逝世不仅是瑞典人民的巨大损失，也是国际化学界的一大不幸。瑞典科学院和瑞典政府为他举行了隆重的葬礼。

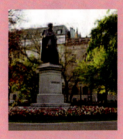

位于伯齐利公园的贝采里乌斯雕像

3) 阿伏伽德罗在测定原子量中的贡献

阿伏伽德罗(A. Avogadro，1776—1856)1811 年发表了题为《原子相对质量的测定方法及原子进入化合物时数目之比的测定》的论文[32]，以盖·吕萨克气体化合体积比实验为基础，进行了合理的假设和推理，首先引入了"分子"概念，并把它与原子概念相区别，指出原子是参加化学反应的最小粒子，分子是能独立存在的最小粒子。单质的分子是由相同元素的原子组成的，化合物的分子则由不同元素的原子所组成。明确指出："必须承认，气态物质的体积和组成气态物质的简单分子或复合分子的数目之间也存在着非常简单的关系。把它们联系起来的一个甚至是唯一一个容许的假设是相同体积中所有气体的分子数目相等。"这样就可以使气体的原子量、分子量以及分子组成的测定与物理上、化学上已获得的定律完全一致。阿伏伽德罗的这一假说后来被称为阿伏伽德罗定律。

阿伏伽德罗

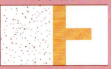

阿伏伽德罗的实验

阿伏伽德罗还根据他的这条假说详细研究了测定分子量和原子量的方法，但他的方法长期不为人们所接受，这是由于当时科学界还不能区分分子和原子，分子假说很难被人理解，再加上当时的化学权威们拒绝接受分子假说的观点，致使他的假说默默无闻地被搁置了半个世纪之久,这无疑是科学史上的一大遗憾。直到1860年,意大利化学家康尼查罗在一次国际化学会议上慷慨陈词,声言他同族的阿伏伽德罗在半个世纪以前已经解决了确定原子量的问题。康尼查罗以充分的论据、清晰的条理、易懂的方法,很快使大多数化学家相信阿伏伽德罗的学说是普遍正确的。但这时阿伏伽德罗已经在几年前默默地离世了,没能亲眼看到自己学说的胜利。

> 阿伏伽德罗1776年8月9日出生于意大利西北部皮埃蒙特大区的首府都灵,他的家族是当地的望族,阿伏伽德罗的父亲菲立波曾担任萨福伊王国的最高法院法官。父亲对他有很高的期望。阿伏伽德罗勉强读完中学,进入都灵大学读法律系,成绩突飞猛进。1811年发表了阿伏伽德罗假说。阿伏伽德罗30岁时对研究物理产生兴趣。阿伏伽德罗是第一个认识到物质由分子组成、分子由原子组成的人。他的分子假说奠定了原子-分子论的基础,推动了物理学、化学的发展,对近代科学产生了深远的影响。他的四卷著作《有重量的物体的物理学》(1837～1841年)是第一部关于分子物理学的教程。1856年7月9日阿伏伽德罗在都灵逝世。为了纪念他,N_A称为阿伏伽德罗常量。

杜隆

4) 杜隆-培蒂的原子热容定律及他们对原子量的修正

1819年杜隆(P. L. Dulong, 1785—1838)与珀蒂(A. T. Petit, 1791—1820)发表固态单质的比热容定律(后称杜隆-珀蒂定律):大部分固态单质的比热容与各自的原子量的乘积几乎都相等,近似为一常数[33]。此定律被用于修正贝采里乌斯测定的原子量值。1820年珀蒂死后,杜隆继续研究比热容,并于1829年发表研究结果:在相同的温度、压力、体积条件下,各种气体当突然受到压缩和膨胀时,如果它们的体积变化相同,则其吸收和放出的能量相同。

杜隆和珀蒂认为:若以氧原子量为1,该常数为0.38;若以氧原子量等于16为基准,这一常数约为6.4,称其为"原子热容"(atomic heat capacity),并以此对贝采里乌斯1818年的许多原子量进行了大胆的修正(表9-3)。其实,这一定律不仅可以确定一般金属的原子量,而且可以测定那些没有挥发性化合物的金属元素的原子量,如钠、钾等的原子量。因为这类元素的原子量即使后来用康尼查罗发明的蒸气密度法也测不准。1828年后的原子量的确是用原子热容法来测定的。

表9-3 杜隆、珀蒂根据原子热容修订的原子量(1819年)

元素	比热		原子量			原子热容			
	杜、珀值 (1819年)	现代值	贝氏值 O=100 (1818年)	杜、珀 修订值 O=1 (1819年)	现代值 O=16	杜、珀值 与贝氏 值结合	杜、珀 计算值	杜、珀值 与现代 原子量 值结合	现代值
	(1)	(2)	(3)	(4)	(5)	(1)×(3)	(1)×(4)	(1)×(5)	(2)×(3)
Bi	0.0288	0.0305	1773.8	13.30	209.00	51.07	0.3830	6.01	6.37
Pb	0.0293	0.0315	2589.0	12.95	207.21	75.86	0.3794	6.05	6.52
Au	0.0298	0.03035	2486.6	12.43	197.0	74.07	0.3704	5.87	6.25
Pt	0.0314	0.03147	1215.23	11.16	195.23	38.13	0.3740	6.11	6.29

续表

元素	比热		原子量			原子热容			
	杜、珀值(1819年)	现代值	贝氏值 O=100 (1818年)	杜、珀修订值 O=1 (1819年)	现代值 O=16	杜、珀值与贝氏值结合	杜、珀计算值	杜、珀值与现代原子量值结合	现代值
	(1)	(2)	(3)	(4)	(5)	(1)×(3)	(1)×(4)	(1)×(5)	(2)×(3)
Sn	0.0514	0.0559	1470.58	7.35	118.70	75.59	0.3779	6.11	6.65
Ag	0.0557	0.0559	2370.21	6.75	107.88	150.57	0.3759	6.01	6.03
Zn	0.0927	0.0939	806.65	4.03	65.38	74.75	0.3736	6.06	6.11
Te	0.0912	0.0475	806.45	4.03	127.61	73.54	0.3675	11.64	6.05
Cu	0.0949	0.09232	791.39	3.957	63.54	75.10	0.3755	6.02	5.88
Ni	0.1035	0.10842	739.51	3.69	58.69	76.38	0.3819	5.99	6.40
Fe	0.1100	0.10983	678.43	3.392	55.85	74.62	0.3731	6.15	6.28
Co	0.1498	0.10303	738.00	2.46	58.94	112.56	0.3685	9.83	6.29
S	0.1880	0.1712	201.16	2.11	32.066	37.38	0.3780	6.03	5.49

应该指出，杜隆-珀蒂定律也有局限性，用其测定的原子量只是近似值。这是因为除了技术问题引起的一些微误差以外，关键是固态物质的比热是温度的函数，气体元素的比热又随压力而不同。

杜隆(P. L. Dulong, 1785—1838)法国化学家，1785年2月12日生于塞纳-马恩的鲁昂，1838年7月18日卒于巴黎。杜隆原是一位医生。他认为免费施药是他的本分，对穷苦人连诊费也不收。他同样是一个富有献身精神的化学家。开始时他给贝托莱当助手，为购置实验设备花光了家当。1811年，他发现了三氯化氮，不幸的是这是一种非常不稳定的烈性炸药，在研究时发生了两次爆炸，炸瞎了他的一只眼睛和一只手，但他还是继续研究。1820年，杜隆在巴黎工艺学院任物理教授，最后在1830年任该院的院长。杜隆最重要的工作是和物理学家珀蒂合作研究热学。1818年，他们指出：一个元素的比热和它的原子量存在相逆的关系。因此，如果测得一个新元素的比热(测定比热比较容易)就可以粗略地求得它的原子量(直接测原子量比较困难)。杜隆-珀蒂定律在测定原子量方面非常有用。1826年，杜隆被选为英国皇家学会的外国会员。

5) 同晶定律的发现及其在原子量测定中的应用

虽然对同晶问题的研究早有论文发表，但是真正的发现人是德国科学家米希尔里希(E. E. Mitscherlich, 1794—1863)。米希尔里希最初有志于作政治家，后转为研究化学，并成为贝采里乌斯的学生。1822年在柏林大学任教，1852年任教授。除了提出同晶定律外，还进行了分解苯甲酸制苯(1833年)和从苯中制备硝基苯(1834年)等研究。1818年，他正从事酸式磷酸钾(KH_2PO_4)与酸式砷酸钾(KH_2AsO_4)的研究，发现这两种盐有相同的结晶形状。他指出："这两种盐是由相同数目的原子所组成……彼此相异之处只不过是在一个酸根中是磷原子，在另一个酸根中是砷原子，两种盐的晶形是完全相同的。"后来，他在做了其他类似

化学元素新论

米希尔里希

杜马

的实验后,提出了这样的见解:"同数目的原子若以相同的布局相结合,其结晶形状则相同。原子的化学性质对结晶形状不是起决定性作用的,但晶形为原子的数目和结合的样式(布局)所支配;反之,若两种化合物的晶形完全相同,那么两种化合物中的原子数目与布局大概也相同。"[34] 贝采里乌斯和米希尔里希师生俩很快就把同晶定律应用于原子量的修正与测定。经过校正,1826年贝采里乌斯确定下来的原子量值(表9-4)绝大部分与杜隆-珀蒂的确定值相一致了。

6) 杜马根据蒸气密度测定原子量

法国化学家杜马(J. B. A. Dumas,1800—1884)在1827年首先利用阿伏伽德罗的原理发明了简便的蒸气密度测定法,用以测定挥发性物质的分子量。他是阿伏伽德罗的知音,同时接受了阿伏伽德罗学说的不确切部分,因而用蒸气密度法测定的磷、硫、砷、汞的原子量是贝采里乌斯1826年测定值的2倍、3倍或一半(表9-4)。1828年他又公布了一次原子量(表9-5),但仍有错误。连他自己都说:"通过蒸气密度测定原子量是不可靠的。"

表 9-4 杜马 1827 年测定的原子量

元素	测试人	测试温度/℃	比重(空气=1)	原子量(H=1) =14.4×比重	贝采里乌斯测定的原子量(1826年)
氧	阿伏伽德罗	—	1.105	15.90	16.00
氮	阿伏伽德罗	—	0.967	13.91	14.16
氯	阿伏伽德罗	—	2.490	35.83	35.41
硫	杜马 杜马 杜马 杜马 米希尔里希	506 493 524 524 —	6.512 6.595 6.617 6.581 6.90	94.4	32.07
碘	杜马	185	8.46	125.5	123.00
溴	米希尔里希		5.54	79.8	78.4
汞	杜马 米希尔里希		6.976 7.07	100.0	202.53
磷	杜马 杜马 米希尔里希	313 300 —	4.420 4.355 4.59	68.51	31.38
砷	米希尔里希		10.6	152.6	75.21

表 9-5 杜马 1828 年测定的原子量(无机原子量系统)

元素	H	Li	Be	B	C	N	O	Na	Mg	Al	Si	P	S
原子量	1	20.4	53.1	10.9	6	14.2	16	46.6	25.2	27.4	14.8	31.4	32

元素	K	Ca	Fe	Cu	Zn	Sr	Ag	I	Ba	Hg
原子量	78	40	54.2	63.3	64.4	87.6	216	128.8	137.2	101.3

杜马(J. B. A. Dumas, 1800—1884)法国化学家, 1800 年 7 月 14 日生于阿莱斯, 1884 年 4 月 10 日卒于夏纳。青年时期曾在小药店里当学徒, 1816 年到日内瓦, 在一个实验室里研究生理化学。他首先研究当时新发现的碘元素及碘化物的医药用途。1823 年到巴黎, 在巴黎工艺学校任化学助教, 1835 年任化学教授。1832 年当选为法国科学院院士。1840 年当选为英国皇家学会会员。

杜马 1826 年开始研究原子量的测定, 并创立了通过测定物质气态密度计算原子量的方法, 即著名的杜马蒸气密度测定法。但他最重要的成就还是在有机化学方面。1832 年他和洛朗一起从煤焦油中发现并分离出蒽。1830 年创立了有机物中氮的燃烧定量分析法。他根据醇的某些反应, 证明了乙醇中有乙基和甲基存在, 奠定了有机化学中的基团理论。1834 年根据醇和石蜡的氯化反应, 提出了取代理论。他又发现乙酸中的氢被氯取代后基本性质未变, 从而在 1839 年创立了类型说。他指出"有机化学中存在某些类型, 甚至当容纳氢的位置被引入的等体积的氯、溴、碘所替代时, 类型仍然保持不变"。1840 年他把类型分为化学型和机械型: 化学型是"含有相同当量数的物质, 以同样方式化合, 并表现相同的基本化学性质", 机械型是"有相同化学式的物质, 由取代产生, 但最显著的化学性质根本不同"。杜马的主要著作有《工艺应用化学专论》(1828) 和《化学哲学讲义》(1837)。

7) 康尼查罗论证原子分子学说

1855 年, 鉴于当时化学理论上的混乱及原子学说的危机, 包括对原子量测定的困境, 意大利化学家康尼查罗(S. Cannizzaro, 1826—1910)重读阿伏伽德罗的论文, 重新宣传阿伏伽德罗的原理和观点, 把当时合理的理论和学说用来支持阿伏伽德罗的假设, 正确地测定了一些纯物质的分子量, 并在此基础上, 结合化学分析结果, 提出了一个合理的确定原子量的方案: "一个分子中所含各种原子的数目必然都是整数 1、2、3…因此在重量等于分子量值(1 mol)的某物质中, 某元素的重量一定是其原子量的整数倍; 如果考察一系列(当然数量越多把握越大)含某一元素的化合物, 其中必然可以有一种或几种分子中只含 1 原子的该元素。那么, 显然在一系列该元素重量值(分子量与该元素百分比含量的乘积)当中, 那个最小值即为该元素的大约原子量。"[2, 13, 28, 35] 表 9-6 为康尼查罗所测碳的原子量。

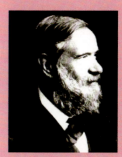

康尼查罗

表 9-6 康尼查罗测定碳的原子量

化合物	大约分子量	碳的百分含量/%	1 mol 化合物中碳的重量
甲烷	16	75.0	12
乙烷	30	80.0	24
丁烷	58	82.8	48
氯甲烷	50.5	23.8	12
丁醇	74	64.9	48
戊醇	88	68.2	60
异戊醇	158	75.9	120

续表

化合物	大约分子量	碳的百分含量/%	1 mol 化合物中碳的重量
丙酮	58	62.1	36
乙酸	60	40.0	24
苯	78	92.3	72
萘	128	93.7	120

康尼查罗的上述工作澄清了当时一些错误的观点，统一了分歧意见，为原子分子论的发展和确定扫除了障碍，使得原子-分子论整理成为一个协调的系统，从而大大地推进了原子量的测定工作。德国著名化学家迈耶尔(J. L. Meyer)对此给予极高的评价[36]。与前人相比，康尼查罗在原子量的测定上没有什么特殊的发现，但由于他决定性地论证了事实上只有一门化学学科和一套原子量，从而在化学发展的重要时刻做出了杰出贡献。

> 康尼查罗(S. Cannizzaro)1826 年出生于意大利西西里岛，1841 年进入巴勒莫大学医学系学习，1845 年参加那不勒斯召开的科学代表大会，并在会上做了报告。他是意大利著名化学家，同时是一位革命家，参加了1848 年的巴勒莫起义。曾在巴勒莫大学、那不勒斯大学及比萨大学等学习化学。1851 年，他用 ClCN 的乙醚溶液与氨反应合成了 H_2NCN。1855 年任热那亚大学教授。用他的名字命名的康尼查罗反应是他的成就之一。当时他用芳香醛与氢氧化钾的醇溶液进行反应，醛同时发生了氧化与还原，生成了羧酸与醇。这一反应现在已普遍适用于不具 α-氢的醛类。他还研究了将苄醇转化为苄氯，再将苄氯转化为苯乙酸的反应。康尼查罗的另一成就是于 1860 年提出的关于原子量与分子量的正确概念，从而结束了当时的混乱局面。由于他所做出的贡献，1891 年他获得了科佩尔奖章。
>
> 1910 年 5 月 10 日，84 岁的康尼查罗因年事高而去世。

[3] 精确测定原子量的历史

1) 斯达最早精确测定

比利时化学家斯达(J. S. Stas，1813—1891)是最早进行原子量精确测定的人。他在 1860 年提出采用 O=16 为原子量基准(在化学上沿用了 100 年)。在广泛使用当时发展起来的各种制备纯净物质的方法的同时，他一方面注意提高使用的蒸馏水的纯度，以防引入杂质，同时将天平的灵敏度提高到 0.03 mg；另一方面选用易被制成高纯度的金属银作为测定基准物。这些精益求精的工作使斯达在 1857~1882 年这 25 年时间里测定了多种元素的精确原子量[37]，其精度可达小数点后 4 位数字，与现在原子量相当接近。

2) 理查兹的测定获得诺贝尔化学奖

理查兹(T. W. Richards，1868—1928)是美国著名化学家，是美国第一个获诺贝尔化学奖的人，被誉为"测定原子量专家"。1868 年 1 月 31 日出生于费城一

斯达

个美术家庭，1885年在哈佛大学深造，去德国进修期间受到迈耶尔测有机物分子量的启发，回哈佛后继续进行原子量测定工作。他20岁时获博士学位，是哈佛创立以来最年轻的博士。在研究生阶段，在库克(J. P. Cooke)指导下，1888年他完成了对氢氧原子量比的研究。所得氧原子量为 15.869±0.0017(氢原子量为1)的精确数值，对前人的工作有所推进。在这项研究中，要先精确称量球形玻璃容器中的纯净氢气，然后使之通过热的氧化铜定量完成反应，之后再称量生成的水。他不迷信权威，对以前的原子量提出质疑，改进了测试方法，重新精确核定了60多种元素的原子量，获得的原子量和现代原子量十分接近，因而获得1914年诺贝尔化学奖[38]。他除了在哈佛任教外，还兼任吉布斯研究所所长，曾两次被选为美国化学会会长。他又是一个以善教著称的教授，培养了许多有名的物理化学家。

理查兹

理查兹在工作

[4] 我国科学家对原子量测定的贡献

1937年，我国分析化学家和教育家梁树权(1912—2006)用化学方法测得铁的原子量为 55.851，被1940年国际原子量表采用。

1983年，我国无机化学家、教育家、中国科学院院士张青莲(1908—2006)选任国际原子量委员会委员。张青莲教授等于1991、1993、1995年精确测定的钼、铱、锑、铕、铈、铒、锗的原子量均经上述委员会采用为国际新数值，其中锗的原子量 72.64±0.01 取代了旧值 72.61±0.02。

梁树权

3. 原子量与元素性质的初步联系

[1] 世界上第一张有关元素的分类表格

1789年，法国化学家拉瓦锡(A. Lavoisier，1743—1794)[39]用法文出版了已知的33种化学元素(部分为单质和化合物)的列表(表9-7)，将其分为气体、金属、非金属矿物和稀土四组。1790年克尔(R. Kerr)[40]将其翻译成英文。这应该是世界上第一张有关元素的分类表格。

张青莲

> 拉瓦锡是法国贵族、著名化学家、生物学家，被后世尊称为"现代化学之父"。他使化学从定性转为定量，给出了氧与氢的命名，并预测了硅的存在。他帮助建立了公制。拉瓦锡提出了"元素"的定义，按照该定义，于1789年发表第一个现代化学元素列表，列出33种元素，其中包括光、热和一些当时被认为是元素的化合物。拉瓦锡的贡献促使18世纪的化学更加物理及数学化。他提出规范的化学命名法，撰写了第一部真正的现代化学教科书《化学基本论述》(*Traité Élémentaire de Chimie*)。他倡导并改进定量分析方法，并用其验证了质量守恒定律。他创立氧化说以解释燃烧等实验现象，指出动物的呼吸实质上是缓慢氧化。这些划时代贡献使得他成为历史上最伟大的化学家之一。
>
> 拉瓦锡曾任税务官，因此他有充足的资金进行科学研究。但他不幸在法国大革命中被送上断头台而死。

拉瓦锡

化学元素新论

表 9-7 拉瓦锡的元素表

Gases

New names (French)	Old names (English translation)
Lumière	Light
Calorique	Heat Principle of heat Igneous fluid Fire Matter of fire and of heat
Oxygène	Dephlogisticated air Empyreal air Vital air Base of vital air
Azoté	Phlogisticated gas Mepitis Base of mephitis
Hydrogène	Inflammable air on gas Base of inlammable air

Metals

New names (French)	Old names (English translation)
Antimoine	Antimony
Argent	Silver
Arsenic	Arsenic
Bismuth	Bismuth
Cobolt	Cobalt
Cuivre	Copper
Etain	Tin
Fer	Iron
Manganèse	Manganose
Mercoure	Mercury
Molybdène	Molybdena
Nickel	Nickel
Or	Gold
Platine	Platina
Plomb	Lead
Tungstène	Tungsten
Zinc	Zinc

Nonmetals

New names (French)	Old names (English translation)
Soufre	Sulphur
Phosphore	Phosphorus
Carbone	Pure charcoal
Radical muriastique	Unknown
Radical fluorique	Unknown
Radical boracique	Unknown

Earths

New names (French)	Old names (English translation)
Chaux	Chalk, calcareous earth
Magnésie	Magnesia, base of Epsom salt
Baryte	Barote, or heavy eath
Alumine	Clay, earh of alum, base of alum
Silice	Siliceous earth, vitrifable earth

[2] 德贝赖纳排列的三元素组

1829 年，德国化学家德贝赖纳(J. W. Döbereiner, 1780—1849)观察到已知的 54 种元素有许多的化学性质存在三元素规律[41]，并得到后人的好评[42]。例如，锂、钠、钾因为都是柔软的活泼金属而在一个三元素组。重要的是他注意到性质相似的三个元素"原子量"之间的关系，若以当时的氧原子量为 100 计算，第二个成员的原子量大约是第一和第三个的平均值(表 9-8)，以此可推测第二个成员的性质。但是，由于该规律对于这 54 种元素也不是普遍适用，未引起化学家的重视。

德贝赖纳

表 9-8 德贝赖纳排列的三元素组

Element 1 Atomic mass	Element 2 Actual atomic mass Mean of 1 & 3	Element 3 Atomic mass
Lithium 6.9	Sodium 23.0 23.0	Potassium 39.1
Calcium 40.1	Strontium 87.6 88.7	Barium 137.3
Chlorine 35.5	Bromine 79.9 81.2	Iodine 126.9

续表

Element 1 Atomic mass	Element 2 Actual atomic mass Mean of 1 & 3	Element 3 Atomic mass
Sulfur 32.1	Selenium 79.0 79.9	Tellurium 127.6
Carbon 12.0	Nitrogen 14.0 14.0	Oxygen 16.0
Iron 55.8	Cobalt 58.9 57.3	Nickel 58.7

[3] 盖墨林的元素三分组图

德国化学家盖墨林(L. Gmelin，1788—1853)和同时代的人不一样，很早就注意到了德贝赖纳的研究成果[36-38]。1843 年，他进一步有所发现，扩大了"三分组"现象[43](图 9-1)。

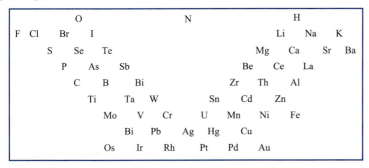

图 9-1　盖墨林的元素三分组图

盖墨林

盖墨林无机化学手册

盖墨林 1788 年 8 月 2 日出生于哥廷根。他还未满 16 岁时，在蒂宾根的药店学习制药学，还在那里的大学听了各种讲座，后回到哥廷根学习医学。1812 年以题为"公牛及牛犊眼睛黑色素的化学研究及几项生理学说明"的论文获哥廷根大学医学及外科学博士学位。1813 年，盖墨林曾到意大利短期考察，对威苏威地区的蓝色矿石及青金石做过深入的化学研究。回哥廷根后继续在斯特罗迈耶教授指导下，对蓝方石及与其共存的几种矿石进行矿物学与化学研究，对某些地质现象作了构造学的解释。因这项研究成绩，1813 年 6 月通过大学教课资格评审，受聘海德堡大学任自费讲师，1814 年任编外教授。1814 年到巴黎留学。当时的法国是化学发展的先进国家，拉瓦锡新燃烧理论导致的化学革命已取得决定性胜利。盖墨林在沃克兰(L. N. Vauquelin，1763—1829)领导的实验室研习岩矿分析，同时听取了许多著名学者的讲演，至 1815 年春完成学业回海德堡继续执教。先进的法国化学对年轻学者此后的工作与学术思想产生很大影响。1817 年，盖墨林辞谢了到柏林大学接任克拉普罗特(M. H. Klaproth，1743—1817)遗缺的邀请后，晋升为正教授，终身任职。他为人和善、生活朴素、谦虚正直、学识渊博，深受学生的敬重。

其实，盖墨林最闻名于世的是他主编的世界三大化学和工艺学方面的权威性工具书——盖墨林无机化学手册(Gmelin Handbuch der Anorganich en Chemie)。

[4] 佩滕科费尔的相似元素组

1850年，德国药物学家佩滕科费尔(M. J. von Pettenkofer, 1818—1901)认为相似元素组中不应限于三种元素，如氧、硫、硒、碲也是一个相似元素组[44]。他又指出：各元素的原子量之差常为8或8的倍数。例如：

Li = 7　　Na = 7 + 2 × 8 = 23　K = 23 + 2 × 8 = 39

Mg = 12　Ca = 12 + 8 = 20　　Sr = 20 + 3 × 8 = 44　　Ba = 44 + 3 × 8 = 68

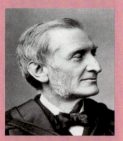

佩滕科费尔

[5] 格拉德斯通的多类型元素组

1853年，英国化学家格拉德斯通(J. H. Gladstone, 1827—1902)提出性质相似的同族元素在原子量方面有三种不同的类型，除三元素组型外，还有一类是它们的原子量几乎相等[45]。例如：

铬组　　Cr 26.7　　Mn 27.6　　Fe 28　　Co 29.5　　Ni 29.6

铅组　　Pb 53.3　　Rh 52.2　　Ru 52.2

铂组　　Pt 98.7　　Ir 99　　Os 99.6

另一类是它们的原子量彼此成一定倍数。例如，下列一组元素的原子量都是11.5的倍数：

Ti = 25　2 × 11.5 = 23；Mo = 46　4 × 11.5 = 46；Sn = 58　5 × 11.5 = 57.5

Y = 68.6　6 × 11.5 = 69；W = 92　8 × 11.5 = 92；Ta = 184　16 × 11.5 = 184

格拉德斯通

[6] 库克的递变规律断言

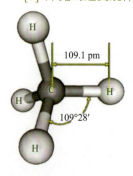

图 9-2　甲烷的分子结构

1854年，美国化学家库克(J. P. Cooke, 1827—1894)在《元素原子量之间的数量关系以及关于化学元素分类的某些考虑》的论文中指出[46]，"首先，化学元素可按照类似有机化学中的卤素系列的方式来分类；其次，这些元素系列的性质服从某种递变规律；最后，原子量也同样地按递变规律变化，而这种递变规律可用一个简单的代数式来表达"。他还断言，在该规律的背后存在更深层次的规律。

库克

[7] 凯库勒的碳的化合价

1857年8月，德国有机化学家凯库勒(F. A. Kekulé, 1829—1896)发现碳通常与4个其他原子结合[47]。例如，甲烷有1个碳原子和4个氢原子(图9-2)。这个概念最终被称为"价"，即常说的"化合价"：不同元素与不同数量的原子相结合。过去这是一个在周期表形成时常被忽略的概念。在门捷列夫和迈耶尔的初期研究中充分体现了化合价的作用。

凯库勒

凯库勒是德国有机化学家，主要研究有机化合物的结构理论。他在梦中发现了苯的结构简式，被称为一大美谈。1829年9月7日生于达姆施塔特。1848～1851年在吉森大学，开始学习建筑，后来他多次聆听化学大师李比希的演讲，深受吸引和启发，改为攻读化学，并在李比希的实验室里进行研究工作，完成了《关于硫酸戊酯及其盐》的实验论文，获得博士学位。1875年当选为英国皇家学会会员。1877年任波恩大学校长。1867～1869年，凯库勒在演讲《关于盐

杜马

类的结构》和《关于萘(1, 3, 5-三甲苯)的结构》一文中，发表了有关原子立体排列的思想，首次把原子价的概念从平面推向三维空间。

[8] 杜马的公差概念

1859 年，法国化学家杜马(J. B. A. Dumas，1800—1884)发现同系的有机物分子量间有一个公差[48]，例如：

甲烷　$CH_4 = a$　　　　　　　　　　　　　　= 16
乙烷　$C_2H_6 = a + d = 16 + 14$　　　　　　　= 30
丙烷　$C_3H_8 = a + 2d = 16 + 2 \times 14$　　　= 44

于是他联想到性质相似的元素也可作为同系元素，而它们的原子量也有类似的关系。例如：

$F = a$　　　　　　　　　　　　　　　　= 19
$Cl = a + d = 19 + 16.5$　　　　　　　　= 35.5
$Br = a + 2d + d' = 19 + 2 \times 16.5 + 28$　= 80

过去这也是在周期表研究中常被忽略的概念之一。

显然，由于那时化学元素被发现的数量还有限，各种元素的性质也未得到充分研究，原子量也未全部得到精确测定，我们会觉得上面的分类科学性不足。但是，这些研究已触及揭示元素的原子量与性质之间的关联，已有由表及里的意思，已是周期表发现的前奏，堪称周期表发现的第三积累。

4. 门捷列夫之前的元素周期表

[1] 尚古尔多的圆柱形周期表

1862 年，法国地质学家尚古尔多(A. B. de Chancourtoi，1820—1886)跨入化学领域，进行了大胆的研究。他把化学元素按原子量排列，将 62 个元素按原子量的大小循序标记在绕着圆柱体向下的螺旋线上，发现某些性质相似的元素都出现在同一条垂直母线上，如 Li—Na—K 等。于是他提出元素性质有周期性重复出现的规律，绘制出一幅圆柱形的图解(图 9-3)。他发表了一篇论文来阐述他所获得的这项研究成果[49]。然而十分遗憾，他很不擅长写作，在论文中使用了许多对化学家没有什么吸引力的地质学词语。发表他论文的杂志社认为不宜刊登他称之为"地球物质螺旋图"的那幅圆柱形图解。但这幅图解是阐明其观点所必不可缺的，如果删掉它论文就失去了存在价值。因此，他的研究成果在周期律的发现史上没有起到应有的作用，但是从认识论的发展看，尚古尔多第一个认识到元素和原子量之间存在内在关系，并初步意识到元素性质的周期性。应该说，他向揭示周期律迈出了有力的第一步。可是他似乎既没有理解表中所揭示的本质意义，也没有去深究，而仅仅认为找到了又一种方便地整理元素体系的方法。"说得极端一点，他过分热衷于在元素之间品质因数(原子量)的表示上做一些数值置换游戏，而忽视了对元素本身的考究"[24]。自然，客观上构成性质相似的一组元素之间的原子量差值并非总是等于 16，所以图上反映出一些性质迥然不同的元素，如 S 和 Ti、K 和 Mn 都位于同一垂线上。

尚古尔多

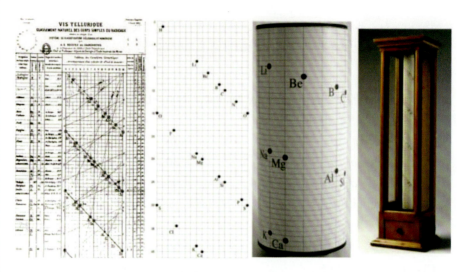

图 9-3　尚古尔多设计的圆柱形周期表

19 世纪 90 年代，原来发表他论文的那家杂志社终于刊登了他的图解。其实，1863 年他的论文也曾引起过人们的重视[50]。

[2] 奥德林的元素表

1864 年，英国化学家奥德林(W. Odling，1829—1921)进一步修改了他 1857 年发表过的以当量为基础的"元素表"[51]，而以"原子量和元素符号"为标题重新发表(表 9-9)[52]。该表基本按原子量排列元素，只对碘和碲未顾及其原子量而按性质排列，并在适当地方留下空格，也部分地发现元素性质出现周期性变化的规律。

奥德林

表 9-9　奥德林的元素表

						Re	104	Pt	197
						Rn	104	Ir	197
						Pt	106.5	Os	139
H	1	"	"	"	"	Ag	108	Au	196.5
"	"	"	"	Zn	65	Cd	112	Hg	200
L	7	"	"	"	"	"	"	Tl	203
G	9	"	"	"	"	"	"	Pb	207
B	11	Al	27.5	"	"	U	120	"	"
C	12	Si	28	"	"	Sn	118	"	"
N	14	P	31	As	75	Sb	122	Bi	210
O	16	S	32	Se	79.5	Te	129	"	"
F	19	Cl	35.5	Br	80	I	127	"	"
Na	23	K	39	Rb	85	Cs	133	"	"
Mg	24	Ca	40	Sr	87.5	Ba	137	"	"
		Ti	50	Zr	89.5	Ta	138	Th	231.5
		"		Ce	92	"			
		Cr	52.5	Mo	96	V	137		
		Mn	55			W	184		
		Fe	56						
		Co	59						
		Ni	59						
		Cu	63.5						

奥德林曾说:"无疑,在表中所出现的某种算术上的关系可能纯属偶然,但总体来说,这种关系在很多方面清楚地表明,它可能依赖于某一迄今尚不为人所知的规律。"从形式上看,他的元素表比螺旋线图又进了一步。但是,表中错误地将 Na、K、Rb、Cs 分别放在了三个横列里。全表列入 57 种元素,他提到了周期律的想法但未深入研究[53]。

[3] 迈耶尔的六元素表

同年,德国化学家迈耶尔(J. L. Meyer, 1830—1895)吸取前人的研究成果,主要从化合价和物理性质方面入手独立地发现了元素周期律。他提出了按原子量顺序排列元素的六元素表(表 9-10)[54]。他敏锐而明确地指出:"在原子量的数值上具有一定的规律性,这是毫无疑义的。"1868 年迈耶尔在《近代化学理论》第 2 版的草稿中曾有发表第二张元素周期表的打算,它比第一张表增加了 24 个元素和 9 个纵行,共计 15 个纵行,明显地把主族和副族元素分开了,这样就使过渡元素的特性区别于主族而独立地表现出来了,同时避免了由于副族元素的加入而同一主族元素的性质迥异。只是在他去世后人们整理其原稿时才被发现。1870 年,迈耶尔发表了他的第三张元素周期表[55],重新把硼和铟列在表中,并把铟的原子量修订为 113.4,预留了一些空位给有待发现的元素,但是表中没有氢元素。同时发表的还有著名的《原子体积周期性图解》(图 8-4),图中描绘了固体元素的原子体积随着原子量递增而发生的周期性变化。一些易熔的元素(如 Li、Na、K、Rb、Cs)都位于曲线的峰顶,而难熔的元素(如 C、Al、Co、Pd、Ce)则位于曲线的谷底。

迈耶尔

表 9-10 迈耶尔的六元素表(1864 年)

	4 价	3 价	2 价	1 价	1 价	2 价
	—	—	—	—	Li 7.03	(Be 9.3)
差值	—	—	—	—	16.02	(14.7)
	C 12.0	N 14.4	O 16.00	F 19.0	Na 23.5	Mg 24.0
差值	16.5	16.96	16.07	16.46	16.08	16.0
	Si 28.5	P 31.0	S 32.0	Cl 35.46	K 39.13	Ca 40.0
差值	44.55	44.0	46.7	44.51	46.3	47.0
	—	As 75.0	Se 78.8	Br 79.97	Rb 85.4	Sr 87.0
差值	44.55	45.6	49.5	46.8	47.6	49.0
	Sn 117.6	Sb 120.6	Te 128.3	I 126.8	Cs 133.0	
差值	44.7	43.7	—	—	35.5	
	Pb 207.0	Bi 208.0		(Tl 204.0?)	Ba 137.1	
	4 价	4 价	4 价	2 价	1 价	
	Mn 55.1 Fe 56.0	Ni 58.7	Co 58.7	Zn 65.0	Cu 63.5	
差值	49.2 48.3	45.6	47.3	46.9	44.4	
	Ru 104.3	Rh 104.3	Pd 106.0	Cd 111.9	Ag 107.94	
差值	46.0	46.4	46.5	44.2	44.4	
	Pt 197.1	Ir 197.1	Os 199.0	Hg 200.2	Au 196.7	

其实，就迈耶尔的研究而言，当他将1864年的元素表整理成一张表格时，由于还谈不上理解了表的本质意义，因此可以说此表还仅停留在奥德林的阶段。当他看到1869年门捷列夫最初的元素周期表后，迈耶尔则很快就接近了门捷列夫的研究阶段。但他仍保守地将周期律看作"使人们对原子的模糊认识变得更加清晰、更加丰富的有用手段"。除了将周期律看作原子体积的属性外，他只提出了对两三个元素原子量的订正，整理了周期律的表现形式(周期表)，而没有进行更多的研究。迈耶尔完全达到与门捷列夫同一水平，是在他读了门捷列夫1871年的总结性论文以后。从那时起，迈耶尔相信了元素周期律，也将周期律的观点用在一切化学知识上，并展开了对元素周期律的研究，他还为周期律的普及发挥了极大作用。他在态度上的转变集中体现在他于1873年发表的《论无机化学的体系化》一文中[56]。

> 迈耶尔1830年8月19日出生于德国一个医生家庭，从小就受医学的熏陶。1854年他获得维尔兹堡大学医学博士学位。毕业后的迈耶尔发现自己对科学研究的兴趣比当医生要强烈得多。在他的导师、生理学教授卢德维希的鼓励下，迈耶尔转向研究生理化学，后来又在海德堡大学本生的指导下进行研究。本生对气体的研究启发了迈耶尔，他于1856年完成了研究论文《血液中的气体》。文中指出，氧气在肺部被血液吸收的量与压力无关，这不是简单的溶解，而是因为氧与血液之间存在着较为松弛的化学结合力。同时，一氧化碳与血液之间存在着较强的化学结合力，所以一氧化碳能够排挤掉已经与血液结合的氧。
>
> 1859年迈耶尔担任布雷斯劳大学讲师期间，接受了严格的史学研究的训练，他重点研究了19世纪上半叶的化学发展史，著有《贝托雷和贝采里乌斯的化学理论》。这项研究使他对当时各种化学思想的交锋有了比较和鉴别。
>
> 1860年迈耶尔出席了卡尔斯鲁厄国际化学会议。在这第一次国际化学界的盛会上，30岁的迈耶尔听到了意大利化学家康尼查罗关于利用阿伏伽德罗定律和原子热容定律测定原子量、分子量的报告，后来他又认真研究了康尼查罗发布的这篇论文，感到疑云顿消，接受了阿伏伽德罗的分子论，并且认为这次会议将成为化学理论发展的一个转折点。这些认识促使他系统总结当时的化学理论，于四年后的1864年写成了著名的《近代化学理论》。这本书从小册子终于发展成为堂堂巨著。1895年4月11日，正在担任蒂宾根大学校长的迈耶尔去世。

[4] 纽兰兹的八音律元素表

1864年，英国化学家纽兰兹(J. A. R. Newlands, 1837—1898)把当时已知的元素按原子量大小顺序排列起来，发现从任意一个元素算起，每到第八个元素就和第一个元素的性质相近[57]，与八度音程相似(图9-4)，所以他把这个规律称为"八音律"(表9-11)[58]。该表的前两个纵列几乎对应于现代元素周期表的第二、第三周期，但从第三列以后就不能令人满意了。其缺点在于既没有充分估计到原子量测定值会有错误，又没有考虑到还有未被发现的元素，应留出空位。纽兰兹元素分类的成功之处在于用"序号"这个概念取代了原子量。由此，他克服了前人那种拘泥于原子量数值规则的倾向，即便不完整但也抓住了元素整体的规则。遗憾

纽兰兹

的是他仅仅停留在分类上，而没能深入元素具体的物理、化学性质中探讨他发现的规则并展开新的研究。这样一来，他使用的分类形式就成了研究的终点，而"序号"所体现出来的新鲜感则仅仅被看作某种表面的关系，而未能获得进一步探究。

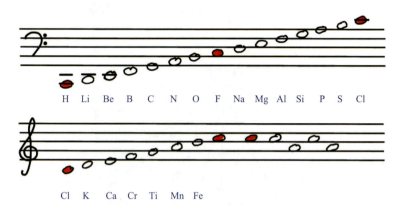

图 9-4　纽兰兹的八音律元素图(部分)

表 9-11　纽兰兹的八音律元素表

No.1	No.2	No.3	No.4	No.5	No.6	No.7	No.8
H 1	F 8	Cl 15	Co & Ni 22	Br 29	Pd 36	I 42	Pt & Ir 50
Li 2	Na 9	K 16	Cu 23	Rb 30	Ag 37	Cs 44	Os 51
G 3	Mg 10	Ca 17	Zn 24	Sr 31	Cd 38	Ba & V 45	Hg 52
B 4	Al 11	Cr 19	Y 25	Ce & La 33	U 40	Ta 46	Tl 53
C 5	Si 12	Ti 18	In 26	Zr 32	Sn 39	W 47	Pb 54
N 6	P 13	Mn 20	As 27	Di & Mo 34	Sb 41	Nb 48	Bi 55
O 7	S 14	Fe 21	Se 28	Ro & Ru 35	Te 43	Au 49	Th 56

[5]　欣里希斯的星形化学元素体系

1867 年，在伦敦出生、丹麦学习的美国化学家欣里希斯(G. D. Hinrichs，1836—1923)把元素按原子量的大小排列在不等的半径线上，形成在同一个半径线上分布着性质相似元素的星形化学元素体系[59](图 9-5)。欣里希斯仅仅是绘制了初看起来类似周期律分类的一张图而已。由于拘泥于寻找相似元素原子量之间表面上的规则，没有做出任何说明，因而未能突破 19 世纪 50 年代的研究水平。

综上所述，可以看出萌芽阶段反映了化学元素周期表建立和演化中人类的科学思维变化，这是一个渐变的过程。说到这里，我们可以看到：虽然尚古尔多、奥德林、迈耶尔、纽兰兹、欣里希斯等科学家对化学元素周期表的发现打下了可贵的坚实基础，但其研究水平并未达到门捷列夫的水平，这就是发现元素周期表的桂冠戴在门捷列夫头上的原因。评价这段历史更为详细的资料可参考荷兰科学史学家司庞森(J. W. van Spronsen)[60]和日本尾雅范博士[61]的评点。自然，从理论发展的外部原因来看，也可以认为门捷列夫元素周期律的发现及其获得迅速的认可和传播，在很大程度上得益于当时俄国化学在欧洲所处的边缘环境给予他得天独厚的发展条件。而处于化学发展中心的德国和英国，发表像元素周期

欣里希斯

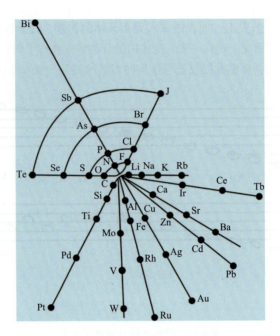

图 9-5　欣里希斯的星形化学元素体系

律这样的划时代的理论性研究却反而显得不很容易。例如，1880 年迈耶尔在谈到自己《原子的体积》一文的发表时，曾说过这样的话："如果可行的话，我很想就我们的表——迈耶尔和门捷列夫的最初的周期表——中的差异作些更详尽的阐述。可在当时，Annalen 杂志的版面受到了限制，分配的页数也是一定的。在那中间，对于不包含任何新实验数据的论文来说，应尽可能地简洁，否则便是滥用了刊载它的编辑的好意。"[62]再如，1866 年 3 月，纽兰兹将他到那时为止的元素分类研究总结成论文在 Journal of the Chemical Society 发表，可是他的文章没有得到印刷。对于其原因，纽兰兹在 1873 年询问了当时化学学会的会长，得到的回答是"纯粹理论性的论文在原则上是不出版的，因为那样的论文容易招致种种议论和繁琐的应酬"。

9.1.2　突破阶段

突破阶段是化学元素周期律和周期表发展的重要阶段。它主要显示门捷列夫的哲学思想、科学研究方法以及坚实的研究结果。20 世纪初，苏联形成了以著名哲学家、化学史家凯德洛夫(В. М. Кедров)、札布罗茨基(Г. Забродский)为首的门捷列夫学派，发表了许多有价值的资料[11, 63-64]。随后，许多中国学者也进行了门捷列夫学的研究[14-16, 65-66]。这些研究成果可以推动科技思想史与科学方法论的教学与研究工作，参看是有益的。这里不再赘述，仅就其研究成果——门捷列夫在元素周期表突破阶段建立勋业的基石加以分析。

1. 门捷列夫时代[17]

[1] 伟大发现的起点(1854～1860 年)

从 1854 年门捷列夫发表第一篇论文起，他一直在进行关于物质分类的物理、

门捷列夫

化学性质的研究,虽未取得令人满意的结果,却为以后的发明奠定了坚实的基础。1854 年第一篇论文是关于芬兰矿物质的化学分析,可以看出他整理大量数据并使之系统化的非凡能力;1855 年从圣彼得堡师范学校毕业的论文是《同形——对于晶型的组成相关问题的讨论》;1856 年,他向圣彼得堡大学提交了硕士论文《比容》,通过答辩后留校担任讲师;1859 年他获得政府资助前往西欧考察;1860 年 9 月出席在德国卡尔斯鲁厄召开的首次国际化学家大会,并得到了康尼查罗的那篇论述新原子量体系的著名论文《化学元素的教程概要》,他立刻就理解了该文的意义。

[2] 从《有机化学》到"不定比化合物"(1861~1867 年)

门捷列夫从欧洲归来后,很快就展开了他的研究。1864 年他成为圣彼得堡师范学校的化学教授,1865 年转任圣彼得堡大学的化工教授,1867 年再转任普通化学教授。期间出版了《有机化学》,书中主张将容易混淆的两个概念"体"和"官能团"加以区分,这被看作他后来将单体和元素的概念区别开的重要思想的萌芽;在 1856 年为获取大学讲师资格发表的《硅氧化物的结构》论文中,将硅氧化物视为某种氧化物的合金。19 世纪 60 年代以后,他更是在总体上将溶液、合金、同晶型混合物和硅氧化物看成不定比化合物;1864 年他的博士论文为《酒精与水的化合》,对其元素概念产生了很大的影响,进而成为后来发现元素周期律的重大转机。

[3] 写《化学原理》一书(1867~1869 年)

1868~1871 年,门捷列夫编写了《化学原理》(发行了 4 大卷),生前再版了 8 次。这是按照他建立的元素周期系编写的化学教学参考书,使当时的化学教学参考书不再是有关各种元素及其化合物资料杂乱无章的堆积,而成为一个有条不紊的整体。就在这本书里,他给化学元素周期律下了明确的定义:元素以及由元素形成的单质和化合物的性质周期性地随着它们的原子量而变化。这就把元素的性质与原子量之间的关系由感性的认识飞跃到理性的认识。《化学原理》的写作是发现元素周期律的先声。

[4] 周期表的创作(1869~1871 年)

1869 年 2 月 17 日门捷列夫做成了第一张元素周期表。他本人这样评价:"处于游离状态的单体的性质尽管会发生种种变化,但其中某种东西是不变的,在元素向化合物发生转变时,这个某种东西,亦即物质性的东西构成了包含着该元素的化合物的特性。在这个意义上,到目前为止,已知元素的数值性的依据不是别的,正是元素所固有的原子量。原子量的大小从其本性来说,不仅是关系到各个单体的状态的数据,而且是关系到游离的单体和其他所有化合物的共同物质性的依据。原子量不是炭或金刚石,而是碳素的特性。"至 1871 年,门捷列夫几经完善,逐渐形成了今天化学元素周期系的雏形。

门捷列夫参加第 57 界英国科学促进协会年会

[5] 预言的证实(1871~1879 年)

门捷列夫研究周期律领先于他人的一点是:对化学性质与原子量之间关系的认识,不仅从感性跃进到理论,懂得了它们之间存在的客观规律性,而且运用这种规律主动改正了一些元素的原子量,如对铟、铀、镧、钇、铒、铈和钍的原子量的修正。门捷列夫领先于他人的另一点是:根据他在周期表中排出的空位,预

化学元素新论

言了类铝(镓)、类硼(钪)、类硅(锗)等几个尚未发现的新元素的性质。在以后的几年时间里，这些元素陆续被发现(表 9-12)，实验测得的结果与预言惊人地相似(表 9-13)。这不但充实了周期表，更证实了门捷列夫元素周期律的正确性。

表 9-12 与门捷列夫预言相同的三个新元素

元素	发现年份	发现者	发现途径
Ga	1875	L. de Boisbaudran	用光谱法分析闪锌矿时发现
Sc	1879	L. F. Nilson	研究硅铍钇矿和黑稀金矿时发现
Ge	1886	C. Winkler	分析硫银锗矿石时发现

表 9-13 类硅和锗的性质比较

元素	类硅(门捷列夫符号 Es，1871 年)	锗(Ge，1886 年 Winkler 测定)
原子量	72	72.32
比重	5.5	5.47
原子体积	13.0	13.22
原子价	4	4
比热	0.073	0.076
氧化物的比重	4.7	4.703
氯化物的比重	1.9	1.887
四氯化物的沸点	100℃以下	86℃以下
乙基化物的沸点	160℃	160℃
乙基化物的比重	0.93　EsO_2 易溶于碱，并可用氢或炭将其还原为金属	1.0　GeO_2 易溶于碱，并可用氢或炭将其还原为金属

2. 门捷列夫的哲学思想

科学的最高境界应该是哲学思想的体现。哲学可为自然科学家提供研究的思维和准则。门捷列夫正是接受了哲学智慧的滋养，才有了运用辩证唯物论的世界观和方法论。门捷列夫在《化学原理》一书第 5 版的序言中写道："……这本著作的主题是我们所研究的这门科学的哲学原理。"[67] 然而在当时，要研究化学的"哲学原理"，超越传统和大科学权威所划定的范围而从事研究，并不那么简单。门捷列夫在国外访学期间到过很多国家，与当时化学方面的权威建立了联系，可是他并没有得到德国、法国和英国一些德高望重的化学家的赞同。即便到了1869年，门捷列夫发表他的化学元素周期律时，他还得听他所极其尊崇的学者齐宁的训诫："到了干正事、在化学方面做些工作的时候了。"著名的英国学者卢瑟福在伦敦化学协会纪念门捷列夫诞辰百周年的大会上所发表的演说中，完全证实这一点。他说道："门捷列夫的思想最初没有引起多大注意，因为当时的化学家更多地从事于搜集和取得各种事实，而对思考这些事实间的相互关系，却重视不够。"[68] 然而，正是因为门捷列夫与当时大多数自然科学家的思维相反，深刻关心自然科

卢瑟福发表演说

门捷列夫

学的哲学问题，了解到如果没有哲学的概括，自然科学就不能发展，才做出了突破性的贡献。

武汉大学的哲学研究者通过分析门捷列夫元素周期律的形成[16, 69]，认为门捷列夫元素周期律是能展示科学哲学通用原理的精细结构的绝妙案例。这正是门捷列夫元素周期律的最重大的科学方法论意义所在。

3. 门捷列夫的科学研究方法

有了高度的哲学素养，加上科学方法的创造，才可能在研究中高屋建瓴、势如破竹。门捷列夫创造了新的科学研究方法。门捷列夫敏锐地察觉到，"单是事实的收集，哪怕收集得非常广泛，单是事实的积累，哪怕积累得毫不遗漏，都还不能使你获得掌握科学的方法，不能向你提供进一步成功的保证，甚至还不能使你有权照科学这个名词的高级意义来把它叫作科学"[67]。由此，门捷列夫意识到掌握正确的科学方法对揭示元素之间的规律性联系是至关重要的。许多资料详细分析了门捷列夫在周期系研究中创造的新的科学研究方法[70-73]。凯德洛夫详尽分析和论证了门捷列夫在发现周期律过程中所应用的科学认识方法，概括为三条：上升法、综合法和比较法。他指出，上升法是科学发现的关键，综合法是发现规律的途径，比较法则是元素分类的基础[74]。他还指出，门捷列夫纠正了以往按人为分类法建立元素体系的偏颇，指明了过渡元素在元素科学分类上的重要意义。我国学者王克强认为门捷列夫不仅发现了元素周期系和周期律，而且创立了一种发现、描述元素周期系和周期律的方法[74]。他把门捷列夫周期系方法的创造概括为元素周期系分类法和元素周期系描述法，指出二者是"同一方法的两个基本方面""二者各尽其妙，相得益彰"。王克强借助从抽象上升到具体的逻辑方法，使门捷列夫周期系方法得到了提高。

简言之，可以把门捷列夫的科学方法叙述为：无意间发现同族元素的原子量差是常数(偶然事件) → 敏锐的直觉+丰富的想象 → 元素周期律 → 周期理论的几种预言 → 被发现所证实。

门捷列夫元素周期律及周期表之所以堪称"科学上的一个勋业"，就在于它描述并预言了未知元素的存在，然后为科学实验发现所证实，这正是门捷列夫超越前人和同时代其他元素周期律探索者之处。正如门捷列夫自己所说："我决定这样做，是因为在我预言的那些物质中，要是有一种被人发现，我马上就能彻底相信，并使其他化学家相信，作为我的周期系基础的那些假设是正确的。"因为每一个自然规律(周期律也不例外)"只有当它可以说产生实际的结果，亦即作出能解释尚未阐明的事物和指出至今未知的现象的逻辑结论时，特别是当这个规律导致能为实验所验证的预言时，才获得科学的意义"。

1875年，法国化学家德布瓦博德兰(L. de Boisbaudran)用光谱分析法发现了类铝，即新元素镓[75]。一切特性都和门捷列夫预言的一致，只是相对密度不同。门捷列夫闻讯后致信巴黎科学院，指出镓的相对密度应该是6.9左右，而不是4.7。德布瓦博德兰设法提纯了镓，重新测量相对密度，结果是6.94，从而证实了门捷列夫的预言。对此，德布瓦博德兰曾不胜感慨地说："我想已经没有必要再来证实门捷列夫的理论见解对镓的相对密度有着多么巨大的意义了。"

德布瓦博德兰

化学元素新论

尼尔森

文克勒

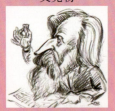

门捷列夫漫画像

1879年瑞典化学教授尼尔森(L. F. Nilson)发现了类硼[76]，即新元素钪。钪和硼分别为ⅢB族和ⅢA族。关于该发现，尼尔森指出："新元素钪无疑就是类硼……这样看来，俄国化学家门捷列夫的见解是被证实了，他不但预见到他所命名的元素的存在，还预先指出了它的一些最重要的性质。"

1886年，德国化学教授文克勒(C. Winkler)发现了新元素锗[77]，这就是门捷列夫预言的类硅。文克勒对此作了证明，他说："从前只是假定的类硅果然被发现了，作为元素周期性学说正确性的证据，难道还有比这更明显的吗？这证据当然不只简单地证明了这个大胆的理论，它还意味着化学视野的进一步开阔，在认识领域中迈进了一大步。"

门捷列夫运用正确的、实质上是辩证的研究自然的方法，终于取得了丰硕成果。1889年，门捷列夫应邀在伦敦化学会一次法拉第演讲(Faraday lecture)中讲了话。他指出，除了以上三个元素外，还可以预言另一些当时还未发现的元素[78]。

4. 门捷列夫坚实的研究结果

艰苦卓绝的劳动和坚实的研究结果使门捷列夫取得了突破。门捷列夫深深懂得，即使元素周期律的基本思想在头脑里成熟以后，要把这条定律完全揭露出来，仍是一件十分困难的事。他立誓"不存妄念，坚持工作，决不徒仗空言，应当耐心地去探索神圣而科学的真理"[79]。

门捷列夫在尚古尔多、欧德林、迈耶尔、纽兰茨、欣里希斯等科学家绘制的元素表的基础上(虽然在他的著作中没有承认这一点[80])，加上他利用实验中的各种材料寻找元素的准确原子量，经过苦苦探索终于在元素的原子量和元素性质之间的关系规律方面取得了突破性进展，完成了从感性认识到理性认识的飞跃：1868年《化学原理》一书的写作成了他发现元素周期表的先声(图9-6)[67]，进行了"在原子量和化学性质相似性基础上构筑元素体系的尝试"；1869年2月17日做成了第一张元素周期表(图9-7，表9-14)，发表了第一篇论文[81]，明确地使用周期

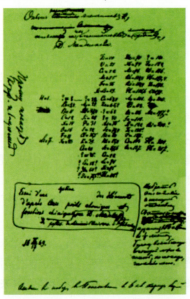

图9-6　1868年手稿

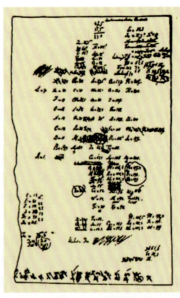

图9-7　1869年手稿

性一词；1869 年 8 月，在研究报告中讨论了周期表上元素的位置与原子体积之间的关系[82]并在《化学原理》第 2 版中列出了第二张元素周期表(表 9-15)[83]；接着，他将研究工作系统地整理成了 4 篇论文[84-87]，并根据这些成果完成了《化学原理》一书的编著[67, 83]。时至 1906 年，他又发表了 5 张元素周期表(表 9-16～表 9-20)。因此，门捷列夫获得发现元素周期表的崇高荣誉是不容怀疑的。

门捷列夫《化学原理》

表 9-14　第一张元素周期表(1869 年)

				Ti=50	Zr=90	?=180
				V=51	Nb=94	Ta=182
				Cr=52	Mo=96	W=186
				Mn=55	Rh=104.4	Pt=197.4
				Fe=56	Ru=104.4	Ir=198
				Ni=Co=59	Pd=106.6	Os=199
H=1				Cu=63.4	Ag=108	Hg=200
	Be=9.4	Mg=24		Zn=65.2	Cd=112	
	B=11	Al=27.4		?=68	Ur=116	Au=197?
	C=12	Si=28		?=70	Sn=118	
	N=14	P=31		As=75	Sb=122	Bi=210?
	O=16	S=32		Se=79.4	Te=128?	
	F=19	Cl=35.5		Br=80	J=127	
Li=7	Na=23		K=39	Rb=85.4	Cs=133	Tl=204
			Ca=40	Sr=87.6	Ba=137	Pb=207
			?=45	Ce=92		
			?Er=56	La=94		
			?Yt=60	Di=95		
			?In=75.6	Th=118?		

表 9-15　第二张元素周期表(1869 年)

Li	Be	B	C	N	O	F			
Na	Mg	Al	Si	P	S	Cl			
K	Ca	—	Ti	V	Cr	Mn	Fe	Co	Ni
Cu	Zn	—	—	As	Se	Br			
Rb	Sr	—	Zr	Nb	Mo	—	Rh	Ru	Pl
Ag	Cd	—	Sn	Sb	Te	J			
Cs	Ba	—	—	Ta	W	—	Pt	Ir	Os

表 9-16 元素周期系(1871 年)

列	I 族 — R_2O	II 族 — RO	III 族 — R_2O_3	IV 族 RH^2 RO^2	V 族 RH^2 R^2O^5	VI 族 RH^2 RO^3	VII 族 RH R^2O^7	VIII 族 — RO^4
1	H=1							
2	Li=7	Be=9.4	B=11	C=12	N=14	O=16	F=19	
3	Na=23	Mg=24	Al=27.3	Si=28	P=31	S=32	Cl=35.5	Fe=56, Co=59 Ni=59, Cu=63
4	K=39	Ca=40	−=44	Ti=48	V=51	Cr=52	Mn=55	
5	(Cu=63)	Zn=65	−=68	−=72	As=75	Se=78	Rr=80	
6	Rb=85	Sr=87	?Yi=88	Zr=90	Nb=94	Mo=96	−=100	Ru=104, Rh=104 Pd=106, Ag=108
7	(Ag=108)	Cd=112	In=113	Sn=118	Sb=122	Te=125	J=127	
8	Cs=133	Ba=137	?Di=138	?Ce=140	—	—	—	…
9	(—)	—	—	—	—	—	—	
10	—	—	?Er=178	?La=180	Ta=182	W=184	—	Os=195.1, Ir=197 Pt=198, Au=199
11	(Au=199)	Hg=200	Tl=204	Pb=207	Bi=208	—	—	
12	—	—	—	Th=231	—	U=240	—	…

表 9-17 另一种形式的元素周期系(1871 年)

		K=39	Rb=85	Cs=133	—	—
		Ca=40	Sr=87	Ba=137		
		—	?Yi=88?	Di=138?	Er=178?	
		Ti=48?	Zr=90	Ce=140?	?Ia=180?	Th=231
		V=51	Nb=94	—	Ta=182	
		Cr=52	Mo=96	—	W=184	U=240
		Mn=55	—	—	—	
		Fe=56	Ru=104	—	Os=195?	
		Co=59	Rh=104	—	Ir=197	
典型元素		Ni=59	Pd=106	—	Pt=198?	
H=1	Li=7	Na=23	Cu=63	Ag=108	Au=199?	
	Be=9.4	Mg=24	Zn=65	Cd=112	Hg=200	
	B=11	Al=27.4	—	In=112	Tl=204	
	C=12	Si=28	—	Sn=118	Pb=207	
	N=14	P=31	As=75	Sb=122	Bi=208	
	O=16	S=32	Se=78	Te=125?	—	
	F=19	Cl=35.5	Br=80	J=127	—	

表 9-18　1879 年的元素周期系

							典型元素						
							I	II	III	IV	V	VI	VII
							H						
							Li	Be	B	C	N	O	F
							Na						

偶数元素								奇数元素						
I	II	III	IV	V	VI	VII	VIII	I	II	III	IV	V	VI	VII
—								—	Mg	Al	Si	P	S	Cl
K	Ca	—	Ti	V	Cr	Mn	Fe Co Ni	Cu	Zn	Ga	—	As	Se	Br
Rb	Sr	Yi	Zr	Nb	Mo	—	Ru Rh Pd	Ag	Cd	In	Sn	Sb	Te	J
Cs	Ba	La	Ce	—										
—	—	Er	Di(?)	Ta	W	—	Os Ir Pt	Au	Hg	Tl	Pd	Bi		
—	—		Th	—	U									

表 9-19　1906 年的元素周期系

列	元素族								
	0	I	II	III	IV	V	VI	VII	VIII
1	—	H 1.008							
2	He 4.0	Li 7.03	Be 9.1	B 11.0	C 12.0	N 14.01	O 16.00	F 19.0	
3	Ne 19.9	Na 23.05	Mg 24.36	Al 27.1	Si 28.2	P 31.0	S 32.06	Cl 35.45	
4	Ar 38	K 39.15	Ca 40.1	Sc 44.1	Ti 48.1	V 51.2	Cr 52.1	Mn 55.0	Fe 55.9　Co 59　Ni 59　(Cu)
5		Cu 63.6	Zn 65.4	Ga 70.0	Ge 72.5	As 75	Se 79.2	Br 79.95	
6	Kr 81.8	Rb 85.5	Sr 87.6	Y 89.0	Zr 90.6	Nb 94.0	Mo 96.0	—	Ru 101.7　Rh 103.0　Pb 105.5　(Ag)
7		Ag 107.93	Cd 112.4	In 115.0	Sn 119.0	Sb 120.2	Te 127	J 127	
8	Xe 128	Cs 132.9	Ba 137.4	La 138.9	Ce 140.2				
9									
10		—	—	Yb 173	—	Ta 183	W 184	—	Os 191　Ir 193　Pt 194.8　(Au)
11		Au 197.2	Hg 200.0	Tl 204.01	Pb 206.9	Bi 208.5	—		
12			Rd 225		Th 232.5		U 238.5		
最高成盐氧化物									
	R	R^2O	RO	R^2O^3	RO^2	R^2O^5	RO^3	R^2O^7	RO^4
最高气态氢化物									
					RH^4	RH^3	RH^2	RH	

化学元素新论

表 9-20　1906 年的另一形式的元素周期系

族	最高成盐氧化物	最轻的典型元素		族	偶数列元素				
0		He=4.0	Ne=19.9	0	Ar=38	Kr=81.8	Xe=128	—	—
Ⅰ	R²O	H=1.008　Li=7.03	Na=23.05	Ⅰ	K=39.15	Rb=85.5	Cs=132.9	—	—
Ⅱ	RO	Be=9.1	Mg=24.36	Ⅱ	Cz=40.1	Sr=87.6	Ba=137.4	—	Rd=225
Ⅲ	R²O³	B=11	Al=27.1	Ⅲ	Sc=44.1	Y=89.0	La=138.9	Yb=173	—
Ⅳ	RO²	C=12.0	Si=28.2	Ⅳ	Ti=48.0	Zr=90.6	Ce=140.5	—	Th=132.5
Ⅴ	R²O⁵	N=14.01	P=31.0	Ⅴ	V=51.2	Nb=94.0	—	Ta=183	—
Ⅵ	RO³	O=16.00	S=32.06	Ⅵ	Cr=52.1	Mo=96.0	—	W=184	U=238.5
Ⅶ	R²O⁷	F=19.0	Cl=35.45	Ⅶ	Mn=55.0	?=99.2	—	—	—
0		He=4.0　Ne=19.9	Ar=38.1	Ⅷ	Fe=55.9	Ru=101.7	—	Os=191	
					Co=59	Rh=103.0	—	Ir=193	
					Ni=59.2	Pd=106.5	—	Pt=194.8	
					Cu=63.6	Ag=107.9	—	Au=197.2	
					Zn=65.4	Cd=112.4	—	Hg=200.0	
					Ca=70.0	In=115.0	—	Tl=204.1	
					Ge=72.5	Sn=119.0	—	Pb=206.9	
					As=75.0	Sb=120.0	—	Bi=208.5	
					Se=79.2	Te=127	—	—	
					Br=79.95	J=127.4	—	—	
					Kr=81.8	Xe=128	—	—	

以氧的原子量 O=16　　奇数列元素

门捷列夫去世后，为了纪念他，1907 年在圣彼得堡举行了第一届门捷列夫大会，至今门捷列夫大会依然是化学界的盛会。

5. 门捷列夫周期表和周期律诞生的伟大意义

[1] 周期律的内涵

至此，在前人研究的坚实基础上，1869 年 2 月，门捷列夫发表了第一份元素周期律的图表(图 9-7、表 9-14)。同年 3 月 6 日，他因病委托他的朋友、圣彼得堡大学化学教授门舒特金(N. Menschutkin, 1824—1907)在俄罗斯化学学会上宣读了题为《元素属性和原子量的关系》的论文[88-89]，阐述了他关于元素周期律的基本论点：

(1) 按照原子量的大小排列起来的元素，在性质上呈现出明显的周期性。

(2) 原子量的数值决定元素的特性，正像质点的大小决定复杂物质的性质一样。因此，如 S 和 Te 的化合物，Cl 和 I 的化合物等，既相似，又呈现明显的差别。

(3) 应该预料到还有许多未被发现的元素，如会有分别类似铝和硅、原子量介于 65~75 的两个元素。与现在已知元素性质类似的未知元素，可以循着它们原子量的大小探寻。

(4) 当掌握了某元素的同类元素的原子量之后，有时可借此修正该元素的原子量。

门捷列夫完成了从感性认识到理性认识的飞跃。

门舒特金

[2] 周期律的伟大意义

周期律建立的伟大意义，首先在于它不再把自然界的元素看作彼此孤立、不相依赖的偶然堆积，而是把各种元素看作有内在联系的统一体，它表明元素性质发展变化的过程是由量变到质变的过程，周期内是逐渐的量变，周期间既不是简单的重复，又不是截然的不同，而是由低级到高级、由简单到复杂的发展过程。因此，从哲学上讲，通过元素周期律和周期表的学习，可以加深对物质世界对立统一规律的认识。

周期律的确立是把来自科学实验的知识经过科学的综合分析而形成了理论，因此它具有科学的预见性和创造性。门捷列夫在发现周期律和制定周期表的过程中，除了不顾当时公认的原子量而改排了某些元素，还考虑到周期表中的合理位置，修订了某些元素的原子量。他还先后预言了 15 种元素的位置。这些都经过之后的科学研究证明基本上是正确的。此外，周期律理论还经受住了稀有气体、稀土元素、放射性元素发现的考验。总之，周期律为寻找新元素提供了一个理论上的向导。

周期律的建立使化学研究从只限于对大量个别的零散事实作无规律的罗列中摆脱出来，奠定了现代无机化学的基础。

9.1.3 发展阶段

有人认为至今门捷列夫周期表经历了三个大的发展阶段：1869 年门捷列夫创立的"原子量依据论"，1913 年英国物理学家莫塞莱(H. G. J. Moseley)确立的"核电荷依据论"和 1926 年奥地利理论物理学家薛定谔(E. Schrödinger)确立的"电子排布依据论"[74]。这是极有道理的，科学发展的历史进程完全证实了这一点。因此，这里说的"发展"着重指门捷列夫元素周期律和周期表对新元素不断发现和合成的包容，新的科学成果使其逐步地完善；同时，对门捷列夫元素周期律和周期表也进行了一次次的肯定。

1. 稀有气体的发现给予周期表第一次考验

稀有气体元素的发现使门捷列夫周期表经受了第一次严峻考验。在门捷列夫发明周期表时，还没有一种稀有气体被发现。因此，1871 年门捷列夫的周期表(表 9-19)里没有预言这些元素的存在，当然也没有它们的位置。自 1868 年发现氦以后，其他稀有气体元素也陆续被发现。1894 年，被称为稀有气体之父的英国化学家莱姆赛(W. Ramsay, 1852—1916)在一篇题为《周期律和惰性气体的发现》的文章中曾预言，在氦和氩之间存在一个原子量为 20 的元素[90]。他还预言存在具有原子量 82 和 129 两个相似的气体元素。莱姆赛写道："学习我们的导师门捷列夫，我要尽一切努力去找寻已期待和久经推测的氦和氩之间的气态元素的性质和关系，把空格填补起来。"据此，1896 年，莱姆赛排出了一个部分元素周期表(表 9-21)，后来的发现证实了这一点。

莱姆赛

化学元素新论

表 9-21 莱姆赛的元素周期表

氢	1.01	氦	4.2	锂	7.0
氟	19.0	?	20	钠	23.0
氯	35.5	氩	39.9	钾	39.1
溴	79.0	?	82	铷	85.5
碘	126.0	?	129	铯	132.0
?	169.0			?	170.0

对此，门捷列夫勇于尊重实践，面对新系列元素的发现，他指出必须补充元素周期表，于 1906 年提出的元素周期表(表 9-20)中将它们安排在第 I 族的前面定为零族，使元素周期律理论进一步接受了检验和严峻的考验，进一步完善了周期系，这也构成了一个新的认识循环，并使周期系理论得到了发展。完整的新族形成了，因为新的发现和安排没有与元素周期律及其周期表发生矛盾，零族元素与 I 族元素的相邻元素之间的原子量差值与周期表中相邻元素之间的原子量差值基本一致。

六种稀有气体元素是在 1868～1900 年陆续被发现的(表 9-22)。

表 9-22 稀有气体元素发现史

元素	发现年份	发现者	发现途径
He	1868	P. P. J. C. Janssen	从日冕光谱内发现
Ne	1898	W. Ramsay M. W. Travers	在蒸发液态氩时收集了最先逸出的气体，用光谱分析发现
Ar	1894	W. Ramsay J. W. Strutt	两人用光谱分析 1785 年凯文迪许分离空气中氧和氮后的"小气泡"而发现
Kr	1898	W. Ramsay M. W. Travers	用光谱分析在大量液态空气蒸发后的残余物中发现
Xe	1898	W. Ramsay M. W. Travers	在分馏液态空气制得了氪和氖后，把氪反复分次萃取又分出的一种新气体
Rn	1900	F. E. Dorn	一种具有天然放射性的稀有气体，它是镭、钍和锕等放射性元素蜕变过程中的产物，只有这些元素发现后才有可能发现氡

莱姆赛 1852 年 10 月 2 日生于英国的格拉斯哥。最初研究有机化学，后来研究物理化学。1866 年进入格拉斯哥大学。1869 年开始攻读化学。1870 年毕业后留学德国。1872 年在蒂宾根大学因研究硝基苯甲酸获哲学博士学位。1880～1887 年，任布里斯托尔大学化学教授。1887～1913 年，任伦敦大学化学教授。1888 年当选为英国皇家学会会员。1898 年分馏液态空气时发现了 3 种新的稀有气体元素，命名为氪、氖、氙。1910 年和格雷测定了氡的原子量，并确定了氡在周期系中的位置。因发现氦、氖、氩、氪、氙等气态惰性元素，并确定了它们在元素周期表中的位置，而获得 1904 年诺贝尔化学奖。莱姆赛精通英、法、意、德、荷等多种语言，被誉为"科学界中最优秀的语言学家"。莱姆赛著有《无机化学体系》《大气中的气体》《现代化学》《元素和电子》等。化学是这位伟大科学家的终身伴侣。他曾讲过"多看、多学、多试""如果有成果绝不

炫耀""一个人如果怕费时、费事，则将一事无成"。这些就是他做学问的基本原则。1912 年，60 岁的莱姆赛退休了，但他仍然在自建的小型化学实验室内工作，直到 1916 年去世为止。

2. 莫塞莱定律揭示了周期律的本质

19 世纪末 20 世纪初，先进的物理实验新手段(如阴极射线、X 射线实验等)不断被应用于实验中，发现了电子[91]、质子[92]、中子[93-94]和原子核[95]。1911 年，卢瑟福提出了带核原子模型[92,96]，发现原子的质量主要集中在核上(质子数和中子数合起来表现为原子量)，说明了元素的原子量与原子核的联系。同年，英国物理学家巴克拉在实验中发现，当 X 射线被金属散射时，散射后的 X 射线穿透能力随金属的不同而不同，说明每种元素都有自己的标识 X 射线[97]。1913 年，莫塞莱(H. G. J. Moseley，1887—1915，莫塞莱在第一次世界大战中阵亡，年仅 28 岁)进一步研究发现，以不同元素作为产生 X 射线的靶时，所产生的特征 X 射线的波长 λ 不同。他将各种元素按所产生的特征 X 射线的波长排列后，发现其次序与元素周期表中的次序一致(图 9-8)，他称这个次序为原子序数(以 Z 表示)[98]。他还发现 Z 值与 λ 之间的经验公式：

莫塞莱

$$\sqrt{(1/\lambda)} = a(Z-b) \qquad (9\text{-}1)$$

式中，a、b 为常数；λ 为元素的 X 射线波长；Z 为元素的原子序数。根据他的研究，还可得出两点重要结论：①周期表中元素的座次是正确的，虽然按照原子量的数值其中有三对的座位是颠倒的，正因为这样,客观上它已经是按 Z 值排列了；②一种物质中的原子若其 Z 值全部相同，这种物质就是元素物质(单质)，至于原子量是否完全一样，不是必要条件。原子序数的发现真正揭露了元素周期律的本质：元素性质是其原子序数的周期函数，并解决了门捷列夫周期律中按原子量递增顺序排列有三处位置颠倒的问题。

卢瑟福

卢瑟福利用莫塞莱定律得出结论：原子核的电荷在数值上等于元素的原子序数。元素的性质—元素的原子量—元素的核电荷数—元素的原子序数的有机联系，发展了门捷列夫的元素周期律。这是人们对元素周期律的一个重要的认识发展过程，并且它把元素周期系理论放在更正确、更科学的本质基础之上。

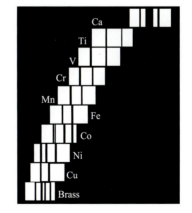

图 9-8 元素的 X 射线谱图

查德威克

1920 年，英国物理学家查德威克(J. Chadwick，1891—1974)证实了这个结论：他重新做了卢瑟福的 α 质点散射实验，由于仪器设计得精巧，大大提高了测定的准确性。他测得的几个元素的核电荷数结果列入表 9-23。

化学元素新论

表 9-23 查德威克测定的铜、银、铂的核电荷数

元素	铜	银	铂
原子核电荷数	29.3±0.5	46.3±0.7	77.4±1
原子序数	29	47	78

3. 确定镧系元素的数目和在周期表中的应占位置

[1] 矛盾初显端倪

在1869年门捷列夫的第一张元素周期表里没有铽，只有镧、铈、铒和当时认为是一种稀土元素的混合物。它们的原子量距离今天的测定数值相差很大，因此门捷列夫在当时不可能把它们排在正确的位置上。自然，这也与门捷列夫"原子量是排列的唯一标准"的墨守成规的观点有关，他在矛盾面前踌躇不前。例如，他在后来发表的多张元素周期表中都在铈的后面空出十多个元素的位置。

[2] 揭露矛盾

虽然在1882年布劳纳(B. Brauner)[99]、1892年巴塞特(H. Bassett)[100]、1895年汤姆森(J. Thomsen)[91]和罗格斯(J. W. Retgers)[101]、1905年维纳尔(A. Werner)[102]等众多科学家排列的元素周期表中列出了一些镧系元素的位置，但15个镧系元素并未全部发现，故镧系元素的总数也就不能确定，其在周期表中的位置也没有被确定。意见纷纭，周期表也没有因为大多数镧系元素的发现而发展。

例如，1895年汤姆森在他的元素周期表(图9-9)里，把铈到镱的一系列稀土元素和锆并列，并在它们中间留下了4个空位。揭露了矛盾，但没有解决。

汤姆森

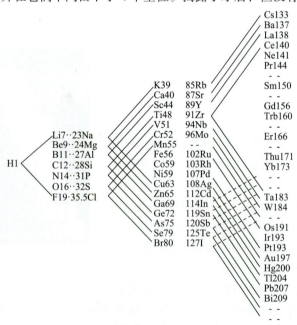

图 9-9 汤姆森排列的元素周期表(1895年)

1902年，捷克斯洛伐克化学家布劳纳(B. Brauner, 1855—1935)在他的元素周期表(表 9-24)里，首先把从铈到镱的一系列稀土元素排进元素周期表的一个格子里，比喻为行星系中的许多小行星，虽然没有说明任何问题，但这个情况的出现

— 608 —

至少说明了铈到镱的性质得到了很好的研究，人们已认识到了它们性质的相似性。

表 9-24　布劳纳元素周期表(1902 年)

列	0族	I族	II族	III族	IV族	V族	VI族	VII族	VIII族
	—	—	—	—	RH$_4$	RH$_3$	RH$_2$	RH	
	R	R$_2$O	RO	R$_2$O$_3$	RO$_2$	R$_2$O$_5$	RO$_3$	R$_2$O$_7$	RO$_4$
1,2	He=4.0	H=1.008 Li=7.03	Be=9.1	B=11.0	C=12.0	N=14.01	O=16.0	F=19.0	
3	Ne=20.0	Na=23.05	Mg=24.36	Al=27.1	Si=28.4	P=31.0	S=32.06	Cl=35.45	
4	A=39.9	K=39.14	Ca=40.1	Sc=44.1	Ti=48.1	V=51.2	Cr=52.1	Mn=55.0	Fe=55.9　Ni=58.7 Co=59.0　Cu=63.6
5		Cu=63.6	Zn=65.4	Ga=70.0	Ge=72.5	As=75.0	Se=79.2	Br=79.96	
6	Kr=81.8	Rb=85.5	Sr=87.6	Y=89.0	Zr=90.6	Nb=93.7	Mo=96.0		Ru=101.7　Rh=103.0 Pd=106.5　Ag=107.93
7		Ag=107.93	Cd=112.4	In=115.0	Sn=119.0	Sb=120.2	Te=127.6	I=126.97	
8	Xe=128.0	Cs=132.9	Ba=137.4	La=138.9	Ce～Yb* 140.25～ 173.0	Ta=181.0	W=184.0		Os=191.0　Ir=193.0 Pt=194.8　Au=197.2
9		Au=197.2	Hg=200.0	Tl=204.1	Pb=206.9	Bi=208.0			
10					Th=232.5	U=238.5			

*这是放置下列元素：Pr=140.5，Nd=143.6，Sm=150.3，Tb=160.0，Er=166.0，Yb=173.0，以及尚未证实存在的一些元素(原子量在 140～173)

1905 年，著名瑞士化学家维纳尔(A. Werner，1866—1919)改变了门捷列夫创立的化学元素周期表的格式(表 9-25)，奠定了今天通用的长式周期表。在这个表中，除了阐明原先颠倒的 3 对元素按原子量递增顺序，还颠倒了稀土元素中的钕和镨。他的理由是这一系列元素的熔点和倍半氧化物的生成热是按镧、钕、镨、钐这样的顺序发展的。维纳尔在表里把稀土元素排在周期表中一横列，但他仍没有给当时尚未发现的镥留出空位，却给仍未发现的钷留出了两个空位，同时在铒和铥之间留出了一个不应该留的空位。显然他是根据原子量相差的数值做出的决定，仍未说明 f 区的形成。

表 9-25　维尔纳元素周期表(1905 年)

[3] 建立镧系理论

虽然在 1913 年莫塞莱确定了多种元素的原子序数，也揭示了周期律的本质，但是并没有确定当时已知的全部化学元素在周期表中的准确位置，对稀土元素就是这样的。莫塞莱当时把 66 号元素镝和 67 号元素钬的序列颠倒了，把 69 号元素

玻尔

铥认为是两个元素,序列分别是 69 和 70,这样就把 70 号元素镱变成了 71 号,而 71 号元素的镥就被挤掉了,或者说变成了 72 号,而应该是 72 号元素的铪就失去了位置。他还没有给 1911 年发现的新的镧系元素 Celtium 放置在一定的位置上,没有认识到这个元素和镥是同一个元素。同时,由于当时 61 号元素钷和 72 号元素铪没有被发现,因此镧系元素的总数没有确定,在周期表中的位置也没有被确定。

直到 1921 年,丹麦物理学家玻尔(N. Bohr,1885—1962)和其他一些科学家们基于多种元素光谱的研究,提出了电子在原子核外排布的一些规则[103-104],建立了近代原子结构理论(见第 3 章:原子结构模型和原子核壳层模型),又充分考虑到镧系元素性质如此相似,才建立了镧系理论,确定了镧系元素的数目和在周期表中应占的位置,解决了元素周期律中出现的矛盾,再次发展了元素周期律。

那么,在周期表中如何来安排这 15 种镧系元素的位置呢?如果照惯例,一个元素占用"元素大厦"一间"房间",第 6 周期的元素就不得不占用 32 间并成一排房间。而周期表中居于同一族的元素,它们的物理和化学性质很相似,而且从上到下还呈现出规律性的变化。如果照前面的方法安排稀土元素,等于彻底破坏了周期系整个"大厦"的结构。镧系元素的性质彼此间非常相似,而且跟第 4 周期的钪和第 5 周期的钇很相似,就此而论,它们应该共用一间"房间",安排在钇的下面。可是一间房间住 15 个成员也实在太"挤"了。科学家们最终想出了一个非常巧妙的办法,即在钇的下面,钡和铪之间给这 15 个成员留下一间"办公室",供它们共同使用,挂以"镧系"的牌子(符号为 lnthathnide 的缩写),而在"元素大厦"的下面,另盖一排 15 间的"平房",把这 15 个镧系成员依次安排在里面,自成一家,称之为镧系。这就圆满地解决了镧系元素在周期表中位置的问题。其实,这就是后来的"f 区"。

[4] 漫长的稀土元素发现史

从 1794 年发现第一个稀土元素钇到 1947 年从铀的裂变产物中找到钷,共经历了 153 年(表 9-26)。稀土元素的发现史是非常凌乱的[105],为了便于了解,将其发现的轮廓用图表示(图 7-60)。

表 9-26 稀土元素的发现

元素	发现年份	发现者	发现途径
Y	1794	J. Gadolin	用分级结晶的方法分离硅铍钇矿时发现了一种"新土"(钇土,实为氧化钇)
La	1839	C. G. Mosander	从镧土中分离出氧化镧
Ce	1803	M. H. Klaproth J. J. Berzelius W. Hisiinger	各自独立在瑞典铈硅矿石中分离出氧化铈,当时把它称为"铈土"
Pr	1885	C. A. von Welsbach	从混合稀土中分离出两种新元素——镨和钕
Nd	1885	C. A. von Welsbach	同上

续表

元素	发现年份	发现者	发现途径
Pm	1947	J. A. Marmsky L. E. Glendenln C. D. Coryell	在铀的裂变产物残渣中用离子交换法分离得到钷的同位素，从而发现了钷元素
Sm	1879	L. de Boisbaudran	从混合稀土中首先分离出氧化钐，当时称为"钐土"，经光谱研究证明它是一种新元素，从而首先发现了钐
Eu	1896	E. A. Demarcay	从不纯的氧化钐中分离出氧化铕，并证明它是一种新元素
Gd	1880	J. C. G. de Marignac	从不纯的氧化钐中分离出氧化钆，并确定它是一种新元素
Tb	1843	C. G. Mosander	从伊特比镇所产的加多林矿中又发现了一种新"土"。他用氨水中和硝酸钆的酸性溶液，沉淀出氧化铽
Dy	1886	P. E. F. L. de Boisbaudran	用分级沉淀的方法从"钬土"中分离出钬和镝，并通过光谱研究证明后者是一种新金属
Ho	1879	P. T. Cleve	从不纯的氧化铒中分离出两种新元素的氧化物——氧化钬和氧化铥
Er	1843	C. G. Mosander	在进一步分析伊比特矿石时发现了玫瑰色的铒土
Tm	1879	P. T. Cleve	与钬一起发现
Yb	1878	C. G. Mosander	从伊特比镇所产的矿石加多林矿中发现的第四种新"土"
Lu	1907	G. Urbain	在采用硝酸盐分步结晶法研究硝酸镱时，分离出氧化镥

4. 原子结构理论揭示了周期律的内在因素

元素周期律的发现说明各种化学元素、各种不同的原子间并不是彼此孤立的，而是有着深刻内在联系的。这预示着人们的认识要深入物质的更深层次——原子结构里去。而对原子结构的研究，反过来必然会加深对元素周期律本质的认识，科学发展的历史进程完全证实了这一点。

[1] 由表及里的深入研究

门捷列夫在1898年曾写道："规律永远是一些变数的适应，像代数中变数和函数的关系一样。因此，当元素已有了原子量这个变数，那么为了寻找元素的规律，应该取元素的另一些性质作为另一个变数，并寻求函数的关系。"事实正是这样，表达元素性质函数的变数在变、在增多：

门捷列夫取原子量和元素的化合价作变数；

迈耶尔曾经以原子体积作为另外一个变数；

周期系建立后，周期表中元素的位置也成了一个变数；

莫塞莱确定原子序数为主要变数；

原子结构明确后，核外电子层的排布又成了一个变数；

随后元素的单质的熔点、密度、原子半径、电离能、电子亲和能、电负性、金属等都可以作为变数；随着亚原子研究的深入，相信还会有更多描述元素性质的变数出现。

普朗克

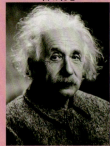

爱因斯坦

玻尔

戴维森和革末

德布罗意

[2] 原子结构理论的形成

关于原子结构的研究，科学家付出了很多心血(参见 3.3 节)。这包括许多重量级大师们开辟的里程碑：

1900 年，德国著名物理学家和量子力学重要创始人普朗克(M. Planck，1858—1947)根据黑体辐射实验提出的量子学说[106]；

1905 年，犹太裔瑞士物理学家爱因斯坦(A. Einstein，1879—1955)为解释光电效应实验提出的光子学说[107]；

1913 年，玻尔为解释氢原子光谱实验提出的玻尔理论把量子化条件引入原子结构中[108]；

1927 年，美国戴维森(C. J. Davisson，1881—1958)与革末(L. H. Germer，1896—1971)成功做了电子衍射实验证实[109]；

1923 年，法国理论物理学家德布罗意(L. V. Broglie，1892—1987)提出实物微粒的波粒二象性[110]；

1926 年，奥地利理论物理学家薛定谔(E. Schrödinger，1887—1961)提出对实物微粒运动的统计解释[111]；

1927 年，德国物理学家海森堡(W. Heisenberg)提出微粒运动遵循的测不准关系[108]；

电子排布的能量最低原理、洪德规则[112]、泡利不相容原理[113]、斯莱特规则[114]和徐光宪规则[115]；

鲍林近似能级图(图 4-6)[116]和科顿能级图(图 4-15)[117]。

[3] 终成一个完整体系

根据一系列的实验成果，科学家们进行了深入的量子化学研究，解决了核外电子运动状态的描述和核外电子的排布问题，才真正解决了元素周期律的内在原因问题，这就是：元素性质的周期性变化是由于元素原子的电子层结构有周期性变化(图 9-10)[118]，深刻而准确地反映了原子的微观结构，进一步使周期律更加完善，元素周期表构筑了元素自然分类的完整体系。原子结构理论不仅没有推翻门捷列夫元素周期表的排列，反而发现与它是惊人的一致，无形中使周期律得到了证实，折射出周期律的包容性。

如此，我们可以这样描述化学元素周期律：化学元素的性质是它们原子结构的周期性函数。

5. 锕系理论使近代周期表趋于完整

1940 年以前，铀元素始终处于周期系的末端。以往，人们在化学上用"超铀元素"(transuranic element)泛指原子序数在 92(铀)以上的重元素。

[1] "锕系"包含哪些元素

早在门捷列夫建立元素周期律时铀就已经被发现了。按照铀的化合价主要是 +6，安置在钨的下面让它和钨成为一族，还是可以的。可是，把 93～98 号元素分别安置在 75～80 号元素下面，显然就不合适了。早在 1922 年，玻尔根据原子结

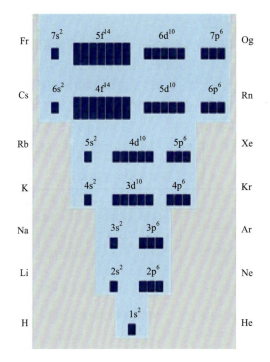

图 9-10 电子结构的周期性

薛定谔

海森堡

洪德

泡利

斯莱特

徐光宪

构理论,假定在铀后会出现一个和镧系相似的元素系,并制定了一个元素周期表。玻尔认为这个新元素系应从 93 号元素开始;有人认为从 95 号元素开始,有人认为从 91 号元素开始;还有人认为应从 92 号元素开始到 106 号为止组成一个新的元素系;还有人提出让 92~95 号元素组成一个铀系等,众说纷纭。

原因何在?一是这些元素的性质比较复杂,如这 15 个元素的化合价就不止一种,而且钍、镤、铀三种元素主要的化合价分别是+4、+5、+6,而不是+3。从锕到铀化合价由+3 逐步递升到+6(最高、最常见的化合价),从铀起又逐步降低,镎最常见的化合价是+5 和+3,钚是+4 和+3,镅和锔则是+3,锫和锎是+4 和+3。这就造成了它们的排列混乱。二是当时超铀元素尚未发现。

[2] "锕系"理论的提出和证明

一直到 1944 年,美国著名核化学家西博格(G. T. Seaborg,1912—1999)根据重元素的电子结构提出了锕系理论[119],他认为锕及其后的元素组成了一个各原子内的 5f 电子层被依次填满的系列,第一个 5f 电子从镤开始填入,正好与镧系元素中各原子的 4f 电子层被逐渐填满的情形相似。只有根据它们的电子层结构以及所有的性质综合考虑,才可能把它们合并在一起成为锕系,如今天的元素周期表,放置在镧系的下面。这也是我们认为"化学元素的性质是它们原子结构的周期性函数"的原因。

后来经过这些元素的磁化率测量、电子自旋共振研究、光谱研究等,以及对它们化学性质的研究,进一步证明了锕系理论的正确性。而 104 号元素 Rf 和 105 号元素 Db 合成后,对它们的价态和水溶液性质进行的研究,表明分别是 Zr、Hf 和 Nb、Ta 的同族元素,锕系理论才得到最后的证实。

化学元素新论

科顿

[3] "锕系"元素的合成

超铀元素大都是不稳定的人造元素,它们的半衰期很短,这给人工合成这些元素带来困难(参见 1.2 节)。幸运的是,由于科学技术的发展,人们在技术上已掌握了先进的方法制取它们[120-124]。合成它们的大致方法包括(表 9-27):较轻的超铀元素(从 $Z=93$ 的镎到 $Z=100$ 的镄)可以用中子俘获法(反应堆稳定中子流或核爆炸)来获得;$Z>100$ 的元素要用耗费巨大的加速器重离子轰击(如直线加速器将重粒子束最大能量达每个核子 10.3 MeV,回旋加速器为 8.5 MeV)来制备。

表 9-27 锕系元素的发现和合成

元素	发现年份	发现者	发现或首次合成方式
Ac	1899	A. L. Debierne	先将沥青铀矿溶解,然后加氨水产生沉淀,从沉淀物中发现不认识的谱线而得
Th	1828	J. J. Berzelius J. Esmark	用金属钾与氟化钍共热而得
Pa	1917~1918	O. Hahn L. Meitner F. Soddy	从沥青铀矿的残渣中发现
U	1789	H. J. Klaproth	在沥青铀矿的硝酸提取液里加入碳酸钾得到沉淀而发现
Np	1940	E. M. McMillan P. H. Abelson	用中子轰击铀而得
Pu	1940	E. M. McMillan G. T. Seaborg	用氘核轰击铀而得
Am	1945	G. T. Seaborg D. L. Morgan C. James	用快中子照射 ^{239}Pu 而得
Cm	1944	G. T. Seaborg R. A. James A. Ghiorso	用回旋加速器加速的氦离子轰击 ^{239}Pu 而获得
Bk	1949	S. G. Thompson A. Ghiorso G. T. Seaborg	用回旋加速器以 35 MeV 能量的氦离子轰击镅-241,得到质量数为 243 的 97 号元素的同位素
Cf	1949	S. G. Thompson A. Ghiorso G. T. Seaborg	同上,用回旋加速器加速的氦核轰击百万分之几的锔-242,得到质量数为 245 的 98 号元素的同位素
Es	1952	A. Ghiorso	从太平洋的安尼维托克岛所实验的一次氢弹爆炸的碎片中发现。吉奥索等用碳核轰击钚,同时得到 99 号和 100 号两种元素
Fm	1952	A. Ghiorso	同上
Md	1955	A. Ghiorso B. G. Harvey G. R. Choppin G. T. Seaborg	在回旋加速器中用加速的 41 MeV 能量的氦核轰击少量的 ^{253}Es
No	1953	G. T. Seaborg A. Ghiorso E. Segre	用碳离子轰击锔而制得
Lr	1961	A. Ghiotso T. Sikkeland A. E. Larsh	用回旋加速器加速的硼-11 离子轰击 ^{250}Cf 而得。1965 年,苏联的杜布纳联合核子研究所用氧-18 离子轰击镅-243,发现铹的另一种同位素

[4] "锕系"理论建立的意义

"锕系"理论的建立,即在周期表中存在着与镧系元素位置相似的另一系列重内过渡元素——锕系元素。这一理论使近代周期表趋于完整:①为后来逐一合成人工超铀元素指明了方向;②从电子结构理论出发说明有可能人工合成出 104~118 号超重元素(superheavy element),从而完善第七周期;③为锕系元素放在周期

— 614 —

表下列找到了依据，使近代周期表完善了"对称性占主导地位的形式美"[125]，这是自然界物质运动内在美的体现，是从无序到有序的整合，是自由创造美与自然科学美的结合[126]；④为周期表延伸的遐想做出了提示。

9.1.4 展望阶段

科学和技术在不断发展，人们将会利用多种途径更为深刻地研究周期律和周期表。这里包括人们对周期律的再实践—再认识—再检验和对周期表延伸的向往，相信会得到意想不到的结果。

1. 七个周期的元素周期表已完整

超重元素指原子序数大于等于 104 号的元素[127]，它们的 6d 亚层被填入电子。对超重元素进行合成方面的研究有助于探索原子核质量存在的极限，最终确定化学元素周期表的边界，同时是对原子核壳模型理论正确与否的实际检验(参见 3.4 节)。根据核结构的"液滴模型"[128-129]，当质子增加时核内的凝聚力不能再平衡库仑斥力，重元素的稳定性降低，原子核迅速分裂，形成了一个不稳定的核素海洋。然而，按原子核"壳层模型"[130-132]预期，一个后于双幻数铅同位素 ^{208}Pb 的第二个闭合双壳层应出现在质子数 114、中子数 184 处[133]，远远超过"液滴模型"的不稳定区域。迈耶尔[126]首先用半经验公式讨论了这个区域的宏观稳定性；尼尔森[134]用计算变形核能级方法改进了理论模型，并提出宏观-微观理论；在此基础上，斯特鲁金斯基进行了新的理论计算，并将壳层效应附加于原子核液滴模型理论[135]。1967 年，科学家们预言在闭合双壳层 $Z = 114$ 和 $N = 184$ 附近存在一个超重核素的"稳定岛"(图 1-44)[136]。理论上超重核素的半衰期最长可达 10^{15} 年。为了跨过不稳定核素的海洋真正登上稳定岛，科学家采用重离子作为入射粒子有效地引发了合适的核反应。现在，104～118 号元素皆已被成功合成[137-138]，并得到了 IUPAC 的承认和命名[17-18, 139-142]，七个周期的元素周期表已经完整。但是，确切地说目前只是刚刚踏上超重元素稳定岛的边缘地带，还没有完全进入稳定岛。

2. 元素周期表可能存在一个上限

稳定岛假说的提出鼓舞着科学家们在自然界和人工合成两个领域去找寻新的超重元素。刘国湘和胡文祥根据对天然核素稳定性、重离子核反应截面的限制、核素存在时间的限制、电子壳层的稳定性等方面的综合分析，提出元素周期表可能存在一个在第八周期 138 号元素左右的上限[143-144]。1969 年，格鲁门(J. Grumann)等认为下一个超重稳定岛将以 164 为中心，超重核的寿命为几分钟，甚至可长达若干年[143, 145]。这样不但可以完成元素周期表的第七周期，还可填充 5g～6f 超锕系和 6g～7f 新超锕系两个内过渡系(各 32 种元素)，完成每周期 50 种元素的第八、九超长周期，直至 $Z = 218$(图 9-11)[136]。应该说，这是一个带有幻想式的大远景周期表。

研究者依据这样一个带有幻想式的大远景周期表，开始尝试了合成元素周期表里的第 119 号元素(暂定名为 Uue)的实验[146-148]。结果是，无论在美国加州伯克

化学元素新论

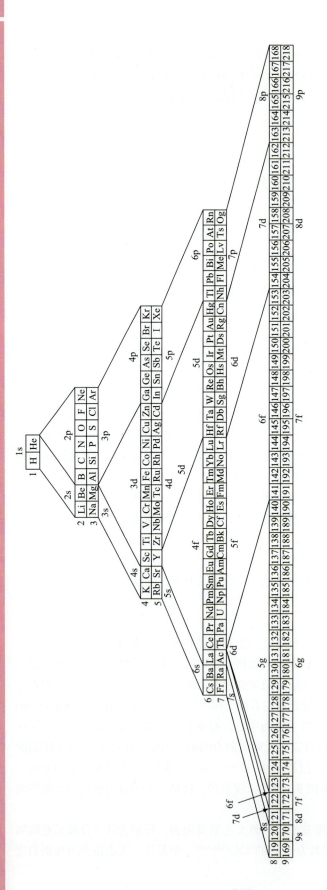

图 9-11　元素周期表远景图

利的超重离子直线加速器中用钙-48 轰击锿-254[149]，还是德国的 GSI 亥姆霍兹重离子研究中心用钛核轰击锫[150]，到目前还没有得到 Uue。

原因在于，尽管科学家仍然希望找到更多元素，但同时一致认为发现第 120 号之后的元素的前景不容乐观[151]。美国劳伦斯伯克利国家实验室研究重元素化学的盖茨(J. Gates)表示：“在新元素合成方面，我们已经到了回报递减的阶段，至少以我们目前的技术水平来看是这样。”85 岁的俄罗斯核物理学家、历史上第二位健在时便拥有以自己名字命名的元素(氮)的科学家奥加涅相说：“发现超重元素有时就像打开一个潘多拉盒子，从盒子里扔出来的问题比发现更多的元素要复杂得多。”也就是说，创造新元素在概念上非常简单，但在技术上既困难又缓慢。大多数研究人员认为，探索已知元素的化学性质和核物理性质与制造新元素一样有价值。

胡文祥[146]认为如果反物质的宇宙确实存在，那么其反物质元素周期表也可能存在一个上限。这也许有着深远的物理学、化学和哲学意义。我们认为用人类只了解的 4%的物质世界去解释和猜测 96%的未知宇宙尚需等待，这是人们对周期律的再实践—再认识—再检验的一个长期过程。

9.2 化学元素周期表的形式和美学价值

恩格斯在创立自然辩证法时指出：“理论自然科学把自己的自然观尽可能地制成一个和谐的整体。”[147] 周期表历经坎坷和锤炼，完善了自己“对称性占主导地位的形式美”[125]，这是自然界物质运动内在美的体现，是从无序到有序的整合，是自由创造美与自然科学美的结合!

1. 元素周期表族标法的改进

元素周期表族标法的传统表示是用 I ～VIII罗马数字，但欧洲和美国仍有不同(图 9-12)；正式出版的教材和单页周期表的使用依然是多样的。大体演变如下 [148-149]：

1956 年，A. Olander 提出用 1～18 阿拉伯数字表示[148](只是稀有气体用 0 表示)；

1983 年，美国化学会也提出用 1～18 阿拉伯数字表示[148-149](只是在 3～12 列加了 d 或 f 以示过渡元素和内过渡元素)；

1987 年，IUPAC 经多次会议[150-151]确认了用 1～18 阿拉伯数字表示的族标法；

1989 年，IUPAC 无机化学命名委员会指出从 1989 年开始正式建议采用新体系。

族首序号
第1行：IUPAC建议
第2行：欧洲习惯
第3行：美国习惯

	1	2	3	4	5	6	7	8	9	10	11	12	13	14	15	16	17	18
	IA	IIA	IIIA	IVA	VA	VIA	VIIA	VIII	或	VIIIA	IB	IIB	IIIB	IVB	VB	VIB	VIIB	0或VIIIB
	IA	IIA	IIIB	IVB	VB	VIB	VIIB	VIII	或	VIIIB	IB	IIB	IIIA	IVA	VA	VIA	VIIA	0或VIIIA
1	1 H																	2 He
2	3 Li	4 Be											5 B	6 C	7 N	8 O	9 F	10 Ne
3	11 Na	12 Mg											13 Al	14 Si	15 P	16 S	17 Cl	18 Ar
4	19 K	20 Ca	21 Sc	22 Ti	23 V	24 Cr	25 Mn	26 Fe	27 Co	28 Ni	29 Cu	30 Zn	31 Ga	32 Ge	33 As	34 Se	35 Br	36 Kr

图 9-12 对周期表族序号表示的 IUPAC 建议和传统习惯比较

虽然 IUPAC 对于周期表的族标法已明确，但是仍有多种不同的表示法(多达 11 种)在文献中出现[152-154]。我国学者也在化学教育类杂志上不断发表看法[148-149, 155-156]，但总的来说反响不大。因此，我们认为应该再强调：在文献和周期表中，试行 IUPAC 的建议，值得借鉴的方法是把 IUPAC 的建议和传统采用的族的序号同时列出，如我们编著的周期表[142]。

2. 元素周期表的美学价值

海森堡说过："美是各部分相互之间以及整体之间真正的协调一致。"[157]化学元素周期表体现的就是这种美[125]。

[1] 科学的形态美

迄今已有的 700 多种形式各异的周期表已使其内容和形式达到了统一、和谐。

1) 框架结构令人感官美

元素周期表表现了众多元素的根本特点，横的、竖的规律，周而复始，螺旋上升，而又寓意深刻。无论从哪个角度看，都会有所得。如果从电子结构观测(图 9-13)更美，尽管当时门捷列夫制成的表又小又不完整，但它很快按其原意发展而成气候。

海森堡

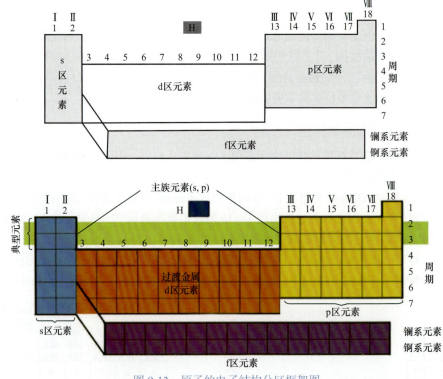

图 9-13 原子的电子结构分区框架图

2) 基本对称给人稳定美

最实用的长周期表大致显出两边对称的"凹"型结构，镧系、锕系分表列出，甚至包括预言的"超锕系"、"远超锕系"在内[9]，基本对称中有均衡，仍给人以稳定之美。更不用说圆形、扇形、螺旋形等表示法，各有千秋。

3) 总体个体对比和谐美

对比和微差是形式美的基本法则之一。周期表从含一个质子的氢到 118 号元素，从左上角到右下角，一点一点地量变到质变，显示了从微差到成规律，从个体到总体的变化，体现了和谐之美。

[2] 科学的内在美

1) 多样统一之美

多样性显示为每个元素的个体性质不同，也显示为周期表的各个区域的不同。例如，第 1、2 周期的半径小引起的特殊性，第 2、3 周期前几对元素的对角线规律，第 6 周期下部元素的 $6s^2$ 惰性电子对效应，p 区下方有毒元素的小元素群，镧系收缩效应等。统一性则包含着元素周期表内部的逻辑结构的一致性，从同一周期或同一族的递变规律，包含着周期表展现的规律性与客观世界事物发展规律的高度一致性、和谐性。

2) 言简意赅之美

历史上寻找新元素(包括古人已知的金、银等 9 种元素)大约从 1660 年到 1960 年持续了 3 个世纪。1869 年有了元素周期表后新元素的发现速度令人震惊，这充分显示了元素周期表的魅力。一个简单的"表"对整个化学界的发展、指导作用还不令人羡慕和震惊吗？与"人类基因图"相比如何？

3) 理论结构之美

如前所言，从元素周期表诞生之时，无不包含着化学所有的定律、规律、理论的内容，而后来化学理论的每一个阶段又无不充实着它。例如，X 射线揭示了周期性的实质，电子结构理论又使其有了质的飞跃。从另一个角度看，再发展都不会从根本上改变其"结构"。

总之，化学元素周期表的美是多维度、多层次、多样化的，其发现是伟大的、惊天动地的，其内容是博大精深的，其作用是光辉灿烂的。

3. 创意百出、形式各异的元素周期表

[1] 门捷列夫周期表的青春不断

门捷列夫元素周期律及其图表是在他编写《化学原理》教科书过程中发现的，同时也是在他生前 8 次修订的《化学原理》巨著中得到发展和完善的。他曾指出："《化学原理》是我心血的结晶，其中有我的形象、我的教学经验和我们真挚的科学思想。"其实，化学元素周期律的发现就是先从形式开始的：当门捷列夫在前人基础上研究时，就是把每个元素的性质写在纸片上，反反复复地排列，终于在一天早上拿出了理想的"表"。

自 1869 年门捷列夫的元素周期表出现至今，科学家、教师、有兴趣者根据自己的理解、目的，在周期表的设计中创意百出，形式各异的周期表应运而生。迄今已有大约 700 多个版本出版[158]。除了众多矩形变化的形式外，其他像圆环、立方体、圆柱、建筑、螺旋、双扭线、八角形等棱镜、金字塔、球体或三角形的应有尽有[159-160]。这些替代品的开发往往要么是为了突出或强调元素的化学或物理性质，要么是为了研究或教学的方便。我国学者也为此进行了大量生动而有趣的研究[161-163]，近年来出版的一些图表也是颇具特色[164-165]。然而，这些替代品没有传

统元素周期表展现元素性质规律的明显特点(图 9-14)。无机化学家的周期表强调电子结构趋势[166]、模式和不寻常的化学关系与属性[167]，包括将元素氢的位置单独放在表的上方中央[168]。

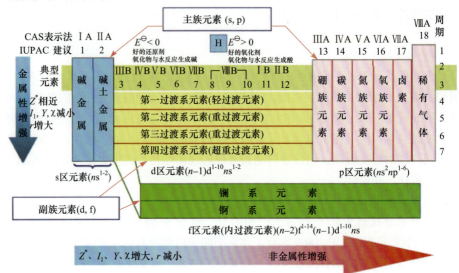

图 9-14 元素性质在周期表中展现的规律

目前，为了查阅和使用元素性质的方便，利用计算机编程在网上发布了一些周期表[169]，如打开 http://chemlab.pc.maricopa.edu/periodic/periodic.html 或 http://www.scs-int.com/images/prints/PTablel.jpg 网站，可下载各种表示的周期表，在百度网站或 http://www.bio-soft.net/photo.html 上会得到一些奇妙的周期表[170]。

[2] 周期表的外观分类

从外观看，700 多个不同版本的周期表大约有 6 类。

1) 短式周期表

短式周期表(short-typed periodic table)是以门捷列夫在 1906 年发表的化学元素周期表为基础的(表 9-20)。短式周期表共分 9 个族，Ⅰ～Ⅷ族和一个零族。在Ⅰ～Ⅶ族里，每族有两列，各分为主族和副族。把主、副族放在同一个格子里，虽然格式上比较紧凑，便于做主、副族之间的比较，但主、副族性质上表现出明显的差异。从表现元素内部结构的联系和使用便利的角度来看，短式周期表不如长式周期表，可以说是已经陈旧过时了。它已经完成了自己的历史使命而让位给其他形式的周期表。

2) 塔式或台阶式周期表

塔式周期表(tower-shaped periodic table)是以汤姆森(1895 年设计，图 9-9)和玻尔的设计形式(1922 年设计)为基础，因此又称汤姆森-玻尔式周期表(或玻尔式周期表，或塔式周期表)。在塔式周期表中，同族元素以直线连接，每一周期成一竖行。在单线框内，先是元素原子电子层的排布，最后电子进行次外层充填。在双线框内，先是元素原子电子层的排布，最后电子进行外数第三层充填。表中显示了氢的位置的一种看法(用虚线和碱族以及卤族相连)。塔式周期表还能较好地预示周期系的未来面貌。但它最大的缺点是族和周期均不够明显，特别是对于特长周期或超长周期来说，阵势列得过于冗长，削弱了各个族的内在联系，使用起来不够方便。其实在汤姆森之前的 1882 年已有了 Bayley 塔式雏形(图 9-15)。台阶式周期表与塔式周期表异曲同工，可参见文献[8]。

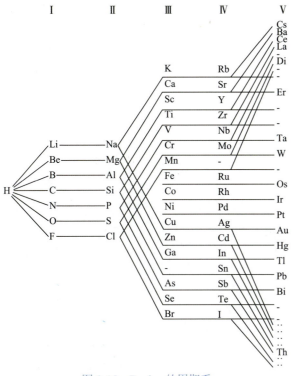

图 9-15 Bayley 的周期系

3) 环形、扇形、蜗牛形、螺旋形等形式的周期表

为了把镧系元素和锕系元素放入周期表中，同时也为了使氢和氦在元素周期表中有个较好的位置，出现了环形(circle-shaped，图 9-16)、扇形(fan-shaped，

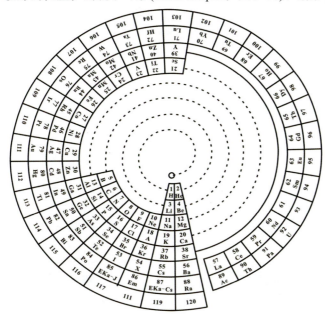

图 9-16 环形元素周期表

图 9-17)、蜗牛形(coils-shaped，图 9-18)、螺旋形(spiral-shaped，图 9-19)等形式的元素周期表。这些形式的元素周期表可以看成由长式元素周期表卷曲起来所形成的。

4) 立体式周期表

立体式周期表通过一定的变换可直观形象地表达某些化学信息，在某方面确实方便。已报道的有支架式[8](图 9-20)、大厦式[171-172]、积木式[173]、半球式[174]、三角锥形周期表[129, 162-166, 168-169, 173-174]等。文献叙述很详细，这里不再赘述。

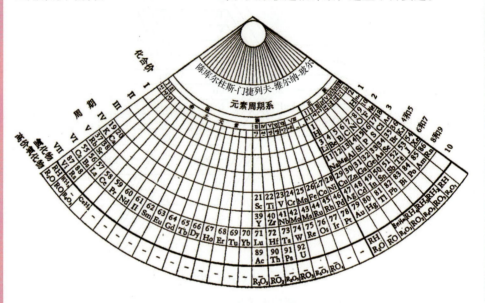

图 9-17 扇形元素周期表

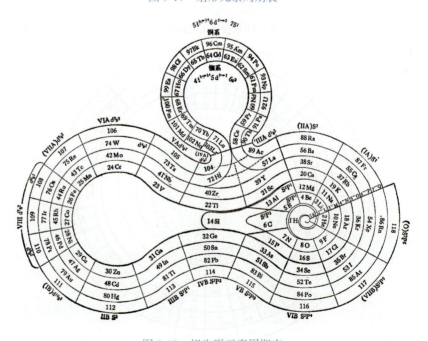

图 9-18 蜗牛形元素周期表

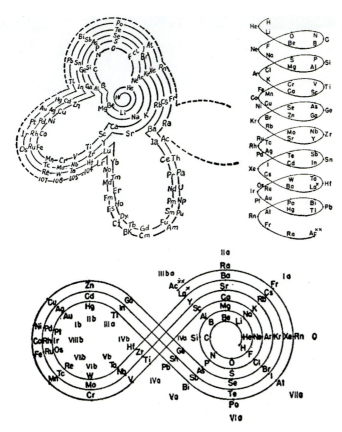

图 9-19 几种螺旋形元素周期表

在支架式周期表中，有一些是很有特色的(图 9-21)。例如，图 9-21(a)的立体式图解像一条纸带螺旋缠绕而成的周期表，将所有的元素都连在一起，结果在周期表的上方就不会出现长周期表上方的"缺口"。将第 2 族(Ca 等)与第 12 族上下对齐在一个纵列上，立支架式元素周期表即可以知道它们的性质是相似的。图 9-21(b)采用颜色(不同颜色代表不同轨道)来表现最外层电子位于哪类轨道上。这种周期表还能够把现在作栏外处理的"镧系"和"锕系"很自然地安排在周期表内。这样，就不会因为新元素的发现把放置位置作栏外处理了。图 9-21(c)也是一种立体式周期表：各元素之间的关系更为清楚，一"周期"的元素被安放在同一层透明板上。这时，从上垂直向下看，分别位于各层的同一"族"元素都在同一条垂线穿过的位置，因而能够同时看到属于这一族的所有元素；如果从中心向四周看，各层位置在同一方向的元素也是性质相似的元素。该表突出了更多的周期性质。

图 9-20 支架式元素周期表

化学元素新论

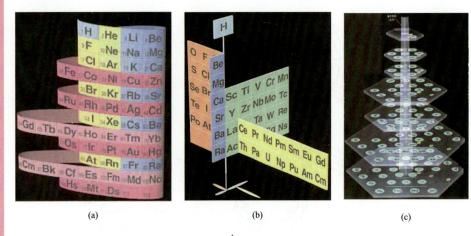

(a)　　　　　　　　　　(b)　　　　　　　　　　(c)

图 9-21　一些很有特色的支架式周期表

5) 长式周期表

长式周期表是瑞典化学家维尔纳在 1905 年提出的。他改变了门捷列夫创立的化学元素周期表的格式，创立了今天通用的长式周期表的格式(图 9-22)。维尔纳长式周期表中，每一元素(镧系和锕系除外)只占周期表的一格，从而克服了短式周期表中一格内放置两个元素的缺点。把内过渡元素系的镧系和锕系从整表中拉出来放在主表之外，使得化学元素按群体分类的方法比较清楚，各元素族内部及族与族之间的联系也表现紧凑。目前长式周期表使用起来仍然是最方便的，它是一种最有实用意义的周期表。

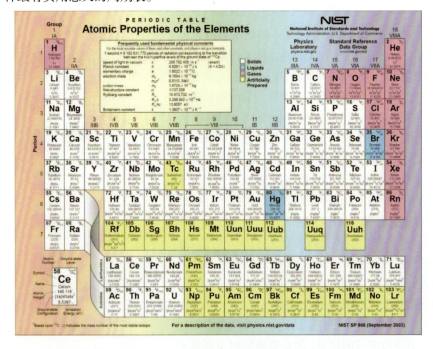

图 9-22　标准的元素周期表(由美国国家标准技术局发布)

6) 千奇百怪的元素周期表

网页上常有一些千奇百怪的元素周期表，各有创意，颇有特色，可使产生丰

— 624 —

富的遐想，如图 9-23～图 9-25。

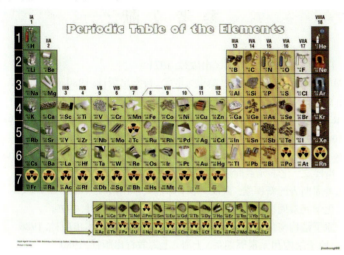

图 9-23　材料元素周期表(对应各种单质外形的实际照片)

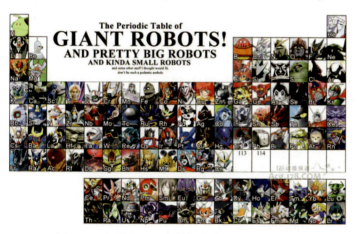

图 9-24　机器人型元素周期表(任由您选择填入)

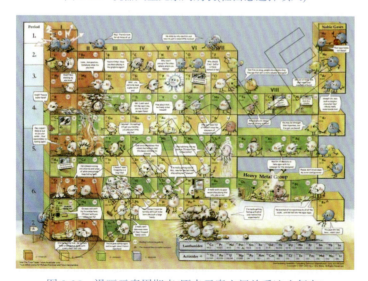

图 9-25　漫画元素周期表(原来元素之间关系这么复杂)

参 考 文 献

[1] 恩格斯. 自然辩证法. 北京: 人民出版社, 1971.
[2] 化学发展简史编写组. 化学发展简史. 北京: 科学出版社, 1980.
[3] Kauffman G B. J. Chem. Educ., 1969, 46(3): 128.
[4] Petrucci R H, Harwood W S, Herring G E, et al. General Chemistry: Principles and Modern Application. Upper Saddle River: Prentice-Hall Inc., 2006.
[5] Scerri E R. Selected Papers on the Periodic Table. London: Imperial College Press, 2009.
[6] 车云霞, 申泮文. 化学元素周期系. 天津: 南开大学出版社, 1999.
[7] 立方. 元素周期表的新探索. 武汉: 华中师范大学出版社, 1989.
[8] 凌永乐. 化学元素周期律的形成和发展. 北京: 科学出版社, 1979.
[9] 刘少炽. 原子结构与化学元素周期系. 西安: 陕西科学技术出版社, 1986.
[10] 钱止英. 原子结构和元素周期系. 上海: 上海教育出版社, 1980.
[11] 特立丰诺夫 D N. 化学元素发明简史. 北京: 科学技术文献出版社, 1986.
[12] 田凤岐. 元素周期律. 北京: 北京出版社, 1979.
[13] 赵匡华. 化学通史. 北京: 高等教育出版社, 1990.
[14] 盛根玉. 化学教学, 2011, (5): 65.
[15] 宋莉, 邹勇. 自然辩证法通讯, 1998, (2): 45.
[16] 吴蜀江. 科技进步与对策, 2003, 20(12): 96.
[17] 赵春音. 科学学研究, 2003, 21(4): 362.
[18] Karol P J, Barber R C, Sherrill B M, et al. Pure Appl. Chem., 2016, 88(1-2): 139.
[19] Karol P J, Barber R C, Sherrill B M, et al. Pure Appl. Chem., 2016, 88(1-2): 155.
[20] 杨奇, 陈三平, 邸友莹, 等. 大学化学, 2017, 32(6): 46.
[21] 林承志. 化学教育, 1997, 18(5): 40.
[22] 张家治. 化学史教程. 太原: 山西教育出版社, 2004.
[23] 吕清文. 中学化学教学参考, 2004, (4): 49.
[24] 张青莲. 化学通报, 1986, (5): 56.
[25] Wieser M E. Pure Appl. Chem., 2006, 78(11): 2051.
[26] Coplen T B, Peiser H S. Pure Appl. Chem., 1998, 70(1): 237.
[27] Loss R D. Pure Appl. Chem., 2003, 75(8): 1107.
[28] 凌永乐. 世界化学史简编. 沈阳: 辽宁教育出版社, 1989.
[29] 道尔顿. 化学哲学新体系. 北京: 北京大学出版社, 2006.
[30] Morrow S I. J. Chem. Educ., 1969, 46(9): 580.
[31] 秋实, 孙晓云. 河北师范大学学报(自然科学版), 1990, (2): 95.
[32] Avogadro A. J. Phys., 1811, 73: 58.
[33] Petit A T, Dulong P L. Ann. Chim. Phys., 1819, 10: 395.
[34] Wissenschaften K N A D. Abhandlungen Der K Niglichen Akademie Der Wissenschaften Zu Berlin. Charleston: Nabu Press, 2011.
[35] Cannizzaro S. Justus Liebigs Ann. Chem., 1853, 88(1): 129.
[36] Nye M J, Hiebert E N. Phys. Today, 1997, 50(8): 56.
[37] Morley E W. J. Am. Chem. Soc., 1892, 14(7): 173.
[38] Richards T W, Coombs L B. J. Am. Chem. Soc., 1915, 37(7): 1656.
[39] Lavoisier A. Traité Élémentaire de Chimie, Présenté dans un Ordre Nouveau, D'après des Découvertes Modernes. Paris: Chez Cuchet, 1789.

[40] Kerr R. Elements of Chemistry. Edinburgh: William Creech, 1790.
[41] Döbereiner J W. Ann. Phys., 1829, 91(2): 301.
[42] Collins P M D. Platinum Met. Rev., 1986, 30(3): 141.
[43] Gmelin L. Gmelin Handbuch der Anorganischen Chemie. 4th ed. Heidelberg: Verlag Chemie, 1843.
[44] Pettenkofer M J V. Gelehr. Anz., 1850, 30: 261.
[45] Gladstone J H. The London, Edinburgh, and Dublin Philosophical Magazine J. Sci., 1853, 5(33): 313.
[46] Cooke J P. Am. J. Sci. Arts, 1854, 17(51): 387.
[47] Kekulé F A. Justus Liebigs Ann. Chem., 1857, 104(2): 129.
[48] Dumas J B A. Ann. Chim. Phys., 1859, 55: 129.
[49] Chancourtois A E B. Académie des. Sci., 1862, 54:757.
[50] Telluric V. Classement naturel des Corps Simples ou Radicaux Obtenu au Moyen dun Systeme de Classification Helicoidal et Numerique. Paris: Plates, 1863.
[51] Lond W M B. Philos. Mag., 1966, 13(89): 480.
[52] Griffith B W. Platinum Met. Rev., 2008, 52(2): 114.
[53] Harvey D T. J. Chem. Educ., 2014, 91: 307.
[54] Abeles F F. The Influence of Arthur Cayley and Alfred Kempe on Charles Peirce's Diagrammatic Logic. In Research in History and Philosophy of Mathematics. Birkhäuser: Cham, 2015.
[55] Meyer J L. Justus Liebigs Ann. Chem., 1870, 7: 354.
[56] Meyer J L. Ber. Deut. Chem. Ges., 1873, (6): 101.
[57] Newlands J A R. Chem. News, 1864, 10: 94.
[58] Newlands J A R. Chem. News, 1865, 12: 83.
[59] Hinrichs G D. Programm der Atomechanik. Iowa: Augustus Hageboek, 1867.
[60] van Spronsen J W. The Periodic System of Chemical Elements A History of the First Hundred Years. Amsterdam: Elsevier,1969.
[61] 尾雅范. メンデレ-ユフの周期律先见. 札幌: 北海道大学书刊行会, 1997.
[62] Meyer J L. Ber. Deut. Chem. Ges., 1880, (13): 259.
[63] 斯毕村 В И, 李有柯. 化学通报, 1955, (10): 16.
[64] 凯德洛夫, 陈益升, 袁绍渊. 化学元素概念的演变. 北京: 科学出版社, 1985.
[65] 何法信. 曲阜师范大学学报(自然科学版), 1991, (3): 100.
[66] 张明雯. 自然辩证法通讯, 1993, (6): 15.
[67] Kamensky G. The Principles of Chemistry. New York: Longmans, Green, and Co., 1905.
[68] 杨德荣. 科学技术论研究. 成都: 西南交通大学, 2004.
[69] 桂起权, 李继堂. 科学技术哲学研究, 2004, 21(1): 43.
[70] 林永康, 陈亦人. 台州学院学报, 1999, (6): 82.
[71] 钱时惕. 重大科学发现个例研究. 北京: 科学出版社, 1987.
[72] 盛根玉, 吴敬华. 华东师范大学学报(自然科学版), 1981, (1): 118.
[73] 朱新明, 申先甲. 中国兴起的潜科学. 北京: 光明日报出版社, 1986.
[74] 王克强. 技术发展的历史逻辑. 西安: 西安交通大学出版社, 1992.
[75] De Boisbaudran L. Comptes Rendus, 1895, 120: 1097.
[76] Nilson L F. Compt. Rend., 1879, 88: 642.
[77] Winkler C. Ber. Deut. Chem. Ges., 1887, 19(1): 210.
[78] Mendeleev D I. J. Chem. Soc., Trans., 1889, 55(0): 634.
[79] 韦克思 M E. 化学元素的发现. 黄素封译. 北京: 商务印书馆, 2009.

[80] 邢如萍, 成素梅. 科学技术哲学研究, 2010, 27(2): 50.
[81] Mendeleev D I. Russ. Khim. Obshch., 1869, (1): 60.
[82] Mendeleev D I. Concerning the Atomic Volumes of Simple Bodies Arb, II Kongr. Russ. Arzt. Naturf: Kinderarzt, 1869.
[83] Mendeleev D I. The Principles of Chemistry. London: Longmans, 1869.
[84] Mendeleev D I. Bull. Acadé. Impér. Sci. de St. Pétersbourg, 1871, (16): 45.
[85] Mendeleev D I. Russ. khim. Obshch., 1871, (3): 25.
[86] Mendeleev D I. Ber. Deut. Chem. Ges., 1871, (4): 348.
[87] Mendeleev D I. Ann. Chem. Pharmacie, 1872, (8) 133.
[88] Menschutkin N. Justus Liebigs Ann. Chem. Pharm., 1865, 133(3): 317.
[89] Menschutkin N. Z. Phys. Chem., 1890, 5: 589.
[90] Rayleigh L, Ramsay W. Pro. R. Soc. London, 1967, 57(3): 265.
[91] Thomsen J. Z. Anorg. Chem., 1895, 9(1): 190.
[92] Rutherford E. Nature, 1913, 92: 423.
[93] Chadwick J. Nature, 1932, 129(129): 402.
[94] Chadwick J. Pro. R. Soc. London, 1933, 142(846): 1.
[95] Geiger H. Pro. R. Soc. London, 1910, 83(565): 492.
[96] Rutherford E. The London, Edinburgh, and Dublin Philosophical Magazine and Journal of Science, 1911, 21(125): 669.
[97] Shampo M A, Kyle R A. Mayo Clin. Proc., 1993, 68(12): 1176.
[98] Moseley H G J. The London, Edinburgh, and Dublin Philosophical Magazine and Journal of Science, 1913, 26(156).
[99] Brauner B. Ber. Deut. Chem. Ges., 1882, 15(1): 115.
[100] Bassett H. Chem. News, 1892, 65(3-4): 19.
[101] Retgers J W. Z. Phys. Chem., 1895, (16): 644.
[102] Werner A. Ber. Deut. Chem. Ges., 1905, 38(1): 914.
[103] Bohr N. Nature, 1921, 107(1): 1
[104] Holst H, Lindsay R B, Kramers H A. The Atom and the Bohr Theory of Its Structure: An Elementary Presentation. London: Gyldendal, 1923.
[105] 徐光宪. 稀土(上册). 2版. 北京: 冶金工业出版社, 1995.
[106] Planck M. Ann. Phys., 1901, 4: (553-563).
[107] Einstein A. Ann. Phys., 1905, 322(6): 132.
[108] Heisenberg W. Zeitschrift Physik, 1927, (43): 172.
[109] Davisson C J, Germer L H. Nature, 1927, 119(2998): 558.
[110] Broglie L V. Nature, 1923, 112.
[111] Schrödinger E. Butsuri, 1926, 1(6): 1049.
[112] Hund F. Linienspektren und Periodisches System der Elemente. Berlin: Springer, 1927.
[113] Pauli W. Z. Phys., 1925, 31(1): 765.
[114] Slater J C. Phys. Rev., 1930, 35(5): 509.
[115] 徐光宪. 化学学报, 1956, 22(1): 80.
[116] Pauling L. The Nature of the Chemical Bond and the Structure of Molecules and Crystals. New York: Cornell University, 1939.
[117] Cotton F A, Wilkinson G. Basic Inorganic Chemistry. New York: John Wiley & Sons Inc., 1976.
[118] Curtin D W, Gingerich O. Phys. Today, 1987, 40(6): 68.
[119] Seaborg G T. 人造超铀元素. 魏明通译. 台北: 台湾中华书局, 1973.

[120] 克勒尔. 超铀元素化学. 北京: 原子能出版社, 1977.

[121] 戈尔丹斯基 В И, 波利卡诺夫 С М. 超铀元素. 盛正真译. 北京: 科学出版社, 1984.

[122] Seaborg G T. Contemp. Phys., 1987, 28(1): 33.

[123] 刘元方, 江林根. 放射化学. 第十六卷. 北京: 科学出版社, 1988.

[124] Seaborg G T. Chem. Eng. News., 1945, 23: 2190.

[125] 武志富, 黄亮, 袁琳. 化学世界, 2004, 45(1): 55.

[126] Myers W D, Swiatecki W J. Nucl. Phys., 1966, 81(1): 1.

[127] Connelly N G, Hartshorn R M, Damhus T, et al. Nomenclature of Inorganic Chemistry: IUPAC Recommendations 2005. United Kingdom: Royal Society of Chemistry, 2005.

[128] Teller E, Wheeler J A. Phys. Rev., 1938, 53(10): 778.

[129] Wheeler J A. Phys. Rev., 1939, 56(5): 426.

[130] Mayer M G. Phys. Rev., 1948, 74(3): 235.

[131] Haxel O, Jensen J H D, Suess H E. Phys. Rev., 1949, 75(11): 1766.

[132] Mayer M G. Phys. Rev., 1950, 78(1): 16.

[133] Meldner H. Ark. Fys., 1967, 36: 593

[134] Nilsson S G, Nix J R, Sobiczewski A, et al. Nucl. Phys. A, 1968, 115(3): 545.

[135] Strutinsky V M. Nucl. Phys. A, 1967, 95(2): 420.

[136] Seaborg G T. J. Chem. Educ., 1969, 46(10): 626.

[137] Corish J, Rosenblatt G M. Pure Appl. Chem., 2003, 75(10): 1613.

[138] Elding L I. Pure Appl. Chem., 1994, 66(12): 2419.

[139] 秦芝, 范芳丽, 吴晓蕾, 等. 化学进展, 2011, 23(7): 1507.

[140] Tatsumi K, Corish J. Pure Appl. Chem., 2010, 82(3): 753.

[141] Loss R D, Corish J. Pure Appl. Chem., 2012, 84(7): 16669.

[142] 高胜利, 杨奇, 李剑利, 等. 解码化学元素周期表. 北京: 科学出版社, 2013.

[143] 胡文祥. 武汉工程大学学报, 1992, (14): 70.

[144] 胡文祥. 防化学报, 1994, (2): 73.

[145] Grumann J, Mosel U, Fink B, et al. Z. Phys., 1969, 228(5): 371.

[146] 胡文祥. 科学, 1999, (12): 9.

[147] 杨德才. 自然辩证法. 武汉: 湖北人民出版社, 2006.

[148] 陈克. 化学通报, 1990, (9): 65.

[149] 陈学民, 王海. 化学教育, 2003, 24(11): 54.

[150] Fluck E. Pure Appl. Chem., 1988, 60(3): 431.

[151] Rawis R L. Chem. Eng. News, 1987, 65(51): 26.

[152] Loening K L. J. Chem. Educ., 1984, 61(2): 852.

[153] Leigh G J. Nomenclature of Inorganic Chemistry: Recommendations 1990. Oxford: Blackwell Scientific Publications, 1990.

[154] Rawis R L. Chem. Eng. News, 1986, 64(25): 37.

[155] 沈孟长, 戴安邦. 化学教学, 1985, (5): 1.

[156] 王世显. 化学教育, 1987, 8(2): 28.

[157] 姜淦萍. 纷乱中探出了规律——元素化学的故事. 上海: 上海科学普及出版社, 1996.

[158] Scerri E. The Periodic Table: Its Story and Significance. New York: Oxford University Press, 2007.

[159] Clark J D. Science, 1950, 111(2894): 661.

[160] Sanderson R T. J. Chem. Educ., 1975, 52(9): 436.

[161] 武留法, 郑东荧. 许昌师专学报, 1992, (4): 30.

[162] 王进贤, 邢志良. 西北师范大学学报(自然科学版), 1999, 35(3): 113.

[163] 邹少兰, 周国芳. 中国信息技术教育, 2006, (3): 56.
[164] 张经华, 袁绲, 刘清珺. 中国人的元素周期表. 北京: 化学工业出版社, 2010.
[165] 周公度, 叶宪曾, 吴念祖. 化学元素综论. 北京: 科学出版社, 2012.
[166] Myers R. The Basics of Chemistry. Westport: Greenwood Publishing Group, 2003.
[167] Quam G N, Quam M B. J. Chem. Educ., 1934, 11(5): 288.
[168] Cronyn M W. J. Chem. Educ., 2003, 80(80): 947.
[169] 陈明旦, 胡盛志. 化学通报, 1993, (1): 60.
[170] 安会云, 吕琳, 顾红兵. 化学教育, 2006, (1): 63.
[171] 何福城, 李象远, 刘华, 等. 化学研究与应用, 1992, (4): 101.
[172] He F C, Li X Y. J. Chem. Educ., 1997, 74(7): 792.
[173] 陈绍庄, 罗锦泰. 广西师范大学学报(自然科学版), 1987, (1): 60.
[174] 黄承志, 李原芳. 西南师范大学学报(自然科学版), 1991, (3): 349.

10 化学元素周期律的应用

海森堡(W. Heisenberg, 1901—1976)
德国物理学家,量子力学的主要创始人,哥本哈根学派的
代表人物,1932 年诺贝尔物理学奖获得者

"美是各部分相互之间以及整体之间真正的协调一致。"

——海森堡

化学元素新论

> **本章提示**
>
> 英国物理化学家、牛津大学林肯学院化学教授、科普作家阿特金斯(P. Atkins)写道:"元素周期表是化学领域最重要的贡献。"元素周期律和周期表的形成和发展,是无机化学一个重要的里程碑。周期律的确立是把来自实验的总结经过科学的综合分析而形成的理论,因此它不仅具有科学的预见性和创造性,同时可以让人们在认识物质世界的思维方面有质的飞跃,用以指导新的自然科学实验,具有应用的重要意义。
>
> 本章选用一些学科研究成果在化学元素周期表中的反映实例,并尽可能用图示的方法展现,以示周期律的指导作用。

10.1 "安全"冰箱的故事

10.1.1 故事梗概

米基利

一个关于"安全"冰箱的故事可以说明人们对周期律的应用。早期使用的制冷剂是一些气体,如氨、二氧化硫、氯乙烷和氯甲烷等,它们均有毒、易燃,经常会渗漏出来,造成人员伤害。因此,厨房里的冰箱曾背负无声杀手的恶名。1928年,美国化学家米基利(T. Midgley,1889—1944)似乎找到了完美的解决方法:一种完全无毒又稳定有效的制冷剂——氟利昂(CCl_2F_2)。米基利为了寻找无毒、不易燃的制冷剂,详细研究了元素周期表,分析单质和化合物的易燃性和毒性的递变规律,发现第三周期中单质的易燃性是 $Na>Mg>Al$,第二周期中氢化物的易燃性是 $CH_4>NH_3>H_2O$,氢化物的毒性是 $AsH_3>PH_3>NH_3>H_2S>H_2O$。米基利认为元素周期表中右上角氟元素的化合物可能是理想的制冷剂。于是,米基利制成了低毒又稳定有效的制冷剂——氟利昂[1]。此后氟利昂很快替代了当时一些有毒或有爆炸性的制冷剂,成为最主要的制冷物质。1937年,米基利因此被授予珀金奖章。

莫林那

当然,故事还没有完:1944年,长眠于地下的米基利还以为自己造福了人类,但30年后,美国加州大学的莫林那(M. J. Mdina)和罗兰德(F. S. Rowland)在 *Nature* 上的一篇论文首次指出[2],氟利昂会在阳光照射下分解,破坏地球臭氧层。到1989年,南极洲上空发现臭氧空洞,氟利昂被禁产。据目前估计,要用几十年才能修复米基利这项科学成就所造成的损害。

10.1.2 氟利昂简介

罗兰德

1. 氟利昂是一种制冷剂

氟利昂又名氟里昂,名称源于英文 chloro-fluoron-carbon(freon),它是由美国杜邦公司注册的制冷剂商标。在中国,氟利昂的定义存在分歧,一般将其定义为饱和烃(主要指甲烷、乙烷和丙烷)的卤代物的总称,按照此定义,氟利昂可分为 CFC、HCFC、HFC 等4类;有些学者将氟利昂定义为 CFC 制冷剂;在部分资料中氟利昂仅指二氯二氟甲烷(CCl_2F_2，即 R12，CFC 类的一种)。氟利昂在常温下是无色气体或易挥发液体，无味或略有气味，无毒或低毒，化学性质稳定。

2. 氟利昂的危害

[1] 臭氧和臭氧层

臭氧是氧的同素异形体，地球大气中一种微量气体，又名三原子氧，俗称福氧、超氧、活氧，分子式是 O_3(图 10-1)。在常温常压下呈淡蓝色，伴有一种自然清新味道，具有强氧化性。其稳定性极差，在常温下可自行分解为氧气。臭氧属于有害气体，对眼、鼻、喉有刺激。

在离地球表面 10～50 km 的大气平流层中集中了地球上 90%的臭氧气体，在离地面 25 km 处臭氧浓度最大，形成了厚度约为 3 mm 的臭氧集中层，称为臭氧层(图 10-2)。它能吸收太阳的紫外线，以保护地球上的生命免遭过量紫外线的伤害，并将能量贮存在上层大气，起到调节气候的作用。人们将其称为人类的"生命之伞"，肩负着保护地球上生物的重任。

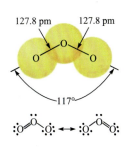

图 10-1 臭氧的结构

商品氟利昂

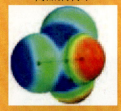

氟利昂的分子结构

臭氧层

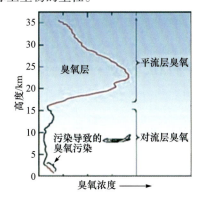

图 10-2 大气中的臭氧层

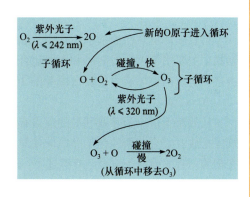

图 10-3 查普曼循环

[2] 氟利昂对臭氧层的破坏

1) 查普曼循环

早在 1930 年英国的物理学家查普曼(S. Chapman)就提出了大气中臭氧的形成和分解的光化理论(图 10-3)。该理论描述了阳光作用下氧的各种形态间是如何相互转化的，并阐明臭氧的最高含量存在于海拔 15～50 km 的大气层中，该层称为臭氧层。就查普曼循环来说，四个反应构成了一个稳态：平流层中 O_3 生成的速率等于 O_3 分解的速率，但是问题远远不是这么简单的。

2) 氟利昂破坏臭氧层

1974 年，美国加州大学的莫林那和罗兰德首次指出，氟利昂会在阳光照射下分解，破坏地球臭氧层[2]。大量实验事实都已证实，氟利昂是大气臭氧层破坏的元凶，还是导致全球气温变暖的温室气体[3-4]。克拉兹(P. Crutzen)、莫林那和罗兰德也因阐明氟利昂破坏臭氧层的机理而获得 1995 年诺贝尔化学奖[5]。平流层中的氟利昂分子受紫外光照射,首先产生非常活泼的氯自由基,经链反应每个 Cl 自由基可以分解 10^5 个 O_3 分子(图 10-4)。

$$\text{光子}(\lambda \leqslant 220 \text{ nm}) + CF_2Cl_2 \longrightarrow CF_2Cl^* + Cl^* \quad (10\text{-}1)$$

$$2Cl^* + 2O_3 \longrightarrow 2ClO + 2O_2 \quad (10\text{-}2)$$

$$2Cl^* \longrightarrow ClOOCl \quad (10\text{-}3)$$

$$\text{紫外光子} + ClOOCl \longrightarrow ClOO^* + Cl^* \quad (10\text{-}4)$$

$$ClOO^* \longrightarrow Cl^* + O_2 \quad (10\text{-}5)$$

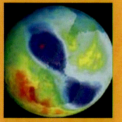

南极臭氧空洞

克拉兹

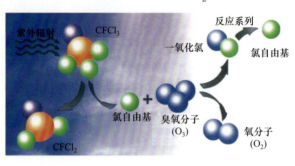

图 10-4 氟氯碳对同温层臭氧的影响图示

自然破坏臭氧层的杀手还有哈龙(Halons 的音译,它属于一类称为卤代烷的化学品,主要用于灭火药剂)[6]和含氮化合物(NO 和 NO_2)[7]。由哈龙释放的溴原子自由基对臭氧的破坏能力是氯自由基的 30~60 倍。

[3] 对氟利昂的治理

从战略上讲,消除氟利昂的危害有三条途径:①减少污染物的排放,甚至实现零排放;②合成新的化学品以取代对环境不友好的物质;③将污染物转化为无害物质。有关前两条途径已有综述[8-9]可供读者参考,这里不再赘述。第三种方法的实行也如火如荼。特别是催化分解是极有前景的方法[10-11],包括催化剂与活性中心[12-13]、反应路径[14-16]、氟化现象与氟利昂副产物的生成[13-14, 17-18]、失活与活性的保持[12-14, 17, 19-21]问题,已成为前沿热点。

国际社会非常重视氟利昂对环境的危害和治理。总体政策是逐步禁止生产和使用破坏臭氧层的物质。

1985 年 3 月,21 个国家和欧洲共同体签订了《保护臭氧层维也纳公约》,首次建立了合作保护臭氧层的全球机制。

1987 年 9 月,40 个国家在加拿大蒙特利尔签订了《关于消耗臭氧层物质的蒙特利尔议定书》,对 5 种 CFC(11,12,113,114,115)和 3 种哈龙(1211,1301,2402)提出禁用时间表:发达国家将于 2000 年全部禁用,发展中国家可推迟 10 年。

1990 年 6 月,包括中国在内的 90 个国家在伦敦通过了《蒙特利尔议定书(修正案)》,把受控 ODS(ozone depleting substances,消耗臭氧层物质的简称)扩大到 5 类 20 种,增加了 10 种 CFC(13,111,112,211,212,213,214,215,216,217)、CCl_4 和 CH_3CCl_3,并提前了禁用时间,还把 34 种 HCFC 列为过渡性物质。

1992年11月，90个国家在哥本哈根对《蒙特利尔议定书(修正案)》做了进一步修订，把受控ODS扩大到7类上百种，新增加了氢氯氟烃HCFC、氢溴氟烃HBrFC和CH_3Br三类，并再次提前了禁用时间：1994年停用哈龙类(潜艇、飞机、宇航等必要场合除外)；1995年起，把CH_3Br用量冻结在1991年水平；1996年停用CFC、CCl_4、CH_3CCl_3、HBrFC；对于HCFC，2005年减少35%，2010年减少65%，2030年停用。

我国1989年9月加入《维也纳公约》。1993年1月，编制了《中国消耗臭氧层物质逐步淘汰国家方案》，对我国目前生产和使用的3种CFC(11、12、113)、2种哈龙(1211、1301)、CCl_4和CH_3CCl_3提出了禁用或限用时间表。

尽管臭氧层的破坏问题还未得到彻底解决，但破坏臭氧层物质在大气中浓度增加的速度已开始减缓，人类保护臭氧层的努力已初见成效。

10.2 周期律对材料元素选择的指导作用

由于在周期表中位置靠近的元素性质相似，如上面说的水平的、垂直的、对角的、区域的相似性和关联性，这就启发人们在周期表中一定的区域内寻找新的物质。

10.2.1 农药类化合物元素的选择

1. 农药的定义

农药的英文为pesticide，即为"杀害药剂"，但实际上所谓的农药指用于防治危害农林牧业生产的有害生物的药剂。通过长期生产和生活过程的发展，人们逐渐认识到一些天然物质也具有防治农牧业中有害生物和调节植物生长的作用。通常把用于卫生及改善有效成分物化性质的各种助剂也包括在农药范围内。

我国《农药管理条例》第二条规定：农药指用于预防、消灭或者控制危害农业、林业的病、虫、草和其他有害生物以及有目的地调节植物、昆虫生长的化学合成或者来源于生物、其他天然物质的一种物质或者几种物质的混合物及其制剂。

按《中国农业百科全书·农药卷》的定义，农药主要是指用来防治危害农林牧业生产的有害生物(害虫、害螨、线虫、病原菌、杂草及鼠类)和调节植物生长的化学药品，但通常也把改善有效成分物理、化学性状的各种助剂包括在内。需要指出的是，对于农药的含义和范围，不同的时代、不同的国家和地区有所差异。例如，美国早期将农药称为"经济毒剂"，欧洲则称为"农业化学品"，还有的书刊将农药定义为"除化肥以外的一切农用化学品"。20世纪80年代以前，农药的定义和范围偏重于强调对有害生物的"杀死"，但80年代以后，农药的概念发生了很大变化。

今天，我们并不注重"杀死"，而是更注重于"调节"，因此将农药定义为生物合理农药(biorational pesticides)、理想的环境化合物(ideal environmental chemicals)、生物调节剂(bioregulators)、抑虫剂(insectistatics)、抗虫剂(anti-insect agents)、环境和谐农药(environment-acceptable pesticides 或 environment-friendly pesticides)等。尽管有不同的表达,但今后农药的内涵必然是"对有害生物高效,对非靶标生物及环境安全"。

2. 农药化合物的选择

(1) 杀虫剂。有机磷类、磷酸酯、一硫代磷酸酯、二硫代磷酸酯、膦酸酯、磷酰胺、硫代磷酰胺、焦磷酸酯;氨基甲酸酯类,N-甲基氨基甲酸酯类,二甲基氨基甲酸酯;有机氮类、脒类、沙蚕毒类、脲类;拟除虫菊酯类,光不稳定性拟除虫菊酯、光稳定性拟除虫菊酯;有机氯类;有机氟类。

(2) 杀菌剂。有机磷类,二硫代氨基甲酸盐类、氨基磺酸类、硫代磺酸酯类、三氯甲硫基类;有机磷酸酯类;有机砷类;有机锡类;有机硫类;苯类;杂环类,苯并咪唑类、噻英类、嘧啶类、三唑类、吗啉类、吩嗪类、吡唑类、哌嗪类、喹啉类、苯并噻唑类、呋喃类。

(3) 除草剂。酰胺类;二硝基苯胺类;氨基甲酸酯类;脲类;酚类;二苯醚类;三氮苯类;苯氧羧酸类;有机磷类;杂环类;磺酰脲类;咪唑啉酮类。

(4) 杀鼠剂。有机磷酸酯类;杂环类;脲类、硫脲类;有机氟类;无机有毒化合物;急性杀鼠剂;抗血凝杀鼠剂。

仅从上述几类农药的成分就可以看出,农药化合物多数是含 Cl、P、S、N、As 等元素的化合物。《国外新农药化合物(杀虫剂)专利题录》、《中国专利题录》,以及近期公布的与农业、农药有关的国内外专利题录也充分证明了这一点[22-23]。也就是说,新农药的研制可参考周期表的右上方元素区。

农药应是最安全的药品,与人药相比,农药安全性要求更高,农药的毒性、残留试验更加严格。农药大多数是有毒的药品,人们天天吃食物同时咽下去的药品只是残留不超标,不影响身体健康而已[24]。近年来,农药的残留分析技术(特别是农药残留检测中样品前处理方法和检测技术)得到了迅速发展[25]。

10.2.2 半导体材料元素的选择

半导体(semiconductor)指常温下导电性能介于导体(conductor)与绝缘体(insulator)之间的材料。半导体在收音机、电视机以及温度测量方面有着广泛的应用。在学习金属键(第 5 章)时知道,金属键的能带理论是利用量子力学的观点来说明金属键的形成(图 5-89)。禁带的宽窄是决定一种物质究竟是导体、绝缘体还是半导体的根本因素。而具有这种本征特征的元素半导体材料就是周期表里金属与非金属接界处的元素,即图 10-5 中 7 个用绿色表示的元素:B、Si、Ge、As、Sb、Te 和 Po。

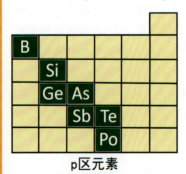

图 10-5 半导体元素在周期表中的位置

10.2.3 耐高温、耐腐蚀特种合金材料元素的选择

耐高温、耐腐蚀的特种合金材料是制造火箭、导弹、宇宙飞船、飞机、坦克等不可缺少的。在周期表中从 3/ⅢB 到 6/ⅥB 的过渡元素，如钛、钽、钼、钨、铬是制作特种合金的优良材料。它们的熔点高，分别是 1660℃、3017℃、2617℃、3410℃、1907℃。有良好的抗腐蚀能力：钛与海水、王水及氯气都不反应；钽无论是在冷和热的条件下，与盐酸、浓硝酸及"王水"都不反应；钼在常温下不与 HF、HCl、稀 HNO_3、稀 H_2SO_4 及碱溶液反应；钼只溶于浓 HNO_3、王水或热而浓的 H_2SO_4、煮沸的 HCl 中；钨常温时不与空气和水反应，不加热时，任何浓度的盐酸、硫酸、硝酸、氢氟酸以及王水对钨都不起作用，当温度升至 80～100℃时，上述各种酸中，除氢氟酸外，其他的酸对钨发生微弱作用；铬只能缓慢地溶于稀盐酸、稀硫酸。它们最大的特点是掺入合金中会使合金耐腐蚀性大大提高。

10.2.4 催化剂元素的选择

人们在长期的生产实践中发现，过渡元素对许多化学反应有良好的催化性能。进一步研究发现，这些元素的催化性能与它们的原子的 d 轨道没有充满有密切关系。于是，人们努力在过渡元素(包括稀土元素)中寻找各种优良催化剂。例如，目前人们已能用铁、镍熔剂作催化剂制备金刚石相[26]：

$$CCl_4(l) + Na(s) \xrightarrow[\text{Ni-Co-Mn合金催化剂}]{\text{水热},700℃} C(金刚石) + NaCl(s) \qquad (10\text{-}6)$$

石油化工方面，如石油的催化裂化、重整等反应，广泛采用过渡元素作催化剂，如 $RhCl(PPh_3)_3$ 对烯烃的催化加氢反应[27](图 10-6)。

人们发现少量稀土元素能大大改善催化剂的性能，如汽车尾气处理器里的催化剂就是稀土化合物(图 10-7)。

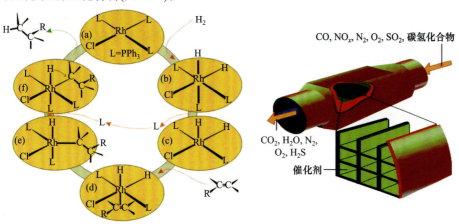

图 10-6　烯烃均相催化加氢的主要循环过程　　图 10-7　汽车尾气处理器

10.2.5 化学元素周期表在地质中的应用

1. 矿物元素在周期表中的分布

地球上化学元素的分布与它们在元素周期表里的位置有密切的联系[28-30]。科学实验发现如下规律：

(1) 相对原子质量较小的元素在地壳中含量较多，相对原子质量较大的元素在地壳中含量较少。

(2) 偶数原子序数的元素含量较多，奇数原子序数的元素含量较少(图 10-8)。

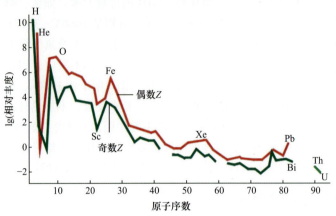

图 10-8　元素丰度与原子序数的关系

(3) 处于地球表面的元素多数呈现高价，处于岩石深处的元素多数呈现低价。

(4) 碱金属一般是强烈的亲石元素，主要富集于岩石圈的最上部。

(5) 熔点、离子半径、电负性大小相近的元素往往共生在一起，同处于一种矿石中。

(6) 在岩浆演化过程中，电负性小、离子半径较小、熔点较高的元素和化合物往往首先析出，进入晶格，分布在地壳的外表面。

2. 矿物元素共生的启示

[1] 矿物元素分类

具有相似性质的元素往往被完美地聚集在一起。苏联科学院院士查瓦里茨基(А. Н. Заварицкий)将化学元素分成 12 类，并将其制成地质专用周期表(图 10-9)。

(1) 氢族；

(2) 惰性族气体(He、Ne、Ar、Kr、Xe、Rn)；

(3) 造岩元素族(Li、Be、Na、Mg、Al、Si、K、Ca、Rb、Sr、Cs 和 Ba)，气化剂或挥发元素族；

(4) 岩浆射气元素(B、C、N、O、F、P、S、Cl)；

(5) 铁族元素(Ti、V、Cr、Mn、Fe、Co、Ni)；

(6) 稀土稀有元素族(Sc、Y、Zr、Nb、Ta、Hf、Ta 等)；

(7) 放射性元素族(Fr、Ra、Ac、Th、Pa、U 等)；

(8) 钨钼族元素(Mo、Tc、W、Re)；

(9) 铂族元素(Ru、Rh、Pd、Os、Ir、Pt)；

(10) 硫化类成矿元素族 (Cu、Zn、Ga、Ge、Ag、Cd、In、Sn、Au、Hg、Tl、Pb 等)；

(11) 半金元素族(As、Sb、Bi、Se、Te、Po)；

(12) 重卤素族(Br、I、At)。

```
 ┌──┐
 │H │
┌──┼──┼──────────────────────┬─────────────────┐
│He│Li Be                    │B  C  N  O  F    │
│Ne│Na Mg                    │Al Si P  S  Cl   │
│Ar│K  Ca Sc Ti V  Cr Mn Fe Co Ni Cu Zn Ga Ge As Se Br│
│Kr│Rb Sr Y  Zr Nb Mo Tc Ru Rh Pd Ag Cd In Sn Sb Te I │
│Xe│Cs Ba RE Hf Ta W  Re Os Ir Pt Au Hg Tl Pb Bi Po At│
│Rn│Fr Ra Ac Th Pa U                            │
└──┴──────────────────────────────────────────┘
```

图 10-9　查瓦里茨基矿物元素周期表

[2] 以矿物共生找矿

矿物共生组合反映了一些共生矿物的成因。一定的矿物共生组合的出现取决于元素的地球化学性质和一定地质作用中一定的物理化学条件(如温度、压力、组分浓度、pH、Eh 等)。因此，研究矿物共生组合规律可以预测某些地质环境中可能的有用矿物，以指导找矿，还有助于阐明成矿规律、确定矿石类型、推断矿床成因以及研究和鉴别矿物共生组合的矿物。

类质同象现象在天然矿物和人工合成物中都很常见。同一类质同象系列中的一系列混晶的晶胞参数值和物理性质参量(如密度、折射率等)都彼此相近，而且都随组分含量比的连续递变而呈线性的变化。两种组分能以任何比例相互混溶，从而形成连续的类质同象系列，称为完全类质同象。例如，在菱镁矿 $Mg[CO_3]$(加括号是为了叙述方便)和菱铁矿 $Fe[CO_3]$ 之间，由于镁和铁可以互相代替，可以形成各种 Mg、Fe 含量不同的类质同象混合物(混晶)，从而可以构成镁与铁呈各种比值的连续的类质同象系列：

$$Mg[CO_3] \longrightarrow (Mg,Fe)[CO_3] \longrightarrow (Fe,Mg)[CO_3] \longrightarrow Fe[CO_3]$$
　菱镁矿　　　含铁的菱镁矿　　　含镁的菱铁矿　　　菱铁矿

这样，就会发现元素的存在形式，其分散、集中的规律往往也可以在周期表上得到体现。

[3] 矿床与元素周期表

(1) 周期表的副族元素，从左到右熔点温度降低，从上到下熔点温度降低，构成成矿系列。例如，第一、第二、第三过渡系列元素。

(2) 第一过渡系列元素基本上与基性(地质名词)、超基性岩矿床有关；从左到右为氧化物到硫化物。

(3) 稀土元素性质相似，均为氧化物。

(4) 铜镍硫矿床伴生铂钯钴。

(5) 镉作为锌矿的前缘晕元素是化探找锌的重要指示元素。

(6) ⅥB族元素从上到下，铬、钼、钨表现出从基性、超基性→中酸性→酸性成矿系列。

(7) 稀散金属通常是指由镓(Ga)、铟(In)、铊(Tl)、锗(Ge)、硒(Se)、碲(Te)和铼(Re)7 种元素组成的一组化学元素。但也有人将铷、铪、钪、钒和镉等包括在内。铼主要由钨钼矿伴生，镓、铟、锗主要由锡矿伴生，锆、铪主要由铌钽矿床伴生，镉主要由锌矿伴生。

(8) ⅤA族砷、锑、铋元素体现了从低温→高温元素，也体现了前缘晕→矿体/尾晕。

(9) 与碱性岩有关的有经济价值的成矿矿物主要为 Nb、Ti、Zr、Re、Al、Be 的氧化物、硅酸盐。

(10) 元素周期表体现了成矿元素的温度高低，也体现了矿质的沉淀顺序，还体现了矿床的垂直分带与水平分带，如紫金山金铜矿的上金下铜分带。

(11) 周期表反映了元素的氧化还原性能。例如，黄铜矿、磁黄铁矿(和黄铁矿)是早期高温低硫时最普遍的组合，硫化铁通常在黄铜矿前结晶。温度降低而硫的浓度增高，在 Fe 含量大于 Cu 时，黄铜矿、黄铁矿共生，而 Cu 含量大于 Fe 时，黄铜矿、斑铜矿共生。低硫铜铁化合物高温时形成的固溶体，在温度降低后，易于分解为辉铜矿斑铜矿、黄铜矿斑铜矿、黄铜矿方黄铜矿等。进一步降温氧化，硫的浓度又增高，不仅硫化铁中已全部为二硫化物，而且硫化铜中也有了部分二硫化物(铜蓝、CuS、CuS_2)，除斑铜矿、辉铜矿外，黄铁矿开始与铜蓝共生。磁铁矿与磁黄铁矿、黄铁矿与黄铜矿在高温时共生，氧的浓度增加后，Fe^{2+} 逐渐氧化成 Fe^{3+}，磁黄铁矿变得不稳定而为磁铁矿所替代。硫和铁的结合虽不稳定，但硫和铜的结合是稳定的(如黄铜矿)，厚大的磁铁矿体在深处变为磁黄铁矿和黄铜矿，其原因即在于此。在氧含量增高时，铁与氧化合成磁铁矿，而铜与硫化合可以形成少铁多铜的斑铜矿以代替黄铜矿。氧化更强时，铁全部从铜铁硫化物中分离出来，贫铁的斑铜矿被无铁的辉铜矿所代替，此时铁全部氧化为赤铁矿，形成赤铁矿与辉铜矿的组合。总之，铁与氧的亲和力比铜与氧的亲和力强。因此，当 Fe^{2+} 越多地氧化成 Fe^{3+}，铁从铜铁硫化物中分离出来，形成铁的氧化物也越多；而铜则留下来在硫化物中形成含铁少直至无铁的硫化物。还原条件下高 Fe^{3+}(含铜)硫化物与磁铁矿共生，而氧化条件下高铜硫化物与赤铁矿共生。由此可见，随着氧化加强，铜、铁因与硫、氧结合倾向不同而逐步分异。

(12) 在伟晶岩中如果发现钠长石、锂云母、粉红色绿柱石和红色电气石，就可期望还会发现铯榴石，因为根据 Na、Li、Cs、Be、B 在周期表上的位置，再加上人们在实际中积累的经验，这些元素是密切共生的，而电气石和绿柱石所具有的红色也是含铯的一种标志。

(13) 在自然界中可以找到一些典型的元素组合来说明这种分类是符合自然规律的。例如，伟晶岩就是亲石元素的典型组合，多金属矿床是亲铜元素的典型组合，含有 Fe、Ir、Os 等杂质的自然铂是亲铁元素的典型组合。

因此，人们可以依据矿物在周期表中的分布，按图索骥，以某种矿物的指示找到另一种共生矿。例如，用银晕找铜、用镉晕找铅锌等，并建立了一些地域性矿物找矿模型[31-32]。

10.3 周期表在分析化学中的应用

周期表在分析化学中的应用非常广泛。只有对各种元素性质的规律进行归纳后，才有可能筛选出一种较好的、可行的某一元素的测定方法。而元素周期律就是最好的规律，元素周期表就是最好的归纳。尽管仪器分析技术已有较大发展，但将分析化学中的一些规律描述在周期表中，对于分析工作的理论研究和实验指导仍有帮助。

10.3.1 盐溶液的 pH

纯水是由水的三种型体(H_2O，H_3O^+ 和 OH^-)组成的平衡系统，阴、阳离子进入这种环境后，与这些型体之间的作用不外乎三种可能性。

(1) 与 H_2O 反应建立酸碱平衡并使溶液显碱性。例如：

$$CN^- + H_2O \rightleftharpoons HCN + OH^- \tag{10-7}$$

只有碱性较 H_2O 强的阴离子才能建立起这种平衡，常见的碱性阴离子都是弱酸的酸根阴离子，如 CO_3^{2-}、HCO_3^-、S^{2-}、HS^-、$C_2H_3O_2^-$、PO_4^{3-}、F^- 等。

(2) 与 H_2O 反应建立酸碱平衡并使溶液显酸性。例如：

$$NH_4^+ + H_2O \rightleftharpoons NH_3 + H_3O^+ \tag{10-8}$$

只有酸性较 H_2O 强的阳离子才能建立起这种平衡，它们通常是体积较小、电荷较高的阳离子，如 Be^{2+}、Zn^{2+}、Al^{3+}、Fe^{3+} 等。

上述两种情况下，溶剂 H_2O 分子离解产生 OH^- 或 H^+，称为离子的水解(hydrolysis)。离子水解平衡也属弱酸、弱碱的质子转移平衡，上述两个反应式表达的实例分别是一元弱碱和一元弱酸的质子转移平衡。如果讨论 CO_3^{2-} 和 Be^{2+} 的水解，即属二元弱碱和二元弱酸的质子转移平衡。

(3) 生成水合离子。任何离子在水溶液中都发生水合(hydration)，即 H_2O 分子以其偶极的一端在离子周围取向。化学上认为，强碱的阳离子和强酸的阴离子只发生水合，因为前者的酸性和后者的碱性是如此之弱，以致无法将 H_2O 分子离解为 H^+ 和 OH^-，通常认为不发生水解。

强酸的阴离子，如 ClO_4^-、NO_3^-、SO_4^{2-}、Cl^-、Br^-、I^- 等。

强碱的阳离子，如 Li^+、Na^+ 等第 1 族元素的阳离子，Mg^{2+}、Ca^{2+} 等第 2 族元素的阳离子，La^{3+}、Gd^{3+}、U^{4+} 等镧系和锕系元素的阳离子。

当盐的离子水解后，盐溶液的 pH 会发生变化，及时知道盐溶液的 pH 对确定分析方法是有利的。图 10-10 表示 1 $mol \cdot L^{-1}$ 的各种离子溶液的 pH 与 $pK_a^{\ominus}$、$pK_b^{\ominus}$ 和元素的原子序数的关系。

10.3.2 EDTA 络合物的不稳定常数

在众多的络合剂中，能用作滴定剂的并不多，目前用于滴定剂的大都是氨基多羧酸(aminopolycarboxylic acid)类化合物，其中应用最广泛的为 EDTA (图 10-11)。EDTA 是乙二胺四乙酸(ethylenediamine tetraacetic acid)的英文缩写，为简明起见，通常用 H_4Y 代表其化学式。

EDTA 以其 2 个氨基氮原子和 4 个羧基氧原子与金属离子配位形成六齿配位的络合物。EDTA 在络合滴定中得到广泛应用，基于与金属离子形成的螯合物具有以下特点：

(1) 普遍性。由于结构中存在 6 个可以提供孤对电子的配位原子，EDTA 几乎能与所有金属离子形成稳定的络合物，与无色的金属离子形成无色的络合物，与有色的金属离子形成颜色更深的络合物。

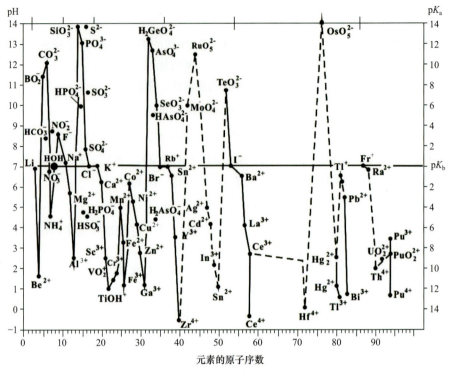

图 10-10 盐溶液的 pH 与元素的原子序数的关系

图 10-11 EDTA 的结构示意图

(2) 组成确定。大多数金属离子的配合物中，金属与 EDTA 按 1∶1 配位，计算十分方便。

(3) 可溶性。EDTA 与金属离子形成的配合物易溶于水。

(4) 稳定性高。EDTA 与大多数金属离子形成的络合物很稳定，条件稳定常数 (conditional stability constant) 大。

图 10-12 中列出的是其 pK 随元素的原子序数而变化的情况：pK 越大，络合物越不稳定。

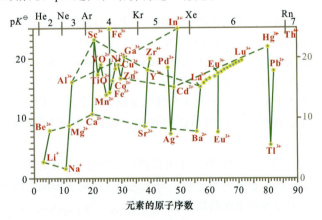

图 10-12 EDTA 的 pK 随原子序数的变化

10.3.3 离子的氧化还原电位

在标准氢电极(standard hydrogen electrode)的电位当作零时，采用以标准氢电极为参比表示电位值。两个数字的比值表示元素在氧化还原反应(电极过程)中开始和最终的氧化态，即表示氧化程度。图 10-13 显示了离子的氧化还原电位与原子序数的关系。

由图大概可以确定氧化剂或还原剂的强度。分布在图上部的元素是分布在图下部元素的氧化剂。例如，$Cr_2O_7^{2-}$ 中的铬是 Fe^{2+}、SO_3^{2-}、U^{4+} 的氧化剂。分布在氧线(1.23 V)下面的高氧化态元素形成的物种在空气中通常是稳定的；分布在氧线上面的低氧化态元素的离子物种是稳定的。

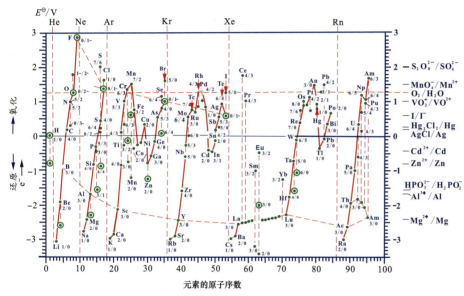

图 10-13　离子的氧化还原电位与原子序数的关系

10.3.4 氢氧化物沉淀的 pH

金属氢氧化物的沉淀溶解平衡可简化处理为

$$M(OH)_n(s) \rightleftharpoons M^{n+}(aq) + nOH^-(aq) \tag{10-9}$$

则

$$K_{sp}^{\ominus}[M(OH)_n] = [c(M^{n+})/(mol \cdot dm^{-3})] \cdot [c(OH^-)/(mol \cdot dm^{-3})]^n$$

$$= [c(M^{n+})/(mol \cdot dm^{-3})] \cdot \{K_w^{\ominus}/[c(H_3O^+)/(mol \cdot dm^{-3})]\}^n$$

$$[c(M^{n+})/(mol \cdot dm^{-3})] = \frac{K_{sp}^{\ominus}[M(OH)_n]}{(K_w^{\ominus})^n} \times [c(H_3O^+)/(mol \cdot dm^{-3})]^n$$

$$\lg[c(M^{n+})/(mol \cdot dm^{-3})] = \lg\frac{K_{sp}^{\ominus}[M(OH)_n]}{(K_w^{\ominus})^n} - n\mathrm{pH}$$

即溶解于溶液中的氢氧化物的浓度对数值与溶液的 pH 呈直线关系(图 10-14)。

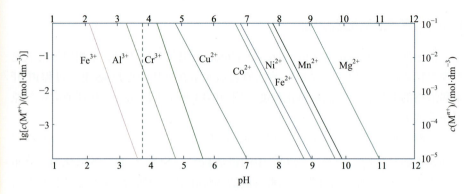

图 10-14　氢氧化物的溶解性与溶液 pH 的关系

如果把这种关系与原子序数关联起来则可得到图 10-15 的图示。图 10-15 中列出了加入 OH⁻时，从酸性溶液中沉淀金属氢氧化物的 pH：圆点表示开始沉淀的 pH，线中短横线表示完全沉淀的 pH，虚线表示不完全沉淀的 pH。

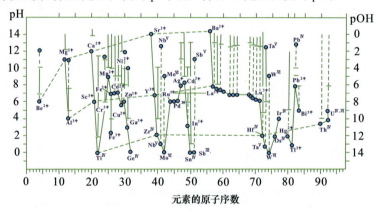

图 10-15　氢氧化物沉淀的 pH-原子序数关系

10.4　矿物浮选与元素周期表

苏联的许多科学家对于金属离子与多种试剂生成沉淀及其在周期表中的分布做过许多研究[33]。这为建立分析方法积累了大量实验支撑。无疑，这是非常有意义的。例如，图 10-16 表示出以硫化物或硫代酸酐的形式沉淀的离子在周期表中的分布信息：黑线框中的离子可从 0.3 mol·L⁻¹ 的 HCl 溶液中沉淀出来(方格内的数字为硫化物的 $pK_{sp}^{\ominus}$)。

然而，当注意到一些试剂与金属离子的特殊作用及其在周期表中分布规律时，立刻就将矿物浮选与周期表联系起来，充分发挥了周期表的指导作用。朱一民和周菁等曾以"矿物浮选与元素周期表"为题进行过许多有关的研究[34-40]，其结果有助于矿物工程学科的发展。例如，他们就 25 种羟肟及其衍生物化学试剂作为氧化矿浮选剂的研究，为氧化矿浮选提供了新技术。图 10-17 表示羟肟及其衍生物与金属离子作用在化学元素周期表上的对应关系。图中阴影内元素即为羟肟及其衍生物作用的金属离子，这些金属离子的矿物用羟肟及其衍生物均可以捕收，如羟肟酸可浮选捕收氧化铁、白钨矿、白铅矿、氧化铜矿、铌钽矿、黑钨矿等。

I	II	III	IV	V	VI	VII	VIII		
—	—	—	—	—	—	Mn^{2+} 16	Fe^{2+} 19	Co^{2+} 26	Ni^{2+} 27
Cu^{2+} 40	Zn^{2+} 26	Ga^{3+}	Ge^{IV}	$As^{III,V}$ 29(III)	(Se^{IV})	—			
Ag^+ 50	Cd^{2+} 28	In^{3+}	$Sn^{II,IV}$ 25(II)	$Sb^{III,V}$	Mo^{VI} (Te^{IV})	Tc	Ru,	Rh,	Pd
—	—	—	—	—	W^{VI}	Re	Os	Ir	Pt
Au^{III}	$Hg^{I,II}$ 52(2)	Tl^+ 20	Pb^{2+} 28	Bi^{3+}					

图 10-16 以硫化物或硫代酸酐的形式沉淀的离子在周期表中的分布

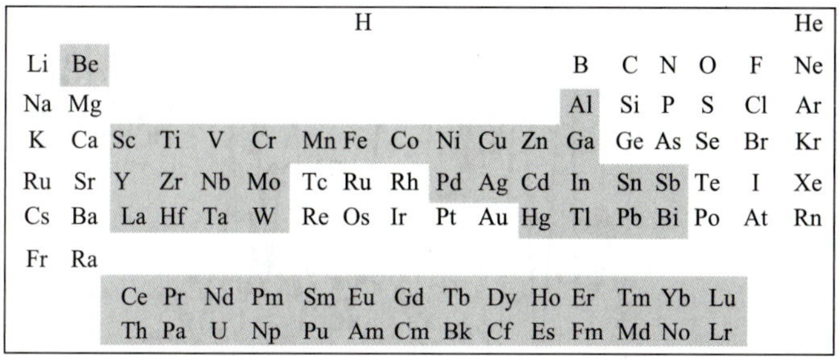

								H									He
Li	Be											B	C	N	O	F	Ne
Na	Mg											Al	Si	P	S	Cl	Ar
K	Ca	Sc	Ti	V	Cr	Mn	Fe	Co	Ni	Cu	Zn	Ga	Ge	As	Se	Br	Kr
Ru	Sr	Y	Zr	Nb	Mo	Tc	Ru	Rh	Pd	Ag	Cd	In	Sn	Sb	Te	I	Xe
Cs	Ba	La	Hf	Ta	W	Re	Os	Ir	Pt	Au	Hg	Tl	Pb	Bi	Po	At	Rn
Fr	Ra																

Ce	Pr	Nd	Pm	Sm	Eu	Gd	Tb	Dy	Ho	Er	Tm	Yb	Lu
Th	Pa	U	Np	Pu	Am	Cm	Bk	Cf	Es	Fm	Md	No	Lr

图 10-17 羟氨及其衍生物与金属离子作用在化学元素周期表上的对应关系

10.5 生物元素在周期表中的分布

自然界存在的90种元素加上20余种人造元素构成了著名的化学元素周期表。由此可清楚地预示一切有生命或无生命的物质都是由这些有限的元素组成的。人们只有从支配无生命物质世界的法则及其表现中,才能对生命现象和本质予以深入的认识。事实上,人们一直在寻找"生命元素图谱"和"化学元素周期表"之间的关系,这就产生了"生物无机化学"这门学科。生物无机化学是一门介于无机化学与生物化学之间,与化学、生物学、医学、食品营养学、环境化学等密切相关的交叉学科。不过,生物化学家依靠生物化学理论和新技术、结合物理和无机化学的理论和方法,研究生物体中的元素和化合物,更多地侧重从生物学的角度研究这些物质对生物体的生理和病理作用;无机化学家则用自己熟悉的化学理论和方法研究无机分子在生物体中的功能和作用。生物无机化学是有关化学元素、人体、生命的学科[41-48]。

10.5.1 化学元素与人体之间的关系

毋庸置疑,化学元素与人体之间的关系非常密切。人和自然环境间存在着某种本质的联系，其物质基础就是自然界中的化学元素。以下三点足以说明这种密切关系。

1. 地壳中化学元素和人体中化学元素含量的一致性

由于环境地球化学的发展，精确测定不同地区人体中化学元素含量的结果显示：人体中不仅几乎能找到地壳中所有的化学元素，而且这些元素平均含量的相对大小和地壳内的情况十分相似，变化趋势也很吻合[49](图 10-18)。这不是偶然的。

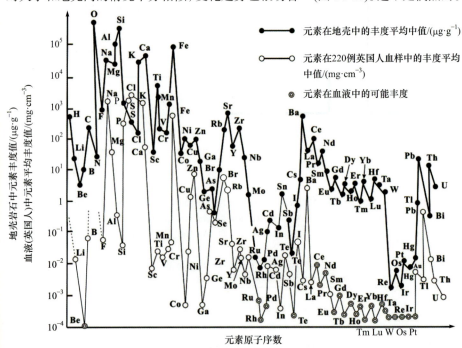

图 10-18　人体血液和地壳中元素含量的相关性

2. 人体同地壳物质保持着动态平衡

人在地球表面繁衍生息，因而在进化过程中同周围环境保持着极为密切的关系，这种关系同地壳物质始终保持着一定的动态平衡[41]。当一个地区的某种元素缺乏或过多时，直接或间接地就会引起这种动态平衡失调，人体就要发生某种病变，成为地方病。常见的地方病有地方性缺碘病(IDD)、地氟病、地方性硒中毒、伊朗村病等。

(1) IDD。IDD 是碘缺乏症的英文 lodin deficiency disease 的缩写，由于人体内缺碘影响甲状腺功能、脑功能而导致的某些疾病统称 IDD，主要是地甲病和克汀病。IDD 是目前导致人类智力障碍的最主要原因，是严重影响人口素质、人体健康的地方病之一。

(2) 地氟病。地氟病就是地方性氟中毒，是长期摄入过量氟而引起的在世界范围内流行的慢性全身性疾病。主要表现为氟斑牙和氟骨症。

(3) 地方性硒中毒。硒是人体必需的微量元素，具有重要的生理功能，能防治多种疾病。硒摄入过多或过少都会对人体造成伤害。克山病和大骨节病都是缺硒引起的流行性地方病，而蹒跚病和碱毒病是由于土壤、饮水、食物中硒含量过高引起的地方性硒中毒，也是世界流行病。

(4) 伊朗村病。伊朗村病是缺少微量元素锌而引起的地方性侏儒症，因 1958 年在伊朗锡拉兹地区发现，所以称为伊朗村病。主要症状是生长发育迟缓，身材矮小，有的甚至伴有严重贫血、生殖腺功能不足、皮肤粗糙干燥。我国四川省中部资中市东南的阳鸣村也发现了伊朗村病，自 30 年代以来矮人辈出，全村男女身高均约为 80 cm。

3. 环境—化学元素—人体健康

元素在环境与人体中的循环见图 10-19。人类在生活过程中会对环境施加影响，有时会改变周围环境，这种环境的变化又会发生反馈作用，影响人体的健康：一方面某些微量元素特别是有害元素过多会造成环境污染，另一方面某些必需微量元素的减少而引起病变。因此，提倡绿色工业、治理环境污染、保护环境，建立人与环境的和谐非常重要。

图 10-19　元素在环境与人体中的循环

10.5.2　生物元素图谱与化学元素周期表之间的关系

1. 生物元素分类

生物元素可分为 4 类：必需元素、有益元素、中性元素和有毒元素[41]。

(1) 必需元素(essential element)：亦称为生命元素，即维持生命所必需的元素。至少有 3 层含义：①元素存在于健康组织中，并和一定的生物学功能有关；②元素在各种属中都有一恒定的浓度范围；③从机体中除去这种元素会引起再生性生理病变，而这种生理病变在重新摄入该元素后是可以恢复的。

(2) 有益元素(beneficial element)：没有这些元素时生命尚可维持，但不能认为是健康的。

(3) 中性元素(neutral element)：普遍存在于组织中的元素，其浓度可变，其生理作用尚未完全确定。

(4) 有毒元素(toxic element)：如果中性元素的浓度已经达到可觉察的生理上或形态上病变症状的地步时，就称为有毒元素。

按照在生物体中的含量，生物元素可分为主量(或称宏量)元素和微量(或称痕量)元素两类。前者包括 O、C、H、N、P、S、Ca、K、Cl、Na、Mg 等 11 种元素，构成人体总质量的 99.95%，后者包括 Fe、Zn、Cu、V、Cr、Mn、Co、Mo、Ni、Cd、F、Br、I、Se、Si、Sn、Pb、Hg、Li、B 等元素，它们在生物体中的总质量不大于 0.05%，但起着重要的作用。

关于生物元素在生物体中的功能，可参考有关生物化学原理的书[41,50-51]。

2. 生物元素在生物体中的分布

从一定意义上讲，生物元素在生物体中的分布就是"生命元素图谱"（atlas of life elements，图10-20），它展示了化学元素与生物体作用的规律性。最早的工作是刘元方等[42, 47, 52]选用一种世界性的淡水纤毛虫——上海株梨形四膜虫作为实验材料，测定以稳态离子形式存在的各种元素对促进虫群生长分裂浓度和抑制浓度的两种参数而得到的实验结果表明的：主族元素同一周期从左至右，同一族内自上而下，元素的毒性增加而营养作用减弱(图10-21)，从而提出了化学元素对生物真核细胞的作用与元素周期律密切相关的论据；对副族元素的研究表明，这些元素对细胞生长分裂的促进浓度与它们在海水中的丰度之间存在着相互呼应消涨的关系，从而支持了生命起源和进化的海洋说，并从金属离子的水解形式和离子势方面，阐述了第一过渡系元素在低浓度时的生化促进作用与周期表中原子序数的依存关系；对稀土元素的研究发现，轻稀土的营养促进作用优于重稀土，呈现出有益生化的效能(图10-22)。唐任寰等[53]采用莱哈衣藻作植物细胞模型的实验进一步证实了上述结果。

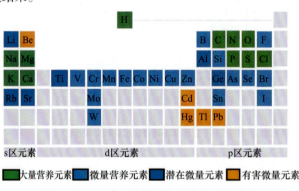

图 10-20　生命元素图谱在周期表中的分布

图 10-21　主族元素毒性和营养作用变化趋势

图 10-22　稀土元素毒性和营养作用变化趋势

了解并分析生物元素在周期表中的分布，可发现一些规律：① 11 种宏量元素全部集中在周期表中最前面的 20 种元素内，它们主要分布在周期表中 s 区上方和 p 区上方。必需微量元素有集中在第四周期尤其是第四周期 d、ds 区的趋势。已知的有害元素除了 Be、Ba 外，多数集中在 p 区下方。②多数必需微量元素位于周期表前部位置，如果不算碘，则它们都处于前 42 位，除碘、钼外，它们全在前面 34 个元素(^{34}Se)中。有害元素几乎全部位于周期表下部尤其是第五、六周期后段。

根据元素在周期表中的位置预言必需微量元素的典型例子是微量元素铷[54]。铷位于周期表前部位置($Z=37$)，恰好落在人体必需微量元素集中区域的中间，这是显示其具有生物学作用及生理功能的首要特征。从这个推断出发，人们做了多方面的探索和研究，种种迹象表明，铷与生命过程有关，有证据表明它很有可能是人体必需微量元素：①某些疾病的发生与发展与 Rb 的缺乏或过量有关。②一般情况下 Rb 对人体没有毒害作用，在活的机体内用 Rb$^+$代替 K$^+$在生物功能上不会引起任何重大干扰[55]。③人类的主食品如大豆、牛肉等及有效中药如灵芝、天麻等中含铷量均较高。④人体的含铷量随年龄增长而逐渐降低，没有贮存现象。⑤在人与人、器官与器官以及同一器官的不同部位，铷的含量相差很小，这是构成必需微量元素的另一重要条件，而非必需微量元素在上述情况下含量往往相差很大。⑥铷存在于生物机体内的所有组织之中，与各种组织器官中 Fe、Zn、Co、Se 等微量元素的含量呈正相关性。这显示出铷与这些必需微量元素一样，在生物体内的转运过程属于主动转动机制。这种从低浓度区向高浓度区逆浓度梯度的转运过程，正是生命有机体内必需微量元素代谢的重要特征，而非必需微量元素均是借助于扩散和渗透作用从高浓度区向低浓度区做被动转运的。⑦动物试验也表明，动物的肝、脑、肾、脾、睾丸及血液中的含铷量，随时间的不同会发生一定的波动。⑧从铷的摄入量和排泄量相等以及没有在生物体内发生积蓄作用，证明人体内有调节及平衡铷代谢的机制。这是生物体内一切必需微量元素的另一个主要条件。

以上这些证据表明，铷已经具备了必需微量元素的基本条件。但要得到人们的公认，还需做进一步的研究。

3. 讨论生物元素时要注意的问题

讨论生物元素与周期表的关系时，还应注意到以下几个问题：

(1) 必需元素和有益元素之间、中性元素和有毒元素之间的界限并不是十分固定的。同一种元素有时是有益的，有时又会成为有害的，这与元素在生物体内的浓度和存在形式有关。例如，三价铬对防治心血管病有重要作用，而六价铬有致癌作用。又如，在生物体中，0.1 ppm 的硒是有益的，可当含量达 10 ppm 时则是致癌的。

(2) 最适营养浓度定律。某种元素在体内的"身份"可由其存在浓度决定。法国科学家伯特兰德(G. Bertrand)在研究金属锰对植物生长的影响后提出了一个动植物即一切生物都适用的定律，可用图 10-23 表示。

(3) 元素的致癌和抗癌作用根本区别在于其价态。考察致癌元素在周期表中的位置(图 10-24)会发现，第四周期既是必需微量元素的集中部位，又是发现致癌元素较多的地方；许多元素既是致癌元素，又有抗癌作用。当金属与正常组织结合时，就呈现致癌现象。相反，如果金属与异常组织如癌细胞结合就呈现抗癌作用。可以认为，同样的金属离子既有致癌作用又有抗癌性的现象，可能对人们理解致癌机理提供了重要线索，有助于人们寻找和合成抗癌药物。这里的关键是金属离子的形态。

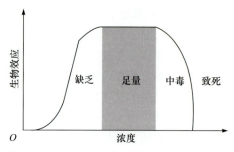

图 10-23　Bertrand 最适营养浓度定律示意图

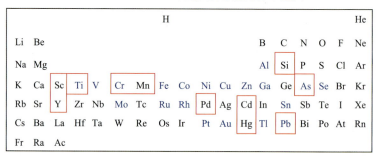

图 10-24　致癌元素在周期表中的分布
方框内为确认或可疑致癌元素，蓝字为抗癌元素

10.6　元素氢化物在周期表中的分布

　　这里元素氢化物在周期表中的分布指氢的二元化合物的分类，化学上常用这种分类图形表示性质的重要变化规律。大多数二元化合物可归于下述似盐型氢化物、金属型氢化物和分子型氢化物三大类之一。像化学上多处出现的分类方法一样，氢化物分类的界线也不十分明确。例如，很难严格地将铍、镁和铝的氢化物归入"似盐型"或"分子型"的任一类。铍的氢化物处于似盐型氢化锂与分子型硼氢化物之间的中间状态，镁和铝的氢化物则处于似盐型氢化钠与分子型硅烷之间的中间状态。这种中间状态氢化物也出现在铜和锌，或许以后还会发现其他元素也形成这种中间状态氢化物。各类氢化合物在周期表中的分布见图 10-25。

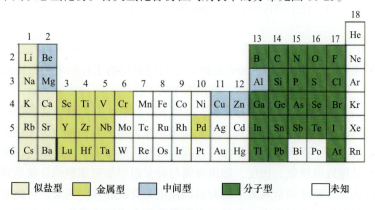

图 10-25　元素氢化物在周期表中的分布

1. 分子型氢化物

除铝、铋和钋外，第 13~17 族元素都能形成迄今人们最熟悉的一类氢化物。分子型氢化物以其分子能够独立存在为特征并且常以"氢化合物"这个含义更广的术语代替"氢化物"这个术语。可以方便地将分子型氢化物(molecular hydrogen compound)分为三个亚类：

(1) 缺电子化合物(electron-deficient compound)：指分子中的键电子数不足，从而不能写出正常路易斯结构的化合物。第 13 族元素形成缺电子化合物，一个有代表性的例子是乙硼烷 B_2H_6[图 10-26(a)]。根据路易斯结构的要求，B_2H_6 分子中的 8 个原子结合在一起时，至少需要 14 个键电子，而实际上只有 12 个。正是为了解决这个矛盾，"3c-2e 键"的概念才应运而生。

(2) 足电子化合物(electron-precise compound)：指所有价电子都与中心原子形成化学键，并满足了路易斯结构要求的一类化合物。第 14 族元素形成足电子化合物，如甲烷分子 CH_4[图 10-26(b)]，分子中的键电子对数恰好等于形成的化学键数。

(3) 富电子化合物(electron-rich compound)：指价电子对的数目多于化学键数目的一类化合物。第 15~17 族元素形成富电子化合物，如氨分子 NH_3[图 10-26(c)]，4 个原子结合只用了 3 对价电子，多出的两个电子以孤对形式存在。

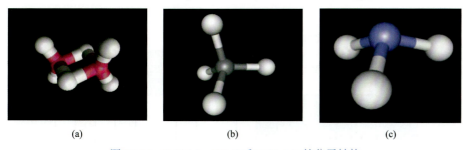

(a)   (b)   (c)

图 10-26 B_2H_6(a)、CH_4(b)和 NH_3 (c) 的分子结构

2. 似盐型氢化物

由 s 区金属和电正性高的几个碱土金属形成，其中氢以 H^- 形式存在。像典型的无机盐一样，似盐型氢化物(saline hydrides)是非挥发性、不导电并具有明确结构的晶形固体化合物。

这些氢化物中 H^- 离子半径变化在 126 pm(LiH)到 154 pm(CsH)之间。如此大的变化幅度说明 H^- 中原子核对核外电子的控制较松弛。如果考虑到 H^- 的核外电子数比核的质子数超出一倍的事实，这一现象就不难理解了。似盐型氢化物与水反应生成金属氢氧化物并同时放出 H_2。似盐型氢化物在实验室用来除去有机溶剂和惰性气体(如 N_2、Ar)中的微量水，这种场合往往选用 CaH_2。若溶剂中含大量水，则不能采用这种方法脱除，因为反应中放出的大量热会使产生的 H_2 燃烧。

3. 金属型氢化物

金属型氢化物(metallic hydrides)指氢与 d 区和 f 区金属元素形成的一类二元氢化物。大多数金属型氢化物显示金属导电性。这类化合物的一个重要特征是具有非化学计量组成，即它们是 H 原子与金属原子之间比值不固定的一类化合物。例如，在 550℃，化合物 ZrH_x 的组成变化在 $ZrH_{1.30}$ 与 $ZrH_{1.75}$ 之间。

10.7　元素碳化物在周期表中的分布

碳能与大多数元素形成二元化合物。不少这样的化合物与日常生活密切相关，如 CO_2 和 Fe_3C(钢的重要成分)。碳化物(碳与金属或类金属形成的二元化合物)通常分为三类：

(1) 似盐型碳化物(saline carbides)：第 1、2 族元素以及元素 Al 形成的离子型固体化合物。

(2) 金属型碳化物(metallic carbides)：具有金属导电性和光泽，d 区和 f 区元素形成这类化合物。

(3) 类金属碳化物(metalloid carbides)：B 和 Si 形成机械硬度很大的共价型固体化合物。

图 10-27 示出各类碳化物在周期表中的分布，为完整起见，图中也包括碳的分子化合物(它们不属于碳化物)。这种分类方法对研究碳化物的物理性质和化学性质十分有用，但各类之间的分界线有时并不十分清楚，无机化学中屡屡会遇到这种情况。

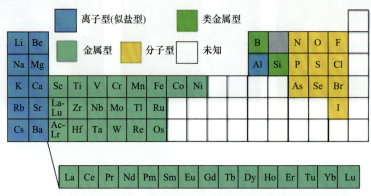

图 10-27　元素碳化物在周期表中的分布

1. 似盐型碳化物

这些固体化合物大体可看作离子型化合物。似盐型碳化物又可细分为三个亚类：

1) 石墨嵌入化合物

片状石墨晶体分子中碳原子电负性呈中性。这一结构性质决定了它像其他片状化合物如黏土矿物[56]一样，可以与电子给予体(donor)和电子受体(acceptor)型有机、无机分子发生嵌入反应，形成分阶(stage)结构石墨嵌入化合物(graphite intercalation compound，GIC，图 10-28)[57]。这种化合物晶体结构上的特点是嵌入剂在石墨层间形成独立的嵌入物层，并在石墨的 c 轴方向形成超点阵，因此从结构尺度上讲，GIC 与黏土复合物一样，也是一种纳米复合材料。

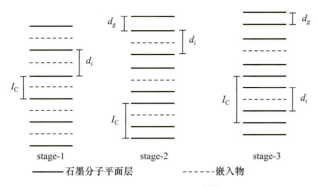

$I_C = d_i + (n-1) \times d_g$ n: stage指数

图 10-28　石墨嵌入化合物的结构示意图

研究表明，这些化合物具有石墨本身无法比拟的物化性能。例如，导电方面，KC_8-GIC 化合物的导电行为已接近金属导体[58]，而 stage-2 结构的 AsF_5-GIC 的导电率则达到了 6.2×10^5 S·cm^{-1}，较铜的值（5.8×10^5 S·cm^{-1}）[56]还高；超导方面，高压熔融法制得的 KC_6、KC_4 及 CsC_4-GIC 的超临界温度分别达到 1.45～1.55、5.5、6 K[56]。此外，碱金属-石墨嵌入化合物在低温下对氢气、低分子有机化合物还具有很好的吸收性能，甚至可与 $LaNi_5$ 的吸收能力相当[59]。

2) 甲烷型碳化物

由于甲烷型碳化物中存在形式上的 C^{4-}，所以很难将其确定为像 B_2C 和 Al_4C_3 之类的似盐型碳化物，甲基化物的晶体结构表明碳化物中的碳原子存在方向性成键作用，球形离子的简单堆积不可能存在这种成键作用。

3) 二碳化物

CaC_2 就是二碳化物，因此二碳化物又称乙炔化物，其中的 C_2^{2-} 相应于乙炔中的 $(C\equiv C)^{2-}$（图 10-29），其结构与 NaCl 结构相类似，只是哑铃形的 C_2^{2-} 使晶体沿哑铃轴的方向拉长。

2. 金属型碳化物

金属型碳化物(metallic carbides)保持了金属的光泽和导电性，许多 d 区和 f 区金属能形成这种碳化物。金属型碳化物中的 C 原子处于金属晶格的八面体空隙中，因而又称间隙型碳化物(interstitial carbides)。后一名称给人以错误印象，似乎它们不能算作正统的化合物。事实上，这类化合物的机械硬度和许多其他性质都表明存在强的金属-碳键。

金属(特别是第 4、5、6 族金属)的碳化物(氮化物、硼化物)是很有前途的硬质材料，但目前大量生产的只有钨和钛的碳化物。碳化钛是金属碳化物中最硬的，但由于含氧量高而易变脆，通常是制成(Ti,W)C、(Ti,Ta,W)C 等混合晶体使用。WC 是工业上最重要的金属型碳化物，用于制造刀具和耐高压装置，如生产金刚石的装置。

3. 准金属碳化物

准金属碳化物(metalloid carbides)中以共价型的碳化硼和碳化硅(俗名金刚砂)最为重要，两者都是优良的硬质材料。图 10-30 给出某些无机硬质材料的磨损硬度(相对磨损性)与各自的晶格焓密度(晶格焓除以物质的摩尔体积)之间的关系，图中的

C 表示金刚石，BN 表示闪锌矿结构的氮化硼。

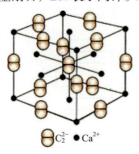

图 10-29　CaC₂ 的结构

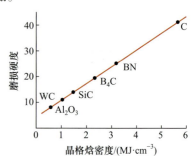

图 10-30　某些无机硬质材料的磨损硬度
与晶格焓密度之间的关系

10.8　超导元素在周期表中的分布

10.8.1　高温超导体

昂内斯

自昂内斯(H. K. Onnes)首次观察到超导现象[60]后，许多金属和合金都被发现它们在低于某一临界温度 T_c 时具有零电阻。高温超导体是超导物质中的一种，它们也被称作铜氧化物超导体。高温超导体并不是大多数人认为的几百甚至几千摄氏度的高温，只是相对原来超导所需的超低温高许多的温度，不过也有零下 200℃ 左右。而在人类所研究的超导中温度算提高非常多，所以称为高温超导体。

高温超导体通常是指在液氮温度(77 K)以上超导的材料。人们在超导体被发现时，就被其奇特的性质(零电阻、反磁性和量子隧道效应)所吸引。在此后长达几十年的时间内，所有已发现的超导体都只是在极低的温度(23 K)下才显示超导，因此它们的应用受到了极大的限制。

10.8.2　超导元素和化合物的分类和临界温度

高温超导体

研究表明能显示超导性的元素在周期表中会有某些规律(图 10-31)[61]：铁磁性金属 Fe、Co 和 Ni 不显示超导性，碱金属和钱币金属 Cu、Ag 和 Au 也没有超导性；任何金属本身不可能既具有铁磁性又具有超导性；某些金属氧化物超导体的铁磁性和超导性似乎共存于固体的不同亚晶格上，超导性往往出现在组成处于金属导电相与半导体(或绝缘体)相的交界区(图 7-49)。一些超导体的 T_c 可见表 10-1。

表 10-1　一些超导体的 T_c

元素	T_c/K	化合物	T_c/K
Zn	0.88	Nb₃Ge	23.2
Cd	0.56	Nb₃Sn	18.0
Hg	4.15	LiTiO₄	13
Pb	7.19	K₀.₄Ba₀.₆BiO₃	29.8
Nb	9.50	YBa₂Cu₃O₇	95

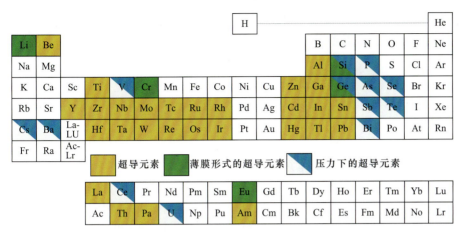

图 10-31　超导元素在周期表中的分布

10.8.3　超导研究简介

1. 典型的超导化合物

1986 年才发现了高温超导体[62]。研究最为广泛的金属氧化物超导体材料之一是 $YBa_2Cu_3O_7$(根据分子式中金属原子的比例非正式地称为"123"化合物)[62-64]，其结构相当于失去部分晶格 O 原子的钙钛矿(图 10-32)。与钙钛矿中金属离子的正八面体环境不同，"123"化合物中的金属离子具有平面四方形或四方锥配位环境。

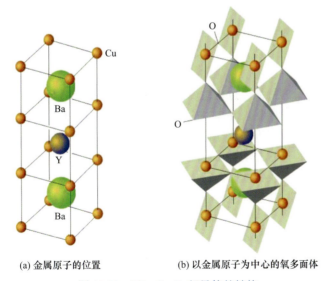

(a) 金属原子的位置　　　(b) 以金属原子为中心的氧多面体

图 10-32　$YBa_2Cu_3O_7$ 超导体的结构

2. 超导理论获诺贝尔物理学奖

Physical Review 于 1957 年刊登了一篇理论文章[65]，第一次解释了在低温下一些材料电阻完全消失的现象。在实验线索和早期理论尝试的基础上，美国伊利诺斯大学的巴丁(J. Bardeen，1908—1991)、布朗大学的库伯(L. N. Cooper，1930—)和宾夕法尼亚大学的施里弗(J. R. Schrieffer，1931—)不仅解释了电阻消失的现象，同时解释了超导体的许多磁学和热学性质，即所谓的 BCS 理论。他们的发现还对

巴丁

库伯

施里弗

粒子物理理论有重要的影响，并且为解释高温超导现象的尝试提供了依据。他们因超导的BCS理论获得1972年诺贝尔物理学奖。

3. 超导研究进展

本书对超导材料几个重大进展作简介。有关合成、性质研究、应用方面进展的详细资料可参看相关书籍和文献[62, 66-67]。

1) 铁基超导新材料

2008年2月23日，日本东京工业大学的细野秀雄教授(H. Hosono)报告[68]，掺杂了氟的镧氧铁砷化合物(LaOFeAs)能够在26 K(-247.15℃)的温度下显示出超导特性。随后一个多月时间里，中国科学技术大学的陈仙辉、中国科学院物理研究所的赵忠贤、闻海虎、王楠林、陈根等[69]领导科研小组不断刷新铁基超导材料超导温度的最高纪录，从43 K提高到52 K，再提高到55 K。在此之前，铜基超导材料是科学家已知的唯一高温超导材料。镧氧铁砷这种铁基超导新材料的发现，是超导材料研究领域的一个突破性进展。新材料不仅常温状态下电阻更小、临界电流更大，而且成本更低、制造工艺更成熟，有着更好的应用前景。

高温超导材料的制备往往需要高压高温条件。例如，合成超导样品$Ca_{0.86}Sr_{0.14}CuO_2$时，可先利用高压高温合成出母体$SrCuO_2$(a=0.3925 nm)，然后掺入Nd或Pr，进行硝化处理、分解，得到不具有无限层状结构的多相混合物作起始材料，在高压(2.5 GPa)高温(1300 K, 0.5 h)下合成即得产物，其T_c为40 K[70]。

2) 三维超导特性

之前基于铜氧化合物高温超导体的二维层状晶体结构，学界普遍认为维度的降低是形成高温超导的必备条件。浙江大学物理系教授袁辉球及其合作者的最新研究成果显示：具有二维层状晶体结构的铁基超导材料钡铁砷在低温的临界磁场具有"各向同性"的特征，也就是说该材料的超导上临界磁场不依赖于外加磁场的方向，与先前二维层状超导体中所观察到的现象完全不同。这是首次在二维层状的超导材料中报道三维的超导特性。研究表明，低维的晶体结构可能更有利于高温超导的形成，但它并不是形成高温超导的唯一因素。袁辉球指出，铁基超导材料虽然也具有二维层状的晶体结构，但其电子结构可能更接近于三维，铁基高温超导的形成应该与其独特的电子结构有关[71]。

3) 超薄超导体

超导材料最终用在器件上才有用。在制造超导器件的道路上，一个重要的目标就是要找到作为纳米尺度超导体的材料。这样的超薄超导体将在超导晶体管以及最终的超快、节能电子学中发挥重要作用。在2008年10月9日的 *Nature* 上，美国能源部布鲁克海文国家实验室的科学家报告称，他们成功利用多种铜氧化物材料，制造出了双层高温超导薄膜(图10-33)[72]。尽管任何一层材料本身都不具有超导电性，但二者的界面在2~3 nm厚的范围内却展现出了一个超导区域。此外，研究人员还进一步证实了，如果暴露于臭氧中，该双层材料的超导临界温度可以提升到超过50 K，这是一个相对很高的温度，更可能有实际的应用价值。

4) 中国的超导研究走在世界的前列

合肥微尺度物质科学国家研究中心的陈仙辉课题组通过氧和铁同位素交换，

研究 $SmFeAsO_{1-x}F_x$ 和 $Ba_{1-x}K_xFe_2As_2$ 两个体系中超导临界温度(T_c)和自旋密度波转变温度(TSDW)的变化，发现 T_c 的氧同位素效应非常小，但是铁同位素效应非常大。令人惊奇的是，该体系铁同位素交换对 T_c 和 TSDW 具有相同的效应[73]。这表明在该体系中，电-声子相互作用对超导机制起到了一定的作用，但可能还存在自旋与声子的耦合。铁基超导体中，T_c 以及 SDW 的铁同位素效应都要大于氧的同位素效应。这可能是由于

图 10-33 双层高温超导薄膜

铁砷面是导电面，因而其对超导电性有很大的影响，并且自旋密度波有序也是来自于铁的磁矩。在铜氧化合物高温超导体中，超导临界温度的同位素效应随掺杂非常敏感。在最佳掺杂时，同位素效应几乎消失，而随着掺杂逐渐增大并在超导与反铁磁态的边界上达到最大值。这表明在铜氧高温超导体中同位素效应与磁性涨落也有着密切联系。这种反常的同位素效应表明电-声子相互作用在铜氧化合物中也同样非常重要。因而，该发现表明，探寻晶格与自旋自由度之间的相互作用对理解高温超导电性机理是非常重要的。

铜氧化物高温超导体通常在高于液氮温度(77 K)的区域内实现超导，相比于液氦温区(4.2 K)的传统超导体，其应用范围更广阔，可用于制造输电线、变压器、量子计算、强磁场磁体等。但高温超导的机理尚不清楚，阻碍了新材料的研发。中国科学院物理研究所/北京凝聚态物理国家实验室(筹)郑国庆研究组与日本冈山大学、德国马克斯-普朗克研究所合作，相关研究成果在 *Nature Communications* 发表[74]。他们利用物理所的 15 T 强磁场核磁共振装置，通过对高温超导体 $Bi_2Sr_{2-x}La_xCuO_6$ 的研究发现，在超导出现的低掺杂浓度范围内，取代自旋有序态的是长程电荷密度波有序态。在常规的超导体里，超导出现之前的物态是电子之间无相互作用的费米液态。研究团队发现，电荷密度波有序态的临界温度是自旋有序态临界温度的连续延伸，随着载流子的上升而减小，最后在载流子浓度为 0.14 附近消失。同时，它与高温存在的赝能隙温度成比例关系(图 10-34)。这个新发现揭示了电荷在产生超导中的重要作用，为研究高温超导机制提供了崭新的视角。研究团队推测，过去 20 多年人们注意研究但还没有定论的赝能隙现象就是长程电荷密度波有序态的某种涨落形式。

中国科技大学微尺度物质科学国家实验室

> 赵忠贤(1941—)，辽宁新民人，著名物理学家、超导专家。中国科学院院士，第三世界科学院院士，曾两次获得国家自然科学奖一等奖、两次获得国家自然科学奖二等奖，曾获何梁何利基金科学与技术成就奖等国家和国际顶尖荣誉。现为中国科学院物理研究所研究员，超导国家重点实验室主任，专门从事低温与超导研究，探索高温超导电性研究。
> 2015 年 6 月，赵忠贤院士荣获 2015 年马蒂亚斯奖，这是中国大陆科学家首次获得该奖项。2017 年 1 月，被授予 2016 年度国家最高科学技术奖。

赵忠贤

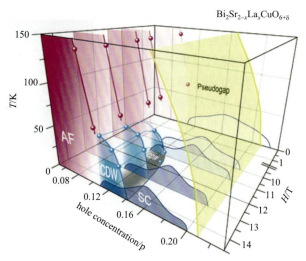

图 10-34　磁场调控的 $Bi_2Sr_{2-x}La_xCuO_6$ 的相图

10.9　金属有机化合物及其成键类型在周期表中的分布

金属有机化合物(organometallic compound)是指至少含有一个金属-碳键(C—M)的化合物[75-76]。金属有机化学是自 1760 年合成第一个元素有机化合物$(CH_3)_4As_2$[77]后产生的无机化学与有机化学的交叉学科。金属有机化合物也可以因成键的类型不同而分类。

10.9.1　金属有机化合物的金属-碳键类型

金属有机化合物的金属-碳键大体上可有四种亚类型。

1. 离子键型

离子键是以金属正离子为一方，烃基负离子为另一方，依靠正负离子的静电作用结合而成。离子键型金属有机化合物是由电正性很强、化学性质特别活泼的钠、钾、锶、钡等金属元素和烃基成键的化合物。烷基钠等通常是无色的，外形像盐；不溶于非极性有机溶剂如苯和四氯化碳等；离子性很强，烷基负离子的化学性质特别活泼，极易被水分解，对空气敏感；能导电。例如，CaC_2，$[(C_6H_5)_3C^-]Na^+$，$(C_5H_5^-)Ca^{2+}$。

较为稳定的烃基负离子如烯丙基、苄基、三苯甲基，和钾、钠正离子形成的烃基金属有机化合物能溶于乙醚。这类负离子带有显著的颜色，烃基的负电荷得到分散，金属正离子在乙醚溶液中被溶剂化，使这类离子性烃基金属较为稳定，可以结晶出来，未结晶前在溶液中有导电性。

2. 多中心键型

多中心键型是电子对共用于三个或更多个原子之间的共价键。多中心键型金属有机化合物是由电正性金属如锂、铍、铝与烷基结合而成的金属有机化合物。金属的外层轨道在成键时轨道数目多于电子数，需要两个以上金属原子与一个碳原子共用一对电子来满足金属外层价电子数目的需要(图 10-35)。为此，这类烃基金属往往几个分子缔合在一起，它们的缔合度随溶剂种类和温度而变异。低温有利于多中心键形成，高温下则多中心键分解。多中心键与配位键不同，配位键是配位体把成对电子给予缺电子的金属原子，金属接受配位体的数目是一定的。多中心键是轨道多于电子数，缔合的烃基金属中一个烃基与多个金属原子成键，缔合度不固定，其基本单元为 R_nM，n 为金属 M 的化合价。

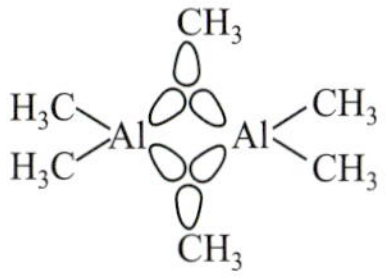

图 10-35 $(CH_3)_3Al$ 的成键情况

3. σ共价键型

碳原子和金属原子各提供一个电子，配对形成共用的一对电子，即有机化合物中的单键。一个金属原子提供电子成单键的数目就是该金属的化合价。共价键型金属有机化合物的分子式为 R_nM(图 10-36，这里 CO 和金属原子的作用分别相当于路易斯碱和路易斯酸)，一般能溶于有机溶剂，不溶于水，有挥发性，在溶液中不易导电。形成 σ 共价键型的活泼金属有机化合物能缔合并借助多中心键形成聚合物$(R_nM)_x$(x = 2、4、6…)；不活泼的金属有机物只以单体状态存在。例如，$(CH_3)_3SnCl$，$(CH_3)_2SnCl_2$，$(C_2H_5)_4Pb$，RHgX，$[Be(CH_3)_2]_n$，Li_4Me_4。

金属原子用 sp 杂化轨道与两个烃基共价结合的化合物为直线型分子；用 sp^2 杂化轨道与三个烃基结合，形成平面三角型分子；用 sp^3 杂化轨道与四个烃基成键，形成四面体型分子。它们大多数是非过渡金属和烃基形成的化合物。

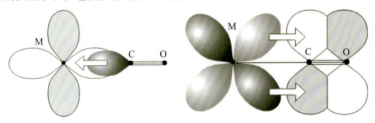

图 10-36 σ共价键型　　图 10-37 d-p π配键

4. π共价键型

π 共价键型是利用金属的$(n-1)$d 轨道或其 s、p、d 杂化轨道与碳原子的价键轨道重叠而成的共价键。一般有机化合物的双键或叁键是利用碳原子的 p 轨道相互侧面重叠，与σ键往往同时存在于两个碳原子之间。金属的 p 轨道能量高，不易与碳原子的 p 轨道重叠；金属的$(n-1)$d 轨道能量较低，过渡金属原子的$(n-1)$d 轨道中有电子而又不满，容易与碳原子的 p 轨道重叠。金属原子的 d 轨道与某些有电子对的元素原子 p 轨道在形成σ键之外也形成不牢固的π键，称 d-p π键。这里 p 轨道上的电子对配给另一原子的空 d 轨道，也可以称 d-p π配键(图 10-37)。

d-p π键可有多种形式。具有π键的烯、炔、苯、环戊二烯基等也可以其成键电子对作为给体与金属配位，金属原子的 d 空轨道与π成键轨道重叠。烯的成键π轨道有一个，苯的成键 π 轨道有三个，它们的电子数为 2、6、…，d 轨道也不止一个(图 10-38)。因此，这类 d-p π配键也可按电子数目分类。

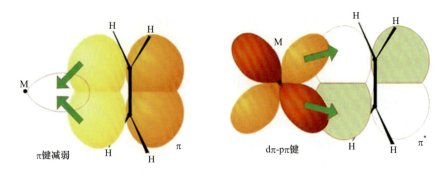

图 10-38　不同形式的 d-p π键

d-p 配键主要是从有机配位体提供电子对给金属。如果配位体是羰基(CO)，利用其杂化 sp 轨道上的两个电子配给金属，则由于其杂化轨道轴与金属 d 轨道轴在一条线上，这类π键与σ共价配键相当，称为σπ键(图 10-36)。由此推理，有人把烯键的成键电子对给予金属也称为σπ键，不过这种σπ键是从烯键的π电子对提供的，轨道位相相同，键轴上下平面对称，具有某些σ键的特征。

还有一种π反馈键，是金属原子 d 轨道上的电子进入有机分子的反键轨道而形成的键。例如，羰基和烯烃都有一个π反键轨道，它们是空的，能接受 d 轨道的电子。过渡金属有机物分子中往往同时存在π键和π反馈键，它们的位相是匹配的，有一定空间几何要求，像一般π键，是镜面反对称垂直于键轴的。

10.9.2　不同成键类型在周期表中的相对分布

图 10-39 为金属有机化合物不同成键类型在周期表中的分布。图中的 M 代表电正性金属，E 通常代表 p 区的准金属。显然，具有特种键型的金属有机化合物在周期表的这一分布不是绝对的，因为同一种金属有机化合物可能兼有两种以上的键型。但是，这种分布的做法还是对金属有机化合物成键类型研究有益。

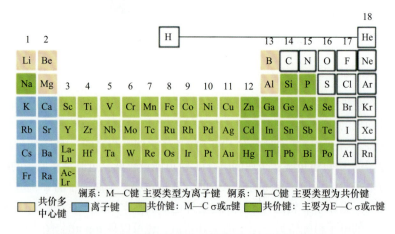

图 10-39　金属有机化合物成键类型在周期表中的分布

10.10 原子簇合物在周期表中的分布

10.10.1 原子簇合物简介

1. 什么是原子簇合物

原子簇合物(cluster compound)简称簇合物。历史上最初定义的是金属原子簇合物(metal cluster compound),其特征是有 M—M 键,即金属-金属共价键,如 Hg_2Cl_2、$Re_2Cl_8^{2-}$、$Fe_2(CO)_9$ 等,现在扩展后包括非金属原子簇合物,如硼烷及硼烷衍生物(含有三个或三个原子以上核)[78]。显然,按此定义 $[Ru(NH_3)_5N_2]Cl_2$ 和 Al_2Cl_6 都不是原子簇合物,前者只有一个核,后者没有 Al—Al 键,两个 Al 之间是通过桥原子 Cl 连接的。现在,大家多以 Cotton[79] 给金属原子簇合物的定义——"含有两个或两个以上的金属原子且有金属-金属键存在的化合物"为准。

2. 簇合物的结构特点

(1) 簇合物通常由两部分组成:一部分是由 2 个以上金属原子组成的骨架,另一部分是由有机或无机基团(或分子)组成的配体。骨架中的金属原子以多角形或多面体的形式彼此抱成一团相互成簇,骨架结构中的"边"并不代表价键理论中的共用电子对,骨架金属原子之间的成键作用是以离域的多中心键为主要特征。

(2) 占据骨架结构顶点的可以是同种也可以是异种过渡金属,也可以杂以主族金属原子,其至非金属原子,如 C、B、P 等。簇的结构中心多数是空的,中心有原子的极少。

(3) 簇合物中的配体与金属原子有 3 种结合状态,可以分别与 1 个金属原子、2 个金属原子、3 个金属原子结合。依结合部位不同分别称为端基、边桥基和面桥基配体。若有多个配体与金属原子桥式结合,则该簇合物就比较稳定。

3. 簇合物的金属-金属键及结构规则

1) 金属-金属键

可以认为,金属-金属键的存在是原子簇合物有别于其他类型化合物的根本特征。金属原子间不仅能形成金属-金属单键,还能形成包括二重键(双键)、三重键(三键)和四重键在内的多重键以及多中心键等。这些键与普通的金属键不同,它们具有共价键的性质,如 $Fe_2(CO)_9$、$Re_2Cl_8^{2-}$ 等(图 10-40)。可参考相关教材[79-81],这里不再赘述。

2) 金属原子簇的结构规则

金属-金属间的键合有两条规则。第一条规则是当金属原子处于低氧化态时,金属间容易成键。例如,在只含羰基配位体的金属簇合物中,金属氧化数是零甚至是负值,如羰基簇合物阴离子 $[M_2(CO)_{10}]^{2-}$ (M=Cr, Mo, W)。还有低价态卤化物原子簇,其中金属的氧化数通常是 $+2\sim +3$。但是也已经发现,金属表观氧化数高达+4 的金属原子之间也有金属-金属键生成,如许多稳定的三核 Mo(Ⅳ) 和三核

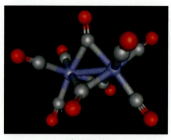 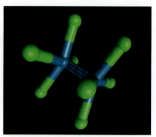

(a) 含金属单键　　　　　　　(b) 含金属多重键

图 10-40　$Fe_2(CO)_9$(a)和 $Re_2Cl_8^{2-}$(b)的结构

W(Ⅳ)簇合物。而表观氧化数为+5 或更高的金属原子之间却很少发现有金属-金属键生成。高价金属态之间不易成键，可能是由于高电荷引起轨道收缩，达到一定程度时便可能同另一组收缩的轨道重叠，重叠太小而不能有效成键。第二条规则是周期表中任何一族给定的元素，重元素通常具有较大的成键倾向。当然，上述两条规则也有不少例外情况。

既然成键，就与电子数相关；既然形成多面体，就会与多面体的顶点数、面数相关。为了准确和快速确定某簇合物的分子构型，许多科学家经过研究提出了多个金属原子簇的结构规则，经常使用的有以下两个。

(1) 18 电子规则。1920 年，美国著名化学家朗谬尔(I. Langmuir)在研究了一些分子的价层电子总数后，结合路易斯(G. N. Lewis)的八隅体规则(8 电子规则)[82]，提出了化合物中价层电子总数为 2、8、18、32 的规律[83]。他在研究过渡金属配合物结构时认为它的实质是：从分子轨道上看，金属配合物的原子轨道重组成 9 个成键与非键分子轨道。尽管还有一些能级更高的反键轨道，但 18 电子规则的实质是这 9 个能量最低的分子轨道都被电子填充的过程。利用 18 电子规则可以较好地说明 Cr、Mn、Fe 和 Co 的三核簇合物及二茂铁、五羰基铁、六羰基铬和四羰基镍的电子结构。在这些化合物中，9 个分子轨道能量最低，电子也容易填满这些轨道，因此与 18 电子规则吻合较好。

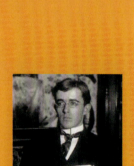

朗谬尔

这里需要说明的是，吕仁庆等撰文指出[84]，18 电子规则是路易斯八隅体规则在金属有机配合物中的一个延伸。它与英国化学家西奇威克(N. V. Sidgwick)提出的有效原子序数规则[85]是不同的，而一些文献和网络上往往将二者混为一谈，并且错误地认为西奇威克提出 18 电子规则。实际上，18 电子规则关注的是价层电子总数的规律，而有效原子序数规则(effective atomic number rule)更强调整体原子中电子总数与最邻近的稀有气体相同。

在研究金属原子簇的结构规律时，研究者认为 18 电子规则也适用于讨论多核原子簇的成键作用。也就是说，低氧化态过渡金属多核原子簇化合物的稳定性是由于夹层有 18 个电子，如果价电子数不够 18，则由生成金属-金属键来补充。假定配合物为 M_nL_m，这些配体是 1 电子给予体、2 电子给予体或 5 电子给予体等；每个金属的价电子数为 V，一个配体 L 提供的电子数为 W，则总的价电子数为 $V_n+W_m \pm d$，其中 d 为配合物的电荷(负离子取+，正离子取-)。为了满足 18 电子规则，需要的电子数为 $18n$，其间的差额为 $18n-(V_n+W_m \pm d)$，这就是二中心金属键所需要的电子数。因此

M-M 键的数目 $= [18n - (V_n + W_m \pm d)]/2$
$\quad\quad\quad\quad\quad =$ [满足电子规则所需要的电子数 $-$ (金属的总价电子数　　(10-10)
$\quad\quad\quad\quad\quad\quad +$ 配体提供的总电子数 $\pm$ 离子的电荷数)]$/2$

需要指出的是，18 电子规则对三核、四核羰基簇合物的应用是成功的，但对多核羰基簇合物来说有时和实际情况严重不符，其原因是 18 电子规则不适合骨架电子高度离域的体系。

(2) Wade 规则。美国结构化学家韦德(K. Wade)于 1971 年开始运用分子轨道法处理硼烷结构，随后提出了 Wade 规则[86]，预言硼烷、硼衍生物及其他原子簇化合物结构具有一些鲜明的结构特点：

(i) 硼烷和碳硼烷呈三角平面多面体构型。

(ii) 每一个骨架 B 连接 1 个 H(或其他单键配体)端基，一对电子定域在上面，剩余电子是骨架成键电子。

(iii) 每一个 B 原子提供 3 个原子轨道(AO)给骨架成键，多面体的对称性由这些 AO 产生的 $(n+1)$ 个骨架成键分子轨道(MO)所决定(n 是多面体顶点数)。

韦德

$$\text{骨架成键分子轨道 MO} = \text{骨架成键电子对数 } b$$

所以，可以得出：

$b=n+1$，为闭式结构，通式 $B_nH_n^{2-}$ 或 B_nH_{n+2}

$b=n+2$，为巢状结构，通式 $B_nH_n^{4-}$ 或 B_nH_{n+4}

$b=n+3$，蛛网式结构，通式 $B_nH_n^{6-}$ 或 B_nH_{n+6}

$b=n+4$，敞网式结构，通式 $B_nH_n^{8-}$ 或 B_nH_{n+8}

该规则非常有利于推断它们的分子形状。图 10-41 为各式结构之间的互变关系。

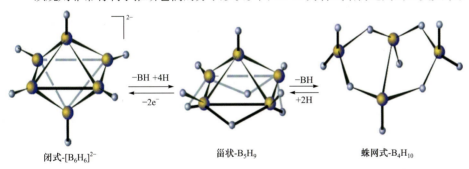

图 10-41　B_6 闭合八面体结构、B_5 巢状结构和 B_4 蛛网式结构之间的关系

自然，Wade 规则也会有许多例外。

利普斯科姆(W. N. Lipscomb, 1919—2011) 1941 年从美国肯塔基大学毕业，同年进入加州理工学院攻读物理，1942 年师从鲍林学习物理化学，1946 年获理学博士。1946～1958 年在明尼苏达大学任教，1959 年任哈佛大学教授直至退休。1976 年，因在硼烷结构方面的研究贡献，利普斯科姆荣获诺贝尔化学奖。

利普斯科姆

10.10.2 原子簇合物的发展

原子簇合物化学是原子簇中的一个重要分支,是在金属有机化学与无机配合物化学基础上发展起来的一门新兴学科。由于它们在性质、结构和成键方式等方面的特殊性,引起了合成、材料、催化及理论化学界的极大兴趣[87-89]。

(1) 萌芽阶段。最早在 1907 年报道了 $TaCl_2 \cdot 2H_2O$ 金属卤素簇合物,直到 1913 年才明确实际组成为 $Ta_6Cl_{14} \cdot 7H_2O$,1950~1960 年才测定了它的结构[90-91];1928 年合成的有机铁硫原子簇合物 $[Fe(CO)_3(SF_4)]_2$,1963 年才测得其单晶结构;1960 年测得了一些钼簇合物的结构[92],但距其合成时间只相差几年。可以看出,现在合成与结构测定时间间隔越来越短。

(2) 迅速发展阶段。

第一步,20 世纪 70 年代以来,人们开始了对金属簇合物化学键理论和结构规律的探索,如最早有 Dahl 等对过渡金属类立方烷原子簇合物的簇键进行量化的定性处理,以后又有唐敖庆的 $9n-1$ 规则,徐光宪的 $nxc\pi$ 规则,卢嘉锡将 Wade 规则推广到类立方烷原子簇等。这些研究对金属原子簇合物中簇键的认识、簇的反应、产物结构类型,以及预见新簇合物的可能合成途径等都起着一定的推动作用[93]。

第二步,20 世纪 80 年代以来,人们开始致力于开发金属簇合物的实际应用,最突出的是发掘新的金属簇合物的催化剂。例如,用 $[Co(CO)_2PR_3]_3$ 作催化剂使烯烃氢化和同分异构化,用 $Rh_6(CO)_6$ 作催化剂使醛氢化产生醇、使烯氢醛基化等。其次人们对化学模拟生物固氮的研究已逐渐从研究个别的钼铁硫簇合物发展到对系列化的原子簇化合物进行规律性探讨,尤其提出了较完整且较能圆满解释固氮酶活化底物性能的多核钼铁硫原子簇合物活性中心结构理论模型[94],使化学模拟生物固氮的研究出现在原子簇模型化合物的研究新领域。人们还在合成如 $[Ni_{34}Se_{22}(PPh_3)_{10}]^{[95]}$、$[Pt_{34}(CO)_{44}H_2]^{2-[96]}$ 和 $[Ni_{134}Pt_6(CO)_{48}H_{6-n}]^{n-1}$ ($n=4, 5$)[97]等一系列更大的金属原子簇合物方面崭露头角,提出了把金属原子簇合物作为金属表面化学吸附模型的设想。

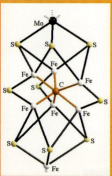

固氮酶结构

第三步,20 世纪 90 年代以来,人们主要致力于有目的地合成更多的金属簇合物,并进行了大量的表征和结构测定。磷和硫与过渡金属有较强的键合能力,配位时常以桥联形式出现,它们作为多配位、多电子配体,在过渡金属簇合物中起重要的作用[98]。磷和硫是生物体富含的非金属元素,对含磷和硫配位基的过渡金属簇合物的研究期望为揭示金属酶的生物活性提供重要信息,多样化的磷硫桥基配体与金属簇合物结合,易产生新的成键方式,可以建造多种具有新型几何构型的金属羰基簇合物的衍生物,从而扩展了原子簇化学和配位化学的研究领域。原子簇合物在周期表中的分布见图 10-42。

进入新世纪以来,簇合物化学更是如雨后春笋发展迅猛。人们已进入到有计划、有目的、更高级的合成、应用、研究阶段。

(3) 中国科学家的贡献。中国科学家在簇合物研究中是走在世界前列的。原子簇合物的化学键及其结构规则的研究,虽然早已是人们关注的课题,并且取得了一系列重要的结果[86, 99-106],在原子簇化学中得到了广泛的应用,其中中国的化学家在簇合物化学键的研究方面贡献很大。唐敖庆用 $9n-1$ 规则将 Wade 规则推广到类立方烷原子簇[107-109]，徐光宪提出用四个数 $nxc\pi$ 来描述包括原子簇在内的无机和有机分子的结构类型并提出六条有关的规则[110-112]。许多学者直至现在仍在进行着有建设性的研究[113-116]。

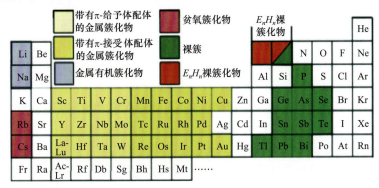

唐敖庆

图 10-42　原子簇合物在周期表中的分布

10.11　周期表对一些科学研究课题的启示

人们不但利用周期律和周期表对上述一些研究进行具体指导，还善于将一些新的研究课题与之关联，常常会得到有益的启示。

10.11.1　等电子分子周期系

在无机化学教学中，人们常用等电子原理或价层电子对互斥理论来验证和预测一个分子及离子的空间构型：等电子原理是用来比较和判断分子或离子空间构型的好方法，价层电子对互斥理论则是用中心原子的价层电子数来判断分子或离子的空间构型。两者异曲同工，两种方法都与电子的数目有关。伍伟夫等提出"在分子或离子中的电子数或价电子总数与其空间构型之间就可能存在某种极为简单的关系"。研究中，他们归纳出"等电子族"、"等电子族与中心原子的杂化类型"等概念，发现了"等电子分子周期系"，得到了"等电子分子周期表"(表 10-2)。等电子分子周期系理论是分子结构规则的一种重要的表现形式，可以用来判断中心原子的杂化类型、进行分子结构的比较，并能用来关联其他化合物与等电子分子周期系的关系[117]。

表 10-2　等电子分子周期表

N	杂化类型(总配位数)					
	sp(2)	sp^2(3)	sp^3(4)	sp^3d(5)	sp^3d^2(6)	sp^3d^3(7)
1			E(8/1)			
2	E(10/2)	E(12/2)	E(14/2)			
3	E(16/3)	E(18/3)	E(20/3)	E(22/3)		
4		E(24/4)	E(26/4)	E(28/4)		
5			E(32/5)	E(34/5)	E(36/5)	
6				E(40/6)	E(42/6)	
7					E(48/7)	E(50/7)
8						E(56/8)

10.11.2 共价键在元素周期表中的变化规律

无机化学中常见共价键有双电子σ键(包括σ配键)、双电子π键、单电子键、三电子键、离域π键、多中心键、反馈π键(包括 d-p π键、d-d π键和π*-d π键)等。不同化学键的形成对物质性质有着重要影响。邓凡政等讨论了无机化合物中常见共价键,发现了它们在元素周期表中的一些变化规律,这对于深入研究常见共价键形成条件和特征及其对物质性质的影响很有意义。这也是周期律和周期表对此研究的启示。他们发现:

(1) 双原子 π 键的形成,主要存在于第二周期元素之间,或第二与第三周期元素之间。

(2) 具有三电子键结构的金属氧化物包括碱金属的 RO_2 型(除 Li 外)和碱土金属的 RO_4 型(除 Be、Mg 外)超氧化物,具有三电子键结构的非金属氧化物包括 NO、OF、SO 等。

(3) 含有离域 π 键的分子(或离子)很多,如 NO_2、CO、CO_2、BCl_3、NO_3^-、SO_2、O_3、SO_3、C_6H_6 等均可生成大 π 键。

(4) d-p π键常存在于第三周期非金属元素的含氧酸中,如 H_2SO_4、H_3PO_4、HClO 等无机含氧酸中。

(5) 单电子键一般存在于 H_2 及短周期碱金属元素双原子离子中;三电子键则存在于短周期氧族、卤素及稀有气体的双原子分子或离子中。此外,氧与 N、Cl、F 及同族元素也可以构成三电子键物质。

(6) 缺电子键一般存在于由缺电子原子构成的化合物中,如 B、Al、Be 以及某些过渡金属的化合物中常有缺电子键;离域π键也广泛存在于第二周期 p 区元素构成的多原子化合物中,同样到第三周期减弱,之后的周期更难;然而,到了第三周期,有 nd 轨道可以参与成键,形成 d-p π键,其变化规律可以通过对 p 区元素的无机含氧酸来验证;d-d π键主要存在于金属簇状化合物中,π*-d π反馈键主要存在于羰基、不饱和烃等配合物中,这类化学键常伴随着σ键而存在。

10.11.3 离子液体的周期性变化规律及导向图

离子液体是指完全由阴阳离子组成的室温下呈液态的盐类,它作为绿色溶剂近年来成为众多领域的研究热点。由于阴阳离子种类繁多,阴阳离子的不同组合而形成的离子液体种类理论上几乎是无限的。在庞大的离子液体家族中如何选择合适的离子液体或者如何设计新型的功能离子液体是离子液体研究及其应用的瓶颈[118]。

在离子液体的研究中,虽然许多学者致力于定量结构-性质相关[119-122]及量子化学[123-125]方面的研究,但都只限于少数几类离子液体,没有一个普适规律。张锁江等受门捷列夫的元素周期律和周期表的启发,在离子液体中寻找与之类似的规律,试图通过建立离子液体周期律和离子液体导向图,为寻找和设计离子液体提供明确的方向。这样,将会从本质上理解离子间及分子片间的性质差异与相互作用。他们首先通过文献查阅建立了离子液体数据库,对文献报道过的所有组成离子液体的阴阳离子进行分类和编号。然后,在此基础上以数据库中的所有阴阳离

张锁江

子编号为坐标画出了离子液体的导向图。根据离子液体在导向图中的位置可以定性地对该化合物性质进行描述。图中存在的大面积的空白就是一些尚待发现的离子液体。例如，Earle 和 Seddon 估计离子液体的种类会达到 10 亿。继而，他们思考在离子液体中是否也存在某种变化规律。图 10-43 是他们研究双取代咪唑四氟硼酸盐的熔点的结果，预示确实存在周期性变化规律。这项研究的重大意义在于：如果最终能发现离子液体分子片的周期律，将会使其研究进入一个深刻理解离子和分子片之间异同的新时代。离子液体是连接有机物质(有机阳离子)和无机物质(无机阴离子)的桥梁，建立离子液体的周期律不仅为开发、设计或者选择新型离子液体提供明确的方向，而且是研究有机世界和无机世界关系的一个重要突破。

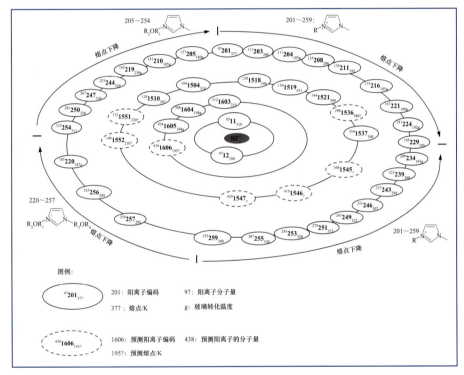

图 10-43 四氟硼酸离子液体的周期律

参 考 文 献

[1] Midgley T. Ind. Eng. Chem., 1937, 29(2): 241.
[2] Molina M J, Rowland F S. Nature, 1974, 249(5460): 810.
[3] Brune W. Nature, 1996, 18(S3): 6.
[4] Molina M J. Angew. Chem. Int. Ed., 1996, 35(16): 1778.
[5] Service R F. Science, 1995, 270(5236): 577.
[6] Giolando D M, Fazekas G B, Taylor W D, et al. J. Photochem., 1980, 14(4): 335.
[7] Crutzen P J Q J R. Meteorol. Soc., 1970, 96(408): 320.
[8] 林永达, 陈庆云. 化学进展, 1998, (02): 119.
[9] 成广兴, 邵军. 化学通报, 1999, (09): 44.

[10] 马臻, 华伟明, 高滋. 化学通报, 2001, (06): 339.
[11] Nagata H, Takakura T, Tashiro S, et al. Appl. Catal. B, 1994, 5(1-2): 23.
[12] Imamura S, Shiomi T, Ishida S, et al. Ind. Eng. Chem. Res., 1990, 29(9): 1758.
[13] Fu X, Zeltner W A, Yang Q, et al. J. Catal., 1997, 168(2): 482.
[14] Tajima M, Niwa M, Fujii Y, et al. Appl. Catal. B, 1996, 9(9): 167.
[15] Tajima M, Niwa M, Fujii Y, et al. Appl. Catal. B, 1997, 12(14): 97.
[16] Karmakar S, Greene H L. J. Catal., 1995, 151(2): 394.
[17] Hua W, Feng Z, Zhen M, et al. Catal. Lett., 2000, 65(1-3): 85.
[18] Bickle G M, Suzuki T, Mitarai Y. Appl. Catal. B, 1994, 4(2-3): 141.
[19] Takita Y, Ninomiya M, Miyake H, et al. Phys. Chem. Chem. Phys., 1999, 1(18): 4501.
[20] Imamura S. Catal. Today, 1992, 11(4): 547.
[21] Li G L, Tatsumi I, Yoshihiko M O, et al. Appl. Catal. B, 1996, 9(1-4): 239.
[22] 敖聪聪. 湖南化工, 2000, (2): 33.
[23] 敖聪聪. 中国农药, 2008, (6): 39.
[24] 杨理健. 今日农药, 2017, (2): 30.
[25] 张燕, 陈丹, 王春琼, 等. 现代农药, 2017, 16(06): 9.
[26] Li Y, Qian Y, Liao H, et al. Science, 1998, 281(5374): 246.
[27] Knowles W S. Acc. Chem. Res., 1983, 16(3): 106.
[28] 钱建平. 地质与勘探, 2009, 45(02): 60.
[29] 姜启明. 地球化学找矿. 哈尔滨: 哈尔滨工程大学出版社, 2014.
[30] 龚鹏, 胡小梅, 李娟, 等. 地质通报, 2013, 32(10): 1601.
[31] 董昕昱. 桂东北锡矿床地球化学找矿模型. 北京: 中国地质大学, 2016.
[32] 于明雷. 滇西锡矿床地球化学找矿模型. 北京: 中国地质大学, 2016.
[33] 穆萨金 А П. 分析化学图表. 地质部峨嵋矿产综合利用研究所情报组译. 北京: 地质出版社, 1980.
[34] 朱一民. 湖南冶金, 1990, (6): 28.
[35] 朱一民. 湖南有色金属, 1991, (5): 275.
[36] 朱一民. 有色矿冶, 1992, (2): 17.
[37] 朱一民. 湖南冶金, 1992, (4): 41.
[38] 朱一民, 周菁. 湖南有色金属, 1989, (5): 28.
[39] 朱一民, 周菁. 有色矿山, 2001, (1): 28.
[40] 朱一民, 周菁. 湖南有色金属, 2002, (5): 7.
[41] 杨频, 高飞. 生物无机化学原理. 北京: 科学出版社, 2002.
[42] 刘元方, 唐任寰, 张庆喜, 等. 北京大学学报(自然科学版), 1986, (3): 101.
[43] 唐任寰. 大学化学, 1988, (3): 1.
[44] 曹槐, 宋仲容, 沈智, 等. 化学通报, 1997, (4): 41.
[45] 曹槐, 谢小光. 物理化学学报, 1995, (11): 1004.
[46] 韩国霞. 大学化学, 1991, (1): 48.
[47] 刘元方, 石进元, 罗志福, 等. 科学通报, 1984, (4): 235.
[48] 王夔, 徐辉碧. 生命科学中的微量元素. 北京: 中国计量出版社, 1991.
[49] Hamilton E I, Minski M J, Cleary J J. Sci. Total Environ., 1973, 1(4): 341.
[50] 石巨思, 廖展如. 生物无机化学. 武汉: 华中师范大学出版社, 2001.
[51] 谭钦德. 生物无机化学导论. 广州: 广东高等教育出版社, 1993.
[52] 唐任寰, 石进元, 刘元方, 等. 北京大学学报(自然科学版), 1985, (1): 58.
[53] 唐任寰. 百科知识, 1994, (4): 42.
[54] 唐志华. 广东微量元素科学, 2001, (2): 1.

[55] Pimentel G C, Coonrod J A. 化学中的机会——今天和明天. 北京: 北京大学出版社, 1990.
[56] Komarneni S. J. Mater. Chem., 1992, 2(12): 1219.
[57] Dresselhaus M S, Dresselhaus G. Adv. Phys., 1981, 30(2): 139.
[58] Akuzawa N, Amari Y, Nakajima T, et al. J. Mater. Res., 1990, 5(12): 2849.
[59] Tatsumi K. J. Electrochem. Soc. Jpn., 1995, 63(11): 980.
[60] Onnes H K. Proc. Amsterdam, 1911, 14: 113.
[61] Beasley M R, Geballe T H. Phys. Today, 1984, 37(10): 60.
[62] Müller K A, Bednorz J G. Science, 1987, 237(4819): 1133.
[63] 杜小旺. 四川师范大学学报(自然科学版), 2006, (5): 595.
[64] 高发明, 李东春, 张思远. 中国稀土学报, 2001, (3): 209.
[65] Bardeen J, Cooper L N, Schrieffer J R. Phys. Rev., 1957, 108(1): 1175.
[66] Anderson M T, Vaughey J T, Poeppelmeier K R. Chem. Mater., 1993, 5(2): 151.
[67] 张现平, 马衍伟. 科学通报, 2013, 58(11): 986.
[68] Brooker L G S, Keyes G H, Sprague R H, et al. J. Am. Chem. Soc., 1951, 73(11): 5332.
[69] Wen H H, Mu G, Fang L, et al. Europhys. Lett., 2008, 82(82): 17009.
[70] Smith M G, Manthiram A, Zhou J, et al. Nature, 1991, 351: 549.
[71] Yuan H Q, Singleton J, Balakirev F F, et al. Nature, 2009, 7229(457).
[72] Gozar A, Logvenov G, Kourkoutis L F, et al. Nature, 2008, 455(7214): 782.
[73] Liu R H, Wu T, Wu G, et al. Nature, 2009, 459(7243): 64.
[74] Kawasaki S, Li Z, Kitahashi M, et al. Nature Commun., 2017, 8(1): 1267.
[75] Chaloner P A, Albercht S. Organometallics:A concise Introduction. Weinheim: Wiley-VCH, 1992.
[76] 梁述尧. 元素有机化学. 北京: 科学出版社, 1989.
[77] Cadet de Gassicourt L C. Mem. Math. Phys., 1760, 3: 623.
[78] 徐吉庆. 应用化学, 1989, (5): 1.
[79] Cotton F A, Wilkinson G. Advanced Inorganic Chemistry. New York: John Wiley & Son, 1988.
[80] 唐宗薰. 中级无机化学. 北京: 高等教育出版社, 2009.
[81] 朱文祥. 中级无机化学. 北京: 高等教育出版社, 2004.
[82] Lewis G N. J. Am. Chem. Soc., 1916, 38(4): 762.
[83] Langmuir I. Science, 1921, 54(1386): 59.
[84] 吕仁庆, 卢玉坤, 王淑涛. 化学教育, 2011, 32(11): 74.
[85] Pinhas A, Jensen W B. J. Chem. Educ., 2005, 82(1): 28.
[86] Wade K. Chem. Br., 1975, 11(5): 177.
[87] 殷元骐, 李庆山, 丁二润, 等. 分子催化, 1997, (6): 46.
[88] 单永奎, 戴立益, 余淑媛, 等. 化学进展, 2003, (2): 151.
[89] 钱延龙, 陈新滋. 金属有机化学与催化. 北京: 化学工业出版社, 1997.
[90] Vaughan P A, Sturdivant J H, Pauling L. J. Am. Chem. Soc., 1950, 72(12): 5477.
[91] Burbank R D. Inorg. Chem., 1966, 5(9): 1491.
[92] Brencic J V, Cotton F A. Inorg. Chem., 1969, 8(1): 7.
[93] 黄耀曾, 钱延龙. 金属有机化学进展. 北京: 化学工业出版社, 1987.
[94] Christou G, Hagen K S, Holm R H. J. Am. Chem. Soc., 1982, 104(6): 1744.
[95] Fenske D, Ohmer J, Hachgenei J. Angew. Chem. Int. Ed., 1985, 24(11): 993.
[96] Chini P. J. Organomet. Chem., 1980, 200(1): 37.
[97] Amsler C, Armstrong D S, Augustin I, et al. Angew. Chem. Int. Ed., 1985, 24(24): 697.

[98] 韩瑞敏, 吴秉芳, 胡襄, 等. 高等学校化学学报, 2004, (2): 216.
[99] Ciani G, Sironi A. J. Organomet. Chem., 1980, 197(2): 233.
[100] Evans D G, Mingos D M P. J. Organomet. Chem., 1982, 240(3): 435.
[101] Teo B K, Longoni G, Chung F R K. Inorg. Chem., 1984, 23(9): 1257.
[102] Stone A J. Inorg. Chem., 1981, 20(2): 563.
[103] Lauher J W. J. Am. Chem. Soc., 1978, 100(17): 5305.
[104] Mason R, Thomas K M, Mingos D M P. J. Am. Chem. Soc., 1973, 95(11): 3802.
[105] Mingos D M P. Nature, 1972, 236(68): 99.
[106] Tolman C A. Chem. Soc. Rev., 1972, 1(3): 337.
[107] Tang A C, Li Q S, Sun C C. Int. J. Quanturn Chem., 1986, 29: 579.
[108] 唐敖庆, 李前树. 中国科学 B, 1988, (1): 1.
[109] 唐敖庆, 李前树. 中国科学 B, 1991, (7): 673.
[110] 徐光宪. 化学通报, 1982, (8): 42.
[111] 徐光宪. 高等学校化学学报, 1982, (S1): 114.
[112] 徐光宪. 分子科学学报, 1983, (2): 1.
[113] 张乾二, 林连堂, 王南钦, 等. 厦门大学学报(自然科学版), 1981, (2): 209.
[114] 张乾二, 林连堂, 王南钦, 等. 厦门大学学报(自然科学版), 1981, (2): 221.
[115] 张乾二, 林连堂, 王南钦, 等. 厦门大学学报(自然科学版), 1981, (2): 226.
[116] 胡阳阳. 金属-氧簇合物的合成、结构与性能. 长春: 吉林大学, 2016.
[117] 吉其. 化学教育, 1981, (1): 36.
[118] 张锁江, 孙宁, 吕兴梅, 等. 中国科学 B, 2006, (1): 23.
[119] Katritzky A R, Jain R, Lomaka A, et al. J. Chem. Inf. Comput. Sci., 2002, 42(2): 225.
[120] Trohalaki S, Pachter R, Drake G W, et al. Energy Fuels, 2005, 19(1): 279.
[121] Brennecke J. Green Chem., 2003, 5(2): G14.
[122] Jairton D. Chem. Rev., 2002, 10(102): 3667.
[123] Morrow T I, Maginn E J. J. Phys. Chem. B, 2002, 106(49): 12807.
[124] Turner E A, Pye C C, Singer R D. J. Phys. Chem. A, 2003, 107(13): 2277.
[125] Cesar C, Jennifer L A, Jindal K S, et al. J. Am. Chem. Soc., 2004, 126(16): 5300.

后 记

元素化学教学一直是大一化学基础课教师关注的焦点之一,最少有三位从事基础课教学的中国科学院院士徐光宪、申泮文、郑兰荪给予了极大的关心[《大学化学》,2001,17(1):1;2003,18(3):2;2006,21(3):71]。我们也曾就此进行过探讨,提出过一些有建设性的建议[《高等理科教育》,2012,(3):119;《大学化学》,2012,27(5):36]。很多一线教师根据自己的教学实践探索总结了不少教学经验,如归类法、与化学史结合、与生活结合、与应用结合等讲法,都取得了很好的教学效果。

本书想从另一个角度探索如何发挥教材的"教学功能",使其能体现出"学生自学为主"的作用。本书从元素的起源与合成,原子结构,原子间的化学键生成,再到元素周期表,注重基本原理概念与元素化学结合、化学原理与实际应用之间的联系,合理拓展知识宽度和深度,给学生"自学为主"提供更加宽泛的知识储备,希望引起学生学习化学的兴趣和热情,引导他们走进化学。自然,其中不乏科学研究与教学思想之融合、基础知识和前沿进展紧密结合之深入探讨,力图使本书科学性、知识性和趣味性兼而有之。

适逢书稿校对完成之际,11月1~4日在陕西师范大学召开了"第十四届全国大学化学教学研讨会及第二十二届全国高师物理化学教学研讨会",高等学校化学教育研究中心主任、北京大学段连运教授做了"加强教学中学术性问题的常态化研究"报告,该报告让我们感到探索的路对了。但愿本书如竺可桢所说,起到"重在开辟基本的途径,提供获得知识的方法,并且培养学生研究批判和反省的精神,以期学者有主动求知和不断研究的能力"之效。

在研究元素化学教学之余,我们曾编制了一张颇有特色的《化学元素周期表》,在科学出版社出版了5版,得到了徐光宪和申泮文两位先生的赞扬。为了深切纪念两位老先生,并感谢科学出版社的长期支持,我们以此5版化学元素周期表为蓝本,为本书设计了一张简明的新化学元素周期表,希望大家喜欢。

我们热切希望本书出版后能够得到读者的欢迎和反馈,获得同仁的建议,以利于我们将其不断修改成为大家喜爱的一本教材。

高胜利
2019 初冬

新化学元素周期表

NEW PERIODIC TABLE OF THE CHEMICAL ELEMENTS

高胜利 杨奇 编著

(2019年)

科学出版社